现代 机械设计手册

第二版

MODERN HANDBOOK OF MECHANICAL DESIGN

减速器和变速器

秦大同　龚仲华　主编

化学工业出版社

·北　京·

《现代机械设计手册》第二版单行本共20个分册，涵盖了机械常规设计的所有内容。各分册分别为：《机械零部件结构设计与禁忌》《机械制图及精度设计》《机械工程材料》《连接件与紧固件》《轴及其连接件设计》《轴承》《机架、导轨及机械振动设计》《弹簧设计》《机构设计》《机械传动设计》《减速器和变速器》《润滑和密封设计》《液力传动设计》《液压传动与控制设计》《气压传动与控制设计》《智能装备系统设计》《工业机器人系统设计》《疲劳强度可靠性设计》《逆向设计与数字化设计》《创新设计与绿色设计》。

本书为《减速器和变速器》，主要介绍了减速器设计一般资料、标准减速器及产品、机器人减速器及产品、机械无级变速器及产品等。本书可作为机械设计人员和有关工程技术人员的工具书，也可供高等院校相关专业师生参考。

图书在版编目（CIP）数据

现代机械设计手册：单行本. 减速器和变速器/秦大同，龚仲华主编. —2版. —北京：化学工业出版社，2020.2

ISBN 978-7-122-35654-3

Ⅰ.①现… Ⅱ.①秦… ②龚… Ⅲ.①机械设计-手册②减速装置-手册③机械变速器-手册 Ⅳ.①TH122-62②TH132.46-62

中国版本图书馆CIP数据核字（2019）第252685号

责任编辑：张兴辉　王烨　贾娜　邢涛　项潋　曾越　金林茹　　装帧设计：尹琳琳

责任校对：王静

出版发行：化学工业出版社（北京市东城区青年湖南街13号　邮政编码100011）

印　　装：大厂聚鑫印刷有限责任公司

787mm×1092mm　1/16　印张28½　字数978千字　2020年2月北京第2版第1次印刷

购书咨询：010-64518888　　售后服务：010-64518899

网　　址：http://www.cip.com.cn

凡购买本书，如有缺损质量问题，本社销售中心负责调换。

定　　价：99.00元

《现代机械设计手册》第二版单行本出版说明

《现代机械设计手册》是一部面向“中国制造2025”，适应智能装备设计开发新要求、技术先进、数据可靠、符合现代机械设计潮流的现代化机械设计大型工具书，涵盖现代机械零部件设计、智能装备及控制设计、现代机械设计方法三部分内容。旨在将传统设计和现代设计有机结合，力求体现“内容权威、凸显现代、实用可靠、简明便查”的特色。

《现代机械设计手册》自2011年出版以来，赢得了广大机械设计工作者的青睐和好评，先后荣获全国优秀畅销书、中国机械工业科学技术奖等，第二版于2019年初出版发行。为了给读者提供篇幅较小、便携便查、定价低廉、针对性更强的实用性工具书，根据读者的反映和建议，我们在深入调研的基础上，决定推出《现代机械设计手册》第二版单行本。

《现代机械设计手册》第二版单行本，保留了《现代机械设计手册》（第二版6卷本）的优势和特色，结合机械设计人员工作细分的实际状况，从设计工作的实际出发，将原来的6卷35篇重新整合为20个分册，分别为：《机械零部件结构设计与禁忌》《机械制图及精度设计》《机械工程材料》《连接件与紧固件》《轴及其连接件设计》《轴承》《机架、导轨及机械振动设计》《弹簧设计》《机构设计》《机械传动设计》《减速器和变速器》《润滑和密封设计》《液力传动设计》《液压传动与控制设计》《气压传动与控制设计》《智能装备系统设计》《工业机器人系统设计》《疲劳强度可靠性设计》《逆向设计与数字化设计》《创新设计与绿色设计》。

《现代机械设计手册》第二版单行本，是为了适应机械设计行业发展和广大读者的需要而编辑出版的，将与《现代机械设计手册》第二版（6卷本）一起，成为机械设计工作者、工程技术人员和广大读者的良师益友。

化学工业出版社

前言

FORWORD

《现代机械设计手册》第一版自2011年3月出版以来，赢得了机械设计人员、工程技术人员和高等院校专业师生广泛的青睐和好评，荣获了2011年全国优秀畅销书（科技类）。同时，因其在机械设计领域重要的科学价值、实用价值和现实意义，《现代机械设计手册》还荣获2009年国家出版基金资助和2012年中国机械工业科学技术奖。

《现代机械设计手册》第一版出版距今已经8年，在这期间，我国的装备制造业发生了许多重大的变化，尤其是2015年国家部署并颁布了实现中国制造业发展的十年行动纲领——中国制造2025，发布了针对"中国制造2025"的五大"工程实施指南"，为机械制造业的未来发展指明了方向。在国家政策号召和驱使下，我国的机械工业获得了快速的发展，自主创新的能力不断加强，一批高技术、高性能、高精尖的现代化装备不断涌现，各种新材料、新工艺、新结构、新产品、新方法、新技术不断产生、发展并投入实际应用，大大提升了我国机械设计与制造的技术水平和国际竞争力。《现代机械设计手册》第二版最重要的原则就是紧密结合"中国制造2025"国家规划和创新驱动发展战略，在内容上与时俱进，全面体现创新、智能、节能、环保的主题，进一步呈现机械设计的现代感。鉴于此，《现代机械设计手册》第二版被列入了"十三五国家重点出版物规划项目"。

在本版手册的修订过程中，我们广泛深入机械制造企业、设计院、科研院所和高等院校进行调研，听取各方面读者的意见和建议，最终确定了《现代机械设计手册》第二版的根本宗旨：一方面，新版手册进一步加强机、电、液、控制技术的有机融合，以全面适应机器人等智能化装备系统设计开发的新要求；另一方面，随着现代机械设计方法和工程设计软件的广泛应用和普及，新版手册继续促进传动设计与现代设计的有机结合，将各种新的设计技术、计算技术、设计工具全面融入传统的机械设计实际工作中。

《现代机械设计手册》第二版共6卷35篇，它是一部面向"中国制造2025"，适应智能装备设计开发新要求、技术先进、数据可靠、符合现代机械设计潮流的现代化的机械设计大型工具书，涵盖现代机械零部件及传动设计、智能装备及控制设计、现代机械设计方法及应用三部分内容，具有以下六大特色。

1. 权威性。《现代机械设计手册》阵容强大，编、审人员大都来自设计、生产、教学和科研第一线，具有深厚的理论功底、丰富的设计实践经验。他们中很多人都是所属领域的知名专家，在业内有广泛的影响力和知名度，获得过多项国家和省部级科技进步奖、发明奖和技术专利，承担了许多机械领域国家重要的科研和攻关项目。这支专业、权威的编审队伍确保了手册准确、实用的内容质量。

2. 现代感。追求现代感，体现现代机械设计气氛，满足时代要求，是《现代机械设计手册》的基本宗旨。"现代"二字主要体现在：新标准、新技术、新材料、新结构、新工艺、新产品、智能化、现代的设计理念、现代的设计方法和现代的设计手段等几个方面。第二版重点加强机械智能化产品设计（3D打印、智能零部件、节能元器件）、智能装备（机器人及智能化装备）控制及系统设计、数字化设计等内容。

（1）"零件结构设计"等篇进一步完善零部件结构设计的内容，结合目前的3D打印（增材制造）技术，增加3D打印工艺下零件结构设计的相关技术内容。

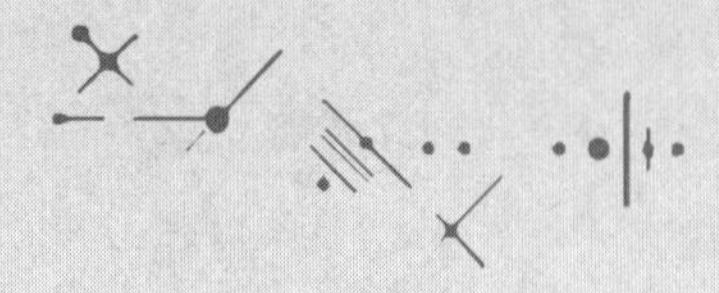

“机械工程材料”篇增加3D打印材料以及新型材料的内容。

（2）机械零部件及传动设计各篇增加了新型智能零部件、节能元器件及其应用技术，例如“滑动轴承”篇增加了新型的智能轴承，“润滑”篇增加了微量润滑技术等内容。

（3）全面增加了工业机器人设计及应用的内容：新增了“工业机器人系统设计”篇；“智能装备系统设计”篇增加了工业机器人应用开发的内容；“机构”篇增加了自动化机构及机构创新的内容；“减速器、变速器”篇增加了工业机器人减速器选用设计的内容；“带传动、链传动”篇增加并完善了工业机器人适用的同步带传动设计的内容；“齿轮传动”篇增加了RV减速器传动设计、谐波齿轮传动设计的内容等。

（4）“气压传动与控制”“液压传动与控制”篇重点加强并完善了控制技术的内容，新增了气动系统自动控制、气动人工肌肉、液压和气动新型智能元器件及新产品等内容。

（5）继续加强第5卷机电控制系统设计的相关内容：除增加“工业机器人系统设计”篇外，原“机电一体化系统设计”篇充实扩充形成“智能装备系统设计”篇，增加并完善了智能装备系统设计的相关内容，增加智能装备系统开发实例等。

“传感器”篇增加了机器人传感器、航空航天装备用传感器、微机械传感器、智能传感器、无线传感器的技术原理和产品，加强传感器应用和选用的内容。

“控制元器件和控制单元”篇和“电动机”篇全面更新产品，重点推荐了一些新型的智能和节能产品，并加强产品选用的内容。

（6）第6卷进一步加强现代机械设计方法应用的内容：在3D打印、数字化设计等智能制造理念的倡导下，“逆向设计”“数字化设计”等篇全面更新，体现了“智能工厂”的全数字化设计的时代特征，增加了相关设计应用实例。

增加“绿色设计”篇；“创新设计”篇进一步完善了机械创新设计原理，全面更新创新实例。

（7）在贯彻新标准方面，收录并合理编排了目前最新颁布的国家和行业标准。

3. 实用性。新版手册继续加强实用性，内容的选定、深度的把握、资料的取舍和章节的编排，都坚持从设计和生产的实际需要出发：例如机械零部件数据资料主要依据最新国家和行业标准，并给出了相应的设计实例供设计人员参考；第5卷机电控制设计部分，完全站在机械设计人员的角度来编写——注重产品如何选用，摒弃或简化了控制的基本原理，突出机电系统设计，控制元器件、传感器、电动机部分注重介绍主流产品的技术参数、性能、应用场合、选用原则，并给出了相应的设计选用实例；第6卷现代机械设计方法中简化了烦琐的数学推导，突出了最终的计算结果，结合具体的算例将设计方法通俗地呈现出来，便于读者理解和掌握。

为方便广大读者的使用，手册在具体内容的表述上，采用以图表为主的编写风格。这样既增加了手册的信息容量，更重要的是方便了读者的查阅使用，有利于提高设计人员的工作效率和设计速度。

为了进一步增加手册的承载容量和时效性，本版修订将部分篇章的内容放入二维码中，读者可以用手机扫描查看、下载打印或存储在PC端进行查看和使用。二维码内容主要涵盖以下几方面的内容：即将被废止的旧标准（新标准一旦正式颁布，会及时将二维码内容更新为新标准的内容）；部分推荐产品及参数；其他相关内容。

4. 通用性。本手册以通用的机械零部件和控制元器件设计、选用内容为主，主要包括机械设计基础资料、机械制图和几何精度设计、机械工程材料、机械通用零部件设计、机械传动系统设计、液压和气压传动系统设计、机构设计、机架设计、机械振动设计、智能装备系统设计、控制元器件和控制单元等，既适用于传统的通用机械零部件设计选用，又适用于智能化装备的整机系统设计开发，能够满足各类机械设计人员的工作需求。

5. 准确性。本手册尽量采用原始资料，公式、图表、数据力求准确可靠，方法、工艺、技术力求成熟。所有材料、零部件和元器件、产品和工艺方面的标准均采用最新公布的标准资料，对于标准规范的编写，手册没有简单地照抄照搬，而是采取选用、摘录、合理编排的方式，强调其科学性和准确性，尽量避免差错和谬误。所有设计方法、计算公式、参数选用均经过长期检验，设计实例、各种算例均来自工程实际。手册中收录通用性强、标准化程度高的产品，供设计人员在了解企业实际生产品种、规格尺寸、技术参数，以及产品质量和用户的实际反映后选用。

6. 全面性。本手册一方面根据机械设计人员的需要，按照“基本、常用、重要、发展”的原则选取内容，另一方面兼顾了制造企业和大型设计院两大群体的设计特点，即制造企业侧重基础性的设计内容，而大型的设计院、工程公司侧重于产品的选用。因此，本手册力求实现零部件设计与整机系统开发的和谐统一，促进机械设计与控制设计的有机融合，强调产品设计与工艺技术的紧密结合，重视工艺技术与选用材料的合理搭配，倡导结构设计与造型设计的完美统一，以全面适应新时代机械新产品设计开发的需要。

经过广大编审人员和出版社的不懈努力，新版《现代机械设计手册》将以崭新的风貌和鲜明的时代气息展现在广大机械设计工作者面前。值此出版之际，谨向所有给过我们大力支持的单位和各界朋友表示衷心的感谢！

主　编

目录

CONTENTS

第15篇 减速器、变速器

第1章 减速器设计一般资料

第2章 标准减速器及产品

第3章 机器人减速器及产品

第4章 机械无级变速器及产品

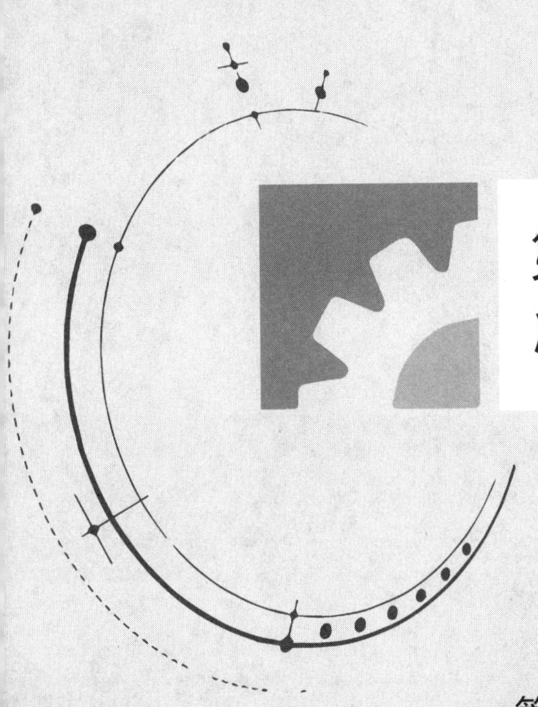

第 15 篇
减速器、变速器

篇主编：秦大同　龚仲华

撰　稿：孙冬野　刘振军　秦大同　廖映华
龚仲华

审　稿：吴晓铃

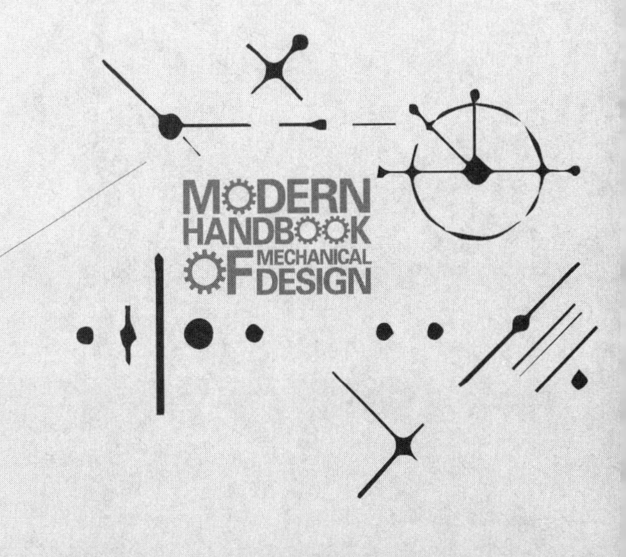

第 1 章　减速器设计一般资料

1.1　常用减速器的分类、形式及应用范围

减速器的种类很多，常用减速器的分类、形式及应用范围见表 15-1-1。减速器通常有圆柱齿轮减速器、圆锥齿轮减速器、蜗杆减速器、行星齿轮减速器、摆线针轮减速器、谐波齿轮减速器、三环减速器等及它们相互组合起来的减速器；根据传动级数分，有单级和多级减速器；根据传动的布置形式分，有展开式、分流式和同轴式减速器。

表 15-1-1　常用减速器的分类、形式及应用范围

类别	级数		传动简图	推荐传动比范围	特点及应用
圆柱齿轮减速器	单级		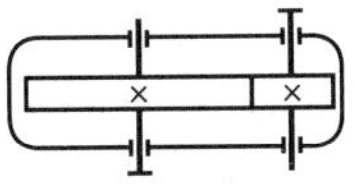	调质齿轮 $i\leqslant 7.1$ 淬硬齿轮 $i\leqslant 6.3$ （较好 $i\leqslant 5.6$）	轮齿可制成直齿、斜齿和人字齿。传动轴线平行。结构简单，精度容易保证。应用较广。直齿一般用在圆周速度 $v\leqslant 8\mathrm{m/s}$，轻载荷场合；斜齿、人字齿用在圆周速度 $v=25\sim50\mathrm{m/s}$，重载荷场合，也用于重载低速
	两级	展开式	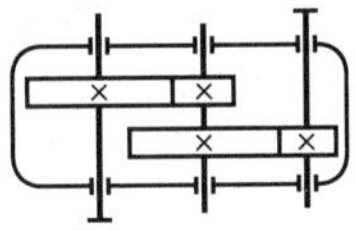	调质齿轮 $i=7.1\sim50$ 淬硬齿轮 $i=7.1\sim31.5$ （较好 $i=6.3\sim20$）	是两级减速器中最简单的一种。齿轮相对于轴承位置不对称，当轴产生弯曲变形时，载荷在齿宽上分布不均匀，因此，轴应设计得具有较大的刚度，并尽量使高速级齿轮远离输入端。高速级可制成斜齿，低速级可制成直齿。相对于分流式而言，多用于载荷较平稳的场合
		分流式	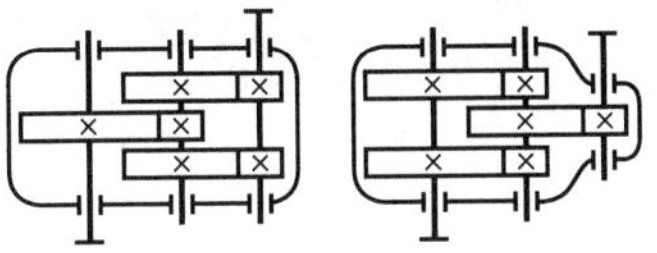 图(a)　图(b)	$i=7.1\sim50$	与展开式相比，齿轮与轴承对称布置，因此载荷沿齿宽分布均匀，轴承受载也平均分配，中间轴危险截面上的转矩相当于轴所传递转矩之半 图(a)为高速级采用人字齿，低速级可制成人字齿或直齿。结构较复杂，用于变载荷场合 图(b)为高速级采用人字齿，低速级采用两对斜齿，但转矩较大的低速级，其载荷分布不如图(a)的均匀，因此不宜在变载荷下工作。使用不多
		同轴式	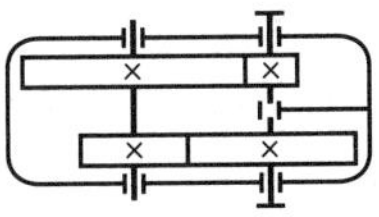	调质齿轮 $i=7.1\sim50$ 淬硬齿轮 $i=7.1\sim31.5$	箱体长度较小，当速比分配适当时，两对齿轮浸入油中深度大致相同。减速器轴向尺寸和重量较大，高速级齿轮的承载能力难于充分利用。中间轴承润滑困难。中间轴较长，刚性差，载荷沿齿宽分布不均匀。由于两伸出轴在同一轴线上，在很多场合能使设备布置更为方便
		同轴分流式	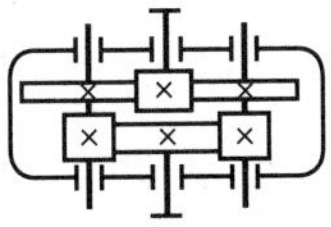	$i=7.1\sim50$	啮合轮齿仅传递全部载荷的一半，输入和输出轴只受转矩。中间轴只受全部载荷的一半，故与传递同样功率的其他减速器相比，轴径尺寸可缩小

续表

类别	级数		传动简图	推荐传动比范围	特点及应用
圆柱齿轮减速器	三级	展开式	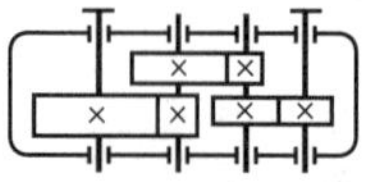	调质齿轮 $i=28\sim315$ 淬硬齿轮 $i=28\sim180$ (较好 $i=22.5\sim100$)	是三级减速器中最简单的一种。齿轮相对于轴承位置不对称，当轴产生弯曲变形时，载荷在齿宽上分布不均匀，因此，轴应设计得具有较大的刚度，并尽量使高速级齿轮远离输入端。高速级可制成斜齿，低速级可制成直齿。相对于分流式而言，多用于载荷较平稳的场合
		分流式	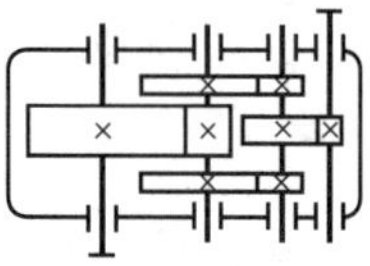	$i=28\sim315$	与展开式相比，齿轮与轴承对称布置，因此载荷沿齿宽分布均匀，轴承受载也平均分配，中间轴危险截面上的转矩相当于轴所传递转矩之半
圆锥、圆锥-圆柱齿轮减速器	单级		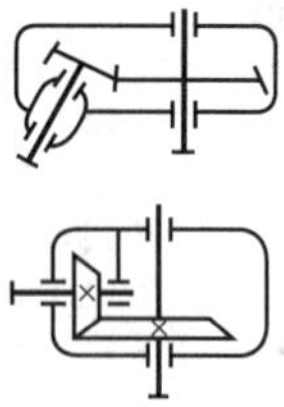	直齿轮 $i\leqslant5$ 曲线齿轮、斜齿轮 $i\leqslant8$ (淬硬齿轮 $i\leqslant5$，较好)	轮齿可制成直齿、斜齿、螺旋齿。两轴线垂直相交或成一定角度相交。制造安装较复杂，成本高，所以仅在设备布置上必要时才应用
	两级		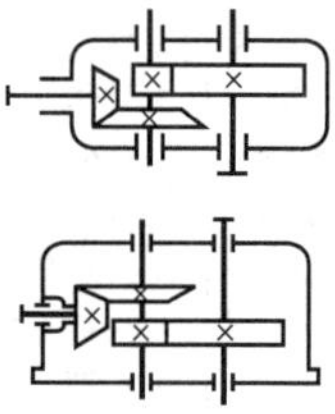	直齿轮 $i=6.3\sim31.5$ 曲线齿轮、斜齿轮 $i=8\sim40$ (淬硬齿轮 $i=5\sim16$，较好)	圆锥-圆柱齿轮减速器特点同单级圆锥齿轮减速器。圆锥齿轮应在高速级，使齿轮尺寸不致太大，否则加工困难。圆柱齿轮可制成直齿或斜齿
	三级		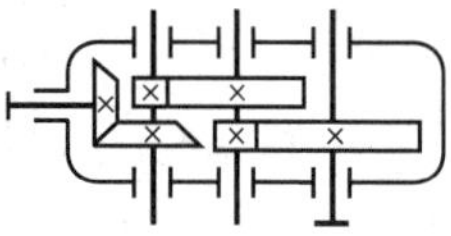	$i=35.5\sim160$ (淬硬齿轮 $i=18\sim90$，较好)	圆锥-圆柱齿轮减速器特点同单级圆锥齿轮减速器。圆锥齿轮应在高速级，使齿轮尺寸不致太大，否则加工困难。圆柱齿轮可制成直齿或斜齿
蜗杆、齿轮-蜗杆减速器	单级	蜗杆下置式	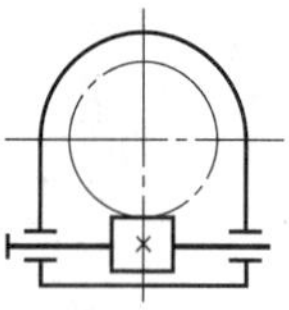	$i=8\sim80$，传递功率较大时 $i\leqslant30$	蜗杆在蜗轮下边，啮合处冷却和润滑都较好，蜗杆轴承润滑也方便，但当蜗杆圆周速度太大时，搅油损耗较大。一般用于蜗杆圆周速度 $v<5\text{m/s}$
		蜗杆上置式	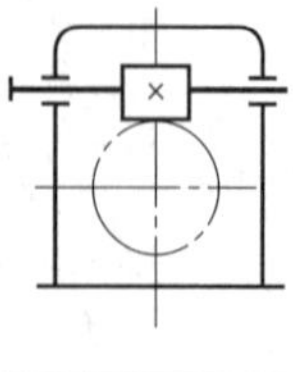		蜗杆在蜗轮上边，装卸方便，蜗杆圆周速度可高些，而且金属屑等杂物掉入啮合处机会少。当蜗杆圆周速度 $v>4\sim5\text{m/s}$ 时，最好采用此形式
		蜗杆侧置式	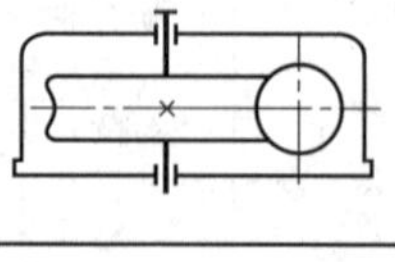		蜗杆在旁边，且蜗轮轴是垂直的，一般用于水平旋转机构的传动(如旋转起重机)

续表

类别	级数		传动简图	推荐传动比范围	特点及应用
蜗杆、齿轮-蜗杆减速器	两级	蜗杆-蜗杆	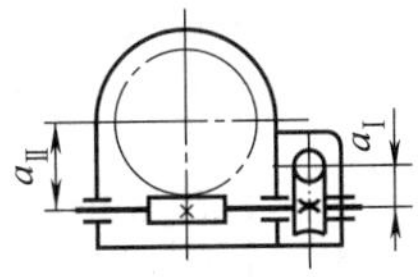	$i=43\sim3600$	传动比大，结构紧凑，但效率较低。为使高速级和低速级传动浸入油中深度大致相等，应使高速级中心距 a_{I} 约为低速级中心距 a_{II} 的 1/2 左右
		齿轮-蜗杆	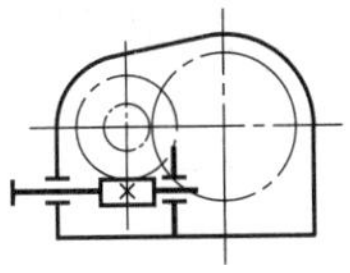	$i=15\sim480$	有齿轮传动在高速级和蜗轮传动在高速级两种形式。前者结构紧凑，后者效率较高
行星齿轮减速器	单级		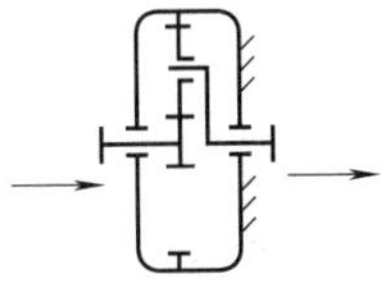	$i=2\sim12$	传动效率可以很高，单级达 96%～99%；传动比范围广；传动功率从 12W～50000kW；承载能力大；工作平稳；体积和重量比普通齿轮、蜗杆减速器小得多。结构较复杂，制造精度要求较高，广泛用于要求结构紧凑的动力传动中
	两级		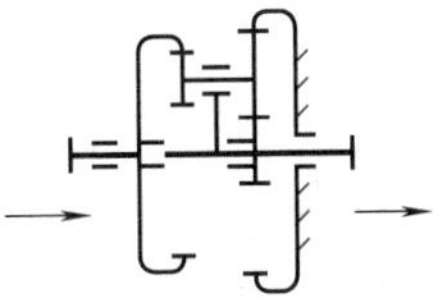	$i=25\sim2500$	
	三级		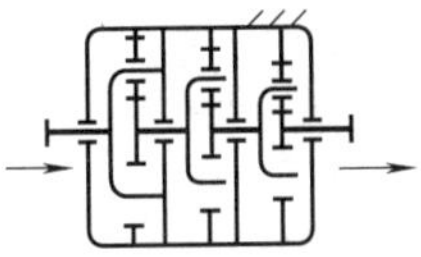	$i=100\sim1000$	
摆线针轮减速器	单级		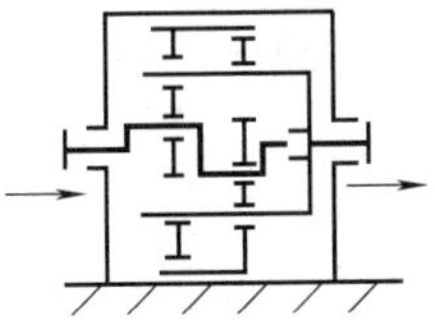	$i=11\sim87$	传动比大；传动效率较高；结构紧凑，相对体积小，重量轻；通用于中、小功率，适用性广，运转平稳，噪声低。结构复杂，制造精度较高，广泛用于动力传动中
	两级		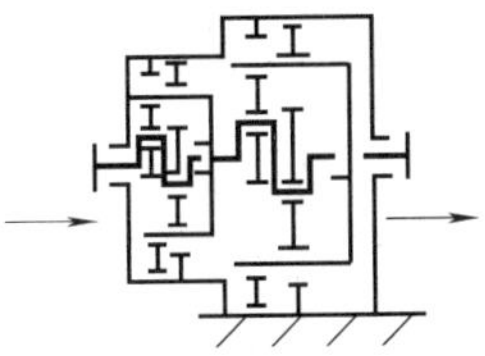	$i=121\sim7569$	
谐波齿轮减速器	单级		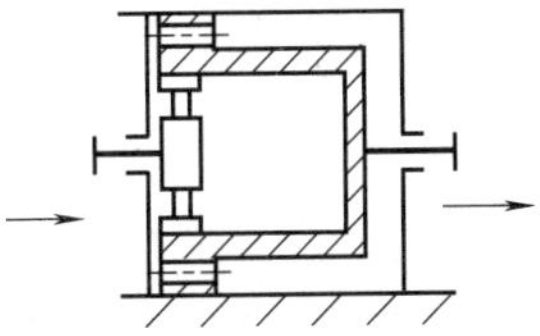	$i=50\sim500$ 刚轮固定	传动比大，范围宽；在相同条件下可比一般齿轮减速器的元件少一半，体积和重量可减少 20%～50%；承载能力大；运动精度高；可通过调整波发生器达到无侧隙啮合；运转平稳，噪声低；可通过密封壁传递运动；传动效率高且传动比大时效率并不显著下降。主要零件柔轮的制造工艺较复杂。主要用于小功率、大传动比或仪表及控制系统中
			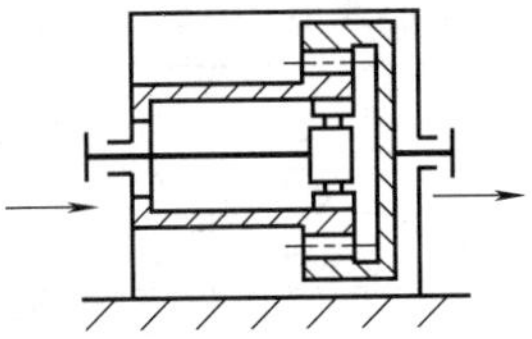	$i=50\sim500$ 柔轮固定	

续表

类别	级数	传动简图	推荐传动比范围	特点及应用
三环减速器	单级或组合多级		单级 $i=11\sim99$ 两级 $i_{max}=9801$	结构紧凑、体积小、重量轻；传动比大；效率高，单级为92%～98%；过载能力强；承载能力高，输出转矩高达400kN·m；不用输出机构，轴承直径不受空间限制，使用寿命长；零件种类少，齿轮精度要求不高，无特殊材料且不采用特殊加工方法就能制造，造价低、适应性广、派生系列多

1.2　通用圆柱齿轮减速器基本参数

1.2.1　中心距 a

表 15-1-2　　单级减速器和二级同轴线式减速器的中心距 a　　mm

系列1	63	—	71	—	80	—	90	—	100	—	112	—	125	—
系列2	—	67	—	75	—	85	—	95	—	106	—	118	—	132
系列1	140	—	160	—	180	—	200	—	224	—	250	—	280	—
系列2	—	150	—	170	—	190	—	212	—	236	—	265	—	300
系列1	315	—	355	—	400	—	450	—	500	—	560	—	630	—
系列2	—	335	—	375	—	425	—	475	—	530	—	600	—	670
系列1	710	—	800	—	900	—	1000	—	1120	—	1250	—	1400	—
系列2	—	750	—	850	—	950	—	1060	—	1180	—	1320	—	1500

表 15-1-3　　二级减速器的中心距 a 与高、低速级中心距 $a_{Ⅰ}$、$a_{Ⅱ}$　　mm

系列1	$a_{Ⅱ}$	100	112	125	140	160	180	200	224	250	280	315	355
	$a_{Ⅰ}$	71	80	90	100	112	125	140	160	180	200	224	250
	a	171	192	215	240	272	305	340	384	430	480	539	605
系列2	$a_{Ⅱ}$	106	118	132	150	170	190	212	236	265	300	335	375
	$a_{Ⅰ}$	75	85	95	106	118	132	150	170	190	212	236	265
	a	181	203	227	256	288	322	362	406	455	512	571	640
系列1	$a_{Ⅱ}$	400	450	500	560	630	710	800	900	1000	1120	1250	1400
	$a_{Ⅰ}$	280	315	355	400	450	500	560	630	710	800	900	1000
	a	680	765	855	960	1080	1210	1360	1530	1710	1920	2150	2400
系列2	$a_{Ⅱ}$	425	475	530	600	670	750	850	950	1060	1180	1320	—
	$a_{Ⅰ}$	300	335	375	425	475	530	600	670	750	850	950	—
	a	725	810	905	1025	1145	1280	1450	1620	1810	2030	2270	—

表 15-1-4　　三级减速器的中心距 a 与高、中、低速级中心距 $a_{Ⅰ}$、$a_{Ⅱ}$、$a_{Ⅲ}$　　mm

系列1	$a_{Ⅲ}$	140	160	180	200	224	250	280	315	355	400	450
	$a_{Ⅱ}$	100	112	125	140	160	180	200	224	250	280	315
	$a_{Ⅰ}$	71	80	90	100	112	125	140	160	180	200	224
	a	311	352	395	440	496	555	620	699	785	880	989

续表

系列 2	$a_{Ⅲ}$	150	170	190	212	236	265	300	335	375	425	475
	$a_{Ⅱ}$	106	118	132	150	170	190	212	236	265	300	335
	$a_{Ⅰ}$	75	85	95	106	118	132	150	170	190	212	236
	a	331	373	417	468	524	587	662	741	830	937	1046

系列 1	$a_{Ⅲ}$	500	560	630	710	800	900	1000	1120	1250	1400
	$a_{Ⅱ}$	355	400	450	500	560	630	710	800	900	1000
	$a_{Ⅰ}$	250	280	315	355	400	450	500	560	630	710
	a	1105	1240	1395	1565	1760	1980	2210	2480	2780	3110

系列 2	$a_{Ⅲ}$	530	600	670	750	850	950	1060	1180	1320
	$a_{Ⅱ}$	375	425	475	530	600	670	750	850	930
	$a_{Ⅰ}$	265	300	335	375	425	475	530	600	670
	a	1170	1325	1480	1655	1875	2095	2340	2630	2940

说明：① 表 15-1-2～表 15-1-4 中的数值，优先选用系列 1。

② 当表 15-1-2～表 15-1-4 中的数值不够选用时，允许系列 1 按 $R20$、系列 2 按 $R40/2$ 派生系列。

1.2.2　传动比 i

表 15-1-5　　减速器公称传动比 i　　mm

单级减速器	1.25	1.4	1.6	1.8	2	2.24	2.5	2.8	3.15	3.55	4	4.5	5	5.6	6.3	7.1

两级减速器	6.3	7.1	8	9	10	11.2	12.5	14	16	18
	20	22.4	25	28	31.5	35.5	40	45	50	56

三级减速器	22.4	25	28	31.5	35.5	40	45	50	56	63	71	80
	90	100	112	125	140	160	180	200	224	250	280	315

注：减速器的实际传动比与公称传动比的相对偏差 Δi，单级减速器 $|\Delta i| \leqslant 3\%$；两级减速器 $|\Delta i| \leqslant 4\%$；三级减速器 $|\Delta i| \leqslant 5\%$。

1.2.3　减速器齿轮齿宽系数 ψ_a

通用圆柱齿轮减速器的齿宽系数 ψ_a

$$\psi_a = b/a$$

式中　b——有效齿宽（对人字齿轮或双斜齿轮，为一个斜齿的工作宽度），b 圆整时，应向上按 2，5，8，0 取整数；

a——齿轮传动副中心距。

减速器齿轮齿宽系数 ψ_a 见表 15-1-6。

1.2.4　减速器输入、输出轴中心高及轴伸尺寸

减速器的输入、输出轴中心高按 GB/T 321—2005 $R20$，$R40$ 选取，优先按 $R20$ 选取。减速器的输入、输出轴的轴伸长度见表 15-1-7（GB/T 1569—2005）。

表 15-1-6　　减速器齿轮齿宽系数 ψ_a　　mm

0.2	0.25	0.3	0.35	0.4	0.45	0.5	0.6

表 15-1-7　　直径 $d \leqslant 630$mm 轴伸长度　　mm

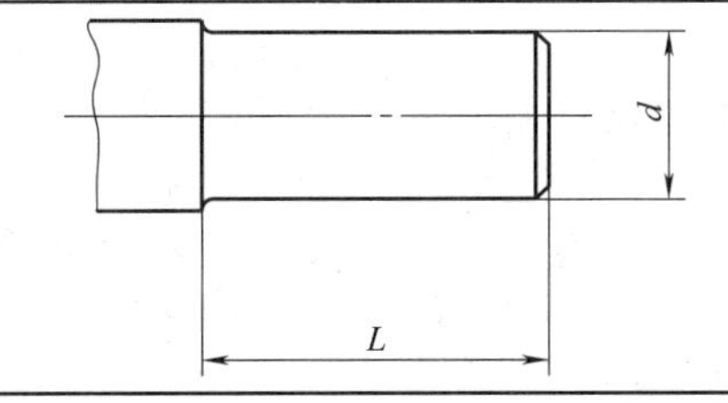

续表

d			L	
基本尺寸	极限偏差		长系列	短系列
6	+0.006 −0.002	j6	16	—
7	+0.007 −0.002			
8			20	
9				
10			23	20
11	+0.008 −0.003			
12			30	25
14				
16			40	28
18				
19	+0.009 −0.004			
20			50	36
22				
24				
25			60	42
28				
30			80	58
32	+0.018 +0.002	k6		
35				
38				
40	—	—	110	82
42				
45				
48				
50				
55	+0.030 +0.011	m6		
56				
60			140	105
63				
65				
70				
71				
75				
80			170	103

d			L	
基本尺寸	极限偏差		长系列	短系列
85	+0.035 −0.013	m6	170	130
90				
95				
100			210	165
110				
120				
125	+0.040 −0.015		250	200
130				
140				
150				
160			300	240
170				
180				
190	+0.046 −0.017		350	280
200				
220				
240			410	330
250				
260	+0.052 −0.020			
280			470	380
300	+0.030 +0.011		170	130
320	+0.057 −0.021			
340			550	450
360				
380				
400			650	540
420	+0.063 −0.023			
440				
450				
460				
480				
500				
530	+0.070 −0.026		800	680
560				
600				
630				

1.3　减速器传动比的分配及计算

在设计多级减速器时，各级的传动比分配是否合理，直接影响减速器的尺寸、重量、润滑方式和维护等。合理分配多级减速器传动比的原则是：①使各级传动的承载能力大致相等（齿面接触强度大致相等）；②使减速器能获得最小外形尺寸和重量；③使各级传动中大齿轮的浸油深度大致相等，润滑最为简便。根据此原则，不同类型的多级减速器传动比分配方法见表 15-1-8。

表 15-1-8　　不同类型的多级减速器传动比分配方法

减速器类型			传动比分配方法	说　明
圆柱齿轮减速器	两级	展开式与分流式	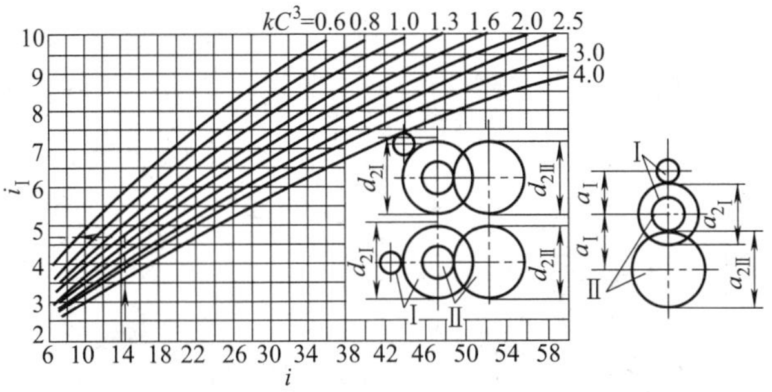 图(a) ①按齿面接触强度相等、减速器具有最小的外形尺寸和较有利的润滑条件的原则，总传动比 i 与高速级传动比 i_{I} 由下式计算或按图(a)确定 $kC^3\frac{(i_{\mathrm{I}}+1)i_{\mathrm{I}}^4}{(i+i_{\mathrm{I}})i^2}=1$ 式中，$k=\frac{\psi_{d2}}{\psi_{d1}}\times\frac{\sigma^2_{\mathrm{Hmin\,II}}}{\sigma^2_{\mathrm{Hmin\,I}}}$；$C=\frac{d_{2\mathrm{II}}}{d_{2\mathrm{I}}}$ （一般取 $C=1\sim1.3$；$C>1$，高速级大齿轮不接触油面，则可减少润滑油的搅动损失；$C=1$，则减速器的外形尺寸最小，两大齿轮将以相同深度浸入油池） ②齿面接触强度相等、减速器具有标准中心距系列时，减速器传动比的分配按下列公式计算 $i_{\mathrm{I}}=\frac{i-\frac{a_{\mathrm{II}}}{a_{\mathrm{I}}}\sqrt[3]{k}}{\frac{a_{\mathrm{II}}}{a_{\mathrm{I}}}\sqrt[3]{k}-1}$ 式中，$k=\frac{\psi_{a2}}{\psi_{a1}}\times\frac{\sigma^2_{\mathrm{Hmin\,II}}}{\sigma^2_{\mathrm{Hmin\,I}}}$ 推荐$\frac{a_{\mathrm{II}}}{a_{\mathrm{I}}}=1.56\sim1.6$；当$\frac{a_{\mathrm{II}}}{a_{\mathrm{I}}}=1.58$，$k=1$ 时，传动比分配可由图(b)查得 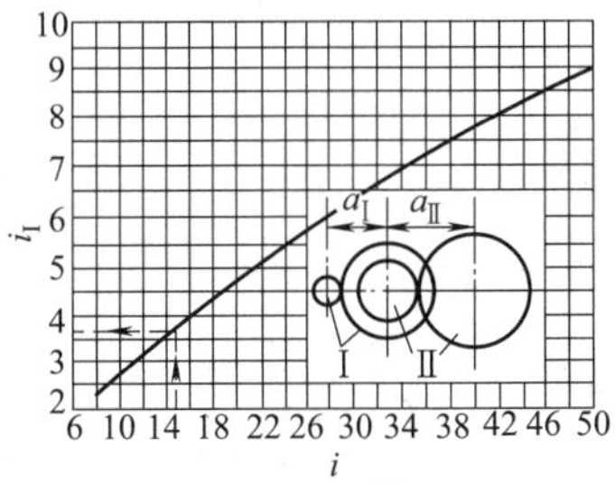 图(b) ③齿面接触强度相等，并具有最小传动中心距 $a_{\min}$ 时，减速器传动比的分配按下式计算 $i_{\mathrm{II}}=2\frac{\sqrt[3]{i^2}+i\sqrt[3]{k}}{\sqrt[3]{i^2}+\sqrt[3]{k}}$ 式中，$k=\frac{\psi_{a2}}{\psi_{a1}}\times\frac{\sigma^2_{\mathrm{Hmin\,II}}}{\sigma^2_{\mathrm{Hmin\,I}}}$	i——总传动比 i_{I}——高速级传动比 i_{II}——低速级传动比 ψ_{d1}，ψ_{d2}——高、低速级齿宽系数（减速器具有最小外形时），$\psi_d=b/d_1$ d_1——小齿轮直径 ψ_{a1}，ψ_{a2}——高、低速级齿宽系数（减速器具有标准中心距时），$\psi_a=b/a$ b——齿宽 a——中心距 $\sigma_{\mathrm{Hlim\,I}}$，$\sigma_{\mathrm{Hlim\,II}}$——高、低速级齿轮的接触疲劳极限 $d_{2\mathrm{I}}$，$d_{2\mathrm{II}}$——高、低速级大齿轮分度圆直径

续表

减速器类型			传动比分配方法	说明
圆柱齿轮减速器	两级	同轴式	①要求齿面接触强度相等，总传动比 i 与高速级传动比 i_{I} 按下式计算或按图(c)选取 $$k\left(\frac{i_{\mathrm{I}}+1}{(i+i_{\mathrm{I}})}\right)^4 ii_{\mathrm{I}}=1$$ 式中，$k=\frac{\psi_{a2}}{\psi_{a1}}\times\frac{\sigma^2_{\mathrm{Hmin\,II}}}{\sigma^2_{\mathrm{Hmin\,I}}}$ 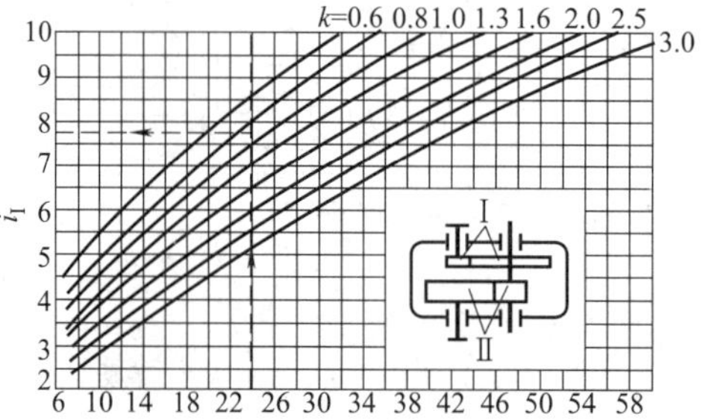 图(c) ②要求高、低速级的大齿轮浸入油中深度大致相近时，推荐按下式计算 $$i_{\mathrm{I}}=\sqrt{i}-(0.01\sim0.05)i$$	i——总传动比 i_{I}——高速级传动比 i_{II}——中速级传动比 i_{III}——低速级传动比
	三级		等强度条件，并获得较小的外形尺寸和重量时，传动比分配可按图(d)选取 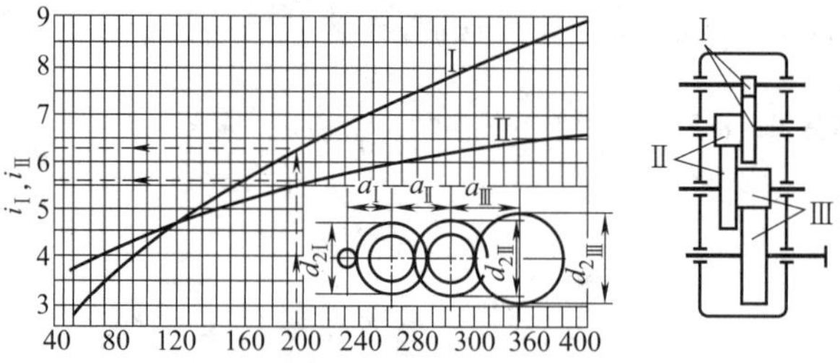 图(d) 例 试分配 $i=196$ 的三级圆柱齿轮减速器的传动比。由图查得 $i_{\mathrm{I}}=6.3$，$i_{\mathrm{II}}=5.6$，则低速级传动比 i_{III} 为 $$i_{\mathrm{III}}=\frac{i}{i_{\mathrm{I}}i_{\mathrm{II}}}=\frac{196}{6.3\times5.6}=5.56$$	
圆锥、圆柱齿轮减速器	两级		①按等强度条件，并获得最小的外形尺寸，传动比分配按下式计算或按图(e)选取 $$\lambda_z C^3\frac{i_{\mathrm{I}}^4}{(i+i_{\mathrm{I}})i^2}=1$$ 式中，$\lambda_z=\frac{2.25\psi_a\sigma^2_{\mathrm{Hlim\,II}}}{(1-\psi_R)\psi_R\sigma^2_{\mathrm{Hlim\,I}}}$（$\lambda_z$ 值必须给定）；$C=\frac{d_{2\mathrm{II}}}{d_{2\mathrm{I}}}$（一般取 $C=1\sim1.4$，为使减速器尺寸较小，取 $C=1\sim1.1$） 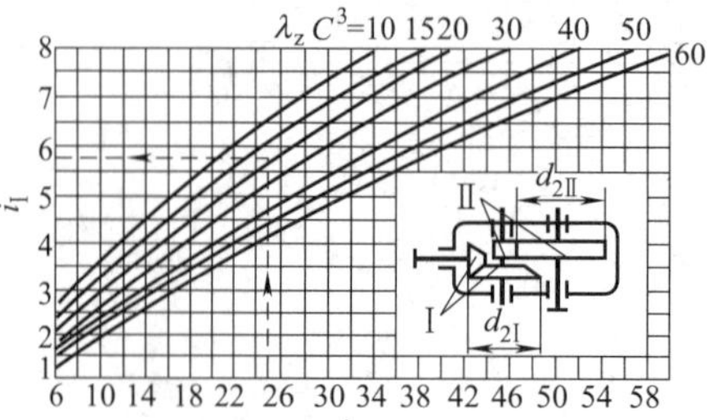 图(e) ②为了避免圆锥齿轮过大，制造困难，推荐 $i_{\mathrm{I}}\approx0.25i$，且 $i_{\mathrm{I}}\leqslant3$；当要求浸入油池中的深度相近时，可取 $i_{\mathrm{I}}=3.5\sim4$	ψ_a——圆柱齿轮齿宽系数，$\psi_a=b/a$ ψ_R——圆锥齿轮齿宽系数，$\psi_R=b/R$ $d_{2\mathrm{I}}$，$d_{2\mathrm{II}}$——圆锥、圆柱齿轮副中大齿轮直径 b——齿宽 R——锥距

续表

减速器类型		传动比分配方法	说　明
圆锥、圆柱齿轮减速器	三级	按等强度条件，并获得最小外形尺寸和重量，传动比分配可按图(f)选取 图(f) 例　分配 $i=135$ 减速器的传动比。由上图 $i_{\text{I}}=4.6$，$i_{\text{II}}=6.8$，则 $i_{\text{III}}=\frac{i}{i_{\text{I}}i_{\text{II}}}=\frac{135}{4.6\times6.8}=4.32$	
蜗杆减速器	两级	为满足两级中心距符合 $a_{\text{I}}\approx a_{\text{II}}/2$ 的关系，通常取 $i_{\text{I}}=i_{\text{II}}=\sqrt{i}$	
齿轮-蜗杆减速器	两级	因齿轮传动布置在高速级，为获得紧凑的箱体结构和便于润滑，通常取齿轮传动比 $i_{\text{I}}\leqslant2\sim2.5$，如要求 $i_{\text{I}}>2.5$ 时，则齿轮副应采用淬硬齿轮，$i_{\text{II}}=8\sim80$	
蜗杆-齿轮减速器	两级	因齿轮传动布置在低速级，为使蜗杆传动有较高的效率，应取 $i_{\text{II}}=(0.03\sim0.06)i$	

1.4　减速器结构设计

1.4.1　减速器基本结构

由如图 15-1-1 所示的单级圆柱齿轮减速器可知，减速器主要由传动零件（高速级齿轮 9、低速级齿轮 15）、轴（高速轴 11、低速轴 13）、轴承（轴承 7、12）、箱体（底座 19、箱盖 21）及其附件（吊环 2、油尺 3、螺塞 5、挡油环 8、通气罩 24）等组成。

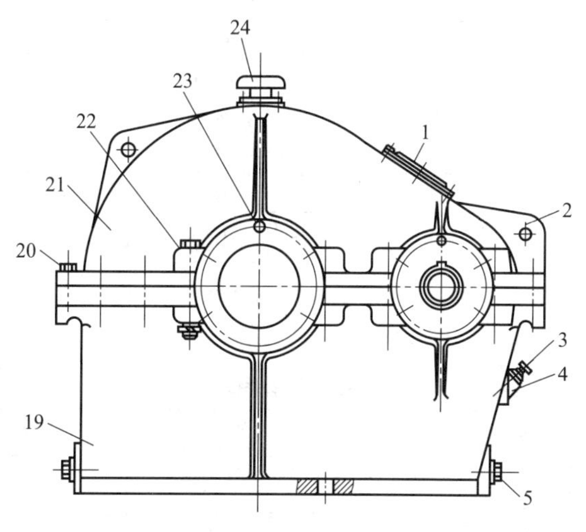

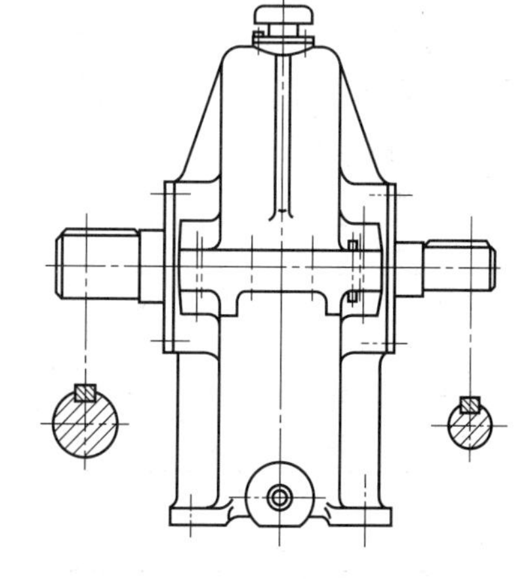

图 15-1-1

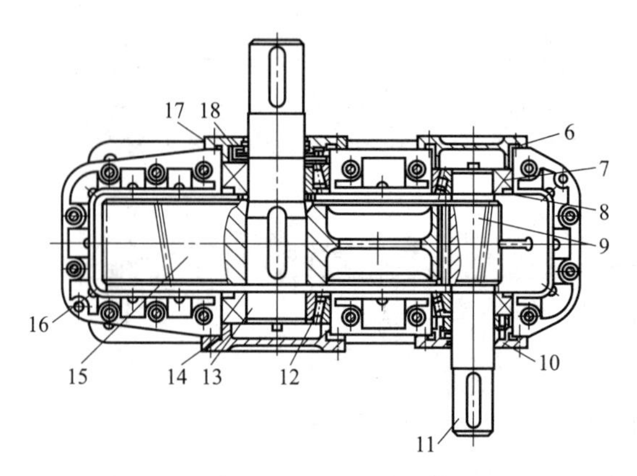

图 15-1-1　单级圆柱齿轮减速器的基本结构

1—视孔盖；2—吊环；3—油尺；4—油尺套；5—螺塞；6,10,14,17—端盖；7,12—轴承；8—挡油环；9—高速级齿轮；11—高速轴；13—低速轴；15—低速级齿轮；16—定位销；18—甩油盘；19—底座；20—底座与箱盖连接螺栓；21—箱盖；22—轴承座连接螺栓；23—轴承盖螺钉；24—通气罩

1.4.2　齿轮减速器、蜗杆减速器箱体

减速器箱体的基本功能是承受力和力矩；防止润滑油逸出；防止外界水、尘等异物侵入；散热和屏蔽噪声等。设计时应考虑方便维修、方便对内部观察等因素。齿轮减速器、蜗杆减速器箱体的基本结构见图 15-1-2，结构尺寸按表 15-1-9 确定。

表 15-1-9　　齿轮减速器、蜗杆减速器箱体的结构尺寸　　mm

<table>
<tr><th>名　　称</th><th colspan="3">齿轮减速器箱体</th><th colspan="2">蜗杆减速器箱体</th></tr>
<tr><td rowspan="3">底座壁厚 δ</td><td rowspan="3">级数</td><td>1</td><td>$\delta=0.025a+1\geqslant 7.5$</td><td colspan="2" rowspan="3">$\delta=0.04a+(2\sim3)\geqslant 8$
圆柱齿轮传动：a 为低速级中心距；圆锥齿轮传动，a 为大、小齿轮平均节圆半径之和；蜗杆蜗轮传动，a 为中心距</td></tr>
<tr><td>2</td><td>$\delta=0.025a+3\geqslant 8$</td></tr>
<tr><td>3</td><td>$\delta=0.025a+5$</td></tr>
<tr><td rowspan="2">箱体壁厚 δ_1</td><td colspan="3" rowspan="2">$\delta_1=(0.8\sim0.85)\delta>8$</td><td>蜗杆上置式</td><td>$\delta_1=\delta$</td></tr>
<tr><td>蜗杆下置式</td><td>$\delta_1=(0.8\sim0.85)\delta\geqslant 8$</td></tr>
<tr><td>底座上部凸缘厚度 h_0</td><td colspan="5">$h_0=(1.5\sim1.75)\delta$</td></tr>
<tr><td>箱盖凸缘厚度 h_1</td><td colspan="3">$h_1=(1.5\sim1.75)\delta_1$</td><td colspan="2">$h_1=(1.5\sim1.75)\delta$</td></tr>
<tr><td rowspan="3">底座下部凸缘厚度 h_2、h_3、h_4</td><td>平耳座</td><td colspan="4">$h_2=(1.5\sim1.75)\delta$</td></tr>
<tr><td rowspan="2">凸耳座</td><td colspan="4">$h_3=1.5\delta$</td></tr>
<tr><td colspan="4">$h_4=(1.75\sim2)h_3$</td></tr>
<tr><td>轴承座连接螺栓凸缘厚度 h_5</td><td colspan="5">$h_5=(3\sim4)d_2$，具体大小根据结构确定</td></tr>
<tr><td>吊环螺栓座凸缘高度 h_6</td><td colspan="5">h_6＝吊环螺栓孔深＋(10～15)</td></tr>
<tr><td>底座加强筋厚度 e</td><td colspan="5">$e=(0.8\sim1)\delta$</td></tr>
<tr><td>箱盖加强筋厚度 e_1</td><td colspan="3">$e_1=(0.8\sim0.85)\delta_1$</td><td colspan="2">$e_1=(0.8\sim0.85)\delta$</td></tr>
<tr><td>地脚螺栓直径 d</td><td colspan="5">$d=(1.5\sim2)\delta$ 或按表 15-1-13 选取</td></tr>
<tr><td>地脚螺栓数目 n</td><td colspan="5">按表 15-1-13 选取</td></tr>
<tr><td>轴承座连接螺栓直径 d_2</td><td colspan="5">$d_2=0.75d$</td></tr>
<tr><td>底座与箱盖连接螺栓直径 d_3</td><td colspan="5">$d_3=(0.5\sim0.6)d$</td></tr>
<tr><td>轴承盖固定螺栓直径 d_4</td><td colspan="5">按表 15-1-14 选取</td></tr>
<tr><td>视孔盖固定螺栓直径 d_5</td><td colspan="3">$d_5=(0.3\sim0.4)d$</td><td colspan="2">—</td></tr>
<tr><td>吊环螺栓直径 d_6</td><td colspan="5">$d_6=0.8d$ 或按减速器重量确定</td></tr>
<tr><td>轴承盖螺栓分布圆直径 D_1</td><td colspan="5">$D_1=D+2.5d_4$ 或按表 15-1-14 选取</td></tr>
<tr><td>轴承座凸缘端面直径 D_2</td><td colspan="5">$D_2=D+2.5d_4$ 或按表 15-1-14 选取</td></tr>
</table>

续表

名　　称	齿轮减速器箱体	蜗杆减速器箱体
螺栓孔凸缘的配置尺寸 C_1、C_2、r、D_0	按表 15-1-10 选取	
地脚螺栓孔凸缘的配置尺寸 C_1'、C_2'、D_0'	按表 15-1-11 选取	
铸造壁相交部分的尺寸 X、Y、R	按表 15-1-12 选取	
箱体内壁和齿顶的间隙 Δ	$\Delta \geqslant 1.2\delta$	
箱体内壁与齿轮端面的间隙 Δ_1	最小值一般可取为 10～15	—
底座深度 H	$H=0.5d_a+(30\sim50)$（d_a 为齿顶圆直径）	
底座高度 H_1	$H_1 \approx a$，多级减速器 $H_1 \approx a_{max}$	
箱盖高度 H_2	—	$H_2 \geqslant \frac{d_{a2}}{2}+\Delta+\delta_2$（$d_{a2}$ 为蜗轮最大直径）
箱盖和箱盖凸缘宽度 l_1	$l_1=C_1+C_2+(5\sim10)$	
轴承盖固定螺栓孔深度 l_2、l_3	查机械设计手册	
轴承座连接螺栓间的距离 L	$L \approx D_2$	
箱体内壁横向宽度 L_1	按结构确定	$L_1 \approx D$
其他圆角 R_0、r_1、r_2	$R_0=C_2$，$r_1=0.25h_3$，$r_2=h_3$	

散热片	散热片配置尺寸				
	$h_7=(4\sim5)\delta$	$e_2=\delta$	$r_3=0.5\delta$	$r_4=0.25\delta$	$b=2\delta$

注：1. 箱体材料为灰铸铁。
2. 对于焊接的减速器箱体，其参数可参考本表，但壁厚可减少 30%～40%。
3. 本表所列尺寸关系同样适合于带散热片的蜗杆减速器。散热片的尺寸可按表中的经验公式确定。

表 15-1-10　　凸缘螺栓的配置尺寸　　mm

代号	M6	M8	M10	M12	M16	M20	M22	M24	M27	M30
C_{1min}	12	15	18	22	26	30	36	36	40	42
C_{2min}	10	13	14	18	21	26	30	30	34	36
D_0	15	20	25	30	40	45	48	48	55	60
r_{max}	3	3	4	4	5	5	8	8	8	8

表 15-1-11　　底座凸缘螺栓的配置尺寸　　mm

代号	M16	M20	M24	M30	M36	M42	M48	M56
C_{1min}'	25	30	35	50	55	60	70	95
C_{2min}'	22	25	30	50	58	60	70	95
D_0'	45	48	60	85	100	110	130	170

表 15-1-12　　铸件壁相交部分尺寸　　mm

壁厚 δ	10～15	15～20	20～25	25～30	30～35
X	3	4	5	6	7
Y	15	20	25	30	35
R	5	5	5	8	≥8

注：表中所列过渡处的尺寸适用于 $h\approx(2\sim3)\delta$。当 $h>3\delta$ 时，应加大表中数值；当 $h<2\delta$ 时，过渡处的尺寸由设计者自行考虑。

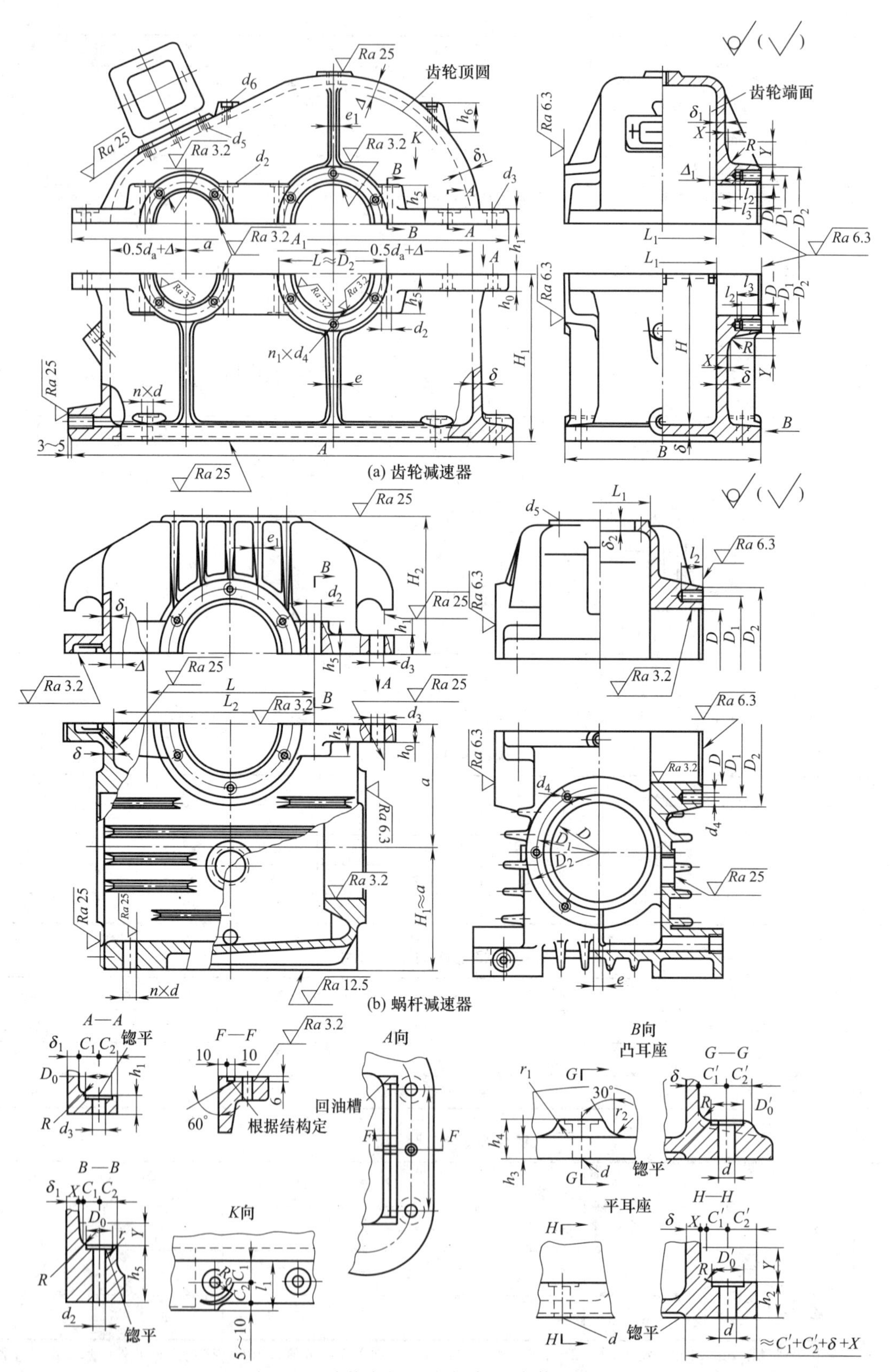

图 15-1-2　齿轮减速器、蜗杆减速器箱体的基本结构

表 15-1-13　地脚螺栓尺寸　mm

单级			两级			三级		
中心距 a	螺栓直径 d	螺栓数目 n	总中心距 a	螺栓直径 d	螺栓数目 n	总中心距 a	螺栓直径 d	螺栓数目 n
100	M16	4	250	M20	6	500	M20	8
150	M16	6	350	M20	6	650	M24	8
200	M16	6	425	M20	6	750	M24	10
250	M20	6	500	M24	8	825	M30	10
300	M24	6	600	M24	8	950	M30	10
350	M24	6	650	M30	8	1100	M36	10
400	M30	6	750	M30	8	1250	M36	10
450	M30	6	850	M36	8	1450	M42	10
500	M36	6	1000	M36	8	1650	M42	10
600	M36	6	1150	M42	8	1900	M48	10
700	M42	6	1300	M42	8	2150	M48	10
800	M42	6	1500	M48	10			
900	M48	6	1700	M48	10			
1000	M48	6	2000	M56	10			

表 15-1-14　轴承座凸缘端面尺寸　mm

代号	尺寸																		
D	47	52	62	72	80	85	90	100	110	120	125	130	140	150	160	170	180	190	200
D_1	68	72	85	95	105	110	115	125	140	150	155	160	170	185	195	205	215	225	235
D_2	85	90	105	115	125	130	135	145	165	175	180	185	200	215	230	240	255	265	275
d_4	M8	M8	M8	M10	M10	M10	M10	M10	M12	M12	M12	M12	M12	M16	M16	M16	M16	M16	M16
d_4 数目 n_1	4	4	4	4	4	6	6	6	6	6	6	6	6	6	6	6	6	6	6

1.4.3 减速器附件

1.4.3.1 油标和油尺

油标可随时方便地观察油面高度。油标有圆形、长形、管状，均有国家标准。油尺构造简单，但在工作时不能随时观察油面高度，不如油标方便。油尺如图 15-1-3 所示，油尺套如图 15-1-4所示。

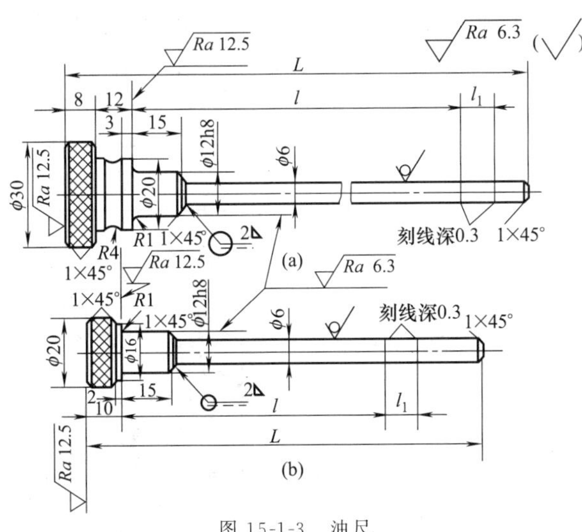

图 15-1-3　油尺

1.4.3.2 透气塞和通气罩

减速器工作时温度升高，使箱内空气膨胀，为防止箱体的剖分面和轴的密封处漏油，必须使箱内热空气能从透气塞或通气罩排出箱外，相反也可使冷空气进入箱内。透气塞一般适用于小尺寸及发热较小的减速器，并且环境比较干净。通气罩一般用于较大型的减速器。透气塞的结构尺寸见表 15-1-15，通气罩的结构尺寸见表 15-1-16。

1.4.3.3 螺塞

螺塞用于底座下部放油孔，此油孔专为排放减速器内润滑油用。表 15-1-17 为管螺纹外六角螺塞尺寸。

1.4.3.4 视孔和视孔盖

为检查齿轮啮合情况及向箱内注入润滑油之用，所以位置应在两齿轮啮合处的上方。平时视孔用视孔盖盖严，视孔盖尺寸见表 15-1-18。

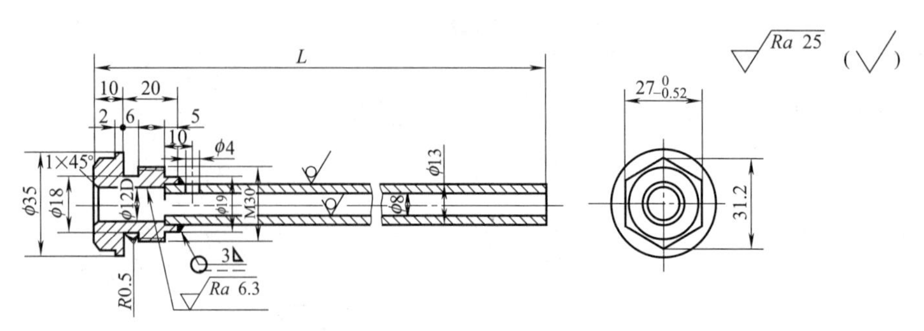

注：1. 长度由设计者根据结构决定。2. 材料为 Q235A·F。

图 15-1-4　油尺套

表 15-1-15　　透气塞的结构尺寸　　mm

d	D	L	l	d_1	a	S
M10×1	13	16	8	3	2	14
M12×1.25	16	19	10	4	2	17
M16×1.5	22	23	12	5	2	22
M20×1.5	30	28	15	6	4	22
M22×1.5	32	29	15	7	4	22
M27×2	38	34	18	7	4	27
M30×2	42	36	18	8	4	32
M33×2	45	38	20	8	4	32
M36×3	50	46	25	8	5	36

表 15-1-16　　通气罩的结构尺寸　　mm

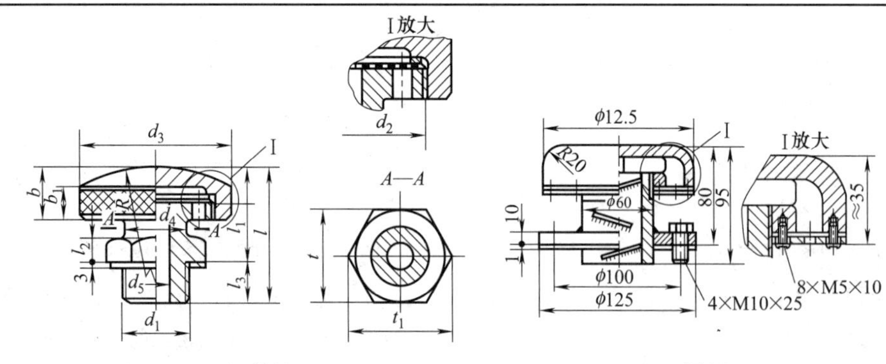

图(a)　　图(b)

形式	d_1	d_2	d_3	d_4	d_5	l	l_1	l_2	l_3	b	b_1	t_1	t	R	质量/kg
图(a)	M24	M48×1.5	55	22	12	55	40	8	15	20	16	41.6	36	85	0.45
	M36	M64×2	75	30	20	60	40	12	20	20	16	571.7	50	160	0.9
图(b)	尺寸见图(b)														2.6

表 15-1-17　　管螺纹外六角螺塞尺寸　　mm

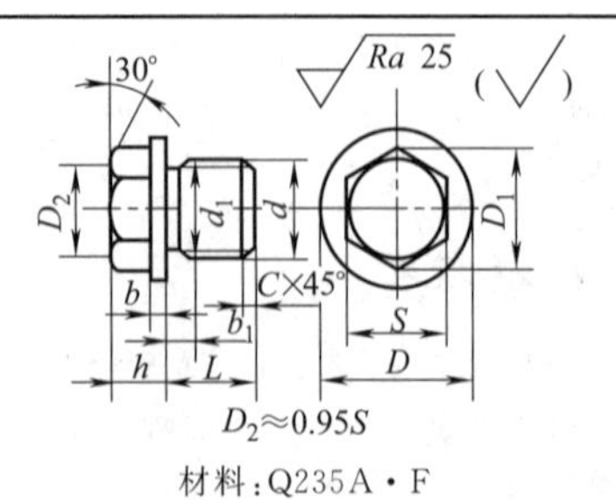

d	D	D_1	S 公称尺寸	S 极限偏差	h	L	b	b_1	C	d_1	质量/kg
G½	30	25.4	22	$_{-0.28}^{0}$	13	15	4	4	0.5	18	0.086
G1	45	36.9	32	$_{-0.34}^{0}$	17	20	4	5	1.5	29.5	0.272
G1¼	55	47.3	41		23	25	5	5	1.5	38	0.553
G1¾	68	57.7	50		27	30	5	5	1.5	50	1.013

表 15-1-18　视孔盖尺寸　mm

l_1	l_2	l_3	b_1	b_2	d 直径	d 孔数	δ	R	质量/kg
90	75	—	70	55	7	4	4	5	0.2
120	105	—	90	75	7	4	4	5	0.34
140	125	—	120	105	7	8	4	5	0.53
180	165	—	140	125	7	8	4	5	0.79
200	180	—	180	160	11	8	4	10	1.13
220	190	—	160	130	11	8	4	15	1.1
220	200	—	200	180	11	8	4	10	1.38
270	240	—	180	150	11	8	6	15	2.2
270	240	—	220	190	11	8	6	15	2.8
350	320	—	220	190	11	8	10	15	6
420	390	130	260	230	13	10	10	15	8.6
500	460	150	300	260	13	10	10	20	11.8

材料：Q235A·F

1.4.3.5　甩油盘和甩油环

起密封作用。防止轴承中的油从轴孔泄漏。设置在低速轴上为甩油盘，在高速轴上为甩油环。甩油盘尺寸见表 15-1-19，甩油环尺寸见表 15-1-20。

表 15-1-19　甩油盘尺寸　mm

d	d_1	d_2	d_3	d_4	b	b_1	b_2	质量/kg
45	82	55	70	74	32	18	5	0.26
60	105	72	90	92	42	2	7	0.63
75	130	90	115	118	38	25		0.86
95	142	115	135	138	30	15	5	0.65
110	160	125	150	155	32	18		0.96
120	180	135	165	170	38	24	7	1.4
140	210	155	190	195	35	22		1.8
150	225	168	215	220		20		2.3
180	275	200	240	245	40	25		3.5
220	285	240	275	280	50	32		3.5
240	305	260	295	300				4.2

材料：Q235A·F

表 15-1-20　甩油环尺寸　mm

d	d_1	d_2	b	b_1	C	质量/kg	d	d_1	d_2	b	b_1	C	质量/kg
30	48	36	12	4	0.5	0.067	40	75	50	12	5	0.5	0.16
35	55	42	12	4	0.5	0.07	55	100	65	35	7	1	0.72
35	65	42	12	5	0.5	0.13	65	115	80	40	7	1	0.83
50	90	60	12	5	0.5	0.22	80	140	95	45	7	1	1.2
55	100	65	12	5	1	0.3	90	150	108	50	7	1	1.7
65	115	80	15	5	1	0.41	100	175	120	60	10	1	2.5
80	140	95	30	7	1	0.94	110	160	125	55	10	1	2.2
90	150	108	35	7	1	1.3	30	48	36	20	4	0.5	0.094
100	175	120	37	7	1	1.7	35	65	42	20	5	0.5	0.17
110	180	125	37	7	2	1.8	40	75	50	25	7	1	0.27
130	190	145	37	7	2	2.2	50	90	60	30	7	1	0.4
150	225	168	30	7	2	2.7							

材料：Q235A·F

1.4.3.6　润滑附件

润滑附件包括油嘴、惰轮和油环。在润滑油压力循环系统中，用油嘴将油喷向齿轮的啮合处。油嘴的结构应能使油沿齿宽均匀地分配（扁槽油嘴尺寸见表 15-1-21）；在多级和混合式的减速器中，有时不能做到所有的齿轮都浸入油中，在这种情况下，可采用辅助的惰轮或油环来润滑。

1.4.4　减速器轴承选择

减速器应优先选用滚动轴承，对于高速或大型且要求运行高度平稳的减速装置才以滑动轴承为主。齿轮支座轴承选择见表 15-1-22，蜗杆支座轴承选择见表 15-1-23。

表 15-1-21　　扁槽油嘴尺寸　　mm

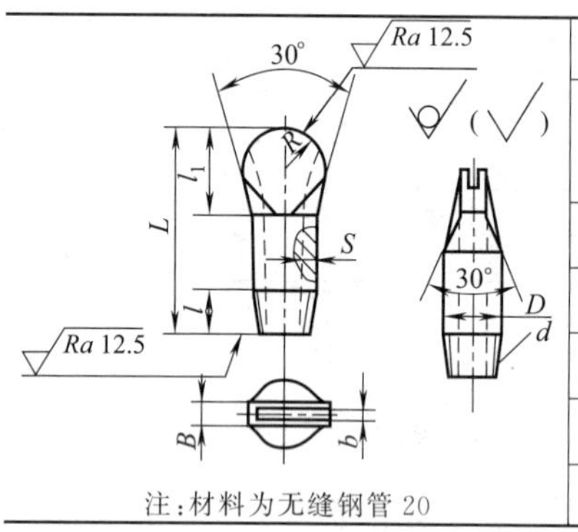

注：材料为无缝钢管 20

标记示例：扁槽油嘴 DN8

公称直径 DN	d	L	l_1	l	D	S	B	b	R	质量 /kg
8	R1/4	60	22	13	14	2.5	5	0.4	10	0.04
10	R3/8	60	25	14	18	2.5	5	0.5	12	0.06
15	R1/2	90	33	17.5	22	2.5	5	0.7	18	0.10
20	R3/4	90	40	19.5	28	3	6	0.8	22	0.17
25	R1	90	50	22	34	3	6	1	28	0.25

表 15-1-22　　齿轮支座轴承的选择

传动类型	轴承类型				附注
	第一支座		第二支座		
直齿圆柱齿轮传动（无轴向载荷）	固定支承	深沟球轴承，类型 60000	活动支承	深沟球轴承，类型 60000	广泛采用
		深沟球轴承，类型 60000		圆柱滚子轴承，类型 N0000 或 NU0000	
		圆柱滚子轴承，类型 NJ0000 或 NU0000		圆柱滚子轴承，类型 N0000 或 NU0000	
		调心球轴承或调心滚子轴承，类型 10000 或 20000C		调心球轴承或调心滚子轴承，类型 10000 或 20000C	
	深沟球轴承，类型 60000		深沟球轴承，类型 60000		—
	圆锥滚子轴承，类型 30000		圆锥滚子轴承，类型 30000		—
	圆柱滚子轴承，类型 NJ0000		圆柱滚子轴承，类型 NJ0000		—
	调心球轴承，类型 10000		调心球轴承，类型 10000		只用于速度不大的传动
斜齿圆柱齿轮传动，蜗杆传动中的蜗轮轴	深沟球轴承，类型 60000		深沟球轴承，类型 60000		用于轴向载荷（小于径向载荷的 1/3）不大的场合
	深沟球轴承，类型 60000		圆柱滚子轴承，类型 N0000 或 NU0000		
轴向载荷为径向载荷的 1/10～2/3	角接触球轴承，类型 70000C		角接触球轴承，类型 70000C		—
	圆锥滚子轴承，类型 30000		圆锥滚子轴承，类型 30000		—
	两个角接触球轴承（类型 70000C）或两个圆锥滚子轴承（类型 30000）		圆柱滚子轴承，类型 N0000 或 NU0000		用于大功率减速器
人字齿圆柱齿轮传动	主动轴	深沟球轴承，类型 60000	深沟球轴承，类型 60000		双活动支座
		圆柱滚子轴承，类型 N0000 或 NU0000	圆柱滚子轴承，类型 N0000 或 NU0000		
	从动轴	滚动球轴承，类型 60000	深沟球轴承，类型 60000		—
		滚动球轴承，类型 60000，但装为固定支座	圆柱滚子轴承，类型 N0000 或 NU0000		—
		圆柱滚子轴承，类型 NJ0000 或 NU0000	圆柱滚子轴承，类型 NJ0000 或 NU0000		—
		角接触球轴承（类型 70000C）或圆锥滚子轴承（类型 30000）	角接触球轴承（类型 70000C）或圆锥滚子轴承（类型 30000）		—

续表

传动类型	轴承类型			附注
		第一支座	第二支座	
圆锥齿轮传动	悬臂式圆锥齿轮轴	深沟球轴承，类型 60000	深沟球轴承（类型 60000）或圆柱滚子轴承（类型 NJ0000）	用于轴向载荷不大时
		圆柱滚子轴承（类型 NU0000）与深沟球轴承（类型 60000）的组合（后者不承受径向载荷）	圆柱滚子轴承，类型 N0000 或 NU0000	—
		圆锥滚子轴承，类型 30000	圆锥滚子轴承，类型 30000	—
		角接触球轴承，类型 70000C 或 NJ0000	角接触球轴承，类型 70000C 或 NJ0000	—
		两个圆锥滚子轴承，类型 30000	单列调心滚子轴承，或双列调心滚子轴承	—
	简支式圆锥齿轮轴	深沟球轴承，类型 60000（固定支座）	深沟球轴承，或双列调心滚子轴承	用于轴向载荷不大时
		圆锥滚子轴承或角接触球轴承	圆锥滚子轴承或角接触球轴承	

表 15-1-23　**蜗杆支座轴承的选择**

方案	第一支座		第二支座		工作范围	
	轴承数目	轴承类型	轴承数目	轴承类型	载荷	每分钟转速
Ⅰ	1	70000C 或 70000AC	1	70000C 或 70000AC	轻	中和高
Ⅱ	1	30000 或 31300	1	30000 或 31300	轻和中	低和中
Ⅲ	2	70000AC	1	根据载荷的轻重可为 60000、N0000 或 NU0000	轻和中	高（$n>750$r/min）
Ⅳ	2	31300	1		中	中（$n\leqslant 1000$r/min）
Ⅴ	2	30000	1		轻和中	中
Ⅵ	1	52000，60000	1		中	低
Ⅶ	1	52000，N0000	1		重和中	低
Ⅷ	1	52000，7000	1		重和中	中

注：1. 方案Ⅰ、Ⅱ只在支座距离不大（$L\leqslant 200$mm）时采用。
2. 当没有 31300 类型的轴承时，可成对地安装 60000-2Z 类型轴承。

1.4.5　减速器主要零件的配合

表 15-1-24　**减速器主要零件的配合**

配合代号	应用举例	装配和拆卸条件	配合代号	应用举例	装配和拆卸条件
H7/s6	重载荷并有冲击载荷时的齿轮与轴的配合，轴向力较大并且无辅助固定	压力机装配和拆卸	H7/h7	滚动轴承外圈与减速器箱体的配合	徒手
H7/r6	蜗轮轮缘与轮体的配合，齿轮和齿式联轴器与轴的配合，中等的轴向力但无辅助固定装置	压力机	H8/h9	滚动轴承组合中的端盖	
H7/n6	电动机轴上的小齿轮，摩擦离合器和爪式离合器，蜗轮轮缘。承受轴向力时必须有辅助固定	压力机、拆卸器、木锤		止退环、填料压盖、带锥形紧固套的轴承与轴	
H7/m6	经常拆卸的圆锥齿轮（为了减少配合处的磨损）	压力机、拆卸器、木锤	H8/f9	滑动轴承与轴、填料压盖	

1.4.6　减速器技术条件

表 15-1-25　　减速器技术条件

<table>
<tr><th>项　目</th><th>内　容</th></tr>
<tr><td>箱体技术条件</td><td>①减速器箱体可采用铸件，也可采用焊件。在铸造或焊接后必须进行时效处理
②底座与箱盖合箱后，不加工边缘的相互错位不得大于：4mm（箱体最大长度⩽1000mm 的减速器）；5mm（箱体最大长度＞1000～2000mm 的减速器）；6mm（箱体最大长度＞1000mm 的减速器）
③底座与箱盖合箱后，未紧固螺栓时，用 0.05mm 塞尺检查剖分面接触的密合性，塞尺塞入深度不得大于剖分面宽度的 1/3
④轴承孔的中心线与其剖分面的不重合度不大于 0.3mm
⑤轴承孔的圆度与圆柱度公差为 GB/T 1184—1996 的 8 级
⑥轴承孔端面与其轴线的垂直度为 GB/T 1184—1996 的 8 级
⑦箱体剖分面的表面粗糙度 Ra 为 3.2μm，与底平面的平行度为 GB/T 1184—1996 的 8 级
⑧圆柱齿轮传动轴承孔中心线平行度公差与轴承孔中心距的极限偏差，圆锥齿轮传动轴承孔中心线不相交性公差与中心线夹角的极限偏差，蜗杆传动轴承孔中心距的极限偏差应满足传动设计要求</td></tr>
<tr><td>装配技术条件</td><td>①齿轮副的最小侧隙及接触斑点应符合 JB/T 9050.1—2015 规定
② 轴承内圈必须紧贴轴肩或定距环；用 0.05mm 塞尺检查不得通过
③圆锥滚子轴承允许的轴向游隙应符合规定
④底座、箱盖及其他零件未加工的内表面和齿轮（蜗轮）未加工表面应涂底漆并涂以红色耐油漆，底座、箱盖及其他零件未加工的外表面涂底漆并涂以浅灰色油漆，也可按用户要求涂漆
⑤机体、机盖剖分面螺栓应按规定的预紧力拧紧。加预紧力的方式可用扭力扳手加预紧力矩加载，也可用液压式螺栓拉伸器按轴向力加载。预紧力与螺栓的关系如下
<table>
<tr><td>螺栓直径 d/mm</td><td>M10</td><td>M12</td><td>M16</td><td>M20</td><td>M24</td><td>M30</td><td>M36</td></tr>
<tr><td>用扭力扳手加预紧力矩 M_A/N·m</td><td>35</td><td>61</td><td>149</td><td>290</td><td>500</td><td>1004</td><td>1749</td></tr>
<tr><td>用螺栓拉伸器加预紧轴向力 F_V/kN</td><td>—</td><td>—</td><td>—</td><td>—</td><td>158.1</td><td>251.3</td><td>366.0</td></tr>
</table>
注：表中螺栓强度级别为 8.8，当螺栓强度级别为 5.6 时，表中数值应乘以 0.47；当强度级别为 10.9 时，则乘以 1.41；强度级别为 12.9 时，则应乘以 1.69</td></tr>
<tr><td>润滑要求</td><td>①减速器选用的润滑油有：抗氧防锈工业齿轮油、中极压工业齿轮油、高极压工业齿轮油。使用时环境温度不得低于−5℃，齿轮节圆线速度不大于 25m/s。不符合上述情况时应选用其他合适的润滑油
②注明润滑油黏度或牌号
③润滑油应定期更换，一般新减速器第一次使用时，运转 7～14 天后需换新油，以后可根据情况 3～6 个月换一次</td></tr>
<tr><td>试运转要求</td><td>①空载试运转在额定转速下正、反向运转时间不得少于 1h
②承载试运转在额定转速、额定载荷下进行，根据要求可单向或双向运转，加载要求及运转时间详见 JB/T 5558—2015
③全部运转过程中，运转应平稳、无冲击、无异常振动和噪声，各密封处、接合处不得渗油、漏油
④承载运转时，对于齿轮减速器，油池温升不得超过 35℃，轴承温升不得超过 40℃；对于蜗杆减速器，温升不得超过 60℃，轴承温升不超过 50℃
⑤超载试验在额定转速下，以 120%、150%、180%额定载荷运转，其相应运转时间分别为 1min、1min、0.5min
⑥其他试验规定详见圆柱齿轮减速器加载试验方法 JB/T 5558—2015</td></tr>
</table>

注：圆柱齿轮减速器通用技术条件见 JB/T 9050.1—2015。

1.5　齿轮与蜗杆传动的传动效率和散热

1.5.1　齿轮与蜗杆传动的传动效率

传动效率反映了传动系统功率损失的大小。传动系统的功率损失主要转化为热量，使得传动系统温度升高，影响传动系统正常工作。为了减小传动系统的温升，可以采取良好的散热措施，但根本的办法还是尽量提高传动效率。传动效率的实际值应由实测确定，进行动力学计算时，齿轮与蜗杆传动的传动效率值可按表 15-1-26 估算。摩擦因数和摩擦角的值见表 15-1-27。

1.5.2　齿轮与蜗杆传动的散热

齿轮与蜗杆传动的散热可采用自然冷却和强制冷却两种措施。当传动效率高，产生的热量较少，且减速器散热面积足够大时，采用自然冷却，自然冷却的传动装置散热计算见表 15-1-28。当传动效率低，产生的热量较多，减速器散热面积不够时，应采用强制冷却，强制冷却的传动装置散热计算见表 15-1-29。

表 15-1-26　　齿轮与蜗杆传动的传动效率计算

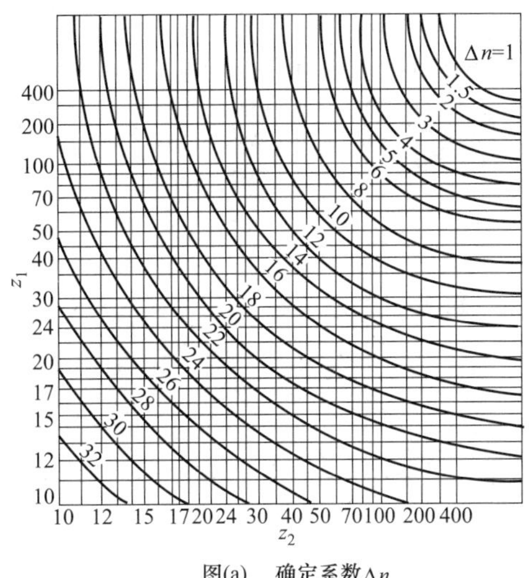

图(a)　确定系数Δn

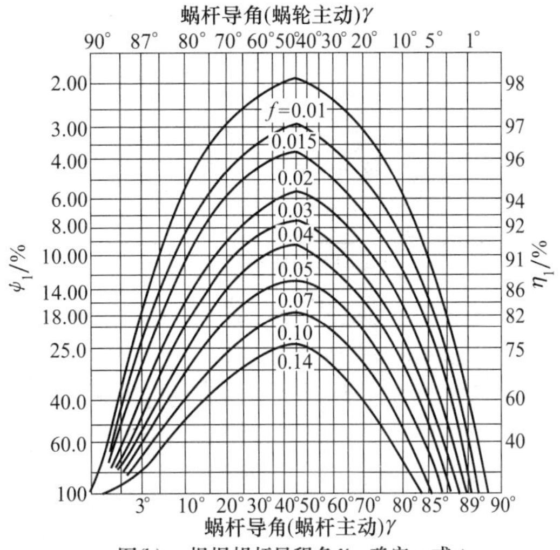

图(b)　根据蜗杆导程角γ，确定η_1或ψ_1

项　　目	计算公式和说明	
	齿 轮 传 动	蜗 杆 传 动
啮合效率 η_1 $\eta_1=1-\psi_1$	$\psi_1=0.01f\Delta n$ 式中　f——轮齿间的滑动摩擦因数，其值随着齿面粗糙度值的增加、润滑油黏度的降低和滑动速度的减小而增大。一般 $f=0.05\sim0.10$（齿面跑合较好时取较小值） Δn——根据齿数由图(a)确定。对角变位直齿轮，按图求出的数值应乘上 $0.643/\sin 2\alpha_w$；对斜齿轮，应乘上 $0.8\cos\beta$；对锥齿轮，应按当量齿数选取 Δn 值	$\eta_1=\dfrac{\tan\gamma}{\tan(\gamma+\rho')}$　（蜗杆主动时） $\eta_1=\dfrac{\tan(\gamma-\rho')}{\tan\gamma}$　（蜗杆从动时） 式中　γ——蜗杆分度圆上的导角（对环面蜗杆为喉部节圆上的导角） ρ'——当量摩擦角，可取 $\rho'\approx\rho=\arctan f$ f——滑动摩擦因数，f 或 ρ 根据蜗轮副材料和滑动速度 v_h 的大小由表 15-1-27 选取 $v_h=\dfrac{d_1n_1}{1910\cos\gamma}$　(m/s) 式中　d_1——蜗杆分度圆直径，cm n_1——蜗杆转速，r/min 对于采用滚动轴承的圆柱蜗杆传动，η_1 或 ψ_1 可根据蜗杆导程角 γ 大小，按图(b)选取，该图已计入了滚动轴承摩擦损耗，不用再计算 ψ_2 值
轴承摩擦损失的效率 η_2 $\eta_2=1-\psi_2$	对于滚动轴承和液体摩擦滑动轴承：$\psi_2\approx0.005$ 对半液体摩擦滑动轴承：$\psi_2\approx0.01$	对于滚动轴承：$\psi_2\approx0.01$ 对于滑动轴承：$\psi_2\approx0.03$
润滑油飞溅和搅动损耗效率 η_3 $\eta_3=1-\psi_3$	齿轮浸入油池中的深度不大于两倍齿高时，一个齿轮的 ψ_3 值为 $\psi_3=\dfrac{0.75vb\sqrt{v\nu_t\dfrac{200}{z_\Sigma}}}{10^5P_1}$ 式中　P_1——传动功率，kW v——齿轮节圆圆周速度，m/s b——浸入油中的齿轮的宽度（对锥齿轮应根据结构和浸油深度按图纸确定），mm ν_t——润滑油在其工作温度下的运动黏度，m^2/s $z_\Sigma=z_1+z_2$	轮齿浸入油池中的深度不大于两倍齿高（或螺牙高）时 $\psi_3=\dfrac{0.75vB\sqrt{v\nu_t}}{10^5P_1}$ 式中　P_1——传动功率，kW v——浸入油中物体（蜗杆或蜗轮）的圆周速度，m/s B——浸入油中物体的宽度（对蜗杆来说，为其长度），当蜗轮轴为垂直位置时，应以齿顶圆直径 d_{a2} 代替 B 值，mm ν_t——润滑油在其工作温度下的运动黏度，m^2/s

第 15 篇

续表

项目	计算公式和说明	
	齿轮传动	蜗杆传动
润滑油飞溅和搅动损耗效率 η_3 $\eta_3=1-\psi_3$	在喷油润滑的情况下，上式中的系数 0.75 应以 0.5 代替 在高速传动中，随着齿轮与箱体之间的间隙减小，润滑油飞溅和搅动的功率损耗会急剧增加	在喷油润滑及用叶轮溅油润滑的情况下，上式中的系数 0.75 应以 0.5 代替 如果蜗杆的圆周速度很大（$v>4\sim5$m/s），建议将蜗杆放在蜗轮的上面
总效率 η	$\eta=\eta_1\eta_2\eta_3$	

注：1. 对高速的齿轮传动及环面蜗杆传动，用风扇冷却时，传动总效率还要计入效率 $\eta_4=1-\Delta P_s/P_1$（ΔP_s 为驱动风扇所需要的功率），其中 $\Delta P_s\approx\frac{1.5v_s^3}{10^5}$（kW），而 $v_s=\frac{\pi D_s n}{60\times1000}$（m/s），其中，$v_s$ 为风扇叶轮边缘的圆周速度，D_s 为叶轮直径。在散热计算时，不计入 η_4。

2. 总效率 η 值还可参照本手册第 1 篇选取。

表 15-1-27　摩擦因数 f 和摩擦角 ρ 的值

蜗轮齿圈材料种类	锡青铜合金				无锡青铜合金		灰铸铁			
蜗杆螺牙表面硬度	≥45HRC		其他情况		≥45HRC		≥45HRC		其他情况	
滑动速度 v_h/m·s^{-1}	f	ρ	f	ρ	f	ρ	f	ρ	f	ρ
0.01	0.110	6°17′	0.120	6°51′	0.180	10°12′	0.180	10°12′	0.190	10°45′
0.05	0.090	5°09′	0.100	5°43′	0.140	7°58′	0.140	7°58′	0.160	9°05′
0.1	0.080	4°34′	0.090	5°09′	0.130	7°24′	0.130	7°24′	0.140	7°58′
0.25	0.065	3°43′	0.075	4°17′	0.100	5°43′	0.100	5°43′	0.120	6°51′
0.5	0.055	3°09′	0.065	3°43′	0.090	5°09′	0.090	5°09′	0.100	5°43′
1	0.045	2°35′	0.055	3°09′	0.070	4°00′	0.070	4°00′	0.090	5°09′
1.5	0.040	2°17′	0.050	2°52′	0.065	3°43′	0.065	3°43′	0.080	4°34′
2	0.035	2°00′	0.045	2°35′	0.055	3°09′	0.055	3°09′	0.070	4°00′
2.5	0.030	1°43′	0.040	2°17′	0.050	2°52′				
3	0.028	1°36′	0.035	2°00′	0.045	2°35′				
4	0.024	1°22′	0.031	1°47′	0.040	2°17′				
5	0.022	1°16′	0.029	1°40′	0.035	2°00′				
8	0.018	1°02′	0.026	1°29′	0.030	1°43′				
10	0.016	0°55′	0.024	1°22′						
15	0.014	0°48′	0.020	1°09′						
24	0.013	0°45′								

注：1. 蜗杆螺牙表面粗糙度为 Ra 1.6～0.4μm。

2. 对于圆弧圆柱蜗杆传动，ρ 可减小 10%～20%。

表 15-1-28　自然冷却的传动装置散热计算

项目	计算公式和说明	
连续工作中产生的热量 Q_1	$Q_1=1000(1-\eta)P_1$ (W) 式中 η——传动效率，见表 15-1-26 P_1——输入轴的传动效率，kW	若 $Q_1<Q_{2max}$，则传动装置散热情况良好 若 $Q_1>Q_{2max}$，则传动装置只能间断工作，若需连续工作时，必须加以人工冷却（风扇吹风或通水冷却等）
箱体表面排出的最大热量 Q_{2max}	$Q_{2max}=KS(\theta_{ymax}-\theta_0)$ (W) 式中 K——传热系数，一般 $K=8.7\sim17.5$W/(m^2·℃)。传动装置箱体散热及油池中油的循环条件良好时（如有较好的自然通风，外壳上无灰尘杂物，箱体内也无筋板阻碍油的循环，油的运动速度快以及油的运动黏度小等）可取较大值，反之则取较小值。在自然通风良好的地方，$K=14\sim17.5$W/(m^2·℃)；在自然通风不好的地方，$K=8.7\sim10.5$W/(m^2·℃) S——散热的计算面积，m^2，是内表面能被油浸或飞溅到，而它所对应的外表面又能被空气冷却的箱体外表面面积，而其中凸缘、箱底及散热片的散热面积按实有面积的一半计算 θ_{ymax}——油温的最大许用值，℃。对齿轮传动允许到 60～70℃，对蜗杆传动允许到 80～90℃ θ_0——周围空气的温度，由减速器所放置的地点而定，一般取室温为 20℃	

续表

项 目	计算公式和说明
按散热条件所允许的最大热功率 P_θ	连续工作 $P_\theta=\dfrac{Q_{2\max}}{1000(1-\eta)}\geqslant P_1$ (kW) 间断工作 $P_\theta=\dfrac{Q_{2\max}}{1000(1-\eta)}\geqslant\dfrac{\sum P_i t_i}{\sum t_i}$ (kW) 式中 P_i, t_i——任一加载阶段的功率和时间
油温 θ_y	连续工作 $\theta_y=\dfrac{1000(1-\eta)P_1}{KS}+\theta_0\leqslant\theta_{y\max}$ (℃) 若 $P_\theta<P_1$ 或 $\theta_y>\theta_{y\max}$，则减速器允许的连续运转时间 t 为 $t=\dfrac{(G_qC_q+G_yC_y)(\theta_y-\theta_0)}{Q_1-0.5KS(\theta_y-\theta_0)}$ (h) 冷却所需的停转时间 t' 为 $t'=\dfrac{G_qC_q+G_yC_y}{0.5KS}$ (h) 间断工作 $\theta_y=\dfrac{e^{\beta}(e^{\alpha}-1)}{e^{\alpha}e^{\beta}-1}\times\dfrac{Q_1}{KS}+\theta_0\leqslant\theta_{y\max}$ (℃) 其中 $\alpha=\dfrac{KSt_g}{G_qC_q+G_yC_y}$；$\beta=\dfrac{1.25KS(t_x-t_g)}{G_qC_q+G_yC_y}$；e=2.718 式中 G_q, G_y——减速器的质量和润滑油的质量，kg C_q——减速器金属零件的平均比热容，$C_q\approx$502J/(kg·℃) C_y——润滑油的平均比热容，$C_y\approx$1674J/(kg·℃) t_x, t_g——每一循环总时间和每一循环工作时间，h

注：一般渐开线齿轮传动装置不必进行散热计算。

表 15-1-29 **强制冷却的传动装置散热计算**

<table>
<tr><td rowspan="2">项 目</td><td colspan="3">冷 却 方 法</td></tr>
<tr><td>风扇 油
风扇吹风冷却</td><td>通水
水管通水冷却</td><td>冷却器 过滤器 润滑油 油泵
润滑油循环冷却</td></tr>
<tr><td>强制冷却时传动装置排出的最大热量 $Q_{2\max}$</td>
<td>$Q_{2\max}=(KS''+K'S')(\theta_{y\max}-\theta_0)$
式中 $K,\theta_{y\max},\theta_0$——见表15-1-28
K'——风吹表面传热系数，一般可在21～41W/(m²·℃)的范围内选取（风速较大时取上限值），也可按 $K'=13.8\sqrt{v_f}$ 关系式确定，式中 v_f 为冷却箱壳的风速，其概略值如下
<table>
<tr><td>蜗杆转速 n_1 /r·min⁻¹</td><td>风速 v_f /m·s⁻¹</td></tr>
<tr><td>750</td><td>3.75</td></tr>
<tr><td>1000</td><td>5</td></tr>
<tr><td>1500</td><td>7.5</td></tr>
</table>
S'——箱体受风吹的表面积，m²
S''——箱体不受风吹的表面积，m²</td>
<td>$Q_{2\max}=KS(\theta_{y\max}-\theta_0)+K'S_g[\theta_{y\max}-0.5(\theta_{1s}+\theta_{2s})]$
式中 $K,S,\theta_{y\max},\theta_0$——见表15-1-28
K'——蛇形管的传热系数，W/(m²·℃)，对紫铜管或黄铜管按下列数值选取
<table>
<tr><td rowspan="2">齿轮或蜗杆圆周速度/m·s⁻¹</td><td colspan="3">冷却水的流速/m·s⁻¹</td></tr>
<tr><td>0.1</td><td>0.2</td><td>≥0.4</td></tr>
<tr><td>≤4</td><td>126</td><td>145</td><td>142</td></tr>
<tr><td>4～6</td><td>132</td><td>140</td><td>150</td></tr>
<tr><td>6～8</td><td>139</td><td>150</td><td>160</td></tr>
<tr><td>8～10</td><td>145</td><td>155</td><td>168</td></tr>
<tr><td>14</td><td>150</td><td>160</td><td>175</td></tr>
<tr><td colspan="4">对壁厚1～3mm的钢管，表中的值应降低5%～15%</td></tr>
</table>
S_g——蛇形管的外表面积，m²
θ_{1s}——蛇形管出水温度，℃
$\theta_{1s}=\theta_{2s}+(5\sim10)$
θ_{2s}——蛇形管进水温度，℃</td>
<td>$Q_{2\max}=KS(\theta_{y\max}-\theta_0)+q_y\rho_yC_y(\theta_{1y}-\theta_{2y})\eta_y$
式中 $K,S,\theta_{y\max},\theta_0,C_y$——见表15-1-28
q_y——循环润滑油量，m³
ρ_y——润滑油的密度，ρ_y=900kg/m³
θ_{1y}——循环油出口的温度，℃
θ_{2y}——循环油入口的温度，℃。$\theta_{1y}=\theta_{2y}+(5\sim8)$℃
η_y——循环油的利用参数，取 η_y=0.5～0.7</td></tr>
</table>

第15篇

续表

项目	冷却方法		
	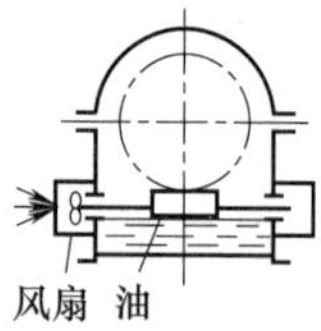 风扇 油 风扇吹风冷却	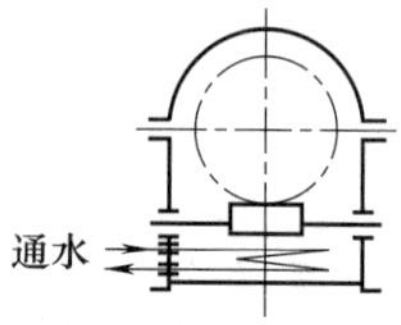 通水 水管通水冷却	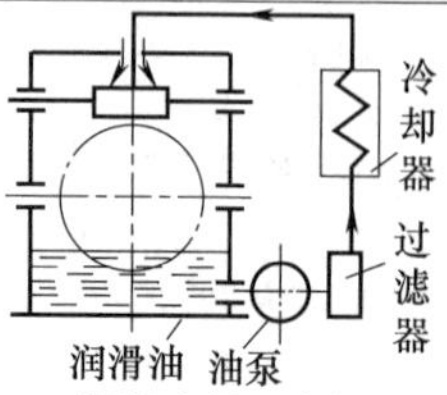 冷却器 过滤器 润滑油 油泵 润滑油循环冷却
冷却所需的风扇风量 q_f、循环水量 q_s、循环油量 q_y	$q_f=\frac{K'S'(\theta_{ymax}-\theta_0)}{\rho_f C_f(\theta_{1f}-\theta_0)\eta_f}$ (m³/s) 式中 θ_{1f}——风吹到箱体后离开时的温度，$\theta_{1f}\approx\theta_0+(3\sim6)$，℃ ρ_f——干空气密度，$\rho_f=1.29\text{kg/m}^3$ C_f——空气比定压热容，$C_f\approx1004\text{J/(kg·℃)}$ η_f——吹风的利用系数，取 $\eta_f\approx0.8$	$q_s=\frac{K'S_g[\theta_{ymax}-0.5(\theta_{1s}+\theta_{2s})]}{1000(\theta_{1s}-\theta_{2s})}$ (m³/s) 式中 S_g——所需的蛇形管外表面积，m² $S_g=\frac{Q_{2max}-KS(\theta_{ymax}-\theta_0)}{K'[\theta_{ymax}-0.5(\theta_{1s}-\theta_{2s})]}$	$q_y=\frac{Q_{2max}-KS(\theta_{ymax}-\theta_0)}{\rho_y C_y(\theta_{1y}-\theta_{2y})\eta_y}$ (m³/s)

1.6 齿轮与蜗杆传动的润滑

1.6.1 齿轮与蜗杆传动的润滑方法

表 15-1-30 齿轮与蜗杆传动的润滑方法

类别	润滑方式	特点及应用
开式齿轮传动	涂抹润滑	用润滑脂或高黏度的润滑油（100℃时的运动黏度在 $53\times10^{-6}\sim150\times10^{-6}\text{m}^2/\text{s}$ 以上）涂抹在齿轮表面上，适用圆周速度 $v\leqslant4\text{m/s}$。涂抹间隔时间根据实际情况确定
	油盘润滑	在齿轮下方用一个浅油盘，使轮齿浸在油中，把油带入啮合面，一般适用圆周速度 $v\leqslant1.5\text{m/s}$。换油期视周围环境而定，在没有灰尘的地方，约 6 个月换油一次；在多尘土与有潮气的环境下，2～4 个月换一次
	固体润滑	用二硫化钼在齿面上形成干膜，靠该薄膜进行润滑，适用于要求不污染周围环境的轻载、小型齿轮及圆周速度 $v\leqslant0.5\text{m/s}$ 的情况。二硫化钼的成膜方法有喷涂与挤压两种。在成膜后，要经常加二硫化钼润滑脂进行保膜
闭式齿轮传动	浸油润滑	当齿轮圆周速度 $v<12\text{m/s}$ 时，采用浸油润滑[图(a)]。即将齿轮或其他辅助零件浸于减速器油池内，当其转动时，将润滑油带到啮合处，同时也将油甩到箱壁上借以散热，而部分油又落入箱内的油沟中以润滑轴承 齿轮浸入油中的深度见图(b)～图(d) 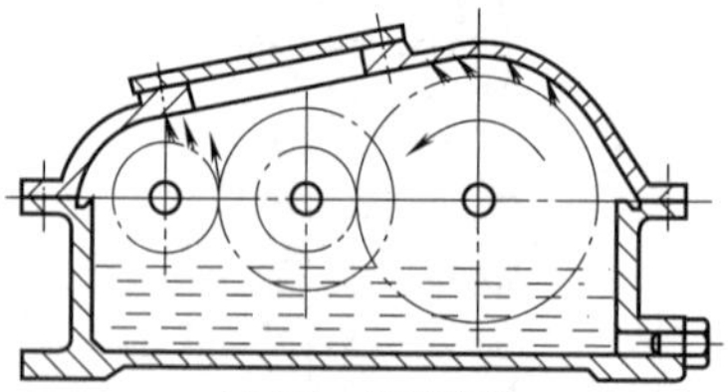 图(a) 浸油润滑 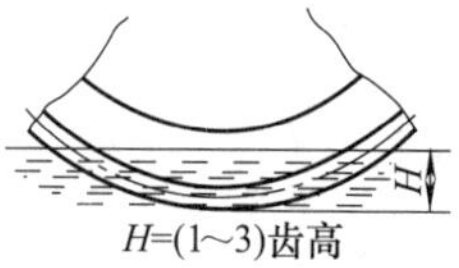 $H=(1\sim3)$齿高 图(b) 直齿轮与斜齿轮(水平轴) 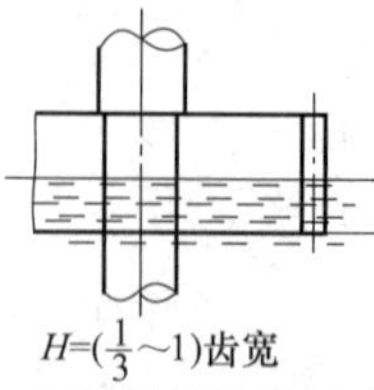 $H=(\frac{1}{3}\sim1)$齿宽 图(c) 直齿轮与斜齿轮(垂直轴) 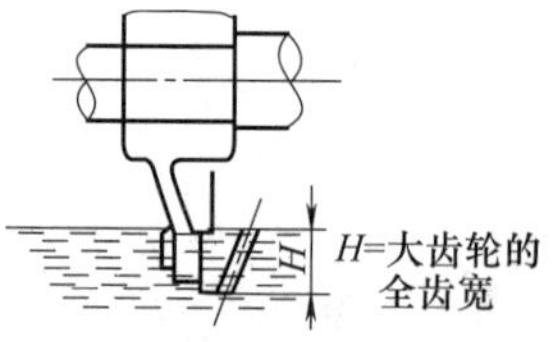 H=大齿轮的全齿宽 图(d) 圆锥齿轮

续表

类别	润滑方式	特点及应用
闭式齿轮传动	浸油润滑	在多级减速器中，应尽量使各级齿轮浸入油中的深度接近相等。若发生低速级齿轮浸油太深的情况，可采用打油盘[图(e)]、惰轮[图(f)]、油环[图(g)]和在齿轮下装设油盘[图(h)]等方式润滑 油池深度一般是齿顶圆到油池底面的距离，不应小于 30～50mm，太浅时易搅动起沉积在箱底的油泥 油池的油量可按传递 1kW 功率为 0.35～0.7L 计算 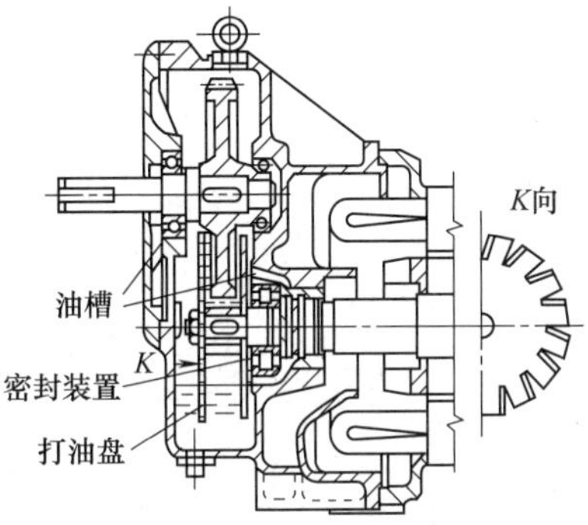 图(e)　打油盘润滑 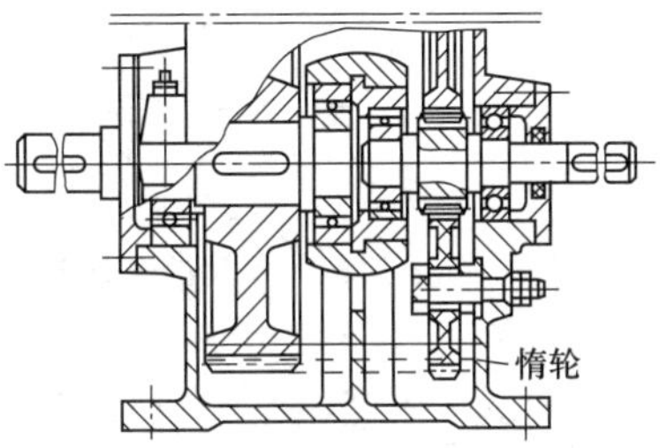　　图(f)　惰轮润滑 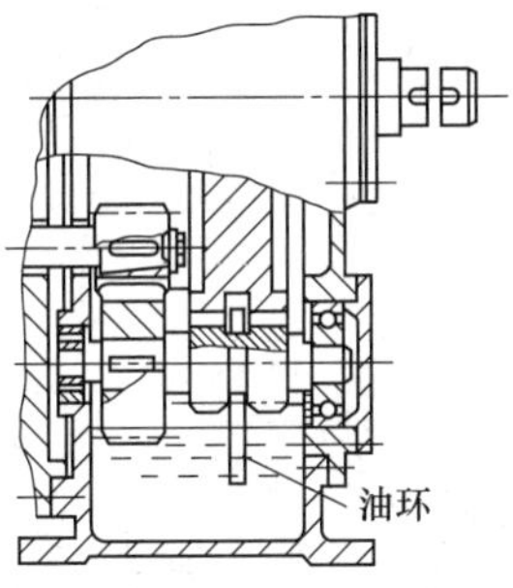 图(g)　油环润滑 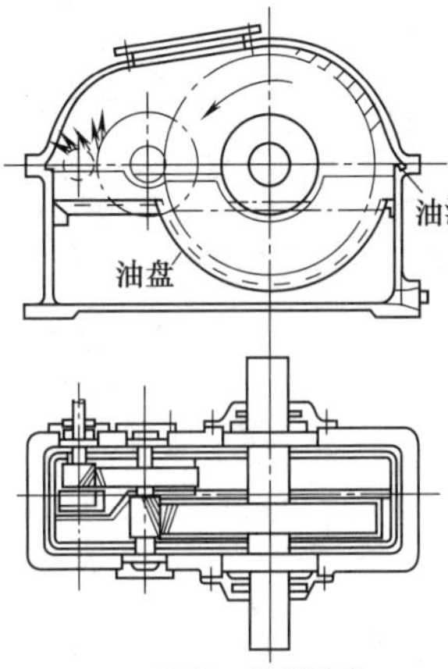　　图(h)　装设油盘
	油泵循环喷油润滑	当齿轮速度超过 12～15m/s 时，由于温度升高，需用油泵向齿面喷油[见图(i)、图(j)]，喷油不但起润滑作用，也起冷却作用 喷油压力采用 0.049～0.147MPa。低速时，喷油可朝切线方向；在高速时，油嘴最好用两组，从啮入和啮出方向分别向轮齿啮合处喷射，在斜齿轮传动中，油最好从侧面喷射 油箱总油量通常按喷油量乘以循环时间计算。每分钟的循环油量应根据散热要求按表 15-1-29 计算确定。经验数据为：圆周速度 10m/s 时为(0.06～0.12)b(L/min)；圆周速度 40m/s 时为 0.2b(L/min)(b 为齿宽，mm)。循环时间通常为 4～30min，对于工业齿轮箱，循环时间至少为 4～5min 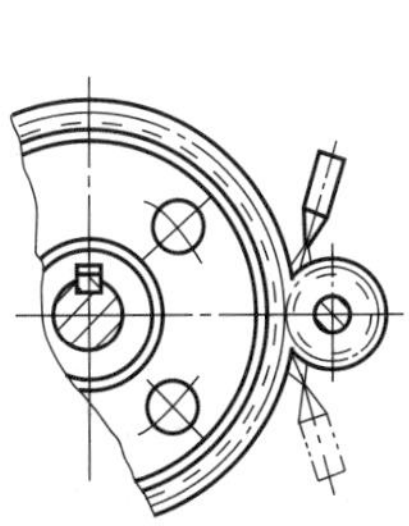 图(i) 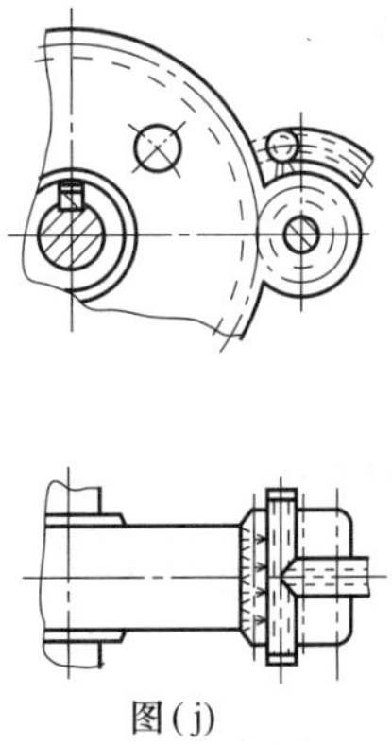　　图(j)

续表

类别	润滑方式	特点及应用
蜗杆传动	浸油润滑	适用于蜗杆圆周速度 $v<10\text{m/s}$。当 $v\leqslant4\sim5\text{m/s}$ 时，建议蜗杆装在蜗轮的下面，浸入油中深度见图(k)；当 $v>5\text{m/s}$ 时，建议蜗杆装在蜗轮的上方，浸油深度见图(l)；蜗轮轴垂直，浸入油中的深度不小于蜗杆下方的齿高，当蜗杆浸不到油中时，可在蜗杆轴上安装甩油环，将油溅于蜗轮上[见图(m)]，通常设有两个甩油环，以便在传动方向改变时确保得到润滑 油池深度和油池油量参照闭式齿轮传动的浸油润滑 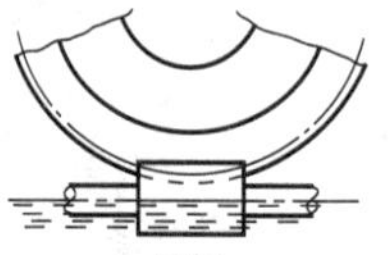 图(k) 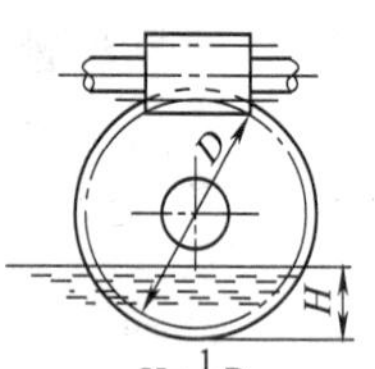 $H=\frac{1}{6}D$ 图(l) 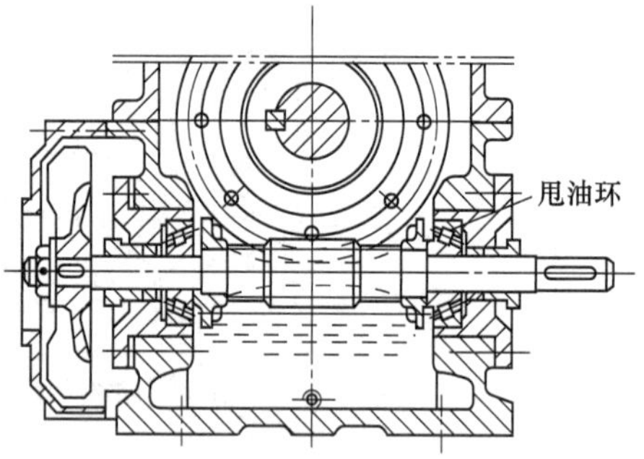 甩油环 图(m)
	油泵循环喷油润滑	适用于蜗杆圆周速度 $v>10\sim12\text{m/s}$，喷油压力为 0.07MPa。当 $v>15\sim25\text{m/s}$ 时，喷油压力为 0.147MPa。油箱总油量通常按每分钟的循环油量乘以循环时间计算。每分钟的循环油量应根据散热要求按表 15-1-29 计算确定。循环时间通常为 4～30min，对于工业齿轮箱，循环时间至少为 4～5min 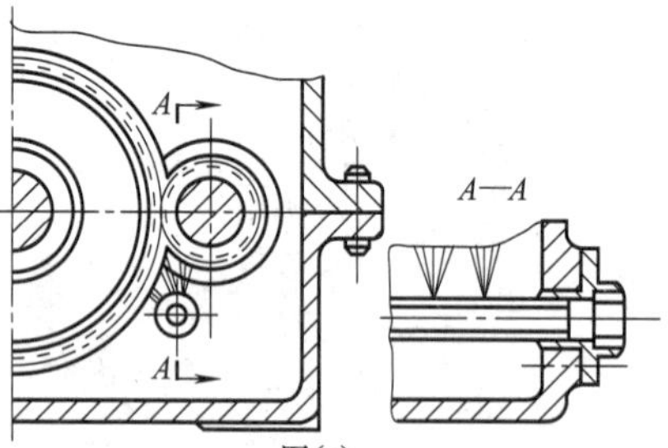 A—A 图(n)

1.6.2　齿轮与蜗杆传动的润滑油选择

1.6.2.1　闭式齿轮传动的润滑油选择

JB/T 8831—2001《工业闭式齿轮的润滑油选用方法》给出了转速低于 3600r/min（或节圆圆周速度不超过 80m/s）渐开线圆柱齿轮、圆弧圆柱齿轮及锥齿轮传动润滑油的选择。首先选择润滑油的种类，然后根据低速级齿轮节圆圆周速度和环境温度选择润滑油的黏度。

（1）润滑油种类选择

① 工业闭式齿轮油种类选择。首先计算出齿面接触应力 σ_H，根据齿轮使用工况和计算出的齿面接触应力 σ_H，参考表 15-1-31 即可确定工业闭式齿轮油的种类。

② 高速齿轮润滑油种类的选择。首先根据公式 $K=\frac{F_t}{d_1b}\times\frac{\mu\pm1}{\mu}$（式中，$K$ 为齿面接触负荷系数，N/mm^2。其他参数见表 15-1-32）计算齿面接触负荷系数 K；然后根据计算出的齿面接触负荷系数和齿轮使用工况，根据表 15-1-32 即可确定高速齿轮润滑油的种类。

（2）润滑油黏度的选择

根据低速级齿轮节圆圆周速度和环境温度，根据表 15-1-33 确定所选润滑油的黏度等级。

1.6.2.2　开式齿轮传动的润滑油选择

由于开式齿轮一般是以低速重载运动，轻质油在这种条件下容易被挤出，所以开式齿轮的润滑油采用重质较黏的矿物油，其黏度可根据表 15-1-34 选择。

轻载的开式齿轮传动多用润滑脂润滑，可以选用齿轮润滑脂或铝基润滑脂，也可使用开式齿轮油润滑。

表 15-1-31　**工业闭式齿轮润滑油种类的选择**

条件		推荐使用的工业闭式齿轮润滑油
齿面接触应力 σ_H/N·mm^{-2}	齿轮使用工况	
<350	一般齿轮传动	抗氧防锈工业齿轮油(L-CKB)
350～500(轻负荷齿轮)	一般齿轮传动	抗氧防锈工业齿轮油(L-CKB)
	有冲击的齿轮传动	中负荷工业齿轮油(L-CKC)
500～1100①(中负荷齿轮)	矿井提升机、露天采掘机、水泥磨、化工机械、水力电力机械、冶金矿山机械、船舶海港机械等的齿轮传动	中负荷工业齿轮油(L-CKC)
>1100(重负荷齿轮)	冶金轧钢、井下采掘、高温有冲击、含水部位的齿轮传动等	重负荷工业齿轮油(L-CKD)
<500	在更低的、低的或更高的环境温度和轻负荷下运转的齿轮传动	极温工业齿轮油(L-CKS)
≥500	在更低的、低的或更高的环境温度和重负荷下运转的齿轮传动	极温重负荷工业齿轮油(L-CKT)

① 在计算出的齿面接触应力略小于 1100N/mm^2 时，若齿轮工况为高温、有冲击或含水等，为了安全，应选用重负荷工业齿轮油。

表 15-1-32　**高速齿轮润滑油种类的选择**

条件		推荐使用的高速齿轮润滑油
齿面接触负荷系数 K/N·mm^{-2}	齿轮使用工况	
硬齿面齿轮(≥45HRC):$K<2$ 软齿面齿轮(≤350HB):$K<1$	不接触水、蒸汽或氨的一般高速齿轮传动	L-TSA 汽轮机油(防锈汽轮机油)
	易接触水、蒸汽或海水的一般高速齿轮传动，如与蒸汽轮机、水轮机、涡轮鼓风机相连的高速齿轮箱，海洋航船、汽轮机齿轮箱等	L-TSA 汽轮机油(防锈汽轮机油)
	在有氨的环境下工作的高速齿轮箱，如大型合成氨化肥装置离心式合成气压缩机、冷冻机及汽轮机齿轮箱等	抗氨汽轮机油(SH0362)
硬齿面齿轮(≥45HRC):$K\geqslant2$ 软齿面齿轮(≤350HB):$K\geqslant1$	要求改善齿轮承载能力的发电机、工业装置和船舶高速齿轮装置	L-TSE 汽轮机油(极压汽轮机油)

注：齿面接触负荷系数 $K=\dfrac{F_t}{d_1b}\times\dfrac{\mu\pm1}{\mu}$，式中，$F_t$ 为端面内分度圆圆周上的名义切向力，N；d_1 为小齿轮分度圆直径，mm；b 为工作宽度，mm；μ 为齿轮齿数比，$\mu=z_2/z_1$；"+"号用于外啮合传动，"−"号用于内啮合传动。

表 15-1-33　**工业闭式齿轮装置润滑油黏度等级的选择**

平行轴及锥齿轮传动	环境温度/℃			
低速级齿轮节圆圆周速度 v①/m·s^{-1}	−40～−10	−10～+10	10～35	35～55
	润滑油黏度等级② $\nu_{40℃}$/mm^2·s^{-1}			
≤5	100(合成型)	150	320	680
>5～15	100(合成型)	100	220	460
>15～25	68(合成型)	68	150	320
>25～80③	32(合成型)	46	68	100

① 齿轮节圆圆周速度按公式 $v=\dfrac{\pi d_{w1}n_1}{60000}$（式中，$v$ 为齿轮节圆圆周速度，m/s；d_{w1} 为小齿轮的节圆直径，mm；n_1 为小齿轮的转速，r/min）计算。

锥齿轮传动节圆圆周速度是指锥齿轮齿宽中点的节圆圆周速度。

② 当齿轮节圆圆周速度≤25m/s 时，表中所选润滑油黏度等级为工业闭式齿轮油；当齿轮节圆圆周速度>25m/s 时，表中所选润滑油黏度等级为汽轮机油；当齿轮传动承受较严重冲击负荷时，可适当增加一个黏度等级。

③ 当齿轮节圆圆周速度>80m/s 时，应由齿轮装置制造者特殊考虑并具体推荐一款合适的润滑油。

表 15-1-34　**开式齿轮传动润滑油黏度推荐值**　10^{-6}m^2/s

小齿轮转速/r·min^{-1}	润滑方式	环境温度		
		5℃以下	5～38℃	38℃以上
500～1000	浸油润滑	260～400(50℃)	30～50	50～90
	涂抹润滑	30～50	50～100	100～250
500 以下	浸油润滑	260～400(50℃)	50～100	100～150
	涂抹润滑	30～150	100～250	200～450

注：除指明者外，表中所列黏度均为 100℃时的运动黏度。

1.6.2.3　蜗杆传动润滑油选择

蜗杆传动的工作特点是滑动速度大，油膜形成困难，发热大，效率低。因此，一般选择黏度大的润滑油。蜗杆传动润滑油分 L-CKE 复合型润滑油和 L-CKE/P极压型润滑油两个品种。L-CKE 主要用于铜-钢配对的圆柱和双包络型的蜗杆传动，工作载荷较轻，传动平稳且无冲击。在使用过程中，应防止局部过热和油温在 100℃以上时长期运转。L-CKE/P 主要用于铜-钢配对的圆柱蜗杆传动，且承受重载荷及振动和冲击。若用于双包络等类型的蜗杆传动，必须有油品生产厂的说明。

蜗杆传动润滑油黏度选择见表 15-1-35。

表 15-1-35　　蜗杆传动润滑油黏度选用

蜗杆传动的滑动速度 v_h/m·s^{-1}	≤1	1～2.5	2.5～5	5～10	10～15	15～25	＞25
工作条件	重型	重型	中型	—	—	—	—
润滑油黏度/mm^2·s^{-1}	444(52)	266(32.4)	177(20.5)	118(11.4)	81.5	59	44
给油方法	浸油润滑			浸油润滑	压力喷油		
					0.0686MPa	0.147MPa	

注：表中所列黏度均为运动黏度，不带括号为 50℃时的运动黏度，带括号为 100℃时的运动黏度。

1.7　减速器典型结构图例

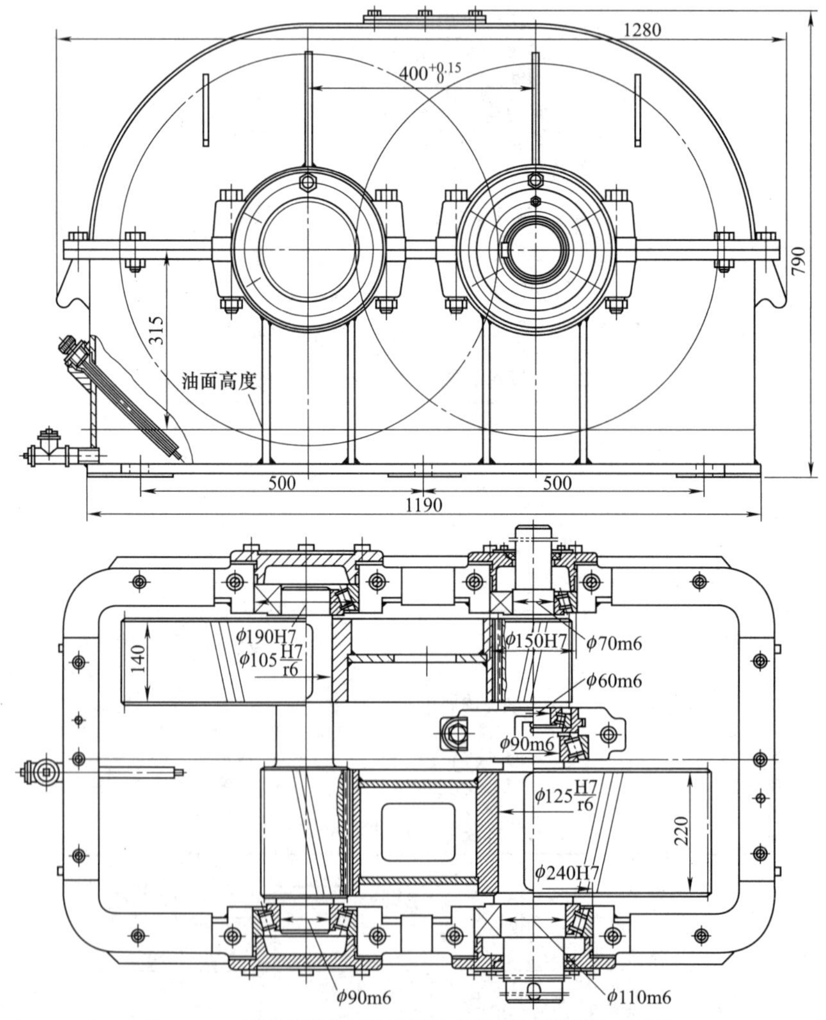

图 15-1-5　两级同轴式圆柱齿轮减速器（焊接箱体和大齿轮）

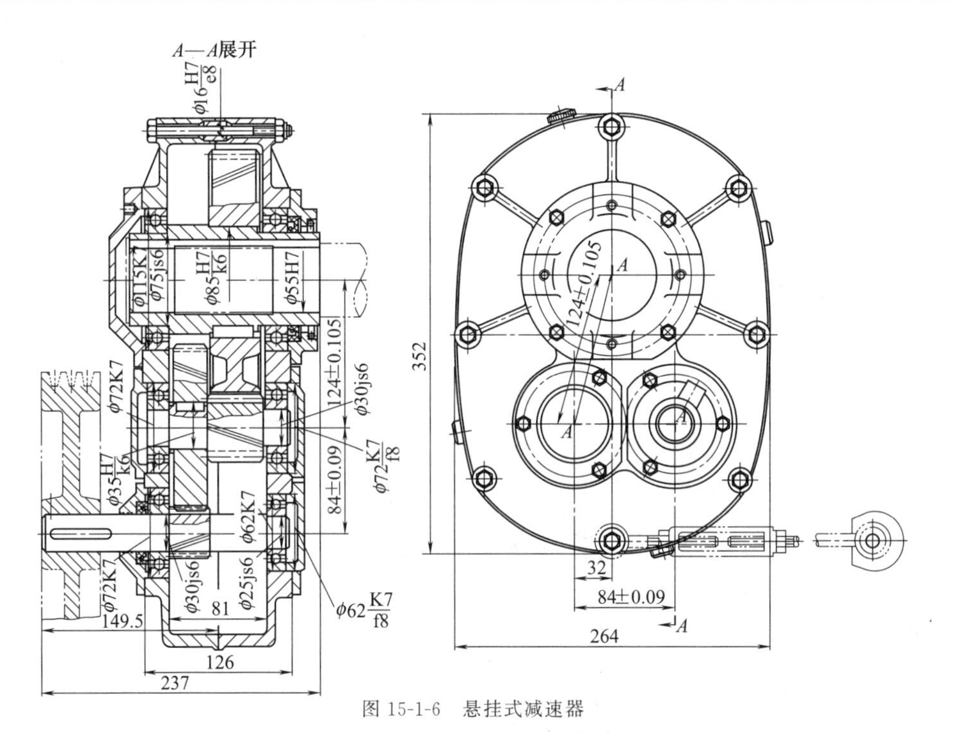

图 15-1-6　悬挂式减速器

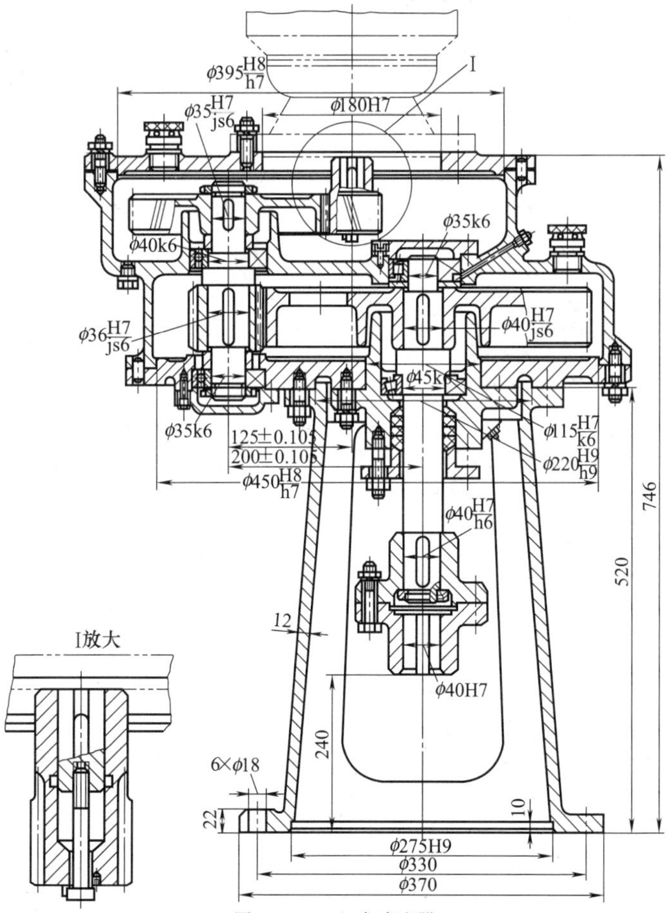

图 15-1-7　立式减速器

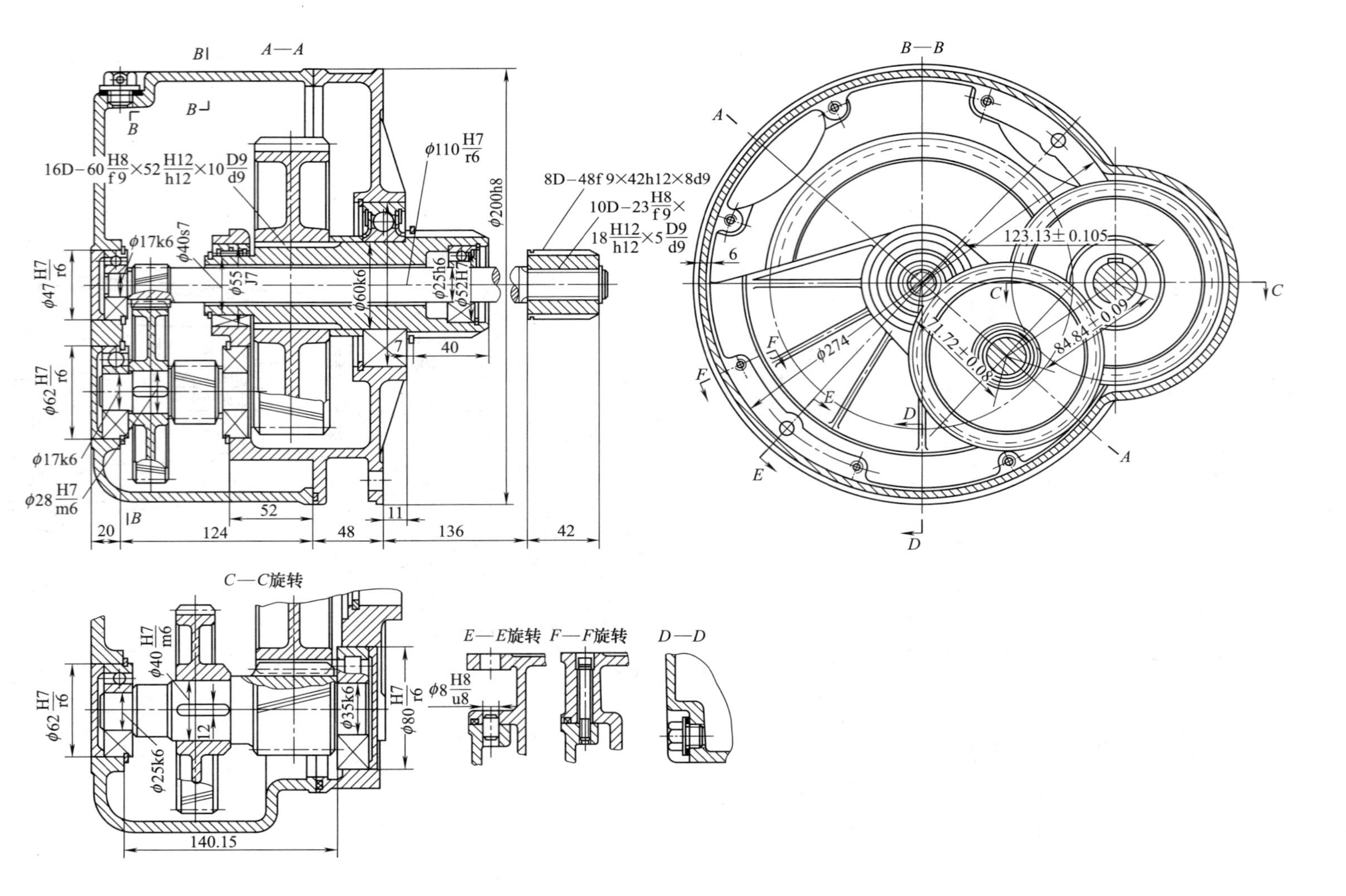

图 15-1-8　三级同轴式圆柱齿轮减速器

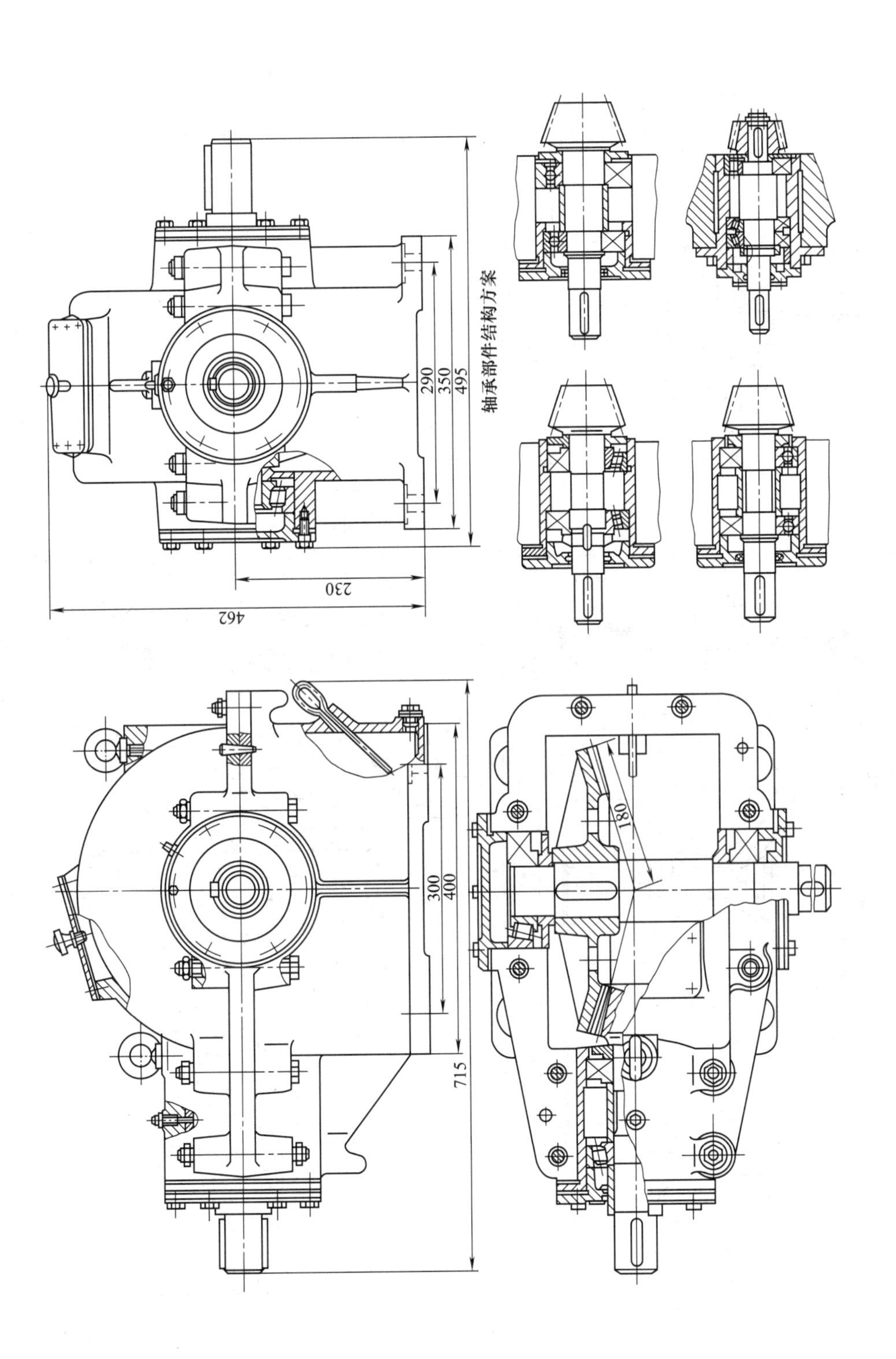

图 15-1-9　单级圆锥齿轮减速器

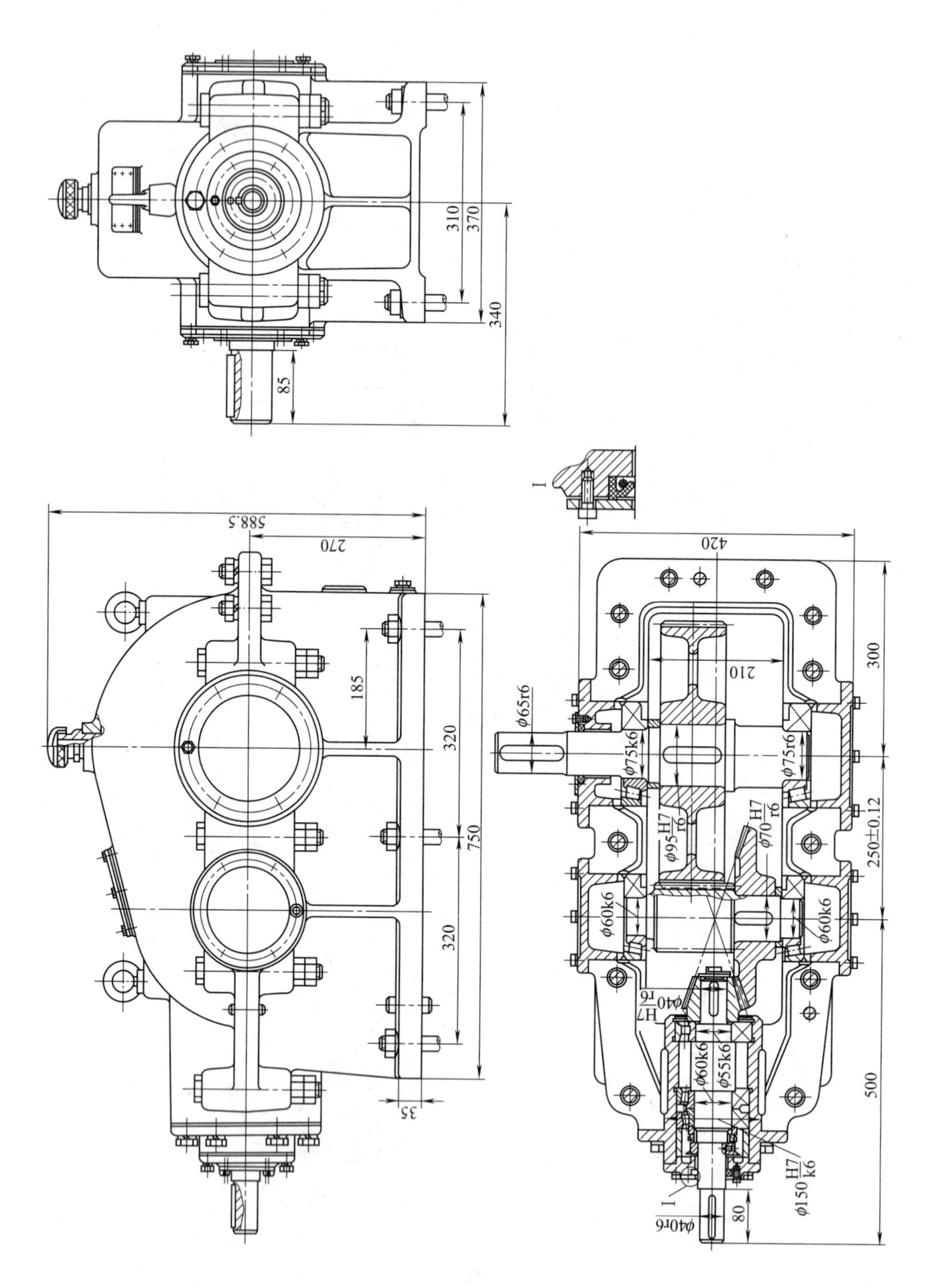

图 15-1-10　两级圆锥-圆柱齿轮减速器

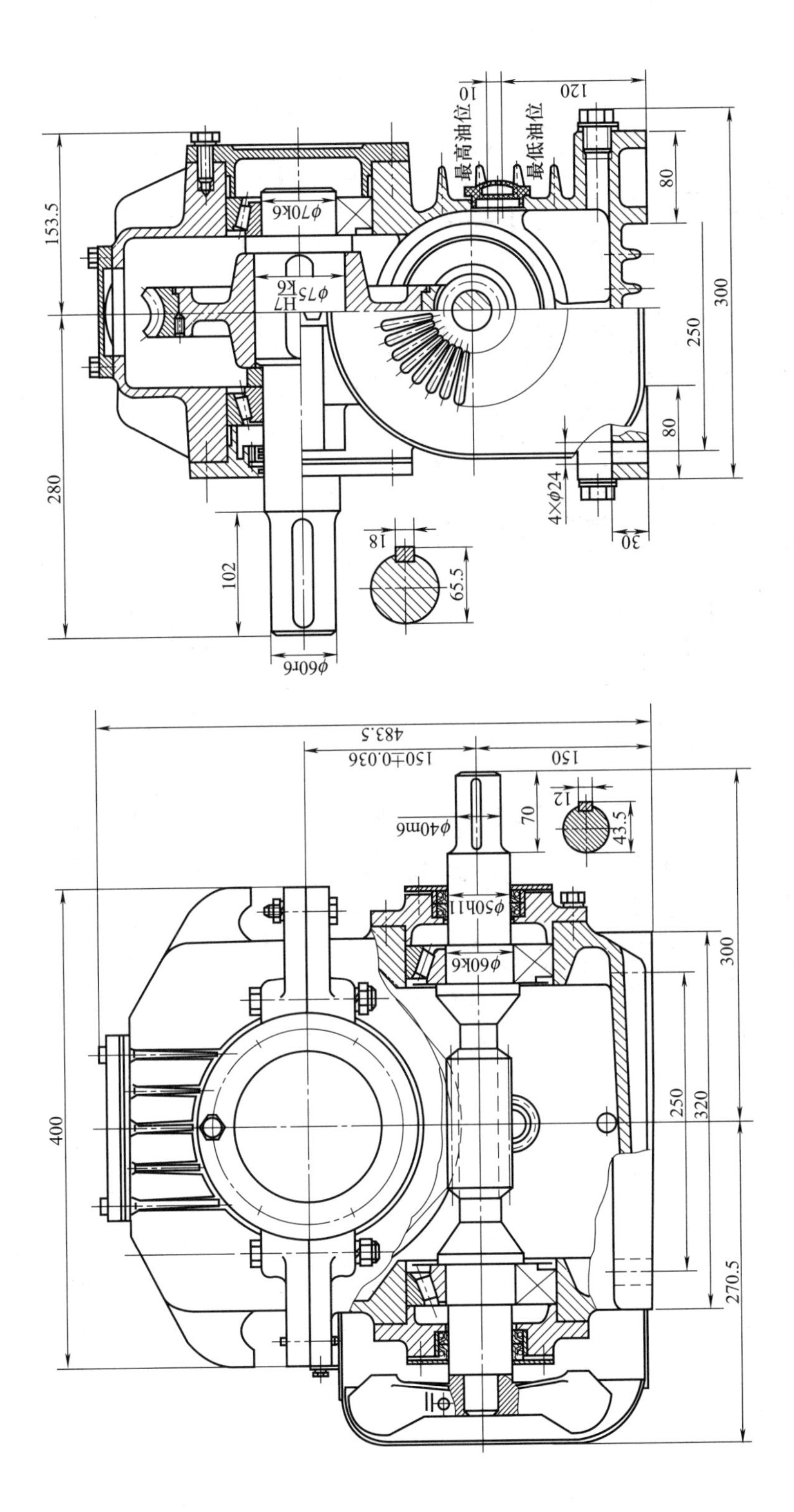

图 15-1-11　圆柱蜗杆减速器

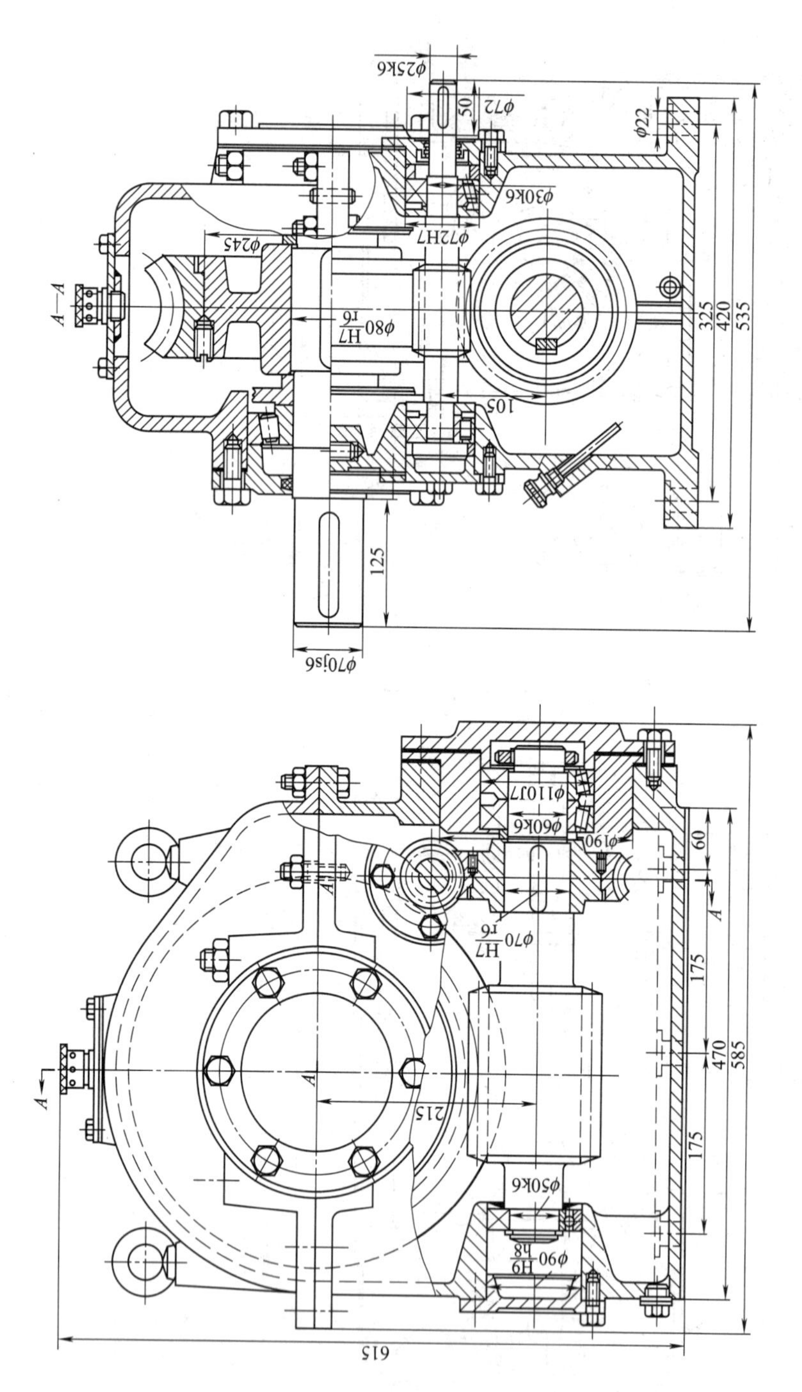

图 15-1-12 两级蜗杆减速器

第 2 章　标准减速器及产品

2.1　H1、H2、H3、H4、R2、R3、R4 型圆柱齿轮减速器（JB/T 8853—2015）

减速器型号用 H1、H2、H3、H4、R2、R3、R4 表示。

H1 表示单级圆柱齿轮减速器；H2 表示两级圆柱齿轮减速器；H3 表示三级圆柱齿轮减速器；H4 表示四级圆柱齿轮减速器；R2 表示一级锥齿轮一级圆柱齿轮减速器；R3 表示一级锥齿轮二级圆柱齿轮减速器；R4 表示一级锥齿轮三级圆柱齿轮减速器。

2.1.1　适用范围和代号

（1）适用范围

各减速器适用的环境温度为－20～45℃。

（2）标记方法

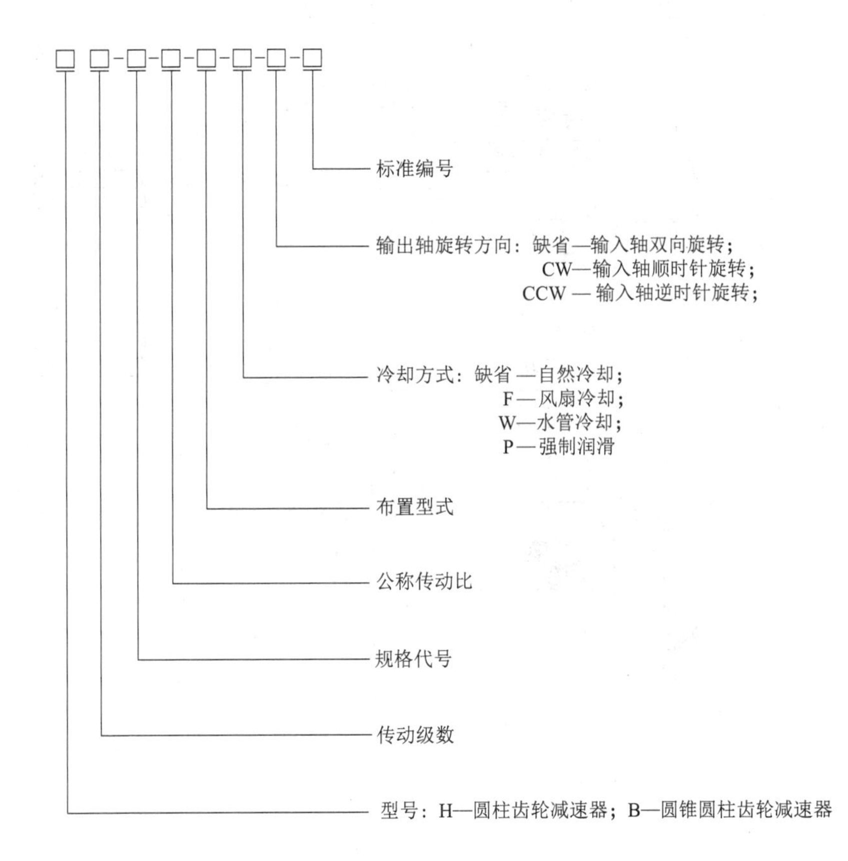

如符合 JB/T 8853—2015 的规定、两级传动、10 号规格、公称传动比为 11.2、第Ⅰ种布置型式、风扇冷却、输入轴双向旋转的圆柱齿轮减速器，其标记为：

H2-10-11-11.2-Ⅰ-F-JB/T 8853—2015

2.1.2 外形尺寸及布置型式

表 15-2-1 H1 减速器的外形尺寸与布置型式 mm

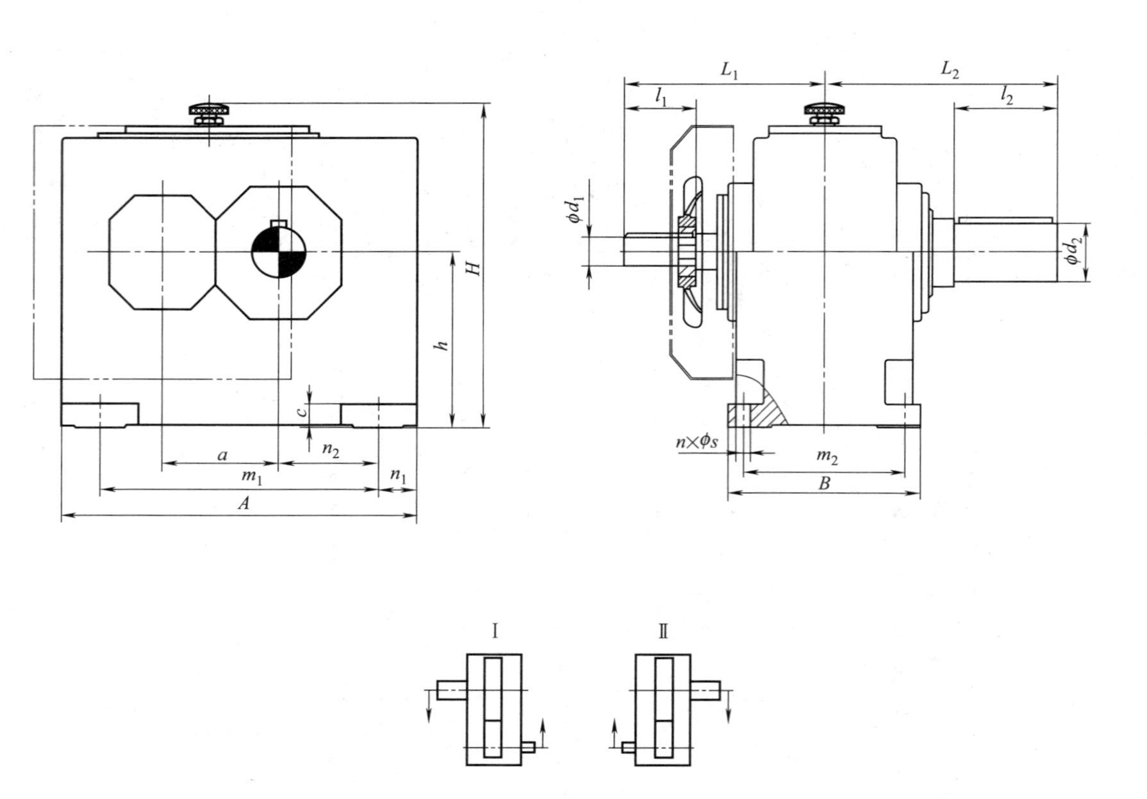

续表

规格	输入轴															输出轴		
	$i_N=1.25\sim2.8$			$i_N=1.6\sim2.8$			$i_N=2\sim2.8$			$i_N=3.15\sim4$			$i_N=4.5\sim5.6$					
	d_1	l_1	L_1	d_1	l_1	L_1	d_1	l_1	L_1	d_1	l_1	L_1	d_1	l_1	L_1	d_2	l_2	L_2
3	60	125	295	—	—	—	—	—	—	45	100	270	32	80	250	60	125	295
5	85	160	370	—	—	—	—	—	—	60	135	345	50	110	320	85	160	370
7	100	200	450	—	—	—	—	—	—	75	140	390	60	140	390	105	200	450
9	110	200	480	—	—	—	—	—	—	90	165	445	75	140	420	125	210	480
11	—	—	—	130	240	565	—	—	—	110	205	530	90	170	495	150	240	560
13	—	—	—	150	245	610	—	—	—	130	245	610	100	210	575	180	310	670
15	—	—	—	—	—	—	180	290	650	150	250	610	125	250	610	220	350	710
17	—	—	—	—	—	—	200	330	730	170	290	690	140	250	650	240	400	800
19	—	—	—	—	—	—	220	340	780	190	340	780	160	300	740	270	450	890

规格	A	B	c	a	h	H	m_1	m_2	n_1	n_2	$n\times\phi s$	润滑油量/L	重量/kg
3	420	200	28	130	200	375	310	160	55	110	$4\times\phi19$	≈7	≈128
5	580	285	35	185	290	525	440	240	70	160	$4\times\phi24$	≈22	≈302
7	690	375	45	225	350	625	540	315	75	195	$4\times\phi28$	≈42	≈547
9	805	425	50	265	420	735	625	350	90	225	$4\times\phi35$	≈68	≈862
11	960	515	60	320	500	875	770	440	95	280	$4\times\phi35$	≈120	≈1515
13	1100	580	70	370	580	1020	870	490	115	315	$4\times\phi42$	≈175	≈2395
15	1295	545	80	442	600	1115	1025	450	135	370	$4\times\phi48$	≈190	≈3200
17	1410	615	80	490	670	1235	1170	530	120	425	$4\times\phi42$	≈270	≈4250
19	1590	690	90	555	760	1385	1290	590	150	465	$4\times\phi48$	≈390	≈5800

表 15-2-2　H2 减速器的外形尺寸与布置型式　mm

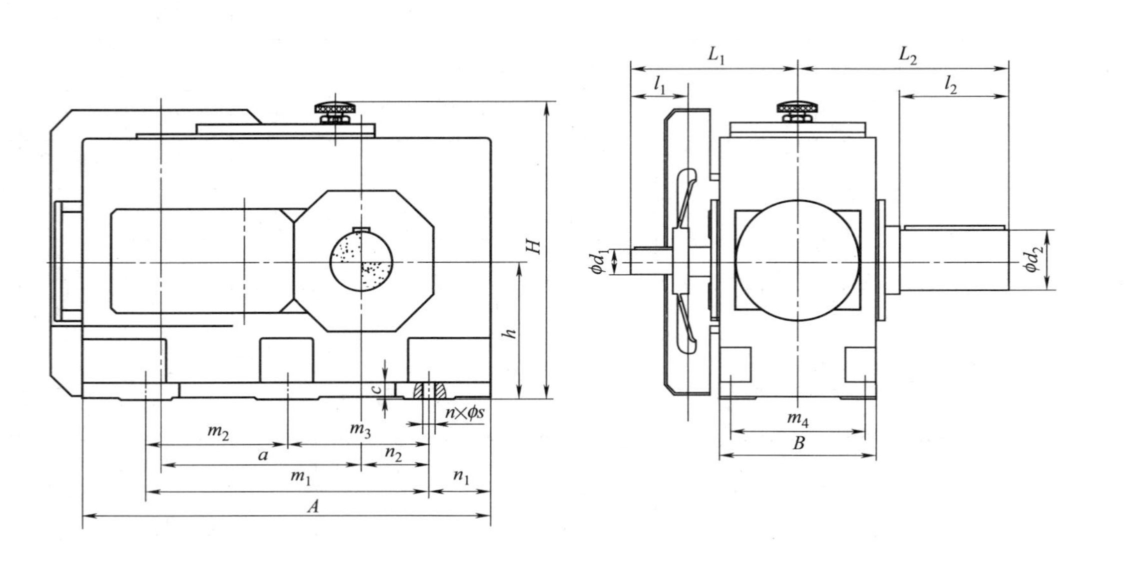

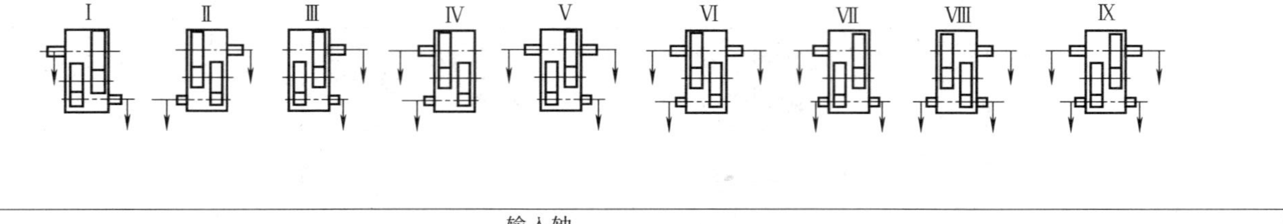

规格	输入轴																								输出轴		
	i_N=6.3～11.2			i_N=7.1～12.5			i_N=8～14			i_N=12.5～20			i_N=12.5～22.4			i_N=14～22.5			i_N=16～25			i_N=16～28					
	d_1	l_1	L_1	d_1	l_1	L_1	d_1	l_1	L_1	d_1	l_1	L_1	d_1	l_1	L_1	d_1	l_1	L_1	d_1	l_1	L_1	d_1	l_1	L_1	d_2	l_2	L_2
4	45	100	270	—	—	—	—	—	—	—	—	—	32	80	250	—	—	—	—	—	—	—	—	—	80	170	310
5	50	100	295	—	—	—	—	—	—	—	—	—	38	80	275	—	—	—	—	—	—	—	—	—	100	210	375
6	—	—	—	—	—	—	50	100	295	—	—	—	—	—	—	—	—	—	—	—	—	38	80	275	110	210	375
7	60	135	345	—	—	—	—	—	—	—	—	—	50	110	320	—	—	—	—	—	—	—	—	—	120	210	405

续表

规格	输入轴																								输出轴		
	$i_N=6.3\sim11.2$			$i_N=7.1\sim12.5$			$i_N=8\sim14$			$i_N=12.5\sim20$			$i_N=12.5\sim22.4$			$i_N=14\sim22.5$			$i_N=16\sim25$			$i_N=16\sim28$					
	d_1	l_1	L_1	d_1	l_1	L_1	d_1	l_1	L_1	d_1	l_1	L_1	d_1	l_1	L_1	d_1	l_1	L_1	d_1	l_1	L_1	d_1	l_1	L_1	d_2	l_2	L_2
8	—	—	—	—	—	—	60	135	345	—	—	—	—	—	—	—	—	—	—	—	—	50	110	320	130	250	445
9	75	140	380	—	—	—	—	—	—	—	—	—	60	140	380	—	—	—	—	—	—	—	—	—	140	250	485
10	—	—	—	—	—	—	75	140	380	—	—	—	—	—	—	—	—	—	—	—	—	60	140	380	160	300	535
11	90	165	440	—	—	—	—	—	—	—	—	—	70	140	415	—	—	—	—	—	—	—	—	—	170	300	570
12	—	—	—	—	—	—	90	165	440	—	—	—	—	—	—	—	—	—	—	—	—	70	140	415	180	300	570
13	100	205	535	—	—	—	—	—	—	85	170	500	—	—	—	—	—	—	—	—	—	—	—	—	200	350	550
14	—	—	—	—	—	—	100	205	535	—	—	—	—	—	—	—	—	—	85	170	500	—	—	—	210	350	560
15	120	210	575	—	—	—	—	—	—	100	210	575	—	—	—	—	—	—	—	—	—	—	—	—	230	410	640
16	—	—	—	120	210	575	—	—	—	—	—	—	—	—	—	100	210	575	—	—	—	—	—	—	240	410	650
17	125	245	665	—	—	—	—	—	—	110	210	630	—	—	—	—	—	—	—	—	—	—	—	—	250	410	660
18	—	—	—	125	245	665	—	—	—	—	—	—	—	—	—	110	210	630	—	—	—	—	—	—	270	470	740
19	150	245	720	—	—	—	—	—	—	120	210	685	—	—	—	—	—	—	—	—	—	—	—	—	290	470	760
20	—	—	—	150	245	720	—	—	—	—	—	—	—	—	—	120	210	685	—	—	—	—	—	—	300	500	800
21	170	290	785	—	—	—	—	—	—	140	250	745	—	—	—	—	—	—	—	—	—	—	—	—	320	500	820
22	—	—	—	170	290	785	—	—	—	—	—	—	—	—	—	40	250	745	—	—	—	—	—	—	340	550	890

规格	A	B	H	h	a	m_1	m_2	m_3	m_4	n_1	n_2	c	$n\times\phi s$	润滑油量/L	质量/kg
4	565	215	415	200	270	355	—	—	180	105	85	28	$4\times\phi19$	≈10	≈190
5	640	255	482	230	315	430	—	—	220	105	100	28	$4\times\phi19$	≈15	≈300
6	720	255	482	230	350	510	—	—	220	105	145	28	$4\times\phi19$	≈16	≈355
7	785	300	572	280	385	545	—	—	260	120	130	35	$4\times\phi24$	≈27	≈505
8	890	300	582	280	430	650	—	—	260	120	190	35	$4\times\phi24$	≈30	≈590
9	925	370	662	320	450	635	—	—	320	145	155	40	$4\times\phi28$	≈42	≈830
10	1025	370	662	320	500	735	—	—	320	145	205	40	$4\times\phi28$	≈45	≈960
11	1105	370	782	320	545	775	—	—	370	165	180	40	$4\times\phi28$	≈71	≈1335
12	1260	370	790	320	615	930	—	—	370	165	265	40	$4\times\phi28$	≈76	≈1615
13	1290	550	900	440	635	1090	545	545	475	100	305	60	$6\times\phi35$	≈135	≈2000
14	1430	550	900	440	705	1230	545	685	475	100	375	60	$6\times\phi35$	≈140	≈2570
15	1550	625	1000	500	762	1310	655	655	535	120	365	70	$6\times\phi42$	≈210	≈3430
16	1640	625	1000	500	808	1400	655	745	535	120	410	70	$6\times\phi42$	≈215	≈3655
17	1740	690	1110	550	860	1470	735	735	600	135	390	80	$6\times\phi42$	≈290	≈4650
18	1860	690	1110	550	920	1590	735	855	600	135	450	80	$6\times\phi42$	≈300	≈5125
19	2010	790	1240	620	997	1700	850	850	690	155	435	90	$6\times\phi48$	≈320	≈6600
20	2130	790	1240	620	1057	1820	850	970	690	155	495	90	$6\times\phi48$	≈340	≈7500
21	2140	830	1390	700	1067	1800	900	900	720	170	485	100	$6\times\phi56$	≈320	≈8900
22	2250	830	1390	700	1122	1910	900	1010	720	170	540	100	$6\times\phi56$	≈340	≈9600

注：1. 规格 13 和 15 仅用于 $i_N=6.3\sim18$。

2. 规格 17 和 19 仅用于 $i_N=6.3\sim16$。

表 15-2-3 H3 减速器的外形尺寸与布置型式 mm

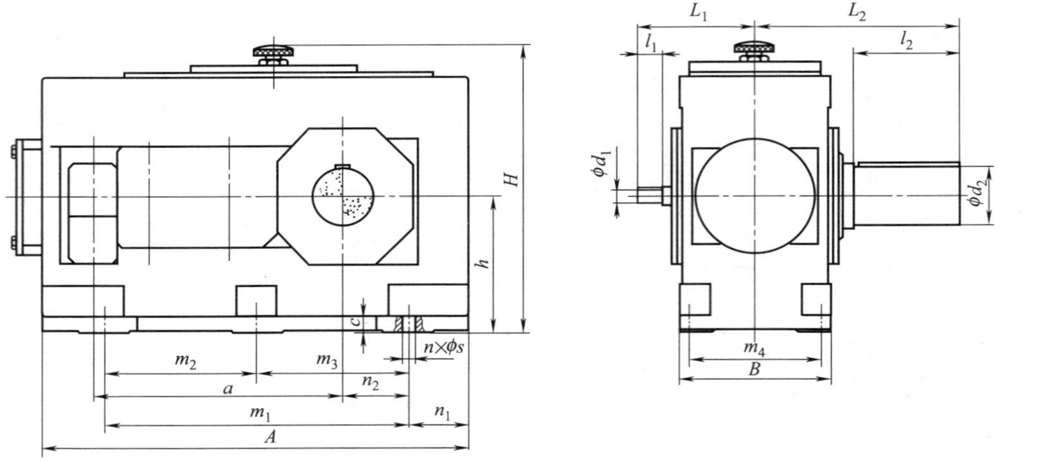

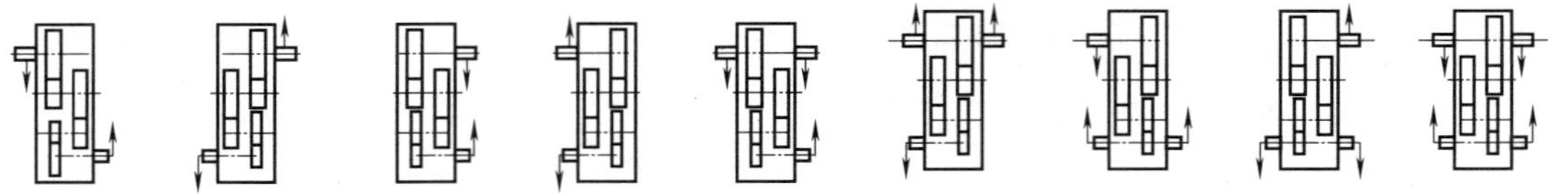

规格	输入轴																													
	$i_N=22.4\sim45$			$i_N=25\sim45$			$i_N=25\sim50$			$i_N=28\sim56$			$i_N=31.5\sim56$			$i_N=50\sim63$			$i_N=56\sim71$			$i_N=63\sim80$			$i_N=71\sim90$			$i_N=80\sim100$		
	d_1	l_1	L_1	d_1	l_1	L_1	d_1	l_1	L_1	d_1	l_1	L_1	d_1	l_1	L_1	d_1	l_1	L_1	d_1	l_1	L_1	d_1	l_1	L_1	d_1	l_1	L_1	d_1	l_1	L_1
5	—	—	—	40	70	230	—	—	—	—	—	—	—	—	—	30	50	210	—	—	—	—	—	—	24	40	200	—	—	—
6	—	—	—	—	—	—	—	—	—	—	—	—	40	70	230	—	—	—	—	—	—	30	50	210	—	—	—	—	—	—

续表

规格	输入轴																													
	i_N=22.4～45			i_N=25～45			i_N=25～50			i_N=28～56			i_N=31.5～56			i_N=50～63			i_N=56～71			i_N=63～80			i_N=71～90			i_N=80～100		
	d_1	l_1	L_1	d_1	l_1	L_1	d_1	l_1	L_1	d_1	l_1	L_1	d_1	l_1	L_1	d_1	l_1	L_1	d_1	l_1	L_1	d_1	l_1	L_1	d_1	l_1	L_1	d_1	l_1	L_1
7	—	—	—	45	80	265	—	—	—	—	—	—	—	—	—	35	60	245	—	—	—	—	—	—	28	50	235	—	—	—
8	—	—	—	—	—	—	—	—	—	—	—	—	45	80	265	—	—	—	—	—	—	35	60	245	—	—	—	—	—	—
9	—	—	—	60	125	355	—	—	—	—	—	—	—	—	—	45	100	330	—	—	—	—	—	—	32	80	310	—	—	—
10	—	—	—	—	—	—	—	—	—	—	—	—	60	125	355	—	—	—	—	—	—	45	100	330	—	—	—	—	—	—
11	—	—	—	70	120	375	—	—	—	—	—	—	—	—	—	50	80	335	—	—	—	—	—	—	42	70	325	—	—	—
12	—	—	—	—	—	—	—	—	—	—	—	—	70	120	375	—	—	—	—	—	—	50	80	335	—	—	—	—	—	—
13	85	160	470	—	—	—	—	—	—	—	—	—	—	—	—	60	135	445	—	—	—	—	—	—	50	110	420	—	—	—
14	—	—	—	—	—	—	—	—	—	85	160	470	—	—	—	—	—	—	—	—	—	60	135	445	—	—	—	—	—	—
15	100	200	550	—	—	—	—	—	—	—	—	—	—	—	—	75	140	490	—	—	—	—	—	—	60	140	490	—	—	—
16	—	—	—	—	—	—	100	200	550	—	—	—	—	—	—	—	—	—	75	140	490	—	—	—	—	—	—	60	140	490
17	100	200	580	—	—	—	—	—	—	—	—	—	—	—	—	75	140	520	—	—	—	—	—	—	60	140	520	—	—	—
18	—	—	—	—	—	—	100	200	580	—	—	—	—	—	—	—	—	—	75	140	520	—	—	—	—	—	—	60	140	520
19	110	200	630	—	—	—	—	—	—	—	—	—	—	—	—	90	165	595	—	—	—	—	—	—	75	140	570	—	—	—
20	—	—	—	—	—	—	110	200	630	—	—	—	—	—	—	—	—	—	90	165	595	—	—	—	—	—	—	75	140	570
21	130	240	710	—	—	—	—	—	—	—	—	—	—	—	—	110	205	675	—	—	—	—	—	—	90	170	640	—	—	—
22	—	—	—	—	—	—	130	240	710	—	—	—	—	—	—	—	—	—	110	205	675	—	—	—	—	—	—	90	170	640

规格	输入轴			输出轴			A	B	H	h	a	m_1	m_2	m_3	m_4	n_1	n_2	c	$n\times\phi s$	润滑油量/L	质量/kg
	i_N=90～112																				
	d_1	l_1	L_1	d_2	l_2	L_2															
5	—	—	—	100	210	375	690	255	482	230	405	480	—	—	220	105	100	28	4×ϕ19	≈16	≈320
6	24	40	200	110	210	375	770	255	482	230	440	560	—	—	220	105	145	28	4×ϕ19	≈18	≈365
7	—	—	—	120	210	405	845	300	572	280	495	605	—	—	260	120	130	35	4×ϕ24	≈29	≈540
8	28	50	235	130	250	445	950	300	582	280	540	710	—	—	260	120	190	35	4×ϕ24	≈32	≈625
9	—	—	—	140	250	485	1000	370	662	320	580	710	—	—	320	145	155	40	4×ϕ28	≈48	≈875
10	32	80	310	160	300	535	1100	370	662	320	630	810	—	—	320	145	205	40	4×ϕ28	≈49	≈1020
11	—	—	—	170	300	570	1200	430	782	380	705	870	—	—	370	165	180	50	4×ϕ35	≈85	≈1400
12	42	70	325	180	300	570	1355	430	790	380	775	1025	—	—	370	165	265	50	4×ϕ35	≈90	≈1675
13	—	—	—	200	350	685	1395	550	900	440	820	1195	597.5	597.5	475	100	305	60	6×ϕ35	≈160	≈2295
14	50	110	320	210	350	685	1535	550	900	440	890	1335	597.5	737.5	475	100	375	60	6×ϕ35	≈165	≈2625
15	—	—	—	230	410	790	1680	625	1000	500	987	1440	720	720	535	120	365	70	6×ϕ42	≈235	≈3475
16	—	—	—	240	410	790	1770	625	1000	500	1033	1530	720	810	535	120	410	70	6×ϕ42	≈245	≈3875
17	—	—	—	250	410	825	1770	690	1110	550	1035	1500	750	750	600	135	390	80	6×ϕ42	≈305	≈4560
18	—	—	—	270	470	885	1890	690	1110	550	1095	1620	750	870	600	135	450	80	6×ϕ42	≈315	≈5030

续表

规格	输入轴 $i_N=90\sim112$			输出轴			A	B	H	h	a	m_1	m_2	m_3	m_4	n_1	n_2	c	$n\times\phi s$	润滑油量 /L	质量 /kg
	d_1	l_1	L_1	d_2	l_2	L_2															
19	—	—	—	290	470	935	2030	790	1240	620	1190	1720	860	860	690	155	435	90	6×ϕ48	≈420	≈6700
20	—	—	—	300	500	965	2150	790	1240	620	1250	1840	860	980	690	155	495	90	6×ϕ48	≈450	≈8100
21	—	—	—	320	500	990	2340	830	1390	700	1387	2000	1000	1000	720	170	485	100	6×ϕ56	≈470	≈9100
22	—	—	—	340	550	1040	2450	830	1390	700	1442	2110	1000	1110	72	170	540	100	6×ϕ56	≈490	≈9800

表 15-2-4 H4 减速器的外形尺寸与布置型式 mm

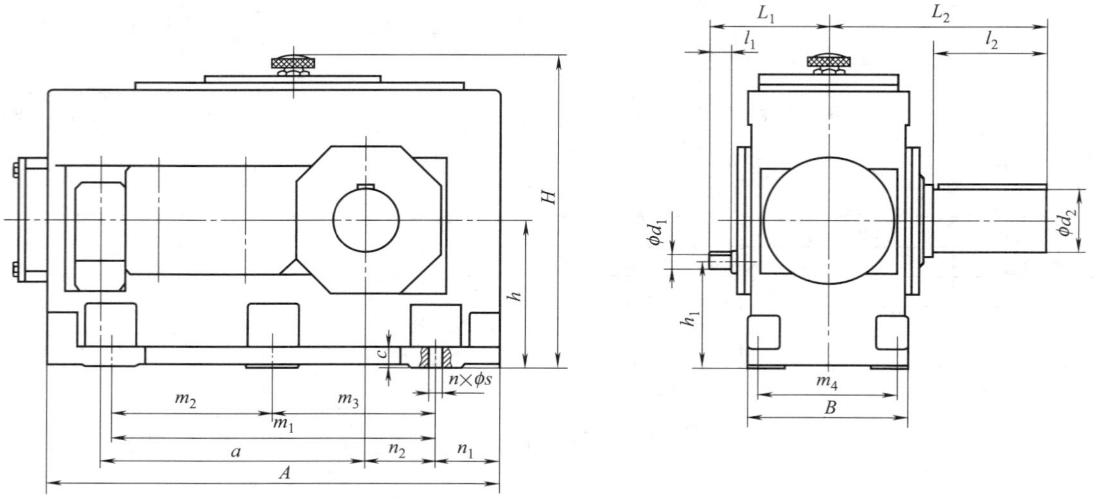

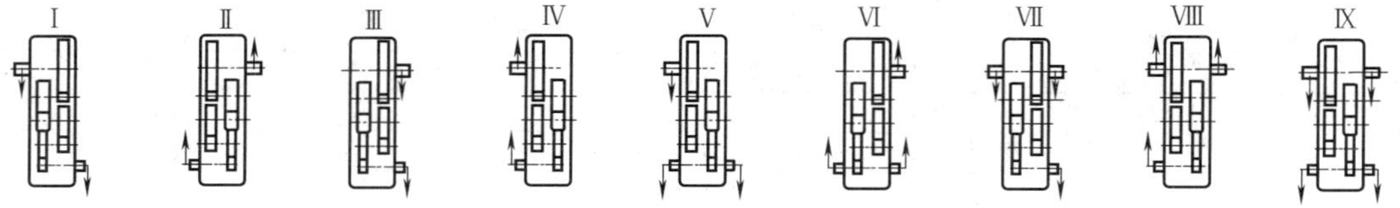

H h c n×φs m2 m3 m1 a n2 n1 A
L1 L2 l1 l2 φd1 φd2 h1 m4 B
I II III IV V VI VII VIII IX

续表

规格	输入轴																														输出轴		
	i_N=80～180			i_N=200～355			i_N=125～224			i_N=250～450			i_N=100～180			i_N=200～355			i_N=112～200			i_N=224～400			i_N=125～224			i_N=250～450					
	d_1	l_1	L_1	d_1	l_1	L_1	d_1	l_1	L_1	d_1	l_1	L_1	d_1	l_1	L_1	d_1	l_1	L_1	d_1	l_1	L_1	d_1	l_1	L_1	d_1	l_1	L_1	d_1	l_1	L_1	d_2	l_2	L_2
7	30	50	230	24	40	220	—	—	—	—	—	—	—	—	—	—	—	—	—	—	—	—	—	—	—	—	—	—	—	—	120	210	405
8	—	—	—	—	—	—	30	50	230	24	40	220	—	—	—	—	—	—	—	—	—	—	—	—	—	—	—	—	—	—	130	250	445
9	35	60	275	28	50	265	—	—	—	—	—	—	—	—	—	—	—	—	—	—	—	—	—	—	—	—	—	—	—	—	140	250	485
10	—	—	—	—	—	—	35	60	275	28	50	265	—	—	—	—	—	—	—	—	—	—	—	—	—	—	—	—	—	—	160	300	535
11	45	100	350	32	80	330	—	—	—	—	—	—	—	—	—	—	—	—	—	—	—	—	—	—	—	—	—	—	—	—	170	300	570
12	—	—	—	—	—	—	45	100	350	32	80	330	—	—	—	—	—	—	—	—	—	—	—	—	—	—	—	—	—	—	180	300	570
13	—	—	—	—	—	—	—	—	—	—	—	—	50	100	405	38	80	385	—	—	—	—	—	—	—	—	—	—	—	—	200	350	685
14	—	—	—	—	—	—	—	—	—	—	—	—	—	—	—	—	—	—	—	—	—	—	—	—	50	100	405	38	80	385	210	350	685
15	—	—	—	—	—	—	—	—	—	—	—	—	60	135	480	50	110	455	—	—	—	—	—	—	—	—	—	—	—	—	230	410	790
16	—	—	—	—	—	—	—	—	—	—	—	—	—	—	—	—	—	—	60	135	480	50	110	455	—	—	—	—	—	—	240	410	790
17	—	—	—	—	—	—	—	—	—	—	—	—	60	105	485	50	80	460	—	—	—	—	—	—	—	—	—	—	—	—	250	410	825
18	—	—	—	—	—	—	—	—	—	—	—	—	—	—	—	—	—	—	60	105	485	50	80	460	—	—	—	—	—	—	270	470	885
19	—	—	—	—	—	—	—	—	—	—	—	—	75	105	545	60	105	545	—	—	—	—	—	—	—	—	—	—	—	—	290	470	935
20	—	—	—	—	—	—	—	—	—	—	—	—	—	—	—	—	—	—	75	105	545	60	105	545	—	—	—	—	—	—	300	500	965
21	—	—	—	—	—	—	—	—	—	—	—	—	90	165	625	70	140	600	—	—	—	—	—	—	—	—	—	—	—	—	320	500	990
22	—	—	—	—	—	—	—	—	—	—	—	—	—	—	—	—	—	—	90	165	625	70	140	600	—	—	—	—	—	—	340	550	1040

规格	A	B	H	h	h_1	a	m_1	m_2	m_3	m_4	n_1	n_2	c	$n\times\phi s$	润滑油量/L	质量/kg
7	845	300	572	280	200	495	605	—	—	260	120	130	35	4×ϕ24	≈25	≈550
8	950	300	582	280	200	540	710	—	—	260	120	190	35	4×ϕ24	≈27	≈645
9	1000	370	662	320	230	580	710	—	—	320	145	155	40	4×ϕ28	≈48	≈875
10	1100	370	662	320	230	630	810	—	—	320	145	205	40	4×ϕ28	≈50	≈1010
11	1200	430	782	380	270	705	870	—	—	370	165	180	50	4×ϕ35	≈80	≈1460
12	1355	430	790	380	270	775	1025	—	—	370	165	265	50	4×ϕ35	≈87	≈1725
13	1395	550	900	440	310	820	1195	597.5	597.5	475	100	305	60	6×ϕ35	≈130	≈2390
14	1535	550	900	440	310	890	1335	597.5	737.5	475	100	375	60	6×ϕ35	≈140	≈2730
15	1680	625	1000	500	340	987	1440	720	720	535	120	365	70	6×ϕ42	≈230	≈3635
16	1770	625	1000	500	340	1033	1530	720	810	535	120	410	70	6×ϕ42	≈235	≈3965
17	1770	690	1110	550	390	1035	1500	750	750	600	135	390	80	6×ϕ42	≈290	≈4680
18	1890	690	1110	550	390	1095	1620	750	870	600	135	450	80	6×ϕ42	≈305	≈5185
19	2030	790	1240	620	435	1190	1720	860	860	690	155	435	90	6×ϕ48	≈430	≈6800
20	2150	790	1240	620	435	1250	1840	860	980	690	155	495	90	6×ϕ48	≈380	≈8200
21	2340	830	1390	700	475	1387	2000	1000	1000	720	170	485	100	6×ϕ56	≈395	≈9200
22	2450	830	1390	700	475	1442	2110	1000	1110	720	170	540	100	6×ϕ56	≈420	≈9900

第15篇

表 15-2-5 R2 减速器的外形尺寸与布置型式 mm

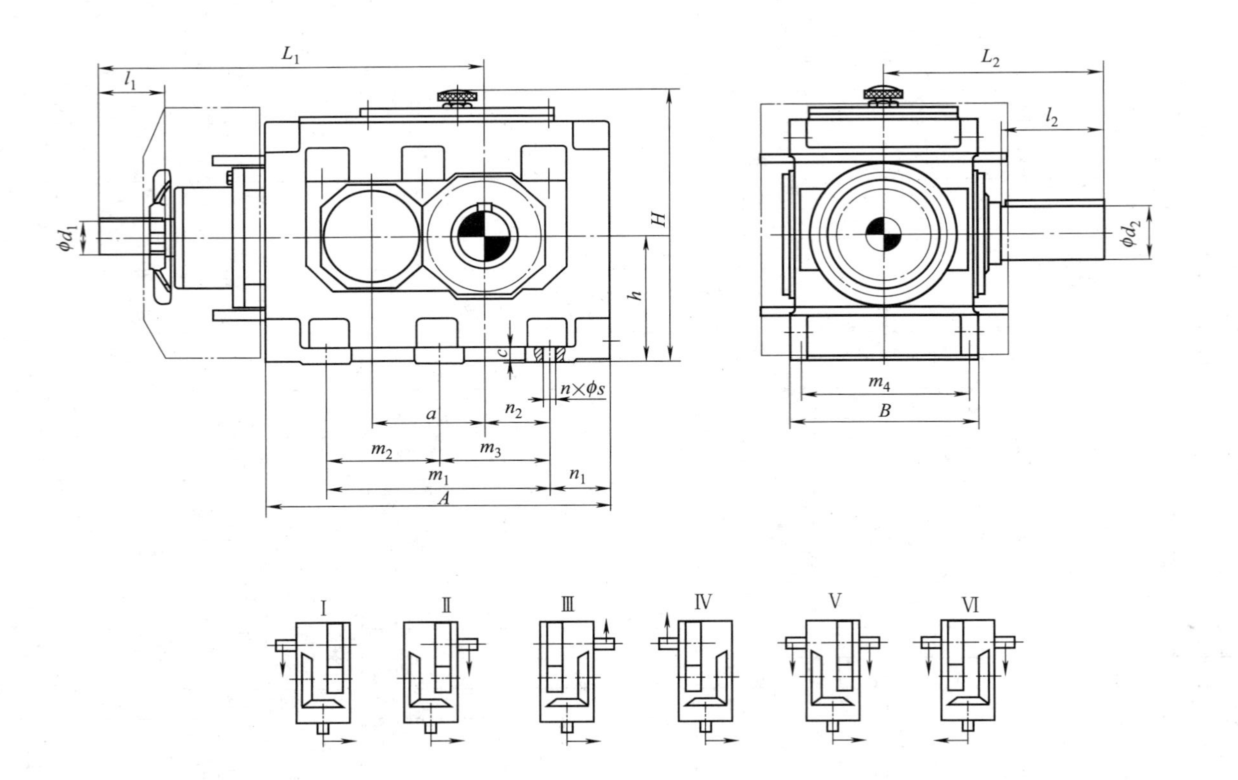

续表

规格	输入轴															输出轴		
	$i_N=5\sim11.2$			$i_N=5.6\sim11.2$			$i_N=5.6\sim12.5$			$i_N=6.3\sim14$			$i_N=7.1\sim12.5$					
	d_1	l_1	L_1	d_1	l_1	L_1	d_1	l_1	L_1	d_1	l_1	L_1	d_1	l_1	L_1	d_2	l_2	L_2
4	45	100	565	—	—	—	—	—	—	—	—	—	—	—	—	80	170	340
5	55	110	645	—	—	—	—	—	—	—	—	—	—	—	—	100	210	410
6	—	—	—	—	—	—	—	—	—	55	110	680	—	—	—	110	210	410
7	70	135	775	—	—	—	—	—	—	—	—	—	—	—	—	120	210	445
8	—	—	—	—	—	—	—	—	—	70	135	820	—	—	—	130	250	485
9	80	165	920	—	—	—	—	—	—	—	—	—	—	—	—	140	250	520
10	—	—	—	—	—	—	—	—	—	80	165	970	—	—	—	160	300	570
11	90	165	1090	—	—	—	—	—	—	—	—	—	—	—	—	170	300	620
12	—	—	—	—	—	—	—	—	—	90	165	1160	—	—	—	180	300	620
13	110	205	1275	—	—	—	—	—	—	—	—	—	—	—	—	200	350	740
14	—	—	—	—	—	—	—	—	—	110	205	1345	—	—	—	210	350	740
15	130	245	1522	—	—	—	—	—	—	—	—	—	—	—	—	230	410	870
16	—	—	—	—	—	—	130	245	1568	—	—	—	—	—	—	240	410	870
17	—	—	—	150	245	1680	—	—	—	—	—	—	—	—	—	250	410	950
18	—	—	—	—	—	—	—	—	—	—	—	—	150	245	1740	270	470	1010

规格	A	B	H	h	a	m_1	m_2	m_3	m_4	n_1	n_2	c	$n\times\phi s$	润滑油量/L	质量/kg
4	505	270	415	200	160	295	—	—	235	105	85	28	$4\times\phi19$	≈10	≈235
5	565	320	482	230	185	355	—	—	285	105	100	28	$4\times\phi19$	≈16	≈360
6	645	320	482	230	220	435	—	—	285	105	145	28	$4\times\phi19$	≈19	≈410
7	690	380	582	280	225	450	—	—	340	120	130	35	$4\times\phi24$	≈31	≈615
8	795	380	582	280	270	555	—	—	340	120	190	35	$4\times\phi24$	≈34	≈700
9	820	440	662	320	265	530	—	—	390	145	155	40	$4\times\phi28$	≈48	≈1000
10	920	440	662	320	315	630	—	—	390	145	205	40	$4\times\phi28$	≈50	≈1155
11	975	530	790	380	320	645	—	—	470	165	180	50	$4\times\phi35$	≈80	≈1640
12	1130	530	790	380	390	800	—	—	470	165	265	50	$4\times\phi35$	≈95	≈1910
13	1130	655	900	440	370	930	465	465	580	100	305	60	$6\times\phi35$	≈140	≈2450
14	1270	655	900	440	440	1070	465	605	580	100	375	60	$6\times\phi35$	≈155	≈2825
15	1350	765	1000	500	442	1110	555	555	670	120	365	70	$6\times\phi42$	≈220	≈3990
16	1440	765	1000	500	488	1200	555	645	670	120	410	70	$6\times\phi42$	≈230	≈4345
17	1490	885	1110	550	490	1220	610	610	780	135	390	80	$6\times\phi48$	≈320	≈5620
18	1610	885	1110	550	550	1340	610	730	780	135	450	80	$6\times\phi48$	≈335	≈6150

表 15-2-6　　R3 减速器的外形尺寸与布置型式　　mm

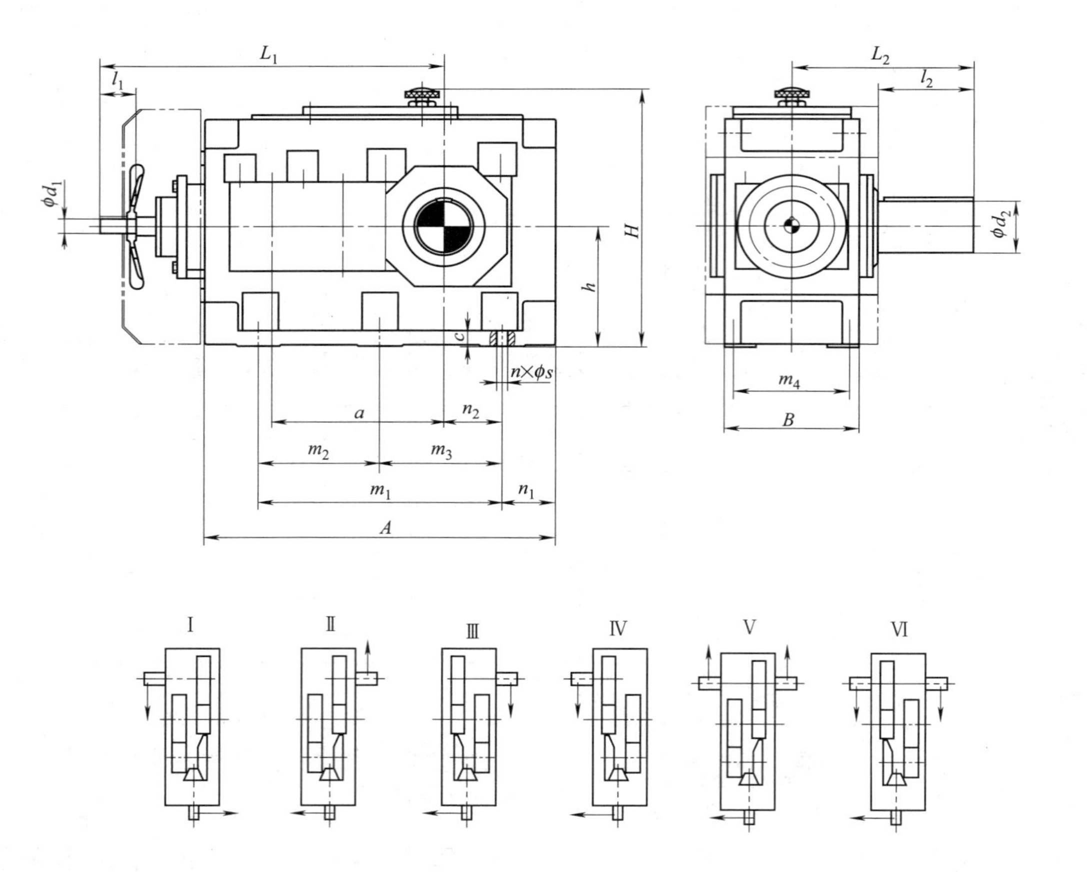

续表

规格	输入轴																		输出轴		
	i_N=12.5～45			i_N=14～50			i_N=16～56			i_N=50～71			i_N=56～80			i_N=63～90					
	d_1	l_1	L_1	d_1	l_1	L_1	d_1	l_1	L_1	d_1	l_1	L_1	d_1	l_1	L_1	d_1	l_1	L_1	d_2	l_2	L_2
4	30	70	570	—	—	—	—	—	—	25	60	560	—	—	—	—	—	—	80	170	310
5	35	80	655	—	—	—	—	—	—	28	60	635	—	—	—	—	—	—	100	210	375
6	—	—	—	—	—	—	35	80	690	—	—	—	—	—	—	28	60	670	110	210	375
7	45	100	790	—	—	—	—	—	—	35	80	770	—	—	—	—	—	—	120	210	405
8	—	—	—	—	—	—	45	100	835	—	—	—	—	—	—	35	80	815	130	250	445
9	55	110	910	—	—	—	—	—	—	40	100	900	—	—	—	—	—	—	140	250	485
10	—	—	—	—	—	—	55	110	960	—	—	—	—	—	—	40	100	950	160	300	535
11	70	135	1095	—	—	—	—	—	—	50	110	1070	—	—	—	—	—	—	170	300	570
12	—	—	—	—	—	—	70	135	1165	—	—	—	—	—	—	50	110	1140	180	300	570
13	80	165	1290	—	—	—	—	—	—	60	140	1265	—	—	—	—	—	—	200	350	685
14	—	—	—	—	—	—	80	165	1360	—	—	—	—	—	—	60	140	1335	210	350	685
15	90	165	1532	—	—	—	—	—	—	70	140	1507	—	—	—	—	—	—	230	410	790
16	—	—	—	70	140	1578	—	—	—	—	—	—	70	140	1553	—	—	—	240	410	790
17	110	205	1765	—	—	—	—	—	—	80	170	1730	—	—	—	—	—	—	250	410	825
18	—	—	—	80	170	1825	—	—	—	—	—	—	80	170	1790	—	—	—	270	470	885
19	130	245	2077	—	—	—	—	—	—	100	210	2042	—	—	—	—	—	—	290	470	935
20	—	—	—	100	210	2137	—	—	—	—	—	—	100	210	2102	—	—	—	300	500	965
21	130	245	2147	—	—	—	—	—	—	100	210	2112	—	—	—	—	—	—	320	500	990
22	—	—	—	100	210	2202	—	—	—	—	—	—	100	210	2167	—	—	—	340	550	1040

规格	A	B	H	h	a	m_1	m_2	m_3	m_4	n_1	n_2	c	$n\times\phi s$	润滑油量/L	质量/kg
4	565	215	415	200	270	355	—	—	180	105	85	28	$4\times\phi19$	≈9	≈210
5	640	255	482	230	315	430	—	—	220	105	100	28	$4\times\phi19$	≈15	≈325
6	720	255	482	230	350	510	—	—	220	105	145	28	$4\times\phi19$	≈16	≈380
7	785	300	572	280	385	545	—	—	260	120	130	35	$4\times\phi24$	≈27	≈550
8	890	300	582	280	430	650	—	—	260	120	190	35	$4\times\phi24$	≈30	≈635
9	925	370	662	320	450	635	—	—	320	145	155	40	$4\times\phi28$	≈42	≈890
10	1025	370	662	320	500	735	—	—	320	145	205	40	$4\times\phi28$	≈45	≈1020
11	1105	430	782	380	545	775	—	—	370	165	180	50	$4\times\phi35$	≈71	≈1455
12	1260	430	790	380	615	930	—	—	370	165	265	50	$4\times\phi35$	≈76	≈1730
13	1290	550	900	440	635	1090	545	545	475	100	305	60	$6\times\phi35$	≈130	≈2380
14	1430	550	900	440	705	1230	545	685	475	100	375	60	$6\times\phi35$	≈140	≈2750
15	1550	625	1000	500	762	1310	655	655	535	120	365	70	$6\times\phi42$	≈210	≈3730
16	1640	625	1000	500	808	1400	655	745	535	120	410	70	$6\times\phi42$	≈220	≈3955
17	1740	690	1110	550	860	1470	735	735	600	135	390	80	$6\times\phi42$	≈290	≈4990
18	1860	690	1110	550	920	1590	735	855	600	135	450	80	$6\times\phi42$	≈300	≈5495
19	2010	790	1240	620	997	1700	850	850	690	155	435	90	$6\times\phi48$	≈380	≈7000
20	2130	790	1240	620	1057	1820	850	970	690	155	495	90	$6\times\phi48$	≈440	≈8100
21	2140	830	1390	700	1067	1800	900	900	720	170	485	100	$6\times\phi56$	≈370	≈9200
22	2250	830	1390	700	1122	1910	900	1010	720	170	540	100	$6\times\phi56$	≈430	≈9900

表 15-2-7 R4 减速器的外形尺寸与布置型式

mm

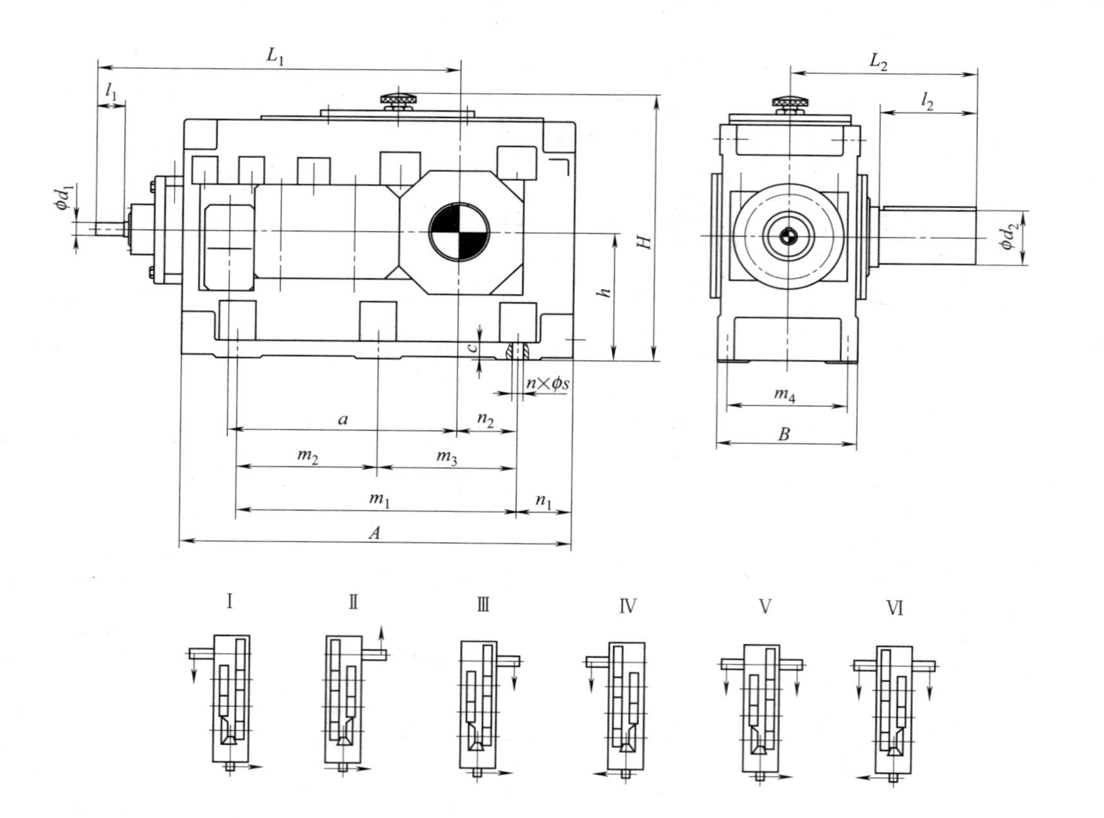

续表

规格	输入轴																		输出轴		
	i_N=80～180			i_N=90～200			i_N=100～224			i_N=200～315			i_N=224～355			i_N=250～400					
	d_1	l_1	L_1	d_1	l_1	L_1	d_1	l_1	L_1	d_1	l_1	L_1	d_1	l_1	L_1	d_1	l_1	L_1	d_2	l_2	L_2
5	28	55	670	—	—	—	—	—	—	20	50	665	—	—	—	—	—	—	100	210	375
6	—	—	—	—	—	—	28	55	705	—	—	—	—	—	—	20	50	700	110	210	375
7	30	70	795	—	—	—	—	—	—	25	60	785	—	—	—	—	—	—	120	210	405
8	—	—	—	—	—	—	30	70	840	—	—	—	—	—	—	25	60	830	130	250	445
9	35	80	920	—	—	—	—	—	—	28	60	900	—	—	—	—	—	—	140	250	485
10	—	—	—	—	—	—	35	80	970	—	—	—	—	—	—	28	60	950	160	300	535
11	45	100	1110	—	—	—	—	—	—	35	80	1090	—	—	—	—	—	—	170	300	570
12	—	—	—	—	—	—	45	100	1180	—	—	—	—	—	—	35	80	1160	180	300	570
13	55	110	1280	—	—	—	—	—	—	40	100	1270	—	—	—	—	—	—	200	350	685
14	—	—	—	—	—	—	55	110	1350	—	—	—	—	—	—	40	100	1340	210	350	685
15	70	135	1537	—	—	—	—	—	—	50	110	1512	—	—	—	—	—	—	230	410	790
16	—	—	—	70	135	1583	—	—	—	—	—	—	50	110	1558	—	—	—	240	410	790
17	70	135	1585	—	—	—	—	—	—	50	110	1560	—	—	—	—	—	—	250	410	825
18	—	—	—	70	135	1645	—	—	—	—	—	—	50	110	1620	—	—	—	270	470	885
19	80	165	1845	—	—	—	—	—	—	60	140	1820	—	—	—	—	—	—	290	470	935
20	—	—	—	80	165	1905	—	—	—	—	—	—	60	140	1880	—	—	—	300	500	965
21	90	165	2157	—	—	—	—	—	—	70	140	2132	—	—	—	—	—	—	320	500	990
22	—	—	—	90	165	2212	—	—	—	—	—	—	70	140	2187	—	—	—	340	550	1040

规格	A	B	H	h	a	m_1	m_2	m_3	m_4	n_1	n_2	c	$n\times\phi s$	润滑油量/L	质量/kg
5	690	255	482	230	405	480	—	—	220	105	100	28	4×ϕ19	≈16	≈335
6	770	255	482	230	440	560	—	—	220	105	145	28	4×ϕ19	≈18	≈385
7	845	300	572	280	495	605	—	—	260	120	130	35	4×ϕ24	≈30	≈555
8	950	300	582	280	540	710	—	—	260	120	190	35	4×ϕ24	≈33	≈655
9	1000	370	662	320	580	710	—	—	320	145	155	40	4×ϕ28	≈48	≈890
10	1100	370	662	320	630	810	—	—	320	145	205	40	4×ϕ28	≈50	≈1025
11	1200	430	782	380	705	870	—	—	370	165	180	50	4×ϕ35	≈80	≈1485
12	1355	430	790	380	775	1025	—	—	370	165	265	50	4×ϕ35	≈90	≈1750
13	1395	550	900	440	820	1195	597.5	597.5	475	100	305	60	6×ϕ35	≈145	≈2395
14	1535	550	900	440	890	1335	597.5	737.5	475	100	375	60	6×ϕ35	≈150	≈2735
15	1680	625	1000	500	987	1440	720	720	535	120	365	70	6×ϕ42	≈230	≈3630
16	1770	625	1000	500	1033	1530	720	810	535	120	410	70	6×ϕ42	≈235	≈3985
17	1770	690	1110	550	1035	1500	750	750	600	135	390	80	6×ϕ42	≈295	≈4695
18	1890	690	1110	550	1095	1620	750	870	600	135	450	80	6×ϕ42	≈305	≈5200
19	2030	790	1240	620	1190	1720	860	860	690	155	435	90	6×ϕ48	≈480	≈6800
20	2150	790	1240	620	1250	1840	860	980	690	155	495	90	6×ϕ48	≈550	≈8200
21	2340	830	1390	700	1387	2000	1000	1000	720	170	485	100	6×ϕ56	≈540	≈9200
22	2450	830	1390	700	1442	2110	1000	1110	720	170	540	100	6×ϕ56	≈620	≈9900

2.1.3　承载能力

表 15-2-8～表 15-2-21 中的数据是按照每小时 100％的工作周期，在室内大空间安装，海拔 1000m 计算的。其中，P_{G1} 表示无辅助冷却装置时的额定热功率；P_{G2} 表示带冷却风扇时的额定热功率。

表 15-2-8　　H1 减速器额定机械强度功率 P_N　　kW

i_N	n_1 /r·min^{-1}	n_2 /r·min^{-1}	规格																
			3	4	5	6	7	8	9	10	11	12	13	14	15	16	17	18	19
1.25	1500	1200	327	—	880	—	1671	—	2702	—	—	—	—	—	—	—	—	—	—
	1000	800	218	—	586	—	1114	—	1801	—	—	—	—	—	—	—	—	—	—
	750	600	163	—	440	—	836	—	1351	—	—	—	—	—	—	—	—	—	—
1.4	1500	1071	303	—	807	—	1559	—	2501	—	—	—	—	—	—	—	—	—	—
	1000	714	202	—	538	—	1039	—	1667	—	—	—	—	—	—	—	—	—	—
	750	536	152	—	404	—	780	—	1252	—	—	—	—	—	—	—	—	—	—
1.6	1500	938	285	—	737	—	1395	—	2318	—	3929	—	—	—	—	—	—	—	—
	1000	625	190	—	491	—	929	—	1545	—	2618	—	4213	—	—	—	—	—	—
	750	469	142	—	368	—	697	—	1159	—	1964	—	3094	—	—	—	—	—	—
1.8	1500	833	209	—	672	—	1326	—	2128	—	3611	—	—	—	—	—	—	—	—
	1000	556	140	—	448	—	885	—	1421	—	2410	—	3860	—	—	—	—	—	—
	750	417	105	—	336	—	664	—	1065	—	1808	—	2895	—	—	—	—	—	—
2	1500	750	196	—	644	—	1217	—	1963	—	3353	—	—	—	—	—	—	—	—
	1000	500	131	—	429	—	812	—	1309	—	2236	—	3571	—	—	—	—	—	—
	750	375	98	—	322	—	609	—	982	—	1677	—	2678	—	4751	—	—	—	—
2.24	1500	670	175	—	589	—	1087	—	1754	—	3087	—	—	—	—	—	—	—	—
	1000	446	117	—	392	—	724	—	1168	—	2055	—	3283	—	—	—	—	—	—
	750	335	88	—	295	—	544	—	877	—	1543	—	2466	—	4280	—	—	—	—
2.5	1500	600	163	—	528	—	974	—	1571	—	2764	—	—	—	—	—	—	—	—
	1000	400	109	—	352	—	649	—	1047	—	1843	—	3016	—	4607	—	—	—	—
	750	300	82	—	264	—	487	—	785	—	1382	—	2262	—	3455	—	—	—	—
2.8	1500	536	152	—	471	—	836	—	1330	—	2470	—	—	—	—	—	—	—	—
	1000	357	101	—	314	—	557	—	886	—	1645	—	2692	—	4224	—	—	—	—
	750	268	76	—	236	—	418	—	665	—	1235	—	2021	—	3171	—	4799	—	—
3.15	1500	476	135	—	419	—	758	—	1221	—	2088	—	3409	—	—	—	—	—	—
	1000	317	90	—	279	—	505	—	813	—	1391	—	2270	—	3850	—	—	—	—
	750	238	67	—	209	—	379	—	611	—	1044	—	1705	—	2891	—	4311	—	—
3.55	1500	423	124	—	368	—	687	—	1103	—	1936	—	3083	—	—	—	—	—	—
	1000	282	83	—	245	—	458	—	735	—	1290	—	2055	—	3484	—	—	—	—
	750	211	62	—	183	—	342	—	550	—	966	—	1538	—	2607	—	3822	—	—
4	1500	375	110	—	330	—	609	—	982	—	1728	—	2780	—	—	—	—	—	—
	1000	250	73	—	220	—	406	—	654	—	1152	—	1853	—	3194	—	4529	—	—
	750	188	55	—	165	—	305	—	492	—	866	—	1394	—	2402	—	3406	—	4823
4.5	1500	333	77	—	234	—	481	—	746	—	1395	—	2008	—	3557	—	—	—	—
	1000	222	51	—	156	—	321	—	497	—	930	—	1339	—	2371	—	3394	—	—
	750	167	38	—	117	—	241	—	374	—	699	—	1007	—	1784	—	2553	—	3777
5	1500	300	66	—	198	—	377	—	644	—	1059	—	1712	—	2790	—	—	—	—
	1000	200	44	—	132	—	251	—	429	—	706	—	1141	—	1860	—	2597	—	3644
	750	150	33	—	99	—	188	—	322	—	529	—	856	—	1395	—	1948	—	2733
5.6	1500	268	56	—	168	—	320	—	491	—	892	—	1454	—	2371	—	—	—	—
	1000	179	37	—	112	—	214	—	328	—	596	—	971	—	1584	—	2212	—	2812
	750	134	28	—	84	—	160	—	246	—	446	—	727	—	1186	—	1656	—	2105

表 15-2-9　　H1 减速器额定热功率 P_{G1}、P_{G2}　　kW

i_N	n_1=750r/min 时	规格																
		3	4	5	6	7	8	9	10	11	12	13	14	15	16	17	18	19
1.25	P_{G1}	77.6	—	—	—	—	—	—	—	—	—	—	—	—	—	—	—	—
	P_{G2}	163	—	385	—	526	—	594	—	—	—	—	—	—	—	—	—	—

续表

i_N	n_1=750r/min 时	规格																
		3	4	5	6	7	8	9	10	11	12	13	14	15	16	17	18	19
1.4	P_{G1}	78.3	—	—	—	—	—	—	—	—	—	—	—	—	—	—	—	—
	P_{G2}	161	—	386	—	532	—	622	—	—	—	—	—	—	—	—	—	—
1.6	P_{G1}	78.3	—	—	—	—	—	—	—	—	—	—	—	—	—	—	—	—
	P_{G2}	157	—	379	—	517	—	642	—	885	—	796	—	—	—	—	—	—
1.8	P_{G1}	88.1	—	—	—	—	—	—	—	—	—	—	—	—	—	—	—	—
	P_{G2}	174	—	368	—	523	—	641	—	924	—	915	—	—	—	—	—	—
2	P_{G1}	85.6	—	142	—	—	—	—	—	—	—	—	—	—	—	—	—	—
	P_{G2}	167	—	354	—	506	—	629	—	936	—	986	—	—	—	—	—	—
2.24	P_{G1}	83.3	—	140	—	—	—	—	—	—	—	—	—	—	—	—	—	—
	P_{G2}	159	—	337	—	472	—	608	—	931	—	1025	—	812	—	—	—	—
2.5	P_{G1}	77	—	134	—	—	—	—	—	249	—	—	—	—	—	—	—	—
	P_{G2}	147	—	317	—	444	—	579	—	907	—	1031	—	900	—	—	—	—
2.8	P_{G1}	72.8	—	127	—	180	—	—	—	—	—	—	—	—	—	—	—	—
	P_{G2}	137	—	296	—	455	—	598	—	870	—	1012	—	962	—	789	—	—
3.15	P_{G1}	72.9	—	137	—	213	—	263	—	—	—	—	—	—	—	—	—	—
	P_{G2}	133	—	293	—	514		636	—	928	—	1085	—	1203	—	1159	—	—
3.55	P_{G1}	67.2	—	135	—	199	—	249	—	—	—	—	—	—	—	—	—	—
	P_{G2}	121	—	286	—	471	—	590	—	858	—	1026	—	1176	—	1194	—	—
4	P_{G1}	61.2	—	124	—	182	—	217	—	318	—	—	—	—	—	—	—	—
	P_{G2}	110	—	259	—	421	—	502	—	794	—	953	—	1120	—	1181	—	1131
4.5	P_{G1}	67.9	—	131	—	191	—	257	—	318	—	414	—	—	—	—	—	—
	P_{G2}	118	—	262	—	421	—	563	—	756	—	989	—	1205	—	1260	—	1268
5	P_{G1}	61.7	—	125	—	186	—	238	—	324	—	414	—	—	—	—	—	—
	P_{G2}	107	—	248	—	404	—	508	—	740	—	947	—	1187	—	1419	—	1493
5.6	P_{G1}	55.2	—	111	—	168	—	228	—	309	—	378	—	—	—	—	—	—
	P_{G2}	95.2	—	219	—	361	—	485	—	701	—	852	—	1077	—	1304	—	1568

i_N	n_1=1000r/min 时	规格																
		3	4	5	6	7	8	9	10	11	12	13	14	15	16	17	18	19
1.25	P_{G1}	63.2	—	—	—	—	—	—	—	—	—	—	—	—	—	—	—	—
	P_{G2}	187	—	402	—	517	—	536	—	—	—	—	—	—	—	—	—	—
1.4	P_{G1}	65.4	—	—	—	—	—	—	—	—	—	—	—	—	—	—	—	—
	P_{G2}	186	—	409	—	534	—	578	—	—	—	—	—	—	—	—	—	—
1.6	P_{G1}	68.6	—	—	—	—	—	—	—	—	—	—	—	—	—	—	—	—
	P_{G2}	183	—	412	—	540	—	630	—	729	—	510	—	—	—	—	—	—
1.8	P_{G1}	79.9	—	—	—	—	—	—	—	—	—	—	—	—	—	—	—	—
	P_{G2}	205	—	410	—	561	—	655	—	821	—	674	—	—	—	—	—	—
2	P_{G1}	78.5	—	104	—	—	—	—	—	—	—	—	—	—	—	—	—	—
	P_{G2}	197	—	397	—	549	—	651	—	852	—	757	—	—	—	—	—	—
2	P_{G1}	78	—	109	—	—	—	—	—	—	—	—	—	—	—	—	—	—
	P_{G2}	189	—	382	—	520	—	645	—	887	—	851	—	523	—	—	—	—
2.5	P_{G1}	72.8	—	108	—	—	—	—	—	—	—	—	—	—	—	—	—	—
	P_{G2}	175	—	362	—	494	—	621	—	884	—	888	—	621	—	—	—	—
2.8	P_{G1}	69.6	—	105	—	133	—	—	—	—	—	—	—	—	—	—	—	—
	P_{G2}	164	—	340	—	511	—	649	—	865	—	902	—	707	—	500	—	—
3.15	P_{G1}	73	—	127	—	189	—	217	—	—	—	—	—	—	—	—	—	—
	P_{G2}	161	—	348	—	601	—	731	—	1019	—	1128	—	1146	—	1040	—	—
3.55	P_{G1}	67.6	—	127	—	178	—	209	—	—	—	—	—	—	—	—	—	—
	P_{G2}	147	—	340	—	553	—	682	—	949	—	1078	—	1140	—	1096	—	—

第 15 篇

续表

i_N	$n_1=1000r/min$ 时	规格																
		3	4	5	6	7	8	9	10	11	12	13	14	15	16	17	18	19
4	P_{G1}	61.9	—	118	—	167	—	189	—	235	—	—	—	—	—	—	—	—
	P_{G2}	134	—	309	—	498	—	585	—	891	—	1024	—	1124	—	1132	—	1032
4.5	P_{G1}	69.7	—	129	—	183	—	238	—	267	—	304	—	—	—	—	—	—
	P_{G2}	144	—	316	—	504	—	667	—	872	—	1107	—	1289	—	1307	—	1274
5	P_{G1}	63.9	—	125	—	184	—	228	—	290	—	340	—	—	—	—	—	—
	P_{G2}	131	—	301	—	488	—	608	—	869	—	1087	—	1317	—	1541	—	1585
5.6	P_{G1}	57.2	—	111	—	166	—	220	—	277	—	311	—	—	—	—	—	—
	P_{G2}	116	—	266	—	435	—	581	—	823	—	978	—	1195	—	1416	—	1665

i_N	$n_1=1500r/min$ 时	规格																
		3	4	5	6	7	8	9	10	11	12	13	14	15	16	17	18	19
1.25	P_{G1}	—	—	—	—	—	—	—	—	—	—	—	—	—	—	—	—	—
	P_{G2}	210	—	372	—	408	—	—	—	—	—	—	—	—	—	—	—	—
1.4	P_{G1}	—	—	—	—	—	—	—	—	—	—	—	—	—	—	—	—	—
	P_{G2}	212	—	392	—	447	—	375	—	—	—	—	—	—	—	—	—	—
1.6	P_{G1}	—	—	—	—	—	—	—	—	—	—	—	—	—	—	—	—	—
	P_{G2}	213	—	420	—	500	—	495	—	—	—	—	—	—	—	—	—	—
1.8	P_{G1}	—	—	—	—	—	—	—	—	—	—	—	—	—	—	—	—	—
	P_{G2}	241	—	435	—	554	—	575	—	—	—	—	—	—	—	—	—	—
2	P_{G1}	—	—	—	—	—	—	—	—	—	—	—	—	—	—	—	—	—
	P_{G2}	234	—	427	—	553	—	590	—	509	—	—	—	—	—	—	—	—
2.24	P_{G1}	—	—	—	—	—	—	—	—	—	—	—	—	—	—	—	—	—
	P_{G2}	227	—	422	—	544	—	620	—	631	—	—	—	—	—	—	—	—
2.5	P_{G1}	—	—	—	—	—	—	—	—	—	—	—	—	—	—	—	—	—
	P_{G2}	211	—	405	—	525	—	614	—	676	—	—	—	—	—	—	—	—
2.8	P_{G1}	50	—	—	—	—	—	—	—	—	—	—	—	—	—	—	—	—
	P_{G2}	199	—	384	—	553	—	658	—	705	—	—	—	—	—	—	—	—
3.15	P_{G1}	63.8	—	—	—	—	—	—	—	—	—	—	—	—	—	—	—	—
	P_{G2}	200	—	415	—	702	—	828	—	1055	—	1033	—	816	—	—	—	—
3.55	P_{G1}	59.8	—	—	—	—	—	—	—	—	—	—	—	—	—	—	—	—
	P_{G2}	183	—	407	—	649	—	778	—	998	—	1014	—	860	—	678	—	—
4	P_{G1}	56.2	—	85.1	—	—	—	—	—	—	—	—	—	—	—	—	—	—
	P_{G2}	166	—	374	—	591	—	677	—	964	—	1012	—	938	—	821	—	623
4.5	P_{G1}	66.4	—	106	—	135	—	—	—	—	—	—	—	—	—	—	—	—
	P_{G2}	180	—	389	—	611		795	—	994	—	1193	—	1261	—	1192	—	1069
5	P_{G1}	62.5	—	111	—	151	—	169	—	—	—	—	—	—	—	—	—	—
	P_{G2}	165	—	373	—	599	—	738	—	1020	—	1227	—	1395	—	1560	—	1526
5.6	P_{G1}	56	—	98.8	—	136	—	163	—	—	—	—	—	—	—	—	—	—
	P_{G2}	146	—	330	—	535	—	704	—	967	—	1104	—	1266	—	1433	—	1604

表 15-2-10　　H2 减速器额定机械强度功率 P_N　　kW

i_N	n_1 /r·min⁻¹	n_2 /r·min⁻¹	规格																			
			3	4	5	6	7	8	9	10	11	12	13	14	15	16	17	18	19	20	21	22
6.3	1500	238	87	157	262	—	474	—	785	—	1383	—	2143	—	3564	—	4860	—	—	—	—	—
	1000	159	58	105	175	—	316	—	524	—	924	—	1432	—	2381	—	3247	—	4862	—	—	—
	750	119	44	79	131	—	237	—	393	—	692	—	1072	—	1782	—	2430	—	3639	—	—	—
7.1	1500	211	77	139	232	—	420	—	696	—	1226	—	1900	—	3159	3535	4308	—	—	—	—	—
	1000	141	52	93	155	—	281	—	465	—	819	—	1270	—	2111	2362	2879	3396	4311	4946	—	—
	750	106	39	70	117	—	211	—	350	—	616	—	955	—	1587	1776	2164	2553	3241	3718	4551	—

续表

i_N	n_1 /r·min^{-1}	n_2 /r·min^{-1}	规格																			
			3	4	5	6	7	8	9	10	11	12	13	14	15	16	17	18	19	20	21	22
8	1500	188	69	124	207	266	374	472	620	778	1093	1358	1693	2106	2815	3150	3839	4528	—	—	—	—
	1000	125	46	82	137	177	249	314	412	517	726	903	1126	1401	1872	2094	2552	3010	3822	4385	—	—
	750	94	34	62	103	133	187	236	310	389	546	679	846	1053	1408	1575	1919	2264	2874	3297	4036	4508
9	1500	167	61	110	184	236	332	420	551	691	971	1207	1504	1871	2501	2798	3410	4022	—	—	—	—
	1000	111	41	73	122	157	221	279	366	459	645	802	1000	1244	1662	1860	2266	2673	3394	3894	4765	—
	750	83	30	55	91	117	165	209	274	343	482	600	747	930	1243	1391	1695	1999	2538	2912	3563	3981
10	1500	150	55	99	165	212	298	377	495	620	872	1084	1351	1681	2246	2513	3063	3613	—	—	—	—
	1000	100	37	66	110	141	199	251	330	414	581	723	901	1120	1497	1675	2042	2408	3058	3508	4293	4796
	750	75	27	49	82	106	149	188	247	310	436	542	675	840	1123	1257	1531	1806	2293	2631	3220	3597
11.2	1500	134	49	88	147	189	267	337	442	554	779	968	1207	1501	2006	2245	2736	3227	—	—	—	—
	1000	89	33	59	98	126	177	224	294	368	517	643	801	997	1333	1491	1817	2143	2721	3122	3821	4268
	750	67	25	44	74	95	133	168	221	277	389	484	603	751	1003	1123	1368	1614	2049	2350	2876	3213
12.5	1500	120	44	79	132	170	239	302	396	496	697	867	1081	1345	1797	2010	2450	2890	3669	—	—	—
	1000	80	29	53	88	113	159	201	364	331	465	578	720	896	1198	1340	1634	1927	2446	2806	3435	3837
	750	60	22	40	66	85	119	151	198	248	349	434	540	672	898	1005	1225	1445	1835	2105	2576	2877
14	1500	107	39	71	118	151	213	269	353	443	622	773	964	1199	1602	1793	2185	2577	3272	3752	—	—
	1000	71	26	47	78	100	141	178	234	294	413	513	639	795	1063	1190	1450	1710	2171	2491	3048	3405
	750	54	20	36	59	76	107	136	178	223	314	390	486	605	809	905	1103	1301	1651	1894	2318	2590
16	1500	94	34	62	103	133	187	236	310	389	546	679	846	1053	1408	1575	1919	2264	2874	3297	—	—
	1000	63	23	42	69	89	125	158	208	361	366	455	567	706	943	1055	1286	1517	1926	2210	2705	3021
	750	47	17	31	52	66	94	118	155	194	273	340	423	527	704	787	960	1132	1437	1649	2018	2254
18	1500	83	30	55	91	117	165	209	274	343	482	600	747	930	1243	1391	1695	1999	2538	2912	—	—
	1000	56	21	37	62	79	111	141	185	232	325	405	504	627	839	938	1143	1349	1712	1964	2404	2686
	750	42	15	28	46	59	84	106	139	174	244	303	378	471	629	704	858	1012	1284	1473	1803	2014
20	1500	75	27	49	82	106	149	188	247	310	436	542	675	840	1123	1257	1531	1806	2293	2631	—	—
	1000	50	18	33	55	71	99	126	165	207	291	361	450	560	749	838	1021	1204	1529	1754	2147	2398
	750	38	14	25	42	54	76	95	125	157	221	275	342	426	569	637	776	915	1162	1333	1631	1822
22.4	1500	67	25	43	72	95	130	168	217	277	382	484	—	751	—	1123	—	1614	—	2350	—	—
	1000	45	16	29	48	64	88	113	146	786	257	325	—	504	—	754	—	1084	—	1579	—	2158
	750	33	12	21	35	47	64	83	107	136	188	238	—	370	—	553	—	795	—	1158	—	1583
25	1500	60	—	—	—	85	—	151	—	248	—	434	—	672	—	—	—	—	—	—	—	—
	1000	40	—	—	—	57	—	101	—	165	—	289	—	448	—	—	—	—	—	—	—	—
	750	30	—	—	—	42	—	75	—	124	—	217	—	336	—	—	—	—	—	—	—	—
28	1500	54	—	—	—	74	—	133	—	220	—	383	—	—	—	—	—	—	—	—	—	—
	1000	36	—	—	—	49	—	89	—	147	—	256	—	—	—	—	—	—	—	—	—	—
	750	27	—	—	—	37	—	66	—	110	—	192	—	—	—	—	—	—	—	—	—	—

表 15-2-11　　H2 减速器额定热功率 P_{G1}、P_{G2}　　kW

i_N	n_1= 750r/min 时	规格																		
		4	5	6	7	8	9	10	11	12	13	14	15	16	17	18	19	20	21	22
6.3	P_{G1}	53.1	68.9	—	97.9	—	134	—	186	—	—	—	—	—	—	—	—	—	—	—
	P_{G2}	86.4	116	—	178	—	234	—	354	—	445	—	416	—	449	—	—	—	—	—
7.1	P_{G1}	54.5	70.4	—	95.2	—	131	—	190	—	—	—	—	—	—	—	—	—	—	—
	P_{G2}	88.8	11.8	—	172	—	229	—	359	—	456	—	444	439	502	477	—	—	—	—
8	P_{G1}	52.4	68.6	75.6	92.5	105	129	134	189	216	—	—	—	—	—	—	—	—	—	—
	P_{G2}	85.2	116	127	168	189	224	232	357	402	462	512	467	469	548	532	—	—	—	—
9	P_{G1}	50.8	66.7	77.3	89.8	102	125	132	184	220	252	281	—	—	—	—	—	—	—	—
	P_{G2}	82.7	113	129	164	184	220	228	349	414	471	531	494	506	603	601	—	—	—	—

续表

i_N	$n_1=$ 750r/min 时	规格																		
		4	5	6	7	8	9	10	11	12	13	14	15	16	17	18	19	20	21	22
10	P_{G1}	48.1	63.2	75.3	87.1	100	121	128	179	219	249	284	277	286	—	—	—	—	—	—
	P_{G2}	78.2	107	127	157	180	212	225	341	413	468	536	504	524	633	643	—	—	—	—
11.2	P_{G1}	46.1	60.7	73	88.1	97	115	125	183	211	256	283	276	290	315	321	—	—	—	—
	P_{G2}	75	102	123	159	174	202	219	347	398	482	532	501	529	642	664	—	—	—	—
12.5	P_{G1}	44.5	59.7	68.9	86.7	92.8	113	121	183	205	247	277	280	288	331	329	411	406		—
	P_{G2}	71.7	100	116	155	167	198	210	344	384	460	521	508	522	660	667	—	—	—	—
14	P_{G1}	42.2	56.5	66	79.8	93.7	110	116	175	208	238	283	272	291	327	344	412	428	—	—
	P_{G2}	67.8	95.1	111	143	169	192	201	327	391	442	532	492	528	649	684	—	—	—	—
16	P_{G1}	38.7	53	64.8	74.7	92.3	104	113	164	208	218	272	275	282	319	339	404	427	463	—
	P_{G2}	62	88.5	107	133	1645	180	195	307	386	405	507	497	509	627	669	—	—	—	—
18	P_{G1}	37	50.7	61.3	71.5	84.6	97.9	109	152	198	220	261	261	286	317	330	406	418	462	473
	P_{G2}	59	84.7	102	128	150	170	189	287	366	411	485	471	514	619	647	—	—	—	—
20	P_{G1}	36.2	47.5	57.4	66.6	80	94.8	103	147	185	207	239	251	270	311	328	395	418	450	474
	P_{G2}	57.5	79.2	94.8	119	140	163	177	276	341	384	441	448	484	606	634	—	—	—	—
22.4	P_{G1}	33.4	44.1	54.8	64.2	76.1	87	97.1	137	171	—	240	—	258	—	322	—	405	—	454
	P_{G2}	53.2	73.2	90.8	114	135	151	166	256	317	—	442	—	458	—	616	—	—	—	—
25	P_{G1}	—	—	51.4	—	71.1	—	94	—	166	—	225	—	—	—	—	—	—	—	—
	P_{G2}	—	—	84.7	—	124	—	160	—	305	—	411	—	—	—	—	—	—	—	—
28	P_{G1}	—	—	47.7	—	68.4	—	87	—	154	—		—	—	—	—	—	—	—	—
	P_{G2}	—	—	78.4		120	—	149	—	283	—		—	—	—	—		—	—	—

i_N	$n_1=$ 1000r/min 时	规格																		
		4	5	6	7	8	9	10	11	12	13	14	15	16	17	18	19	20	21	22
6.3	P_{G1}	54.1	66.5	—	90.3	—	116	—	134	—	—	—	—	—	—	—	—	—	—	—
	P_{G2}	106	143	—	221	—	293	—	450	—	579	—	563	—	625	—	—	—	—	—
7.1	P_{G1}	56.1	69	—	89.8	—	117	—	145	—	—	—	—	—	—	—	—	—	—	—
	P_{G2}	109	146	—	214	—	286	—	454	—	588	—	591	589	683	659	—	—	—	—
8	P_{G1}	54.4	68.3	74.5	89.1	99	118	120	152	161	—	—	—	—	—	—	—	—	—	—
	P_{G2}	104	142	157	208	235	279	290	449	509	591	656	613	620	733	719	—	—	—	—
9	P_{G1}	53.4	67.9	78.1	89.3	100	120	124	160	182	195	212	—	—	—	—	—	—	—	—
	P_{G2}	101	139	159	202	228	272	283	437	520	594	672	635	655	786	789	—	—	—	—
10	P_{G1}	51.1	65.4	77.4	88.3	100	119	125	164	193	209	234	200	198	—	—	—	—	—	—
	P_{G2}	95.7	131	156	193	222	262	278	424	516	587	673	640	668	812	830	—	—	—	—
11.2	P_{G1}	49.3	63.4	76	90.7	99	116	124	173	195	226	247	218	222	229	223	—	—	—	—
	P_{G2}	91.7	126	151	196	214	249	270	430	495	601	665	632	669	815	847	—	—	—	—
12.5	P_{G1}	47.8	63	72.3	90.2	95.6	116	122	178	194	226	252	235	235	260	250	301	289	—	—
	P_{G2}	87.6	123	142	191	205	244	259	425	475	572	648	637	656	833	844	—	—	—	—
14	P_{G1}	45.5	60	69.8	83.8	97.7	114	119	173	202	225	266	240	252	274	281	328	333	—	—
	P_{G2}	82.9	116	135	175	207	236	247	403	483	547	659	614	659	814	860	—	—	—	—
16	P_{G1}	41.8	56.6	68.9	79	97	108	117	166	206	212	263	252	254	280	292	341	354	336	—
	P_{G2}	75.7	108	131	163	201	221	240	377	476	501	626	617	634	782	837	—	—	—	—
18	P_{G1}	40.1	54.4	65.7	76.1	89.7	103	114	156	200	219	259	248	268	292	299	362	368	367	352
	P_{G2}	72.1	103	124	157	184	208	231	352	450	506	598	583	638	768	805	—	—	—	—
20	P_{G1}	39.3	51.1	61.7	71.3	585.2	100	109	152	189	208	239	242	258	293	304	361	378	373	372
	P_{G2}	70.2	96.8	115	145	172	200	217	339	419	473	543	554	599	751	787	—	—	—	—
22.4	P_{G1}	36.4	47.5	59	68.7	81.1	92.3	102	142	175	—	241	—	248	—	300	—	369	—	362
	P_{G2}	64.9	89.4	111	139	165	185	203	314	390	—	544	—	566	—	764	—	—	—	—
25	P_{G1}	—	—	55.3	—	75.8	—	99.4	—	170	—	227	—	—	—	—	—	—	—	—
	P_{G2}	—	—	103	—	152	—	196	—	374	—	506	—	—	—	—	—	—	—	—

续表

i_N	n_1=1000r/min 时	4	5	6	7	8	9	10	11	12	13	14	15	16	17	18	19	20	21	22
28	P_{G1}	—	—	51.5	—	73.3	—	92.5	—	160	—	—	—	—	—	—	—	—	—	—
	P_{G2}	—	—	95.8	—	146	—	182	—	347	—	—	—	—	—	—	—	—	—	—

i_N	n_1=1500r/min 时	4	5	6	7	8	9	10	11	12	13	14	15	16	17	18	19	20	21	22
6.3	P_{G1}	48.5	48.8	—	—	—	—	—	—	—	—	—	—	—	—	—	—	—	—	—
	P_{G2}	132	172	—	256	—	322	—	428	—	442	—		—	—	—	—	—	—	—
7.1	P_{G1}	51.6	53.9	—	—	—	—	—	—	—	—	—	—	—	—	—	—	—	—	—
	P_{G2}	137	177	—	252	—	323	—	453	—	493	—	338	—	—	—	—	—	—	—
8	P_{G1}	51.4	56.4	59.2	64.9	—	—	—	—	—	—	—	—	—	—	—	—	—	—	—
	P_{G2}	132	175	191	249	276	322	328	469	501	537	580	422	390	—	—	—	—	—	—
9	P_{G1}	52.4	60.5	67.8	73.2	77.2	86.3	—	—	—	—	—	—	—	—	—	—	—	—	—
	P_{G2}	129	174	198	248	275	324	333	484	553	600	666	541	530	584	542	—	—	—	—
10	P_{G1}	51.4	61.1	70.9	77.7	84.2	96	95.3	—	—	—	—	—	—	—	—	—	—	—	—
	P_{G2}	123	165	196	241	273	320	335	489	577	631	715	612	617	710	691	—	—	—	—
11.2	P_{G1}	50.4	61.2	72.2	83.4	88	99.9	103	119	—	—	—	—	—	—	—	—	—	—	—
	P_{G2}	118	160	191	246	267	309	331	509	572	674	738	648	669	784	787	—	—	—	—
12.5	P_{G1}	49.5	62.1	70.5	85.6	88.3	104	106	135	—	—	—	—	—	—	—			—	—
	P_{G2}	113	157	181	242	258	305	322	512	562	660	742	685	691	851	840	—	—	—	—
14	P_{G1}	47.6	60.4	69.5	81.7	93.2	106	108	142	153	—	—	—	—	—	—	—	—	—	—
	P_{G2}	108	150	174	224	263	298	310	494	583	647	774	686	726	875	906	—	—	—	—
16	P_{G1}	44.1	57.8	69.8	78.6	94.9	104	110	144	169	160	193	—	—	—	—				—
	P_{G2}	98.9	140	169	210	257	281	303	469	583	603	751	710	721	873	919	—	—	—	—
18	P_{G1}	42.7	56.4	67.6	77.3	89.8	101	111	143	175	181	209	170	—	—	—	—	—	—	—
	P_{G2}	94.4	134	162	202	237	266	296	443	560	621	731	690	748	888	919	—	—	—	—
20	P_{G1}	42	53.3	64	73.1	86.3	100	107	142	170	179	202	179	182	—	—	—	—	—	—
	P_{G2}	92.1	126	150	188	222	257	278	428	525	586	670	665	712	882	915	—	—	—	—
22.4	P_{G1}	38.9	49.7	61.3	70.7	82.4	92.6	101	133	159	—	206	—	179	—	—	—		—	—
	P_{G2}	85.2	116	144	181	213	239	261	397	489	—	673	—	676	—	893	—	—	—	—
25	P_{G1}	—	—	57.6	—	77.2	—	98.9	—	155	—	195	—	—	—	—	—	—	—	—
	P_{G2}	—	—	134	—	197	—	252	—	470	—	627	—	—	—	—	—	—	—	—
28	P_{G1}	—	—	54.1	—	75.5	—	93.4	—	150	—	—	—	—	—	—	—	—	—	—
	P_{G2}	—	—	125	—	190	—	235	—	439	—	—	—	—	—	—	—	—	—	—

表 15-2-12　　H3 减速器额定机械强度功率 P_N　　kW

i_N	n_1 /r·min^{-1}	n_2 /r·min^{-1}	5	6	7	8	9	10	11	12	13	14	15	16	17	18	19	20	21	22
22.4	1500	67	—	—	—	—	—	—	—	—	617	—	1073	—	1403	—	2105	—	2947	—
	1000	45	—	—	—	—	—	—	—	—	415	—	721	—	942	—	1414	—	1979	—
	750	33	—	—	—	—	—	—	—	—	304	—	529	—	691	—	1037	—	1451	—
25	1500	60	69	—	129	—	214	—	377	—	553	—	961	1087	1257	1508	1885	2168	2639	2953
	1000	40	46	—	86	—	142	—	251	—	369	—	641	725	838	1005	1257	1445	1759	1969
	750	30	35	—	64	—	107	—	188	—	276	—	481	543	628	754	942	1084	1319	1476
28	1500	54	62	—	116	—	192	—	339	—	498	616	865	978	1131	1357	1696	1951	2375	2658
	1000	36	41	—	77	—	128	—	226	—	332	411	577	652	754	905	1131	1301	1583	1772
	750	27	31	—	58	—	96	—	170	—	249	308	433	489	565	679	848	975	1187	1329
31.5	1500	48	55	73	103	128	171	216	302	377	442	548	769	870	1005	1206	1508	1734	2111	2362
	1000	32	37	49	69	85	114	144	201	251	295	365	513	580	670	804	1005	1156	1407	1575
	750	24	28	36	52	64	85	108	151	188	221	274	385	435	503	603	754	867	1055	1181

续表

i_N	n_1 /r·min⁻¹	n_2 /r·min⁻¹	规格																	
			5	6	7	8	9	10	11	12	13	14	15	16	17	18	19	20	21	22
35.5	1500	42	48	64	90	112	150	189	264	330	387	479	673	761	880	1055	1319	1517	1847	2067
	1000	28	32	43	60	75	100	126	176	220	258	320	449	507	586	704	880	1012	1231	1378
	750	21	24	32	45	56	75	95	132	165	194	240	336	380	440	528	660	759	924	1034
40	1500	38	44	58	82	101	135	171	239	298	350	434	609	688	796	955	1194	1373	1671	1870
	1000	25	29	38	54	67	89	113	157	196	230	285	401	453	524	628	785	903	1099	1230
	750	18.8	22	29	40	50	67	85	118	148	173	215	301	341	394	472	591	679	827	925
45	1500	33	38	50	71	88	117	149	207	259	304	377	529	598	691	829	1037	1192	1451	1624
	1000	22	25	33	47	59	78	99	138	173	203	251	352	399	461	553	691	795	968	1083
	750	16.7	19	25	36	45	59	75	105	131	154	191	268	303	350	420	525	603	734	822
50	1500	30	35	46	64	80	107	135	188	236	276	342	481	543	628	754	942	1084	1319	1476
	1000	20	23	30	43	53	71	90	126	157	184	228	320	362	419	503	628	723	880	984
	750	15	17	23	32	40	53	68	94	118	138	171	240	272	314	377	471	542	660	738
56	1500	27	31	41	58	72	96	122	170	212	249	308	433	489	565	679	848	975	1187	1329
	1000	17.9	21	27	38	48	64	81	112	141	165	204	287	324	375	450	562	647	787	881
	750	13.4	15	20	29	36	48	60	84	105	123	153	215	243	281	337	421	484	589	659
63	1500	24	28	36	52	64	85	108	151	188	221	274	385	435	503	603	754	867	1055	1181
	1000	15.9	18	24	34	42	57	72	100	125	147	181	255	288	333	400	499	574	699	783
	750	11.9	14	18	26	32	42	54	75	93	110	136	191	216	249	299	374	430	523	586
71	1500	21	24	32	45	56	75	95	132	165	194	240	336	380	440	528	660	759	924	1034
	1000	14.1	16	21	30	38	50	63	89	111	130	161	226	255	295	354	443	509	620	694
	750	10.6	12	16	23	28	38	48	67	83	98	121	170	192	222	266	333	383	466	522
80	1500	18.8	22	29	40	50	67	85	118	148	173	215	301	341	394	472	591	679	827	925
	1000	12.5	14	19	27	33	45	56	79	98	115	143	200	226	262	314	393	452	550	615
	750	9.4	11	14	20	25	33	42	59	74	87	107	151	170	197	236	295	340	413	463
90	1500	16.7	19	25	35	45	59	75	105	131	154	191	268	303	350	420	507	603	717	822
	1000	11.1	13	17	23	30	39	50	70	87	102	127	178	201	232	279	337	401	477	546
	750	8.3	10	13	17	22	29	37	52	65	76	95	133	150	174	209	252	300	356	408
100	1500	15	—	23	—	40	—	68	—	118	—	171	—	272	—	355	—	526	—	730
	1000	10	—	15	—	27	—	45	—	79	—	114	—	181	—	237	—	351	—	487
	750	7.5	—	11	—	20	—	34	—	59	—	86	—	136	—	177	—	263	—	365
112	1500	13.4	—	20	—	35	—	59	—	105	—	153	—	—	—	—	—	—	—	—
	100	8.9	—	13	—	23	—	39	—	70	—	102	—	—	—	—	—	—	—	—
	750	6.7	—	10	—	18	—	29	—	53	—	76	—	—	—	—	—	—	—	—

表 15-2-13　　H3 减速器额定热功率 P_{G1}、P_{G2}　　kW

i_N	n_1=750r/min 时	规格																	
		5	6	7	8	9	10	11	12	13	14	15	16	17	18	19	20	21	22
22.4	P_{G1}	—	—	—	—	—	—	—	—	193	—	265	—	285	—	353	—	419	—
	P_{G2}	—	—	—	—	—	—	—	—	269	—	393	—	406	—	—	—	—	—
25	P_{G1}	45.9	—	68.1	—	92.9	—	139	—	188	—	259	274	276	294	349	363	429	427
	P_{G2}	62.7	—	95	—	130	—	201	—	261	—	381	404	393	418	—	—	—	—
28	P_{G1}	44.1	—	68.5	—	92.1	—	134	—	181	208	256	268	272	285	343	359	432	438
	P_{G2}	60.2	—	95.9	—	129	—	193	—	252	289	375	392	387	404	—	—	—	—
31.5	P_{G1}	42.8	49.5	65.6	73	89.7	92.9	130	156	176	203	249	264	265	281	335	353	431	440
	P_{G2}	58.3	67	91.5	101	125	130	186	222	244	280	365	386	376	397	—	—	—	—
35.5	P_{G1}	41.2	47.5	63.6	73.3	86.5	92.2	125	150	171	196	238	258	252	273	326	345	426	437
	P_{G2}	56.2	64.3	88.9	101	121	127	179	212	236	271	348	376	357	386	—	—	—	—

续表

i_N	$n_1=750r/min$ 时	规格																	
		5	6	7	8	9	10	11	12	13	14	15	16	17	18	19	20	21	22
40	P_{G1}	38.9	45.8	60.3	70.2	81.7	88.9	120	145	164	190	229	245	242	259	314	335	415	431
	P_{G2}	52.9	62.2	84.1	97	115	124	171	205	226	262	333	357	342	366	—	—	—	—
45	P_{G1}	37.2	44.4	58.1	68	78.6	86.5	119	139	157	183	227	236	239	249	311	323	403	421
	P_{G2}	50.5	60	80.7	94.3	109	120	170	197	216	252	330	342	338	351	—	—	—	—
50	P_{G1}	35.9	41.8	54.7	64.5	76.8	81.7	117	134	154	177	227	235	235	247	306	318	403	409
	P_{G2}	48.7	56.5	76	88.9	107	113	166	190	210	243	326	340	331	347	—	—	—	—
56	P_{G1}	34	40.1	52.1	62	73.1	78.5	108	133	148	169	215	233	224	242	292	313	385	408
	P_{G2}	46	54	72.1	85.4	101	108	154	188	203	231	310	335	316	340	—	—	—	—
63	P_{G1}	32	38.6	48.5	58.6	69	76.6	102	130	140	165	203	222	211	231	273	300	368	389
	P_{G2}	43.2	51.9	67	80.4	95.4	105	145	183	192	225	292	319	298	323	—	—	—	—
71	P_{G1}	31.7	36.6	47.1	55.7	67.5	72.9	100	121	136	159	198	210	203	218	269	279	348	372
	P_{G2}	42.7	49.1	64.8	76.4	93.6	100	140	169	186	216	283	301	285	305	—	—	—	—
80	P_{G1}	30.1	34.5	45.9	52	63.8	68.9	94.7	114	132	150	191	203	195	209	254	275	332	351
	P_{G2}	40.4	46	63.2	71.1	88	94.5	132	159	180	205	272	291	273	292	—	—	—	—
90	P_{G1}	29.7	34.1	43.4	50.3	60.6	67.2	91.4	111	123	145	179	196	184	200	241	260	322	335
	P_{G2}	39.9	45.6	59.7	68.5	83.4	91.8	128	155	168	197	255	279	257	280	—	—	—	—
100	P_{G1}	—	32.3	—	49.3	—	63.8	—	105	—	141	—	184	—	189	—	247	—	326
	P_{G2}	—	43.2	—	67.1	—	87.2	—	146	—	192	—	262	—	263	—	—	—	—
112	P_{G1}	—	31.9	—	46.6	—	60.6	—	102	—	132	—	—	—	—	—	—	—	—
	P_{G2}	—	42.7	—	63.4	—	82.9	—	141	—	180	—	—	—	—	—	—	—	—

i_N	$n_1=1000r/min$ 时	规格																	
		5	6	7	8	9	10	11	12	13	14	15	16	17	18	19	20	21	22
22.4	P_{G1}	—	—	—	—	—		—	—	196	—	258	—	270	—	325	—	350	—
	P_{G2}	—	—	—	—	—	—	—	—	303	—	432	—	440	—	—	—	—	—
25	P_{G1}	49.9	—	73.5	—	99.3	—	145	—	191	—	253	265	263	276	323	333	363	343
	P_{G2}	73.4	—	110	—	152	—	230	—	294	—	420	443	427	451	—	—	—	—
29	P_{G1}	48	—	74.2	—	99	—	142	—	186	214	254	264	265	274	326	338	380	370
	P_{G2}	70.7	—	112	—	150	—	222	—	286	327	417	434	425	441	—	—	—	—
31.5	P_{G1}	46.7	54	71.4	79.1	96.9	100	138	164	184	211	252	265	263	276	327	341	394	389
	P_{G2}	68.5	78.6	107	118	146	151	215	255	279	319	411	432	418	440	—	—	—	—
35.5	P_{G1}	45.2	51.9	69.4	79.7	93.9	99.8	134	159	180	206	244	264	255	274	325	342	404	404
	P_{G2}	66.2	75.6	104	119	42	149	208	246	271	311	395	425	401	433	—	—	—	—
40	P_{G1}	42.7	50.2	66	76.6	88.9	96.5	129	155	174	201	237	253	247	264	317	336	401	407
	P_{G2}	62.3	73.3	98.9	113	134	145	199	238	261	302	380	406	387	412	—	—	—	—
45	P_{G1}	40.8	48.7	63.6	74.3	85.6	94	128	149	167	194	237	245	246	254	316	326	393	402
	P_{G2}	59.6	70.7	95	110	128	141	199	229	250	291	378	390	383	397	—	—	—	—
50	P_{G1}	39.6	46.1	60.1	70.9	84.2	89.4	127	145	166	190	241	249	248	259	320	332	410	410
	P_{G2}	57.5	66.7	89.6	104	126	133	195	222	245	283	378	393	381	399	—	—	—	—
56	P_{G1}	37.6	44.3	57.5	68.4	80.4	86.2	118	145	161	183	232	250	240	258	311	332	401	421
	P_{G2}	54.5	63.9	85.2	100	120	128	181	221	238	271	361	390	367	394	—	—	—	—
63	P_{G1}	35.5	42.7	53.7	64.7	76.2	84.6	113	143	154	180	222	242	230	250	295	324	393	413
	P_{G2}	51.2	61.4	79.4	95.1	112	124	171	216	226	265	343	375	349	378	—	—	—	—
71	P_{G1}	35.1	40.5	52.1	61.6	74.6	80.5	110	133	150	174	216	229	221	237	292	303	373	397
	P_{G2}	50.6	58.1	76.7	90.4	110	119	166	200	219	255	333	353	334	357	—	—	—	—
80	P_{G1}	33.3	38.2	50.9	57.6	70.6	76.1	104	125	145	165	208	222	213	228	277	299	358	377
	P_{G2}	47.9	54.5	74.9	84.1	104	111	156	188	213	241	320	342	321	343	—	—	—	—
90	P_{G1}	32.9	37.8	48.1	55.7	67.1	74.3	100	123	136	160	196	215	201	219	263	283	349	361
	P_{G2}	47.3	54.1	70.7	81.1	98.8	108	151	183	199	233	301	328	302	329	—	—	—	—

续表

i_N	$n_1=1000r/min$ 时	规格																	
		5	6	7	8	9	10	11	12	13	14	15	16	17	18	19	20	21	22
100	P_{G1}	—	35.9	—	54.6	—	70.7	—	116	—	156	—	203	—	208	—	272	—	356
	P_{G2}	—	51.2	—	79.5	—	103	—	173	—	227	—	310	—	310	—	—	—	—
112	P_{G1}	—	35.5	—	51.7	—	67.2	—	112	—	146	—	—	—	—	—	—	—	—
	P_{G2}	—	50.7	—	75.2	—	98.3	—	168	—	213	—	—	—	—	—	—	—	—

i_N	$n_1=1500r/min$ 时	规格																	
		5	6	7	8	9	10	11	12	13	14	15	16	17	18	19	20	21	22
22.4	P_{G1}	—	—	—	—	—	—	—	—	169	—	193	—	180	—	—	—		—
	P_{G2}	—	—	—	—	—	—	—	—	346	—	463	—	450	—	—	—	—	—
25	P_{G1}	52.5	—	76.1	—	100	—	138	—	167	—	192	193	180	—	—	—	—	—
	P_{G2}	92.4	—	138	—	187	—	275	—	338	—	453	470	442	455	—	—	—	—
28	P_{G1}	50.9	—	77.5	—	101	—	137	—	169	191	206	207	198	196	222	—	—	
	P_{G2}	89.4	—	140	—	186	—	268	—	334	380	463	475	455	464	—	—	—	—
31.5	P_{G1}	49.9	57.4	75.3	82.8	100	102	137	159	173	196	217	222	212	216	246	249		—
	P_{G2}	86.9	99.6	135	148	183	188	263	308	332	377	468	487	463	480	—	—	—	—
35.5	P_{G1}	48.6	55.7	73.9	84.4	98.7	104	135	158	175	198	222	235	221	232	268	276	273	—
	P_{G2}	84.3	96.2	132	150	178	186	257	300	328	374	461	493	459	489	—	—	—	—
40	P_{G1}	46.1	54	70.6	81.4	93.9	101	132	156	172	197	221	232	221	231	272	283	293	269
	P_{G2}	79.5	93.4	125	144	170	182	248	293	318	366	449	476	449	474	—	—	—	—
45	P_{G1}	44.2	52.5	68.2	79.2	90.8	99.1	132	151	166	192	223	227	224	227	276	280	297	278
	P_{G2}	76.1	90.2	120	140	162	177	247	283	306	355	450	460	448	460	—	—	—	—
50	P_{G1}	43.2	50.1	65.2	76.6	90.6	95.9	134	151	171	195	240	246	242	250	304	313	360	344
	P_{G2}	73.8	85.5	114	133	160	169	246	278	306	352	462	479	462	480	—	—	—	—
56	P_{G1}	41.2	48.5	62.7	74.4	87.3	93.4	127	154	170	192	239	256	243	260	310	329	379	387
	P_{G2}	70.1	82.2	109	129	153	164	230	280	300	341	449	484	453	485	—	—	—	—
63	P_{G1}	39.1	47	59	71	83.5	92.5	122	154	166	194	235	255	241	262	307	336	397	411
	P_{G2}	66.1	79.2	102	122	145	160	219	276	288	338	434	473	439	474	—	—	—	—
71	P_{G1}	38.7	44.6	57.3	67.7	81.8	88.2	120	144	162	188	230	243	234	249	306	316	381	400
	P_{G2}	65.3	75	98.9	116	142	153	213	256	279	325	422	447	422	450	—	—	—	—
80	P_{G1}	36.8	42.1	56	63.3	77.6	83.5	113	136	158	178	223	237	227	241	292	315	369	384
	P_{G2}	61.9	70.3	96.6	108	134	143	201	241	272	308	406	434	406	433	—	—	—	—
90	P_{G1}	36.3	41.8	53.1	61.4	73.8	81.6	110	134	148	173	211	231	215	233	280	300	363	372
	P_{G2}	61.1	69.8	91.3	104	127	140	194	235	255	298	383	418	384	417	—	—	—	—
100	P_{G1}	—	39.7	—	60.4	—	78	—	128	—	171	—	221	—	226	—	294	—	379
	P_{G2}	—	66.2	—	102	—	133	—	223	—	293	—	397	—	397	—	—	—	—
112	P_{G1}	—	39.3	—	57.2	—	74.3	—	124	—	161	—	—	—	—	—	—	—	—
	P_{G2}	—	65.6	—	97.3	—	127	—	216	—	274	—	—	—	—	—	—	—	—

表 15-2-14　　H4 减速器额定机械强度功率 P_N　　kW

i_N	n_1 /r·min^{-1}	n_2 /r·min^{-1}	规格															
			7	8	9	10	11	12	13	14	15	16	17	18	19	20	21	22
100	1500	15	32	—	53	—	94	—	138	—	240	—	314	—	471	—	660	—
	1000	10	21	—	36	—	63	—	92	—	160	—	209	—	314	—	440	—
	750	7.5	16	—	27	—	47	—	69	—	120	—	157	—	236	—	330	—
112	1500	13.4	29	—	48	—	84	—	123	—	215	243	281	337	421	484	589	659
	1000	8.9	19	—	32	—	56	—	82	—	143	161	186	224	280	322	391	438
	750	6.7	14	—	24	—	42	—	62	—	107	121	140	168	210	242	295	330

续表

i_N	n_1 /r·min^{-1}	n_2 /r·min^{-1}	规格															
			7	8	9	10	11	12	13	14	15	16	17	18	19	20	21	22
125	1500	12	26	32	43	54	75	94	111	137	192	217	251	302	377	434	528	591
	1000	8	17	21	28	36	50	63	74	91	128	145	168	201	251	289	352	394
	750	6	13	16	21	27	38	47	55	68	96	109	126	151	188	217	264	295
140	1500	10.7	23	29	38	48	67	84	99	122	171	194	224	269	336	387	471	527
	1000	7.1	15	19	25	32	45	56	65	81	114	129	149	178	223	256	312	349
	750	5.4	12	14	19	24	34	42	50	62	87	98	113	136	170	195	237	266
160	1500	9.4	20	25	33	42	59	74	87	107	151	170	197	236	295	340	413	463
	1000	6.3	14	17	22	28	40	49	58	72	101	114	132	158	198	228	277	310
	750	4.7	10	13	17	21	30	37	43	54	75	85	98	118	148	170	207	231
180	1500	8.3	18	22	30	37	52	65	76	95	133	150	174	209	261	300	365	408
	1000	5.6	12	15	20	25	35	44	52	64	90	101	117	141	176	202	246	276
	750	4.2	9	11	15	19	26	33	39	48	67	76	88	106	132	152	185	207
200	1500	7.5	16	20	27	34	47	59	69	86	120	136	157	188	236	271	330	369
	1000	5	11	13	18	23	31	39	46	57	80	91	105	126	157	181	220	246
	750	3.8	8.2	10	14	17	24	30	35	43	61	69	80	95	119	137	167	187
224	1500	6.7	14	18	24	30	42	53	62	76	107	121	140	168	210	242	295	330
	1000	4.5	10	12	16	20	28	35	41	51	72	82	94	113	141	163	198	221
	750	3.3	7.1	8.8	12	15	21	26	30	38	53	60	69	83	104	119	145	162
250	1500	6	13	16	21	27	38	47	55	68	96	109	126	151	188	217	264	295
	1000	4	8.6	11	14	18	25	31	37	46	64	72	84	101	126	145	176	197
	750	3	6.4	8	11	14	19	24	28	34	48	54	63	75	94	108	132	148
280	1500	5.4	12	14	19	24	34	42	50	62	87	98	113	136	170	195	237	266
	1000	3.6	7.7	9.6	13	16	23	28	33	41	58	65	75	90	113	130	158	177
	750	2.7	5.8	7.2	10	12	17	21	25	31	43	49	57	68	85	98	119	133
315	1500	4.8	10.3	13	17	22	30	38	44	55	77	87	101	121	151	173	211	236
	1000	3.2	7	8.5	11	14	20	25	29	37	51	58	67	80	101	116	141	157
	750	2.4	5.2	6.4	8.5	11	15	19	22	27	38	43	50	60	75	87	106	118
355	1500	4.2	8.6	11	15	19	26	33	39	48	62	76	84	106	128	152	180	207
	1000	2.8	5.7	7.5	9.7	13	17	22	26	32	41	51	56	70	85	101	120	138
	750	2.1	4.3	5.6	7.3	9.5	13	16	19	24	31	38	42	53	64	76	90	103
400	1500	3.8	—	10.1	—	17	—	30	—	43	—	63	—	89	—	133	—	185
	1000	2.5	—	6.7	—	11	—	20	—	29	—	41	—	58	—	88	—	122
	750	1.9	—	5.1	—	8.6	—	15	—	22	—	31	—	44	—	67	—	93
450	1500	3.3	—	8.6	—	14	—	26	—	38	—	—	—	—	—	—	—	—
	1000	2.2	—	5.7	—	9.6	—	17	—	25	—	—	—	—	—	—	—	—
	750	1.7	—	4.4	—	7.4	—	13	—	19	—	—	—	—	—	—	—	—

表 15-2-15　　H4 减速器额定热功率 P_{G1}　　kW

i_N	n_1=750r/min 时	规格															
		7	8	9	10	11	12	13	14	15	16	17	18	19	20	21	22
100	P_{G1}	39.9	—	55.6	—	82.5	—	110	—	148	—	166	—	234	—	322	—
112	P_{G1}	38.4	—	53.2	—	81.9	—	107	—	141	152	159	170	224	239	314	325
125	P_{G1}	37.2	42.8	51.5	55.8	78.5	91.3	104	117	136	146	153	163	216	229	304	317
140	P_{G1}	35.3	41	49.8	53.4	75.9	90.4	101	114	131	141	147	157	208	221	288	307
160	P_{G1}	34	39.8	47.1	51.7	72.2	87.1	95.4	111	126	136	141	151	200	213	276	291
180	P_{G1}	32.7	37.8	45.1	50.1	69.6	83.8	92.1	107	124	130	138	145	190	205	272	278
200	P_{G1}	31.4	36.4	43.6	47.3	65.7	80	89.6	102	121	127	133	142	184	195	256	274
224	P_{G1}	29.6	34.8	41.9	45.3	62.9	77	85.4	97.9	112	124	124	137	176	188	244	258

续表

i_N	$n_1=750$r/min 时	规格															
		7	8	9	10	11	12	13	14	15	16	17	18	19	20	21	22
250	P_{G1}	28.3	33.7	40	43.9	59.8	72.7	81.3	95.4	107	115	118	128	167	180	231	246
280	P_{G1}	27.4	31.7	38.8	42.1	57.6	69.9	78.7	90.4	103	109	115	122	161	171	222	233
315	P_{G1}	26.8	30.3	37	40.2	56.1	66.3	75.5	87.1	98.7	106	110	118	157	165	213	224
355	P_{G1}	25.6	29.4	36.3	39	53.4	63.8	72	83.8	97.1	102	107	113	150	161	203	215
400	P_{G1}	—	28.8	—	37.2	—	62.3	—	80.5	—	99.6	—	111	—	153	—	205
450	P_{G1}	—	27.4	—	36.6	—	59.2	—	76.8	—	—	—	—	—	—	—	—

i_N	$n_1=1000$r/min 时	规格															
		7	8	9	10	11	12	13	14	15	16	17	18	19	20	21	22
100	P_{G1}	43.6	—	60.8	—	90.1	—	120	—	161	—	180	—	253	—	346	—
112	P_{G1}	42	—	58.2	—	89.4	—	117	—	154	166	173	185	243	260	240	350
125	P_{G1}	40.8	46.8	56.4	61.1	85.8	99.7	114	128	149	160	167	177	235	249	330	344
140	P_{G1}	38.7	44.9	54.6	58.5	83	98.9	110	125	144	153	161	171	227	241	313	334
160	P_{G1}	37.2	43.6	51.6	56.7	79	95.3	104	121	138	148	154	165	218	232	301	317
180	P_{G1}	35.8	41.4	49.4	54.9	76.2	91.8	100	118	136	142	151	158	208	224	297	304
200	P_{G1}	34.4	39.9	47.8	51.8	72	87.6	98.2	111	132	139	146	156	201	214	280	300
224	P_{G1}	32.4	38.2	45.9	49.6	69	84.4	93.7	107	123	136	136	151	193	206	268	283
250	P_{G1}	31	37	43.8	48.2	65.6	79.7	89.1	104	117	126	130	141	183	198	253	270
280	P_{G1}	30.1	34.7	42.5	46.2	63.1	76.7	86.3	99.1	113	120	126	133	176	188	243	255
315	P_{G1}	29.4	33.3	40.5	44.1	61.6	72.7	82.8	95.5	108	116	121	130	172	181	233	245
355	P_{G1}	28.1	32.3	39.8	42.8	58.6	69.9	78.9	91.9	106	111	118	124	164	177	222	236
400	P_{G1}	—	31.6	—	40.8	—	68.3	—	88.3	—	109	—	121	—	168	—	225
450	P_{G1}	—	30.1	—	40.1	—	64.9	—	84.2	—	—	—	—	—	—	—	—

i_N	$n_1=1500$r/min 时	规格															
		7	8	9	10	11	12	13	14	15	16	17	18	19	20	21	22
100	P_{G1}	48.7	—	67.6	—	99.1	—	130	—	172	—	190	—	264	—	348	—
112	P_{G1}	47.1	—	65.1	—	99.1	—	129	—	167	179	186	198	259	276	352	358
125	P_{G1}	45.8	52.5	63.1	68.3	95.5	110	126	142	163	174	181	192	254	268	348	359
140	P_{G1}	43.5	50.5	61.3	65.6	92.8	110	123	139	158	169	176	188	248	263	336	356
160	P_{G1}	41.9	49.1	58	63.7	88.5	106	116	135	153	164	171	182	240	255	327	342
180	P_{G1}	40.4	46.7	55.8	61.9	85.8	103	113	132	152	159	169	177	232	249	329	335
200	P_{G1}	38.9	45.1	54	58.5	81.3	98.9	110	126	149	157	164	175	226	240	314	335
224	P_{G1}	36.7	43.2	52	56.2	78.1	95.5	106	121	140	154	154	170	219	233	303	321
250	P_{G1}	35.1	41.9	49.6	54.5	74.2	90.2	100	118	132	143	147	159	208	224	287	305
280	P_{G1}	34	39.3	48.2	52.3	71.4	86.8	97.7	112	128	135	143	151	199	213	276	289
315	P_{G1}	33.3	37.6	45.9	49.9	69.7	82.2	93.7	108	122	131	136	147	195	204	264	278
355	P_{G1}	31.8	36.5	45.1	48.5	66.3	79.2	89.4	104	120	126	133	141	186	200	252	267
400	P_{G1}	—	35.8	—	46.2	—	77.3	—	100	—	123	—	138	—	190	—	255
450	P_{G1}	—	34	—	45.4	—	73.5	—	95.3	—	—	—	—	—	—	—	—

表 15-2-16　　R2 减速器额定机械强度功率 P_N　　kW

i_N	n_1/r·min^{-1}	n_2/r·min^{-1}	规格														
			4	5	6	7	8	9	10	11	12	13	14	15	16	17	18
5	1500	300	182	295	—	559	—	880	—	1351	—	2073	—	—	—	—	—
	1000	200	121	197	—	373	—	586	—	901	—	1382	—	2555	—	—	—
	750	150	91	148	—	280	—	440	—	675	—	1037	—	1916	—	—	—
5.6	1500	268	163	264	—	500	—	786	—	1263	—	1880	—	—	—	—	—
	1000	179	109	176	—	334	—	525	—	843	—	1256	—	2287	—	—	—
	750	134	81	132	—	250	—	393	—	631	—	940	—	1712	1894	2736	—

续表

i_N	n_1/r·min^{-1}	n_2/r·min^{-1}	规格														
			4	5	6	7	8	9	10	11	12	13	14	15	16	17	18
6.3	1500	238	145	234	299	444	556	698	887	1171	1371	1769	2044	—	—	—	—
	1000	159	97	157	200	296	371	466	593	783	916	1182	1365	2164	2348	—	—
	750	119	72	117	150	222	278	349	444	586	685	885	1022	1620	1757	2430	—
7.1	1500	211	128	208	265	393	493	619	787	1083	1259	1613	1856	—	—	—	—
	1000	141	86	139	177	263	329	413	526	723	842	1078	1240	1949	2141	2879	—
	750	106	64	104	133	198	248	311	395	544	633	810	932	1465	1609	2164	2553
8	1500	188	114	185	236	350	439	551	701	994	1161	1516	1732	2598	—	—	—
	1000	125	76	123	157	233	292	366	466	661	772	1008	1152	1728	1937	2552	—
	750	94	57	93	118	175	219	276	350	497	581	758	866	1299	1457	1919	2264
9	1500	167	101	164	210	311	390	490	623	883	1067	1364	1591	2309	2588	—	—
	1000	111	67	109	139	207	259	325	414	587	709	907	1058	1534	1720	2266	2673
	750	83	50	82	104	155	194	243	309	439	530	678	791	1147	1286	1695	1999
10	1500	150	91	148	188	280	350	440	559	793	974	1225	1492	2073	2325	—	—
	1000	100	61	98	126	186	234	293	373	529	649	817	995	1382	1550	2042	2408
	750	75	46	74	94	140	175	220	280	397	487	613	746	1037	1162	1531	1806
11.2	1500	134	81	132	168	250	313	393	500	709	870	1094	1368	1852	2077	—	—
	1000	89	54	88	112	166	208	261	332	471	578	727	909	1230	1379	1817	2143
	750	67	41	66	84	125	156	196	250	354	435	547	684	926	1038	1368	1614
12.5	1500	120	—	—	151	—	280	—	447	—	779	—	1225	—	1860	—	—
	1000	80	—	—	101	—	187	—	298	—	519	—	817	—	1240	—	1927
	750	60	—	—	75	—	140	—	224	—	390	—	613	—	930	—	1445
14	1500	107	—	—	134	—	250	—	399	—	695	—	1092	—	—	—	—
	1000	71	—	—	89	—	166	—	265	—	461	—	725	—	—	—	—
	750	54	—	—	68	—	126	—	201	—	351	—	551	—	—	—	—

表 15-2-17　R2 减速器额定热功率 P_{G1}、P_{G2}　kW

i_N	n_1=750r/min 时	规格														
		4	5	6	7	8	9	10	11	12	13	14	15	16	17	18
5	P_{G1}	50	64.7	—	90	—	109	—	—	—	—	—	—	—	—	—
	P_{G2}	96.9	134	—	214	—	261	—	439	—	635	—	765	—	—	—
5.6	P_{G1}	48.6	63.9	—	87.1	—	106	—	167	—	—	—	—	—	—	—
	P_{G2}	93	131	—	200	—	245	—	428	—	626	—	757	—	827	—
6.3	P_{G1}	47.4	61.6	72.5	82.2	99.8	101	114	157	198	—	—	—	—	—	—
	P_{G2}	90	124	145	186	225	230	261	389	495	573	696	721	782	802	—
7.1	P_{G1}	44.8	58.7	71.5	78.2	95.2	97.1	110	159	200	204	244	—	—	—	—
	P_{G2}	84	117	142	174	212	216	245	381	480	565	683	686	744	771	832
8	P_{G1}	42.2	55.6	68.6	74.7	90.3	93.1	105	148	186	194	233	—	—	—	—
	P_{G2}	78.8	109	134	164	196	203	230	347	435	517	622	632	706	720	798
9	P_{G1}	40.2	52.9	65.1	71.6	85.4	89.7	100	143	186	190	235	230	248	—	—
	P_{G2}	74.4	103	126	155	184	193	216	331	426	494	612	607	650	694	742
10	P_{G1}	33.8	49.1	61.3	67.2	81	84.6	95.7	136	172	183	221	222	243	244	—
	P_{G2}	61.6	94.9	118	144	172	181	203	310	386	465	559	567	624	656	715
11.2	P_{G1}	32.7	44.1	58.3	60.2	77.3	76.4	92.1	122	166	165	214	203	233	227	260
	P_{G2}	59.4	84.4	111	127	164	160	193	273	368	413	532	510	583	593	676
12.5	P_{G1}	—	—	54	—	72	—	87	—	157	—	205	—	214	—	241
	P_{G2}	—	—	101	—	152	—	181	—	344	—	501	—	524	—	610
14	P_{G1}	—	—	48	—	65	—	78	—	140	—	185	—	—	—	—
	P_{G2}	—	—	90.6	—	135	—	161	—	303	—	443	—	—	—	—

续表

i_N	$n_1=1000r/min$ 时	规格														
		4	5	6	7	8	9	10	11	12	13	14	15	16	17	18
5	P_{G1}	48.3	58.6	—	77.4	—	87.1	—	—	—	—	—	—	—	—	—
	P_{G2}	113	155	—	245	—	297	—	487	—	684	—	788	—	—	—
5.6	P_{G1}	47.7	59.8	—	78.3	—	90.2	—	120	—	—	—	—	—	—	—
	P_{G2}	109	153	—	232	—	282	—	481	—	688	—	804		859	—
6.3	P_{G1}	47	58.7	68.3	75.8	89.9	89.4	98.3	122	142	—	—	—	—	—	—
	P_{G2}	105	145	170	216	261	265	300	441	556	637	771	779	838	850	—
7.1	P_{G1}	45	57.2	69	74.3	88.9	89.1	99.3	132	158	151	176	—	—	—	—
	P_{G2}	99	137	166	203	246	250	284	436	546	637	768	756	815	838	897
8	P_{G1}	42.8	54.8	67.2	72.1	86.1	87.4	97.7	129	155	154	181	—	—	—	—
	P_{G2}	92.9	128	157	192	229	237	267	400	498	588	705	705	784	793	874
9	P_{G1}	41	52.7	64.5	70.2	82.7	85.8	95.3	129	162	159	193	169	176	—	—
	P_{G2}	87.8	121	148	182	215	226	251	383	490	565	699	684	730	774	823
10	P_{G1}	34.6	49.3	61.1	66.4	79.2	81.9	91.7	125	153	157	188	172	182	175	—
	P_{G2}	72.8	111	138	169	202	212	237	359	447	535	642	643	704	737	799
11.2	P_{G1}	33.5	44.4	58.4	59.8	76.1	74.5	89	114	150	145	185	162	181	169	187
	P_{G2}	70.2	99.5	131	150	192	187	226	318	426	476	613	581	662	669	760
12.5	P_{G1}	—	—	54.5	—	72.2	—	85.1	—	145	—	183	—	175	—	186
	P_{G2}	—	—	119	—	179	—	212	—	400	—	579	—	598	—	691
14	P_{G1}	—	—	49	—	65.5	—	77	—	131	—	168	—	—	—	—
	P_{G2}	—	—	106	—	159	—	189	—	353	—	514	—	—	—	—

i_N	$n_1=1500r/min$ 时	规格														
		4	5	6	7	8	9	10	11	12	13	14	15	16	17	18
5	P_{G1}	35.3	—	—	—	—	—	—	—	—	—	—	—	—	—	—
	P_{G2}	139	184	—	283	—	328	—	478	—	574	—	486	—	—	—
5.6	P_{G1}	38.6	—	—	—	—	—	—	—	—	—	—	—	—	—	—
	P_{G2}	135	185	—	274	—	322	—	504	—	646	—	618	—	565	—
6.3	P_{G1}	40	—	—	—	—	—	—	—	—	—	—	—	—	—	—
	P_{G2}	132	178	206	259	308	310	345	479	581	633	753	664	684	646	—
7.1	P_{G1}	40.6	44	50.6	—	—	—	—	—	—	—	—	—	—	—	—
	P_{G2}	125	169	204	248	298	299	336	493	601	676	804	720	754	740	760
8	P_{G1}	39.6	45.1	53.4	53	—	—	—	—	—	—	—	—	—	—	—
	P_{G2}	117	160	195	236	280	287	321	463	564	646	768	713	775	756	808
9	P_{G1}	39.3	45.7	54.4	55.8	61.6	59.6	—	—	—	—	—	—	—	—	—
	P_{G2}	111	153	186	226	266	277	306	452	568	640	785	724	759	782	812
10	P_{G1}	33.7	44	53.3	55.1	62.3	60.8	63.9	—	—	—	—	—	—	—	—
	P_{G2}	92.8	140	174	211	251	261	291	429	525	616	734	698	753	770	818
11.2	P_{G1}	33	40.4	52.1	51	61.9	57.7	65.2	—	—	—	—	—	—	—	—
	P_{G2}	89.7	125	165	188	240	232	279	382	506	555	709	641	721	714	797
12.5	P_{G1}	—	—	50.1	—	61.7	—	66.9	—	—	—	—	—	—	—	—
	P_{G2}	—	—	151	—	224	—	264	—	481	—	681	—	669	—	749
14	P_{G1}	—	—	46	—	57.4	—	63.1	—	—	—	—	—	—	—	—
	P_{G2}	—	—	135	—	200	—	236	—	428	—	611	—	—	—	—

表 15-2-18　　R3 减速机额定机械强度功率 P_N　　kW

i_N	n_1 /r·min^{-1}	n_2 /r·min^{-1}	规格																		
			4	5	6	7	8	9	10	11	12	13	14	15	16	17	18	19	20	21	22
12.5	1500	120	69	118	—	214	—	352	—	635	—	980	—	1659	—	2450	—	—	—	—	—
	1000	80	46	79	—	142	—	235	—	423	—	653	—	1106	—	1634	—	2094	—	2848	—
	750	60	35	59	—	107	—	176	—	317	—	490	—	829		1225	—	1571	—	2136	—
14	1500	107	67	110	—	204	—	331	—	594	—	896	—	1535	1658	2185	2577	—	—	—	—
	1000	71	45	73	—	135	—	219	—	394	—	595	—	1019	1100	1450	1710	1948	2193	2676	—
	750	54	34	55	—	103	—	167	—	300	—	452	—	775	837	1103	1301	1481	1668	2036	2290
16	1500	94	61	100	118	188	212	305	350	551	610	817	960	1398	1516	1969	2264	—	—	—	—
	1000	63	41	67	79	126	142	205	235	369	409	548	643	937	1016	1319	1517	1814	2032	2507	2784
	750	47	31	50	59	94	106	153	175	276	305	408	480	699	758	984	1132	1353	1516	1870	2077
12.5	1500	83	56	92	110	172	201	282	326	504	565	739	869	1286	1391	1738	2086	—	—	—	—
	1000	56	38	62	74	116	135	191	220	340	381	498	586	868	938	1173	1407	1689	1876	2346	2568
	750	42	28	47	55	87	102	143	165	255	286	374	440	651	704	880	1055	1267	1407	1759	1926
20	1500	75	52	86	104	161	188	267	309	471	534	691	809	1202	1312	1571	1885	—	—	—	—
	1000	50	35	58	69	107	125	178	206	314	356	461	539	801	874	1047	1257	1571	1738	2199	2382
	750	38	26	44	53	82	95	135	156	239	271	350	410	609	665	796	955	1194	1321	1671	1810
22.4	1500	67	46	77	97	144	174	239	288	421	505	617	744	1073	1214	1403	1684	2105	2420	—	—
	1000	45	31	52	65	97	117	160	193	283	339	415	499	721	815	942	1131	1414	1626	1979	2215
	750	33	23	38	48	71	86	117	142	207	249	304	366	529	598	691	829	1037	1192	1451	1624
25	1500	60	41	69	91	129	160	214	270	377	471	553	685	961	1087	1257	1508	1885	2168	—	—
	1000	40	28	46	61	86	107	142	180	251	314	369	457	641	725	838	1005	1257	1445	1759	1969
	750	30	21	35	46	64	80	107	135	188	236	276	342	481	543	628	754	942	1084	1319	1476
28	1500	54	37	62	82	116	144	192	243	339	424	498	616	865	978	1131	1357	1696	1950	2375	—
	1000	36	25	41	55	77	96	128	162	226	283	332	411	577	652	754	905	1131	1301	1583	1772
	750	27	19	31	41	58	72	96	122	170	212	249	308	433	489	565	679	848	975	1187	1329
31.5	1500	48	33	55	73	103	128	171	216	302	277	442	548	769	870	1005	1206	1508	1734	2111	—
	1000	32	22	37	49	69	85	114	144	201	251	295	365	513	580	670	804	1005	1156	1407	1575
	750	24	17	28	36	52	64	85	108	151	188	221	274	385	435	503	603	754	867	1055	1181
35.5	1500	42	29	48	64	90	112	150	189	264	330	387	479	673	761	880	1055	1319	1517	1847	2067
	1000	28	19	32	43	60	75	100	126	176	220	258	320	449	507	586	704	880	1012	1231	1378
	750	21	15	24	32	45	56	75	95	132	165	194	240	336	380	440	528	660	759	924	1034
40	1500	38	26	44	58	82	101	135	171	239	298	350	434	609	688	796	955	1194	1373	1671	1870
	1000	25	17	29	38	54	67	89	113	157	196	230	285	401	453	524	628	785	903	1099	1230
	750	18.8	13	22	29	40	50	67	85	118	148	173	215	301	341	394	472	591	679	827	925
45	1500	33	23	38	50	71	88	117	149	207	259	304	377	529	598	691	829	1037	1192	1451	1624
	1000	22	15	25	33	47	59	78	99	138	173	203	251	352	399	461	553	691	795	968	1083
	750	16.7	12	19	25	36	45	59	75	105	131	154	191	268	303	350	420	525	603	734	822
50	1500	30	21	35	46	64	80	107	135	188	236	276	342	481	543	628	754	942	1083	1319	1476
	1000	20	14	23	30	43	53	71	90	126	157	184	228	320	362	419	503	628	723	880	984
	750	15	10.4	17	23	32	40	53	68	94	118	138	171	240	272	314	377	471	542	660	738
56	1500	27	19	31	41	58	72	96	122	170	212	249	308	433	489	565	679	848	975	1187	1329
	1000	17.9	12	21	27	38	48	64	81	112	141	165	204	287	324	375	450	562	647	787	881
	750	13.4	9.3	15	20	29	36	48	60	84	105	123	153	215	243	281	337	421	484	589	659
63	1500	24	17	28	36	50	64	85	108	151	188	221	274	385	435	503	603	754	867	1055	1181
	1000	15.9	11	18	24	33	42	57	72	100	125	147	181	255	288	333	400	499	574	699	783
	750	11.9	8.2	14	18	25	32	42	54	75	93	110	136	191	216	249	299	374	430	523	586
71	1500	21	14.5	24	32	44	56	75	95	132	165	194	240	336	380	440	528	660	759	924	1034
	1000	14.1	9.7	16	21	30	38	50	63	89	111	130	161	226	255	295	354	443	509	620	694
	750	10.6	7.3	12	16	22	28	38	48	67	83	98	121	170	192	222	366	333	383	466	522

续表

i_N	n_1 /r・min⁻¹	n_2 /r・min⁻¹	规格																		
			4	5	6	7	8	9	10	11	12	13	14	15	16	17	18	19	20	21	22
80	1500	18.8	—	—	28	—	50	—	85	—	148	—	215	—	341	—	472	—	679	—	925
	1000	12.5	—	—	18	—	33	—	56	—	98	—	143	—	226	—	314	—	452	—	615
	750	9.4	—	—	14	—	25	—	42	—	74	—	107	—	170	—	236	—	340	—	463
90	1500	16.7	—	—	24	—	44	—	75	—	131	—	191	—	—	—	—	—	—	—	—
	1000	11.1	—	—	16	—	29	—	50	—	87	—	127	—	—	—	—	—	—	—	—
	750	8.3	—	—	12	—	22	—	37	—	65	—	95	—	—	—	—	—	—	—	—

表 15-2-19　　R3 减速机额定热功率 P_{G1}、P_{G2}　　kW

i_N	n_1=750r/min 时	规格																		
		4	5	6	7	8	9	10	11	12	13	14	15	16	17	18	19	20	21	22
12.5	P_{G1}	35.9	48.7	—	77.4	—	102	—	145	—	188	—	262	—	295	—	—	—	—	—
	P_{G2}	56.1	79.6	—	127	—	174	—	276	—	363	—	511	—	656	—	—	—	—	—
14	P_{G1}	34.9	47.2	—	74.8	—	99.5	—	142	—	190	—	253	274	285	322	—	—	—	—
	P_{G2}	54.5	77	—	122	—	168	—	270	—	366	—	491	529	630	704	—	—	—	—
16	P_{G1}	33.1	45.6	52.9	71.3	83.6	97.1	109	135	161	175	205	250	263	287	297	—	—	—	—
	P_{G2}	51.8	74.2	85	117	134	165	182	257	298	335	387	482	506	625	645	—	—	—	—
18	P_{G1}	32.1	44.2	51.3	68.9	80.5	94	100	133	161	176	206	241	261	276	314	—	—	—	—
	P_{G2}	50.3	71.9	82.3	113	130	159	168	251	298	337	390	462	500	600	670	—	—	—	—
20	P_{G1}	30.3	42.3	49.4	66	76.5	90	102	127	150	165	189	234	250	268	288	323	—	371	—
	P_{G2}	47.4	68.9	79.2	108	123	152	172	240	277	315	356	445	477	577	613	715	—	804	—
22.4	P_{G1}	29.6	41.6	47.8	63.8	74.3	87.6	94.8	121	150	159	192	228	241	266	279	322	339	370	383
	P_{G2}	46.1	67.7	76.8	104	120	148	158	227	277	300	359	432	458	562	589	696	731	785	815
25	P_{G1}	28.1	39.4	45.9	61.7	71.2	83.7	90.9	115	144	151	179	216	237	254	276	315	337	362	381
	P_{G2}	43.6	63.9	73.5	100	114	141	151	213	264	282	335	402	443	526	574	664	711	746	794
28	P_{G1}	27	38.1	45.1	58.6	68.8	79.8	88.5	109	137	144	172	211	224	252	264	307	328	351	371
	P_{G2}	41.7	61.4	72.2	94.8	110	133	147	202	251	266	318	389	412	513	536	632	677	710	754
31.5	P_{G1}	25.5	36.1	42.6	55.6	66.3	76.3	84.6	104	129	136	163	198	219	238	260	293	319	334	361
	P_{G2}	39.5	58	68.1	89.6	106	126	140	191	235	252	298	362	401	479	523	593	646	660	718
35.5	P_{G1}	24	34	41.1	52.8	63	72.5	80.6	100	123	132	155	191	205	231	247	286	303	323	342
	P_{G2}	36.9	54.3	65.4	84.8	100	120	132	182	222	241	283	348	372	460	488	572	604	633	667
40	P_{G1}	21	29.5	39	46.2	60.1	67.8	76.9	94.9	117	124	148	181	198	221	239	272	296	307	331
	P_{G2}	32.1	46.8	61.9	73.6	95.4	111	126	170	209	114	267	327	358	424	469	537	582	593	640
45	P_{G1}	20.5	28.7	36.6	44.9	57	62.3	73	87	112	207	141	168	187	205	228	255	282	284	313
	P_{G2}	31.3	45.6	57.8	71	90	101	119	156	200	116	256	300	336	401	444	498	547	546	599
50	P_{G1}	20.7	28.6	31.9	44.2	49.9	61.2	68.3	87	106	207	134	172	173	213	211	252	263	306	291
	P_{G2}	31.5	45	50.1	69.6	78.1	98.8	111	153	187	107	240	302	309	407	409	478	507	572	551
56	P_{G1}	19.1	26.3	31.1	41	48.4	56.5	63	79.1	97.4	189	123	157	177	197	220	243	259	290	312
	P_{G2}	28.9	41.5	48.7	64.7	75.6	91.4	101	139	171	103	218	275	310	372	414	458	485	537	576
63	P_{G1}	18.3	25.3	30.9	39.7	47.8	54.5	61.8	76.3	96.6	181	125	150	162	189	202	235	250	281	295
	P_{G2}	27.9	39.9	48.1	62.4	74.3	88.2	98.8	133	168	96	219	262	282	355	379	441	466	518	540
71	P_{G1}	17	24.1	28.5	37.8	44.3	51	57.3	70.6	88.6	169	115	143	155	178	194	222	242	265	286
	P_{G2}	25.9	37.9	44.3	59.5	68.9	82.5	91.7	123	152	—	199	247	269	333	361	413	449	484	522
80	P_{G1}	—	—	27.3	—	42.8	—	55.3	—	84.7	—	110	—	148	—	184	—	228	—	270
	P_{G2}	—	—	42.7	—	66.6	—	88.6	—	146	—	192	—	255	—	338	—	420	—	488
90	P_{G1}	—	—	26	—	40.7	—	51.8	—	78.8	—	103	—	—	—	—	—	—	—	—
	P_{G2}	—	—	40.6	—	63.3	—	83	—	136	—	179	—	—	—	—	—	—	—	—

续表

i_N	$n_1=$1000r/min时	规格																		
		4	5	6	7	8	9	10	11	12	13	14	15	16	17	18	19	20	21	22
12.5	P_{G1}	38.1	50.8	—	79.7	—	103	—	140	—	172	—	221	—	235	—	—	—	—	—
	P_{G2}	66.3	93.9	—	150	—	204	—	321	—	419	—	583	—	742	—	—	—	—	—
14	P_{G1}	37.1	49.4	—	77.4	—	101	—	139	—	177	—	220	233	235	259	—	—	—	—
	P_{G2}	64.4	90.9	—	144	—	198	—	315	—	424	—	562	604	716	798	—	—	—	—
16	P_{G1}	35.2	47.9	55.4	74	86.2	99.4	110	133	155	165	191	221	227	241	245	—	—	—	—
	P_{G2}	61.3	87.5	100	137	158	193	214	300	347	388	448	553	579	713	732	—	—	—	—
18	P_{G1}	34.3	46.5	53.7	71.7	83.2	963.5	102	132	156	167	195	216	230	237	263	—	—	—	—
	P_{G2}	59.5	84.8	97.1	133	153	187	197	293	247	392	452	531	573	686	763	—	—	—	—
20	P_{G1}	32.4	44.6	51.9	68.9	79.4	92.8	105	126	147	159	180	212	223	234	246	271	—	270	—
	P_{G2}	56.1	81.3	93.5	127	145	179	203	280	323	367	413	513	548	662	700	814	—	899	—
22.4	P_{G1}	31.6	44	50.4	66.8	77.4	90.7	97.5	122	148	154	185	210	219	236	243	276	286	279	270
	P_{G2}	54.6	80	90.7	123	141	175	186	266	324	349	417	498	528	646	675	795	833	881	907
25	P_{G1}	30.1	41.8	48.6	65	74.7	83.7	94.3	117	144	149	176	204	222	234	250	281	297	292	291
	P_{G2}	51.7	75.5	86.9	119	134	166	178	250	309	329	390	466	513	607	661	763	816	846	893
28	P_{G1}	29	40.6	48	62.1	72.7	83.9	92.7	113	140	144	172	205	216	239	248	285	302	301	306
	P_{G2}	49.4	72.7	85.5	112	130	157	174	238	295	312	373	453	480	596	621	731	782	811	857
31.5	P_{G1}	27.5	38.6	45.5	59.2	70.3	80.6	89.1	108	133	139	165	196	215	232	250	279	302	299	312
	P_{G2}	46.8	68.7	80.6	106	125	149	165	225	276	296	350	423	468	557	608	688	749	759	821
35.5	P_{G1}	25.9	36.4	44	56.4	67	76.9	85.3	105	128	135	159	192	205	228	241	278	293	297	306
	P_{G2}	43.8	64.3	77.5	100	119	141	156	215	262	284	332	407	435	538	569	666	703	731	767
40	P_{G1}	22.6	31.7	41.8	49.4	64.1	72.1	81.6	99.6	122	128	152	183	199	220	236	267	289	287	302
	P_{G2}	38.1	55.5	73.3	87.1	112	131	149	201	246	267	315	383	419	508	548	627	679	686	738
45	P_{G1}	22.1	30.9	39.3	48	60.9	66.4	77.7	91.6	117	119	147	171	190	206	228	253	278	270	291
	P_{G2}	37.2	54	68.5	84.1	106	120	140	184	236	244	301	352	395	470	520	582	638	634	692
50	P_{G1}	22.4	30.8	34.4	47.6	53.6	65.5	73.1	92.4	112	122	141	178	179	219	216	256	267	302	283
	P_{G2}	37.4	53.3	59.4	82.5	92.5	117	131	181	221	244	283	256	363	478	481	561	595	668	641
56	P_{G1}	20.7	28.5	33.6	44.3	52.1	60.7	67.7	84.5	103	113	131	165	186	205	228	251	268	294	312
	P_{G2}	34.4	49.3	57.8	76.7	89.6	108	120	164	203	223	258	325	365	438	488	540	571	630	675
63	P_{G1}	19.9	27.4	33.4	42.8	51.5	58.7	66.5	81.7	103	109	133	159	171	198	211	245	260	287	298
	P_{G2}	33.1	47.3	57.1	74.1	88.1	104	117	158	198	214	259	309	333	419	447	520	549	608	633
71	P_{G1}	18.4	26.1	30.8	40.8	47.8	55	61.7	75.7	94.8	103	122	151	164	187	204	232	252	272	291
	P_{G2}	30.7	44.9	52.6	70.5	81.7	97.8	108	146	180	201	236	292	318	393	426	487	529	569	612
80	P_{G1}	—	—	29.5	—	46.2	—	59.6	—	90.7	—	117	—	157	—	193	—	239	—	276
	P_{G2}	—	—	50.6	—	79	—	105	—	173	—	227	—	301	—	400	—	495	—	574
90	P_{G1}	—	—	28.2	—	44	—	55.9	—	84.5	—	110	—	—	—	—	—	—	—	—
	P_{G2}	—	—	48.1	—	75.1	—	98.4	—	161	—	212	—	—	—	—	—	—	—	—

i_N	$n_1=$1500r/min时	规格																		
		4	5	6	7	8	9	10	11	12	13	14	15	16	17	18	19	20	21	22
12.5	P_{G1}	39.4	50.4	—	76.7	—	95.4	—	112	—	—	—	—	—	—	—	—	—	—	—
	P_{G2}	84.8	118	—	186	—	250	—	377	—	468	—	602	—	728	—	—	—	—	—
14	P_{G1}	38.6	49.6	—	75.7	—	95.2	—	117	—	127	—	—	—	—	—	—	—	—	—
	P_{G2}	82.6	114	—	180	—	244	—	374	—	482	—	598	631	728	792	—	—	—	—
16	P_{G1}	36.8	48.3	55.4	72.9	83.3	94.3	103	114	125	122	138	—	—	—	—	—	—	—	—
	P_{G2}	78.6	110	126	172	196	239	262	358	407	445	511	597	615	737	741	—	—	—	—
18	P_{G1}	35.9	47.2	54.1	71.1	81.1	92.5	96.3	115	129	128	146	—	—	—	—	—	—	—	—
	P_{G2}	76.4	107	122	167	191	232	243	353	411	454	520	581	617	722	787	—	—	—	—
20	P_{G1}	34	45.6	52.6	68.8	78	89.8	100	112	124	126	140	—	—	—	—	—	—	—	—
	P_{G2}	72.1	103	118	161	182	223	251	339	385	428	480	568	599	708	736	839	—	813	—

续表

i_N	n_1=1500r/min时	规格																		
		4	5	6	7	8	9	10	11	12	13	14	15	16	17	18	19	20	21	22
22.4	P_{G1}	33.3	45.1	51.4	67.2	76.7	88.6	93.9	110	128	126	148	—	—	—	—	—	—	—	—
	P_{G2}	70.3	101	115	155	177	218	231	324	388	412	489	559	586	702	722	836	864	824	793
25	P_{G1}	31.9	43.3	50.1	66.2	75.2	86.9	92.8	109	130	128	150	153	160	—	—	—	—	—	—
	P_{G2}	66.7	96.6	110	151	170	209	223	307	375	395	466	537	585	681	732	833	881	841	844
28	P_{G1}	30.9	42.5	50	64.1	74.4	85	93.1	109	131	131	155	168	172	183	182	200	—	—	—
	P_{G2}	63.9	93.3	109	143	165	199	220	296	363	380	452	535	562	689	711	828	878	855	869
31.5	P_{G1}	29.4	40.7	47.8	61.7	72.7	82.7	90.7	106	129	131	154	170	183	190	199	216	227	—	—
	P_{G2}	60.7	88.5	103	136	160	190	210	282	344	365	430	508	558	658	712	799	863	831	871
35.5	P_{G1}	27.8	38.6	46.4	59.1	69.8	79.6	87.7	105	125	130	151	173	181	196	203	228	235	—	—
	P_{G2}	56.8	83	99.8	129	152	181	199	271	328	353	412	495	526	644	677	786	825	821	839
40	P_{G1}	24.3	33.7	44.3	52	67.1	75	84.4	100	121	125	147	168	180	194	204	226	240	208	—
	P_{G2}	49.4	71.6	94.6	112	144	168	191	255	310	334	392	469	510	614	657	747	805	783	822
45	P_{G1}	23.8	32.9	41.8	50.8	64	69.4	80.8	93.2	118	117	144	160	176	187	203	221	240	207	206
	P_{G2}	48.3	69.8	88.5	108	137	154	180	234	298	306	377	434	484	572	629	700	765	733	785
50	P_{G1}	24.2	33	36.8	50.7	56.9	69.3	77	95.8	115	124	142	174	174	210	204	240	247	260	232
	P_{G2}	48.7	69.2	76.9	106	119	151	169	232	281	310	358	445	453	593	594	690	730	799	757
56	P_{G1}	22.4	30.7	36.2	47.5	55.7	64.8	72	88.9	108	117	135	167	186	203	225	245	260	271	279
	P_{G2}	44.8	64	75.1	99.5	116	140	155	211	260	285	330	411	461	552	612	675	712	772	818
63	P_{G1}	21.6	29.5	36	46.1	55.2	62.8	71	86.3	108	114	138	162	173	199	211	243	256	272	275
	P_{G2}	43.2	61.6	74.2	96.2	114	135	151	203	255	275	332	393	422	529	563	654	689	752	776
71	P_{G1}	20	28.2	33.3	43.9	51.4	59	65.9	80.2	99.9	107	127	155	167	190	205	232	251	261	273
	P_{G2}	40	58.5	68.4	91.7	106	126	140	189	232	258	302	372	404	498	539	615	666	707	754
80	P_{G1}	—	—	31.9	—	49.7	—	63.8	—	95.8	—	123	—	161	—	196	—	240	—	262
	P_{G2}	—	—	65.9	—	102	—	136	—	224	—	291	—	384	—	507	—	626	—	710
90	P_{G1}	—	—	30.5	—	47.4	—	60	—	89.6	—	115	—	—	—	—	—	—	—	—
	P_{G2}	—	—	62.7	—	97.6	—	127	—	208	—	273	—	—	—	—	—	—	—	—

表 15-2-20 R4 减速机额定机械强度功率 P_N kW

i_N	n_1 /r·min⁻¹	n_2 /r·min⁻¹	规格																	
			5	6	7	8	9	10	11	12	13	14	15	16	17	18	19	20	21	22
80	1500	18.8	22	—	40	—	67	—	118	—	173	—	301	—	394	—	591	—	827	—
	1000	12.5	14	—	27	—	45	—	79	—	115	—	200	—	262	—	393	—	550	—
	750	9.4	11	—	20	—	33	—	59	—	87	—	151	—	197	—	295	—	413	—
90	1500	16.7	19	—	36	—	59	—	105	—	154	—	268	303	350	420	525	603	734	822
	1000	11.1	13	—	24	—	40	—	70	—	102	—	178	201	232	279	349	401	488	546
	750	8.3	9.6	—	18	—	30	—	52	—	76	—	133	150	174	209	261	300	365	408
100	1500	15	17.3	23	32	40	53	68	94	118	138	171	240	272	314	377	471	542	660	738
	1000	10	12	15	21	27	36	45	63	79	92	114	160	181	209	251	314	361	440	492
	750	7.5	8.6	11.4	16	20	27	34	47	59	69	86	120	136	157	188	236	271	330	369
112	1500	13.4	15	20	29	36	48	60	84	105	123	153	215	243	281	337	421	484	589	659
	1000	8.9	10.3	13.5	19	24	32	40	56	70	82	102	143	161	186	224	280	322	391	438
	750	6.7	7.7	10	14	18	24	30	42	53	62	76	107	121	140	168	210	242	295	330
125	1500	12	14	18	26	32	43	54	75	94	111	137	192	217	251	302	377	434	528	591
	1000	8	9.2	12	17	21	28	36	50	63	74	91	128	145	168	201	251	289	352	394
	750	6	6.9	9.1	13	16	21	27	38	47	55	68	96	109	126	151	188	217	264	295
140	1500	10.7	12	16.2	23	29	38	48	67	84	99	122	171	194	224	269	336	387	471	527
	1000	7.1	8.2	11	15	19	25	32	45	56	65	81	114	129	149	179	223	256	312	349
	750	5.4	6.2	8.2	12	14.4	19	24	34	42	50	62	87	98	113	136	170	195	237	266

续表

i_N	n_1 /r·min^{-1}	n_2 /r·min^{-1}	规格																	
			5	6	7	8	9	10	11	12	13	14	15	16	17	18	19	20	21	22
160	1500	9.4	11	14.3	20	25	33	42	59	74	87	107	151	170	197	236	295	340	413	463
	1000	6.3	7.3	9.6	14	17	22	28	40	49	58	72	101	114	132	158	198	228	277	310
	750	4.7	5.4	7.1	10	13	17	21	30	37	43	54	75	85	98	118	148	170	207	231
180	1500	8.3	9.6	13	18	22	30	37	52	65	76	95	133	150	174	209	261	300	365	408
	1000	5.6	6.5	8.5	12	15	20	25	35	44	52	64	90	101	117	141	176	202	246	276
	750	4.2	4.8	6.4	9	11.2	15	19	26	33	39	48	67	76	88	106	132	152	185	207
200	1500	7.5	8.6	11.4	16	20	27	34	47	59	69	86	120	136	157	188	236	271	330	369
	1000	5	5.8	7.6	11	13.4	18	23	31	39	46	57	80	91	105	126	157	181	220	246
	750	3.8	4.4	5.8	8.2	10	14	17	24	30	35	43	61	69	80	95	119	137	167	187
224	1500	6.7	7.7	10	14.4	18	24	30	42	53	62	76	107	121	140	168	210	242	295	330
	1000	4.5	5.2	6.8	9.7	12	16	20	28	35	41	51	72	82	94	113	141	163	198	221
	750	3.3	3.8	5	7.1	9	12	15	21	26	30	38	53	60	69	83	104	119	145	162
250	1500	6	6.9	9.1	13	16	21	27	38	47	55	68	96	109	126	151	188	217	264	295
	1000	4	4.6	6.1	8.6	11	14	18	25	31	37	46	64	72	84	101	126	145	176	197
	750	3	3.5	4.6	6.4	8	11	14	19	24	28	34	48	54	63	75	94	108	132	148
280	1500	5.4	6.2	8.2	12	14.4	19	24	34	42	50	62	87	98	113	136	170	195	237	266
	1000	3.6	4.1	5.5	7.7	9.6	13	16	23	28	33	41	58	65	75	90	113	130	158	177
	750	2.7	3.1	4.1	5.8	7.2	10	12	17	21	25	31	43	49	57	68	85	98	119	133
315	1500	4.8	5.5	7.3	10.3	13	17	22	30	38	44	55	77	87	101	121	151	173	211	236
	1000	3.2	3.7	4.9	6.9	8.5	11	14	20	25	29	37	51	58	67	80	101	116	141	157
	750	2.4	2.8	3.6	5.2	6.4	8.5	11	15.1	19	22	27	38	43	50	60	75	87	106	118
355	1500	4.2	—	6.4	—	11.2	—	19	—	33	—	48	—	76	—	106	—	152	—	207
	1000	2.8	—	4.3	—	7.5	—	13	—	22	—	32	—	51	—	70	—	101	—	138
	750	2.1	—	3.2	—	5.6	—	9.5	—	16	—	24	—	38	—	53	—	76	—	103
400	1500	3.8	—	5.8	—	10	—	17	—	30	—	43	—	—	—	—	—	—	—	—
	1000	2.5	—	3.8	—	6.7	—	11.3	—	20	—	29	—	—	—	—	—	—	—	—
	750	1.5	—	2.9	—	5.1	—	8.6	—	15	—	22	—	—	—	—	—	—	—	—

表 15-2-21　R4 减速机额定热功率 P_{G1}　kW

i_N	n_1=750r/min 时	规格																	
		5	6	7	8	9	10	11	12	13	14	15	16	17	18	19	20	21	22
80	P_{G1}	26.6	—	39.5	—	55.9	—	84.4	—	113	—	151	—	170	—	233	—	327	—
90	P_{G1}	26	—	38.2	—	54.6	—	81.9	—	110	—	145	155	163	175	223	239	316	331
100	P_{G1}	24.8	28.5	36.2	42.2	51.8	56.3	78.7	94.3	104	121	136	149	153	168	211	229	297	320
112	P_{G1}	23.9	27.8	34.8	41	49.8	55	74.9	91	100	118	130	141	146	158	201	216	288	300
125	P_{G1}	22.8	26.6	33.2	38.7	47.5	52.2	71.7	86.9	95.9	111	123	134	139	150	191	206	271	291
140	P_{G1}	21.8	25.6	31.6	37.3	44.8	50.2	67.8	82.8	91	106	119	127	134	143	184	196	262	274
160	P_{G1}	20	24.5	28.8	35.6	41	47.8	61.9	79.3	86.1	102	113	123	127	138	174	189	247	264
180	P_{G1}	19.6	23.4	28.1	33.9	40	45.4	60.2	75.1	81.3	96.7	106	116	119	130	163	178	231	250
200	P_{G1}	19	21.5	27.8	30.9	39.1	41.5	58.9	68.6	79.4	91.8	104	109	118	123	162	167	223	234
224	P_{G1}	17.7	21.1	25.9	30.2	36.6	40.5	55.4	66.9	74.4	86.9	98.4	108	109	121	152	167	209	227
250	P_{G1}	17.3	20.3	25	29.9	35.3	39.6	53.6	65.3	72	84.45	95.1	100	106	113	147	156	202	212
280	P_{G1}	16.4	19	23.5	27.9	33.7	37.1	51.2	61.3	68	79.4	88.5	97.5	100	109	138	150	193	205
315	P_{G1}	15.4	18.5	22	26.8	31.6	35.8	47.8	59.3	64.9	76.8	83.6	91.8	94.3	103	131	142	180	195
355	P_{G1}	—	17.7	—	25.2	—	34.1	—	56.6	—	72.5	—	86.1	—	97.5	—	134	—	182
400	P_{G1}	—	16.5	—	23.6	—	32.2	—	52.8	—	69.1	—	—	—	—	—	—	—	—

续表

i_N	$n_1=1000$r/min 时	规格																	
		5	6	7	8	9	10	11	12	13	14	15	16	17	18	19	20	21	22
80	P_{G1}	28.6	—	42.4	—	60	—	90.6	—	121	—	162	—	183	—	250	—	351	—
90	P_{G1}	27.9	—	41	—	58.6	—	87.9	—	118	—	155	167	175	188	240	256	339	355
100	P_{G1}	26.6	30.6	38.8	45.3	55.6	60.4	84.4	101	112	130	146	160	164	180	227	246	319	344
112	P_{G1}	25.6	29.9	37.4	44	53.5	59	80.4	97.6	107	126	139	151	157	169	216	232	309	322
125	P_{G1}	24.5	28.6	35.7	41.6	51	56	77	93.2	102	119	132	144	149	161	205	221	291	313
140	P_{G1}	23.4	27.5	33.9	40.1	48.1	53.9	72.8	88.8	97.6	114	128	137	144	154	198	211	281	294
160	P_{G1}	21.5	26.3	30.9	38.2	44	51.3	66.4	85.1	92.4	110	121	132	136	148	187	203	265	284
180	P_{G1}	21.1	25.1	30.1	36.4	42.9	48.7	64.6	80.6	87.2	103	114	124	128	139	175	191	248	269
200	P_{G1}	20.4	23.1	29.9	33.2	42	44.6	63.2	73.6	85.2	98.5	112	117	136	132	174	179	240	251
224	P_{G1}	19	22.7	27.8	32.4	39.3	43.4	59.4	71.8	79.9	93.2	105	116	117	130	163	179	224	243
250	P_{G1}	18.5	21.8	26.9	32.1	37.9	42.5	57.5	70.1	77.3	90.6	102	108	114	122	158	168	217	227
280	P_{G1}	17.6	20.4	25.2	30	36.1	39.8	35	65.8	73	85.2	95	104	107	117	148	161	207	220
315	P_{G1}	16.5	19.8	23.6	28.8	33.9	38.4	51.3	63.7	69.6	82.4	89.7	98.5	101	110	140	153	193	210
355	P_{G1}	—	19	—	27.1	—	36.6	—	60.8	—	77.8	—	92.4	—	104	—	144	—	196
400	P_{G1}	—	17.7	—	25.4	—	34.5	—	56.7	—	74.1	—	—	—	—	—	—	—	—

i_N	$n_1=1500$r/min 时	规格																	
		5	6	7	8	9	10	11	12	13	14	15	16	17	18	19	20	21	22
80	P_{G1}	31.7	—	46.9	—	66.1	—	98.6	—	130	—	171	—	189	—	256	—	343	—
90	P_{G1}	31.1	—	45.5	—	64.7	—	95.9	—	128	—	164	175	183	195	248	264	337	345
100	P_{G1}	29.6	34	43.1	50.2	61.5	66.7	92.4	110	121	140	156	169	173	188	236	255	321	339
112	P_{G1}	28.6	33.3	41.5	48.8	59.2	65.3	88.3	106	116	137	149	161	167	179	227	243	315	323
125	P_{G1}	27.4	31.8	39.7	46.2	56.6	62.1	84.8	102	112	130	143	155	159	172	218	234	300	318
140	P_{G1}	26.1	30.7	37.8	44.6	53.5	59.9	80.4	97.8	107	125	139	148	155	165	211	225	294	304
160	P_{G1}	24.1	29.4	34.5	42.7	49	57.2	73.6	94.1	101	121	132	143	147	160	202	218	281	298
180	P_{G1}	23.6	28.1	33.7	40.7	47.9	54.3	71.8	89.3	96.5	114	125	136	140	152	190	208	266	286
200	P_{G1}	22.8	25.9	33.5	37.2	47	49.8	70.5	81.9	94.7	109	124	130	139	146	191	196	260	271
224	P_{G1}	21.3	25.4	31.2	36.4	44	48.6	66.5	80.2	89.1	104	117	128	130	144	181	198	246	266
250	P_{G1}	20.8	24.5	30.2	36	42.5	47.8	64.5	78.6	86.6	101	114	120	127	136	176	187	241	252
280	P_{G1}	19.8	22.9	28.4	33.7	40.6	44.8	61.8	74	82.1	95.9	106	117	120	132	167	182	233	247
315	P_{G1}	18.6	22.3	26.6	32.4	38.2	43.2	57.8	71.6	78.4	92.7	110	110	113	124	158	172	217	236
355	P_{G1}	—	21.3	—	30.4	—	41.2	—	68.4	—	87.6	—	103	—	117	—	162	—	220
400	P_{G1}	—	19.9	—	28.6	—	38.9	—	63.8	—	83.4	—	—	—	—	—	—	—	—

2.1.4　减速器的选用

减速器的承载能力受机械强度和热平衡许用功率两方面的限制，因此，减速器的选用必须通过两个功率表来确定。

(1) 确定公称传动比及公称转速

$$i'=\frac{n'_1}{n_2} \qquad (15\text{-}2\text{-}1)$$

式中　i'——计算传动比；

n'_1——输入转速，r/min；

n_2——输出转速，r/min。

根据计算传动比 i'，查额定机械强度功率表，得到和 i' 绝对值最接近的公称传动比 i。

将输入转速 n'_1 与 1500r/min、1000r/min、750r/min 进行比较，取 1500r/min、1000r/min、750r/min 中最接近的值作为公称输入转速 n_1，以确定减速器额定机械强度功率 P_N。

(2) 确定减速器的额定机械强度功率

$$P_N \leqslant P'_N=P_2\frac{n'_1}{n_2}f_1f_2f_3f_4 \qquad (15\text{-}2\text{-}2)$$

式中　P'_N——计算功率，kW；

P_N——减速器额定机械强度功率，kW；

P_2——载荷功率（即工作机所需功率），kW；

f_1——工作机系数，见表 15-2-22；

f_2——原动机系数，见表 15-2-23；

f_3——安全系数，见表 15-2-24；

f_4——启动系数，见表 15-2-25。

（3）校核输入轴上的最大转矩，如启动转矩、制动转矩、峰值工作转矩折算到输入轴上的转矩

$$P_N \geqslant \frac{T_A n_1'}{9550} f_5 \qquad (15\text{-}2\text{-}3)$$

式中　T_A——输入轴最大转矩，如启动转矩、制动转矩、峰值工作转矩折算到输入轴上的转矩，N·m；

f_5——峰值转矩系数，见表 15-2-26。

（4）校核热平衡功率

减速器不带辅助冷却装置时，应满足式（15-2-4）。

$$P_2 \leqslant P_G = P_{G1} f_6 f_7 \qquad (15\text{-}2\text{-}4)$$

式中　P_G——减速器额定热功率，kW；

P_{G1}——无辅助冷却装置时的额定热功率，kW；

f_6——环境温度系数，见表 15-2-27；

f_7——海拔系数，见表 15-2-28。

若

$$P_2 > P_G$$

则需要选用更大规格的减速器重复上述计算，也可以采用冷却盘管装置或进行强制润滑。

当减速器带有冷却风扇时，应满足式（15-2-5）。

$$P_2 \leqslant P_G = P_{G2} f_6 f_7 \qquad (15\text{-}2\text{-}5)$$

式中　P_{G2}——带有冷却风扇时的额定热功率。

若

$$P_2 > P_G$$

则需要选用更大规格的减速器重复上述计算，也可以采用冷却盘管装置或进行强制润滑。

表 15-2-22　工作机系数 f_1

工作机		日工作小时数/h		
		≤0.5	0.5～10	>10
污水处理	浓缩器(中心传动)	—	—	1.2
	压滤器	1.0	1.3	1.5
	絮凝器	0.8	1.0	1.3
	曝气机	—	1.8	2.0
	搂集设备	1.0	1.2	1.3
	纵向、回转组合搂集装置	1.0	1.3	1.5
	预浓缩器	—	1.1	1.3
	螺杆泵	—	1.3	1.5
	水轮机	—	—	2.0
	离心泵	1.0	1.2	1.3
	1 个活塞容积式泵	1.3	1.4	1.8
	>1 个活塞容积式泵	1.2	1.4	1.5
挖泥机	斗式运输机	—	1.6	1.6
	倾卸装置	—	1.3	1.5
	Carteypillar 行走机构	1.2	1.6	1.8
	斗轮式挖掘机(用于捡拾)	—	1.7	1.7
	斗轮式挖掘机(用于粗料)	—	2.2	2.2
	切碎机	—	2.2	2.2
	行走机构①	—	1.4	1.8
弯板机①		—	1.0	1.0
化学工业	挤压机	—	—	1.6
	调浆机	—	1.8	1.8
	橡胶研光机	—	1.5	1.5
	冷却圆筒	—	1.3	1.4
	混料机(用于均匀介质)	1.0	1.3	1.4
	混料机(用于非均匀介质)	1.4	1.6	1.7
	搅拌机(用于密度均匀介质)	1.0	1.3	1.5
	搅拌机(用于非均匀介质)	1.2	1.4	1.6
	搅拌机(用于不均匀气体吸收)	1.4	1.6	1.8
	烘炉	1.0	1.3	1.5
	离心机	1.0	1.2	1.3
金属加工设备	翻板机	1.0	1.0	1.2
	推钢机	1.0	1.2	1.2
	绕线机	—	1.6	1.6
	冷床横移架	—	1.5	1.5
	辊式矫直机	—	1.6	1.6
	辊道(连续式)	—	1.5	1.5
	辊道(间歇式)	—	2.0	2.0
	可逆式轧管机	—	1.8	1.8
	剪切机(连续式)①	—	1.5	1.5
	剪切机(曲柄式)①	1.0	1.0	1.0
	连铸机驱动装置	—	1.4	1.4
	可逆式开坯机	—	2.5	2.5
	可逆式板坯轧机	—	2.5	2.5
	可逆式线材轧机	—	1.8	1.8
	可逆式薄板轧机	—	2.0	2.0
	可逆式中厚板轧机	—	1.8	1.8
	辊缝调节驱动装置	0.9	1.0	—
输送机械	斗式输送机	—	1.2	1.5
	绞车	1.4	1.6	1.6
	卷扬机	—	1.5	1.8
	皮带输送机(<150kW)	1.0	1.2	1.3
	皮带输送机(≥150kW)	1.1	1.3	1.5
	货用电梯①	—	1.2	1.5
	客用电梯	—	1.5	1.8
	刮板式输送机	—	1.2	1.5
	自动扶梯	—	1.2	1.4
	轨道行走机构	—	1.5	—
变频装置		—	1.8	2.0
往复式压缩机		—	1.8	1.9

续表

工作机		日工作小时数/h			工作机		日工作小时数/h		
		≤0.5	0.5～10	>10			≤0.5	0.5～10	>10
起重机械	回转机构①	1	1.4	1.8	造纸机械	各种类型②	—	1.8	2.0
	俯仰机构	12	1.25	1.5		碎浆机驱动装置	2.0	2.0	2.0
	行走机构	1.5	1.75	2	离心式压缩机		—	1.4	1.5
	提升机构①	1	1.25	1.5	索道缆车	运货索道	—	1.3	1.4
	转臂式起重机①	1	1.25	1.6		往返系统空中索道	—	1.6	1.8
冷却塔	冷却塔风扇	—	—	2.0		T 形杆升降机	—	1.3	1.4
	风机(轴流和离心式)	—	1.4	1.5		连续索道	—	1.4	1.6
蔗糖生产	甘蔗切碎机①	—	—	1.7	水泥工业	混凝土搅拌器	—	1.5	1.5
	甘蔗碾磨机	—	—	1.7		破碎机①	—	1.2	1.4
甜菜糖生产	甜菜绞碎机	—	—	1.2		回转窑	—	—	2.0
	榨取机、机械制冷机、蒸煮机	—	—	1.4		管式磨机	—	—	2.0
	甜菜清洗机	—	—	1.5		选扮机	—	1.6	1.6
	甜菜切碎机	—	—	1.5		辊压机	—	—	2.0

① 工作机额定功率 P_2 由最大转矩确定。

② 需要校核热功率。

表 15-2-23 **原动机系数 f_2**

电动机、液压马达、汽轮机	4～6 缸活塞发动机	1～3 缸活塞发动机
1.00	1.25	1.50

表 15-2-24 **安全系数 f_3**

重要性与安全要求	一般设备,减速器失效仅引起单机停产且易更换备件	重要设备、减速器失效引起机组、生产线或全厂停产	高度安全要求,减速器失效引起设备、人身事故
f_3	1.25～1.50	1.50～1.75	1.75～2.00

表 15-2-25 **启动系数 f_4**

每小时启动次数	$f_1f_2f_3$			
	1	1.25～1.75	2～2.75	≥3
	f_4			
≤5	1.00	1.00	1.00	1.00
6～25	1.20	1.12	1.06	1.00
26～60	1.30	1.20	1.12	1.06
61～180	1.50	1.30	1.20	1.12
>180	1.70	1.50	1.30	1.20

表 15-2-26 **峰值转矩系数 f_5**

载荷类型	每小时峰值载荷次数			
	1～5	6～30	31～100	>100
单向载荷	0.50	0.65	0.70	0.85
交变载荷	0.70	0.95	1.10	1.25

表 15-2-27 **环境温度系数 f_6**

不带辅助冷却装置或仅带冷却风扇					
环境温度/℃	每小时工作周期百分比/%				
	100	80	60	40	20
10	1.11	1.31	1.60	2.14	3.64
20	1.00	1.18	1.44	1.93	3.28
30	0.88	1.04	1.27	1.70	2.89

续表

不带辅助冷却装置或仅带冷却风扇					
环境温度/℃	每小时工作周期百分比/%				
	100	80	60	40	20
40	0.75	0.89	1.08	1.45	2.46
50	0.63	0.74	0.91	1.22	2.07

表 15-2-28 海拔系数 f_7

不带辅助冷却装置或仅带冷却风扇					
系数	海拔/m				
	≤1000	≤2000	≤3000	≤4000	≤5000
f_7	1.00	0.95	0.90	0.85	0.80

2.2 CW型圆弧圆柱蜗杆减速器(JB/T 7935—2015)

2.2.1 适用范围和标记

(1) 适用范围

CW型圆弧圆柱蜗杆减速器具有整体机体、模块化设计的特点，用于传递两交错轴间的运动和功率的机械传动，如冶金、矿山、起重、运输、化工、建筑、建材、能源及轻工等行业的机械设备。适用范围为：减速器输入轴转速不大于1500r/min；减速器工作环境温度−40～40℃，当工作环境温度低于0℃，启动前润滑油必须加热到0℃以上，或采用低凝固点的润滑油，当工作环境温度高于40℃时，必须采取冷却措施；减速器输入轴可正、反两方向旋转。

(2) 标记示例

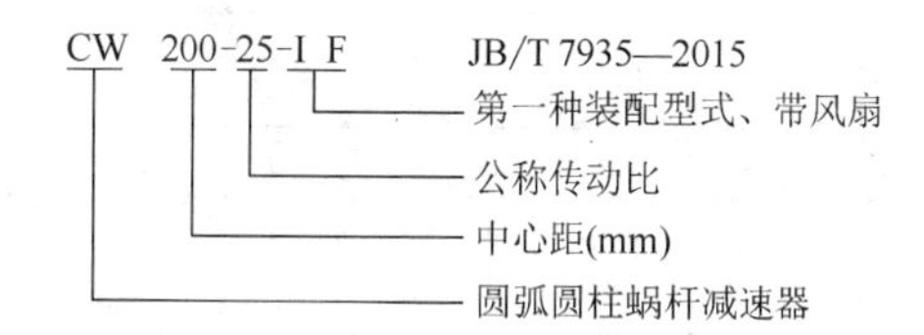

2.2.2 外形、安装尺寸

表 15-2-29 减速器外形、安装尺寸 mm

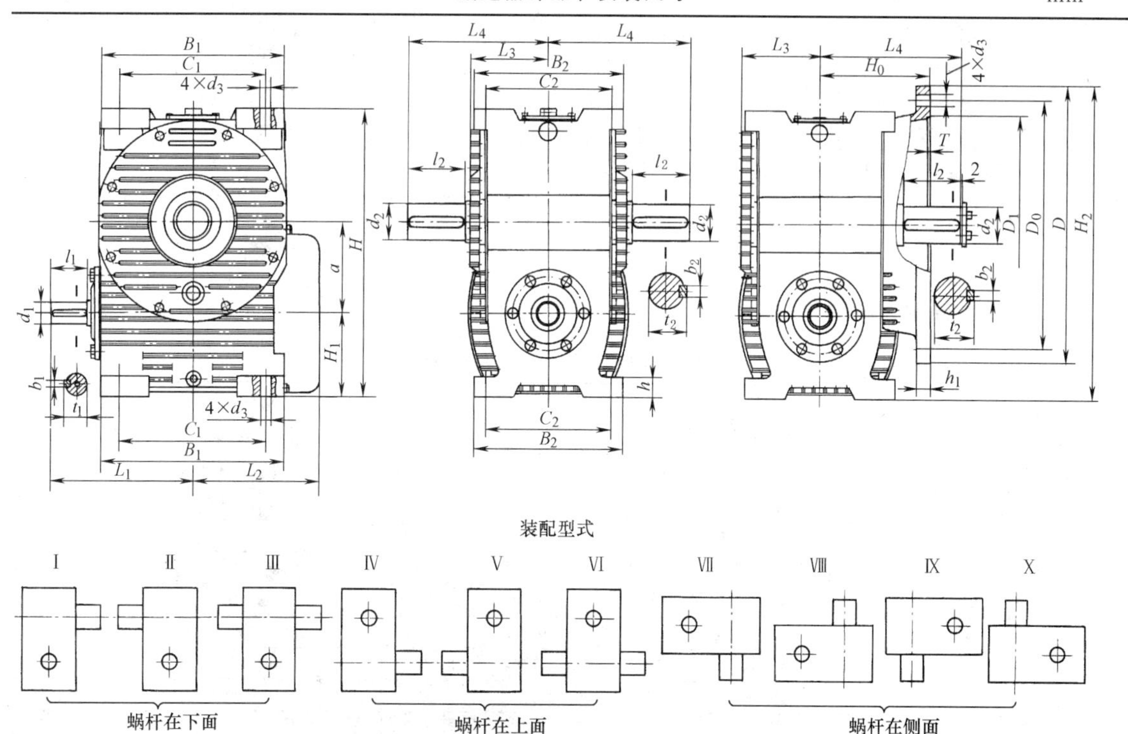

续表

中心距 a	B_1	B_2	C_1	C_2	H_1	H	L_1	L_2	L_3	L_4	h	d_1	l_1	b_1	t_1
63	145	125	95	100	65	228	120	120	62	130	16	19j6	28	6	21.5
80	170	160	120	130	80	280	142	140	80	150	20	24j6	36	8	27
100	215	190	170	155	100	340	178	170	95	190	28	28j6	42	8	31
125	260	220	200	180	112	412	215	195	110	205	32	32j6	58	10	35
140	280	240	220	195	125	455	225	215	120	238	35	38k6	58	10	41
160	330	270	275	230	140	500	280	243	140	258	38	42k6	82	12	45
180	360	305	280	255	160	570	295	265	150	270	40	42k6	82	12	45
200	420	340	335	285	180	620	320	295	170	320	45	48k6	82	14	51.5
225	460	360	370	300	200	700	350	320	180	325	50	48k6	82	14	51.5
250	515	390	425	325	200	740	380	350	195	375	55	55k6	82	16	59
280	560	430	450	360	225	840	425	390	215	395	60	60m6	105	18	64
315	620	470	500	395	250	940	460	430	235	415	65	65m6	105	18	69
355	700	520	560	440	280	1050	498	490	260	475	70	70m6	105	20	74.5
400	780	570	630	490	300	1160	545	525	295	510	75	75m6	105	20	79.5

中心距 a	d_2	l_2	b_2	t_2	d_3	D	D_0	D_1	T	h_1	H_0	H_2	质量/kg
63	32k6	58	10	35	M10	240	210	170H8	5	15	100	248	20
80	38k6	58	10	41	M12	275	240	200H8	5	15	125	298	35
100	48k6	82	14	51.5	M12	320	285	245H8	5	16	140	360	60
125	55k6	82	16	59	M16	400	355	300H8	6	20	160	437	100
140	60m6	105	18	64	M16	435	390	340H8	6	22	175	482	130
160	65m6	105	18	69	M16	490	455	395H8	6	25	195	545	145
180	75m6	105	20	79.5	M20	530	480	425H8	6	28	210	605	190
200	80m6	130	22	85	M20	580	530	475H8	6	30	230	670	250
225	90m6	130	25	95	M24	660	605	525H8	6	30	250	755	305
250	100m6	165	28	106	M24	705	640	580H8	6	32	270	808	420
280	110m6	165	28	116	M30	800	720	635H8	6	35	300	905	540
315	120m6	165	32	127	M30	890	810	725H8	8	40	325	1010	720
355	130m6	200	32	137	M36	980	890	790H8	8	45	365	1125	920
400	150m6	200	36	158	M36	1080	990	890H8	8	50	390	1240	1250

注：减速器噪声 $a \geqslant 63 \sim 100$mm 时，$\leqslant 70$dB（A）；$a \geqslant 125 \sim 180$mm 时，$\leqslant 73$dB（A）；$a \geqslant 200 \sim 400$mm 时，$\leqslant 75$dB（A）。

2.2.3 承载能力和效率

表 15-2-30 减速器额定输入功率和转矩

公称传动比 i	输入转速 n_1 /r·min^{-1}	功率、转矩	中心距 a/mm													
			63	80	100	125	140	160	180	200	225	250	280	315	355	400
			额定输入功率 P_1/kW 额定输出转矩 T_2/N·m													
5	1500	P_1	4.03	7.35	15.75	26.5	—	46.9	—	68.1	—	103.4	—	149.0	—	197.0
		T_2	123	207	450	770	—	1365	—	1995	—	3050	—	4410	—	6300
	1000	P_1	3.44	5.60	12.60	22.4	—	37.4	—	56.4	—	96.4	—	142.5	—	203.3
		T_2	141	235	540	965	—	1630	—	2470	—	4250	—	6300	—	9030
	750	P_1	2.96	4.83	9.88	17.2	—	29.1	—	45.2	—	82.5	—	132.7	—	195.2
		T_2	162	270	560	990	—	1680	—	2625	—	4830	—	7770	—	11550
	500	P_1	2.44	3.88	7.14	12.2	—	20.8	—	32.8	—	59.0	—	109.4	—	177.9
		T_2	198	322	600	1040	—	1785	—	2835	—	5145	—	9600	—	15750

续表

公称传动比 i	输入转速 n_1 /r·min^{-1}	功率、转矩	中心距 a/mm													
			63	80	100	125	140	160	180	200	225	250	280	315	355	400
			额定输入功率 P_1/kW　额定输出转矩 T_2/N·m													
6.3	1500	P_1	3.68	6.33	13.15	22.4	28.9	40.3	50.9	58.2	72.6	88.0	107.6	127.8	158.0	193.6
		T_2	131	230	490	840	1010	1520	1785	2205	2570	3360	3830	4900	5640	7875
	1000	P_1	2.78	4.98	11.10	18.8	26.2	32.6	46.0	52.4	67.3	82.5	100.4	120.1	152.5	181.1
		T_2	146	270	610	1050	1365	1840	2415	2890	3570	4725	5355	6909	8160	11025
	750	P_1	2.40	4.13	8.65	14.9	20.5	26.0	36.2	39.1	59.8	73.3	93.2	112.6	141.5	174.8
		T_2	168	300	630	1100	1420	1945	2520	2940	4200	5565	6615	8610	10070	14175
	500	P_1	1.96	3.40	6.19	11.0	14.3	17.9	25.8	27.9	43.1	52.9	70.7	87.8	118.1	155.5
		T_2	202	362	670	1210	1470	1995	2680	3150	4515	5985	7455	10000	12590	18900
8	1500	P_1	3.37	5.60	9.45	17.9	25.5	29.9	45.7	50.7	64.4	77.5	96.3	119.3	142.8	174.3
		T_2	146	270	455	870	1100	1520	1995	2500	2835	3880	4250	6000	6340	8820
	1000	P_1	2.59	4.49	8.36	14.2	22.8	26.2	41.1	45.8	58.9	71.2	88.7	110.0	133.0	166.1
		T_2	168	316	600	1000	1470	1995	2600	3400	3885	5350	5880	8300	8860	12600
	750	P_1	2.26	3.83	7.38	13.6	17.5	22.4	32.2	36.8	52.9	65.4	81.3	99.9	119.7	156.3
		T_2	193	356	700	1300	1520	2250	2780	3620	4620	6510	7140	10000	10570	15750
	500	P_1	1.89	3.12	5.58	9.8	12.9	16.2	23.0	26.6	37.7	46.9	64.4	84.0	106.8	136.1
		T_2	240	431	780	1400	1620	2415	2940	3885	4880	6930	8400	12500	14000	20475
10	1500	P_1	2.69	4.69	8.43	14.9	18.2	25.7	33.7	44.2	53.3	62.1	77.4	99.3	147.2	153.5
		T_2	152	270	500	890	1100	1575	1940	2730	3400	3990	4980	6200	7850	9660
	1000	P_1	2.07	3.69	7.45	13.4	16.9	23.1	30.1	38.9	46.1	53.7	67.6	92.1	118.0	145.0
		T_2	172	316	660	1200	1520	2100	2570	3570	4400	5140	6500	8600	11000	13650
	750	P_1	1.83	3.14	6.24	11.1	13.6	18.3	24.9	30.3	36.9	48.7	60.8	84.8	105.2	138.6
		T_2	195	356	730	1310	1620	2200	2835	3675	4670	6190	7700	10500	13000	17300
	500	P_1	1.46	2.53	4.56	8.1	9.8	13.5	17.8	21.9	27.7	37.4	47.8	67.8	86.9	124.0
		T_2	240	425	790	1410	1730	2415	2990	3935	5190	7000	9000	12500	16100	23100
12.5	1500	P_1	2.34	4.06	6.81	11.8	15.5	20.3	26.6	34.3	44.7	54.8	75.5	83.9	110.4	136.9
		T_2	158	276	475	840	1050	1470	1890	2570	3200	4040	5460	6400	8450	10500
	1000	P_1	1.83	3.27	5.78	10.4	14.0	18.5	24.4	30.5	40.4	49.6	70.2	77.6	101.5	133.5
		T_2	182	328	600	1100	1400	1995	2570	3410	4300	5460	7560	8700	11580	15220
	750	P_1	1.58	2.80	5.19	9.4	12.5	16.1	22.1	26.2	37.0	46.6	65.3	72.7	95.9	124.2
		T_2	209	374	710	1300	1680	2310	3090	3885	5250	6825	9345	11000	14595	18900
	500	P_1	1.29	2.26	4.08	7.1	9.6	11.7	16.8	18.5	29.1	34.6	47.3	58.2	80.2	106.4
		T_2	256	448	830	1470	1890	2460	3465	4000	6000	7450	9975	13000	18000	24150
16	1500	P_1	1.98	3.47	6.68	11.6	14.3	20.6	24.3	34.9	41.5	49.0	60.1	81.6	99.2	130.4
		T_2	158	287	570	1000	1260	1830	2310	3150	3885	4460	5670	7500	9360	12000
	1000	P_1	1.56	2.73	5.74	10.1	12.9	17.1	20.8	27.1	32.4	44.1	53.7	76.6	91.2	121.2
		T_2	182	333	730	1310	1680	2250	2940	3600	4500	5980	7560	10500	12580	16800
	750	P_1	1.35	2.33	4.61	8.3	10.4	13.6	16.4	21.7	27.9	39.1	47.3	68.9	88.1	111.7
		T_2	209	374	770	1410	1785	2360	3000	3830	5145	7000	8800	12510	16100	20400
	500	P_1	1.11	1.91	3.37	5.9	7.3	9.6	11.9	15.6	19.6	28.5	34.7	50.1	65.0	90.4
		T_2	256	460	830	1470	1830	2460	3300	4095	5350	7560	9550	13520	17600	24600
20	1500	P_1	1.93	3.08	5.00	9.0	11.6	15.9	20.4	26.2	33.5	44.0	54.3	65.5	84.9	103.6
		T_2	188	328	550	1010	1260	1830	2250	3050	3780	5250	6195	7900	9700	12600

续表

公称传动比 i	输入转速 n_1 /r·min^{-1}	功率、转矩	中心距 a/mm													
			63	80	100	125	140	160	180	200	225	250	280	315	355	400
			额定输入功率 P_1/kW 额定输出转矩 T_2/N·m													
20	1000	P_1	1.53	2.41	4.30	8.2	9.8	13.7	17.5	23.1	28.4	39.5	49.2	61.2	78.9	95.5
		T_2	219	380	700	1310	1575	2360	2880	4000	4750	7030	8400	11000	13590	17320
	750	P_1	1.32	2.10	3.75	7.3	9.1	12.0	15.5	19.0	25.6	36.6	45.2	54.6	72.8	87.2
		T_2	252	437	810	1575	1940	2730	3360	4400	5670	8600	10185	13000	16600	21000
	500	P_1	1.00	1.69	2.71	5.5	6.8	9.0	11.4	13.8	18.9	26.7	33.2	42.7	57.0	76.6
		T_2	282	518	850	1730	2100	2940	3620	4700	6195	9240	11000	15000	19100	27300
25	1500	P_1	1.38	2.47	3.94	6.9	8.7	12.4	14.9	19.3	23.4	32.3	39.9	54.0	71.1	87.8
		T_2	162	316	500	930	1200	1680	2150	2780	3465	4725	5880	7700	10570	13100
	1000	P_1	1.16	2.04	3.41	5.6	7.1	10.9	12.7	17.3	20.8	28.9	36.8	47.1	63.6	77.8
		T_2	205	391	640	1150	1470	2200	2730	3675	4560	6300	8000	10000	14000	17300
	750	P_1	0.95	1.74	2.82	5.1	6.4	9.9	11.7	15.5	18.8	26.3	33.3	44.6	60.0	72.9
		T_2	220	437	700	1365	1730	2620	3300	4350	5460	7560	9600	12500	17600	21500
	500	P_1	0.69	1.34	1.99	3.7	4.6	7.2	8.5	12.2	14.8	21.1	27.1	37.6	49.1	63.8
		T_2	235	500	730	1470	1830	2780	3500	5040	6300	8925	11500	15500	21100	27800
31.5	1500	P_1	1.21	2.08	4.27	7.6	8.8	12.7	15.2	22.6	25.9	30.2	36.8	52.9	68.9	—
		T_2	168	299	650	1150	1400	2100	2670	3780	4500	5145	6510	9200	12000	—
	1000	P_1	0.95	1.66	3.39	6.0	7.1	9.8	11.7	17.3	19.4	26.9	32.3	48.6	61.9	78.2
		T_2	193	350	770	1365	1680	2360	3045	3885	5040	6825	8500	12500	16100	20470
	750	P_1	0.79	1.41	2.67	4.8	6.2	7.8	9.3	12.5	15.7	22.3	26.6	38.3	51.3	71.4
		T_2	215	391	790	1400	1785	2460	3150	4040	5250	7350	9240	13000	17600	24670
	500	P_1	0.67	1.17	1.98	3.5	5.8	5.6	6.9	9.1	11.5	16.1	19.4	28.1	35.8	51.3
		T_2	262	472	840	1470	1830	2570	3400	4300	5670	7770	9765	14000	18100	26250
40	1500	P_1	1.17	1.88	3.22	5.7	7.3	9.9	12.4	16.7	21.1	28.3	35.0	42.6	58.2	70.9
		T_2	198	345	620	1150	1410	2100	2570	3620	4500	6300	7450	9600	12580	16275
	1000	P_1	0.90	1.47	2.19	4.9	6.2	8.8	10.9	13.9	18.0	24.1	31.4	39.1	51.9	66.3
		T_2	225	397	790	1470	1785	2730	3300	4410	5670	8190	9870	13000	16600	22575
	750	P_1	0.81	1.26	2.35	4.4	5.5	7.0	8.7	11.2	14.8	20.8	25.4	34.0	42.8	60.7
		T_2	262	449	870	1680	2040	2835	3465	4670	6090	8925	10500	15000	18100	27300
	500	P_1	0.64	1.02	1.68	3.2	3.9	5.2	6.5	8.0	11.0	15.2	19.3	25.0	31.6	46.8
		T_2	298	523	920	1785	2150	3045	3720	4880	6600	9450	11550	16000	19600	30975
50	1500	P_1	0.91	1.64	2.55	4.4	5.6	7.6	9.3	12.7	15.2	21.3	26.7	33.7	45.3	56.3
		T_2	183	357	570	1040	1365	1890	2415	3255	4095	5565	7245	9000	12580	15750
	1000	P_1	0.74	1.32	2.18	3.8	4.7	6.7	8.2	11.0	14.0	19.0	23.5	31.3	41.6	52.1
		T_2	220	414	720	1315	1680	2465	3150	4200	5565	7350	9450	12510	17110	21525
	750	P_1	0.60	1.11	1.77	3.4	4.0	6.1	7.3	9.5	11.9	16.9	21.8	28.6	38.1	48.2
		T_2	236	466	760	1520	1890	2885	3675	4670	6195	8610	11550	15000	20640	26250
	500	P_1	0.45	0.84	1.25	2.4	2.9	4.5	5.4	7.1	8.6	13.2	16.6	22.5	30.2	40.0
		T_2	256	523	790	1575	1995	3095	3885	5090	6510	9660	12600	17000	23650	32000
63	1500	P_1	—	1.35	1.85	3.5	4.7	5.9	8.1	10.5	13.8	16.1	23.2	26.3	35.5	47.7
		T_2	—	322	470	935	1260	1730	2360	3150	4095	4830	6400	8200	11000	15220
	1000	P_1	—	0.99	1.44	2.6	3.6	4.4	6.7	8.2	12.1	14.0	21.4	23.9	32.9	44.7
		T_2	—	345	530	1000	1410	1890	2880	3570	5250	6195	8505	11000	15000	21000
	750	P_1	—	0.82	1.21	2.3	3.0	3.9	5.4	7.2	10.1	12.2	16.2	21.4	30.9	39.7
		T_2	—	374	580	1155	1575	2150	3045	4095	5775	7000	9550	13000	18600	24600
	500	P_1	—	0.66	0.95	1.8	2.4	3.0	4.5	5.6	7.6	9.0	12.4	16.6	22.8	30.2
		T_2	—	449	660	1310	1785	2415	3500	4620	6300	7560	10500	14520	20100	27300

注：当蜗杆副齿面滑动速度大于10m/s时，减速器应采用喷油润滑。蜗杆滑动速度值需与制造单位联系。

表 15-2-31　　输出轴轴伸许用径向载荷 F_R 或许用轴向载荷 F_A

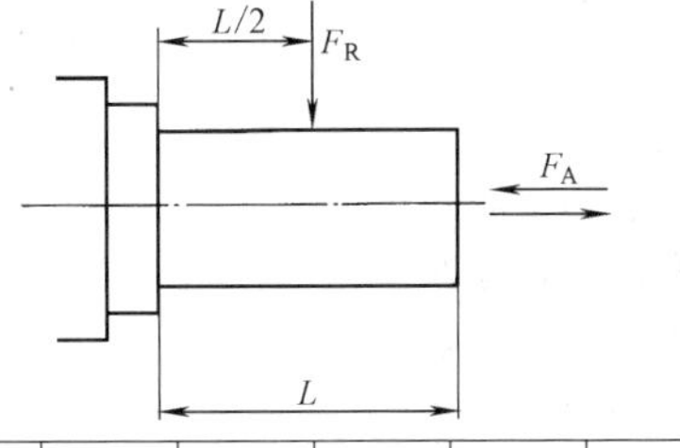

中心距 a/mm	63	80	100	125	140	160	180	200	225	250	280	315	355	400
F_R 或 F_A/N	3500	5000	6000	8500	10000	11000	13000	18000	20000	21000	27000	31000	35000	38000

注：表中的 F_R 是根据外力作用于输出轴轴端的中点确定的，当外力作用点偏离中点 ΔL 时，其许用径向载荷按下式计算：

$$F'_R=F_R\frac{L}{L\pm2\Delta L}$$

表 15-2-32　　减速器效率

公称传动比 i	输入转速 n_1 /r·min^{-1}	中心距 a/mm			
		63～100	125～200	225～280	315～400
		效率 η/%			
5～8	1500	91	93.5	95	96
	1000	90	93	94.5	95.5
	750	89	92.5	94	95
	500	88	92	93.5	94.5
10～12.5	1500	86	91.5	94	95
	1000	85	91	93.5	94.5
	750	83	90	93	94
	500	82	89	92	93.5
16～25	1500	83.5	88	90	91
	1000	82	86	88	89
	750	80	84	87.5	88.5
	500	78	82	85	87
31.5	1500	75	83	84	86
	1000	72	80	81	85
	750	70	77	79	84
	500	67.5	75	76	82
40	1500	74	79.5	82.5	84.5
	1000	72.5	76	81	82.5
	750	70	74	79	81
	500	68	71	74	78
50～63	1500	70	78	81	83
	1000	67	75	80	81
	750	65	72	77	79
	500	63	70	74	75

2.2.4　润滑

减速器应选用蜗轮蜗杆润滑油，润滑油黏度可按表 15-2-33 的规定根据蜗轮蜗杆啮合滑动速度直接选取。

表 15-2-33　　润滑油黏度选取

滑动速度/m·s^{-1}	黏度等级	黏度 cSt(40℃)
1.0～2.5	460	414～506
2.5～5.0	320	288～352
5.0～10	320	288～352
>10.0	220	198～242

一般情况下，减速器采用浸油润滑。当啮合滑动速度大于 10m/s 时，采用喷油强制润滑。

2.2.5　减速器的选用

① 表 15-2-30 中的额定输入功率 P_1 及额定输出转矩 T_2 适用于如下工作条件：减速器工作载荷平稳，无冲击，每日工作 8h，每小时启动 10 次，启动转矩不超过额定转矩的 2.5 倍，小时载荷率 100%，环境温度 20℃。若使用条件与上述条件相同时，可直接由表 15-2-30 选取所需减速器的规格。

② 若使用条件与①规定的工作条件不同时，需进行下列修正计算，再由计算结果的较大值由表 15-2-30 选取承载能力相符或偏大的减速器。

$$P_{1J}=P_{1B}f_1f_2 \tag{15-2-6}$$

$$P_{1R}=P_{1B}f_3f_4 \tag{15-2-7}$$

或

$$T_{2J}=T_{2B}f_1f_2 \tag{15-2-8}$$

$$T_{2R}=T_{2B}f_3f_4 \tag{15-2-9}$$

式中　P_{1J}——减速器计算输入机械功率，kW；

P_{1R}——减速器计算输入热功率，kW；

T_{2J}——减速器计算输出机械转矩，N·m；

T_{2R}——减速器计算输出热转矩，N·m；

P_{1B}——减速器实际输入功率，kW；

T_{2B}——减速器实际输出转矩，N·m；

f_1——工作载荷系数，见表 15-2-34；

f_2——启动频率系数，见表 15-2-35；

f_3——小时载荷率系数，见表 15-2-36；

f_4——环境温度系数，见表 15-2-37。

初选好减速器的规格后，还应校核减速器的最大尖峰载荷不超过额定承载能力的 2.5 倍，并按表 15-2-31进行减速器输出轴上作用载荷的校核。

表 15-2-34　工作载荷系数 f_1

日运行时间/h	0.5h 间歇运行	0.5～2	2～10	10～24
均匀载荷(U)	0.8	0.9	1	1.2
中等冲击载荷(M)	0.9	1	1.2	1.4
强冲击载荷(H)	1	1.2	1.4	1.6

注：U、M、H 参见表 15-2-38。

表 15-2-35　启动频率系数 f_2

每小时启动次数	≤10	>10～60	>60～240	>240～400
f_2	1	1.1	1.2	1.3

表 15-2-36　小时载荷率系数 f_3

小时载荷率/%	100	80	60	40	20
f_3	1	0.94	0.86	0.74	0.56

表 15-2-37　环境温度系数 f_4

环境温度/℃	10～20	>20～30	>30～40	>40～50
f_4	1	1.14	1.33	1.6

表 15-2-38　减速器的载荷分类

工作机类型	载荷分类代号	工作机类型	载荷分类代号	工作机类型	载荷分类代号
搅拌机类		蒸煮器	U	制坯机	H
纯液体	U	磨碎槽(持续负载)	U	制陶机	M
可变密度液体	M	磅秤料斗(频繁启动)	M	和泥磨	M
液固混合物	M	罐装机类	U	压缩机	
鼓风机类		制糖机		离心式	U
离心式	U	甘蔗刀	1.5	罗茨	M
罗茨	M	粉碎机	1.5	往复式(多缸)	M
叶片式	U	榨糖机	2.0	往复式(单缸)	H
酿造与蒸馏		自卸车	H	均载输送机	
装瓶机	U	汽车拆卸器	M	装料	
酿造釜(持续负载)	U	制陶机械		帷裙式	U
		压砖机	H		

续表

工作机类型	载荷分类代号
组合式	U
皮带式	U
多斗式	U
链条式	U
刮板式	U
烘箱式	U
螺旋式	U
重载输送机	
非均匀装料类	
帷裙式	M
组合式	M
皮带式	M
多斗式	M
刮板式	M
烘箱式	M
往复式	H
螺旋式	M
振动式	H
起重机类	
主卷扬	U
小车行走	①
大车行走	①
干坞起重机	
主卷扬	1.00
辅助卷扬	1.00
船舱(俯仰式)	1.00
回转(摆动)	1.25
轨道行走(驱动轮)	1.50
破碎机	
矿石	H
石头	H
糖	1.50
挖泥机	
电缆卷筒	M
输送机	M
刀头驱动	H
簸筛驱动	H
机动绞车	M
泵	H
网筛驱动	M
码垛机	M
通用绞车	M
升降机	
斗式(均载)	U
斗式(重载)	M
斗式(持续)	U
离心卸料	U
自动扶梯	U
货梯	M
载人电梯	M
施工升降机	M
挤塑机	
塑料薄膜	U
塑料板	U
塑料棒	U
塑料管	U
塑料轮管	U
吹塑	M
预增塑剂	M
风机类	
离心式	U
冷却塔吹风机	①
吸风机	M
大型(矿山等使用)	M
大型(工业用)	M
轻型(小直径)	U
送料机	
帷裙式	M
带式	M
盘式	U
往复式	H
螺旋式	M
食品工业	
带式切片机	M
谷物蒸煮器	U
和面机	M
磨肉机	M
发电机(非电焊机)	U
锤磨机	H
洗衣房	
洗衣机	M
滚筒式	M
天轴	
驱动加工设备	M
轻型	M
其他天轴	U
木材工业	①
机床	
弯板机	M
冲床(齿轮驱动)	M
切口冲床(带驱动)	H
刨床	①
攻丝机	①
其他机床	
主驱动	M
辅助驱动	U
金属轧制	
拔丝机托架和主驱动	M
夹送辊、干料辊、洗涤辊	①
逆转纵切机	M
台式输送机非逆转成组驱动	M
台式输送机单独驱动	H
拔丝机和平整	M
绕丝机	M
冷轧机	H
连铸成套设备	H
冷床	M
棒料剪切机	H
重型和中型板轧机	H
钢坯初轧机	H
钢坯剪切机	H
钢坯转运机械	H
推钢机	H
推床	H
剪板机	H
辊式矫直机	M
辊道(重型)	H
辊道(轻型)	M
薄板轧机	H
焊管机	H
轧辊调整装置	M
焊接机	M
线材拉拔机	M
建筑机械	
卷扬机	M
混凝土搅拌机	M
路面建筑机械	M
回转窑	M
造纸厂	
搅拌机	M
纯液搅拌机	U
剥离鼓	H
机械剥离器	H
打浆机	M
碎料叠垛	U
碾光机	U
破碎机	H
碎料输送机	M
覆膜滚压	U
干燥机	
造纸机	U
输送机式	U
窑驱动	M
碎浆机	2.00
筛滤机	M
碎料	M
旋转式	M
浓缩机	
(交流电机)	M
(直流电机)	U
塑料工业	
转筒式内搅拌机	
a. 分批搅拌机	1.75
b. 连续搅拌机	1.50
连续给料、存料、混料	1.25
磨多仓磨	1.25
回转式磨机类	
球磨机和锤磨机	2.00
直齿齿圈传动	2.50
斜齿齿圈传动	1.50
直联	2.00
水泥窑	M
转筒	H
石料、瓷土料加工机床类	
球磨机	H
挤压粉碎机	H
破碎机	M
压砖机	H
锤式粉碎机	H
回转窑	H
筒形磨机	H
木材加工机械	
剥皮机	H
刨床	M
锯床	M
木材加工机床	U
碾光机	1.50
挤光机	1.50

续表

工作机类型	载荷分类代号
a. 变速驱动	1.50
b. 恒速驱动	1.75
印刷机	①
泵机	
离心泵	U
定量泵	M
往复泵	
三缸式多缸单作用泵	M
两缸式多缸双作用泵	M
回转泵	
齿轮泵	U
叶片泵、滑片泵	U
橡胶工业	
转筒式内搅拌	
a. 分批搅拌机	1.75
b. 连续搅拌机	1.50
搅拌磨—2 平辊（如果用瓦楞辊，则使用和碾碎机、热炼机相同的工况系数）	1.50
分批加料磨—2 平辊	1.50
碾碎机的热炼机—2 平辊、1 瓦楞	i1.75
辊碾碎机 1 瓦楞辊	2.00
混料磨—2 辊	1.25
匀料机—2 辊	1.50
金属加工机床	
剪床	M
薄板弯板机	M
压力机床	H
冲床	H
板材校直机床	H
金属刨削机床	H
机床主要传动装置	M
机床辅助装置	U
锻锤	H
锻造压力机	H
动力轴	U
石油工业机械	
旋转钻井设备	H
输油管油泵	M
挖泥机	
筒式传送机	H
筒式转向轮	H
挖泥头	H
行走齿轮传动装置（铁轨）	M
碾光机	1.50
混砂机	M
污水处理设备	
篦子筛	U
化学输液器	U
集液器	U
螺旋脱水器	M
浮渣破碎器	M
快/慢搅拌器	M
浓缩器	M
真空过滤器	M
筛子	
气洗筛	U
转石	M
进水滤网	U
板坯推料机	M
炉排加炼机	U
纺织工业	
配料器	M
碾光机	M
梳理机	M
干桶	M
烘干机	M
染布机	M
针织机	①
织布机	M
轧布机	M
拉毛机	M
漂染	M
传送运输机类	
平板传送机	M
平衡块升降	M
槽式传送机	M
带式传送机（散装）	U
带式传送机（大件）	M
筒式面板传送机	U
链式传送机	M
环式传送机	M
货物升降机	M
卷扬机	M
连杆式传送机	M
载人升降机	M
螺旋式传送机	M
绞车	M
钢带式传送机	M
链式槽型传送机	M
水处理设备	
通风器	M
螺杆泵	M

① 为向工厂了解现场工况。

注：U 表示均匀载荷；M 表示中等冲击载荷；H 表示严重冲击载荷。

例　试为一建筑卷扬机选择 CW 型蜗杆减速器，已知电动机转速 $n_1=725\text{r/min}$，传动比 $i=20$，输出轴转矩 $T_{2B}=2555\text{N}\cdot\text{m}$，启动转矩 $T_{2\max}=5100\text{N}\cdot\text{m}$，输出轴轴伸许用径向载荷 $F_R=11000\text{N}$，工作环境温度 30℃，减速器每日工作 8h，每小时启动次数 15 次，每次运行时间 3min，中等冲击载荷，装配型式为第一种。

由于使用条件与表 15-2-30 规定的工作应用条件不一致，故应进行有关选型计算。

由表 15-2-34 查得 $f_1=1.2$，由表 15-2-35 查得 $f_2=1.1$，每小时工作时间 45min，查表 15-2-36 得 $f_3=0.93$，由表 15-2-37 查得 $f_4=1.14$，按式（15-2-8）和式（15-2-9）计算得

$$T_{2J}=T_{2B}f_1f_2=2555\times1.2\times1.1=3372.6\text{N}\cdot\text{m}$$

$$T_{2R}=T_{2B}f_3f_4=2555\times0.93\times1.14=2708.8\text{N}\cdot\text{m}$$

按计算结果最大值 3372.6N·m 及 $n_1=725\text{r/min}$、$i=20$，由表 15-2-30 初选减速器为 $a=200\text{mm}$，$T_2=4400\text{N}\cdot\text{m}$，大于要求值，符合要求。

对减速器输出轴轴端载荷及最大尖峰载荷进行的校核均满足要求，故最后选定减速器的型号为 CW200-20-ⅠF。

2.3　TP 型平面包络环面蜗杆减速器（JB/T 9051—2010）

2.3.1　适用范围和标记

（1）适用范围

适用于冶金、矿山、起重、运输、建筑、石油、化工、航天、航海设备或精密传动的减速器。

（2）标记示例

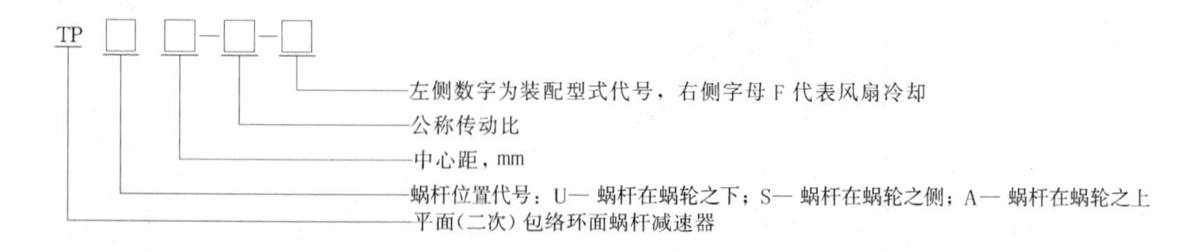

2.3.2　外形、安装尺寸

表 15-2-39　　TPU 型减速器外形及安装尺寸（整箱式）　　mm

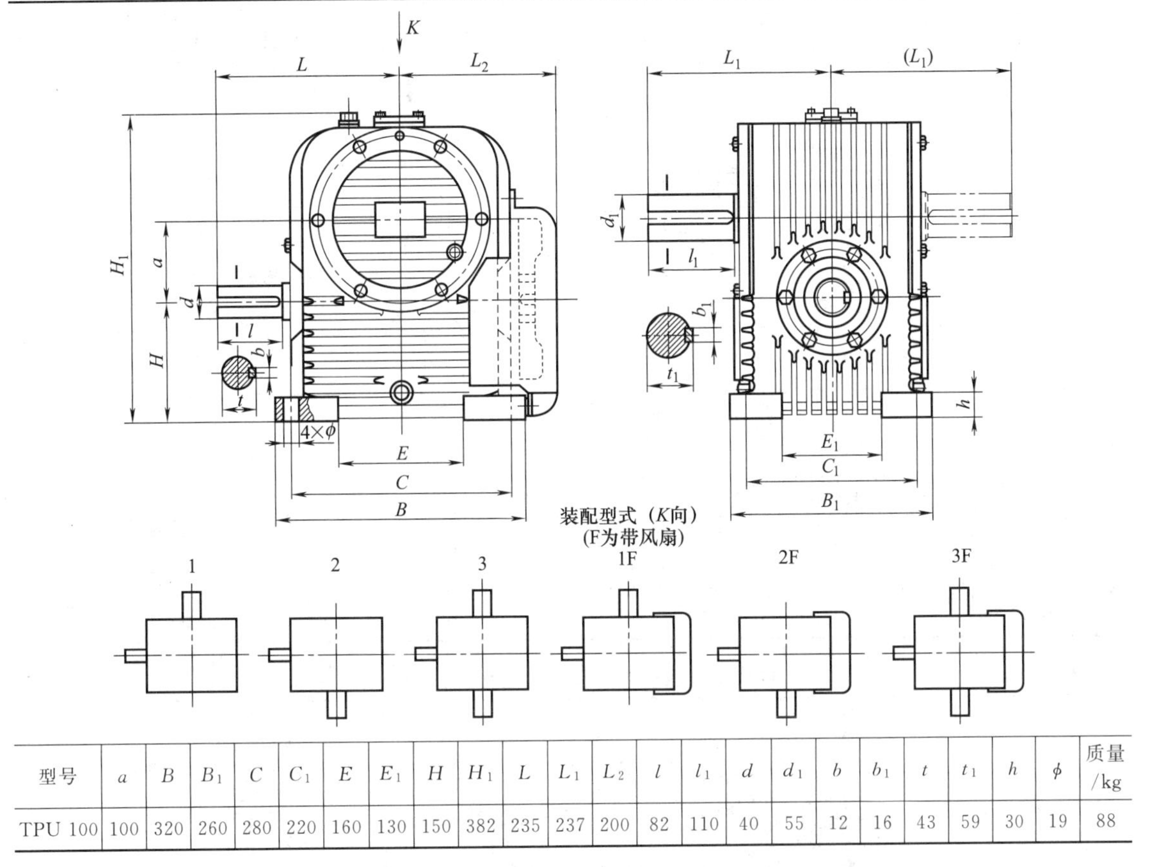

型号	a	B	B_1	C	C_1	E	E_1	H	H_1	L	L_1	L_2	l	l_1	d	d_1	b	b_1	t	t_1	h	ϕ	质量/kg
TPU 100	100	320	260	280	220	160	130	150	382	235	237	200	82	110	40	55	12	16	43	59	30	19	88

表 15-2-40　　TPU 型减速器外形及安装尺寸（分箱式）　　mm

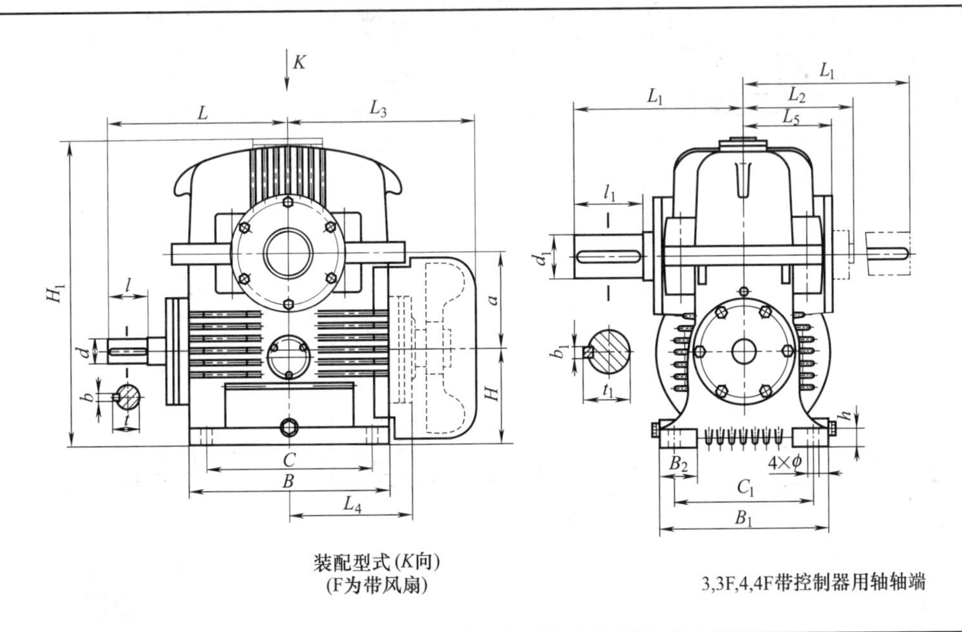

续表

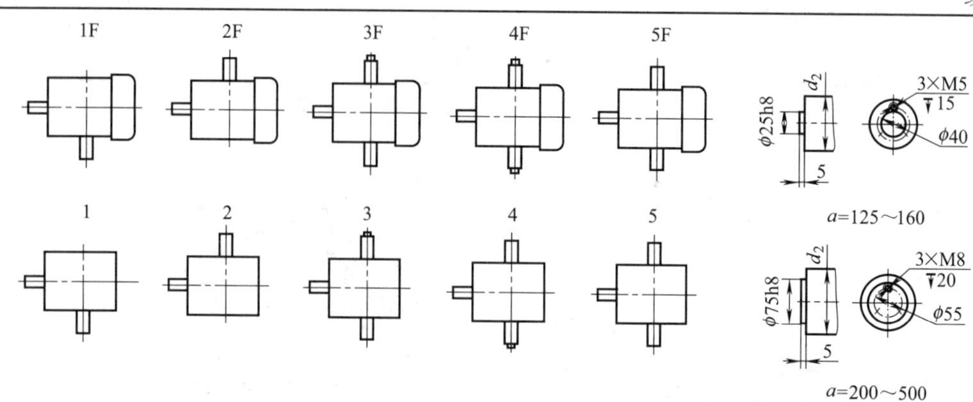

型号	a	B	B_1	B_2	C	C_1	H	H_1	h	L	L_1	L_2	L_3	L_4	L_5	l	l_1	d	d_1	d_2	b	b_1	t	t_1	ϕ	质量/kg
TPU 125	125	300	300	70	250	250	125	422	30	307	320	185	280	205	175	82	140	40	70	80	12	20	43	74.5	19	157
TPU 160	160	380	375	100	320	310	160	540	40	375	375	210	360	280	192	82	170	50	85	95	14	25	53.5	90	24	258
TPU 200	200	450	450	125	370	370	200	650	40	420	400	235	435	345	228	82	170	55	95	110	16	28	59	101	28	475
TPU 250	250	600	550	150	500	450	225	820	50	530	495	290	520	408	273	110	210	65	120	140	18	32	69	127	35	800
TPU 315	315	720	590	120	630	500	280	990	65	630	600	360	605	492	349	130	250	80	140	160	22	36	85	148	39	1450
TPU 400	400	850	720	160	750	620	320	1200	75	720	720	425	692	558	412	165	300	100	180	200	28	45	106	190	48	2500
TPU 500	500	1060	900	200	920	760	400	1490	90	850	840	495	845	686	497	165	350	110	220	240	28	50	116	231	56	4500

表 15-2-41　　TPS 型减速器外形及安装尺寸（整箱式）　　mm

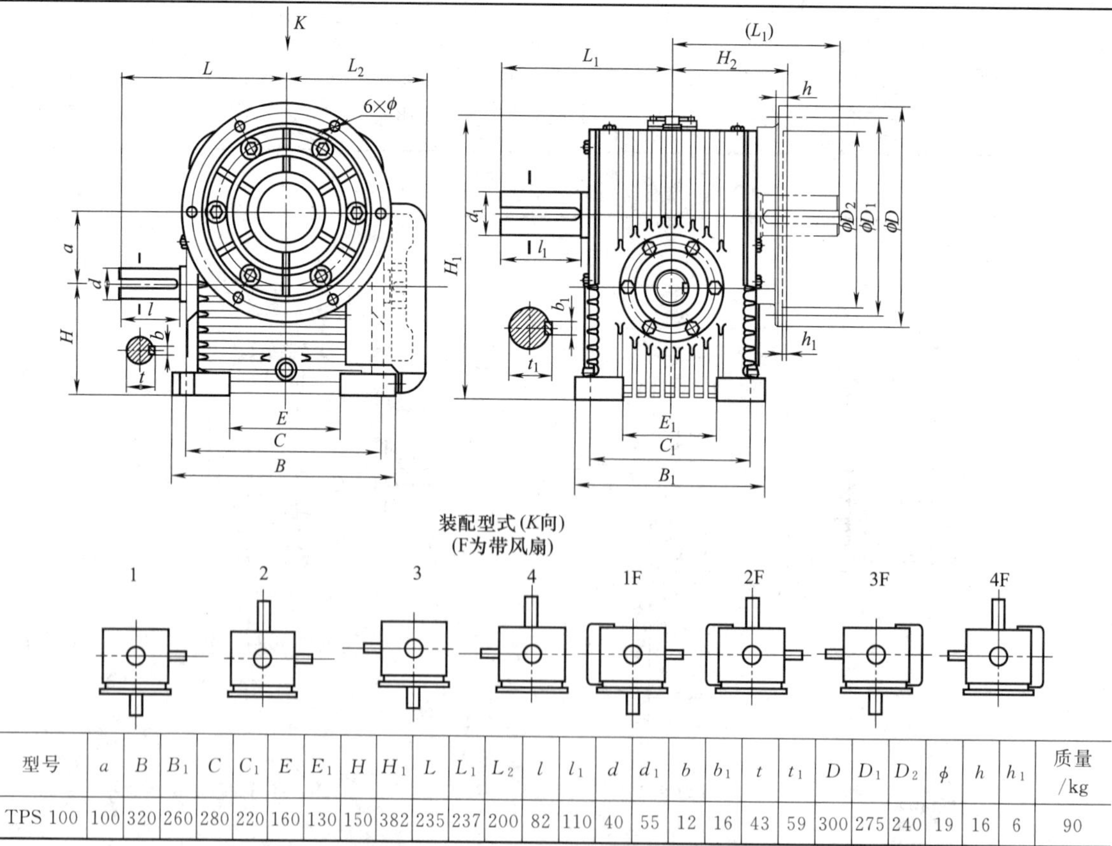

型号	a	B	B_1	C	C_1	E	E_1	H	H_1	L	L_1	L_2	l	l_1	d	d_1	b	b_1	t	t_1	D	D_1	D_2	ϕ	h	h_1	质量/kg
TPS 100	100	320	260	280	220	160	130	150	382	235	237	200	82	110	40	55	12	16	43	59	300	275	240	19	16	6	90

表 15-2-42　　TPS 型减速器外形及安装尺寸（分箱式）　　mm

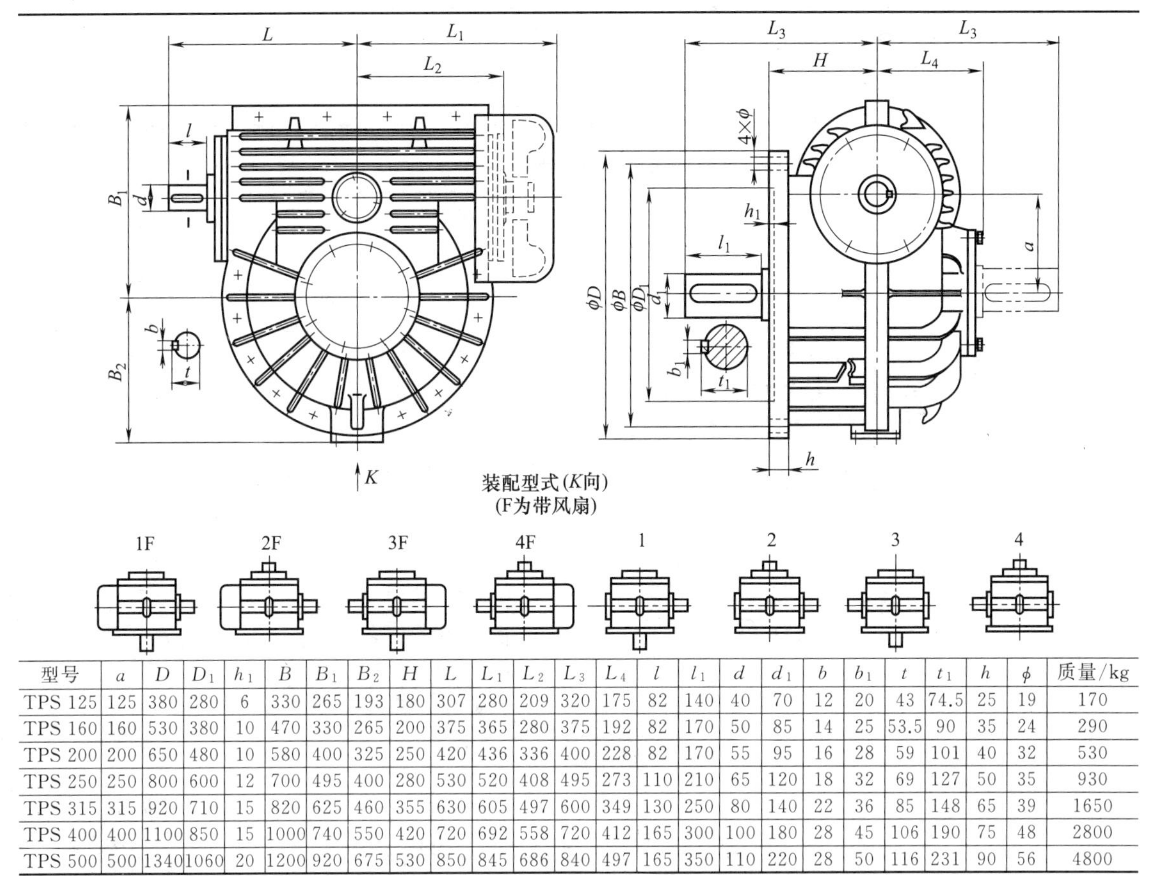

型号	a	D	D_1	h_1	B	B_1	B_2	H	L	L_1	L_2	L_3	L_4	l	l_1	d	d_1	b	b_1	t	t_1	h	ϕ	质量/kg
TPS 125	125	380	280	6	330	265	193	180	307	280	209	320	175	82	140	40	70	12	20	43	74.5	25	19	170
TPS 160	160	530	380	10	470	330	265	200	375	365	280	375	192	82	170	50	85	14	25	53.5	90	35	24	290
TPS 200	200	650	480	10	580	400	325	250	420	436	336	400	228	82	170	55	95	16	28	59	101	40	32	530
TPS 250	250	800	600	12	700	495	400	280	530	520	408	495	273	110	210	65	120	18	32	69	127	50	35	930
TPS 315	315	920	710	15	820	625	460	355	630	605	497	600	349	130	250	80	140	22	36	85	148	65	39	1650
TPS 400	400	1100	850	15	1000	740	550	420	720	692	558	720	412	165	300	100	180	28	45	106	190	75	48	2800
TPS 500	500	1340	1060	20	1200	920	675	530	850	845	686	840	497	165	350	110	220	28	50	116	231	90	56	4800

表 15-2-43　　TPA 型减速器外形及安装尺寸（整箱式）　　mm

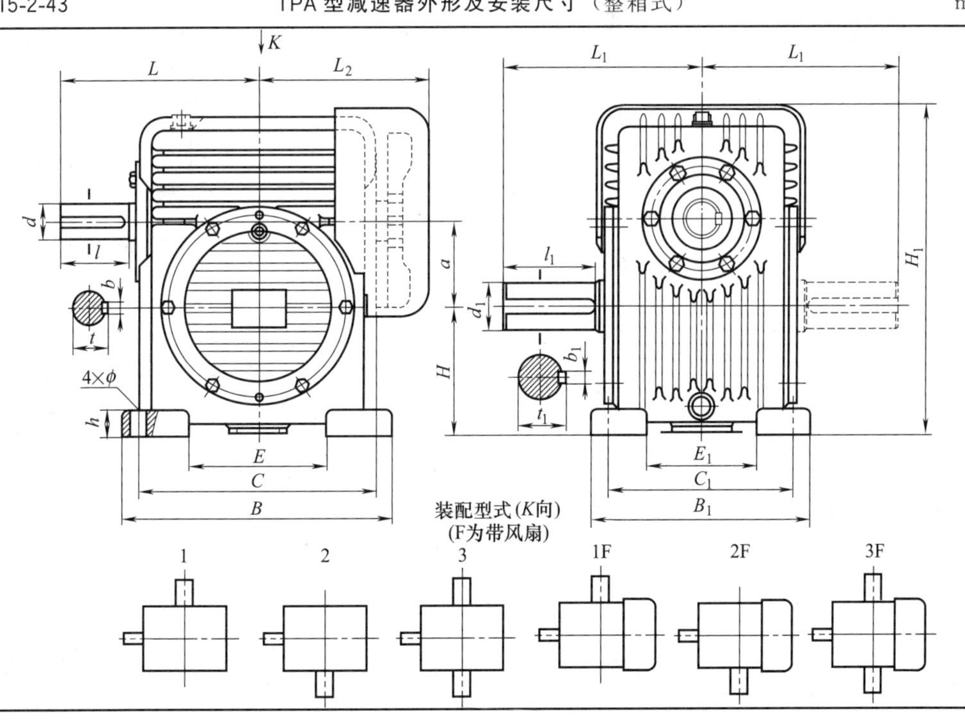

续表

型号	a	B	B_1	C	C_1	E	E_1	H	H_1	L	L_1	L_2	l	l_1	d	d_1	b	b_1	t	t_1	h	ϕ	质量/kg
TPA 100	100	320	260	280	220	160	130	150	380	235	237	200	82	110	40	55	12	16	43	59	30	19	88

表 15-2-44　　TPA 型减速器外形及安装尺寸（分箱式）　　mm

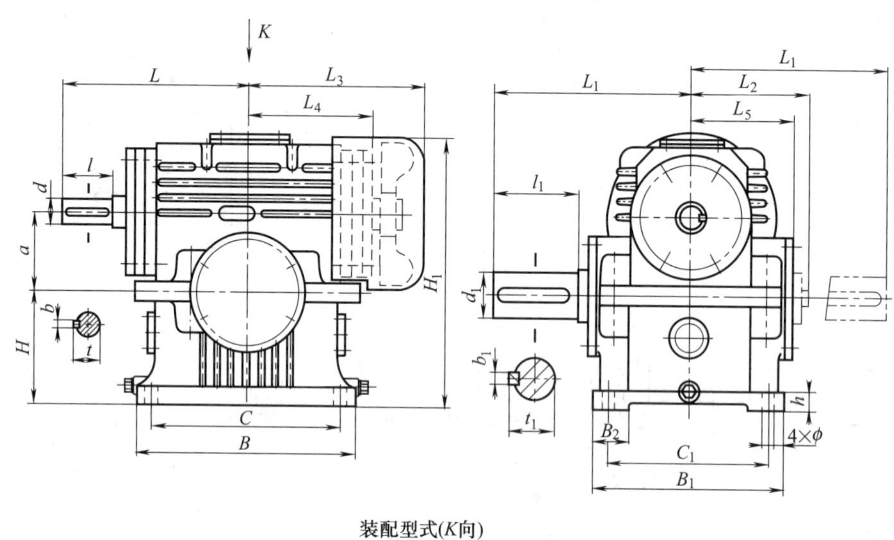

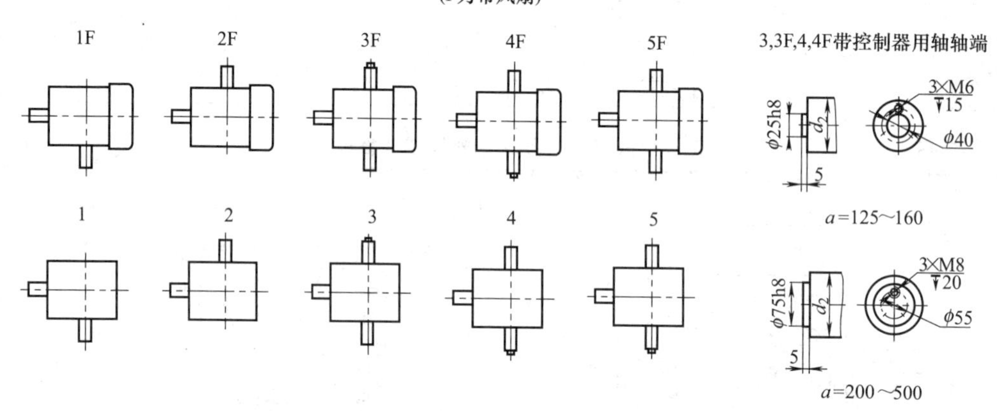

型号	a	B	B_1	B_2	C	C_1	H	H_1	h	L	L_1	L_2	L_3	L_4	L_5	l	l_1	d	d_1	d_2	b	b_1	t	t_1	ϕ	质量/kg
TPA 125	125	360	300	50	310	250	180	438	30	307	320	185	280	205	175	82	140	40	70	80	12	20	43	74.5	19	165
TPA 160	160	460	320	80	400	260	225	550	40	375	375	210	365	280	190	82	170	50	85	95	14	25	53.5	90	24	285
TPA 200	200	540	400	100	450	320	250	658	40	420	400	235	435	345	228	82	170	55	95	110	16	28	59	101	28	510
TPA 250	250	720	480	120	620	380	315	792	50	530	495	290	520	406	270	110	210	65	120	140	18	32	69	127	35	900
TPA 315	315	850	600	140	750	500	400	1000	65	630	600	360	605	492	345	130	250	80	140	160	22	36	85	148	39	1550
TPA 400	400	950	720	170	850	620	500	1200	75	720	720	425	690	540	410	165	300	100	180	200	28	45	106	190	48	2650
TPA 500	500	1180	900	200	1040	760	630	1530	90	850	840	495	845	680	488	165	350	110	220	240	28	50	116	231	56	4700

2.3.3　减速器的承载能力及传动效率

表 15-2-45　　额定输入功率 P_1 和额定输出转矩 T_2

中心距 a /mm	传动比 i	输入轴转速 n_1/r·min^{-1}					输入轴转速 n_1/r·min^{-1}				
		500	600	750	1000	1500	500	600	750	1000	1500
		额定输入功率 P_1/kW					额定输出转矩 T_2/N·m				
100	10.0	7.34	8.17	9.25	10.64	11.73	1262	1171	1083	945	695
	12.5	5.79	6.53	7.53	8.90	10.30	1225	1156	1091	977	754
	16.0	4.94	5.58	6.42	7.56	8.71	1313	1250	1178	1052	807
	20.0	4.05	4.60	5.32	6.30	7.33	1315	1259	1165	1047	822
	25.0	3.29	3.75	4.34	5.16	6.03	1306	1252	1188	1071	835
	31.5	2.74	3.10	3.58	4.22	4.87	1271	1214	1176	1053	830
	40.0	2.12	2.42	2.82	3.37	3.98	1199	1157	1120	1056	841
	50.0	1.77	2.02	2.33	2.77	3.22	1203	1171	1114	1071	841
	63.0	1.44	1.69	1.99	2.31	2.60	1213	1220	1197	1112	834
125	10.0	12.55	13.97	15.81	18.20	20.09	2157	2001	1852	1617	1190
	12.5	9.86	11.17	12.89	15.23	17.63	2096	1979	1868	1673	1292
	16.0	8.46	9.55	10.99	12.94	14.89	2248	2141	2016	1800	1380
	20.0	6.93	7.86	9.09	10.77	12.55	2250	2152	1991	1790	1406
	25.0	5.64	6.41	7.43	8.82	10.30	2236	2143	2033	1831	1427
	31.5	4.70	5.32	6.13	7.23	8.34	2178	2080	2016	1805	1422
	40.0	3.64	4.16	4.84	5.77	6.81	2059	1985	1921	1807	1439
	50.0	3.05	3.46	4.00	4.74	5.52	2068	2011	1911	1833	1441
	63.0	2.47	2.91	3.41	3.96	4.47	2081	2101	2052	1906	1434
160	10.0	22.85	25.41	28.75	33.06	36.41	3928	3641	3368	2936	2156
	12.5	17.95	20.32	23.42	27.63	31.93	3815	3598	3392	3035	2338
	16.0	15.30	17.30	19.92	23.46	27.03	4069	3876	3652	3262	2506
	20.0	12.55	14.26	16.50	19.58	22.85	4075	3904	3614	3253	2560
	25.0	10.20	11.61	13.46	16.01	18.77	4043	3881	3686	3326	2599
	31.5	8.53	9.64	11.11	13.09	15.10	3950	3771	3653	3269	2574
	40.0	6.61	7.54	8.77	10.47	12.34	3737	3601	3484	3280	2608
	50.0	5.53	6.28	7.26	8.60	10.02	3749	3646	3466	3326	2616
	63.0	4.48	5.28	6.19	7.18	8.10	3774	3812	3724	3456	2599
200	10.0	39.07	43.75	49.20	56.60	62.42	6715	6227	5764	5027	3696
	12.5	30.70	34.75	40.10	47.34	54.77	6254	6156	5808	5199	4010
	16.0	26.32	29.74	34.23	40.31	46.41	6997	6665	6277	5605	4302
	20.0	21.52	24.44	28.28	33.52	39.07	6988	6691	6194	5570	4377
	25.0	17.54	19.95	23.12	27.47	32.13	6953	6669	6330	5706	4449
	31.5	14.59	16.50	19.02	22.43	25.91	6757	6454	6256	5602	4417
	40.0	11.32	12.93	15.04	17.97	21.22	6401	6173	5975	5629	4485
	50.0	9.50	10.77	12.45	14.74	17.14	6439	6259	5945	5701	4474
	63.0	7.67	9.04	10.60	12.31	13.87	6461	6527	6377	5925	4451
250	10.0	67.01	74.57	84.41	97.11	107.10	11776	10920	10103	8810	6478
	12.5	52.53	59.49	68.64	81.06	93.84	11413	10772	10160	9096	7020
	16.0	45.08	50.95	58.64	69.03	79.46	12262	11677	10991	9810	7528
	20.0	36.92	41.93	48.51	57.51	67.01	12271	11746	10871	9776	7680
	25.0	30.92	34.22	39.65	47.10	55.08	12213	11710	11107	10008	7803
	31.5	24.99	28.29	32.61	38.48	44.47	11878	11345	10987	9839	7581
	40.0	19.38	22.13	25.74	30.75	36.31	11253	10847	10490	9516	7490
	50.0	16.32	18.51	21.38	25.30	29.38	11377	11046	10481	9421	7294
	63.0	13.16	15.50	18.18	21.09	23.77	11083	11034	10791	9518	7149

续表

中心距 a /mm	传动比 i	输入轴转速 n_1/r·min^{-1}					输入轴转速 n_1/r·min^{-1}				
		500	600	750	1000	1500	500	600	750	1000	1500
		额定输入功率 P_1/kW					额定输出转矩 T_2/N·m				
315	10.0	117.30	130.45	148.10	169.58	187.20	20612	19102	17727	15385	11322
	12.5	99.96	108.20	120.00	141.78	164.22	21718	19590	17763	15909	12285
	16.0	83.90	91.88	102.80	120.54	138.77	22819	21059	19268	17130	13142
	20.0	65.10	73.23	84.76	100.55	117.30	21635	20516	18996	17093	13443
	25.0	53.45	59.74	69.22	82.24	96.19	21694	20444	19391	17474	13626
	31.5	44.94	49.50	57.04	67.25	77.62	21360	19855	19217	17197	13232
	40.0	33.86	38.66	44.98	53.73	63.44	19260	18954	18330	16626	13087
	50.0	28.46	32.29	37.33	44.20	51.41	19839	19273	18298	16463	12765
	63.0	23.63	27.04	31.72	36.82	41.51	19904	19522	19084	16615	12488
400	10.0	222.20	257.40	276.90	311.00	359.90	39045	37692	33143	28215	21768
	12.5	193.20	215.30	236.30	262.50	304.50	41975	38981	34978	29456	22779
	16.0	170.00	183.80	203.70	230.00	264.60	46237	42127	38180	32684	25067
	20.0	131.30	141.80	156.50	177.50	200.60	44137	40174	35471	30512	23244
	25.0	105.00	114.50	128.10	144.90	164.90	43118	39638	36293	31135	23622
	31.5	88.52	96.92	107.10	121.80	138.60	42606	39360	36514	31511	23905
	40.0	66.57	72.24	80.85	91.98	104.70	39161	35874	33355	28812	21846
	50.0	53.55	58.70	65.21	74.03	84.11	37843	35504	32383	27926	21955
	63.0	46.41	51.14	56.70	64.37	73.19	39650	36922	34114	29433	22311
500	10.0	393.90	424.40	462.50	511.50	582.50	69216	62146	55358	46406	35232
	12.5	329.70	361.20	395.90	432.60	486.20	71631	65396	58603	48543	36372
	16.0	286.70	306.60	340.20	382.20	431.60	77978	70273	63765	54312	40888
	20.0	218.40	240.50	263.60	293.00	326.60	73417	68137	59746	50367	37844
	25.0	180.60	198.50	219.50	243.60	278.30	74163	68718	62188	52344	39866
	31.5	152.30	164.90	183.80	206.90	233.10	73305	66968	62664	53527	40203
	40.0	114.50	126.00	138.60	154.40	176.40	67358	62571	57181	48364	36837
	50.0	92.82	101.40	112.40	123.90	141.80	65595	61330	55818	46738	35660
	63.0	80.85	88.31	97.34	108.20	122.90	69074	63758	58565	49475	37464

注：1. P_1、T_2 系在每日工作 10h，每小时启动不超过一次，工作平稳，无冲击振动。启动转矩为额定转矩 3 倍，小时负荷率 $J_c=100\%$，环境温度为 20℃，采用合成润滑油浸油润滑，风扇冷却，制造精度 7 级，并经充分跑合条件下制定的。

2. P_1 按下式计算：

$$P_1=T_2n_2/(9550\eta)$$

式中　P_1——额定输入功率，kW；

T_2——额定输出转矩，N·m；

n_2——输出轴转速，r/min；

η——总传动效率，见表 15-2-46。

表 15-2-46　　总传动效率 η　　%

中心距 a /mm	传动比 i	输入轴转速 n_1/r·min^{-1}				
		500	600	750	1000	1500
		效率 η				
100～200	10.0	90	90	92	93	93
	12.5	89	89	91	92	92
	16.0	87	88	90	91	91
	20.0	85	86	86	87	88
	25.0	83	84	86	87	87
	31.5	77	78	82	83	85
	40.0	74	75	78	82	83
	50.0	71	73	75	81	82
	63.0	70	72	75	80	80

续表

中心距 a /mm	传动比 i	输入轴转速 n_1/r·min^{-1}				
		500	600	750	1000	1500
		效率 η				
250～315	10.0	92	92	94	95	95
	12.5	91	91	93	94	94
	16.0	89	90	92	93	93
	20.0	87	88	88	89	90
	25.0	85	86	88	89	89
	31.5	79	80	84	85	85
	40.0	76	77	80	81	81
	50.0	73	75	77	78	78
	63.0	70	71	74	75	75
400～500	10.0	92	92	94	95	95
	12.5	91	91	93	94	94
	16.0	89	90	92	93	93
	20.0	88	89	89	90	91
	25.0	86	87	89	90	90
	31.5	80	81	85	86	86
	40.0	77	78	81	82	82
	50.0	74	76	78	79	79
	63.0	71	72	75	76	76

表 15-2-47　　减速器低速（蜗轮）轴端许用径向载荷 F_r

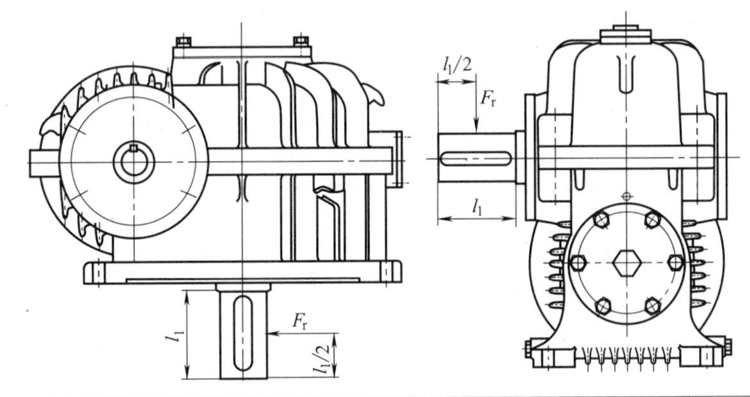

中心距 a/mm	100	125	160	200	250	315	400	500
载荷 F_r/N	7000	13000	20000	24000	40000	49000	70000	100000

2.3.4　减速器的选用

（1）减速器的选用方法

表 15-2-45 中的额定输入功率 P_1 及额定输出转矩 T_2 是在减速器工作载荷平稳，每日工作 10h，每小时启动频率不大于 1 次，均匀负荷，无冲击振动，小时负荷率 100%，环境温度 20℃，浸油润滑，制造精度 7 级，风扇冷却，减速器经过充分跑合的前提下制定的。

① 已知条件与规定的工作条件相同时，可直接由表 15-2-45 选取所需减速器的规格。

② 已知条件与规定的工作条件不同时，应由式（15-2-10）～式（15-2-13）进行修正计算，再由计算结果中较大的值与表 15-2-45 比较选取承载能力相符或偏大的减速器。即用减速器实际输入功率 P_1，或减速器实际输出扭矩 T_{2w}，乘以工作状态系数进行修正（见表 15-2-48～表 15-2-52），再与表 15-2-45 比较进行选用。

计算输入机械功率

$$P_{1J} \geqslant P_{1w} f_1 f_2 \quad (15\text{-}2\text{-}10)$$

计算输出机械转矩

$$T_{2J} \geqslant T_{2w} f_1 f_2 \quad (15\text{-}2\text{-}11)$$

计算输入热功率

$$P_{1R} \geqslant P_{1W} f_3 f_4 f_5 \quad (15\text{-}2\text{-}12)$$

计算输出热转矩

$$T_{2R} \geqslant P_{2W} f_3 f_4 f_5 \quad (15\text{-}2\text{-}13)$$

式中 P_{1W}——减速器实际输入功率；

T_{2W}——减速器实际输出转矩；

f_1——使用系数，见表15-2-48；

f_2——启动频率系数，见表15-2-49；

f_3——环境温度修正系数，见表15-2-50；

f_4——减速器安装型式系数，见表15-2-51；

f_5——散热能力系数，见表15-2-52。

式（15-2-10）和式（15-2-11）属于机械强度计算，式（15-2-12）和式（15-2-13）属于油温为100℃时的热极限强度计算。如果采用强制的冷却措施（循环油或循环水冷却），使温升限制在允许的范围内，则不需再按式（15-2-12）和式（15-2-13）进行计算。

表15-2-48 使用系数 f_1

原动机	每天运行时间/h	载荷特性		
		均匀负荷U	中等冲击负荷M	重度冲击负荷H
电动机	间歇2	0.90	1.00	1.20
汽轮机	≤10	1.00	1.20	1.30
液压马达	≤24	1.20	1.30	1.50

表15-2-49 启动频率系数 f_2

每小时启动次数	≤1	2～4	5～9	>10
启动频率系数 f_2	1.0	1.07	1.13	1.18

表15-2-50 环境温度修正系数 f_3

环境温度/℃	0～10	>10～20	>20～30	>30～40	>40～50
环境温度修正系数 f_3	0.85	1.0	1.14	1.33	1.6

表15-2-51 减速器安装型式系数 f_4

减速器中心距 a/mm	减速器安装型式		
	TPU	TPS	TPA
100～250	1.0	1.0	1.2
315～500	1.0	1.0	1.2

表15-2-52 散热能力系数 f_5

无风扇冷却	蜗杆转速 n_1/r·min^{-1}			
	1500	1000	750	500
减速器中心距 a/mm	系数 f_5			
100～200	1.59	1.54	1.37	1.33
250～500	1.85	1.80	1.70	1.51

注：有风扇时，$f_5=1$。

当输入转速低于500r/min时，计算输出转矩按 $n_1=500$r/min的额定输出转矩选用。当蜗轮轴是两端出轴时，按两端转矩之和选用减速器。

（2）校验减速器输出轴轴伸悬臂负荷

减速器输出轴轴伸装有齿轮、链轮、V带轮或平带轮时，则需校验轴伸悬臂负荷。按式（15-2-14）计算轴伸悬臂负荷：

$$F_{RC} \leqslant \frac{2T_{2W} f_1}{D} f_7 \leqslant F_r \quad (15\text{-}2\text{-}14)$$

式中 F_{RC}——轴伸悬臂负荷，N；

T_{2W}——减速器实际输出转矩，N·m；

f_1——使用系数，见表15-2-48；

D——齿轮、链轮、V带轮或平带轮节圆直径，m；

f_7——悬臂负荷系数，见表15-2-53；

F_r——轴伸许用径向载荷，见表15-2-47。

表15-2-53 悬臂负荷系数 f_7

连接型式	悬臂系数 f_7
链轮（单排）	1.00
链轮（双排）	1.25
齿轮	1.25
V带轮	1.50
平带轮	2.50

例 需要一台TPU蜗杆减速器驱动卷扬机，减速器为标准型式，风扇冷却，原动机为电动机，输入转速 n_1 为1000r/min，公称传动比 $i=20$，最大输出转矩 $T_{2max}=4950$N·m，输入功率 $P_1=15$kW，输出轴轴伸悬臂负荷 $F_{RC}=5520$N，每天工作8h，每小时启动15次，有冲击负荷，双向运动，每次运转时间3min，环境温度20℃，制造精度7级。

由表15-2-48：每天工作8h，有冲击，使用系数 $f_1=1$。

由表15-2-49：每小时启动15次，启动频率系数 $f_2=1.18$。

由表15-2-50：环境温度修正系数 $f_3=1$。

由表15-2-51：减速器安装型式系数 $f_4=1$。

由表15-2-52：散热能力系数 $f_5=1$。

由式（15-2-10）进行计算得 $P_{1J} \geqslant P_{1W} f_1 f_2 = 15\text{kW} \times 1 \times 1.18 = 17.7\text{kW}$。

按式（15-2-12）进行计算得 $P_{1R} \geqslant P_{1W} f_3 f_4 f_5 = 15\text{kW} \times 1 \times 1 \times 1 = 15\text{kW}$。

由表15-2-45查出减速器为 $a=160$；$i=20$；$n_1=1000$r/min；$P_1=19.58$kW，略大于计算值，符合要求。

由表15-2-47查出 $F_r=20000$N，大于要求值，符合要求。

由表15-2-45查出 $T_2=3253$N·m。

$T_{2max}=T_2 \times 3 = 3253\text{N·m} \times 3 = 9759\text{N·m} > 4950\text{N·m}$，符合要求。

选型结果：减速器TPU 160—2—1F JB/T 9051—2010。

2.4　HW 型直廓环面蜗杆减速器(JB/T 7936—2010)

2.4.1　适用范围和标记

(1) 适用范围

适用于冶金、矿山、起重、运输、石油、化工、建筑等机械设备用的减速器。

(2) 标记示例

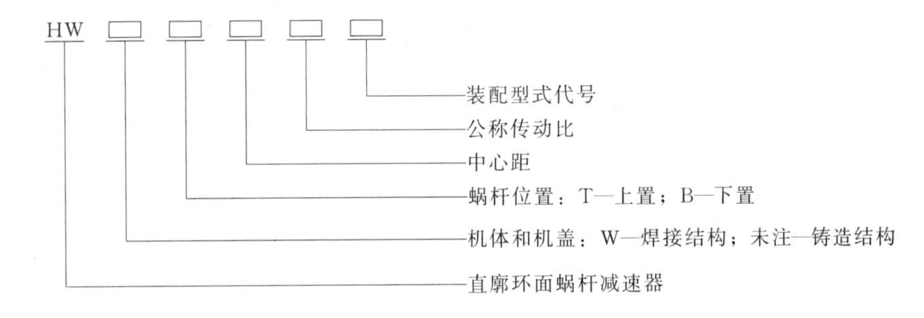

2.4.2　外形、安装尺寸

表 15-2-54　HWT 型减速器外形及安装尺寸　mm

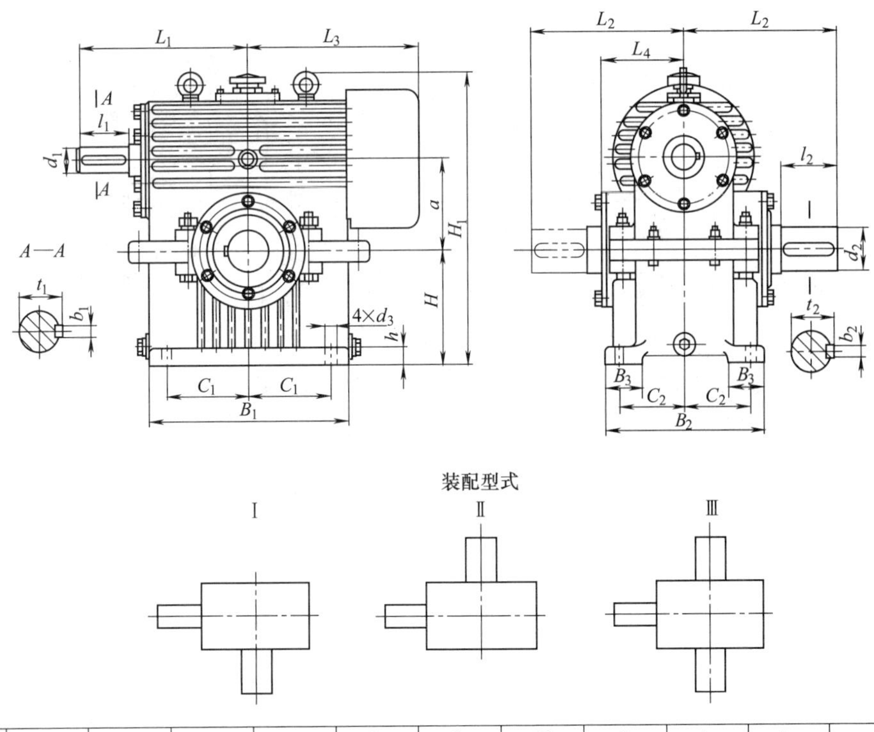

型号	a	B_1	B_2	B_3	C_1	C_2	H	d_1	l_1	b_1	t_1	L_1
HWT100	100	250	220	50	100	90	140	28js6	60	8	31	220
HWT125	125	280	260	60	115	105	160	35k6	80	10	38	260
HWT160	160	380	310	70	155	130	200	45k6	110	14	48.5	340
HWT200	200	450	360	80	185	150	250	55m6	110	16	59	380
HWT250	250	540	430	100	225	180	280	65m6	140	18	69	460
HWT280	280	640	500	110	270	210	315	75m6	140	20	79.5	530
HWT315	315	700	530	120	280	225	355	80m6	170	22	85	590
HWT355	355	750	560	130	300	245	400	85m6	170	22	90	610

续表

型号	a	B_1	B_2	B_3	C_1	C_2	H	d_1	l_1	b_1	t_1	L_1
HWT400	400	840	620	160	315	260	450	95m6	170	25	100	660
HWT450	450	930	700	190	355	300	500	100m6	210	28	106	740
HWT500	500	1020	760	200	400	320	560	110m6	210	28	116	790
型号	d_2	l_2	b_2	t_2	L_2	L_3	L_4	H_1	h	d_3	油量/L	质量/kg
HWT100	50k6	82	14	53.5	220	220	120	374	25	16	7	69
HWT125	60m6	82	18	64	240	260	142	430	30	20	9	129
HWT160	75m6	105	20	79.5	310	320	177	530	35	24	18	175
HWT200	90m6	130	25	95	350	380	192	640	40	24	38	290
HWT250	110m6	165	28	116	430	440	230	765	45	28	55	490
HWT280	120m6	165	32	127	470	530	255	855	50	35	71	750
HWT315	130m6	200	32	137	500	555	260	930	55	35	95	1030
HWT355	140m6	200	36	148	530	590	300	1040	60	35	126	1640
HWT400	150m6	200	36	158	560	655	310	1225	70	42	170	2170
HWT450	170m6	240	40	179	640	705	360	1345	75	42	220	2690
HWT500	180m6	240	45	190	670	775	390	1490	80	42	275	3410

表 15-2-55 HWWT 型减速器外形及安装尺寸 mm

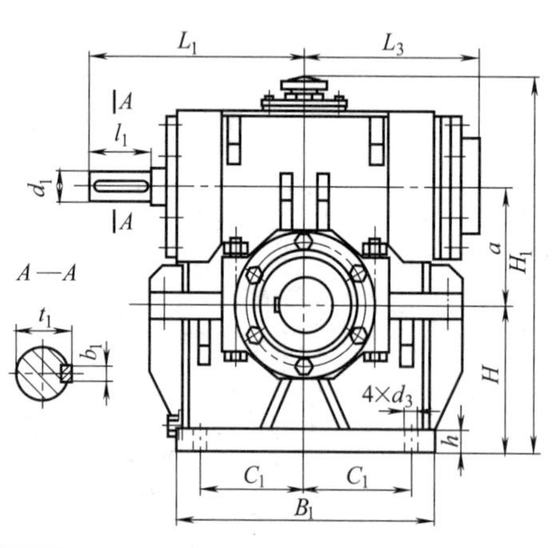

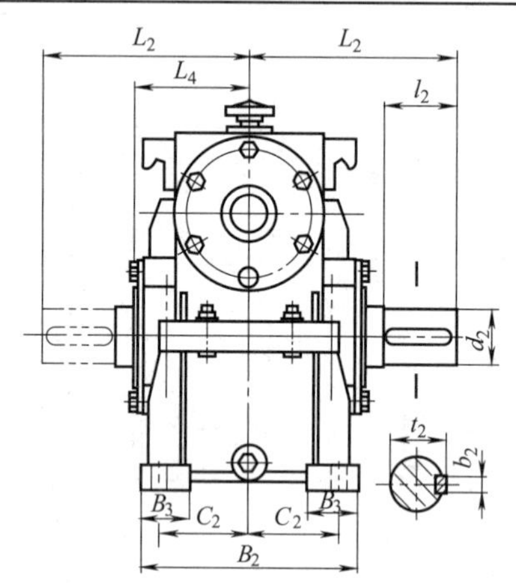

型号	a	B_1	B_2	B_3	C_1	C_2	H	d_1	l_1	b_1	t_1	L_1
HWWT160	160	380	310	70	155	130	200	45k6	110	14	48.5	340
HWWT200	200	450	360	80	185	150	250	55m6	110	16	59	380
HWWT250	250	540	430	100	225	180	280	65m6	140	18	69	460
HWWT280	280	640	500	110	270	210	315	75m6	140	20	79.5	530
HWWT315	315	700	530	120	280	225	355	80m6	170	22	85	590
HWWT355	355	750	560	130	300	245	400	85m6	170	22	90	610
HWWT400	400	840	620	160	315	260	450	95m6	170	25	100	660
HWWT450	450	930	700	190	355	300	500	100m6	210	28	106	740
HWWT500	500	1020	760	200	400	320	560	110m6	210	28	116	790
型号	d_2	l_2	b_2	t_2	L_2	L_3	L_4	H_1	h	d_3	油量/L	质量/kg
HWWT160	75m6	105	20	79.5	310	250	177	530	35	24	18	178
HWWT200	90m6	130	25	95	350	300	192	640	40	24	38	276
HWWT250	110m6	165	28	116	430	340	230	765	45	28	55	528
HWWT280	120m6	165	32	127	470	400	255	855	50	35	71	710
HWWT315	130m6	200	32	137	500	430	260	930	55	35	95	898
HWWT355	140m6	200	36	148	530	460	300	1040	60	35	126	1420
HWWT400	150m6	200	36	158	560	510	310	1225	70	42	170	1880
HWWT450	170m6	240	40	179	640	550	360	1345	75	42	220	2280
HWWT500	180m6	240	45	190	670	600	390	1490	80	42	275	2950

表 15-2-56　HWB 型减速器外形及安装尺寸　mm

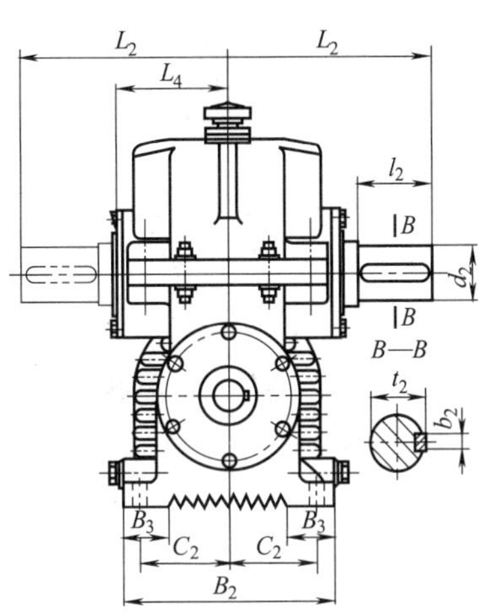

型号	a	B_1	B_2	B_3	C_1	C_2	H	d_1	l_1	b_1	t_1	L_1
HWB100	100	250	220	50	100	90	100	28js6	60	8	31	220
HWB125	125	280	260	60	115	105	125	35k6	80	10	38	260
HWB160	160	380	310	70	155	130	160	45k6	110	14	48.5	340
HWB200	200	450	360	80	185	150	180	55m6	110	16	59	380
HWB250	250	540	430	90	225	180	200	65m6	140	18	69	460
HWB280	280	640	500	110	270	210	225	75m6	140	20	79.5	530
HWB315	315	700	530	120	280	225	250	80m6	170	22	85	590
HWB355	355	750	560	130	300	245	280	85m6	170	22	90	610
HWB400	400	840	620	140	315	260	315	95m6	170	25	100	660
HWB450	450	930	700	150	355	300	355	100m6	210	28	106	740
HWB500	500	1020	760	170	400	320	400	110m6	210	28	116	790

型号	d_2	l_2	b_2	t_2	L_2	L_3	L_4	H_1	h	d_3	油量/L	质量/kg
HWB100	50k6	82	14	53.5	220	220	120	373	25	16	3	70
HWB125	60m6	85	18	64	240	260	142	445	30	20	4	132
HWB160	75m6	105	20	79.5	310	320	177	560	35	24	8	170
HWB200	90m6	130	25	95	350	380	192	655	40	24	13	280
HWB250	110m6	165	28	116	430	440	230	800	45	28	21	472
HWB280	120m6	165	32	127	470	530	255	910	50	35	27	725
HWB315	130m6	200	32	137	500	555	260	963	55	35	35	1030
HWB355	140m6	200	36	148	530	590	300	1082	60	35	48	1590
HWB400	150m6	200	36	158	560	655	310	1230	70	42	60	2140
HWB450	170m6	240	40	179	640	705	360	1375	75	42	85	2510
HWB500	180m6	240	45	190	670	775	390	1510	80	42	110	3370

第 15 篇

表 15-2-57 HWWB 型减速器外形及安装尺寸 mm

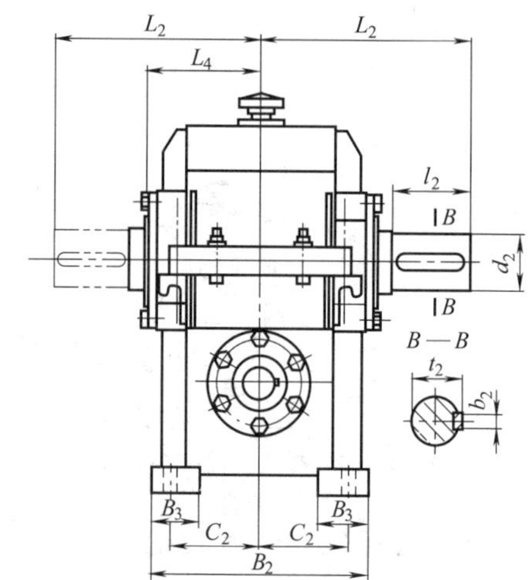

型号	a	B_1	B_2	B_3	C_1	C_2	H	d_1	l_1	b_1	t_1	L_1
HWWB160	160	380	310	70	155	130	160	45k6	110	14	48.5	340
HWWB200	200	450	360	80	185	150	180	55m6	110	16	59	380
HWWB250	250	540	430	90	225	180	200	65m6	140	18	69	460
HWWB280	280	640	500	110	270	210	225	75m6	140	20	79.5	530
HWWB315	315	700	530	120	280	225	250	80m6	170	22	85	590
HWWB355	355	750	560	130	300	245	280	85m6	170	22	90	610
HWWB400	400	840	620	140	315	260	315	95m6	170	25	100	660
HWWB450	450	930	700	150	355	300	355	100m6	210	28	106	740
HWWB500	500	1020	760	170	400	320	400	110m6	210	28	116	790
型号	d_2	l_2	b_2	t_2	L_2	L_3	L_4	H_1	h	d_3	油量/L	质量/kg
HWWB160	75m6	105	20	79.5	310	250	177	560	35	24	8	176
HWWB200	90m6	130	25	95	350	300	192	655	40	24	13	276
HWWB250	110m6	165	28	116	430	340	230	800	45	28	21	300
HWWB280	120m6	165	32	127	470	400	255	910	50	35	27	730
HWWB315	130m6	200	32	137	500	430	260	963	55	35	35	920
HWWB355	140m6	200	36	148	530	460	300	1082	60	35	48	1380
HWWB400	150m6	200	36	158	560	510	310	1230	70	42	60	1860
HWWB450	170m6	240	40	179	640	550	360	1375	75	42	85	2170
HWWB500	180m6	240	45	190	670	600	390	1510	80	42	110	2910

2.4.3 减速器的承载能力和总传动效率

表 15-2-58 额定输入功率 P_1 和额定输出转矩 T_2

公称传动比 i	输入转速 n/r·min^{-1}	功率、转矩	中心距 a/mm										
			100	125	160	200	250	280	315	355	400	450	500
			额定输入功率 P_1/kW 额定输出转矩 T_2/N·m										
10	1500	P_1	11.5	20.8	35.4	65.5	111.0	145.0	190.0	248.0	329.0	431.0	526.0
		T_2	665	1220	2100	3840	6660	8670	11380	14900	19720	26450	32260
	1000	P_1	9.2	16.8	28.9	53.7	92.3	122.0	161.0	213.0	283.0	369.0	464.0
		T_2	790	1460	2530	4660	8190	10800	14290	18910	25080	33470	42080
	750	P_1	8.0	14.8	25.6	47.8	82.9	110.0	147.0	196.0	260.0	338.0	433.0
		T_2	910	1700	2960	5490	9740	12910	17300	23030	30500	40590	51990
	500	P_1	6.1	11.6	20.5	38.7	68.1	90.7	122.0	163.0	217.0	284.0	367.0
		T_2	1040	1970	3520	6600	11870	15800	21260	28390	37740	50550	65350

续表

公称传动比 i	输入转速 $n/\mathrm{r\cdot min^{-1}}$	功率、转矩	中心距 a/mm										
			100	125	160	200	250	280	315	355	400	450	500
			额定输入功率 P_1/kW　额定输出转矩 T_2/N·m										
10	300	P_1	4.2	8.1	14.6	28.1	50.8	68.5	93.3	126.0	169.0	223.0	289.0
		T_2	1170	2250	4140	7890	14570	19670	26770	36160	48470	65360	84880
12.5	1500	P_1	10.6	19.4	33.0	58.3	99.4	130.0	171.0	223.0	293.0	384.0	475.0
		T_2	725	1330	2290	4050	7060	9210	12110	15830	20760	27830	34440
	1000	P_1	8.4	15.6	26.8	47.7	82.2	109.0	145.0	191.0	253.0	330.0	418.0
		T_2	845	1580	2740	4890	8620	11420	15190	20010	26490	35330	44800
	750	P_1	7.3	13.6	23.7	42.4	73.6	97.6	131.0	175.0	232.0	303.0	389.0
		T_2	970	1820	3210	5740	10210	13540	18170	24250	32140	42920	55170
	500	P_1	5.5	10.5	18.7	34.1	60.2	80.4	108.0	145.0	193.0	253.0	327.0
		T_2	1100	2090	3760	6870	12400	16540	22290	29830	39670	53200	68850
	300	P_1	3.7	7.2	13.1	24.6	44.5	60.2	82.2	111.0	149.0	198.0	257.0
		T_2	1200	2320	4290	8050	14920	20190	27540	37310	50100	67750	88130
14	1500	P_1	9.3	17.3	29.4	51.8	88.3	115.0	151.0	197.0	260.0	342.0	419.0
		T_2	705	1300	2250	3970	6910	9000	11810	15440	20360	27380	33560
	1000	P_1	7.4	13.9	23.9	42.5	73.2	97.0	129.0	169.0	224.0	294.0	370.0
		T_2	830	1550	2710	4810	8470	11220	14890	19580	25910	34740	43730
	750	P_1	6.4	12.2	21.1	37.8	65.6	87.0	117.0	155.0	206.0	269.0	345.0
		T_2	950	1800	3170	5650	10050	13310	17850	23780	31530	42040	53940
	500	P_1	4.9	9.4	16.8	30.5	53.8	71.7	96.5	129.0	172.0	225.0	291.0
		T_2	1080	2070	3710	6770	12220	16280	21910	29280	38960	52230	67560
	300	P_1	3.3	6.5	11.8	22.1	40.0	54.0	73.6	99.5	133.0	176.0	229.0
		T_2	1170	2280	4210	7880	14600	19720	26870	36330	48760	65880	85610
16	1500	P_1	8.1	14.8	25.2	45.6	78.0	102.0	134.0	175.0	230.0	301.0	390.0
		T_2	690	1250	2170	4130	7210	9440	12430	16230	21240	28430	36860
	1000	P_1	6.5	11.9	20.7	37.3	64.4	85.0	114.0	150.0	198.0	259.0	334.0
		T_2	815	1490	2630	4990	8790	11630	15560	20510	27020	36240	46650
	750	P_1	5.7	10.5	18.2	33.1	57.6	76.4	103.0	137.0	182.0	237.0	306.0
		T_2	940	1740	3050	5850	10400	13820	18540	24750	32840	43910	56530
	500	P_1	4.3	8.2	14.5	26.6	47.1	62.8	84.7	113.0	151.0	198.0	256.0
		T_2	1070	2020	3620	6980	12610	16850	22720	30420	40480	54360	68970
	300	P_1	2.9	5.7	10.3	19.1	34.7	46.9	64.1	86.9	117.0	155.0	201.0
		T_2	1160	2240	4130	8050	14950	20250	27660	37490	50390	68260	88870
18	1500	P_1	7.4	13.5	23.0	41.7	71.5	93.6	124.0	162.0	211.0	275.0	357.0
		T_2	705	1270	2210	4180	7340	9600	12700	16580	21620	28830	37460
	1000	P_1	6.0	10.8	18.8	34.1	58.9	77.7	104.0	138.0	181.0	237.0	306.0
		T_2	845	1510	2660	5050	8920	11760	15750	20900	27400	36760	47420
	750	P_1	5.1	9.5	16.6	30.2	52.6	69.7	93.7	125.0	166.0	217.0	280.0
		T_2	950	1760	3100	5920	10550	13980	18810	25110	33320	44640	57500
	500	P_1	3.9	7.4	13.2	24.2	42.9	57.2	77.3	104.0	138.0	181.0	234.0
		T_2	1070	2040	3660	7030	12760	17020	23000	30820	41020	55150	71380
	300	P_1	2.6	5.1	9.3	17.3	31.4	42.6	58.3	79.1	106.0	141.0	184.0
		T_2	1150	2220	4100	7970	14860	20110	27530	37360	50250	68230	88860
20	1500	P_1	6.4	11.9	20.3	35.9	61.2	79.9	105.0	137.0	180.0	237.0	292.0
		T_2	700	1300	2250	3980	6950	9070	11910	15540	20450	27510	33890
	1000	P_1	5.1	9.6	16.5	29.4	50.7	66.7	88.8	118.0	156.0	203.0	257.0
		T_2	825	1550	2700	4810	8490	11180	14880	19730	26130	34860	44120

续表

公称传动比 i	输入转速 n/r·min^{-1}	功率、转矩	中心距 a/mm										
			100	125	160	200	250	280	315	355	400	450	500
			额定输入功率 P_1/kW 额定输出转矩 T_2/N·m										
20	750	P_1	4.4	8.4	14.6	26.1	45.4	60.2	80.7	108.0	143.0	186.0	239.0
		T_2	940	1790	3160	5650	10060	13350	17900	23860	31650	42290	54320
	500	P_1	3.4	6.5	11.6	21.1	37.2	49.6	66.8	89.3	119.0	156.0	202.0
		T_2	1070	2060	3700	6760	12230	16300	21950	29350	39060	52450	67870
	300	P_1	2.3	4.5	8.1	15.2	27.5	37.2	50.8	68.7	62.3	122	158.0
		T_2	1140	2230	4130	7730	14380	19420	26500	35850	48150	65190	84770
22.4	1500	P_1	6.1	11.1	18.9	33.4	57.1	74.6	98.4	128.0	168.0	220.0	285.0
		T_2	730	1310	2270	4020	7040	9190	12120	15800	20700	27740	35920
	1000	P_1	4.7	8.8	15.2	27.3	47.2	62.2	82.9	110.0	145.0	190.0	245.0
		T_2	830	1540	2710	4840	8590	11320	15090	20060	26390	35350	45580
	750	P_1	4.1	7.8	13.5	24.3	42.2	56.0	75.2	100.0	133.0	174.0	224.0
		T_2	960	1800	3190	5690	10150	13470	18100	24120	32000	42780	55070
	500	P_1	3.1	6.0	10.7	19.5	34.5	46.1	62.2	83.1	111.0	145.0	188.0
		T_2	1080	2060	3720	6800	12300	16420	22170	29640	39450	52960	68580
	300	P_1	2.1	4.1	7.5	14.0	25.5	34.4	47.1	63.7	85.7	113.0	147.0
		T_2	1150	2220	4130	7740	14400	19480	26640	36050	48460	65650	85490
25	1500	P_1	5.7	10.4	17.7	31.3	53.5	70.1	92.4	121.0	158.0	206.0	268.0
		T_2	740	1340	2320	4100	4180	9400	12390	16190	21150	28270	36730
	1000	P_1	4.5	8.2	14.3	25.5	44.1	58.3	77.6	103.0	136.0	178.0	230.0
		T_2	860	1570	2770	4930	8740	11540	15360	20390	26850	36070	46590
	750	P_1	3.9	7.2	12.6	22.7	39.4	52.4	70.3	93.8	125.0	163.0	210.0
		T_2	980	1830	3230	5800	10330	3710	18410	24580	32630	43700	56290
	500	P_1	2.9	5.6	10.0	18.2	32.2	43.0	58.0	77.8	104.0	136.0	176.0
		T_2	1090	2090	3770	6900	12500	16700	22530	30180	40190	54030	69960
	300	P_1	2.0	3.8	6.9	13.0	23.7	32.1	43.8	59.5	80.0	106.0	138.0
		T_2	1160	2240	4170	7830	14580	19760	26990	36620	49250	66850	87070
28	1500	P_1	5.2	9.4	16.1	28.5	49.0	64.2	84.9	111.0	145.0	188.0	244.0
		T_2	740	1330	2310	4100	7200	9430	12490	16310	21250	28310	36760
	1000	P_1	4.1	7.5	13.0	23.2	40.3	53.2	71.1	94.1	125.0	162.0	210.0
		T_2	855	1560	2750	4920	8740	11540	15420	20400	27040	35990	46670
	750	P_1	3.5	6.6	11.5	20.6	36.0	47.7	64.2	85.7	114.0	149.0	192.0
		T_2	960	1810	3210	5780	10330	13690	18410	24590	32640	43810	56460
	500	P_1	2.6	5.0	9.0	16.5	29.3	39.1	52.9	70.9	94.4	124.0	161.0
		T_2	1060	2040	3690	6770	12310	16430	22220	29780	39660	53420	69150
	300	P_1	1.8	3.4	6.3	11.8	21.5	29.1	39.8	54.0	72.7	96.4	126.0
		T_2	1120	2190	4060	7630	14270	19330	26460	35940	48360	65810	85740
31.5	1500	P_1	4.2	7.7	13.1	25.6	44.0	57.6	76.4	99.9	130.0	169.0	218.0
		T_2	660	1200	2070	4100	7220	9480	12560	16420	21400	28390	36760
	1000	P_1	3.3	6.2	10.7	20.8	36.1	47.7	63.7	84.4	121.0	145.0	188.0
		T_2	765	1420	2490	4930	8760	11580	15470	20490	29370	36130	46860
	750	P_1	2.6	5.5	9.5	18.4	32.2	42.7	57.4	76.6	102.0	133.0	172.0
		T_2	890	1660	2910	5770	10320	13680	18410	24580	32670	43880	56650
	500	P_1	2.2	4.3	7.5	14.7	26.1	34.9	47.3	63.4	84.5	111.0	144.0
		T_2	980	1860	3350	6630	12100	16170	21880	299340	39130	52740	68350
	300	P_1	1.5	2.9	5.4	10.4	19.0	25.8	35.4	48.1	64.8	86.0	112.0
		T_2	1070	2060	3800	7540	14120	19140	26330	35660	48100	65520	85500

续表

公称传动比 i	输入转速 n/r·min^{-1}	功率、转矩	中心距 a/mm										
			100	125	160	200	250	280	315	355	400	450	500
			额定输入功率 P_1/kW　额定输出转矩 T_2/N·m										
35.5	1500	P_1	3.8	7.0	11.9	23.1	39.7	52.2	69.4	90.8	118.0	153.0	198.0
		T_2	690	1200	2070	4070	7180	9440	12530	16420	21370	28280	36610
	1000	P_1	3.0	5.6	9.7	18.7	32.5	43.1	57.7	76.4	101.0	132.0	170.0
		T_2	770	1420	2480	4850	8650	11470	15360	20340	26910	35920	46450
	750	P_1	2.6	4.9	8.6	16.6	29.0	38.5	51.8	69.2	92.0	121.0	156.0
		T_2	880	1650	2900	5700	10220	13560	18270	24390	32440	43600	56540
	500	P_1	2.0	3.8	6.8	13.2	23.5	31.4	42.6	57.2	76.3	100.0	130.0
		T_2	970	1840	3320	6550	11950	15980	21660	29060	38770	52300	68030
	300	P_1	1.4	2.6	4.8	9.4	17.1	23.2	31.8	43.2	58.4	77.5	101.0
		T_2	1030	2000	3690	7280	13680	18570	25490	34670	46800	63870	83660
40	1500	P_1	3.3	6.1	10.4	18.4	31.5	41.1	54.1	70.6	92.7	122.0	151.0
		T_2	640	1200	2070	3660	6410	8370	11010	14360	18870	25410	31420
	1000	P_1	2.6	4.9	8.5	15.1	26.1	34.3	45.7	60.4	79.8	105.0	133.0
		T_2	740	1420	2480	4410	7840	10310	13710	18120	23950	32300	40960
	750	P_1	2.3	4.3	7.5	13.4	23.3	30.9	41.5	55.3	73.4	95.9	123.0
		T_2	860	1640	2890	5170	9250	12270	16450	21930	29120	39020	50170
	500	P_1	1.7	3.3	5.9	10.8	19.1	25.5	34.3	45.9	61.1	80.1	104.0
		T_2	940	1820	3290	6010	10910	14550	19610	26220	34910	47040	60880
	300	P_1	1.2	2.3	4.2	7.8	14.1	19.1	26.1	35.3	47.4	62.6	81.5
		T_2	1000	1960	3630	6800	12710	17180	23450	31730	42650	58000	75460
45	1500	P_1	3.1	5.7	9.7	17.1	29.3	38.3	580.5	65.8	86.2	113.0	146.0
		T_2	650	1190	2050	3630	6370	8330	11000	14330	18750	25180	32660
	1000	P_1	2.4	4.5	7.8	13.9	24.1	31.8	42.5	56.1	74.1	97.0	126.0
		T_2	745	1380	2440	4360	7740	10230	13660	18040	23820	31980	41510
	750	P_1	2.1	4.0	6.9	12.4	21.6	28.6	38.5	51.3	68.1	89.0	115.0
		T_2	860	1610	2850	5120	9150	12140	16320	21760	28880	38740	49900
	500	P_1	1.6	3.1	5.5	10.0	17.6	23.6	31.8	42.5	56.6	74.3	96.2
		T_2	950	1810	3280	6000	10920	14570	19680	26310	35040	47220	61160
	300	P_1	1.1	2.1	3.8	7.2	13.0	17.6	24.1	32.6	43.8	57.9	75.5
		T_2	980	1910	3550	6660	12470	16880	23080	31260	42040	57230	74560
50	1500	P_1	2.9	5.3	9.0	15.9	27.3	35.8	47.2	61.7	80.6	105.0	137.0
		T_2	650	1190	2060	3630	6390	8370	11040	14430	18850	25240	32810
	1000	P_1	2.3	4.2	7.3	13.0	22.5	29.7	39.6	52.5	69.2	90.4	117.0
		T_2	750	1390	2460	4350	7750	10230	13660	18090	23840	32000	41430
	750	P_1	2.0	3.7	6.4	11.6	20.1	26.7	35.8	47.9	63.6	83.2	107.0
		T_2	850	1610	2850	5120	9150	12150	16320	21800	28940	38910	50150
	500	P_1	1.5	2.8	5.1	9.3	16.4	21.9	29.6	39.7	52.8	69.3	89.8
		T_2	940	1800	3260	5990	10900	14560	19650	26330	35070	47340	61320
	300	P_1	1.0	1.9	3.5	6.6	12.0	16.3	22.3	30.3	40.8	54.0	70.3
		T_2	970	1890	3520	6620	12400	16800	22960	31160	41930	57270	74560
56	1500	P_1	2.6	4.8	8.2	14.5	24.9	32.6	43.2	56.4	73.5	95.5	124.0
		T_2	640	1170	2040	3600	6360	8330	11030	14420	18780	25080	32540
	1000	P_1	2.1	3.8	6.6	11.8	20.5	27.0	36.1	47.8	62.9	82.3	107.0
		T_2	745	1370	2410	4300	7680	10130	13540	17940	23620	31750	41270
	750	P_1	1.8	3.3	5.8	10.5	18.3	24.2	32.6	443.5	57.7	75.7	97.6
		T_2	840	1580	2810	5060	9070	12020	16790	21610	28690	38670	49850

续表

公称传动比 i	输入转速 n/r·min^{-1}	功率、转矩	中心距 a/mm										
			100	125	160	200	250	280	315	355	400	450	500
			额定输入功率 P_1/kW　额定输出转矩 T_2/N·m										
56	500	P_1	1.4	2.6	4.6	8.4	14.9	19.8	26.8	36.0	47.9	63.0	81.6
		T_2	930	1760	3210	5890	10770	14380	19440	26070	34720	46960	60800
	300	P_1	0.9	1.7	3.2	6.0	10.9	14.7	20.2	27.4	36.9	48.9	63.8
		T_2	940	1840	3440	6470	12170	16480	22590	30670	41310	56490	73630
63	1500	P_1	—	—	—	12.9	22.2	29.2	38.7	50.6	65.9	85.3	110.0
		T_2	—	—	—	3630	6420	8420	11160	14600	19030	25300	32730
	1000	P_1	—	—	—	10.5	18.2	24.1	32.2	42.6	56.3	73.4	94.8
		T_2	—	—	—	4340	7710	10200	13660	18080	23880	32000	41370
	750	P_1	—	—	—	9.3	16.3	21.6	29.0	38.7	51.5	67.5	87.2
		T_2	—	—	—	5080	9120	12100	16290	21750	28910	38960	50320
	500	P_1	—	—	—	7.4	13.2	17.6	23.9	32.0	42.7	56.1	72.7
		T_2	—	—	—	5900	10790	14460	19520	26190	34930	47260	61240
	300	P_1	—	—	—	5.3	9.6	13.0	17.9	24.3	32.8	43.5	56.7
		T_2	—	—	—	6440	12120	16440	22560	30660	41360	56620	73900

注：1. 表内数值为工况系数 $K_A=1.0$ 时的额定承载能力。

2. 启动时或运转中的尖峰负荷允许取表内数值的 2.5 倍。

表 15-2-59　HWT、HWB 型减速器的许用输入热功率 P_h

公称传动比 i	输入转速 n/r·min^{-1}	中心距 a/mm										
		100	125	160	200	250	280	315	355	400	450	500
		许用输入热功率 P_h/kW										
10	1500	6.5	11	19	31	50	65	84	100	125	150	185
	1000	5.1	8.2	15	25	40	54	70	84	100	120	145
	750	4.3	7.1	12	21	34	43	54	70	86	100	125
	500	3.2	5.6	8.6	16	26	32	40	50	65	80	92
	300	2.2	3.9	6.4	11	19	24	31	37	45	58	70
12.5	1500	5.9	9.6	17	29	45	58	75	92	115	135	155
	1000	4.6	7.5	13	23	36	45	56	72	92	115	130
	750	3.9	6.6	11	19	31	38	47	64	78	94	115
	500	3.0	5.0	8	14	23	29	36	45	58	73	88
	300	2.0	3.5	5.7	9.2	17	22	28	35	40	50	67
14	1500	5.4	8.8	15	27	42	55	72	88	107	130	152
	1000	4.3	7.0	12	21	33	42	53	72	86	106	125
	750	3.6	6.2	10	18	28	35	45	60	74	90	107
	500	2.8	4.7	7.5	13	21	27	35	42	54	69	83
	300	1.8	3.2	5.3	8.6	15	20	26	33	38	48	62
16	1500	5.0	8.1	14	25	39	53	70	84	100	125	150
	1000	4.0	6.7	11	20	31	39	50	70	80	90	120
	750	3.4	5.8	9.0	17	26	34	43	54	71	85	100
	500	2.6	4.3	7.0	12	20	26	34	40	50	65	78
	300	1.6	3.0	5.0	8.0	14	19	25	31	37	46	58
18	1500	4.5	7.4	13	22	35	46	60	77	92	112	135
	1000	3.6	6.0	10	17	28	35	45	60	75	91	110
	750	3.0	5.1	8.2	15	24	30	39	48	63	79	95
	500	2.3	4.0	6.5	10	18	23	30	37	45	57	73
	300	1.5	2.7	4.5	7.4	12	16	22	28	34	42	53

续表

公称传动比 i	输入转速 $n/\mathrm{r \cdot min^{-1}}$	中心距 a/mm										
		100	125	160	200	250	280	315	355	400	450	500
		许用输入热功率 P_h/kW										
20	1500	4.0	6.7	12	19	32	40	50	70	85	100	125
	1000	3.2	5.4	9.0	15	26	32	40	50	70	85	100
	750	2.7	4.5	7.5	13	22	28	36	43	55	73	90
	500	2.1	3.5	6.0	9.0	16	21	27	34	40	50	68
	300	1.4	2.4	4.0	6.7	11	15	19	25	3	38	48
22.4	1500	3.7	6.3	10	18	30	38	48	65	81	97	120
	1000	3.0	5.0	8.2	14	24	30	39	47	65	80	96
	750	2.5	4.2	7.0	12	20	26	34	40	51	69	85
	500	1.9	3.2	5.5	8.5	15	20	25	32	38	47	64
	300	1.3	2.2	3.7	6.3	10	14	18	23	29	36	44
25	1500	3.5	6.0	9.0	17	28	36	46	60	78	94	115
	1000	2.7	4.7	7.5	13	23	29	38	45	60	76	92
	750	2.3	4.0	6.5	11	19	25	33	38	48	65	86
	500	1.8	3.0	5.0	8.0	15	19	24	30	37	45	60
	300	1.2	2.0	3.5	6.0	9.0	13	18	22	28	35	40
28	1500	3.2	5.4	8.5	15	26	33	43	55	74	90	107
	1000	2.5	4.3	7.1	12	21	27	35	42	55	73	88
	750	2.1	3.7	6.1	10	18	23	30	37	45	60	76
	500	1.6	2.8	4.7	7.6	13	17	22	28	35	43	55
	300	1.1	1.9	3.2	5.5	8.5	12	16	20	26	33	39
31.5	1500	3.0	5.1	8.1	14	25	31	40	50	70	86	100
	1000	2.4	4.0	6.7	11	20	26	33	40	50	70	83
	750	1.9	3.4	5.8	9.2	17	21	27	36	43	55	72
	500	1.4	2.6	4.3	7.2	12	16	21	27	34	41	50
	300	1.0	1.8	3.0	5.1	8.0	11	15	19	25	32	38
35.5	1500	2.7	4.6	7.4	13	22	29	37	46	62	80	94
	1000	2.2	3.6	6.1	10	18	23	30	38	46	60	78
	750	1.7	3.1	5.2	8.4	15	19	25	33	40	50	65
	500	1.3	2.6	4.0	6.6	11	14	19	24	31	38	46
	300	0.9	1.6	2.8	4.5	7.3	10	13	17	22	29	35
40	1500	2.4	4.1	6.8	12	20	26	34	42	54	73	89
	1000	1.9	3.3	5.6	9.0	16	22	27	35	43	53	72
	750	1.5	2.8	4.7	7.6	13	18	24	30	37	45	58
	500	1.2	2.2	3.5	6.0	9.4	13	17	22	28	35	42
	300	0.8	1.5	2.6	4.0	6.7	9.1	12	16	20	26	32
45	1500	2.2	3.7	6.4	11	18	24	31	39	49	66	83
	1000	1.7	3.0	5.1	8.3	14	19	25	32	40	50	66
	750	1.3	2.5	4.3	7.2	12	16	22	27	34	42	53
	500	1.0	2.0	3.2	5.5	8.7	12	16	20	26	32	40
	300	0.7	1.3	2.3	3.8	6.2	8.4	11	15	18	24	30
50	1500	2.0	3.4	6.0	9.8	17	22	29	36	45	60	78
	1000	1.5	2.7	4.7	7.7	13	18	24	30	37	47	60
	750	1.2	2.3	3.9	6.8	11	14	19	25	32	39	48
	500	0.9	1.7	3.0	5.0	8.0	11	15	18	24	30	37
	300	0.6	1.2	2.1	3.6	5.7	7.4	9.4	14	17	22	29
56	1500	1.7	3.1	5.4	9.0	15	20	26	33	42	55	73
	1000	1.3	2.5	4.3	7.2	12	16	21	27	34	43	55

续表

公称传动比 i	输入转速 $n/r \cdot min^{-1}$	中心距 a/mm										
		100	125	160	200	250	280	315	355	400	450	500
		许用输入热功率 P_h/kW										
56	750	1.1	2.1	3.6	6.3	10	13	17	23	30	36	44
	500	0.8	1.5	2.7	4.7	7.5	10	13	17	22	28	34
	300	0.5	1.0	1.9	3.3	5.3	6.8	8.7	12	16	20	27
63	1500	—	—	—	8.1	14	18	24	31	40	49	68
	1000	—	—	—	6.7	11	14	19	25	32	40	49
	750	—	—	—	5.8	9.0	12	16	21	27	34	41
	500	—	—	—	4.3	7.0	9.3	12	16	20	26	32
	300	—	—	—	3.0	5.0	6.3	8.0	11	15	18	25

表 15-2-60　HWWT、HWWB 型无风扇冷却的减速器许用输入热功率 P_h

$$P_h = P_t K_t \tag{15-2-15}$$

式中　P_h——无风扇冷却时许用输入热功率，kW

P_t——热功率，kW，见表 1

K_t——热影响系数，见表 2

表 1　热功率 P_t

中心距 a/mm	160	200	250	280	315	355	400	450	500
热功率 P_t/kW	2.0	3.0	5.0	6.5	8.5	11.0	14.0	18.1	25.0

表 2　热影响系数 K_t

环境温度/℃	较小布置空间				较大布置空间				露天布置			
	每日工作时间/h				每日工作时间/h				每日工作时间/h			
	0.5～1	>1～2	>2～10	>10～24	0.5～1	>1～2	>2～10	>10～24	0.5～1	>1～2	>2～10	>10～24
20	1.35	1.15	1.00	0.85	1.55	1.35	1.15	1.00	2.10	1.80	1.55	1.35
30	1.10	0.95	0.80	0.70	1.25	1.10	0.95	0.80	1.70	1.45	1.25	1.10
40	0.85	0.75	0.65	0.55	1.00	0.85	0.75	0.65	1.35	1.15	1.00	0.85
50	0.70	0.60	0.50	0.45	0.80	0.70	0.60	0.50	1.10	0.95	0.80	0.70

表 15-2-61　总传动效率 η　　%

公称传动比 i	输入转速 $n_1/r \cdot min^{-1}$	中心距 a/mm										
		100	125	160	200	250	280	315	355	400	450	500
		总传动效率 η										
10	1500	88.61	89.87	90.90	89.83	91.94	91.62	91.78	92.06	91.84	94.03	93.98
	1000	87.72	88.78	89.43	88.65	90.64	90.43	90.67	90.69	90.53	92.66	92.64
	750	87.15	88.00	88.59	87.99	90.01	89.92	90.17	90.02	89.87	92.01	91.99
	500	87.08	86.74	87.70	87.11	89.03	88.98	89.01	88.96	88.83	90.91	90.95
	300	85.37	85.13	86.90	96.05	87.90	88.00	87.93	87.95	87.89	89.82	90.01
12.5	1500	87.69	87.90	88.97	87.07	91.06	90.83	90.80	91.01	90.84	92.92	92.96
	1000	85.98	86.57	87.39	87.62	89.63	89.55	89.54	89.55	89.49	91.51	91.61
	750	85.18	85.79	86.83	86.78	88.93	88.93	88.92	88.83	88.81	90.81	90.92
	500	85.47	85.07	85.93	86.10	88.03	87.92	88.20	87.92	87.84	89.87	89.98
	300	83.16	82.62	83.97	83.91	85.97	86.00	85.91	86.19	86.22	87.74	87.93
14	1500	86.59	85.83	87.42	87.54	89.39	89.39	89.34	89.52	89.45	91.45	91.49
	1000	85.41	84.92	86.35	86.18	88.11	88.08	87.90	88.23	88.08	89.98	90.00
	750	84.78	84.26	85.80	85.37	87.50	87.38	87.13	87.62	87.42	89.26	89.29
	500	83.92	83.85	84.08	84.51	86.48	86.45	86.45	86.42	86.24	88.38	88.40
	300	81.00	80.13	81.51	81.46	83.38	83.43	83.40	81.41	83.75	85.51	85.40

续表

公称传动比 i	输入转速 n_1/r·min^{-1}	中心距 a/mm										
		100	125	160	200	250	280	315	355	400	450	500
		总传动效率 η										
16	1500	86.32	85.58	87.26	87.11	88.90	89.01	89.22	89.20	88.82	90.84	90.90
	1000	84.70	84.58	85.83	85.78	87.52	87.73	87.52	87.67	87.50	89.72	89.56
	750	83.55	83.96	84.90	84.99	86.83	86.99	86.56	86.88	86.77	89.10	88.84
	500	84.05	83.20	84.32	84.13	85.83	86.02	86.00	83.31	85.94	88.02	86.37
	300	81.06	79.64	81.26	81.07	82.87	83.05	83.00	82.99	82.84	84.71	85.05
18	1500	85.50	84.43	86.24	85.89	87.96	87.88	87.76	87.69	87.80	89.83	89.91
	1000	84.26	83.65	84.66	84.60	86.51	86.46	86.51	86.51	86.47	88.60	88.52
	750	83.59	83.13	83.80	83.98	85.93	85.93	86.00	86.06	85.99	88.13	87.98
	500	82.08	82.47	82.95	82.97	84.95	84.98	84.98	84.64	84.90	87.03	87.12
	300	79.39	78.13	79.13	78.95	81.10	80.90	80.92	80.94	81.24	82.93	82.76
20	1500	83.80	83.70	84.92	84.94	87.00	86.97	86.90	87.07	88.92	88.93	88.92
	1000	82.62	82.47	83.58	83.56	85.53	85.61	85.59	85.40	85.55	87.71	87.68
	750	81.84	81.63	82.91	82.93	84.88	84.95	84.97	84.63	84.78	87.10	87.06
	500	80.37	80.94	81.46	81.82	83.96	83.93	83.92	83.94	83.82	85.86	85.81
	300	75.95	75.93	78.13	77.92	80.12	79.99	79.93	79.96	79.93	81.88	82.21
22.4	1500	83.54	82.38	83.84	84.02	86.06	85.99	85.98	86.16	96.01	88.02	87.98
	1000	82.18	81.44	82.97	82.50	84.69	84.69	84.71	84.86	84.70	86.58	86.58
	750	81.72	80.54	82.47	81.72	83.95	83.95	84.01	84.18	83.97	85.81	85.81
	500	81.06	79.89	80.89	81.14	82.96	82.88	82.93	82.99	82.70	84.98	84.88
	300	76.45	75.59	76.88	77.18	78.84	79.06	78.96	79.01	78.94	81.11	81.19
25	1500	83.22	82.60	84.03	83.97	86.03	85.96	85.96	85.77	85.81	87.97	87.86
	1000	81.68	81.83	82.78	82.62	84.70	84.59	84.59	84.60	84.37	86.60	86.57
	750	80.54	81.47	82.17	81.90	84.04	83.86	83.94	83.99	83.67	85.93	85.92
	500	80.32	79.75	80.56	81.01	82.95	82.99	83.01	82.89	82.58	84.89	84.94
	300	74.36	75.58	77.48	77.22	78.87	78.92	79.00	78.91	78.93	80.86	80.89
28	1500	81.27	80.81	81.94	82.16	83.92	83.89	84.02	83.92	83.70	86.00	86.04
	1000	79.40	79.20	80.54	80.74	72.57	72.59	82.58	82.54	82.36	84.59	84.62
	750	78.33	78.31	79.71	80.12	81.94	81.96	81.89	81.94	81.76	83.96	83.97
	500	77.61	77.67	78.05	78.11	79.98	80.00	79.96	79.96	79.98	82.01	81.77
	300	71.07	73.57	73.61	73.86	75.81	78.87	75.94	76.02	75.98	77.98	77.73
31.5	1500	79.61	78.96	80.06	79.85	81.82	82.06	81.97	81.95	82.08	83.76	84.08
	1000	78.30	77.36	78.60	78.78	80.66	80.70	80.73	80.70	80.68	82.82	82.85
	750	77.74	76.46	77.60	78.18	79.90	79.87	79.96	80.00	79.85	82.25	82.11
	500	75.23	73.05	75.43	74.96	77.05	77.00	76.88	76.91	76.96	78.97	78.89
	300	72.28	71.98	71.30	72.30	74.11	73.98	74.17	73.93	74.02	75.97	76.12
35.5	1500	77.94	76.93	78.06	77.95	80.01	80.01	79.88	80.01	80.12	81.78	81.80
	1000	76.78	75.86	76.49	76.50	78.50	78.49	78.52	78.52	78.58	80.26	80.59
	750	75.94	75.55	75.66	75.96	77.96	77.91	78.02	77.97	78.00	79.71	80.17
	500	72.55	72.43	73.03	73.18	74.99	75.05	74.98	74.92	74.93	77.13	77.17
	300	66.03	69.04	68.99	68.53	70.79	70.82	70.93	71.01	70.91	72.92	73.29
40	1500	74.29	75.36	76.25	76.20	77.95	78.01	77.96	77.92	77.98	79.79	79.71
	1000	72.68	74.01	74.51	74.58	76.71	76.76	76.61	76.61	76.65	78.56	78.65
	750	71.62	73.05	73.80	73.90	76.04	76.06	75.92	75.96	75.99	77.93	78.12
	500	70.60	70.42	71.50	71.06	72.94	72.86	73.00	72.94	72.96	74.99	74.75
	300	63.84	65.29	66.22	66.79	69.06	68.91	68.83	68.86	68.94	70.98	70.94
45	1500	73.18	72.86	83.76	74.09	75.88	75.91	76.02	76.01	75.92	77.77	78.07
	1000	72.23	71.35	72.79	72.98	74.73	74.85	74.79	74.82	74.80	76.71	76.65

续表

公称传动比 i	输入转速 n_1/r·min^{-1}	中心距 a/mm										
		100	125	160	200	250	280	315	355	400	450	500
		总传动效率 η										
45	750	74.47	70.24	72.08	72.05	73.92	74.07	73.97	74.02	74.01	75.96	75.72
	500	69.08	67.93	69.38	69.80	72.18	71.82	72.00	72.02	72.02	73.94	73.96
	300	62.19	63.49	65.21	64.57	66.96	66.95	66.85	66.93	67.00	69.00	68.93
50	1500	71.84	71.97	73.36	73.18	75.02	74.94	74.97	74.96	74.96	77.05	76.76
	1000	69.68	70.92	72.01	71.50	73.60	73.60	73.71	73.63	73.62	75.64	75.67
	750	68.11	69.74	71.37	70.74	72.96	72.93	73.06	72.94	72.92	74.95	75.11
	500	66.95	68.68	68.29	68.81	71.01	71.03	70.93	70.86	70.96	72.99	72.96
	300	62.18	63.77	64.47	64.30	66.24	66.07	66.00	65.92	65.88	67.92	67.99
56	1500	70.29	69.60	71.0	70.90	72.94	72.97	72.91	73.01	72.96	74.99	74.94
	1000	67.54	68.61	69.51	69.37	71.32	71.42	71.40	71.45	71.49	73.44	73.43
	750	66.63	68.36	69.17	68.81	70.77	70.92	70.91	70.93	70.99	72.94	72.93
	500	63.23	64.43	66.42	66.74	68.80	69.13	69.05	68.93	68.99	70.95	70.92
	300	89.65	61.81	61.39	61.58	63.77	64.03	63.87	63.93	63.94	65.95	65.91
63	1500	—	—	—	70.15	72.09	71.89	78.89	71.93	71.99	73.94	74.18
	1000	—	—	—	68.69	70.41	70.34	70.51	70.54	70.49	72.46	72.53
	750	—	—	—	68.09	69.74	69.83	70.02	70.05	69.97	71.95	71.93
	500	—	—	—	66.25	67.93	68.27	67.87	68.01	67.98	70.00	70.00
	300	—	—	—	60.58	62.95	63.05	62.84	62.91	62.87	64.90	64.98

表 15-2-62 减速器输出轴轴伸许用悬臂负荷 F_R

中心距 a/mm	100	125	160	200	250	280	315	355	400	450	500
许用悬臂负荷 F_R/N	3000	4500	8000	12700	21000	24000	27000	30000	35000	37000	40000

2.4.4 减速器的选用

(1) 计算输入功率 P_{1c} 和输出转矩 T_{2c}

$$P_{1c}=P_{w1}K_A \tag{15-2-16}$$

$$T_{2c}=T_{w2}K_A \tag{15-2-17}$$

式中 P_{w1}——原动机输出功率或减速器实际输入功率，kW；

T_{w2}——工作机输入转矩或减速器实际输出转矩，N·m；

K_A——工况系数，见表 15-2-63。

表 15-2-63 工况系数 K_A

原动机	载荷性质	载荷代号①	每日工作时间/h				
			≤0.5	>0.5~1	>1~2	>2~10	>10~24
电动机	均匀、轻微冲击	U	0.80	0.90	1.00	1.20	1.30
	中等冲击	M	0.90	1.00	1.20	1.30	1.50
	强冲击	H	1.10	1.20	1.30	1.50	1.75
多缸发动机	均匀、轻微冲击	U	0.90	1.05	1.15	1.40	1.50
	中等冲击	M	1.05	1.15	1.40	1.50	1.75
	强冲击	H	1.25	1.40	1.50	1.75	2.00
单缸发动机	均匀、轻微冲击	U	1.10	1.10	1.20	1.45	1.55
	中等冲击	M	1.20	1.20	1.45	1.55	1.80
	强冲击	H	1.45	1.45	1.55	1.80	2.10

① 工作机的载荷代号见表 15-2-38。

（2）校验减速器输出轴轴伸悬臂负荷

减速器输出轴轴伸装有齿轮、链轮、V 带轮或平带轮时，则需校验轴伸悬臂负荷。轴伸悬臂负荷：

$$F_{Rc}=2T_{w2}K_A f_R/D\leqslant F_R \qquad (15\text{-}2\text{-}18)$$

式中　F_{Rc}——轴伸悬臂负荷，N；

T_{w2}——工作机输入转矩或减速器实际输出转矩，N·m；

K_A——工况系数，见表 15-2-63；

f_R——悬臂负荷系数，轴伸装有齿轮时，$f_R=1.5$；装有链轮时，$f_R=1.2$；装有 V 带轮时，$f_R=2.0$；装有平带轮时，$f_R=2.5$；

D——齿轮、链轮、V 带轮和平带轮节圆直径，m；

F_R——许用轴伸悬臂负荷，见表 15-2-62。

（3）校验输入热功率

输入热功率校验按工作制度来进行，在下列间歇工作中可不需校验输入热功率：在 1h 内多次（两次以上）启动并且运转时间总和不超过 20min 的场合；在一个工作周期内运转时间不超过 30min 并且间隔 2h 以上启动一次的场合。

除上述状况外，如果实际输入功率超过许用输入热功率，则须采用强制冷却措施或选用更大规格的减速器。

$$P_h\geqslant P_{w1}$$

式中　P_h——许用输入热功率，有风扇冷却时，按表 15-2-59 选取；无风扇冷却时，按式（15-2-15）计算，kW；

P_{w1}——减速器实际输入功率，kW。

例 1　带式输送机用直廓环面蜗杆减速器，中等冲击载荷，每日工作 8h，连续运转，电动机功率 $P_{w1}=15$kW，减速器输入转速 $n_1=1500$r/min，传动比 $i=31.5$，内扇冷却。

（1）选用计算

由表 15-2-63 查得 $K_A=1.3$，则计算输入功率：

$$P_{1c}=P_{w1}K_A=15\times1.3=19.5\text{kW}$$

查表 15-2-58，选择减速器中心距 $a=200$mm，$n_1=1500$r/min，$i=31.5$，额定输入功率 $P_1=25.6>P_{1c}$机械强度通过。

（2）校验输入热功率

由表 15-2-59 查得 $a=200$mm，$n_1=1500$r/min，$i=31.5$ 时，许用输入热功率 $P_n=14<P_{w1}$，则需采用强制冷却措施，否则需选用 $a=250$mm 的减速器。

例 2　卷扬机用减速器，均匀载荷，每日工作 2h，每小时工作 15min，减速器输入轴转速 $n_1=1500$r/min，传动比 $i=50$，输出轴转矩 $T_{w2}=9500$N·m。

（1）选用计算

由表 15-2-63 查得 $K_A=1.0$，则计算输出转矩：

$$T_{2c}=T_{w2}K_A=9500\times1.0=9500\text{N}\cdot\text{m}$$

查表 15-2-58，选择减速器中心距 $a=315$mm，$i=50$。当 $n_1=1500$r/min，额定输出转矩 $T_2=11040$N·m，机械强度满足。

（2）校验输入热功率

由于属间歇工作，工作制度符合规定，则不需要校验输入热功率。

2.5　行星齿轮减速器

2.5.1　NGW 型行星齿轮减速器（JB/T 6502—2015）

2.5.1.1　适用范围、代号和标记方法

（1）适用范围

NGW 行星齿轮减速器适用于机械设备的减速传动。减速器最高输入转速不超过 1500r/min。工作环境温度为 −40～40℃。当工作环境温度低于 0℃时，起动前润滑油必须加热到 0℃以上，或采用低凝固点的润滑油，如合成油。

（2）代号

减速器代号包括型号、级别、形式、规格、公称传动比和标准编号。

P——行星传动英文首字母；

2——两级行星齿轮传动；

3——三级行星齿轮传动；

F——法兰连接；

D——底座连接；

Z——定轴圆柱齿轮。

减速器标记方法 1：

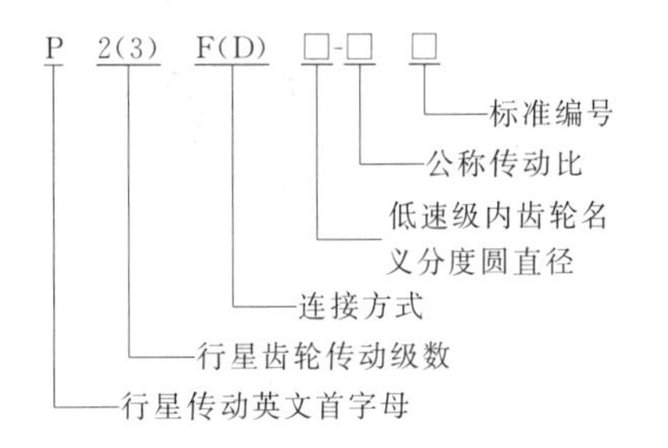

减速器标记方法 2：

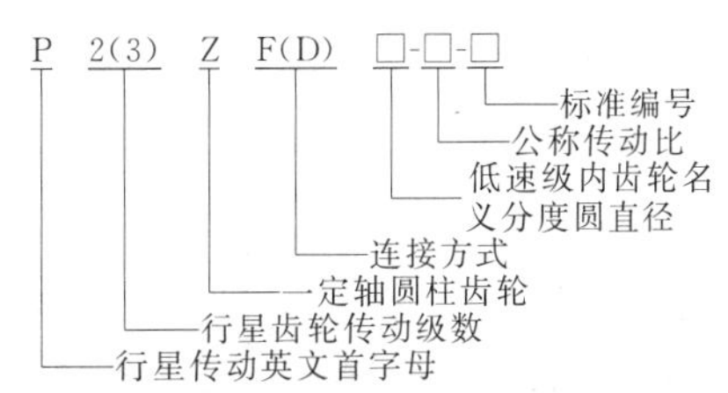

注：法兰连接方式为传动基本型。

（3）标记示例

示例 1：低速级内齿轮名义分度圆直径 $d=1000$mm，公称传动比 $i_0=25$，二级行星传动，法兰

式连接行星减速器标记为

P2F1000-25 JB/T 6502—2015

示例 2：低速级内齿轮名义分度圆直径 $d=1000\text{mm}$，公称传动比 $i_0=25$，三级行星传动与一级定轴圆柱齿轮组合，底座式连接行星减速器标记为

P3ZD1000-25 JB/T 6502—2015

2.5.1.2 公称传动比

表 15-2-64 减速器的公称传动比

序号	1	2	3	4	5	6	7	8	9	10	11	12
传动比	20	22.4	25	28	31.5	35.5	40	45	50	56	63	71
序号	13	14	15	16	17	18	19	20	21	22	23	24
传动比	80	90	100	112	125	140	160	180	200	224	250	280
序号	25	26	27	28	29	30	31	32	33	34		
传动比	315	355	400	450	500	560	630	710	800	900		

2.5.1.3 结构型式和尺寸

P2F280～1400 系列减速器的结构型式和外形接口尺寸见表 15-2-65。

P2ZF280～1400 系列减速器的结构型式和外形接口尺寸见表 15-2-66。

P3F315～1400 系列减速器的结构型式和外形接口尺寸见表 15-2-67。

P3ZF315～1400 系列减速器的结构型式和外形接口尺寸见表 15-2-68。

输出空心轴轴伸尺寸见表 15-2-69。

输出内花键轴轴伸尺寸见表 15-2-70。

输出外花键轴轴伸尺寸见表 15-2-71。

连接底座尺寸见表 15-2-72。

表 15-2-65 P2F280～1400 系列减速器的结构型式和外形接口尺寸 mm

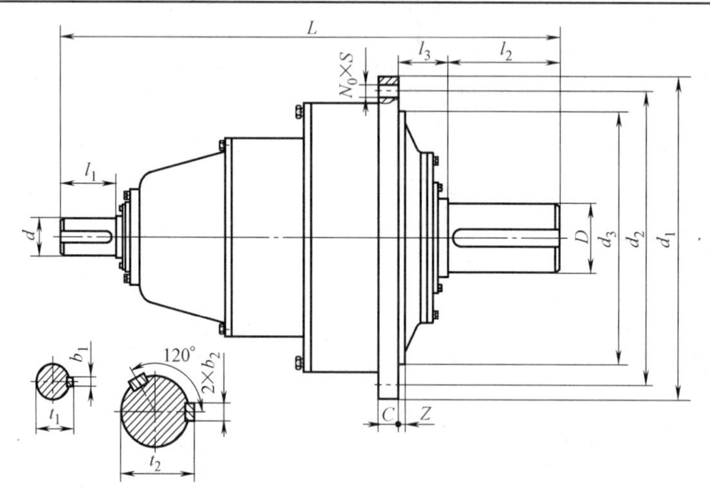

型号	外形尺寸							轴伸								法兰孔		质量	油量
	L	d_1	d_2	d_3	C	Z	l_3	d	l_1	D	l_2	b_1	t_1	b_2	t_2	S	N_0	/kg	/L
280	865	430	388	350	25	7	95	55	90	120	210	16	59	32	127	18	24	160	7
315	1050	472	436	394	28	8	140	55	90	130	210	16	59	32	137	18	28	220	9
355	1090	525	485	425	32	8	110	70	120	150	240	20	74.5	36	158	22	20	280	12
400	1214	605	555	495	34	9	110	70	120	160	270	20	74.5	40	169	26	20	450	16
450	1312	645	595	535	40	11	125	80	140	180	310	22	85	45	190	26	24	560	25
500	1480	720	665	610	42	12	140	80	140	210	350	22	85	50	221	26	32	900	36
560	1530	780	720	665	44	15	140	95	160	230	350	25	100	50	241	26	36	1230	45
630	1710	895	830	750	50	15	145	95	160	260	400	25	100	56	272	33	24	1830	58
710	1810	980	915	840	56	15	150	110	180	300	450	28	116	70	314	33	36	2500	75
800	1920	1115	1025	935	62	20	160	120	210	320	500	32	127	70	334	39	32	3550	95
900	2216	1320	1220	1110	75	25	175	130	210	360	590	32	137	80	375	39	36	4250	145
1000	2510	1460	1345	1215	80	30	200	150	240	430	690	36	158	90	447	45	36	6100	200
1120	2890	1665	1545	1400	95	35	230	160	270	480	790	40	169	100	499	52	36	9500	295
1250	3193	1755	1635	1495	100	35	250	180	310	570	950	45	190	120	592	62	36	13150	380
1400	3474	1945	1825	1685	112	40	270	190	310	640	1000	45	200	150	665	62	40	19800	550

表 15-2-66　P2ZF280～1400 系列减速器的结构型式和外形接口尺寸　mm

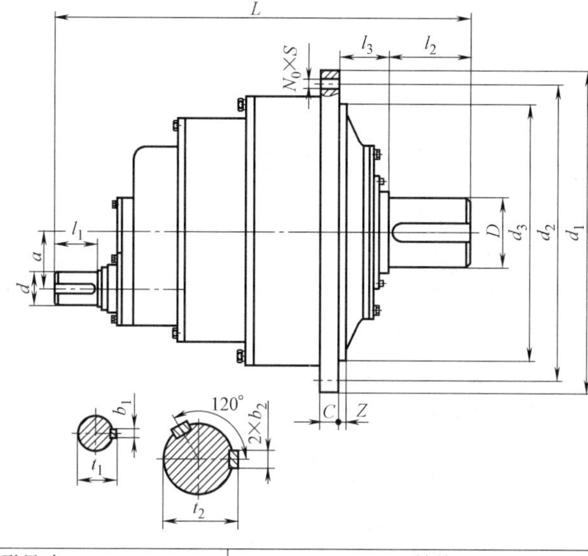

型号	外形尺寸								轴伸								法兰孔		质量	油量
	L	d_1	d_2	d_3	C	Z	l_3	a	d	l_1	D	l_2	b_1	t_1	b_2	t_2	S	N_0	/kg	/L
280	840	430	388	350	25	7	95	90	38	60	120	210	16	59	32	127	18	24	220	8
315	989	472	436	394	28	8	110	100	55	90	130	210	16	59	32	137	18	28	310	11
355	1033	525	485	425	32	8	110	112	55	90	150	240	20	74.5	36	158	22	20	450	15
400	1184	605	555	495	34	9	110	120	55	90	160	270	20	74.5	40	169	26	20	520	18
450	1290	645	595	535	40	11	125	145	70	120	180	310	22	85	45	190	26	24	700	25
500	1460	720	665	610	42	12	140	145	70	120	210	350	22	85	50	221	26	32	1150	40
560	1507	780	720	665	44	15	140	180	80	140	230	350	25	100	50	241	26	36	1500	55
630	1710	895	830	750	50	15	145	200	90	160	260	400	25	100	56	272	33	24	1950	65
710	1836	980	915	840	56	15	150	224	90	160	300	450	28	116	70	314	33	36	2800	100
800	2015	1115	1025	935	62	20	160	250	100	180	320	500	32	127	70	334	39	32	3850	135
900	2266	1320	1220	1110	75	25	175	280	120	210	360	590	32	137	80	375	39	36	4850	185
1000	2559	1460	1345	1215	80	30	200	315	140	240	430	690	36	158	90	447	45	36	6800	245
1120	2922	1665	1545	1400	95	35	230	365	150	240	480	790	40	169	100	499	52	36	10300	350
1250	3215	1755	1635	1495	100	35	250	400	170	270	570	950	45	190	120	592	62	36	13500	400
1400	3580	1945	1825	1685	112	40	270	450	180	310	640	1000	45	200	150	665	62	40	20000	550

表 15-2-67　P3F315～1400 系列减速器的结构型式和外形接口尺寸　mm

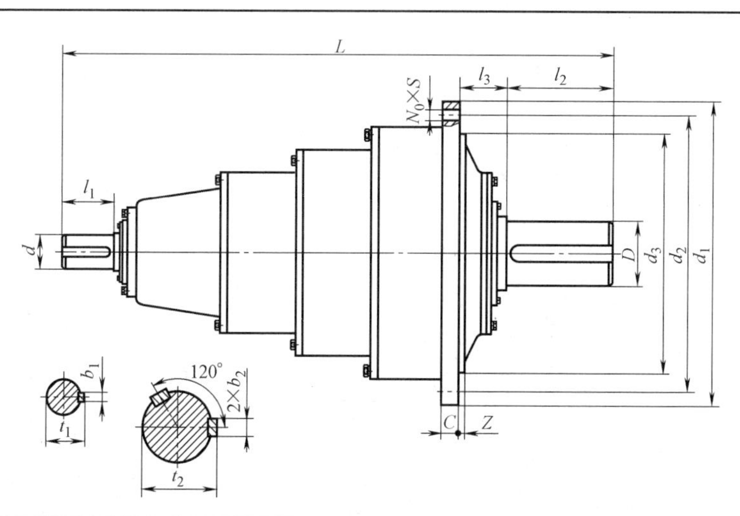

续表

型号	外形尺寸							轴伸								法兰孔		质量	油量
	L	d_1	d_2	d_3	C	Z	l_3	d	l_1	D	l_2	b_1	t_1	b_2	t_2	S	N_0	/kg	/L
315	1026	472	436	394	28	8	110	55	90	130	210	16	59	32	137	18	28	285	12
355	1070	525	485	425	32	8	110	55	90	150	240	20	74.5	36	158	22	20	360	16
400	1158	605	555	495	34	9	110	55	90	160	270	20	74.5	40	169	26	20	535	23
450	1236	645	595	535	40	11	125	55	90	180	310	22	85	45	190	26	24	760	32
500	1433	720	665	610	42	12	140	55	90	210	350	22	85	50	221	26	32	1120	42
560	1489	780	720	665	44	15	140	70	120	230	350	25	100	50	241	26	36	1500	58
630	1678	895	830	750	50	15	145	70	120	260	400	25	100	56	272	33	24	2110	70
710	1833	980	915	840	56	15	150	80	140	300	450	28	116	70	314	33	36	2610	102
800	2022	1115	1025	935	62	20	160	80	140	320	500	32	127	70	334	39	32	3610	145
900	2210	1320	1220	1110	75	25	175	95	160	360	590	32	137	80	375	39	36	5210	180
1000	2540	1460	1345	1215	80	30	200	110	180	430	690	36	158	90	447	45	36	6500	235
1120	2785	1665	1545	1400	95	35	230	110	180	480	790	40	169	100	499	52	36	9600	340
1250	3120	1755	1635	1495	100	35	250	130	210	570	950	45	190	120	592	62	36	14000	450
1400	3500	1945	1825	1685	112	40	270	150	240	640	1000	45	200	150	665	62	40	19530	685

表 15-2-68　P3ZF315～1400 系列减速器的结构型式和外形接口尺寸　mm

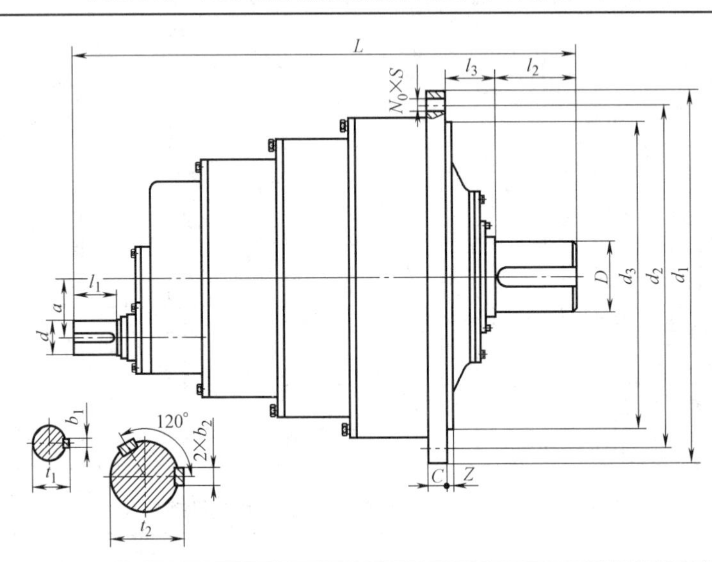

型号	外形尺寸								轴伸								法兰孔		质量	油量
	L	d_1	d_2	d_3	C	Z	l_3	a	d	l_1	D	l_2	b_1	t_1	b_2	t_2	S	N_0	/kg	/L
315	996	472	436	394	28	8	110	90	38	60	130	210	16	59	32	137	18	28	315	13
355	1040	525	485	425	32	8	110	90	38	60	150	240	20	74.5	36	158	22	20	450	15
400	1070	605	555	495	34	9	110	90	38	60	160	270	20	74.5	40	169	26	20	500	18
450	1183	645	595	535	40	11	125	90	38	60	180	310	22	85	45	190	26	24	610	25
500	1430	720	665	610	42	12	140	112	55	90	210	350	22	85	50	221	26	32	1100	42
560	1459	780	720	665	44	15	140	112	55	90	230	350	25	100	50	241	26	36	1600	60
630	1678	895	830	750	50	15	145	140	70	120	260	400	25	100	56	272	33	24	2060	75
710	1813	980	915	840	56	15	150	140	70	120	300	450	28	116	70	314	33	36	2880	115
800	1937	1115	1025	935	62	20	160	160	70	120	320	500	32	127	70	334	39	32	3700	156
900	2189	1320	1220	1110	75	25	175	180	80	140	360	590	32	137	80	375	39	36	5200	200
1000	2520	1460	1345	1215	80	30	200	200	90	160	430	690	36	158	90	447	45	36	6850	285
1120	2817	1665	1545	1400	95	35	230	250	100	180	480	790	40	169	100	499	52	36	11000	390
1250	2920	1755	1635	1495	100	35	250	280	120	210	570	950	45	190	120	592	62	36	14200	430
1400	3450	1945	1825	1685	112	40	270	315	140	240	640	1000	45	200	150	665	62	40	22000	585

表 15-2-69　输出空心轴轴伸尺寸　mm

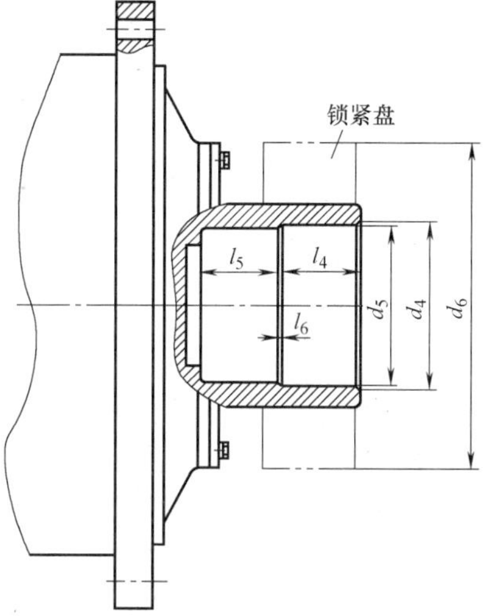

规格	外形尺寸					
	d_4H7	l_4	d_5H7	l_5	d_6	l_6
280	120	65	115	65	263	2.5
315	140	82.5	135	82.5	320	2.5
355	160	90	155	90	370	2.5
400	180	95	175	95	405	2.5
450	210	105	205	105	460	2.5
500	230	110	225	110	485	2.5
560	250	120	245	120	520	2.5
630	260	120	255	120	570	2.5
710	310	152	305	152	650	2.5
800	350	164	345	164	720	2.5
900	380	180	375	180	800	2.5
1000	430	191	425	191	910	2.5
1120	480	232	470	232	960	5
1250	570	242	560	242	1140	5
1400	630	272	640	272	1230	5

表 15-2-70　输出内花键轴轴伸尺寸　mm

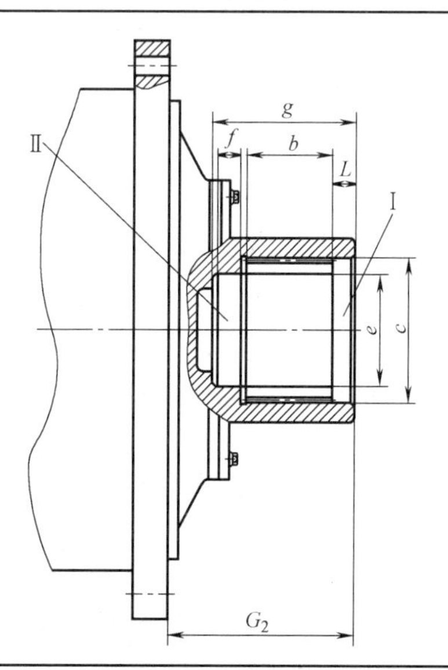

第15篇

续表

规格	G_2	内花键 (GB/T 3478.1—2008)	b	中心孔Ⅰ		中心孔Ⅱ		g
				c(H7)	L	e(H7)	f	
280	165	INT 22z×5m×30R×7H	70	122	40	107	20	150
315	204	INT 26z×5m×30R×7H	90	142	45	125	25	180
355	223	INT 30z×5m×30R×7H	100	162	45	145	25	190
400	237	INT 34z×5m×30R×7H	110	182	45	165	25	200
450	264	INT 40z×5m×30R×7H	125	212	45	195	25	215
500	285	INT 28z×8m×30R×7H	140	242	50	220	25	235
560	290	INT 30z×8m×30R×7H	150	252	50	230	30	250
630	303	INT 31z×8m×30R×7H	160	262	50	240	30	260
710	354	INT 37z×8m×30R×7H	190	312	60	290	40	310
800	348	INT 41z×8m×30R×7H	200	342	60	320	40	320
900	372	INT 46z×8m×30R×7H	230	382	60	360	40	350
1000	423	INT 54z×8m×30R×7H	250	442	60	420	40	370
1120	448	INT 58z×8m×30R×7H	285	482	65	460	45	415

表 15-2-71　　输出外花键轴轴伸尺寸　　mm

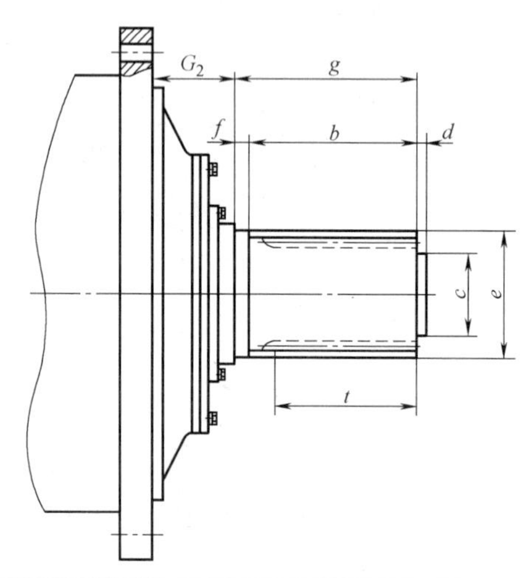

规格	外花键 (GB/T 3478.1—2008)	b	c(k6)	d	e(k6)	f	g	G_2	t
280	EXT 24z×5m×30R×7h	80	110	20	132	20	120	95	70
315	EXT 30z×5m×30R×7h	100	140	25	162	25	150	109	90
355	EXT 34z×5m×30R×7h	110	90	25	182	25	160	106	100
400	EXT 38z×5m×30R×7h	120	100	30	202	25	175	118	110
450	EXT 42z×5m×30R×7h	135	120	30	202	25	190	118	125
500	EXT 30z×8m×30R×7h	155	140	35	252	30	220	130	140
560	EXT 31z×5m×30R×7h	165	155	40	262	35	240	139	150
630	EXT 34z×5m×30R×7h	175	170	40	282	35	250	134	160
710	EXT 34z×5m×30R×7h	205	200	40	322	35	280	158	190
800	EXT 44z×5m×30R×7h	215	230	40	362	35	290	175	200
900	EXT 38z×5m×30R×7h	245	260	40	402	35	320	182	230
1000	EXT 54z×5m×30R×7h	265	310	40	442	35	340	196	250
1120	EXT 58z×5m×30R×7h	300	360	45	482	40	385	209	285

表 15-2-72　　**连接底座尺寸**　　mm

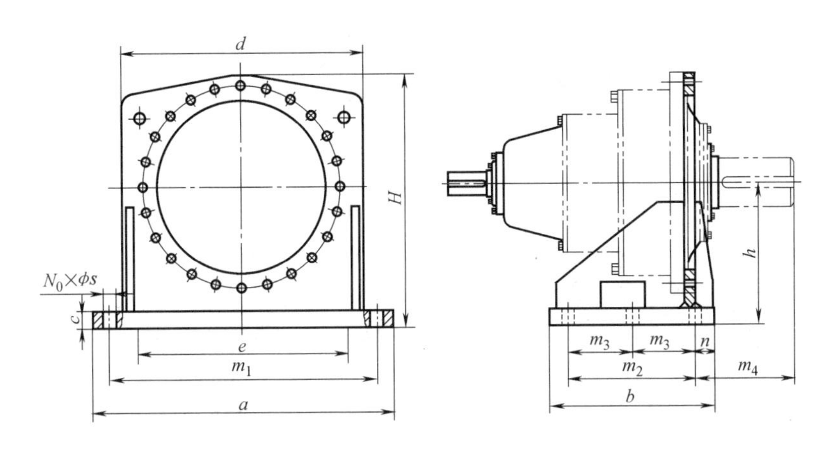

规格	a	b	c	d	e	h	H	m_1	m_2	m_3	m_4	n	底座螺栓 $N_0\times\phi s$	质量 /kg
280	580	330	20	450	380	260	480	520	260	130	240	35	$6\times\phi26$	56
315	680	400	30	550	480	315	585	620	330	110	274	35	$8\times\phi26$	125
355	760	450	30	630	560	360	670	700	380	95	292	35	$10\times\phi26$	157
400	820	490	35	680	610	390	720	750	420	105	334	35	$10\times\phi26$	213
450	920	560	35	760	680	430	800	840	480	120	380	40	$10\times\phi33$	270
500	980	580	40	820	700	470	865	900	500	125	374	40	$10\times\phi33$	350
560	1130	670	45	940	810	540	998	1040	580	145	405	45	$10\times\phi39$	520
630	1180	720	45	980	830	560	1035	1080	620	155	385	50	$10\times\phi39$	580
710	1440	840	55	1170	1020	660	1228	1320	700	175	513	70	$10\times\phi52$	950
800	1540	910	60	1270	1100	730	1345	1420	750	150	567	80	$12\times\phi52$	1280
900	1700	1000	65	1400	1240	795	1465	1550	860	215	574	70	$10\times\phi62$	1675
1000	1850	1100	70	1550	1370	870	1610	1700	950	190	664	75	$12\times\phi62$	2200
1120	2150	1300	75	1750	1570	1000	1845	1950	1100	220	773	100	$12\times\phi70$	3100
1250	2230	1350	85	1850	1630	1050	1940	2050	1150	230	933	100	$12\times\phi78$	3900
1400	2350	1420	90	1960	1700	1100	2050	2150	1200	240	985	110	$12\times\phi86$	4670

2.5.1.4　润滑和冷却

减速器采用喷油循环润滑。当无循环润滑条件时，允许采用油池润滑。当减速器采用油池润滑时，其工作平衡油温不得超过 95℃，实际载荷功率不得超过热平衡功率 P_{G1}。油池润滑的油量应按图样规定的油标高度注入润滑油。

循环润滑的油量一般不少于 0.5L/kW，或按热平衡、胶合强度计算的结果决定油站的容积和流量。

润滑油的牌号、黏度：当环境温度 $t>38$℃时，选用中载荷齿轮油 L-CKC320（或 VG320，Mobil632）；当环境温度 $t\leqslant38$℃时，选用中载荷齿轮油 L-CKC220（或 VG220，Mobil630）。

2.5.1.5　承载能力

（1）减速器高速轴公称输入功率

P2F/P2D 减速器高速轴公称输入功率 P_1 见表 15-2-73，油池润滑的许用热功率 P_{G1} 见表 15-2-74，P2ZF/P2ZD 减速器高速轴公称输入功率 P_1 见表 15-2-75，油池润滑的许用热功率 P_{G1} 见表 15-2-76，P3F/P3D 减速器高速轴公称输入功率 P_1 见表 15-2-77，油池润滑的许用热功率 P_{G1} 见表 15-2-78，P3ZF/P3ZD 减速器高速轴公称输入功率 P_1 见表 15-2-79，油池润滑的许用热功率 P_{G1} 见表 15-2-80。

表 15-2-73 P2F/P2D 减速器高速轴公称输入功率 P_1

规格		280	315	355	400	450	500	560	630	710	800	900	1000	1120	1250	1400
额定输出转矩/N·m		19000	30000	37500	50000	67000	98000	135000	180000	310000	400000	551500	764000	1120000	1680000	2400000
公称传动比 i	输入转速 n/r·min^{-1}	公称输入功率 P_1/kW														
20	1500	150	245	294	390	525	785	1060	1405	2437	3150	4350	6000	—	—	—
	1000	100	165	196	260	350	530	706	937	1625	2100	2900	3998	5855	8747	12565
	750	75	123	147	195	262	396	530	702	1218	1575	2180	3000	4390	6560	9445
22.4	1500	134	215	263	352	472	680	945	1255	2175	2812	3885	5355	—	—	—
	1000	89	145	175	235	315	456	630	837	1450	1875	2590	3570	5228	7810	11218
	750	68	108	131	176	236	342	470	628	1087	1406	4950	2677	3920	5857	8435
25	1500	120	195	235	315	420	615	847	1425	1950	2520	3465	4800	—	—	—
	1000	80	130	157	210	280	410	565	750	1300	1680	2310	3200	4685	7000	10052
	750	60	95	118	157	210	305	423	562	975	1260	1735	2400	3510	5263	7540
28	1500	107	172	210	280	375	548	756	1005	1740	2250	3075	4285	—	—	—
	1000	71	115	140	187	250	366	504	670	1160	1500	2050	2857	4122	6250	8975
	750	54	85	105	140	187	270	378	502	870	1125	1540	2142	3090	4687	6733
31.5	1500	76	120	147	190	270	392	547	885	1237	1807	2220	3000	4350	7050	9750
	1000	51	80	98	127	180	260	365	590	825	1205	1480	2000	2900	4700	6500
	750	39	61	74	95	135	200	273	442	618	905	1112	1500	2175	3525	4885
35.5	1500	66	108	130	170	232	347	480	787	1095	1603	1972	2655	3825	6255	8652
	1000	44	73	87	113	155	232	320	525	730	1069	1315	1770	2550	4170	5768
	750	33	53	65	85	116	173	240	394	547	800	988	1327	1910	3122	4326
40	1500	45	70	87	105	150	223	285	435	660	900	1320	1725	2551	3600	4950
	1000	30	48	59	70	100	150	190	290	440	600	880	1150	1702	2400	3300
	750	23	36	44	53	75	110	142	218	330	450	660	860	1275	1800	2475

表 15-2-74 P2F/P2D 减速器油池润滑的许用热功率 P_{G1} kW

规格	280	315	355	400	450	500	560	630	710	800	900	1000	1120	1250	1400
P_{G1}(小空间)	16	24	30	36	48	58	70	80	100	130	155	195	252	304	360
P_{G1}(大空间)	23	34	45	52	70	83	100	118	150	190	230	285	368	440	528
P_{G1}(户外露天)	31	47	60	72	95	110	135	156	210	265	315	395	502	605	720

表 15-2-75 P2ZF/P2ZD 减速器高速轴公称输入功率 P_1

规格		280	315	355	400	450	500	560	630	710	800	900	1000	1120	1250	1400
额定输出转矩/N·m		19000	30000	37500	50000	67000	98000	135000	180000	310000	400000	551500	764000	1120000	1680000	2400000
公称传动比 i	输入转速 n/r·min^{-1}	公称输入功率 P_1/kW														
45	1500	65	108	130	172	235	340	470	627	1087	1405	1920	2667	3910	5850	8400
	1000	44	72	87	115	157	225	315	418	725	937	1280	1775	2606	3900	5600
	750	32	54	66	86	118	170	236	310	543	702	962	1335	1952	2920	4200
50	1500	58	97	115	155	211	305	425	560	978	1264	1728	2400	3517	5265	7560
	1000	39	65	77	103	141	204	283	376	652	843	1150	1600	2345	3510	5040
	750	28	48	57	77	105	150	212	280	485	630	865	1200	1755	2632	3780
56	1500	50	87	102	135	187	270	376	502	870	1125	1540	2140	3130	4685	6725
	1000	34	58	68	90	125	180	251	335	580	750	1025	1428	2087	3123	4485
	750	21	43	51	67	93	136	188	251	435	560	771	1070	1565	2340	3360

续表

规格		280	315	355	400	450	500	560	630	710	800	900	1000	1120	1250	1400
额定输出转矩/N·m		19000	30000	37500	50000	67000	98000	135000	180000	310000	400000	551500	764000	1120000	1680000	2400000
公称传动比 i	输入转速 n/r·min^{-1}	公称输入功率 P_1/kW														
63	1500	45	78	90	123	165	240	335	447	774	1000	1365	1905	2775	4170	5985
	1000	30	52	60	80	110	160	223	298	516	667	910	1270	1852	2780	3992
	750	22	38	44	60	82.5	120	167	220	387	500	680	950	1390	2085	2990
71	1500	33	55	62	83	117	170	238	318	547	710	968	1327	1972	2958	4245
	1000	22	37	42	56	78	112	160	212	365	475	645	885	1315	1972	2832
	750	16	28	30	40	58	85	120	158	271	356	480	660	985	1476	2832
80	1500	30	48	57	75	103	150	212	280	485	630	860	1180	1745	2625	3780
	1000	20	32	38	50	69	100	143	188	325	420	570	787	1165	1750	2520
	750	16	23	28	37	51	75	107	141	240	312	430	590	870	1310	1890
90	1500	25	43	49	67	90	132	190	247	433	560	765	1050	1550	2325	3360
	1000	17	29	33	45	61	89	127	165	289	375	510	700	1036	1550	2240
	750	13	22	25	33	45	67	95	123	215	281	382	525	775	1160	1680
100	1500	22	37	45	60	80	118	170	220	385	495	685	930	1395	2065	2980
	1000	15	25	30	40	55	80	113	147	257	332	460	623	930	1378	1989
	750	10	18	23	30	41	59	85	108	192	247	340	465	697	1033	1490
112	1500	19	32	37	52	70	105	148	196	345	442	610	830	1235	1835	2650
	1000	13	22	25	35	48	70	100	130	230	295	407	555	825	1225	1770
	750	9.5	16	19	26	36	53	75	97	172	220	305	415	618	918	1325
125	1500	13	22	27	33	48	70	97	130	223	292	410	555	825	1220	1770
	1000	9	15	18	22	32	47	66	87	150	195	275	370	550	815	1180
	750	6	12	13	15	23	35	49	66	112	145	206	275	410	611	882

表 15-2-76　P2ZF/P2ZD 减速器油池润滑的许用热功率 P_{G1}　kW

规格	280	315	355	400	450	500	560	630	710	800	900	1000	1120	1250	1400
P_{G1}(小空间)	13	19	25	29	39	47	57	65	86	108	130	162	207	250	299
P_{G1}(大空间)	19	28	36	43	57	68	82	95	125	157	189	235	300	363	435
P_{G1}(户外露天)	26	38	49	59	78	93	114	130	172	216	260	325	414	500	600

表 15-2-77　P3F/P3D 减速器高速轴公称输入功率 P_1

规格		315	355	400	450	500	560	630	710	800	900	1000	1120	1250	1400
额定输出转矩/N·m		30000	37500	50000	67000	98000	135000	180000	310000	400000	551500	764000	1120000	1680000	2400000
公称传动比 i	输入转速 n/r·min^{-1}	公称输入功率 P_1/kW													
140 (6.3×5.6×4)	1500	32	42	55	76	110	151	202	345	450	622	—	—	—	—
	1000	22	28	37	50	73	100	135	231	300	415	571	835	1233	1770
	750	16.5	20	28	37	56	76	100	173	225	310	428	625	925	1325
160 (7.1×5.6×4)	1500	29	36.7	48	65	95	131	176	303	390	552	—	—	—	—
	1000	19.2	24.5	32	43.7	64	87.5	118	202	262	368	508	743	1093	1570
	750	14.5	18	23	33	48	66	87	150	196	276	381	557	821	1176
180 (7.1×6.3×4)	1500	26	32	42	58	85	116	155	271	345	492	—	—	—	—
	1000	17	21.7	28	38.5	57	77.8	104	180	230	328	450	660	975	1400
	750	13	15	20	30	43	59	78	136	172	245	337	494	730	1052

续表

规格		315	355	400	450	500	560	630	710	800	900	1000	1120	1250	1400
额定输出转矩 /N·m		30000	37500	50000	67000	98000	135000	180000	310000	400000	551500	764000	1120000	1680000	2400000
公称传动比 i	输入转速 n /r·min^{-1}	公称输入功率 P_1/kW													
200 (8×6.3×4)	1500	22.5	29	38	51	76	102	135	243	310	435	—	—	—	—
	1000	15	19.5	25.5	34	50	68	91	162	207	290	402	588	877	1260
	750	11	15	20	26	39	50	68	120	155	217	300	442	655	945
224 (8×7.1×4)	1500	19.5	26	34.2	46	67	90	121	216	275	388	535	781	1170	1680
	1000	13	17.3	22.8	31	45	61	81	144	184	260	358	520	780	1121
	750	10	12.6	17.5	22	33.6	46	62	108	138	193	268	390	585	842
250 (8×7.1×4.5)	1500	14	18	24	34	47	64	87	153	196	277	381	555	830	1205
	1000	9.5	12	16	22	32	43	58	102	131	185	254	370	555	802
	750	7	9.2	11.5	17.5	23	31	43	76	98	138	190	275	416	603
280 (8×8×4.5)	1500	12.7	16.5	21.7	28	40	57	78	134	170	246	337	495	742	1070
	1000	8.5	11	14.5	19	28	38	52	90	115	164	225	330	495	715
	750	6	8	11	15	21	28	38	68	86	122	168	245	370	536

表 15-2-78　P3F/P3D 减速器油池润滑的许用热功率 P_{G1}　kW

规格	315	355	400	450	500	560	630	710	800	900	1000	1120	1250	1400
P_{G1}(小空间)	16	21	25	34	39	48	56	73	90	109	139	179	222	258
P_{G1}(大空间)	23	30	36	48	57	70	81	105	132	158	202	259	320	372
P_{G1}(户外露天)	32	42	49	65	79	96	110	145	182	222	277	356	441	512

表 15-2-79　P3ZF/P3ZD 减速器高速轴公称输入功率 P_1

规格		315	355	400	450	500	560	630	710	800	900	1000	1120	1250	1400
额定输出转矩 /N·m		30000	37500	50000	67000	98000	135000	180000	310000	400000	551500	764000	1120000	1680000	2400000
公称传动比 i	输入转速 n /r·min^{-1}	公称输入功率 P_1/kW													
315 (2×7.1×5.6×4)	1500	14	19.5	25.5	32	48	67.5	91	150	198	270	380	558	817	4177
	1000	9.5	13	17	22	32	45	60	102	132	182	253	372	545	785
	750	7	9.7	12.7	15.5	23	33	46	76	95	136	192	280	408	586
355 (2.24×7.1×5.6×4)	1500	12.6	17	22.5	29	42	61	80	132	175	240	335	495	730	1052
	1000	8.4	11.5	15	19.5	28	40	53	90	117	160	224	330	486	700
	750	11	8	11.2	14.5	20	30	41	65	87	122	166	247	364	526
400 (2.24×7.1×6.3×4)	1500	11	15	20	25	37.5	52	70	121	155	212	302	438	637	931
	1000	7.5	10	13.4	17	25	35	47	80	104	142	200	292	438	620
	750	6	7.6	10.5	13	18.7	25	36	60	77	105	153	218	328	465
450 (2.5×7.1×6.3×4)	1500	10	13.5	17.5	8	32	47	63	100	138	190	265	392	585	820
	1000	6.7	9	11.8	15	22	32	42	71	92	126	178	260	390	550
	750	5	6.7	8.6	4	15	24	32	52	69	96	133	196	290	412
500 (2.5×8×6.3×4)	1500	9	2	15	19.5	29	42	55	94	125	168	235	350	520	740
	1000	6	8	10	13	19.5	28	37	63	82	112	158	234	348	495
	750	4	6.3	7	10	14	20	28	47	63	85	118	176	261	371

续表

规格		315	355	400	450	500	560	630	710	800	900	1000	1120	1250	1400
额定输出转矩 /N·m		30000	37500	50000	67000	98000	135000	180000	310000	400000	551500	764000	1120000	1680000	2400000
公称传动比 i	输入转速 n /r·min^{-1}	公称输入功率 P_1/kW													
560 (2.5×8×7.1×4)	1500	8	10.8	12.7	18	26.5	37.5	50	85	110	152	210	310	462	660
	1000	5.3	7.2	8.5	12	17.7	25	33	57	73	100	140	208	308	443
	750	4	5.5	6	9	13	19	26	43	56	75	104	156	233	330
630 (2.5×78×7.1×4.5)	1500	5.7	7.5	9	12.7	19	27	15	62	78	108	152	220	332	478
	1000	3.8	5	6	8.5	12.6	18	23.5	40	52	72	100	148	220	319
	750	2.8	3.7	4.5	6.3	9.5	14	17	30	40	55	78	112	165	238
710 (2.8×8×7.1×4.5)	1500	5	6.7	8	11	16.5	24	30	54	70	94	130	195	292	425
	1000	3.3	4.5	5.4	7.5	11	16	21	36	46	63	88	130	195	283
	750	2.6	3.4	4.2	5.6	8	12.5	16	26	36	47	66	98	145	212
800 (3.15×8×7.1×4.5)	1500	4.6	6	7.2	9.7	15	21	28.5	48	61	83	117	170	260	380
	1000	3	4	4.8	6.5	10	14	19	32	41	56	78	115	173	252
	750	2.1	3	3.5	4.8	7.5	10	14	25	30	42	58	86	129	191
900 (3.15×8×8×4.5)	1500	3.8	5.4	6.3	9	13	19	25	42	54	76	103	155	228	113
	1000	2.6	3.6	4.2	6	8.7	12.6	16.6	28	36.5	50	60	103	152	225
	750	2	2.7	3.1	4.6	6.5	8	13	20	28	39	52	77	115	56

表 15-2-80　　P3ZF/P3ZD 减速器油池润滑的许用热功率 P_{G1}　　kW

规格	315	355	400	450	500	560	630	710	800	900	1000	1120	1250	1400
P_{G1}(小空间)	14	18	21	30	35	42	49	64	80	96	123	158	193	223
P_{G1}(大空间)	20	26	31	42	50	61	72	92	116	139	179	229	280	325
P_{G1}(户外露天)	28	36	43	58	69	84	99	126	159	191	246	314	385	446

(2) 减速器输出轴轴端径向许用载荷 F_r

表 15-2-81　　减速器输出轴轴端径向许用载荷 F_r　　kN

规格		280	315	355	400	450	500	560	630	710	800	900	1000
输出轴		10.55	13.14	17.21	20.83	21.22	28.69	38.83	37.17	41.02	42.20	52.73	67.04
二级输入轴转速 n/r·min^{-1}	n=1500	0.74	0.97	1.16	1.40	1.52	1.99	2.33	2.95	3.16	4.23	5.62	7.06
	n=1000	0.84	1.11	1.33	1.60	1.74	2.28	2.67	3.38	3.62	4.84	6.44	8.08
	n=750	0.93	1.22	1.47	1.77	1.92	2.51	2.93	3.72	3.98	5.33	7.09	8.89
三级输入轴转速 n/r·min^{-1}	n=1500	—	0.62	0.74	0.71	0.64	1.05	1.42	1.47	2.24	2.36	3.48	4.13
	n=1000	—	0.71	0.84	0.81	0.73	1.21	1.63	1.68	2.56	2.71	3.99	4.73
	n=750	—	0.78	0.93	0.89	0.81	1.33	1.79	1.85	2.82	2.98	4.39	5.21

注：1. F_r 是根据外力作用于输出轴轴端的中点确定的。当外力作用点偏离中点 ΔL 时，其径向许可载荷应由下面的公式确定。

$$F_r' = F_r \frac{L}{L \pm 2\Delta L}$$

式中的正负号分别对应于外力作用点由轴端中点向外侧及内侧偏移的情形。

2. 输入轴转速界于表列转速之间时，许用径向载荷用插值法求值。

3. 1000 以上规格另行计算。

2.5.1.6 选用方法

(1) 减速器的选用系数

1) 工况系数 K_A 见表 15-2-82。

2) 起动频率系数 f_1 见表 15-2-83。

3) 小时载荷率系数 f_2 见表 15-2-84。

表 15-2-82　　工况系数 K_A

日运行时间 /h	0.5h 间歇运行	<0.5～2	<2～10	<10～24
均匀载荷(U)	0.8	0.9	1	1.25
中等冲击载荷(M)	0.9	1	1.25	1.5
强冲击载荷(H)	1	1.2	1.75	2

表 15-2-83　　启动频率系数 f_1

每小时起动次数	≤10	<10～60	<60～240	<240～400
f_1	1	1.1	1.2	1.3

表 15-2-84　　小时载荷率系数 f_2

小时载荷率 f_1/%	100	80	60	40	20
f_2	1	0.94	0.86	0.74	0.56

4）环境温度系数 f_3 见表 15-2-85。

表 15-2-85　　环境温度系数 f_3

环境温度/℃	<10～20	<20～30	<30～40	<40～50
f_3	1	1.14	1.33	1.6

（2）减速器的选用

减速器的承载能力受机械强度和热平衡功率两方面的限制，因此减速器的选用必须通过两个功率表来确定。

首先按减速器机械强度公称输入功率 P_1 选用，如果减速器的实际输入转速与承载能力表中的三挡（1500r/min，1000r/min，750r/min）中的某一挡转速相对误差不超过 4%，可按该挡转速下的公称功率选用。如果转速相对误差超过 4%，那么应按实际转速折算减速器的公称功率选用。然后校核减速器的热平衡功率。

表 15-2-73 中的额定输入功率 P_1 适用于如下工作条件：减速器工作载荷平稳无冲击，每日工作 8～10h，每小时起动不超过 10 次，起动转矩不超过额定转矩的 2.5 倍，小时载荷率 $f_0=100\%$，环境温度为 20℃。当上述条件不能满足时，应依据表 15-2-82～表 15-2-85 的规定进行修正。

选用减速器应已知原动机、工作机的类型及参数、载荷性质及大小、每日运行时间、每小时起动次数、环境温度及轴端载荷等。

当已知条件与表 15-2-73 规定的工作条件相同时，可直接由表 15-2-73 选取所需减速器的规格。

当已知条件与表 15-2-73 规定的工作条件不同时，应由式（15-2-19）和式（15-2-20）进行修正计算，再由计算结果的较大值从表 15-2-73 选取与承载能力相符或偏大的减速器。

$$P_{1J}=P_{1B}K_A f_1 \tag{15-2-19}$$

$$P_{1R}=P_{1B}f_2 f_3 \tag{15-2-20}$$

式中　P_{1J}——减速器计算输入机械功率，kW；

P_{1R}——减速器计算输入热功率，kW；

P_{1B}——减速器实际输入功率，kW。

在初选好减速器的规格后，还应校核减速器的最大尖峰载荷不超过额定承载能力的 2.5 倍。

例　试为一重型输送机选择行星减速器。

已知电动机转速 $n_1=1500$r/min，传动比 $i=900$，电动机功率 $P=55$kW，工作环境温度为 40℃，减速器每日工作 24h，每小时起动次数为 5 次，受中等冲击载荷，采用油池润滑及底座连接，输入、输出轴端无径向载荷，安装在大厂房内，试选行星减速器的型号规格。

解　由于给定条件与表 15-2-79 规定的工作应用条件不一致，故应进行选型计算。

由表 15-2-82 查得 $K_A=1.5$，由表 15-2-83 查得 $f_1=1$，则

$$P_{1J}=P_{1B}K_A f_1=55\times1.5\times1\text{kW}=82.5\text{kW}$$

查表 15-2-79（P3ZD 1000）查得 $P_1=103$kW，大于 P_{1J}。

由于环境温度较高，应验算热平衡时临界功率 P_{G1}。

查表 15-2-84、表 15-2-85 得 $f_2=1$，$f_3=1.33$，则

$$P_{1R}=P_{1B}f_2 f_3=55\times1\times1.33\text{kW}=73.15\text{kW}$$

查表 15-2-80 得 $P_{G1}=179$kW，大于 P_{1R}，即工作状态热功率小于减速器的热平衡功率，故无须增加冷却措施。

2.5.2　HZW、HZC、HZL、HZY 型垂直出轴混合少齿差星轮减速器（JB/T 7344—2010）

2.5.2.1　适用范围和代号

（1）适用范围

这种减速器是在混合少齿星轮减速器基础上发展的新型产品，具有体积小、传动比范围大、承载能力大、效率高、寿命长、传动平稳等优点。

基本参数为：工作环境温度为－40～45℃，低于0℃时，启动前润滑油应预热，高于 45℃时，应采取降温措施。减速器传递转矩 1960～114660N·m，输入转速不大于 1500r/min。

（2）标记示例

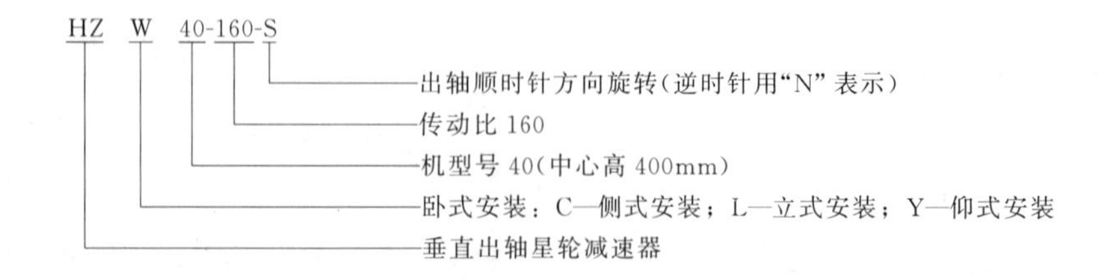

2.5.2.2 外形、安装尺寸及装配形式

表 15-2-86 HZW、HZMW、HZC、HZMC、HZL、HZML、HZY、HZMY 型减速器外形及安装尺寸 mm

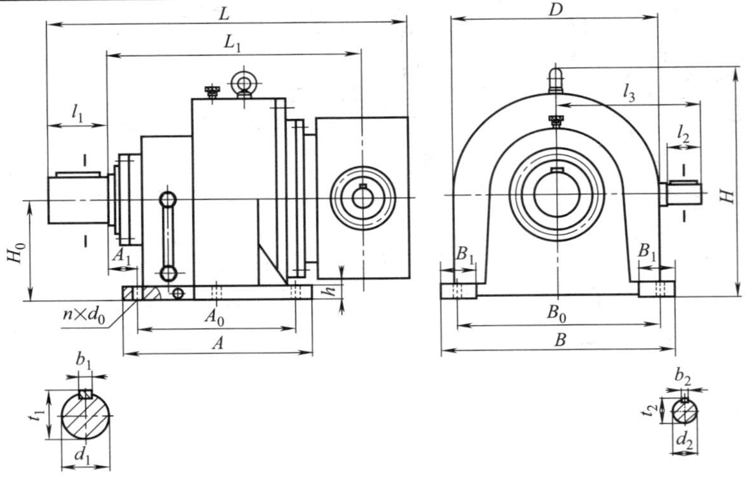

图(a) HZW型

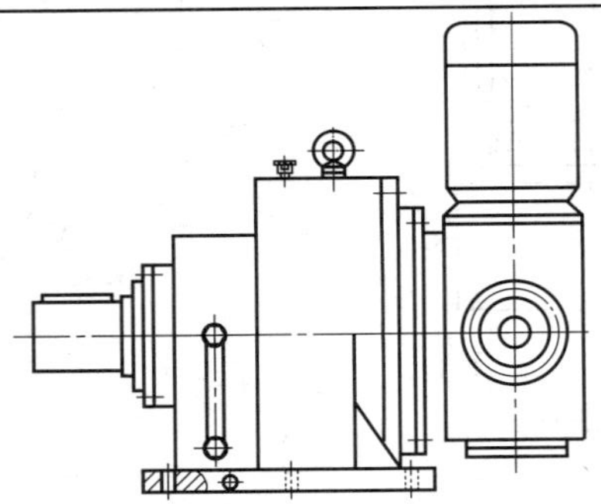

图(b) HZMW型

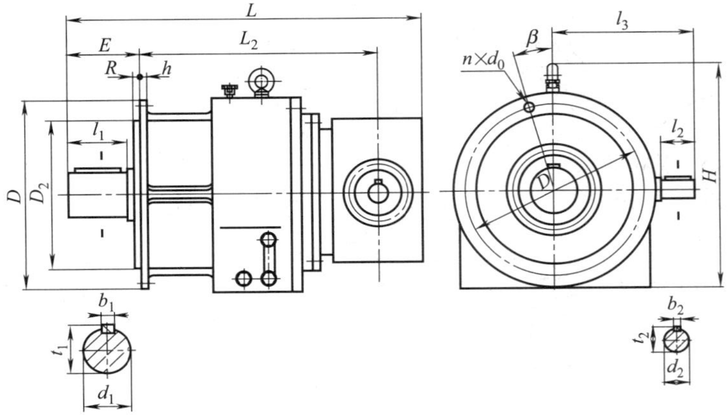

图(c) HZC型

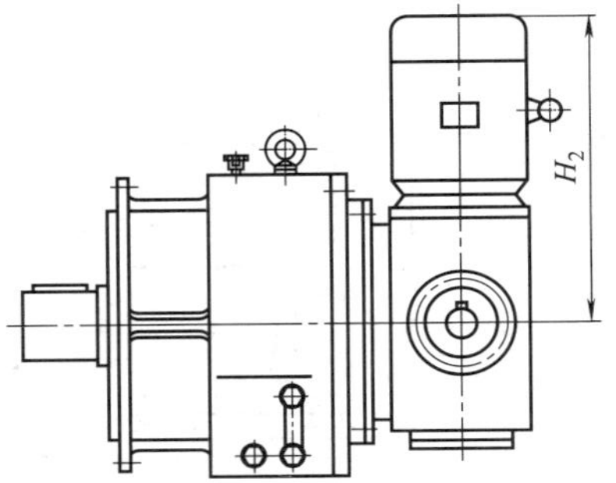

图(d) HZMC型

续表

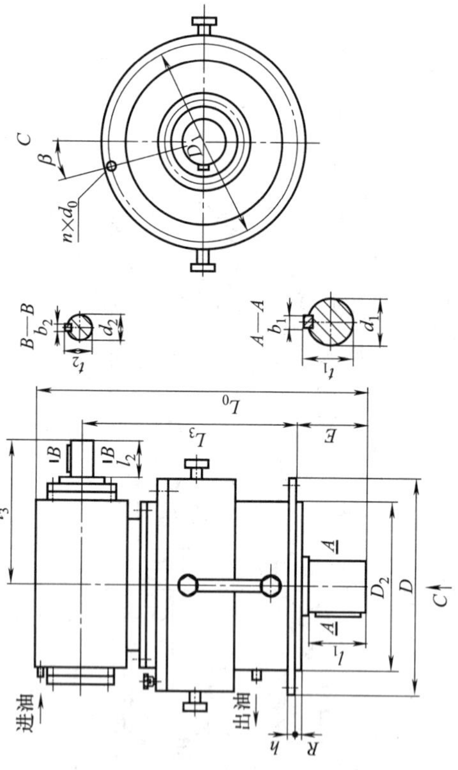

图(e) HZL型

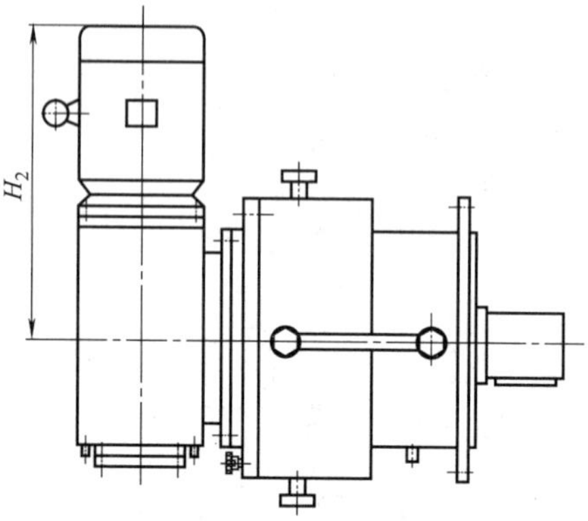

图(f) HZML型

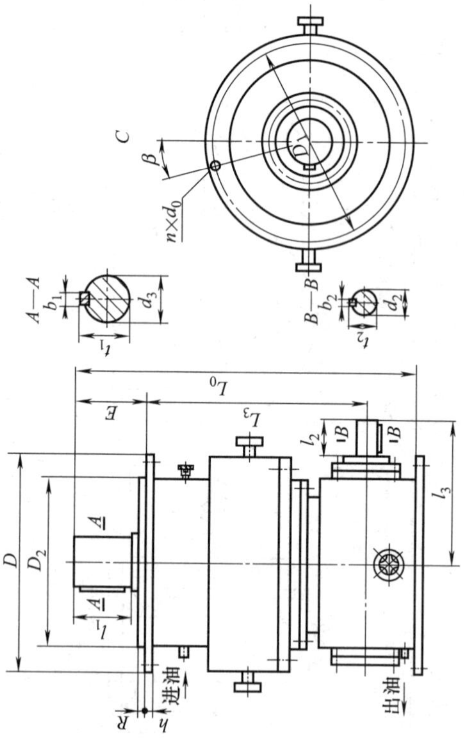

图(g) HZY型

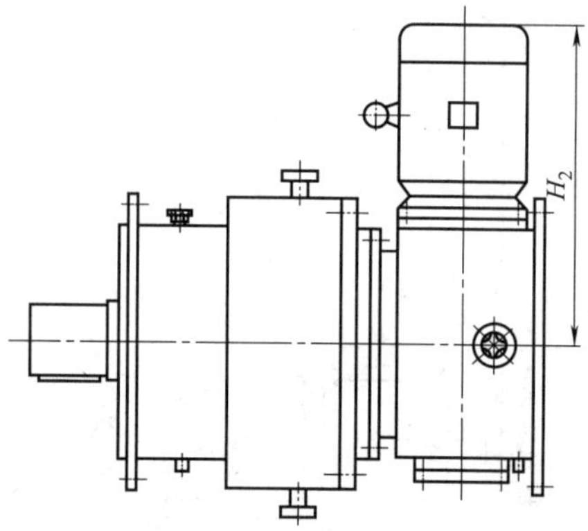

图(h) HZMY型

续表

机型号	安装尺寸										输出轴				输入轴					外形尺寸				
	H_0	A_0	B_0	A_1	B_1	L_1	l_3	h	n	d_0	d_1 m6	l_1	b_1	t_1	d_2 m6	l_2	b_2	t_2	A	B	D	L	H	H_2
18	180	270	360	60	65	515	234	25	4	22	65	105	18	69	35	58	10	38	335	420	370	770	420	616
20	200	300	400	65	65	537	234	30	4	27	70	105	20	74.5	35	58	10	38	375	450	410	792	470	616
22	224	335	450	71	70	648	308	30	4	22	80	130	22	85	40	82	12	43	415	500	458	953	525	771
25	250	375	500	95	85	708	308	35	4	26	95	130	25	100	40	82	12	43	475	560	510	1013	590	811
28	280	420	560	100	90	812	389	40	4	26	110	165	28	116	60	105	18	64	530	630	570	1202	645	945
31	315	475	630	120	105	847	389	45	6	26	120	165	32	127	60	105	18	64	600	700	640	1237	720	994
35	350	530	710	120	140	921	389	50	6	33	140	200	36	148	60	105	18	64	670	800	720	1346	825	994
40	400	600	800	132	140	889	450	55	6	39	160	240	40	169	70	105	20	74.5	750	900	810	1494	915	1260
45	450	670	900	132	150	1064	450	60	6	39	180	240	45	190	70	105	20	74.5	850	1000	920	1579	1040	1260
50	500	750	1000	138	170	1185	540	70	6	39	200	280	45	210	80	130	22	85	900	1120	1020	1740	1130	1325
56	560	850	1120	140	200	1287	540	75	6	39	220	280	50	231	80	130	22	85	1040	1250	1140	1844	1250	1325

机型号	安装尺寸												输出轴				输入轴				外形尺寸			
	D	D_1	D_2	L_3	L_2	l_3	E	h	R	β	n	d_0	d_1 m6	l_1	b_1	t_1	d_2 m6	l_2	b_2	t_2	L	L_0	H	H_2
18	350	300	250	527	515	234	110	24	5	22.5°	8	18	65	105	18	69	35	58	10	38	770	782	527	616
20	400	350	300	594	537	234	110	26	5	22.5°	8	18	70	105	20	74.5	35	58	10	38	792	804	594	616
22	450	400	350	660	648	308	136	26	6	22.5°	8	18	80	130	22	85	40	82	12	43	953	965	660	771
25	500	450	400	724	708	308	136	30	6	15°	12	22	95	130	25	100	40	82	12	43	1013	1029	724	811
28	550	500	450	828	812	389	173	35	8	15°	12	22	110	165	28	116	60	105	18	64	1202	1218	828	954
31	650	590	530	865	847	389	175	40	10	15°	12	26	120	165	32	127	60	105	18	64	1237	1255	865	994
35	750	670	600	939	921	389	210	45	10	15°	12	32	140	200	36	148	60	105	18	64	1346	1364	939	994
40	850	760	670	907	889	450	250	50	10	15°	12	32	160	240	40	169	70	105	20	74.5	1404	1422	907	1260
45	950	850	750	1082	1064	450	250	55	10	15°	12	32	180	240	45	190	70	105	20	74.5	1579	1597	1082	1260
50	1050	950	850	1203	1185	540	290	60	10	15°	12	32	200	280	45	210	80	130	22	85	1740	1758	1203	1325
56	1150	1050	950	1307	1289	540	290	65	10	15°	12	32	220	280	50	231	80	130	22	85	1844	1862	1307	1325

注：表中 H_2 为最小尺寸。

2.5.2.3 减速器的承载能力和热功率

表 15-2-87 HZW（C、L、Y）型减速器承载能力

公称传动比 i	公称转速 /$r\cdot min^{-1}$		机型号										
			18	20	22	25	28	31	35	40	45	50	56
	输入 n_1	输入 n_2	公称输出转矩/N·m										
			3920	6370	9800	12740	19600	25480	39200	49000	98000	137200	205800
			公称输入功率 P_1/kW										
31.5	1500	47.6	20.8	33.8	52.1	67.7	104.1	135.4	208.2	—	—	—	—
	1000	31.7	13.7	22.3	34.3	44.6	68.6	89.2	137.2	171.6	—	—	—
	750	23.8	10.4	16.9	26.0	33.8	52.0	67.6	104.1	130.1	—	—	—
35.5	1500	42.2	18.5	30.0	46.2	60.1	92.4	120.1	184.8	231.0	—	—	—
	1000	28.1	12.2	19.8	30.4	39.6	60.9	79.2	121.8	152.2	—	—	—
	750	21.1	9.2	15.0	23.1	30.0	46.2	60.0	92.3	115.4	230.8	—	—
40	1500	37.5	16.4	26.6	41.0	53.3	82.0	106.6	164.0	205.0	—	—	—
	1000	25	10.8	17.6	27.0	35.1	54.0	70.3	108.1	135.1	—	—	—
	750	18.7	8.2	13.3	20.5	26.6	41.0	53.3	81.9	102.4	204.9	—	—
45	1500	33.3	14.6	23.7	36.4	47.4	72.9	94.8	145.8	182.2	—	—	—
	1000	22.2	9.6	15.6	24.0	31.2	48.0	62.4	96.1	120.1	240.2	—	—
	750	16.6	7.3	11.8	18.2	23.7	36.4	47.3	72.8	91.0	182.1	—	—
50	1500	30	13.1	21.3	32.8	42.6	65.6	85.3	131.2	164.0	—	—	—
	1000	20	8.6	14.1	21.6	28.1	43.2	56.2	86.5	108.1	216.2	—	—
	750	15	6.6	10.7	16.4	21.3	32.8	42.6	65.6	81.9	163.9	229.4	—
56	1500	26.7	11.7	19.0	29.3	38.1	58.6	76.1	117.1	146.4	—	—	—
	1000	17.8	7.7	12.5	19.3	25.1	38.6	50.2	77.2	96.5	193.0	—	—
	750	13.3	5.9	9.5	14.6	19.0	29.3	38.0	58.5	73.2	146.3	204.9	—
63	1500	23.8	10.4	16.9	26.0	33.8	52.1	67.7	104.1	130.2	—	—	—
	1000	15.8	6.9	11.2	17.2	22.3	34.3	44.6	68.6	85.8	171.6	240.2	—
	750	11.9	5.2	8.5	13.0	16.9	26.0	33.8	52.0	65.0	130.1	182.1	—
71	1500	21.1	9.2	15.0	23.1	30.0	46.2	60.1	92.4	115.5	231.0	—	—
	1000	14	6.1	9.9	15.2	19.8	30.4	39.6	60.9	76.1	152.2	213.1	—
	750	10.5	4.6	7.5	11.5	15.0	23.1	30.0	46.2	57.7	115.4	161.6	242.4
80	1500	18.7	8.2	13.3	20.5	26.6	41.0	53.3	82.0	102.5	205.0	—	—
	1000	12.5	5.4	8.8	13.5	17.6	27.0	35.1	54.0	67.5	135.1	189.1	—
	750	9.3	4.1	6.7	10.2	13.3	20.5	26.6	41.0	51.2	102.4	143.4	215.1
90	1500	16.6	7.3	11.8	18.2	23.7	36.4	47.4	72.9	91.1	182.2	—	—
	1000	11.1	4.8	7.8	12.0	15.6	24.0	31.2	48.0	60.0	120.1	168.1	252.2
	750	8.3	3.6	5.9	9.1	11.8	18.2	23.7	36.4	45.5	91.0	127.5	191.2
100	1500	15	6.6	10.7	16.4	21.3	32.8	42.6	65.6	82.0	164.0	229.6	—
	1000	10	4.3	7.0	10.8	14.1	21.6	28.1	43.2	54.0	108.1	151.3	227.0
	750	7.5	3.3	5.3	8.2	10.7	16.4	21.3	32.8	41.0	81.9	114.7	172.1
112	1500	13.3	5.9	9.5	14.6	19.0	29.3	38.1	58.6	73.2	146.4	205.0	—
	1000	8.9	3.9	6.3	9.6	12.5	19.3	25.1	38.6	48.2	96.5	135.1	202.6
	750	6.6	2.9	4.8	7.3	9.5	14.6	19.0	29.3	36.6	73.2	102.4	153.6
125	1500	12	5.2	8.5	13.1	17.1	26.2	34.1	52.5	65.6	131.2	183.7	—
	1000	8	3.5	5.6	8.6	11.2	17.3	22.5	34.6	43.2	86.5	121.0	181.6
	750	6	2.6	4.3	6.6	8.5	13.1	17.0	26.2	32.8	65.6	91.8	137.7
140	1500	10.7	4.7	7.6	11.7	15.2	23.4	30.5	46.9	58.6	117.1	164.0	246.0
	1000	7.1	3.1	5.0	7.7	10.0	15.4	20.1	30.9	38.6	77.2	108.1	162.1
	750	5.3	2.3	3.8	5.9	7.6	11.7	15.2	23.4	29.3	58.5	81.9	122.9
160	1500	9.3	4.1	6.7	10.2	13.3	20.5	26.6	41.0	51.2	102.5	143.5	215.2
	1000	6.2	2.7	4.4	6.8	8.8	13.5	17.6	27.0	33.8	67.5	94.6	141.9
	750	4.6	2.0	3.3	5.1	6.7	10.2	13.3	20.5	25.6	51.2	71.7	107.5
180	1500	8.3	3.6	5.9	9.1	11.8	18.2	23.7	36.4	45.6	91.1	127.5	191.3
	1000	5.5	2.4	3.9	6.0	7.8	12.0	15.6	24.0	30.0	60.0	84.1	126.1
	750	4.1	1.8	3.0	4.6	5.9	9.1	11.8	18.2	22.8	45.5	63.7	95.6
200	1500	7.5	3.3	5.3	8.2	10.7	16.4	21.3	32.8	41.0	82.0	114.8	172.2
	1000	5	2.2	3.5	5.4	7.0	10.8	14.1	21.6	27.0	54.0	75.7	113.5
	750	3.7	1.6	2.7	4.1	5.3	8.2	10.7	16.4	20.5	41.0	57.4	86.0
224	1500	6.6	2.9	4.8	7.3	9.5	14.6	19.0	29.3	36.6	73.2	102.5	153.7
	1000	4.4	1.9	3.1	4.8	6.3	9.6	12.5	19.3	24.1	48.2	67.5	101.3
	750	3.3	1.5	2.4	3.7	4.8	7.3	9.5	14.6	18.3	36.6	51.2	76.8

第 15 篇

续表

公称传动比 i	公称转速/r·min⁻¹ 输入 n_1	输入 n_2	18	20	22	25	28	31	35	40	45	50	56
			公称输出转矩/N·m										
			3920	6370	9800	12740	19600	25480	39200	49000	98000	137200	205800
			公称输入功率 P_1/kW										
250	1500	6	2.6	4.3	6.6	8.5	13.1	17.1	26.2	32.8	65.6	91.8	137.8
	1000	4	1.7	2.8	4.3	5.6	8.6	11.2	17.3	21.6	43.2	60.5	90.8
	750	3	1.3	2.1	3.3	4.3	6.6	8.5	13.1	16.4	32.8	45.9	68.8
280	1500	5.3	2.3	3.8	5.9	7.6	11.7	15.2	23.4	29.3	58.6	82.0	123.0
	1000	3.5	1.5	2.5	3.9	5.0	7.7	10.0	15.4	19.3	38.6	54.0	81.1
	750	2.6	1.2	1.9	2.9	3.8	5.9	7.6	11.7	14.6	29.3	41.0	61.5
315	1500	4.7	2.1	3.4	5.2	6.8	10.4	13.5	20.8	26.0	52.1	72.9	109.3
	1000	3.1	1.4	2.2	3.4	4.5	6.9	8.9	13.7	17.2	34.3	48.0	72.1
	750	2.3	1.0	1.7	2.6	3.4	5.2	6.8	10.4	13.0	26.0	36.4	54.6
355	1500	4.2	1.8	3.0	4.6	6.0	9.2	12.0	18.5	23.1	46.2	64.7	97.0
	1000	2.8	1.2	2.0	3.0	4.0	6.1	7.9	12.2	15.2	30.4	42.6	63.9
	750	2.1	0.9	1.5	2.3	3.0	4.6	6.0	9.2	11.5	23.1	32.3	48.5
400	1500	3.7	1.6	2.7	4.1	5.3	8.2	10.7	16.4	20.5	41.0	57.4	86.1
	1000	2.5	1.1	1.8	2.7	3.5	5.4	7.0	10.8	13.5	27.0	37.8	56.7
	750	1.8	0.8	1.3	2.0	2.7	4.1	5.3	8.2	10.2	20.5	28.7	43.0
450	1500	3.3	1.5	2.4	3.6	4.7	7.3	9.5	14.6	18.2	36.4	51.0	76.5
	1000	2.2	1.0	1.6	2.4	3.1	4.8	6.2	9.6	12.0	24.0	33.6	50.4
	750	1.6	0.7	1.2	1.8	2.4	3.6	4.7	7.3	9.1	18.2	25.5	38.2

表 15-2-88　减速器的热功率

环境条件	空气流速/m·s⁻¹	18	20	22	25	28	31	35	40	45	50	56
		不附加冷却装置的热功率 P_G/kW										
狭小车间	≥0.5	12.9	14.3	19.8	23	31.9	36.7	42.4	57.1	65	75.8	89.1
中大型车间	≥1.4	18	20	27.8	32	44	51	59	79	91	112	131
室外	≥3.7	24	26	37	43	61	69	80	108	123	153	178

表 15-2-89　公称传动比

机型号	公称传动比 i							
18～56	31.5	33.5	35.5	37.5	40	42.5	45	47.5
	50	53	56	60	63	67	71	75
	80	85	90	95	100	106	112	118
	125	132	140	150	160	170	180	190
	200	212	224	236	250	265	280	300
	315	335	355	375	400	425	450	475

表 15-2-90　公称转矩和公称径向力

机型号	18	20	22	25	28	31	35	40	45	50	56
公称转矩/N·m	1960	3528	4704	8820	11760	21168	29400	37044	52920	82810	114660
公称径向力/N	10510	12390	14670	20740	27150	30360	39200	46380	52680	63210	78400

2.5.2.4　减速器的选用

① 按减速器的机械强度、承载能力表选用　按照式（15-2-19）和式（15-2-20）求得计算功率，要求计算功率小于或等于公称输入功率，公称输入功率 P_1 由表 15-2-87 和表 15-2-91 确定，如实际减速器输入转速 n_1 与公称输入转速 n_1 不相等，则要求 $P_{2m} \leqslant P_1 n_i / n_1$。

$$P_{2m} = P_2 f_0 \qquad (15\text{-}2\text{-}21)$$

式中　P_{2m}——计算功率，kW；

P_2——实际传递的负载功率，kW；

f_0——工况系数，见表 15-2-92。

表 15-2-91　电动机直联型减速器匹配电动机

机型号	匹配电动机　极数:4,6,8 型号	公称输入功率/kW
18	Y132M,Y132S	2.2,3,4,5.5,7.5
20		
22	Y132M,Y132S,Y160M,Y160S	2.2,3,4,5.5,7.5,11,15
25	Y160M,Y160L,Y180M,Y180L	4,5.5,7.5,11,15,18.5,22

续表

机型号	匹配电动机　极数:4,6,8	
	型号	公称输入功率/kW
28	Y180M,Y180L,Y200L	11,15,18.5,22,30
31 35	Y225M,Y225S	18.5,22,30,37,45
40 45	Y250M,Y280M,Y280S	30,37,45,55,75,90
50 56	Y280M,Y280S	37,45,55,75,90

表 15-2-92　减速器的工况系数 f_0

电动机每天工作时长/h	轻冲击载荷	中等冲击载荷	强冲击载荷
≤3	0.8	1	1.5
>3～10	1	1.25	1.75
>10	1.5	1.5	2

② 校核热功率

$$P_{2t}=P_2 f_1 f_2 f_3 \leqslant P_G \qquad (15\text{-}2\text{-}22)$$

式中　P_{2t}——计算热功率，kW；

f_1——环境温度系数，见表 15-2-93；

f_2——负荷率系数，见表 15-2-94；

f_3——功率利用系数，见表 15-2-95；

P_G——热功率，见表 15-2-88。

表 15-2-93　减速器的环境温度系数 f_1

环境温度 T/℃	10	20	30	40	50
无冷却条件 f_1	0.9	1	1.15	1.35	1.65
冷却管冷却 f_1	0.9	1	1.10	1.20	1.30

表 15-2-94　减速器的负荷率系数 f_2

小时负荷率/%	100	80	60	40	20
负荷率系数 f_2	1	0.94	0.86	0.74	0.56

表 15-2-95　减速器的功率利用系数 f_3

$P_2/P_1\times$100%	≤40%	50%	60%	70%	80%～100%
f_3	1.25	1.15	1.1	1.05	1

注：P_1 见表 15-2-87；P_2 指负载功率。

当计算结果 $P_{2t}>P_G$ 时，应采取循环冷却措施或增大减速器机型号重算，直至 $P_{2t}<P_G$ 为准。

③ 如果负载波动大，则应验证瞬时尖峰负荷。设瞬时尖峰负荷为 P_{2max}，则要求 $P_{2max}<1.7P_1$。如果不满足以上要求，则应选用更大的机型号。

④ 减速器的轴承使用寿命。减速器的易损件主要是滚动轴承和密封件。密封件安装在减速器外端，容易更换。滚动轴承装在减速器内腔，故在选型时，应按不同要求考虑轴承使用寿命，表 15-2-87 中的公称输入功率 P_1 均按轴承使用 10000h 确定。

如果用户要求减速器工作 10000h 以下更换轴承，则不必核算轴承使用寿命。如果用户要求使用 10000h 以上更换轴承，则应按式（15-2-23）计算：

$$P_1=\frac{(L_{h1})^{0.3}}{15.85}P_2 \qquad (15\text{-}2\text{-}23)$$

式中　L_{h1}——轴承设计使用寿命，h；

P_2——实际传递的负载功率，kW；

P_1——公称许用输入功率，kW。

式中 P_1、P_2 可用许用输出转矩和实际负载转矩取代。

例如：要求轴承设计使用寿命为 $L_{h1}=50000$h 时：

$$P_1=\frac{50000^{0.3}}{15.85}P_2=1.62P_2$$

即公称许用输入功率为实际负荷功率的 1.62 倍，方可满足轴承使用寿命 50000h 的要求。

⑤ 根据减速器主机的重要性与安全性要求，按表 15-2-96 引进重要性系数 S_A，重要性系数 S_A 的引入是考虑减速器机械强度更可靠以及延长轴承使用寿命，平稳负荷，引进重要性系数后的轴承使用寿命 L_{h1} 为：

$$L_{h1}=S_A^{0.3}\times 10000\text{h},例如\ S_A=1.9$$

则
$$L_{h1}=1.9^{0.3}\times 10000\text{h}=84951\text{h}$$

⑥ 本标准减速器输出轴轴伸中点承受径向力 F，假设实际径向力为 F_1，则必须满足 $F_1<F$ 的要求，否则应采用径向卸荷装置，或增大减速器型号选用。

例　有一架空索道传动系统要求选用一台立式垂直出轴减速器，已知负荷功率 55kW，轴伸中点径向力 196000N，均匀负荷，电动机输入转速 1000r/min。每日工作少于 8h，间断工作，负荷率 60%，要求轴承使用寿命 3～5 年，环境温度 20～40℃，减速器输出转速为 8r/min，要求输出轴顺时针旋转，试选型。

① 按式（15-2-21），计算功率 $P_{2m}=P_2 f_0$

查减速器载荷分类（表 15-2-38），索道传动系统装置属均匀载荷，每日工作>3～10h，查表 15-2-92，取 $f_0=1$，已知负荷功率 $P_2=55$kW，所以选用功率 $P_{2m}=55$kW，查表 15-2-87，传动比 125，应选用 50 型，$P_1=76$kW。

② 核算热功率

由式（15-2-22）计算热功率 $P_{2t}=P_2f_1f_2f_3$。

查表 15-2-93，环境温度 30℃、无冷却条件 $f_1=1.15$；

查表 15-2-94，负荷率系数 $f_2=0.86$；

查表 15-2-95，功率利用系数 $f_3=1.05$；

则 $P_{2t}=55\times1.15\times0.86\times1.05=57\text{kW}$。

查表 15-2-88，50 型 $P_G=112\text{kW}$（空间大，通风好）；

则 $P_{2t}<P_G$，通过。

③ 轴承使用寿命 L_h

已知 50 型公称许用输入功率 $P_1=76\text{kW}$，负荷功率 $P_2=55\text{kW}$

$$P_1=\frac{(L_{h1})^{0.3}}{15.85}P_2$$

$$(L_{h1})^{0.3}=\frac{76}{55}\times15.85=21.9$$

$$L_{h1}=29386\text{h}$$

每天连续工作 8h，可使用 3673 天，每年 300 天，可运行 12 年。

④ 由于选用 50 型，轴承计算使用寿命很长，不必引入重要性系数。

⑤ 查表 15-2-90，50 型星轮减速器轴伸中点公称径向力 $F=63210\text{N}$，实际轴向负荷 $F_1=196000\text{N}>F$。所以应在输入端增加卸荷装置。

结论：该架空索道用减速器型号应为 HZL50-125-S，并在输出端增加卸荷装置。

表 15-2-96　减速器重要性系数 S_A

配套主机工况特征	S_A
每天不超过 8h 工作	1.2～1.4
因减速器故障使单机停产	1.3～1.5
因减速器故障导致机组或生产线停产	1.6～1.8
因减速器故障造成设备损坏，危及生命安全或严重社会影响	1.9～2.1

2.6 摆线针轮减速机（JB/T 2982—2016）

本减速机的工作环境温度不高于 40℃，直连型减速机配套电动机应符合 GB/T 755 的有关规定。

2.6.1 型号和标记方法

型号由系列代号、安装型式代号，电动机功率、机型号和传动比等组成。

系列代号用汉语拼音字母“X”或“B”表示，安装型式代号见表 15-2-97。

表 15-2-97　安装型式代号

安装型式	传动级数		
	一级	二级	三级
双轴型卧式	W	WE	WS
直连型卧式	WD	WED	WSD
双轴型立式	L	LE	LS
直连型立式	LD	LED	LSD

机型号由数字组成，按以下规则表示：

1）X 系列一级减速机用阿拉伯数字 0、1、2、3、4、5、6、7、8、9、10、11、12 表示。

2）B 系列一级减速机用阿拉伯数字 12、15、18、22、27、33、39、45、55、65 表示。

3）X 系列二级减速机用两个一级减速机机型号的组合，如 20、42、128 表示。

4）B 系列二级减速机用两个一级减速机机型号的组合，如 1815、2215、6533 表示。

5）X 系列三级减速机用三个一级减速机机型号的组合，如 420、742、1285 表示。

标记示例：

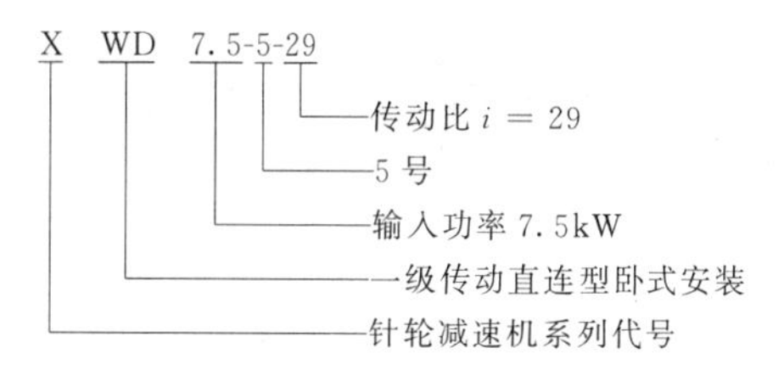

一级摆线针轮减速机针齿中心圆直径 d_p 与机型号的关系见表 15-2-98。

本手册仅列出一级减速机。

表 5-2-98　一级减速机的针齿中心圆直径 d_p 与机型号的关系

X 系列机型号	0	1	2	3	4	5	6	7	8	9	10	11	12
B 系列机型号	—	—	12	15	18	22	27	—	33	39	45	55	65
d_p/mm	75～94	95～105	160～120	140～155	165～185	210～230	250～275	280～300	315～335	380～400	440～460	535～555	645～690

注：1. 二级减速机的针齿中心圆直径由两个一级减速机的针齿中心圆直径确定。

2. 三级减速机的针齿中心圆直径由三个一级减速机的针齿中心圆直径确定。

2.6.2　外形尺寸

表 15-2-99　　X（B）W、X（B）WD 型减速机的外形及尺寸　　mm

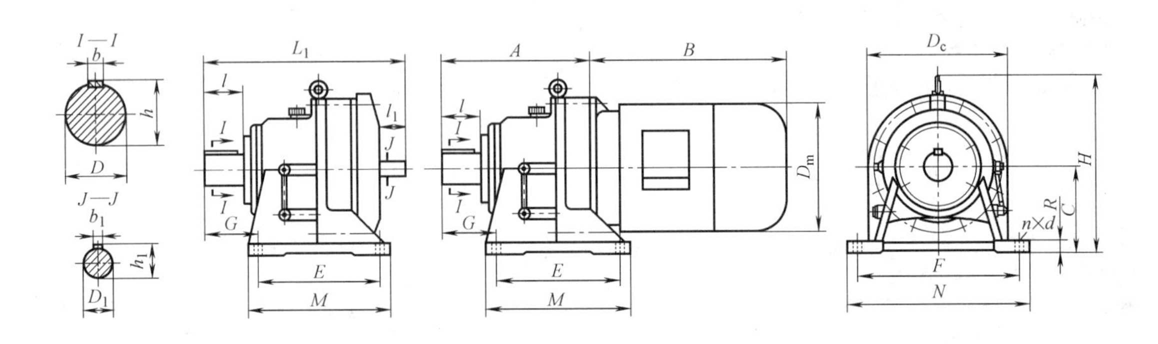

机型号		L_1	l	l_1	G	E	M	D_C	H	C	F	N	R	$n\times d$	D	b	h	D_1	b_1	h_1	A	B	D_m
X系列	0	125	20	15	36	60	84	113	146.5	80	120	144	10	4×10	14	5	16	10	4	11.5	84	按电动机尺寸	
	1	202	35	25	60	90	120	150	175	100	150	180	12	4×12	25	8	31	15	5	17	159		
	2	214	34	25	101	90	120	150	175	100	180	210	15	4×12	25	8	28	15	5	17	159		
	3	266	55	35	151	100	150	200	240	140	250	290	20	4×16	35	10	38	18	6	20.5	192		
	4	320	74	40	169	145	195	230	275	150	290	330	22	4×16	45	14	48.5	22	6	24.5	240		
	5	416	91	45	206	150	260	300	356	160	370	420	25	4×16	55	16	59	30	8	33	310		
	6	476	89	54	125	275	335	340	425	200	380	430	30	4×22	65	18	69	35	10	38	352		
	7	529	109	65	145	320	380	360	460	220	420	470	30	4×22	80	22	85	40	12	43	390		
	8	600	120	70	155	380	440	430	529	250	480	530	35	4×22	90	25	95	45	14	48.5	448		
	9	723	141	80	186	480	560	500	614	290	560	620	40	4×26	100	28	106	50	14	53.5	552		
	10	813	150	100	230	500	600	580	706	325	630	690	45	4×30	110	28	116	55	16	60	612		
	11	1065	202	120	324	330×2	810	710	883	420	800	880	50	6×32	130	32	137	70	20	76	809		
	12	1462	330	150	485	420×2	1040	990	1163	540	1050	1160	60	6×45	180	45	190	90	25	95	1154		
B系列	12	213	35	22	99	90	120	168	184	100	150	190	15	4×11	30	8	33	15	5	17	165		
	15	282	58	28	153	100	150	215	284	140	250	290	20	4×13	35	10	38	18	6	20.5	216		
	18	352	82	36	177	145	195	245	318	150	290	330	22	4×17	45	14	48.5	22	6	24.5	276		
	22	422	82	58	195	150	238	300	360	160	370	410	25	4×17	55	16	59	30	8	33	316		
	27	490	105	58	140	275	335	360	435	200	380	430	30	4×22	70	20	74.5	35	10	38	383		
	33	629	130	82	165	380	440	435	542	250	480	530	35	4×26	90	25	95	45	14	48.5	464		
	39	736	165	82	210	480	560	510	619	290	560	620	40	4×26	100	28	106	50	14	53.5	556		
	45	783	165	82	245	500	600	580	706	325	630	690	45	4×26	110	28	116	55	16	59	594		
	55	996	200	105	322	330×2	810	705	880	410	800	880	50	6×35	130	32	137	70	20	74.5	733		
	65	1120	240	130	354	375×2	900	820	108	490	920	1030	55	6×38	160	40	169	80	22	85	—		

表 15-2-100　　X（B）L、X（B）LD 型减速机的外形及尺寸　　mm

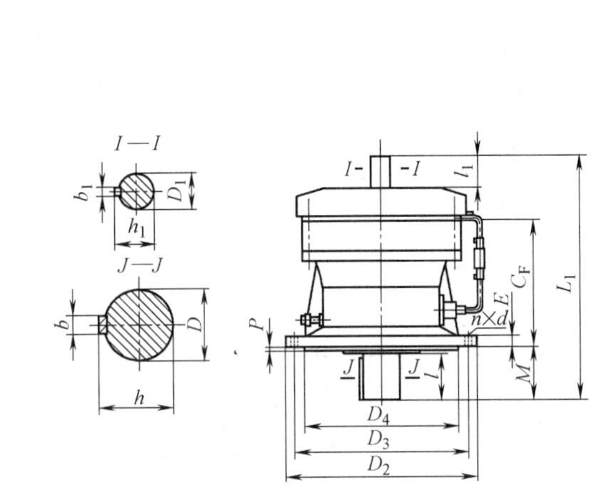

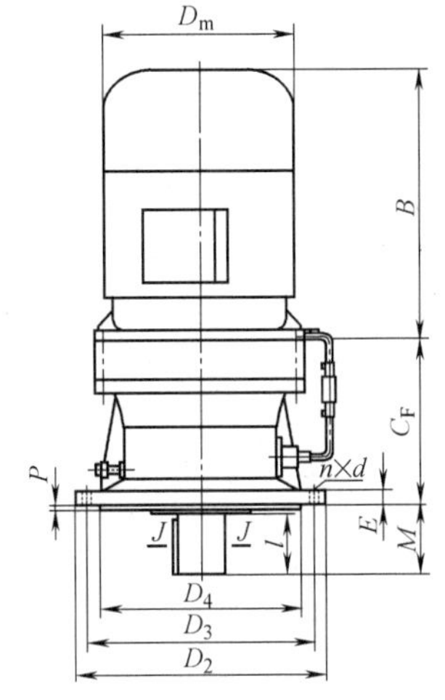

机型号		L_1	l	l_1	P	E	M	$n\times d$	D_2	D_3	D_4	D	b	h	D_1	b_1	h_1	C_F	B	D_m
X系列	0	125	20	15	3	8	29	6×10	120	102	80	14	5	16	10	4	11.5	57	按电动机尺寸	
	1	202	35	25	3	9	48	4×12	160	134	110	25	8	31	15	5	17	111		
	2	212	34	25	3	42	42	6×12	180	160	130	25	8	28	15	5	17	115		
	3	267	45	35	4	15	50	6×12	230	200	170	35	10	38	18	6	20.5	143		
	4	324	63	40	4	15	79	6×12	260	230	200	45	14	48.5	22	6	24	161		
	5	417	79	45	4	20	93	6×12	340	310	270	55	16	59	30	18	33	219		
	6	478	80	54	5	22	92	8×16	400	360	316	65	18	69	35	10	38	262		
	7	532	98	65	5	22	114	8×18	430	390	345	80	22	85	40	12	43	279		
	8	602	110	70	6	30	112	12×18	490	450	400	90	25	95	45	14	48.5	335		
	9	723	129	80	8	35	170	12×22	580	520	455	100	28	106	50	14	53.5	382		
	10	814	140	100	10	40	174	12×22	650	590	520	110	28	116	55	16	60	438		
	11	1050	184	120	10	45	210	12×38	880	800	680	130	32	137	70	20	76	598		
	12	1148	320	150	10	60	370	8×39	1160	1020	900	180	45	190	90	25	95	796		
B系列	12	215	35	22	3	10	39	4×11	190	160	140	30	8	33	15	5	17	125		
	15	282	58	28	4	16	65	6×13	230	200	170	35	10	38	18	6	20.5	151		
	18	352	82	36	4	20	89	6×13	260	230	200	45	14	48.5	22	6	24.5	187		
	22	422	82	58	4	22	89	6×13	340	310	270	55	16	59	30	8	33	227		
	27	490	105	58	5	26	114	8×18	400	360	316	70	20	74.5	35	10	38	269		
	33	629	130	82	6	30	140	12×22	490	450	400	90	25	95	45	14	48.5	324		
	39	736	165	82	8	35	177	12×22	580	520	455	100	28	106	50	14	53.5	379		
	45	783	165	82	10	40	180	12×26	650	590	520	110	28	116	55	16	59	414		
	55	966	200	105	10	45	215	12×32	880	800	680	130	32	137	70	20	74.5	518		
	65	1121	240	130	10	45	255	12×32	1000	920	760	160	40	169	80	22	85	—		

2.6.3　承载能力

摆线针轮减速机的承载能力见表 15-2-101～表 15-2-103。

2.6.4　选用方法

选择减速机时，首先应满足传动比的要求，然后按输入的计算输入功率 P_{C1}（或输出轴的计算转矩 T_C）确定机型号。即

$$P_{C1}=P_1K_A\left(\frac{n_1}{n_1'}\right)^{0.3}\leqslant P_{P1} \qquad (15\text{-}2\text{-}24)$$

或

$$T_C=TK_A\left(\frac{n_1'}{n_1}\right)^{0.3}\leqslant T_{P2} \qquad (15\text{-}2\text{-}25)$$

式中　P_{C1}——计算输入功率，kW；

P_1——输入功率，kW；

K_A——工况系数，见表 15-2-104；

n_1——表 15-2-101、表 15-2-102 中指定的输入转速，r/min；

n_1'——减速器实际输入轴的转速，r/min；

P_{P1}——在指定转速 n_1 时，许用输入功率，kW，见表 15-2-101、表 15-2-102；

T_C——计算输出转矩，N·m；

T——名义输出转矩，N·m；

T_{P2}——在指定转速 $n_1=n_2 i$ 时，减速器许用输出转矩，N·m，见表 15-2-103。

表 15-2-101　　双轴型一级减速机的许用输入功率 P_{P1}　　kW

机型号		传动比 i								
X 系列	B 系列	11	17	23	29	35	43	59	71	87
0	—	0.2	0.2	—	0.1	—	0.1	—	—	—
1	—	0.75	0.55	—	0.37	0.25	0.25	—	—	—
2	12	1.5	0.75	0.75	0.55	0.55	0.37	—	—	—
3	15	3.0	2.2	1.5	1.1	1.1	0.75	0.55	0.55	—
4	18	4.0	4.0	3.0	2.2	1.5	1.5	1.1	1.1	0.75
5	22	7.5	7.5	5.5	5.5	4.0	3.0	2.2	2.2	1.5
6	27	11	11	11	11	7.5	5.5	4	3	2.2
7	—	15	5	11	11	11	7.5	5.5	4	4
8	33	18.5	18.5	18.5	15	15	11	7.5	5.5	5.5
9	39	22	22	18.5	18.5	18.5	18.5	11	11	11
10	45	45	45	45	37	30	30	18.5	18.5	15
11	55	55	55	55	55	45	37	30	22	22
12	65	—	75	75	75	75	55	55	37	37

注：表中粗线以上输入转速 $n_1=1500$r/min，粗线以下输入转速 $n_1=1000$r/min。

表 15-2-102　　直连型一级减速机的许用输入功率 P_{P1}　　kW

机型号		传动比 i								
X 系列	B 系列	11	17	23	29	35	43	59	71	87
0	—	0.09	0.09	—	0.09	—	0.09	—	—	—
1	—	0.75 0.37	0.55 0.37	0.25	0.25	0.25	0.25	—	—	—
2	12	1.5 0.75	0.75 0.55	0.55	0.37	0.37	0. 37	—	—	—
3	15	2.2 1.5	2.2 1.5	1.5 1.1	1.1	1.1 0.75	0.75	0.55	0.55	—
4	18	4 3	4 3	3	3 2.2	2.2 1.5	2.2 1.5	1.5 1.1	1.1 0.75	0.75
5	22	7.5	7.5	5.5	5.5	5.5 4	4	3 2.2	2.2 1.5	1.5
6	27	11	11	11 7.5	11 7.5	7.5	5.5 4	4	4 3	3
7	—	15	15 11	11	11	11	7.5 5.5	5.5	5.5	4
8	33	22 8.5	18.5	18.5	15	15	11 7.5	7.5	7.5	7.5
9	39	22	22	22 18.5	18.5	18.5	15 11	11	11	11
10	45	45① 37	45 37	37 30	30	30	22 18.5	18.5	18.5	15
11	55	55 45	55 45	55 45	55 45	45	37 30	30	22	22
12	65	—	75①	75①	75①	75①	55①	45①	30	30

① 仅立式减速机配备的功率。

注：1. 每格中数值大者为设计输入功率，小者为可配备电动机的功率。

2. 表中粗线以上输入转速 $n_1=1500$r/min，粗线以下输入转速 $n_1=1000$r/min。

表 15-2-103　　输出轴许用转矩 T_{P2}　　N·m

传动比 i	机型号													
	X 系列	0	1	2	3	4	5	6	7	8	9	10	11	12
	B 系列	—	—	12	15	18	22	27	—	33	39	45	55	65
11	—	15	69	118	196	490	785	1570	2160	3530	5780	7650	9640	—
17	—	15	69	147	245	490	981	1960	2650	4220	6960	9210	13700	12700
23	—	—	69	147	245	490	981	1960	2650	4410	7840	10300	16600	16800
29	—	15.3	69	147	245	490	981	1960	2650	4410	7840	10300	16600	—
35	—	—	69	147	245	490	981	1960	2650	4410	8820	11700	19600	21200
43	—	22.7	69	147	245	490	981	1960	2650	4410	8820	11700	19600	25300
59	—	—	—	—	245	490	981	1960	2650	4410	8820	11700	19600	25300

续表

传动比 i		机型号												
	X 系列	0	1	2	3	4	5	6	7	8	9	10	11	12
	B 系列	—	—	12	15	18	22	27	—	33	39	45	55	65
71	—	—	—	—	245	490	981	1960	2650	4410	8820	11700	19600	31000
87	—	—	—	—	—	490	981	1960	2650	4410	8820	11700	19600	31000

表 15-2-104　　减速机的工况系数 K_A

原动机	每日工作时间/h	轻微冲击（均匀）载荷 U	中等冲击载荷 M	强冲击载荷 H	原动机	每日工作时间/h	轻微冲击（均匀）载荷 U	中等冲击载荷 M	强冲击载荷 H	原动机	每日工作时间/h	轻微冲击（均匀）载荷 U	中等冲击载荷 M	强冲击载荷 H
电动机	≤3	0.8	1	1.5	4～6 缸	≤3	1	1.25	1.75	1～3 缸	≤3	1.25	1.5	2
汽轮机	>3～10	1	1.25	1.75	的活塞	>3～10	1.25	1.5	2	的活塞	>3～10	1.5	1.75	2.25
水力机	>10	1.25	1.5	2	发动机	>10	1.5	1.75	2.25	发动机	>10	1.75	2	2.5

2.7　谐波传动减速器

2.7.1　工作原理与特点

谐波传动包括三个基本构件：柔轮 1、刚轮 2 和波发生器 3（图 15-2-1）。三个构件中可以任意固定一个，其余两个一个固定，一个从动，可以实现减速或增速（固定传动比），也可以换成两个输入、一个输出，组成差动传动。谐波传动减速器主要用于军工、精密仪器生产、医疗器械、起重机、船舶柴油机辅机、卷帘门、电动闸门的传动及机器人、天线的传动。

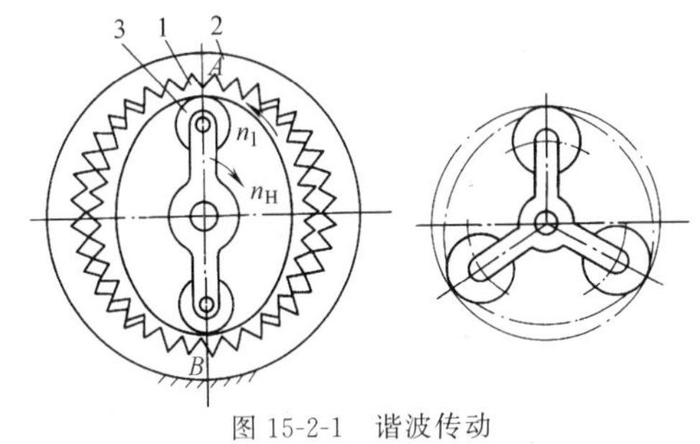

图 15-2-1　谐波传动
1—柔轮；2—刚轮；3—波发生器

柔轮轮体很薄，其上有特制的完整的齿圈（360°），轮齿模数较小，一般为 0.2～1.5mm。波发生器的径向最大尺寸稍大于柔轮内孔直径，装配时把它放入柔轮内孔，使柔轮齿圈段变形成为椭圆形，并使椭圆长轴处 A、B 两点的轮齿与刚轮相啮合，而短轴处的轮齿脱开。若波发生器顺时针方向旋转，则柔轮 1 和刚轮 2（固定轮）的啮合区也随着变化，轮齿依次进入啮合和脱离状态。柔轮的变形过程基本上是一个对称的谐波，因此称为谐波齿轮传动。对于双波传动其特点是发生器转一转，柔轮相对于刚轮在圆周方向转过两个齿距的弧长，它有两个啮合区。双波谐波齿轮传动变形时柔轮表面应力小，易获得大的传动比，结构较简单。对于三波传动则齿数差为 3，有三个啮合区。三波传动其特点是作用于轴上的径向力小，内应力较平衡，精度较高，变形时柔轮表面应力较双波的大，而且结构较为复杂。

波发生器常有三种结构型式，如图 15-2-2 所示，但作用原理相同。为了减少波发生器对柔轮内表面产生过大摩擦，通常在波发生器上装弹性滚动轴承［图 15-2-2（c）］。

因柔轮、刚轮齿数不等（通常柔轮比刚轮齿数少 2 齿），在传动过程中，若刚轮固定，波发生器为主动转动一圈时，柔轮只能相对刚轮向反方向位移。当波发生器以 ω_H 方向转动至相当于柔轮一周的 A_1 点

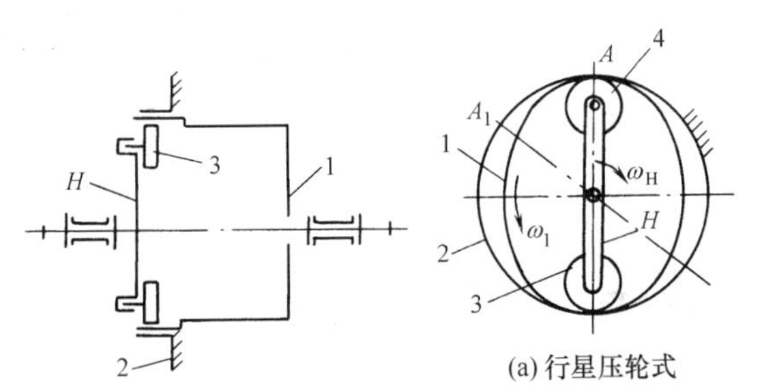

图 15-2-2　波发生器
1—柔轮；2—刚轮；3—波发生器；4—压轮；5—轴承

[图 15-2-2 (a)] 时，啮合经过 z_1 个齿，波发生器继续转动至相当于刚轮 2 一周回到 A 点时，啮合经过的齿数为 z_2，此时柔轮 1 相对于刚轮 2 向 ω_1 方向转动 z_2-z_1 个齿，显然传动比为

$$i=\frac{z_2}{z_2-z_1}$$

传动比与两个齿轮的齿数差成反比，而传动比与波发生器的波数无关。三个基本构件若固定其中任一构件，则传动比和转动方向也各不相同，见表 15-2-105。

谐波齿轮传动的特点如下。

1）结构简单，重量轻、体积小。由于谐波齿轮传动比普通齿轮传动的零件数目大大减少，其体积可比普通齿轮传动体积小 20%～50%。

2）传动比范围大，一般单级谐波齿轮传动，传动比为 60～500；当采用行星发生器时，传动比为 150～4000；而采用复波传动时，传动比可达 10^7。

3）承载能力高。由于谐波齿轮传动同时啮合齿数多，即同时承受载荷的齿数多，在材料的力学性能和传动比相同的情况下，齿的强度保持一定时，其承载能力比其他型式的传动大大地提高。

4）损耗小，效率高。这是因为齿的相对滑动速度极低。因此，它可在加工粗糙度和润滑条件差的情况下工作。

表 15-2-105　谐波传动减速器传动类型及传动化

序号	传动简图	固定件	主、从动件的转向关系	传动比计算公式
1		刚轮	反向	$i_{H1}=\frac{n_H}{n_1}=-\frac{z_1}{z_2-z_1}$
2		柔轮	同向	$i_{H2}=\frac{n_H}{n_2}=\frac{z_2}{z_2-z_1}$
3		波发生器	同向	$i_{12}=\frac{n_1}{n_2}=\frac{z_2}{z_1}$

5）齿的磨损小且均匀。由于齿的啮合是面接触，啮合齿数多，齿面比压小，滑动速度低，所以对于齿的磨损小且均匀。

6）运动平稳，无冲击。由于柔轮与刚轮啮合时，齿与齿间均匀接触，同时齿的啮入和啮出是随柔轮的变形逐渐进入和退出刚轮齿间的。

7）可以向密封空间传递运动。由于弹性件（柔轮）被固定后，它既可以作为封闭传动的壳体，又可以产生弹性变形，即产生错齿运动，从而达到传递运动的目的。因此，它可用在操纵高温、高压的管道以及用来驱动工作在高真空、有原子辐射和有害介质空间的机构。

在谐波齿轮传动中，柔轮加工较困难，对柔性轴承的材料及制造精度要求较高。

2.7.2　XB、XBZ 型谐波传动减速器 (GB/T 14118—1993)

XB、XBZ 型谐波传动减速器主要适用于电力、航空、航天、机器人、机床、纺织、医疗、冶金、矿山等行业的机械产品。

2.7.2.1　外形、安装尺寸

标记示例：

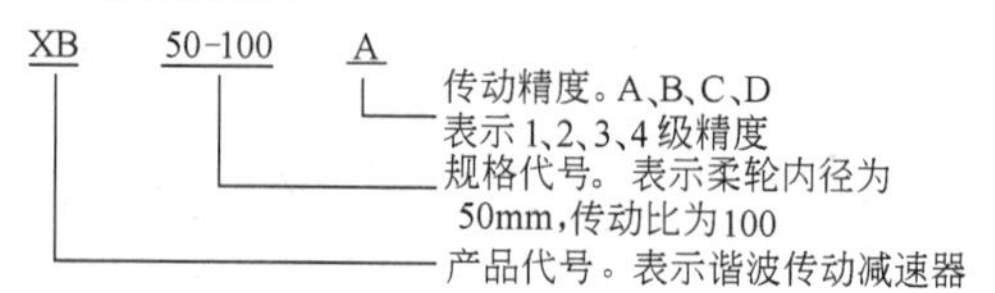

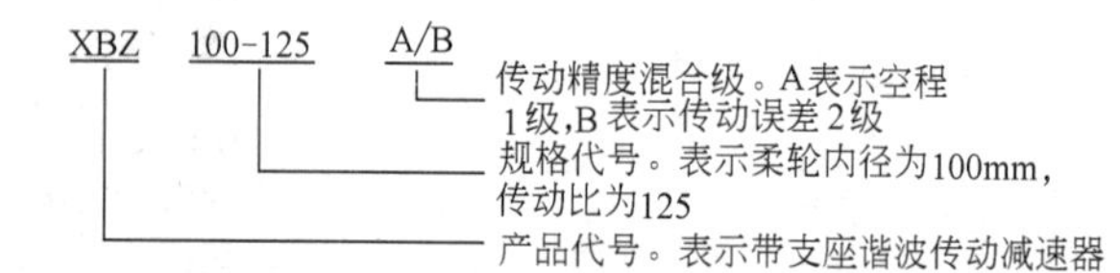

表 15-2-106　**XB、XBZ 型减速器外形尺寸**　mm

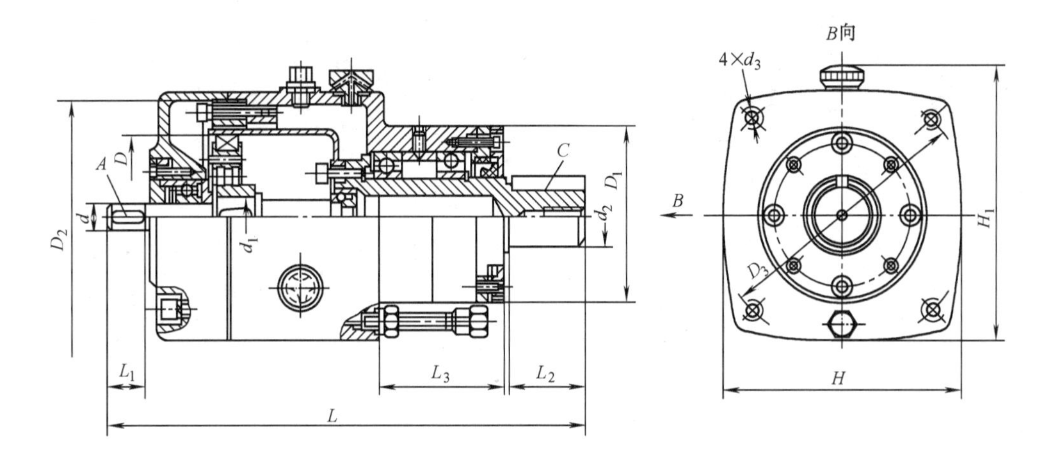

XB型减速器

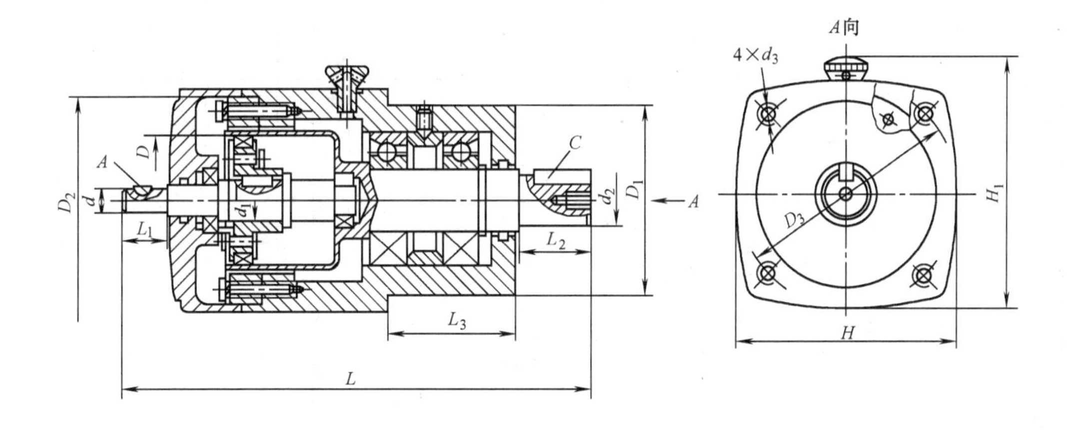

XBZ型减速器

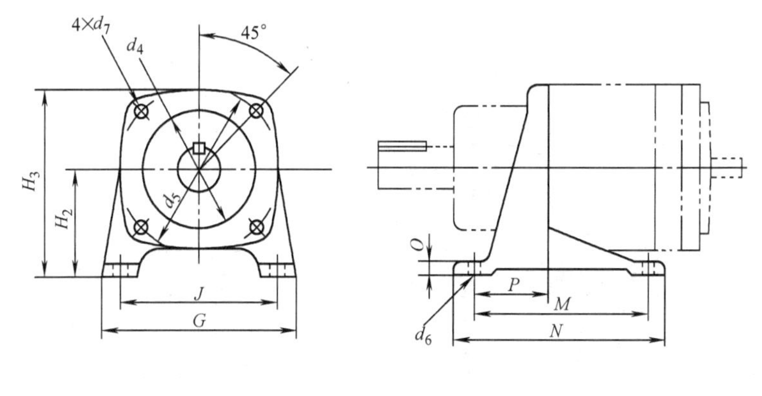

支座外形

续表

机型	尺寸															质量/kg
	d (h6)	d_1	d_2 (h6)	d_3	D	D_1	D_2	D_3	L	L_1	L_2	L_3	H	H_1	A	C	
25	4	6	8	M4	25	28	40	43	86	8	12	22	45	50	键 1×4	键 C2×10	0.3
32	6	10	12	M5	32	36	50	55	115	11	16	33	55	60	键 2×7	键 C4×14	0.5
40	8	12	15	M5	40	44	60	66	140	16	22	39	65	72	键 3×10	键 C5×18	1
50	10	14	18	M6	50	53	70	76	170	18	30	43	75	83	键 3×13	键 C6×25	1.5
60	14	18	22	M6	60	68	85	100	205	18	35	43	92	101	键 5×14	键 C6×32	5.5
80	14	18	30	M10	80	85	115	130	240	20	43	48	122	132	键 5×16	键 C8×40	10
100	16	24	35	M12	100	100	135	155	290	24	55	54	142	155	键 5×20	键 C10×50	16
120	18	24	45	M14	120	114	170	195	340	28	68	67	180	220	键 6×25	键 C14×62	30
160	24	40	60	M20	160	140	220	245	430	38	88	77	230	265	键 8×32	键 C18×80	58
200	30	50	80	M24	200	180	270	300	530	48	108	102	280	320	键 8×40	键 C22×100	100
250	35	60	95	M27	250	215	330	360	669	60	128	156	345	423	键 10×50	键 C25×120	—
320	40	80	110	M30	320	240	370	400	750	80	140	170	400	440	键 12×60	键 C28×130	—

备注：1. 25～50 机型，*A* 键按 GB/T 1099.1—2003 选用；60～320 机型，*A* 键按 GB/T 1096—2003 选用。

2. 25～320 机型，*C* 键按 GB/T 1096—2003 选用。

支座主要尺寸

代号	机型							
	60	80	100	120	160	200	250	320
H_3	101	140	160	196	255	310	380	450
G	112	140	168	205	260	320	400	480
H_2	56	80	90	106	140	170	210	250
J	92	116	138	175	220	280	340	400
d_6	7	9	10	10	14	14	18	22
d_4	68	85	100	114	140	180	215	240
M	85	130	150	100	240	280	330	380
N	115	160	180	215	280	330	390	450
O	10	13	14	16	20	20	22	25
P	54	61	67	80	90	110	120	140
d_7	8	12	14	16	24	28	30	34
d_5	100	130	155	195	245	300	350	400

2.7.2.2　承载能力

表 15-2-107　XB、XBZ 型减速器承载能力

规格	柔轮内径/mm	模数/mm	传动比 i_N	输入转速 3000r/min			输入转速 1500r/min			输入转速 1000r/min			输入转速 750r/min			输入转速 500r/min		
				输入功率/kW	输出转速/r·min^{-1}	输出转矩/N·m	输入功率/kW	输出转速/r·min^{-1}	输出转矩/N·m	输入功率/kW	输出转速/r·min^{-1}	输出转矩/N·m	输入功率/kW	输出转速/r·min^{-1}	输出转矩/N·m	输入功率/kW	输出转速/r·min^{-1}	输出转矩/N·m
25	25	0.2	63	0.0122	47.6	2	0.0071	23.8	2.5	0.0047	15.8	2.5	0.0035	11.9	2.5	0.0023	7.9	2.5
		0.15	80	0.0096	37.5	2	0.0056	18.8	2.5	0.0044	12.5	2.9	0.0033	9.4	3	0.0023	6.25	3.4
		0.1	125	0.0061	24	2	0.0035	12	2.5	0.0028	8	2.9	0.0021	6	3	0.0016	4	3.4
32	32	0.25	63	0.027	47.6	4.5	0.015	23.8	5	0.012	15.8	6	0.010	11.9	6.5	0.007	7.9	7
		0.2	80	0.024	37.5	5	0.015	18.8	6.5	0.012	12.5	7.6	0.010	9.4	8	0.007	6.25	9
		0.15	100	0.023	30	6	0.014	15	7.5	0.011	10	8.6	0.008	7.5	9	0.006	5	10
		0.1	160	0.015	18.6	6	0.008	9.4	7.5	0.071	6.25	8.6	0.005	4.7	9	0.004	3	10
40	40	0.25	80	0.078	37.5	16	0.044	18.8	20	0.034	12.5	23	0.027	9.4	24	0.021	6.25	28
		0.2	100	0.061	30	16	0.035	15	20	0.028	10	23	0.021	7.5	24	0.016	5	28
		0.15	125	0.049	24	16	0.029	12	20	0.022	8	23	0.018	6	24	0.013	4	28
		0.1	200	0.033	15	16	0.020	7.5	20	0.016	5	23	0.012	3.8	24	0.009	2.5	28
50	50	0.3	80	0.135	37.5	28	0.068	18.8	30	0.045	12.5	30	0.034	9.4	30	0.022	6.25	30
		0.25	100	0.115	30	30	0.068	15	38	0.051	10	42	0.041	7.5	45	0.031	5	50
		0.2	125	0.093	24	30	0.055	12	38	0.040	8	42	0.033	6	45	0.025	4	52
		0.15	160	0.076	18.6	30	0.044	9.4	38	0.032	6.25	42	0.026	4.7	45	0.019	3	52
60	60	0.4	80	0.216	37.5	45	0.136	18.8	60	0.098	12.5	65	0.074	9.4	65	0.049	6.25	65
		0.3	100	0.193	30	50	0.114	15	63	0.087	10	72	0.068	7.5	75	0.049	5	82
		0.25	125	0.154	24	50	0.092	12	63	0.069	8	72	0.054	6	75	0.041	4	86
		0.2	160	0.127	18.6	50	0.072	9.4	63	0.054	6.25	72	0.042	4.7	75	0.031	3	86
80	80	0.5	80	0.481	37.5	100	0.284	18.8	125	0.226	12.5	150	0.171	9.4	150	0.113	6.25	150
		0.4	100	0.461	30	120	0.272	15	150	0.211	10	175	0.162	7.5	180	0.121	5	200
		0.3	125	0.369	24	120	0.218	12	150	0.169	8	175	0.130	6	180	0.101	4	210
		0.25	160	0.305	18.6	120	0.171	9.4	150	0.132	6.25	175	0.102	4.7	180	0.076	3	210
		0.2	200	0.249	15	120	0.135	7.5	150	0.106	5	175	0.082	3.8	180	0.064	2.5	210
100	100	0.6	80	0.961	37.5	200	0.454	18.8	200	0.301	12.5	200	0.227	9.4	200	0.151	6.25	200
		0.5	100	0.961	30	250	0.561	15	310	0.374	10	310	0.28	7.5	310	0.187	5	310
		0.4	125	0.769	24	250	0.449	12	310	0.338	8	350	0.268	6	370	0.183	4	380
		0.3	160	0.637	18.6	250	0.352	9.4	310	0.264	6.25	350	0.209	4.7	370	0.155	3	430
		0.25	200	0.513	15	250	0.317	7.5	310	0.239	5	350	0.192	3.8	370	0.147	2.5	430

续表

规格	柔轮内径 /mm	模数 /mm	传动比 i_N	输入转速 3000r/min			输入转速 1500r/min			输入转速 1000r/min			输入转速 750r/min			输入转速 500r/min		
				输入功率 /kW	输出转速 /r·min^{-1}	输出转矩 /N·m	输入功率 /kW	输出转速 /r·min^{-1}	输出转矩 /N·m	输入功率 /kW	输出转速 /r·min^{-1}	输出转矩 /N·m	输入功率 /kW	输出转速 /r·min^{-1}	输出转矩 /N·m	输入功率 /kW	输出转速 /r·min^{-1}	输出转矩 /N·m
120	120	0.8	80	1.828	37.5	380	0.862	18.8	380	0.573	12.5	380	0.431	9.4	380	0.287	6.25	380
		0.6	100	1.731	30	450	1.014	15	560	0.675	10	560	0.507	7.5	560	0.338	5	560
		0.5	125	1.385	24	450	0.811	12	560	0.618	8	640	0.485	6	670	0.328	4	680
		0.4	160	1.144	18.6	450	0.635	9.4	560	0.482	6.25	640	0.380	4.7	670	0.279	3	770
		0.3	200	0.923	15	450	0.575	7.5	560	0.437	5	640	0.348	3.8	670	0.263	2.5	770
160	160	1	80				1.814	18.8	800	1.207	12.5	800	0.907	9.4	800	0.604	6.25	800
		0.8	100				1.809	15	1000	1.387	10	1150	1.086	7.5	1200	0.604	5	1000
		0.6	125				1.448	12	1000	1.111	8	1150	0.868	6	1200	0.604	4	1250
		0.5	160				1.134	9.4	1000	0.867	6.25	1150	0.680	4.7	1200	0.488	3	1350
		0.4	200				1.025	7.5	1000	0.787	5	1150	0.750	3.8	1200	0.461	2.5	1350
		0.3	250				0.82	6	1000	0.629	4	1150	0.492	3	1200	0.369	2	1350
200	200	1	80				3.402	18.8	1500	2.262	12.5	1500	1.701	9.4	1500	1.132	6.25	1500
		0.8	100				3.620	15	2000	2.413	10	2000	1.809	7.5	2000	1.207	5	2000
		0.6	125				2.896	12	2000	2.886	8	2300	1.731	6	2390	1.164	4	2410
		0.5	160				2.268	9.4	2000	1.734	6.25	2300	1.355	4.7	2390	0.995	3	2750
		0.4	200				2.051	7.5	2000	1.572	5	2300	1.241	3.8	2390	0.940	2.5	2750
		0.3	250				1.641	6	2000	1.259	4	2300	0.980	3	2390	0.752	2	2750
250	250	1.5	80				6.68	18.8	2800	4.49	12.5	2800	3.37	9.4	2800	2.24	6.25	2800
		1.25	100				6.33	15	3500	4.49	10	3500	3.37	7.5	3500	2.24	5	3500
		1	125				5.07	12	3500	3.86	8	4000	3.04	6	4200	2.33	4	4830
		0.8	160				3.96	9.4	3500	3.01	6.25	4000	2.38	4.7	4200	1.75	3	4830
		0.6	200				3.59	7.5	3500	2.73	5	4000	2.19	3.8	4200	1.65	2.5	4830
		0.5	250				2.87	6	3500	2.19	4	4000	1.72	3	4200	1.32	2	4830
		0.4	320				2.25	4.7	3500	1.69	3.1	4000	1.32	2.3	4200	1.05	1.6	4830
320	320	2	80				12.27	18.8	5300	8.50	12.5	5300	6.40	9.4	5300	4.25	6.25	5300
		1.5	100				11.4	15	6300	8.08	10	6300	6.06	7.5	6300	4.04	5	6300
		1.25	125				9.12	12	6300	6.95	8	7200	5.44	6	7500	4.15	4	8600
		1	160				7.14	9.4	6300	5.44	6.25	7200	4.26	4.7	7500	7.12	3	8600
		0.8	200				6.47	7.5	6300	4.92	5	7200	3.89	3.8	7500	2.94	2.5	8600
		0.6	250				5.17	6	6300	3.93	4	7200	3.07	3	7500	2.35	2	8600
		0.5	320				4.05	4.7	6300	3.05	3.1	7200	2.36	2.3	7500	1.88	1.6	8600

2.7.2.3　使用条件及主要技术指标

表 15-2-108　使用条件及主要技术指标

机型	25	32	40	50	60	80	100	120	160	200	250	320
使用条件	使用环境温度为−40～55℃；相对湿度为95%±3%(20℃)；振动频率为10～500Hz，加速度为2g；扫频循环次数为10次											
效率/%	i=63～125，η=75～90；i>125，η=70～85								i=80～160，η=80～90；i>160，η=70～80			
超载性能		超载50%时，能正常运转30min；超载150%时，能正常运转1min										
启动转矩/N·cm	≤0.8	≤1.25	≤2	≤3	≤5	≤8	≤12.5	≤20	≤35	≤60	≤100	≤150
扭转刚度/N·m·(′)$^{-1}$	0.365	0.725	1.45	2.90	5.80	11.65	23.25	46.55	93.10	186.20	327.35	744.65
转动惯量/kg·m^2	7×10^{-7}	2.8×10^{-6}	8.8×10^{-6}	2.5×10^{-5}	5.85×10^{-5}	1.77×10^{-4}	5.46×10^{-4}	1.18×10^{-3}	5.65×10^{-3}	1.72×10^{-2}	5.16×10^{-2}	1.52×10^{-1}
传动误差	1级，≤1′；2级，≤3′；3级，≤6′；4级，≤9′											

2.7.2.4　减速器的选用

谐波传动减速器所承受的载荷最好是转矩，不能直接承受轴向力和弯矩，若必须承受弯矩时则应在减速器输出轴端增加相应的辅助轴承。

谐波传动减速器也可以垂直安装使用。当输出轴向下时，谐波传动组件、波发生器位于上部，需配置甩油杯，它起油泵的作用，将润滑油带到波发生器及刚轮、柔轮轮齿的啮合面。当输入轴向下时，需注意润滑油油位高度。需要垂直安装的减速器请与制造厂联系。

选择减速器时，应根据承受的载荷确定减速器的机型。同时，应考虑减速器的工作环境及工作状态，如减速器长期在满载荷下连续工作时，应考虑选择大一型号的减速器。

减速器在不同环境温度下，各机型使用的润滑油及润滑脂见表15-2-109。

表 15-2-109　减速器用润滑油及润滑脂

机型 XB		25	32	40	50	60	80	100	120	160	200	250	320
环境温度/℃	0～55	XBZH-Y_0(谐波传动半流体润滑脂0$^{\#}$)					32XBY(谐波传动润滑油)			46XBY(谐波传动润滑油)			
	−40～55						32XBY-Y(低温谐波传动润滑油)			46XBY-Y(低温谐波传动润滑油)			
	−50～100						4109(合成油)						

2.8　三环减速器

2.8.1　工作原理、特点及适用范围

(1) 工作原理

三环减速器是少齿差行星轮传动的一种型式，其齿轮啮合运动属于动轴轮系，其输出轴与输入轴平行配置，又具有平行轴圆柱齿轮减速器的特征。因由三片相同的内齿环板带动一个外齿齿轮输出，而简称三环减速器。

三环减速器主要由一根具有外齿轮的低速轴1、两根各具有三个互呈120°偏心的高速轴2和三片具有内齿圈的传动环板3构成，如图15-2-3所示。三根轴互相平行。当高速轴2旋转时，带动三片环板3呈120°相位差平面运动，环板上的内齿圈与低速轴1上的外齿轮啮合实现大传动比减速。两根高速轴的轴端既可单独又可同时将动力输入。

(2) 特点

三环减速器兼有行星减速器和普通圆柱齿轮减速器的优点，充分运用了功率分流与多齿内啮合机理，在技术性能、产品制造、使用维护方面具有较明显的优点。

① 承载、超载能力强，使用寿命长。齿轮啮合可有9～18对齿同时进入啮合区，随着载荷加大，啮合齿对数也相应增加，能承受过载2.7倍。输出转矩可达400kN·m。

② 传动比大，分级密集。单级传动比为11～99，双级达9801，级差约1.1倍。

③ 效率高。满载荷条件下，单级效率为90%～93%。

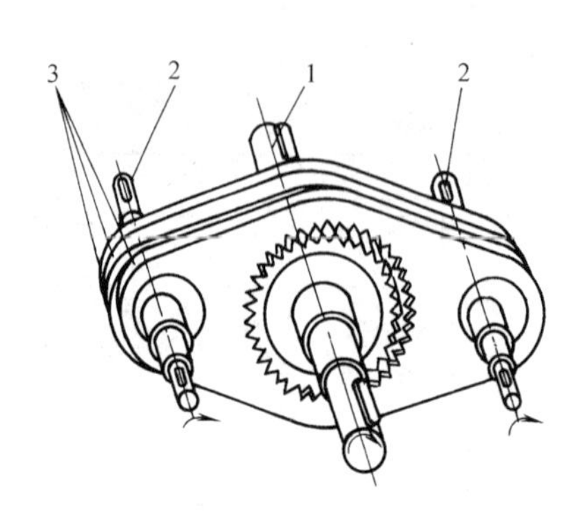

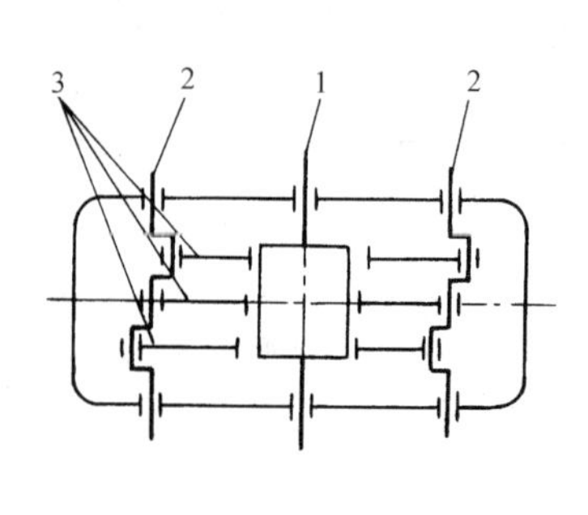

图 15-2-3 三环减速器（基本型）工作原理

1—低速轴；2—高速轴；3—环板

④ 结构紧凑，体积较小，重量比普通圆柱齿轮减速器小 1/3。

⑤ 适用性广，可制成卧式、立式、法兰连接及组合传动等结构。具有多轴端，可供电动机同步传动或带动控制元件。装配型式及派生系列繁多。

（3）存在问题

传动轴上存在不平衡力偶矩等问题，因而目前主要适用于低速重载的工况。

（4）适用范围

① 环境温度为－40～45℃，低于 0℃时，启动前应对润滑油采取预热。

② 高速轴转速≤1500r/min。

③ 瞬时超载转矩允许为额定转矩的 2.7 倍。

④ 连续或断续工作，可正、反两方向运转。

⑤ 轴伸型式如下。

Y 型：圆柱轴伸，单键平键连接（高速轴与低速轴同为圆柱轴伸，可不标记代号）。

Z 型：圆锥轴伸，单键平键连接。

H 型：渐开线花键轴伸。

C 型：齿轮轴伸（仅 QSH 和 QXSH 减速器用）。

K 型：圆柱形轴孔，平键套装连接（低速轴为套装孔，可不标记代号）。

K（Z）型：圆锥形轴孔，平键套装连接。

K（H）型：花键轴孔，套装连接。

D 型：轴伸与电动机直联。

常用轴伸型式，高速轴与低速轴同为圆柱形轴伸或低速轴为套装孔（省略附加标号）。非圆柱形轴伸或高速与低速轴伸型式不同时，则分别依序加注轴伸型式标号。

（5）标记示例

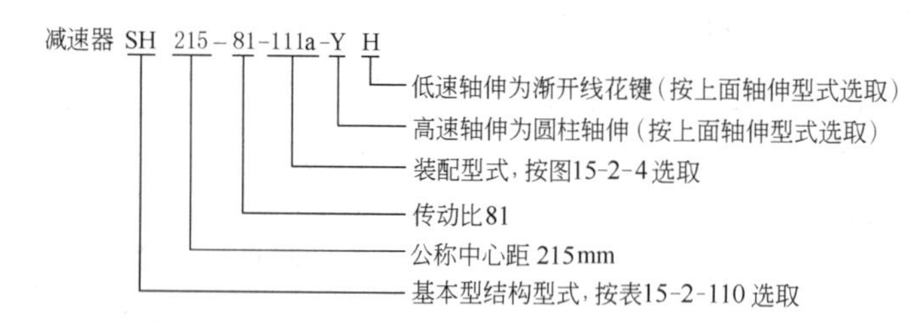

2.8.2 结构型式与特征

表 15-2-110 结构型式与特征

序号	结构型号	简　图	结构特征	规格、传动比及输出转矩
1	SH		基本型三环传动，二高速轴平行且对称于低速轴，箱体卧式安装（有底座）、平剖分	$a=80\sim1070$mm $i=11\sim99$ $T_2=0.124\sim469$kN·m

续表

序号		结构型号	简　图	结 构 特 征	规格、传动比及输出转矩
2		SHD	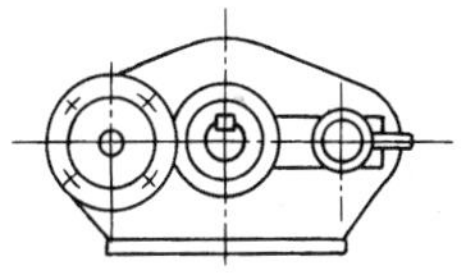	其中一根或二根高速轴与电动机直连；其余同 SH	a=105～300mm i=11～99 T_2=0.259～10.52kN・m
3		SHDK	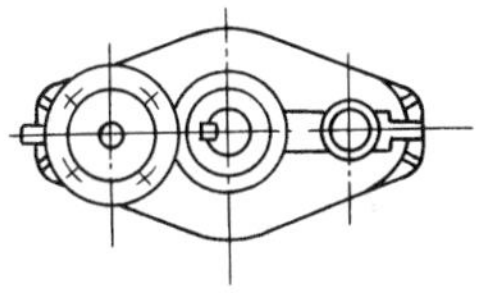	低速轴系具有套装孔的空心轴；箱体上有防摆销孔；其余同 SHD	a=105～300mm i=11～99 T_2=0.259～10.52kN・m
4	4a	SHCⅠ	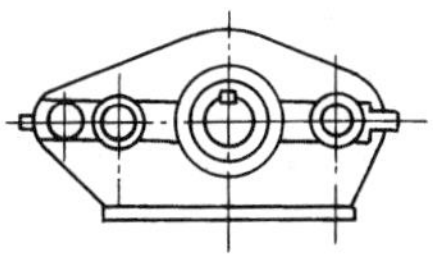	组合二级传动，三环传动的一侧或两侧加高速级圆柱齿轮传动；其余同 SH	a=125～1070mm i=21.7～605 T_2=0.435～469kN・m
	4b	SHCⅡ	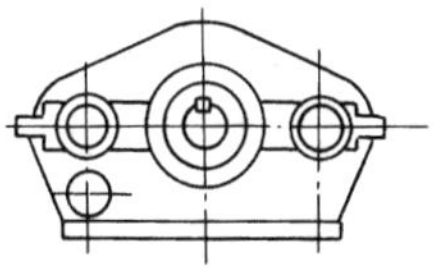	组合二级传动，将高速级圆柱齿轮传动置于箱体剖分面下部；其余同 SHC	a=125～1070mm i=21.7～605 T_2=0.435～469kN・m
5		SHCD	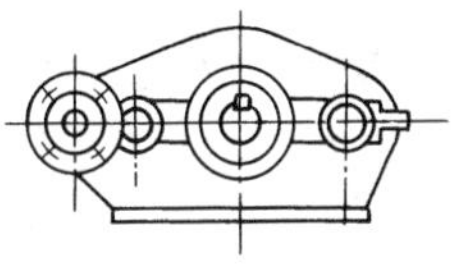	组合二级传动，一个或两个高速轴与电动机直联；其余同 SHC	a=125～450mm i=21.7～605 T_2=0.435～35.9kN・m
6		MSH	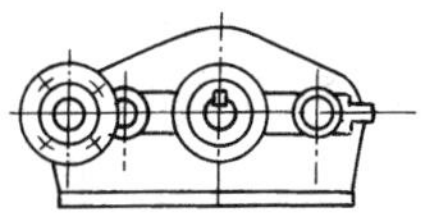	水泥磨慢速驱动用；高速轴与电动机直连；类同 SHCD	a=350～600mm i=100～605 T_2=15.79～87.66kN・m
7		SHS	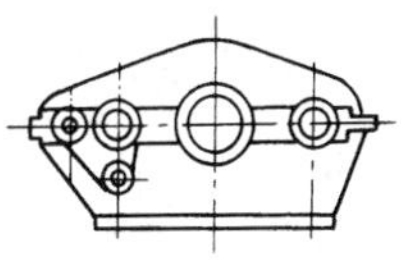	两级三环传动；高速级加于低速级一侧或两侧；其余同 SH	a=215～1070mm i=299～9801 T_2=3.336～469kN・m

续表

序号	结构型号	简　图	结 构 特 征	规格、传动比及输出转矩
8	LLSH	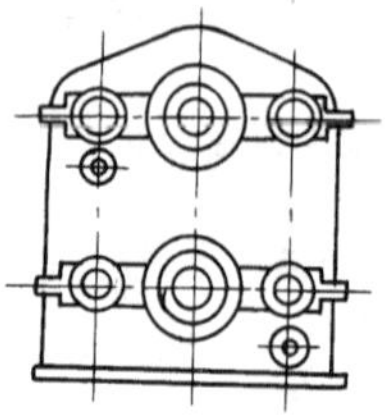	连续铸钢拉矫机传动用；相当于二台 SHCⅡ型组成二重结构	$a=300\sim500\text{mm}$ $i=100\sim605$ $T_2=10.52\sim48.01\text{kN}\cdot\text{m}$
9	SHZ	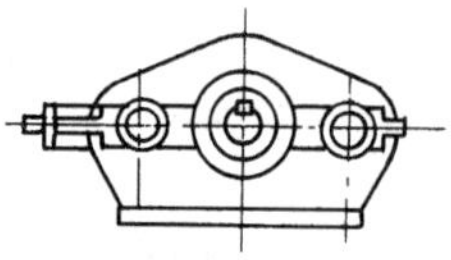	三环传动，一侧或两侧增加高速级锥齿轮垂直传动；其余同 SH	$a=125\sim1070\text{mm}$ $i=33.6\sim503.3$ $T_2=0.435\sim469\text{kN}\cdot\text{m}$
10	ZZSH	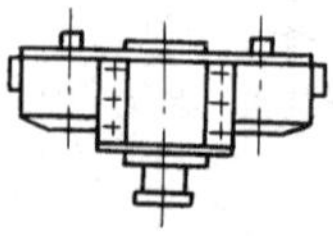	桩孔钻机用；箱体侧面安装（有底座），低速轴中心具有注水孔；其余同 SHP	$a=255\sim450\text{mm}$ $i=11\sim99$ $T_2=5.764\sim35.9\text{kN}\cdot\text{m}$
11	SHZP	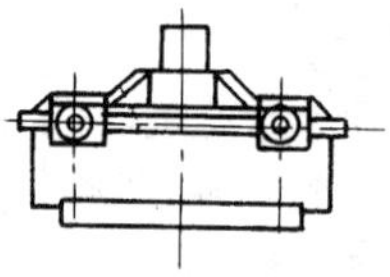	三环传动的一侧或两侧加高速级锥齿轮传动，低速轴竖置且与高速轴垂直，箱体平放安装（有底座），端面剖分	$a=215\sim1070\text{mm}$ $i=33.6\sim503.3$ $T_2=3.336\sim469\text{kN}\cdot\text{m}$
12	YPSH	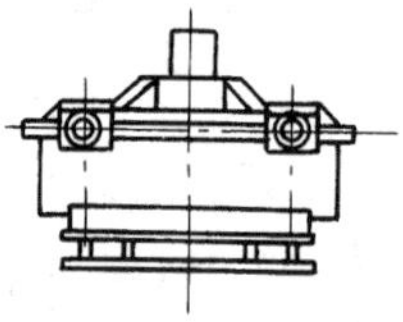	圆盘给料机专用；类同 SHZP	$a=215\sim600\text{mm}$ $i=33.6\sim503.3$ $T_2=3.336\sim87.66\text{kN}\cdot\text{m}$
13	GTSH	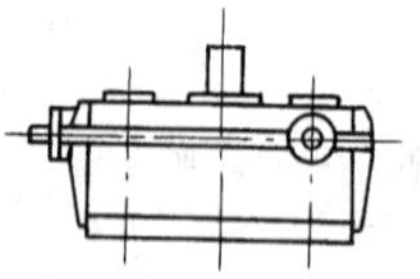	钢包回转台用；具有两根垂直于平面的高速轴；其余类同 SHZP	$a=300\sim400\text{mm}$ $i=77.9\sim503.3$ $T_2=10.52\sim24.67\text{kN}\cdot\text{m}$

2.8.3　装配型式

根据三环传动的特征，一般有两根高速轴和一根低速轴，每根轴又可制成一端出轴伸、二端出轴伸或不出轴伸，低速轴还可制成空心轴。装配型式分别用三个阿拉伯数字（1、2 和 0）及拼音小写字母表示，数字 1 为一端出轴伸（含套装空心轴）、2 为二端出轴伸、0 为不制出轴伸。数字顺序按轴的顺序排列，其后拼音小写字母为分区号。

SH、SHD、SHCⅠ、SHCⅡ、SHZ、ZZSH、SHZP、GTSH 八种型号的装配型式见图 15-2-4。

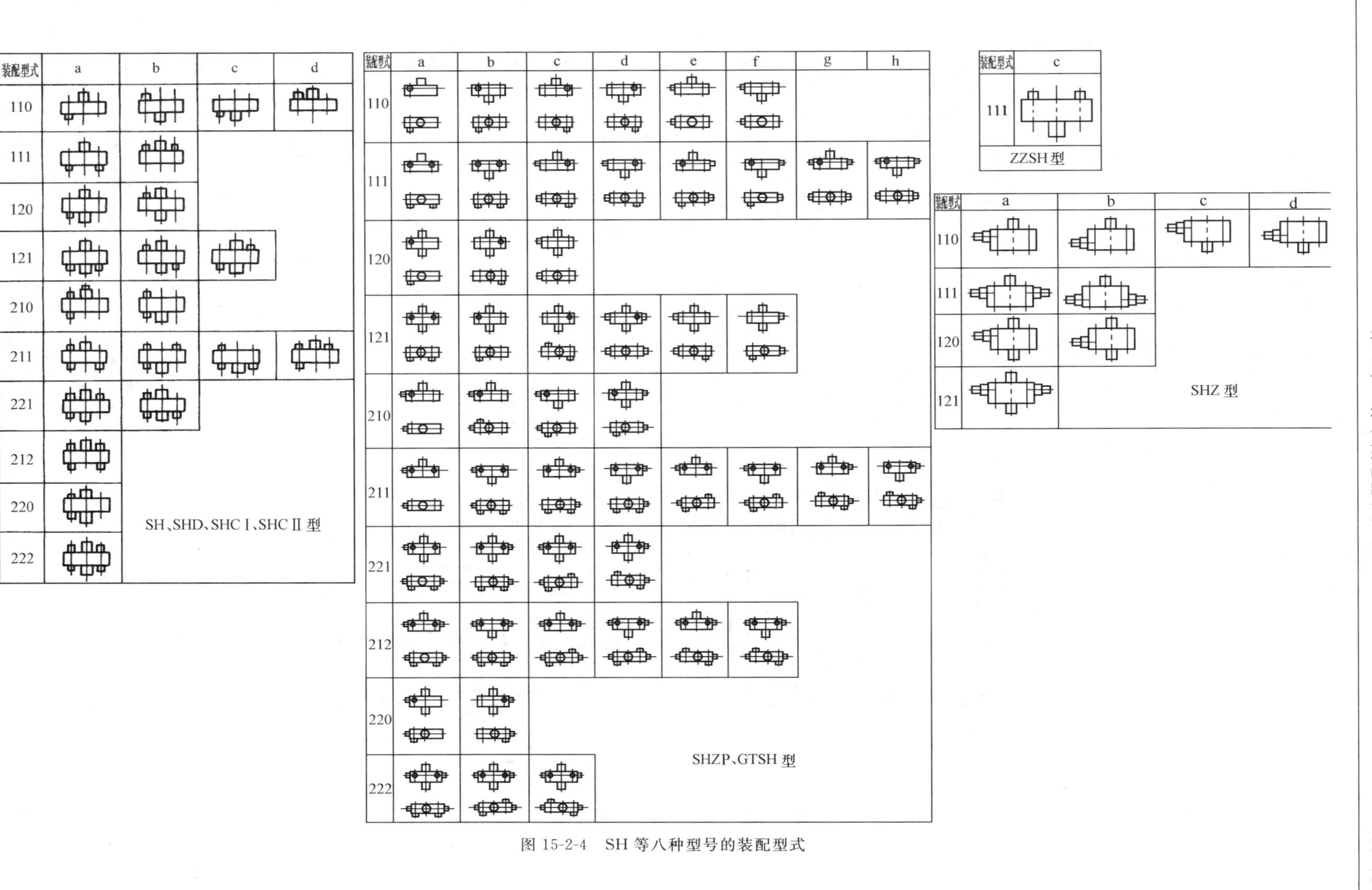

图 15-2-4　SH 等八种型号的装配型式

2.8.4　外形、安装尺寸

表 15-2-111　SH、SHCⅠ、SHZ、ZZSH、SHZP、GTSH 型减速器外形、安装尺寸　mm

SH 型

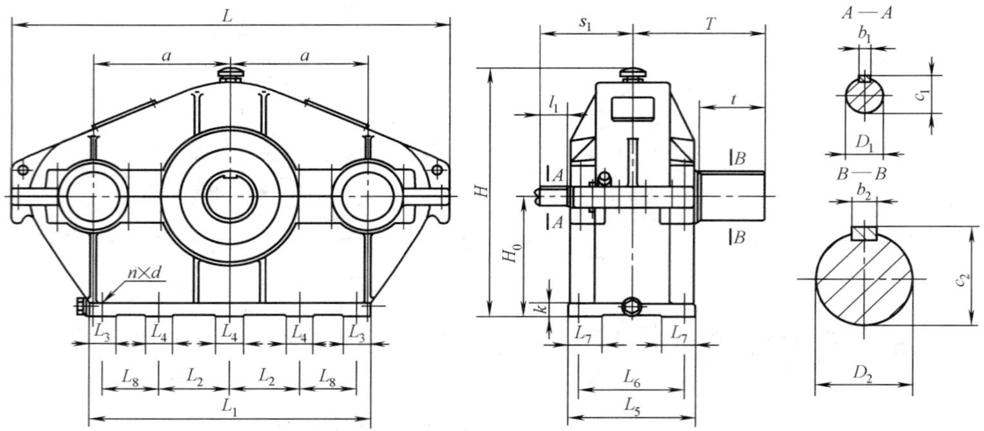

规格	中心尺寸		轮廓尺寸				地脚螺栓									高速轴伸 $i\leqslant 23$					高速轴伸 $i\geqslant 25.5$					低速轴伸					质量
	a	H_0	H	L	L_1	L_5	d	n	k	L_2	L_3	L_4	L_6	L_7	L_8	D_1	l_1	s_1	c_1	b_1	D_1	l_1	s_1	c_1	b_1	D_2	t	T	c_2	b_2	/kg
215	215	200	433	690	450	240	M20	4	25	190	100		185	65		35k6	58	165	38	10	35k6	58	165	38	10	75m6	105	215	79.5	20	175
255	255	230	493	810	530	260	M20	6	25	220	100	100	210	70		45k6	82	195	48.5	14	45k6	82	195	48.5	14	90m6	130	245	95	25	260
300	300	280	585	960	630	300	M24	6	30	255	120	120	235	80		50k6	82	215	53.3	14	50k6	82	215	53.3	14	110m6	165	315	116	28	440
350	350	325	678	1100	720	340	M24	6	35	310	120	160	270	90		55m6	82	240	53.5	16	55m6	82	240	59	16	130m6	200	365	137	32	590
400	400	355	740	1280	820	370	M24	8	40	150	120	120	310	100	210	65m6	105	290	69	18	65m6	105	290	69	18	150m6	200	395	158	36	900
450	450	400	825	1440	920	420	M30	8	45	160	120	120	340	100	240	75m6	105	310	79.5	20	70m6	105	310	74.5	20	170m6	240	460	179	40	1470
500	500	500	988	1610	1050	465	M36	8	50	185	150	120	390	100	250	80m6	130	350	85	22	70m6	105	325	74.5	20	180m6	240	470	190	45	1800
550	550	560	1110	1750	1130	510	M36	8	60	200	150	150	440	120	290	85m6	130	370	90	22	75m6	105	345	79.5	20	200m6	280	535	210	45	2360
600	600	630	1230	1920	1250	555	M42	8	60	220	180	150	480	120	300	90m6	130	390	95	25	80m6	130	390	85	22	220m6	280	540	231	50	3090
670	670	670	1330	2110	1370	600	M42	8	70	250	180	180	520	140	350	100m6	165	450	106	28	90m6	130	415	95	25	250m6	330	630	262	56	4370
750	750	750	1480	2350	1550	660	M48	8	80	250	210	210	560	150	420	110m6	165	485	116	28	100m6	165	485	106	28	280m6	380	705	292	63	6040
840	840	840	1626	2460	1730	750	M48	10	80	330	225	200	640	150	410	130m6	200	545	137	32	110m6	165	510	116	28	300m6	380	730	314	70	8820
950	950	950	1830	2940	1950	815	M56	10	90	360	235	200	685	200	480	150m6	200	575	158	36	130m6	200	575	137	32	340m6	450	830	355	80	12900
1070	1070	1060	2060	3230	2190	870	M56	10	90	440	240	240	735	200	540	170m6	240	640	179	40	150m6	200	600	158	36	380m6	450	860	395	80	18600

说明：生产厂为北京太富力传动机器有限责任公司（本节三环减速器均为该公司生产）

续表

SHCⅠ型

规格	中心尺寸			轮廓尺寸					地脚螺栓									高速轴伸 $i<51$					高速轴伸 $51\leqslant i<100$					高速轴伸 $i\geqslant 100$					低速轴伸					质量
	a	a_1	H_0	H	L	L_1	L_5	L_9	d	n	k	L_2	L_3	L_4	L_6	L_7	L_8	D_1	l_1	c_1	b_1	s_1	D_1	l_1	c_1	b_1	s_1	D_1	l_1	c_1	b_1	s_1	D_2	t	T	c_2	b_2	/kg
215	215	130	200	433	790	550	290	130	M20	4	25	245	100		240	70		35k6	58	38	10	186	28k6	42	31	8	170	22j6	36	25	6	165	75m6	105	235	79.5	20	205
255	255	145	230	493	910	630	320	150	M20	6	25	285	100	100	270	70		42k6	82	45	12	228	35k6	58	38	10	200	28j6	42	31	8	185	90m6	130	275	95	25	310
300	300	160	280	585	1050	750	350	180	M24	6	30	345	120	120	285	80		48k6	82	51.5	14	252	42k6	82	45	12	252	35k6	58	38	10	228	110m6	165	340	116	28	528
350	350	180	325	678	1220	860	410	200	M24	6	35	390	120	160	350	90		55k6	82	59	16	275	48k6	82	51.5	14	275	42k6	82	45	12	275	130m6	200	395	137	32	699
400	400	210	355	740	1410	950	445	240	M24	8	40	150	120	120	385	100	290	65m6	105	69	18	341	55k6	82	59	16	318	48k6	82	51.5	14	318	150m6	200	438	158	36	1145
450	450	230	400	825	1550	1100	510	270	M30	8	45	160	120	120	430	100	340	70m6	105	74.5	20	355	65m6	105	69	18	355	55m6	82	59	16	332	170m6	240	500	179	40	1600
500	500	260	500	1028	1750	1220	570	305	M36	8	55	160	150	150	490	120	410	75m6	105	79.5	20	375	70m6	105	74.5	20	375	60m6	105	64	18	375	180m6	240	510	190	45	2150
550	550	290	560	1110	1910	1320	600	325	M36	8	60	200	150	150	530	120	410	80m6	130	85	22	415	75m6	105	79.5	20	390	65m6	105	69	18	390	200m6	280	580	210	45	2900
600	600	330	630	1270	2110	1460	680	360	M42	8	60	220	180	180	580	150	465	90m6	130	95	25	455	80m6	130	85	22	455	70m6	105	74.5	20	430	220m6	280	600	231	50	3650
670	670	360	670	1330	2310	1600	720	385	M42	8	70	250	180	180	640	140	500	100m6	165	106	28	510	90m6	130	95	25	475	80m6	130	85	22	475	250m6	330	690	262	56	5050
750	750	390	750	1520	2570	1790	790	425	M48	8	80	280	210	210	690	150	560	110m6	165	116	28	550	100m6	165	106	28	550	90m6	130	95	25	515	280m6	380	765	292	63	6600
840	840	420	840	1666	2850	1980	874	480	M48	10	80	450	250	250	764	150	485	130m6	200	137	32	605	110m6	165	116	28	570	100m6	165	106	28	570	300m6	380	790	314	70	9300
950	950	460	950	1870	3180	2240	1000	520	M56	10	90	500	250	250	870	200	555	150m6	200	157	36	665	130m6	200	137	32	665	110m6	165	116	28	630	340m6	450	920	355	80	13400
1070	1070	520	1060	2100	3530	2480	1030	545	M56	10	90	500	250	250	895	200	675	170m6	240	179	40	760	150m6	200	157	36	720	130m6	200	137	32	720	380m6	450	940	395	80	19500

第15篇

续表

SHZ 型

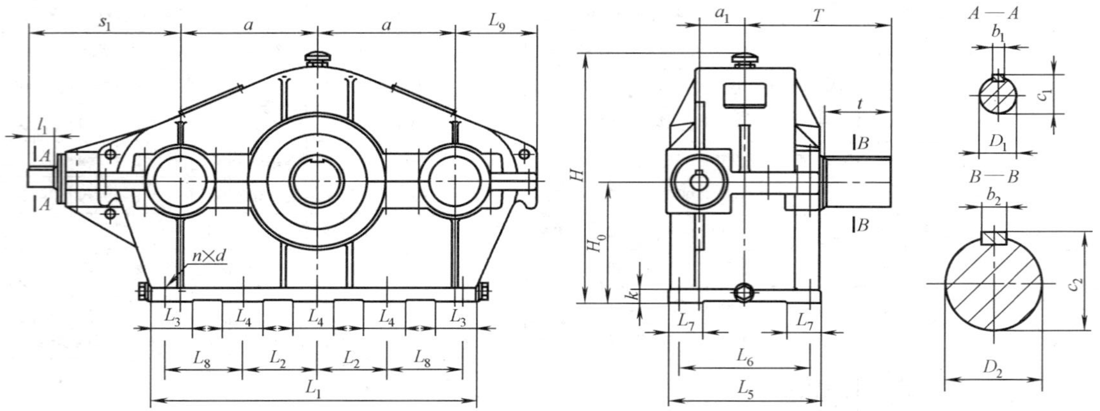

规格	中心尺寸			轮廓尺寸				地脚螺栓									高速轴伸 $i\leqslant 137.5$					高速轴伸 $i\geqslant 144.9$					低速轴伸					质量
	a	a_1	H_0	H	L_1	L_5	L_9	d	n	k	L_2	L_3	L_4	L_6	L_7	L_8	D_1	l_1	c_1	b_1	s_1	D_1	l_1	c_1	b_1	s_1	D_2	t	T	c_2	b_2	/kg
215	215	70	200	433	550	290	130	M20	4	25	245	100		240	70		28j6	42	31	8	300	18j6	28	20.5	6	285	75m6	105	235	79.5	20	205
255	255	80	230	493	630	320	150	M20	6	25	285	100	100	270	70		35k6	58	38	10	340	22j6	36	24.5	6	320	90m6	130	275	95	25	310
300	300	95	280	585	750	350	180	M24	6	30	345	120	120	285	80		42k6	82	45	12	405	28j6	42	31	8	365	110m6	165	340	116	28	520
350	350	115	325	678	860	410	200	M24	6	35	390	120	160	350	90		48k6	82	51.5	14	450	35k6	58	38	10	425	130m6	200	395	137	32	695
400	400	135	355	740	950	445	240	M24	8	40	150	120	120	385	100	290	55m6	82	59	16	450	42k6	82	45	12	450	150m6	200	438	158	36	1100
450	450	150	400	825	1100	510	270	M30	8	45	160	120	120	430	100	340	60m6	105	64	18	489	48k6	82	51.5	14	466	170m6	240	500	179	40	1570
500	500	165	500	1028	1220	570	305	M36	8	55	160	150	150	490	120	410	70m6	105	74.9	20	540	55m6	82	59	16	517	180m6	240	510	190	45	2150
550	550	180	560	1110	1320	600	325	M36	8	60	200	150	150	530	120	410	75m6	105	79.5	20	575	60m6	105	64	18	575	200m6	280	580	210	45	2900
600	600	200	630	1270	1460	680	360	M42	8	60	220	180	180	580	150	465	80m6	130	85	22	680	65m6	105	69.5	18	655	220m6	280	600	231	50	4010
670	670	220	670	1330	1600	720	385	M42	8	70	250	180	180	640	140	500	90m6	130	95	25	740	70m6	105	74.5	20	715	250m6	330	690	262	56	5100
750	750	250	750	1520	1790	790	425	M48	8	80	280	210	210	690	150	560	100m6	165	106	28	840	80m6	130	85	22	805	280m6	380	765	292	63	7205
840	840	280	840	1666	1980	874	480	M48	10	80	450	250	250	764	150	485	110m6	165	116	28	896	90m6	130	95	25	861	300m6	380	790	314	70	9800
950	950	310	950	1870	2240	1000	520	M52	10	90	500	250	250	870	200	555	130m6	200	137	32	1021	100m6	165	116	28	986	340m6	450	920	355	80	13360
1070	1070	340	1060	2100	2480	1030	545	M56	10	90	500	250	250	895	200	675	150m6	200	158	36	1086	110m6	165	116	28	1051	380m6	450	940	395	80	19100

续表

ZZSH 型

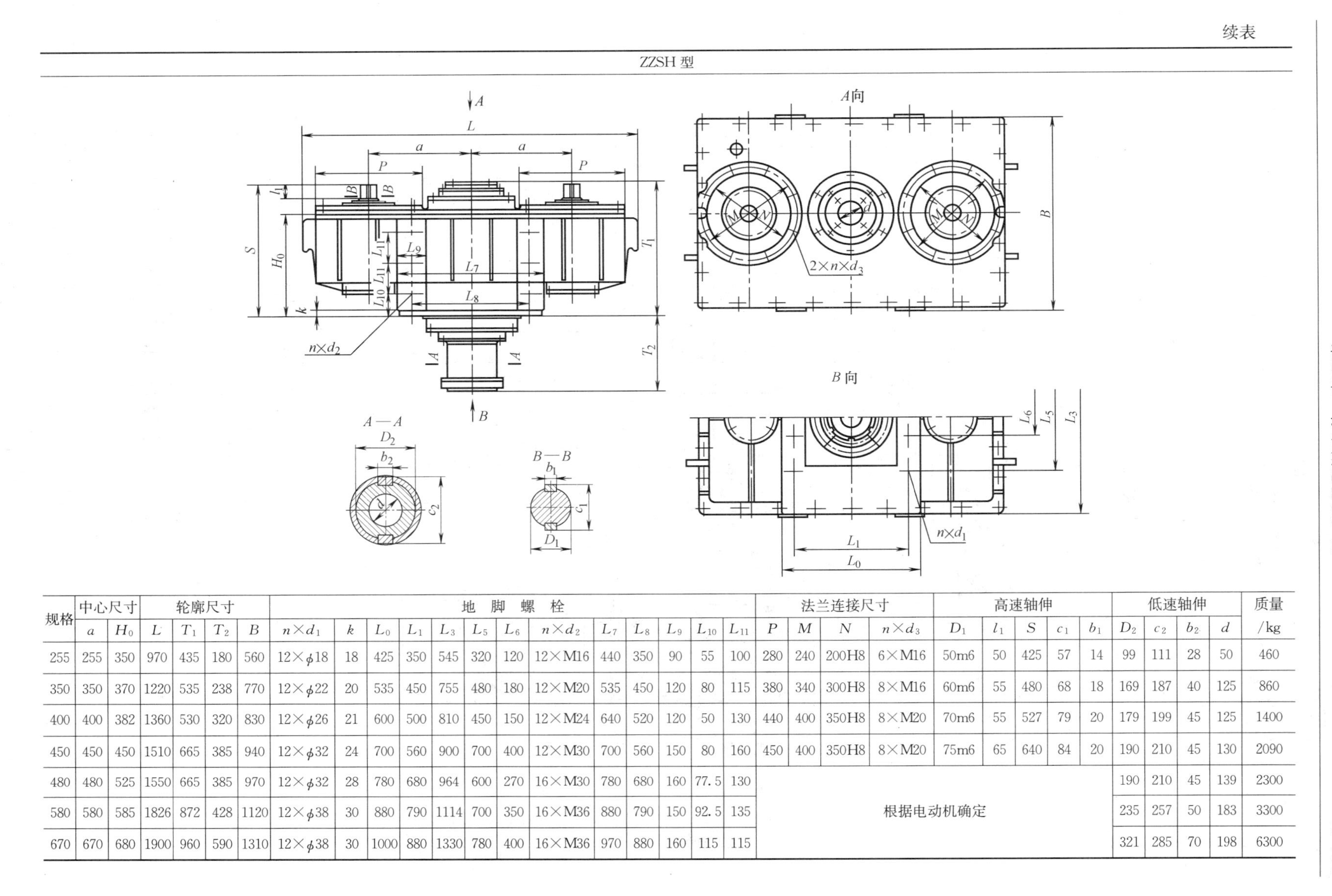

规格	中心尺寸		轮廓尺寸				地脚螺栓													法兰连接尺寸				高速轴伸					低速轴伸				质量
	a	H_0	L	T_1	T_2	B	$n\times d_1$	k	L_0	L_1	L_3	L_5	L_6	$n\times d_2$	L_7	L_8	L_9	L_{10}	L_{11}	P	M	N	$n\times d_3$	D_1	l_1	S	c_1	b_1	D_2	c_2	b_2	d	/kg
255	255	350	970	435	180	560	12×ϕ18	18	425	350	545	320	120	12×M16	440	350	90	55	100	280	240	200H8	6×M16	50m6	50	425	57	14	99	111	28	50	460
350	350	370	1220	535	238	770	12×ϕ22	20	535	450	755	480	180	12×M20	535	450	120	80	115	380	340	300H8	8×M16	60m6	55	480	68	18	169	187	40	125	860
400	400	382	1360	530	320	830	12×ϕ26	21	600	500	810	450	150	12×M24	640	520	120	50	130	440	400	350H8	8×M20	70m6	55	527	79	20	179	199	45	125	1400
450	450	450	1510	665	385	940	12×ϕ32	24	700	560	900	700	400	12×M30	700	560	150	80	160	450	400	350H8	8×M20	75m6	65	640	84	20	190	210	45	130	2090
480	480	525	1550	665	385	970	12×ϕ32	28	780	680	964	600	270	16×M30	780	680	160	77.5	130	根据电动机确定									190	210	45	139	2300
580	580	585	1826	872	428	1120	12×ϕ38	30	880	790	1114	700	350	16×M36	880	790	150	92.5	135										235	257	50	183	3300
670	670	680	1900	960	590	1310	12×ϕ38	30	1000	880	1330	780	400	16×M36	970	880	160	115	115										321	285	70	198	6300

续表

SHZP 型

规格	中心尺寸		轮廓尺寸			地脚螺栓								高速轴伸 $i\leqslant137.5$					高速轴伸 $i\geqslant144.9$					低速轴伸				质量
	a	H_0	L	B	H	L_1	L_2	L_3	L_4	L_5	d	n	k	D_1	l_1	c_1	b_1	s_1	D_1	l_1	c_1	b_1	s_1	D_2	t	c_2	b_2	/kg
215	215	250	690	430	485	560	280	110	350	400	M20	8	60	28j6	42	31	8	340	18j6	28	20.5	6	320	75m6	105	79.5	20	270
255	255	280	810	500	555	660	330	130	410	460	M20	8	65	35k6	58	38	10	405	22j6	36	24.5	6	365	90m6	130	95	25	400
300	300	315	960	580	655	770	380	150	470	530	M24	8	70	42k6	82	45	12	450	28j6	42	31	8	425	110m6	165	116	28	707
350	350	355	1100	680	750	870	420	180	570	630	M24	8	80	48k6	82	51.5	14	450	35k6	58	38	10	405	130m6	200	137	32	946
400	400	400	1280	790	838	990	500	200	670	740	M24	8	90	55m6	82	59	16	489	42k6	82	45	12	466	150m6	200	158	36	1350
450	450	450	1440	900	950	1150	440	150	740	840	M30	12	120	60m6	105	64	16	508	48k6	82	51.5	14	485	170m6	240	179	45	1860
500	500	500	1610	1000	1010	1250	480	160	830	930	M36	12	120	70m6	105	74.9	20	540	55m6	82	59	16	517	180m6	240	190	45	2517
550	550	550	1750	1110	1130	1350	500	180	960	1070	M36	12	140	75m6	105	79.5	20	575	60m6	105	64	18	575	200m6	280	210	45	3360
600	600	600	1920	1220	1200	1490	540	200	1020	1140	M42	12	160	80m6	130	85	22	680	65m6	105	69	18	655	220m6	280	231	50	4580
670	670	630	2110	1340	1320	1630	560	230	1140	1260	M42	12	180	90m6	130	95	25	740	70m6	105	74.5	20	715	250m6	330	262	56	6105
750	750	710	2350	1500	1475	1840	580	180	1250	1410	M48	16	200	100m6	165	106	28	840	80m6	130	85	22	805	280m6	380	292	63	8645
840	840	800	2640	1680	1590	2020	640	200	1430	1590	M48	16	220	110m6	165	116	28	896	90m6	130	95	25	861	300m6	380	314	70	12150
950	950	900	2940	1900	1820	2300	700	230	1620	1800	M56	16	250	130m6	200	137	32	1021	100m6	165	116	28	986	340m6	450	355	80	17505
1070	1070	1000	3230	2120	1940	2550	700	270	1840	2820	M56	16	280	150m6	200	158	36	1086	110m6	165	116	28	1051	380m6	450	395	80	24835

续表

GTSH 型

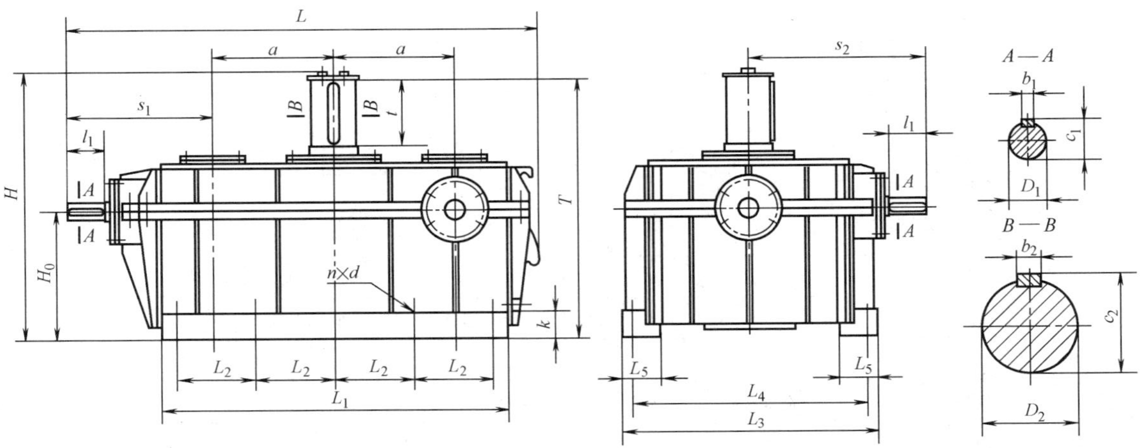

规格	中心尺寸		轮廓尺寸				地脚螺栓						高速轴伸						低速轴伸					质量/kg
	a	H_0	H	L	L_1	L_3	d	n	k	L_2	L_4	L_5	D_1	l_1	s_1	s_2	c_1	b_1	D_2	t	T	c_2	b_2	
300	300	310	686	1170	870	640	M24	10	55	195	580	100	42k6	82	355	417	45	12	110m6	165	665	116	28	680
350	350	370	806	1325	1010	750	M24	10	75	230	690	110	48k6	82	397	497	51.5	14	130m6	200	780	137	32	1140
400	400	430	950	1500	1160	940	M24	10	85	265	870	150	55m6	82	442	577	59	16	150m6	200	865	158	36	2020

第 15 篇

2.8.5　承载能力

表 15-2-112　　SH、SHD、SHDK、ZZSH、SHC、SHCD、MSH、LLSH、SHZ、SHZP、YPSH、GTSH 型减速器的额定功率 P_N、输出转矩 T_{2N}

SH、SHD、SHDK、ZZSH 型

规格	输入转速 n_1 /r·min⁻¹	传动比 99	93	87	81	75	69	63	57	51	45	40.5	37.5	34.5	31.5	28.5	25.5	23	21	19	17	15	13	输出转矩 T_{2N} /kN·m
		额定功率 P_N/kW																						
215	1500	6.10	6.48	6.91	7.40	7.96	8.63	9.42	10.4	11.6	13.1	14.5	15.6	17.0	18.6	20.5	22.9	25.4	27.7	30.6	34.2	38.7	44.6	3.54
	1000	4.07	4.32	4.60	4.93	5.31	5.75	6.28	6.93	7.71	8.72	9.67	10.4	11.4	12.4	13.7	15.3	16.9	18.5	20.4	22.8	25.8	22.1	
	750	3.06	3.24	3.45	3.69	3.98	4.32	4.71	5.19	5.78	6.54	7.25	7.82	8.49	9.28	10.2	11.5	12.6	13.9	15.3	17.1	19.3	22.3	
255	1500	10.5	11.2	11.9	12.7	13.8	14.9	16.2	17.9	19.9	22.6	25.0	27.0	29.3	32.0	35.4	39.4	43.7	47.8	52.8	58.9	66.8		6.11
	1000	7.03	7.45	7.95	8.51	9.16	9.93	10.8	12.0	13.4	15.1	16.6	18.0	19.5	21.4	23.5	26.3	29.2	31.9	35.2	39.3	44.5		
	750	5.27	5.60	5.96	6.38	6.87	7.45	8.13	8.97	9.99	11.2	12.5	13.5	14.6	16.0	17.7	19.7	21.8	24.0	26.4	29.5	33.4		
300	1000	12.9	13.7	14.7	15.7	16.9	18.3	20.0	22.0	24.5	27.7	30.7	33.2	36.0	39.4	43.4	48.5	53.7	58.7	64.8	72.4	82.0		11.26
	750	9.70	10.3	11.0	11.8	12.6	13.7	15.0	16.5	18.4	20.8	23.1	24.8	27.0	29.5	32.5	36.8	40.2	44.1	48.7	54.4	61.5		
	600	7.77	8.24	8.78	9.41	10.1	11.0	12.0	13.2	14.8	16.6	18.4	19.9	21.6	23.6	26.1	29.1	32.2	35.2	38.9	43.3	49.2		
350	1000	19.7	20.8	22.1	23.8	25.6	27.8	30.2	33.4	37.2	42.0	46.5	50.2	54.5	59.6	65.8	73.4	81.3	89.0	98.3	110	124		17.05
	750	14.7	15.7	16.6	17.8	19.2	20.7	22.7	25.1	27.9	31.5	34.9	37.7	40.9	44.7	49.4	55.1	61.0	66.7	73.7	82.3	93.2		
	600	11.8	12.5	13.3	14.3	15.9	16.6	18.1	20.0	22.4	25.2	28.0	30.1	32.7	35.7	39.5	44.1	48.8	53.4	59.0	65.9	74.5		
400	1000	30.7	32.5	34.7	37.2	40.0	43.3	47.3	52.2	58.1	65.7	72.8	78.5	85.2	93.2	103	114	127	139	153	172	194		26.64
	750	23.0	24.4	26.0	27.9	29.9	32.5	35.4	39.1	43.5	49.2	54.5	58.9	63.9	69.9	77.1	86.1	95.3	104	116	129	146		
	600	18.4	19.5	20.8	22.2	24.0	26.0	28.4	31.3	34.9	39.4	43.6	47.1	51.1	55.9	61.7	68.9	76.2	83.4	92.1	103	117		
450	750	33.5	35.5	37.8	40.5	43.6	47.3	51.6	56.9	63.4	71.6	79.4	85.6	93.0	102	112	125	138	152	167	187	212		38.77
	600	26.8	28.4	30.2	32.4	34.9	37.8	41.3	45.5	50.8	57.3	63.5	68.5	74.4	81.3	89.7	100	111	121	134	150	170		
500	650	38.2	40.7	43.2	46.4	49.9	54.1	59.1	65.2	72.6	82.0	90.0	98.1	106	116	128	143	159	174	192	215			51.23
	500	29.5	31.3	33.3	35.6	38.4	41.6	45.5	50.2	55.8	63.1	67.9	75.4	81.8	89.5	98.8	110	123	133	147	165			
550	600	48.1	51.1	54.5	58.3	62.9	68.1	74.3	81.9	91.3	103	114	123	134	146	162	180	200	218	242	269			69.81
	450	36.0	38.3	40.9	43.8	47.2	51.1	55.8	63.6	68.5	77.4	85.9	92.2	100	110	122	136	151	164	181	203			

续表

SH、SHD、SHDK、ZZSH 型

规格	输入转速 n_1 /r·min^{-1}	传动比																						输出转矩 T_{2N} /kN·m
		99	93	87	81	75	69	63	57	51	45	40.5	37.5	34.5	31.5	28.5	25.5	23	21	19	17	15	13	
		额定功率 P_N/kW																						
600	500	53.8	57.1	60.8	65.1	70.1	76.0	83.0	91.4	102	115	128	138	149	163	180	202	223	244	270	301			93.53
	400	43.0	45.6	48.7	52.1	56.1	60.8	66.4	73.2	81.6	92.2	102	110	120	130	144	161	178	195	216	241			
670	450	68.4	72.7	77.5	83.0	89.3	96.9	106	117	129	147	163	175	190	208	230	257	284	310	343	383			132.19
	350	53.2	56.5	60.3	64.5	69.4	75.3	82.3	90.8	101	114	126	136	148	162	179	199	221	242	267				
750	400	85.5	91.0	97.0	104	111	121	133	146	162	183	203	219	238	260	287	321	355	388	429				186.04
	300	64.2	68.2	72.8	77.9	83.8	90.8	99.2	109	122	137	152	165	179	195	215	241	266	291	322				
840	350	91.9	97.7	104	111	120	130	142	157	174	197	218	235	256	279	308	345	382	417	461				228.41
	250	65.6	69.8	74.4	79.7	85.8	92.9	102	112	125	140	156	168	183	200	220	246	273	299	330				
950	300	115	122	130	139	150	162	178	196	217	245	272	293	319	349	385	430	476	521					332.50
	200	76.4	81.2	86.7	92.8	99.9	108	119	131	145	164	182	196	213	232	257	287	318	348					
1070	230	132	141	150	161	173	188	205	226	251	283	314	339	368	403	444	496	550	601					500.42
	130	74.7	79.5	84.8	90.8	97.8	106	115	128	142	160	177	191	208	227	251	281	311	340					

SHC、SHCD、MSH、LLSH 型

规格	输入转速 n_1/r·min^{-1}	传动比																																			额定输出转矩 T_{2N} /kN·m
		25.7	29.7	33.6	37.6	41.5	45.5	50.4	56.3	62.3	68.2	74.1	80.1	90.2	100	111.8	123.6	135.3	147.1	158.9	176.5	200.1	223.6	247.2	270.7	294.2	317.8	341.3	364.8	388.4	421.7	458.3	495	531.7	568.3	605.5	
		额定功率 P_N/kW																																			
215	1500	23	19.9	17.6	15.8	14.3	13.1	11.8	10.6	9.58	8.76	8.06	7.48	6.58	5.94	5.33	4.83	4.41	4.06	3.77	3.41	3.01	2.71	2.45	2.25	2.07	1.92	1.79	1.69	1.59	1.44	1.33	1.23	1.16	1.08	1.02	3.54
	1000	15.4	13.3	11.7	10.5	9.52	8.71	7.85	7.05	6.39	5.85	5.38	4.99	4.39	3.96	3.55	3.21	2.94	2.71	2.51	2.27	2.01	1.8	1.63	1.5	1.38	1.28	1.2	1.12	1.06	0.97	0.89	0.83	0.76	0.72	0.68	
	750	11.5	9.96	8.8	7.88	7.14	6.54	5.89	5.28	4.79	4.38	4.03	3.75	3.29	2.97	2.66	2.42	2.21	2.04	1.89	1.7	1.51	1.35	1.22	1.12	1.04	0.97	0.9	0.84	0.8	0.72	0.67	0.62	0.57	0.54	0.51	
255	1500	39.8	34.5	30.3	27.2	24.6	22.6	20.4	18.2	16.5	15.2	13.9	12.9	11.3	10.3	9.19	8.33	7.62	7.02	6.51	5.87	5.19	4.66	4.23	3.88	3.57	3.32	3.1	2.9	2.75	2.49	2.29	2.13	1.99	1.87	1.76	6.11
	1000	26.5	22.9	20.2	18.1	16.4	15.1	13.6	12.2	11	10.1	9.24	8.61	7.58	6.84	6.13	5.55	5.08	4.67	4.34	3.91	3.47	3.11	2.82	2.59	2.39	2.22	2.07	1.94	1.82	1.65	1.53	1.42	1.33	1.24	1.18	
	750	19.8	17.2	15.2	13.6	12.3	11.2	10.2	9.12	8.27	7.56	6.96	6.46	5.68	5.13	4.6	4.17	3.81	3.51	3.25	2.94	2.6	2.33	2.12	1.94	1.79	1.66	1.55	1.45	1.37	1.24	1.14	1.07	1	0.93	0.88	

续表

规格	输入转速 n_1/r·min^{-1}	传动比																																			额定输出转矩 T_{2N}/kN·m
		25.7	29.7	33.6	37.6	41.5	45.5	50.4	56.3	62.3	68.2	74.1	80.1	90.2	100	111.8	123.6	135.3	147.1	158.9	176.5	200.1	223.6	247.2	270.7	294.2	317.8	341.3	364.8	388.4	421.7	458.3	495	531.7	568.3	605.5	
		额定功率 P_N/kW																																			
300	1500	73.2	63.3	56	50.2	45.4	41.5	37.5	33.6	30.5	27.8	25.7	23.8	21	18.9	16.9	15.3	14	12.9	12	10.8	9.58	8.59	7.79	7.14	6.58	6.12	5.71	5.36	5.05	4.58	4.23	3.93	3.67	3.43	3.24	11.26
	1000	48.8	42.3	37.2	33.5	30.3	27.7	24.9	22.4	20.3	18.6	17.1	15.8	13.9	12.6	11.3	10.2	9.06	8.62	7.99	7.21	6.38	5.72	5.2	4.76	4.39	4.08	3.81	3.57	3.37	3.05	2.81	2.62	2.44	2.29	2.16	
	750	36.6	31.7	27.9	25	22.7	20.8	18.7	16.8	15.2	13.9	12.8	11.9	10.5	9.45	8.46	7.67	7.05	6.46	5.99	5.4	4.78	4.29	3.89	3.57	3.3	3.06	2.86	2.68	2.53	2.29	2.12	1.96	1.83	1.72	1.62	
350	1500		96	84.7	76	68.8	63	56.8	50.9	46.1	42.2	38.9	36.1	31.8	28.6	25.7	23.2	21.3	19.5	18.1	16.4	14.5	13	11.8	10.8	9.98	9.27	8.65	8.12	7.65	6.94	6.4	5.95	5.55	5.22	4.91	17.05
	1000	73.9	64	56.5	50.7	45.8	41.9	37.8	33.9	30.8	28.2	25.9	24.1	21.2	19.1	17.1	15.6	14.1	13.1	12.1	10.9	9.67	8.67	7.87	7.21	6.65	6.18	5.77	5.41	5.1	4.63	4.27	3.96	3.7	3.48	3.27	
	750	55.4	48.1	42.3	38	34.3	31.4	28.4	25.5	23.1	21.1	19.4	18	15.9	14.4	12.9	11.7	10.6	9.8	9.08	8.2	7.25	6.5	5.91	5.41	4.99	4.63	4.32	4.06	3.82	3.47	3.21	2.97	2.78	2.6	2.45	
400	1500				119	107	98.3	88.7	79.5	72.1	66	60.7	56.3	49.6	44.7	40.1	36.3	33.3	30.6	28.4	25.6	22.7	20.3	18.5	16.8	15.6	14.5	13.5	12.6	12	10.8	10	9.29	8.68	8.14	7.67	26.64
	1000	116	100	88.2	79.2	71.6	65.6	59.1	53	48.1	44	40.5	37.6	33	29.8	26.7	24.2	22.1	20.4	18.9	17.1	15.1	13.5	12.3	11.2	10.4	9.66	9.01	8.46	7.96	7.24	6.67	6.2	5.79	5.43	5.12	
	750	86.6	75.1	66.2	59.4	53.7	49.1	44.4	39.7	36.1	32.9	30.3	28.2	24.7	22.4	20.1	18.1	16.6	15.3	14.1	12.9	11.3	10.2	9.22	8.45	7.8	7.24	6.76	6.34	5.97	5.42	5	4.64	4.34	4.07	3.83	
450	1500					157	144	130	116	105	96	88.3	82	72.1	65.1	58.3	52.9	48.4	44.5	41.4	37.3	32.9	29.6	26.9	24.6	22.7	21.1	19.7	18.5	17.4	15.8	14.6	13.5	12.6	11.9	11.1	38.77
	1000	168	146	129	116	104	95.4	86.1	77.1	70	63.9	58.9	54.6	48.1	43.4	38.9	35.2	32.2	29.7	27.5	24.8	22	19.8	17.9	16.4	15.1	14	13.1	12.3	11.6	10.5	9.71	9.02	8.42	7.89	7.44	
	750	126	109	96.3	86.4	78.2	71.5	64.6	57.9	52.5	48	44.2	40.9	36.1	32.5	29.2	26.5	24.2	22.2	20.6	18.6	16.5	14.8	13.4	12.3	11.3	10.5	9.84	9.22	8.69	7.89	7.44	6.76	6.32	5.93	5.58	
500	1500						189	171	153	139	127	116	109	95.3	86	77	69.9	63.9	58.8	54.6	49.2	43.5	39.1	35.4	32.4	30	27.9	26	24.4	22.9	20.8	19.2	17.8	16.6	15.7	14.7	51.23
	1000			170	153	138	126	114	102	92.4	84.5	77.8	72.2	63.5	57.4	51.4	46.6	42.6	39.3	36.4	32.9	29	26	23.7	21.7	20	18.6	17.3	16.2	15.4	13.9	12.8	12	11.1	10.4	9.83	
	750	166	144	127	114	103	94.5	85.3	76.5	69.4	63.4	58.4	54.1	47.6	43	38.5	34.9	31.9	29.5	27.3	24.7	21.8	19.5	17.7	16.2	14.9	13.9	13	12.2	11.5	10.4	9.63	8.93	8.34	7.83	7.37	
550	1500								209	189	173	159	147	130	118	105	95.2	87	80.1	74.4	67.1	59.4	53.2	48.3	44.3	40.8	37.9	35.4	33.2	31.3	28.4	26.2	24.4	22.8	21.3	20.1	69.81
	1000				208	188	172	155	139	126	116	106	98.4	86.5	78.1	70.1	63.5	58	53.4	49.6	44.7	39.5	35.5	32.2	29.5	27.2	25.3	23.6	22.2	20.9	19	17.5	16.2	15.2	14.2	13.4	
	750	227	197	174	156	141	129	117	104	94.4	86.4	80	73.8	64.9	58.6	52.5	47.6	43.6	40.1	37.2	33.5	29.7	26.6	24.2	22.2	20.5	19	17.7	16.6	15.7	14.2	13.1	12.2	11.3	10.7	10	
600	1500													174	157	141	128	116	108	100	89.9	79.6	70.4	64.8	59.3	54.7	50.8	47.5	44.5	41.9	38.1	35.1	32.7	30.5	28.6	26.9	93.53
	1000							208	186	169	155	142	132	116	105	93.8	85	77.8	71.6	66.5	60	53	47.6	43.2	39.6	36.5	33.9	31.6	29.7	28	25.4	23.4	21.8	20.3	19.1	17.9	
	750				208	189	173	156	140	127	116	107	98.8	87	78.5	70.3	63.7	58.4	53.7	49.8	44.9	39.8	35.6	32.3	29.7	27.3	25.4	23.7	22.3	21	19	17.6	16.3	15.3	14.3	13.4	

SHC、SHCD、MSH、LLSH 型

续表

SHC、SHCD、MSH、LLSH 型

规格	输入转速 n_1/r·min^{-1}	传动比 25.7	29.7	33.6	37.6	41.5	45.5	50.4	56.3	62.3	68.2	74.1	80.1	90.2	100	111.8	123.6	135.3	147.1	158.9	176.5	200.1	223.6	247.2	270.7	294.2	317.8	341.3	364.8	388.4	421.7	458.3	495	531.7	568.3	605.5	额定输出转矩 T_{2N}/kN·m
		额定功率 P_N/kW																																			
670	1500													246	223	199	181	165	152	141	127	112	101	91.5	83.8	77.4	71.8	67.1	62.9	59.3	53.8	49.4	46.1	43	40.4	38.1	132.19
	1000								263	239	218	201	186	164	148	133	120	110	101	93.9	84.6	74.9	67.2	61	55.9	51.6	47.8	44.7	41.9	39.5	35.8	33.1	30.7	28.7	27	25.4	
	750					266	244	220	197	177	164	151	140	123	111	99.4	90.2	82.4	75.9	70.4	63.6	56.2	50.4	45.8	41.9	38.6	36	33.5	31.5	29.6	26.9	24.8	23	21.5	20.2	19	
750	1000										307	282	262	231	209	186	169	156	142	133	119	106	94.6	85.9	78.6	72.5	67.4	62.9	59.1	55.6	50.5	46.5	43.2	40.4	37.9	35.7	186.04
	750							309	278	251	230	212	197	173	156	140	127	116	107	99.1	89.3	79.1	70.9	64.4	59	54.5	50.5	47.2	44.3	41.7	37.9	35	32.4	30.3	28.5	26.8	
	600					300	275	248	223	201	184	170	157	138	125	112	102	92.8	85.5	79.3	71.5	63.2	56.8	51.6	47.2	43.5	40.4	37.8	35.4	33.4	30.3	27.9	26	24.3	22.8	21.4	
840	1000													284	256	229	208	190	175	163	147	129	117	105	96.5	89.1	82.7	77.3	72.4	68.3	62	57.2	53.1	49.6	46.5	43.9	228.41
	750										282	260	242	213	192	172	156	142	132	122	110	97.2	87.1	79.1	72.4	66.8	62.1	57.9	54.4	51.3	46.4	42.9	39.8	37.2	34.9	32.8	
	600							304	273	247	226	209	194	170	153	138	125	114	105	97.4	87.7	77.7	69.7	63.2	57.9	53.5	49.6	46.3	43.4	41	37.2	34.3	31.9	29.7	27.9	26.3	
950	1000																303	276	255	236	213	188	169	153	140	129	121	112	106	99.4	90.2	83.2	77.4	72.2	67.7	63.8	332.5
	750													309	279	250	227	208	192	178	159	141	127	116	105	97.3	90.3	84.3	79.2	74.6	67.7	62.5	58	54.1	50.8	47.8	
	600											303	281	247	224	200	182	166	153	141	127	113	101	92.1	84.3	77.8	72.2	67.5	63.3	59.7	54.1	50	46.4	43.3	40.7	38.3	
1070	1000																		383	355	320	284	255	232	211	195	181	170	159	149	136	125	116	109	102	96	500.42
	750																341	312	287	267	240	212	191	173	159	146	136	127	120	112	102	94	87.3	81.5	76.5	72	
	600														336	301	273	250	230	213	201	171	153	139	127	117	109	102	95.3	89.7	81.5	75.2	69.8	65.2	61.1	57.6	

SHZ、SHZP、YPSH、GTSH 型

规格	输入转速 n_1/r·min^{-1}	传动比 33.6	39.7	45.8	51.9	58.1	64.2	70.3	77.9	87.1	96.3	105.4	114.6	123.8	137.5	144.9	160.1	175.4	190.6	205.9	228.8	259.3	289.8	320.3	350.8	381.3	411.8	442.3	472.8	503.3	额定输出转矩 T_{2N}/kN·m
		额定功率 P_N/kW																													
215	1500	17.7	15.1	13.1	11.6	10.3	9.35	8.54	7.71	6.92	6.26	5.73	5.27	4.89	4.41	4.16	3.77	3.44	3.17	2.94	2.65	2.34	2.11	1.91	1.75	1.61	1.50	1.40	1.32	1.24	3.54
	1000	11.9	10.0	8.70	7.68	6.89	6.23	5.70	5.15	4.60	4.18	3.82	3.52	3.26	2.94	2.77	2.51	2.29	2.11	1.96	1.77	1.56	1.40	1.27	1.17	1.07	1.00	0.93	0.88	0.83	
	750	8.88	7.52	6.53	5.76	5.16	4.68	4.28	3.86	3.46	3.13	2.86	2.64	2.45	2.21	2.08	1.88	1.72	1.58	1.47	1.33	1.18	1.05	0.95	0.87	0.81	0.75	0.70	0.66	0.62	

续表

SHZ、SHZP、YPSH、GTSH 型

规格	输入转速 n_1 /r·min^{-1}	传动比																													额定输出转矩 T_{2N} /kN·m
		33.6	39.7	45.8	51.9	58.1	64.2	70.3	77.9	87.1	96.3	105.4	114.6	123.8	137.5	144.9	160.1	175.4	190.6	205.9	228.8	259.3	289.8	320.3	350.8	381.3	411.8	442.3	472.8	503.3	
		额定功率 P_N/kW																													
255	1500	30.6	26.0	22.6	19.9	17.8	16.1	14.7	13.4	12.0	10.8	9.89	9.11	8.45	7.62	7.18	6.50	5.95	5.48	5.08	4.58	4.05	3.64	3.30	3.02	2.79	2.59	2.42	2.27	2.14	6.11
	1000	20.5	17.3	15.1	13.3	11.9	10.7	9.84	8.88	7.96	7.21	6.59	6.07	5.63	5.08	4.78	4.34	3.96	3.65	3.38	3.05	2.70	2.43	2.19	2.01	1.86	1.73	1.61	1.52	1.42	
	750	15.4	12.9	11.2	9.95	8.91	8.07	7.38	6.66	5.97	5.41	4.94	4.56	4.22	3.81	3.58	3.25	2.97	2.73	2.53	2.29	2.02	1.82	1.65	1.52	1.39	1.29	1.21	1.13	1.07	
300	1500	56.5	47.8	41.5	36.7	32.8	29.7	27.2	24.5	21.9	19.9	18.2	16.8	15.5	14.0	13.3	12.0	10.9	10.1	9.35	8.43	7.47	6.70	6.08	5.56	5.14	4.77	4.45	4.18	3.94	11.26
	1000	37.7	31.9	27.7	24.4	21.9	19.8	18.1	16.4	14.7	13.3	12.1	11.2	10.4	9.35	8.81	7.98	7.30	6.72	6.24	5.63	4.98	4.46	4.06	3.71	3.42	3.18	2.96	2.78	2.62	
	750	28.2	24.0	20.8	18.3	16.4	14.9	13.6	12.3	11.0	9.96	9.11	8.39	7.78	7.02	6.61	5.99	5.48	5.04	4.68	4.22	3.73	3.35	3.04	2.78	2.57	2.39	2.23	2.09	1.97	
350	1500	85.5	72.5	62.9	55.5	49.8	45.0	41.1	37.2	33.3	30.1	27.5	25.4	23.5	21.3	20.0	18.1	16.6	15.2	14.1	12.7	11.3	10.2	9.21	8.43	7.78	7.23	6.75	6.33	5.96	17.05
	1000	57.0	48.3	41.9	37.0	33.2	30.0	27.4	24.7	22.2	20.1	18.4	17.0	15.8	14.1	13.4	12.1	11.0	10.2	9.45	8.52	7.54	6.76	6.13	5.63	5.18	4.82	4.49	4.22	3.97	
	750	42.8	36.3	31.4	27.8	24.8	22.6	20.6	18.6	16.6	15.1	13.8	12.7	11.8	10.6	10.0	9.07	8.29	7.64	7.08	6.39	5.66	5.09	4.60	4.21	3.89	3.62	3.40	3.16	2.98	
400	1500		113	98.3	86.7	77.7	70.4	64.3	58.1	52.1	47.2	42.9	39.7	36.8	33.3	31.3	28.3	25.9	23.9	22.1	20.0	17.7	15.9	14.4	13.2	12.2	11.3	10.5	9.89	9.32	26.64
	1000	89.1	75.5	65.4	57.9	51.8	46.9	42.9	38.7	34.7	31.4	28.7	26.5	24.5	22.1	20.8	18.9	17.3	15.9	14.8	13.3	11.8	10.6	9.59	8.78	8.10	7.53	7.03	6.60	6.21	
	750	66.9	56.6	49.1	43.4	38.9	35.2	32.2	29.1	26.0	23.5	21.6	19.9	18.5	16.6	15.7	14.1	13.0	12.0	11.0	9.98	8.83	7.93	7.19	6.59	6.08	5.65	5.27	4.95	4.65	
450	1500			143	126	113	102	93.6	84.6	75.7	68.6	62.7	57.8	53.6	48.4	45.5	41.3	37.7	34.8	32.2	29.1	25.7	23.1	21.0	19.2	17.7	16.4	15.3	14.4	13.6	38.77
	1000	130	110	95.3	84.1	75.4	68.2	62.4	56.4	50.4	45.8	41.8	38.6	35.7	32.2	30.3	27.5	25.2	23.1	21.5	19.3	17.2	15.3	13.9	12.7	11.8	10.9	10.2	9.59	9.04	
	750	97.3	82.4	71.5	63.2	56.5	51.2	46.8	42.2	37.9	34.3	31.3	28.9	26.8	24.2	22.8	20.6	18.9	17.4	16.1	14.6	12.9	11.6	10.5	9.59	8.85	8.22	7.67	7.19	6.78	
500	1500			189	166	149	136	124	112	100	90.7	82.9	76.4	70.9	63.9	60.2	54.5	49.8	45.9	42.6	38.4	33.9	30.5	27.6	25.3	23.4	21.7	20.3	19.0	17.9	51.23
	1000	172	145	126	111	99.6	90.2	82.5	74.5	66.7	60.4	55.3	50.9	47.2	42.6	40.1	36.3	33.2	30.6	28.4	25.6	22.6	20.3	18.5	16.9	15.6	14.5	13.6	12.7	12.0	
	750	129	109	94.4	83.4	74.7	67.7	61.8	55.8	50.0	45.4	41.4	38.2	35.4	31.9	30.1	26.9	24.9	22.9	21.2	19.2	17.0	15.3	13.9	12.7	11.7	10.9	10.1	9.51	8.96	
550	1500					204	184	169	153	137	124	113	104	96.5	87.0	81.9	74.3	67.9	62.5	58.0	52.4	46.3	41.6	37.7	34.6	31.8	29.6	27.7	25.9	24.4	69.81
	1000		198	172	152	136	123	112	101	90.9	82.4	75.3	69.4	64.3	58.0	54.6	49.5	45.3	41.7	38.7	34.9	30.8	27.7	25.1	23.0	22.3	19.7	18.4	17.3	16.3	
	750	175	148	128	113	102	92.2	84.3	76.1	68.2	61.8	56.5	52.0	48.2	43.6	41.0	37.1	33.9	31.3	29.0	26.2	23.1	20.8	18.9	17.3	15.9	14.8	13.8	12.9	12.2	

续表

SHZ、SHZP、YPSH、GTSH 型

规格	输入转速 n_1 /r·min^{-1}	传动比																													额定输出转矩 T_{2N} /kN·m
		33.6	39.7	45.8	51.9	58.1	64.2	70.3	77.9	87.1	96.3	105.4	114.6	123.8	137.5	144.9	160.1	175.4	190.6	205.9	228.8	259.3	289.8	320.3	350.8	381.3	411.8	442.3	472.8	503.3	
		额定功率 P_N/kW																													
600	1000				203	181	164	150	136	122	110	101	92.9	86.2	77.8	73.2	66.4	60.6	55.9	51.9	46.7	41.4	37.1	33.7	30.8	28.5	26.5	24.6	23.2	21.8	93.53
	750		198	173	153	137	124	113	102	91.3	82.8	75.7	69.7	64.7	58.3	55.0	49.7	45.5	41.9	38.8	35.0	31.0	27.8	25.3	23.2	21.3	19.8	18.5	17.4	16.3	
	600	188	159	138	122	109	98.8	90.3	81.5	73.1	66.2	60.5	55.8	51.7	46.6	44.0	39.8	36.4	33.5	31.0	28.1	24.9	22.3	20.2	18.5	17.1	15.9	14.4	13.9	13.1	
670	1000					257	233	213	193	172	156	142	132	122	110	103	93.7	85.7	79.0	73.2	66.0	58.4	52.4	47.6	43.6	40.2	37.3	34.9	32.7	30.8	132.19
	750			244	215	193	174	159	144	129	117	107	98.5	91.3	82.4	77.6	70.3	64.3	59.3	54.9	49.5	43.9	39.4	35.7	32.6	30.2	28.0	26.1	24.5	23.1	
	600	265	225	195	172	154	140	127	116	103	93.5	85.6	78.9	73.1	65.9	62.1	56.3	51.5	47.4	44.0	40.2	35.1	31.5	28.6	26.1	24.1	22.4	21.0	19.6	18.5	
750	1000						327	300	271	242	219	201	185	171	155	146	132	121	111	103	93.0	82.3	73.8	67.0	61.3	56.6	52.5	49.1	46.0	43.3	186.04
	750				302	272	246	225	203	182	165	151	139	128	116	109	99.0	91.6	83.4	77.3	69.8	61.7	55.3	50.2	46.0	42.5	39.4	36.8	34.6	32.5	
	600		317	274	243	217	197	180	163	146	132	121	111	103	92.8	87.3	79.2	72.3	66.7	61.9	55.7	49.3	44.3	40.2	36.8	33.9	31.6	29.4	27.6	26.0	
840	1000									297	270	246	227	211	189	179	162	148	137	126	114	101	90.6	82.2	75.3	69.4	64.5	60.2	56.5	53.3	228.41
	750						302	276	249	224	202	185	170	158	142	134	122	111	102	94.9	85.6	75.8	67.9	61.6	56.5	52.1	48.4	45.2	42.1	39.9	
	600				297	266	242	220	199	179	162	148	136	126	114	107	97.2	88.8	81.9	75.9	68.5	60.6	54.4	49.3	45.2	41.7	38.7	36.2	33.9	32.0	
950	1000												331	306	276	260	235	216	199	189	166	147	132	120	109	101	93.9	87.7	82.3	77.6	332.5
	750									325	294	269	248	230	208	195	177	162	149	138	124	110	99.0	89.8	82.2	75.9	70.4	65.8	61.7	58.1	
	600							321	290	260	235	215	198	184	166	156	141	129	119	110	99.7	88.2	79.2	71.8	65.8	60.7	56.4	52.6	49.3	46.5	
1070	1000														416	392	355	324	299	277	250	221	198	180	165	153	142	132	124	116	500.42
	750												373	346	312	293	266	243	224	208	188	166	149	136	124	114	106	99.0	92.8	87.5	
	600										354	324	299	276	250	235	213	195	179	166	150	132	120	108	99.0	91.3	84.8	79.2	74.3	70.0	

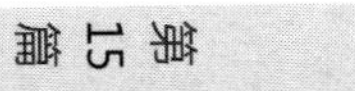

第15篇

2.8.6　减速器的选用

选用的减速器必须满足机械强度和热平衡许用功率两方面的要求。

1）所选用的减速器额定功率 P_N 或输出转矩 T_{2N} 按表 15-2-112 必须满足：

$$P_C = P_2 K_A K_R \leqslant P_N \tag{15-2-26}$$

或

$$T_C = T_2 K_A K_R \leqslant T_{2N}$$

式中　P_C 或 T_C——计算功率或转矩；

P_2 或 T_2——工作机功率或转矩；

K_A——使用系数，见表 15-2-113；

K_R——可靠度系数，见表 15-2-114。

表 15-2-113　使用系数 K_A

每天工作时间/h	工作机载荷性质分类		
	U 均匀	M 中等冲击	H 强冲击
≤3	0.8	1	1.5
3～10	1	1.25	1.75
>10	1.25	1.5	2

表 15-2-114　可靠度系数 K_R

失效概率低于	1/100	1/1000	1/10000
可靠度系数 K_R	1.00	1.25	1.50

2）所选用的减速器热功率 P_t 按表 15-2-115，必须满足：

$$P_{Ct} = P_2 f_1 f_2 f_3 \leqslant P_t \tag{15-2-27}$$

式中　P_{Ct}——计算热功率；

f_1——环境温度系数，$f_1 = 80/(100-\theta)$；

θ——环境温度，℃；

f_2——载荷率系数，见表 15-2-84；

f_3——功率利用系数，见表 15-2-115。

表 15-2-115　公称功率利用系数 f_3

(P_2/P_1)/%	40	50	60	70	80～100
f_3	1.25	1.15	1.1	1.05	1

注：表中 P_1 为减速器公称输入功率，P_2 为负载功率。

表 15-2-116　减速器许用热功率 P_t

规格	215	255	300	350	400	450	500	550	600	670	750	840	950	1070	备　注
	减速器许用热功率 P_t/kW														
SH 型	16.0	22.5	31.1	42.2	56.1	69.8	86.3	104.4	124.2	154.6	193.9	243.1	211.9	394.8	见注 1
SHC 型	12.6	17.7	24.5	33.3	43.4	54.9	67.9	82.1	97.7	121.8	153.2	191.1	244.5	310.5	$i \leqslant 176.5$
	10.3	14.4	19.9	27.1	35.4	44.8	55.4	66.9	79.7	99.4	124.5	155.9	199.5	252.9	$i \geqslant 200.1$
SHZ 型	11.2	15.7	21.8	29.8	38.8	49.2	60.7	73.4	87.4	108.9	136.6	171.4	219.2	278.2	$i \leqslant 70.3$
	10.2	14.2	19.8	26.9	35.2	44.4	54.9	66.5	78.9	98.5	123.5	154.6	198.1	251.5	$77.9 < i < 228.8$
	8.6	12.1	16.7	22.8	29.8	37.7	46.5	56.4	67.0	83.5	104.6	131.2	167.2	213.6	$i \geqslant 259.3$

注：1. SH 型的许用热功率应除以校正系数 $K_i = 1 + 0.009(i-11)$；i 为所选减速器传动比。

2. 表中许用热功率为实验室条件下采用油池飞溅润滑的值，选用时可根据环境的散热条件适当增减；或采取相应的冷却散热措施。

3. 其他减速器的许用热功率，可参考表中相近的结构型式并根据其散热表面积的大小适当增减。

2.9　同轴式圆柱齿轮减速器（JB/T 7000—2010）

2.9.1　适用范围和代号

（1）适用范围

TZL、TLS、TZLD、TZSD、TZLDF、TZSDF 及组合型系列同轴式圆柱齿轮减速器适用于冶金、矿山、能源、建材、化工等行业。

适用于水平卧式和立式安装，输入转速不大于 1500r/min。

适用于环境温度为：－40～40℃，低于－10℃时，启动前润滑油应预热至 0℃以上。

(2) 标记示例

TZL：二级传动双出轴型同轴式圆柱齿轮减速器。

TZS：三级传动双出轴型同轴式圆柱齿轮减速器。

TZLD：二级传动直联电动机型同轴式圆柱齿轮减速器。

TZSD：三级传动直联电动机型同轴式圆柱齿轮减速器。

TZLDF、TZSDF：二、三级传动法兰安装直联电动机型同轴式圆柱齿轮减速器。

在减速器的代号中，包括减速器的机座号、安装型式、实际传动比及电动机功率。

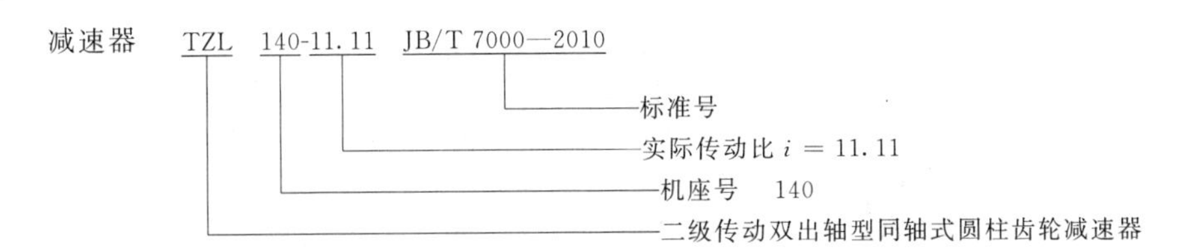

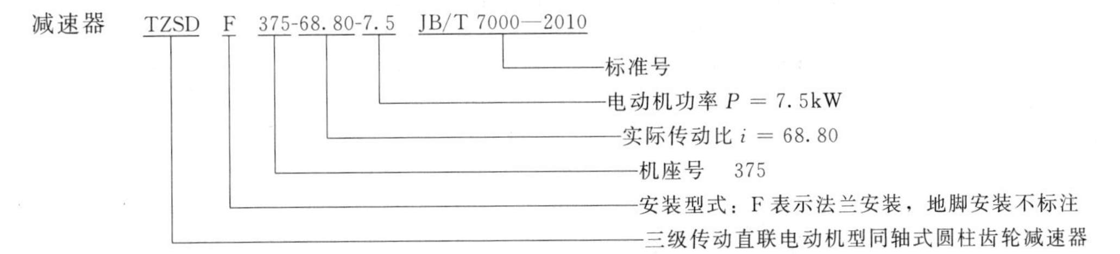

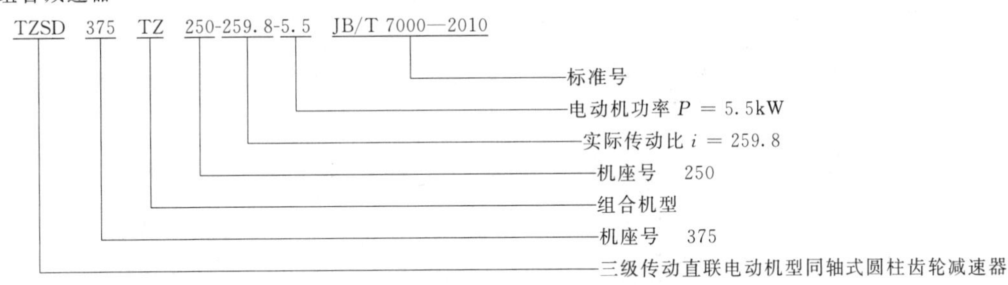

2.9.2 减速器的外形尺寸

表 15-2-117　TZL、TZS 型减速器的外形尺寸　mm

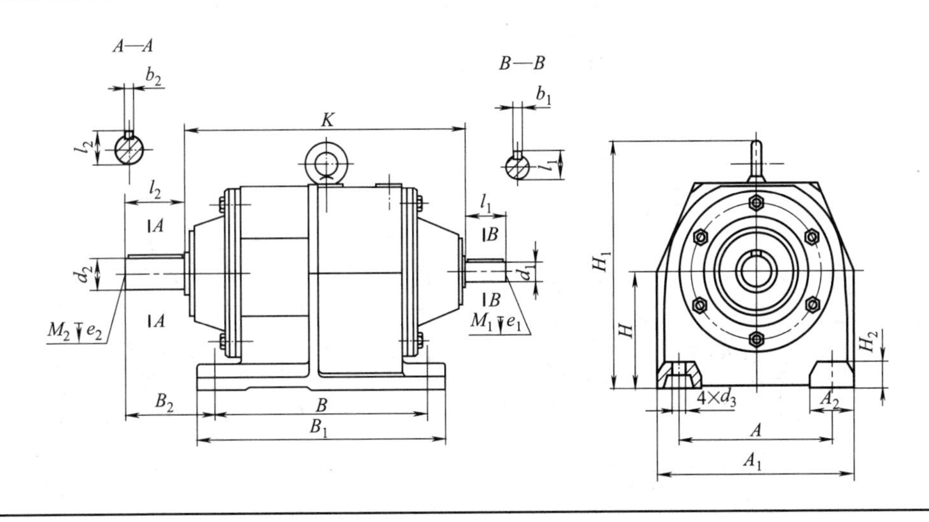

续表

机座号		d_2	l_2	b_2	t_2	M_2	e_2	H	B	B_1	B_2	H_1	K	A	A_1	A_2	H_2	d_3	质量/kg ≈	润滑油量/L ≈
112	L	30js6	80	8	33	M8	12	$112_{-0.5}^{0}$	210	245	99	242	276	155	200	45	25	14.5	25	0.8
	S																		26	
140	L	40k6	110	12	43	M8	12	$140_{-0.5}^{0}$	230	270	144	290	314	170	230	60	30	18.5	41	1.1
	S																		42	
180	L	50k6	110	14	53.5	M8	12	$180_{-0.5}^{0}$	260	310	144	364	369	215	290	75	45	18.5	65	1.6
	S																		67	
225	L	60m6	140	18	64	M10	16	$225_{-0.5}^{0}$	310	365	182	468	433	250	340	90	50	24	123	2.9
	S																		127	
250	L	70m6	140	20	74.5	M12	18	$250_{-0.5}^{0}$	370	440	170	503	486	290	400	110	60	28	175	3.8
	S																		181	
265	L	85m6	170	22	90	M16	24	265_{-1}^{0}	390	470	208	543	554	340	450	110	60	35	202	4.7
	S																		211	
300	L	100m6	210	28	106	M16	24	300_{-1}^{0}	365	455	246	620	568	380	530	150	60	42	281	6.5
	S								460	550			612						302	7.2
355	L	110m6	210	28	116	M16	24	355_{-1}^{0}	410	500	250	742	600	440	600	160	80	42	357	9.1
	S								480	570			645						386	10
375	L	120m6	210	32	127	M16	24	375_{-1}^{0}	450	540	255	778	671	500	660	160	80	42	452	12
	S								520	610			718						491	13
425	L	130m6	250	32	137	M20	30	425_{-1}^{0}	480	580	296	827	708	500	670	170	90	48	626	15
	S								550	650			757						675	17

机座号	实际传动比 i	d_1	l_1	b_1	t_1	M_1	e_1
TZL112	≤12.71	19js6	40	6	21.5	M4	8
	14.29～20.33	16js6	40	5	18	M4	8
	≥22.97	11js6	23	4	12.5	M3	6
TZL140	≤12.41	24js6	50	8	27	M6	10
	13.96～18.08	19js6	40	6	21.5	M4	8
	≥19.21	16js6	40	5	18	M4	8
TZL180	≤12.40	28js6	60	8	31	M6	10
	13.61～17.58	24js6	50	8	27	M6	10
	19.72	19js6	40	6	21.5	M4	8
TZL225	≤12.53	38k6	80	10	41	M8	12
	13.85～18.29	28js6	60	8	31	M6	10
	≥20.65	24js6	50	8	27	M6	10

注：L 代表 TZL，S 代表 TZS。

表 15-2-118　　TZLD、TZSD 型减速器的外形尺寸　　mm

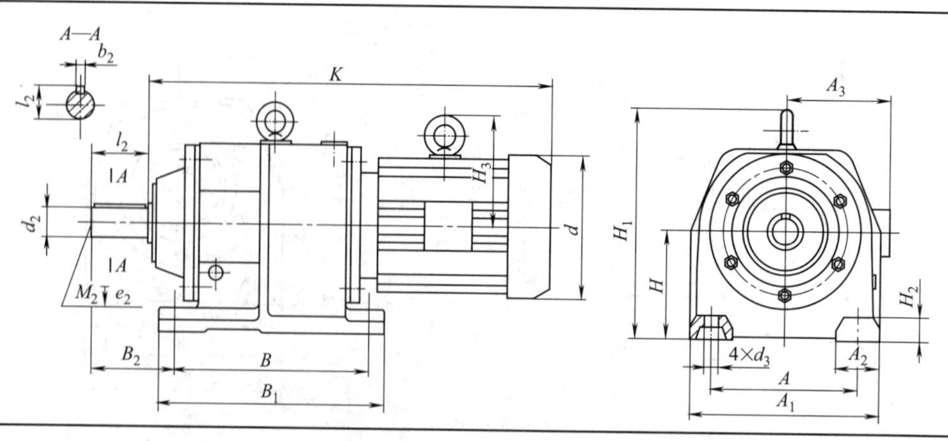

续表

机座号		d_2	l_2	b_2	t_2	M_2	e_2	H	B	B_1	B_2	H_1	A	A_1	A_2	H_2	d_3	润滑油量 /L ≈
112		30js6	80	8	33	M8	12	$112_{-0.5}^{0}$	210	245	99	242	155	200	45	25	14.5	0.8
140		40k6	110	12	43	M8	12	$140_{-0.5}^{0}$	230	270	144	290	170	230	60	30	18.5	1.1
180		50k6	110	14	53.5	M8	12	$180_{-0.5}^{0}$	260	310	144	364	215	290	75	45	18.5	1.6
225		60m6	140	18	64	M10	16	$225_{-0.5}^{0}$	310	365	182	468	250	340	90	50	24	2.9
250		70m6	140	20	74.5	M12	18	$250_{-0.5}^{0}$	370	440	170	503	290	400	110	60	28	3.8
265		85m6	170	22	90	M16	24	265_{-1}^{0}	390	470	208	543	340	450	110	60	34	4.7
300	L①	100m6	210	28	106	M16	24	300_{-1}^{0}	365	455	246	620	380	530	150	60	42	6.5
	S②								460	550								7.2
355	L①	110m6	210	28	116	M16	24	355_{-1}^{0}	410	500	250	742	440	600	160	80	42	9.1
	S②								480	570								10
375	L①	120m6	210	32	127	M16	24	375_{-1}^{0}	450	540	255	778	500	660	160	80	42	12
	S②								520	610								13
425	L①	130m6	250	32	137	M20	30	425_{-1}^{0}	480	580	296	827	500	670	170	90	48	15
	S②								550	650								17

电动机功率 P_1 /kW	电动机机座号	d	A_3	H_3	TZLD									
					112	140	180	225	250	265	300	355	375	425
					K/mm / 质量/kg									
1.1	90S	175	155	—	453/44	—	—	—	—	—	—	—	—	—
1.5	90L			—	478/49	—	—	—	—	—	—	—	—	—
2.2	100L1	205	180	142.5	—	567/76	—	—	—	—	—	—	—	—
3	100L2				—	567/80	578/94	—	—	—	—	—	—	—
4	112M	230	190	150	—	587/85	598/99	—	—	—	—	—	—	—
5.5	132S	270	210	180	—	—	670/133	—	—	—	—	—	—	—
7.5	132M				—	—	715/125	826/190	—	—	—	—	—	—
11	160M	325	255	222.5	—	—	—	838/245	841/279	—	—	—	—	—
15	160L				—	—	—	883/266	886/300	918/323	—	—	—	—
18.5	180M	360	285	250	—	—	—	908/304	911/338	943/361	933/458	—	—	—
22	180L				—	—	—	948/314	951/346	983/369	958/466	—	—	—
30	200L	400	310	280	—	—	—	—	1002/426	1048/449	1049/538	1054/606	—	—

续表

电动机功率 P_1 /kW	电动机机座号	d	A_3	H_3	TZLD									
					112	140	180	225	250	265	300	355	375	425
					K/mm 质量/kg									
37	225S	445	345	312.5	—	—	—	—	—	—	1082/567	1098/612	1128/687	—
45	225M				—	—	—	—	—	—	1107/603	1123/648	1153/723	1170/863
55	250M	500	385	320	—	—	—	—	—	—	—	1208/766	1238/841	1255/970
75	280S	560	410	360	—	—	—	—	—	—	—	1278/901	1308/1076	1325/1105
90	280M				—	—	—	—	—	—	—	1308/1006	1358/1081	1375/1210
0.55	80_1	165	150	—	438/40	472/53	493/78	545/130	557/179	—	—	—	—	—
0.75	80_2			—	438/41	472/54	493/79	545/131	557/180	—	—	—	—	—
1.1	90S	175	155	—	453/45	487/58	517/83	560/135	573/184	—	659/298	—	—	—
1.5	90L			—	478/50	512/63	542/88	585/140	598/189	—	684/298	—	—	—
2.2	100L1	205	180	142.5	—	567/77	578/92	631/142	638/196	672/222	722/310	736/402	786/487	805/642
3	100L2				—	567/81	578/96	631/146	638/200	672/226	722/314	736/406	786/491	805/646
4	112M	230	190	150	—	587/86	598/101	651/151	658/205	692/231	742/319	756/411	806/496	825/651
5.5	132S	270	210	180	—	—	670/135	781/181	727/225	754/256	809/344	822/436	872/521	891/676
7.5	132M				—	—	715/127	826/194	772/236	799/269	854/357	867/448	917/531	936/686
11	160M	325	255	222.5	—	—	—	838/249	841/285	873/311	932/399	935/488	985/573	1004/728
15	160L				—	—	—	883/270	886/306	918/332	977/420	979/509	1029/594	1048/749
18.5	180M	360	285	250	—	—	—	908/308	911/344	943/370	1002/458	994/547	1044/632	1063/787
22	180L				—	—	—	948/318	951/352	983/378	1042/466	1034/555	1084/640	1103/795
30	200L	400	310	280	—	—	—	—	1002/432	1048/458	1093/538	1099/635	1149/720	1168/862
37	225S	445	345	312.5	—	—	—	—	—	—	1126/567	1143/641	1175/726	1194/876
45	225M				—	—	—	—	—	—	1151/603	1168/677	1200/762	1219/912
55	250M	500	385	320	—	—	—	—	—	—	—	1253/795	1285/880	1304/1019
75	280S	560	410	360	—	—	—	—	—	—	—	1323/930	1355/1115	1374/1154
90	280M				—	—	—	—	—	—	—	1353/1035	1405/1120	1424/1259

① L代表 TZLD。
② S代表 TZSD。

表 15-2-119　　TZLDF、TZSDF 型减速器的外形尺寸　　mm

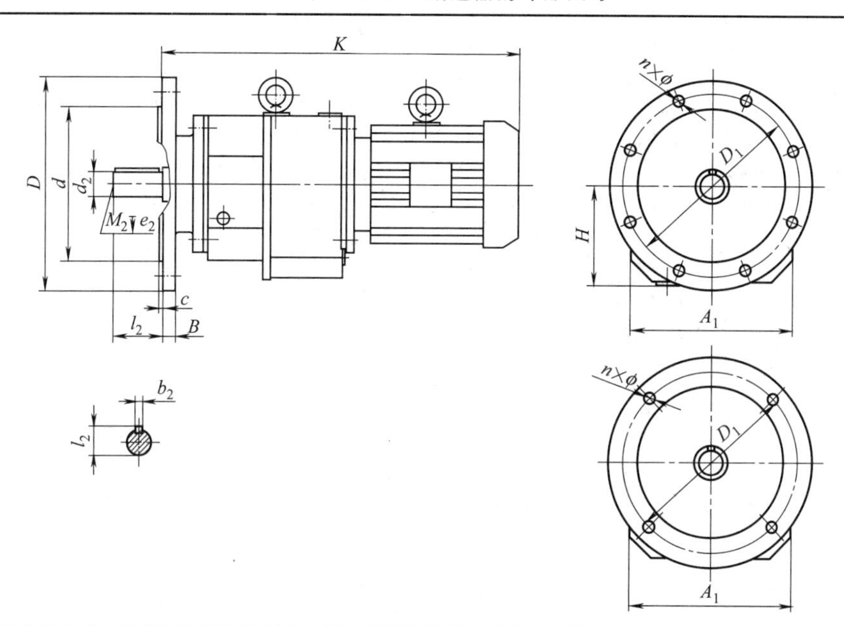

机座号		d_2	l_2	b_2	t_2	M_2	e_2	H	D	D_1	d	B	c	A_1	n	ϕ	润滑油/L ≈
112		30js6	80	8	33	M8	12	112	250	215	180h6	15	4	200	4	14	0.8
140		40k6	110	12	43	M8	12	140	300	265	230h6	16	4	230	4	14	1.1
180		50k6	110	14	53.5	M8	12	180	350	300	250h6	18	5	290	4	18	1.6
225		60m6	140	18	64	M10	16	225	450	400	350h6	20	5	340	8	18	2.9
250		70m6	140	20	74.5	M12	18	250	450	400	350h6	22	5	400	8	18	3.8
265		85m6	170	22	90	M16	24	265	550	500	450h6	25	5	450	8	18	4.7
300	L①	100m6	210	28	106	M16	24	300	550	500	450h6	25	5	530	8	18	6.5
	S②																7.2
355	L①	110m6	210	28	116	M16	24	355	660	600	550h6	28	6	600	8	22	9.1
	S②																10
375	L①	120m6	210	32	127	M16	24	375	660	600	550h6	28	6	660	8	22	12
	S②																13
425	L①	130m6	250	32	137	M20	30	425	660	600	550h6	30	6	670	8	26	15
	S②																17

电动机功率 P_1/kW	电动机机座号	d	A_3	H_3	TZLDF									
					112	140	180	225	250	265	300	355	375	425
					K/mm / 质量/kg									
1.1	90S	175	155	—	453/47	—	—	—	—	—	—	—	—	—
1.5	90L			—	478/52	—	—	—	—	—	—	—	—	—
2.2	100L1	205	180	142.5	—	567/82	—	—	—	—	—	—	—	—
3	100L2				—	567/86	578/101	—	—	—	—	—	—	—
4	112M	230	190	150	—	587/91	598/106	—	—	—	—	—	—	—

续表

电动机功率 P_1 /kW	电动机机座号	d	A_3	H_3	TZLDF									
					112	140	180	225	250	265	300	355	375	425
					K/mm / 质量/kg									
5.5	132S	270	210	180	—	—	670/140	—	—	—	—	—	—	—
7.5	132M				—	—	715/132	826/205	—	—	—	—	—	—
11	160M	325	255	222.5	—	—	—	838/260	841/289	—	—	—	—	—
15	160L				—	—	—	883/281	886/310	918/348	—	—	—	—
18.5	180M	360	285	250	—	—	—	908/319	911/348	943/386	933/468	—	—	—
22	180L				—	—	—	948/329	951/356	983/394	958/476	—	—	—
30	200L	400	310	280	—	—	—	—	1002/436	1048/474	1049/548	1054/616	—	—
37	225S	445	345	312.5	—	—	—	—	—	—	1082/578	1098/622	1128/697	—
45	225M				—	—	—	—	—	—	1107/613	1123/658	1153/733	1170/872
55	250M	500	385	320	—	—	—	—	—	—	—	1208/776	1238/851	1255/979
75	280S	560	410	360	—	—	—	—	—	—	—	1278/911	1308/1086	1325/1114
90	280M				—	—	—	—	—	—	—	1308/1016	1358/1091	1375/1219

电动机功率 P_1 /kW	电动机机座号	d	A_3	H_3	TZSDF									
					112	140	180	225	250	265	300	355	375	425
					K/mm / 质量/kg									
0.55	80_1	165	150	—	438/43	472/59	493/85	545/145	557/189	—	—	—	—	—
0.75	80_2			—	438/44	472/60	493/86	545/146	557/190	—	—	—	—	—
1.1	90S	175	155	—	453/48	487/64	517/90	560/150	573/194	—	659/308	—	—	—
1.5	90L			—	478/53	512/69	542/95	585/155	598/199	—	684/308	—	—	—
2.2	100L1	205	180	142.5	—	567/83	578/99	631/157	638/206	672/247	722/320	736/412	786/497	805/651
3	100L2				—	567/87	578/103	631/161	638/210	672/251	722/324	736/416	786/501	805/655
4	112M	230	190	150	—	587/92	598/108	651/166	658/215	692/256	742/329	756/421	806/506	825/660
5.5	132S	270	210	180	—	—	670/142	781/196	727/235	754/281	809/354	822/446	872/531	891/685
7.5	132M				—	—	715/134	826/209	772/246	799/294	854/367	867/458	917/541	936/695
11	160M	325	255	222.5	—	—	—	838/264	841/295	873/336	932/409	935/498	985/583	1004/737
15	160L				—	—	—	883/285	886/316	918/357	977/430	979/519	1029/604	1048/758

续表

电动机功率 P_1 /kW	电动机机座号	d	A_3	H_3	TZSDF									
					112	140	180	225	250	265	300	355	375	425
					K/mm / 质量/kg									
18.5	180M	360	285	250	—	—	—	908/323	911/354	943/395	1002/468	994/557	1044/642	1063/796
22	180L				—	—	—	948/333	951/362	983/403	1042/476	1034/565	1084/650	1103/804
30	200L	400	310	280	—	—	—	—	1002/442	1048/483	1093/548	1099/645	1149/730	1168/871
37	225S	445	345	312.5	—	—	—	—	—	—	1126/577	1143/651	1175/736	1194/895
45	225M				—	—	—	—	—	—	1151/613	1168/687	1200/772	1219/921
55	250M	500	385	320	—	—	—	—	—	—	—	1253/805	1285/890	1304/1028
75	280S	560	410	360	—	—	—	—	—	—	—	1323/940	1355/1125	1374/1163
90	280M				—	—	—	—	—	—	—	1353/1045	1405/1130	1424/1268

① L 代表 TZLDF。
② S 代表 TZSDF。

表 15-2-120　　组合型减速器外形尺寸　　mm

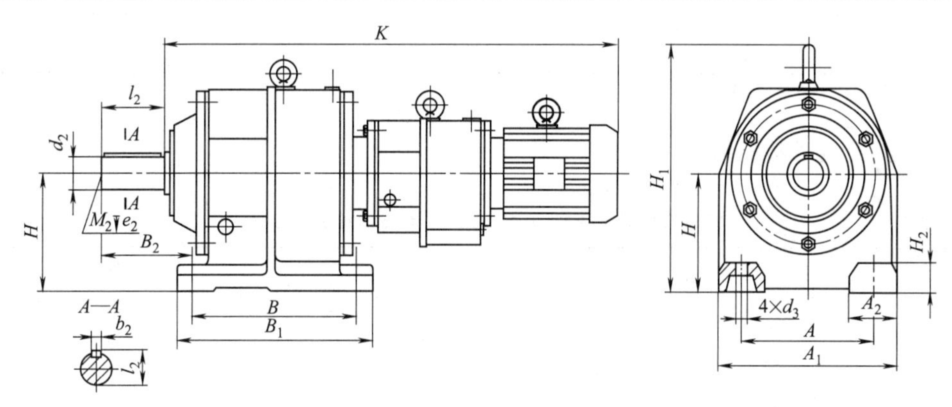

机座号	d_2	l_2	b_2	t_2	M_2	e_2	H	B	B_1	B_2	H_1	A	A_1	A_2	H_2	d_3
180-112	50k6	110	14	53.5	M8	12	$180_{-0.5}^{0}$	260	310	144	364	215	290	75	45	18.5
225-112	60m6	140	18	64	M10	16	$225_{-0.5}^{0}$	310	365	182	468	250	340	90	50	24
250-140	70m6	140	20	74.5	M12	18	$250_{-0.5}^{0}$	370	440	170	503	290	400	110	60	28
265-140	85m6	170	22	90	M16	24	265_{-1}^{0}	390	470	208	543	340	450	110	60	35
300L-180	100m6	210	28	106	M16	24	300_{-1}^{0}	365	455	246	620	380	530	150	60	42
300S-180								460	550							
355L-225	110m6	210	28	116	M16	24	355_{-1}^{0}	410	500	250	742	440	600	160	80	42
355S-225								480	570							
375L-250	120m6	210	32	127	M16	24	375_{-1}^{0}	450	540	255	778	500	660	160	80	42
375S-250								520	610							
425L-250	130m6	250	32	137	M20	30	425_{-1}^{0}	480	580	296	827	500	670	170	90	48
425S-250								550	650							

续表

机座号	电动机功率/kW								
	0.55	0.75	1.1	1.5	2.2	3	4	5.5	7.5
	K/mm 质量/kg								
180-112	718/106	718/107	—	—	—	—	—	—	—
225-112	763/161	763/162	778/166	803/171	—	—	—	—	—
250-140	857/224	857/225	872/229	897/234	952/248	—	—	—	—
265-140	867/255	867/256	882/260	907/265	962/279	962/283	—	—	—
300L-180	908/352	908/353	932/357	957/362	993/366	993/370	1013/375	—	—
300S-180	953/373	953/374	977/378	1002/383	1038/387	1038/391	1058/396	—	—
355L-225	985/472	985/473	1000/477	1025/482	1071/484	1071/488	1091/493	1221/523	—
355S-225	1030/501	1030/502	1045/506	1070/511	1116/513	1116/517	1136/522	1266/552	—
375L-250	1040/624	1040/625	1056/629	1081/634	1121/641	1121/645	1141/650	1210/670	1255/681
375S-250	1087/663	1087/664	1103/668	1128/673	1168/680	1168/684	1188/689	1257/709	1302/720
425L-250	1058/795	1058/796	1074/750	1099/805	1139/812	1139/816	1159/821	1228/841	1273/852
425S-250	1107/844	1107/845	1123/849	1148/854	1188/861	1188/865	1208/870	1277/890	1322/901

注：L 代表 TZL，S 代表 TZS。

2.9.3 减速器承载能力

表 15-2-121　　TZL 型减速器的实际传动比 i 和公称输入功率 P_1

输入转速 n_1 /r·min^{-1}	机座号																			
	112		140		180		225		250		265		300		355		375		425	
	i	P_1/kW	i	P_1/kW	i	P_1/kW	i	P_1/kW	i	P_1/kW	i	P_1/kW	i	P_1/kW	i	P_1/kW	i	P_1/kW	i	P_1/kW
1500		5.63		10.24		20.81		38.36		65.49		69.69		91.20		154.6		177.9		248.5
1000	5.04	3.76	5.09	6.83	4.93	13.87	5.14	25.58	5.06	43.66	5.03	46.47	5.02	60.86	5.00	103.2	5.06	118.8	4.83	165.7
750		2.82		5.13		10.42		19.20		32.76		34.85		45.80		77.36		88.99		124.8
1500		5.15		9.28		19.06		34.97		57.97		63.21		87.57		134.7		155.4		217.6
1000	5.52	3.43	5.62	6.19	5.38	12.71	5.64	23.32	5.72	38.65	5.64	42.15	5.77	58.40	5.74	89.88	5.79	103.9	5.51	145.2
750		2.58		4.65		9.55		17.49		28.99		31.62		43.79		67.39		77.76		108.9
1500		4.51		9.49		17.14		31.26		51.22		53.46		93.58		139.0		152.7		220.1
1000	6.30	3.01	6.15	6.32	6.17	11.43	6.31	20.85	6.47	34.15	6.34	35.65	6.24	62.39	6.36	92.69	6.46	101.8	6.10	146.8
750		2.26		4.75		8.59		15.65		25.63		26.74		46.81		69.62		76.43		110.2
1500		4.49		8.26		14.89		28.52		48.32		52.29		92.44		131.7		173.5		210.8
1000	7.24	2.99	7.07	5.51	7.10	9.93	7.36	19.02	7.35	32.22	7.22	34.87	7.34	61.63	7.31	87.92	7.23	115.7	7.00	140.6
750		2.25		4.14		7.45		14.27		24.18		26.16		46.25		65.88		86.85		105.7
1500		4.56		8.52		16.33		30.49		49.05		57.29		99.05		135.6		176.8		206.8
1000	7.96	3.04	7.78	5.68	7.93	10.89	7.97	20.33	8.05	32.71	7.99	38.2	7.97	66.05	8.15	90.46	8.04	117.9	7.79	137.9
750		2.29		4.27		8.17		15.26		24.53		28.67		49.53		67.94		88.50		103.7

续表

输入转速 n_1 /r·min^{-1}	机座号 112		140		180		225		250		265		300		355		375		425	
	i	P_1 /kW	i	P_1 /kW	i	P_1 /kW	i	P_1 /kW	i	P_1 /kW	i	P_1 /kW	i	P_1 /kW	i	P_1 /kW	i	P_1 /kW	i	P_1 /kW
1500		3.93		7.88		16.56		32.54		45.49		58.67		88.83		129.8		154.2		195.1
1000	9.23	2.62	9.01	5.25	8.88	11.02	9.02	21.69	9.32	30.33	8.88	39.12	8.89	59.24	9.12	86.55	9.22	102.9	8.70	130.2
750		1.97		3.95		8.27		16.29		22.76		29.34		44.43		64.96		77.18		97.65
1500		3.55		7.12		15.77		29.25		44.47		52.04		76.27		115.4		158.4		193.9
1000	10.22	2.37	9.99	4.75	9.61	10.51	10.28	19.97	10.07	29.65	10.01	34.70	10.35	50.86	10.25	76.95	10.26	105.7	9.77	129.4
750		1.78		3.57		7.89		14.99		22.25		26.03		38.14		57.81		79.25		96.97
1500		3.19		6.39		13.93		27.34		40.33		49.62		77.41		113.5		141.5		171.5
1000	11.37	2.13	11.11	4.26	10.88	9.28	11.26	18.23	11.35	26.89	11.14	33.08	11.22	51.61	11.13	75.69	11.49	94.34	11.04	114.4
750		1.60		3.20		6.98		13.68		20.18		24.83		38.72		56.84		70.76		85.84
1500		2.86		5.72		12.22		24.57		36.73		48.34		69.44		99.83		144.6		169.4
1000	12.71	1.91	12.41	3.82	12.40	8.15	12.53	16.38	12.89	24.49	12.08	32.23	12.73	46.30	12.65	66.56	12.56	96.46	12.58	113.0
750		1.44		2.87		6.12		12.29		18.38		24.19		34.73		49.92		72.31		84.74
1500		2.45		5.09		11.14		22.23		33.58		40.58		63.50		87.02		128.9		152.5
1000	14.29	1.64	13.96	3.40	13.61	7.43	13.85	14.82	14.11	22.39	14.40	27.06	13.92	42.34	14.51	58.02	14.08	85.94	13.97	101.7
750		1.23		2.55		5.58		11.12		16.81		20.31		31.77		43.52		64.45		76.31
1500		2.24		4.49		9.59		18.92		30.25		36.90		55.03		77.84		111.7		133.1
1000	16.19	1.49	15.81	3.00	15.79	6.40	16.27	12.62	15.66	20.17	15.83	24.62	16.07	36.69	16.23	51.90	16.25	74.47	16.01	88.74
750		1.13		2.25		4.81		9.47		15.14		18.46		27.52		38.92		55.86		66.56
1500		1.96		3.93		8.62		16.83		26.23		33.35		49.66		68.89		101.5		120.3
1000	18.51	1.31	18.08	2.62	17.58	5.75	18.29	11.22	18.06	17.49	17.51	22.24	17.80	33.11	18.33	45.93	17.88	67.68	17.54	80.23
750		0.99		1.97		4.32		8.42		13.13		16.68		24.84		34.45		50.76		60.16
1500		1.78		3.70		7.69		14.91		23.48		29.92		43.56		62.74		90.05		170.3
1000	20.33	1.19	19.21	2.47	19.72	5.13	20.65	9.94	20.16	15.66	19.52	19.95	20.29	29.05	20.13	41.83	20.16	60.04	19.32	73.55
750		0.90		1.86		3.85		7.46		11.75		14.97		21.79		31.38		45.03		55.16
1500		1.58		3.27		—		13.45		22.28		—		39.62		56.79		82.15		94.99
1000	22.97	1.06	21.71	2.18	—	—	22.89	8.97	22.71	14.87	—	—	22.31	26.42	22.24	37.87	22.10	54.77	22.44	63.33
750		0.81		1.64		—		6.74		11.15		—		19.81		28.40		41.08		47.51
1500		1.48		2.86		—		—		18.33		—		—		—		—		—
1000	24.50	0.99	24.53	1.91	—	—	—	—	25.85	12.22	—	—	—	—	—	—	—	—	—	—
750		0.75		1.44		—		—		9.17		—		—		—		—		—

表 15-2-122　　TZS 型减速器的实际传动比 i 和公称输入功率 P_1

输入转速 n_1 /r·min^{-1}	机座号 112		140		180		225		250		265		300		355		375		425	
	i	P_1 /kW	i	P_1 /kW	i	P_1 /kW	i	P_1 /kW	i	P_1 /kW	i	P_1 /kW	i	P_1 /kW	i	P_1 /kW	i	P_1 /kW	i	P_1 /kW
1500		2.57		5.29		10.93		21.82		34.19		42.54		73.53		105.8		143.0		163.8
1000	14.11	1.75	14.04	3.53	14.44	7.29	14.11	14.55	13.85	22.80	14.47	28.37	13.74	49.04	13.65	70.54	8.80	95.40	13.98	109.2
750		1.29		2.65		5.47		10.92		17.10		21.28		36.78		52.91		71.56		81.95
1500		2.38		4.83		9.58		19.01		29.46		36.95		63.36		94.36		127.5		138.3
1000	15.26	1.59	15.35	3.22	16.48	6.39	16.19	12.68	16.08	19.65	16.67	24.64	15.95	42.25	15.31	62.91	15.47	85.20	16.55	92.25
750		1.19		2.42		4.80		9.51		14.74		18.49		31.69		47.19		63.90		69.19
1500		2.06		4.00		8.95		17.68		27.22		34.29		58.55		83.58		113.0		122.6
1000	17.67	1.38	18.57	2.67	17.65	5.97	17.41	11.79	17.40	18.15	17.96	22.87	17.26	39.04	17.28	55.73	17.47	75.34	18.68	81.74
750		1.04		2.01		4.48		8.85		13.62		17.16		29.29		41.80		56.51		61.31

续表

输入转速 n_1 /r·min⁻¹	机座号																			
	112		140		180		225		250		265		300		355		375		425	
	i	P_1 /kW	i	P_1 /kW	i	P_1 /kW	i	P_1 /kW	i	P_1 /kW	i	P_1 /kW	i	P_1 /kW	i	P_1 /kW	i	P_1 /kW	i	P_1 /kW
1500		1.88		3.61		7.73		15.17		22.98		31.73		49.43		74.43		99.24		115.0
1000	19.32	1.26	20.59	2.41	20.42	5.15	20.30	10.12	20.61	15.34	19.41	21.16	20.44	32.96	19.67	48.96	19.89	66.17	19.90	76.68
750		0.95		1.81		3.87		7.59		11.51		15.88		24.73		36.73		49.63		57.52
1500		1.67		3.36		7.16		13.98		20.34		26.85		45.11		67.61		91.37		101.6
1000	21.66	1.12	22.08	2.24	22.07	4.78	22.03	9.32	23.28	13.57	22.93	17.91	22.40	30.08	21.37	45.08	21.60	60.92	22.52	67.72
750		0.84		1.69		3.59		6.99		10.18		13.44		22.57		33.82		45.70		50.81
1500		1.46		3.09		6.07		12.82		18.72		24.96		39.26		58.45		78.99		89.77
1000	24.84	0.98	24.06	2.06	26.02	4.05	24.01	8.55	25.31	12.48	24.67	16.64	25.74	26.18	24.72	38.97	24.98	52.67	25.50	59.85
750		0.74		1.55		3.04		6.42		9.37		12.49		19.64		29.23		39.55		44.89
1500		1.32		2.56		5.68		10.67		17.13		21.83		36.28		52.71		71.24		78.46
1000	27.60	0.88	29.01	1.71	27.79	3.80	28.87	7.72	27.65	11.42	28.81	14.56	27.85	24.19	27.40	35.15	27.70	47.50	29.18	52.31
750		0.66		1.29		2.86		5.34		8.57		10.93		18.15		26.37		35.63		39.24
1500		1.20		2.34		4.94		9.83		15.16		19.46		30.84		45.92		62.19		72.99
1000	30.36	0.81	31.78	1.56	32.00	3.30	31.34	6.56	31.24	10.11	31.64	12.98	32.76	20.57	31.46	30.62	31.73	41.47	31.36	48.67
750		0.61		1.18		2.48		4.92		7.59		9.74		15.43		22.97		31.11		36.51
1500		1.05		2.03		4.52		8.96		13.40		17.30		28.42		41.47		55.73		63.93
1000	34.64	0.70	36.54	1.36	34.94	3.02	34.38	5.98	35.35	8.94	35.60	11.54	35.55	18.95	34.84	27.65	35.41	37.16	35.81	42.63
750		0.53		1.02		2.27		4.49		6.71		8.66		14.22		20.74		27.88		31.98
1500		0.91		1.85		3.95		8.01		11.80		15.19		25.49		36.06		49.79		57.83
1000	39.82	0.61	40.19	1.24	40.05	2.64	38.45	5.34	40.15	7.87	40.55	10.13	39.64	17.00	40.06	24.05	39.63	33.20	39.59	38.56
750		0.46		0.93		1.98		4.02		5.91		7.60		12.75		18.04		24.90		28.93
1500		0.83		1.59		3.43		6.87		10.78		13.73		21.88		32.36		44.83		50.39
1000	43.80	0.55	46.57	1.06	46.11	2.29	44.86	4.58	43.94	7.19	44.86	9.16	46.18	14.06	44.64	21.58	44.02	29.89	45.43	33.60
750		0.42		0.80		1.72		3.44		5.40		6.88		10.55		16.19		22.42		25.25
1500		0.71		1.44		3.07		6.34		9.31		12.36		20.19		28.92		39.09		45.28
1000	50.76	0.48	51.59	0.96	51.45	2.05	48.58	4.23	50.91	6.21	49.83	8.24	50.04	13.47	49.95	19.29	50.49	26.07	50.56	30.19
750		0.36		0.72		1.54		3.18		4.66		6.19		10.11		14.47		19.56		22.65
1500		0.65		1.29		2.74		5.60		8.62		10.96		17.79		25.72		35.09		40.52
1000	56.22	0.44	57.38	0.86	57.65	1.83	54.98	3.74	54.97	5.75	56.19	7.31	56.80	11.87	56.17	17.15	56.23	23.40	56.50	27.02
750		0.33		0.65		1.38		2.81		4.32		5.49		8.91		12.87		17.56		20.27
1500		0.58		1.16		2.53		4.92		7.64		9.85		16.27		23.70		31.34		36.07
1000	62.53	0.39	64.14	0.78	62.38	1.69	62.62	3.82	61.99	5.10	62.50	6.57	62.11	10.85	60.94	15.82	62.96	20.90	63.46	24.05
750		0.30		0.59		1.27		2.46		3.83		4.93		8.14		11.87		15.68		18.04
1500		0.52		1.03		2.24		4.49		6.73		9.08		14.10		20.85		28.68		31.92
1000	69.90	0.35	72.12	0.69	70.58	1.50	68.59	2.99	70.42	4.49	67.81	6.06	71.68	9.41	69.30	13.92	68.80	19.13	71.72	21.29
750		0.27		0.52		1.13		2.25		3.37		4.55		7.06		10.44		14.35		15.97
1500		0.46		0.91		1.96		4.03		6.15		7.62		12.72		18.17		25.58		28.02
1000	78.60	0.31	81.70	0.61	80.48	1.31	76.33	2.69	77.03	4.10	80.80	5.09	79.44	8.49	79.51	12.12	77.16	17.06	81.69	18.69
750		0.24		0.46		0.99		2.02		3.08		3.82		6.37		9.09		12.80		14.02
1500		0.41		0.80		1.79		3.46		5.54		6.93		11.16		16.25		22.17		25.22
1000	89.04	0.28	93.41	0.54	88.30	1.20	88.87	2.31	85.52	3.70	88.85	4.63	90.54	7.44	88.88	10.84	89.04	14.78	90.75	16.82
750		0.21		0.41		0.90		1.74		2.78		3.48		5.59		8.13		11.09		12.62
1500		0.35		0.75		1.54		3.11		4.81		6.26		10.15		14.38		20.15		22.01
1000	101.8	0.24	99.23	0.50	102.5	1.03	99.13	2.07	98.61	3.21	98.30	4.18	99.55	6.77	100.4	9.59	97.94	13.44	104.0	14.68
750		0.18		0.38		0.78		1.56		2.41		3.14		5.08		7.20		10.09		11.02

续表

输入转速 n_1 /r·min^{-1}	机座号 112		140		180		225		250		265		300		355		375		425	
	i	P_1 /kW	i	P_1 /kW	i	P_1 /kW	i	P_1 /kW	i	P_1 /kW	i	P_1 /kW	i	P_1 /kW	i	P_1 /kW	i	P_1 /kW	i	P_1 /kW
1500		0.33		0.66		1.39		2.76		4.30		5.27		7.46		13.10		17.86		20.10
1000	111.8	0.22	112.2	0.44	114.1	0.93	111.4	1.85	110.1	2.87	117.0	3.52	117.4	4.98	110.3	8.74	110.5	11.91	113.9	13.45
750		0.17		0.33		0.70		1.39		2.16		2.65		3.74		6.56		8.94		10.09
1500		0.29		0.58		1.23		2.45		3.82		4.87		6.72		11.16		16.30		18.25
1000	126.3	0.20	126.8	0.39	128.0	0.82	125.8	1.64	124.1	2.55	126.4	3.25	128.1	4.49	129.4	7.45	121.1	10.88	125.5	12.17
750		0.15		0.30		0.62		1.23		1.92		2.44		3.37		5.59		8.16		9.13
1500		0.25		0.45		1.12		2.21		3.36		3.73		5.61		9.65		12.68		15.71
1000	144.2	0.17	136.4	0.30	140.5	0.75	139.4	1.48	141.2	2.24	142.0	2.49	142.2	3.75	140.7	6.44	144.5	8.46	145.7	10.49
750		0.13		0.23		0.57		1.11		1.69		1.87		2.82		4.84		6.35		7.88
1500		0.20		0.30		0.84		1.98		3.06		3.28		4.01		6.57		9.61		13.56
1000	158.8	0.14	161.7	0.20	152.5	0.56	162.1	1.33	154.7	2.05	154.1	2.19	163.6	2.68	163.5	4.39	157.8	6.41	163.0	9.05
750		0.11		0.15		0.42		1.00		1.54		1.65		2.01		3.30		4.82		6.79
1500		—		—		—		1.57		2.47		2.49		—		—		7.48		10.51
1000	—	—	—	—	—	—	176.0	1.05	173.3	1.65	173.3	1.66	—	—	—	—	171.0	4.99	180.3	7.01
750		—		—		—		0.79		1.24		1.25		—		—		3.75		5.26
1500		—		—		—		1.20		1.47		—		—		—		—		8.24
1000	—	—	—	—	—	—	206.9	0.80	205.1	0.98	—	—	—	—	—	—	—	—	201.3	5.51
750		—		—		—		0.61		0.74		—		—		—		—		4.14

表 15-2-123　　组合式减速器的实际传动比 i 和公称输入功率 P_1

输入转速 n_1 /r·min^{-1}	机座号 180-112		225-112		250-140		265-140		300-180		355-225		375-250		425-250	
	i	P_1 /kW	i	P_1 /kW	i	P_1 /kW	i	P_1 /kW	i	P_1 /kW	i	P_1 /kW	i	P_1 /kW	i	P_1 /kW
1500		0.88		1.69		—		—		—		—		—		—
1000	179.67	0.59	182.2	1.13	—	—	—	—	—	—	—	—	—	—	—	—
750		0.44		0.85		—		—		—		—		—		—
1500		0.79		1.46		—		3.23		5.18		7.2		9.72		10.95
1000	199.88	0.53	211.27	0.97	—	—	195	2.15	194.99	3.45	200.6	4.8	203.01	6.48	209.14	7.3
750		0.39		0.73		—		1.61		2.59		3.6		4.86		5.47
1500		0.71		1.32		2.09		2.9		4.58		6.32		8.62		10.13
1000	223.44	0.47	233.94	0.88	226.87	1.39	216.87	1.93	220.76	3.05	228.63	4.21	228.82	5.75	225.97	6.75
750		0.35		0.66		1.04		1.45		2.29		3.16		4.31		5.07
1500		0.63		1.18		1.88		2.6		4.02		5.77		7.59		8.99
1000	251.22	0.42	260.26	0.79	252.31	1.25	242.24	1.73	251.6	2.68	250.42	3.85	259.86	5.06	254.69	5.99
750		0.31		0.56		0.94		1.3		2.01		2.88		3.8		4.49
1500		0.55		1.06		1.68		2.31		3.66		5.18		6.94		7.92
1000	284.62	0.37	290.93	0.71	281.83	1.12	272.5	1.54	276.15	2.44	278.67	3.46	284.46	4.62	289.25	5.28
750		0.28		0.53		0.84		1.15		1.83		2.59		3.47		3.96
1500		0.49		0.94		1.49		2.04		3.15		4.69		6.25		7.23
1000	325.41	0.32	327.1	0.63	317.03	1	308.61	1.36	320.38	2.1	308.02	3.13	315.71	4.17	316.63	4.82
750		0.24		0.47		0.75		1.02		1.58		2.34		3.12		3.62
1500		0.44		0.83		1.32		1.78		2.83		3.99		5.42		6.51
1000	357.4	0.29	370.59	0.55	359.05	0.88	352.92	1.19	356.7	1.89	361.84	2.66	364.09	3.61	351.41	4.34
750		0.22		0.42		0.66		0.89		1.42		2		2.71		3.26

续表

输入转速 n_1 /r·min⁻¹	机座号															
	180-112		225-112		250-140		265-140		300-180		355-225		375-250		425-250	
	i	P_1 /kW	i	P_1 /kW	i	P_1 /kW	i	P_1 /kW	i	P_1 /kW	i	P_1 /kW	i	P_1 /kW	i	P_1 /kW
1500		0.39		0.73		1.15		1.56		2.53		3.55		4.85		5.65
1000	403.81	0.26	423.69	0.48	410.6	0.77	402.19	1.04	400.12	1.68	406.77	2.37	406.43	3.24	405.27	3.77
750		0.2		0.36		0.58		0.78		1.26		1.78		2.43		2.82
1500		0.34		0.67		1.09		1.38		2.23		3.15		4.31		5.06
1000	459.77	0.23	458.47	0.45	436.26	0.72	455.49	0.92	452.51	1.49	459.26	2.1	457.83	2.87	452.39	3.37
750		0.17		0.34		0.54		0.69		1.12		1.57		2.15		2.53
1500		0.31		0.6		0.96		1.21		1.99		2.84		3.79		4.49
1000	502.71	0.21	510.06	0.4	493.03	0.64	520.88	0.8	507.59	1.33	509.07	1.89	521.14	2.52	509.61	3
750		0.16		0.3		0.48		0.6		1		1.42		1.89		2.25
1500		0.28		0.54		0.85		1.14		1.78		2.58		3.59		3.95
1000	563.59	0.19	570.17	0.36	557.08	0.57	553.44	0.76	568.08	1.19	559.34	1.72	548.88	2.4	580.07	2.63
750		0.14		0.27		0.43		0.57		0.89		1.29		1.8		1.97
1500		0.24		0.48		0.74		0.99		1.51		2.34		3.1		3.6
1000	646.34	0.16	641.05	0.32	643.23	0.49	636.12	0.66	669.75	1.01	618.26	1.56	637.25	2.06	636.61	2.4
750		0.12		0.24		0.37		0.49		0.75		1.17		1.55		1.8
1500		0.22		0.42		0.69		0.91		1.41		2		2.86		3.32
1000	718.15	0.15	726.28	0.28	689.78	0.46	693.17	0.6	715.31	0.94	722.72	1.33	689.56	1.91	688.87	2.22
750		0.11		0.21		0.34		0.45		0.71		1		1.43		1.66
1500		0.2		0.39		0.63		0.75		1.23		1.86		2.42		2.81
1000	789.97	0.13	792.68	0.26	751.63	0.42	835.78	0.5	823.68	0.82	777.18	1.24	816.77	1.61	815.95	1.87
750		0.1		0.19		0.32		0.38		0.61		0.93		1.21		1.4
1500		—		0.36		0.52		0.69		1.12		1.59		2.14		2.48
1000	—	—	866.7	0.24	906.27	0.35	915.58	0.46	899.36	0.75	906.19	1.06	922.59	1.43	921.66	1.66
750		—		0.18		0.26		0.34		0.56		0.8		1.07		1.24
1500		—		0.32		0.48		0.6		0.98		1.47		1.97		2.28
1000	—	—	971.67	0.21	992.81	0.32	1052.7	0.4	1030.9	0.65	983.42	0.98	1003	1.31	1002	1.52
750		—		0.16		0.24		0.3		0.49		0.73		0.98		1.14
1500		—		0.28		0.41		0.54		0.85		1.35		1.8		2.09
1000	—	—	1114.3	0.18	1141.5	0.28	1157.9	0.36	1186.9	0.57	1071.8	0.9	1095.8	1.2	1094.7	1.39
750		—		0.14		0.21		0.27		0.43		0.67		0.9		1.05
1500		—		0.25		0.38		0.47		0.76		1.12		1.59		1.85
1000	—	—	1238.1	0.17	1255.5	0.25	1341.7	0.31	1324.3	0.51	1288.8	0.75	1238	1.06	1236.8	1.23
750		—		0.12		0.19		0.23		0.38		0.56		0.8		0.93
1500		—		0.23		0.33		0.42		0.68		1.03		1.41		1.64
1000	—	—	1362	0.15	1454.9	0.22	1486.3	0.28	1483.9	0.45	1399	0.69	1400.9	0.94	1399.5	1.09
750		—		0.11		0.16		0.21		0.34		0.52		0.7		0.82
1500		—		0.2		0.29		0.38		0.63		0.94		1.24		1.44
1000	—	—	1554	0.136	1611.7	0.2	1653.1	0.25	1605.7	0.42	1534.7	0.63	1591.1	0.83	1589.5	0.96
750		—		0.1		0.15		0.19		0.31		0.47		0.62		0.72
1500		—		—		0.26		0.34		0.56		0.84		1.13		1.32
1000	—	—	—	—	1792.6	0.18	1847.9	0.23	1816.7	0.37	1716.4	0.56	1741.3	0.76	1739.6	0.88
750		—		—		0.13		0.17		0.28		0.42		0.57		0.66
1500		—		—		0.24		0.3		0.49		0.72		0.98		1.14
1000	—	—	—	—	2003.7	0.16	2077.8	0.2	2071.6	0.33	2002.6	0.48	2017.6	0.65	2015.5	0.76
750		—		—		0.12		0.15		0.24		0.36		0.49		0.57

续表

输入转速 n_1 /r·min^{-1}	机座号															
	180-112		225-112		250-140		265-140		300-180		355-225		375-250		425-250	
	i	P_1 /kW	i	P_1 /kW	i	P_1 /kW	i	P_1 /kW	i	P_1 /kW	i	P_1 /kW	i	P_1 /kW	i	P_1 /kW
1500		—		—		—		—		—		0.67		0.91		1.05
1000	—	—	—	—	—	—	—	—	—	—	2168.6	0.44	2178.5	0.6	2176.3	0.7
750		—		—		—		—		—		0.33		0.45		0.53
1500		—		—		—		—		—		—		0.8		0.93
1000	—	—	—	—	—	—	—	—	—	—	—	—	2456.7	0.54	2454.2	0.62
750		—		—		—		—		—		—		0.4		0.47

表 15-2-124　TZLD、TZSD 型减速器的实际传动比 i、电动机功率 P_1 和选用系数 K

电动机功率 P_1/kW	实际传动比 i	选用系数 K	机座号
0.55	17.67	3.59	TZSD112
	19.32	3.29	
	21.66	2.93	
	24.84	2.56	
	27.60	2.30	
	30.36	2.09	
	34.64	1.83	
	39.82	1.60	
	43.80	1.45	
	50.76	1.25	
	56.22	1.13	
	62.54	1.02	
	36.54	3.55	TZSD140
	40.19	3.23	
	46.57	2.79	
	51.59	2.52	
	57.38	2.26	
	64.14	2.02	
	70.58	3.91	TZSD180
	80.48	3.43	
	88.30	3.12	
	102.5	2.69	
	205.1	2.56	TZSD250
0.75	14.11	3.30	TZSD112
	15.26	3.05	
	17.67	2.64	
	19.32	2.41	
	21.66	2.15	
	24.84	1.87	
	27.60	1.69	
	30.36	1.53	
	34.64	1.34	
	39.82	1.17	
	43.80	1.06	
	50.76	0.92	
	56.22	0.83	
0.75	24.06	3.95	TZSD140
	29.01	3.28	
	31.78	2.99	
	36.54	2.60	
	40.19	2.37	
	46.57	2.04	
	51.59	1.84	
	57.38	1.66	
	64.14	1.48	
	51.45	3.94	TZSD180
	57.65	3.51	
	62.38	3.24	
	70.58	2.87	
	80.48	2.52	
	88.30	2.29	
	102.5	1.98	
	99.13	3.98	TZSD225
	111.4	3.54	
	125.8	3.14	
	173.3	3.16	TZSD250
	205.1	1.88	
1.1	6.30	3.95	TZLD112
	7.24	3.81	
	7.96	3.99	
	14.11	2.25	TZSD112
	15.26	2.08	
	17.67	1.80	
	19.32	1.64	
	21.66	1.47	
	24.84	1.28	
	27.60	1.15	
	30.36	1.05	
	34.64	0.92	
	18.57	3.49	TZSD140
	20.59	3.15	

续表

电动机功率 P_1/kW	实际传动比 i	选用系数 K	机座号
1.1	22.08	2.94	TZSD140
	24.06	2.70	
	29.01	2.24	
	31.78	2.04	
	36.54	1.78	
	40.19	1.61	
	46.57	1.39	
	51.59	1.26	
	34.94	3.95	TZSD180
	40.05	3.45	
	46.11	2.99	
	51.45	2.68	
	57.65	2.39	
	62.38	2.21	
	70.58	1.96	
	80.48	1.72	
	88.30	1.52	
	68.59	3.92	TZSD225
	76.33	3.53	
	88.87	3.03	
	99.13	2.72	
	163.6	3.50	TZSD300
1.5	5.04	3.36	TZLD112
	5.52	3.30	
	6.30	2.89	
	7.24	2.80	
	7.96	2.92	
	14.11	1.65	TZSD112
	15.26	1.53	
	17.67	1.32	
	19.32	1.21	
	21.66	1.08	
	24.84	0.94	
	27.60	0.84	
	14.04	3.39	TZSD140
	15.35	3.10	
	18.57	2.56	
	20.59	2.31	
	22.08	2.15	
	24.06	1.98	
	29.01	1.64	
	31.78	1.50	
	36.54	1.30	
	40.19	1.18	
	46.57	1.02	
	51.59	0.92	
	26.02	3.89	TZSD180
	27.79	3.64	
	32.00	3.16	

电动机功率 P_1/kW	实际传动比 i	选用系数 K	机座号
1.5	34.94	2.90	TZSD180
	40.05	2.53	
	46.11	2.20	
	51.45	1.97	
	57.65	1.76	
	62.38	1.62	
	70.58	1.43	
	80.48	1.26	
	88.30	1.15	
	54.98	3.59	TZSD225
	62.62	3.15	
	68.59	2.88	
	76.33	2.59	
	88.87	2.22	
	99.13	1.99	
	77.03	3.94	
	85.82	3.55	
	98.61	3.08	
	142.2	3.59	TZSD300
	163.6	2.57	
2.2	7.07	3.61	TZLD140
	7.78	3.73	
	9.01	3.45	
	14.04	2.31	TZSD140
	15.35	2.11	
	18.57	1.75	
	20.59	1.58	
	22.08	1.47	
	24.06	1.35	
	29.01	1.12	
	31.78	1.02	
	36.54	0.89	
	40.19	0.81	
	17.65	3.91	TZSD180
	20.42	3.38	
	22.07	3.13	
	26.02	2.65	
	27.79	2.48	
	32.00	2.16	
	34.94	1.98	
	40.05	1.72	
	46.11	1.50	
	51.45	1.34	
	57.65	1.20	
	62.38	1.11	
	70.58	0.98	
	80.48	0.86	
	34.38	3.91	TZSD225
	38.45	3.50	

续表

电动机功率 P_1/kW	实际传动比 i	选用系数 K	机座号
2.2	44.86	3.00	TZSD225
	48.58	2.77	
	54.98	2.45	
	62.62	2.15	
	68.59	1.96	
	76.33	1.76	
	88.87	1.51	
	54.97	3.77	TZSD250
	61.99	3.34	
	70.42	2.94	
	77.03	2.69	
	85.52	2.42	
	67.81	3.97	TZSD265
	80.80	3.33	
	88.85	3.03	
	117.4	3.26	TZSD300
	128.1	2.94	
	142.2	2.45	
	163.6	1.75	
	163.5	2.87	TZSD355
	171.0	3.27	TZSD375
	201.2	3.60	TZSD425
3	5.09	3.28	TZLD140
	5.62	2.97	
	6.15	3.04	
	7.07	2.65	
	7.78	2.73	
	9.01	2.53	
	14.04	1.69	TZSD140
	15.35	1.55	
	18.57	1.28	
	20.59	1.16	
	22.08	1.08	
	24.06	0.99	
	29.01	0.82	
	12.40	3.92	TZLD180
	14.44	3.50	TZSD180
	16.48	3.07	
	17.65	2.87	
	20.42	2.48	
	22.07	2.29	
	26.02	1.95	
	27.79	1.82	
	32.00	1.58	
	34.94	1.45	
	40.05	1.26	
	46.11	1.10	
	51.45	0.98	
	57.65	0.88	
	62.38	0.81	
3	28.87	3.42	TZSD225
	31.34	3.15	
	34.38	2.87	
	38.45	2.57	
	44.86	2.20	
	48.58	2.03	
	54.98	1.80	
	62.62	1.58	
	68.59	1.44	
	76.33	1.29	
	88.87	1.11	
	40.15	3.78	TZSD250
	43.94	3.45	
	50.91	2.98	
	54.97	2.76	
	61.99	2.45	
	70.42	2.16	
	77.03	1.97	
	85.52	1.18	
	49.83	3.96	TZSD265
	56.19	3.51	
	62.50	3.16	
	67.81	2.91	
	80.80	2.44	
	88.85	2.22	
	90.54	3.58	TZSD300
	99.55	3.25	
	117.4	2.39	
	128.1	2.15	
	142.2	1.80	
	163.6	1.28	
	129.4	3.58	TZSD355
	140.7	3.09	
	163.5	2.11	
	157.8	3.08	TZSD375
	171.0	2.40	
	180.3	3.37	TZSD425
	201.2	2.64	
4	5.09	2.46	TZLD140
	5.62	2.23	
	6.15	2.28	
	7.07	1.99	
	7.78	2.05	
	9.01	1.90	
	14.04	1.27	TZSD140
	15.35	1.16	
	18.57	0.96	
	20.59	0.87	
	22.08	0.81	

续表

电动机功率 P_1/kW	实际传动比 i	选用系数 K	机座号
4	7.10	3.58	TZSD180
	7.93	3.93	
	8.88	3.97	
	9.61	3.79	
	10.88	3.35	
	12.40	2.94	
	14.44	2.63	
	16.48	2.30	
	17.65	2.15	
	20.42	1.86	
	22.07	1.72	
	26.02	1.46	
	27.79	1.37	
	32.00	1.19	
	34.94	1.09	
	40.05	0.95	
	46.11	0.82	
	20.30	3.65	TZSD225
	22.03	3.36	
	24.01	3.08	
	28.87	2.56	
	31.34	2.36	
	34.38	2.15	
	38.45	1.92	
	44.86	1.65	
	48.58	1.52	
	54.98	1.35	
	62.62	1.18	
	68.59	1.08	
	76.33	0.97	
	88.87	0.83	
	31.24	3.65	TZSD250
	35.35	3.22	
	40.15	2.84	
	43.94	2.59	
	50.91	2.24	
	54.97	2.07	
	61.99	1.84	
	70.42	1.62	
	77.03	1.48	
	85.52	1.33	
	40.55	3.65	TZSD265
	44.86	3.30	
	49.83	2.97	
	56.19	2.63	
	62.50	2.37	
	67.81	2.18	
	80.80	1.83	
	88.85	1.67	
	62.11	3.91	TZSD300
	71.68	3.39	
	79.44	3.06	
	90.54	2.68	
	99.55	2.44	TZSD300
	117.4	1.79	
	128.1	1.62	
	142.2	1.35	
	163.6	0.96	
	88.88	3.91	TZSD355
	100.4	3.46	
	110.3	3.15	
	129.4	2.68	
	140.7	2.32	
	153.5	1.58	
	121.1	3.92	TZSD375
	144.5	3.05	
	157.8	2.30	
	171.0	1.80	
	145.7	3.78	TZSD425
	163.0	3.26	
	180.3	2.53	
	201.2	1.98	
5.5	4.93	3.64	TZLD180
	5.38	3.33	
	6.17	3.00	
	7.10	2.60	
	7.93	2.86	
	8.88	2.89	
	14.44	1.91	TZSD180
	16.48	1.68	
	17.65	1.56	
	20.42	1.35	
	22.07	1.25	
	26.02	1.06	
	27.79	0.99	
	32.00	0.86	
	14.11	3.82	TZSD225
	16.19	3.32	
	17.41	3.09	
	20.30	2.65	
	22.03	2.44	
	24.01	2.24	
	28.87	1.86	
	31.34	1.72	
	34.38	1.57	
	38.45	1.40	
	44.86	1.20	
	48.58	1.11	
	54.98	0.98	

续表

电动机功率 P_1/kW	实际传动比 i	选用系数 K	机座号
5.5	62.62	0.86	TZSD225
	23.28	3.56	TZSD250
	25.31	3.27	
	27.65	3.00	
	31.24	2.65	
	35.35	2.34	
	40.15	2.06	
	43.94	1.88	
	50.91	1.63	
	54.97	1.51	
	61.99	1.34	
	28.21	3.82	TZSD265
	31.64	3.40	
	35.60	3.02	
	40.55	2.66	
	44.86	2.40	
	49.83	2.16	
	56.19	1.92	
	62.50	1.72	
	67.81	1.59	
	46.18	3.83	TZSD300
	50.04	3.53	
	56.80	3.11	
	62.11	2.84	
	71.68	2.47	
	69.30	3.64	TZSD355
	79.51	3.18	
	88.88	2.84	
	100.4	2.52	
	110.3	2.29	
	89.04	3.88	TZSD375
	97.94	3.52	
	110.5	3.12	
	121.1	2.85	
	144.5	2.22	
	157.8	1.68	
	171.0	1.31	
	104.0	3.85	TZSD425
	113.9	3.51	
	125.5	3.19	
	145.7	2.75	
	163.0	2.37	
	180.3	1.84	
	201.2	1.44	
7.5	4.93	2.67	TZLD180
	5.38	2.44	
	6.17	2.20	
	7.93	2.09	
	8.88	2.12	
7.5	14.44	1.40	TZSD180
	16.48	1.23	
	17.65	1.15	
	20.42	0.99	
	22.07	0.92	
	7.97	3.91	TZLD225
	10.28	3.84	
	11.26	3.51	
	14.11	2.80	TZSD225
	16.19	2.44	
	17.41	2.27	
	20.30	1.94	
	22.03	1.79	
	24.01	1.64	
	28.87	1.37	
	31.34	1.26	
	34.38	1.15	
	38.45	1.03	
	44.86	0.88	
	48.58	0.81	
	16.08	3.78	TZSD250
	17.40	3.49	
	20.61	2.95	
	23.28	2.61	
	25.31	2.40	
	27.65	2.20	
	31.24	1.94	
	35.35	1.72	
	40.15	1.51	
	43.94	1.38	
	50.91	1.19	
	54.97	1.11	
	61.99	0.98	
	22.93	3.44	TZSD265
	24.67	3.20	
	28.21	2.80	
	31.64	2.50	
	35.60	2.22	
	40.55	1.95	
	44.86	1.76	
	49.83	1.58	
	56.19	1.41	
	62.50	1.26	
	67.81	1.16	
	35.55	3.64	TZSD300
	39.64	3.27	
	46.18	2.81	
	50.04	2.59	

续表

电动机功率 P_1/kW	实际传动比 i	选用系数 K	机座号
7.5	56.80	2.28	TZSD300
	62.11	2.09	
	71.68	1.81	
	49.95	3.71	TZSD355
	56.17	3.30	
	60.94	3.04	
	69.30	2.67	
	79.51	2.33	
	88.88	2.08	
	100.4	1.84	
	110.3	1.68	
	68.80	3.68	TZSD375
	77.16	3.28	
	89.04	2.84	
	97.94	2.58	
	110.5	2.29	
	121.1	2.09	
	144.5	1.63	
	157.8	1.23	
	171.0	0.96	
	81.69	3.59	TZSD425
	90.75	3.23	
	104.0	2.82	
	113.9	2.58	
	125.5	2.34	
	145.7	2.01	
	163.0	1.74	
	180.3	1.35	
	201.2	1.06	
11	5.14	3.35	TZLD225
	5.64	3.06	
	6.31	2.73	
	7.36	2.49	
	7.97	2.67	
	9.02	2.84	
	14.11	1.91	TZSD225
	16.19	1.66	
	17.41	1.55	
	20.30	1.33	
	22.03	1.22	
	24.01	1.12	
	28.87	0.93	
	31.34	0.86	
	9.32	3.99	TZSD250
	10.07	3.97	TZLD250
	11.35	3.53	
	13.85	2.99	TZSD250
	16.08	2.58	
	17.40	2.38	
11	20.61	2.01	TZSD250
	23.28	1.78	
	25.31	1.54	
	27.65	1.50	
	31.24	1.33	
	35.35	1.17	
	40.15	1.03	
	43.94	0.94	
	50.91	0.81	
	14.47	3.72	TZSD265
	16.67	3.23	
	17.96	3.00	
	19.41	2.77	
	22.93	2.35	
	24.67	2.18	
	28.21	1.91	
	31.64	1.70	
	35.60	1.51	
	40.55	1.33	
	44.86	1.20	
	49.83	1.08	
	56.19	0.96	
	62.50	0.86	
	22.40	3.94	TZSD300
	25.74	3.43	
	27.85	3.17	
	32.76	2.70	
	35.55	2.48	
	39.64	2.23	
	46.18	1.91	
	50.04	1.77	
	56.80	1.56	
	62.11	1.42	
	34.84	3.63	TZSD355
	40.06	3.15	
	44.64	2.83	
	49.95	2.53	
	56.17	2.25	
	60.94	2.07	
	69.30	1.82	
	79.51	1.59	
	88.88	1.42	

续表

电动机功率 P_1/kW	实际传动比 i	选用系数 K	机座号
11	100.4	1.26	TZSD355
	44.02	3.92	TZSD375
	50.49	3.42	
	56.23	3.07	
	62.96	2.74	
	68.80	2.51	
	77.16	2.24	
	89.04	1.94	
	97.94	1.76	
	110.5	1.56	
	50.56	3.96	TZSD425
	56.50	3.54	
	63.46	3.15	
	71.72	2.79	
	81.69	2.45	
	90.75	2.21	
	104.0	1.92	
	113.9	1.76	
	125.5	1.60	
15	5.14	2.46	TZLD225
	5.64	2.24	
	6.31	2.00	
	7.36	1.83	
	7.97	1.96	
	9.02	2.09	
	14.11	1.40	TZSD225
	16.19	1.22	
	17.41	1.13	
	20.30	0.97	
	22.03	0.90	
	24.01	0.82	
	5.72	3.72	TZLD250
	6.47	3.28	
	7.35	3.10	
	8.05	3.14	
	9.32	2.93	
	10.07	2.92	
	11.35	2.59	
	13.85	2.19	TZSD250
	16.08	1.89	
	17.40	1.75	
	20.61	1.47	
	23.28	1.30	
	25.31	1.20	
	27.65	1.10	
	31.24	0.97	
	35.35	0.86	
	6.34	3.48	TZLD265
15	7.22	3.36	TZLD265
	7.99	3.67	
	8.88	3.76	
	10.01	3.34	
	11.14	3.18	
	14.47	2.73	TZSD265
	16.67	2.37	
	17.96	2.20	
	19.41	2.03	
	22.93	1.72	
	24.67	1.60	
	28.21	1.40	
	31.64	1.25	
	35.65	1.11	
	40.55	0.97	
	44.86	0.88	
	17.26	3.75	TZSD300
	20.44	3.17	
	22.40	2.89	
	25.74	2.52	
	27.85	2.33	
	32.76	1.98	
	35.55	1.82	
	39.64	1.63	
	46.18	1.40	
	50.04	1.29	
	56.80	1.14	
	62.11	1.04	
	24.72	3.75	TZSD355
	27.40	3.38	
	31.46	2.94	
	34.84	2.66	
	40.06	2.31	
	44.64	2.07	
	49.95	1.85	
	56.17	1.65	
	60.94	1.52	
	69.30	1.34	
	79.51	1.17	
	88.88	1.04	
	100.4	0.92	
	31.73	3.99	TZSD375
	35.41	3.57	
	39.63	3.19	
	44.02	2.87	
	50.49	2.51	
	56.23	2.25	
	62.96	2.01	

续表

电动机功率 P_1/kW	实际传动比 i	选用系数 K	机座号
15	68.80	1.84	TZSD375
	77.16	1.64	
	89.04	1.42	
	97.94	1.29	
	110.5	1.15	
	39.59	3.71	TZSD425
	45.43	3.23	
	50.56	2.90	
	56.50	2.60	
	63.46	2.31	
	71.72	2.05	
	81.69	1.80	
	90.75	1.62	
	104.0	1.41	
	113.9	1.29	
	125.5	1.17	
18.5	5.14	1.99	TZLD225
	5.64	1.82	
	6.31	1.63	
	7.36	1.48	
	7.97	1.59	
	14.11	1.13	TZSD225
	16.19	0.99	
	17.41	0.92	
	5.06	3.40	TZSD250
	5.72	3.01	
	6.47	2.66	
	7.35	2.51	
	8.05	2.55	
	9.32	2.38	
	10.07	2.36	
	13.85	1.78	TZSD250
	16.08	1.53	
	17.40	1.42	
	20.61	1.19	
	23.28	1.06	
	25.31	0.97	
	27.65	0.89	
	5.03	3.26	TZLD265
	5.64	3.23	
	6.34	2.83	
	7.22	2.73	
	7.99	2.98	
	8.88	3.05	
	10.01	2.71	
	14.47	2.21	TZSD265
	16.67	1.92	
18.5	17.96	1.78	TZSD265
	19.41	1.65	
	22.93	1.40	
	24.67	1.30	
	28.21	1.14	
	31.64	1.01	
	35.60	0.90	
	10.35	3.96	TZLD300
	12.73	3.61	
	13.74	3.82	TZSD300
	15.95	3.29	
	17.26	3.04	
	20.44	2.57	
	22.40	2.35	
	25.74	2.04	
	27.85	1.89	
	32.76	1.60	
	35.55	1.48	
	39.64	1.33	
	46.18	1.14	
	50.04	1.05	
	56.80	0.93	
	19.67	3.82	TZSD355
	21.37	3.51	
	24.72	3.04	
	27.40	2.74	
	31.46	2.39	
	34.84	2.16	
	40.06	1.87	
	44.54	1.68	
	49.95	1.50	
	56.17	1.34	
	60.94	1.23	
	69.30	1.08	
	79.51	0.94	
	88.88	0.85	
	27.70	3.70	TZSD375
	31.73	3.23	
	35.41	2.90	
	39.63	2.59	
	44.02	2.33	
	50.49	2.03	
	56.23	1.82	
	62.96	1.63	
	68.80	1.49	
	77.16	1.33	
	89.04	1.15	

第15篇

续表

电动机功率 P_1/kW	实际传动比 i	选用系数 K	机座号
18.5	31.36	3.79	TZSD425
	35.81	3.32	
	39.59	3.01	
	45.43	2.62	
	50.56	2.35	
	56.50	2.11	
	63.46	1.88	
	71.72	1.66	
	81.69	1.46	
	90.75	1.31	
	104.0	1.14	
	113.9	1.05	
22	5.14	1.68	TZLD225
	5.64	1.53	
	6.31	1.37	
	7.36	1.25	
	7.97	1.33	
	14.11	0.95	TZSD225
	16.19	0.83	
	5.06	2.86	TZLD250
	5.72	2.53	
	6.47	2.24	
	7.35	2.11	
	8.05	2.14	
	9.32	2.00	
	10.07	1.99	
	13.85	1.49	TZSD250
	16.08	1.29	
	17.40	1.19	
	20.61	1.00	
	23.28	0.89	
	25.31	0.82	
	5.03	2.74	TZLD265
	5.64	2.72	
	6.34	2.38	
	7.22	2.29	
	7.99	2.50	
	8.88	2.56	
	10.01	2.28	
	14.47	1.86	TZSD265
	16.67	1.62	
	17.96	1.50	
	19.41	1.39	
	22.93	1.17	
	24.67	1.09	
	28.21	0.95	
	31.64	0.85	
	5.02	3.99	TZLD300
22	5.77	3.83	TZLD300
	8.89	3.88	
	10.35	3.33	
	11.22	3.38	
	12.73	3.04	
	13.74	3.21	TZSD300
	15.95	2.77	
	17.26	2.56	
	20.44	2.16	
	22.40	1.97	
	25.74	1.72	
	27.85	1.59	
	32.76	1.35	
	35.55	1.24	
	39.64	1.11	
	46.18	0.96	
	50.04	0.88	
	17.28	3.65	TZSD355
	19.67	3.21	
	21.37	2.96	
	24.72	2.56	
	27.40	2.30	
	31.46	2.01	
	34.84	1.81	
	40.06	1.58	
	44.64	1.41	
	49.95	1.26	
	56.17	1.12	
	60.94	1.04	
	69.30	0.91	
	21.60	3.99	TZSD375
	24.98	3.45	
	27.70	3.11	
	31.73	2.72	
	35.41	2.44	
	39.63	2.18	
	44.02	1.96	
	50.49	1.71	
	56.23	1.53	
	62.96	1.37	
	68.80	1.25	
	77.16	1.12	
	89.04	0.97	
	25.50	3.92	TZSD425
	29.18	3.43	
	31.36	3.19	
	35.81	2.79	
	39.59	2.53	

续表

电动机功率 P_1/kW	实际传动比 i	选用系数 K	机座号
22	45.43	2.20	TZSD425
	50.56	1.98	
	56.50	1.77	
	63.46	1.58	
	71.72	1.40	
	81.69	1.23	
	90.75	1.10	
	104.0	0.96	
	113.9	0.88	
30	5.06	2.10	TZLD250
	5.72	1.86	
	6.47	1.64	
	7.35	1.55	
	8.05	1.57	
	13.85	1.10	TZSD250
	16.08	0.94	
	17.40	0.87	
	5.03	2.15	TZLD265
	5.64	1.99	
	6.34	1.74	
	7.22	1.68	
	7.99	1.84	
	14.47	1.36	TZSD265
	16.67	1.18	
	17.96	1.10	
	19.41	1.02	
	22.93	0.86	
	5.02	2.92	TZLD300
	5.77	2.81	
	6.24	3.00	
	7.34	2.96	
	7.97	3.18	
	8.89	2.85	
	10.35	2.44	
	11.22	2.48	
	13.74	2.36	TZSD300
	15.95	2.03	
	17.26	1.88	
	20.44	1.58	
	22.40	1.45	
	25.74	1.26	
	27.85	1.16	
	32.76	0.99	
	35.55	0.91	
	39.64	0.82	
	10.25	3.70	TZLD355
	11.13	3.64	
	12.65	3.20	
30	13.65	3.39	TZSD355
	15.31	3.02	
	17.28	2.68	
	19.67	2.35	
	21.37	2.17	
	24.72	1.87	
	27.40	1.69	
	31.46	1.47	
	34.84	1.33	
	40.06	1.16	
	44.64	1.04	
	49.95	0.93	
	56.17	0.82	
	17.47	3.62	TZSD375
	19.89	3.18	
	21.60	2.93	
	24.98	2.53	
	27.70	2.28	
	31.73	1.99	
	35.41	1.79	
	39.63	1.60	
	44.02	1.44	
	50.49	1.25	
	56.23	1.13	
	62.96	1.01	
	68.80	0.92	
	18.68	3.93	TZSD425
	19.90	3.69	
	22.52	3.26	
	25.50	2.88	
	29.18	2.52	
	31.36	2.34	
	35.81	2.05	
	39.59	1.85	
	45.43	1.62	
	50.56	1.45	
	56.50	1.30	
	63.46	1.16	
	71.72	1.02	
	81.69	0.90	
	90.75	0.81	
37	5.02	2.37	TZLD300
	5.77	2.28	
	6.24	2.43	
	7.34	2.40	
	7.97	2.57	
	8.89	2.31	
	13.74	1.91	TZSD300

续表

电动机功率 P_1/kW	实际传动比 i	选用系数 K	机座号	电动机功率 P_1/kW	实际传动比 i	选用系数 K	机座号
37	15.95	1.65	TZSD300	37	35.81	1.66	TZSD425
	17.26	1.52			39.59	1.50	
	20.44	1.29			45.43	1.31	
	22.40	1.17			50.56	1.18	
	25.74	1.02			56.50	1.05	
	27.85	0.94			63.46	0.94	
	32.76	0.80			71.72	0.83	
	5.74	3.50	TZLD355	45	5.02	1.95	TZLD300
	6.36	3.61			5.77	1.87	
	7.31	3.42			6.24	2.00	
	8.15	3.52			7.34	1.98	
	9.12	3.38			7.97	2.12	
	10.25	3.00			8.89	1.90	
	11.13	2.95			13.74	1.57	TZSD300
	12.65	2.60			15.95	1.35	
	13.65	2.75	TZSD355		17.26	1.25	
	15.31	2.45			20.44	1.06	
	17.28	2.17			22.40	0.96	
	19.67	1.91			25.74	0.84	
	21.37	1.76			5.00	3.30	TZLD355
	24.72	1.52			5.74	2.88	
	27.40	1.37			6.36	2.97	
	31.46	1.19			7.31	2.81	
	34.84	1.08			8.15	2.90	
	40.06	0.94			9.12	2.78	
	44.64	0.84			10.25	2.47	
	11.49	3.68	TZLD375		11.13	2.43	
	12.56	3.76			12.65	2.13	
	13.80	3.72	TZSD375		13.65	2.26	TZSD355
	15.47	3.31			15.31	2.02	
	17.47	2.94			17.28	1.79	
	19.89	2.58			19.67	1.57	
	21.60	2.37			21.37	1.45	
	24.98	2.05			24.72	1.25	
	27.70	1.85			27.40	1.13	
	31.73	1.62			31.46	0.98	
	35.41	1.45			34.84	0.89	
	39.63	1.29			5.06	3.80	TZLD375
	44.02	1.17			5.79	3.32	
	50.49	1.02			6.46	3.26	
	56.23	0.91			7.23	3.71	
	62.96	0.82			8.04	3.78	
	16.55	3.59	TZSD425		9.22	3.30	
	18.68	3.19			10.26	3.39	
	19.90	2.99			11.49	3.02	
	22.52	2.64			12.56	3.09	
	25.56	2.33			13.80	3.06	TZSD375
	29.18	2.04			15.47	2.73	
	31.36	1.90			17.47	2.41	

续表

电动机功率 P_1/kW	实际传动比 i	选用系数 K	机座号
45	19.89	2.12	TZSD375
	21.60	1.95	
	24.98	1.69	
	27.70	1.52	
	31.73	1.33	
	35.41	1.19	
	39.63	1.06	
	44.02	0.96	
	50.49	0.84	
	8.70	3.96	TZLD425
	11.04	3.67	
	12.58	3.12	
	13.98	3.50	TZSD425
	16.55	2.96	
	18.68	2.62	
	19.90	2.46	
	22.52	2.46	
	25.50	1.92	
	29.18	1.68	
	31.36	1.56	
	35.81	1.37	
	39.59	1.24	
	45.43	1.08	
	40.56	0.97	
	56.50	0.87	
55	5.00	2.70	TZLD355
	5.74	2.36	
	6.36	2.43	
	8.15	2.37	
	9.12	2.27	
	10.25	2.02	
	11.13	1.99	
	13.65	1.85	TZSD355
	15.31	1.65	
	17.28	1.46	
	19.67	1.28	
	21.37	1.18	
	24.72	1.02	
	27.40	0.92	
	31.46	0.80	
55	5.06	3.11	TZLD375
	5.79	2.72	
	6.46	2.67	
	7.23	3.03	
	8.04	3.09	
	9.22	2.70	
	10.26	2.77	
	11.49	2.47	
	12.56	2.53	
	13.80	2.50	TZSD375
	15.47	2.23	
	17.47	1.98	
	19.89	1.74	
	21.60	1.60	
	24.98	1.38	
	27.70	1.25	
	31.73	1.09	
	35.41	0.97	
	39.63	0.87	
	5.51	3.80	TZLD425
	6.10	3.85	
	7.00	3.51	
	7.79	3.62	
	8.70	3.24	
	9.77	3.39	
	11.04	3.00	
	12.58	2.96	
	13.98	2.86	TZSD425
	16.55	2.42	
	18.68	2.14	
	19.90	2.01	
	22.52	1.78	
	25.50	1.57	
	29.18	1.37	
	31.36	1.28	
	35.81	1.12	
	39.59	1.01	
	45.53	0.88	
75	5.00	1.98	TZLD355
	5.74	1.73	
	6.36	1.78	
	7.31	1.69	

续表

电动机功率 P_1/kW	实际传动比 i	选用系数 K	机座号
75	8.15	1.74	TZLD355
	9.12	1.67	
	13.65	1.36	TZSD355
	15.31	1.21	
	17.28	1.07	
	19.67	0.94	
	21.37	0.87	
	5.06	2.28	TZLD375
	5.79	1.99	
	6.46	1.96	
	7.23	2.23	
	8.04	2.27	
	9.22	1.98	
	10.26	2.03	
	13.80	1.83	TZSD375
	15.47	1.64	
	17.47	1.45	
	19.89	1.27	
	21.60	1.17	
	24.98	1.01	
	27.70	0.91	
	4.83	3.19	TZLD425
	5.51	2.79	
	6.10	2.82	
	7.00	2.58	
	7.79	2.65	
	8.70	2.37	
	9.77	2.20	
	13.98	2.10	TZSD425
	16.55	1.77	
	18.68	1.57	
	19.90	1.48	
	22.52	1.30	
	25.50	1.15	
	29.18	1.01	
	31.36	0.94	
90	5.00	1.65	TZLD355
	5.74	1.44	
	6.36	1.41	
	8.15	1.45	
	9.12	1.39	
	13.65	1.13	TZSD355
	15.31	1.01	
	17.28	0.89	
	5.01	1.90	TZLD375
	5.79	1.66	
	6.46	1.63	
	7.23	1.85	
	8.04	1.89	
	9.22	1.65	
	10.26	1.69	
	13.80	1.53	TZSD375
	15.47	1.36	
	17.47	1.21	
	19.89	1.06	
	21.60	0.98	
	24.98	0.84	
	4.83	2.66	TZLD425
	5.51	2.33	
	6.10	2.35	
	7.00	2.15	
	7.79	2.21	
	8.70	1.98	
	9.77	2.07	
	11.04	1.83	
	13.98	1.75	TZSD425
	16.55	1.48	
	18.68	1.31	
	19.90	1.23	
	22.52	1.09	
	25.50	0.96	
	29.18	0.84	

表 15-2-125 组合式减速器的实际传动比 i、电动机功率 P_1 和选用系数 K

电动机功率 P_1/kW	实际传动比 i	选用系数 K	组合机座号
0.55	777.18	3.09	355-225
	906.19	2.65	
	983.42	2.45	
	1071.8	2.24	
	1288.8	1.87	
	1399.0	1.72	
	1534.7	1.57	
	1716.4	1.4	
	2002.6	1.2	
	568.08	2.96	300-180
	669.75	2.51	
	715.31	2.35	
	823.68	2.04	
	899.36	1.87	
	1030.9	1.63	
	1186.9	1.42	
	1324.3	1.27	
	1483.9	1.13	
	1605.7	1.05	
	1816.7	0.93	
	308.61	3.37	265-140
	352.92	2.95	
	402.19	2.59	
	455.49	2.28	
	520.88	2	
	553.44	1.88	
	636.12	1.63	
	693.17	1.5	
	835.78	1.24	
	915.58	1.14	
	1052.7	0.99	
	1157.9	0.9	
	226.87	3.52	250-140
	252.31	3.17	
	281.83	2.83	
	317.03	2.52	
	359.05	2.23	
	410.60	1.95	
	436.26	1.83	
	493.03	1.62	
	557.08	1.43	
	643.23	1.24	
	689.78	1.16	
	751.63	1.06	
	906.27	0.88	
	211.27	2.49	225-112
	233.94	2.25	
	260.26	2.02	
	290.93	1.81	
0.55	327.10	1.61	225-112
	370.59	1.42	
	423.69	1.24	
	458.47	1.15	
	510.06	1.03	
	570.17	0.92	
	179.67	1.52	180-112
	199.88	1.37	
	223.44	1.23	
	251.22	1.09	
	284.62	0.96	
0.75	637.25	3.78	375S-250
	689.56	3.5	
	816.77	2.95	
	922.59	2.61	
	1003.0	2.4	
	1095.8	2.2	
	1238.0	1.95	
	1400.9	1.72	
	1591.1	1.51	
	1741.3	1.38	
	2017.6	1.19	
	2178.5	1.11	
	618.26	2.85	355-250
	722.72	2.44	
	777.18	2.27	
	906.19	1.95	
	983.42	1.79	
	1071.8	1.65	
	1288.8	1.37	
	1399.0	1.26	
	1534.7	1.15	
	1716.4	1.03	
	2002.6	0.88	
	452.51	2.72	300-180
	507.59	2.43	
	568.08	2.17	
	669.75	1.84	
	715.31	1.72	
	823.68	1.5	
	899.36	1.37	
	1030.9	1.2	
	1186.9	1.04	
	1324.3	0.93	
	272.5	2.8	265-140
	308.61	2.47	
	352.92	2.16	
	402.19	1.9	

续表

电动机功率 P_1/kW	实际传动比 i	选用系数 K	组合机座号
0.75	455.49	1.67	265-140
	520.88	1.46	
	553.44	1.38	
	636.12	1.2	
	693.17	1.1	
	835.78	0.91	
	226.87	2.58	250-140
	252.31	2.32	
	281.83	2.08	
	359.05	1.63	
	410.60	1.43	
	436.26	1.34	
	493.03	1.19	
	557.08	1.05	
	643.23	0.91	
	182.20	2.12	225-112
	211.27	1.83	
	233.94	1.65	
	260.26	1.48	
	290.93	1.33	
	327.10	1.18	
	370.59	1.04	
	423.69	0.91	
	179.67	1.12	180-112
	199.88	1.0	
	223.44	0.9	
1.1	521.14	3.15	375S-250
	548.88	2.99	
	637.25	2.58	
	689.56	2.38	
	816.77	2.01	
	922.59	1.78	
	1003.4	1.64	
	1095.8	1.5	
	1238.0	1.33	
	1400.9	1.17	
	1591.1	1.03	
	1741.3	0.94	
	308.02	3.9	355L-250
	361.84	3.32	
	406.77	2.96	
	459.26	2.62	
	509.07	2.36	
	559.34	2.15	355S-250
	618.26	1.95	
	722.72	1.66	
	777.18	1.55	
	906.19	1.33	
1.1	983.42	1.22	355S-250
	1071.8	1.12	
	1288.8	0.93	
	251.60	3.34	300L-180
	276.15	3.04	
	320.38	2.62	
	356.70	2.36	
	400.12	2.1	
	452.51	1.86	300S-180
	507.59	1.66	
	568.08	1.48	
	669.75	1.25	
	715.31	1.17	
	823.68	1.02	
	899.36	0.93	
	1030.9	0.82	
	195.0	2.67	265-140
	216.87	2.40	
	242.24	2.15	
	272.50	1.91	
	308.61	1.68	
	352.92	1.47	
	402.19	1.29	
	455.49	1.14	
	520.88	1.0	
	553.44	0.94	
	226.87	1.76	250-140
	252.31	1.58	
	281.83	1.42	
	359.05	1.11	
	410.60	0.97	
	436.26	0.92	
	182.20	1.45	225-112
	211.27	1.25	
	233.94	1.13	
	260.26	1.01	
	290.93	0.91	
1.5	315.71	3.82	375L-250
	364.09	3.31	
	406.43	2.97	
	457.83	2.63	
	521.14	2.31	
	548.88	2.2	375S-250
	637.25	1.89	
	689.56	1.75	
	816.77	1.48	
	922.59	1.31	
	1003.0	1.2	

续表

电动机功率 P_1/kW	实际传动比 i	选用系数 K	组合机座号
1.5	1095.8	1.1	375S-250
	1238.0	0.97	
	250.42	3.52	355L-250
	278.67	3.16	
	361.84	2.44	
	406.77	2.17	
	459.26	1.92	
	509.07	1.73	
	559.34	1.58	355S-250
	618.26	1.43	
	722.72	1.22	
	777.18	1.13	
	906.19	0.97	
	983.42	0.9	
	194.99	3.16	300L-180
	220.76	2.79	
	251.60	2.45	
	276.15	2.23	
	320.38	1.92	
	356.70	1.73	
	400.12	1.54	
	452.51	1.36	300S-180
	507.59	1.21	
	568.08	1.08	
	669.75	0.92	
	195.00	1.96	265-140
	216.87	1.76	
	242.24	1.57	
	272.50	1.40	
	308.61	1.24	
	352.92	1.08	
	402.19	0.95	
	226.87	1.29	250-140
	252.31	1.16	
	281.83	1.04	
	317.03	0.92	
	182.2	1.06	225-112
	211.27	0.91	
2.2	203.01	4.11	375L-250
	228.82	3.64	
	259.86	3.21	
	284.46	2.93	
	315.71	2.64	
	364.09	2.29	
	406.43	2.05	
	457.83	1.82	
	521.14	1.60	
2.2	548.88	1.52	375S-250
	637.25	1.31	
	689.56	1.21	
	816.77	1.02	
	922.59	0.9	
	200.60	3.04	355L-250
	228.63	2.67	
	250.42	2.44	
	278.67	2.19	
	361.84	1.69	
	406.77	1.50	355S-250
	459.26	1.33	
	509.07	1.20	
	559.34	1.09	
	618.26	0.99	
	194.99	2.19	300L-180
	220.76	1.93	
	251.60	1.69	
	276.15	1.54	
	320.38	1.33	
	356.70	1.20	
	400.12	1.07	
	452.51	0.94	300S-180
	195.0	1.35	265-140
	216.87	1.22	
	242.24	1.09	
	272.50	0.97	
	182.2	1.11	250-140
	211.27	0.96	
3	209.14	3.39	425L-250
	225.97	3.14	
	254.69	2.78	
	289.25	2.45	
	316.63	2.24	
	351.41	2.02	
	405.27	1.75	
	452.39	1.57	
	509.61	1.39	
	580.07	1.22	
	636.61	1.11	425S-250
	688.87	1.03	
	815.95	0.87	
	203.01	3.01	375L-250
	228.82	2.67	
	259.86	2.35	
	284.46	2.15	
	315.71	1.94	
	364.09	1.63	

续表

电动机功率 P_1/kW	实际传动比 i	选用系数 K	组合机座号
3	406.43	1.50	375L-250
	457.83	1.34	
	521.14	1.17	
	548.88	1.11	375S-250
	637.25	0.96	
	689.56	0.89	
	200.60	2.23	355L-250
	228.63	1.96	
	250.42	1.79	
	278.67	1.61	
	361.84	1.24	
	406.77	1.10	
	459.26	0.97	
	509.07	0.88	
	194.99	1.60	300L-180
	220.76	1.42	
	251.60	1.24	
	276.15	1.13	
	320.38	0.98	
4	209.14	2.60	425L-250
	225.97	2.40	
	254.69	2.13	
	289.25	1.88	
	316.63	1.72	
	351.41	1.55	
	405.27	1.34	
	452.39	1.20	
	509.61	1.07	
	580.07	0.94	
	203.01	2.31	375L-250
	228.82	2.01	
	259.86	1.80	
	284.46	1.65	
	315.71	1.48	
	364.09	1.29	
	406.43	1.15	
4	457.83	1.02	375L-250
	521.14	0.90	
	200.60	1.71	355L-250
	228.63	1.50	
	250.42	1.37	
	278.67	1.23	
	361.84	0.95	
	194.99	1.23	300L-180
	220.76	1.08	
	251.60	0.95	
5.5	209.14	1.89	425L-250
	225.97	1.75	
	254.69	1.55	
	289.25	1.37	
	316.63	1.25	
	351.41	1.12	
	405.27	0.97	
	203.01	1.68	375L-250
	228.82	1.49	
	259.86	1.31	
	284.46	1.20	
	315.71	1.08	
	364.09	0.94	
	200.60	1.39	355L-250
	228.63	1.28	
	250.42	1.14	
	278.67	1.0	
7.5	209.14	1.39	425L-250
	225.97	1.28	
	254.69	1.14	
	289.25	1.0	
	316.63	0.92	
	203.01	1.23	375L-250
	228.82	1.09	
	259.86	0.96	

表 15-2-126　公称热功率 P_{G1}（按润滑油允许最高平衡温度计算）和 P_{G2}（采用循环油润滑冷却）

机座号 TZL、TZLD		112	140	180	225	250	265	300	355	375	425
环境条件	环境气流速度 v /m·s^{-1}	P_{G1}/kW									
空间小，厂房小	≥0.5～1.4	7	10	15	23	27	33	42	55	64	71
较大的空间、厂房	>1.4～<3.7	10	14	21	32	38	46	59	77	90	99
在户外露天	≥3.7	13	19	29	44	51	63	80	105	122	135
机座号 TZS、TZSD		112	140	180	225	250	265	300	355	375	425
环境条件	环境气流速度 v /m·s^{-1}	P_{G1}/kW									
空间小，厂房小	≥0.5～1.4	5	7	10	15	18	22	28	37	43	48
较大的空间、厂房	>1.4～<3.7	7	10	14	21	25	31	39	52	60	67
在户外露天	≥3.7	9.5	13	19	29	64	42	53	70	82	91

注：当采用循环油润滑冷却时，公称热功率 P_{G2} 为：

二级传动　$P_{G2}=P_{G1}+0.63\Delta t q_V$；

三级传动　$P_{G2}=P_{G1}+0.43\Delta t q_V$。

式中　Δt——进出油温差，一般 $\Delta t \leqslant 10℃$，进油温度≤25℃；

q_V——油流量，L/min。

2.9.4　减速器的选用

（1）减速器选用的几个系数

表15-2-127　　减速器的工况系数 K_A

原动机	每日工作时长/h	轻微冲击（均匀载荷）U	中等冲击载荷 M	强冲击载荷 H
电动机 汽轮机 水轮机	≤3	0.8	1	1.5
	>3～10	1	1.25	1.75
	>10	1.25	1.5	2
4～6缸的活塞发动机	≤3	1	1.25	1.75
	>3～10	1.25	1.5	2
	>10	1.5	1.75	2.25
1～3缸的活塞发动机	≤3	1.25	1.5	2
	>3～10	1.5	1.75	2.25
	>10	1.75	2	2.5

注：表中载荷分类见表15-2-38。

表15-2-128　　减速器的安全系数 S_A

重要性与安全要求	一般设备，减速器失效仅引起单机停产且易更换备件	重要设备，减速器失效引起机组、生产线或全厂停产	高度安全设备，减速器失效引起设备、人身事故
S_A	1.1～1.3	1.3～1.5	1.5～1.7

表15-2-129　　环境温度系数 f_1

环境温度 t/℃	10	20	30	40	50
冷却条件	f_1				
无冷却	0.88	1	1.15	1.35	1.65
循环油润滑冷却	0.9	1	1.1	1.2	1.3

表15-2-130　　负荷率系数 f_2

小时负荷系数	100%	80%	60%	40%	20%
f_2	1	0.94	0.86	0.74	0.56

表15-2-131　　减速器公称功率利用系数 f_3

功率利用系数	0.4	0.5	0.6	0.7	0.8～1
f_3	1.25	1.15	1.1	1.05	1

注：1. 对TZL、TZS型及组合式减速器，功率利用率$=P_2/P_1$；P_2为负载功率；P_1为表15-2-121、表15-2-122、表15-2-123中的输入功率。

2. 对TZLD、TZSD型及组合式减速器，功率利用率$=P_2/(KP_1)$；P_2为负载功率；P_1、K为表15-2-124、表15-2-125中的电动机功率和选用系数。

表15-2-132　　减速器轴伸许用径向负荷

输出转速 n_2/r·min^{-1}	机座号									
	112	140	180	225	250	265	300	355	375	425
	输出轴轴伸的许用径向负荷 Q/kN（Q的作用点在轴伸中点）									
>160	0	0	0	0	4	10	15	19	24	29
>100～160	1.2	2.0	2.8	6.0	11	16	22	26	31	36
>40～100	2.6	4.8	5.9	7.6	13	20	27	31	35	40
>16～40	3.0	5.3	7.5	11	15	25	30	34	39	44
≤16	3.4	5.5	8.1	12	17	27	33	37	42	47

输入轴轴伸的许用径向载荷 Q/kN

	实际传动比 i	机座号									
		112	140	180	225	250	265	300	355	375	425
TZL型	≤13	1.0	1.6	2.0	3.1	3.8	4.6	5.4	6.5	7.6	8.1
	>13	0.4	0.7	1.1	1.4	1.3	2.0	2.9	3.5	4.1	4.4
TZS型		0.4	0.7	1.1	1.4	1.3	2.0	2.9	3.5	4.1	4.4

注：1. 当轴为双向旋转时，表中值除以1.5。

2. 当外部载荷有较大冲击时，表中值除以1.4。

3. 当Q的作用点在轴伸外端部或轴肩处时，Q值分别为表中值的0.5倍和1.6倍。当Q作用在其他部位时，许用的Q值按插入法计算。

表 15-2-133　TZLD、TZSD 型减速器电动机功率与直联电动机机座号及转速对照表

电动机功率 P_1/kW	电动机机座号	电动机转速 n_1/r·min^{-1}	电动机功率 P_1/kW	电动机机座号	电动机转速 n_1/r·min^{-1}
0.55	Y80$_1$—4	1390	15	Y160L—4	1460
0.75	Y80$_2$—4	1390	18.5	Y180M—4	1470
1.1	Y90S—4	1400	22	Y180L—4	1470
1.5	Y90L—4	1400	30	Y200L—4	1470
2.2	Y100L1—4	1420	37	Y225S—4	1480
3	Y100L2—4	1420	45	Y225M—4	1480
4	Y112M—4	1440	55	Y250M—4	1480
5.5	Y132S—4	1440	75	Y280S—4	1480
7.5	Y132M—4	1440	90	Y280M—4	1480
11	Y160M—4	1460			

（2）TZL、TZS 型及组合式减速器的选用

① 按减速器机械强度许用公称输入功率 P_1 选用

a. 确定减速器的负载功率 P_2；

b. 确定工况系数 K_A、安全系数 S_A；

c. 求得计算功率 P_{2c}：

$$P_{2c}=P_2K_AS_A$$

d. 查表 15-2-121 或表 15-2-122、表 15-2-123，使得 $P_{2c}\leqslant P_1$。若减速器的实际输入转速与表 15-2-121、表 15-2-122 或表 15-2-123 中的三挡（1500，1000，750）转速之某一转速相对误差不超过 4%，可按该挡转速下的公称功率选用合适的减速器；如果转速相对误差超过 4%，则应按实际转速折算减速器的公称功率选用。

② 校核热功率

a. 确定系数 f_1、f_2、f_3；

b. 求得计算热功率 $P_{2t}=P_2f_1f_2f_3$；

c. 查表 15-2-126，$P_{2t}\leqslant P_{G1}$，则热功率通过。

若 $P_{2t}>P_{G1}$，则有两种选择：采用循环油润滑冷却，使 $P_{2t}\leqslant P_{G1}$，这时 f_1 应按表 15-2-129 重选；另选用较大规格减速器，重复以上程序，使 $P_{2t}\leqslant P_{G1}$。

如果轴伸承受径向负荷，径向负荷不允许超过表 15-2-132 中的许用径向负荷。若轴伸承受有轴向负荷或径向负荷大于许用径向负荷，则应校核轴伸强度与轴承寿命。

减速器许用的瞬时尖峰负荷 $P_{2max}\leqslant 1.8P_1$。

例 1　输送大块物料的带式输送机要选用 TZL 型减速器，驱动机为电动机，其转速 $n_1=1350$r/min，要求实际传动比 $i\approx 8$，负载功率 $P_2=52$kW，轴伸受纯转矩，每日连续工作 24h，最高环境温度 38℃。厂房较大，自然通风冷却，油池润滑。

首先，按减速器机械强度许用公称输入功率 P_1 选用：

负载功率 $P_2=52$kW，带式输送机输送大块物料时负荷为中等冲击，减速器失效会引起生产线停产，查表 15-2-127、表 15-2-128 得：$K_A=1.5$，$S_A=1.4$，计算功率 P_{2C} 为：

$$P_{2C}=P_2K_AS_A=109.2\text{kW}$$

查表 15-2-121：TZL355，$i=8.15$，$n_1=1500$r/min 时，$P_1=135.6$kW。当 $n_1=1350$r/min 时，折算公称功率：

$$P_1=\frac{1350}{1500}\times 135.6\text{kW}=122\text{kW}$$

$P_{2C}<P_1$，可以选用 TZL355 减速器。

其次，校核热功率能否通过：

查表 15-2-129、表 15-2-130、表 15-2-131 得：$f_1=1.31$，$f_2=1$，$f_3=1.23$。

计算热功率 P_{2t} 为

$$P_{2t}=P_2f_1f_2f_3=52\text{kW}\times 1.31\times 1\times 1.23=83.8\text{kW}$$

查表 15-2-126：TZL355，$P_{G1}=77$kW

$P_{2t}>P_{G1}$，热功率未通过。

不采用循环油润滑冷却，另选较大规格的减速器，按以上述程序重新计算，TZL375 满足要求，因此选定的减速器为 TZL375—8.04。

此例未给出运转中的瞬时尖峰负荷，故不校核 P_{2max}。

（3）TZLD、TZSD 型减速器的选用

① 按减速器的电动机功率 P_1 选用。

a. 确定减速器的负载功率 P_2；

b. 按负载功率 P_2 大约为电动机全容量的 0.7～0.9，确定电动机的功率 P_1；

c. 确定工况系数 K_A、安全系数 S_A，并求得计算选用系数 K_C：

$$K_C=K_AS_AP_2/P_1$$

d. 查表 15-2-124，按所要求的 P_1、传动比，查找选用系数 K，使 $K\geqslant K_C$，则 K 所对应的机座号，即为所选的减速器。

② 校核热功率能否通过，方法同 TZL、TZS 型减速器的选用。

轴伸的校核也同 TZL、TZS 型减速器的选用。

减速器许用的瞬时尖峰负荷 $P_{2max}\leqslant 1.8KP_1$。

例 2　生产线上使用的螺旋输送机要选用 TZSD 型减速器，要求实际传动比 $i\approx 25$，实际负载 $P_1=6.3$kW。轴伸受纯转矩，每日连续工作 8h，最高环境温度 $t=35$℃，户外露天工作，自然通风冷却，油池润滑。

首先，按减速器的电动机功率 P_1 选用：

第 15 篇

负载功率 $P_2=6.3\text{kW}$，按 $P_2\approx(0.7\sim0.9)P_1$，则 $P_1=7.5\text{kW}$，按表 15-2-38，螺旋输送机负荷为中等冲击，减速器失效会引起生产线停产，查表 15-2-127、表 15-2-128 得：$K_A=1.25$，$S_A=1.4$，计算选用系数 K_C 为：

$$K_C=K_AS_AP_2/P_1=1.25\times1.4\times6.3/7.5=1.47$$

查表 15-2-124：TZSD225，实际传动比 $i=24.01$，符合传动比要求，选用系数 $K=1.64$，$K>K_C$，可以选用 TZSD225 减速器。

其次，校核热功率能否通过：

查表 15-2-129、表 15-2-130、表 15-2-131 得 $f_1=1.25$，$f_2=1$，$f_3=1.15$。

计算热功率 P_{2t}为

$$P_{2t}=P_2f_1f_2f_3=6.3\text{kW}\times1.25\times1\times1.15=9.06\text{kW}$$

查表 15-2-126：TZL225，$P_{G1}=29\text{kW}$

$P_{G1}>P_{2t}$，热功率通过。

所选定的减速器为 TZSD225-24.01-7.5。

此例未给出运转中的瞬时尖峰负荷，故不校核 P_{2max}。

2.10 TH、TB 型硬齿面齿轮减速器

TH、TB 型减速器系采用模块式组合设计而成的平行轴和直交轴两种不同型式的硬齿面齿轮减速器，具有使零部件种类减少、规格品种增加，功率、传动比、转矩范围宽等特点；可卧、立式安装，有空心轴、实心轴及胀紧盘空心轴等多种输出方式，选用方便。

2.10.1 适用范围及代号示例

（1）适用范围

输入转速一般不大于 1500r/min；工作环境温度为−40～50℃，当环境温度低于 0℃时，使用前应预加热，使油温升至 40℃以上。

TH、TB 型减速器可广泛配套用于建工、矿山、冶金、水泥、石油、化工、轻工等的机械设备上。

（2）标记示例

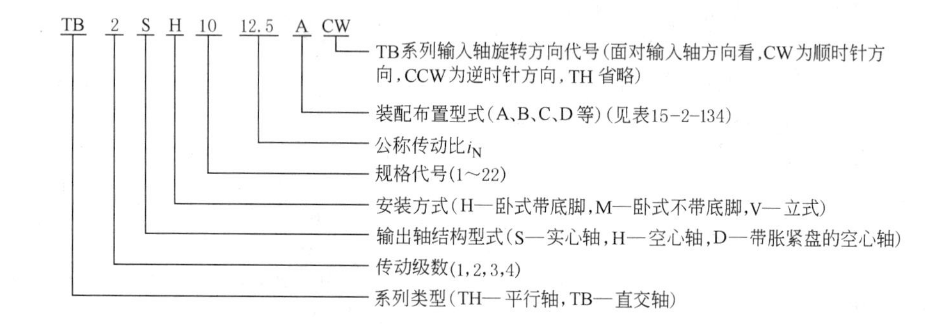

2.10.2 装配布置型式

表 15-2-134 装配布置型式

平行轴减速器			直交轴减速器		
TH. SH TH. SV	实心轴		TB. SH TB. SV	实心轴	
A	B	C	A	B	C
D	E	F	D	E	F
G	H	I			

续表

平行轴减速器			直交轴减速器	
TH. DH TH. DM TH. DV　带胀紧盘空心轴①			TB. DH TB. DM TB. DV　带胀紧盘空心轴①	
A	B	C	A	B
D	G	H	C	D
TH. HH TH. HM TH. HV　空心轴①			TB. HH TB. HM TB. HV　空心轴①	
A	B	G	A/B	C/D

① 表示工作机驱动轴插入方向。

2.10.3 外形、安装尺寸

TH、TB 系列减速器均有卧式和立式两种安装方式；由于篇幅限制，本手册仅列入卧式安装方式。用户选用立式安装方式时，可选强制润滑或油浸润滑（带补偿油箱），相关安装尺寸详见生产厂家样本。

表 15-2-135　TH1SH 型减速器的安装尺寸（规格 1～19）　mm

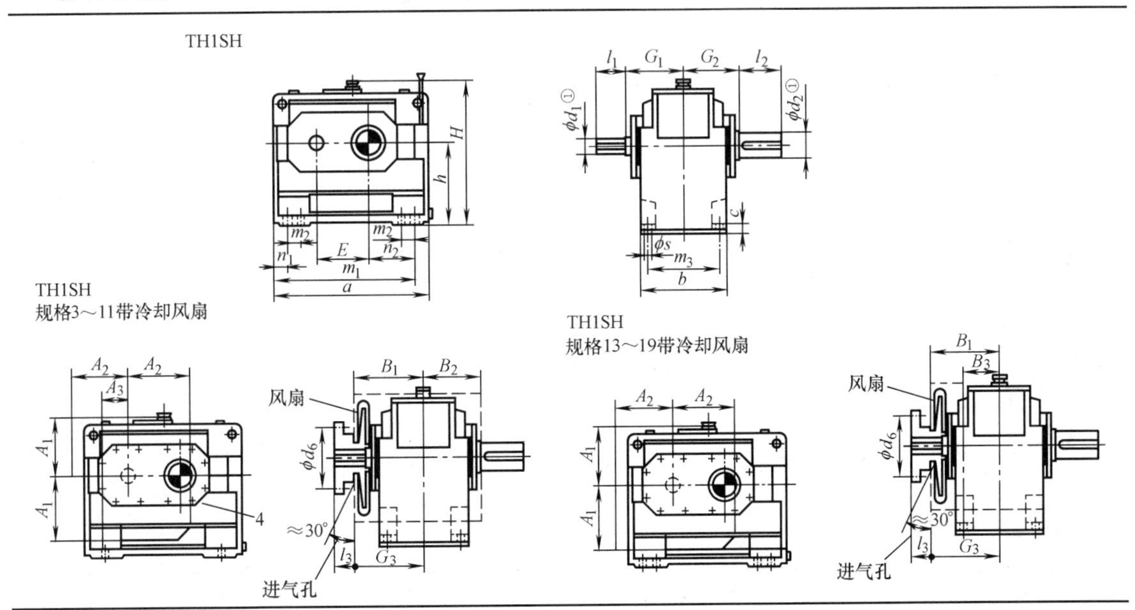

续表

规格	输入轴																
	$i_N=1.25\sim2.8$			$i_N=1.6\sim2.8$			$i_N=2\sim2.8$			$i_N=3.15\sim4$			$i_N=4.5\sim5.6$			G_1	G_3
	$d_1$①	l_1	l_3	$d_1$①	l_1	l_3	$d_1$①	l_1	l_3	$d_1$①	l_1	l_3	$d_1$①	l_1	l_3		
1	40	70	—	—	—	—	—	—	—	30	50	—	24	40	—	110	—
3	60	125	105	—	—	—	—	—	—	45	100	80	32	80	60	170	190
5	85	160	130	—	—	—	—	—	—	60	135	105	50	110	80	210	240
7	100	200	165	—	—	—	—	—	—	75	140	105	60	140	105	250	285
9	110	200	165	—	—	—	—	—	—	90	165	130	75	140	105	280	315
11	—	—	—	130	240	205	—	—	—	110	205	170	90	170	135	325	360
13	—	—	—	150	245	200	—	—	—	130	245	200	100	210	165	365	410
15	—	—	—	—	—	—	180	290	240	150	250	200	125	250	200	360	410
17	—	—	—	—	—	—	200	330	280	170	290	240	140	250	200	400	450
19	—	—	—	—	—	—	220	340	290	190	340	290	160	300	250	440	490

规格	减速器																		
	a	A_1	A_2	A_3	b	B_1	B_2	B_3	c	d_6	E	h	H	m_1	m_2	m_3	n_1	n_2	s
1	295	—	—	—	150	—	—	—	18	—	90	140	305	220	—	120	37.5	80	12
3	420	150	145	80	200	205	130	—	28	130	130	200	405	310	—	160	55	110	19
5	580	225	215	115	285	255	185	—	35	190	185	290	555	440	—	240	70	160	24
7	690	255	250	120	375	300	230	—	45	245	225	350	655	540	—	315	75	195	28
9	805	300	265	140	425	330	265	—	50	280	265	420	770	625	—	350	90	225	35
11	960	360	330	190	515	375	320	—	60	350	320	500	875	770	—	440	95	280	35
13	1100	415	350	—	580	430	—	150	70	350	370	580	1055	870	—	490	115	315	42
15	1295	500	430	—	545	430	—	120	80	450	442	600	1150	1025	—	450	135	370	48
17	1410	550	430	—	615	470	—	150	80	445	490	670	1270	1170	130	530	120	425	42
19	1590	630	475	—	690	510	—	190	90	445	555	760	1430	1290	150	590	150	465	48

规格	输出轴			润滑油/L	质量/kg
	$d_2$①	G_2	l_2		
1	45	110	80	2.5	55
3	60	170	125	7	128
5	85	210	160	22	302
7	105	250	200	42	547
9	125	270	210	68	862
11	150	320	240	120	1515
13	180	360	310	175	2395
15	220	360	350	190	3200
17	240	400	400	270	4250
19	270	440	450	390	5800

① d_1 和 d_2 的公差：d_1（和 d_2）$\leqslant\phi24$mm 为 k6，$\phi28\text{mm}\leqslant d_1$（和 d_2）$\leqslant\phi100$mm 为 m6，d_1（和 d_2）$>\phi100$mm 为 n6。

表 15-2-136　**TH2. H 的安装尺寸**（规格 3～12）　mm

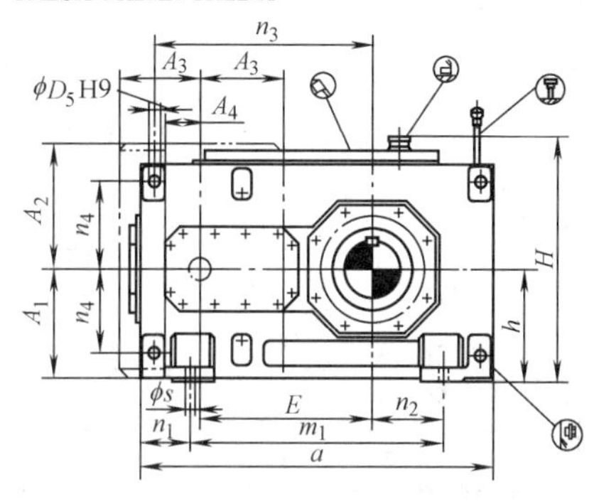

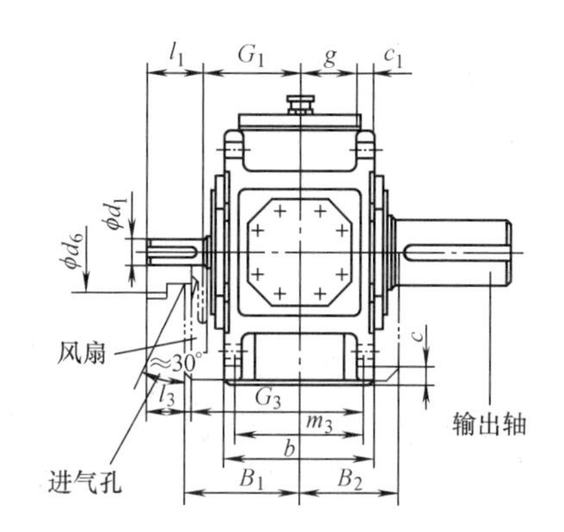

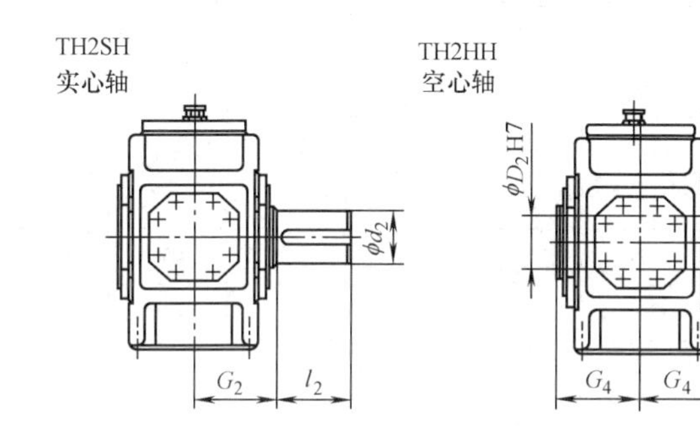

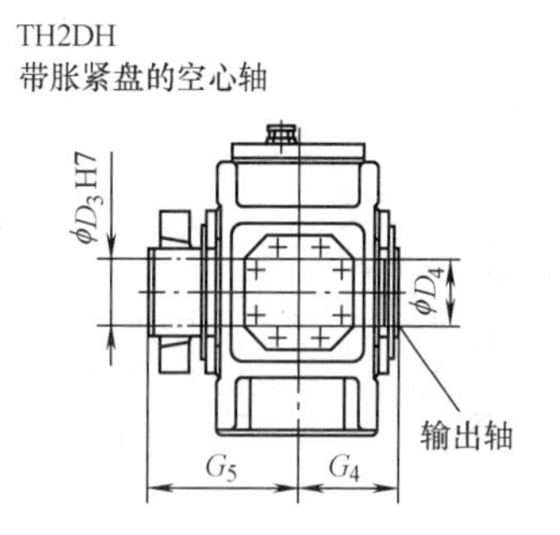

规格	输入轴													
	i_N=6.3～11.2			i_N=8～14			i_N=12.5～22.4			i_N=16～28			G_1	G_3
	$d_1$①	l_1	l_3	$d_1$①	l_1	l_3	$d_1$①	l_1	l_3	$d_1$①	l_1	l_3		
3	35	60	—	—	—	—	28	50	—	—	—	—	135	—
4	45	100	80	—	—	—	32	80	60	—	—	—	170	190
5	50	100	80	—	—	—	38	80	60	—	—	—	195	215
6	—	—	—	50	100	80	—	—	—	38	80	60	195	215
7	60	135	105	—	—	—	50	110	80	—	—	—	210	240
8	—	—	—	60	135	105	—	—	—	50	110	80	210	240
9	75	140	110	—	—	—	60	140	110	—	—	—	240	270
10	—	—	—	75	140	110	—	—	—	60	140	110	240	270
11	90	165	130	—	—	—	70	140	105	—	—	—	275	310
12	—	—	—	90	165	130	—	—	—	70	140	105	275	310

第 15 篇

续表

规格	减速器											
	a	A_1	A_2	A_3	A_4	b	B_1	B_2	c	c_1	D_5	d_6
3	450	—	—	—	—	190	—	—	22	24	18	—
4	565	195	225	150	30	215	205	158	28	30	24	136
5	640	225	260	175	55	255	230	177.5	28	30	24	150
6	720	225	260	175	55	255	230	177.5	28	30	24	150
7	785	272	305	210	70	300	255	210	35	36	28	200
8	890	272	305	210	70	300	255	210	35	36	28	200
9	925	312	355	240	100	370	285	245	40	45	36	200
10	1025	312	355	240	100	380	285	245	40	45	36	200
11	1105	372	420	285	135	430	325	285	50	54	40	210
12	1260	372	420	285	135	430	325	285	50	54	40	210

规格	减速器										
	E	g	h	H	m_1	m_3	n_1	n_2	n_3	n_4	s
3	220	71	175	390	290	160	80	65	285	132.5	15
4	270	77.5	200	445	355	180	105	85	345	150	19
5	315	97.5	230	512	430	220	105	100	405	180	19
6	350	97.5	230	512	510	220	105	145	440	180	19
7	385	114	280	602	545	260	120	130	500	215	24
8	430	114	280	617	650	260	120	190	545	215	24
9	450	140	320	697	635	320	145	155	585	245	28
10	500	140	320	697	735	320	145	205	635	245	28
11	545	161	380	817	775	370	165	180	710	300	35
12	615	161	380	825	930	370	165	265	780	300	35

规格	输出轴									润滑油/L	质量/kg
	TH2SH			TH2HH		TH2DH					
	$d_2$①	G_2	l_2	$D_2$②	G_4	D_3	D_4	G_4	G_5		
3	65	125	140	65	125	70	70	125	180	6	115
4	80	140	170	80	140	85	85	140	205	10	190
5	100	165	210	95	165	100	100	165	240	15	300
6	110	165	210	105	165	110	110	165	240	16	355
7	120	195	210	115	195	120	120	195	280	27	505
8	130	195	250	125	195	130	130	195	285	30	590
9	140	235	250	135	235	140	145	235	330	42	830
10	160	235	300	150	235	150	155	235	350	45	960
11	170	270	300	165	270	165	170	270	400	71	1335
12	180	270	300	180	270	180	185	270	405	76	1615

① 同表15-2-135。

② 输出轴 D_2 键槽按 GB/T 1095—2003。

表 15-2-137　TH2. H，TH2. M 的安装尺寸（规格 13～22）　mm

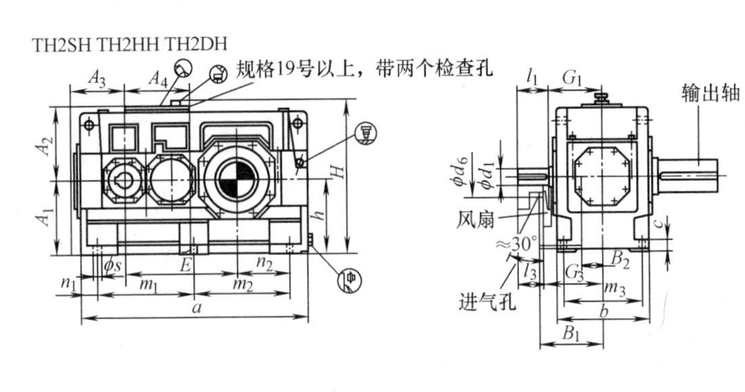

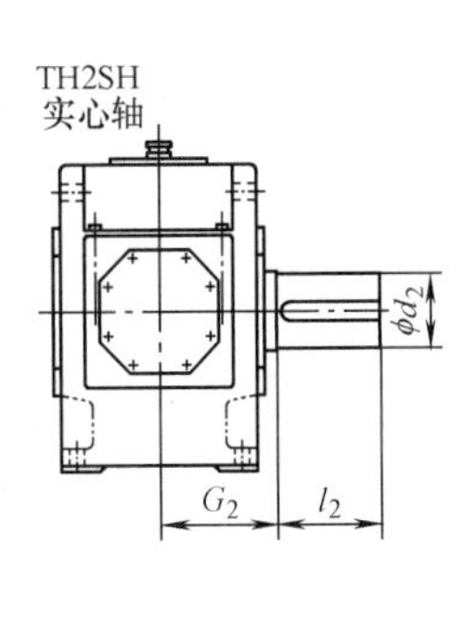

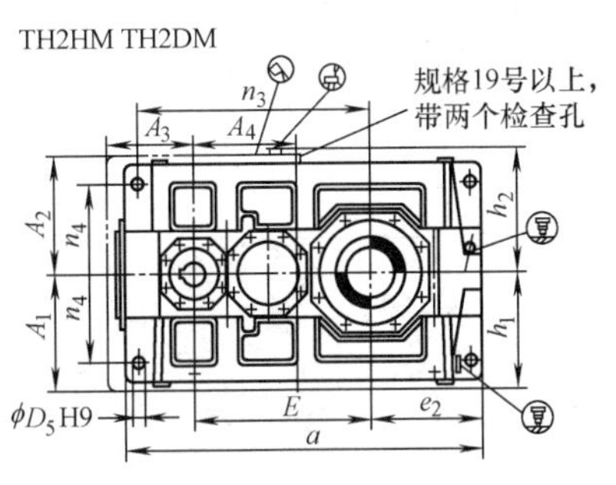

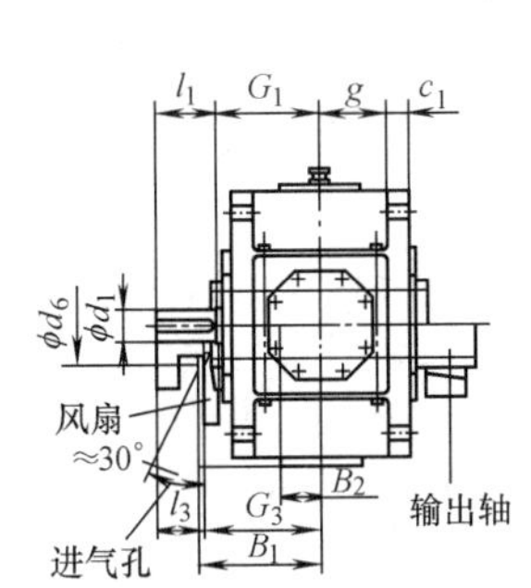

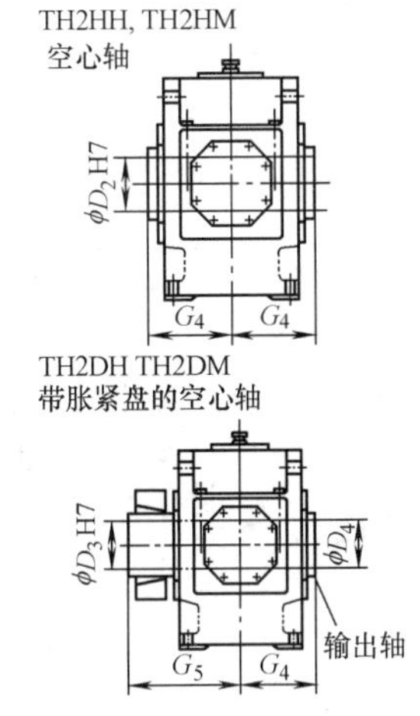

规格	输入轴																		G_1	G_3
	i_N=6.3～11.2			i_N=7.1～12.5			i_N=8～14			i_N=12.5～20			i_N=14～22.4			i_N=16～25				
	$d_1$①	l_1	l_3	$d_1$①	l_1	l_3	$d_1$①	l_1	l_3	$d_1$①	l_1	l_3	$d_1$①	l_1	l_3	$d_1$①	l_1	l_3		
13	100	205	170	—	—	—	—	—	—	85	170	135	—	—	—	—	—	—	330	365
14	—	—	—	—	—	—	100	205	170	—	—	—	—	—	—	85	170	135	330	365
15	120	210	165	—	—	—	—	—	—	100	210	165	—	—	—	—	—	—	365	410
16	—	—	—	120	210	165	—	—	—	—	—	—	100	210	165	—	—	—	365	410
17	125	245	200	—	—	—	—	—	—	110	210	165	—	—	—	—	—	—	420	465
18	—	—	—	125	245	200	—	—	—	—	—	—	110	210	165	—	—	—	420	465
19	150	245	200	—	—	—	—	—	—	120	210	165	—	—	—	—	—	—	475	520
20	—	—	—	150	245	200	—	—	—	—	—	—	120	210	165	—	—	—	475	520
21	170	290	240	—	—	—	—	—	—	140	250	200	—	—	—	—	—	—	495	545
22	—	—	—	170	290	240	—	—	—	—	—	—	140	250	200	—	—	—	495	545

续表

规格	减速器													
	a	A_1	A_2	A_3	A_4	b	B_1	B_2	c	c_1	d_6	D_5	e_2	E
13	1290	430	460	330	365	550	385	135	60	61	250	48	405	635
14	1430	430	460	330	365	550	385	135	60	61	250	48	475	705
15	1550	490	500	370	440	625	430	155	70	72	280	55	485	762
16	1640	490	500	370	440	625	430	155	70	72	280	55	530	808
17	1740	540	565	435	505	690	485	140	80	81	280	55	525	860
18	1860	540	565	435	505	690	485	140	80	81	280	55	585	920
19	2010	600	600	500	450	790	540	190	80	91	310	65	590	997
20	2130	600	600	500	450	790	540	190	90	91	310	65	650	1057
21	2140	680	680	500	610	830	565	200	100	100	450	75	655	1067
22	2250	680	680	500	610	830	565	200	100	100	450	75	710	1122

规格	减速器												
	g	h	h_1	h_2	H	m_1	m_2	m_3	n_1	n_2	n_3	n_4	s
13	211.5	440	450	495	935	545	545	475	100	305	835	340	35
14	211.5	440	450	495	935	545	685	475	100	375	905	340	35
15	238	500	490	535	1035	655	655	535	120	365	1005	375	42
16	238	500	490	535	1035	655	745	535	120	410	1050	375	42
17	259	550	555	595	1145	735	735	600	135	390	1145	425	42
18	259	550	555	595	1145	735	855	600	135	450	1205	425	42
19	299	620	615	655	1275	850	850	690	155	435	1345	475	48
20	299	620	615	655	1275	850	970	690	155	495	1405	475	48
21	310	700	685	725	1425	900	900	720	170	485	1400	520	56
22	310	700	685	725	1425	900	1010	720	170	540	1455	520	56

规格	输出轴									润滑油/L		质量/kg	
	TH2SH			TH2HH TH2HM		TH2DH TH2DM				TH2. H	TH2. M	TH2. H	TH2. M
	$d_2$①	G_2	l_2	$D_2$②	G_4	D_3	D_4	G_4	G_5				
13	200	335	350	190	335	190	195	335	480	135	110	2000	1880
14	210	335	350	210	335	210	215	335	480	140	115	2570	2430
15	230	380	410	230	380	230	235	380	550	210	160	3430	3240
16	240	380	410	240	380	240	245	380	550	215	165	3655	3465
17	250	415	410	250	415	250	260	415	600	290	230	4650	4420
18	270	415	470	275	415	280	285	415	600	300	240	5125	4870
19	290	465	470	—	—	285	295	465	670	320	300	5250	5000
20	300	465	500	—	—	310	315	465	670	340	320	6550	6150
21	320	490	500	—	—	330	335	490	715	320	350	7200	6950
22	340	490	550	—	—	340	345	490	725	340	370	7800	7550

① 同表15-2-135。

② 同表15-2-136。

注：规格13和15号，速比只有i_N=6.3～18；规格17和19号，速比只有i_N=6.3～14。

表 15-2-138　　TH3.H 的安装尺寸（规格 5～12）　　mm

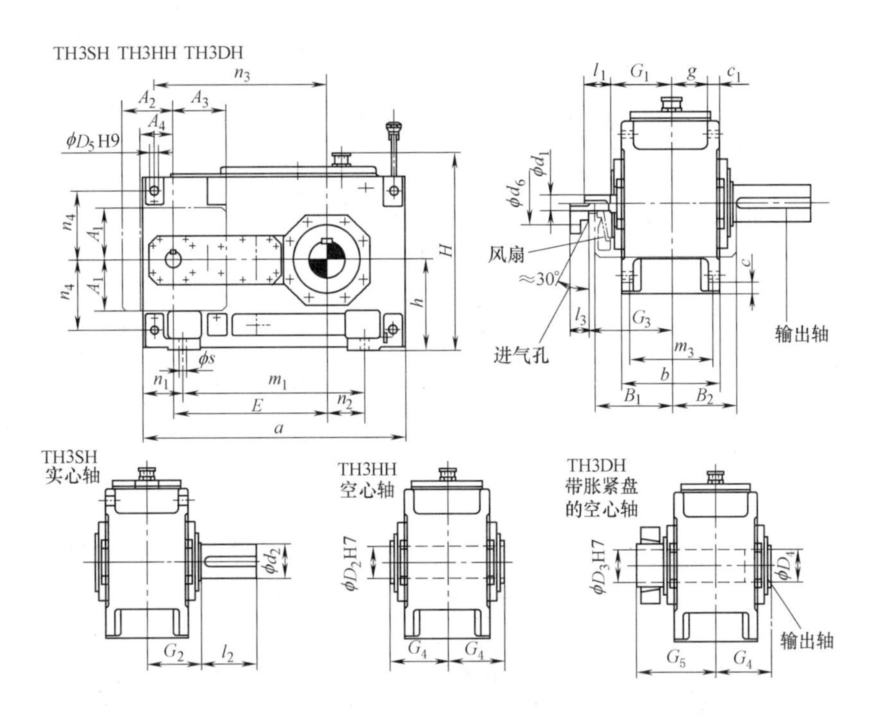

规格	输入轴																			
	i_N=25～45			i_N=31.5～56			i_N=50～63			i_N=63～80			i_N=71～90			i_N=90～112			G_1	G_3
	$d_1$①	l_1	l_3	$d_1$①	l_1	l_3	$d_1$①	l_1	l_3	$d_1$①	l_1	l_3	$d_1$①	l_1	l_3	$d_1$①	l_1	l_3		
5	40	70	70	—	—	—	30	50	50	—	—	—	24	40	40	—	—	—	160	220
6	—	—	—	40	70	70	—	—	—	30	50	50	—	—	—	24	40	40	160	220
7	45	80	80	—	—	—	35	60	60	—	—	—	28	50	50	—	—	—	185	250
8	—	—	—	45	80	80	—	—	—	35	60	60	—	—	—	28	50	50	185	250
9	60	125	105	—	—	—	45	100	80	—	—	—	32	80	60	—	—	—	230	300
10	—	—	—	60	125	105	—	—	—	45	100	80	—	—	—	32	80	60	230	300
11	70	120	120	—	—	—	50	80	80	—	—	—	42	70	70	—	—	—	255	330
12	—	—	—	70	120	120	—	—	—	50	80	80	—	—	—	42	70	70	255	330

规格	减速器											
	a	A_1	A_2	A_3	A_4	b	B_1	B_2	c	c_1	d_6	D_5
5	690	137	135	140	80	255	215	175	28	30	60	24
6	770	137	135	140	80	255	215	175	28	30	60	24

续表

规格	减速器											
	a	A_1	A_2	A_3	A_4	b	B_1	B_2	c	c_1	d_6	D_5
7	845	157	160	180	100	300	245	205	35	36	75	28
8	950	157	160	180	100	300	245	205	35	36	75	28
9	1000	182	190	205	120	370	295	240	40	45	90	36
10	1100	182	190	205	120	380	295	240	40	45	90	36
11	1200	218	220	255	150	430	325	280	50	54	100	40
12	1355	218	220	255	150	430	325	280	50	54	100	40

规格	减速器										
	E	g	h	H	m_1	m_3	n_1	n_2	n_3	n_4	s
5	405	97.5	230	512	480	220	105	100	455	180	19
6	440	97.5	230	512	560	220	105	145	490	180	19
7	495	114	280	602	605	260	120	130	560	215	24
8	540	114	280	617	710	260	120	190	605	215	24
9	580	140	320	697	710	320	145	155	660	245	28
10	630	140	320	697	810	320	145	205	710	245	28
11	705	161	380	817	870	370	165	180	805	300	35
12	775	161	380	825	1025	370	165	265	875	300	35

规格	输出轴									润滑油/L	质量/kg
	TH3SH			TH3HH		TH3DH					
	$d_2$①	G_2	l_2	$D_2$②	G_4	D_3	D_4	G_4	G_5		
5	100	165	210	95	165	100	100	165	240	15	320
6	110	165	210	105	165	110	110	165	240	17	365
7	120	195	210	115	195	120	120	195	280	28	540
8	130	195	250	125	195	130	130	195	285	30	625
9	140	235	250	135	235	140	145	235	330	45	875
10	160	235	300	150	235	150	155	235	350	46	1020
11	170	270	300	165	270	165	170	270	400	85	1400
12	180	270	300	180	270	180	185	270	405	90	1675

① 同表 15-2-135。

② 同表 15-2-136。

表 15-2-139　TH3. H，TH3. M 的安装尺寸（规格 13～22）　mm

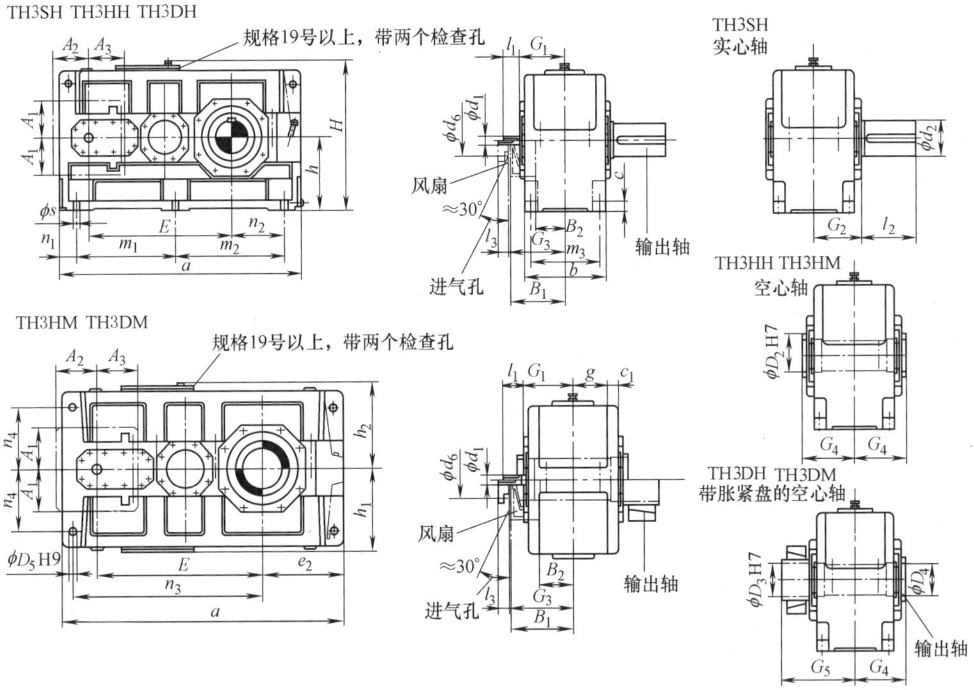

规格	输入轴																		G_1	G_3
	i_N=22.4～45			i_N=25～50 i_N=28～56③			i_N=50～63			i_N=56～71 i_N=63～80③			i_N=71～90			i_N=80～100 i_N=90～112③				
	$d_1$①	l_1	l_3	$d_1$①	l_1	l_3	$d_1$①	l_1	l_3	$d_1$①	l_1	l_3	$d_1$①	l_1	l_3	$d_1$①	l_1	l_3		
13	85	160	130	—	—	—	60	135	105	—	—	—	50	110	80	—	—	—	310	385
14	—	—	—	85	160	130	—	—	—	60	135	105	—	—	—	50	110	80	310	385
15	100	200	165	—	—	—	75	140	105	—	—	—	60	140	105	—	—	—	350	420
16	—	—	—	100	200	165	—	—	—	75	140	105	—	—	—	60	140	105	350	420
17	100	200	165	—	—	—	75	140	105	—	—	—	60	140	105	—	—	—	380	450
18	—	—	—	100	200	165	—	—	—	75	140	105	—	—	—	60	140	105	380	450
19	110	200	△	—	—	—	90	165	△	—	—	—	75	140	△	—	—	—	430	△
20	—	—	—	110	200	△	—	—	—	90	165	△	—	—	—	75	140	△	430	△
21	130	240	△	—	—	—	110	205	△	—	—	—	90	170	△	—	—	—	470	△
22	—	—	—	130	240	△	—	—	—	110	205	△	—	—		90	170	△	470	△

续表

规格	减速器												
	a	A_1	A_2	A_3	b	B_1	B_2	c	c_1	d_6	D_5	e_2	E
13	1395	225	225	212	550	380	195	60	61	120	48	405	820
14	1535	225	225	212	550	380	195	60	61	120	48	475	890
15	1680	270	265	252	625	415	205	70	72	150	55	485	987
16	1770	270	265	252	625	415	205	70	72	150	55	530	1033
17	1770	270	265	252	690	445	235	80	81	150	55	525	1035
18	1890	270	265	252	690	445	235	80	81	150	55	585	1095
19	2030	△	△	△	790	△	△	90	91	△	65	590	1190
20	2150	△	△	△	790	△	△	90	91	△	65	650	1250
21	2340	△	△	△	830	△	△	100	100	△	75	655	1387
22	2450	△	△	△	830	△	△	100	100	△	75	710	1442

规格	减速器												
	g	h	h_1	h_2	H	m_1	m_2	m_3	n_1	n_2	n_3	n_4	s
13	211.5	440	450	495	935	597.5	597.5	475	100	305	940	340	35
14	211.5	440	450	495	935	597.5	737.5	475	100	375	1010	340	35
15	238	500	490	535	1035	720	720	535	120	365	1135	375	42
16	238	500	490	535	1035	720	810	535	120	410	1180	375	42
17	259	550	555	595	1145	750	750	600	135	390	1175	425	42
18	259	550	555	595	1145	750	870	600	135	450	1235	425	42
19	299	620	615	655	1275	860	860	690	155	435	1365	475	48
20	299	620	615	655	1275	860	980	690	155	495	1425	475	48
21	310	700	685	725	1425	1000	1000	720	170	485	1615	520	56
22	310	700	685	725	1425	1000	1110	720	170	540	1670	520	56

规格	输出轴									润滑油/L		质量/kg	
	TH3SH			TH3HH TH3HM		TH3DH TH3DM				TH3.H	TH3. M	TH3. H	TH3. M
	$d_2$①	G_2	l_2	$D_2$②	G_4	D_3	D_4	G_4	G_5				
13	200	335	350	190	335	190	195	335	480	160	125	2295	2155
14	210	335	350	210	335	210	215	335	480	165	130	2625	2490
15	230	380	410	230	380	230	235	380	550	235	190	3475	3260
16	240	380	410	240	380	240	245	380	550	245	195	3875	3625
17	250	415	410	250	415	250	260	415	600	305	240	4560	4250
18	270	415	470	275	415	280	285	415	600	315	250	5030	4740
19	290	465	470	—	—	285	295	465	670	420	390	5050	4750
20	300	465	500	—	—	310	315	465	670	450	415	6650	6250
21	320	490	500	—	—	330	335	490	715	470	515	6950	6550
22	340	490	550	—	—	340	345	490	725	490	540	7550	7050

① 同表 15-2-135。

② 同表 15-2-136。

③ 仅指规格 14 号减速器。

注：△表示根据客户要求设计。

表 15-2-140　TB2. H 的安装尺寸（规格 1～12）　mm

TB2SH TB2HH TB2DH

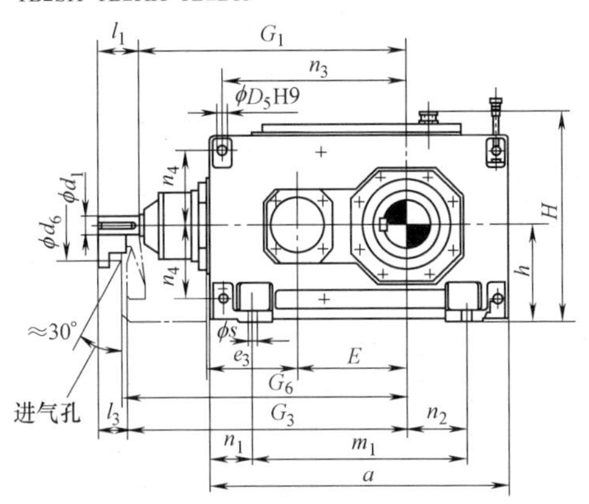

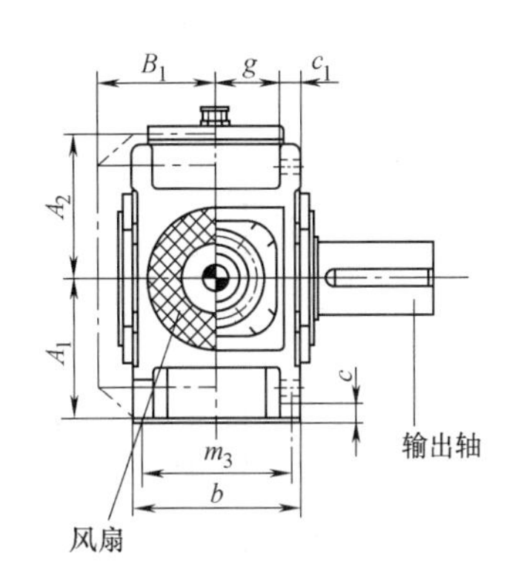

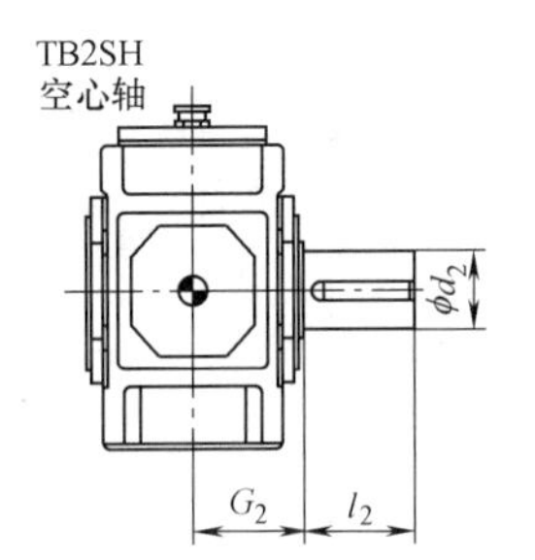

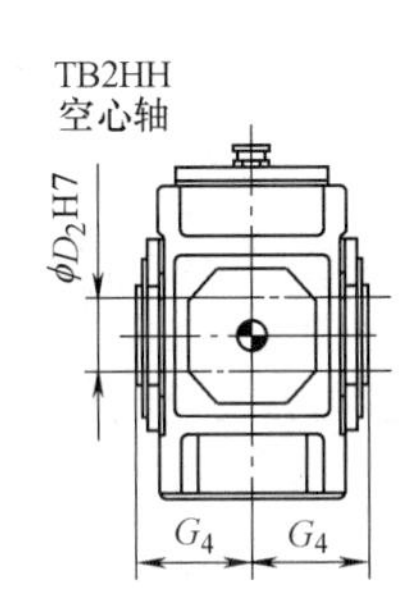

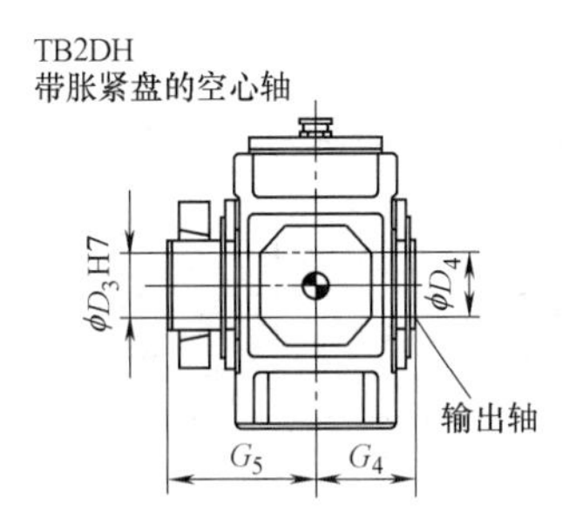

规格	输入轴										
	i_N=5～11.2			i_N=6.3～14			i_N=12.5～18			G_1	G_3
	$d_1$①	l_1	l_3	$d_1$①	l_1	l_3	$d_1$①	l_1	l_3		
1	28	55	40	—	—	—	20	50	35	300	315
2	30	70	50	—	—	—	25	60	40	340	360
3	35	80	60	—	—	—	28	60	40	390	410
4	45	100	80	—	—	—	—	—	—	465	485
5	55	110	80	—	—	—	—	—	—	535	565
6	—	—	—	55	110	80	—	—	—	570	600
7	70	135	105	—	—	—	—	—	—	640	670
8	—	—	—	70	135	105	—	—	—	685	715
9	80	165	130	—	—	—	—	—	—	755	790
10	—	—	—	80	165	130	—	—	—	805	840
11	90	165	130	—	—	—	—	—	—	925	960
12	—	—	—	90	165	130	—	—	—	995	1030

规格	减速器										
	a	A_1	A_2	b	B_1	c	c_1	D_5	d_6	e_3	E	g
1	305	125	130	180	128	18	16	12	110	90	90	74
2	355	140	145	205	143	18	20	14	110	110	110	82.5

续表

规格	减速器											
	a	A_1	A_2	b	B_1	c	c_1	D_5	d_6	e_3	E	g
3	405	170	170	225	163	22	24	18	120	130	130	88.5
4	505	195	200	270	188	28	30	24	150	160	160	105
5	565	220	235	320	215	28	30	24	160	185	185	130
6	645	220	235	320	215	28	30	24	160	185	220	130
7	690	270	285	380	250	35	36	28	210	225	225	154
8	795	270	285	380	250	35	36	28	210	225	270	154
9	820	310	325	440	270	40	48	36	195	265	265	172
10	920	310	325	440	270	40	48	36	195	265	315	172
11	975	370	385	530	328	50	54	40	210	320	320	211
12	1130	370	385	530	328	50	54	40	210	320	390	211

规格	减速器									
	G_6	h	H	m_1	m_3	n_1	n_2	n_3	n_4	s
1	325	130	305	185	155	60	70	160	105	12
2	370	145	335	225	180	65	75	195	115	12
3	420	175	390	245	195	80	70	235	132.5	15
4	495	200	445	295	235	105	85	285	150	19
5	575	230	512	355	285	105	100	330	180	19
6	610	230	512	435	285	105	145	365	180	19
7	685	280	612	450	340	120	130	405	215	24
8	730	280	617	555	340	120	190	450	215	24
9	805	320	697	530	390	145	155	480	245	28
10	855	320	697	630	390	145	205	530	245	28
11	980	380	825	645	470	165	180	580	300	35
12	1050	380	825	800	470	165	265	650	300	35

规格	输出轴									润滑油/L	质量/kg
	TB2SH			TB2HH		TB2DH					
	$d_2$①	G_2	l_2	$D_2$②	G_4	D_3	D_4	G_4	G_5		
1	45	120	80	—	—	—	—	—	—	2	65
2	55	135	110	55	135	60	60	135	180	4	90
3	65	145	140	65	145	70	70	145	200	6	140
4	80	170	170	80	170	85	85	170	235	10	235
5	100	200	210	95	200	100	100	200	275	16	360
6	110	200	210	105	200	110	110	200	275	19	410
7	120	235	210	115	235	120	120	235	320	31	615
8	130	235	250	125	235	130	130	235	325	34	700
9	140	270	250	135	270	140	145	270	365	48	1000
10	160	270	300	150	270	150	155	270	385	50	1155
11	170	320	300	165	320	165	170	320	450	80	1640
12	180	320	300	180	320	180	185	320	455	95	1910

① 同表 15-2-135。

② 同表 15-2-136。

表 15-2-141　　TB2. H，TB2. M 的安装尺寸（规格 13～18）　　mm

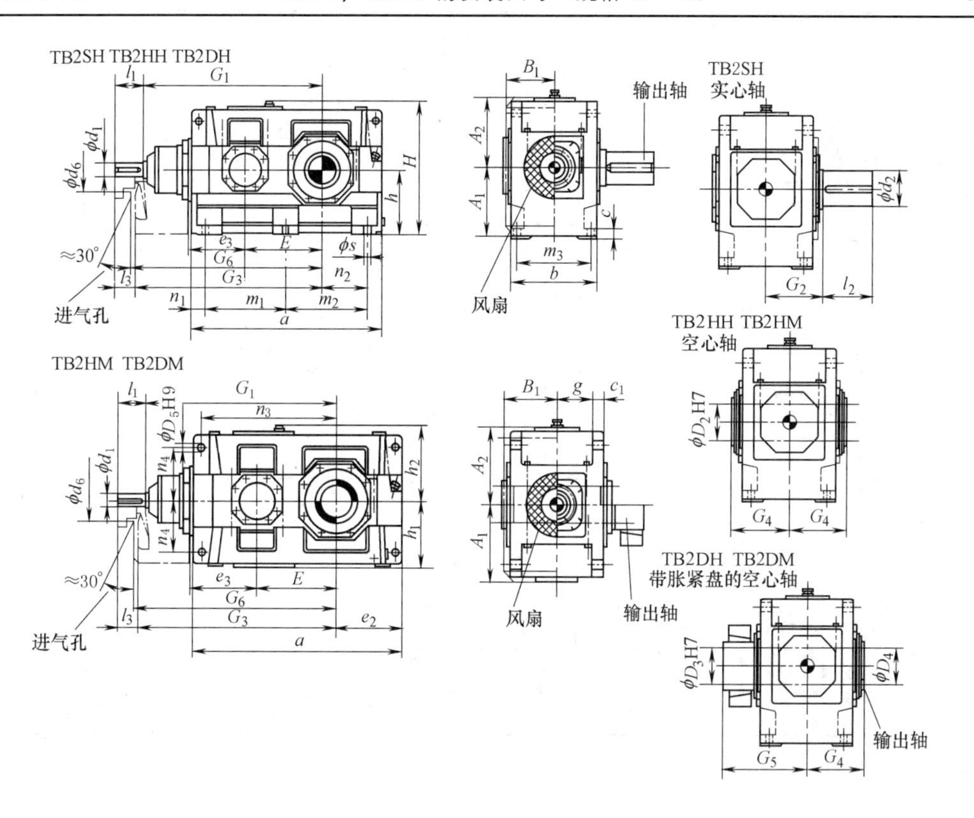

规格	输入轴																
	i_N=5～11.2			i_N=5.6～11.2			i_N=5.6～12.5			i_N=6.3～14			i_N=7.1～12.5			G_1	G_3
	$d_1$①	l_1	l_3	$d_1$①	l_1	l_3	$d_1$①	l_1	l_3	$d_1$①	l_1	l_3	$d_1$①	l_1	l_3		
13	110	205	165	—	—	—	—	—	—	—	—	—	—	—	—	1070	1110
14	—	—	—	—	—	—	—	—	—	110	205	165	—	—	—	1140	1180
15	130	245	200	—	—	—	—	—	—	—	—	—	—	—	—	1277	1322
16	—	—	—	—	—	—	130	245	200	—	—	—	—	—	—	1323	1368
17	—	—	—	150	245	200	—	—	—	—	—	—	—	—	—	1435	1480
18	—	—	—	—	—	—	—	—	—	—	—	—	150	245	200	1495	1540

规格	减速器												
	a	A_1	A_2	b	B_1	c	c_1	d_6	D_5	e_2	e_3	E	g
13	1130	430	450	655	375	60	61	245	48	405	380	370	264
14	1270	430	450	655	375	60	61	245	48	475	380	440	264
15	1350	490	495	765	435	70	72	280	55	485	450	442	308
16	1440	490	495	765	435	70	72	280	55	530	450	488	308
17	1490	540	555	885	505	80	81	380	65	525	510	490	356
18	1610	540	555	885	505	80	81	380	65	585	510	550	356

续表

规格	减速器												
	G_6	h	h_1	h_2	H	m_1	m_2	m_3	n_1	n_2	n_3	n_4	s
13	1130	440	450	495	935	465	465	580	100	305	675	340	35
14	1200	440	450	495	935	465	605	580	100	375	745	340	35
15	1340	500	490	535	1035	555	555	670	120	365	805	375	42
16	1385	500	490	535	1035	555	645	670	120	410	850	375	42
17	1500	550	555	595	1145	610	610	780	135	390	895	420	48
18	1560	550	555	595	1145	610	730	780	135	450	955	420	48

规格	输出轴									润滑油/L		质量/kg	
	TB2SH			TB2HH TB2HM		TB2DH TB2DM				TB2. H	TB2. M	TB2. H	TB2. M
	$d_2$①	G_2	l_2	$D_2$②	G_4	D_3	D_4	G_4	G_5				
13	200	390	350	—	—	—	—	—	—	140	120	2450	2350
14	210	390	350	210	390	210	215	390	535	155	130	2825	2725
15	230	460	410	—	—	—	—	—	—	220	180	3990	3795
16	240	460	410	240	450	240	245	450	620	230	190	4345	4160
17	250	540	410	—	—	—	—	—	—	320	260	5620	5320
18	270	540	470	275	510	280	285	510	700	335	275	6150	5860

① 同表 15-2-135。

② 同表 15-2-136。

表 15-2-142 TB3. H 的安装尺寸（规格 3～12） mm

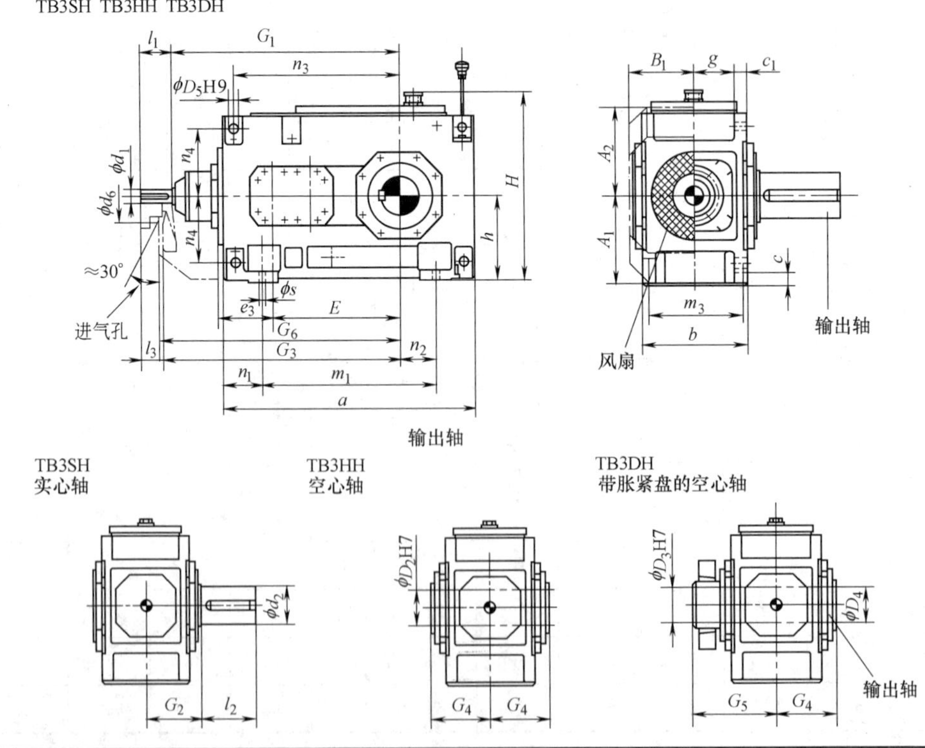

续表

规格	输入轴																
	$i_N=12.5\sim45$			$i_N=16\sim56$			$i_N=20\sim45$			$i_N=50\sim71$			$i_N=6.3\sim90$			G_1	G_3
	$d_1$①	l_1	l_3	$d_1$①	l_1	l_3	$d_1$①	l_1	l_3	$d_1$①	l_1	l_3	$d_1$①	l_1	l_3		
3	—	—	—	—	—	—	28	55	40	20	50	35	—	—	—	430	445
4	30	70	50	—	—	—	—	—	—	25	60	40	—	—	—	500	520
5	35	80	60	—	—	—	—	—	—	28	60	40	—	—	—	575	595
6	—	—	—	35	80	60	—	—	—	—	—	—	28	60	40	610	630
7	45	100	80	—	—	—	—	—	—	35	80	60	—	—	—	690	710
8	—	—	—	45	100	80	—	—	—	—	—	—	35	80	60	735	755
9	55	110	80	—	—	—	—	—	—	40	100	70	—	—	—	800	830
10	—	—	—	55	110	80	—	—	—	—	—	—	40	100	70	850	880
11	70	135	105	—	—	—	—	—	—	50	110	80	—	—	—	960	990
12	—	—	—	70	135	105	—	—	—	—	—	—	50	110	80	1030	1060

规格	减速器											
	a	A_1	A_2	b	B_1	c	c_1	d_6	D_5	e_3	E	g
3	450	170	170	190	128	22	24	90	18	90	220	71
4	565	195	200	215	143	28	30	110	24	110	270	77.5
5	640	220	235	255	168	28	30	130	24	130	315	97.5
6	720	220	235	255	168	28	30	130	24	130	350	97.5
7	785	275	275	300	193	35	36	165	28	160	385	114
8	890	275	275	300	193	35	36	165	28	160	430	114
9	925	315	325	370	231	40	45	175	36	185	450	140
10	1025	315	325	380	231	40	45	175	36	185	500	140
11	1105	370	385	430	263	50	54	190	40	225	545	161
12	1260	370	385	430	263	50	54	190	40	225	615	161

规格	减速器									
	G_6	h	H	m_1	m_3	n_1	n_2	n_3	n_4	s
3	455	175	390	290	160	80	65	285	132.5	15
4	530	200	445	355	180	105	85	345	150	19
5	605	230	512	430	220	105	100	405	180	19
6	640	230	512	510	220	105	145	440	180	19
7	720	280	602	545	260	120	130	500	215	24
8	765	280	617	650	260	120	190	545	215	24
9	845	320	697	635	320	145	155	585	245	28
10	895	320	697	735	320	145	205	635	245	28
11	1010	380	817	775	370	165	180	710	300	35
12	1080	380	825	930	370	165	265	780	300	35

规格	输出轴									润滑油/L	质量/kg
	TB3SH			TB3HH		TB3DH					
	$d_2$①	G_2	l_2	$D_2$②	G_4	D_3	D_4	G_4	G_5		
3	65	125	140	65	125	70	70	125	180	6	130
4	80	140	170	80	140	85	85	140	205	9	210
5	100	165	210	95	165	100	100	165	240	14	325
6	110	165	210	105	165	110	110	165	240	15	380
7	120	195	210	115	195	120	120	195	280	25	550
8	130	195	250	125	195	130	130	195	285	28	635
9	140	235	250	135	235	140	145	235	330	40	890
10	160	235	300	150	235	150	155	235	350	42	1020
11	170	270	300	165	270	165	170	270	400	66	1455
12	180	270	300	180	270	180	185	270	405	72	1730

① 同表15-2-135。

② 同表15-2-136。

表 15-2-143 TB3. H，TB3. M 的安装尺寸（规格 13～22） mm

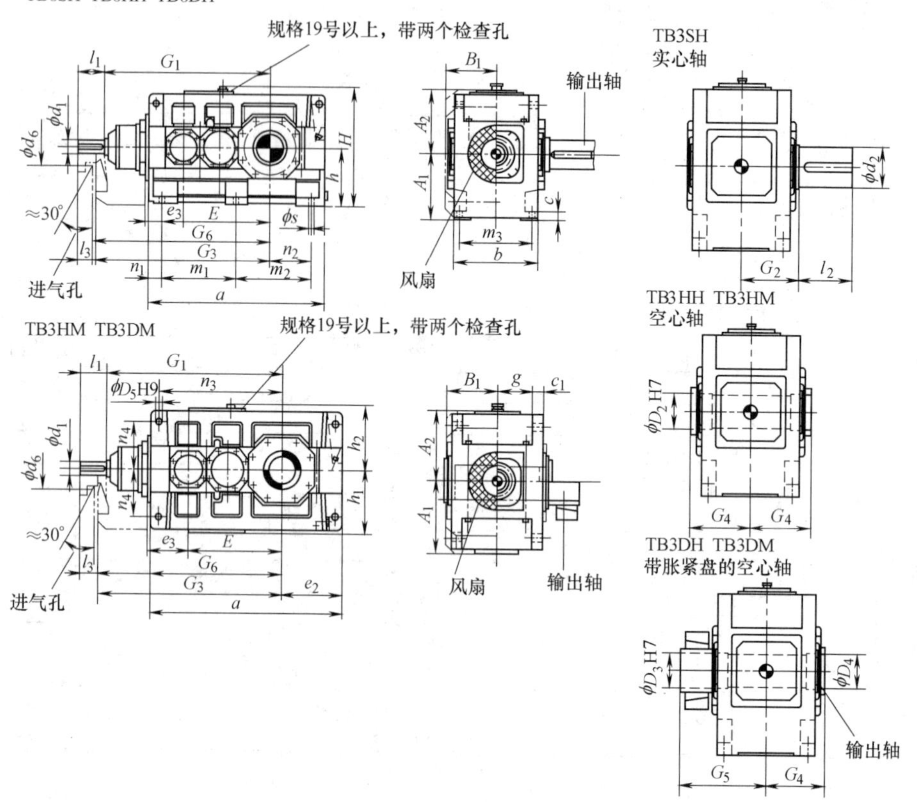

规格	输入轴																			
	i_N=12.5～45			i_N=14～50			i_N=16～56			i_N=50～71			i_N=56～80			i_N=63～90			G_1	G_3
	$d_1$①	l_1	l_3	$d_1$①	l_1	l_3	$d_1$①	l_1	l_3	$d_1$①	l_1	l_3	$d_1$①	l_1	l_3	$d_1$①	l_1	l_3		
13	80	165	130	—	—	—	—	—	—	60	140	105	—	—	—	—	—	—	1125	1160
14	—	—	—	—	—	—	80	165	130	—	—	—	—	—	—	60	140	105	1195	1230
15	90	165	130	—	—	—	—	—	—	70	140	105	—	—	—	—	—	—	1367	1402
16	—	—	—	90	165	130	—	—	—	—	—	—	70	140	105	—	—	—	1413	1448
17	110	205	165	—	—	—	—	—	—	80	170	130	—	—	—	—	—	—	1560	1600
18	—	—	—	110	205	165	—	—	—	—	—	—	80	170	130	—	—	—	1620	1660
19	130	245	200	—	—	—	—	—	—	100	210	165	—	—	—	—	—	—	1832	1877
20	—	—	—	130	245	200	—	—	—	—	—	—	100	210	165	—	—	—	1892	1937
21	130	245	200	—	—	—	—	—	—	100	210	165	—	—	—	—	—	—	1902	1947
22	—	—	—	130	245	200	—	—	—	—	—	—	100	210	165	—	—	—	1957	2002

规格	减速器												
	a	A_1	A_2	b	B_1	c	c_1	d_6	D_5	e_2	e_3	E	g
13	1290	425	475	550	325	60	61	210	48	405	265	635	211.5
14	1430	425	475	550	325	60	61	210	48	475	265	705	211.5

续表

规格	减速器												
	a	A_1	A_2	b	B_1	c	c_1	d_6	D_5	e_2	e_3	E	g
15	1550	485	520	625	365	70	72	210	55	485	320	762	238
16	1640	485	520	625	365	70	72	210	55	530	320	808	238
17	1740	535	570	690	395	80	81	230	55	525	370	860	259
18	1860	535	570	690	395	80	81	230	55	585	370	920	259
19	2010	610	630	790	448	90	91	245	65	590	420	997	299
20	2130	610	630	790	448	90	91	245	65	650	420	1057	299
21	2140	690	690	830	473	100	100	280	75	655	450	1067	310
22	2250	690	690	830	473	100	100	280	75	710	450	1122	310

规格	减速器												
	G_6	h	h_1	h_2	H	m_1	m_2	m_3	n_1	n_2	n_3	n_4	s
13	1180	440	450	495	935	545	545	475	100	305	835	340	35
14	1250	440	450	495	935	545	685	475	100	375	905	340	35
15	1420	500	490	535	1035	655	655	535	120	365	1005	375	42
16	1470	500	490	535	1035	655	745	535	120	410	1050	375	42
17	1620	550	555	595	1145	735	735	600	135	390	1145	425	42
18	1680	550	555	595	1145	735	855	600	135	450	1205	425	42
19	1900	620	615	655	1275	850	850	690	155	435	1345	475	48
20	1960	620	615	655	1275	850	970	690	155	495	1405	475	48
21	1970	700	685	725	1425	900	900	720	170	485	1400	520	56
22	2025	700	685	725	1425	900	1010	720	170	540	1455	520	56

规格	输出轴									润滑油/L		质量/kg	
	TB3SH			TB3HH TB3HM		TB3DH TB3DM				TB3. H	TB3. M	TB3. H	TB3. M
	$d_2$①	G_2	l_2	$D_2$②	G_4	D_3	D_4	G_4	G_5				
13	200	335	350	190	335	190	195	335	480	130	110	2380	2260
14	210	335	350	210	335	210	215	335	480	140	115	2750	2615
15	230	380	410	230	380	230	235	380	550	210	160	3730	3540
16	240	380	410	240	380	240	245	380	550	220	165	3955	3765
17	250	415	410	250	415	250	260	415	600	290	230	4990	4760
18	270	415	470	275	415	280	285	415	600	300	235	5495	5240
19	290	465	470	—	—	285	295	465	670	380	360	6240	6050
20	300	465	500	—	—	310	315	465	670	440	420	6950	6710
21	320	490	500	—	—	330	335	490	715	370	420	8480	8190
22	340	490	550	—	—	340	345	490	725	430	490	9240	8950

① 同表 15-2-135。

② 同表 15-2-136。

表 15-2-144　　**TB4.H 的安装尺寸**（规格 5～12）　　mm

TB4SH TB4HH TB4DH

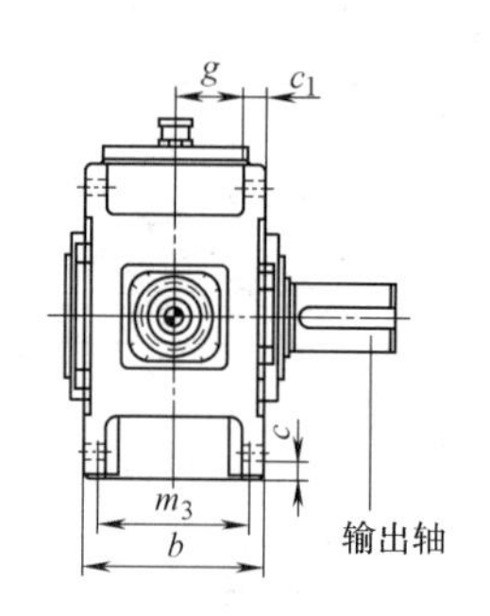

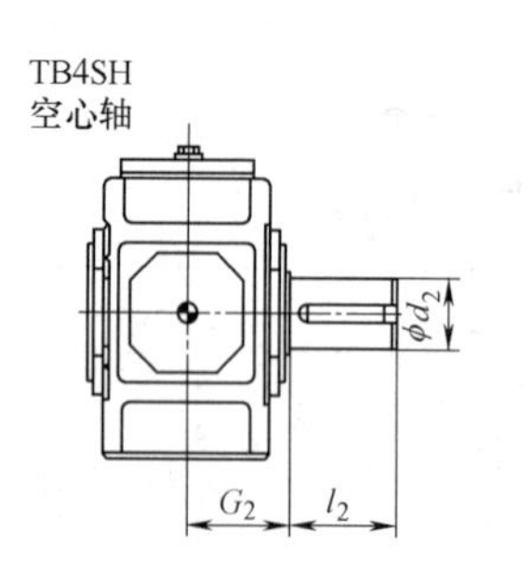

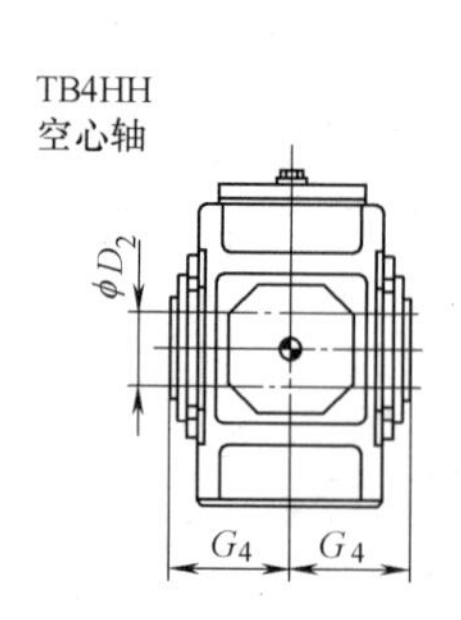

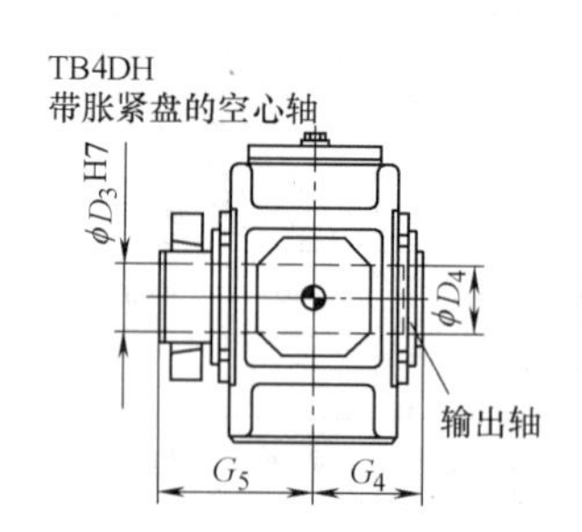

规格	输入轴								
	i_N=80～180		i_N=100～224		i_N=200～315		i_N=250～400		G_1
	$d_1$①	l_1	$d_1$①	l_1	$d_1$①	l_1	$d_1$①	l_1	
5	28	55	—	—	20	50	—	—	615
6	—	—	28	55	—	—	20	50	650
7	30	70	—	—	25	60	—	—	725
8	—	—	30	70	—	—	25	60	770
9	35	80	—	—	28	60	—	—	840
10	—	—	35	80	—	—	28	60	890
11	45	100	—	—	35	80	—	—	1010
12	—	—	45	100	—	—	35	80	1080

规格	减速器														
	a	b	c	c_1	D_5	E	g	h	H	m_1	m_3	n_1	n_2	n_3	n_4	s
5	690	255	28	30	24	405	97.5	230	512	480	220	105	100	455	180	19
6	770	255	28	30	24	440	97.5	230	512	560	220	105	145	490	180	19
7	845	300	35	36	28	495	114	280	602	605	260	120	130	560	215	24
8	950	300	35	36	28	540	114	280	617	710	260	120	190	605	215	24
9	1000	370	40	45	36	580	140	320	697	710	320	145	155	660	245	28
10	1100	380	40	45	36	630	140	320	697	810	320	145	205	710	245	28
11	1200	430	50	54	40	705	161	380	817	870	370	165	180	805	300	35
12	1355	430	50	54	40	775	161	380	825	1025	370	165	265	875	300	35

续表

规格	输出轴									润滑油/L	质量/kg
	TB4SH			TB4HH		TB4DH					
	d_2[①]	G_2	l_2	D_2[②]	G_4	D_3	D_4	G_4	G_5		
5	100	165	210	95	165	100	100	165	240	16	335
6	110	165	210	105	165	110	110	165	240	18	385
7	120	195	210	115	195	120	120	195	280	30	555
8	130	195	250	125	195	130	130	195	285	33	655
9	140	235	250	135	235	140	145	235	330	48	890
10	160	235	300	150	235	150	155	235	350	50	1025
11	170	270	300	165	270	165	170	270	400	80	1485
12	180	270	300	180	270	180	185	270	405	90	1750

① 同表 15-2-135。

② 同表 15-2-136。

表 15-2-145　TB4. H，TB4. M 的安装尺寸（规格 13～22）　mm

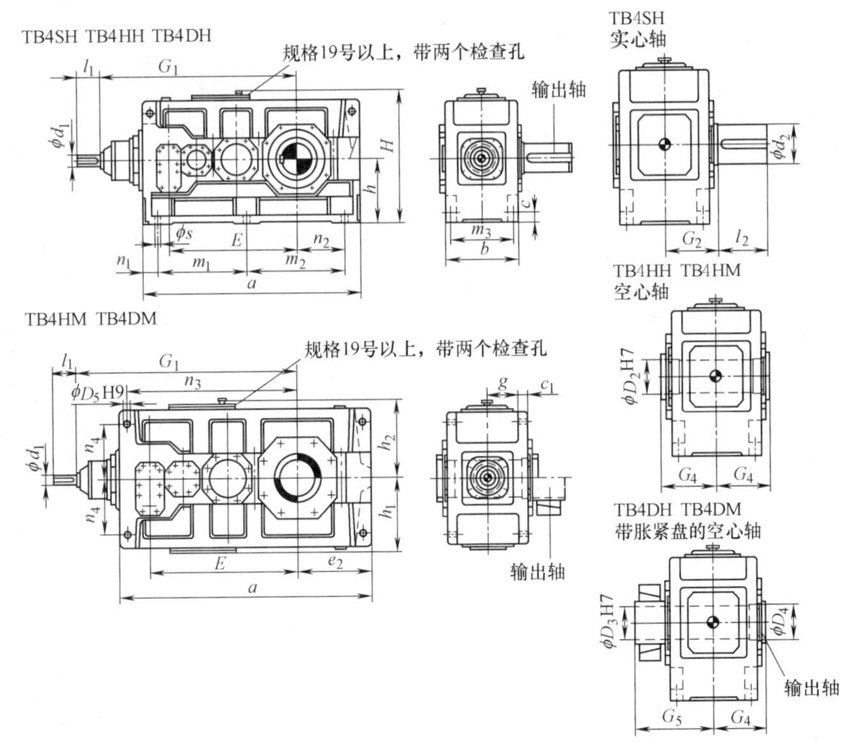

规格	输入轴												G_1
	$i_N=80\sim180$		$i_N=90\sim200$		$i_N=100\sim224$		$i_N=200\sim315$		$i_N=224\sim355$		$i_N=250\sim400$		
	d_1[①]	l_1	d_1[①]	l_1	d_1[①]	l_1	d_1[①]	l_1	d_1[①]	l_1	d_1[①]	l_1	
13	55	110	—	—	—	—	40	100	—	—	—	—	1170
14	—	—	—	—	55	110	—	—	—	—	40	100	1240
15	70	135	—	—	—	—	50	110	—	—	—	—	1402

续表

规格	输入轴												
	i_N=80～180		i_N=90～200		i_N=100～224		i_N=200～315		i_N=224～355		i_N=250～400		G_1
	$d_1$①	l_1	$d_1$①	l_1	$d_1$①	l_1	$d_1$①	l_1	$d_1$①	l_1	$d_1$①	l_1	
16	—	—	70	135	—	—	—	—	50	110	—	—	1448
17	70	135	—	—	—	—	50	110	—	—	—	—	1450
18	—	—	70	135	—	—	—	—	50	110	—	—	1510
19	80	165	—	—	—	—	60	140	—	—	—	—	1680
20	—	—	80	165	—	—	—	—	60	140	—	—	1740
21	90	165	—	—	—	—	70	140	—	—	—	—	1992
22	—	—	90	165	—	—	—	—	70	140	—	—	2047

规格	减速器									
	a	b	c	c_1	D_5	e_2	E	g	h	h_1
13	1395	550	60	61	48	405	820	211.5	440	450
14	1535	550	60	61	48	475	890	211.5	440	450
15	1680	625	70	72	55	485	987	238	500	490
16	1770	625	70	72	55	530	1033	238	500	490
17	1770	690	80	81	55	525	1035	259	550	555
18	1890	690	80	81	55	585	1095	259	550	555
19	2030	790	90	91	65	590	1190	299	620	615
20	2150	790	90	91	65	650	1250	299	620	615
21	2340	830	100	100	75	655	1387	310	700	685
22	2450	830	100	100	75	710	1442	310	700	685

规格	减速器									
	h_2	H	m_1	m_2	m_3	n_1	n_2	n_3	n_4	s
13	495	935	597.5	597.5	475	100	305	940	340	35
14	495	935	597.5	737.5	475	100	375	1010	340	35
15	535	1035	720	720	535	120	365	1135	375	42
16	535	1035	720	810	535	120	410	1180	375	42
17	595	1145	750	750	600	135	390	1175	425	42
18	595	1145	750	870	600	135	450	1235	425	42
19	655	1275	860	860	690	155	435	1365	475	48
20	655	1275	860	980	690	155	495	1425	475	48
21	725	1425	1000	1000	720	170	485	1615	520	56
22	725	1425	1000	1110	720	170	540	1670	520	56

规格	输出轴									润滑油/L		质量/kg	
	TB4SH			TB4HH TB4HM		TB4DH TB4DM				TB4. H	TB4. M	TB4. H	TB4. M
	$d_2$①	G_2	l_2	$D_2$②	G_4	D_3	D_4	G_4	G_5				
13	200	335	350	190	335	190	195	335	480	145	120	2395	2280
14	210	335	350	210	335	210	215	335	480	150	125	2735	2605
15	230	380	410	230	380	230	235	380	550	230	170	3630	3435
16	240	380	410	240	380	240	245	380	550	235	175	3985	3765
17	250	415	410	250	415	250	260	415	600	295	230	4695	4460
18	270	415	470	275	415	280	285	415	600	305	235	5200	4930
19	290	465	470	—	—	285	295	465	670	480	440	5750	5400
20	300	465	500	—	—	310	315	465	670	550	510	6450	6000
21	320	490	500	—	—	330	335	490	715	540	590	7850	7350
22	340	490	550	—	—	340	345	490	725	620	680	8400	7850

① 同表 15-2-135。

② 同表 15-2-136。

表 15-2-146　　TH2D、TH3D、TH4D、TB3D、TB4D 带胀紧盘连接的空心轴（规格 3～22）　　mm

X = 要求预留的力矩扳手空间

用于胀紧盘连接的工作机驱动轴
工作机驱动轴表面不得粘有机油或润滑脂

减速器规格	工作机驱动轴								端板								弹性挡圈	空心轴				胀紧盘					螺钉
	d_2	d_3	d_4	d_5	f_1	l	l_1	r	c_1	c_2	d_7	d_8	D_9	m	s	数量		D_2	D_3	G_4	G_5	类型	d	d_1	H	W	s_1
3	70g6	70g6	69.5	80	4	286	38	2	17	7	75	55	22	40	M8	2	75×2.5	70	70	125	180	90-32	90	155	38	20	M10
4	85g6	85h6	84.5	95	4	326	48	2	17	7	90	70	22	50	M8	2	90×2.5	85	85	140	205	110-32	110	185	49	20	M12
5	100g6	100h6	99.5	114	5	383	53	2	20	8	105	80	26	55	M10	2	105×3	100	100	165	240	125-32	125	215	53	20	M12
6	110g6	110h6	109.5	124	5	383	58	3	20	8	115	85	26	60	M10	2	115×3	110	110	165	240	140-32	140	230	58	20	M14
7	120g6	120h6	119.5	134	5	453	68	3	20	8	125	90	26	65	M12	2	125×3	120	120	195	280	155-32	155	263	62	23	M14
8	130g6	130h6	129.5	145	6	458	73	3	20	8	135	100	26	70	M12	2	135×3	130	130	195	285	165-32	165	290	68	23	M16
9	140g6	145m6	139.5	160	6	539	82	4	23	10	150	110	33	80	M12	2	150×3	140	145	235	330	175-32	175	300	68	28	M16
10	150g6	155m6	149.5	170	6	559	92	4	23	10	160	120	33	90	M12	2	160×3	150	155	235	350	200-32	200	340	85	28	M16
11	165f6	170m6	164.5	185	7	644	112	4	23	10	175	130	33	90	M12	2	175×3	165	170	270	400	220-32	220	370	103	30	M20
12	180f6	185m6	179.5	200	7	649	122	4	23	10	190	140	33	100	M16	2	190×3	180	185	270	405	240-32	240	405	107	30	M20
13	190f6	195m6	189.5	213	7	789	137	5	23	10	200	150	33	110	M16	2	200×3	190	195	335	480	260-32	260	430	119	30	M20
14	210f6	215m6	209.5	233	8	784	147	5	28	14	220	170	33	130	M16	2	220×5	210	215	335	480	280-32	280	460	132	30	M20
15	230f6	235m6	229.5	253	8	899	157	5	28	14	240	180	39	140	M16	2	240×5	230	235	380	550	300-32	300	485	140	35	M24
16	240f6	245m6	239.5	263	8	899	157	5	28	14	250	190	39	150	M20	2	250×5	240	245	380	550	320-32	320	520	140	35	M24
17	250f6	250m6	249.5	278	8	982	177	5	30	14	265	200	39	150	M20	2	265×5	250	260	415	600	340-32	340	570	155	35	M24
18	280f6	285m6	279.5	306	9	982	177	5	30	14	290	210	39	160	M20	2	290×5	280	285	415	600	360-32	360	590	162	35	M24
19	285f6	295m6	284.5	316	9	1100	187	5	32	15	300	220	39	170	M24	2	300×5	285	295	465	670	380-32	380	640	166	40	M27
20	310f6	315m6	309.5	336	9	1100	187	5	32	15	320	230	39	180	M24	2	320×6	310	315	465	670	390-32	390	650	166	40	M27
21	330f6	335m6	329	358	9	1160	205	5	40	20	340	250	45	190	M24	2	340×6	330	335	490	715	420-32	420	670	186	45	M27
22	340f6	345m6	339	368	9	1170	215	5	40	20	350	260	45	200	M24	2	350×6	340	345	490	725	440-32	440	720	194	45	M27

表 15-2-147 TB2D 带胀紧盘连接的空心轴（规格 2～18） mm

X＝要求预留的力矩扳手空间

用于胀紧盘连接的工作机驱动轴
工作机驱动轴表面不得粘有机油或润滑脂

减速器规格	工作机驱动轴								端板								弹性挡圈	空心轴				胀紧盘						螺钉
	d_2	d_3	d_4	d_5	f_1	l	l_1	r	c_1	c_2	d_7	d_8	D_9	m	s	数量		D_2	D_3	G_4	G_5	类型	d	d_1	H	W	s_1
2	60g6	60g6	59.5	70	3	300	36	2	13	6	65	47	22	35	M6	2	65×2.5	60	60	135	180	80-32	80	141	31	16	M10
3	70g6	70h6	69.5	80	4	326	38	2	17	7	75	55	22	40	M8	2	75×2.5	70	70	145	200	90-32	90	155	38	20	M10
4	85g6	85h6	84.5	95	4	386	48	2	17	7	90	70	22	50	M8	2	90×2.5	85	85	170	235	110-32	110	185	49	20	M12
5	100g6	100h6	99.5	114	5	453	53	2	20	8	105	80	26	55	M10	2	105×3	100	100	200	275	125-32	125	215	53	20	M12
6	110g6	110h6	109.5	124	5	453	58	3	20	8	115	85	26	60	M10	2	115×3	110	110	200	275	140-32	140	230	58	20	M14
7	120g6	120h6	119.5	134	5	533	68	3	20	8	125	90	26	65	M12	2	125×3	120	120	235	320	155-32	155	263	62	23	M14
8	130g6	130h6	129.5	145	6	538	73	3	20	8	135	100	26	70	M12	2	135×3	130	130	235	325	165-32	165	290	68	23	M16
9	140g6	145m6	139.5	160	6	609	82	4	23	10	150	110	33	80	M12	2	150×3	140	145	270	365	175-32	175	300	68	28	M16
10	150g6	155m6	149.5	170	6	629	92	4	23	10	160	120	33	90	M12	2	160×3	150	155	270	385	200-32	200	340	85	28	M16
11	165f6	170m6	164.5	185	7	744	112	4	23	10	175	130	33	90	M12	2	175×3	165	170	320	450	220-32	220	370	103	30	M20
12	180f6	185m6	179.5	200	7	749	122	4	23	10	190	140	33	100	M16	2	190×3	180	185	320	455	240-32	240	405	107	30	M20
14	210f6	215m6	209.5	233	8	894	147	5	28	14	220	170	33	130	M16	2	220×5	210	215	390	535	280-32	280	460	132	30	M20
16	240f6	245m6	239.5	263	8	1039	157	5	28	14	250	190	39	150	M20	2	250×5	240	245	450	620	320-32	320	520	140	35	M24
18	280f6	285m6	279.5	306	9	1177	177	5	30	14	290	210	39	160	M20	2	290×5	280	285	510	700	360-32	360	590	162	35	M24

表 15-2-148　TH2H、TH3H、TH4H、TB3H、TB4H 带平键连接的空心轴（规格 3～18）　mm

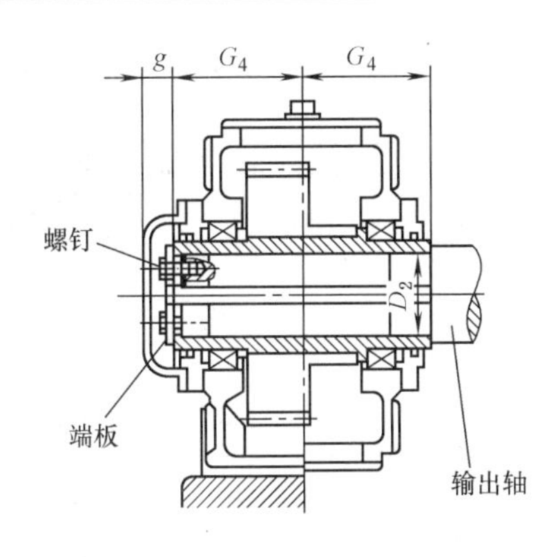

带平键连接的工作机驱动轴，键槽尺寸根据GB/T 1095—2003确定

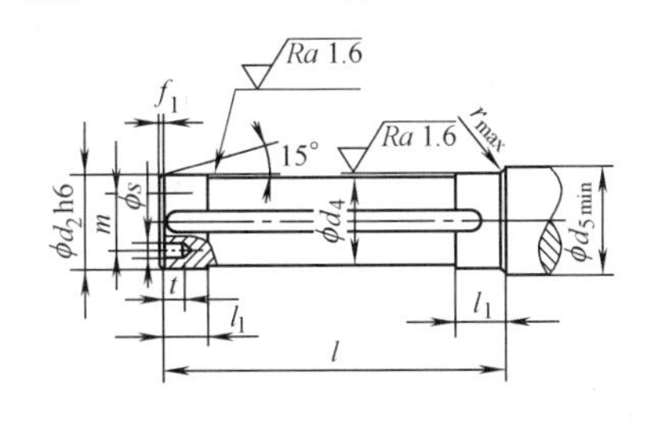

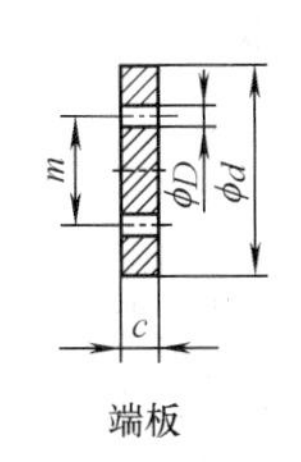

减速器规格	工作机驱动轴									端板				螺钉		空心轴		
	d_2	d_4	d_5	f_1	l	l_1	r	s	t	c	D	d	m	规格	数量	D_2	G_4	g
3	65	64.5	73	4	248	30	1.2	M10	18	8	11	78	45	M10×25	2	65	125	35
4	80	79.5	88	4	278	35	1.2	M10	18	10	11	100	60	M10×25	2	80	140	35
5	95	94.5	105	5	328	40	1.6	M10	18	10	11	120	70	M10×25	2	95	165	40
6	105	104.5	116	5	328	45	1.6	M10	18	10	11	120	70	M10×25	2	105	165	40
7	115	114.5	126	5	388	50	1.6	M12	20	12	13.5	140	80	M10×30	2	115	195	40
8	125	124.5	136	6	388	55	2.5	M12	20	12	13.5	150	85	M12×30	2	125	195	40
9	135	134.5	147	6	467	60	2.5	M12	20	12	13.5	150	90	M12×30	2	135	235	45
10	150	149.5	162	6	467	65	2.5	M12	20	12	13.5	180	110	M12×30	2	150	235	45
11	165	164.5	177	7	537	70	2.5	M16	28	15	17.5	195	120	M16×40	2	165	270	45
12	180	179.5	192	7	537	75	2.5	M16	28	15	17.5	220	130	M16×40	2	180	270	45
13	190	189.5	206	7	667	80	3	M16	28	18	17.5	230	140	M16×40	2	190	335	45
14	210	209.5	226	8	667	85	3	M16	28	18	17.5	250	160	M16×40	2	210	335	45
15	230	229.5	248	8	756	100	3	M20	38	25	22	270	180	M16×55	4	230	380	60
16	240	239.5	258	8	756	100	3	M20	38	25	22	280	180	M20×55	4	240	380	60
17	250	249.5	270	8	826	110	4	M20	38	25	22	300	190	M20×55	4	250	415	60
18	275	274.5	295	9	826	120	4	M20	38	25	22	330	210	M20×55	4	275	415	60

表 15-2-149　TB2H 带平键连接的空心轴（规格 2～18）　mm

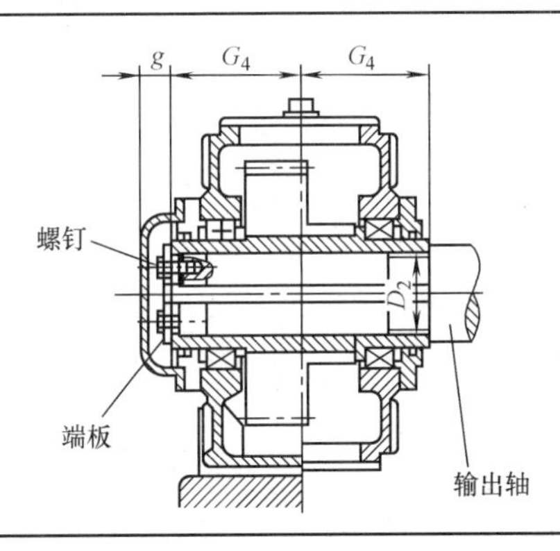

带平键连接的工作机驱动轴，键槽尺寸根据GB/T 1095—2003确定

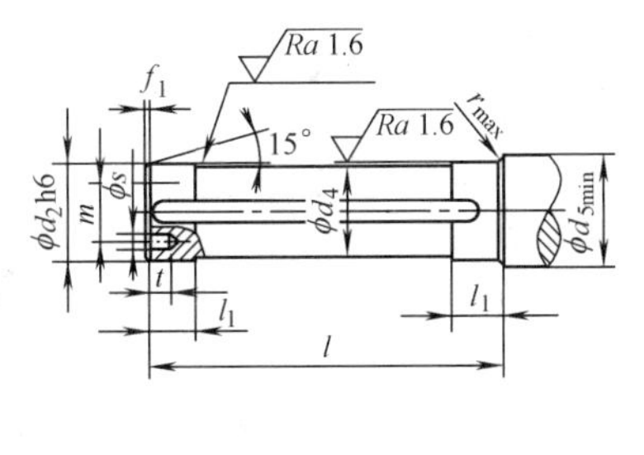

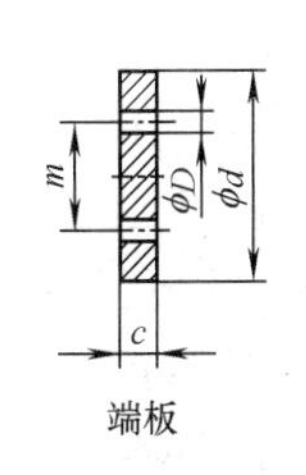

续表

减速器规格	工作机驱动轴									端板				螺钉		空心轴		
	d_2	d_4	d_5	f_1	l	l_1	r	s	t	c	D	d	m	规格	数量	D_2	G_4	g
2	55	54.5	63	3	268	30	1.2	M8	15	8	9	70	40	M8×20	2	55	135	35
3	65	64.5	73	4	288	30	1.2	M10	18	8	11	78	45	M10×25	2	65	145	35
4	80	79.5	88	4	338	35	1.2	M10	18	10	11	100	60	M10×25	2	80	170	35
5	95	94.5	105	5	398	40	1.6	M10	18	10	11	120	70	M10×25	2	95	200	40
6	105	104.5	116	5	398	45	1.6	M10	18	10	11	120	70	M10×25	2	105	200	40
7	115	114.5	126	5	468	50	1.6	M12	20	12	13.5	140	80	M12×30	2	115	235	40
8	125	124.5	136	6	468	55	2.5	M12	20	12	13.5	150	85	M12×30	2	125	235	40
9	135	134.5	147	6	537	60	2.5	M12	20	12	13.5	150	90	M12×30	2	135	270	45
10	150	149.5	162	6	537	65	2.5	M12	20	12	13.5	185	110	M12×30	2	150	270	45
11	165	164.5	177	7	637	70	2.5	M16	28	15	17.5	195	120	M16×40	2	165	320	45
12	180	179.5	192	7	637	75	2.5	M16	28	15	17.5	220	130	M16×40	2	180	320	45
14	210	209.5	226	8	777	85	3	M16	28	18	17.5	250	160	M16×40	2	210	390	45
16	240	239.5	258	8	896	100	3	M20	38	25	22	280	180	M20×55	4	240	450	60
18	275	274.5	295	9	1016	120	4	M20	38	25	22	330	210	M20×55	4	275	510	60

2.10.4 承载能力

表 15-2-150 TH1 的额定功率 P_N 及热功率 P_G kW

额定功率 P_N												
i_N	n_1 /r·min^{-1}	n_2 /r·min^{-1}	规格									
			1	3	5	7	9	11	13	15	17	19
1.25	1500	1200	99	327	880	1671	2702	—	—	—	—	—
	1000	800	66	218	586	1114	1801	—	—	—	—	—
	750	600	50	163	440	836	1351	—	—	—	—	—
1.4	1500	1071	93	303	807	1559	2501	—	—	—	—	—
	1000	714	62	202	538	1039	1667	—	—	—	—	—
	750	536	47	152	404	780	1252	—	—	—	—	—
1.6	1500	938	85	285	737	1395	2318	3929	—	—	—	—
	1000	625	57	190	491	929	1545	2618	4123	—	—	—
	750	469	43	142	368	697	1159	1964	3094	—	—	—
1.8	1500	833	79	209	672	1326	2128	3611	—	—	—	—
	1000	556	53	140	448	885	1421	2410	3860	—	—	—
	750	417	40	105	336	664	1065	1808	2895	—	—	—
2	1500	750	73	196	644	1217	1963	3353	—	—	—	—
	1000	500	49	131	429	812	1309	2236	3571	—	—	—
	750	375	37	98	322	609	982	1677	2678	4751	—	—
2.24	1500	670	67	175	589	1087	1754	3087	—	—	—	—
	1000	446	45	117	392	724	1168	2055	3283	—	—	—
	750	335	34	88	295	544	877	1543	2466	4280	—	—
2.5	1500	600	63	163	528	974	1571	2764	—	—	—	—
	1000	400	42	109	352	649	1047	1843	3016	4607	—	—
	750	300	31	82	264	487	785	1382	2262	3455	—	—

续表

额定功率 P_N

i_N	n_1 /r·min⁻¹	n_2 /r·min⁻¹	规格									
			1	3	5	7	9	11	13	15	17	19
2.8	1500	536	56	152	471	836	1330	2470	—	—	—	—
	1000	357	37	101	314	557	886	1645	2692	4224	—	—
	750	268	28	76	236	418	665	1235	2021	3171	4799	—
3.15	1500	476	50	135	419	758	1221	2088	3409	—	—	—
	1000	317	33	90	279	505	813	1391	2270	3850	—	—
	750	238	25	67	209	379	611	1044	1705	2891	4311	—
3.55	1500	423	44	124	368	687	1103	1936	3083	—	—	—
	1000	282	30	83	245	458	735	1290	2055	3484	—	—
	750	211	22	62	183	342	550	966	1538	2607	3822	—
4	1500	375	39	110	330	609	982	1728	2780	—	—	—
	1000	250	26	73	220	406	654	1152	1853	3194	4529	—
	750	188	20	55	165	305	492	866	1394	2402	3406	4823
4.5	1500	333	29	77	234	481	746	1395	2008	3557	—	—
	1000	222	19	51	156	321	497	930	1339	2371	3394	—
	750	167	14	38	117	241	374	699	1007	1784	2553	3777
5	1500	300	25	66	198	377	644	1059	1712	2790	—	—
	1000	200	16	44	132	251	429	706	1141	1860	2597	3644
	750	150	12	33	99	188	322	529	856	1395	1948	2733
5.6	1500	268	17	56	168	320	491	892	1454	2371	—	—
	1000	179	12	37	112	214	328	596	971	1584	2212	2812
	750	134	9	28	84	160	246	446	727	1186	1656	2105

热功率 P_G（P_{G1}：无辅助冷却装置；P_{G2}：带冷却风扇）

i_N	P_G	规格									
		1	3	5	7	9	11	13	15	17	19
1.25	P_{G1}	70.4	105	188	322	497	—	—	—	—	—
	P_{G2}		146	360	580	875					
1.4	P_{G1}	68	105	192	319	504	—	—	—	—	—
	P_{G2}		144	358	579	870					
1.6	P_{G1}	66.2	104	186	316	507	516	747	—	—	—
	P_{G2}		140	347	555	853	1134	1394			
1.8	P_{G1}	66	107	185	313	502	511	740	—	—	—
	P_{G2}		151	335	561	834	1119	1441			
2	P_{G1}	65	104	178	310	492	507	733	991	—	—
	P_{G2}		146	321	544	806	1204	1413	1766		
2.24	P_{G1}	57	95.5	172	307	473	502	725	950	—	—
	P_{G2}		139	304	506	767	1154	1385	1752		
2.5	P_{G1}	54.1	88.8	164	303	449	498	719	923	—	—
	P_{G2}		127	285	474	720	1088	1357	1788		
2.8	P_{G1}	52.3	86.7	155	295	473	493	713	925	955	—
	P_{G2}		119	264	494	750	1015	1329	1699	1846	
3.15	P_{G1}	49.7	84.6	150	269	379	495	707	888	919	—
	P_{G2}		111	253	432	606	1067	1301	1609	1718	
3.55	P_{G1}	45	78.4	145	248	351	479	699	849	902	—
	P_{G2}		101	245	395	554	955	1273	1565	1649	
4	P_{G1}	41	73.1	132	233	300	452	665	797	866	1051
	P_{G2}		91.2	220	353	467	866	1227	1520	1639	1647
4.5	P_{G1}	41	77	139	225	321	388	630	816	916	1020
	P_{G2}		99.7	221	331	492	728	1115	1475	1675	1771
5	P_{G1}	37	69	134	218	290	377	604	812	980	1146
	P_{G2}		89.7	209	314	439	697	1022	1431	1734	1894
5.6	P_{G1}	36.5	66.4	122	212	274	364	571	736	899	1149
	P_{G2}		79.5	184	280	411	656	929	1386	1541	1878

注：卧式安装减速器要求强制润滑。

表 15-2-151　　TH2 的额定功率 P_N　　kW

i_N	n_1 /r·min^{-1}	n_2 /r·min^{-1}	规格																			
			3	4	5	6	7	8	9	10	11	12	13	14	15	16	17	18	19	20	21	22
6.3	1500	238	87	157	262	—	474	—	785	—	1383	—	2143	—	3564	—	4860	—	—	—	—	—
	1000	159	58	105	175	—	316	—	524	—	924	—	1432	—	2381	—	3247	—	4862	—	—	—
	750	119	44	79	131	—	237	—	393	—	692	—	1072	—	1782	—	2430	—	3639	—	—	—
7.1	1500	211	77	139	232	—	420	—	696	—	1226	—	1900	—	3159	3535	4308	5082	—	—	—	—
	1000	141	52	93	155	—	281	—	465	—	819	—	1270	—	2111	2362	2879	3396	4311	4946	—	—
	750	106	39	70	117	—	211	—	350	—	616	—	955	—	1587	1776	2164	2553	3241	3718	4551	—
8	1500	188	69	124	207	266	374	472	620	778	1093	1358	1693	2106	2815	3150	3839	4528	—	—	—	—
	1000	125	46	82	137	177	249	314	412	517	726	903	1126	1401	1872	2094	2552	3010	3822	4385	5366	—
	750	94	34	62	103	133	187	236	310	389	546	679	846	1053	1408	1575	1919	2264	2874	3297	4036	4508
9	1500	167	61	110	184	236	332	420	551	691	971	1207	1504	1871	2501	2798	3410	4022	—	—	—	—
	1000	111	41	73	122	157	221	279	366	459	645	802	1000	1244	1662	1860	2266	2673	3394	3894	4765	5323
	750	83	30	55	91	117	165	209	274	343	482	600	747	930	1243	1391	1695	1999	2538	2912	3563	3981
10	1500	150	55	99	165	212	298	377	495	620	872	1084	1351	1681	2246	2513	3063	3613	—	—	—	—
	1000	100	37	66	110	141	199	251	330	414	581	723	901	1120	1497	1675	2042	2408	3058	3508	4293	4796
	750	75	27	49	82	106	149	188	247	310	436	542	675	840	1123	1257	1531	1806	2293	2631	3220	3597
11.2	1500	134	49	88	147	189	267	337	442	554	779	968	1207	1501	2006	2245	2736	3227	—	—	—	—
	1000	89	33	59	98	126	177	224	294	368	517	643	801	997	1333	1491	1817	2143	2721	3122	3821	4268
	750	67	25	44	74	95	133	168	221	277	389	484	603	751	1003	1123	1368	1614	2049	2350	2876	3213
12.5	1500	120	44	79	132	170	239	302	396	496	697	867	1081	1345	1797	2010	2450	2890	3669	—	—	—
	1000	80	29	53	88	113	159	201	264	331	465	578	720	896	1198	1340	1634	1927	2446	2806	3435	3837
	750	60	22	40	66	85	119	151	198	248	349	434	540	672	898	1005	1225	1445	1835	2105	2576	2877
14	1500	107	39	71	118	151	213	269	353	443	622	773	964	1199	1602	1793	2185	2577	3272	3753	—	—
	1000	71	26	47	78	100	141	178	234	294	413	513	639	795	1063	1190	1450	1710	2171	2491	3048	3405
	750	54	20	36	59	76	107	136	178	223	314	390	486	605	809	905	1103	1301	1651	1894	2318	2590
16	1500	94	34	62	103	133	187	236	310	389	546	679	846	1053	1408	1575	1919	2264	2874	3297	—	—
	1000	63	23	42	69	89	125	158	208	261	366	455	567	706	943	1055	1286	1517	1926	2210	2705	3021
	750	47	17	31	52	66	94	118	155	194	273	340	423	527	704	787	960	1132	1437	1649	2018	2254
18	1500	83	30	55	91	117	165	209	274	343	482	600	747	930	1243	1391	1695	1999	2538	2912	—	—
	1000	56	21	37	62	79	111	141	185	232	325	405	504	627	839	938	1143	1349	1712	1964	2404	2686
	750	42	15	28	46	59	84	106	139	174	244	303	378	471	629	704	858	1012	1284	1473	1803	2014
20	1500	75	27	49	82	106	149	188	247	310	436	542	675	840	1123	1257	1531	1806	2293	2631	—	—
	1000	50	18	33	55	71	99	126	165	207	291	361	450	560	749	838	1021	1204	1529	1754	2147	2398
	750	38	14	25	42	54	76	95	125	157	221	275	342	426	569	637	776	915	1162	1333	1631	1822
22.4	1500	67	25	43	72	95	130	168	217	277	382	484	—	751	—	1123	—	1614	—	2350	—	—
	1000	45	16	29	48	64	88	113	146	186	257	325	—	504	—	754	—	1084	—	1579	—	2158
	750	33	12	21	35	47	64	83	107	136	188	238	—	370	—	553	—	795	—	1158	—	1583
25	1500	60	—	—	—	85	—	151	—	248	—	434	—	672	—	—	—	—	—	—	—	—
	1000	40	—	—	—	57	—	101	—	165	—	289	—	448	—	—	—	—	—	—	—	—
	750	30	—	—	—	42	—	75	—	124	—	217	—	336	—	—	—	—	—	—	—	—
28	1500	54	—	—	74	—	133	—	220	—	383	—	—	—	—	—	—	—	—	—	—	—
	1000	36	—	—	49	—	89	—	147	—	256	—	—	—	—	—	—	—	—	—	—	—
	750	27	—	—	37	—	66	—	110	—	192	—	—	—	—	—	—	—	—	—	—	—

注：卧式安装减速器要求强制润滑。

表 15-2-152　　TH2 的热功率 P_G　　kW

i_N	P_G	规格																			
		3	4	5	6	7	8	9	10	11	12	13	14	15	16	17	18	19	20	21	22
6.3	P_{G1}	53.2	75	88.1	—	143	—	182	—	244	—	406	—	532	—	572	—	650	—	—	—
	P_{G2}		93.9	131		214		295		417		734		993		1031		1071			
7.1	P_{G1}	50.9	76.8	86.8	—	138	—	179	—	240	—	404	—	542	570	575	581	699	720	770	—
	P_{G2}		95.7	132		204		285		416		717		980	1023	1179	1026	1071	1209	1143	
8	P_{G1}	49.2	73.4	85.1	93	135	155	174	180	235	281	398	437	548	579	575	639	738	745	844	862
	P_{G2}		91.2	128	139	196	229	275	300	403	482	689	757	956	1007	1125	1127	1171	1233	1332	1310
9	P_{G1}	46.5	70.6	82.7	92.3	129	148	169	174	231	273	388	431	542	576	589	653	763	778	892	902
	P_{G2}		87.6	121	137	188	220	263	290	382	471	658	733	923	978	1110	1175	1218	1328	1435	1474
10	P_{G1}	44.1	66.7	80.6	90.1	125	143	165	168	229	264	376	425	537	574	600	672	785	801	917	936
	P_{G2}		82.3	114	134	179	210	251	277	361	459	627	708	891	949	1094	1223	1398	1424	1537	1638
11.2	P_{G1}	41.7	63.5	76.7	88.6	123	139	162	166	220	259	380	414	515	561	595	673	783	822	921	972
	P_{G2}		78.4	109	130	179	200	236	266	360	431	615	678	849	912	1048	1179	1301	1408	1435	1611
12.5	P_{G1}	40.8	60.7	75.3	84.9	120	134	155	164	224	249	349	398	529	549	593	649	783	815	919	972
	P_{G2}		74.1	106	121	170	190	222	253	346	409	563	644	842	867	1016	1128	1307	1355	1457	1578
14	P_{G1}	38.2	57.3	70.6	80.8	110	131	149	162	222	248	330	400	501	556	589	633	765	814	898	966
	P_{G2}		69.6	98.7	114	153	190	212	238	323	408	527	640	782	860	961	1093	1238	1312	1419	1524
16	P_{G1}	35.3	52	65.8	79.2	108	127	143	160	218	242	300	367	476	525	552	594	735	792	865	943
	P_{G2}		63	91.5	111	142	180	196	224	299	390	471	576	733	798	900	1030	1161	1244	1327	1442
18	P_{G1}	34.4	49.3	64.7	74.3	110	122	143	155	213	237	292	350	450	477	535	612	677	767	844	913
	P_{G2}		58.3	87	101	138	158	188	207	288	348	451	515	650	710	838	918	1036	1108	1200	1286
20	P_{G1}	32.1	47.9	60.2	69.1	95.7	109	134	144	206	228	283	317	436	469	545	617	686	732	815	883
	P_{G2}		57.9	82.8	95.8	131	151	186	198	259	305	395	438	590	629	772	860	946	996	1088	1161
22.4	P_{G1}	31.9	44	55.3	67.8	92	105	124	142	202	224	—	320	—	455	—	594	—	696	—	817
	P_{G2}		53.5	75.9	93.6	125	150	171	195	238	305		440		602		827		947		1105
25	P_{G1}	—	—	—	63.1	—	102	—	138	—	219	—	298	—	—	—	—	—	—	—	—
	P_{G2}				86.7		139		188		290		404								
28	P_{G1}	—	—	—	58.1	—	97.8	—	127	—	209	—	—	—	—	—	—	—	—	—	—
	P_{G2}				79.6		132		172		267										

注：P_{G1}—无辅助冷却装置的热功率，P_{G2}—带冷却风扇的热功率。

表 15-2-153　TH3 的额定功率 P_N　kW

i_N	n_1 /r·min^{-1}	n_2 /r·min^{-1}	规格																	
			5	6	7	8	9	10	11	12	13	14	15	16	17	18	19	20	21	22
22.4	1500	67	—	—	—	—	—	—	—	—	617	—	1073	—	1403	—	2105	—	2947	—
	1000	45	—	—	—	—	—	—	—	—	415	—	721	—	942	—	1414	—	1979	—
	750	33	—	—	—	—	—	—	—	—	304	—	529	—	691	—	1037	—	1451	—
25	1500	60	69	—	129	—	214	—	377	—	553	—	961	1087	1257	1508	1885	2168	2639	2953
	1000	40	46	—	86	—	142	—	251	—	369	—	641	725	838	1005	1257	1445	1759	1969
	750	30	35	—	64	—	107	—	188	—	276	—	481	543	628	754	942	1084	1319	1476
28	1500	54	62	—	116	—	192	—	339	—	498	616	865	978	1131	1357	1696	1951	2375	2658
	1000	36	41	—	77	—	128	—	226	—	332	411	577	652	754	905	1131	1301	1583	1772
	750	27	31	—	58	—	96	—	170	—	249	308	433	489	565	679	848	975	1187	1329
31.5	1500	48	55	73	103	128	171	216	302	377	442	548	769	870	1005	1206	1508	1734	2111	2362
	1000	32	37	49	69	85	114	144	201	251	295	365	513	580	670	804	1005	1156	1407	1575
	750	24	28	36	52	64	85	108	151	188	221	274	385	435	503	603	754	867	1055	1181
35.5	1500	42	48	64	90	112	150	189	264	330	387	479	673	761	880	1055	1319	1517	1847	2067
	1000	28	32	43	60	75	100	126	176	220	258	320	449	507	586	704	880	1012	1231	1378
	750	21	24	32	45	56	75	95	132	165	194	240	336	380	440	528	660	759	924	1034
40	1500	38	44	58	82	101	135	171	239	298	350	434	609	688	796	955	1194	1373	1671	1870
	1000	25	29	38	54	67	89	113	157	196	230	285	401	453	524	628	785	903	1099	1230
	750	18.8	22	29	40	50	67	85	118	148	173	215	301	341	394	472	591	679	827	925
45	1500	33	38	50	71	88	117	149	207	259	304	377	529	598	691	829	1037	1192	1451	1624
	1000	22	25	33	47	59	78	99	138	173	203	251	352	399	461	553	691	795	968	1083
	750	16.7	19	25	36	45	59	75	105	131	154	191	268	303	350	420	525	603	734	822
50	1500	30	35	46	64	80	107	135	188	236	276	342	481	543	628	754	942	1084	1319	1476
	1000	20	23	30	43	53	71	90	126	157	184	228	320	362	419	503	628	723	880	984
	750	15	17	23	32	40	53	68	94	118	138	171	240	272	314	377	471	542	660	738
56	1500	27	31	41	58	72	96	122	170	212	249	308	433	489	565	679	848	975	1187	1329
	1000	17.9	21	27	38	48	64	81	112	141	165	204	287	324	375	450	562	647	787	881
	750	13.4	15	20	29	36	48	60	84	105	123	153	215	243	281	337	421	484	589	659
63	1500	24	28	36	52	64	85	108	151	188	221	274	385	435	503	603	754	867	1055	1181
	1000	15.9	18	24	34	42	57	72	100	125	147	181	255	288	333	400	499	574	699	783
	750	11.9	14	18	26	32	42	54	75	93	110	136	191	216	249	299	374	430	523	586
71	1500	21	24	32	45	56	75	95	132	165	194	240	336	380	440	528	660	759	924	1034
	1000	14.1	16	21	30	38	50	63	89	111	130	161	226	255	295	354	443	509	620	694
	750	10.6	12	16	23	28	38	48	67	83	98	121	170	192	222	266	333	383	466	522
80	1500	18.8	22	29	40	50	67	85	118	148	173	215	301	341	394	472	591	679	827	925
	1000	12.5	14	19	27	33	45	56	79	98	115	143	200	226	262	314	393	452	550	615
	750	9.4	11	14	20	25	33	42	59	74	87	107	151	170	197	236	295	340	413	463
90	1500	16.7	19	25	35	45	59	75	105	131	154	191	268	303	350	420	507	603	717	822
	1000	11.1	13	17	23	30	39	50	70	87	102	127	178	201	232	279	337	401	477	546
	750	8.3	10	13	17	22	29	37	52	65	76	95	133	150	174	209	252	300	356	408
100	1500	15	—	23	—	40	—	68	—	118	—	171	—	272	—	355	—	526	—	730
	1000	10	—	15	—	27	—	45	—	79	—	114	—	181	—	237	—	351	—	487
	750	7.5	—	11	—	20	—	34	—	59	—	86	—	136	—	177	—	263	—	365
112	1500	13.4	—	20	—	35	—	59	—	105	—	153	—	—	—	—	—	—	—	—
	1000	8.9	—	13	—	23	—	39	—	70	—	102	—	—	—	—	—	—	—	—
	750	6.7	—	10	—	18	—	29	—	53	—	76	—	—	—	—	—	—	—	—

表 15-2-154　　TH3 的热功率 P_G　　kW

i_N	P_G	规格																	
		5	6	7	8	9	10	11	12	13	14	15	16	17	18	19	20	21	22
22.4	P_{G1}	—	—	—	—	—	—	—	—	252	—	367	—	504	—	661	—	769	—
	P_{G2}									376		540		712					
25	P_{G1}	61.4	—	94.3	—	127	—	185	—	262	—	361	397	440	491	581	610	644	679
	P_{G2}	75.6		131		176		256		378		535	587	651	712				
28	P_{G1}	59.6	—	95.5	—	127	—	181	—	258	282	355	394	434	476	577	608	642	695
	P_{G2}	73.8		134		173		247		369	414	523	582	636	694				
31.5	P_{G1}	58.4	64.5	89.7	100	123	124	176	214	251	275	347	390	422	469	564	596	638	690
	P_{G2}	71.8	80.5	126	139	166	175	237	288	354	403	498	575	603	683				
35.5	P_{G1}	57	63	89.7	100	120	123	169	208	253	274	347	380	415	454	564	588	635	684
	P_{G2}	69.7	79	122	139	162	170	228	280	347	394	479	543	573	643				
40	P_{G1}	54.3	61.8	86.3	96.6	111	121	162	204	228	258	330	360	382	430	527	562	631	673
	P_{G2}	66	76.9	115	134	150	165	216	271	309	368	470	512	550	606				
45	P_{G1}	52.3	60.1	79.9	86.7	106	116	161	194	217	247	321	344	378	412	521	542	623	666
	P_{G2}	63.5	74.5	107	122	142	157	215	255	291	345	443	496	542	585				
50	P_{G1}	50.8	57.4	73.9	84.8	102	110	156	189	212	238	312	340	369	407	493	536	611	657
	P_{G2}	60.8	70.7	100	115	135	147	206	245	281	322	413	480	490	570				
56	P_{G1}	48.4	55.3	71	82.1	97.4	106	146	182	204	227	305	339	350	398	470	507	600	643
	P_{G2}	57.6	67.9	94.9	110	127	143	189	240	262	297	386	454	460	520				
63	P_{G1}	45.8	53.6	66.4	78.4	92.8	105	139	177	194	221	290	321	327	375	454	500	588	622
	P_{G2}	54	65	88.2	105	120	139	173	230	249	278	365	394	417	460				
71	P_{G1}	46.1	51.1	64.9	75	91.1	101	138	168	190	212	282	301	321	352	436	469	566	598
	P_{G2}	52.8	61.5	83.8	97.7	118	133	166	228	245	271	335	378	384	440				
80	P_{G1}	43.6	48.3	63.4	70.3	86.5	95.9	130	159	185	202	269	291	306	345	411	449	542	585
	P_{G2}	51.1	57.6	82.6	93	112	121	165	201	237	260	325	358	365	423				
90	P_{G1}	43.2	48.8	60.1	66.7	81.4	94.2	127	154	175	199	255	279	286	329	389	422	524	560
	P_{G2}	50.3	56.4	77.6	88.6	108	119	160	198	230	254	310	334	340	395				
100	P_{G1}	—	46.1	—	67.4	—	89.5	—	145	—	194	—	263	—	307	—	400	—	543
	P_{G2}		54.6		87.5		112		182		243		315		369				
112	P_{G1}	—	45.9	—	63.7	—	84.4	—	140	—	183	—	—	—	—	—	—	—	—
	P_{G2}		54		82		105		174		235								

注：P_{G1}—无辅助冷却装置的热功率，P_{G2}—带冷却风扇的热功率。

表 15-2-155 TH4 的额定功率 P_N kW

i_N	n_1 /r·min^{-1}	n_2 /r·min^{-1}	规格															
			7	8	9	10	11	12	13	14	15	16	17	18	19	20	21	22
100	1500	15	32	—	53	—	94	—	138	—	240	—	314	—	471	—	660	—
	1000	10	21	—	36	—	63	—	92	—	160	—	209	—	314	—	440	—
	750	7.5	16	—	27	—	47	—	69	—	120	—	157	—	236	—	330	—
112	1500	13.4	29	—	48	—	84	—	123	—	215	243	281	337	421	484	589	659
	1000	8.9	19	—	32	—	56	—	82	—	143	161	186	224	280	322	391	438
	750	6.7	14	—	24	—	42	—	62	—	107	121	140	168	210	242	295	330
125	1500	12	26	32	43	54	75	94	111	137	192	217	251	302	377	434	528	591
	1000	8	17	21	28	36	50	63	74	91	128	145	168	201	251	289	352	394
	750	6	13	16	21	27	38	47	55	68	96	109	126	151	188	217	264	295
140	1500	10.7	23	29	38	48	67	84	99	122	171	194	224	269	336	387	471	527
	1000	7.1	15	19	25	32	45	56	65	81	114	129	149	178	223	256	312	349
	750	5.4	12	14	19	24	34	42	50	62	87	98	113	136	170	195	237	266
160	1500	9.4	20	25	33	42	59	74	87	107	151	170	197	236	295	340	413	463
	1000	6.3	14	17	22	28	40	49	58	72	101	114	132	158	198	228	277	310
	750	4.7	10	13	17	21	30	37	43	54	75	85	98	118	148	170	207	231
180	1500	8.3	18	22	30	37	52	65	76	95	133	150	174	209	261	300	365	408
	1000	5.6	12	15	20	25	35	44	52	64	90	101	117	141	176	202	246	276
	750	4.2	9	11	15	19	26	33	39	48	67	76	88	106	132	152	185	207
200	1500	7.5	16	20	27	34	47	59	69	86	120	136	157	188	236	271	330	369
	1000	5	11	13	18	23	31	39	46	57	80	91	105	126	157	181	220	246
	750	3.8	8.2	10	14	17	24	30	35	43	61	69	80	95	119	137	167	187
224	1500	6.7	14	18	24	30	42	53	62	76	107	121	140	168	210	242	295	330
	1000	4.5	10	12	16	20	28	35	41	51	72	82	94	113	141	163	198	221
	750	3.3	7.1	8.8	12	15	21	26	30	38	53	60	69	83	104	119	145	162
250	1500	6	13	16	21	27	38	47	55	68	96	109	126	151	188	217	264	295
	1000	4	8.6	11	14	18	25	31	37	46	64	72	84	101	126	145	176	197
	750	3	6.4	8	11	14	19	24	28	34	48	54	63	75	94	108	132	148
280	1500	5.4	12	14	19	24	34	42	50	62	87	98	113	136	170	195	237	266
	1000	3.6	7.7	9.6	13	16	23	28	33	41	58	65	75	90	113	130	158	177
	750	2.7	5.8	7.2	10	12	17	21	25	31	43	49	57	68	85	98	119	133
315	1500	4.8	10.3	13	17	22	30	38	44	55	77	87	101	121	151	173	211	236
	1000	3.2	7	8.5	11	14	20	25	29	37	51	58	67	80	101	116	141	157
	750	2.4	5.2	6.4	8.5	11	15	19	22	27	38	43	50	60	75	87	106	118
355	1500	4.2	8.6	11	15	19	26	33	39	48	62	76	84	106	128	152	180	207
	1000	2.8	5.7	7.5	9.7	13	17	22	26	32	41	51	56	70	85	101	120	138
	750	2.1	4.3	5.6	7.3	9.5	13	16	19	24	31	38	42	53	64	76	90	103
400	1500	3.8	—	10.1	—	17	—	30	—	43	—	63	—	89	—	133	—	185
	1000	2.5	—	6.7	—	11	—	20	—	29	—	41	—	58	—	88	—	122
	750	1.9	—	5.1	—	8.6	—	15	—	22	—	31	—	44	—	67	—	93
450	1500	3.3	—	8.6	—	14	—	26	—	38	—	—	—	—	—	—	—	—
	1000	2.2	—	5.7	—	9.6	—	17	—	25	—	—	—	—	—	—	—	—
	750	1.7	—	4.4	—	7.4	—	13	—	19	—	—	—	—	—	—	—	—

表 15-2-156　　TH4 的热功率 P_G　　kW

i_N	P_G	规格															
		7	8	9	10	11	12	13	14	15	16	17	18	19	20	21	22
100	P_{G1}	53.2	—	72.5	—	106	—	154	—	213	—	246	—	331	—	430	—
112	P_{G1}	52.6	—	71.3	—	106	—	152	—	206	220	239	263	321	335	421	445
125	P_{G1}	51.5	57.5	70.2	75.3	103	117	148	161	200	216	232	255	314	331	416	436
140	P_{G1}	49.8	56.6	68.9	74.3	101	118	144	159	194	207	225	247	293	312	392	424
160	P_{G1}	48.5	55.4	66.1	73.3	97.9	115	138	155	187	201	216	239	282	302	380	406
180	P_{G1}	46.9	53.6	64.1	71.6	95.1	113	133	151	185	194	214	230	267	285	375	392
200	P_{G1}	46.1	52.1	62.7	69	91.9	109	131	145	182	192	212	229	259	275	369	386
224	P_{G1}	43.7	50.6	60.1	66.7	88.3	106	127	140	173	189	200	225	252	267	353	382
250	P_{G1}	41.9	49.7	57.6	65.3	83.5	102	121	138	164	178	191	213	242	260	335	365
280	P_{G1}	40.3	47.2	56.7	62.7	80.7	98.1	117	133	161	170	186	202	233	248	324	346
315	P_{G1}	39.3	45.1	53.8	60.1	79.1	92.8	112	128	153	166	177	198	228	242	314	334
355	P_{G1}	37.3	43.5	53.2	59.2	75.2	89.9	107	123	148	159	173	189	216	236	299	324
400	P_{G1}	—	42.4	—	56.2	—	88.3	—	118	—	154	—	183	—	223	—	308
450	P_{G1}	—	40.1	—	55.4	—	83.7	—	113	—	—	—	—	—	—	—	—

注：P_{G1}—无辅助冷却装置的热功率，P_{G2}—带冷却风扇的热功率。

表 15-2-157　　TB2 的额定功率 P_N　　kW

i_N	n_1 /r·min⁻¹	n_2 /r·min⁻¹	规格																	
			1	2	3	4	5	6	7	8	9	10	11	12	13	14	15	16	17	18
5	1500	300	36	63	97	182	295	—	559	—	880	—	1351	—	2073	—	—	—	—	—
	1000	200	24	42	65	121	197	—	373	—	586	—	901	—	1382	—	2555	—	—	—
	750	150	18	31	49	91	148	—	280	—	440	—	675	—	1037	—	1916	—	—	—
5.6	1500	268	32	56	87	163	264	—	500	—	786	—	1263	—	1880	—	—	—	—	—
	1000	179	22	37	58	109	176	—	334	—	525	—	843	—	1256	—	2287	—	—	—
	750	134	16	28	43	81	132	—	250	—	393	—	631	—	940	—	1712	1894	2736	—
6.3	1500	238	29	50	77	145	234	299	444	556	698	887	1171	1371	1769	2044	—	—	—	—
	1000	159	19	33	52	97	157	200	296	371	466	593	783	916	1182	1365	2164	2348	—	—
	750	119	14	25	39	72	117	150	222	278	349	444	586	685	885	1022	1620	1757	2430	—
7.1	1500	211	25	44	68	128	208	265	393	493	619	787	1083	1259	1613	1856	—	—	—	—
	1000	141	17	30	46	86	139	177	263	329	413	526	723	842	1078	1240	1949	2141	2879	—
	750	106	13	22	34	64	104	133	198	248	311	395	544	633	810	932	1465	1609	2164	2553
8	1500	188	23	39	61	114	185	236	350	439	551	701	994	1161	1516	1732	2598	—	—	—
	1000	125	15	26	41	76	123	157	233	292	366	466	661	772	1008	1152	1728	1937	2552	—
	750	94	11	20	31	57	93	118	175	219	276	350	497	581	758	866	1299	1457	1919	2264
9	1500	167	20	35	54	101	164	210	311	390	490	623	883	1067	1364	1591	2309	2588	—	—
	1000	111	13	23	36	67	109	139	207	259	325	414	587	709	907	1058	1534	1720	2266	2673
	750	83	10	17	27	50	82	104	155	194	243	309	439	530	678	791	1147	1286	1695	1999
10	1500	150	18	31	49	91	148	188	280	350	440	559	793	974	1225	1492	2073	2325	—	—
	1000	100	12	21	32	61	98	126	186	234	293	373	529	649	817	995	1382	1550	2042	2408
	750	75	9	16	24	46	74	94	140	175	220	280	397	487	613	746	1037	1162	1531	1806
11.2	1500	134	16	28	43	81	132	168	250	313	393	500	709	870	1094	1368	1852	2077	—	—
	1000	89	11	19	29	54	88	112	166	208	261	332	471	578	727	909	1230	1379	1817	2143
	750	67	8.1	14	22	41	66	84	125	156	196	250	354	435	547	684	926	1038	1368	1614

续表

i_N	n_1 /r·min⁻¹	n_2 /r·min⁻¹	规格																	
			1	2	3	4	5	6	7	8	9	10	11	12	13	14	15	16	17	18
12.5	1500	120	14	25	39	—	—	151	—	280	—	447	—	779	—	1225	—	1860	—	—
	1000	80	10	17	26	—	—	101	—	187	—	298	—	519	—	817	—	1240	—	1927
	750	60	7.2	13	19	—	—	75	—	140	—	224	—	390	—	613	—	930	—	1445
14	1500	107	13	22	35	—	—	134	—	250	—	399	—	695	—	1092	—	—	—	—
	1000	71	8.5	15	23	—	—	89	—	166	—	265	—	461	—	725	—	—	—	—
	750	54	6.5	11	18	—	—	68	—	126	—	201	—	351	—	551	—	—	—	—
16	1500	94	11	19	31	—	—	—	—	—	—	—	—	—	—	—	—	—	—	—
	1000	63	7.3	13	20	—	—	—	—	—	—	—	—	—	—	—	—	—	—	—
	750	47	5.4	9.6	15	—	—	—	—	—	—	—	—	—	—	—	—	—	—	—
18	1500	83	9	16	26	—	—	—	—	—	—	—	—	—	—	—	—	—	—	—
	1000	56	6	11	18	—	—	—	—	—	—	—	—	—	—	—	—	—	—	—
	750	42	4.5	7.9	13	—	—	—	—	—	—	—	—	—	—	—	—	—	—	—

注：卧式安装减速器要求强制润滑。

表 15-2-158　　TB2 的热功率 P_G　　kW

i_N	P_G	规格																	
		1	2	3	4	5	6	7	8	9	10	11	12	13	14	15	16	17	18
5	P_{G1}	34.9	45.6	59.7	83.4	106	—	152	—	186	—	280	—	360	—	517	—	—	—
	P_{G2}	38.1	50.6	73.1	115	160		218		236		478		659		828			
5.6	P_{G1}	33.4	44	57.6	77.1	107	—	145	—	180	—	276	—	376	—	531	558	570	—
	P_{G2}	36	48.5	70.4	106	150		210		225		488		658		818	858	869	
6.3	P_{G1}	32	39.7	52.2	73.3	99.8	112	139	160	176	194	273	339	355	412	523	571	591	—
	P_{G2}	34.7	43.7	63.5	100	140	173	197	210	233	252	446	540	597	673	820	848	871	
7.1	P_{G1}	30.7	39.4	51.5	68.8	91.2	106	132	155	168	188	284	350	381	429	534	586	603	627
	P_{G2}	35.4	43.5	62.7	93.6	131	162	186	201	225	237	440	527	601	667	787	838	861	880
8	P_{G1}	28.5	36.6	48	62.6	90.1	99.8	126	150	164	180	276	332	356	423	499	567	580	618
	P_{G2}	31.2	40.2	58.2	86.9	121	150	176	198	219	246	402	515	564	636	746	828	840	862
9	P_{G1}	25	34.2	45.8	58.9	83.2	93.6	121	144	150	168	283	359	374	425	529	560	591	639
	P_{G2}	26.6	37.6	55.2	82.7	117	140	167	195	211	222	387	506	520	626	678	735	773	819
10	P_{G1}	22.2	28.6	38.4	52	84.8	86.4	113	133	140	159	258	327	366	422	500	559	593	620
	P_{G2}	23	31.2	46.4	69.9	99.5	130	155	189	203	218	362	459	492	573	630	702	720	783
11.2	P_{G1}	21.3	27.8	37.6	50.9	65.6	83.2	110	125	132	152	255	336	346	440	467	550	572	619
	P_{G2}	22.1	30.4	44.8	67.2	95.5	125	138	180	195	215	308	401	420	525	536	625	655	708
12.5	P_{G1}	20.5	29.4	37.3	—	—	80.6	—	126	—	150	—	321	—	423	—	521	—	580
	P_{G2}	21.4	32	45.1			115		167		205		395		495		567		622
14	P_{G1}	19.4	25.6	33.3	—	—	76.5	—	117	—	138	—	302	—	378	—	—	—	—
	P_{G2}	21	27.8	39.7			102		148		181		347		439				
16	P_{G1}	18.6	24	31.2	—	—	—	—	—	—	—	—	—	—	—	—	—	—	—
	P_{G2}	19.8	25.9	37.1															
18	P_{G1}	17.1	21.8	28.3	—	—	—	—	—	—	—	—	—	—	—	—	—	—	—
	P_{G2}	18.2	23.7	33.6															

注：P_{G1}—无辅助冷却装置的热功率，P_{G2}—带冷却风扇的热功率。

表 15-2-159　TB3 的额定功率 P_N　kW

i_N	n_1 /r·min⁻¹	n_2 /r·min⁻¹	规格																			
			3	4	5	6	7	8	9	10	11	12	13	14	15	16	17	18	19	20	21	22
12.5	1500	120	—	69	118	—	214	—	352	—	635	—	980	—	1659	—	2450	—	—	—	—	—
	1000	80	—	46	79	—	142	—	235	—	423	—	653	—	1106	—	1634	—	2094	—	2848	—
	750	60	—	35	59	—	107	—	176	—	317	—	490	—	829	—	1225	—	1571	—	2136	—
14	1500	107	—	67	110	—	204	—	331	—	594	—	896	—	1535	1658	2185	2577	—	—	—	—
	1000	71	—	45	73	—	135	—	219	—	394	—	595	—	1019	1100	1450	1710	1948	2193	2676	—
	750	54	—	34	55	—	103	—	167	—	300	—	452	—	775	837	1103	1301	1481	1668	2036	2290
16	1500	94	—	61	100	118	188	212	305	350	551	610	817	960	1398	1516	1969	2264	—	—	—	—
	1000	63	—	41	67	79	126	142	205	235	369	409	548	643	937	1016	1319	1517	1814	2032	2507	2784
	750	47	—	31	50	59	94	106	153	175	276	305	408	480	699	758	984	1132	1353	1516	1870	2077
18	1500	83	—	56	92	110	172	201	282	326	504	565	739	869	1286	1391	1738	2086	—	—	—	—
	1000	56	—	38	62	74	116	135	191	220	340	381	498	586	868	938	1173	1407	1689	1876	2346	2568
	750	42	—	28	47	55	87	102	143	165	255	286	374	440	651	704	880	1055	1267	1407	1759	1926
20	1500	75	28	52	86	104	161	188	267	309	471	534	691	809	1202	1312	1571	1885	—	—	—	—
	1000	50	19	35	58	69	107	125	178	206	314	356	461	539	801	874	1047	1257	1571	1738	2199	2382
	750	38	14	26	44	53	82	95	135	156	239	271	350	410	609	665	796	955	1194	1321	1671	1810
22.4	1500	67	25	46	77	97	144	174	239	288	421	505	617	744	1073	1214	1403	1684	2105	2420	—	—
	1000	45	17	31	52	65	97	117	160	193	283	339	415	499	721	815	942	1131	1414	1626	1979	2215
	750	33	12	23	38	48	71	86	117	142	207	249	304	366	529	598	691	829	1037	1192	1451	1624
25	1500	60	23	41	69	91	129	160	214	270	377	471	553	685	961	1087	1257	1508	1885	2168	—	—
	1000	40	15	28	46	61	86	107	142	180	251	314	369	457	641	725	838	1005	1257	1445	1759	1969
	750	30	11	21	35	46	64	80	107	135	188	236	276	342	481	543	628	754	942	1084	1319	1476
28	1500	54	20	37	62	82	116	144	192	243	339	424	498	616	865	978	1131	1357	1696	1950	2375	—
	1000	36	14	25	41	55	77	96	128	162	226	283	332	411	577	652	754	905	1131	1301	1583	1772
	750	27	10.2	19	31	41	58	72	96	122	170	212	249	308	433	489	565	679	848	975	1187	1329
31.5	1500	48	18	33	55	73	103	128	171	216	302	377	442	548	769	870	1005	1206	1508	1734	2111	—
	1000	32	12.1	22	37	49	69	85	114	144	201	251	295	365	513	580	670	804	1005	1156	1407	1575
	750	24	9	17	28	36	52	64	85	108	151	188	221	274	385	435	503	603	754	867	1055	1181
35.5	1500	42	15.8	29	48	64	90	112	150	189	264	330	387	479	673	761	880	1055	1319	1517	1847	2067
	1000	28	11	19	32	43	60	75	100	126	176	220	258	320	449	507	586	704	880	1012	1231	1378
	750	21	7.9	15	24	32	45	56	75	95	132	165	194	240	336	380	440	528	660	759	924	1034
40	1500	38	14	26	44	58	82	101	135	171	239	298	350	434	609	688	796	955	1194	1373	1671	1870
	1000	25	9	17	29	38	54	67	89	113	157	196	230	285	401	453	524	628	785	903	1099	1230
	750	18.8	7.1	13	22	29	40	50	67	85	118	148	173	215	301	341	394	472	591	679	827	925
45	1500	33	12	23	38	50	71	88	117	149	207	259	304	377	529	598	691	829	1037	1192	1451	1624
	1000	22	8.3	15	25	33	47	59	78	99	138	173	203	251	352	399	461	553	691	795	968	1083
	750	16.7	6.3	12	19	25	36	45	59	75	105	131	154	191	268	303	350	420	525	603	734	822
50	1500	30	11	21	35	46	64	80	107	135	188	236	276	342	481	543	628	754	942	1083	1319	1476
	1000	20	8	14	23	30	43	53	71	90	126	157	184	228	320	362	419	503	628	723	880	984
	750	15	6	10.4	17	23	32	40	53	68	94	118	138	171	240	272	314	377	471	542	660	738
56	1500	27	10.2	19	31	41	58	72	96	122	170	212	249	308	433	489	565	679	848	975	1187	1329
	1000	17.9	6.7	12	21	27	38	48	64	81	112	141	165	204	287	324	375	450	562	647	787	881
	750	13.4	5.1	9.3	15	20	29	36	48	60	84	105	123	153	215	243	281	337	421	484	589	659
63	1500	24	9	17	28	36	50	64	85	108	151	188	221	274	385	435	503	603	754	867	1055	1181
	1000	15.9	6	11	18	24	33	42	57	72	100	125	147	181	255	288	333	400	499	574	699	783
	750	11.9	4.5	8.2	14	18	25	32	42	54	75	93	110	136	191	216	249	299	374	430	523	586
71	1500	21	7.9	14.5	24	32	44	56	75	95	132	165	194	240	336	380	440	528	660	759	924	1034
	1000	14.1	5.3	9.7	16	21	30	38	50	63	89	111	130	161	226	255	295	354	443	509	620	694
	750	10.6	4	7.3	12	16	22	28	38	48	67	83	98	121	170	192	222	266	333	383	466	522
80	1500	18.8	—	—	—	28	—	50	—	85	—	148	—	215	—	341	—	472	—	679	—	925
	1000	12.5	—	—	—	18	—	33	—	56	—	98	—	143	—	226	—	314	—	452	—	615
	750	9.4	—	—	—	14	—	25	—	42	—	74	—	107	—	170	—	236	—	340	—	463
90	1500	16.7	—	—	—	24	—	44	—	75	—	131	—	191	—	—	—	—	—	—	—	—
	1000	11.1	—	—	—	16	—	29	—	50	—	87	—	127	—	—	—	—	—	—	—	—
	750	8.3	—	—	—	12	—	22	—	37	—	65	—	95	—	—	—	—	—	—	—	—

注：卧式安装减速器要求强制润滑。

表 15-2-160　　TB3 的热功率 P_G　　kW

i_N	P_G	规格																			
		3	4	5	6	7	8	9	10	11	12	13	14	15	16	17	18	19	20	21	22
12.5	P_{G1}	—	57.6	81	—	104	—	157	—	218	—	335	—	413	—	458	—	552	—	623	—
	P_{G2}		66.5	97		141		205		277		434		535		625		664		761	
14	P_{G1}	—	55.7	78	—	109	—	152	—	211	—	322	—	401	429	445	460	556	605	635	654
	P_{G2}		64.9	93.2		135		197		267		417		520	565	625	648	673	737	780	854
16	P_{G1}	—	53.7	75.2	86.8	105	122	146	158	204	239	310	365	389	417	433	447	560	611	641	665
	P_{G2}		62.2	89.7	102	130	149	189	212	256	313	400	468	502	543	600	630	687	745	793	862
18	P_{G1}	—	51.4	72.2	83.7	101	118	139	152	197	232	299	353	377	404	419	436	564	621	657	677
	P_{G2}		59.8	86	98.2	125	143	181	204	246	301	383	449	482	523	581	605	701	754	802	870
20	P_{G1}	33	49.6	69.6	80.7	98.9	113	133	146	194	225	289	340	363	392	400	423	570	629	669	691
	P_{G2}	37.1	57	82.9	94.4	120	138	174	195	241	288	372	429	475	502	548	585	715	761	815	875
22.4	P_{G1}	32.8	47.8	67.5	77.4	92.1	109	130	140	184	218	275	327	344	381	394	425	575	635	681	708
	P_{G2}	37.1	54.7	79.5	90.8	112	132	165	187	227	276	353	409	460	490	537	585	730	781	837	888
25	P_{G1}	30.7	43.8	61.9	74.2	87.5	106	122	135	187	219	260	315	347	378	392	413	562	604	670	681
	P_{G2}	34.7	49.9	72.6	87.4	106	129	155	178	213	269	328	389	430	474	520	571	715	763	822	861
28	P_{G1}	29.9	43.5	61	71.4	82.7	99	115	129	179	221	249	301	330	363	380	388	540	569	638	663
	P_{G2}	33.6	49.9	71.2	84	99.8	120	145	169	201	255	315	372	400	441	486	527	679	725	797	837
31.5	P_{G1}	28.2	41	57.6	65.8	79.5	94.7	109	121	170	208	236	286	319	340	353	373	509	548	601	645
	P_{G2}	31.7	46.9	67.2	76.6	93.6	113	136	159	189	238	296	346	384	428	449	515	621	679	729	805
35.5	P_{G1}	26.7	39	55.5	65.1	75.2	89.6	106	114	149	189	226	255	293	311	315	325	475	500	588	631
	P_{G2}	29.8	44.3	64.3	75.5	89	107	131	148	180	224	282	325	369	395	430	477	596	628	700	744
40	P_{G1}	23.5	33.9	48.6	61.6	65.6	84.3	98.9	108	150	184	211	258	296	315	321	336	464	504	558	611
	P_{G2}	26.2	38.2	56	71.5	77.6	100	121	139	168	211	263	307	347	379	406	457	558	603	655	713
45	P_{G1}	23.2	33.4	47.4	59.2	63.3	80.3	90	103	144	177	192	249	271	307	311	325	445	478	513	578
	P_{G2}	25.6	37.4	54.6	68.5	75	95.1	110	134	153	201	235	294	314	355	370	430	528	563	595	667
50	P_{G1}	22.7	34.1	47.2	52	62.9	70.5	88.1	98.3	143	168	198	234	274	282	300	306	433	439	520	531
	P_{G2}	25.3	38.2	54.1	59.5	74.4	83.7	107	124	150	186	242	273	316	322	375	392	507	515	594	606
56	P_{G1}	20.3	30.4	42.7	50.4	57.5	68.3	79.4	89.9	132	164	180	211	249	275	288	311	395	424	471	521
	P_{G2}	22.4	34.1	48.8	57.9	67.5	81	96.8	113	135	170	217	246	285	323	360	397	458	512	534	593
63	P_{G1}	20	29	40.8	49.6	55.2	67.1	75.9	86.3	124	160	171	203	239	261	272	295	386	410	463	493
	P_{G2}	21.8	32	46.1	57.4	63.9	80	91.2	111	127	167	204	250	270	292	322	359	439	461	513	541
71	P_{G1}	18.6	25.8	37.6	45.8	51	65.3	69.3	79.4	112	148	154	200	226	249	261	288	365	396	436	476
	P_{G2}	20	28.3	42.1	52	58.8	72.8	82.8	99.6	129	164	185	225	249	276	300	341	411	443	480	521
80	P_{G1}	—	—	—	43.4	—	59.4	—	75.3	—	139	—	189	—	234	—	279	—	375	—	450
	P_{G2}				49		68.9		94.3		168		212		255		316		414		487
90	P_{G1}	—	—	—	40	—	55.1	—	68.7	—	125	—	171	—	—	—	—	—	—	—	—
	P_{G2}				45		63.5		85.5		154		193								

注：P_{G1}—无辅助冷却装置的热功率，P_{G2}—带冷却风扇的热功率。

表 15-2-161　　TB4 的额定功率 P_N　　kW

i_N	n_1 /r·min⁻¹	n_2 /r·min⁻¹	规格																	
			5	6	7	8	9	10	11	12	13	14	15	16	17	18	19	20	21	22
80	1500	18.8	22	—	40	—	67	—	118	—	173	—	301	—	394	—	591	—	827	—
	1000	12.5	14	—	27	—	45	—	79	—	115	—	200	—	262	—	393	—	550	—
	750	9.4	11	—	20	—	33	—	59	—	87	—	151	—	197	—	295	—	413	—
90	1500	16.7	19	—	36	—	59	—	105	—	154	—	268	303	350	420	525	603	734	822
	1000	11.1	13	—	24	—	40	—	70	—	102	—	178	201	232	279	349	401	488	546
	750	8.3	9.6	—	18	—	30	—	52	—	76	—	133	150	174	209	261	300	365	408
100	1500	15	17.3	23	32	40	53	68	94	118	138	171	240	272	314	377	471	542	660	738
	1000	10	12	15	21	27	36	45	63	79	92	114	160	181	209	251	314	361	440	492
	750	7.5	8.6	11.4	16	20	27	34	47	59	69	86	120	136	157	188	236	271	330	369
112	1500	13.4	15	20	29	36	48	60	84	105	123	153	215	243	281	337	421	484	589	659
	1000	8.9	10.3	13.5	19	24	32	40	56	70	82	102	143	161	186	224	280	322	391	438
	750	6.7	7.7	10	14	18	24	30	42	53	62	76	107	121	140	168	210	242	295	330
125	1500	12	14	18	26	32	43	54	75	94	111	137	192	217	251	302	377	434	528	591
	1000	8	9.2	12	17	21	28	36	50	63	74	91	128	145	168	201	251	289	352	394
	750	6	6.9	9.1	13	16	21	27	38	47	55	68	96	109	126	151	188	217	264	295
140	1500	10.7	12	16.2	23	29	38	48	67	84	99	122	171	194	224	269	336	387	471	527
	1000	7.1	8.2	11	15	19	25	32	45	56	65	81	114	129	149	178	223	256	312	349
	750	5.4	6.2	8.2	12	14.4	19	24	34	42	50	62	87	98	113	136	170	195	237	266
160	1500	9.4	11	14.3	20	25	33	42	59	74	87	107	151	170	197	236	295	340	413	463
	1000	6.3	7.3	9.6	14	17	22	28	40	49	58	72	101	114	132	158	198	228	277	310
	750	4.7	5.4	7.1	10	13	17	21	30	37	43	54	75	85	98	118	148	170	207	231
180	1500	8.3	9.6	13	18	22	30	37	52	65	76	95	133	150	174	209	261	300	365	408
	1000	5.6	6.5	8.5	12	15	20	25	35	44	52	64	90	101	117	141	176	202	246	276
	750	4.2	4.8	6.4	9	11.2	15	19	26	33	39	48	67	76	88	106	132	152	185	207
200	1500	7.5	8.6	11.4	16	20	27	34	47	59	69	86	120	136	157	188	236	271	330	369
	1000	5	5.8	7.6	11	13.4	18	23	31	39	46	57	80	91	105	126	157	181	220	246
	750	3.8	4.4	5.8	8.2	10	14	17	24	30	35	43	61	69	80	95	119	137	167	187
224	1500	6.7	7.7	10	14.4	18	24	30	42	53	62	76	107	121	140	168	210	242	295	330
	1000	4.5	5.2	6.8	9.7	12	16	20	28	35	41	51	72	82	94	113	141	163	198	221
	750	3.3	3.8	5	7.1	9	12	15	21	26	30	38	53	60	69	83	104	119	145	162
250	1500	6	6.9	9.1	13	16	21	27	38	47	55	68	96	109	126	151	188	217	264	295
	1000	4	4.6	6.1	8.6	11	14	18	25	31	37	46	64	72	84	101	126	145	176	197
	750	3	3.5	4.6	6.4	8	11	14	19	24	28	34	48	54	63	75	94	108	132	148
280	1500	5.4	6.2	8.2	12	14.4	19	24	34	42	50	62	87	98	113	136	170	195	237	266
	1000	3.6	4.1	5.5	7.7	9.6	13	16	23	28	33	41	58	65	75	90	113	130	158	177
	750	2.7	3.1	4.1	5.8	7.2	10	12	17	21	25	31	43	49	57	68	85	98	119	133
315	1500	4.8	5.5	7.3	10.3	13	17	22	30	38	44	55	77	87	101	121	151	173	211	236
	1000	3.2	3.7	4.9	6.9	8.5	11	14	20	25	29	37	51	58	67	80	101	116	141	157
	750	2.4	2.8	3.6	5.2	6.4	8.5	11	15.1	19	22	27	38	43	50	60	75	87	106	118
355	1500	4.2	—	6.4	—	11.2	—	19	—	33	—	48	—	76	—	106	—	152	—	207
	1000	2.8	—	4.3	—	7.5	—	13	—	22	—	32	—	51	—	70	—	101	—	138
	750	2.1	—	3.2	—	5.6	—	9.5	—	16	—	24	—	38	—	53	—	76	—	103
400	1500	3.8	—	5.8	—	10	—	17	—	30	—	43	—	—	—	—	—	—	—	—
	1000	2.5	—	3.8	—	6.7	—	11.3	—	20	—	29	—	—	—	—	—	—	—	—
	750	1.5	—	2.9	—	5.1	—	8.6	—	15	—	22	—	—	—	—	—	—	—	—

表 15-2-162　　TB4 的热功率 P_G　　kW

i_N	P_G	规格																	
		5	6	7	8	9	10	11	12	13	14	15	16	17	18	19	20	21	22
80	P_{G1}	35.9	—	53.5	—	76.4	—	114	—	164	—	216	—	266	—	333	—	464	—
90	P_{G1}	35.8	—	52.1	—	74	—	108	—	158	—	215	234	254	284	318	343	453	490
100	P_{G1}	33.9	38.1	48.5	57.5	68.9	79.5	103	134	149	173	204	223	238	270	299	326	439	486
112	P_{G1}	33	38.1	48.4	56	68.1	77	98.5	126	143	165	195	211	228	254	283	306	414	440
125	P_{G1}	31.3	36.1	46	52.3	65.3	71.5	93.6	120	135	156	186	203	218	241	270	291	400	440
140	P_{G1}	29.5	35	43.9	52.1	62.9	71.1	90	115	131	149	180	194	209	230	261	278	388	413
160	P_{G1}	26.6	33.1	38.8	49.6	56.3	68.1	81	109	123	141	170	186	198	223	248	269	370	401
180	P_{G1}	26.3	31.5	38.1	47.3	54.9	65.5	78.9	105	114	138	158	176	183	209	228	255	344	383
200	P_{G1}	26.1	28.4	38.8	41.8	54.6	58.6	78.3	94.6	113	130	156	164	181	194	231	245	345	355
224	P_{G1}	23.5	28	35.3	41	50.1	57.3	72.3	91.9	103	120	144	163	166	193	214	239	318	354
250	P_{G1}	23.1	27.8	33.8	41.9	47.8	56.9	69.1	91.3	98.5	119	138	149	159	176	204	220	305	328
280	P_{G1}	21.4	25	30.4	38.1	44.4	52.4	64.5	84	90.5	109	126	143	146	168	189	210	288	313
315	P_{G1}	19.5	24.5	28.5	36.3	41.3	49.8	59.1	80.3	85.9	104	118	130	136	154	178	195	264	295
355	P_{G1}	—	22.8	—	32.9	—	46.5	—	74.8	—	95.5	—	122	—	144	—	184	—	270
400	P_{G1}	—	21	—	31.1	—	43.1	—	68.8	—	90.5	—	—	—	—	—	—	—	—

注：P_{G1}—无辅助冷却装置的热功率，P_{G2}—带冷却风扇的热功率。

表 15-2-163　　TH 的额定输出转矩　　kN·m

i_N	规格																					
	1	2	3	4	5	6	7	8	9	10	11	12	13	14	15	16	17	18	19	20	21	22
1.25	0.79	—	2.6	—	7	—	13.3	—	21.5	—	—	—	—	—	—	—	—	—	—	—	—	—
1.4	0.83	—	2.7	—	7.2	—	13.9	—	22.3	—	—	—	—	—	—	—	—	—	—	—	—	—
1.6	0.87	—	2.9	—	7.5	—	14.2	—	23.6	—	40	—	63	—	—	—	—	—	—	—	—	—
1.8	0.91	—	2.4	—	7.7	—	15.2	—	24.4	—	41.4	—	66.3	—	—	—	—	—	—	—	—	—
2	0.93	—	2.5	—	8.2	—	15.5	—	25	—	42.7	—	68.2	—	121	—	—	—	—	—	—	—
2.24	0.96	—	2.5	—	8.4	—	15.5	—	25	—	44	—	70.3	—	122	—	—	—	—	—	—	—
2.5	1	—	2.6	—	8.4	—	15.5	—	25	—	44	—	72	—	110	—	—	—	—	—	—	—
2.8	1	—	2.7	—	8.4	—	14.9	—	23.7	—	44	—	72	—	113	—	171	—	—	—	—	—
3.15	1	—	2.7	—	8.4	—	15.2	—	24.5	—	41.9	—	68.4	—	116	—	173	—	—	—	—	—
3.55	1	—	2.8	—	8.3	—	15.5	—	24.9	—	43.7	—	69.6	—	118	—	173	—	—	—	—	—
4	1	—	2.8	—	8.4	—	15.5	—	25	—	44	—	70.8	—	122	—	173	—	245	—	—	—
4.5	0.82	—	2.2	—	6.7	—	13.8	—	21.4	—	40	—	57.6	—	102	—	146	—	216	—	—	—
5	0.78	—	2.1	—	6.3	—	12	—	20.5	—	33.7	—	54.5	—	88.8	—	124	—	174	—	—	—
5.6	0.62	—	2	—	6	—	11.4	—	17.5	—	31.8	—	51.8	—	84.5	—	118	—	150	—	—	—
6.3	—	—	3.5	6.3	10.5	—	19	—	31.5	—	55.5	—	86	—	143	—	195	—	292	—	—	—
7.1	—	—	3.5	6.3	10.5	—	19	—	31.5	—	55.5	—	86	—	143	160	195	230	292	335	410	—
8	—	—	3.5	6.3	10.5	13.5	19	24	31.5	39.5	55.5	69	86	107	143	160	195	230	292	335	410	458
9	—	—	3.5	6.3	10.5	13.5	19	24	31.5	39.5	55.5	69	86	107	143	160	195	230	292	335	410	458
10	—	—	3.5	6.3	10.5	13.5	19	24	31.5	39.5	55.5	69	86	107	143	160	195	230	292	335	410	458
11.2	—	—	3.5	6.3	10.5	13.5	19	24	31.5	39.5	55.5	69	86	107	143	160	195	230	292	335	410	458
12.5	—	—	3.5	6.3	10.5	13.5	19	24	31.5	39.5	55.5	69	86	107	143	160	195	230	292	335	410	458
14	—	—	3.5	6.3	10.5	13.5	19	24	31.5	39.5	55.5	69	86	107	143	160	195	230	292	335	410	458
16	—	—	3.5	6.3	10.5	13.5	19	24	31.5	39.5	55.5	69	86	107	143	160	195	230	292	335	410	458

续表

i_N	规格																				
	1	2	3	4	5	6	7	8	9	10	11	12	13	14	15	16	17	18	19	20	21	22
18	—	—	3.5	6.3	10.5	13.5	19	24	31.5	39.5	55.5	69	86	107	143	160	195	230	292	335	410	458
20	—	—	3.5	6.3	10.5	13.5	19	24	31.5	39.5	55.5	69	86	107	143	160	195	230	292	335	410	458
22.4	—	—	3.5	6.2	10.2	13.5	18.6	24	31	39.5	54.5	69	88	107	153	160	200	230	300	335	420	458
25	—	—	—	—	11	13.5	20.5	24	34	39.5	60	69	88	107	153	173	200	240	300	345	420	470
28	—	—	—	—	11	13	20.5	23.5	34	38.9	60	67.8	88	109	153	173	200	240	300	345	420	470
31.5	—	—	—	—	11	14.5	20.5	25.5	34	43	60	75	88	109	153	173	200	240	300	345	420	470
35.5	—	—	—	—	11	14.5	20.5	25.5	34	43	60	75	88	109	153	173	200	240	300	345	420	470
40	—	—	—	—	11	14.5	20.5	25.5	34	43	60	75	88	109	153	173	200	240	300	345	420	470
45	—	—	—	—	11	14.5	20.5	25.5	34	43	60	75	88	109	153	173	200	240	300	345	420	470
50	—	—	—	—	11	14.5	20.5	25.5	34	43	60	75	88	109	153	173	200	240	300	345	420	470
56	—	—	—	—	11	14.5	20.5	25.5	34	43	60	75	88	109	153	173	200	240	300	345	420	470
63	—	—	—	—	11	14.5	20.5	25.5	34	43	60	75	88	109	153	173	200	240	300	345	420	470
71	—	—	—	—	11	14.5	20.5	25.5	34	43	60	75	88	109	153	173	200	240	300	345	420	470
80	—	—	—	—	11	14.5	20.5	25.5	34	43	60	75	88	109	153	173	200	240	300	345	420	470
90	—	—	—	—	11	14.5	20	25.5	33.5	43	60	75	88	109	153	173	200	240	290	345	410	470
100	—	—	—	—	—	14.5	20.5	25.5	34	43	60	75	88	109	153	173	200	226	300	335	420	465
112	—	—	—	—	—	14.1	20.5	25.2	34	42	60	75	88	109	153	173	200	240	300	345	420	470
125	—	—	—	—	—	—	20.5	25.5	34	43	60	75	88	109	153	173	200	240	300	345	420	470
140	—	—	—	—	—	—	20.5	25.5	34	43	60	75	88	109	153	173	200	240	300	345	420	470
160	—	—	—	—	—	—	20.5	25.5	34	43	60	75	88	109	153	173	200	240	300	345	420	470
180	—	—	—	—	—	—	20.5	25.5	34	43	60	75	88	109	153	173	200	240	300	345	420	470
200	—	—	—	—	—	—	20.5	25.5	34	43	60	75	88	109	153	173	200	240	300	345	420	470
224	—	—	—	—	—	—	20.5	25.5	34	43	60	75	88	109	153	173	200	240	300	345	420	470
250	—	—	—	—	—	—	20.5	25.5	34	43	60	75	88	109	153	173	200	240	300	345	420	470
280	—	—	—	—	—	—	20.5	25.5	34	43	60	75	88	109	153	173	200	240	300	345	420	470
315	—	—	—	—	—	—	20.5	25.5	34	43	60	75	88	109	153	173	200	240	300	345	420	470
355	—	—	—	—	—	—	19.6	25.5	33	43	59	75	88	109	140	173	192	240	290	345	410	470
400	—	—	—	—	—	—	—	25.5	—	43	—	75	—	109	—	158	—	223	—	335	—	465
450	—	—	—	—	—	—	—	24.8	—	41.6	—	74	—	109	—	—	—	—	—	—	—	—

表 15-2-164　　TB2、TB3、TB4 的额定输出转矩　　kN·m

i_N	规格																				
	1	2	3	4	5	6	7	8	9	10	11	12	13	14	15	16	17	18	19	20	21	22
5	1.15	2	3.1	5.8	9.4	—	17.8	—	28	—	43	—	66	—	122	—	—	—	—	—	—	—
5.6	1.15	2	3.1	5.8	9.4	—	17.8	—	28	—	45	—	67	—	122	135	195	—	—	—	—	—
6.3	1.15	2	3.1	5.8	9.4	12	17.8	22.3	28	35.6	47	55	71	82	130	141	195	—	—	—	—	—
7.1	1.15	2	3.1	5.8	9.4	12	17.8	22.3	28	35.6	49	57	73	84	132	145	195	230	—	—	—	—
8	1.15	2	3.1	5.8	9.4	12	17.8	22.3	28	35.6	50.5	59	77	88	132	148	195	230	—	—	—	—
9	1.15	2	3.1	5.8	9.4	12	17.8	22.3	28	35.6	50.5	61	78	91	132	148	195	230	—	—	—	—
10	1.15	2	3.1	5.8	9.4	12	17.8	22.3	28	35.6	50.5	62	78	95	132	148	195	230	—	—	—	—
11.2	1.15	2	3.1	5.8	9.4	12	17.8	22.3	28	35.6	50.5	62	78	97.5	132	148	195	230	—	—	—	—
12.5	1.15	2	3.1	5.5	9.4	12	17	22.3	28	35.6	50.5	62	78	97.5	132	148	195	230	250	—	340	—
14	1.15	2	3.1	6	9.8	12	18.2	22.3	29.5	35.6	53	62	80	97.5	137	148	195	230	262	295	360	405
16	1.1	1.95	3.1	6.2	10.2	12	19.1	21.5	31	35.6	56	62	83	97.5	142	154	200	230	275	308	380	422
18	1.03	1.8	3	6.4	10.6	12.6	19.8	23.1	32.5	37.5	58	65	85	100	148	160	200	240	288	320	400	438
20	—	—	3.6	6.6	11	13.2	20.5	23.9	34	39.3	60	68	88	103	153	167	200	240	300	332	420	455
22.4	—	—	3.6	6.6	11	13.8	20.5	24.8	34	41	60	72	88	106	153	173	200	240	300	345	420	470
25	—	—	3.6	6.6	11	14.5	20.5	25.5	34	43	60	75	88	109	153	173	200	240	300	345	420	470
28	—	—	3.6	6.6	11	14.5	20.5	25.5	34	43	60	75	88	109	153	173	200	240	300	345	420	470
31.5	—	—	3.6	6.6	11	14.5	20.5	25.5	34	43	60	75	88	109	153	173	200	240	300	345	420	470

续表

i_N	规格																					
	1	2	3	4	5	6	7	8	9	10	11	12	13	14	15	16	17	18	19	20	21	22
35.5	—	—	3.6	6.6	11	14.5	20.5	25.5	34	43	60	75	88	109	153	173	200	240	300	345	420	470
40	—	—	3.6	6.6	11	14.5	20.5	25.5	34	43	60	75	88	109	153	173	200	240	300	345	420	470
45	—	—	3.6	6.6	11	14.5	20.5	25.5	34	43	60	75	88	109	153	173	200	240	300	345	420	470
50	—	—	3.6	6.6	11	14.5	20.5	25.5	34	43	60	75	88	109	153	173	200	240	300	345	420	470
56	—	—	3.6	6.6	11	14.5	20.5	25.5	34	43	60	75	88	109	153	173	200	240	300	345	420	470
63	—	—	3.6	6.6	11	14.5	20	25.5	34	43	60	75	88	109	153	173	200	240	300	345	420	470
71	—	—	3.6	6.6	11	14.5	20	25.5	34	43	60	75	88	109	153	173	200	240	300	345	420	470
80	—	—	—	—	11	14	20.5	25.2	34	43	60	75	88	109	153	173	200	240	300	345	420	470
90	—	—	—	—	11	14	20.5	25.2	34	43	60	75	88	109	153	173	200	240	300	345	420	470
100	—	—	—	—	11	14.5	20.5	25.5	34	43	60	75	88	109	153	173	200	240	300	345	420	470
112	—	—	—	—	11	14.5	20.5	25.5	34	43	60	75	88	109	153	173	200	240	300	345	420	470
125	—	—	—	—	11	14.5	20.5	25.5	34	43	60	75	88	109	153	173	200	240	300	345	420	470
140	—	—	—	—	11	14.5	20.5	25.5	34	43	60	75	88	109	153	173	200	240	300	345	420	470
160	—	—	—	—	11	14.5	20.5	25.5	34	43	60	75	88	109	153	173	200	240	300	345	420	470
180	—	—	—	—	11	14.5	20.5	25.5	34	43	60	75	88	109	153	173	200	240	300	345	420	470
200	—	—	—	—	11	14.5	20.5	25.5	34	43	60	75	88	109	153	173	200	240	300	345	420	470
224	—	—	—	—	11	14.5	20.5	25.5	34	43	60	75	88	109	153	173	200	240	300	345	420	470
250	—	—	—	—	11	14.5	20.5	25.5	34	43	60	75	88	109	153	173	200	240	300	345	420	470
280	—	—	—	—	11	14.5	20.5	25.5	34	43	60	75	88	109	153	173	200	240	300	345	420	470
315	—	—	—	—	11	14.5	20.5	25.5	34	43	60	75	88	109	153	173	200	240	300	345	420	470
355	—	—	—	—	—	14.5	—	25.5	—	43	—	75	—	109	—	173	—	240	—	345	—	470
400	—	—	—	—	—	14.5	—	25.5	—	43	—	75	—	109	—	—	—	—	—	—	—	—

表 15-2-165　　允许的附加径向力 F_{R2}（作用于输出轴轴端中部）　　kN

类型	布置形式	规格																	
		1	2	3	4	5	6	7	8	9	10	11	12	13	14	15	16	17	18
TH2S.	A/B/G/H	—	—	8	10	22	22	30	30	30	45	64	64	150	150	140	205	205	205
	C/D	—	—	8	10	13	13	18	18	10	28	35	35	112	112	85	135	135	135
TH3S.	A/B/G/H	—	—	—	—	29	29	40	40	40	60	85	85	190	190	185	265	265	265
	C/D	—	—	—	—	18	18	26	26	18	40	50	50	150	150	120	185	185	190

续表

类型	布置形式	规格																	
		1	2	3	4	5	6	7	8	9	10	11	12	13	14	15	16	17	18
TH4S.	A/B	—	—	—	—	—	—	26	26	18	40	50	50	150	150	120	185	185	190
	C/D	—	—	—	—	—	—	40	40	40	60	85	85	190	190	185	265	265	265
TB2S.	A/C	7	10	10	13	27	27	37	37	38	55	78	78	160	160	150	210	210	210
	B/D	4	7	9	12	15	15	17	17	10	30	35	38	110	110	75	145	100	100
TB3S.	A/C	—	—	9	14	29	29	40	40	40	60	85	85	190	190	185	265	265	265
	B/D	—	—	7	9	18	18	26	26	18	40	50	50	150	150	120	185	185	190
TB4S.	A/C	—	—	—	—	29	29	40	40	40	60	85	85	190	190	185	265	265	265
	B/D	—	—	—	—	18	18	26	26	18	40	50	50	150	150	120	185	185	190

注：需要承受附加径向力时请与厂家联系，基础螺栓的最低性能等级为8.8级，基础必须干燥，不得有油脂。

2.10.5　减速器的选用

选用的减速器必须满足机械承载的额定功率及热平衡许用功率两方面要求。

1）计算传动比

$$i_s=\frac{n_1}{n_2} \tag{15-2-28}$$

式中　n_1——输入转速，r/min；

n_2——输出转速，r/min。

2）确定减速器的额定功率，应满足：

$$P_N \geqslant P_z f_1 f_2 f_3 f_4 \tag{15-2-29}$$

式中　P_N——减速器的额定功率，kW；

P_z——载荷功率，kW；

f_1——工作机系数，见表15-2-166；

f_2——原动机系数，见表15-2-167；

f_3——减速器安全系数，见表15-2-168；

f_4——启动系数，见表15-2-169。

3）校核最大转矩，如峰值工作转矩，启动转矩或制动转矩应满足要求：

$$P_N \geqslant \frac{T_A n_1}{9550} f_5 \tag{15-2-30}$$

式中　T_A——输入轴最大转矩，如峰值工作转矩、启动转矩或制动转矩，N·m；

f_5——峰值转矩系数，见表15-2-170。

4）检查输出轴上是否允许有附加载荷，许用附加径向力见表15-2-165。

5）确定供油方式：减速器卧式安装时采用浸油飞溅润滑；立式安装时可选浸油润滑或强制润滑。

6）校核热平衡功率

① 不带辅助冷却时，应满足：

$$P_z \leqslant P_G = P_{G1} f_6 f_7 f_8 f_9 \tag{15-2-31}$$

式中　P_G——减速器的热功率，kW；

P_{G1}——无辅助冷却装置的热功率，kW；

f_6——环境温度系数，见表15-2-171；

f_7——海拔高度系数，见表15-2-172；

f_8——立式安装减速器供油系数，见表15-2-173；

f_9——无辅助冷却装置减速器的热容量系数，见表15-2-174。

② 带有冷却风扇装置时应满足：

$$P_z \leqslant P_G = P_{G2} f_6 f_7 f_8 f_{10} \tag{15-2-32}$$

式中　P_{G2}——带冷却风扇装置时的热功率，kW；

f_{10}——带冷却风扇装置时的热容量系数，见表15-2-175。

表15-2-166　　工作机系数 f_1

工作机		日工作小时数			工作机		日工作小时数		
		≤0.5h	0.5~10h	>10h			≤0.5h	0.5~10h	>10h
污水处理	浓缩器(中心传动)	—	—	1.2	污水处理	曝气机	—	1.8	2.0
	压滤器	1.0	1.3	1.5		搂集设备	1.0	1.2	1.3
	絮凝器	0.8	1.0	1.3		纵向、回转组合接集装置	1.0	1.3	1.5

续表

工作机		日工作小时数		
		≤0.5h	0.5～10h	＞10h
污水处理	预浓缩器	—	1.1	1.3
	螺杆泵	—	1.3	1.5
	水轮机	—	—	2.0
	离心泵	1.0	1.2	1.3
	1 个活塞容积式泵	1.3	1.4	1.8
	＞1 个活塞容积式泵	1.2	1.4	1.5
挖泥机	斗式运输机	—	1.6	1.6
	倾卸装置	—	1.3	1.5
	Carteypillar 行走机构	1.2	1.6	1.8
	斗轮式挖掘机(用于捡拾)	—	1.7	1.7
	斗轮式挖掘机(用于粗料)	—	2.2	2.2
	切碎机	—	2.2	2.2
	行走机构		1.4	1.8
弯板机		—	1.0	1.0
化学工业	挤压机	—	—	1.6
	调浆机	—	1.8	1.8
	橡胶砑光机	—	1.5	1.5
	冷却圆筒	—	1.3	1.4
	混料机,用于均匀介质	1.0	1.3	1.4
	混料机,用于非均匀介质	1.4	1.6	1.7
	搅拌机,用于密度均匀介质	1.0	1.3	1.5
	搅拌机,用于非均匀介质	1.2	1.4	1.6
	搅拌机,用于不均匀气体吸收	1.4	1.6	1.8
	烘炉	1.0	1.3	1.5
	离心机	1.0	1.2	1.3
金属加工设备	翻板机	1.0	1.0	1.2
	推钢机	1.0	1.2	1.2
	绕线机	—	1.6	1.6
	冷床横移架	—	1.5	1.5
	辊式矫直机	—	1.6	1.6
	辊道(连续式)	—	1.5	1.5
	辊道(间歇式)	—	2.0	2.0
	可逆式轧管机	—	1.8	1.8
	剪切机(连续式)	—	1.5	1.5
	剪切机(曲柄式)	1.0	1.0	1.0
	连铸机驱动装置	—	1.4	1.4
	可逆式开坯机	—	2.5	2.5
	可逆式板坯轧机	—	2.5	2.5
	可逆式线材轧机	—	1.8	1.8
	可逆式薄板轧机	—	2.0	2.0

工作机		日工作小时数		
		≤0.5h	0.5～10h	＞10h
金属加工设备	可逆式中厚板轧机	—	1.8	1.8
	辊缝调节驱动装置	0.9	1.0	—
输送机械	斗式输送机	—	1.2	1.5
	绞车	1.4	1.6	1.6
	卷扬机		1.5	1.8
	带式输送机＜150kW	1.0	1.2	1.3
	带式输送机≥150kW	1.1	1.3	1.5
	货用电梯	—	1.2	1.5
	客用电梯	—	1.5	1.8
	刮板式输送机	—	1.2	1.5
	自动扶梯		1.2	1.4
	轨道行走机构	—	1.5	—
变频装置		—	1.8	2.0
往复式压缩机		—	1.8	1.9
起重机械	回转机构	2.5	2.5	3.0
	俯仰机构	2.5	2.5	3.0
	行走机构	2.5	3.0	3.0
	提升机构	2.5	2.5	3.0
	转臂式起重机	2.5	2.5	3.0
冷却塔	冷却塔风扇	—	—	2.0
	风机(轴流和离心式)	—	1.4	1.5
蔗糖生产	甘蔗切碎机	—	—	1.7
	甘蔗碾磨机	—	—	1.7
甜菜糖生产	甜菜绞碎机	—	—	1.2
	榨取机,机械制冷机,蒸煮机	—	—	1.4
	甜菜清洗机	—	—	1.5
	甜菜切碎机	—	—	1.5
造纸机械	各种类型	—	1.8	2.0
	碎浆机驱动装置	2.0	2.0	2.0
离心式压缩机		—	1.4	1.5
索道缆车	运货索道	—	1.3	1.4
	往返系统空中索道	—	1.6	1.8
	T 形杆升降机	—	1.3	1.4
	连续索道	—	1.4	1.6
水泥工业	混凝土搅拌器	—	1.5	1.5
	破碎机	—	1.2	1.4
	回转窑	—	—	2.0
	管式磨机	—	—	2.0
	选粉机	—	1.6	1.6
	辊压机	—	—	2.0

表 15-2-167　**原动机系数 f_2**

电动机，液压马达，汽轮机	1.0
4～6 缸活塞发动机	1.25
1～3 缸活塞发动机	1.5

表 15-2-168　**减速器安全系数 f_3**

重要性与安全要求	一般设备，减速器失效仅引起单机停产且易更换备件	重要设备，减速器失效引起机组、生产线或全厂停产	高度安全要求，减速器失效引起设备、人身事故
f_3	1.3～1.7	1.5～2.0	1.7～2.5

表 15-2-169　**启动系数 f_4**

每小时启动次数	$f_1 \times f_2 \times f_3$			
	1	1.25～1.75	2～2.75	≥3
≤5	1	1	1	1
6～25	1.2	1.12	1.06	1
26～60	1.3	1.2	1.12	1.06
61～180	1.5	1.3	1.2	1.12
>180	1.7	1.5	1.3	1.2

表 15-2-170　**峰值转矩系数 f_5**

项　目	每小时峰值负荷次数			
	1～5	6～30	31～100	>100
单向载荷	0.5	0.65	0.7	0.85
交变载荷	0.7	0.95	1.10	1.25

表 15-2-171　**环境温度系数 f_6**

不带辅助冷却装置或仅带冷却风扇					
环境温度/℃	每小时工作周期(ED)百分比/%				
	100	80	60	40	20
10	1.14	1.20	1.32	1.54	2.04
20	1.00	1.06	1.16	1.35	1.79
30	0.87	0.93	1.00	1.18	1.56
40	0.71	0.75	0.82	0.96	1.27
50	0.55	0.58	0.64	0.74	0.98

表 15-2-172　**海拔高度系数 f_7**

不带辅助冷却装置或仅带冷却风扇					
系数	海拔高度/m				
	高达 1000	高达 2000	高达 3000	高达 4000	高达 5000
f_7	1.0	0.95	0.90	0.85	0.80

表 15-2-173　**立式安装减速器供油系数 f_8**

类型	供油方式	规格 1～12				规格 13～18			
		不带辅助冷却装置	带冷却风扇	带冷却盘管	带风扇和冷却盘管	不带辅助冷却装置	带冷却风扇	带冷却盘管	带风扇和冷却盘管
TH2.V TH3.V TH4.V	浸油润滑	0.95	…	…	…	…	…	…	…
	强制润滑	1.15	…	…	…	1.15	…	…	…
TB2.V TB3.V TB4.V	浸油润滑	0.95	0.95	…	…	…	…	…	…
	强制润滑	1.15	1.10	…	…	1.15	1.10	…	…

注：…表示根据用户要求供货。

表 15-2-174　**无辅助冷却装置减速器的热容量系数 f_9**

类型	n /r·min^{-1}	传动比 i	狭小空间安装 风速≥1m/s 规格				室内大厅、大车间安装 风速≥2m/s 规格				室外安装 风速≥4m/s 规格			
			1～6	7～12	13～18	19～22	1～6	7～12	13～18	19～22	1～6	7～12	13～18	19～22
TH1SH	750	1.25～2	0.60	0.57	—	—	0.77	0.73	—	—	1.00	1.00	1.00	—
		2.24～5.6	0.67	0.64	0.61	0.56	0.81	0.79	0.75	0.74	1.00	1.00	1.00	1.00
	1000	1.25～2	0.55	—	—	—	0.72	0.63	—	—	0.99	0.90	—	—
		2.24～5.6	0.69	0.59	0.53	—	0.85	0.76	0.66	0.50	1.07	0.99	0.92	0.78
	1500	1.25～2	0.43	—	—	—	0.63	—	—	—	0.92	—	—	—
		2.24～3.55	0.56	—	—	—	0.76	0.56	—	—	1.04	0.86	—	—
		4～5.6	0.74	0.52	—	—	0.93	0.69	—	—	1.19	0.96	0.76	—

续表

类型	n /r·min^{-1}	传动比 i	狭小空间安装 风速≥1m/s				室内大厅、大车间安装 风速≥2m/s				室外安装 风速≥4m/s			
			规格				规格				规格			
			1～6	7～12	13～18	19～22	1～6	7～12	13～18	19～22	1～6	7～12	13～18	19～22
TH2.. TB2..	750	5～9	0.66	0.58	0.60	0.60	0.81	0.76	0.74	0.76	1.00	1.00	1.00	1.00
		10～28	0.71	0.68	0.67	0.68	0.83	0.82	0.81	0.81	1.00	1.00	1.00	1.00
	1000	5～9	0.66	0.54	0.51	—	0.83	0.69	0.65	—	1.06	0.95	0.90	0.97
		10～28	0.75	0.68	0.66	0.63	0.90	0.84	0.80	0.77	1.10	1.06	1.03	0.99
TH2.. TB2..	1500	5～6.3	0.56	—	—	—	0.76	0.59	—	—	1.05	0.88	—	—
		7～9	0.64	0.47	—	—	0.82	0.62	—	—	1.10	0.87	0.81	—
		10～16	0.75	0.56	0.54	—	0.94	0.71	0.67	—	1.20	0.98	0.93	0.83
		18～28	0.81	0.69	0.63	—	0.99	0.88	0.78	0.68	1.24	1.14	1.05	0.93
TH3.. TB3..	750	12.5～112	0.71	0.70	0.70	0.70	0.83	0.83	0.83	0.82	1.00	1.00	1.00	1.00
	1000	12.5～112	0.76	0.74	0.71	0.70	0.90	0.89	0.86	0.84	1.09	1.09	1.07	1.05
	1500	12.5～31.5	0.77	0.62	0.54	0.53	0.96	0.82	0.67	0.65	1.21	1.10	0.95	0.88
		35.5～56	0.83	0.78	0.69	0.64	1.00	0.96	0.87	0.81	1.23	1.20	1.12	1.07
		63～112	0.87	0.87	0.84	0.81	1.03	1.03	1.00	0.97	1.24	1.24	1.23	1.20
TH4.. TB4..	750	80～450	0.71	0.72	0.73	0.73	0.84	0.85	0.85	0.85	1.00	1.00	1.00	1.00
	1000	80～450	0.76	0.77	0.78	0.78	0.90	0.91	0.91	0.91	1.09	1.09	1.09	1.09
	1500	80～112	0.79	0.82	0.80	0.72	0.98	0.99	0.98	0.94	1.21	1.21	1.20	1.18
		125～450	0.84	0.86	0.85	0.85	1.01	1.02	1.01	1.01	1.23	1.23	1.22	1.22

注：表中短画线“—”表示需要辅助冷却装置。

表 15-2-175 带冷却风扇的减速器热容量系数 f_{10}

类型	n /r·min^{-1}	传动比 i	狭小空间安装 风速≥1m/s				室内大厅、大车间安装 风速≥2m/s				室外安装 风速≥4m/s			
			规格				规格				规格			
			1～6	7～12	13～18	19～22	1～6	7～12	13～18	19～22	1～6	7～12	13～18	19～22
TH1SH TH2.. TH3.. TB2.. TB3..	750	1.25～112	0.89	0.93	0.98	0.98	0.93	0.95	0.99	0.99	1.00	1.00	1.00	1.00
	1000		1.07	1.13	1.16	1.18	1.11	1.15	1.17	1.17	1.18	1.19	1.19	1.19
	1500		1.41	1.46	1.45	1.44	1.43	1.47	1.45	1.44	1.49	1.51	1.46	1.46

第 3 章　机器人减速器及产品

3.1　谐波减速器原理与结构

3.1.1　谐波齿轮变速原理

（1）基本结构

谐波减速器（harmonic gear reducers）是用于减速的谐波齿轮传动装置，其基本结构如图 15-3-1 所示。减速器主要有刚轮、柔轮、谐波发生器 3 个基本部件，固定其中的任意 1 个，其余 2 个部件可分别连接输入（主动）、输出（从动），以实现减速或增速。

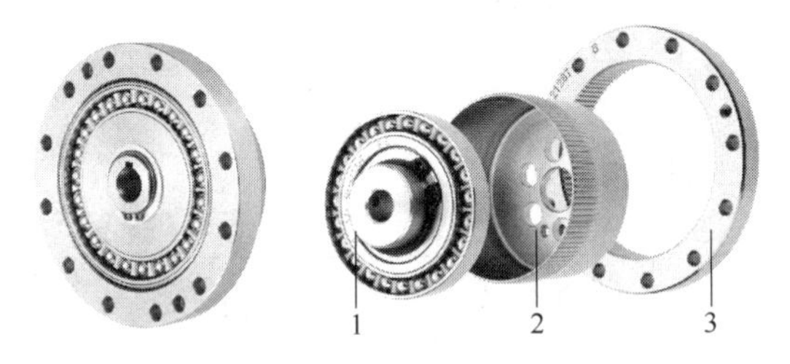

图 15-3-1　谐波减速器的基本结构
1—谐波发生器；2—柔轮；3—刚轮

① 刚轮。刚轮（circular spline）是一个加工有连接孔的刚性内齿圈，其齿数比柔轮略多（一般多 2 或 4 齿）。刚轮通常用于减速器安装和固定，在超薄型或微型减速器上，刚轮一般与交叉滚子轴承（cross roller bearing，简称 CRB）设计成一体，构成减速器单元。

② 柔轮。柔轮（flex spline）是一个可产生较大变形的薄壁金属弹性体，有水杯、礼帽、薄饼等形状。柔轮通过外齿圈与刚轮啮合，通常用来连接输出轴。

③ 谐波发生器。谐波发生器（wave generator）又称波发生器，其内侧是一个椭圆形的凸轮，凸轮外圆套有一个能弹性变形的柔性滚动轴承（flexible rolling bearing），轴承外圈与柔轮外齿圈的内侧接触。凸轮装入轴承内圈后，轴承、柔轮均将变成椭圆形，并使椭圆长轴附近的柔轮齿与刚轮齿完全啮合，短轴附近的柔轮齿与刚轮齿完全脱开。凸轮通常与输入轴连接，它旋转时可使柔轮齿与刚轮齿的啮合位置不断改变。

（2）变速原理

谐波减速器的基本变速原理如图 15-3-2 所示。假设旋转开始时刻，谐波发生器椭圆凸轮的长轴位于 0°位置、柔轮基准齿位于刚轮 0°位置，当椭圆凸轮顺时针旋转时，柔轮和刚轮啮合的齿顺时针移动。

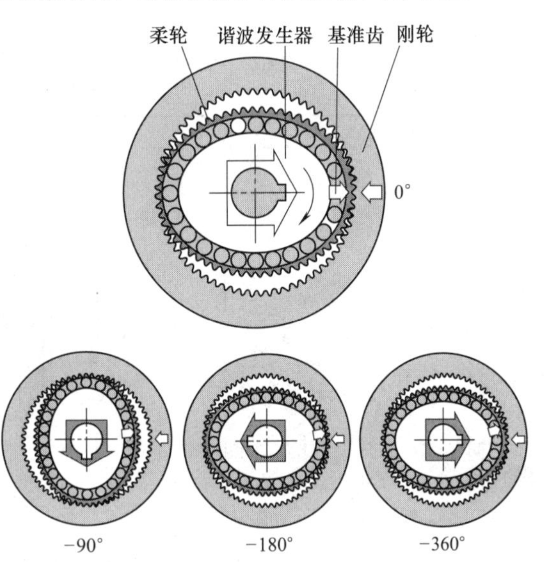

图 15-3-2　谐波减速器变速原理

如减速器刚轮固定，由于柔轮的齿形和刚轮相同但齿数少于刚轮（如 2 齿），因此，当椭圆长轴到达刚轮 −90°位置时，柔轮所转过的角度将大于 90°，如齿差为 2，柔轮的基准齿将逆时针偏离刚轮 0°位置 0.5 个齿；进而，当椭圆长轴到达刚轮 −180°位置时，柔轮基准齿将逆时针偏离刚轮 0°位置 1 个齿；如椭圆长轴绕柔轮回转一周，柔轮的基准齿将逆时针偏离刚轮 0°位置一个齿差（2 个齿）。

因此，当刚轮固定、谐波发生器凸轮连接输入轴、柔轮连接输出轴时，输入轴顺时针旋转 1 转（−360°），输出轴将相对于固定的刚轮逆时针转过一个齿差（2 个齿）。假设柔轮齿数为 Z_f、刚轮齿数为 Z_c，输出/输入的转速比为：

$$i_1=\frac{Z_c-Z_f}{Z_f} \tag{15-3-1}$$

同样，如谐波减速器柔轮固定、刚轮旋转，当输入轴顺时针旋转 1 转（−360°）时，将使刚轮的基准齿顺时针偏离柔轮一个齿差，其偏移的角度为：

$$\theta=\frac{Z_c-Z_f}{Z_c}\times 360°$$

其输出/输入的转速比为：

$$i_2=\frac{Z_c-Z_f}{Z_c} \quad (15\text{-}3\text{-}2)$$

这就是谐波齿轮传动装置的减速原理。

反之，如谐波减速器的刚轮固定、柔轮连接输入轴、谐波发生器凸轮连接输出轴，则柔轮旋转时，将迫使谐波发生器快速回转，起到增速的作用。减速器柔轮固定、刚轮连接输入轴、谐波发生器凸轮连接输出轴的情况类似。这就是谐波齿轮传动装置的增速原理。

（3）减速比

在谐波减速器上，将刚轮固定、谐波发生器连接输入轴、柔轮连接输出轴时的传动比（输入转速与输出转速之比），定义为基本减速比 R，即

$$R=\frac{Z_f}{Z_c-Z_f} \quad (15\text{-}3\text{-}3)$$

式中　R——谐波减速器基本减速比；

Z_f——减速器柔轮齿数；

Z_c——减速器刚轮齿数。

这样，通过不同方式的安装，谐波齿轮传动装置将有表 15-3-1 所示的 6 种不同用途和不同输出/输入速比，速比为负值时，代表输出轴转向和输入轴相反。

表 15-3-1　　谐波齿轮传动装置的安装方式与速比

序号	安装方式	安装示意图	用途	输出/输入速比
1	刚轮固定、谐波发生器输入、柔轮输出	固定 输出 输入	减速，输入、输出轴转向相反	$-\frac{1}{R}$
2	柔轮固定、谐波发生器输入、刚轮输出	输出 固定 输入	减速，输入、输出轴转向相同	$\frac{1}{R+1}$
3	谐波发生器固定、柔轮输入、刚轮输出	输出 输入 固定	减速，输入、输出轴转向相同	$\frac{R}{R+1}$
4	谐波发生器固定、刚轮输入、柔轮输出	输入 输出 固定	增速，输入、输出轴转向相同	$\frac{R+1}{R}$

续表

序号	安装方式	安装示意图	用途	输出/输入速比
5	刚轮固定、柔轮输入、谐波发生器输出	固定 输入 输出	增速，输入、输出轴转向相反	$-R$
6	柔轮固定、刚轮输入、谐波发生器输出	输入 固定 输出	增速，输入、输出轴转向相同	$R+1$

(4) 主要特点

① 承载能力强，传动精度高。谐波齿轮传动装置有两个 180°对称方向的部位同时啮合，其同时啮合齿数可达 30%以上，减速器承载能力强，齿距误差和累积齿距误差可得到较好的均化，传动误差比普通齿轮传动装置小。

② 减速比大，传动效率较高。谐波齿轮传动的基本减速比为 30～320，额定负载输出时的传动效率可达 0.65～0.96，均大于普通齿轮传动装置。

③ 结构简单，体积小，重量轻，寿命长。谐波齿轮传动装置只有 3 个基本部件，体积、重量大致为普通齿轮传动装置的 1/3 左右。此外，在传动过程中，柔轮齿只进行均匀的径向移动，齿间相对滑移速度只有普通渐开线齿轮传动的 1%左右。加上啮合的齿数多、轮齿单位面积的载荷小、运动无冲击，因此，齿磨损较小，使用寿命可长达 7000h 以上。

④ 传动平稳，无冲击，噪声小。谐波齿轮传动装置可通过特殊的齿形设计使柔轮和刚轮的啮合、退出过程实现连续渐进、渐出，齿面滑移速度无突变，其传动平稳，啮合无冲击，运行噪声小。

⑤ 间隙小，安装调整方便。谐波齿轮传动装置的柔轮和刚轮啮合间隙可通过微量改变谐波发生器的外径调整，做到无侧隙啮合。传动装置有各种不同的结构形式，用户根据可自己的需要选择结构和安装方式，使用灵活、方便。

3.1.2　谐波减速器结构

(1) 结构类型与输入连接

谐波减速器有部件型 (component type)、单元型 (unit type)、简易单元型 (simple unit type)、齿轮箱型 (gear head type)、微型 (mini type) 及超微型 (supermini type) 5 类，以部件型、单元型、简易单元型为常用。减速器柔轮有水杯形 (cup type)、礼帽形 (silk hat type)、薄饼形 (pancake type) 3 种，水杯形、礼帽形柔轮还可根据轴向长度选择标准型 (standard) 和超薄型 (super flat) 2 类。

我国现行的 GB/T 30819—2014 标准，目前只规定了部件 (component)、整机 (unit) 2 种结构，“整机”结构就是单元型减速器；柔轮形状上也只规定了杯形 (cup) 和中空礼帽形 (hollow) 2 种，轴向长度分为标准型 (standard) 和短筒型 (dwarf) 2 类，短筒型就是超薄型。

谐波减速器用于大比例减速时，谐波发生器凸轮需要连接输入轴，两者的连接型式有刚性连接和柔性连接 2 类。

刚性连接的谐波发生器凸轮和输入轴直接采用图 15-3-3 所示的轴孔、平键或法兰、螺钉等方式连接。刚性连接的减速器输入传动部件结构简单、外形紧凑，但对输入轴和减速器的同轴度要求较高，故多用于薄饼形、超薄型、中空型谐波减速器。

柔性连接的谐波减速器，其谐波发生器凸轮和输入轴间采用图 15-3-4 所示的奥尔德姆联轴器 (Oldman’s coupling，俗称十字滑块联轴器) 连接。联轴器滑块可十字滑动，自动调整输入轴与输出轴的偏心，降低输入轴和输出轴的同轴度要求。

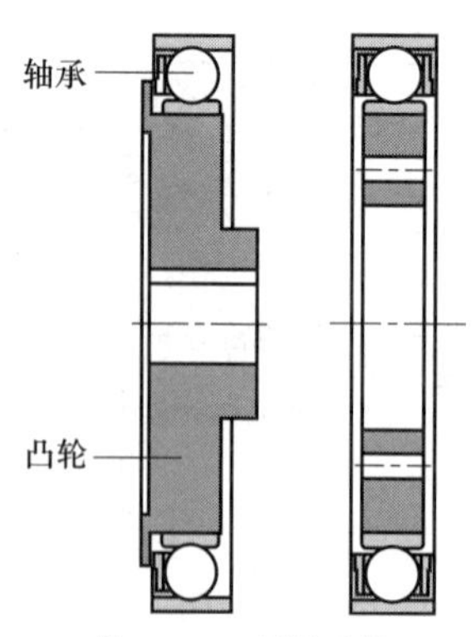

图 15-3-3　刚性连接

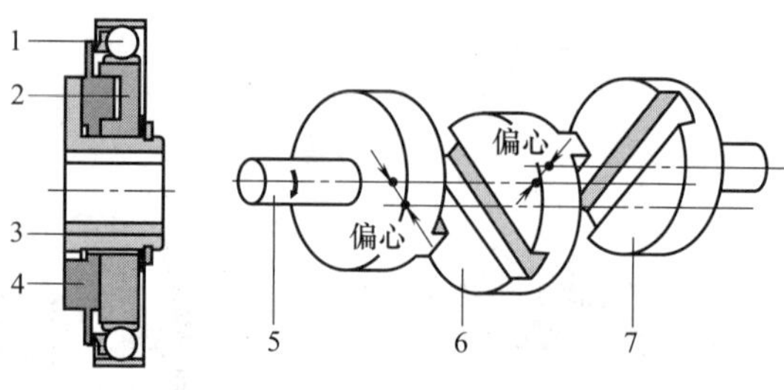

图 15-3-4　柔性连接与联轴器原理

1—轴承；2,7—输出轴（凸轮）；3,5—输入轴（轴套）；4,6—滑块

（2）部件型减速器（表 15-3-2）

表 15-3-2　**部件型谐波减速器的外形、结构、特点和典型用途**

柔轮形状	输入形式	产品外形	结构示意	基本特点	典型用途
水杯形	标准轴孔		刚轮 柔轮 凸轮 轴套 联轴器	① 谐波发生器、刚轮、柔轮为可分离部件，减速器使用方便 ② 柔轮采用水杯形结构，减速器外径小，安装连接方便 ③ 谐波发生器输入组件包括带键槽轴套、奥尔德姆联轴器、凸轮、轴承、卡簧等零件。联轴器具有轴心自动调整功能，轴套采用标准轴孔可直接连接电动机轴或输入轴 ④ 一般采用脂润滑，使用时需要填充润滑脂	通用产品，可用于各类工业机器人
礼帽形	标准轴孔		柔轮 刚轮 凸轮 轴套 联轴器	① 谐波发生器、刚轮、柔轮为可分离部件，减速器使用方便 ② 柔轮采用大直径、中空敞开的礼帽形结构，减速器外径较大。柔轮内部可安装其他传动部件，对支承面的安装公差要求相对较低 ③ 谐波发生器组件包括带键槽轴套、奥尔德姆联轴器、椭圆凸轮、轴承、卡簧等零件。联轴器具有轴心自动调整功能，轴套采用标准轴孔，可直接连接电动机轴 ④ 一般采用脂润滑，使用时需要填充润滑脂	通用产品，可用于各类工业机器人，特别是内部需要安装其他传动部件的垂直串联机器人手腕、SCARA 结构机器人等
薄饼形	标准轴孔		刚轮S 刚轮D 凸轮 柔轮	① 采用双刚轮结构，刚轮 D 和柔轮间存在齿差，用来实现变速；刚轮 S 齿数和柔轮相同，用来替代柔轮连接或安装固定 ② 柔轮为薄壁外齿圈，结构紧凑，但不能直接连接输出部件及安装固定 ③ 凸轮和输入轴采用标准轴孔、刚性连接，不具备中心自动调整功能，输入轴的安装公差要求高 ④ 柔轮与输出间存在柔轮-刚轮 S-输出 2 级齿轮传动，减速器间隙（空程）较大，最高转速较低 ⑤ 谐波发生器、柔轮轴向可自由运动，使用时需要防止轴向窜动 ⑥ 润滑要求高，高速、长时间连续工作的减速器需要采用润滑油润滑	用于安装空间受限、传动精度要求不高、输入转速较低的搬运、装卸类机器人

（3）单元型减速器（表 15-3-3）

表 15-3-3　　单元型谐波减速器的外形、结构、特点和典型用途

柔轮形状	输入形式	产品外形	结构示意	基本特点	典型用途
水杯形	标准轴孔		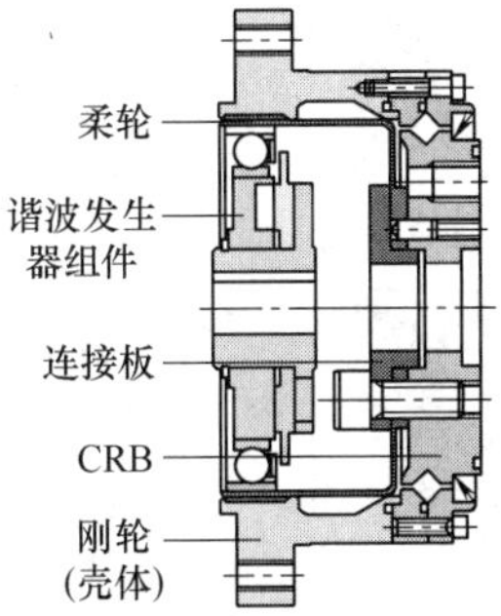	① 刚轮、柔轮间安装有 CRB 轴承。刚轮齿直接加工在壳体上，并与 CRB 外圈连为一体；柔轮为水杯形，通过连接板和 CRB 内圈连接为一体 ② 谐波发生器组件结构与部件型减速器相同，输入轴为标准轴孔连接，联轴器具有轴心自动调整功能，可直接连接电动机轴 ③ 用壳体替代刚轮、CRB 内圈替代柔轮进行安装和连接，能同时承受径向、轴向载荷，可直接连接负载，减速器使用简单；但对壳体、输出连接端面、定位孔的公差要求较高 ④ 出厂时已充填润滑脂，只需定期更换	通用产品，可用于需要直接连接负载的各类工业机器人
	中空法兰		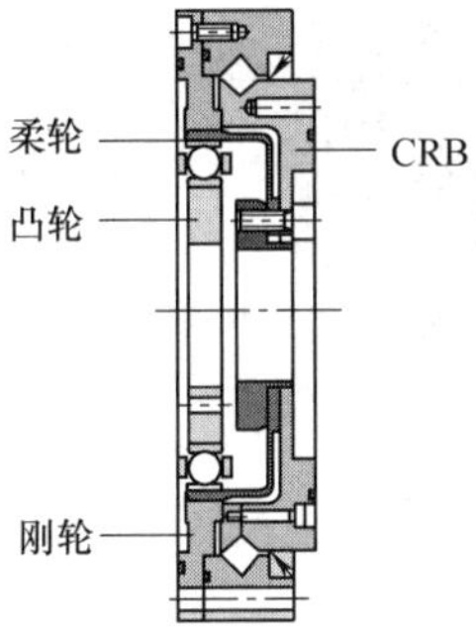	① 刚轮、柔轮间安装有 CRB 轴承，刚轮与 CRB 外圈、柔轮与 CRB 内圈连接成一体，能同时承受径向、轴向载荷，可直接连接负载 ② 柔轮为超薄、水杯形结构，减速单元外径和轴向长度小、结构紧凑 ③ 谐波发生器凸轮与输入轴为法兰刚性连接，不具备中心自动调整功能，单元对安装、连接部件的公差要求高 ④ 凸轮、柔轮、CRB 轴承内圈均为中空结构，内部可布置其他传动部件或线缆、管路，使用简单，安装方便 ⑤ 出厂时已充填润滑脂，只需定期更换	安装空间受限，内部需要布置传动部件或线缆、管路的垂直串联机器人手腕、SCARA 结构机器人、密封型涂装机器人等
	法兰		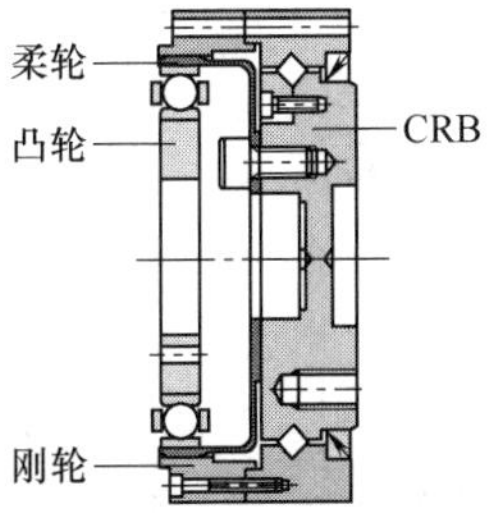	① 刚轮、柔轮间安装有 CRB 轴承，刚轮与 CRB 外圈、柔轮与 CRB 内圈连接成一体，能同时承受径向、轴向载荷，可直接连接负载 ② 柔轮为超薄、水杯形结构，单元外径和轴向长度小，结构紧凑 ③ 谐波发生器凸轮与输入轴为法兰刚性连接，不具备中心自动调整功能，单元对安装、连接部件的公差要求高 ④ CRB 内圈不为中空，不能布置其他传动部件或线缆、管路 ⑤ 出厂时已充填润滑脂，只需定期更换	安装空间受限，无需内部布置传动部件或线缆、管路的垂直串联机器人手腕、SCARA 结构机器人等

续表

柔轮形状	输入形式	产品外形	结构示意	基本特点	典型用途
礼帽形	中空轴		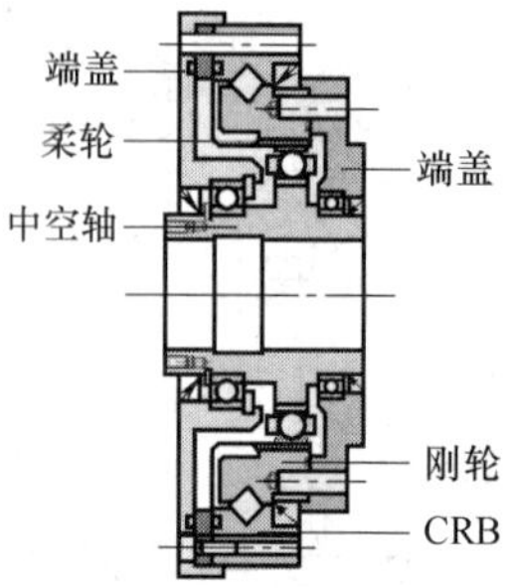	① 柔轮为礼帽形，刚轮、柔轮间安装有 CRB 轴承，刚轮与 CRB 内圈、柔轮与 CRB 外圈连接成一体，能同时承受径向、轴向载荷，可直接连接负载 ② 谐波发生器凸轮直接加工在中空轴上，前后端安装有支承轴承、端盖，前端盖与柔轮、CRB 外圈连接，后端盖与刚轮、CRB 内圈连接 ③ 谐波发生器中空轴与输入间为法兰刚性连接，不具备中心自动调整功能，单元对安装、连接部件的公差要求高 ④ 单元内部可布置其他传动部件或线缆、管路，使用简单，安装方便 ⑤ 出厂时已充填润滑脂，只需定期更换	需要内部布置传动部件或线缆、管路的垂直串联机器人本体、手腕以及 SCARA 结构机器人、密封型涂装机器人等
	带键平轴		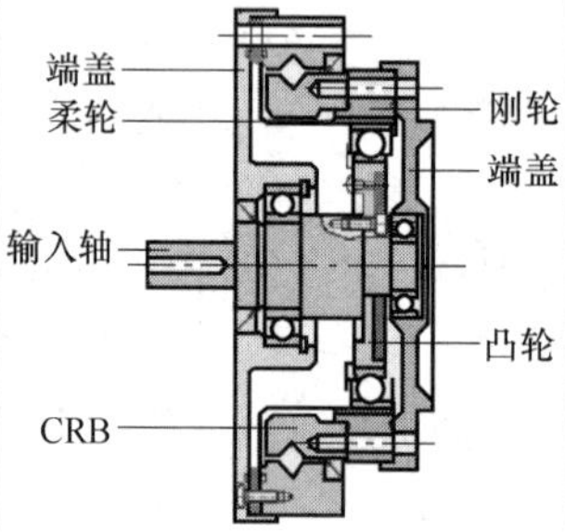	① 柔轮为礼帽形，刚轮、柔轮间安装有 CRB 轴承，刚轮与 CRB 内圈、柔轮与 CRB 外圈连接成一体，能同时承受径向、轴向载荷，可直接连接负载 ② 谐波发生器凸轮安装在输入轴上，轴前后端安装有支承轴承、端盖，前端盖与柔轮、CRB 外圈连成一体，后端盖与刚轮、CRB 内圈连成一体 ③ 谐波发生器凸轮与输入间采用带键平轴、刚性连接，不具备中心自动调整功能，单元对安装、连接部件的公差要求高 ④ 谐波发生器输入轴可直接安装同步带轮、齿轮等，单元使用简单，安装方便 ⑤ 出厂时已充填润滑脂，只需定期更换	垂直串联机器人手腕、SCARA 结构机器人的末端关节

（4）简易单元型减速器（表 15-3-4）

表 15-3-4　简易单元型谐波减速器的外形、结构、特点和典型用途

柔轮形状	输入形式	产品外形	结构示意	基本特点	典型用途
礼帽形	标准轴孔		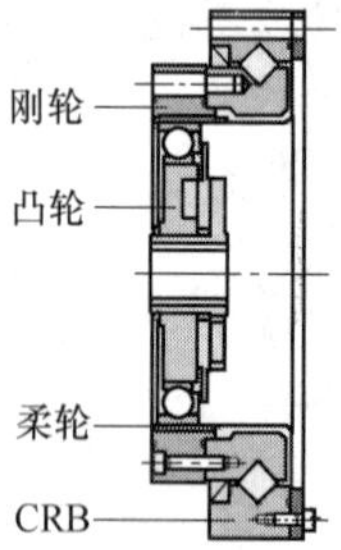	① 柔轮为礼帽形，刚轮、柔轮间安装有 CRB 轴承，刚轮与 CRB 内圈、柔轮与 CRB 外圈连接成一体，能同时承受径向、轴向载荷，可直接连接负载 ② 谐波发生器凸轮与输入间采用标准轴孔输入组件连接，联轴器具有轴心自动调整功能，可直接连接电动机轴 ③ 单元型减速器的简化，无壳体、端盖等部件，结构紧凑，体积小，性能、价格介于部件型和单元型之间 ④ 一般采用脂润滑，需要设计防溅挡板、填充润滑脂	安装空间受限，内部无需布置线缆、管路的垂直串联机器人手腕、SCARA 结构机器人等

续表

柔轮形状	输入形式	产品外形	结构示意	基本特点	典型用途
礼帽形	中空轴			① 柔轮为礼帽形，刚轮、柔轮间安装有 CRB 轴承，刚轮与 CRB 内圈、柔轮与 CRB 外圈连接成一体，能同时承受径向、轴向载荷，可直接连接负载 ② 谐波发生器凸轮直接加工在中空轴上，轴前后端无支承轴承、端盖，其结构紧凑，体积小 ③ 谐波发生器凸轮与输入间采用中空轴、法兰刚性连接，不具备中心自动调整功能，单元对安装、连接部件的公差要求高 ④ 内部可布置传动部件或线缆、管路，使用简单，安装方便 ⑤ 一般采用润滑脂润滑，需要设计防溅挡板、填充润滑脂	安装空间受限，需要内部布置传动部件或线缆、管路的垂直串联机器人手腕、SCARA 结构机器人等
礼帽形	中空法兰			① 柔轮为礼帽形，刚轮齿直接加工在 CRB 轴承内圈上，柔轮与 CRB 外圈连接成一体，能同时承受径向、轴向载荷，可直接连接负载 ② 谐波发生器采用中空法兰刚性连接，不具备中心自动调整功能，单元对安装、连接部件的公差要求高 ③ 单元结构最紧凑、轴向长度最短，内部可布置其他传动部件或线缆、管路，使用简单，安装方便 ④ 一般采用润滑脂润滑，需要设计防溅挡板、填充润滑脂	安装空间受限、需要内部布置传动部件或线缆、管路的垂直串联机器人手腕、SCARA 结构机器人等

3.1.3 谐波减速器主要技术参数

(1) 规格代号

谐波减速器规格代号以柔轮节圆直径（单位：0.1in，0.1in＝2.54mm）表示，常用规格代号与柔轮节圆直径的对照如表 15-3-5 所示。

(2) 输出转矩

额定转矩（rated torque）：谐波减速器在输入转速为 2000r/min 情况下连续工作时，减速器输出侧允许的最大负载转矩。

启制动峰值转矩（peak torque for start and stop）：谐波减速器在正常启制动时，短时间允许的最大负载转矩。

瞬间最大转矩（maximum momentary torque）：谐波减速器工作出现异常时（如机器人冲击、碰撞），为保证减速器不损坏，瞬间允许的负载转矩极限值。

额定输出转矩、启制动转矩、瞬间最大转矩的含义如图 15-3-5 所示。

最大平均转矩（Permissible maximum value of average load torque）和最高平均转速（Permissible average input rotational speed）：最大平均转矩和最高平均转速是谐波减速器连续工作时所允许的最大等效负载转矩和最高等效输入转速值。

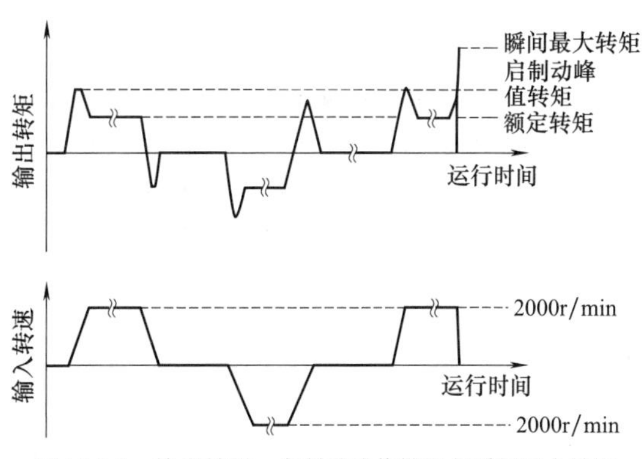

图 15-3-5　输出转矩、启制动峰值转矩与瞬间最大转矩

谐波减速器实际工作时的等效负载转矩、等效输入转速，可根据减速器的实际运行状态计算得到，对于图 15-3-6 所示的减速器运行，其计算式如下。

表 15-3-5　　规格代号与柔轮节圆直径对照表

规格代号	8	11	14	17	20	25	32	40	45	50	58	65
节圆直径/mm	20.32	27.94	35.56	43.18	50.80	63.5	81.28	101.6	114.3	127	147.32	165.1

$$T_{av}=\sqrt[3]{\frac{n_1t_1|T_1|^3+n_2t_2|T_2|^3+\cdots+n_nt_n|T_n|^3}{n_1t_1+n_2t_2+\cdots+n_nt_n}}$$

$$N_{av}=N_{oav}R=\frac{n_1t_1+n_2t_2+\cdots+n_nt_n}{t_1+t_2+\cdots+t_n}R \tag{15-3-4}$$

式中　T_{av}——等效负载转矩，N·m；

N_{av}——等效输入转速，r/min；

N_{oav}——等效负载（输出）转速，r/min；

n_n——各段工作转速，r/min；

t_n——各段工作时间，h、s 或 min；

T_n——各段负载转矩，N·m；

R——基本减速比。

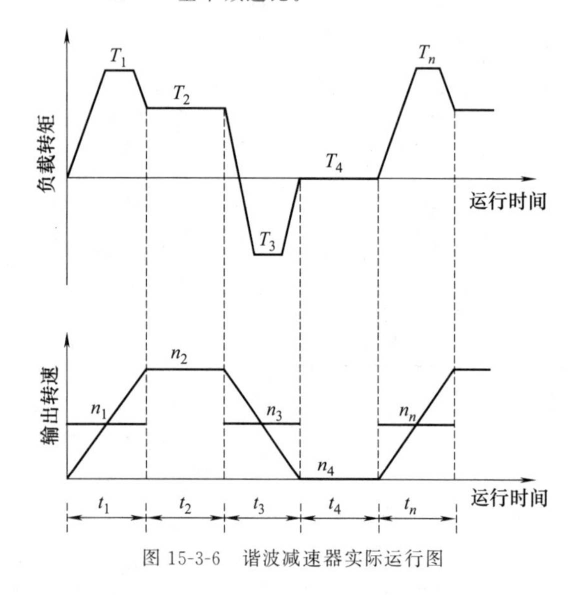

图 15-3-6　谐波减速器实际运行图

启动转矩（starting torgue）：又称启动开始转矩（On starting torgue），它是在空载、环境温度为 20℃ 的条件下，谐波减速器用于减速时，输出侧开始运动的瞬间，所测得的输入侧需要施加的最大转矩值。

增速启动转矩（on overdrive starting torque）：在空载、环境温度为 20℃ 的条件下，谐波减速器用于增速时，在输出侧（谐波发生器输入轴）开始运动的瞬间，所测得的输入侧（柔轮）需要施加的最大转矩值。

空载运行转矩（on no-load running torque）：谐波减速器用于减速时，在规定的润滑条件下，以 2000r/min 的输入转速空载运行 2h 后，所测得的输入转矩值。空载运行转矩与输入转速、减速比、环境温度等有关，它需要根据输入转速、减速比、温度进行修整。

（3）使用寿命

额定寿命（rated life）：谐波减速器在正常使用时，出现 10% 产品损坏的理论使用时间（h）。

平均寿命（average life）：谐波减速器在正常使用时，出现 50% 产品损坏的理论使用时间（h）。谐波减速器的使用寿命与工作时的负载转矩、输入转速有关，其计算式如下。

$$L_h=L_n\left(\frac{T_r}{T_{av}}\right)^3\frac{N_r}{N_{av}} \tag{15-3-5}$$

式中　L_h——实际使用寿命，h；

L_n——理论寿命，h；

T_r——额定转矩，N·m；

T_{av}——等效负载转矩，N·m；

N_r——额定转速，r/min；

N_{av}——等效输入转速，r/min。

（4）强度

强度（Intensity）以负载冲击次数衡量，减速器的等效负载冲击次数可按式（15-3-6）计算，此值不能超过减速器允许的最大冲击次数（一般为 10000 次）。

$$N=\frac{3\times10^5}{nt} \tag{15-3-6}$$

式中　N——等效负载冲击次数；

n——冲击时的实际输入转速，r/min；

t——冲击负载持续时间，s。

（5）刚度

谐波减速器刚度（rigidity）是指减速器的扭转刚度（torsional stiffness），常用滞后量（hysteresis loss）、弹性系数（spring constants）衡量。

滞后量（hysteresis loss）：减速器本身摩擦转矩产生的弹性变形误差 θ 与减速器规格和减速比有关，结构型式相同的谐波减速器规格和减速比越大，滞后量就越小。

弹性系数（spring constants）：以负载转矩 T 与弹性变形误差 θ 的比值衡量。弹性系数越大，同样负载转矩下谐波减速器所产生的弹性变形误差 θ 就越小，刚度就越高。

弹性变形误差 θ 与负载转矩的关系如图 15-3-7（a）所示。在工程设计时，常用图 15-3-7（b）所示的三段直线等效，图中 T_r 为减速器额定输出转矩。

等效直线段的 $\Delta T/\Delta\theta$ 值 K_1、K_2、K_3 就是谐波

减速器的弹性系数，它通常由减速器生产厂家提供。弹性系数确定时，便可通过式（15-3-7）计算出谐波减速器在对应负载段的弹性变形误差 $\Delta\theta$。

$$\Delta\theta=\frac{\Delta T}{K_i} \tag{15-3-7}$$

式中　$\Delta\theta$——弹性变形误差，rad；

ΔT——等效直线段的转矩增量，N·m；

K_i——等效直线段的弹性系数，N·m/rad。

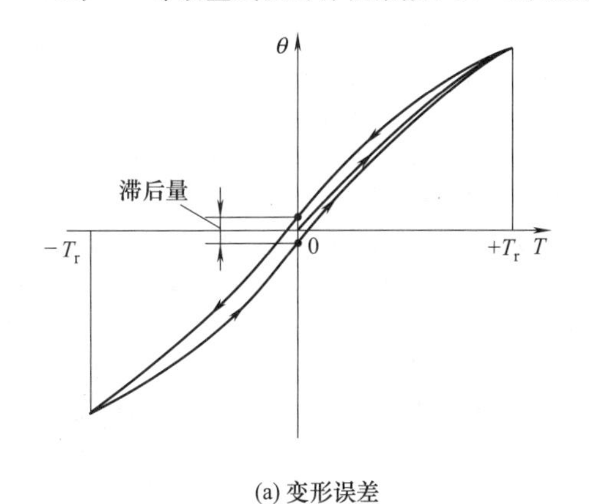

(a) 变形误差

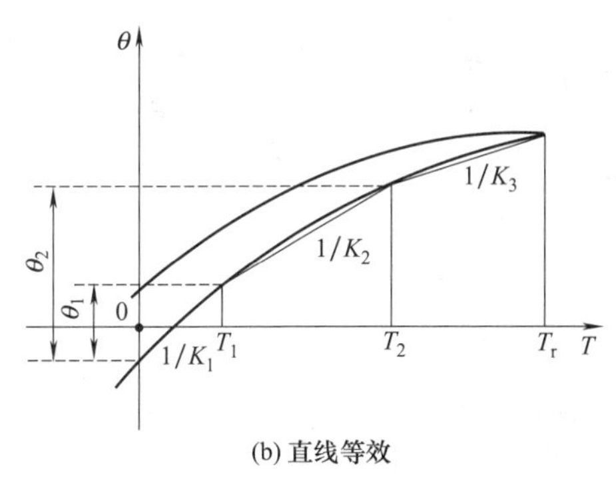

(b) 直线等效

图 15-3-7　谐波减速器的弹性变形误差

谐波减速器弹性系数与减速器结构、规格、基本减速比有关。结构相同时，减速器规格和基本减速比越大，弹性系数也越大。

薄饼形柔轮的谐波减速器以及我国 GB/T 30819—2014 标准定义的减速器，其刚度参数有所不同，详见谐波减速器产品说明。

（6）最大背隙

最大背隙（maximum backlash quantity）是减速器在空载、环境温度为 20℃ 的条件下，输出侧开始运动瞬间，所测得的输入侧最大角位移。我国 GB/T 30819—2014 标准定义的减速器背隙有所不同，详见国产谐波减速器产品说明。

进口谐波减速器（如哈默纳科）刚轮与柔轮的齿间啮合间隙几乎为 0，背隙主要由谐波发生器输入组件上的奥尔德姆联轴器（Oldman's coupling）产生，因此，输入为刚性连接的减速器，可以认为无背隙。

（7）传动精度

谐波减速器传动精度又称角传动精度（angle transmission accuracy），它是谐波减速器用于减速时，在图 15-3-8 所示的任意 360°输出范围上，用实际输出转角 θ_2 和理论输出转角 θ_1/R 间的最大差值 θ_{er} 衡量，θ_{er} 值越小，传动精度就越高。传动精度的计算如式（15-3-8）：

$$\theta_{er}=\theta_2-\frac{\theta_1}{R} \tag{15-3-8}$$

式中　θ_{er}——传动精度，rad；

θ_1——1∶1 传动时的理论输出转角，rad；

θ_2——实际输出转角，rad；

R——谐波减速器基本速比。

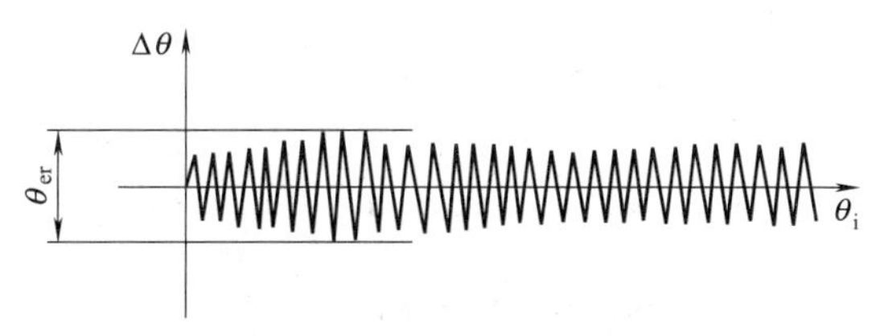

图 15-3-8　谐波减速器的传动精度

谐波减速器的传动精度与减速器结构、规格、减速比等有关。结构相同时，减速器规格和减速比越大，传动精度越高。

（8）传动效率

谐波减速器的传动效率与减速比、输入转速、负载转矩、工作温度、润滑条件等诸多因素有关。减速器生产厂家出品样本中所提供的传动效率 η_r，一般是指输入转速 2000r/min、输出转矩为额定值、工作温度为 20℃、使用规定润滑方式下所测得的效率值。部分减速器可提供典型输入转速（如 500、1000、2000、3500r/min）下的基本传动效率随温度变化曲线。

谐波减速器传动效率受输出转矩的影响很大，当输出转矩低于额定值时，需要根据负载转矩比 α（$\alpha=T_{av}/T_r$），按生产厂家提供修整系数 K_e 曲线，利用式（15-3-9）修整传动效率。

$$\eta_{av}=K_e\eta_r \tag{15-3-9}$$

式中　η_{av}——实际传动效率；

K_e——修整系数；

η_r——传动效率或基本传动效率。

3.2　谐波减速器选择、安装与使用

3.2.1　谐波减速器选择

（1）基本参数计算与校验

谐波减速器的结构型式、传动精度、背隙等基本参数可根据传动系统要求确定，在此基础上，可通过如下方法确定其他技术参数、初选产品，并进行技术性能校验。

① 计算要求减速比。传动系统要求的谐波减速器减速比，可根据传动系统最高输入转速、最高输出转速，按式（15-3-10）计算：

$$r=\frac{n_{\rm imax}}{n_{\rm omax}} \tag{15-3-10}$$

式中　r——要求减速比；

$n_{\rm imax}$——传动系统最高输入转速，r/min；

$n_{\rm omax}$——传动系统（负载）最高输出转速，r/min。

② 计算等效负载转矩和等效转速。根据式（15-3-4）计算减速器实际工作时的等效负载转矩 $T_{\rm av}$ 和等效输出转速 $N_{\rm oav}$（r/min）。

③ 初选减速器。按照以下要求，确定减速器的基本减速比、最大平均转矩，初步确定减速器型号。

$$R\leqslant r(\text{柔轮输出})\text{或}R+1\leqslant r(\text{刚轮输出})$$

$$T_{\rm avmax}\geqslant T_{\rm av} \tag{15-3-11}$$

式中　R——减速器基本减速比；

$T_{\rm avmax}$——减速器最大平均转矩，N·m；

$T_{\rm av}$——等效负载转矩，N·m。

④ 转速校验。根据以下要求，校验减速器最高平均转速和最高输入转速。

$$N_{\rm avmax}\geqslant N_{\rm av}=RN_{\rm oav}$$

$$N_{\rm max}\geqslant Rn_{\rm omax} \tag{15-3-12}$$

式中　$N_{\rm avmax}$——减速器最高平均转速，r/min；

$N_{\rm av}$——等效输入转速，r/min；

$N_{\rm oav}$——等效输出转速，r/min；

$N_{\rm max}$——减速器最高输入转速，r/min；

$n_{\rm omax}$——传动系统最高输出转速，r/min。

⑤ 转矩校验。根据以下要求，校验减速器启制动峰值转矩和瞬间最大转矩。

$$T_{\rm amax}\geqslant T_{\rm a}$$

$$T_{\rm mmax}\geqslant T_{\rm max} \tag{15-3-13}$$

式中　$T_{\rm amax}$——减速器启制动峰值转矩，N·m；

$T_{\rm a}$——系统最大启制动转矩，N·m；

$T_{\rm mmax}$——减速器瞬间最大转矩，N·m；

$T_{\rm max}$——传动系统最大冲击转矩，N·m。

⑥ 强度校验。根据以下要求，校验减速器的负载冲击次数。

$$N=\frac{3\times10^5}{nt}\leqslant10^4 \tag{15-3-14}$$

式中　N——等效负载冲击次数；

n——冲击时的输入转速，r/min；

t——冲击负载持续时间，s。

⑦ 使用寿命校验。根据以下要求，计算减速器使用寿命，确认满足传动系统设计要求：

$$L_{\rm h}=7000\times\left(\frac{T_{\rm r}}{T_{\rm av}}\right)^3\times\frac{N_{\rm r}}{N_{\rm av}}\geqslant L_{10} \tag{15-3-15}$$

式中　$L_{\rm h}$——实际使用寿命，h；

$T_{\rm r}$——减速器额定输出转矩，N·m；

$T_{\rm av}$——等效负载转矩，N·m；

$N_{\rm r}$——减速器额定转速，r/min；

$N_{\rm av}$——等效输入转速，r/min；

L_{10}——设计要求使用寿命，h。

（2）减速器选择实例

例　假设传动系统的设计要求如下：

① 减速器正常运行过程如图 15-3-9 所示。

② 传动系统最高输入转速 $n_{\rm imax}=1800$r/min。

③ 负载最高输出转速 $n_{\rm omax}=14$r/min。

④ 负载冲击：最大冲击转矩 500N·m；冲击负载持续时间 0.15s；冲击时的输入转速 14r/min。

⑤ 设计要求的使用寿命：7000h。

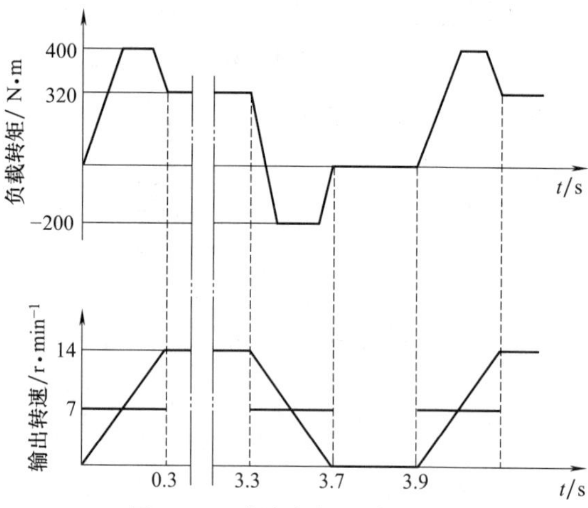

图 15-3-9　谐波减速器正常运行图

谐波减速器的选择方法如下。

① 要求减速比：$r=\dfrac{1800}{24}=128.6$

② 等效负载转矩和等效输出转速：

$$T_{\rm av}=\sqrt[3]{\frac{7\times0.3\times|400|^3+14\times3\times|320|^3+7\times0.4\times|-200|^3}{7\times0.3+14\times3+7\times0.4}}$$

$=319$N·m

$$N_{\rm oav}=\frac{7\times0.3+14\times3+7\times0.4}{0.3+3+0.4+0.2}=12\text{r/min}$$

③ 初选减速器：选择日本 Harmonic Drive System（哈默纳科）CSF-40-120-2A-GR（见哈默纳科产品说明）部件型谐波减速器，基本参数如下。

$$R=120\leqslant128.6$$

$$T_{\rm avmax}=451\text{N·m}\geqslant319\text{N·m}$$

④ 转速校验：CSF-40-120-2A-GR 减速器的最高平均转

速和最高输入转速校验如下。

$$N_{\text{avmax}}=3600\text{r/min}\geqslant N_{\text{av}}=120\times12=1440\text{r/min}$$

$$N_{\max}=5600\text{r/min}\geqslant Rn_{\text{omax}}=120\times14=1680\text{r/min}$$

⑤ 转矩校验：CSF-40-120-2A-GR 启制动峰值转矩和瞬间最大转矩校验如下。

$$T_{\text{amax}}=617\text{N}\cdot\text{m}\geqslant400\text{N}\cdot\text{m}$$

$$T_{\text{mmax}}=1180\text{N}\cdot\text{m}\geqslant500\text{N}\cdot\text{m}$$

⑥ 强度校验：等效负载冲击次数的计算与校验如下。

$$N=\frac{3\times10^{5}}{14\times120\times0.15}=1190\leqslant10^{4}$$

⑦ 使用寿命计算与校验：

$$L_{\text{h}}=7000\times\left(\frac{T_{\text{r}}}{T_{\text{av}}}\right)^{3}\times\frac{N_{\text{r}}}{N_{\text{av}}}=7000\times\left(\frac{294}{319}\right)^{3}\times\frac{2000}{1440}=7610\geqslant7000$$

结论：

该传动系统可选择日本 Harmonic Drive System（哈默纳科）CSF-40-120-2A-GR 部件型谐波减速器。

3.2.2　部件型谐波减速器安装使用

表 15-3-6　　部件型减速器安装使用要求

柔轮形状	项目	安装、使用要求
通用	结构设计要求	部件型谐波减速器一般以图(a)所示的方法安装，要求如下 图(a)　部件型谐波减速器安装示意图 ①如图中的输入轴为电动机轴时，输入连接组件可直接安装在电动机轴上，无需输入支承轴承 ②输入轴和减速器的同轴度要求与输入连接形式有关。采用刚性连接时，应从结构上保证输入轴和谐波减速器(刚轮)同轴；采用柔性连接时，两者允许有一定的同轴度误差 ③应从结构上保证输出轴和谐波减速器(刚轮)的同轴度 ④谐波减速器工作时将产生轴向力，输入轴应有可靠的轴向定位措施，防止谐波发生器出现轴向窜动 ⑤谐波减速器工作时，柔轮将产生弹性变形，柔轮和安装座间应有留有足够的柔轮弹性变形空间 ⑥输入轴和输出轴原则上应使用角接触球轴承组合或 CRB 轴承支承，使之能承受径向、轴向载荷
	轴向力及计算	谐波减速器运行时的轴向力方向如图(b)所示。轴向力计算式如下 ①减速比 $R=30$： $F=\dfrac{0.14T\tan32^{\circ}}{0.00254\times(\text{减速器规格号})}$ ②减速比 $R=50$： $F=\dfrac{0.14T\tan30^{\circ}}{0.00254\times(\text{减速器规格号})}$ ③减速比 $R\geqslant80$： $F=\dfrac{0.14T\tan20^{\circ}}{0.00254\times(\text{减速器规格号})}$ 式中　F——轴向力，N 　　　T——负载转矩，N·m

第 15 篇

续表

柔轮形状	项 目	安装、使用要求
通用	轴向力及计算	计算最大轴向力时，负载转矩可直接使用减速器的瞬间最大转矩值 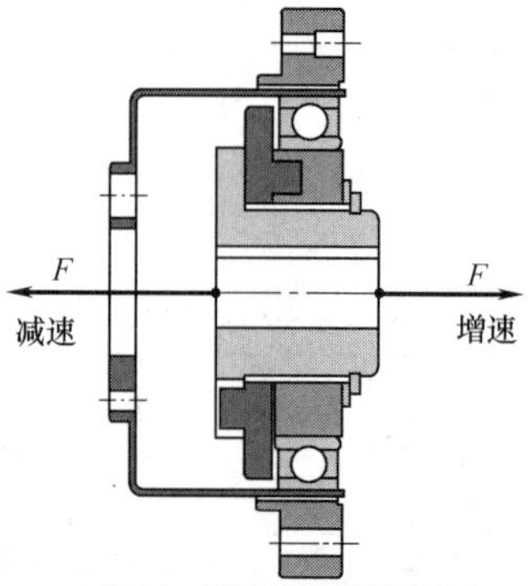 图(b) 谐波减速器的轴向力 例如，规格号为 32、减速比为 50、瞬间最大转矩为 382N·m 的谐波减速器，其最大轴向力为 $F=\frac{0.14\times382\times\tan30^\circ}{0.00254\times32}=380(\mathrm{N})$
	安装精度检查	谐波减速器的安装精度可通过测量柔轮跳动检查，测量表的安装方法如图(c)所示，检查步骤如下 ①按图(c)所示，在柔轮的中间部位安装测量柔轮外圆跳动的测量表 ②通过机械手动或电气自动的方式，缓慢旋转输入轴，并通过测量表观察、检查柔轮外圆的跳动 ③如果柔轮的外圆跳动值呈图(d)中的正弦曲线均匀变化，表明谐波减速器安装良好；如果外圆跳动值呈图(d)中的不正确曲线变化，则表明谐波减速器安装不良，需要重新安装和检查 在柔轮跳动难以测量时，也可在减速器空载的情况下，通过手动操作、缓慢旋转驱动电动机，用测量电动机电流变化的方法进行间接检查。如果谐波减速器安装不良，电动机空载电流将出现显著变化、达到空载正常值的 2～3 倍 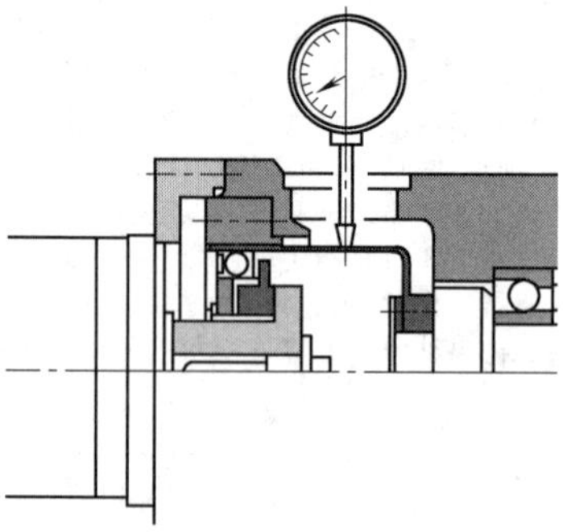 图(c) 柔轮跳动的测量 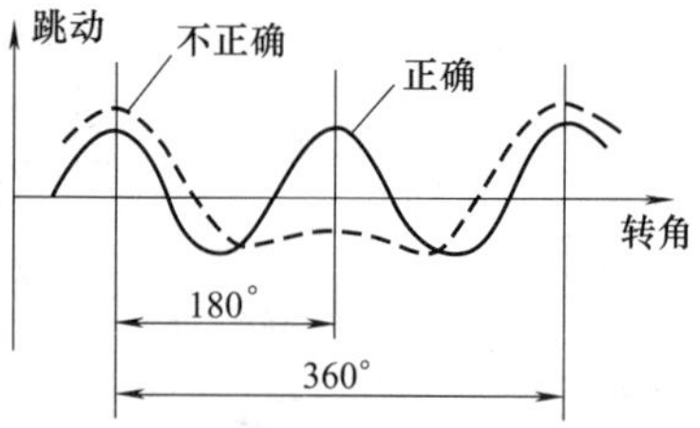 图(d) 柔轮跳动变化值

续表

柔轮形状	项 目	安装、使用要求
水杯形	安装要求	①水杯形减速器的谐波发生器与输入轴采用的是标准轴孔、柔性连接，其连接要求如图(e)所示。连接谐波发生器输入组件的输入轴，需要通过后端定位面、前端定位块对输入组件进行轴向定位，以防止输入组件的轴向窜动 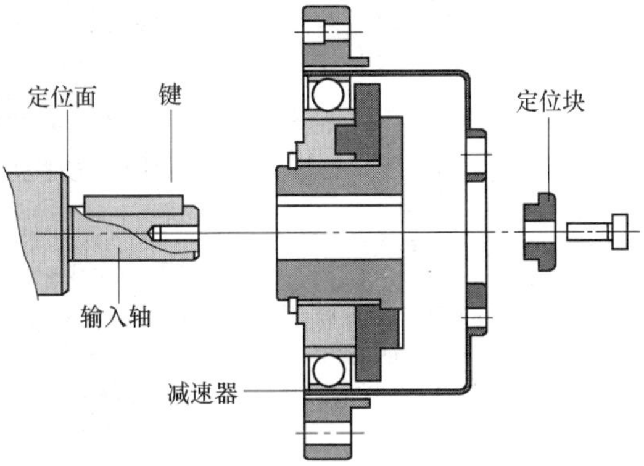 图(e)　输入连接 ②水杯形谐波减速器的柔轮和输出轴或其他部件的连接，必须使用图(f)所示的专用固定圈固定，不允许使用螺钉、普通垫圈连接柔轮 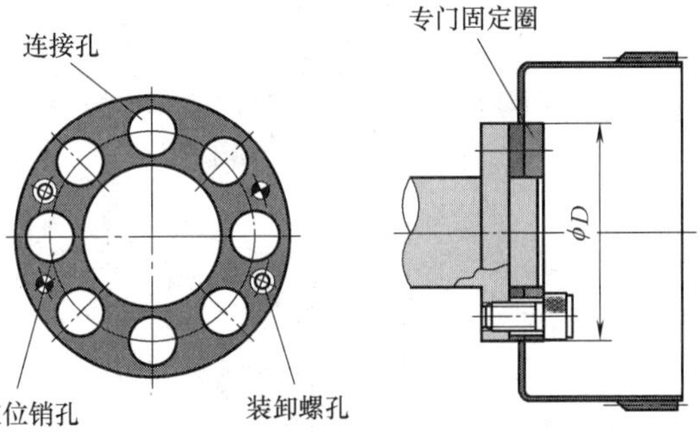 图(f)　输出连接 ③如果减速器输入连接部位敞开，输入组件的前侧应安装图(g)所示的防溅挡板，或在减速器安装部件上设计类似的防溅挡圈，以防止高速旋转时的润滑脂飞溅 防溅挡板、挡圈的内孔直径 d 应小于减速器谐波发生器输入组件薄壁轴承的内径。挡板和输入组件前端面之间应留有一定的间隙 a，如果减速器向上安装，其间隙应为水平或向下安装的 2～3 倍 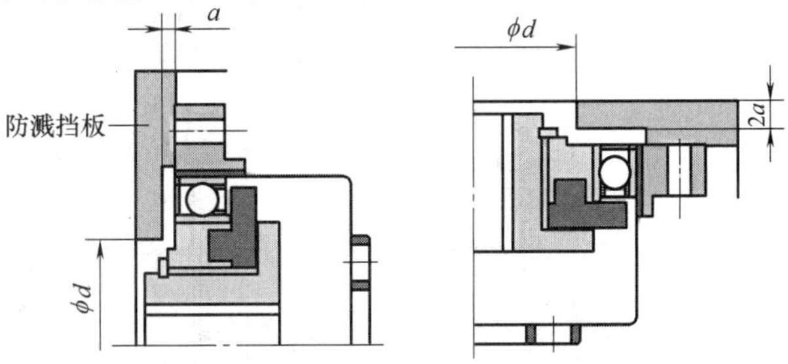 图(g)　防溅挡板
	润滑要求	水杯形减速器一般都采用脂润滑，润滑脂的填充要求如图(h)所示 ①水平安装的减速器，在柔轮内部充填润滑脂，充填高度应超过谐波发生器轴承内圈 ②垂直向上安装的减速器，在柔轮内部、轴承下方同时充填润滑脂，柔轮内部的充填厚度应超过谐波发生器轴承内圈；轴承下方间隙应充填 50％空间 ③垂直向下安装的减速器，在柔轮内部、轴承上方同时充填润滑脂，柔轮内部的充填厚度应超过谐波发生器轴承内圈；轴承上方间隙应充填 55％～60％空间

续表

<table>
<tr><th>柔轮形状</th><th>项 目</th><th>安装、使用要求</th></tr>
<tr><td>水杯形</td><td>润滑要求</td><td>

图(h) 水杯形减速器的润滑

润滑脂的补充和更换时间与减速器的实际工作转速、环境温度等因素有关，减速器的工作转速和环境温度越高，补充和更换润滑脂的周期就越短。润滑脂型号、注入量、补充时间，应按减速器生产厂的要求进行。GB/T 30819—2014 标准规定的国产谐波减速器润滑要求如下表所示

谐波减速器润滑要求

<table>
<tr><th rowspan="2">规格代号</th><th colspan="2">工作温度</th></tr>
<tr><th>0～40℃</th><th>－10～70℃</th></tr>
<tr><td>8～50</td><td>SK-1A/2A 谐波减速器专用半流体润滑脂</td><td>4B No. 2/LD No. 1 谐波减速器专用半流体润滑脂</td></tr>
</table>

</td></tr>
<tr><td>礼帽形</td><td>安装要求</td><td>

①礼帽形谐波减速器装配时，谐波发生器应按图(i)所示的方向装入，不能将谐波发生器反向装入柔轮

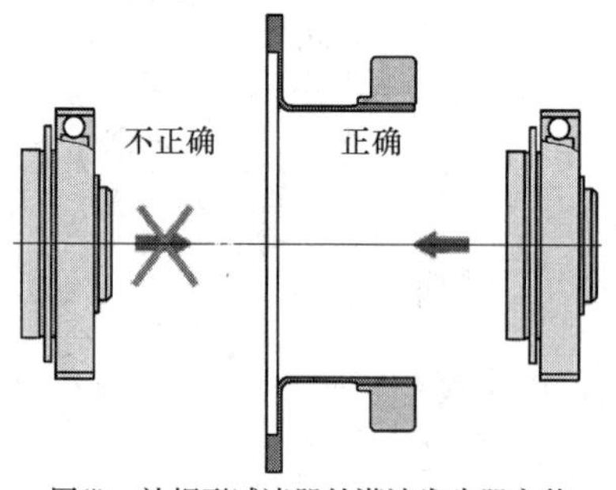

图(i) 礼帽形减速器的谐波发生器安装

②礼帽形谐波减速器的柔轮为中空开口形，柔轮和输出轴或其他部件必须使用图(j)所示的方式安装连接，安装螺钉不得加普通垫圈，也不能进行反向安装

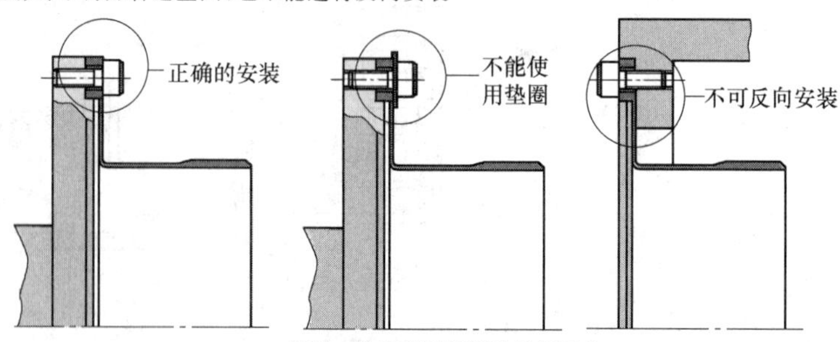

图(j) 礼帽形减速器的柔轮固定

③礼帽形谐波减速器的谐波发生器与输入轴同样采用标准轴孔、柔性连接，其连接要求与水杯形减速器相同，在安装谐波发生器输入组件的输入轴上，需要通过图(e)所示的后端定位面、前端定位块对输入组件进行轴向定位，以防止输入组件的轴向窜动

</td></tr>
</table>

续表

柔轮形状	项目	安装、使用要求
礼帽形	安装要求	④礼帽形谐波减速器的输入、输出侧均为敞开的，因此，需要在减速器两侧同时安装、设计防溅挡板或挡圈
	润滑要求	柔轮为礼帽形的谐波减速器，其润滑脂充填要求如图(k)所示 ①柔轮内部、外部的四周均应充填润滑脂，外部润滑脂的厚度应高于齿槽，内部润滑脂厚度应淹没轴承 ②谐波发生器的轴承四周用润滑脂充填 ③刚轮内侧齿槽应充满润滑脂 润滑脂型号、注入量、补充时间，应按减速器生产厂的要求进行 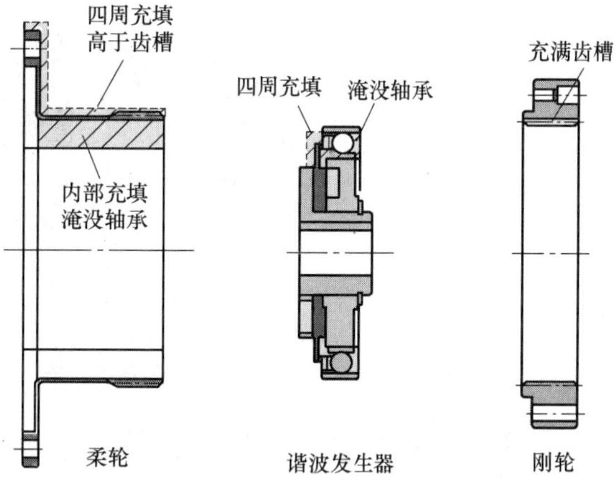 图(k)　礼帽形减速器的润滑
薄饼形	安装要求	柔轮为薄饼形的谐波减速器，其安装连接应参照图(l)进行 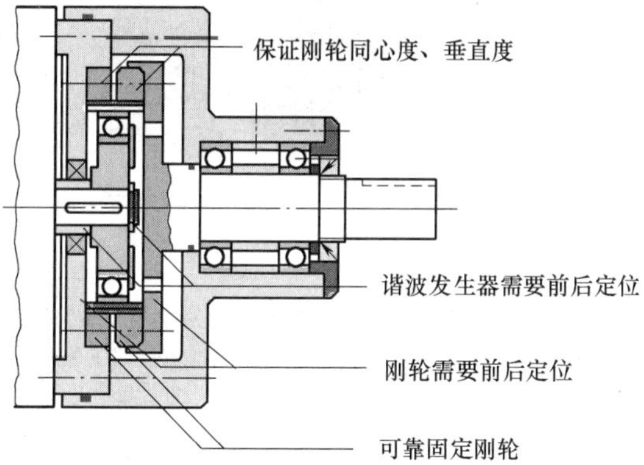 图(l)　薄饼形减速器的安装 ①刚轮S、刚轮D和谐波发生器输入轴孔的同心度、垂直度必须满足生产厂家规定的安装要求 ②谐波发生器的安装轴需要轴向定位，防止谐波发生器轴向窜动 ③刚轮S、刚轮D需要轴向定位、可靠固定
	润滑要求	①薄饼形谐波减速器原则上需要使用油润滑，并保证润滑油的液面在浸没轴承内圈的同时，与轴孔保持一定的距离，以防止油液的渗漏和溢出 ②使用脂润滑的减速器只能用于输入转速不能超过平均输入转速、负载率ED%不能超过10%、连续运行时间不能超过10min的低速、断续、短时间工作

3.2.3 单元型谐波减速器安装使用

（1）单元型谐波减速器安装使用（表 15-3-7）

表 15-3-7 单元型减速器安装、使用要求

<table>
<tr><th>输入连接</th><th>项 目</th><th>安装、使用要求</th></tr>
<tr><td rowspan="2">标准轴孔</td><td>安装要求</td><td>①标准轴孔输入的单元型谐波减速器的输入组件与输入轴的连接要求如图(a)所示，输入组件需要进行轴向定位 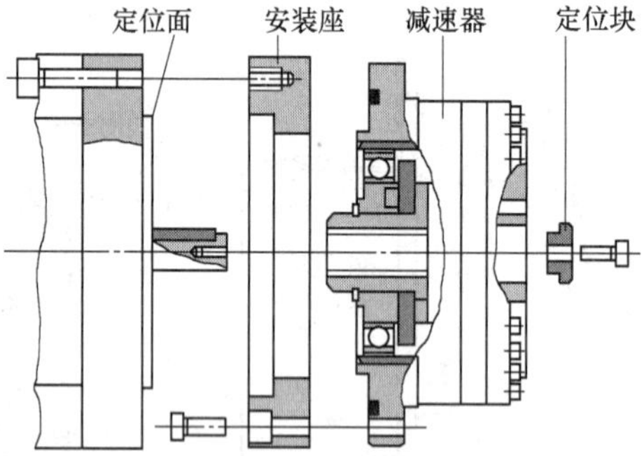

图(a) 标准轴孔输入减速器的安装

②谐波发生高速运转时，单元内部的润滑脂可能会通过轴承缝隙向外飞溅，因此，当减速器输入连接部位敞开时，需要参照图(b)设计防溅挡板或挡圈 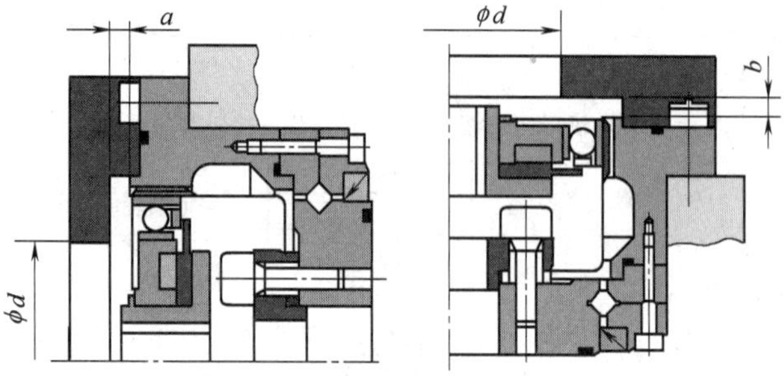

水平或向下安装　向上安装
图(b) 防溅挡板的安装

防溅挡板或挡圈的内孔直径 d 应小于减速器谐波发生器薄壁轴承的内径。减速器水平或向下安装时的防溅挡板、挡圈离刚轮面的间隙 a，以及减速器向上安装时的防溅挡板、挡圈离刚轮面的间隙 b 的推荐值如下表所示

减速器防溅挡板推荐间隙
<table>
<tr><th>减速器规格</th><th>14、17</th><th>20、25、32</th><th>40、45、50</th><th>58、65</th></tr>
<tr><td>a/mm</td><td>1</td><td>1.5</td><td>2～2.5</td><td>2.5～3.5</td></tr>
<tr><td>b/mm</td><td>3</td><td>4.5</td><td>6～7.5</td><td>7.5～10.5</td></tr>
</table></td></tr>
<tr><td>润滑要求</td><td>①减速器出厂时已充填润滑脂，初次使用无需充填润滑脂
②减速器长期使用时，需要定期补充润滑脂，润滑脂的型号、注入量、补充时间，应按生产厂的要求进行</td></tr>
</table>

续表

输入连接	项目	安装、使用要求
带键平轴	安装要求	带键平轴输入的单元型谐波减速器的输入连接要求如图(c)所示，输入轴的皮带轮（或齿轮）需要轴向定位 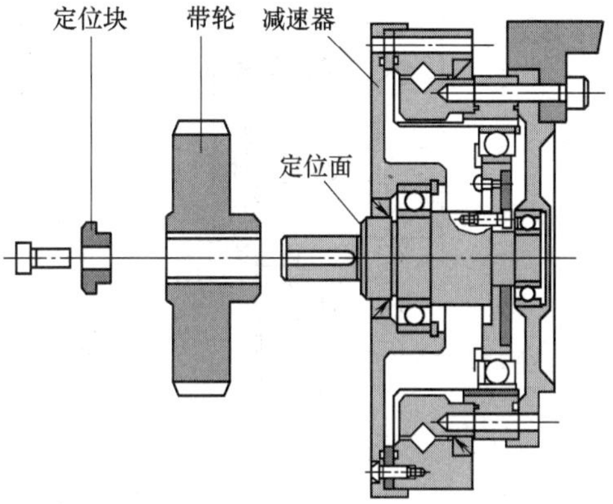 图(c)　带键平轴输入减速器的安装
	润滑要求	①减速器出厂时已充填润滑脂，初次使用无需充填润滑脂 ②减速器长期使用时，需要定期补充润滑脂，润滑脂的型号、注入量、补充时间，应按生产厂的要求进行
法兰	安装要求	法兰、中空轴、中空法兰输入的单元型谐波减速器，谐波发生器与输入轴为刚性连接，应从结构上保证输入轴和谐波减速器同轴；输入轴应以谐波发生器凸轮的法兰内孔、端面定位，并可靠固定
	润滑要求	①减速器出厂时已充填润滑脂，初次使用无需充填润滑脂 ②减速器长期使用时，需要定期补充润滑脂，润滑脂的型号、注入量、补充时间，应按生产厂的要求进行

（2）简易单元型谐波减速器安装使用（表 15-3-8）

表 15-3-8　简易单元型谐波减速器安装、使用要求

结构型式	项目	安装、使用要求
简易单元型	安装要求	①简易单元型谐波减速器的谐波发生器与输入轴的连接方式有标准轴孔、中空法兰、中空轴 3 类，其连接要求与对应的部件型、单元型减速器相同 ②简易单元型谐波减速器的柔轮均为礼帽形、谐波发生器可分离，谐波发生器安装时，需要按照表 15-3-6中图(i)要求的方向装入 ③简易单元型谐波减速器的输入、输出侧均为敞开，同样需要在减速器两侧同时安装，并设计图(a)所示的防溅挡板或挡圈。防溅挡板或挡圈的内孔直径 a 应小于减速器谐波发生器薄壁轴承的内径，外圆直径 c 应大于薄壁轴承的外径 减速器水平或向下安装时，前后防溅挡板、挡圈的间隙 b、d，以及减速器向上安装时，上下防溅挡板、挡圈的间隙 e、f 的推荐值如下表所示 减速器防溅挡板推荐间隙（见下表）

减速器防溅挡板推荐间隙

减速器规格	14、17	20、25	32	40
b、d/mm	1	1.5	2	2.5
d/mm	1.5	1.5	2	2.5
e/mm	3	4.5	6	7.5
f/mm	1	1.5	2	2.5

续表

结构型式	项 目	安装、使用要求
简易单元型	安装要求	水平安装　向上安装 图(a)　防溅挡板的安装
	润滑要求	①柔轮内部、谐波发生器的轴承四周应充填润滑脂，其充填要求可参见表 15-3-6 中图(k)；柔轮内部的四周均应充填润滑脂，润滑脂厚度应淹没轴承；谐波发生器的轴承四周应充填润滑脂 ②润滑脂型号、注入量、补充时间，应按减速器生产厂的要求进行

3.3　国产谐波减速器

3.3.1　规格型号与技术参数（GB/T 30819—2014）

（1）型号与规格

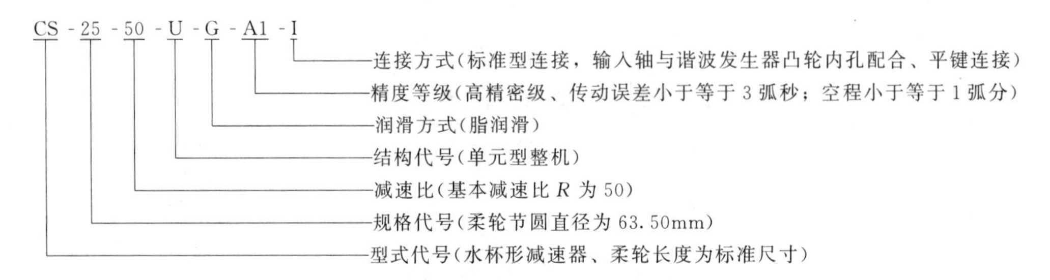

表 15-3-9　　国产谐波减速器规格与型号（GB/T 30819—2014）

序号	项 目	代号	说　　明
1	型式代号	CS、CD/HS、HD	第一位字母代表柔轮形状，GB/T 30819－2014 标准规定的代号如下 C：柔轮为水杯形(cup) H：柔轮为礼帽形(中空，hollow) 第二位字母代表柔轮轴向长度，GB/T 30819—2014 标准规定的代号如下 S：标准长度(standard) D：短筒(超薄型，dwarf)
2	规格代号	8～50	柔轮节圆直径(单位：0.1in，1in＝2.54cm)
3	减速比	30～160	减速器采用刚轮固定、谐波发生器连接输入、柔轮连接输出负载时的基本减速比 R
4	结构代号	U	整机(unit)：单元型谐波减速器
		C	部件(component)：部件型谐波减速器

续表

<table>
<tr><th>序号</th><th>项 目</th><th>代号</th><th>说　　明</th></tr>
<tr><td rowspan="2">5</td><td rowspan="2">润滑方式</td><td>G</td><td>润滑脂(grease)润滑</td></tr>
<tr><td>O</td><td>润滑油(oil)润滑</td></tr>
<tr><td>6</td><td>精度等级</td><td>A1～A3/
B1～B3/
C1～C3</td><td>第一位字母代表减速器传动精度等级，GB/T 30819—2014 标准规定的精度等级代号如下
A：高精密级，传动误差≤30 弧秒①
B：精密级，30 弧秒＜传动误差≤1 弧分①
C：普通级，1 弧分＜传动误差≤3 弧分
第二位数字代表减速器空程、背隙的精度等级，GB/T 30819—2014 标准规定的空程、背隙的精度等级如下表所示
减速器空程、背隙精度等级
<table><tr><th>等级</th><th>空程</th><th>背隙</th></tr><tr><td>1</td><td>空程≤1 弧分</td><td>背隙≤10 弧秒</td></tr><tr><td>2</td><td>1 弧分＜空程≤3 弧分</td><td>10 弧秒＜背隙≤1 弧分</td></tr><tr><td>3</td><td>3 弧分＜空程≤6 弧分</td><td>1 弧分＜空程≤3 弧分</td></tr></table>①在 SI 单位制中：
1 弧分(arc min)＝1/60deg(度)＝2.91×10^{-4}rad(弧度)
1 弧秒(arc sec)＝1/3600deg(度)＝4.85×10^{-6}rad(弧度)
因此，国产 A1 级减速器的精度要求为
传动精度≤30 弧秒＝1.45×10^{-4}rad(弧度)
空程≤1 弧分＝2.91×10^{-4}rad(弧度)
背隙≤10 弧秒＝4.85×10^{-5}rad(弧度)
而国外先进产品，如日本哈默纳科 CSG-20-30-2A-GR 高精密型谐波减速器，所能达到的指标仅为
传动精度≤1arc min＝2.91×10^{-4}rad
滞后量(空程)≤3arc min＝8.73×10^{-4}rad
背隙≤28arc sec＝13.6×10^{-5}rad
即：国产 A1 级谐波减速器的精度远高于哈默纳科 CSG 系列高精密型谐波减速器，这一要求似乎不合理</td></tr>
<tr><td>7</td><td>连接方式</td><td>Ⅰ/Ⅱ/Ⅲ</td><td>谐波减速器输入轴与谐波发生器凸轮的连接方式。GB/T 30819—2014 标准规定的连接方式如图(a)所示，连接方式代号如下
Ⅰ：标准型连接。连接轴孔直接加工在谐波发生器椭圆凸轮上，凸轮与输入轴为内孔配合、平键刚性连接
 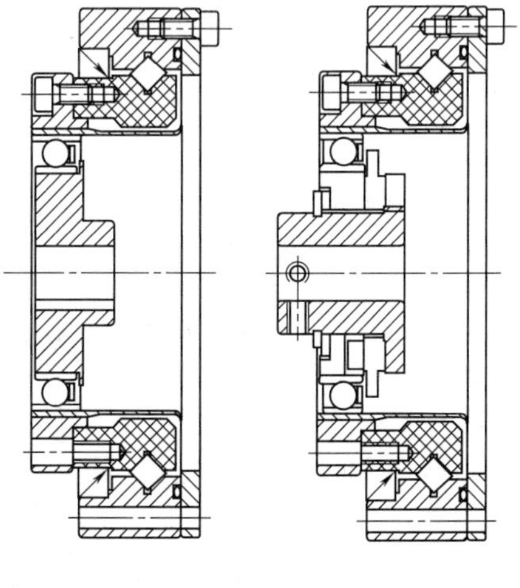
Ⅰ型连接　　Ⅱ型连接</td></tr>
</table>

续表

序号	项 目	代号	说 明
7	连接方式	Ⅰ/Ⅱ/Ⅲ	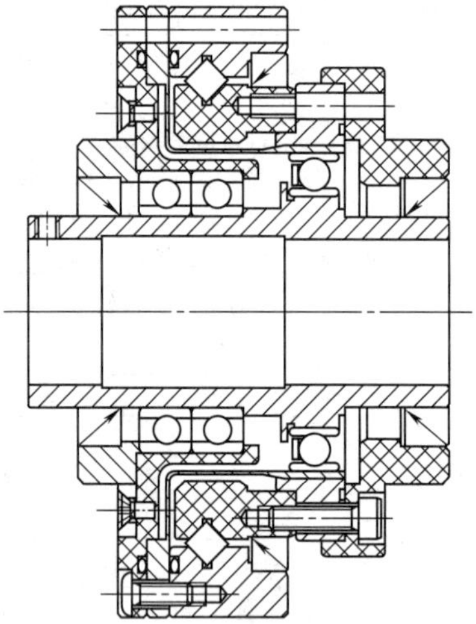 Ⅲ型连接 图(a) 输入连接方式 Ⅱ:十字滑块联轴器型连接。输入轴套与谐波发生器凸轮间通过十字滑块联轴器(奥尔德姆联轴器)柔性连接,凸轮与输入轴套为内孔配合、紧定螺钉或平键连接 Ⅲ:筒形中空型连接。谐波发生器椭圆凸轮直接加工在中空轴上,中空轴与输入轴通过紧定螺钉刚性连接

(2) 技术参数定义

我国现行《GB/T 30819—2014 机器人用谐波齿轮减速器》标准的谐波减速器技术参数定义如下。

额定转矩(rated torgue):减速器以 2000r/min 的输入转速连续工作时,输出端允许的最大负载转矩。

启动转矩(starting torgue):减速器空载启动时,需要施加的力矩。

传动误差(transmission error):在工作状态下,当输入轴单向旋转时,输出轴实际转角与理论转角之差。

传动精度(transmission accuracy):在工作状态下,输入轴单向旋转时,输出轴的实际转角与相对理论转角的接近程度。减速器的传动精度用传动误差衡量,传动误差越小,传动精度越高。

扭转刚度(torsional stiffness):在扭转力矩的作用下,构件抗扭转变形的能力,以额定转矩与切向弹性变形转角的比值衡量。

GB/T 30819—2014 标准的扭转刚度以图 15-3-10 所示的两段直线进行等效。图 15-3-10 中的 T_n 为谐波减速器的额定输出转矩;K_1 为输出转矩 $0 \sim T_n/2$ 区间的扭转刚度;K_2 为输出转矩 $T_n/2 \sim T_n$ 区间的扭转刚度。

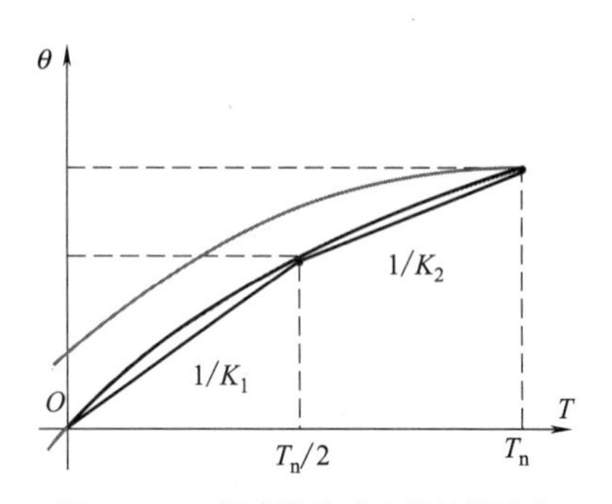

图 15-3-10 国产谐波减速器扭转刚度

空程(lost motion):在工作状态下,当输入轴由正向旋转改为反向旋转时,输出轴的转角滞后量。

背隙(backlash):将减速器壳体和输出轴固定,在输入轴施加±2%额定转矩,使减速器正/反向旋转时,减速器输入端所产生的角位移。

设计寿命(design life):减速器以 2000r/min 的输入转速带动额定负载工作时的理论使用时间。

(3) 产品技术要求

GB/T 30819—2014 标准对国产谐波减速器产品的技术要求如表 15-3-10 所示。

表 15-3-10　**国产谐波减速器的基本技术要求**

<table>
<tr><th>序号</th><th>技术参数</th><th>要　求</th></tr>
<tr><td>1</td><td>启动转矩</td><td>国产谐波减速器空载启动时的启动转矩不得超过表 1 规定的值
表 1　谐波减速器的启动转矩要求
<table>
<tr><td>规格代号</td><td>8</td><td>11</td><td>14</td><td>17</td><td>20</td></tr>
<tr><td>启动转矩/N·m</td><td>0.013</td><td>0.027</td><td>0.043</td><td>0.065</td><td>0.11</td></tr>
<tr><td>规格代号</td><td>25</td><td>32</td><td>40</td><td>45</td><td>50</td></tr>
<tr><td>启动转矩/N·m</td><td>0.19</td><td>0.45</td><td>0.46</td><td>0.63</td><td>0.86</td></tr>
</table></td></tr>
<tr><td>2</td><td>扭转刚度</td><td>国产谐波减速器按 GB/T 14118—1993 标准测试的扭转刚度要求如表 2 所示
表 2　谐波减速器的扭转刚度要求
<table>
<tr><td>规格代号</td><td>8</td><td>11</td><td>14</td><td>17</td><td>20</td></tr>
<tr><td>$K_1/10^4$N·m</td><td>0.09</td><td>0.27</td><td>0.47</td><td>1.00</td><td>1.60</td></tr>
<tr><td>$K_2/10^4$N·m</td><td>0.10</td><td>0.34</td><td>0.61</td><td>1.40</td><td>2.50</td></tr>
<tr><td>规格代号</td><td>25</td><td>32</td><td>40</td><td>45</td><td>50</td></tr>
<tr><td>$K_1/10^4$N·m</td><td>3.10</td><td>6.70</td><td>13.00</td><td>18.00</td><td>25.00</td></tr>
<tr><td>$K_2/10^4$N·m</td><td>5.00</td><td>11.00</td><td>20.00</td><td>29.00</td><td>40.00</td></tr>
</table></td></tr>
<tr><td>3</td><td>传动效率</td><td>按 JB/T 9050.2—1999 标准测试，在输入转速为 2000r/min 时，柔轮轴向长度为标准尺寸的 CS/HS 系列减速器，其传动效率不得小于 80%；柔轮轴向长度为短筒的 CD/HD 系列减速器，其传动效率不得小于 65%</td></tr>
<tr><td>4</td><td>过载性能</td><td>在负载转矩为 4 倍额定转矩的情况下，减速器应能正常运转 2min，试验后检查，零件不应有损坏；再启动时不应有滑齿现象；恢复正常运转时，不应有异常的振动和噪声</td></tr>
<tr><td>5</td><td>允许温升</td><td>在额定负载下连续工作时，减速器壳体的最高温度不大于 65℃</td></tr>
<tr><td>6</td><td>噪声</td><td>按 GB/T 6404.1—2005 标准测试，在额定转速、转矩工作时，减速器噪声不大于 60dB</td></tr>
<tr><td>7</td><td>设计寿命</td><td>在输入转速 2000r/min、额定负载及正常工作温度、湿度的情况下，柔轮轴向长度为标准尺寸的 CS/HS 系列减速器，其设计寿命不低于 10000h；柔轮轴向长度为短筒的 CD/HD 系列减速器，其设计寿命不低于 8000h</td></tr>
</table>

3.3.2　CS 系列谐波减速器

表 15-3-11　**CS 系列谐波减速器主要技术参数**

规格代号	减速比	额定转矩/N·m	启制动峰值转矩/N·m	瞬间最大转矩/N·m	允许最高输入转速/r·min^{-1}	
					油润滑	脂润滑
8	30	0.7	1.4	2.6	12000	7000
	50	1.4	2.6	5.3		
	100	1.9	3.8	7.2		
11	30	1.7	3.6	6.8	12000	7000
	50	2.8	6.6	13.6		
	100	4.0	8.8	20		
14	30	3.2	7.2	14	12000	7000
	50	4.3	14	28		
	80	6.2	18	38		
	100	6.2	22	43		
17	30	7.0	13	24	8000	6000
	50	13	27	56		
	80	18	34	70		
	100	19	43	86		
	120	19	43	69		
20	30	12	22	40	8000	5200
	50	20	45	78		
	80	27	59	102		
	100	32	66	118		
	120	32	70	118		
	160	32	74	118		

续表

规格代号	减速比	额定转矩/N·m	启制动峰值转矩/N·m	瞬间最大转矩/N·m	允许最高输入转速/r·min^{-1}	
					油润滑	脂润滑
25	30	22	40	76	6000	4500
	50	31	78	149		
	80	50	110	204		
	100	54	126	227		
	120	54	134	243		
	160	54	141	251		
32	30	43	80	160	5500	4000
	50	61	173	306		
	80	94	243	454		
	100	110	266	518		
	120	110	282	549		
	160	110	298	549		
40	50	110	322	549	4500	3200
	80	165	415	784		
	100	212	454	864		
	120	235	494	944		
	160	235	518	944		
45	50	141	400	760	4000	3000
	80	250	565	1016		
	100	282	604	1256		
	120	322	658	1408		
	160	322	706	1528		
50	50	196	572	1144	3500	2800
	80	298	753	1488		
	100	376	784	1648		
	120	423	864	1648		
	160	423	944	1960		

表 15-3-12　　CS 系列谐波减速器外形尺寸　　mm

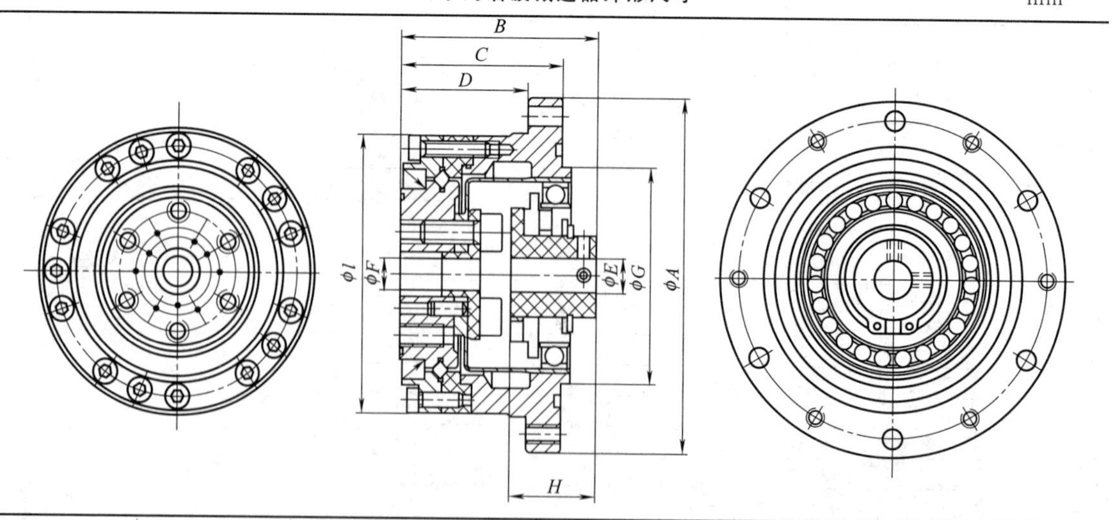

续表

尺寸代号	规格代号									
	8	11	14	17	20	25	32	40	45	50
A	—	—	73	79	93	107	138	160	180	190
B	—	—	41	45	45.5	52	62	72.5	79.5	90
C	—	—	34	37	38	46	57	66.5	74	85
D	—	—	27	29	28	38	45	50.5	58	69
E	3	5	6	8	12	14	14	14	19	19
F	6	6	8	7	10	15	20	24	25	32
G	—	—	38	48	56	67	90	110	124	135
H	—	—	17.6	19.5	20.1	20.2	22	27.5	27.9	32
I	—	—	55	62	70	85	112	126	147	157

3.3.3　CD 系列谐波减速器

表 15-3-13　　CD 系列谐波减速器主要技术参数

规格代号	减速比	额定转矩/N·m	启制动峰值转矩/N·m	瞬间最大转矩/N·m	允许最高输入转速/r·min^{-1}	
					油润滑	脂润滑
14	50	2.96	9.6	19	12000	7000
	100	4.32	15	28		
17	50	8.8	18	38	8000	6000
	100	13	30	57		
20	50	14	31	55	8000	5200
	100	22	46	76		
	160	22	51	76		
25	50	22	55	102	6000	4500
	100	38	88	147		
	160	38	98	163		
32	50	42	121	214	5500	4000
	100	77	186	336		
	160	77	209	356		
40	50	77	225	384	4500	3200
	100	148	318	560		
	160	165	362	612		
50	50	137	400	800	3500	2800
	100	263	548	1150		
	160	296	658	1260		

表 15-3-14　　CD 系列谐波减速器外形尺寸　　mm

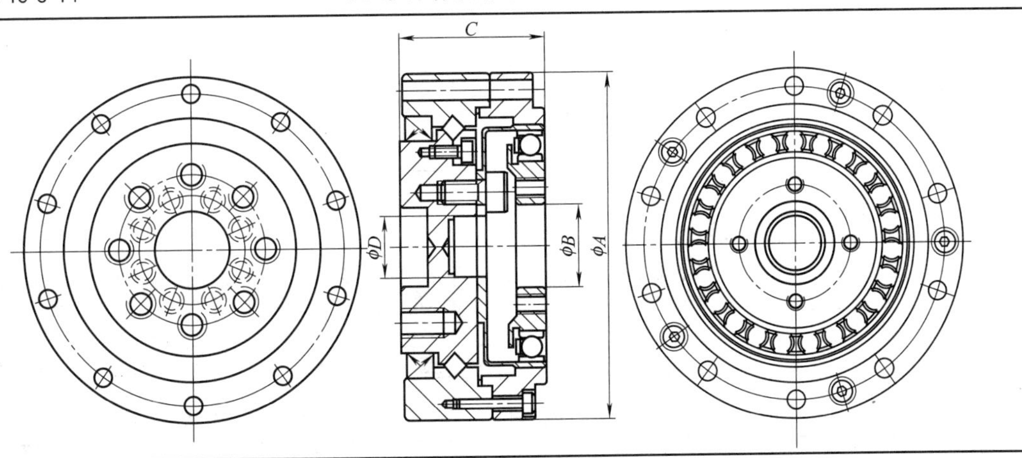

续表

尺寸代号	规格代号						
	14	17	20	25	32	40	50
A	55	62	70	85	112	126	157
B	11	15	20	24	32	40	50
C	28.5	31	30.5	35	42	48.5	60
D	11	11	15	20	30	32	44

3.3.4 HS 系列谐波减速器

表 15-3-15 HS 系列谐波减速器主要技术参数

规格代号	减速比	额定转矩 /N·m	启制动峰值转矩 /N·m	瞬间最大转矩 /N·m	允许最高输入转速/r·min^{-1}	
					油润滑	脂润滑
14	30	3.2	7.2	14	12000	7000
	50	4.3	14	28		
	80	6.2	18	38		
	100	6.2	22	43		
17	30	7.0	13	24	8000	6000
	50	13	27	56		
	80	18	34	70		
	100	19	43	88		
	120	19	43	69		
20	30	12	22	40	8000	5200
	50	20	45	78		
	80	27	59	102		
	100	32	66	118		
	120	32	70	118		
	160	32	74	118		
25	30	22	40	76	6000	4500
	50	31	78	149		
	80	50	110	204		
	100	54	126	227		
	120	54	134	243		
	160	54	141	251		
32	30	43	80	160	5500	4000
	50	61	173	306		
	80	94	243	454		
	100	110	266	518		
	120	110	282	549		
	160	110	298	549		
40	50	110	322	549	4500	3200
	80	165	415	784		
	100	212	454	864		
	120	235	494	944		
	160	235	518	944		

续表

规格代号	减速比	额定转矩 /N·m	启制动峰值转矩 /N·m	瞬间最大转矩 /N·m	允许最高输入转速/r·min^{-1} 油润滑	允许最高输入转速/r·min^{-1} 脂润滑
45	50	141	400	760	4000	3000
	80	250	565	1016		
	100	282	604	1256		
	120	322	658	1408		
	160	322	706	1528		
50	50	196	572	1144	3500	2800
	80	298	753	1488		
	100	376	784	1648		
	120	423	864	1648		
	160	423	944	1960		

表 15-3-16　　HS 系列谐波减速器外形尺寸　　mm

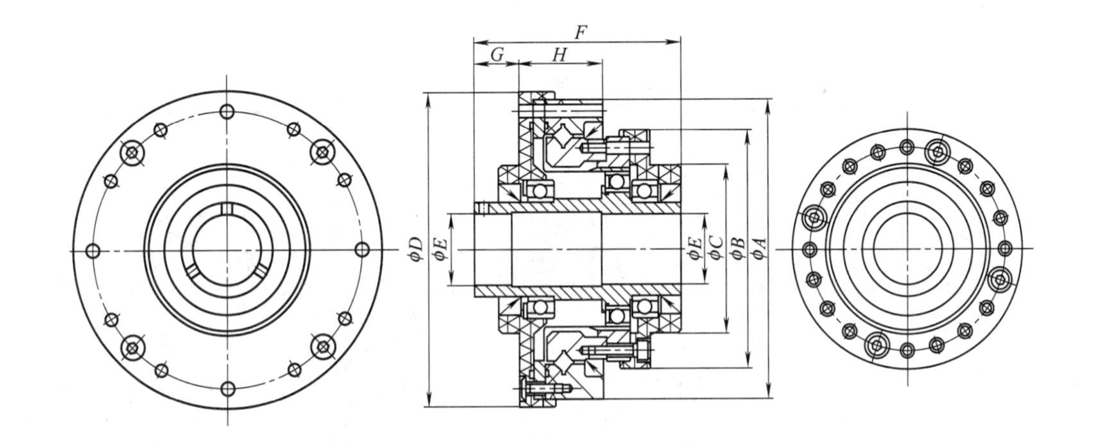

尺寸代号	规格代号 14	17	20	25	32	40	45	50
A	70	80	90	110	142	170	190	214
B	54	64	75	90	115	140	160	175
C	36	45	50	60	85	100	120	130
D	74	84	95	115	147	175	195	220
E	14	19	21	29	36	46	52	60
F	52.5	56.5	51.5	55.5	65.5	79	85	93
G	12	12	5	6	7	8	8	9
H	20.5	23	25	26	32	38	42	45

3.3.5　HD 系列谐波减速器

表 15-3-17　　HD 系列谐波减速器主要技术参数

规格代号	减速比	额定转矩 /N·m	启制动峰值转矩 /N·m	瞬间最大转矩 /N·m	允许最高输入转速/r·min^{-1} 油润滑	允许最高输入转速/r·min^{-1} 脂润滑
14	50	3.0	9.6	18	—	7000
	100	4.3	15	28		

续表

规格代号	减速比	额定转矩/N·m	启制动峰值转矩/N·m	瞬间最大转矩/N·m	允许最高输入转速/r·min^{-1}	
					油润滑	脂润滑
17	50	8.8	18	38	—	6000
	100	13	30	57		
20	50	14	31	55	—	5200
	100	22	46	76		
	160	22	51	76		
25	50	22	55	102	—	4500
	100	38	88	147		
	160	38	98	163		
32	50	42	121	214	—	4000
	100	77	186	336		
	160	77	209	356		
40	50	77	225	384	—	3200
	100	148	318	560		
	160	165	362	612		

表 15-3-18　　HD 系列谐波减速器外形尺寸　　mm

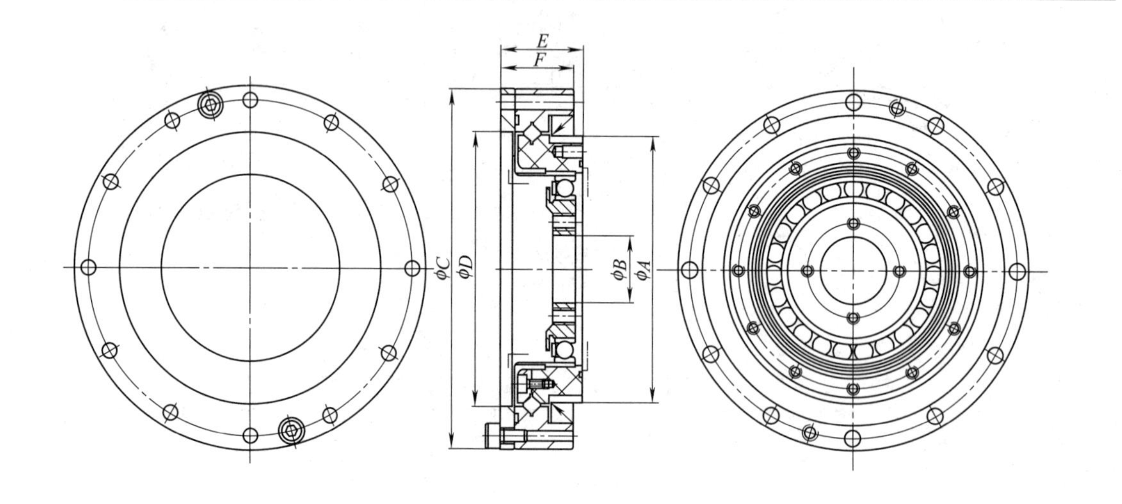

尺寸代号	规格代号					
	14	17	20	25	32	40
A	49	59	69	84	110	132
B	11	15	20	24	32	40
C	70	80	90	110	142	170
D	50	61	71	88	114	140
E	17.5	18.5	19	22	27.9	33
F	15.5	16.5	17	20	23.6	28

3.4　哈默纳科谐波减速器

3.4.1　CSG/CSF 部件型谐波减速器

(1) 型号与规格

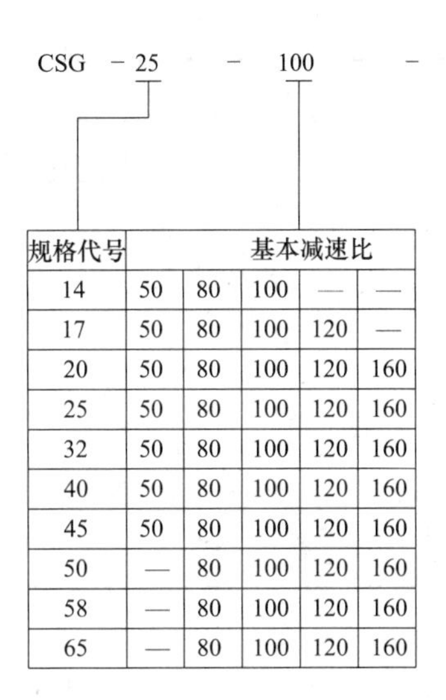

规格代号	基本减速比				
14	50	80	100	—	—
17	50	80	100	120	—
20	50	80	100	120	160
25	50	80	100	120	160
32	50	80	100	120	160
40	50	80	100	120	160
45	50	80	100	120	160
50	—	80	100	120	160
58	—	80	100	120	160
65	—	80	100	120	160

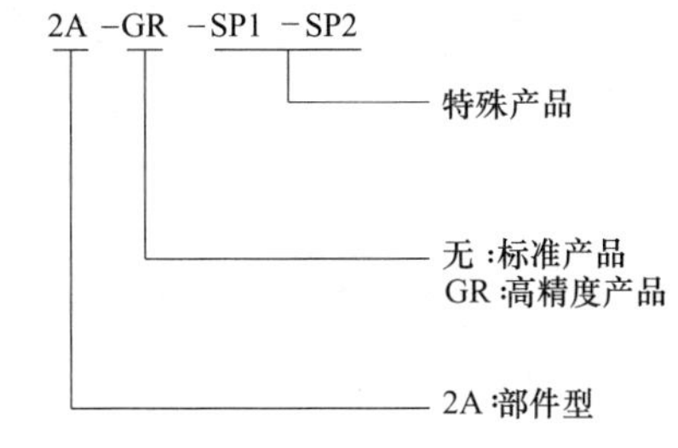

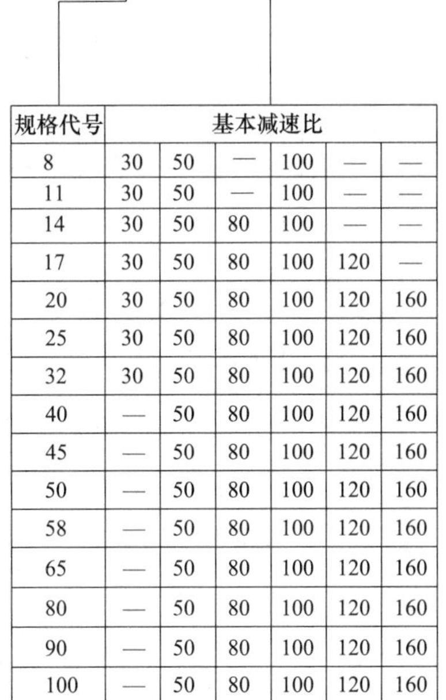

规格代号	基本减速比					
8	30	50	—	100	—	—
11	30	50	—	100	—	—
14	30	50	80	100	—	—
17	30	50	80	100	120	—
20	30	50	80	100	120	160
25	30	50	80	100	120	160
32	30	50	80	100	120	160
40	—	50	80	100	120	160
45	—	50	80	100	120	160
50	—	50	80	100	120	160
58	—	50	80	100	120	160
65	—	50	80	100	120	160
80	—	50	80	100	120	160
90	—	50	80	100	120	160
100	—	50	80	100	120	160

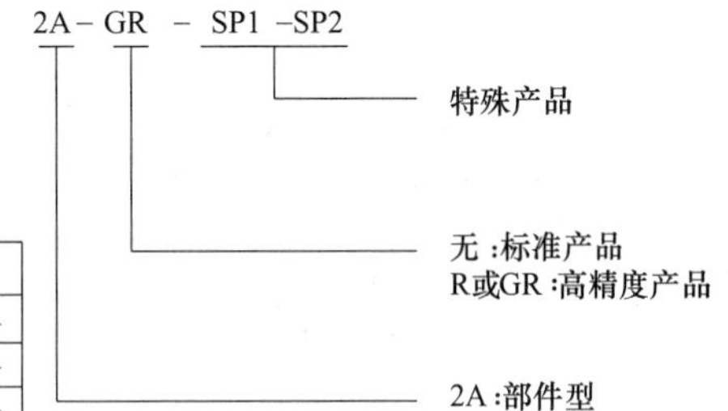

表 15-3-19　　CSG 部件型谐波减速器基本参数

规格代号	减速比	额定转矩/N·m	启制动峰值转矩/N·m	瞬间最大转矩/N·m	最大平均转矩/N·m	允许最高输入转速/r·min^{-1}		最高平均输入转速/r·min^{-1}		惯量/10^{-4} kg·m^2
						油润滑	脂润滑	油润滑	脂润滑	
14	50	7	23	46	9.0	14000	8500	6500	3500	0.033
	80	10	30	61	14					
	100	10	36	70	14					
17	50	21	44	91	34	10000	7300	6500	3500	0.079
	80	29	56	113	35					
	100	31	70	143	51					
	120	31	70	112	51					

续表

规格代号	减速比	额定转矩/N·m	启制动峰值转矩/N·m	瞬间最大转矩/N·m	最大平均转矩/N·m	允许最高输入转速/r·min^{-1}		最高平均输入转速/r·min^{-1}		惯量/10^{-4} kg·m^2
						油润滑	脂润滑	油润滑	脂润滑	
20	50	33	73	127	44	10000	6500	6500	3500	0.193
	80	44	96	165	61					
	100	52	107	191	64					
	120	52	113	191	64					
	160	52	120	191	64					
25	50	51	127	242	72	7500	5600	5600	3500	0.413
	80	82	178	332	113					
	100	87	204	369	140					
	120	87	217	395	140					
	160	87	229	408	140					
32	50	99	281	497	140	7000	4800	4600	3500	1.69
	80	153	395	738	217					
	100	178	433	841	281					
	120	178	459	892	281					
	160	178	484	892	281					
40	50	178	523	892	255	5600	4000	3600	3000	4.50
	80	268	675	1270	369					
	100	345	738	1400	484					
	120	382	802	1530	586					
	160	382	841	1530	586					
45	50	229	650	1235	345	5000	3800	3300	3000	8.68
	80	407	918	1651	507					
	100	459	982	2041	650					
	120	523	1070	2288	806					
	160	523	1147	2483	819					
50	80	484	1223	2418	675	4500	3500	3000	2500	12.5
	100	611	1274	2678	866					
	120	688	1404	2678	1057					
	160	688	1534	3185	1096					
58	80	714	1924	3185	1001	4000	3000	2700	2200	27.3
	100	905	2067	4134	1378					
	120	969	2236	4329	1547					
	160	969	2392	4459	1573					
65	80	969	2743	4836	1352	3500	2800	2400	1900	46.8
	100	1236	2990	6175	1976					
	120	1236	3263	6175	2041					
	160	1236	3419	6175	2041					

表 15-3-20 **CSF 部件型谐波减速器基本参数**

规格代号	减速比	额定转矩/N·m	启制动峰值转矩/N·m	瞬间最大转矩/N·m	最大平均转矩/N·m	允许最高输入转速/r·min^{-1}		最高平均输入转速/r·min^{-1}		惯量/10^{-4} kg·m^2
						油润滑	脂润滑	油润滑	脂润滑	
8	30	0.9	1.8	3.3	1.4	14000	8500	6500	3500	0.003
	50	1.8	3.3	6.6	2.3					
	100	2.4	4.8	9.0	3.3					
11	30	2.2	4.5	8.5	3.4	14000	8500	6500	3500	0.012
	50	3.5	8.3	17	5.5					
	100	5.0	11	25	8.9					

续表

规格代号	减速比	额定转矩/N·m	启制动峰值转矩/N·m	瞬间最大转矩/N·m	最大平均转矩/N·m	允许最高输入转速/r·min^{-1}		最高平均输入转速/r·min^{-1}		惯量/10^{-4} kg·m^2
						油润滑	脂润滑	油润滑	脂润滑	
14	30	4.0	9.0	17	6.8	14000	8500	6500	3500	0.033
	50	5.4	18	35	6.9					
	80	7.8	23	47	11					
	100	7.8	28	54	11					
17	30	8.8	16	30	12	10000	7300	6500	3500	0.079
	50	16	34	70	26					
	80	22	43	87	27					
	100	24	54	108	39					
	120	24	54	86	39					
20	30	15	27	50	20	10000	6500	6500	3500	0.193
	50	25	56	98	34					
	80	34	74	127	47					
	100	40	83	147	49					
	120	40	87	147	49					
	160	40	92	147	49					
25	30	27	50	95	38	7500	5600	5600	3500	0.413
	50	39	98	186	55					
	80	63	137	255	87					
	100	67	157	284	108					
	120	67	167	304	108					
	160	67	176	314	108					
32	30	54	100	200	75	7000	4800	4600	3500	1.69
	50	76	216	382	108					
	80	118	304	568	167					
	100	137	333	647	216					
	120	137	353	686	216					
	160	137	372	686	216					
40	50	137	402	686	196	5600	4000	3600	3000	4.50
	80	206	519	980	284					
	100	265	568	1080	372					
	120	294	617	1180	451					
	160	294	647	1180	451					
45	50	176	500	950	265	5000	3800	3300	3000	8.68
	80	313	706	1270	390					
	100	353	755	1570	500					
	120	402	823	1760	620					
	160	402	882	1910	630					
50	50	245	715	1430	350	4500	3500	3000	2500	12.5
	80	372	941	1860	519					
	100	470	980	2060	666					
	120	529	1080	2060	813					
	160	529	1180	2450	843					
58	50	353	1020	1960	520	4000	3000	2700	2200	27.3
	80	549	1480	2450	770					
	100	696	1590	3180	1060					
	120	745	1720	3330	1190					
	160	745	1840	3430	1210					

续表

规格代号	减速比	额定转矩/N·m	启制动峰值转矩/N·m	瞬间最大转矩/N·m	最大平均转矩/N·m	允许最高输入转速/r·min^{-1}		最高平均输入转速/r·min^{-1}		惯量/10^{-4} kg·m^2
						油润滑	脂润滑	油润滑	脂润滑	
65	50	490	1420	2830	720	3500	2800	2400	1900	46.8
	80	745	2110	3720	1040					
	100	951	2300	4750	1520					
	120	951	2510	4750	1570					
	160	951	2630	4750	1570					
80	50	872	2440	4870	1260	2900	2300	2200	1500	122
	80	1320	3430	6590	1830					
	100	1700	4220	7910	2360					
	120	1990	4590	7910	3130					
	160	1990	4910	7910	3130					
90	50	1180	3530	6660	1720	2700	2000	2100	1300	214
	80	1550	3990	7250	2510					
	100	2270	5680	9020	3360					
	120	2570	6160	9800	4300					
	160	2700	6840	11300	4300					
100	50	1580	4450	8900	2280	2500	1800	2000	1200	356
	80	2380	6060	11600	3310					
	100	2940	7350	14100	4630					
	120	3180	7960	15300	5720					
	160	3550	9180	15500	5720					

（2）结构与外形尺寸

表 15-3-21 CSG/CSF 部件型谐波减速器外形尺寸

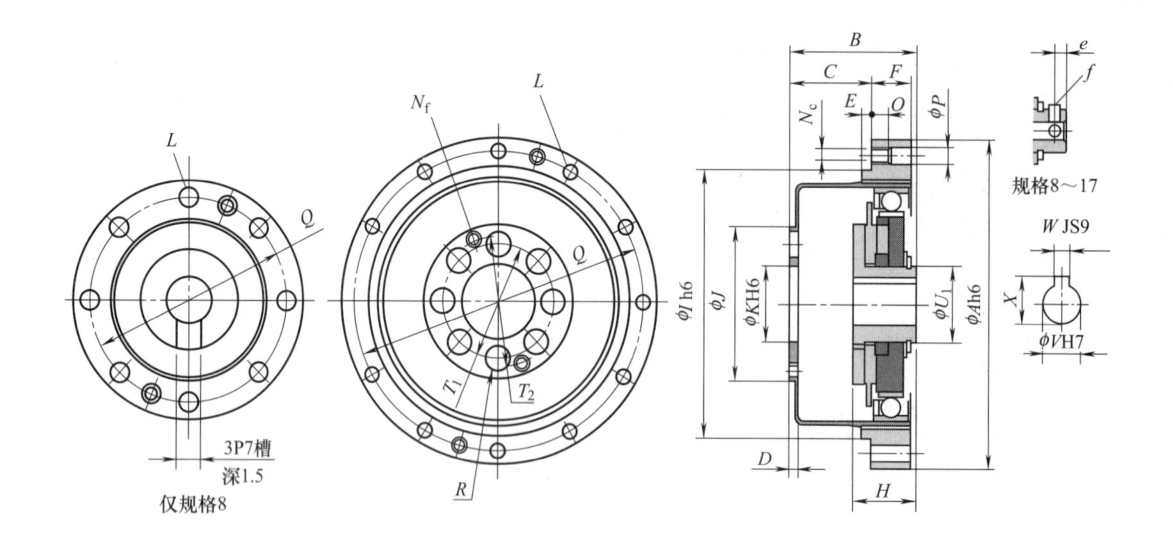

参数	系列	规格代号														
		8	11	14	17	20	25	32	40	45	50	58	65	80	90	100
A	CSG	—	—	50	60	70	85	110	135	155	170	195	215	—	—	—
	CSF	30	40	50	60	70	85	110	135	155	170	195	215	265	300	330
B	CSG	—	—	28.5	32.5	33.5	37	44	53	58.5	64	75.5	83	—	—	—
	CSF	22.1	25.8	28.5	32.5	33.5	37	44	53	58.5	64	75.5	83	101	112.5	125

续表

参数	系列	规格代号														
		8	11	14	17	20	25	32	40	45	50	58	65	80	90	100
C	CSG	—	—	17.5	20	21.5	24	28	34	38	41	48	52.5	—	—	—
	CSF	12.5	14.5	17.5	20	21.5	24	28	34	38	41	48	52.5	64	71.5	79
D	CSG	—	—	2.4	3	3	3	3.2	4	4.5	5	5.8	6.5	—	—	—
	CSF	2.7	2	2.4	3	3	3	3.2	4	4.5	5	5.8	6.5	8	9	10
E	CSG	—	—	2	2.5	3	3	3	4	4	4	5	5	—	—	—
	CSF	—	2	2	2.5	3	3	3	4	4	4	5	5	6	6	6
F	CSG	—	—	6	6.5	7.5	10	14	17	19	22	25	29	—	—	—
	CSF	4.5	5	6	6.5	7.5	10	14	17	19	22	25	29	36	41	46
H	CSG	—	—	18.5	20.7	21.5	21.6	23.6	29.7	30.5	34.8	38.3	44.6	—	—	—
	CSF	12	16	17.6	19.5	20.1	20.2	22	27.5	27.9	32	34.9	40.9	49.1	48.2	56.7
I	CSG	—	—	38	48	54	67	90	110	124	135	156	177	—	—	—
	CSF	—	31	38	48	54	67	90	110	124	135	156	177	218	245	272
J	CSG	—	—	23	27.2	32	40	52	64	72	80	92.8	104	—	—	—
	CSF	12.3	17.8	23	27.2	32	40	52	64	72	80	92.8	104	128	144	160
K	CSG	—	—	11	10	16	20	26	32	36	40	46	52	—	—	—
	CSF	6	6	11	10	16	20	26	32	36	40	46	52	65	72	80
L	CSG	—	—	6×φ3.5	12×φ3.4	12×φ3.5	12×φ4.5	12×φ5.5	12×φ6.6	12×φ9	12×φ9	12×φ11	12×φ11	—	—	—
	CSF	8×φ2.2	8×φ2.9	6×φ3.5	12×φ3.4	12×φ3.5	12×φ4.5	12×φ5.5	12×φ6.6	12×φ9	12×φ9	12×φ11	12×φ11	16×φ11	16×φ14	16×φ14
N_c	CSG	—	—	M3	M3	M3	M4	M5	M6	M8	M8	M10	M10	—	—	—
	CSF	M2	M2.5	M3	M3	M3	M4	M5	M6	M8	M8	M10	M10	M10	M12	M12
N_f	CSG	—	—	2×M3	2×M3	2×M3	2×M4	2×M5	2×M6	2×M6	2×M8	2×M8	2×M8	—	—	—
	CSF	—	—	2×M3	2×M3	2×M3	2×M4	2×M5	2×M6	2×M6	2×M8	2×M8	2×M8	2×M8	2×M12	2×M10
O	CSG	—	—	6	6.5	4	6	7	9	12	13	15	15	—	—	—
	CSF	3	3	6	6.5	4	6	7	9	12	13	15	15	15	18	20
P	CSG	—	—	—	—	3.5	4.5	5.5	6.6	9	9	11	11	—	—	—
	CSF	2.2	2.9	—	—	3.5	4.5	5.5	6.6	9	9	11	11	11	14	14
Q	CSG	—	—	44	54	62	75	100	120	140	150	175	195	—	—	—
	CSF	25.5	35	44	54	62	75	100	120	140	150	175	195	240	270	300
R	CSG	—	—	6×φ4.5	6×φ5.5	8×φ5.5	8×φ6.6	8×φ9	8×φ11	8×φ13.5	8×φ15.5	8×φ15.5	8×φ18	—	—	—
	CSF	—	6×φ3.4	6×φ4.5	6×φ5.5	8×φ5.5	8×φ6.6	8×φ9	8×φ11	8×φ13.5	8×φ15.5	8×φ15.5	8×φ18	10×φ18	8×φ22	12×φ22
T_1	CSG	—	—	17	19	24	30	40	50	54	60	70	80	—	—	—
	CSF	—	12	17	19	24	30	40	50	54	60	70	80	100	110	130
T_2	CSG	—	—	18.5	21.5	27	34	45	56	61	68	79	90	—	—	—
	CSF	—	15.2	18.5	21.5	27	34	45	56	61	68	79	90	114	120	142
U_1	CSG	—	—	14	18	21	26	26	32	32	32	40	48	—	—	—
	CSF	7	11	14	18	21	26	26	32	32	32	40	48	55	60	65
V	CSG	—	—	6	8	9	11	14	14	19	19	22	24	—	—	—
	CSF	3	5	6	8	9	11	14	14	19	19	22	24	28	28	28
W	CSG	—	—	—	—	3	4	5	5	6	6	6	8	—	—	—
	CSF	—	—	—	—	3	4	5	5	6	6	6	8	8	8	8
X	CSG	—	—	—	—	10.4	12.8	16.3	16.3	21.8	21.8	24.8	27.3	—	—	—
	CSF	—	—	—	—	10.4	12.8	16.3	16.3	21.8	21.8	24.8	27.3	31.3	31.3	31.3
e	CSG	—	—	2.5	3	—	—	—	—	—	—	—	—	—	—	—
	CSF	2	3	2.5	3	—	—	—	—	—	—	—	—	—	—	—
f	CSG	—	—	2×M3×4	2×M3×6	—	—	—	—	—	—	—	—	—	—	—
	CSF	2×M2×3	2×M3×4	2×M3×4	2×M3×6	—	—	—	—	—	—	—	—	—	—	—
质量/kg	—	0.026	0.05	0.09	0.15	0.28	0.42	0.89	1.7	2.3	3.2	4.7	6.7	12.4	17.5	23.5

（3）安装空间

表 15-3-22　　CSG/CSF 部件型谐波减速器安装空间尺寸

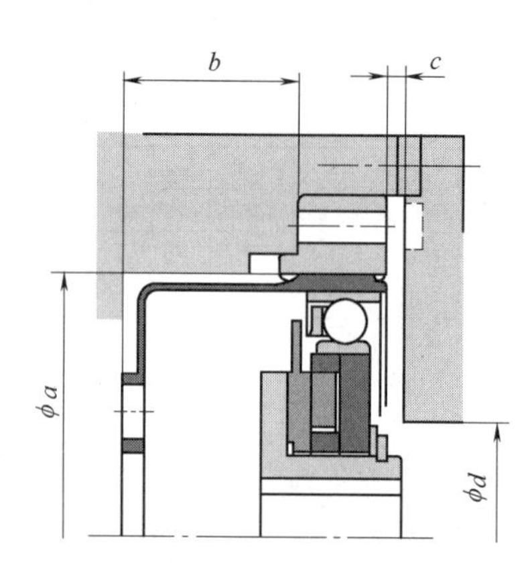

参数	8	11	14	17	20	25	32	40	45	50	58	65	80	90	100
a	21.5	30	38	45	53	66	86	106	119	133	154	172	212	239	265
b	11.3	14	17.1	19	20.5	23	26.8	33	36.5	39	46.2	50	61	68.5	76
c	0.5	0.5	1	1	1.5	1.5	1.5	2	2	2	2.5	2.5	3	3	3
d	13	16	16	26	30	37	37	45	45	45	56	62	67	73	79

（4）性能参数

表 15-3-23　　CSG/CSF 部件型谐波减速器传动精度

基本减速比	精度等级	规格代号							
		8	11	14	17	20	25	32	≥40
30	标准/×10⁻⁴ rad	5.8	5.8	5.8	4.4	4.4	4.4	4.4	—
	精密/×10⁻⁴ rad	—	—	—	—	2.9	2.9	2.9	—
其他	标准/×10⁻⁴ rad	5.8	5.8	4.4	4.4	2.9	2.9	2.9	2.9
	精密/×10⁻⁴ rad	—	—	2.9	2.9	1.5	1.5	1.5	1.5

表 15-3-24　　CSG/CSF 部件型谐波减速器滞后量　　10^{-4} rad

基本减速比	规格代号							
	8	11	14	17	20	25	32	≥40
30	8.7	8.7	8.7	8.7	8.7	8.7	8.7	8.7
50	8.7	5.8	5.8	5.8	5.8	5.8	5.8	5.8
其他	5.8	5.8	4.4	4.4	2.9	2.9	2.9	2.9

表 15-3-25　　CSG/CSF 部件型谐波减速器最大背隙　　10^{-5} rad

规格代号	基本减速比					
	30	50	80	100	120	160
8	28.6	17.0	—	8.7	—	—
11	23.8	14.1	—	7.3	—	—
14	29.1	17.5	11.2	8.7	—	—
17	16.0	9.7	6.3	4.8	3.9	—
20	13.6	8.2	5.3	4.4	3.9	2.9
25	13.6	8.2	5.3	4.4	3.9	2.9
32	11.2	6.8	4.4	3.4	2.9	2.4
40	—	6.8	4.4	3.4	2.9	2.4
45	—	5.8	3.9	2.9	2.4	1.9
50	—	5.8	3.9	2.9	2.4	1.9
58	—	4.8	2.9	2.4	1.9	1.5
65	—	4.8	2.9	2.4	1.9	1.5
80	—	4.8	2.9	2.4	1.9	1.5
90		3.9	2.4	1.9	1.5	1.0
100	—	2.9	2.4	1.5	1.5	1.0

表 15-3-26　CSG/CSF 部件型谐波减速器刚度参数

规格代号	基本减速比	等效点转矩/N·m		弹性系数/10^4N·m·rad^{-1}			变形误差/10^{-4}rad	
		T_1	T_2	K_1	K_2	K_3	θ_1	θ_2
8	30	0.29	0.75	0.034	0.044	0.054	8.5	19
	50			0.044	0.067	0.084	6.6	13
	其他			0.091	0.10	0.12	3.2	8
11	30	0.80	2.0	0.084	0.13	0.16	9.5	19
	50			0.22	0.30	0.32	3.6	8
	其他			0.27	0.34	0.44	3.0	6
14	30	2.0	6.9	0.19	0.24	0.34	10.5	31
	50			0.34	0.47	0.57	5.8	16
	其他			0.47	0.61	0.71	4.1	12
17	30	3.9	12	0.34	0.44	0.67	11.5	30
	50			0.81	1.1	1.3	4.9	12
	其他			1.0	1.4	1.6	3.9	9.7
20	30	7.0	25	0.57	0.71	1.1	12.3	38
	50			1.3	1.8	2.3	5.2	15.4
	其他			1.6	2.5	2.9	4.4	11.3
25	30	14	48	1.0	1.3	2.1	14	40
	50			2.5	3.4	4.4	5.5	15.7
	其他			3.1	5.0	5.7	4.4	11.1
32	30	29	108	2.4	3.0	4.9	12.1	38
	50			5.4	7.8	9.8	5.5	15.7
	其他			6.7	11	12	4.4	11.6
40	30	54	196	—	—	—	—	—
	50			10	14	18	5.2	15.4
	其他			13	20	23	4.1	11.1
45	30	76	275	—	—	—	—	—
	50			15	20	26	5.2	15.1
	其他			18	29	33	4.1	11.1
50	30	108	382	—	—	—	—	—
	50			20	28	34	5.5	15.4
	其他			25	40	44	4.4	11.1
58	30	168	598	—	—	—	—	—
	50			31	44	54	5.2	15.1
	其他			40	61	71	4.1	11.1
65	30	235	843	—	—	—	—	—
	50			44	61	78	5.2	15.1
	其他			54	88	98	4.4	11.3
80	30	430	1570	—	—	—	—	—
	50			81	115	145	5.2	15.1
	其他			100	162	185	4.4	11.3

续表

规格代号	基本减速比	等效点转矩/N·m		弹性系数/10^4N·m·rad^{-1}			变形误差/10^{-4}rad	
		T_1	T_2	K_1	K_2	K_3	θ_1	θ_2
90	30	618	2260	—	—	—	—	—
	50			118	162	206	5.2	15.4
	其他			145	230	263	4.4	11.6
100	30	843	3040	—	—	—	—	—
	50			162	222	283	5.2	15.1
	其他			200	310	370	4.4	11.3

表 15-3-27 CSG 部件型谐波减速器启动转矩 10^{-2}N·m

基本减速比	规格代号									
	14	17	20	25	32	40	45	50	58	65
50	3.6	5.6	7.3	13	29	51	69	—	—	—
80	2.6	3.6	4.5	8.5	18	32	45	59	90	121
100	2.3	3.2	4.1	7.6	17	29	40	53	80	108
120	—	3.0	3.6	6.9	14	26	36	50	74	101
160	—	—	3.2	6.1	13	23	32	43	64	88

表 15-3-28 CSF 部件型谐波减速器启动转矩 10^{-2}N·m

基本减速比	规格代号							
	8	11	14	17	20	25	32	40
30	1.3	2.7	4.3	6.5	11	19	45	—
50	0.8	1.6	3.3	5.1	6.6	12	26	46
80	—	—	2.4	3.3	4.1	7.7	16	29
100	0.59	1.1	2.1	2.9	3.7	6.9	15	26
120	—	—	—	2.7	3.3	6.3	13	24
160	—	—	—	—	2.9	5.5	12	21

基本减速比	规格代号						
	45	50	58	65	80	90	100
30	—	—	—	—	—	—	—
50	63	86	130	180	320	450	590
80	41	54	82	110	200	280	380
100	36	48	73	98	180	250	340
120	33	45	67	92	170	230	310
160	29	39	58	80	140	200	270

表 15-3-29 CSG/CSF 部件型减速器空载运行转矩修整值 10^{-2}N·m

规格代号	基本减速比				
	30	50	80	120	160
8	+0.4	+0.2	—	—	—
11	+0.7	+0.3	—	—	—
14	+1.1	+0.5	+0.1	—	—
17	+1.8	+0.8	+0.1	−0.1	—
20	+2.7	+1.2	+0.2	−0.1	−0.3
25	+5.0	+2.2	+0.3	−0.2	−0.6
32	+10	+4.5	+0.7	−0.5	−1.2
40	—	+8.0	+1.2	−0.9	−2.2

续表

规格代号	基本减速比				
	30	50	80	120	160
45	—	+11	+1.7	−1.3	−3.0
50	—	+15	+2.3	−1.7	−4.0
58	—	+22	+3.4	−2.5	−6.1
65	—	+31	+4.7	−3.5	−8.4
80	—	+55	+8.5	−6.2	−15
90	—	+77	+12	−8.7	−21
100	—	+100	+16	−12	−28

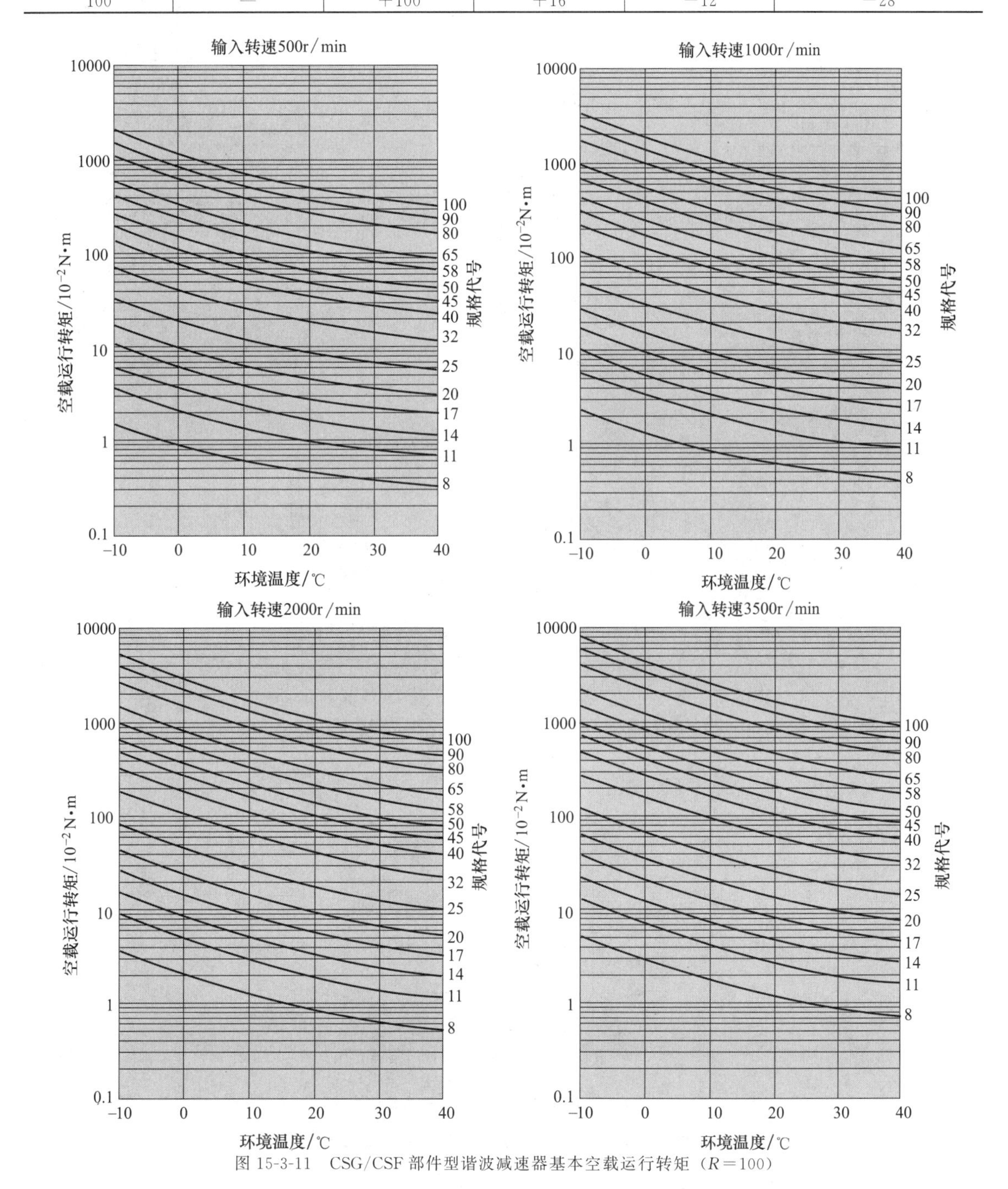

图 15-3-11　CSG/CSF 部件型谐波减速器基本空载运行转矩（R=100）

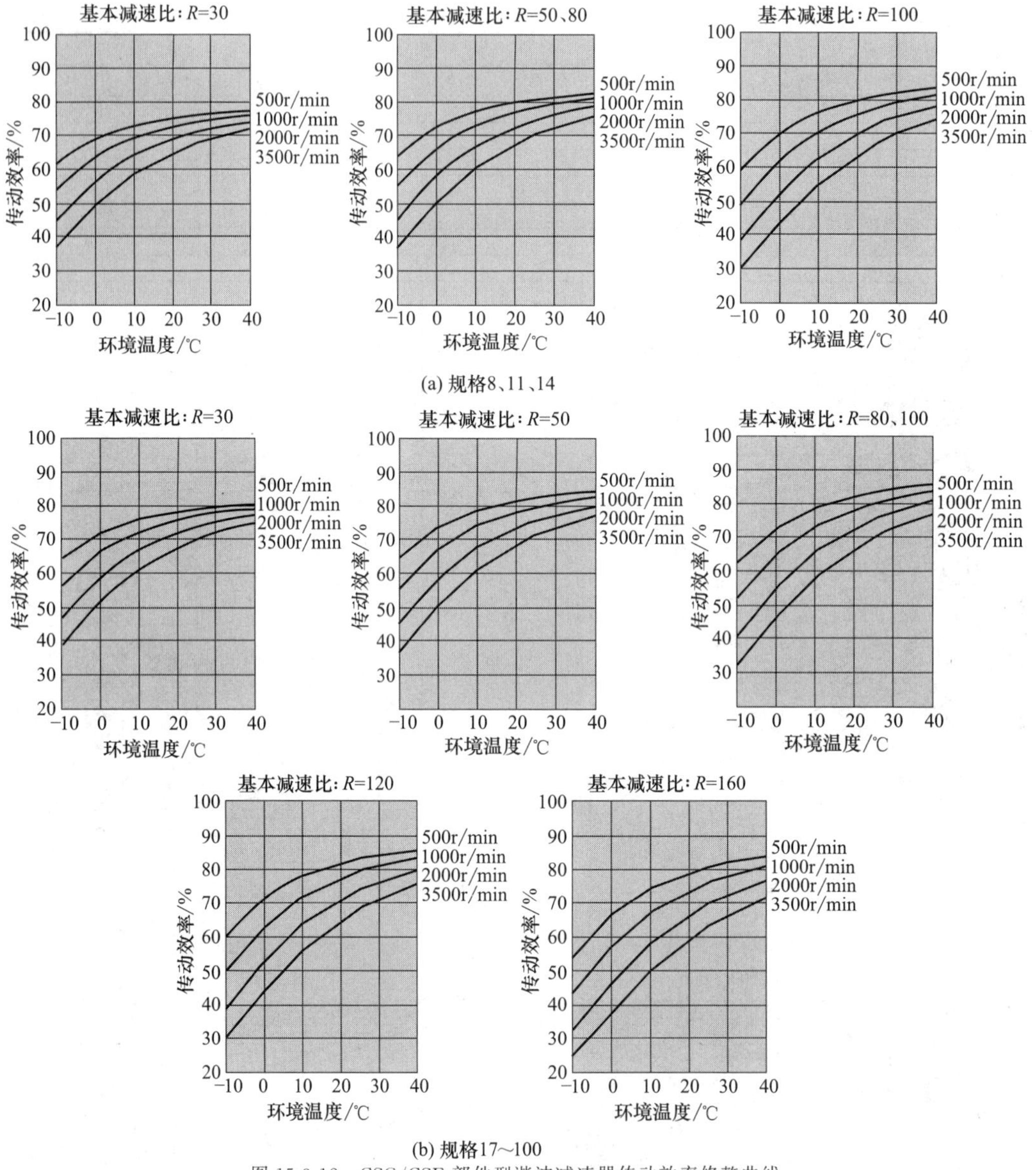

图 15-3-12　CSG/CSF 部件型谐波减速器传动效率修整曲线

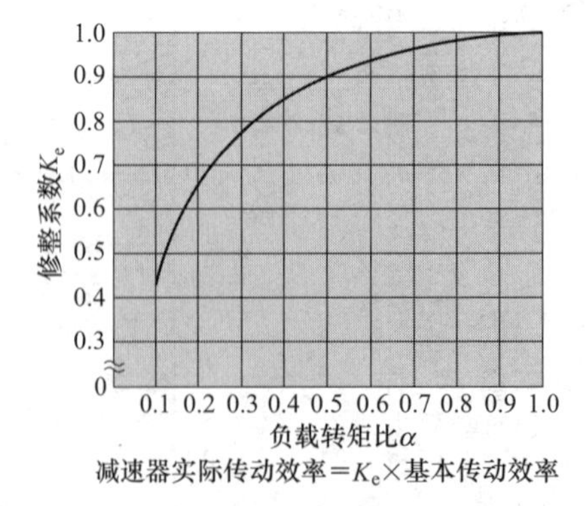

图 15-3-13　CSG/CSF 减速器传动效率修整系数

3.4.2　CSD 部件型谐波减速器

（1）型号与规格

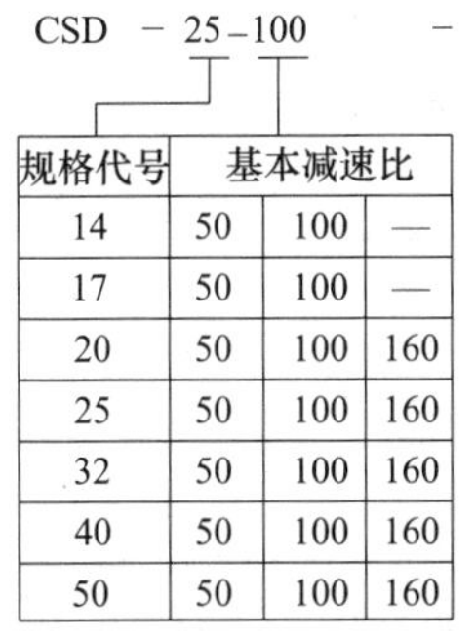

规格代号	基本减速比		
14	50	100	—
17	50	100	—
20	50	100	160
25	50	100	160
32	50	100	160
40	50	100	160
50	50	100	160

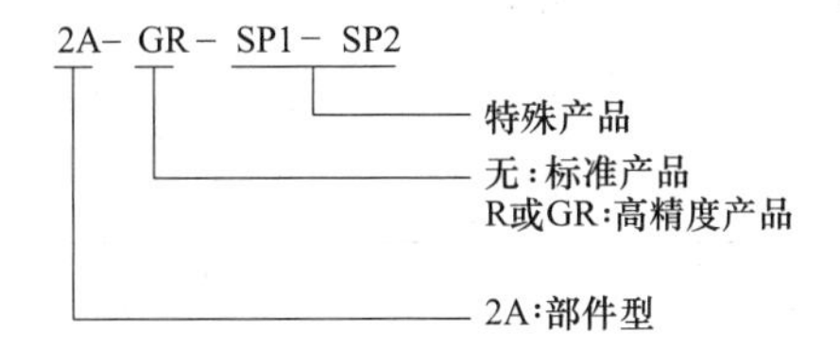

表 15-3-30　CSD 部件型谐波减速器基本参数

规格代号	减速比	额定转矩 /N·m	启制动峰值转矩 /N·m	瞬间最大转矩 /N·m	最大平均转矩 /N·m	允许最高输入转速/$r \cdot min^{-1}$		最高平均输入转速/$r \cdot min^{-1}$		惯量 /$10^{-4}kg \cdot m^2$
						油润滑	脂润滑	油润滑	脂润滑	
14	50	3.7	12	24	4.8	14000	8500	6500	3500	0.021
	100	5.4	19	31	7.7					
17	50	11	23	48	18	10000	7300	6500	3500	0.054
	100	16	37	55	27					
20	50	17	39	69	24	10000	6500	6500	3500	0.090
	100	28	57	76	34					
	160	28	64	76	34					
25	50	27	69	127	38	7500	5600	5600	3500	0.282
	100	47	110	152	75					
	160	47	123	152	75					
32	50	53	151	268	75	7000	4800	4600	3500	1.09
	100	96	233	359	151					
	160	96	261	359	151					
40	50	96	281	480	137	5600	4000	3600	3000	2.85
	100	185	398	694	260					
	160	206	453	694	316					
50	50	172	500	1000	247	4500	3500	3000	2500	8.61
	100	329	686	1440	466					
	160	370	823	1577	590					

（2）结构与外形尺寸

表 15-3-31　CSD 系列部件型谐波减速器外形尺寸　mm

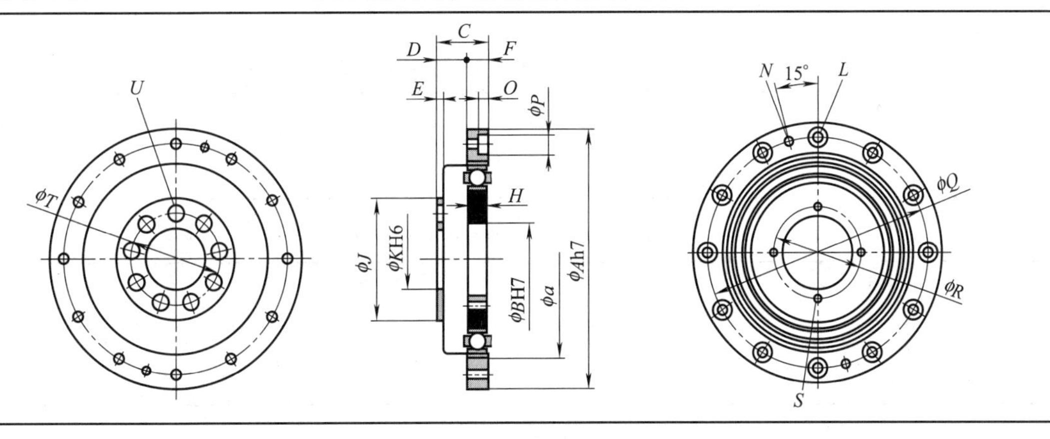

续表

参数	规格代号						
	14	17	20	25	32	40	50
A	50	60	70	85	110	135	170
B	11	15	20	24	32	40	50
C	11	12.5	14	17	22	27	33
D	8.5	7.5	8	10	13	16	19.5
E	1.4	1.7	2	2	2.5	3	3.5
F	4.5	5	6	7	9	11	13.5
H	4	5	5.2	6.3	8.6	10.3	12.7
J	23	27.2	32	40	52	64	80
K	11	11	16	20	30	32	44
L	6×ϕ3.4	8×ϕ3.4	12×ϕ3.4	12×ϕ3.4	12×ϕ4.5	12×ϕ5.5	12×ϕ6.6
N	M3	M3	M3	M3	M4	M5	M6
O	—	—	3.3	3.3	4.4	5.4	6.5
P	—	—	6.5	6.5	8	9.5	11
Q	44	54	62	75	100	120	150
R	17	21	26	30	40	50	60
S	4×M3	4×M3	4×M3	4×M3	4×M4	4×M5	4×M6
T	17	19.5	24	30	41	48	62
U	9×ϕ3.4	8×ϕ4.5	12×ϕ4.5	12×ϕ5.5	14×ϕ6.6	14×ϕ9	14×ϕ11
质量/kg	0.06	0.10	0.13	0.24	0.51	0.92	1.9

(3) 安装空间

表 15-3-32　　CSD 部件型谐波减速器安装空间尺寸　　mm

参数	14	17	20	25	32	40	50
a	38	45	53	66	86	106	133
b	6.5	7.5	8	10	13	16	19.5
c	1	1	1.5	1.5	2	2.5	3.5
d	16	26	30	37	37	45	45

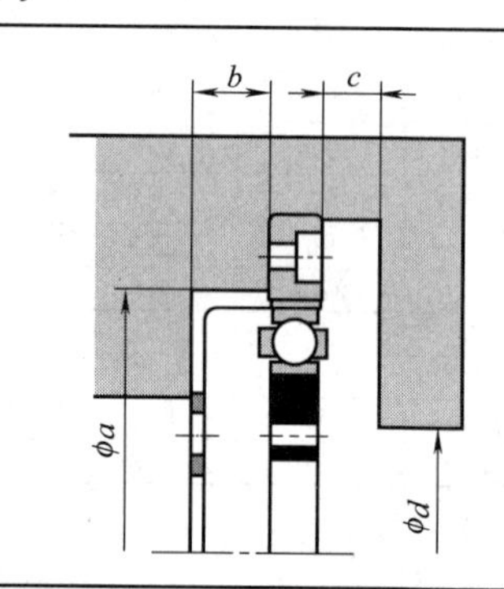

(4) 性能参数

表 15-3-33　　CSD 部件型谐波减速器传动精度

基本减速比	精度等级	规格代号						
		14	17	20	25	32	40	50
50/100/160	标准/10^{-4} rad	4.4	4.4	2.9	2.9	2.9	2.9	2.9

表 15-3-34　　CSD 部件型谐波减速器滞后量　　10^{-4} rad

基本减速比	规格代号						
	14	17	20	25	32	40	50
50	7.3	5.8	5.8	5.8	5.8	5.8	5.8
100、160	5.8	2.9	2.9	2.9	2.9	2.9	2.9

表 15-3-35　CSD 部件型谐波减速器刚度参数

规格代号	基本减速比	等效点转矩/N·m		弹性系数/10^4N·m·rad^{-1}			变形误差/10^{-4}rad	
		T_1	T_2	K_1	K_2	K_3	θ_1	θ_2
14	50	2.0	6.9	0.29	0.37	0.47	6.9	19
	100、160			0.40	0.44	0.61	5.0	16
17	50	3.9	12	0.67	0.88	1.2	5.8	14
	100、160			0.84	0.94	1.3	4.6	13
20	50	7.0	25	1.1	1.3	2.0	6.4	19
	100、160			1.3	1.7	2.5	5.4	15
25	50	14	48	2.0	2.7	3.7	7.0	18
	100、160			2.7	3.7	4.7	5.2	13
32	50	29	108	4.7	6.1	8.4	6.2	18
	100、160			6.1	7.8	11	4.8	14
40	50	54	196	8.8	11	15	6.1	18
	100、160			11	14	20	4.9	14
50	50	108	382	17	21	30	6.4	18
	100、160			21	29	37	5.1	13

表 15-3-36　CSD 部件型谐波减速器启动转矩　10^{-2}N·m

基本减速比	规格代号						
	14	17	20	25	32	40	50
50	3.7	5.7	7.3	14	28	50	94
100	2.4	3.3	4.3	7.9	18	29	56
160	—	—	3.4	6.4	14	24	44

表 15-3-37　CSD 部件型减速器空载运行转矩修整值　10^{-2}N·m

基本减速比	规格代号						
	14	17	20	25	32	40	50
50	+0.56	+0.96	+1.4	+2.6	+5.4	+9.6	+18
160	—	—	−0.39	−0.72	−1.5	−2.6	−4.8

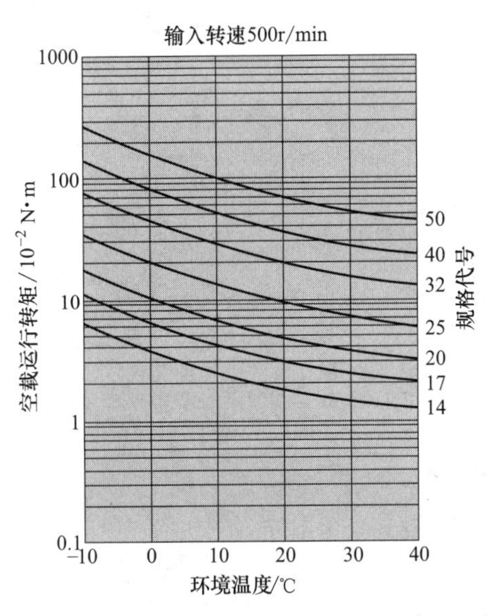

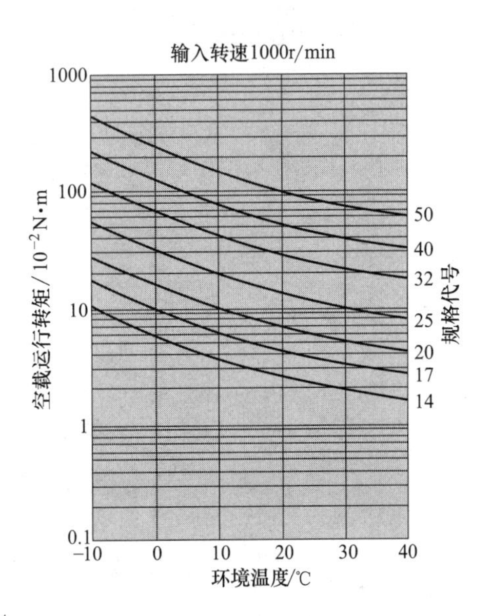

图 15-3-14

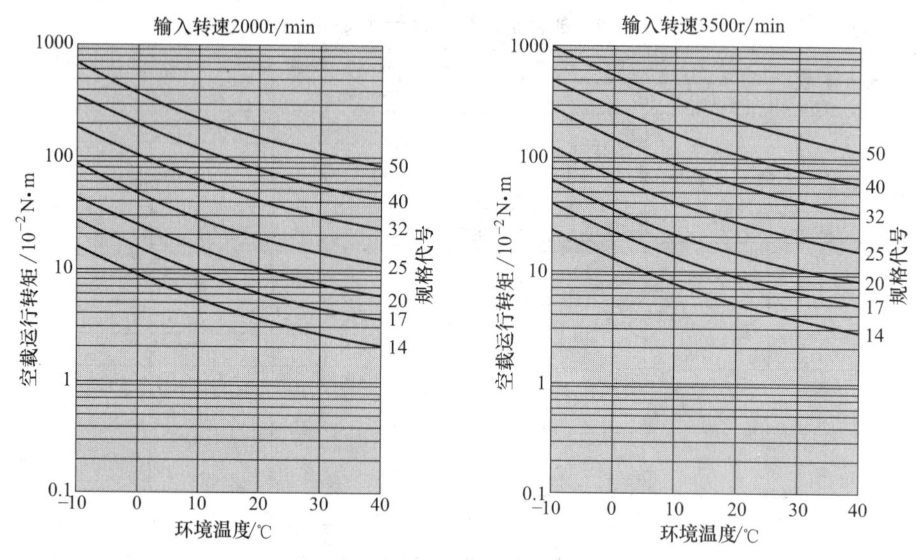

图 15-3-14　CSD 部件型谐波减速器基本空载运行转矩（$R=100$）

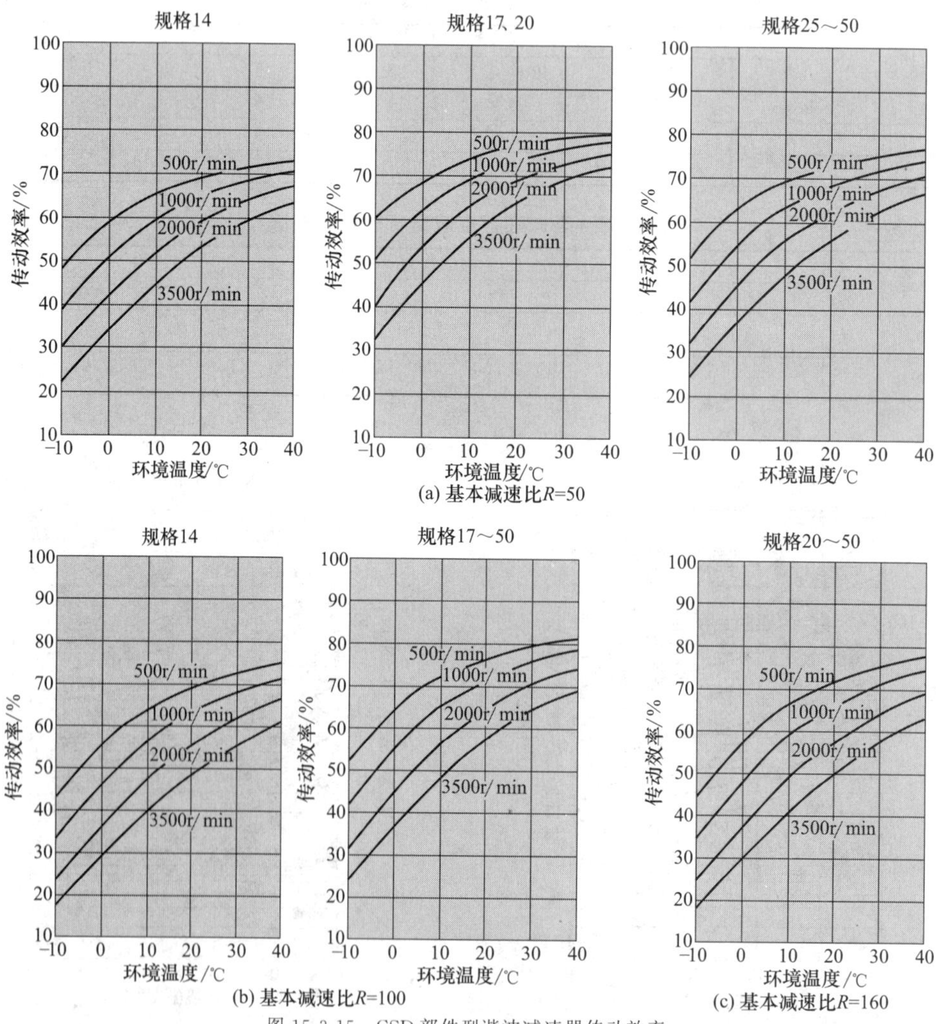

图 15-3-15　CSD 部件型谐波减速器传动效率

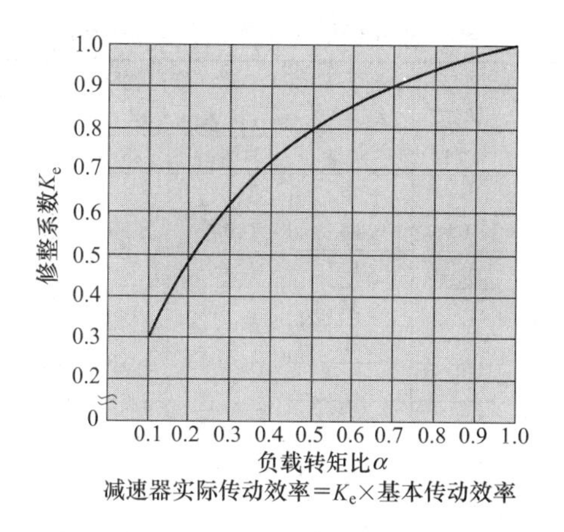

图 15-3-16 CSD 部件型谐波减速器传动效率修整系数

3.4.3 SHG/SHF 部件型谐波减速器

（1）型号与规格

SHG - 25 - 100 - 2A - GR - SP1 - SP2

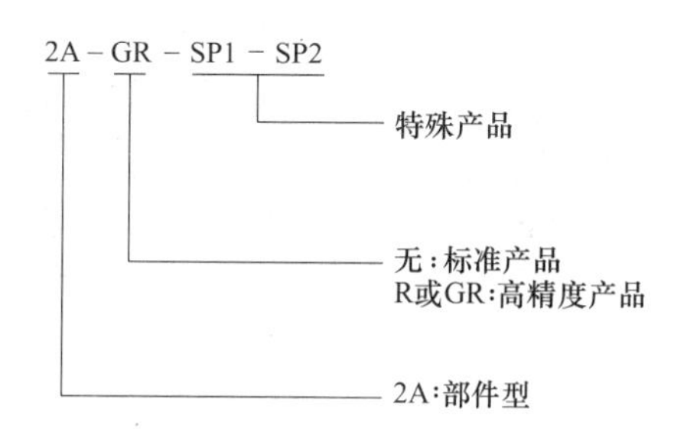

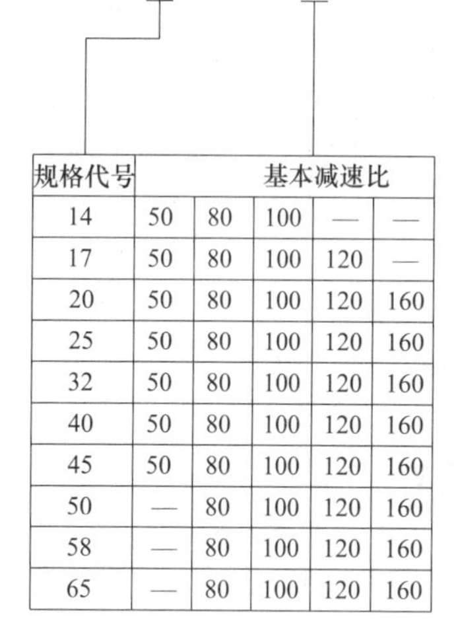

规格代号	基本减速比				
14	50	80	100	—	—
17	50	80	100	120	—
20	50	80	100	120	160
25	50	80	100	120	160
32	50	80	100	120	160
40	50	80	100	120	160
45	50	80	100	120	160
50	—	80	100	120	160
58	—	80	100	120	160
65	—	80	100	120	160

SHF - 25 - 100 - 2A- GR - SP1 - SP2

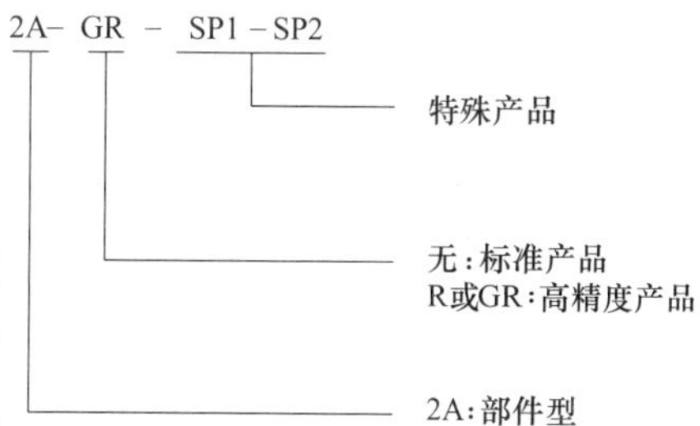

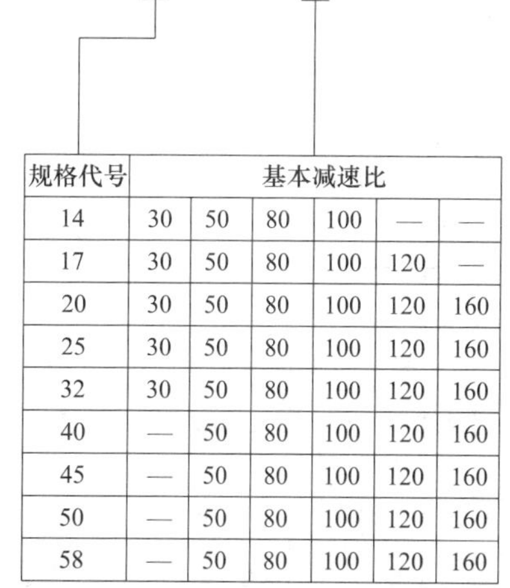

规格代号	基本减速比					
14	30	50	80	100	—	—
17	30	50	80	100	120	—
20	30	50	80	100	120	160
25	30	50	80	100	120	160
32	30	50	80	100	120	160
40	—	50	80	100	120	160
45	—	50	80	100	120	160
50	—	50	80	100	120	160
58	—	50	80	100	120	160

表 15-3-38　　SHG 部件型谐波减速器基本参数

规格代号	减速比	额定转矩/N·m	启制动峰值转矩/N·m	瞬间最大转矩/N·m	最大平均转矩/N·m	允许最高输入转速/r·min^{-1}		最高平均输入转速/r·min^{-1}		惯量/10^{-4}kg·m^2
						油润滑	脂润滑	油润滑	脂润滑	
14	50	7	23	46	9	14000	8500	6500	3500	0.033
	80	10	30	61	14					
	100	10	36	70	14					
17	50	21	44	91	34	10000	7300	6500	3500	0.079
	80	29	56	113	35					
	100	31	70	143	51					
	120	31	70	112	51					
20	50	33	73	127	44	10000	6500	6500	3500	0.193
	80	44	96	165	61					
	100	52	107	191	64					
	120	52	113	191	64					
	160	52	120	191	64					
25	50	51	127	242	72	7500	5600	5600	3500	0.413
	80	82	178	332	113					
	100	87	204	369	140					
	120	87	217	395	140					
	160	87	229	408	140					
32	50	99	281	497	140	7000	4800	4600	3500	1.69
	80	153	395	738	217					
	100	178	433	841	281					
	120	178	459	892	281					
	160	178	484	892	281					
40	50	178	523	892	255	5600	4000	3600	3000	4.50
	80	268	675	1270	369					
	100	345	738	1400	484					
	120	382	802	1530	586					
	160	382	841	1530	586					
45	50	229	650	1235	345	5000	3800	3300	3000	8.68
	80	407	918	1651	507					
	100	459	982	2041	650					
	120	523	1070	2288	806					
	160	523	1147	2483	819					
50	80	484	1223	2418	675	4500	3500	3000	2500	12.5
	100	611	1274	2678	866					
	120	688	1404	2678	1057					
	160	688	1534	3185	1096					
58	80	714	1924	3185	1001	4000	3000	2700	2200	27.3
	100	905	2067	4134	1387					
	120	969	2236	4329	1547					
	160	969	2392	4459	1573					
65	80	969	2743	4836	1352	3500	2800	2400	1900	46.8
	100	1236	2990	6175	1976					
	120	1236	3263	6175	2041					
	160	1236	3419	6175	2041					

表 15-3-39　SHF 部件型谐波减速器基本参数

规格代号	减速比	额定转矩 /N·m	启制动峰值转矩 /N·m	瞬间最大转矩 /N·m	最大平均转矩 /N·m	允许最高输入转速/r·min^{-1}		最高平均输入转速/r·min^{-1}		惯量 /10^{-4}kg·m^2
						油润滑	脂润滑	油润滑	脂润滑	
14	30	4.0	9.0	17	6.8	14000	8500	6500	3500	0.033
	50	5.4	18	35	6.9					
	80	7.8	23	47	11					
	100	7.8	28	54	11					
17	30	8.8	16	30	12	10000	7300	6500	3500	0.079
	50	16	34	70	26					
	80	22	43	87	27					
	100	24	54	108	39					
	120	24	54	86	39					
20	30	15	27	50	20	10000	6500	6500	3500	0.193
	50	25	56	98	34					
	80	34	74	127	47					
	100	40	83	147	49					
	120	40	87	147	49					
	160	40	92	147	49					
25	30	27	50	95	38	7500	5600	5600	3500	0.413
	50	39	98	186	55					
	80	63	137	255	87					
	100	67	157	284	108					
	120	67	167	304	108					
	160	67	176	314	108					
32	30	54	100	200	75	7000	4800	4600	3500	1.69
	50	76	216	382	108					
	80	118	304	568	167					
	100	137	333	647	216					
	120	137	353	686	216					
	160	137	372	686	216					
40	50	137	402	686	196	5600	4000	3600	3000	4.50
	80	206	519	980	284					
	100	265	568	1080	372					
	120	294	617	1180	451					
	160	294	647	1180	451					
45	50	176	500	950	265	5000	3800	3300	3000	8.68
	80	313	706	1270	390					
	100	353	755	1570	500					
	120	402	823	1760	620					
	160	402	882	1910	630					
50	50	245	715	1430	350	4500	3500	3000	2500	12.5
	80	372	941	1860	519					
	100	470	980	2060	666					
	120	529	1080	2060	813					
	160	529	1180	2450	843					
58	50	353	1020	1960	520	4000	3000	2700	2200	27.3
	80	549	1480	2450	770					
	100	696	1590	3180	1060					
	120	745	1720	3330	1190					
	160	745	1840	3430	1210					

（2）结构与外形尺寸

表 15-3-40 SHG/SHF 部件型谐波减速器外形尺寸 mm

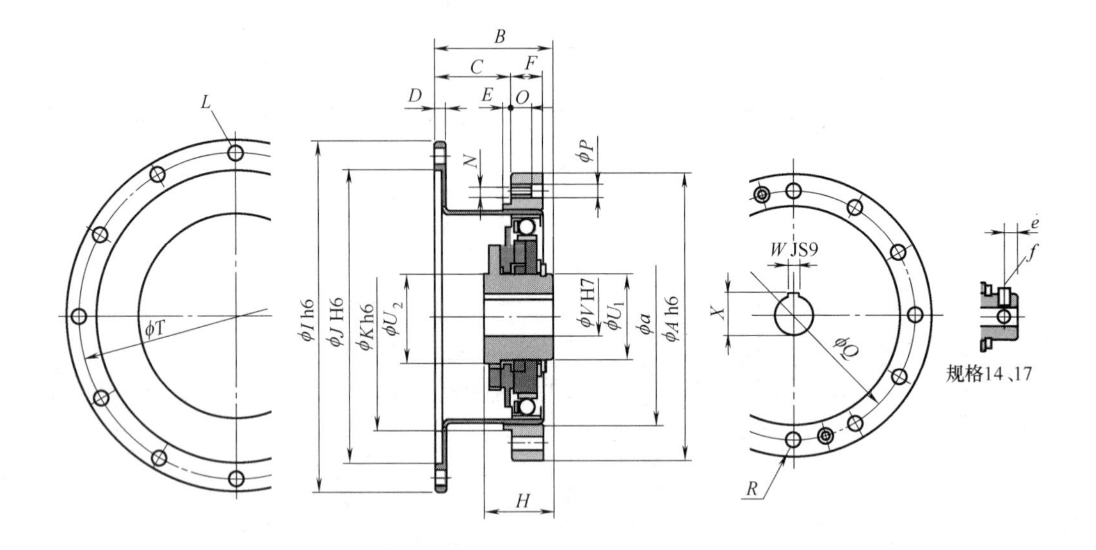

参数	系列	规格代号									
		14	17	20	25	32	40	45	50	58	65
A	SHG	50	60	70	85	110	135	155	170	195	215
	SHF	50	60	70	85	110	135	155	170	195	—
B	SHG	28.5	32.5	33.5	37	44	53	58.5	64	75.5	83
	SHF	28.5	32.5	33.5	37	44	53	58.5	64	75.5	—
C	SHG	17.5	20	21.5	24	28	34	38	41	48	52.5
	SHF	17.5	20	21.5	24	28	34	38	41	48	—
D	SHG	2.4	3	3	3.3	3.6	4	4.5	5	5.8	6.5
	SHF	2.4	3	3	3.3	3.6	4	4.5	5	5.8	—
E	SHG	2	2.5	3	3	3	4	4	4	5	5
	SHF	2	2.5	3	3	3	4	4	4	5	—
F	SHG	6	6.5	7.5	10	14	17	19	22	25	29
	SHF	6	6.5	7.5	10	14	17	19	22	25	—
H	SHG	18.5	20.7	21.5	21.6	23.6	29.7	30.5	34.8	38.3	44.6
	SHF	17.6	19.5	20.1	20.2	22	27.5	27.9	32	34.9	—
I	SHG	60	72	82	104	134	164	190	214	240	276
	SHF	60	72	82	104	134	164	182	205	233	—
J	SHG	48	60	70	88	114	140	158	175	203	232
	SHF	48	60	70	88	114	140	158	175	203	—
K	SHG	38	48	54	67	90	110	124	135	156	177
	SHF	38	48	54	67	90	110	124	135	156	—
L	SHG	8×ϕ3.5	12×ϕ3.4	12×ϕ3.5	12×ϕ4.5	12×ϕ5.5	12×ϕ6.6	18×ϕ6.6	12×ϕ9	16×ϕ9	16×ϕ11
	SHF	8×ϕ3.5	12×ϕ3.4	12×ϕ3.5	12×ϕ4.5	12×ϕ5.5	12×ϕ6.6	18×ϕ6.6	12×ϕ9	16×ϕ9	—
N	SHG	M3	M3	M3	M4	M5	M6	M8	M8	M10	M10
	SHF	M3	M3	M3	M4	M5	M6	M8	M8	M10	—
O	SHG	6	6.5	4	6	7	9	12	13	15	15
	SHF	6	6.5	4	6	7	9	12	13	15	—
P	SHG	—	—	3.5	4.5	5.5	6.6	9	9	11	11
	SHF	—	—	3.5	4.5	5.5	6.6	9	9	11	—

续表

参数	系列	规格代号									
		14	17	20	25	32	40	45	50	58	65
Q	SHG	44	54	62	75	100	120	140	150	175	195
	SHF	44	54	62	75	100	120	140	150	175	—
R	SHG	8×ϕ3.5	16×ϕ3.5	16×ϕ3.5	16×ϕ4.5	16×ϕ5.5	16×ϕ6.6	16×ϕ9	16×ϕ9	16×ϕ11	16×ϕ11
	SHF	6×ϕ3.5	12×ϕ3.5	12×ϕ3.5	12×ϕ4.5	12×ϕ5.5	12×ϕ6.6	12×ϕ9	12×ϕ9	12×ϕ11	—
T	SHG	54	66	76	96	124	152	180	200	226	258
	SHF	54	66	76	96	124	152	170	190	218	—
U_1	SHG	14	18	21	26	26	32	32	32	40	48
	SHF	14	18	21	26	26	32	32	32	40	—
V	SHG	6	8	9	11	14	14	19	19	22	24
	SHF	6	8	9	11	14	14	19	19	22	24
W	SHG	—	—	3	4	5	5	6	6	6	8
	SHF	—	—	3	4	5	5	6	6	6	—
X	SHG	—	—	10.4	12.8	16.3	16.3	21.8	21.8	24.8	27.3
	SHF	—	—	10.4	12.8	16.3	16.3	21.8	21.8	24.8	—
e	SHG	2.5	3	—	—	—	—	—	—	—	—
	SHF	2.5	3	—	—	—	—	—	—	—	—
f	SHG	2×M3×4	2×M3×6	—	—	—	—	—	—	—	—
	SHF	2×M3×4	2×M3×6	—	—	—	—	—	—	—	—
质量/kg	—	0.11	0.18	0.31	0.48	0.97	1.87	2.64	3.53	5.17	7.04

（3）安装空间

表 15-3-41　SHG/SHF 系列部件型谐波减速器安装空间尺寸　mm

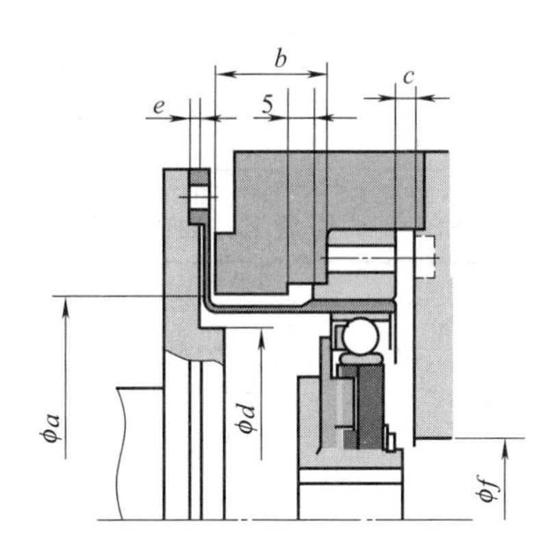

参数	14	17	20	25	32	40	45	50	58	65
a	38	45	53	66	86	106	119	133	154	172
b	14.6	16.4	17.8	19.8	23.2	28.6	31.9	34.2	40.1	43
c	1	1	1.5	1.5	1.5	2	2	2	2.5	2.5
d	31	38	45	56	73	90	101	113	131	150
e	1.7	2.1	2.0	2.0	2.0	2.0	2.3	2.5	2.9	3.5
f	16	26	30	37	37	45	45	45	56	62

（4）性能参数

表 15-3-42 SHG/SHF 部件型谐波减速器传动精度

基本减速比	精度等级	规格代号					
		14	17	20	25	32	≥40
30	标准/10^{-4}rad	5.8	4.4	4.4	4.4	4.4	—
	精密/10^{-4}rad	—	—	2.9	2.9	2.9	—
其他	标准/10^{-4}rad	4.4	4.4	2.9	2.9	2.9	2.9
	精密/10^{-4}rad	2.9	2.9	1.5	1.5	1.5	1.5

表 15-3-43 SHG/SHF 部件型谐波减速器滞后量 10^{-4}rad

基本减速比	规格代号					
	14	17	20	25	32	≥40
30	8.7	8.7	8.7	8.7	8.7	—
50	5.8	5.8	5.8	5.8	5.8	5.8
其他	2.9	2.9	2.9	2.9	2.9	2.9

表 15-3-44 SHG/SHF 部件型谐波减速器最大背隙 10^{-5}rad

规格代号	基本减速比					
	30	50	80	100	120	160
14	29.1	17.5	11.2	8.7	—	—
17	16.0	9.7	6.3	4.8	3.9	—
20	13.6	8.2	5.3	4.4	3.9	2.9
25	13.6	8.2	5.3	4.4	3.9	2.9
32	11.2	6.8	4.4	3.4	2.9	2.4
40	—	6.8	4.4	3.4	2.9	2.4
45	—	5.8	3.9	2.9	2.4	1.9
50	—	5.8	3.9	2.9	2.4	1.9
58	—	4.8	2.9	2.4	1.9	1.5
65	—	—	2.9	2.4	1.9	1.5

表 15-3-45 SHG/SHF 部件型谐波减速器刚度参数

规格代号	基本减速比	等效点转矩/N·m		弹性系数/10^4N·m·rad^{-1}			变形误差/10^{-4}rad	
		T_1	T_2	K_1	K_2	K_3	θ_1	θ_2
14	30	2.0	6.9	0.19	0.24	0.34	10.5	31
	50			0.34	0.47	0.57	5.8	16
	其他			0.47	0.61	0.71	4.1	12
17	30	3.9	12	0.34	0.44	0.67	11.5	30
	50			0.81	1.1	1.3	4.9	12
	其他			1.0	1.4	1.6	3.9	9.7
20	30	7.0	25	0.57	0.71	1.1	12.3	38
	50			1.3	1.8	2.3	5.2	15.4
	其他			1.6	2.5	2.9	4.4	11.3
25	30	14	48	1.0	1.3	2.1	14	40
	50			2.5	3.4	4.4	5.5	15.7
	其他			3.1	5.0	5.7	4.4	11.1
32	30	29	108	2.4	3.0	4.9	12.1	38
	50			5.4	7.8	9.8	5.5	15.7
	其他			6.7	11	12	4.4	11.6

续表

规格代号	基本减速比	等效点转矩/N·m		弹性系数/10^4 N·m·rad^{-1}			变形误差/10^{-4}rad	
		T_1	T_2	K_1	K_2	K_3	θ_1	θ_2
40	30	54	196	—	—	—	—	—
	50			10	14	18	5.2	15.4
	其他			13	20	23	4.1	11.1
45	30	76	275	—	—	—	—	—
	50			15	20	26	5.2	15.1
	其他			18	29	33	4.1	11.1
50	30	108	382	—	—	—	—	—
	50			20	28	34	5.5	15.4
	其他			25	40	44	4.4	11.1
58	30	168	598	—	—	—	—	—
	50			31	44	54	5.2	15.1
	其他			40	61	71	4.1	11.1
65	≥80	235	843	54	88	98	4.4	11.3

表 15-3-46　SHG 系列部件型谐波减速器启动转矩　10^{-2}N·m

基本减速比	规格代号									
	14	17	20	25	32	40	45	50	58	65
30	4.8	7.2	12	18	50	—	—	—	—	—
50	3.7	5.7	7.3	14	28	50	70	94	140	—
80	2.8	3.8	4.8	8.9	19	33	47	63	94	128
100	2.4	3.3	4.3	7.9	18	29	41	56	83	114
120	—	3.1	3.9	7.3	15	27	37	51	76	104
160	—	—	3.4	6.4	14	24	33	44	68	94

表 15-3-47　SHF 系列部件型谐波减速器启动转矩　10^{-2}N·m

基本减速比	规格代号								
	14	17	20	25	32	40	45	50	58
30	4.8	7.2	12	18	50	—	—	—	—
50	3.7	5.7	7.3	14	28	50	70	94	140
80	2.8	3.8	4.8	8.9	19	33	47	63	94
100	2.4	3.3	4.3	7.9	18	29	41	56	83
120	—	3.1	3.9	7.3	15	27	37	51	76
160	—	—	3.4	6.4	14	24	33	44	68

表 15-3-48　SHG/SHF 部件型减速器空载运行转矩修整值　10^{-2}N·m

规格代号	基本减速比				
	30	50	80	120	160
14	+1.2	+0.5	+0.1	—	—
17	+2.1	+0.9	+0.1	−0.1	—
20	+3.1	+1.4	+0.2	−0.2	−0.4
25	+5.7	+2.5	+0.4	−0.3	−0.7
32	+11.7	+5.2	+0.8	−0.6	−1.4
40	—	+9.2	+1.4	−1.0	−2.5
45	—	+12.7	+2.0	−1.4	−3.5
50	—	+17	+2.6	−1.9	−4.6
58	—	+25.8	+4.0	−2.9	−7.0
65	—	—	+5.4	−4.0	−9.7

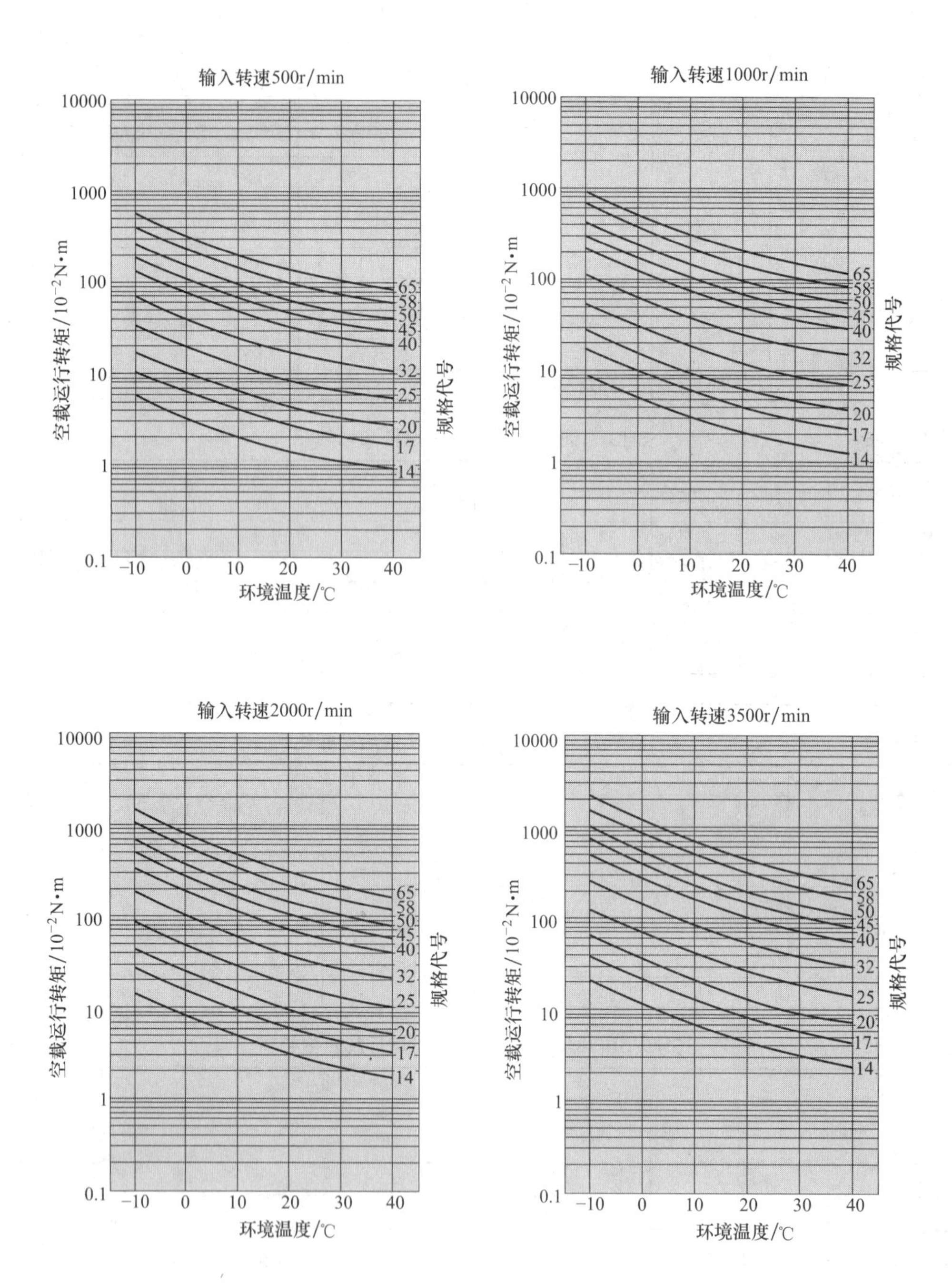

图 15-3-17 SHG/SHF 部件型谐波减速器基本空载运行转矩（$R=100$）

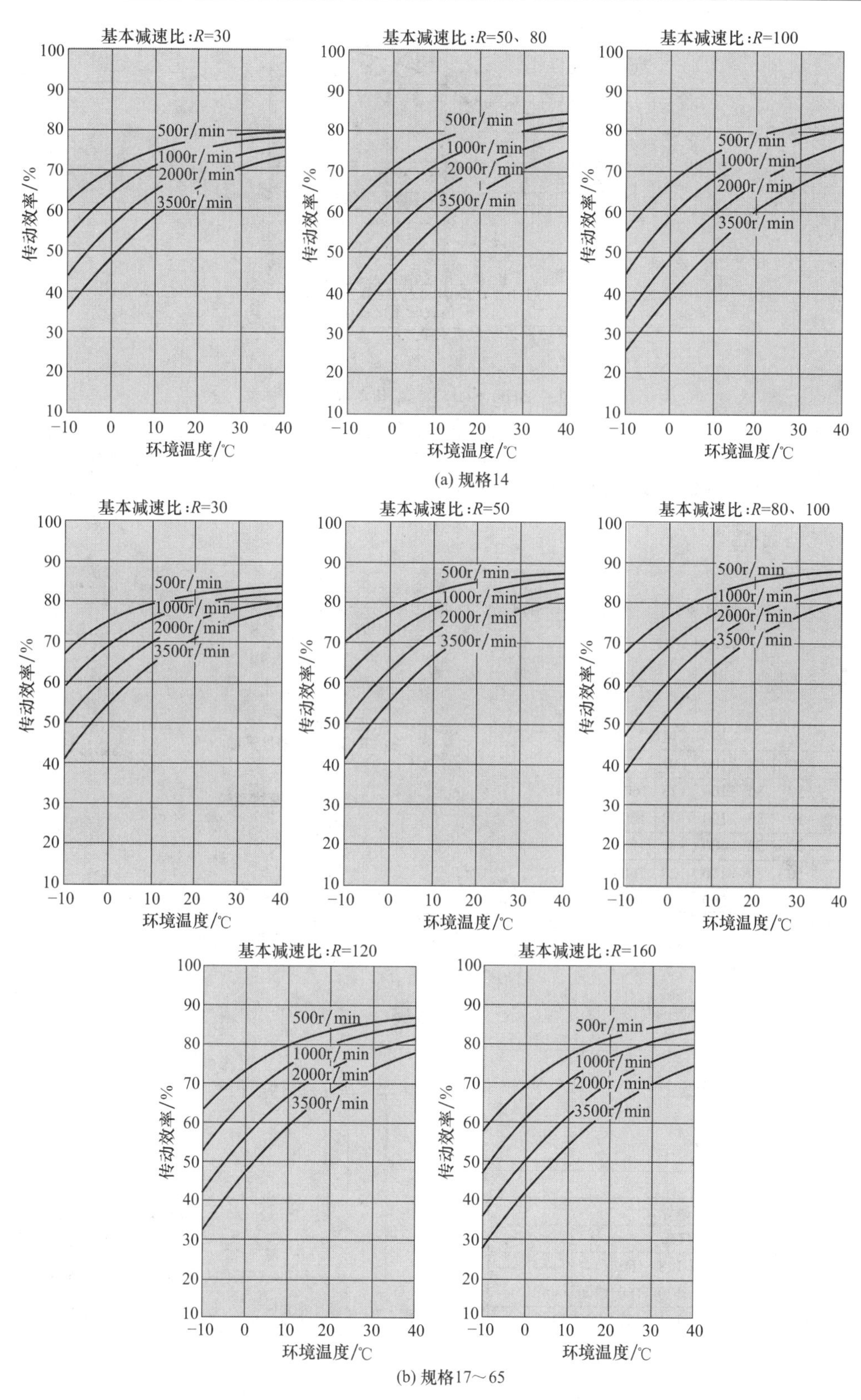

图 15-3-18　SHG/SHF 部件型谐波减速器传动效率

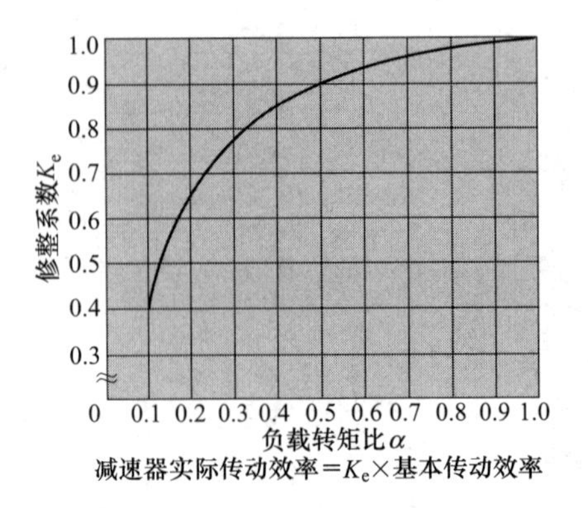

图 15-3-19　SHG/SHF 减速器传动效率修整系数

第
15
篇

3.4.4　FB/FR 部件型谐波减速器

(1) 型号与规格

FB － 25 － 100 － 2 － GR

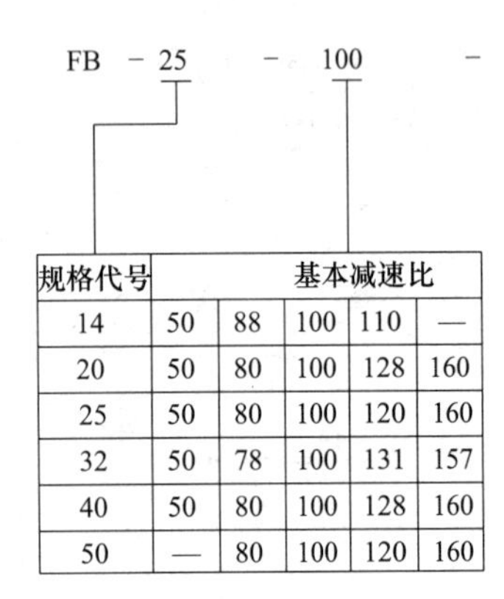

规格代号	基本减速比				
14	50	88	100	110	—
20	50	80	100	128	160
25	50	80	100	120	160
32	50	78	100	131	157
40	50	80	100	128	160
50	—	80	100	120	160

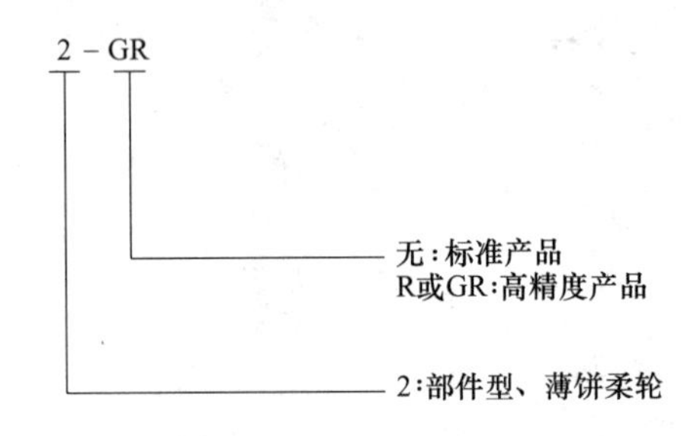

FR － 25 － 100 － 2 － GR

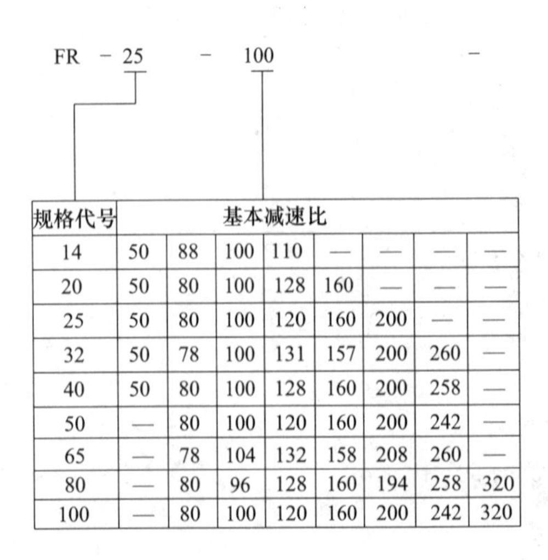

规格代号	基本减速比							
14	50	88	100	110	—	—	—	—
20	50	80	100	128	160	—	—	—
25	50	80	100	120	160	200	—	—
32	50	78	100	131	157	200	260	—
40	50	80	100	128	160	200	258	—
50	—	80	100	120	160	200	242	—
65	—	78	104	132	158	208	260	—
80	—	80	96	128	160	194	258	320
100	—	80	100	120	160	200	242	320

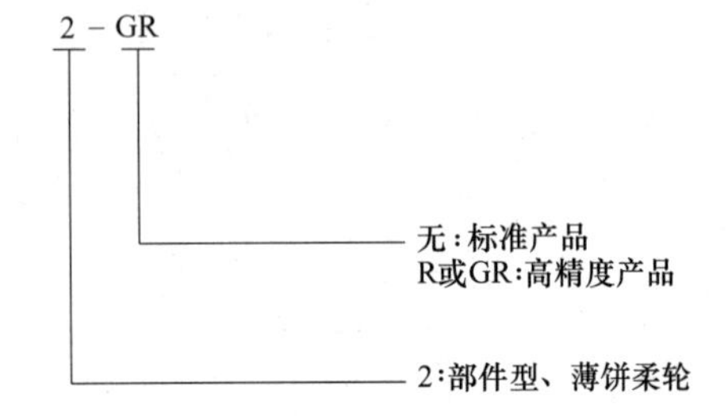

表 15-3-49 FB 部件型谐波减速器基本参数

规格代号	减速比	额定转矩/N·m	启制动峰值转矩/N·m	瞬间最大转矩/N·m	最大平均转矩/N·m	允许最高输入转速/r·min^{-1}		最高平均输入转速/r·min^{-1}		惯量/10^{-4}kg·m^2
						油润滑	脂润滑	油润滑	脂润滑	
14	50	2.6	3.2	6.9	3.2	6000	3600	4000	2500	0.033
	88	4.9	7.8	15.7	7.8					
	100	5.9	9.8	15.7	9.8					
	110	5.9	9.8	15.7	9.8					
20	50	14	18	34	18	6000	3600	3600	2500	0.135
	80	17	21	35	21					
	100	22	26	47	25					
	128	24	33	58	25					
	160	24	38	59	25					
25	50	23	30	54	30	5000	3600	3000	2500	0.36
	80	31	39	70	39					
	100	39	52	91	52					
	120	39	61	94	61					
	160	39	76	86	61					
32	50	44	60	108	60	4500	3600	2500	2300	1.29
	78	63	75	127	75					
	100	82	98	176	98					
	131	82	137	235	118					
	157	82	157	235	118					
40	50	88	118	216	118	4000	3300	2000	2000	3.38
	80	118	147	265	147					
	100	157	186	343	186					
	128	167	235	372	235					
	160	167	284	353	274					
50	80	216	265	480	265	3500	3000	1700	1700	9.9
	100	384	253	627	353					
	120	304	421	706	421					
	160	304	510	666	490					

表 15-3-50 FR 部件型谐波减速器基本参数

规格代号	减速比	额定转矩/N·m	启制动峰值转矩/N·m	瞬间最大转矩/N·m	最大平均转矩/N·m	允许最高输入转速/r·min^{-1}		最高平均输入转速/r·min^{-1}		惯量/10^{-4}kg·m^2
						油润滑	脂润滑	油润滑	脂润滑	
14	50	4.4	5.4	13.7	5.4	6000	3600	4000	2500	0.060
	88	5.9	9.8	19.6	9.8					
	100	7.8	13.7	19.6	9.8					
	110	7.8	13.7	19.6	9.8					
20	50	25	34	69	34	6000	3600	3600	2500	0.32
	80	34	41	72	41					
	100	40	53	94	49					
	128	40	67	102	49					
	160	40	77	86	49					

续表

规格代号	减速比	额定转矩/N·m	启制动峰值转矩/N·m	瞬间最大转矩/N·m	最大平均转矩/N·m	允许最高输入转速/r·min^{-1}		最高平均输入转速/r·min^{-1}		惯量/10^{-4}kg·m^2
						油润滑	脂润滑	油润滑	脂润滑	
25	50	39	55	108	55	5000	3600	3000	2500	0.70
	80	56	69	122	69					
	100	67	91	160	91					
	120	67	108	190	108					
	160	67	135	172	108					
	200	67	147	172	108					
32	50	76	108	216	108	4500	3600	2500	2300	2.6
	78	108	137	245	137					
	100	137	176	323	176					
	131	137	266	451	216					
	157	137	294	500	216					
	200	137	314	372	216					
	260	137	314	372	216					
40	50	137	196	353	196	4000	3300	2000	2000	6.8
	80	196	245	431	245					
	100	255	314	549	314					
	128	294	392	686	392					
	160	294	461	813	451					
	200	294	529	745	451					
	258	294	627	745	451					
50	80	363	441	784	441	3500	3000	1700	1700	21
	100	470	578	1019	578					
	120	559	696	1225	696					
	160	559	833	1470	833					
	200	559	960	1411	843					
	242	559	1176	1411	843					
65	78	745	921	1617	921	3000	2200	1400	1400	76
	104	1070	1340	2360	1340					
	132	1070	1650	2890	1570					
	158	1070	1970	3450	1570					
	208	1070	2180	2590	1570					
	260	1070	2200	2590	1570					
80	80	1320	1640	2870	1640	2500	2000	1200	1200	213
	96	1660	2050	3590	2050					
	128	2300	2820	4960	2830					
	160	2350	3380	5940	3130					
	194	2350	4300	6900	3130					
	258	2350	4350	5170	3130					
	320	2350	4350	5170	3130					
100	80	2330	2870	5040	2870	2000	1700	1000	1000	635
	100	3200	3940	6920	3940					
	120	3890	4780	8400	4780					
	160	4470	6230	10950	5720					
	200	4470	7090	12440	5720					
	242	4470	7960	9410	5720					
	320	4470	7960	9410	5720					

（2）结构与外形尺寸

表 15-3-51　FB 部件型谐波减速器外形尺寸　mm

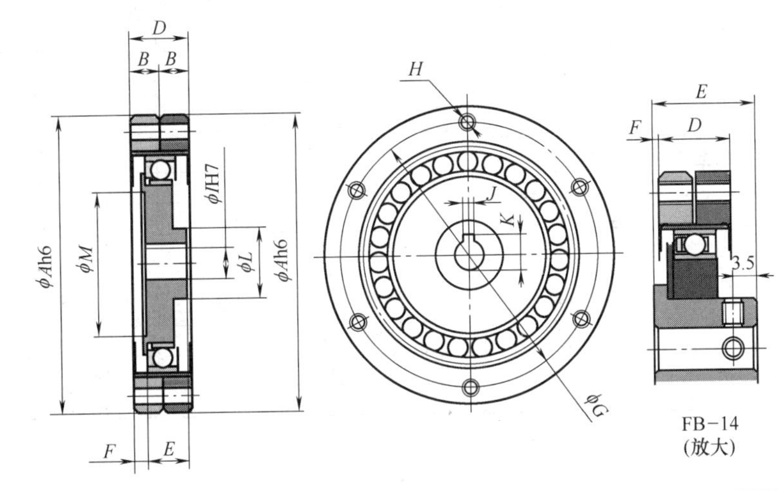

参数	规格代号					
	14	20	25	32	40	50
A	50	70	85	110	135	170
B	5	6	8	10	13	16
D	10.5	12.5	16.5	20.5	27	33
E	15.0	11.4	12.8	15.8	19.4	23.2
F	0.75	2.05	3.35	3.95	5.8	6.9
G	44	60	75	100	120	150
H	6×M3	6×M4	6×M5	6×M6	6×M8	6×M10
I	6	9	14	14	14	19
J	—	3	5	5	5	6
K	—	10.4	16.3	16.3	16.3	21.8
L	14	20	26	26	32	32
M	—	31.5	41	52	65	80
质量/kg	0.1	0.3	0.5	1.0	1.8	2.9

表 15-3-52　FR 部件型谐波减速器外形尺寸　mm

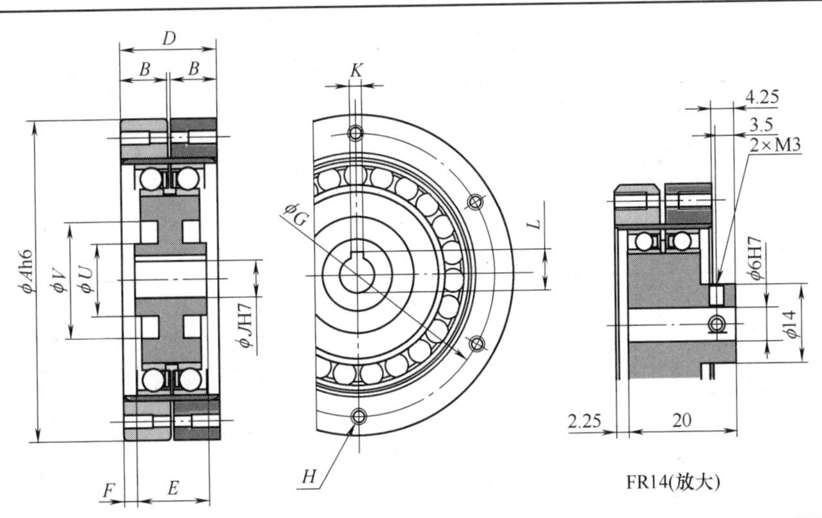

续表

参数	规格代号								
	14	20	25	32	40	50	65	80	100
A	50	70	85	110	135	170	215	265	330
B	8.5	12	14	18	21	26	35	41	50
D	18	25	29	37	43	53	71	83	101
E	—	17.3	20	25.9	31.5	39	50.5	62	77.2
F	—	3.85	4.5	5.55	5.75	6.95	10.25	10.5	11.0
G	44	60	75	100	120	150	195	240	290
H	6×M3	6×M3	6×M4	6×M5	6×M6	6×M8	6×M10	8×M10	8×M12
J	6	9	11	14	14	19	24	28	28
K	—	3	4	5	5	6	8	8	8
L	—	10.4	12.8	16.3	16.3	21.8	27.3	31.3	31.3
U	—	—	22	28	32	38	44	52	58
V	—	—	32	42	52	62	86	100	128
质量/kg	0.2	0.5	0.8	1.7	3.0	6.0	12.0	22.3	42.6

（3）性能参数

薄饼形柔轮的谐波驱动系统（harmonic drive system）FB/FR 部件型谐波减速器的弹性变形误差曲线、直线等效方法如图 15-3-20 所示，减速器刚度用弹性系数 K、空程 θ（lost motion）表示。图 15-3-20（b）中的等效直线段的 $\Delta T/\Delta\theta$ 值（斜率倒数）K，就是谐波减速器的弹性系数；空程 θ 相当于减速器的滞后量。当弹性系数、空程确定时，便可通过下式，计算出谐波减速器在对应负载段的弹性变形误差 $\Delta\theta$。

$$\Delta\theta=\frac{\theta}{2}+\frac{\Delta T}{K}$$

式中　$\Delta\theta$——弹性变形误差，rad；

θ——空程，rad；

ΔT——转矩增量，N·m；

K——弹性系数，N·m/rad，见表 15-3-53 和表 15-3-54。

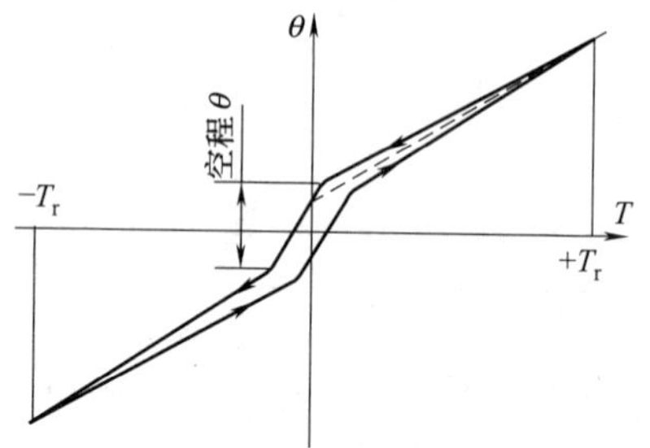

(a) 变形误差

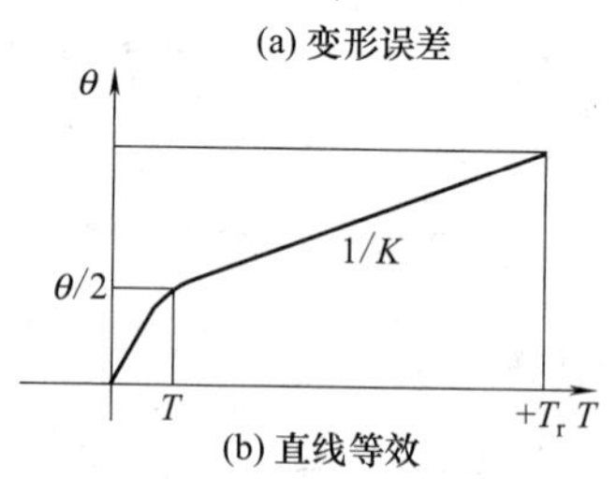

(b) 直线等效

图 15-3-20　FB/FR 谐波减速器的弹性变形误差与刚度

表 15-3-53　FB 部件型谐波减速器刚度参数

测试参数		规格代号					
		14	20	25	32	40	50
空程	转折点转矩 T/N·m	±0.4	±1.2	±2.3	±4.6	±9.2	±17.3
	空程/10^{-3}rad	11.9	11.6	10.7	10.1	9.57	8.41
弹性系数	测试转矩/N·m	8	25	40	100	160	300
	$K/10^4$N·m·rad^{-1}	0.17	1.2	1.7	4.1	7.1	15

表 15-3-54　FR 部件型谐波减速器刚度参数

测试参数		规格代号								
		14	20	25	32	40	50	65	80	100
空程	转折点转矩 T/N·m	±0.4	±1.2	±2.3	±4.6	±9.2	±17.3	±39	±74	±144
	空程/10^{-3}rad	8.7	8.7	8.7	8.7	8.7	8.7	8.7	8.7	8.7
弹性系数	测试转矩/N·m	12.6	36.9	72.0	158	295	576	1267	2362	4608
	$K/10^4$N·m·rad^{-1}	1.02	3.06	7.14	15	26.5	54.4	91.8	176.8	341

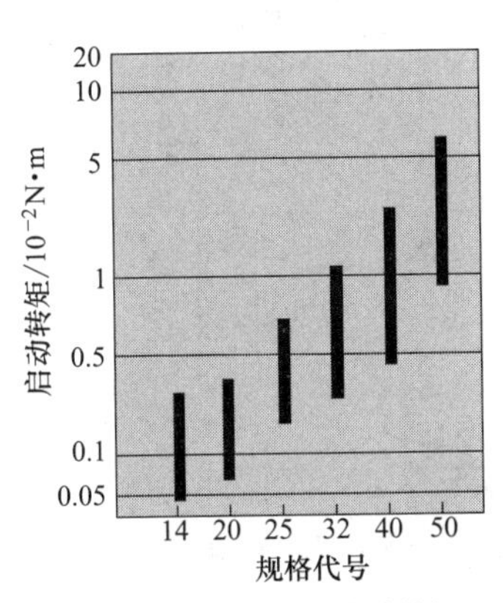

图 15-3-21　FB 减速器启动转矩

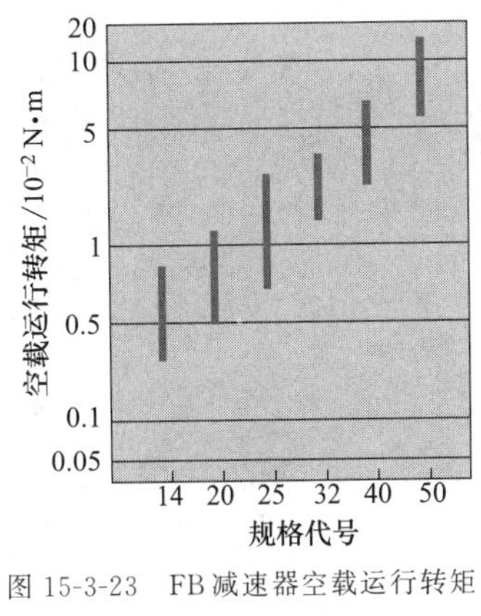

图 15-3-23　FB 减速器空载运行转矩

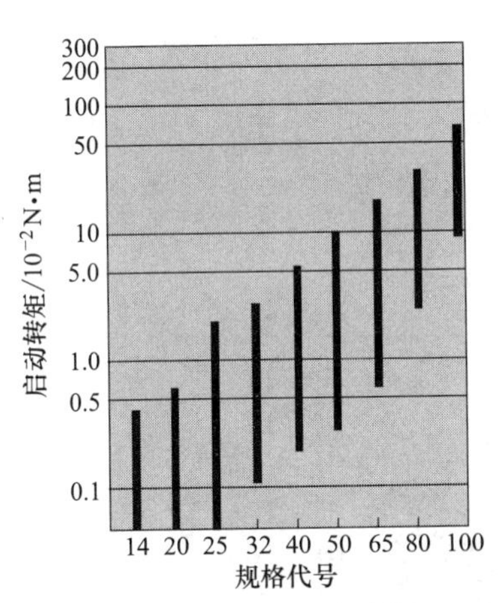

图 15-3-22　FR 减速器启动转矩

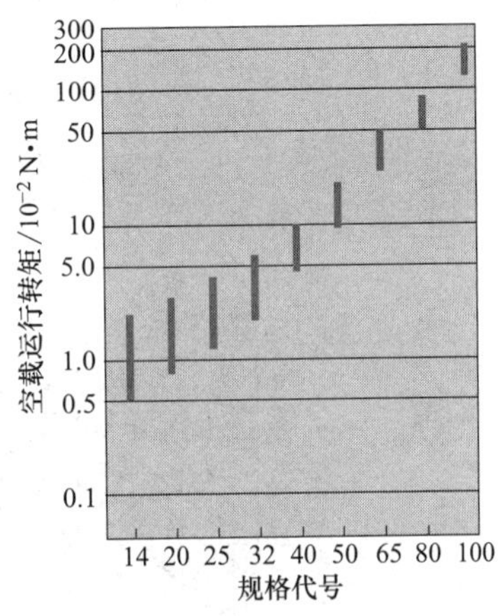

图 15-3-24　FR 减速器空载运行转矩

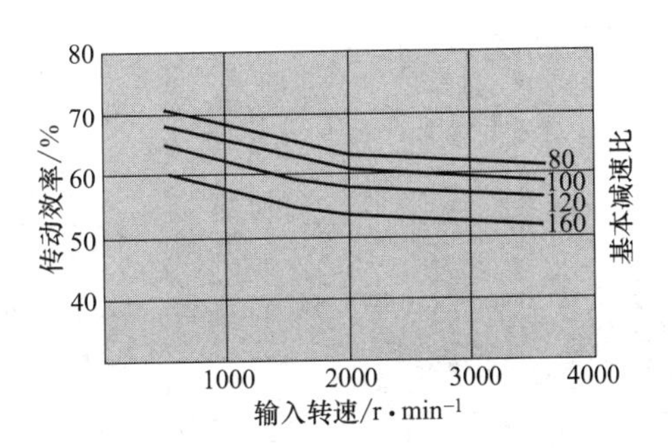

图 15-3-25　FB 减速器基本传动效率

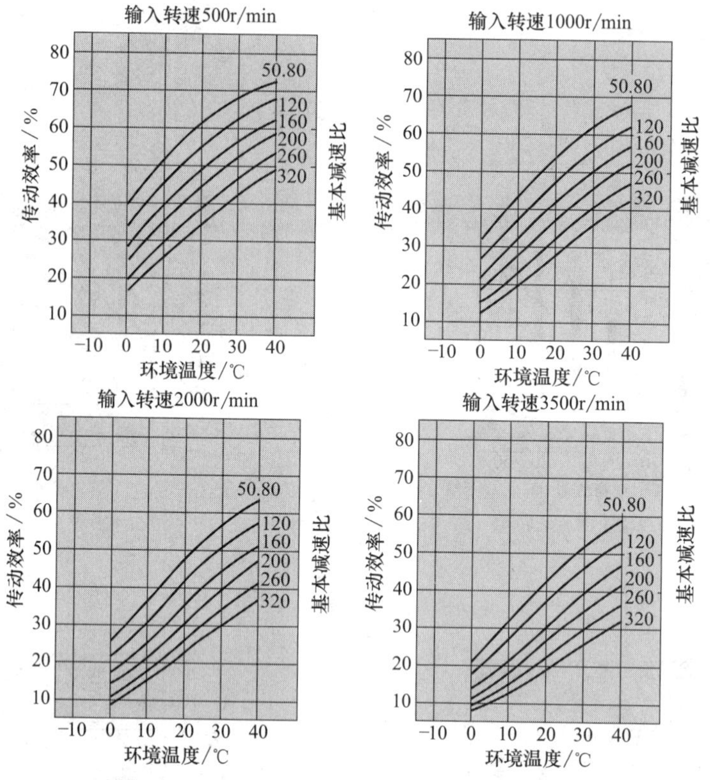

图 15-3-26　FR 谐波减速器基本传动效率（油润滑）

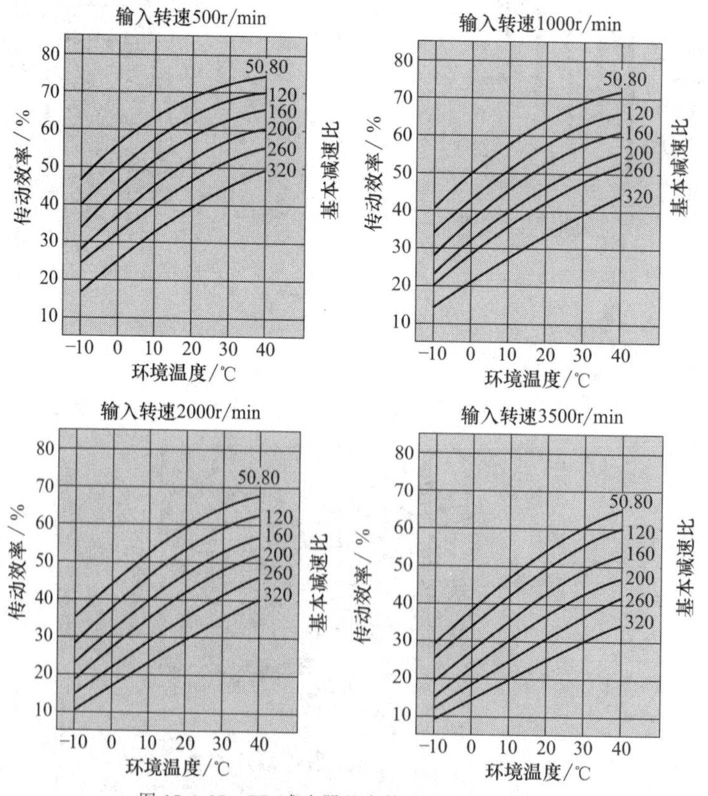

图 15-3-27　FR 减速器基本传动效率（脂润滑）

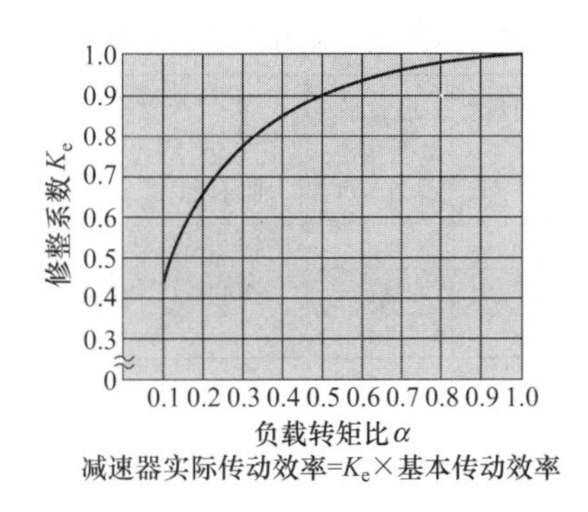

图 15-3-28　FR 减速器传动效率修整系数

3.4.5　CSG/CSF 单元型谐波减速器

(1) 型号与规格

CSG - 25 - 100 - 2UH - SP1 - SP2

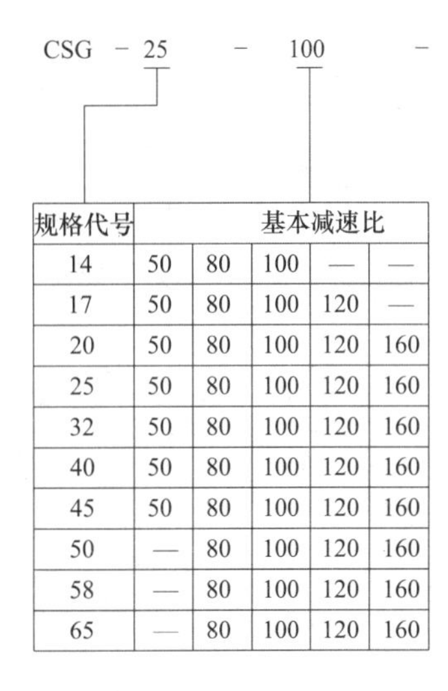

规格代号	基本减速比				
14	50	80	100	—	—
17	50	80	100	120	—
20	50	80	100	120	160
25	50	80	100	120	160
32	50	80	100	120	160
40	50	80	100	120	160
45	50	80	100	120	160
50	—	80	100	120	160
58	—	80	100	120	160
65	—	80	100	120	160

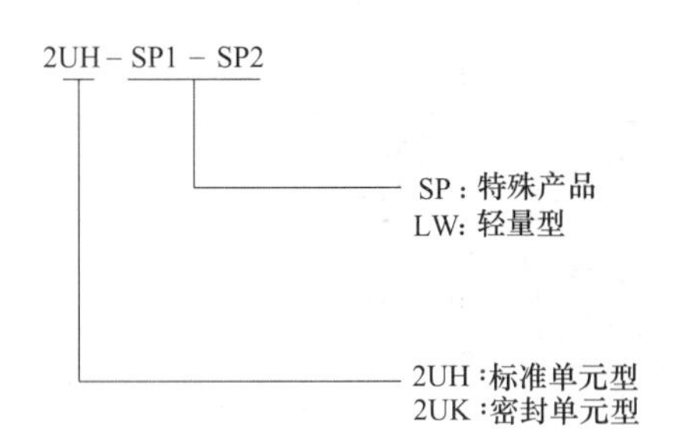

CSF - 25 - 100 - 2UH - SP1 - SP2

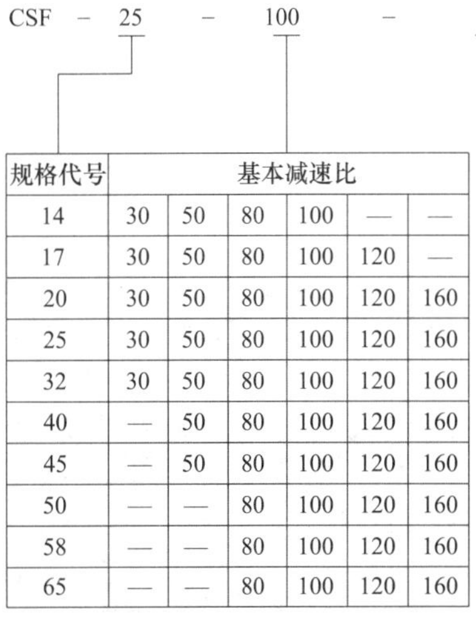

规格代号	基本减速比					
14	30	50	80	100	—	—
17	30	50	80	100	120	—
20	30	50	80	100	120	160
25	30	50	80	100	120	160
32	30	50	80	100	120	160
40	—	50	80	100	120	160
45	—	50	80	100	120	160
50	—	—	80	100	120	160
58	—	—	80	100	120	160
65	—	—	80	100	120	160

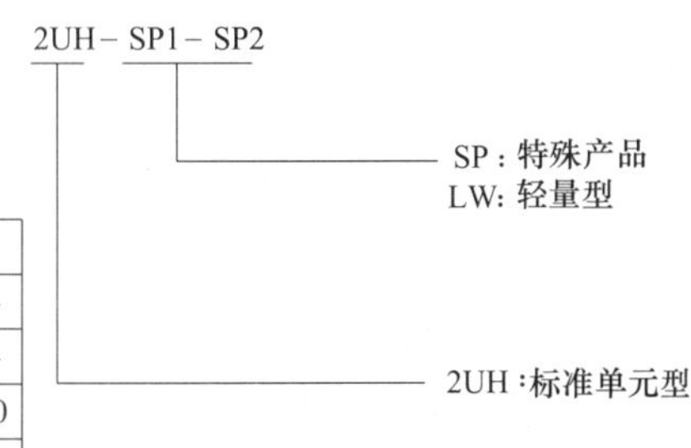

表 15-3-55　　CSG 单元型谐波减速器基本参数

规格代号	减速比	额定转矩/N·m	启制动峰值转矩/N·m	瞬间最大转矩/N·m	最大平均转矩/N·m	允许最高输入转速/r·min^{-1}		最高平均输入转速/r·min^{-1}		惯量/10^{-4}kg·m^2
						油润滑	脂润滑	油润滑	脂润滑	
14	50	7	23	46	9.0	14000	8500	6500	3500	0.033
	80	10	30	58	14					
	100	10	36	58	14					
17	50	21	44	91	34	10000	7300	6500	3500	0.079
	80	29	56	109	35					
	100	31	70	109	51					
	120	31	70	109	51					
20	50	33	73	127	44	10000	6500	6500	3500	0.193
	80	44	96	165	61					
	100	52	107	191	64					
	120	52	113	191	64					
	160	52	120	191	64					
25	50	51	127	242	72	7500	5600	5600	3500	0.413
	80	82	178	332	113					
	100	87	204	369	140					
	120	87	217	395	140					
	160	87	229	408	140					
32	50	99	281	497	140	7000	4800	4600	3500	1.69
	80	153	395	738	217					
	100	178	433	841	281					
	120	178	459	842	281					
	160	178	484	842	281					
40	50	178	523	892	255	5600	4000	3600	3000	4.50
	80	268	675	1270	369					
	100	345	738	1400	484					
	120	382	802	1510	586					
	160	382	841	1510	586					
45	50	229	650	1235	345	5000	3800	3300	3000	8.68
	80	407	918	1651	507					
	100	459	982	2041	650					
	120	523	1070	2288	806					
	160	523	1147	2483	819					
50	80	484	1223	2418	675	4500	3500	3000	2500	12.5
	100	611	1274	2678	866					
	120	688	1404	2678	1057					
	160	688	1534	3185	1096					
58	80	714	1924	3185	1001	4000	3000	2700	2200	27.3
	100	905	2067	4134	1378					
	120	969	2236	4329	1547					
	160	969	2392	4459	1573					
65	80	969	2743	4836	1352	3500	2800	2400	1900	46.8
	100	1236	2990	6175	1976					
	120	1236	3263	6175	2041					
	160	1236	3419	6175	2041					

表 15-3-56　CSF 单元型谐波减速器基本参数

规格代号	减速比	额定转矩 /N·m	启制动峰值转矩 /N·m	瞬间最大转矩 /N·m	最大平均转矩 /N·m	允许最高输入转速/r·min⁻¹		最高平均输入转速/r·min⁻¹		惯量 /10⁻⁴kg·m²
						油润滑	脂润滑	油润滑	脂润滑	
14	30	4.0	9.0	17	6.8	14000	8500	6500	3500	0.033
	50	5.4	18	35	6.9					
	80	7.8	23	47	11					
	100	7.8	28	54	11					
17	30	8.8	16	30	12	10000	7300	6500	3500	0.079
	50	16	34	70	26					
	80	22	43	87	27					
	100	24	54	108	39					
	120	24	54	86	39					
20	30	15	27	50	20	10000	6500	6500	3500	0.193
	50	25	56	98	34					
	80	34	74	127	47					
	100	40	83	147	49					
	120	40	87	147	49					
	160	40	92	147	49					
25	30	27	50	95	38	7500	5600	5600	3500	0.413
	50	39	98	186	55					
	80	63	137	255	87					
	100	67	157	284	108					
	120	67	167	304	108					
	160	67	176	314	108					
32	30	54	100	200	75	7000	4800	4600	3500	1.69
	50	76	216	382	108					
	80	118	304	568	167					
	100	137	333	647	216					
	120	137	353	686	216					
	160	137	372	686	216					
40	50	137	402	686	196	5600	4000	3600	3000	4.50
	80	206	519	980	284					
	100	265	568	1080	372					
	120	294	617	1180	451					
	160	294	647	1180	451					
45	50	176	500	950	265	5000	3800	3300	3000	8.68
	80	313	706	1270	390					
	100	353	755	1570	500					
	120	402	823	1760	620					
	160	402	882	1910	630					
50	50	245	715	1430	350	4500	3500	3000	2500	12.5
	80	372	941	1860	519					
	100	470	980	2060	666					
	120	529	1080	2060	813					
	160	529	1180	2450	843					
58	50	353	1020	1960	520	4000	3000	2700	2200	27.3
	80	549	1480	2450	770					
	100	696	1590	3180	1060					
	120	745	1720	3330	1190					
	160	745	1840	3430	1210					

续表

规格代号	减速比	额定转矩/N·m	启制动峰值转矩/N·m	瞬间最大转矩/N·m	最大平均转矩/N·m	允许最高输入转速/r·min^{-1}		最高平均输入转速/r·min^{-1}		惯量/10^{-4}kg·m^2
						油润滑	脂润滑	油润滑	脂润滑	
65	50	490	1420	2830	720	3500	2800	2400	1900	46.8
	80	745	2110	3720	1040					
	100	951	2300	4750	1520					
	120	951	2510	4750	1570					
	160	951	2630	4750	1570					

（2）结构与外形尺寸

表 15-3-57 CSG/CSF 单元型谐波减速器外形尺寸 mm

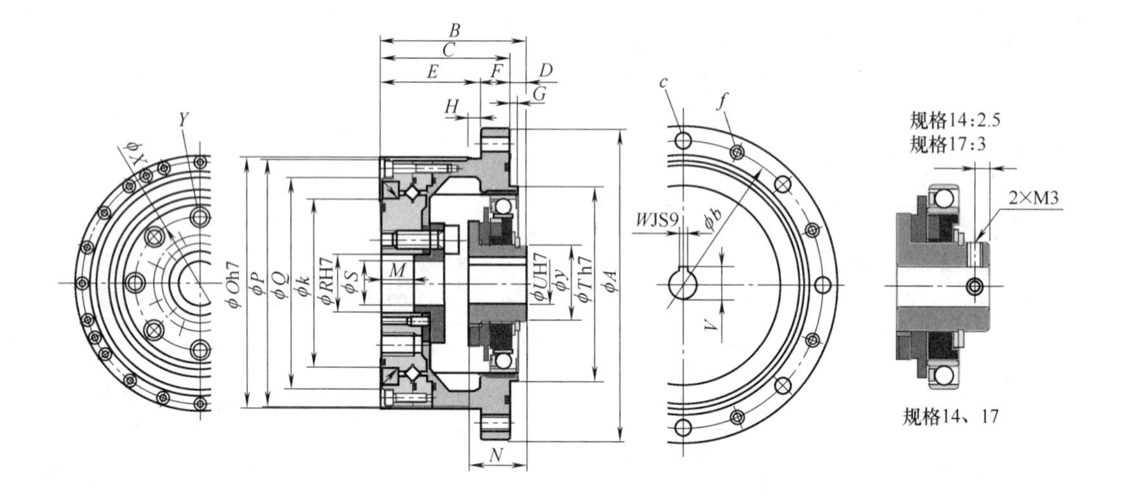

参数	产品系列	规格代号									
		14	17	20	25	32	40	45	50	58	65
A	全部	73	79	93	107	138	160	180	190	226	260
B	全部	41	45	45.5	52	62	72.5	79.5	90	104.5	115
C	全部	34	37	38	46	57	66.5	74	85	97	108.5
D	CSG、CSG-LW	7.2	8.2	7.7	6.25	5.3	6.3	5.8	5.3	7.8	6.8
	CSF、CSF-LW	7.4	8.45	8	6.5	5.55	6.55	6.1	5.65	8.15	7.15
E	全部	27	29	28	36	45	50.5	58	69	77	84.5
F	全部	7	8	10	10	12	16	16	16	20	24
H	CSG、CSF	3.5	4	5	5	5	5	6	6	6	6
	CSG-LW、CSF-LW	4	4	5	5	4.5	4.5	6	6	6	6
M	全部	9.4	9.5	9	2	15	5	6	8	10	10
N	CSG、CSG-LW	18.5	20.7	21.5	21.6	23.6	29.7	30.5	34.8	38.3	44.6
	CSF、CSF-LW	17.6	19.5	20.1	20.2	22	27.5	27.9	32	34.9	40.9
O	全部	56	63	72	86	113	127	148	158	186	212
P	CSG	56	62	70	85	112	123	147	157	185	210
	CSF	55	62	70	85	112	123	147	157	185	210
	CSG-LW、CSF-LW	54.6	61.6	69.6	85	110	124.5	143	155	183.4	208.4
Q	CSG、CSF	42.5	49.5	58	73	96	109	127	137	161	186
	CSG-LW、CSF-LW	40.5	47.5	55.5	71	91.1	103	123	130	155	180
R	全部	11	10	14	20	26	32	32	40	46	52
S	全部	8	7	10	15	20	24	25	32	38	44

续表

参数	产品系列	规格代号									
		14	17	20	25	32	40	45	50	58	65
T	全部	38	48	56	67	90	110	124	135	156	177
U	全部	6	8	12	14	14	14	19	19	22	24
V	全部	—	—	13.8	16.3	16.3	16.3	21.8	21.8	24.8	27.3
W	全部	—	—	4	5	5	5	6	6	6	8
X	全部	23	27	32	42	55	68	82	84	100	110
Y	全部	6×M4	6×M5	8×M6	8×M8	8×M10	8×M10	8×M12	8×M14	8×M16	8×M16
b	全部	65	71	82	96	125	144	164	174	206	236
c	CSG	8×ϕ4.5	8×ϕ4.5	8×ϕ5.5	10×ϕ5.5	12×ϕ6.6	10×ϕ9	12×ϕ9	14×ϕ9	12×ϕ11	8×ϕ14
	CSF	6×ϕ4.5	6×ϕ4.5	6×ϕ5.5	8×ϕ5.5	12×ϕ6.6	8×ϕ9	12×ϕ9	12×ϕ9	12×ϕ11	8×ϕ14
	CSG-LW、CSF-LW	6×ϕ4.5	8×ϕ4.5	8×ϕ5.5	10×ϕ5.5	12×ϕ6.6	10×ϕ9	16×ϕ9	18×ϕ9	16×ϕ11	12×ϕ14
f	CSG	8×M4	8×M4	8×M5	10×M5	12×M6	10×M8	12×M8	14×M8	12×M10	8×M12
	CSF	6×M4	6×M4	6×M5	8×M5	12×M6	8×M8	12×M8	12×M8	12×M10	8×M12
	CSG-LW、CSF-LW	6×M4	8×M4	8×M5	10×M5	12×M6	10×M8	16×M8	18×M8	16×M10	12×M12
k	全部	31	38	45	58	78	90	107	112	135	155
y	全部	14	18	21	26	26	32	32	32	40	48
质量/kg	CSG、CSF	0.52	0.68	0.98	1.5	3.2	5.0	7.0	8.9	14.6	20.9
	CSG-LW、CSF-LW	0.32	0.46	0.64	1.1	2.2	3.5	5.1	7	11.3	16.2

(3) 性能参数

表 15-3-58　CSG/CSF 单元型谐波减速器传动精度　10^{-4} rad

基本减速比	精度等级	规格代号					
		14	17	20	25	32	40～65
30	标准/10^{-4} rad	5.8	4.4	4.4	4.4	4.4	—
	精密/10^{-4} rad	—	—	2.9	2.9	2.9	—
其他	标准/10^{-4} rad	4.4	4.4	2.9	2.9	2.9	2.9
	精密/10^{-4} rad	2.9	2.9	1.5	1.5	1.5	1.5

表 15-3-59　CSG/CSF 单元型谐波减速器滞后量　10^{-4} rad

基本减速比	规格代号					
	14	17	20	25	32	40～65
30	8.7	8.7	8.7	8.7	8.7	—
50	5.8	5.8	5.8	5.8	5.8	5.8
其他	4.4	4.4	2.9	2.9	2.9	2.9

表 15-3-60　CSG/CSF 单元型谐波减速器最大背隙　10^{-5} rad

规格代号	基本减速比					
	30	50	80	100	120	160
14	29.1	17.5	11.2	8.7	—	—
17	16.0	9.7	6.3	4.8	3.9	—
20	13.6	8.2	5.3	4.4	3.9	2.9
25	13.6	8.2	5.3	4.4	3.9	2.9
32	11.2	6.8	4.4	3.4	2.9	2.4
40	—	6.8	4.4	3.4	2.9	2.4
45	—	5.8	3.9	2.9	2.4	1.9
50	—	5.8	3.9	2.9	2.4	1.9
58	—	4.8	2.9	2.4	1.9	1.5
65	—	4.8	2.9	2.4	1.9	1.5

表 15-3-61　　CSG/CSF 单元型谐波减速器刚度参数

规格代号	基本减速比	等效点转矩/N·m		弹性系数/10^4N·m·rad^{-1}			变形误差/10^{-4}rad	
		T_1	T_2	K_1	K_2	K_3	θ_1	θ_2
14	30	2.0	6.9	0.19	0.24	0.34	10.5	31
	50			0.34	0.47	0.57	5.8	16
	其他			0.47	0.61	0.71	4.1	12
17	30	3.9	12	0.34	0.44	0.67	11.5	30
	50			0.81	1.1	1.3	4.9	12
	其他			1.0	1.4	1.6	3.9	9.7
20	30	7.0	25	0.57	0.71	1.1	12.3	38
	50			1.3	1.8	2.3	5.2	15.4
	其他			1.6	2.5	2.9	4.4	11.3
25	30	14	48	1.0	1.3	2.1	14	40
	50			2.5	3.4	4.4	5.5	15.7
	其他			3.1	5.0	5.7	4.4	11.1
32	30	29	108	2.4	3.0	4.9	12.1	38
	50			5.4	7.8	9.8	5.5	15.7
	其他			6.7	11	12	4.4	11.6
40	50	54	196	10	14	18	5.2	15.4
	其他			13	20	23	4.1	11.1
45	50	76	275	15	20	26	5.2	15.1
	其他			18	29	33	4.1	11.1
50	50	108	382	20	28	34	5.5	15.4
	其他			25	40	44	4.4	11.1
58	50	168	598	31	44	54	5.2	15.1
	其他			40	61	71	4.1	11.1
65	50	235	843	44	61	78	5.2	15.1
	其他			54	88	98	4.4	11.3

表 15-3-62　　CSG 系列单元型谐波减速器启动转矩　　N·m

基本减速比	规格代号									
	14	17	20	25	32	40	45	50	58	65
50	4.5	6.7	8.6	17	34	61	85	—	—	—
80	3.1	4.4	5.4	10	21	39	54	73	108	154
100	2.8	3.7	4.7	8.8	20	34	47	64	97	132
120	—	3.4	4.2	8.0	17	31	43	57	88	121
160	—	—	3.6	6.9	15	26	36	50	75	102

表 15-3-63　　CSF 系列单元型谐波减速器启动转矩　　N·m

基本减速比	规格代号									
	14	17	20	25	32	40	45	50	58	65
30	6.4	9.3	15	25	54	—	—	—	—	—
50	4.1	6.1	7.8	15	31	55	77	110	160	220
80	2.8	4	4.9	9.2	19	35	49	66	98	140
100	2.5	3.4	4.3	8	18	31	43	58	88	120
120	—	3.1	3.8	7.3	15	28	39	52	80	110
160	—	—	3.3	6.3	14	24	33	45	68	93

表 15-3-64　CSG/CSF 单元型减速器空载运行转矩修整值　N·m

规格代号	基本减速比				
	30	50	80	120	160
14	+2.5	+1.1	+0.2	—	—
17	+3.8	+1.6	+0.3	−0.2	—
20	+5.4	+2.3	+0.5	−0.3	−0.8
25	+8.8	+3.8	+0.7	−0.5	−1.2
32	+16	+7.1	+1.3	−0.9	−2.2
40	—	+12	+2.1	−1.5	−3.5
45	—	+16	+2.9	−2.1	−4.9
50	—	+21	+3.7	−2.6	−6.2
58	—	+30	+5.3	−3.8	−8.9
65	—	+41	+7.2	−5.1	−12

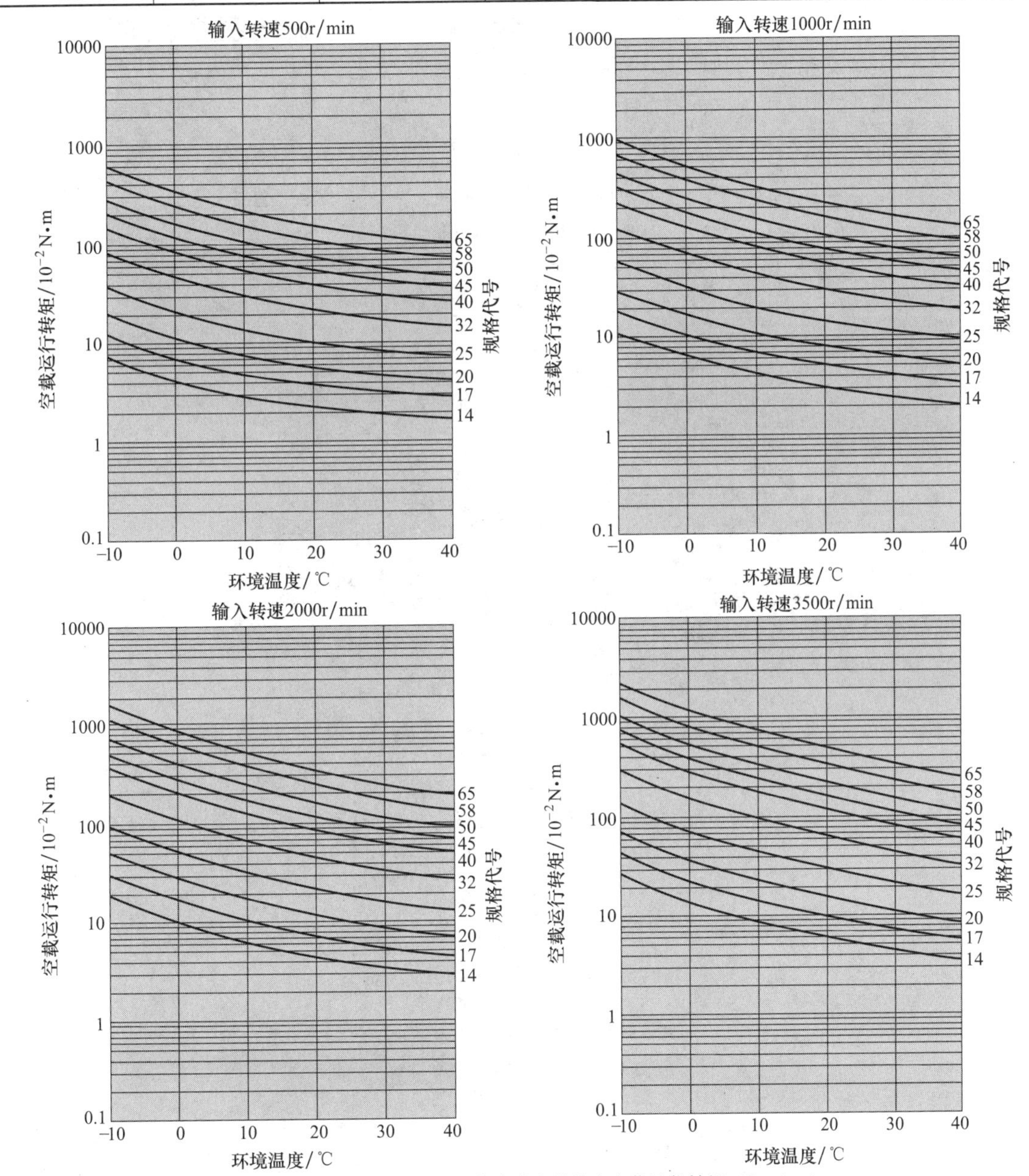

图 15-3-29　CSG/CSF 单元型谐波减速器基本空载运行转矩（$R=100$）

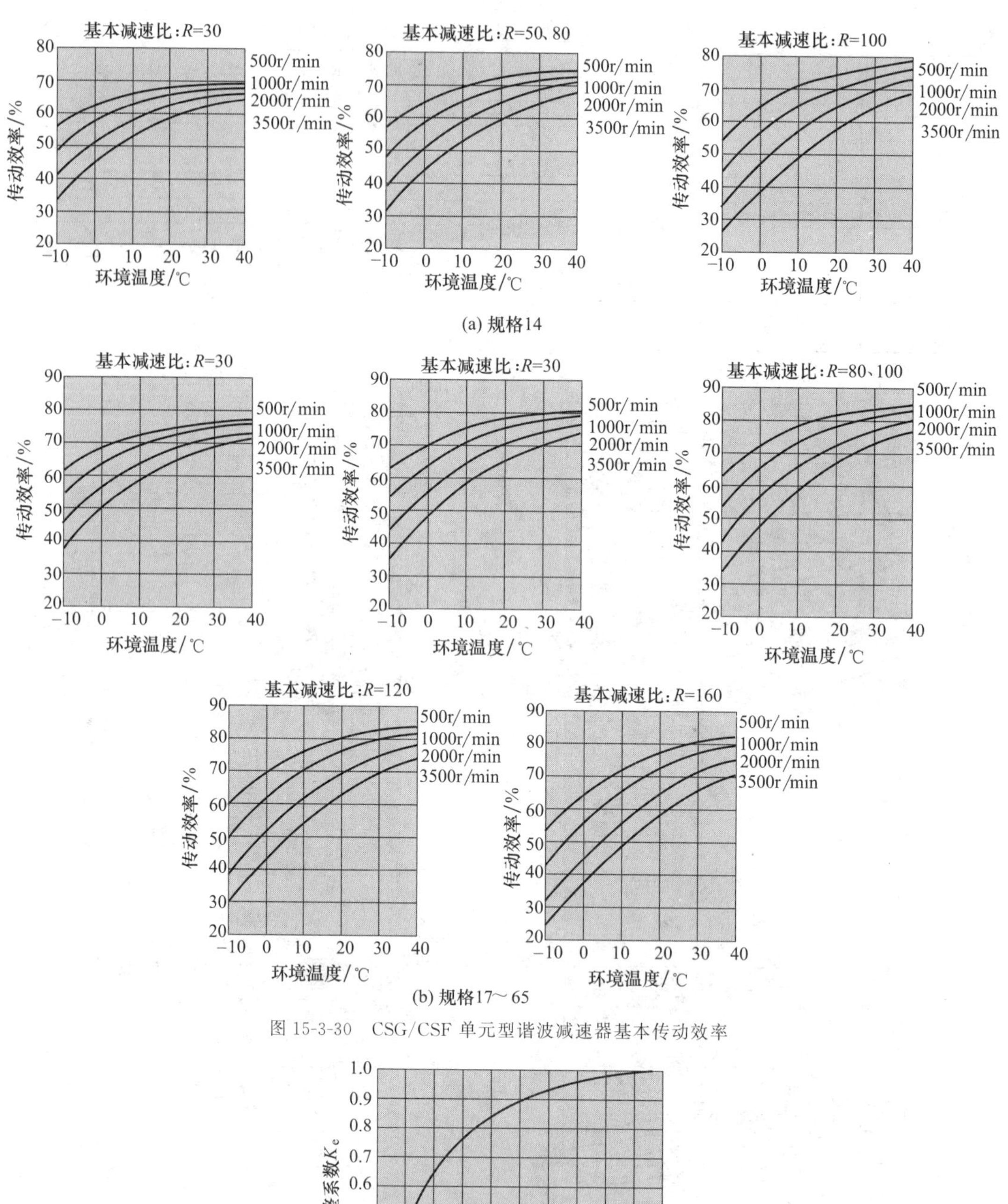

图15-3-30　CSG/CSF单元型谐波减速器基本传动效率

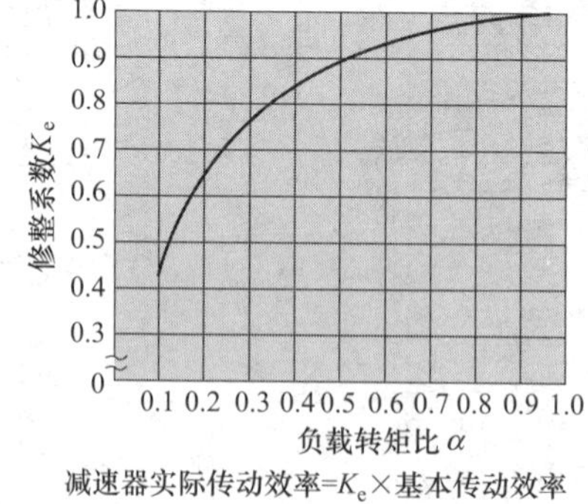

图15-3-31　CSG/CSF单元型减速器传动效率修整系数

3.4.6　CSD单元型谐波减速器

（1）型号与规格

CSD - 25 - 100 - 2UH - SP1 - SP2

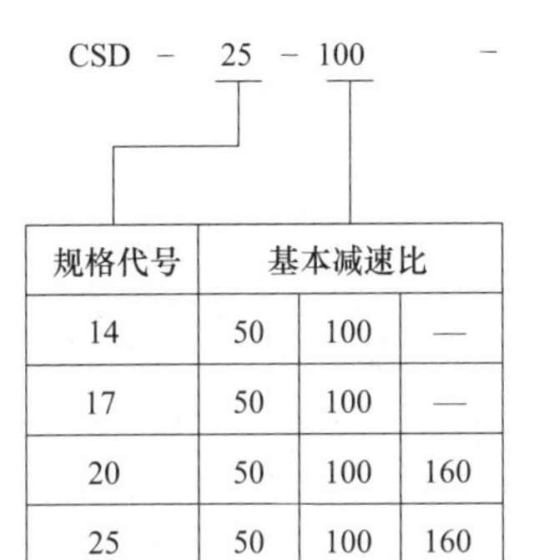

规格代号	基本减速比		
14	50	100	—
17	50	100	—
20	50	100	160
25	50	100	160
32	50	100	160
40	50	100	160
50	50	100	160

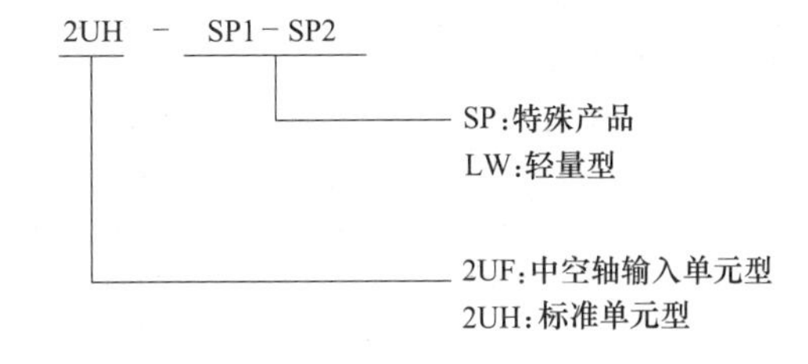

表 15-3-65　　CSD 单元型谐波减速器基本参数

规格代号	减速比	额定转矩 /N·m	启制动峰值转矩 /N·m	瞬间最大转矩 /N·m	最大平均转矩 /N·m	允许最高输入转速/r·min^{-1}		最高平均输入转速/r·min^{-1}		惯量 /10^{-4}kg·m^2
						油润滑	脂润滑	油润滑	脂润滑	
14	50	3.7	12	24	4.8	—	8500	—	3500	0.021
	100	5.4	19	35	7.7					
17	50	11	23	48	18	—	7300	—	3500	0.054
	100	16	37	71	27					
20	50	17	39	69	24	—	6500	—	3500	0.090
	100	28	57	95	34					
	160	28	64	95	34					
25	50	27	69	127	38	—	5600	—	3500	0.282
	100	47	110	184	75					
	160	47	123	204	75					
32	50	53	151	268	75	—	4800	—	3500	1.09
	100	96	233	420	151					
	160	96	261	445	151					
40	50	96	281	480	137	—	4000	—	3000	2.85
	100	185	398	700	260					
	160	206	453	765	316					
50（仅 2UH）	50	172	500	1000	247	—	3500	—	2500	8.61
	100	329	686	1440	466					
	160	370	823	1715	590					

（2）结构与外形尺寸

表 15-3-66　　CSD-2UH 单元型谐波减速器外形尺寸　　mm

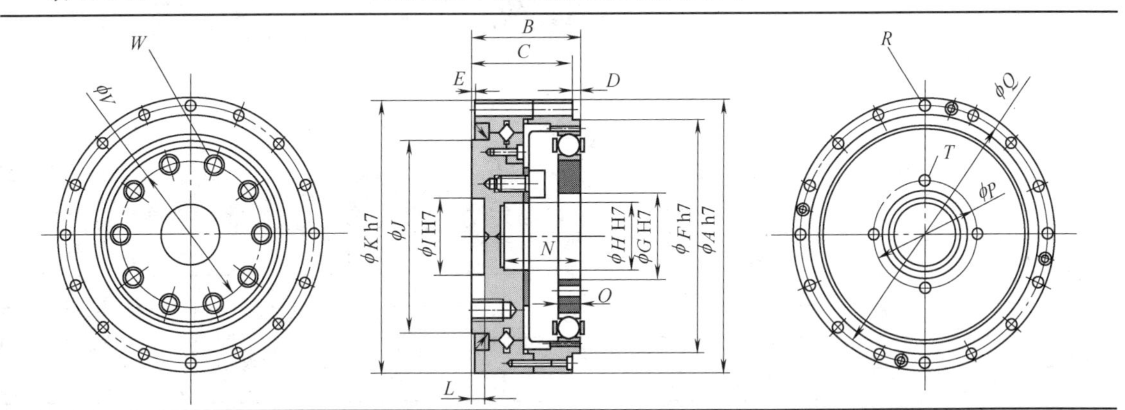

续表

参数	规格代号						
	14	17	20	25	32	40	50
A	55	62	70	85	112	126	157
B	25	26.5	29.7	37.1	43	51.7	62.5
C	23	24.5	27.7	34.1	40	47.7	58.5
D	2	2	2	3	3	4	4
E	0.5	0.5	0.5	0.5	1	1	1
F	42.5	49.5	58	73	96	108.5	136
G	11	15	20	24	32	40	50
H	11	11	16	20	30	32	44
I	12	14	18	24	32	36	48
J	31	38	45	58	78	90	112
K	55	62	70	85	112	126	157
L	5	5	5	5.5	5.5	6	7
N	14.8	16.3	18.8	23.7	30.6	36.5	44.3
O	4	5	5.2	6.3	8.6	10.3	12.7
P	17	21	26	30	40	50	60
Q	49	56	64	79	104	117.5	147
R	6×ϕ3.4	10×ϕ3.4	12×ϕ3.4	18×ϕ3.4	18×ϕ4.5	18×ϕ5.5	22×ϕ6.6
T	4×M3	4×M3	4×M3	4×M3	4×M4	4×M5	4×M6
V	25	27	34	42	57	72	86
W	10×M3	8×M5	8×M6	8×M8	10×M8	10×M10	10×M12
质量/kg	0.35	0.46	0.65	1.2	2.4	3.6	6.9

表 15-3-67　　CSD-2UF 单元型谐波减速器外形尺寸　　mm

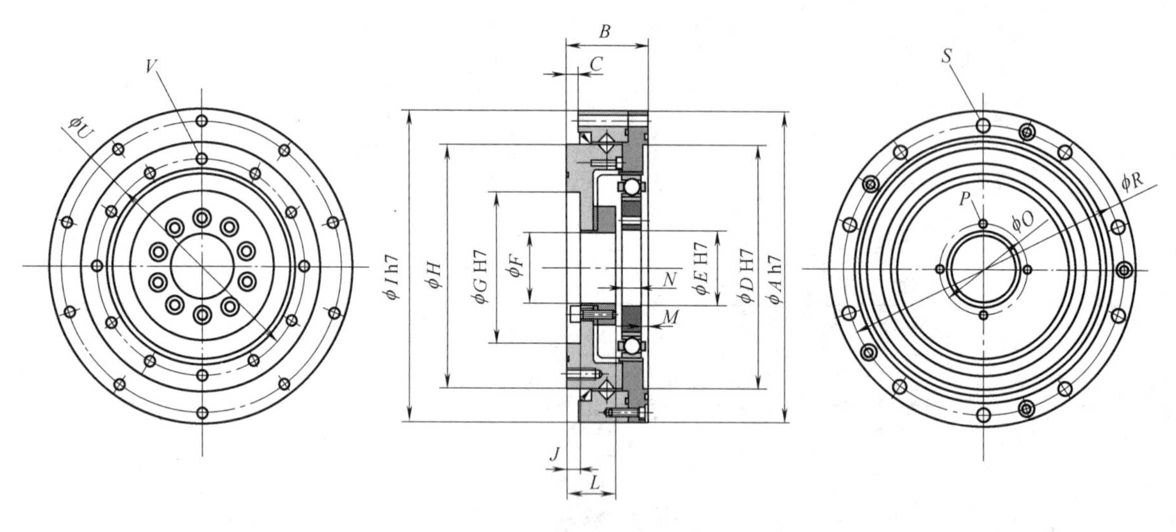

参数	规格代号					
	14	17	20	25	32	40
A	70	80	90	110	142	170
B	22	22.7	26.8	31.5	37	45
C	0.5	0.5	2.3	2.1	2.8	6.5
D	48	56	64	80	106	132
E	11	15	20	24	32	40
F	9	9	18	22	29	37

续表

参数	规格代号					
	14	17	20	25	32	40
G	30	34	40	52	70	80
H	49	59	69	84	110	132
I	70	80	90	110	142	170
J	4.9	5.4	4.8	5.5	6	7
L	12.9	13.4	16.8	19.5	22	27
M	2.8	2.8	2.8	3.4	3.5	3.6
N	4	5	5.2	6.3	8.6	10.3
O	17	21	26	30	40	50
P	4×M3	4×M3	4×M3	4×M3	4×M4	4×M5
R	64	74	84	102	132	158
S	6×ϕ3.4	8×ϕ3.4	8×ϕ3.4	10×ϕ4.5	10×ϕ5.5	10×ϕ6.6
U	42	50	60	73	96	116
V	8×M3	10×M3	8×M4	8×M5	8×M6	12×M6
质量/kg	0.50	0.66	0.94	1.7	3.3	5.7

（3）性能参数

表 15-3-68　　CSD 单元型谐波减速器传动精度

基本减速比	精度等级	规格代号						
		14	17	20	25	32	40	50
50/100/160	标准/10^{-4}rad	4.4	4.4	2.9	2.9	2.9	2.9	2.9

表 15-3-69　　CSD 单元型谐波减速器滞后量　　10^{-4}rad

基本减速比	规格代号						
	14	17	20	25	32	40	50
50	7.3	4.4	4.4	4.4	4.4	4.4	4.4
100、160	5.8	2.9	2.9	2.9	2.9	2.9	2.9

表 15-3-70　　CSD 单元型谐波减速器刚度参数

规格代号	基本减速比	等效点转矩/N·m		弹性系数/10^4N·m·rad^{-1}			变形误差/10^{-4}rad	
		T_1	T_2	K_1	K_2	K_3	θ_1	θ_2
14	50	2.0	6.9	0.29	0.37	0.47	6.9	19
	100、160			0.40	0.44	0.61	5.0	16
17	50	3.9	12	0.67	0.88	1.2	5.8	14
	100、160			0.84	0.94	1.3	4.6	13
20	50	7.0	25	1.1	1.3	2.0	6.4	19
	100、160			1.3	1.7	2.5	5.4	15
25	50	14	48	2.0	2.7	3.7	7.0	18
	100、160			2.7	3.7	4.7	5.2	13
32	50	29	108	4.7	6.1	8.4	6.2	18
	100、160			6.1	7.8	11	4.8	14
40	50	54	196	8.8	11	15	6.1	18
	100、160			11	14	20	4.9	14
50	50	108	382	17	21	30	6.4	18
	100、160			21	29	37	5.1	13

表 15-3-71 **CSD 单元型谐波减速器启动转矩** 10^{-2}N·m

产品系列	基本减速比	规格代号						
		14	17	20	25	32	40	50
CSD-2UH	50	4.4	6.7	8.9	16	32	55	102
	100	2.8	3.8	5.1	9.1	20	32	60
	160	—	—	3.9	7.2	15	26	47
CSD-2UF	50	5.3	7.5	9.7	17	34	58	—
	100	3.2	4.2	5.5	9.6	21	33	—
	160	—	—	4.1	7.4	16	27	—

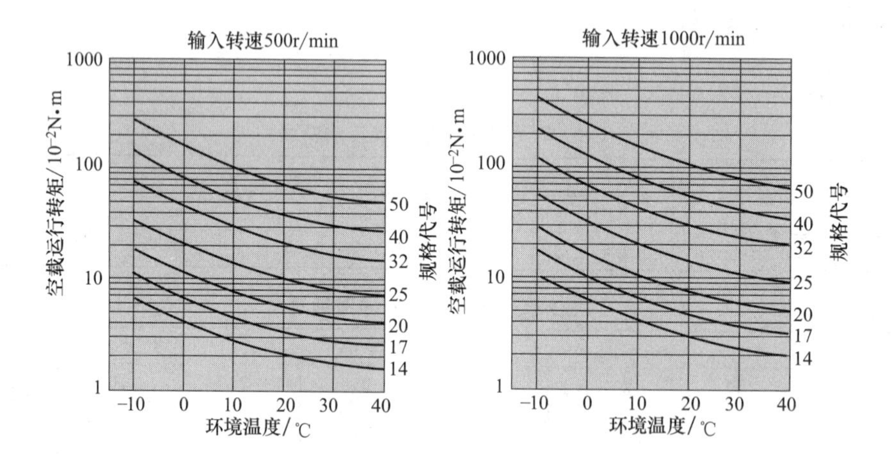

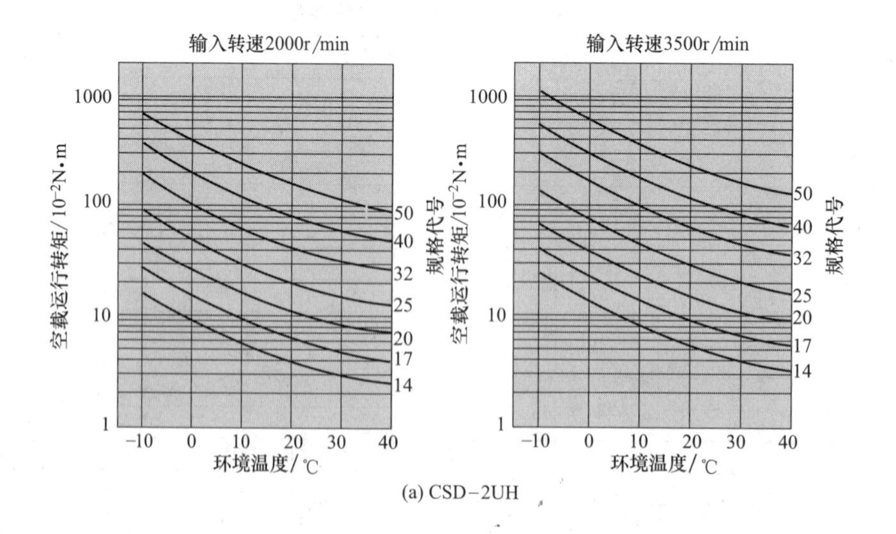

(a) CSD-2UH

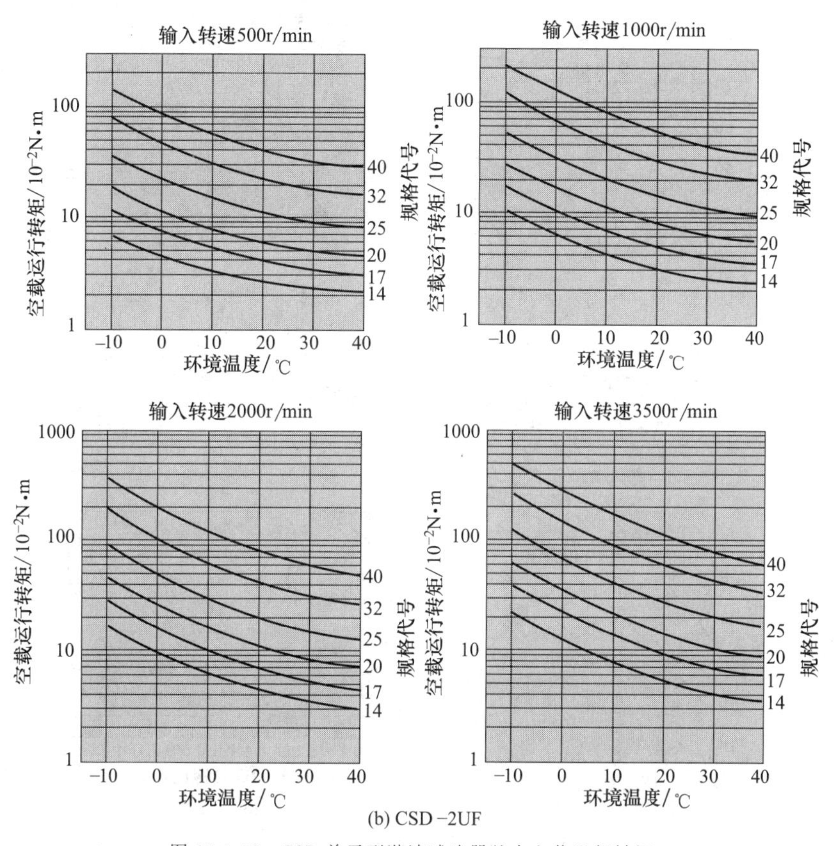

图 15-3-32 CSD 单元型谐波减速器基本空载运行转矩

表 15-3-72 CSD 单元型减速器空载运行转矩修整值 10^{-2}N·m

产品系列	基本减速比	规格代号						
		14	17	20	25	32	40	50
CSD-2UH	50	+0.93	+1.5	+2.3	+3.8	+7.3	+12	+22
	160	—	—	−0.70	−1.2	−2.2	−3.6	−6.4
CSD-2UF	50	+1.4	+1.8	+2.6	+4.3	+8.2	+14	—
	160	—	—	−0.84	−1.3	−2.5	−4.2	—

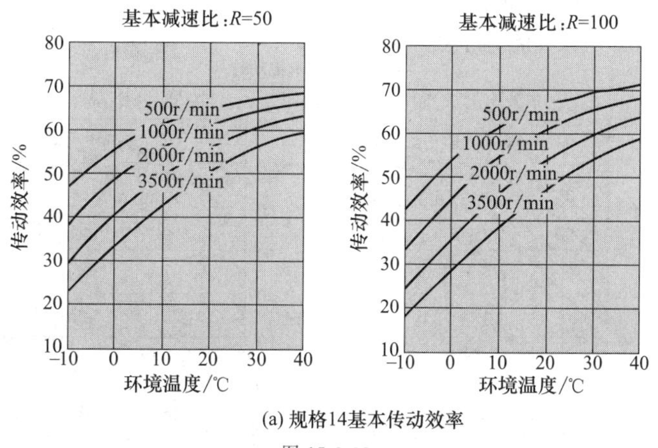

图 15-3-33

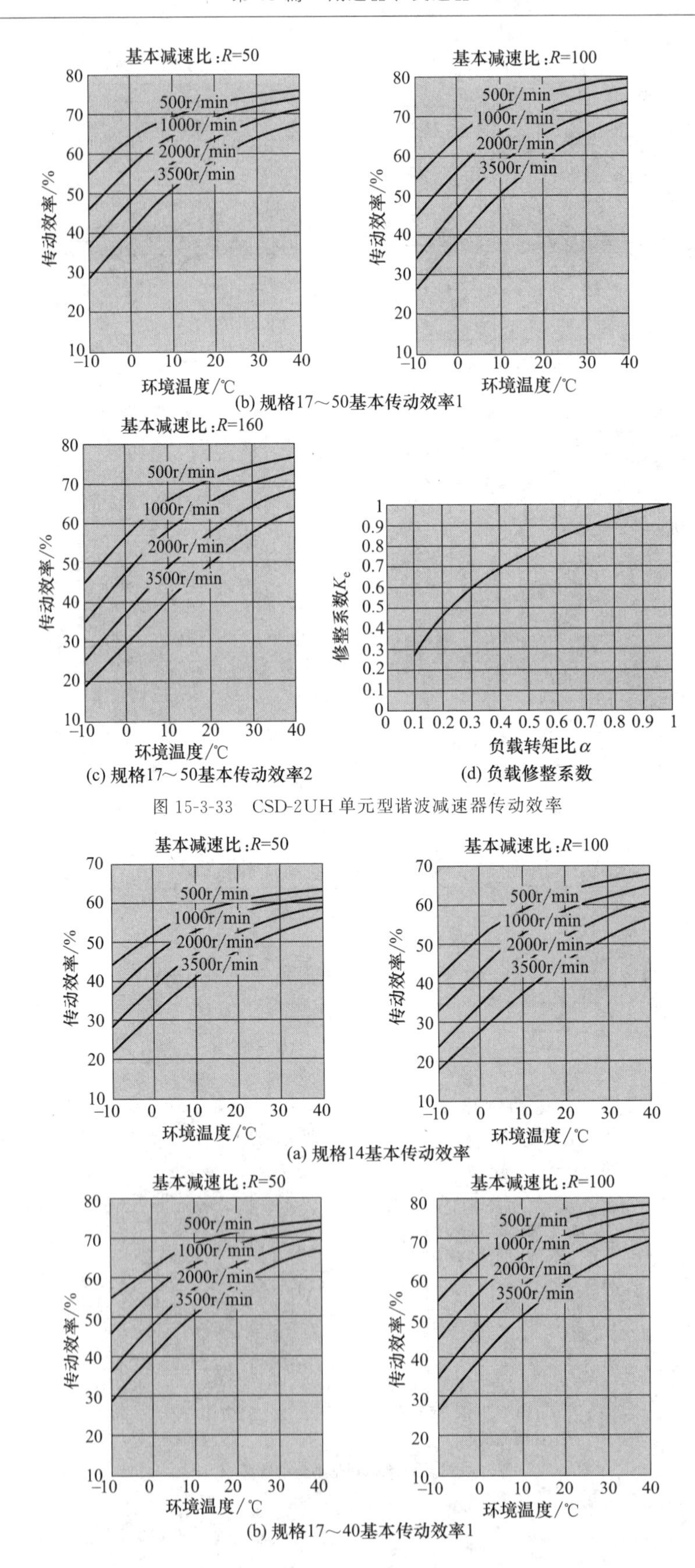

图 15-3-33 CSD-2UH 单元型谐波减速器传动效率

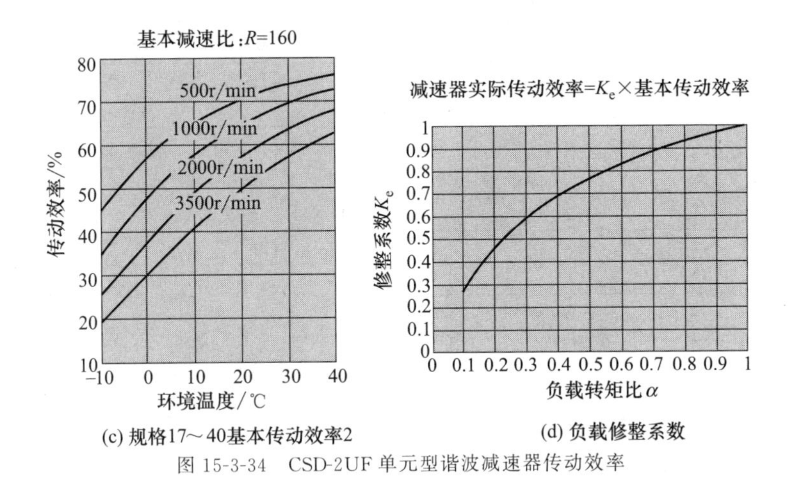

(c) 规格17～40基本传动效率2　　(d) 负载修整系数

图 15-3-34　CSD-2UF 单元型谐波减速器传动效率

3.4.7　SHG/SHF 单元型、简易单元型谐波减速器

（1）型号与规格

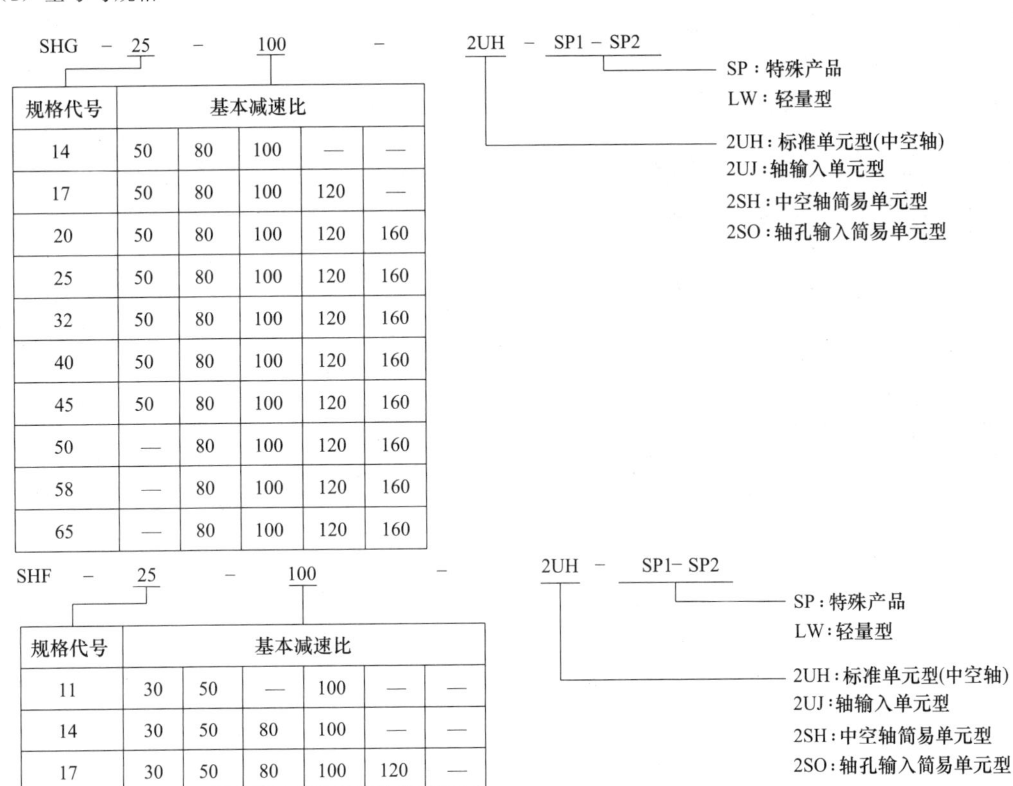

SHG − 25 − 100 − 2UH − SP1 − SP2

规格代号	基本减速比				
14	50	80	100	—	—
17	50	80	100	120	—
20	50	80	100	120	160
25	50	80	100	120	160
32	50	80	100	120	160
40	50	80	100	120	160
45	50	80	100	120	160
50	—	80	100	120	160
58	—	80	100	120	160
65	—	80	100	120	160

SP：特殊产品
LW：轻量型

2UH：标准单元型(中空轴)
2UJ：轴输入单元型
2SH：中空轴简易单元型
2SO：轴孔输入简易单元型

SHF − 25 − 100 − 2UH − SP1− SP2

规格代号	基本减速比					
11	30	50	—	100	—	—
14	30	50	80	100	—	—
17	30	50	80	100	120	—
20	30	50	80	100	120	160
25	30	50	80	100	120	160
32	30	50	80	100	120	160
40	—	50	80	100	120	160
45	—	50	80	100	120	160
50	—	50	80	100	120	160
58	—	50	80	100	120	160

SP：特殊产品
LW：轻量型

2UH：标准单元型(中空轴)
2UJ：轴输入单元型
2SH：中空轴简易单元型
2SO：轴孔输入简易单元型

表 15-3-73　　SHG 单元型、简易单元型谐波减速器基本参数

规格代号	减速比	额定转矩 /N·m	启制动峰值转矩 /N·m	瞬间最大转矩 /N·m	最大平均转矩 /N·m	允许最高输入转速 /r·min^{-1}		最高平均输入转速 /r·min^{-1}	
						油润滑	脂润滑	油润滑	脂润滑
14	50	7	23	46	9	14000	8500	6500	3500
	80	10	30	61	14				
	100	10	36	70	14				
17	50	21	44	91	34	10000	7300	6500	3500
	80	29	56	113	35				
	100	31	70	143	51				
	120	31	70	112	51				
20	50	33	73	127	44	10000	6500	6500	3500
	80	44	96	165	61				
	100	52	107	191	64				
	120	52	113	191	64				
	160	52	120	191	64				
25	50	51	127	242	72	7500	5600	5600	3500
	80	82	178	332	113				
	100	87	204	369	140				
	120	87	217	395	140				
	160	87	229	408	140				
32	50	99	281	497	140	7000	4800	4600	3500
	80	153	395	738	217				
	100	178	433	841	281				
	120	178	459	892	281				
	160	178	484	892	281				
40	50	178	523	892	255	5600	4000	3600	3000
	80	268	675	1270	369				
	100	345	738	1400	484				
	120	382	802	1530	586				
	160	382	841	1530	586				
45	50	229	650	1235	345	5000	3800	3300	3000
	80	407	918	1651	507				
	100	459	982	2041	650				
	120	523	1070	2288	806				
	160	523	1147	2483	819				
50	80	484	1223	2418	675	4500	3500	3000	2500
	100	611	1274	2678	866				
	120	688	1404	2678	1057				
	160	688	1534	3185	1096				
58	80	714	1924	3185	1001	4000	3000	2700	2200
	100	905	2067	4134	1387				
	120	969	2236	4329	1547				
	160	969	2392	4459	1573				
65	80	969	2743	4836	1352	3500	2800	2400	1900
	100	1236	2990	6175	1976				
	120	1236	3263	6175	2041				
	160	1236	3419	6175	2041				

表 15-3-74　SHF 单元型、简易单元型谐波减速器基本参数

规格代号	减速比	额定转矩 /N·m	启制动峰值转矩 /N·m	瞬间最大转矩 /N·m	最大平均转矩 /N·m	允许最高输入转速 /r·min⁻¹		最高平均输入转速 /r·min⁻¹	
						油润滑	脂润滑	油润滑	脂润滑
11	50	3.5	8.3	17	5.5	14000	8500	6500	3500
	100	5	11	25	8.9				
14	30	4.0	9.0	17	6.8	14000	8500	6500	3500
	50	5.4	18	35	6.9				
	80	7.8	23	47	11				
	100	7.8	28	54	11				
17	30	8.8	16	30	12	10000	7300	6500	3500
	50	16	34	70	26				
	80	22	43	87	27				
	100	24	54	108	39				
	120	24	54	86	39				
20	30	15	27	50	20	10000	6500	6500	3500
	50	25	56	98	34				
	80	34	74	127	47				
	100	40	83	147	49				
	120	40	87	147	49				
	160	40	92	147	49				
25	30	27	50	95	38	7500	5600	5600	3500
	50	39	98	186	55				
	80	63	137	255	87				
	100	67	157	284	108				
	120	67	167	304	108				
	160	67	176	314	108				
32	30	54	100	200	75	7000	4800	4600	3500
	50	76	216	382	108				
	80	118	304	568	167				
	100	137	333	647	216				
	120	137	353	686	216				
	160	137	372	686	216				
40	50	137	402	686	196	5600	4000	3600	3000
	80	206	519	980	284				
	100	265	568	1080	372				
	120	294	617	1180	451				
	160	294	647	1180	451				
45	50	176	500	950	265	5000	3800	3300	3000
	80	313	706	1270	390				
	100	353	755	1570	500				
	120	402	823	1760	620				
	160	402	882	1910	630				
50	50	245	715	1430	350	4500	3500	3000	2500
	80	372	941	1860	519				
	100	470	980	2060	666				
	120	529	1080	2060	813				
	160	529	1180	2450	843				
58	50	353	1020	1960	520	4000	3000	2700	2200
	80	549	1480	2450	770				
	100	696	1590	3180	1060				
	120	745	1720	3330	1190				
	160	745	1840	3430	1210				

（2）结构与外形尺寸

表 15-3-75　SHG/SHF-2UH 中空轴输入单元型谐波减速器外形尺寸　mm

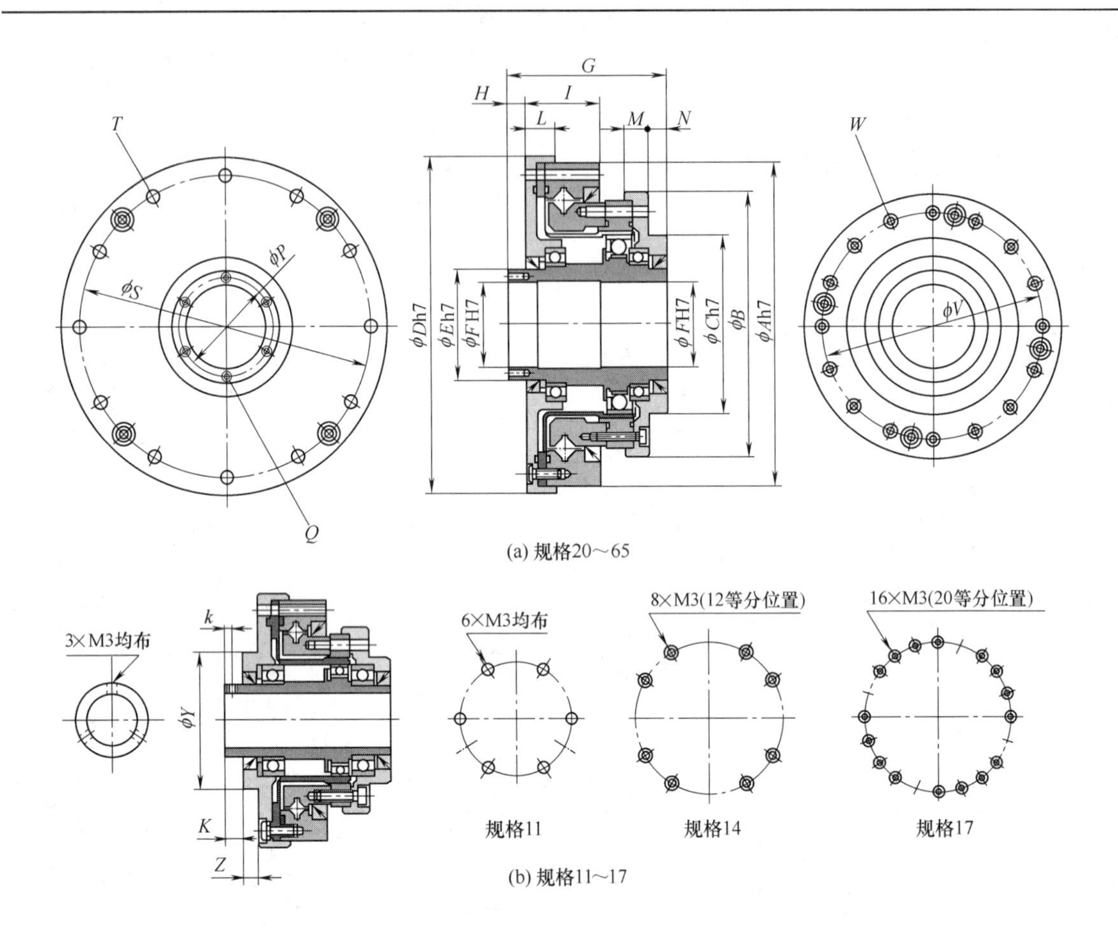

(a) 规格20～65

(b) 规格11～17

参数	产品系列	规格代号										
		11	14	17	20	25	32	40	45	50	58	65
A	全部	62	70	80	90	110	142	170	190	214	240	276
B	SHG/SHF-2UH	45.3	54	64	75	90	115	140	160	175	201	221
	SHG/SHF- 2UH-LW 轻量	—	52	62	73	88	115	140	160	168	195	213
C	全部	30.5	36	45	50	60	85	100	120	130	150	160
D	全部	64	74	84	95	115	147	175	195	220	246	284
E	全部	18	20	25	30	38	45	59	64	74	84	96
F	全部	14	14	19	21	29	36	46	52	60	70	80
G	全部	48	52.5	56.5	51.5	55.5	65.5	79	85	93	106	128
H	全部	14	12	12	5	6	7	8	8	9	10	14
I	全部	19	20.5	23	25	26	32	38	42	45	52	56.5
K	全部	6.5	6.5	6.5	—	—	—	—	—	—	—	—
L	全部	8	9	10	10.5	10.5	12	14	15	16	17	18
M	SHG/SHF-2UH	6.5	8	8.5	9	8.5	9.5	13	12	12	15	19.5
	SHG/SHF- 2UH-LW 轻量	—	11.5	12	13.5	15.5	20.5	25	27	30	35	42.5
N	全部	6.5	7.5	8.5	7	6	5	7	7	7	7	12
P	全部	—	—	—	25.5	33.5	40.5	52	58	67	77	88
Q	全部	—	—	—	6×M3	6×M3	6×M3	6×M4	6×M4	6×M4	8×M4	6×M5
S	全部	56.5	64	74	84	102	132	158	180	200	226	258

续表

参数	产品系列	规格代号										
		11	14	17	20	25	32	40	45	50	58	65
T	全部	4×ϕ3.5	8×ϕ3.5	12×ϕ3.5	12×ϕ3.5	12×ϕ4.5	12×ϕ5.5	12×ϕ6.6	18×ϕ6.6	12×ϕ9	16×ϕ9	16×ϕ11
V	SHG	37	44	54	62	77	100	122	140	154	178	195
W	SHG	6×M3	8×M3	16×M3	16×M3	16×M4	16×M5	16×M6	12×M8	16×M8	12×M10	16×M10
Y	SHG	36	36	45	—	—	—	—	—	—	—	—
Z	SHG	7.5	5.5	5.5	—	—	—	—	—	—	—	—
k	全部	6.5	6.5	6.5	—	—	—	—	—	—	—	—
质量/kg	SHG/SHF-2UH	0.53	0.71	1.00	1.38	2.1	4.5	7.7	10.0	14.5	20.0	28.5
	SHG/SHF- 2UH-LW 轻量	—	0.55	0.8	1.1	1.6	3.6	6.2	8	11.8	16.4	23.3
惯量/10^{-4}kg·m^2		0.080	0.091	0.193	0.404	1.070	2.85	9.28	13.8	25.2	49.5	94.1

表 15-3-76　SHG/SHF-2UJ 轴输入单元型谐波减速器外形尺寸　mm

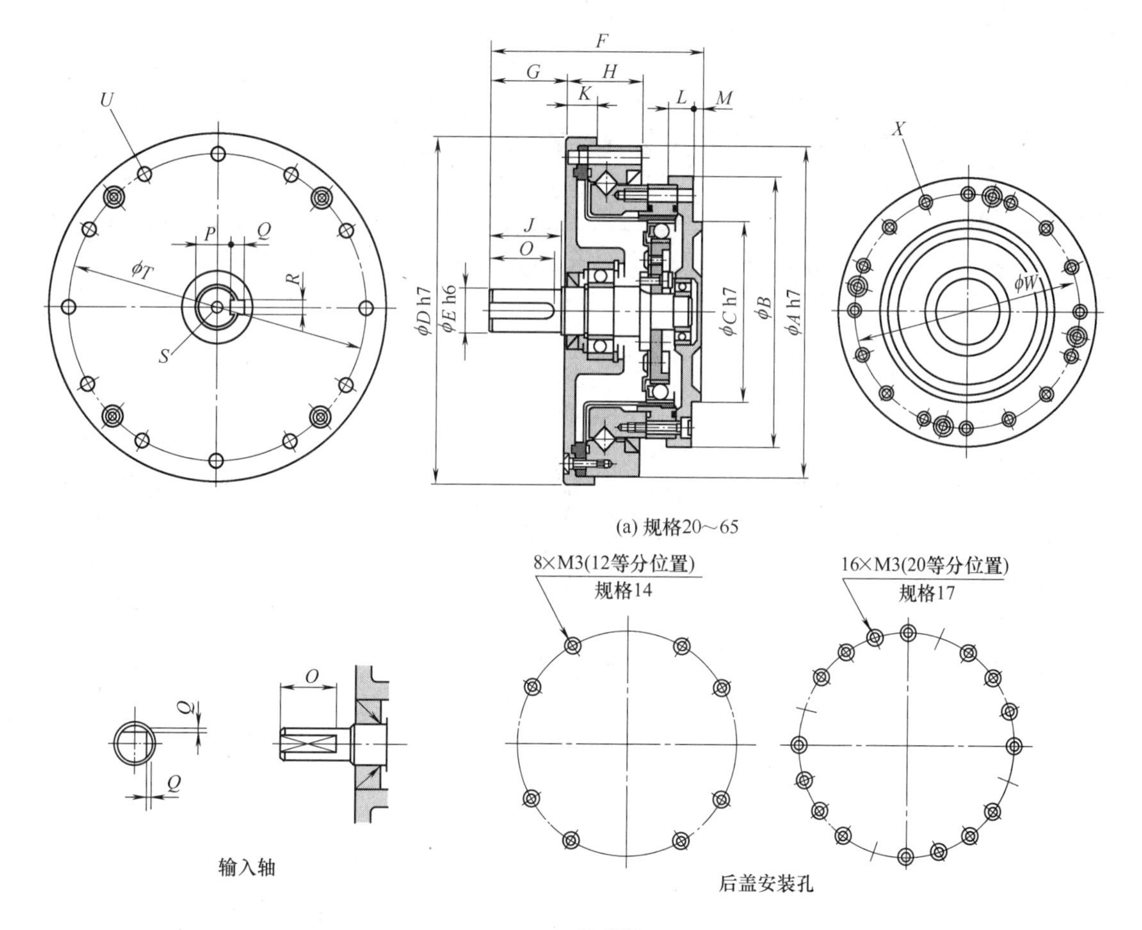

(a) 规格20～65

(b) 规格14～17

参数	规格代号									
	14	17	20	25	32	40	45	50	58	65
A	70	80	90	110	142	170	190	214	240	276
B	54	64	75	90	115	140	160	175	201	221

续表

参数	规格代号									
	14	17	20	25	32	40	45	50	58	65
C	36	45	50	60	85	100	120	130	150	160
D	74	84	95	115	147	175	195	220	246	284
E	6	8	10	14	14	16	19	22	22	25
F	50.5	56	63.5	72.5	84.5	100	108	121	133	156
G	15	17	21	26	26	31	31	37	37	42
H	20.5	23	25	26	32	38	42	45	52	56.5
J	14	16	20	25	25	30	30	35	35	40
K	9	10	10.5	10.5	12	14	15	16	17	18
L	8	8.5	9	8.5	9.5	13	12	12	15	19.5
M	2.5	3	3	3	5	5	7	7	7	12
O	11	12	16.5	22.5	22.5	27.5	28	33	33	39
P	—	—	8.2	11	11	13	15.5	18.5	18.5	21
Q	0.5	0.5	3	5	5	5	6	6	6	7
R	—	—	3	5	5	5	6	6	6	8
S	—	—	M3×6	M5×10	M5×10	M5×10	M6×12	M6×12	M6×12	M8×16
T	64	74	84	102	132	158	180	200	226	258
U	8×ϕ3.5	12×ϕ3.5	12×ϕ3.5	12×ϕ4.5	12×ϕ5.5	12×ϕ6.6	18×ϕ6.6	12×ϕ9	16×ϕ9	16×ϕ11
W	44	54	62	77	100	122	140	154	178	195
X	8×M3	16×M3	16×M3	16×M4	16×M5	16×M6	12×M8	16×M8	12×M10	16×M10
质量/kg	0.66	0.94	1.38	2.1	4.4	7.3	9.8	13.9	19.4	26.5
惯量/10^{-4}kg·m^2	0.025	0.059	0.137	0.320	1.20	3.41	5.80	9.95	20.5	35.5

表 15-3-77　SHG/SHF-2SO 轴孔输入简易单元型谐波减速器外形尺寸　mm

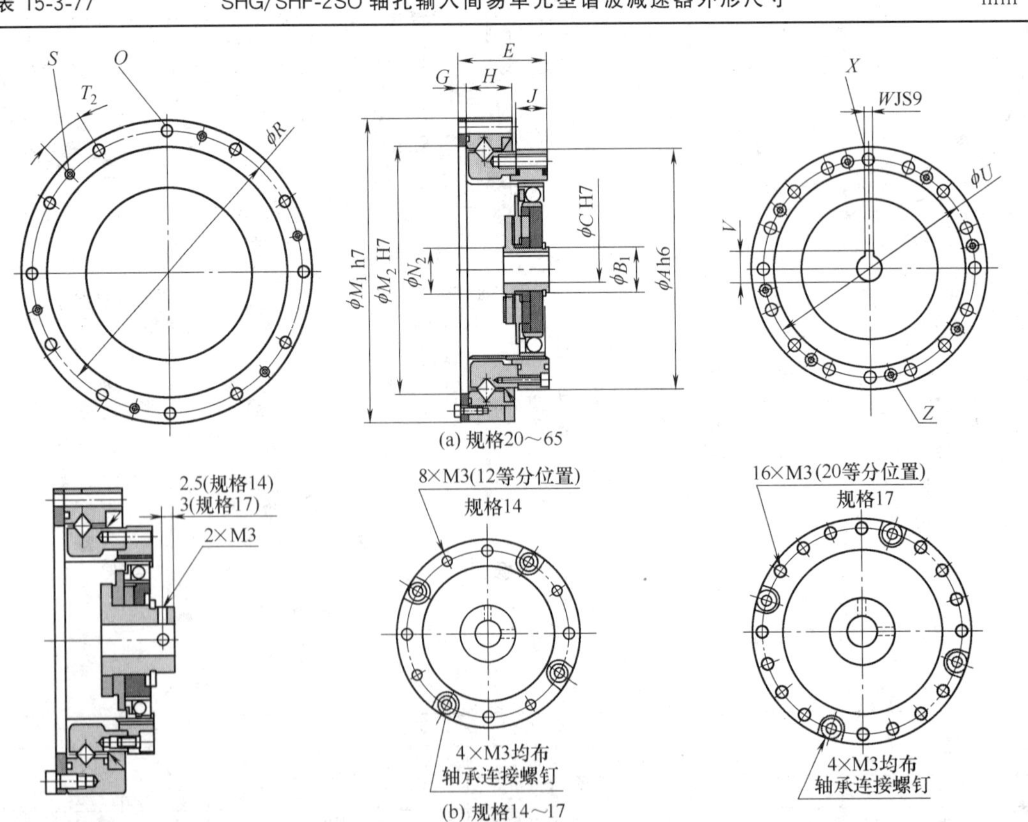

(a) 规格20～65

(b) 规格14～17

续表

参数	规格代号									
	14	17	20	25	32	40	45	50	58	65
A	50	60	70	85	110	135	155	170	195	215
B_1	14	18	21	26	26	32	32	32	40	48
C	6	8	9	11	14	14	19	19	22	24
E	23.5	26.5	29	34	42	51	56.5	63	73	81.5
G	2.4	3	3	3.3	3.6	4	4.5	5	5.8	6.5
H	14.1	16	17.5	18.7	23.4	29	32	34	40.2	43
J	6	6.5	7.5	10	14	17	19	22	25	29
M_1	70	80	90	110	142	170	190	214	240	276
M_2	48	60	70	88	114	140	158	175	203	232
N_2	—	—	—	—	—	32	—	32	—	48
O	8×ϕ3.5	12×ϕ3.5	12×ϕ3.5	12×ϕ4.5	12×ϕ5.5	12×ϕ6.6	18×ϕ6.6	12×ϕ9	16×ϕ9	16×ϕ11
R	64	74	84	102	132	158	180	200	226	258
S	2×M3	4×M3	4×M3	4×M3	4×M4	6×M4	6×M4	6×M5	8×M5	8×M6
T2	22.5°	15°	15°	15°	15°	15°	10°	15°	11.25°	11.25°
U	44	54	62	77	100	122	140	154	178	195
V	—	—	10.4	12.8	16.3	16.3	21.8	21.8	24.8	27.3
W	—	—	3	4	5	5	6	6	6	8
X	8×M3	16×M3	16×M3	16×M4	16×M5	16×M6	12×M8	16×M8	12×M10	16×M10
Z	4×M3	4×M3	4×M3	4×M3	4×M4	4×M5	4×M5	8×M5	6×M6	8×M6
质量/kg	0.41	0.57	0.81	1.31	2.94	5.1	6.5	9.6	13.5	19.5

表 15-3-78　SHG/SHF-2SH 中空轴输入简易单元型谐波减速器外形尺寸　mm

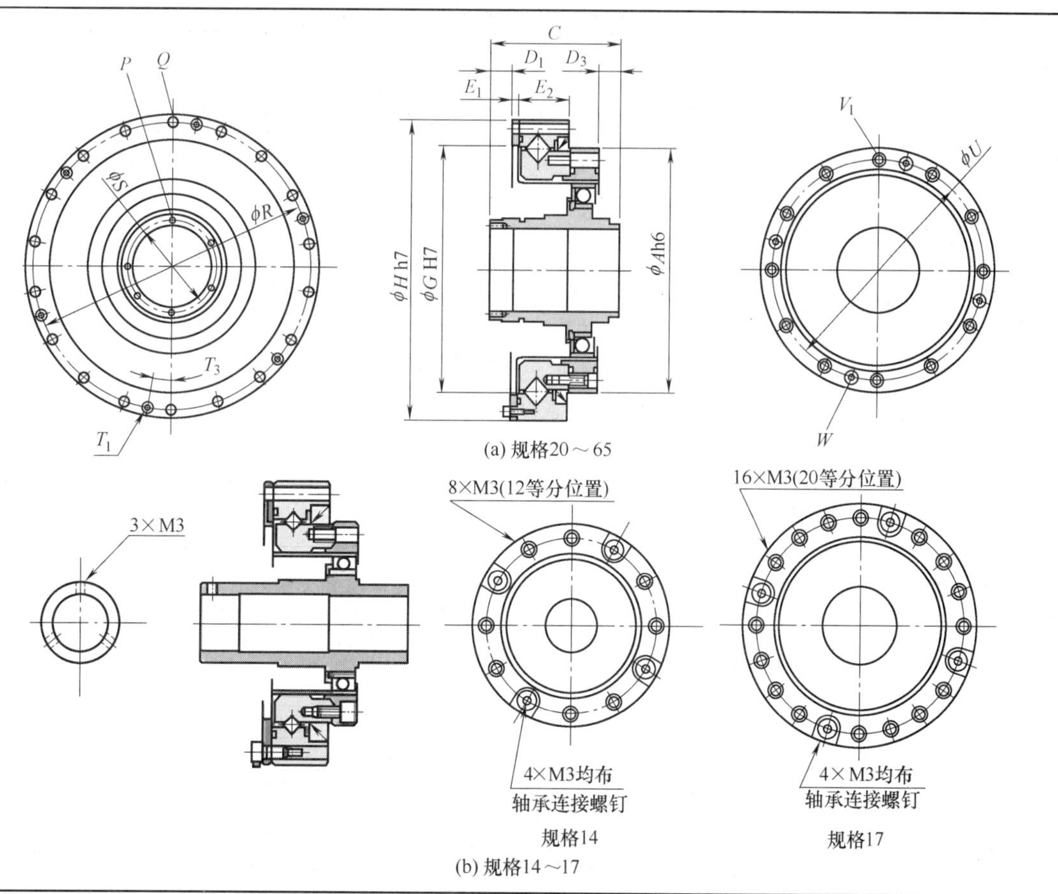

(a) 规格20～65

(b) 规格14～17

续表

参数	规格代号									
	14	17	20	25	32	40	45	50	58	65
A	50	60	70	85	110	135	155	170	195	215
C	52.5	56.5	51.5	55.5	65.5	79	85	93	106	128
D_1	16	16	9.5	10	12	13	13.5	15	16	21
D_3	13	14	13	11.5	11.5	15	15	15	17	25.5
E_1	2.4	3	3	3.3	3.6	4	4.5	5	5.8	6.5
E_2	14.1	16	17.5	18.7	23.4	29	32	34	40.2	43
G	48	60	70	88	114	140	158	175	203	232
H	70	80	90	110	142	170	190	214	240	276
P	3×M3	3×M3	6×M3	6×M3	6×M3	6×M4	6×M4	6×M4	8×M4	6×M5
Q	8×ϕ3.5	12×ϕ3.5	12×ϕ3.5	12×ϕ4.5	12×ϕ5.5	12×ϕ6.6	18×ϕ6.6	12×ϕ9	16×ϕ9	16×ϕ11
R	64	74	84	102	132	158	180	200	226	258
S	—	—	25.5	33.5	40.5	52	58	67	77	88
T_1	2×M3	4×M3	4×M3	4×M3	4×M4	6×M4	6×M4	6×M5	8×M5	8×M6
T_3	22.5°	15°	15°	15°	15°	15°	10°	15°	11.25°	11.25°
U	44	54	62	77	100	122	140	154	178	195
V_1	8×M3	16×M3	16×M3	16×M4	16×M5	16×M6	12×M8	16×M8	12×M10	16×M10
W	4×M3	4×M3	4×M3	4×M3	4×M4	4×M5	4×M5	8×M5	6×M6	8×M6
质量/kg	0.45	0.63	0.89	1.44	3.1	5.4	6.9	10.2	14.1	20.9

(3) 基本性能参数

表 15-3-79　SHG/SHF 单元型、简易单元型谐波减速器传动精度

基本减速比	精度等级	规格代号						
		11	14	17	20	25	32	≥40
30	标准/10^{-4}rad	—	5.8	4.4	4.4	4.4	4.4	—
	精密/10^{-4}rad	—	—	—	2.9	2.9	2.9	—
其他	标准/10^{-4}rad	5.8	4.4	4.4	2.9	2.9	2.9	2.9
	精密/10^{-4}rad	—	2.9	2.9	1.5	1.5	1.5	1.5

表 15-3-80　SHG/SHF 单元型、简易单元型谐波减速器滞后量　10^{-4}rad

基本减速比	规格代号						
	11	14	17	20	25	32	≥40
30	—	8.7	8.7	8.7	8.7	8.7	—
50	5.8	5.8	5.8	5.8	5.8	5.8	5.8
其他	5.8	2.9	2.9	2.9	2.9	2.9	2.9

表 15-3-81　SHG/SHF 单元型、简易单元型谐波减速器最大背隙　10^{-5}rad

规格代号	基本减速比					
	30	50	80	100	120	160
11	—	0	—	0	—	—
14	29.1	17.5	11.2	8.7	—	—
17	16.0	9.7	6.3	4.8	3.9	—
20	13.6	8.2	5.3	4.4	3.9	2.9
25	13.6	8.2	5.3	4.4	3.9	2.9
32	11.2	6.8	4.4	3.4	2.9	2.4
40	—	6.8	4.4	3.4	2.9	2.4

续表

规格代号	基本减速比					
	30	50	80	100	120	160
45	—	5.8	3.9	2.9	2.4	1.9
50	—	5.8	3.9	2.9	2.4	1.9
58	—	4.8	2.9	2.4	1.9	1.5
65	—	—	2.9	2.4	1.9	1.5

表 15-3-82　SHG/SHF 单元型、简易单元型谐波减速器刚度参数

规格代号	基本减速比	等效点转矩/N·m		弹性系数/10^4N·m·rad^{-1}			变形误差/10^{-4}rad	
		T_1	T_2	K_1	K_2	K_3	θ_1	θ_2
11	30	0.8	2	—	—	—	—	—
	50			0.22	0.3	0.32	3.6	8.0
	其他			0.27	0.34	0.44	3	6
14	30	2.0	6.9	0.19	0.24	0.34	10.5	31
	50			0.34	0.47	0.57	5.8	16
	其他			0.47	0.61	0.71	4.1	12
17	30	3.9	12	0.34	0.44	0.67	11.5	30
	50			0.81	1.1	1.3	4.9	12
	其他			1.0	1.4	1.6	3.9	9.7
20	30	7.0	25	0.57	0.71	1.1	12.3	38
	50			1.3	1.8	2.3	5.2	15.4
	其他			1.6	2.5	2.9	4.4	11.3
25	30	14	48	1.0	1.3	2.1	14	40
	50			2.5	3.4	4.4	5.5	15.7
	其他			3.1	5.0	5.7	4.4	11.1
32	30	29	108	2.4	3.0	4.9	12.1	38
	50			5.4	7.8	9.8	5.5	15.7
	其他			6.7	11	12	4.4	11.6
40	30	54	196	—	—	—	—	—
	50			10	14	18	5.2	15.4
	其他			13	20	23	4.1	11.1
45	30	76	275	—	—	—	—	—
	50			15	20	26	5.2	15.1
	其他			18	29	33	4.1	11.1
50	30	108	382	—	—	—	—	—
	50			20	28	34	5.5	15.4
	其他			25	40	44	4.4	11.1
58	30	168	598	—	—	—	—	—
	50			31	44	54	5.2	15.1
	其他			40	61	71	4.1	11.1
65	≥80	235	843	54	88	98	4.4	11.3

（4）中空轴输入减速器性能参数

表 15-3-83　SHG/SHF-2UH/2SH 减速器启动转矩　10^{-2}N·m

基本减速比	规格代号										
	11	14	17	20	25	32	40	45	50	58	65
30	—	11	30	43	64	112	—	—	—	—	—
50	7.1	8.8	27	36	56	85	136	165	216	297	—
80	—	7.5	25	33	50	74	117	138	179	244	314
100	5.9	6.9	24	32	49	72	112	131	171	231	297

续表

基本减速比	规格代号										
	11	14	17	20	25	32	40	45	50	58	65
120	—	—	24	31	48	68	110	126	165	223	287
160	—	—	—	31	47	67	105	122	156	213	276

表 15-3-84　SHG/SHF-2UH/2SH 减速器空载运行转矩修整值　10^{-2} N·m

规格代号	基本减速比				
	30	50	80	120	160
11	—	+0.5	—	—	—
14	+2.6	+1.1	+0.2	—	—
17	+4.1	+1.8	+0.4	−0.2	—
20	+5.9	+2.6	+0.5	−0.4	−0.8
25	+9.6	+4.2	+0.8	−0.6	−1.3
32	+18.3	+8.0	+1.5	−1.1	−2.5
40	—	+13.3	+2.4	−1.7	−4.0
45	—	+18.2	+3.3	−2.4	−5.5
50	—	+23.9	+4.3	−3.1	−7.2
58	—	+34.6	+6.2	−4.4	−10.3
65	—	—	+8.1	−5.8	−13.7

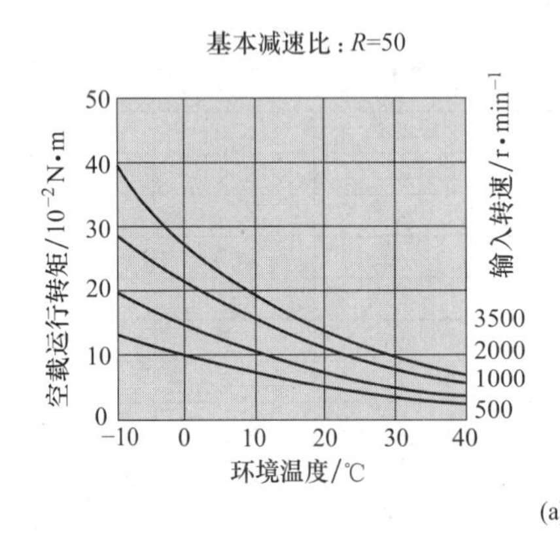

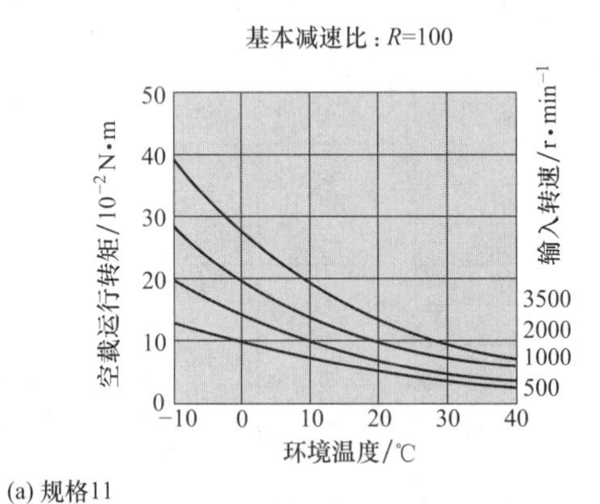

(a) 规格11

输入转速500r/min

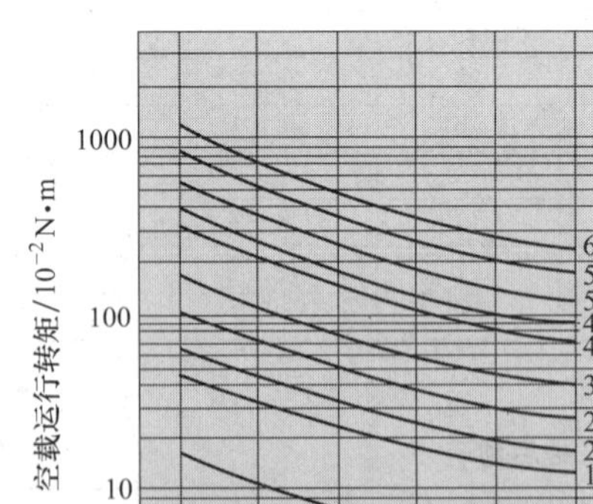

输入转速1000r/min

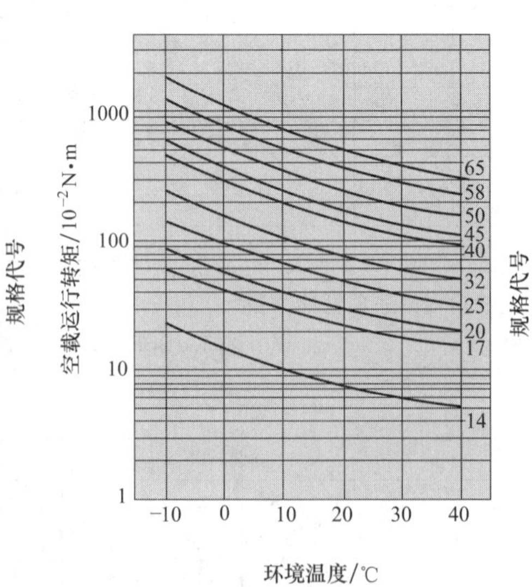

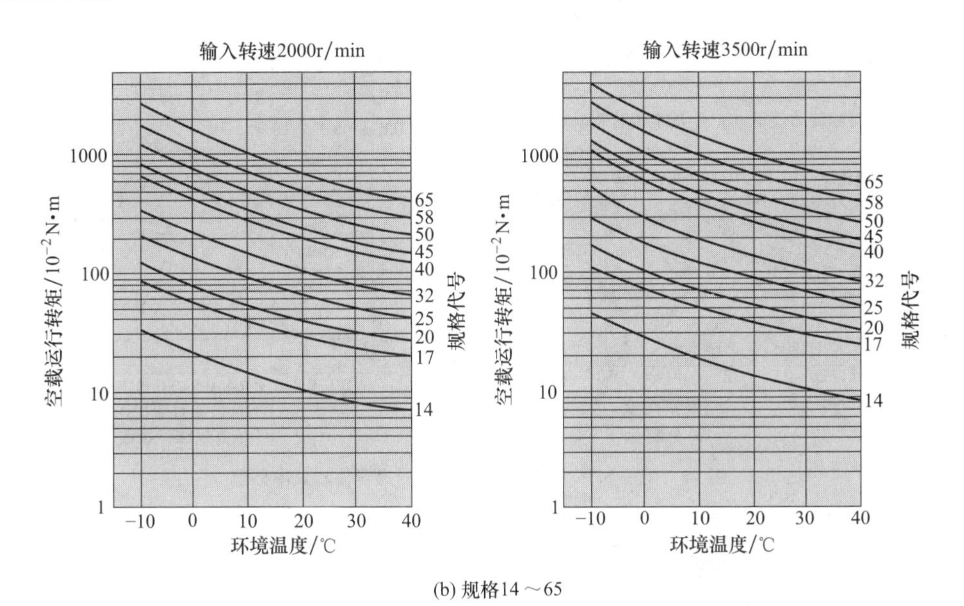

(b) 规格14～65

图 15-3-35　SHG/SHF-2UH/2SH 减速器基本空载运行转矩

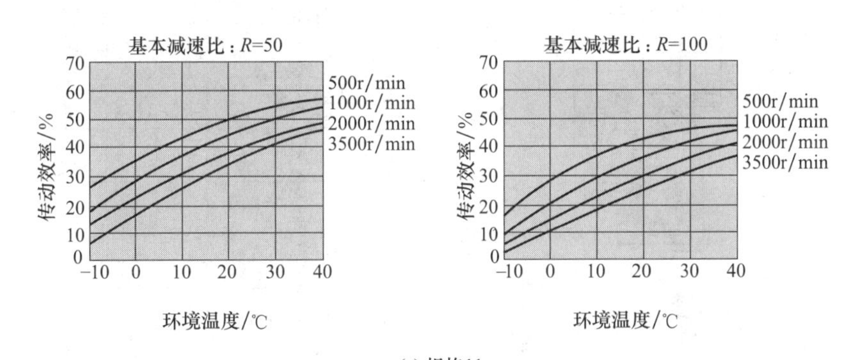

(a) 规格11

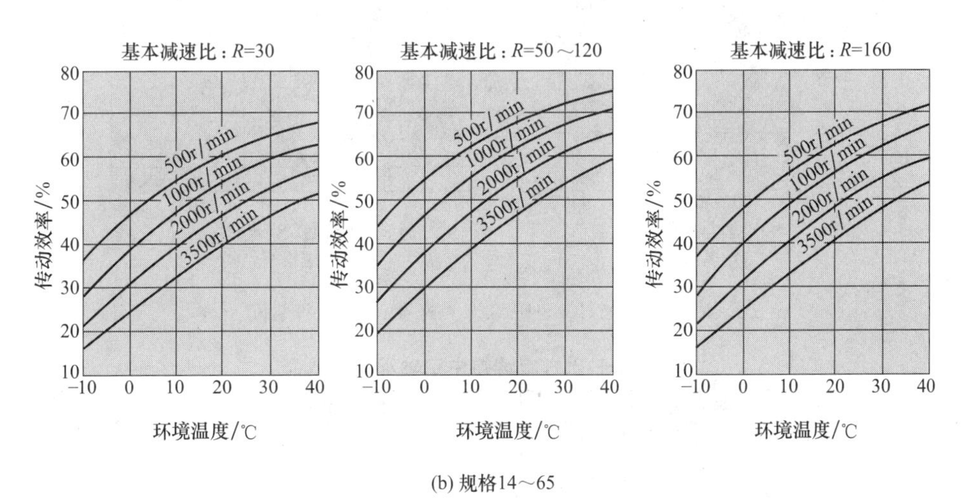

(b) 规格14～65

图 15-3-36　SHG/SHF-2UH/2SH 减速器基本传动效率

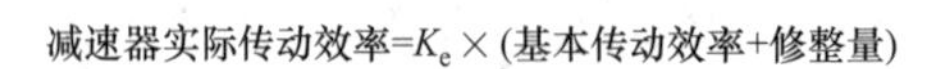

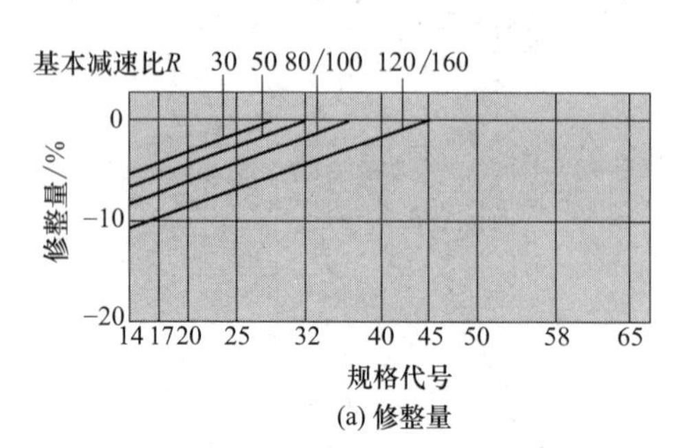

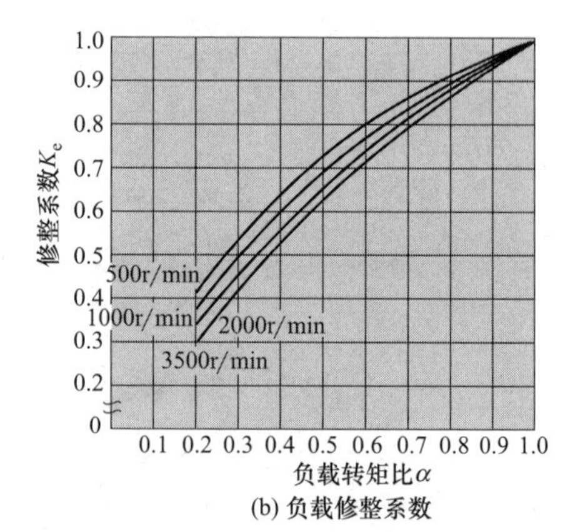

图 15-3-37　SHG/SHF-2UH/2SH 减速器传动效率修整

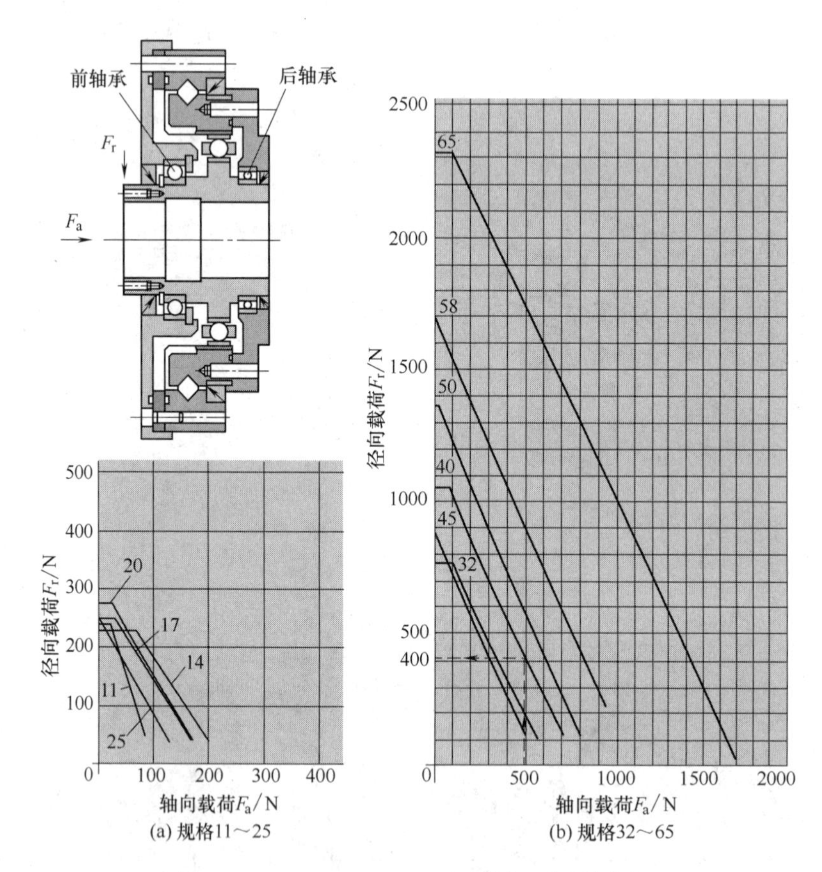

图 15-3-38　SHG/SHF-2UH 减速器中空轴允许载荷

表 15-3-85　　SHG/SHF-2UH 减速器中空轴承允许载荷

规格代号	前轴承额定载荷		后轴承允许载荷		最大径向载荷/N
	动载荷/kN	静载荷/kN	动载荷/kN	静载荷/kN	
11	4	2.47	1.4	0.72	—
14	4	2.47	4	2.47	230
17	4.3	2.95	4.3	2.95	250

续表

规格代号	前轴承额定载荷		后轴承允许载荷		最大径向载荷/N
	动载荷/kN	静载荷/kN	动载荷/kN	静载荷/kN	
20	4.5	3.45	4.5	3.45	275
25	4.9	4.35	4.9	4.35	250
32	14.1	10.9	5.35	5.25	770
40	19.4	16.3	11.5	10.9	1060
45	17.4	16.1	11.9	12.1	900
50	24.4	22.6	12.5	13.9	1370
58	32.0	29.6	18.7	20.0	1720
65	42.5	36.5	19.6	21.2	2300

（5）轴输入单元型谐波减速器性能参数

表 15-3-86　SHG/SHF-2UJ 减速器启动转矩　10^{-2}N·m

基本减速比	规格代号									
	14	17	20	25	32	40	45	50	58	65
30	6.8	11	19	26	63	—	—	—	—	—
50	5.7	9.7	14	22	41	72	94	125	178	—
80	4.4	7.2	11	15	29	52	68	88	125	163
100	3.7	6.5	9.9	14	27	47	60	80	113	147
120	—	6.2	9.3	13	24	44	55	74	105	137
160	—	—	8.6	12	23	39	50	66	94	122

表 15-3-87　SHG/SHF-2UJ 减速器空载运行转矩修整值　10^{-2}N·m

规格代号	基本减速比				
	30	50	80	120	160
14	+2.6	+1.1	+0.2	—	—
17	+4.1	+1.8	+0.4	−0.2	—
20	+5.9	+2.6	+0.5	−0.4	−0.8
25	+9.6	+4.2	+0.8	−0.6	−1.3
32	+18.3	+8.0	+1.5	−1.1	−2.5
40	—	+13.3	+2.4	−1.7	−4.0
45	—	+18.2	+3.3	−2.4	−5.5
50	—	+23.9	+4.3	−3.1	−7.2
58	—	+34.6	+6.2	−4.4	−10.3
65	—	—	+8.1	−5.8	−13.7

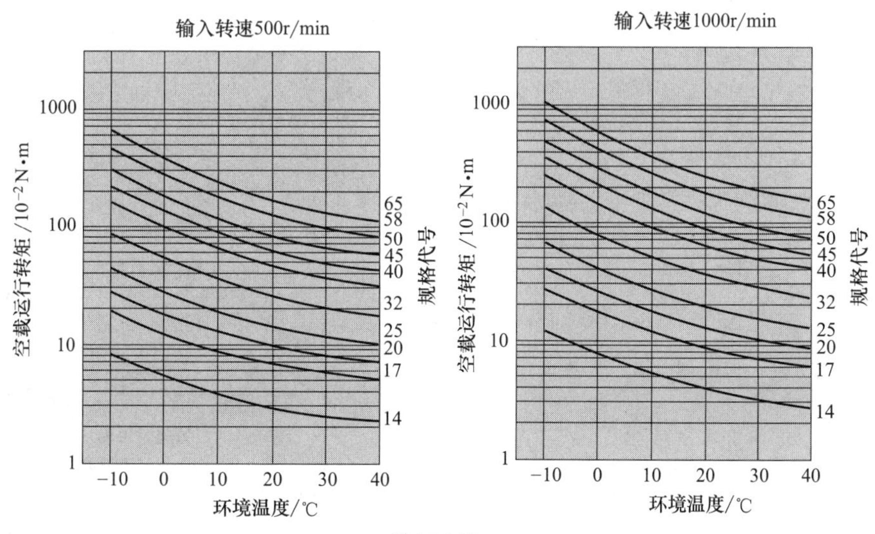

图 15-3-39

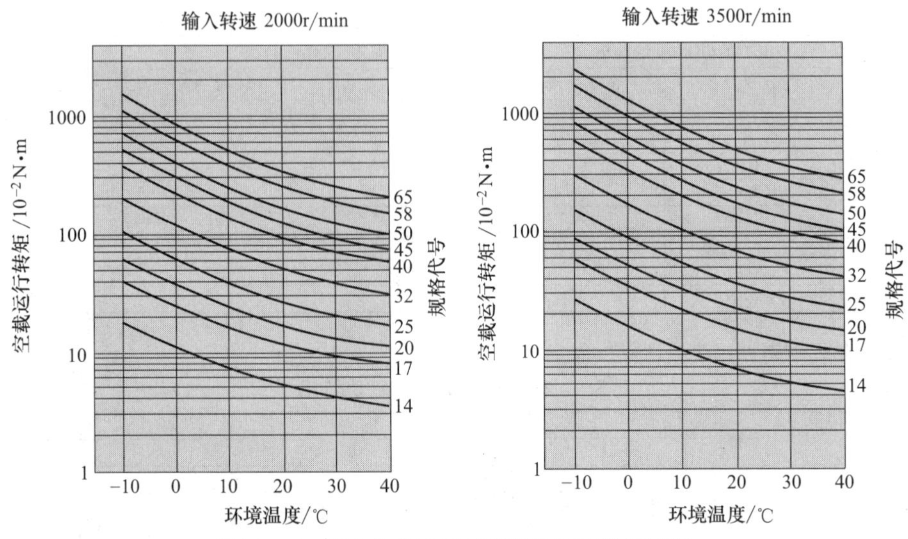

图 15-3-39 SHG/SHF-2UJ 减速器基本空载运行转矩

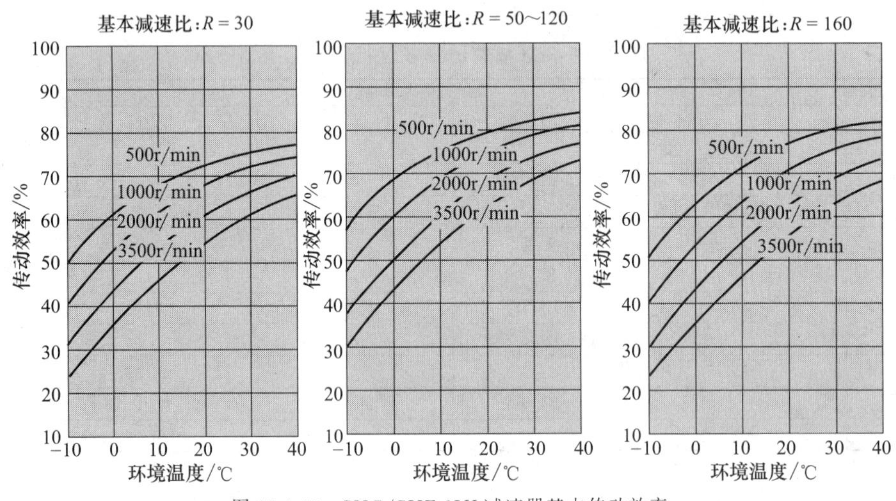

图 15-3-40 SHG/SHF-2UJ 减速器基本传动效率

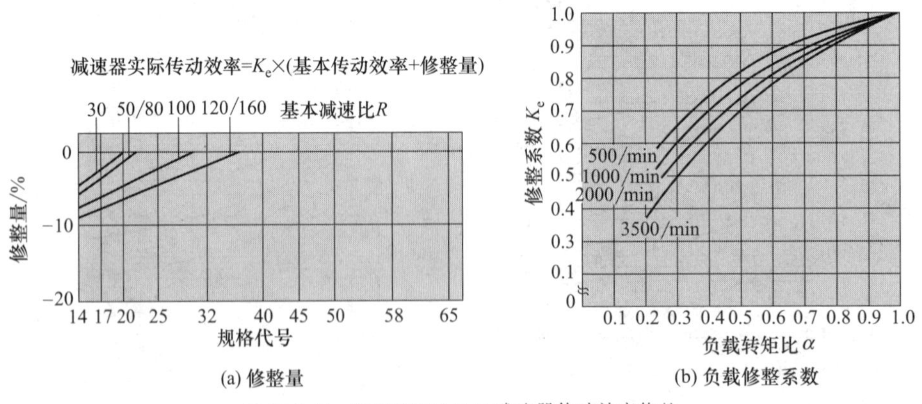

图 15-3-41 SHG/SHF-2UJ 减速器传动效率修整

表 15-3-88　　SHG/SHF-2UJ 减速器输入轴承允许载荷

规格代号	前轴承额定载荷		后轴承允许载荷		最大径向载荷/N
	动载荷/kN	静载荷/kN	动载荷/kN	静载荷/kN	
14	2.24	0.910	1.08	0.430	110
17	2.70	1.27	1.61	0.710	135
20	4.35	2.26	2.24	0.910	210
25	5.60	2.83	2.70	1.27	270
32	9.40	5.00	4.35	2.26	490
40	13.2	8.30	6.00	3.25	660
45	19.5	11.3	9.40	5.00	1030
50	25.7	15.3	10.1	5.85	1330
58	29.1	17.8	13.2	8.30	1600
65	32.5	20.5	16.0	10.3	1650

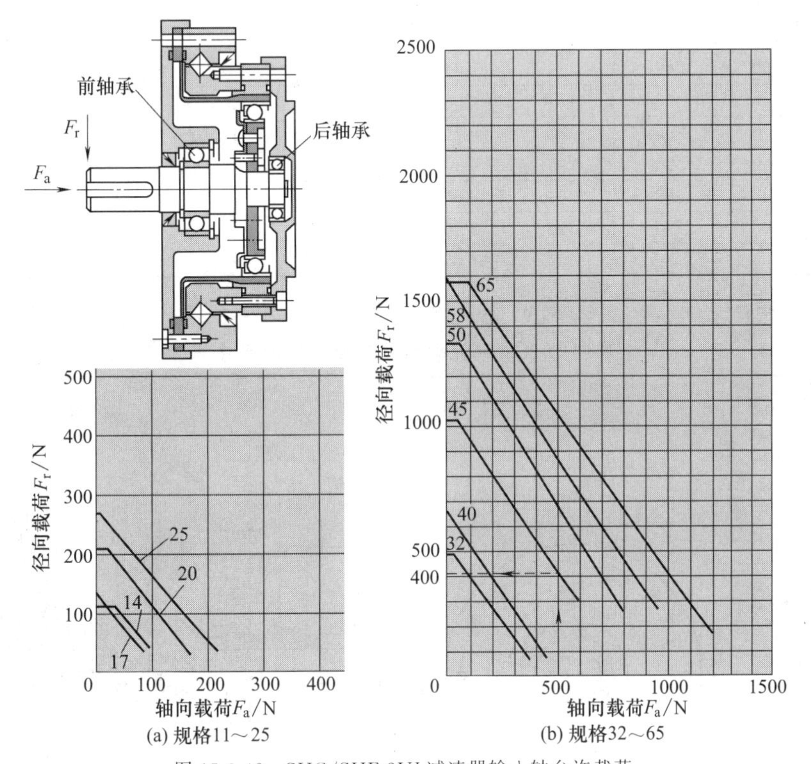

图 15-3-42　SHG/SHF-2UJ 减速器输入轴允许载荷

3.4.8　SHD 单元型、简易单元型谐波减速器

（1）型号与规格

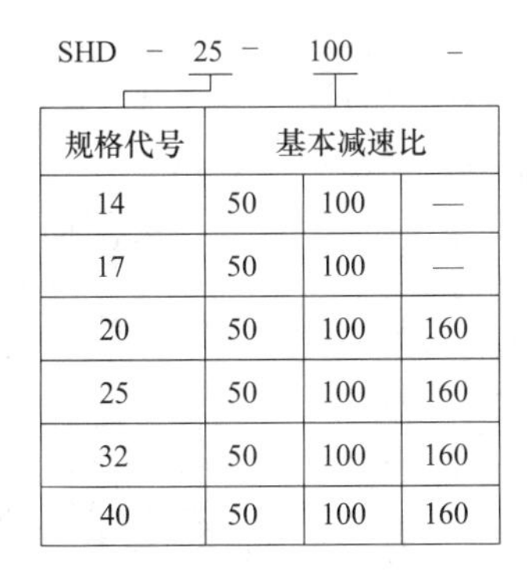

规格代号	基本减速比		
14	50	100	—
17	50	100	—
20	50	100	160
25	50	100	160
32	50	100	160
40	50	100	160

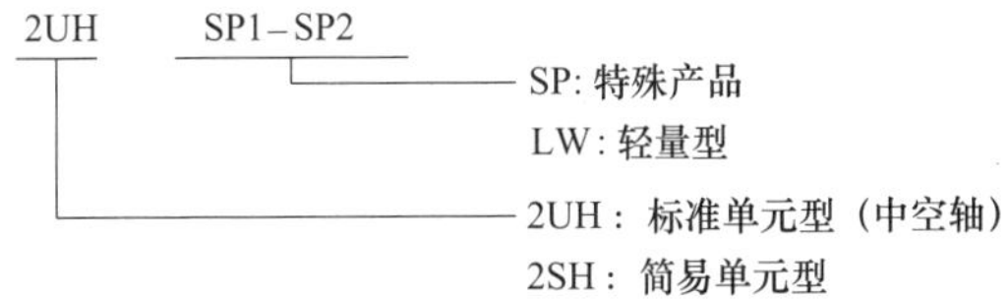

表 15-3-89　　SHD 单元型、简易单元型谐波减速器基本参数

规格代号	减速比	额定转矩 /N·m	启制动峰值转矩 /N·m	瞬间最大转矩 /N·m	最大平均转矩 /N·m	允许最高输入转速 /r·min^{-1}	最高平均输入转速 /r·min^{-1}	惯量/10^{-4}kg·m^2	
								简易单元型	单元型
14	50	3.7	12	23	4.8	8500	3500	0.021	0.064
	100	5.4	19	35	7.7				
17	50	11	23	48	18	7300	3500	0.054	0.141
	100	16	37	71	27				
20	50	17	39	69	24	6500	3500	0.090	0.271
	100	28	57	95	34				
	160	28	64	95	34				
25	50	27	69	127	38	5600	3500	0.282	0.793
	100	47	110	184	75				
	160	47	123	204	75				
32	50	53	151	268	75	4800	3500	1.09	2.900
	100	96	233	420	151				
	160	96	261	445	152				
40	50	96	281	480	137	4000	3000	2.85	7.432
	100	185	398	700	260				
	160	206	453	765	316				

(2) 结构与外形尺寸

表 15-3-90　　SHD-2UH 单元型谐波减速器外形尺寸　　mm

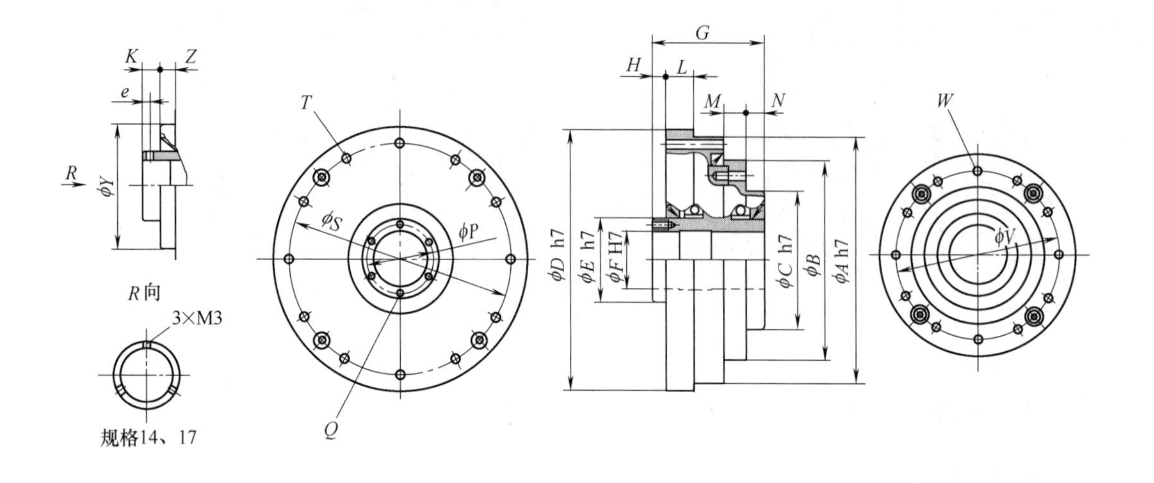

规格	A	B	C	D	E	F	G	H	K	L	M	N	P(e)	Q	S	T	V	W	Y	Z	质量/kg
14	70	52	36	74	20	14	45.5	12	6.5	9	7	6.5	(2.5)	3×M3	64	8×ϕ3.5	43	8×M3	36	5.5	0.49
17	80	62	45	84	25	19	48	12	6.5	10	8	7	(2.5)	3×M3	74	12×ϕ3.5	52	12×M3	45	5.5	0.66
20	90	73	50	95	30	21	42	5	—	10.5	8	7	25.5	6×M3	84	12×ϕ3.5	61.4	12×M3	—	—	0.84
25	110	87	60	115	38	29	46.5	6	—	10.5	10	6	33.5	6×M3	102	12×ϕ4.5	76	12×M4	—	—	1.4
32	142	114	75	147	54	41	55	7	—	12	11	7.5	48	6×M3	132	12×ϕ5.5	99	12×M5	—	—	2.7
40	170	137	100	175	64	51	65	8	—	14	14	9	57	6×M4	158	12×ϕ6.6	120	12×M6	—	—	4.6

表 15-3-91　SHD-2SH 简易单元型谐波减速器外形尺寸　mm

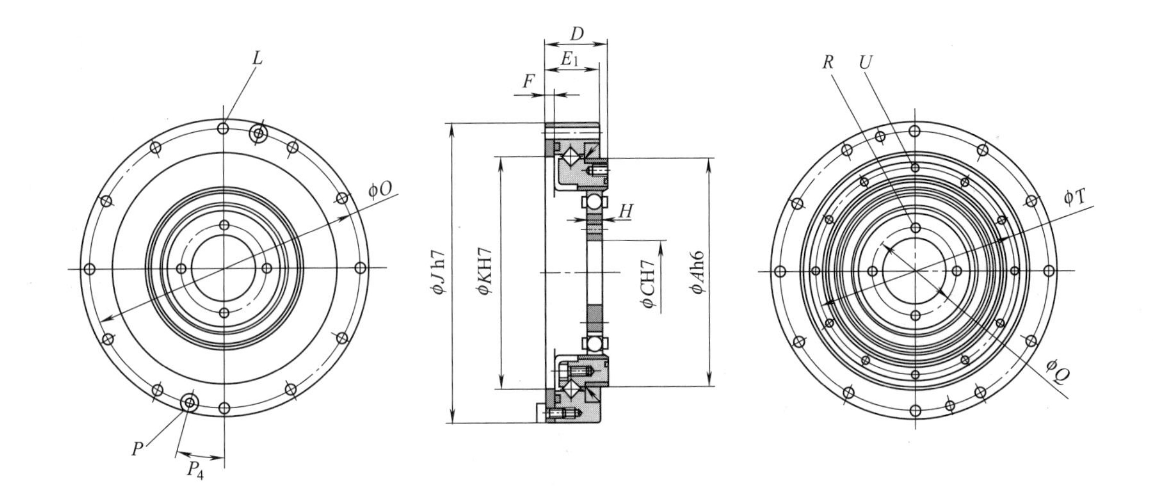

规格	A	C	D	E_1	F	H	J	K	L	O	P	P_4	Q	R	T	U	质量/kg
14	49	11	17.5	15.5	2.4	4	70	50	8×φ3.5	64	2×M3	22.5°	17	4×M3	43	8×M3	0.33
17	59	15	18.5	16.5	3	5	80	61	12×φ3.5	74	2×M3	15°	21	4×M3	52	12×M3	0.42
20	69	20	19	17	3	5.2	90	71	12×φ3.5	84	2×M3	15°	26	4×M3	61.4	12×M3	0.52
25	84	24	22	20	3.3	6.3	110	88	12×φ4.5	102	4×M3	15°	30	4×M3	76	12×M4	0.91
32	110	32	27.9	23.6	3.6	8.6	142	114	12×φ5.5	132	4×M4	15°	40	4×M4	99	12×M5	1.87
40	132	40	33	28	4	10.3	170	140	12×φ6.6	158	4×M4	15°	50	4×M5	120	12×M6	3.09

（3）性能参数

表 15-3-92　SHD 单元型、简易单元型谐波减速器传动精度

规格代号	14	17	20	25	32	40
传动精度/10^{-4}rad	4.4	4.4	2.9	2.9	2.9	2.9

表 15-3-93　SHD 单元型、简易单元型谐波减速器滞后量　10^{-4}rad

基本减速比	规格代号					
	14	17	20	25	32	40
50	7.3	5.8	5.8	5.8	5.8	5.8
其他	5.8	2.9	2.9	2.9	2.9	2.9

表 15-3-94　SHD 单元型、简易单元型谐波减速器刚度参数

规格代号	基本减速比	等效点转矩/N·m		弹性系数/10^4N·m·rad^{-1}			变形误差/10^{-4}rad	
		T_1	T_2	K_1	K_2	K_3	θ_1	θ_2
14	50	2.0	6.9	0.29	0.37	0.47	6.9	19
	其他			0.4	0.44	0.61	5.0	16
17	50	3.9	12	0.67	0.88	1.2	5.8	14
	其他			0.84	0.94	1.3	4.6	13
20	50	7.0	25	1.1	1.3	2.0	6.4	19
	其他			1.3	1.7	2.5	5.4	15

续表

规格代号	基本减速比	等效点转矩/N·m		弹性系数/10^4N·m·rad^{-1}			变形误差/10^{-4}rad	
		T_1	T_2	K_1	K_2	K_3	θ_1	θ_2
25	50	14	48	2.0	2.7	3.7	7.0	18
	其他			2.7	3.7	4.7	5.2	13
32	50	29	108	4.7	6.1	8.4	6.2	18
	其他			6.1	7.8	11	4.8	14
40	50	54	196	8.8	11	15	6.1	18
	其他			11	14	20	4.9	14

表 15-3-95　SHD-2UH 单元型减速器启动转矩　10^{-2}N·m

基本减速比	规格代号					
	14	17	20	25	32	40
50	11	39	53	79	114	177
100	8.7	37	49	73	101	157
160	—	—	48	72	97	151

表 15-3-96　SHD-2SH 简易单元型减速器启动转矩　10^{-2}N·m

基本减速比	规格代号					
	14	17	20	25	32	40
50	6.2	19	25	39	60	95
100	4.8	17	22	34	50	78
160	—	—	22	33	47	74

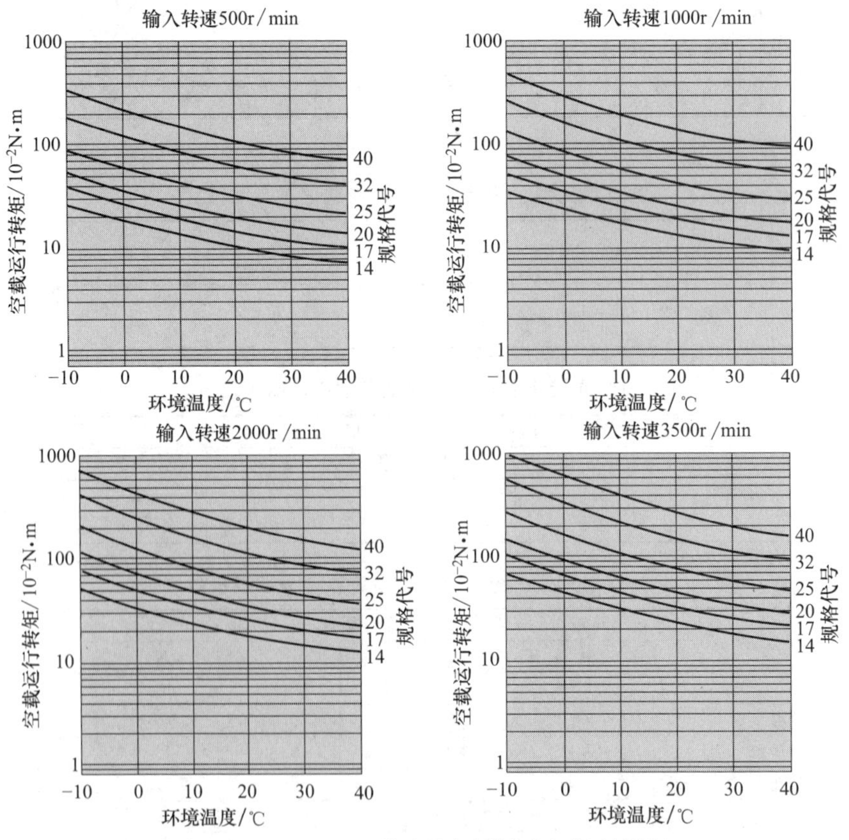

图 15-3-43　SHD-2UH 单元型减速器基本空载运行转矩

表 15-3-97　SHD-2UH 单元型减速器空载运行修整值　10^{-2}N・m

基本减速比	规格代号					
	14	17	20	25	32	40
50	+1.0	+1.6	+2.4	+4.0	+7.0	+13
160	—	—	−0.7	−1.2	−2.4	−3.9

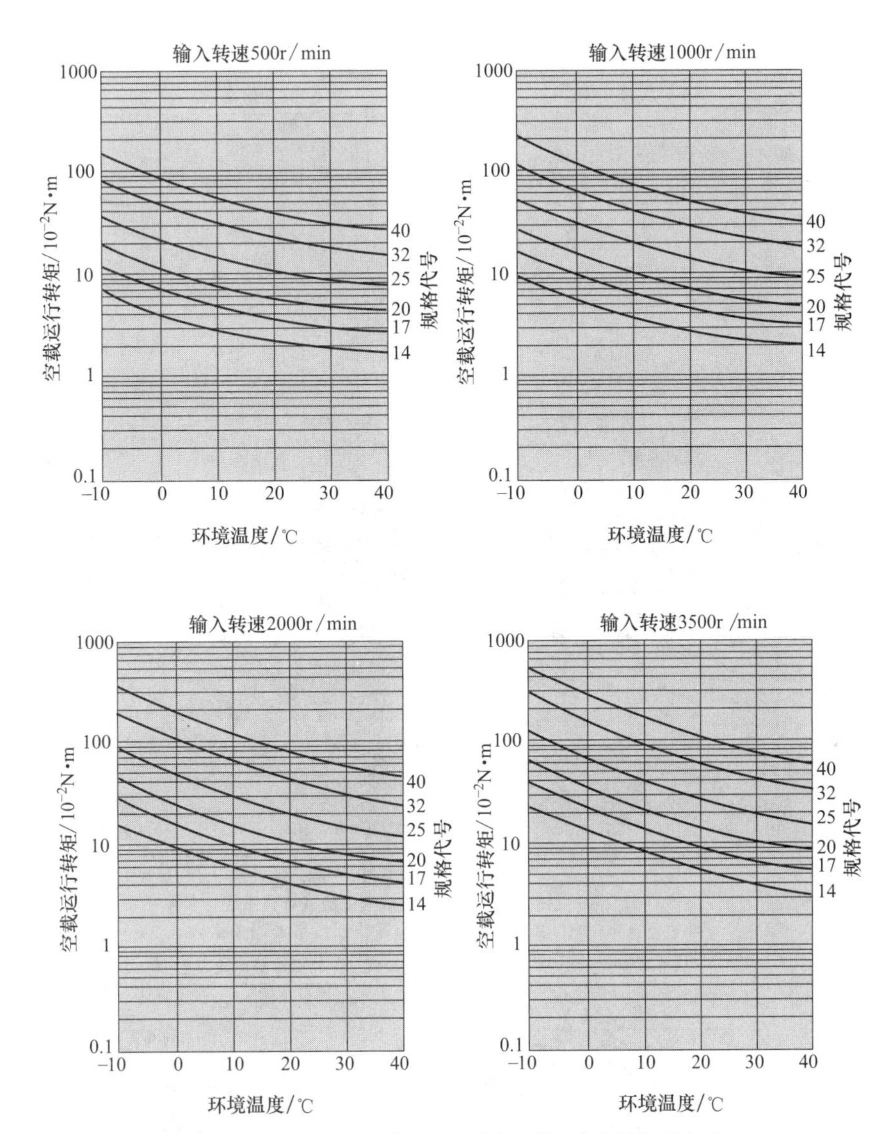

图 15-3-44　SHD-2SH 简易单元型减速器基本空载运行转矩

表 15-3-98　SHD-2SH 简易单元型减速器空载运行转矩修整值　10^{-2}N・m

基本减速比	规格代号					
	14	17	20	25	32	40
50	+1.0	+1.6	+2.4	+4.0	+7.0	+13
160	—	—	−0.7	−1.2	−2.4	−3.9

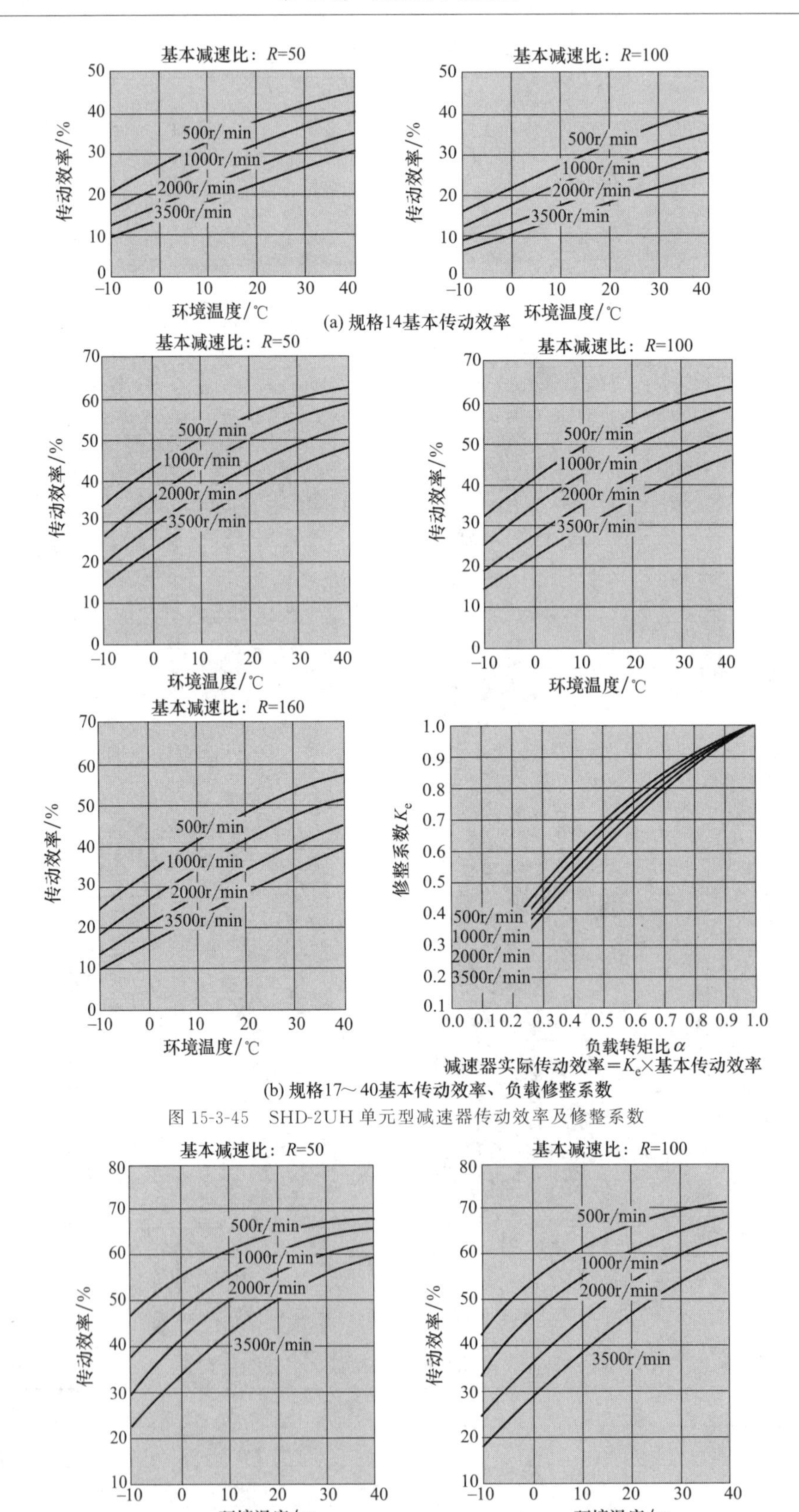

图 15-3-45 SHD-2UH 单元型减速器传动效率及修整系数

(a) 规格14基本传动效率

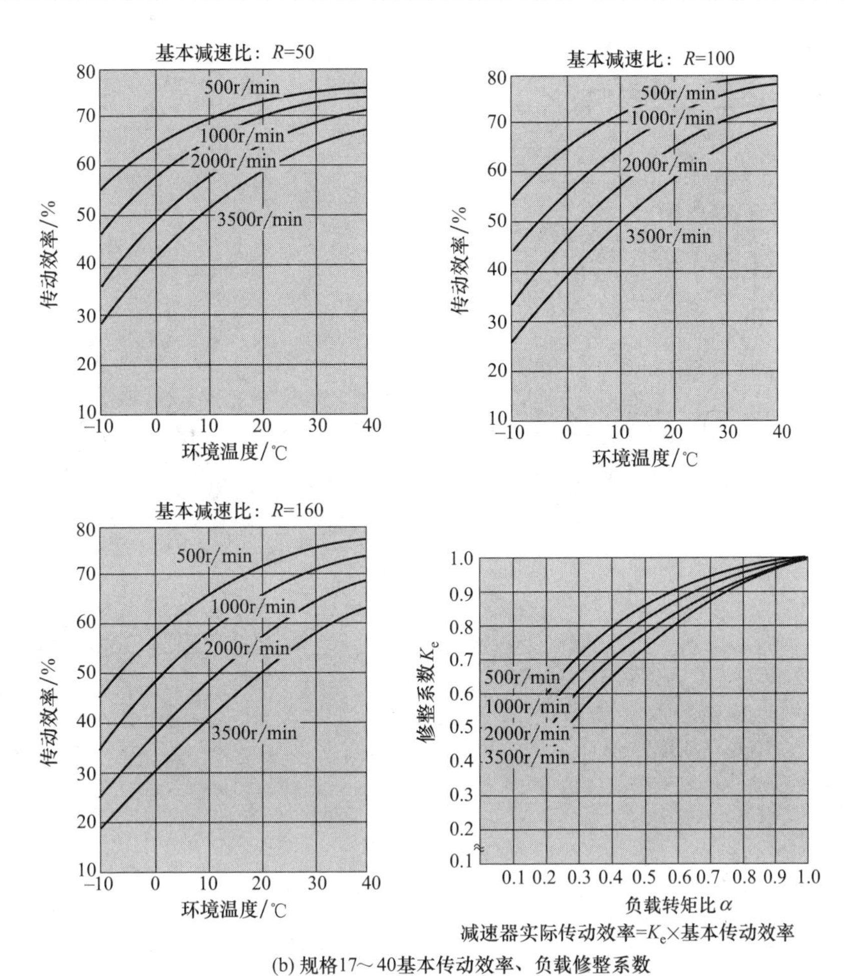

(b) 规格17～40基本传动效率、负载修整系数

图 15-3-46 SHD-2SH 简易单元型减速器传动效率及修整系数

3.5 RV 减速器原理与结构

3.5.1 RV 齿轮变速原理

(1) 基本结构

RV 减速器是旋转矢量（rotary vector）减速器的简称，这是一种在传统摆线针轮、行星齿轮传动装置基础上发展起来的新型传动装置，其基本结构如图 15-3-47 所示。

RV 减速器由芯轴、端盖、针轮、输出法兰、行星齿轮、曲轴组件、RV 齿轮等部件构成，由外向内可分为针轮层、RV 齿轮层（包括端盖 2、输出法兰 5 和曲轴 7）、芯轴层 3 层，每一层均可旋转。

① 针轮层。减速器外层的针轮 3 的内侧是加工有针齿的内齿圈，外侧加工有法兰和安装孔，可用于减速器固定或输出连接。针轮 3 和 RV 齿轮 9 间安装有针齿销 10，当 RV 齿轮 9 摆动时，针齿销可迫使针轮与输出法兰 5 产生相对回转。

② RV 齿轮层。RV 齿轮层由 RV 齿轮 9、端盖 2、输出法兰 5 和曲轴 7 等组成，RV 齿轮、端盖、输出法兰为中空结构，内孔用来安装芯轴。曲轴 7 数量与减速器规格有关，小规格减速器一般布置 2 组，中大规格减速器布置 3 组。

输出法兰 5 的内侧有 2～3 个连接脚，用来固定安装曲轴前支承轴承的端盖 2。端盖 2 和法兰的中间位置安装有 2 片可摆动的 RV 齿轮 9，它们可在曲轴的驱动下作对称摆动，故又称摆线轮。

曲轴组件由曲轴 7、前后圆锥滚柱轴承 8、滚针 11 等部件组成，通常有 2～3 组，它们对称分布在圆周上，用来驱动 RV 齿轮摆动。

曲轴 7 安装在输出法兰 5 连接脚的缺口位置，前后端分别通过端盖 2、输出法兰 5 上的圆锥滚柱轴承支承；曲轴的后端是一段用来套接行星齿轮 6 的花键轴，曲轴可在行星齿轮 6 的驱动下旋转。曲轴的中间部位为 2 段偏心轴，偏心轴外圆上安装有多个驱动

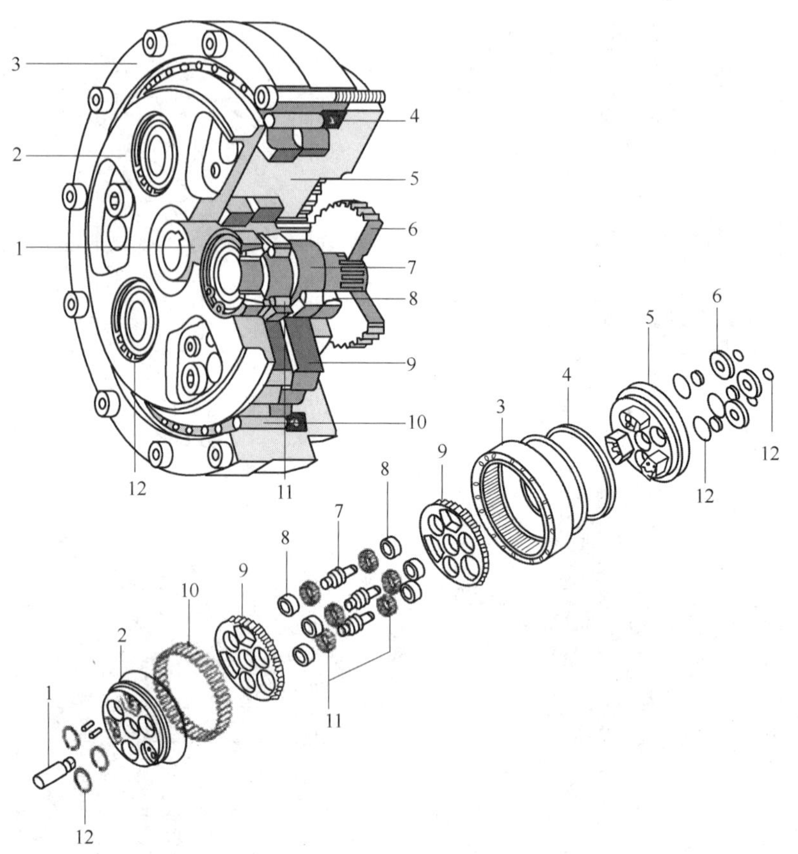

图 15-3-47　RV 减速器的内部结构

1—芯轴；2—端盖；3—针轮；4—密封圈；5—输出法兰；6—行星齿轮；7—曲轴；
8—圆锥滚柱轴承；9—RV 齿轮；10—针齿销；11—滚针；12—卡簧

RV 齿轮 9 摆动的滚针 11；当曲轴旋转时，2 段偏心轴上的滚针可分别驱动 2 片 RV 齿轮 9 进行 180°对称摆动。

③ 芯轴层。芯轴 1 安装在 RV 齿轮、端盖、输出法兰的中空内腔，芯轴可为齿轮轴或用来安装齿轮的花键轴。芯轴上的齿轮称太阳轮，它和套在曲轴上的行星齿轮 6 啮合，当芯轴旋转时，可驱动 2～3 组曲轴同步旋转、带动 RV 齿轮摆动。用于减速的 RV 减速器，芯轴通常用来连接输入，故又称输入轴。

因此，RV 减速器具有 2 级变速：芯轴上的太阳轮和套在曲轴上的行星齿轮间的变速是 RV 减速器的第 1 级变速，称正齿轮变速；通过 RV 齿轮 9 的摆动，利用针齿销 10 推动针轮 3 的旋转，是 RV 减速器的第 2 级变速，称差动齿轮变速。

（2）变速原理

RV 减速器的变速原理如图 15-3-48 所示。

① 正齿轮变速。正齿轮变速原理如图 15-3-48（a）所示，它是由行星齿轮和太阳轮实现的齿轮变速。如太阳轮的齿数为 Z_1、行星齿轮的齿数为 Z_2，则行星齿轮输出和芯轴输入间的速比为 Z_1/Z_2，且转向相反。

② 差动齿轮变速。当曲轴在行星齿轮驱动下回转时，其偏心段将驱动 RV 齿轮作图 15-3-48（b）所示的摆动，由于曲轴上的 2 段偏心轴为对称布置，故 2 片 RV 齿轮可在对称方向同步摆动。

图 15-3-48（c）为其中的 1 片 RV 齿轮的摆动情况；另一片 RV 齿轮的摆动过程相同，但相位相差 180°。由于 RV 齿轮和针轮间安装有针齿销，当 RV 齿轮摆动时，针齿销将迫使针轮与输出法兰产生相对回转。

如 RV 减速器的 RV 齿轮齿数为 Z_3，针轮齿数为 Z_4（齿差为 1 时，$Z_4-Z_3=1$），减速器以输出法兰固定、芯轴连接输入、针轮连接负载输出轴的形式安装，并假设在图 15-3-48（c）所示的曲轴 0°起始点上，RV 齿轮的最高点位于输出法兰－90°位置，其针齿完全啮合，而 90°位置的基准齿则完全脱开。

当曲轴顺时针旋转 180°时，RV 齿轮最高点也将顺时针转过 180°。由于 RV 齿轮的齿数少于针轮 1 个齿，且输出法兰（曲轴）被固定，因此，针轮将相对于安装曲轴的输出法兰产生图 15-3-48（c）所示的半个齿顺时针偏转。进而，当曲轴顺时针旋转 360°时，

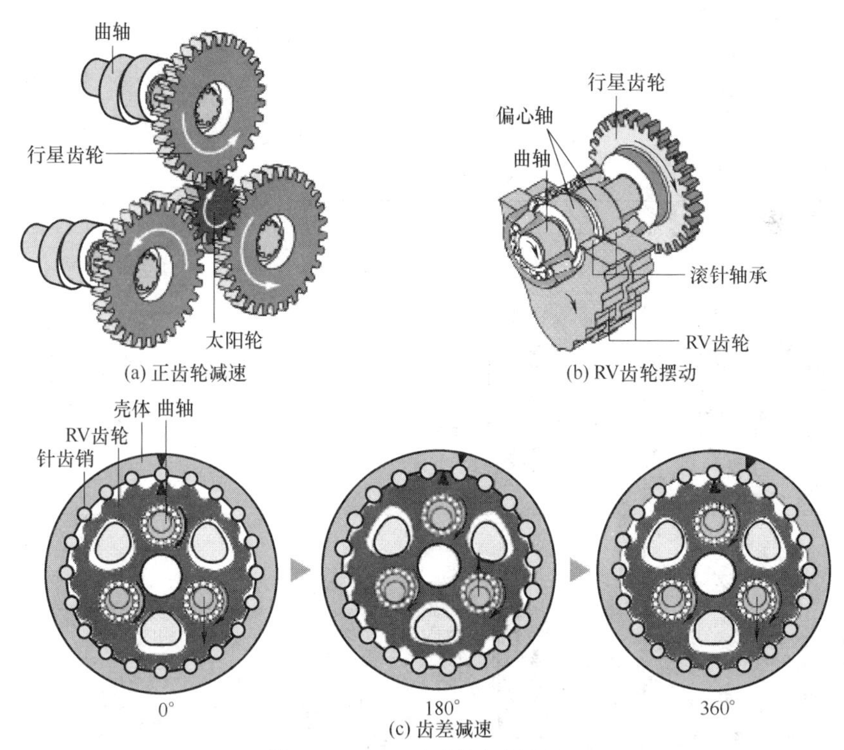

图 15-3-48　RV 减速器变速原理

RV 齿轮最高点也将顺时针转过 360°，针轮将相对于安装曲轴的输出法兰产生图 15-3-48（c）所示的 1 个齿顺时针偏转。因此，针轮相对于曲轴的偏转角度为：

$$\theta=\frac{1}{Z_4}\times 360°$$

即：针轮和曲轴的速比为 $i=1/Z_4$，考虑到曲轴行星齿轮和芯轴输入的速比为 Z_1/Z_2，故可得到减速器的针轮输出和芯轴输入间的总速比为：

$$i=\frac{Z_1}{Z_2}\times\frac{1}{Z_4} \tag{15-3-16}$$

式中　i——针轮输出与芯轴输入转速比；

Z_1——太阳轮齿数；

Z_2——行星齿轮齿数；

Z_4——针轮齿数。

由于驱动曲轴旋转的行星齿轮和芯轴上的太阳轮转向相反，因此，针轮输出和芯轴输入的转向相反。

当减速器的针轮固定、芯轴连接输入、法兰连接输出时，其情况有所不同。一方面，通过芯轴的（Z_2/Z_1）×360°逆时针回转，可驱动曲轴产生 360°的顺时针回转，使得 RV 齿轮（输出法兰）相对于固定针轮产生 1 个齿的逆时针偏移，RV 齿轮（输出法兰）相对于固定针轮的回转角度为：

$$\theta_o=\frac{1}{Z_4}\times 360°$$

同时，由于 RV 齿轮套装在曲轴上，因此，它的偏转也将使曲轴逆时针偏转 θ_o；因此，相对于固定的针轮，芯轴实际需要回转的角度为：

$$\theta_i=\left(\frac{Z_2}{Z_1}+\frac{1}{Z_4}\right)\times 360°$$

所以，输出法兰与芯轴输入的转向相同，速比为：

$$i=\frac{\theta_o}{\theta_i}=\frac{1}{1+\frac{Z_2}{Z_1}\times Z_4} \tag{15-3-17}$$

以上就是 RV 减速器的差动齿轮减速原理。

相反，如减速器的针轮被固定、RV 齿轮（输出法兰）连接输入轴、芯轴连接输出轴，则 RV 齿轮旋转时，将通过曲轴迫使芯轴快速回转，起到增速的作用。同样，当减速器的 RV 齿轮（输出法兰）被固定、针轮连接输入轴、芯轴连接输出轴时，针轮的回转也可迫使芯轴快速回转，起到增速的作用。这就是 RV 减速器的增速原理。

（3）传动比

RV 减速器采用针轮固定、芯轴输入、法兰输出安装时的传动比（输入转速与输出转速之比），称为基本减速比 R，其值为：

$$R=1+\frac{Z_2}{Z_1}\times Z_4 \qquad (15\text{-}3\text{-}18)$$

式中　R——RV减速器基本减速比；

Z_1——太阳轮齿数；

Z_2——行星齿轮齿数；

Z_4——针轮齿数。

这样，通过不同形式的安装，RV减速器将有表15-3-99所示的6种不同用途和不同速比。速比i为负值时，代表输入轴和输出轴的转向相反。

表15-3-99　**RV减速器的安装形式与速比**

序号	安装形式	安装示意图	用　途	输出/输入速比i
1	针轮固定、芯轴输入、法兰输出	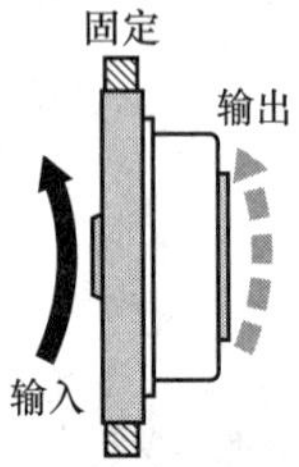	减速，输入、输出轴转向相同	$\frac{1}{R}$
2	法兰固定、芯轴输入、针轮输出	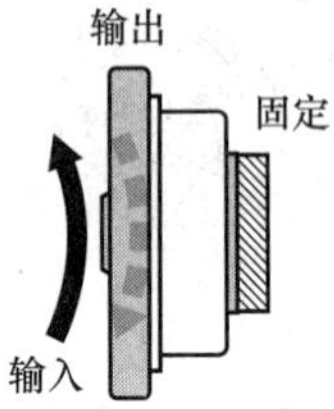	减速，输入、输出轴转向相反	$-\frac{1}{R-1}$
3	芯轴固定、针轮输入、法兰输出	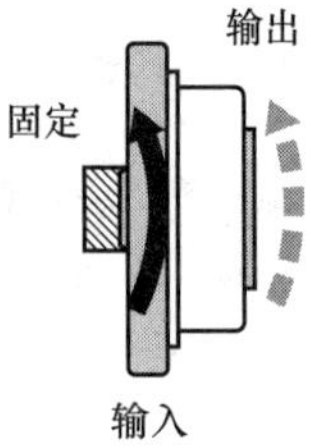	减速，输入、输出轴转向相同	$\frac{R-1}{R}$
4	针轮固定、法兰输入、芯轴输出	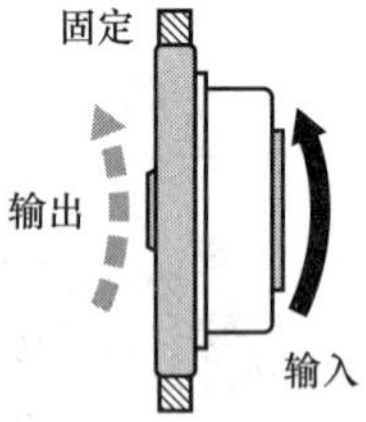	升速，输入、输出轴转向相同	R
5	法兰固定、针轮输入、芯轴输出	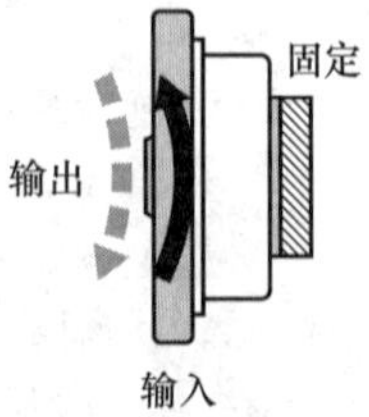	升速，输入、输出轴转向相反	$-(R-1)$

续表

序号	安装形式	安装示意图	用　途	输出/输入速比 i
6	芯轴固定、法兰输入、针轮输出	输出 固定 输入	升速，输入、输出轴转向相同	$\frac{R}{R-1}$

（4）主要特点

① 减速比大。RV减速器有正齿轮、差动齿轮2级变速，其减速比不仅比传统的普通齿轮、行星齿轮传动、蜗轮蜗杆、摆线针轮传动装置大，且还可做得比谐波齿轮传动装置更大。

② 刚性好。减速器的针轮和RV齿轮间通过直径较大的针齿销传动，曲轴采用的是圆锥滚柱轴承支承；减速器的结构刚性好、使用寿命长。

③ 输出转矩高。RV减速器的正齿轮变速一般有2～3对行星齿轮；差动变速采用的是硬齿面多齿销同时啮合，且其齿差固定为1齿，因此，在体积相同时，其齿形可比谐波减速器做得更大、输出转矩更高。

④ 结构复杂、传动间隙较大。RV减速器部件较多，结构复杂，且有正齿轮、差动齿轮2级变速齿轮，其传动间隙、定位精度通常不及谐波减速器。

3.5.2　RV减速器常用结构

表15-3-100　RV减速器常用结构

结构形式		产品外形	结构示意	基本特点	典型用途
基本型			针轮 针齿销 端盖 芯轴 输出法兰 行星齿轮 曲轴 RV齿轮	①采用RV减速器基本结构，针轮和输出法兰间无轴承 ②行星齿轮数量与规格有关，小规格产品通常为2对，大规格产品通常为3对 ③减速比较大的产品，太阳轮通常直接加工在芯轴上；减速比较小时，太阳轮和芯轴分离 ④行星齿轮位于输出侧，安装、调整、维护不太方便；芯轴需要穿越减速器、长度长；减速器体积较大	通用型产品，可用于各类工业机器人
单元型	标准单元		针轮 轴承 端盖 芯轴 输出法兰 行星齿轮 曲轴 RV齿轮 针齿销	①针轮和输出法兰、端盖间安装有一对可承受径向和轴向载荷的高精度、高刚性角接触球轴承，可直接连接、驱动负载 ②行星齿轮数量与规格有关，小规格产品通常为2对，大规格产品通常为3对 ③减速比较大的产品，太阳轮通常直接加工在芯轴上；减速比较小时，太阳轮和芯轴分离 ④行星齿轮位于输出侧，安装、调整、维护不太方便；芯轴需要穿越减速器、长度长；减速器体积较大	通用型产品，可用于各类工业机器人

续表

结构形式		产品外形	结构示意	基本特点	典型用途
单元型	紧凑单元		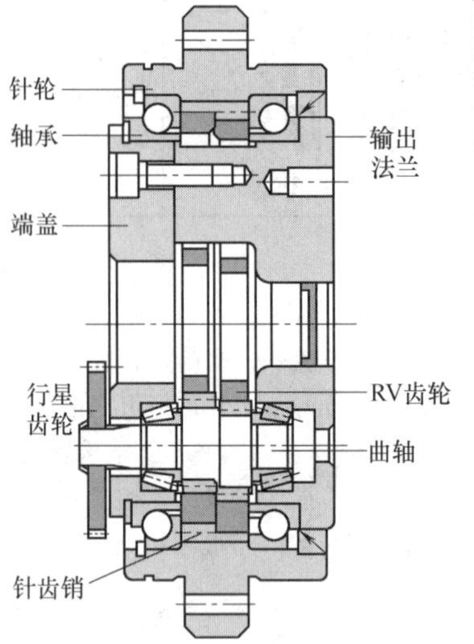	①针轮和输出法兰、端盖间安装有一对可承受径向和轴向载荷的高精度、高刚性角接触球轴承，可直接连接、驱动负载 ②行星齿轮数量与规格有关，小规格产品通常为 2 对，大规格产品通常为 3 对 ③减速比较大的产品，太阳轮通常直接加工在芯轴上；减速比较小时，太阳轮和芯轴分离 ④行星齿轮位于输入侧，安装、调整、维护容易；芯轴无需穿越减速器、长度短；减速器结构紧凑、体积小、重量轻	改进型产品，可用于各类工业机器人
	中空单元		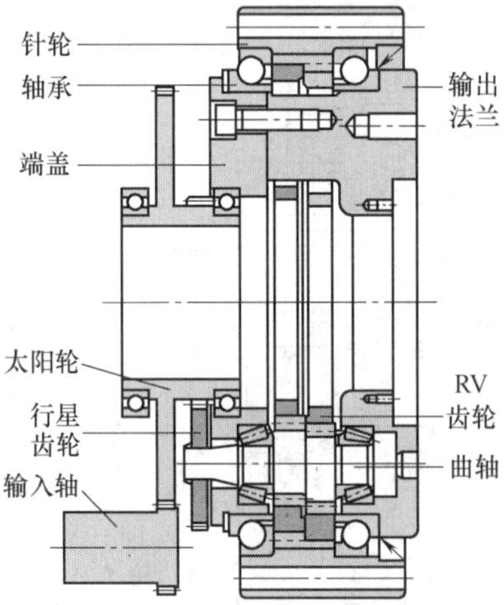	①RV 齿轮、端盖、输出法兰为中空结构，内部可用来布置管线或其他传动轴 ②针轮和输出法兰、端盖间安装有一对可承受径向和轴向载荷的高精度、高刚性角接触球轴承，可直接连接、驱动负载 ③行星齿轮位于输入侧，数量与规格有关，小规格产品通常为 2 对，大规格产品通常为 3 对 ④标准产品不提供输入齿轮轴；基本减速比参数中不含输入轴—太阳轮减速比	需要内部布置传动部件或线缆、管路的垂直串联机器人本体、手腕以及 SCARA 结构机器人、密封型涂装机器人等

3.5.3　RV 减速器主要技术参数

（1）额定值

额定转速（rated rotational speed）：用来计算 RV 减速器额定转矩、使用寿命等参数的理论输出转速，大多数 RV 减速器选取 15r/min；个别小规格、高速 RV 减速器选取 30r/min 或 50r/min。

RV 减速器的额定转速并不是减速器连续运行允许输出的最高转速。中小规格产品的额定转速一般低于连续运行最大输出转速；大规格减速器可能高于连续运行最大输出转速，但必须低于断续工作（40%工作制）的最大输出转速。如纳博特斯克中规格 RV-100N 减速器的额定转速为 15r/min，低于减速器连续运行最大输出转速（35r/min）；而大规格 RV-500 减速器的额定转速同样为 15r/min，其连续运行最大输出转速为 11r/min，40%工作制断续工作时的最大输出转速为 25r/min 等。

额定转矩（rated torque）：额定转矩是假设 RV 减速器按额定输出转速连续工作时的最大输出转矩值。RV 减速器规格代号以额定输出转矩的近似值（单位：10N・m）表示，例如，日本纳博特斯克（Nabtesco Corporation）规格代号为 100 的 RV-100 减速器，其额定输出转矩约为 1000N・m 等。

额定输入功率（rated input power）：RV 减速器的额定功率又称额定输入容量（rated input capacity），它是根据额定输出转矩、额定输出转速、理论传动效率计算得到的减速器输入功率值，其计算式如下：

$$P_i=\frac{NT}{9550\eta} \tag{15-3-19}$$

式中　P_i——输入功率，kW；

N——输出转速，r/min；

T——输出转矩，N·m；

η——减速器理论传动效率，通常取 $\eta=0.7$。

最大输出转速（permissible maximum value of output rotational speed）：最大输出转速又称允许（或容许）输出转速，它是减速器在空载状态下，长时间连续运行所允许的最高输出转速值。

RV 减速器的最大输出转速主要受温升限制，如减速器断续运行，实际输出转速值可大于最大输出转速，为此，某些产品提供了连续（100%工作制）、断续（40%工作制）两种典型工作状态的最大输出转速值。

（2）输出转矩

启制动峰值转矩（peak torque for start and stop）：RV 减速器加减速时，短时间允许的最大负载转矩。RV 减速器的启制动峰值转矩一般按额定转矩的 2.5 倍设计（个别小规格减速器为 2 倍），故也可直接由额定转矩计算得到。

瞬间最大转矩（maximum momentary torque）：RV 减速器工作出现异常（如负载出现碰撞、冲击）时，保证减速器不损坏的瞬间极限转矩。RV 减速器的瞬间最大转矩通常按启制动峰值转矩的 2 倍设计，故也可直接由启制动峰值转矩计算得到，或按额定输出转矩的 5 倍（个别小规格减速器为 4 倍）计算得到。

RV 减速器额定输出转矩、启制动转矩、瞬间最大转矩的含义如图 15-3-49 所示。

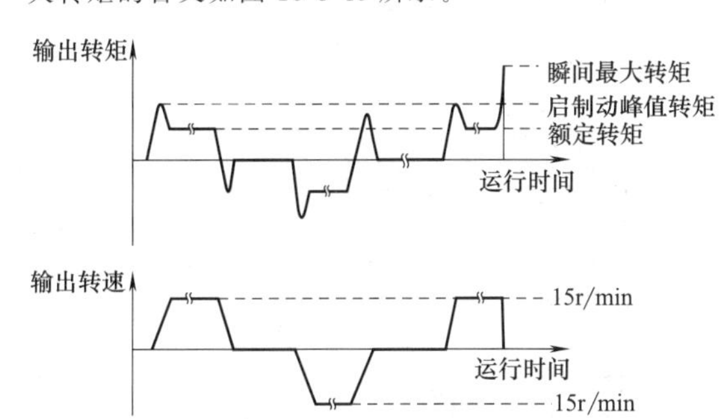

图 15-3-49　额定输出转矩、启制动转矩与瞬间最大转矩

负载平均转矩和平均转速：负载平均转矩（average load torque）和平均转速（average output rotational speed）是根据减速器的实际运行状态，计算得到的减速器输出侧的等效负载转矩和等效负载转速。对于图 15-3-50 所示的减速器运行，其计算式如下。

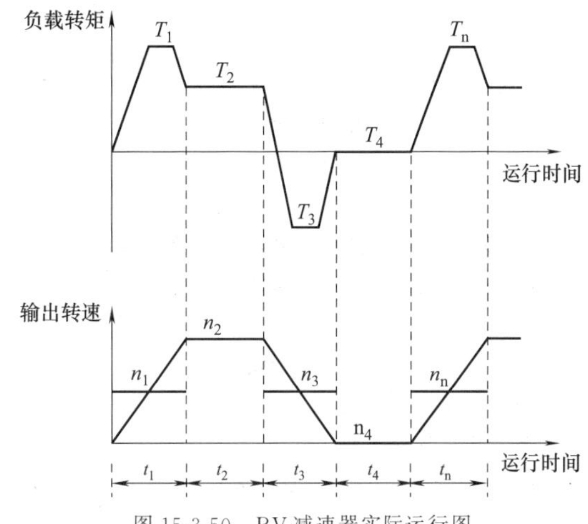

图 15-3-50　RV 减速器实际运行图

$$T_{av}=\sqrt[\frac{10}{3}]{\frac{n_1t_1\left|T_1\right|^{\frac{10}{3}}+n_2t_2\left|T_2\right|^{\frac{10}{3}}+\cdots+n_nt_n\left|T_n\right|^{\frac{10}{3}}}{n_1t_1+n_2t_2+\cdots+n_nt_n}}$$

$$N_{av}=\frac{n_1t_1+n_2t_2+\cdots+n_nt_n}{t_1+t_2+\cdots+t_n} \tag{15-3-20}$$

式中　T_{av}——负载平均转矩，N·m；

N_{av}——负载平均转速，r/min；

n_n——各段工作转速，r/min；

t_n——各段工作时间，h、s 或 min；

T_n——各段负载转矩，N·m。

增速启动转矩（on overdrive starting torque）：在环境温度为 30℃、采用规定润滑的条件下，RV 减速器用于空载、增速运行时，在输出侧（如芯轴）开始运动的瞬间，所测得的输入侧（如输出法兰）需要施加的最大转矩值。

空载运行转矩（on no-load running torque）：RV 减速器的空载运行转矩与输出转速、环境温度、基本减速比有关，输出转速越高、环境温度越低、基本减速比越小，空载运行转矩就越大。RV 减速器通常提供图 15-3-51 所示的基本空载运行转矩曲线，以及 −10～+20℃低温工作时的修整曲线。

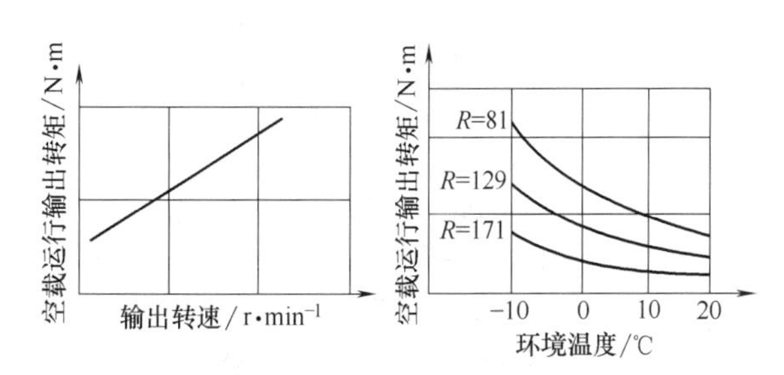

图 15-3-51　RV 减速器空载运行转矩曲线

基本空载运行转矩是 RV 减速器在环境温度为 30℃、使用规定润滑的条件下，减速器采用标准安装、减速运行时，所测得的输入转矩折算到输出侧的输出转矩值。由于折算时已考虑了减速比，因此，基本空载运行转矩曲线通常只反映输出转矩与转速的关系。

低温修整曲线一般是 RV 减速器在 −10～+20℃ 环境温度下，以 2000r/min 输入转速空载运行时，典型减速比的减速器输入转矩随温度变化的曲线。低温修整曲线中的空载运行转矩有时折算到输出侧，有时未折算到减速器输出侧。

(3) 使用寿命

RV 减速器的使用寿命通常以额定寿命（rated life）参数表示，它是指 RV 减速器在正常使用时，出现 10% 产品损坏的理论使用时间，其值一般为 6000h。

RV 减速器实际使用寿命与实际工作时的负载转矩、输出转速有关，其计算式及参数含义如下：

$$L_h = L_n \times \left(\frac{T_0}{T_{av}}\right)^{\frac{10}{3}} \times \frac{N_0}{N_{av}} \qquad (15\text{-}3\text{-}21)$$

式中　L_h——减速器实际使用寿命，h；

L_n——减速器额定寿命，h，通常取 L_n=6000h；

T_0——减速器额定输出转矩，N·m；

T_{av}——负载平均转矩，N·m；

N_0——减速器额定输出转速，r/min；

N_{av}——负载平均转速，r/min。

式中的负载平均转矩 T_{av}、平均转速 N_{av}，应根据图 15-3-50 及式（15-3-20）得到。

(4) 强度

强度（intensity）是指 RV 减速器柔轮的耐冲击能力。RV 减速器运行时如果存在超过启制动峰值转矩的负载冲击（如急停等），将使部件的疲劳加剧、使用寿命缩短。冲击负载不能超过减速器的瞬间最大转矩，否则将直接导致减速器损坏。

RV 减速器的疲劳与冲击次数、冲击负载持续时间有关。RV 减速器保证额定寿命的最大允许冲击次数，可通过下式计算：

$$C_{em} = \frac{46500}{Z_4 N_{em} t_{em}} \left(\frac{T_{s2}}{T_{em}}\right)^{\frac{10}{3}} \qquad (15\text{-}3\text{-}22)$$

式中　C_{em}——最大允许冲击次数；

T_{s2}——减速器瞬间最大转矩，N·m；

T_{em}——冲击转矩，N·m；

Z_4——减速器针轮齿数；

N_{em}——冲击时的输出转速，r/min；

T_{em}——冲击时间，s。

(5) 扭转刚度、间隙与空程

RV 减速器的扭转刚度通常以间隙（backlash）、空程（lost motion）、弹性系数（spring constants）表示。

RV 减速器在摩擦转矩和负载转矩的作用下，针轮、针齿销、齿轮等都将产生弹性变形，导致实际输出转角与理论转角间存在误差 θ。弹性变形误差 θ 将随着负载转矩的增加而增大，它与负载转矩的关系为图 15-3-52（a）所示的非线性曲线；为了便于工程计算，实际使用时，通常以图 15-3-52（b）所示的直线段等效。

间隙（backlash）：RV 减速器间隙是传动齿轮间隙及减速器空载时（负载转矩 T=0），由自身摩擦转矩所产生的弹性变形误差之和。

空程（lost motion）：RV 减速器空程是在负载转矩为 3% 的额定输出转矩 T_0 时，减速器所产生的弹性变形误差。

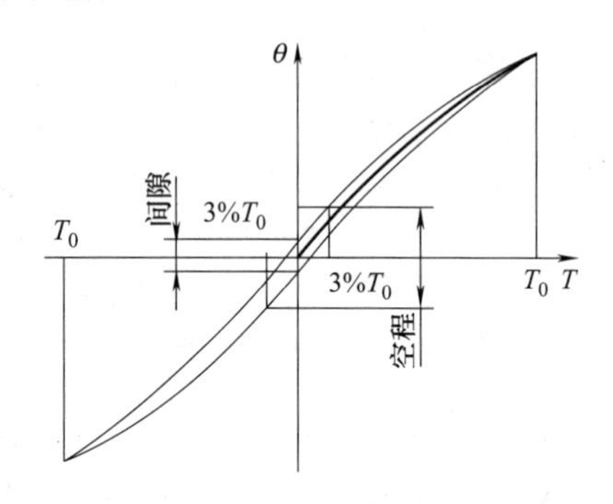

(a) 弹性变形误差

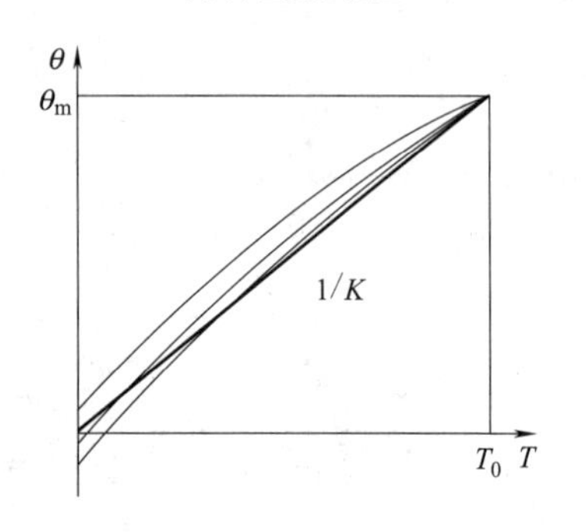

(b) 弹性系数

图 15-3-52　RV 减速器的刚度参数

弹性系数（spring constants）：RV 减速器的弹性变形误差与输出转矩的关系通常直接用图 15-3-52（b）所示的直线等效，弹性系数（扭转刚度）值为：

$$K = T_0/\theta_m \qquad (15\text{-}3\text{-}23)$$

式中　θ_m——额定转矩的扭转变形误差，rad；

K——减速器弹性系数，N·m/rad。

RV 减速器的弹性系数受减速比的影响较小，它原则上只和减速器规格有关，规格越大，弹性系数越高、刚性越好。

(6) 力矩刚度

单元型、齿轮箱型RV减速器的输出法兰和针轮间安装有输出轴承，减速器生产厂家需要提供允许最大轴向、负载力矩等力矩刚度参数。基本型减速器无输出轴承，减速器允许的最大轴向、负载力矩等力矩刚度参数，决定于用户传动系统设计及输出轴承选择。

负载力矩(load moment)：当单元型、齿轮箱型RV减速器输出法兰承受图15-3-53所示的径向载荷F_1、轴向载荷F_2，且力臂$l_3>b$、$l_2>c/2$时，输出法兰中心线将产生弯曲变形误差θ_c。由F_1、F_2产生的弯曲转矩称为RV减速器的负载力矩，其值为：

$$M_c=(F_1l_1+F_2l_2)\times10^{-3} \tag{15-3-24}$$

式中 M_c——负载力矩，N·m；

F_1——径向载荷，N；

F_2——轴向载荷，N；

l_1——径向载荷力臂，mm，$l_1=l+b/2-a$；

l_2——轴向载荷力臂，mm。

力矩刚度(moment rigidity)：力矩刚度是衡量RV减速器抗弯曲变形能力的参数，计算式如下：

$$K_c=\frac{M_c}{\theta_c} \tag{15-3-25}$$

式中 K_c——减速器力矩刚度，N·m/rad；

M_c——负载力矩，N·m；

θ_c——弯曲变形误差，rad。

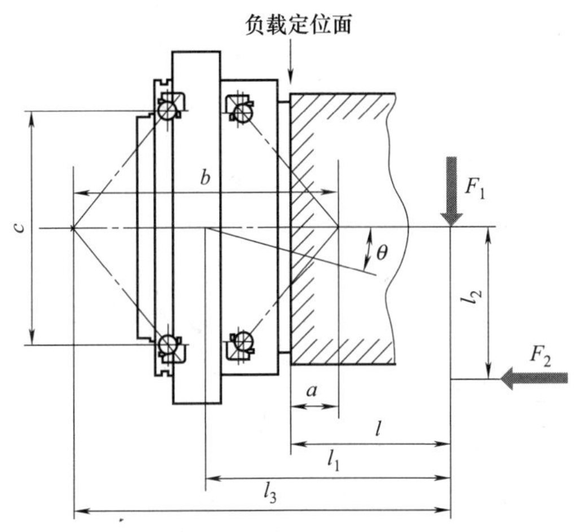

图15-3-53 RV减速器的弯曲变形误差

单元型、齿轮箱型RV减速器的径向载荷、轴向载荷受减速器部件结构的限制，生产厂家通常需要提供图15-3-54所示的轴向载荷-负载力矩曲线，减速器正常使用时的轴向载荷、负载力矩均不得超出曲线范围。RV减速器允许的瞬间最大负载力矩通常为正常使用最大负载力矩M_c的2倍，例如，图15-3-54所示的减速器的瞬间最大负载力矩为2150×2=4300N·m等。

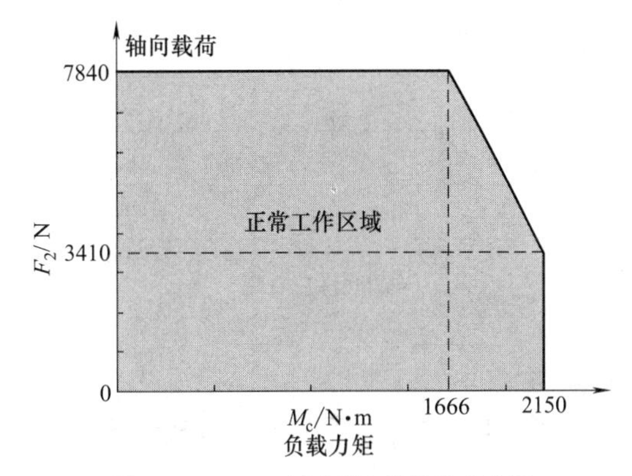

图15-3-54 RV减速器允许的负载力矩

(7) 传动精度

传动精度(Angle transmission accuracy)：RV减速器采用针轮固定、芯轴输入、输出法兰连接负载的标准减速安装方式，在图15-3-55所示的任意360°输出范围上，用实际输出转角和理论输出转角间的最大误差值θ_{er}衡量，计算式如下：

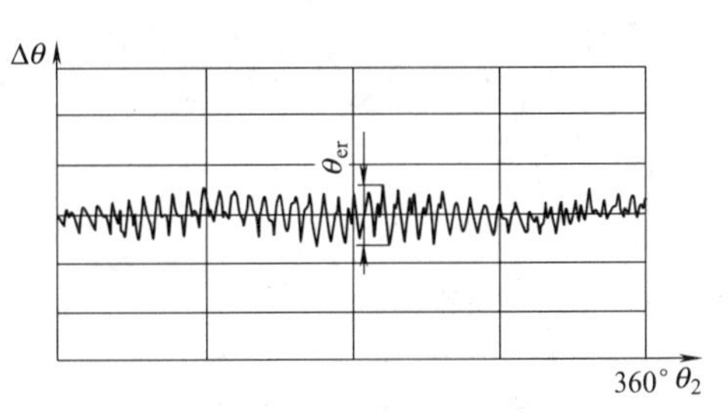

图15-3-55 RV减速器的传动精度

$$\theta_{er}=\theta_2-\frac{\theta_1}{R} \tag{15-3-26}$$

式中 θ_{er}——传动精度，rad；

θ_2——实际输出转角，rad；

R——基本减速比。

传动精度与传动系统设计、负载条件、环境温度、润滑等诸多因素有关，说明书、手册提供的传动精度通常只是RV减速器在特定条件下运行的参考值。

(8) 效率

RV减速器的传动效率与输出转速、负载转矩、工作温度、润滑条件等诸多因素有关。通常而言，在同样的工作温度和润滑条件下，输出转速越低、输出转矩越大，减速器的效率就越高。RV减速器生产厂家通常需要提供图15-3-56所示的基本传动效率曲线。基本传动效率曲线是在环境温度30℃、使用规定润滑时，减速器在特定输出转速(如10r/min、30r/min、60r/min)下的传动效率-输出转矩曲线。

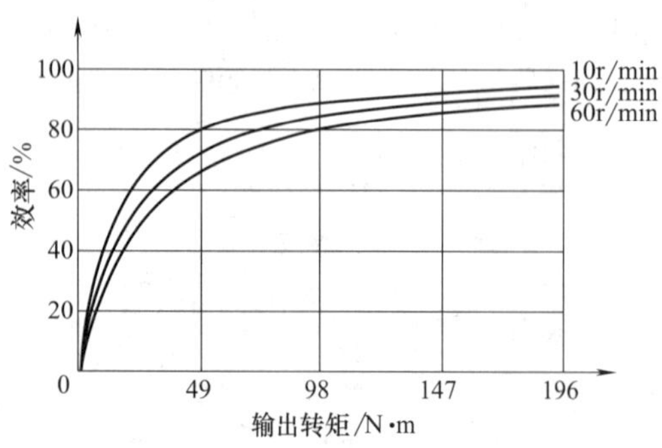

图 15-3-56 RV 减速器基本传动效率

3.6 RV 减速器选择、安装与使用

3.6.1 RV 减速器的选择

(1) 基本参数计算与校验

RV 减速器的结构型式、传动精度、间隙、空程等基本技术参数，可根据产品的机械传动系统要求确定，在此基础上，可通过如下步骤确定其他主要技术参数、初选产品，并进行主要技术性能的校验。

① 计算要求减速比。传动系统要求的 RV 减速器减速比，可根据传动系统最高输入转速、最高输出转速，按下式计算：

$$r=\frac{n_{\mathrm{imax}}}{n_{\mathrm{omax}}} \tag{15-3-27}$$

式中 r——要求减速比；

n_{imax}——传动系统最高输入转速，r/min；

n_{omax}——传动系统最高输出转速，r/min。

② 计算负载平均转矩和负载平均转速。根据计算式 (15-3-20)，计算减速器实际工作时的负载平均转矩 T_{av} (N·m) 和负载平均转速 N_{av} (r/min)。

③ 初选减速器。按照以下要求，确定减速器的基本减速比、额定转矩，初步确定减速器型号：

$R\leqslant r$ (法兰输出) 或 $R\leqslant r+1$ (针轮输出)

$$T_0\geqslant T_{\mathrm{av}} \tag{15-3-28}$$

式中 R——减速器基本减速比；

T_0——减速器额定转矩，N·m；

T_{av}——负载平均转矩，N·m。

④ 转速校验。根据以下要求，校验减速器最高输出转速：

$$N_{\mathrm{s0}}\geqslant n_{\mathrm{omax}} \tag{15-3-29}$$

式中 N_{s0}——减速器连续工作最高输出转速，r/min；

n_{omax}——负载最高转速，r/min。

⑤ 转矩校验。根据以下要求，校验减速器启制动峰值转矩和瞬间最大转矩：

$$T_{\mathrm{s1}}\geqslant T_{\mathrm{a}}$$

$$T_{\mathrm{s2}}\geqslant T_{\mathrm{em}} \tag{15-3-30}$$

式中 T_{s1}——减速器启制动峰值转矩，N·m；

T_{a}——负载最大启制动转矩，N·m；

T_{s2}——减速器瞬间最大转矩，N·m；

T_{em}——负载最大冲击转矩，N·m。

⑥ 使用寿命校验。根据计算式 (15-3-21)，计算减速器实际使用寿命 L_{h}，校验减速器的使用寿命：

$$L_{\mathrm{h}}\geqslant L_{10} \tag{15-3-31}$$

式中 L_{h}——实际使用寿命，h；

L_{10}——额定使用寿命，通常取 6000h。

⑦ 强度校验。根据计算式 (15-3-22) 计算减速器最大允许冲击次数 C_{em}，校验减速器的负载冲击次数：

$$C_{\mathrm{em}}\geqslant C \tag{15-3-32}$$

式中 C_{em}——最大允许冲击次数；

C——预期的负载冲击次数。

⑧ 力矩刚度校验。安装有输出轴承的单元型、齿轮箱型 RV 减速器可直接根据生产厂家提供的最大轴向、负载力矩等参数，校验减速器力矩刚度。基本型减速器的最大轴向、负载力矩决定于用户传动系统设计和输出轴承选择，减速器力矩刚度校验在传动系统设计完成后才能进行。

单元型、齿轮箱型 RV 减速器可根据式 (15-3-24) 计算减速器负载力矩 M_{c}，并根据减速器的允许力矩曲线，校验减速器的力矩刚度：

$$M_{\mathrm{o1}}\geqslant M_{\mathrm{c}} \tag{15-3-33}$$

$$F_2\geqslant F_{\mathrm{c}}$$

式中 M_{o1}——减速器允许力矩，N·m；

M_{c}——负载力矩，N·m；

F_2——减速器允许的轴向载荷，N；

F_{c}——负载最大轴向力，N。

(2) RV 减速器选择实例

例 假设减速传动系统的设计要求如下：

a. RV 减速器正常运行状态如图 15-3-57 所示。

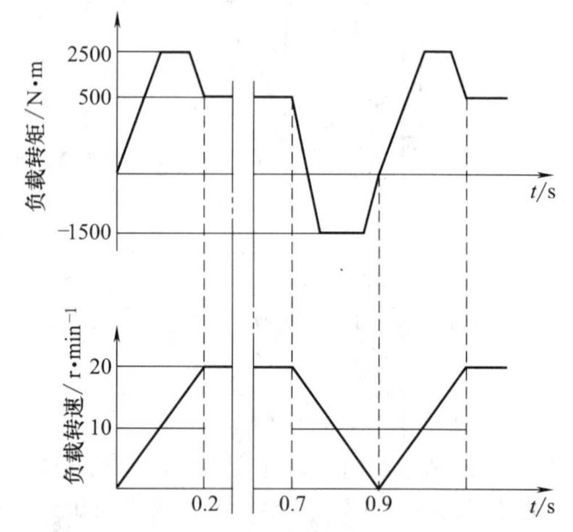

图 15-3-57 RV 减速器运行实例

b. 传动系统最高输入转速 n_{imax} 为 2700r/min；

c. 负载最高输出转速 n_{omax} 为 20r/min；

d. 设计要求的额定使用寿命为 6000h。

e. 负载冲击：最大冲击转矩 7000N·m；冲击负载持续时间 0.05s；冲击时的输入转速 20r/min；预期冲击次数 1500 次。

f. 载荷：轴向 3000N、力臂 $l_1=500$mm；径向 1500N、力臂 $l_2=200$mm。

谐波减速器的选择方法如下。

① 要求减速比：$r=\dfrac{2700}{20}=135$

② 等效负载转矩和等效输出转速：

$$T_{\text{av}}=\sqrt[\frac{10}{3}]{\frac{10\times0.2\times|2500|^{\frac{10}{3}}+20\times0.5\times|500|^{\frac{10}{3}}+10\times0.2\times|-1500|^{\frac{10}{3}}}{10\times0.2+20\times0.5+10\times0.2}}=1475\text{N}\cdot\text{m}$$

$$N_{\text{av}}=\frac{10\times0.2+20\times0.5+10\times0.2}{0.2+0.5+0.2}=15.6(\text{r/min})$$

③ 初选减速器：选择日本 Nabtesco Corporation（纳博特斯克）RV-160E-129（见产品说明）单元型 RV 减速器，基本参数如下：

$$R=129\leqslant135$$

$$T_0=1568\text{N}\cdot\text{m}\geqslant1475\text{N}\cdot\text{m}$$

减速器结构参数：针轮齿数 $Z_4=40$；$a=47.8$mm，$b=210.9$mm。

④ 转速校验：RV-160E-129 减速器的最高输出转速校验如下。

$$N_{\text{s0}}=45\text{r/min}\geqslant20\text{r/min}$$

⑤ 转矩校验：RV-160E-129 启制动峰值转矩和瞬间最大转矩校验如下。

$$T_{\text{s1}}=3920\text{N}\cdot\text{m}\geqslant2500\text{N}\cdot\text{m}$$

$$T_{\text{s2}}=7840\text{N}\cdot\text{m}\geqslant7000\text{N}\cdot\text{m}$$

⑥ 使用寿命计算与校验：

$$L_{\text{h}}=6000\times\left(\frac{1658}{1457}\right)^{\frac{10}{3}}\times\frac{15}{15.6}=7073\text{h}\geqslant6000\text{h}$$

⑦ 强度校验：等效负载冲击次数的计算与校验如下。

$$C_{\text{em}}=\frac{46500}{40\times20\times0.05}\times\left(\frac{7840}{7000}\right)^{\frac{10}{3}}=1696\geqslant1500$$

⑧ 力矩刚度校验：负载力矩的计算与校验如下。

$$M_{\text{c}}=\left[3000\times\left(500+\frac{210.9}{2}-47.8\right)+1500\times200\right]\times10^{-3}$$

$$=2260\text{N}\cdot\text{m}\leqslant3920\text{ N}\cdot\text{m}$$

$$F_{\text{c}}=3000\text{N}\leqslant4890\text{N}$$

结论：该传动系统可选择 Nabtesco Corporation（纳博特斯克）RV-160E-129 单元型 RV 减速器。

3.6.2　基本型 RV 减速器安装使用

表 15-3-101　　基本型 RV 减速器安装与使用

项目	安装、使用要求
结构设计	① 按传动系统要求，参照图(a)设计输出轴、安装座、电动机座等安装部件；输出轴和安装座间需安装输出轴承（通常为 CRB 轴承） 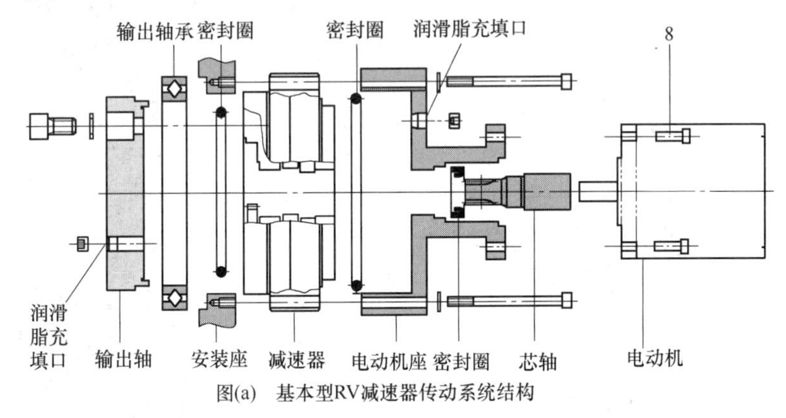 图(a)　基本型RV减速器传动系统结构 ② 减速器采用针轮固定、法兰输出安装方式时，针轮、电动机座、安装座固定在关节支承部件上，输出轴驱动负载回转、摆动。如减速器采用针轮输出、输出法兰固定的安装方式，针轮、电动机座、安装座固定在负载侧，输出轴与关节支承部件连接，电动机和减速器均随负载回转、摆动 ③ 采用润滑脂润滑的减速器(通常情况)，电动机座和输出轴上需要设计润滑脂充填口，以便充填、更换润滑脂 ④ 输出轴和减速器输出法兰间、针轮和电动机安装座间、芯轴和电动机座间，均需要安装密封圈、可靠密封

续表

项目	安装、使用要求
芯轴连接	① RV 减速器的芯轴可根据电动机轴的形式设计，或直接选配减速器生产厂家配套提供的标准产品 ② 如芯轴直接安装在电动机轴上，传动系统无需考虑输入芯轴的支承 ③ 当电动机轴为带键平轴时，芯轴可参照图(b)设计，芯轴上需要设计键固定螺钉或中心螺钉，进行轴向定位 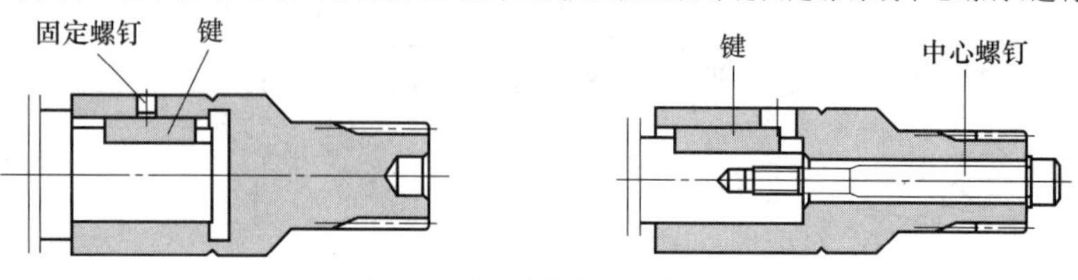 图(b)　平轴连接的芯轴结构 ④ 当电动机轴为带键锥轴时，芯轴可参照图(c)设计，芯轴需要通过接杆、螺母或连接套、螺钉加长电动机轴，并进行轴向定位。接杆、连接套、螺钉与芯轴间，应在 a、b、c 处留有足够的间隙 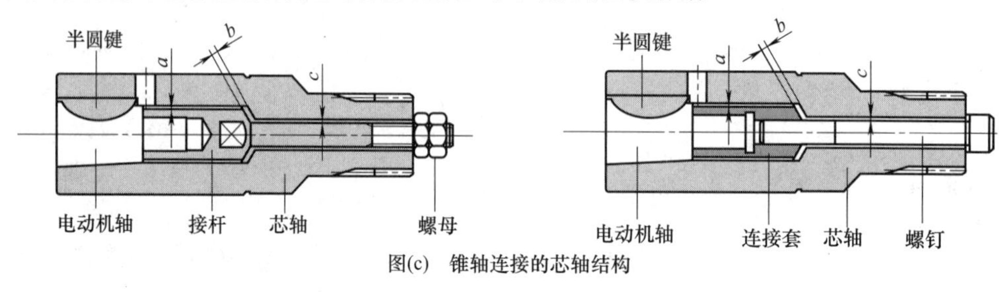 图(c)　锥轴连接的芯轴结构
负载连接 	① 负载可通过 RV 减速器的输出法兰或针轮驱动。利用输出法兰驱动负载时，减速器针轮固定在安装座上，输出法兰通过输出轴连接负载；针轮驱动负载时，减速器输出法兰固定在安装座上，针轮通过输出轴连接负载 ② RV 减速器运行时存在轴向和径向力，连接减速器针轮的安装座(或输出轴)与连接减速器输出法兰的输出轴(或安装座)之间，需要采用图(d)所示的“背靠背”或“面对面”组合的成对角接触球轴承或交叉滚子轴承(CRB)支承 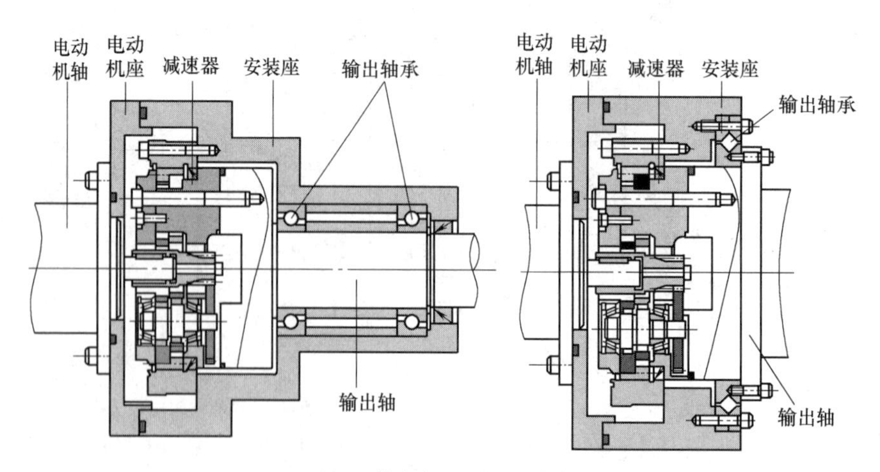 图(d)　输出法兰与输出轴的连接

续表

项目	安装、使用要求
减速器安装	参照图(e),按以下步骤完成减速器输出法兰的安装 ① 安装负载轴和输出法兰间的密封圈,并通过输出法兰定位(内孔或外圆),将减速器安装到输出轴上,用弹簧垫圈(见表2)、螺钉初步固定 ② 安装检测RV减速器输出法兰基准内孔跳动的千分表,调整减速器,确认跳动不大于0.02mm后,紧固输出法兰与输出轴的连接螺钉(见表1) ③ 在输出法兰和输出轴间安装定位销 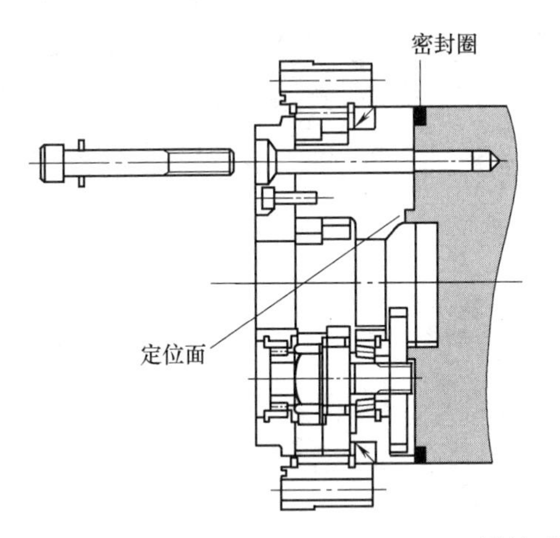 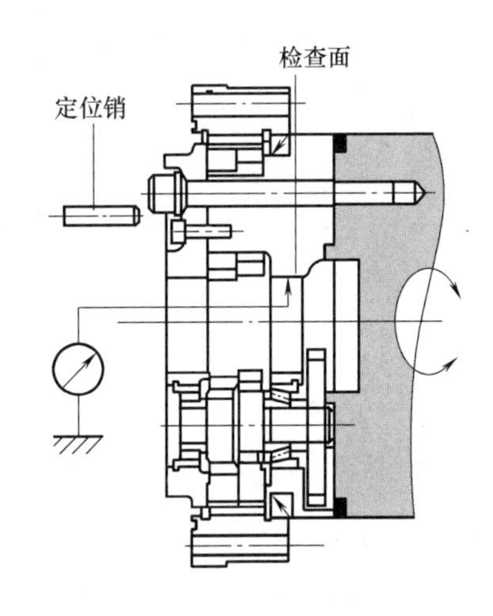 图(e) 输出法兰安装 参照图(f),按以下步骤完成减速器针轮、电动机座的安装 ① 对准针轮和安装座的安装孔,利用弹簧垫圈(见表2)、螺钉初步固定减速器针轮和安装座 ② 利用芯轴或其他方法,转动减速器行星齿轮;调整针轮确认减速器转动平稳、受力均匀 ③ 紧固针轮安装螺钉后(见表1),在针轮和安装座间安装定位销 ④ 安装电动机座和安装座间的密封圈 ⑤ 调整电动机座,确认内孔同轴度满足要求后,固定电动机轴 ⑥ 按要求充填减速器润滑脂 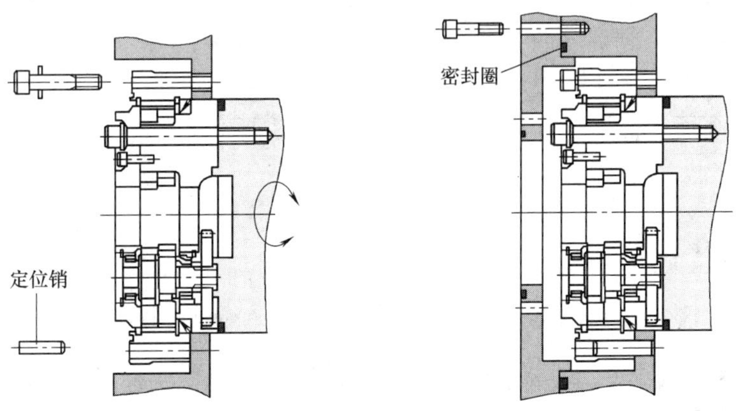 图(f) 针轮与电动机座安装 参照图(g),按以下步骤完成减速器芯轴安装 ① 将RV减速器芯轴及键、连接杆、连接套等部件安装到电动机轴上,并可靠固定 ② 安装电动机和电动机座间的密封圈

续表

项目	安装、使用要求

减速器安装

③ 将安装好芯轴的电动机，小心地插入减速器，并保证太阳轮和行星轮正确啮合

④ 紧固电动机安装螺钉(见表 1)，完成减速器安装

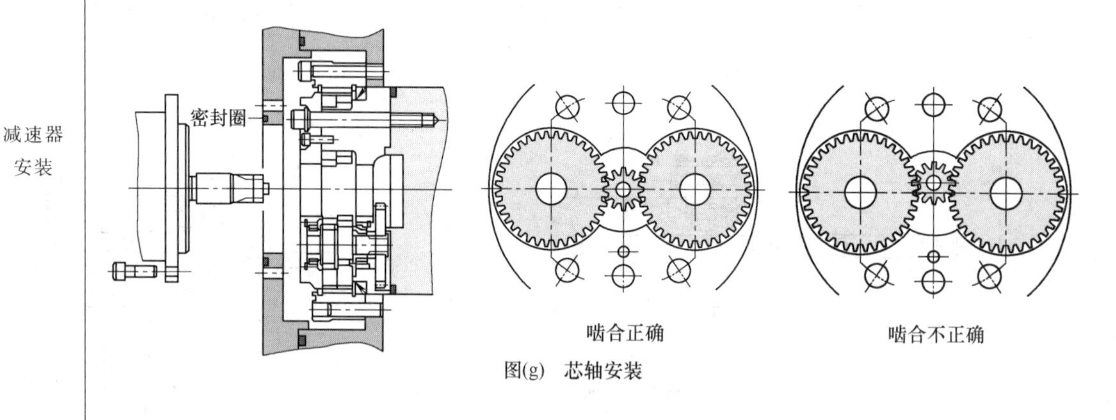

图(g) 芯轴安装

固定要求

表 1 RV 减速器安装螺钉的拧紧扭矩

螺钉规格	M5×0.8	M6×1	M8×1.25	M10×1.5	M12×1.75	M14×2	M16×2	M18×2.5	M20×2.5
扭矩/N·m	9	15.6	37.2	73.5	128	205	319	441	493

表 2 弹簧垫圈的公称尺寸 mm

螺钉规格	M5	M6	M8	M10	M12	M14	M16	M20
d	5.25	6.4	8.4	10.6	12.6	14.6	16.9	20.9
D	8.5	10	13	16	18	21	24	30
t	0.6	1.0	1.2	1.5	1.8	2.0	2.3	2.8
H	0.85	1.25	1.55	1.9	2.2	2.5	2.8	3.55

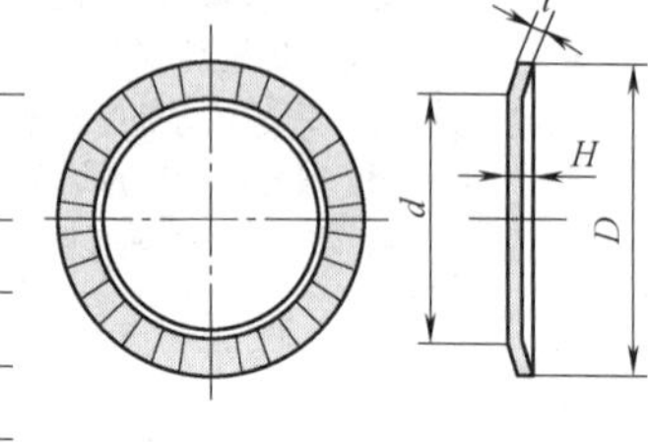

使用与维护

① RV 减速器应安装在洁净的密封空间内，内部充填润滑脂。安装空间内部不得有毛刺、灰尘、油污等异物

② RV 减速器一般采用润滑脂润滑，润滑脂型号、注入量和补充时间应按照生产厂的要求进行。减速器正常使用的润滑脂更换周期为 20000h，如环境温度高于 40℃或工作转速较高、污染严重时，应缩短更换周期

③ 水平安装的 RV 减速器，润滑脂的充填高度应到达输出法兰的 3/4 左右；输出法兰向上、垂直安装的减速器，润滑脂应充填至超过行星齿轮上端面；输出法兰向下、垂直安装的减速器，润滑脂充填应超过端盖

3.6.3　单元型 RV 减速器安装使用

表 15-3-102　　单元型 RV 减速器安装与使用

项目	安装、使用要求
结构设计	标准单元型、紧凑单元型、中空单元型 RV 减速器传动系统结构分别参照图(a)、图(b)、图(c)设计，要求如下 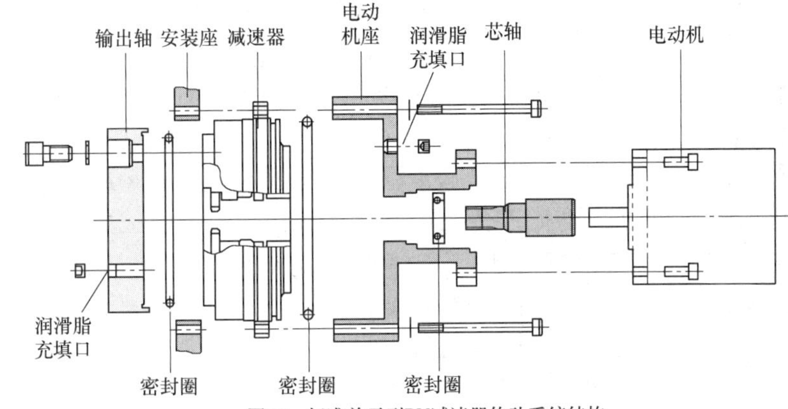 图(a)　标准单元型RV减速器传动系统结构 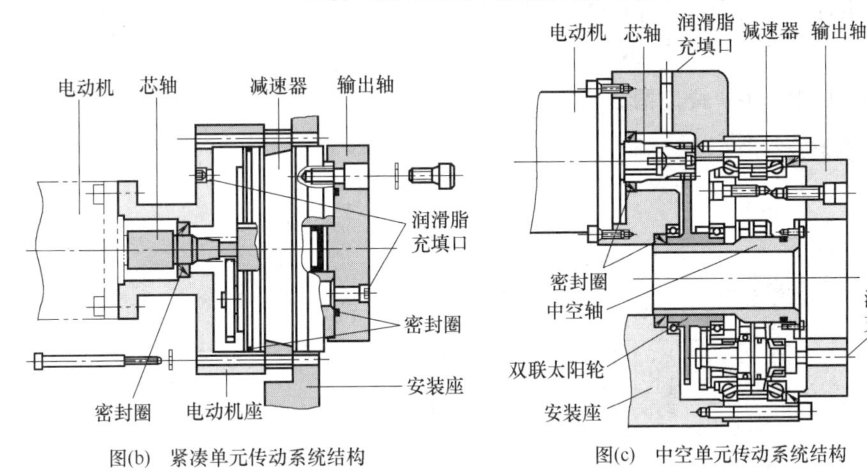 图(b)　紧凑单元传动系统结构　　图(c)　中空单元传动系统结构 ① 按传动系统要求设计输出轴、安装座、电动机座等安装部件。单元型减速器的输出法兰和针轮间安装有高刚性轴承，输出轴与安装座间无需安装轴承 ② 减速器采用针轮固定、法兰输出安装方式时，针轮、电动机座、安装座固定在关节支承部件上，输出轴驱动负载回转、摆动。如减速器采用针轮输出、输出法兰固定的安装方式，针轮、电动机座、安装座固定在负载侧，输出轴与关节支承部件连接，电动机和减速器均随负载回转、摆动 ③ 标准单元型、紧凑单元型 RV 减速器的芯轴，可选配生产厂家的齿轮轴半成品进行补充加工；中空轴单元型减速器的双联太阳轮需要用户自行设计 ④ 采用润滑脂润滑的减速器(通常情况)，电动机座和输出轴上需要设计润滑脂充填口，以便充填、更换润滑脂 ⑤ 输出轴和减速器输出法兰间、针轮和电动机座间、芯轴和电动机座间均需要安装密封圈、可靠密封
芯轴连接	① 标准单元型、紧凑单元型 RV 减速器的芯轴可根据电动机轴的型式设计，芯轴的结构可参见表 15-3-101。如芯轴直接安装在电动机轴上，传动系统无需考虑输入芯轴的支承 ② 标准单元型、紧凑单元型 RV 减速器的齿轮轴也可通过减速器生产厂家提供的如图(d)所示的齿轮轴半成品。在此基础上，根据电动机轴的型式(平轴带键、平轴带键及中心孔、锥轴带键等)，将齿轮轴半成品加工成如表 15-3-101 所示的芯轴

续表

项目	安装、使用要求
芯轴连接	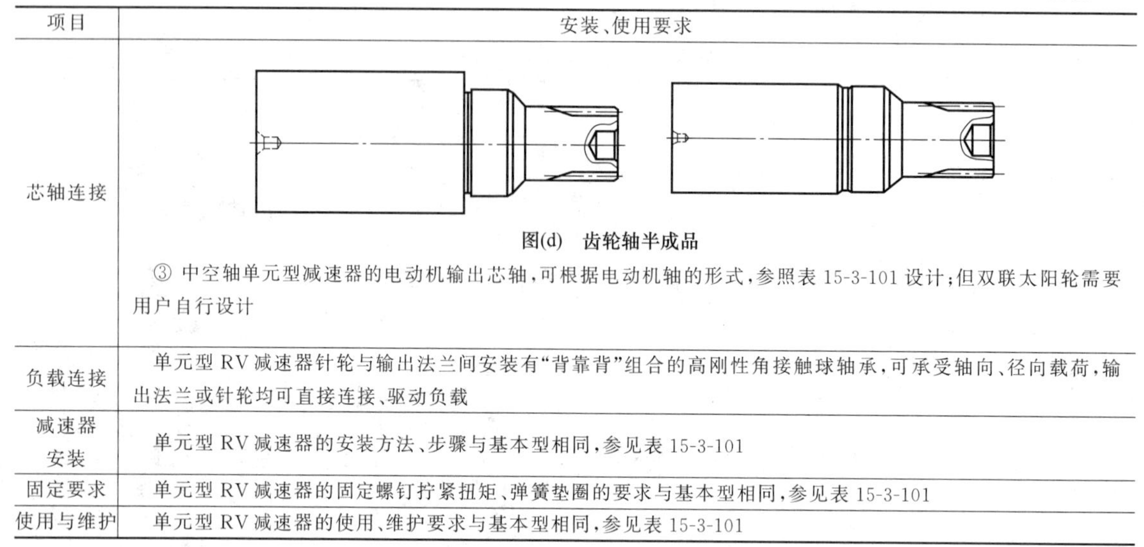 图(d)　齿轮轴半成品 ③ 中空轴单元型减速器的电动机输出芯轴，可根据电动机轴的形式，参照表 15-3-101 设计；但双联太阳轮需要用户自行设计
负载连接	单元型 RV 减速器针轮与输出法兰间安装有“背靠背”组合的高刚性角接触球轴承，可承受轴向、径向载荷，输出法兰或针轮均可直接连接、驱动负载
减速器安装	单元型 RV 减速器的安装方法、步骤与基本型相同，参见表 15-3-101
固定要求	单元型 RV 减速器的固定螺钉拧紧扭矩、弹簧垫圈的要求与基本型相同，参见表 15-3-101
使用与维护	单元型 RV 减速器的使用、维护要求与基本型相同，参见表 15-3-101

3.7 纳博特斯克 RV 减速器

3.7.1 基本型 RV 减速器

（1）型号与规格

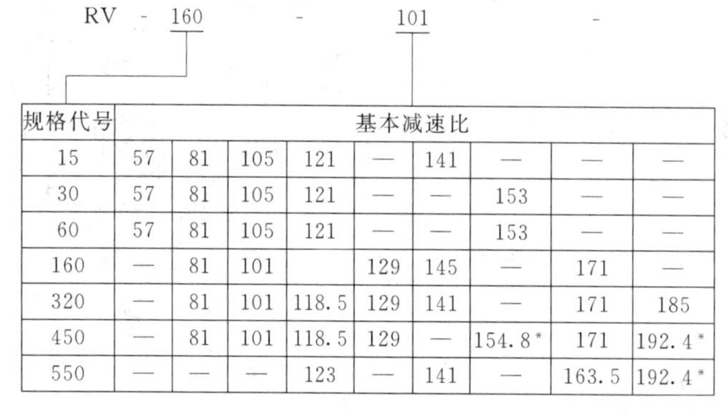
RV - 160 - 101 - A - B

规格代号	基本减速比								
15	57	81	105	121	—	141	—	—	—
30	57	81	105	121	—	—	153	—	—
60	57	81	105	121	—	—	153	—	—
160	—	81	101		129	145	—	171	—
320	—	81	101	118.5	129	141	—	171	185
450	—	81	101	118.5	129	—	154.8*	171	192.4*
550	—	—	—	123	—	141	—	163.5	192.4*

输出法兰连接方式
B：螺钉连接
T：螺钉、通孔连接

配套芯轴
A：标准芯轴
B：加粗芯轴
Z：无芯轴

注：标记 * 处基本减速比 154.8、192.4 是实际减速比 2013/13、1347/7 的近似值。

表 15-3-103　　基本型 RV 减速器主要技术参数

规格代号	15	30	60	160	320	450	550
基本减速比	见型号						
额定输出转速/$r \cdot min^{-1}$	15						
额定输出转矩/N·m	137	333	637	1568	3136	4410	5390
额定输入功率/kW	0.29	0.70	1.33	3.28	6.57	9.24	11.29
启制动峰值转矩/N·m	274	833	1592	3920	7840	11025	15475
瞬间最大转矩/N·m	686	1666	3185	6615	12250	18620	26950
最高输出转速/$r \cdot min^{-1}$	60	50	40	45	35	25	20
空程、间隙/10^{-4}rad	2.9						
传动精度参考值/10^{-4}rad	2.4～3.4						
弹性系数/10^4 $N \cdot m \cdot rad^{-1}$	13.5	33.8	67.6	135	338	406	574
额定寿命/h	6000						
质量/kg	3.6	6.2	9.7	19.5	34	47	72

(2) 结构与外形尺寸

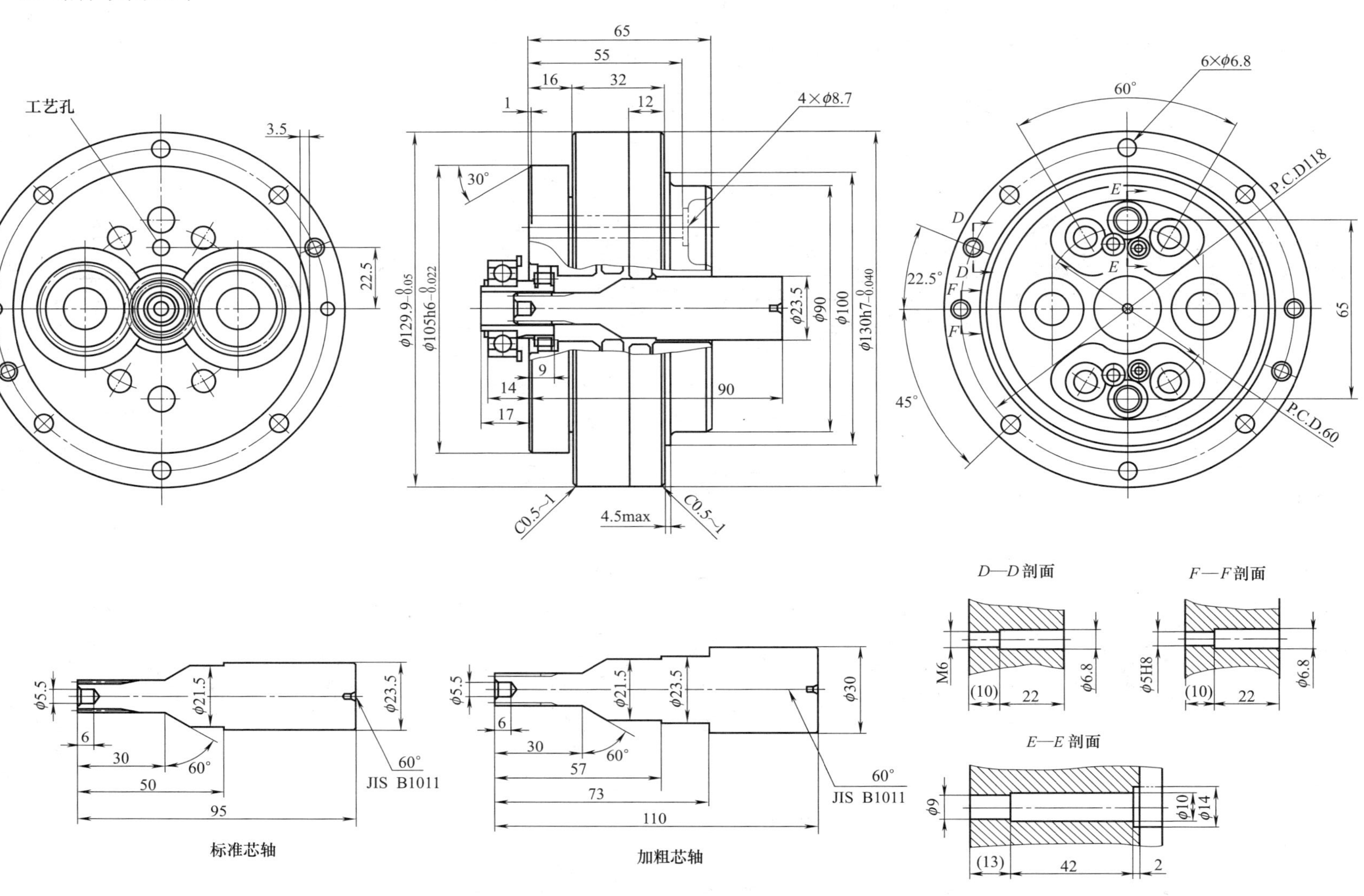

图 15-3-58　RV-15-57-A/B-T 基本型减速器结构与尺寸

第 15 篇

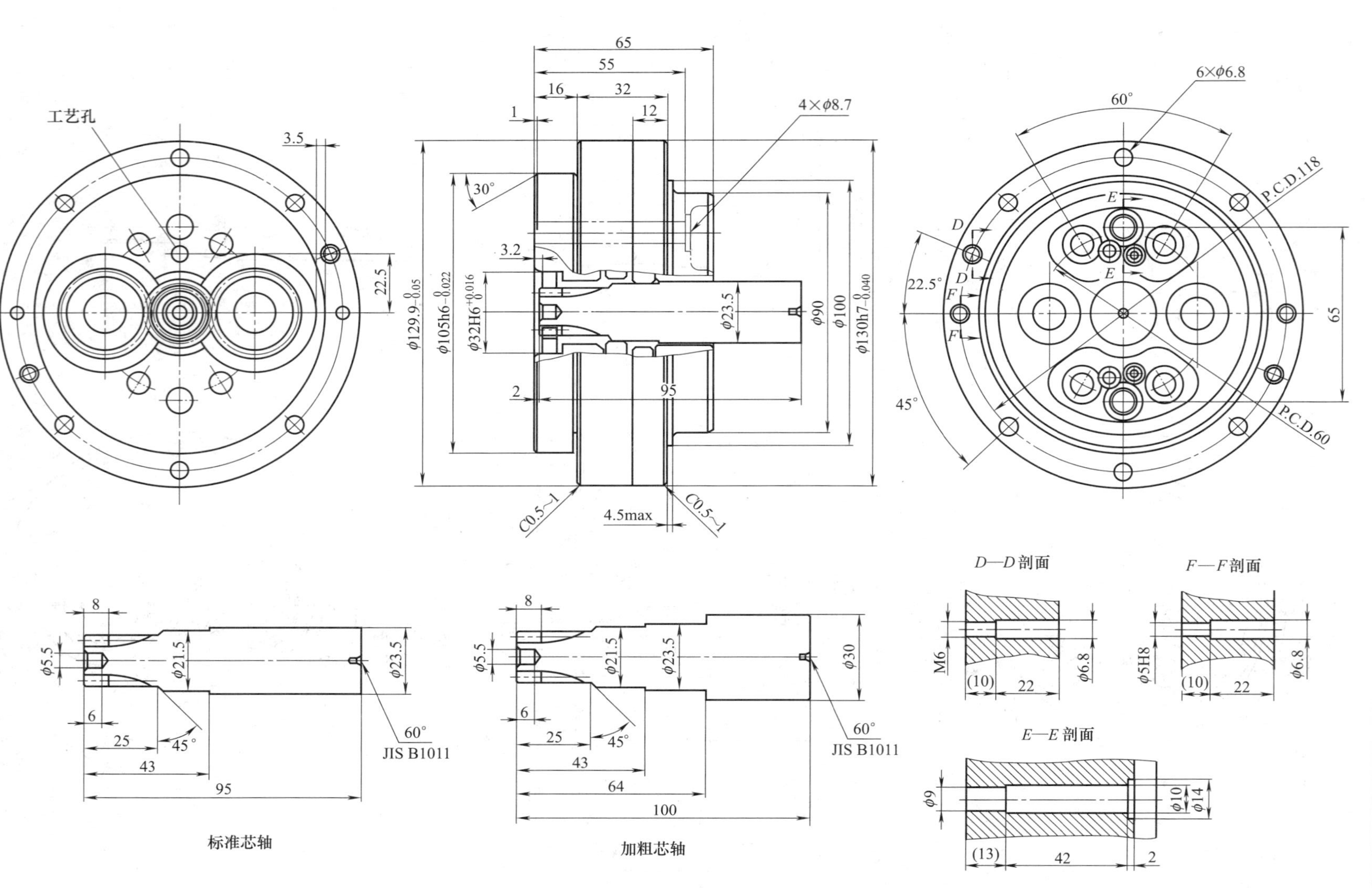

图 15-3-59 RV-15-*-A/B-T 基本型减速器结构与尺寸（除 $R=57$ 外）

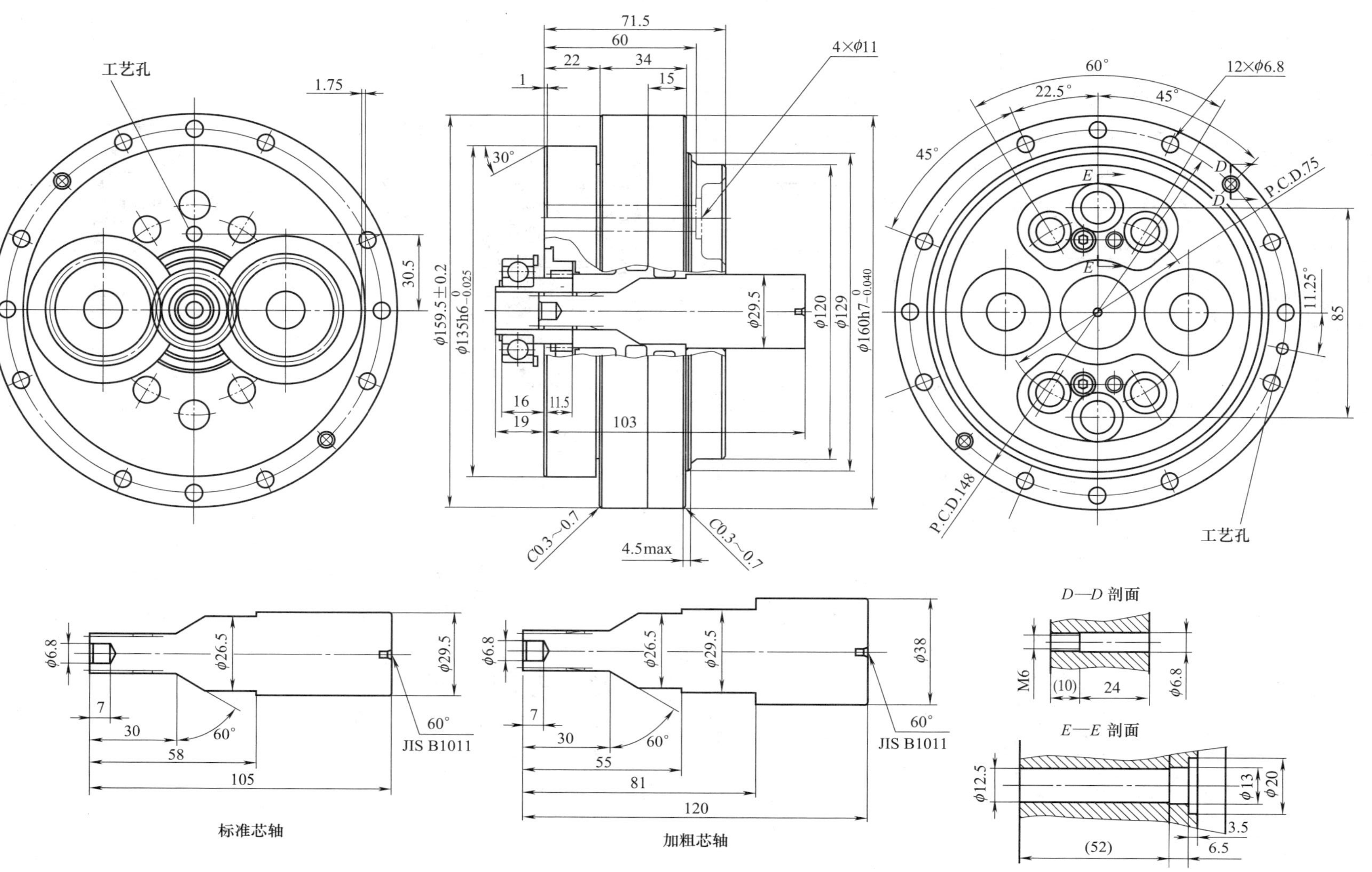

图 15-3-60　RV-30-57-A/B-T 基本型减速器结构与尺寸

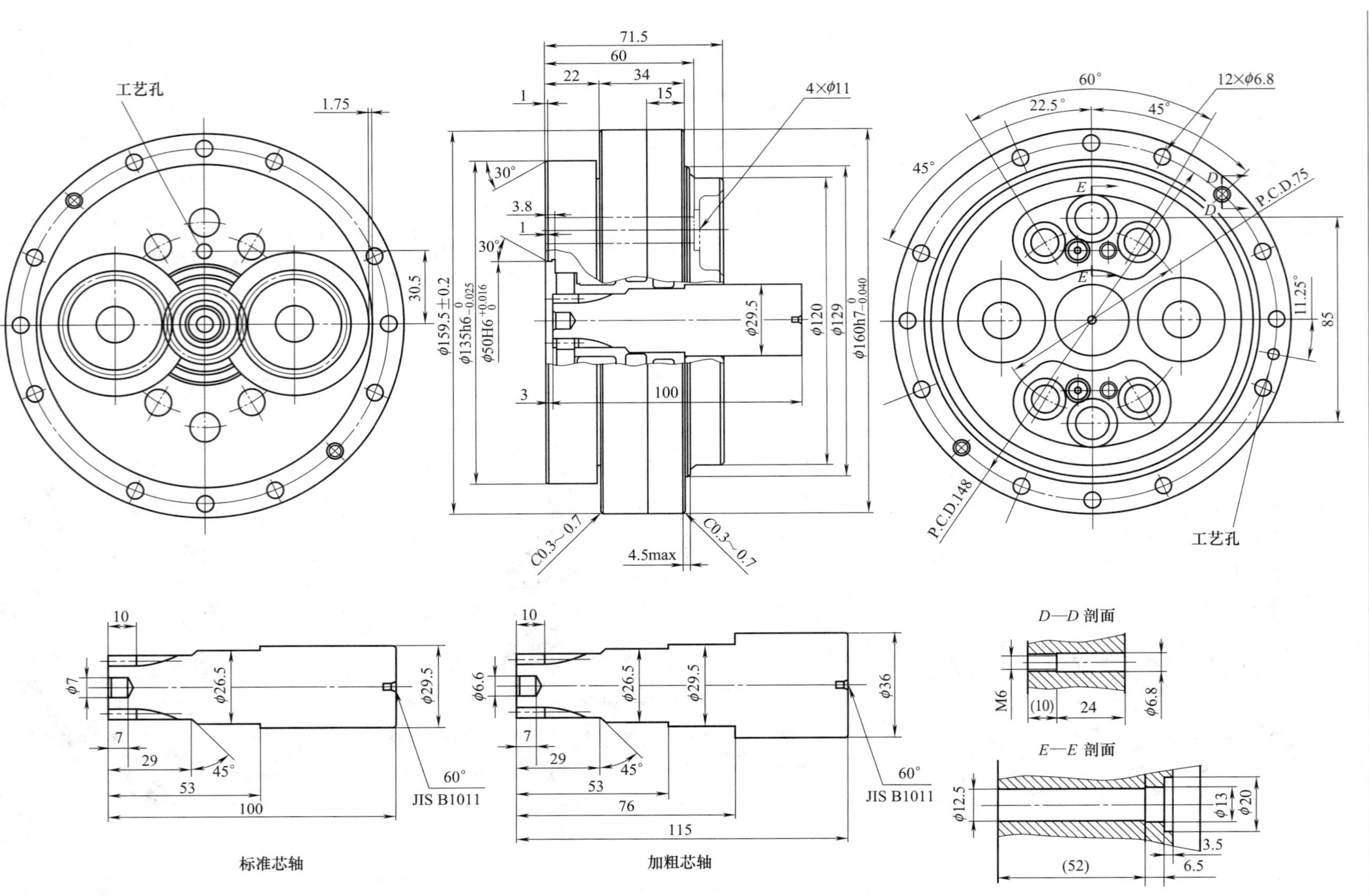

图 15-3-61 RV-30-＊-A/B-T 基本型减速器结构与尺寸（除 R=57 外）

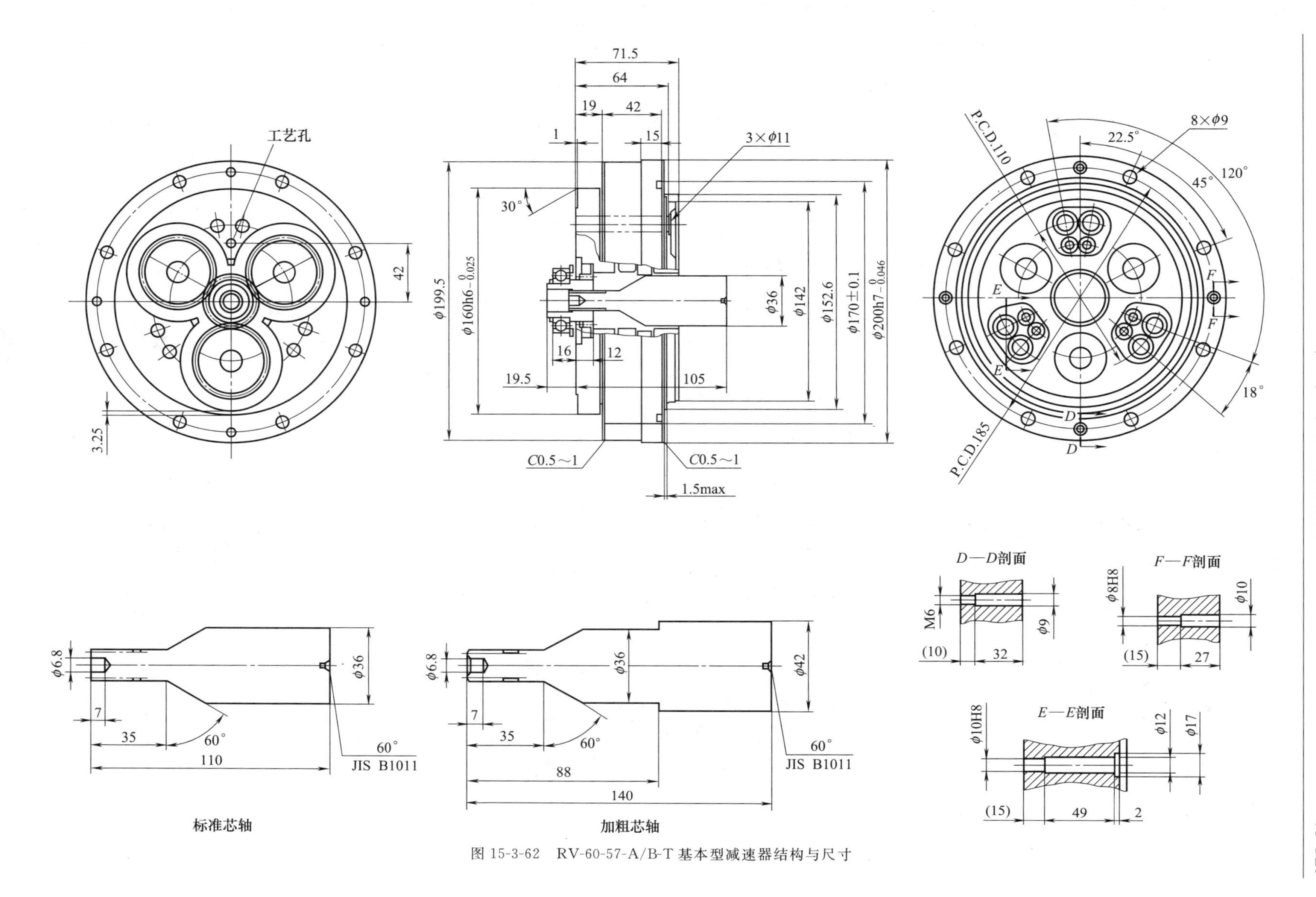

图 15-3-62　RV-60-57-A/B-T 基本型减速器结构与尺寸

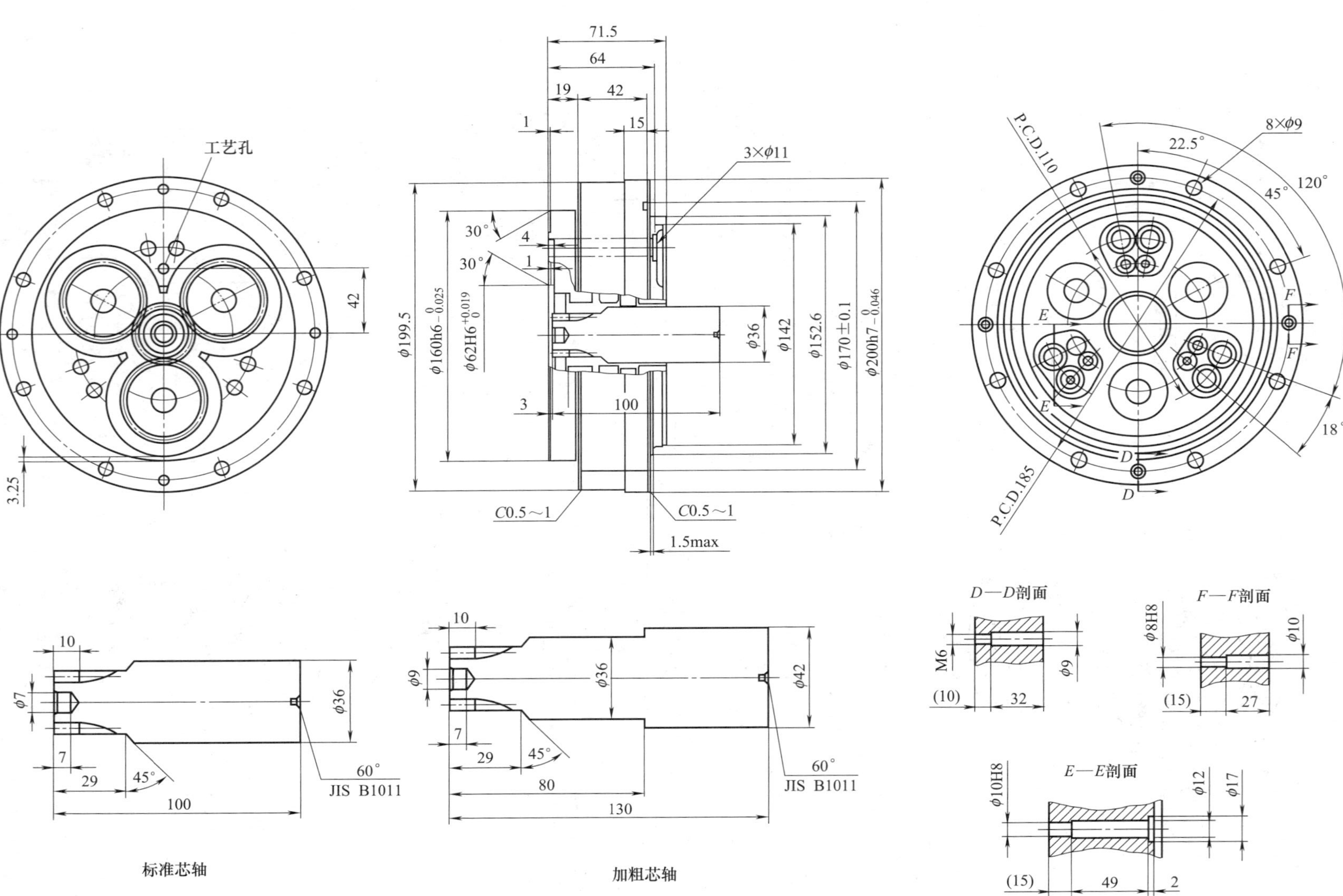

图 15-3-63 RV-60-＊-A/B-T 基本型减速器结构与尺寸（除 $R=57$ 外）

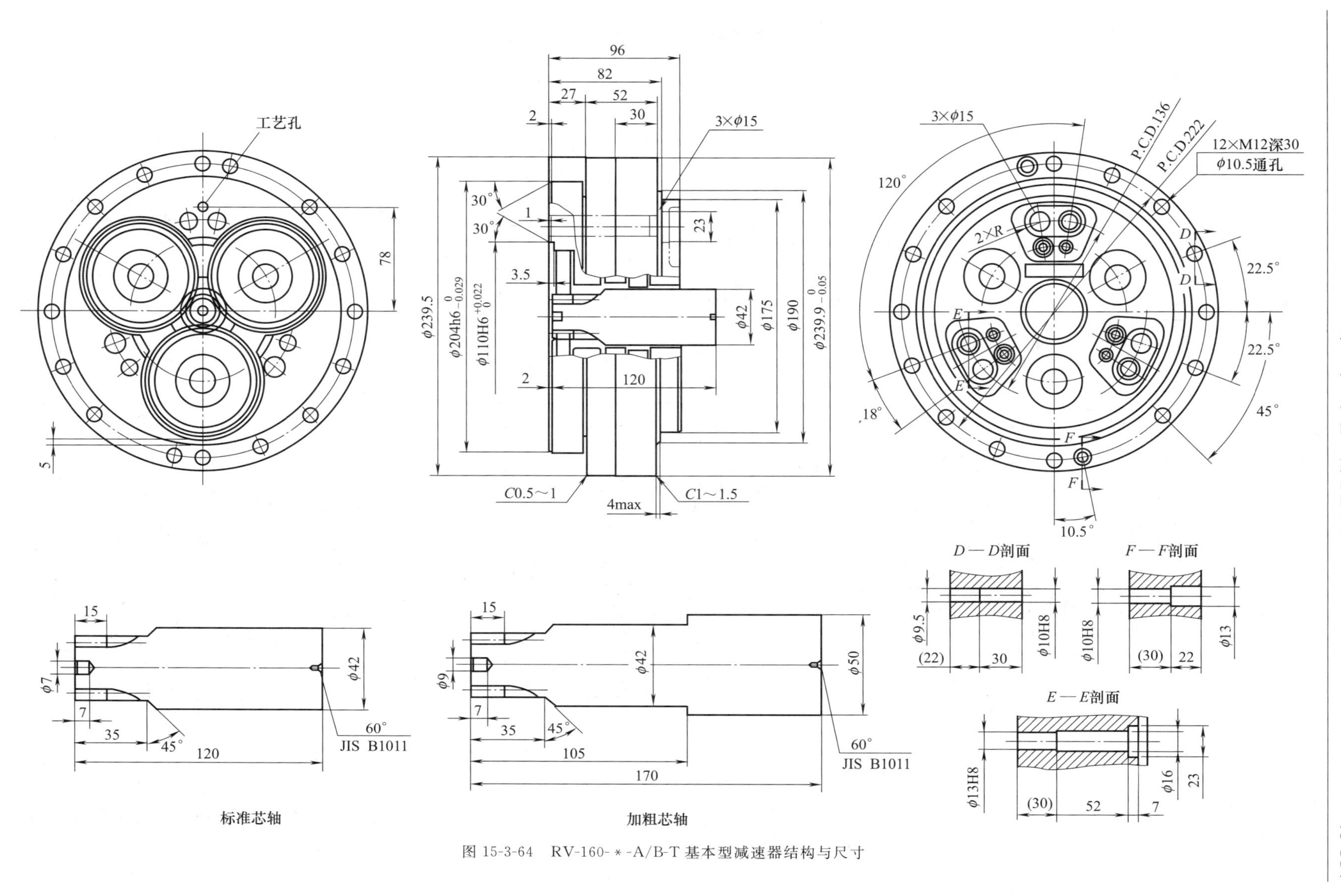

图 15-3-64　RV-160-＊-A/B-T 基本型减速器结构与尺寸

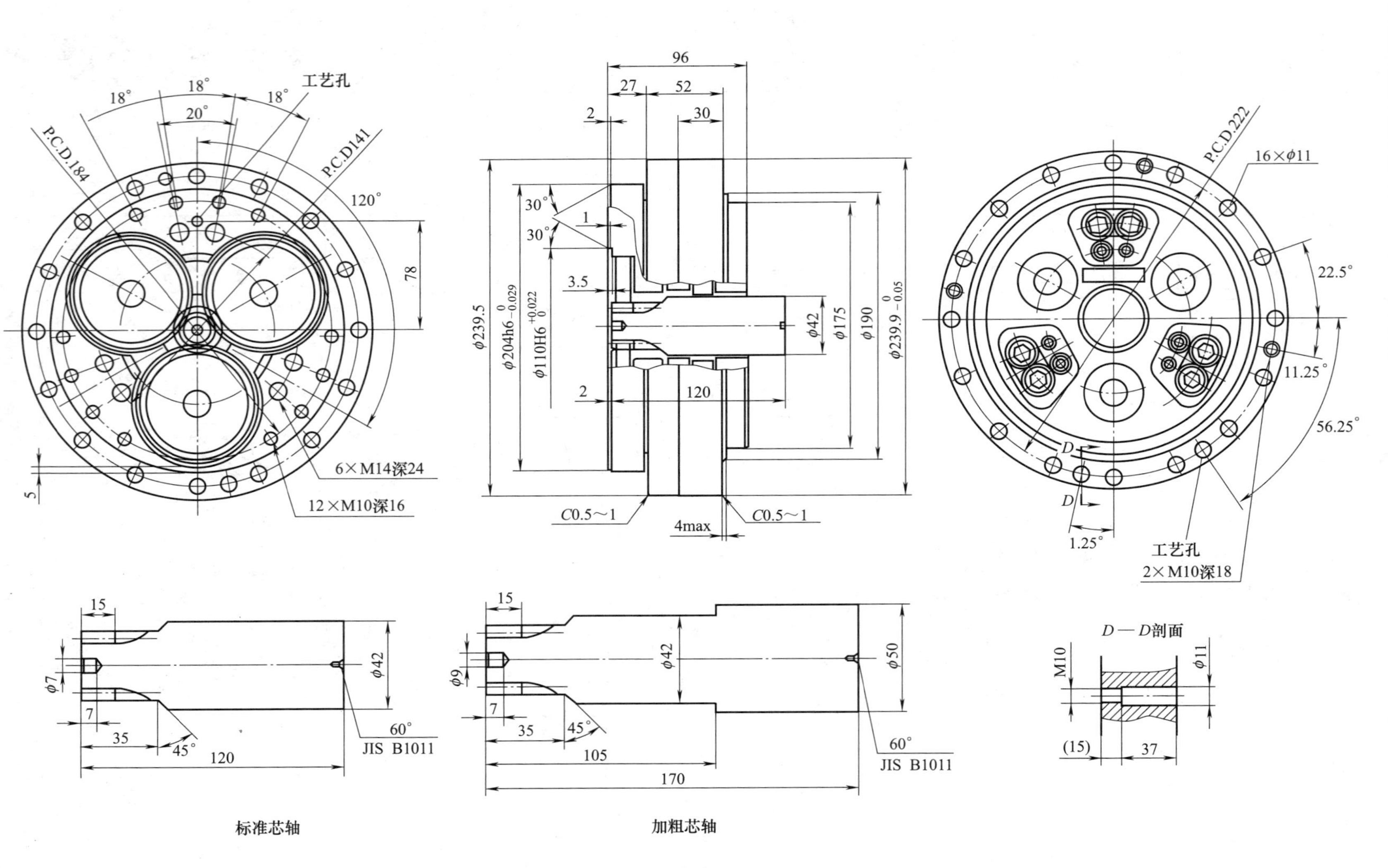

图 15-3-65　RV-160-＊-A/B-B 基本型减速器结构与尺寸

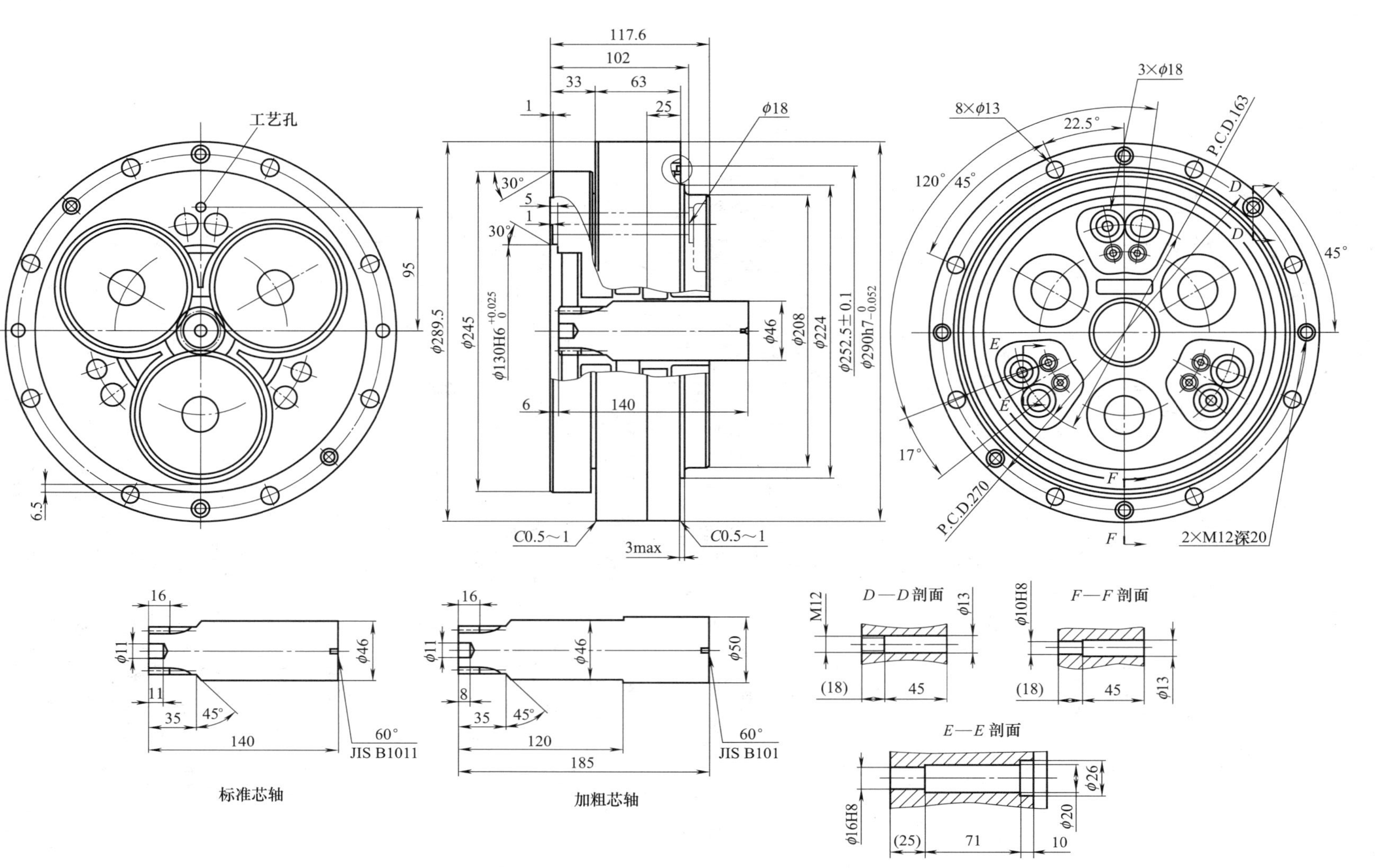

图 15-3-66 RV-320-*-A/B-T 基本型减速器结构与尺寸

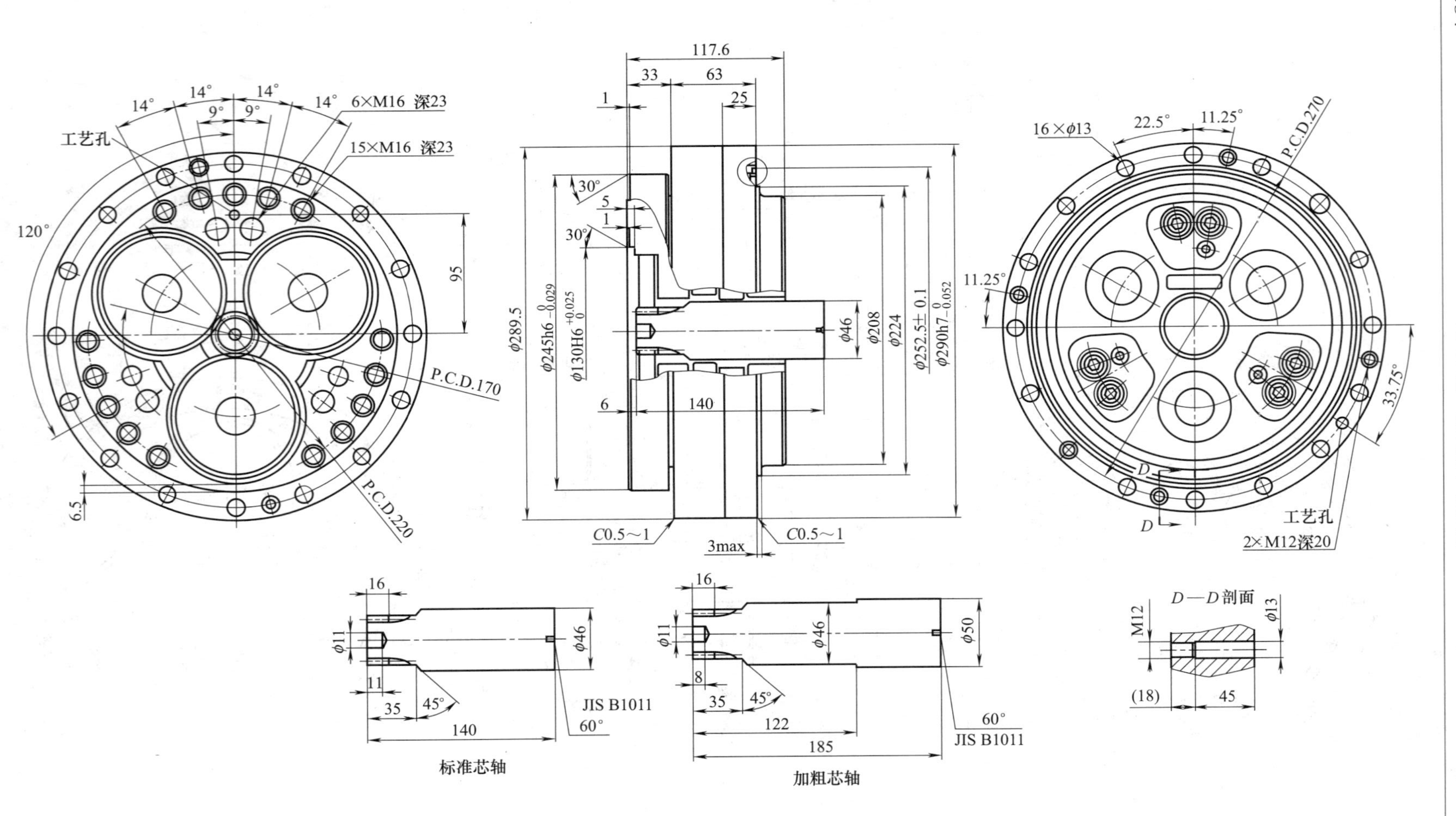

图 15-3-67 RV-320-＊-A/B-B 基本型减速器结构与尺寸

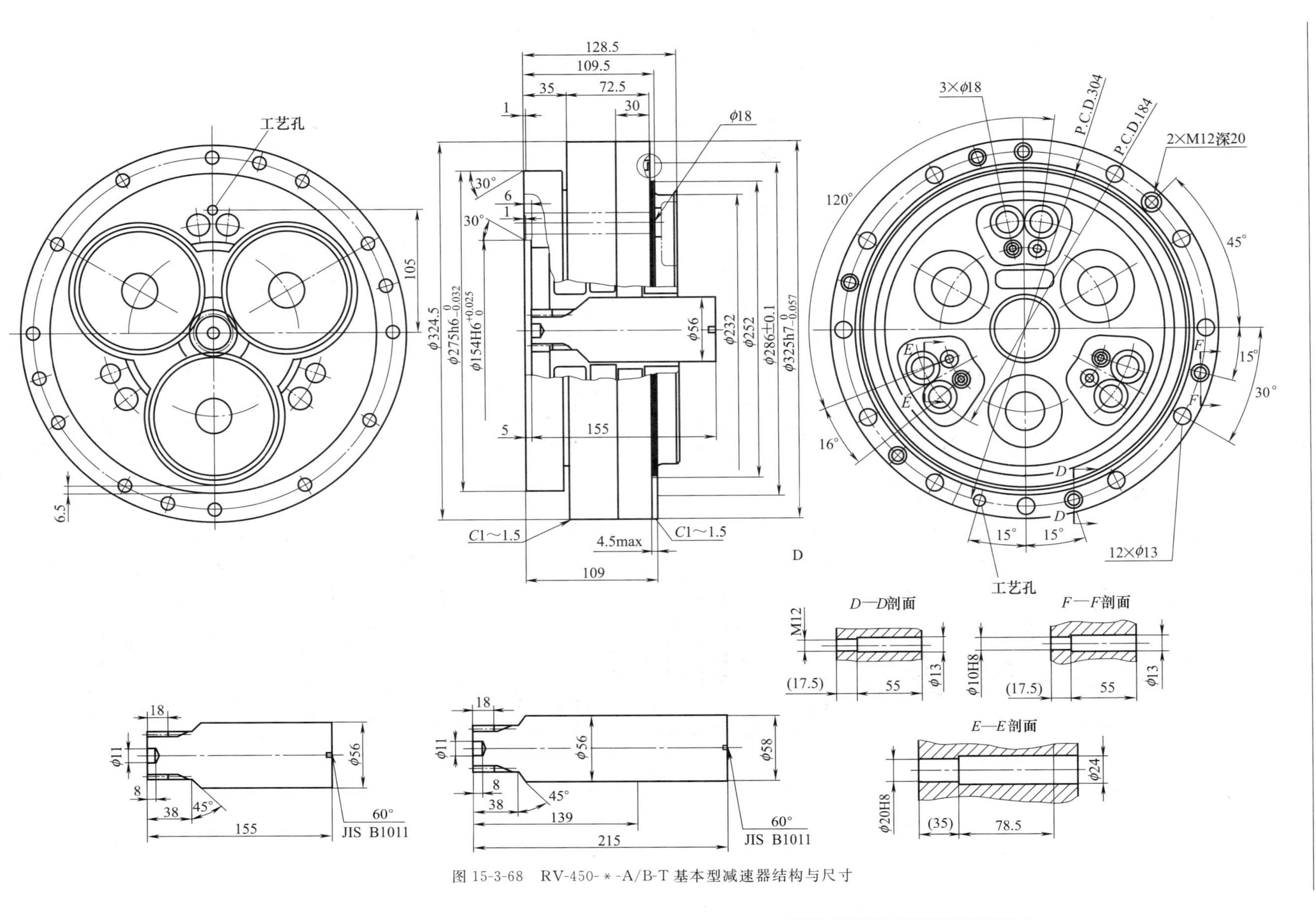

图 15-3-68 RV-450-＊-A/B-T 基本型减速器结构与尺寸

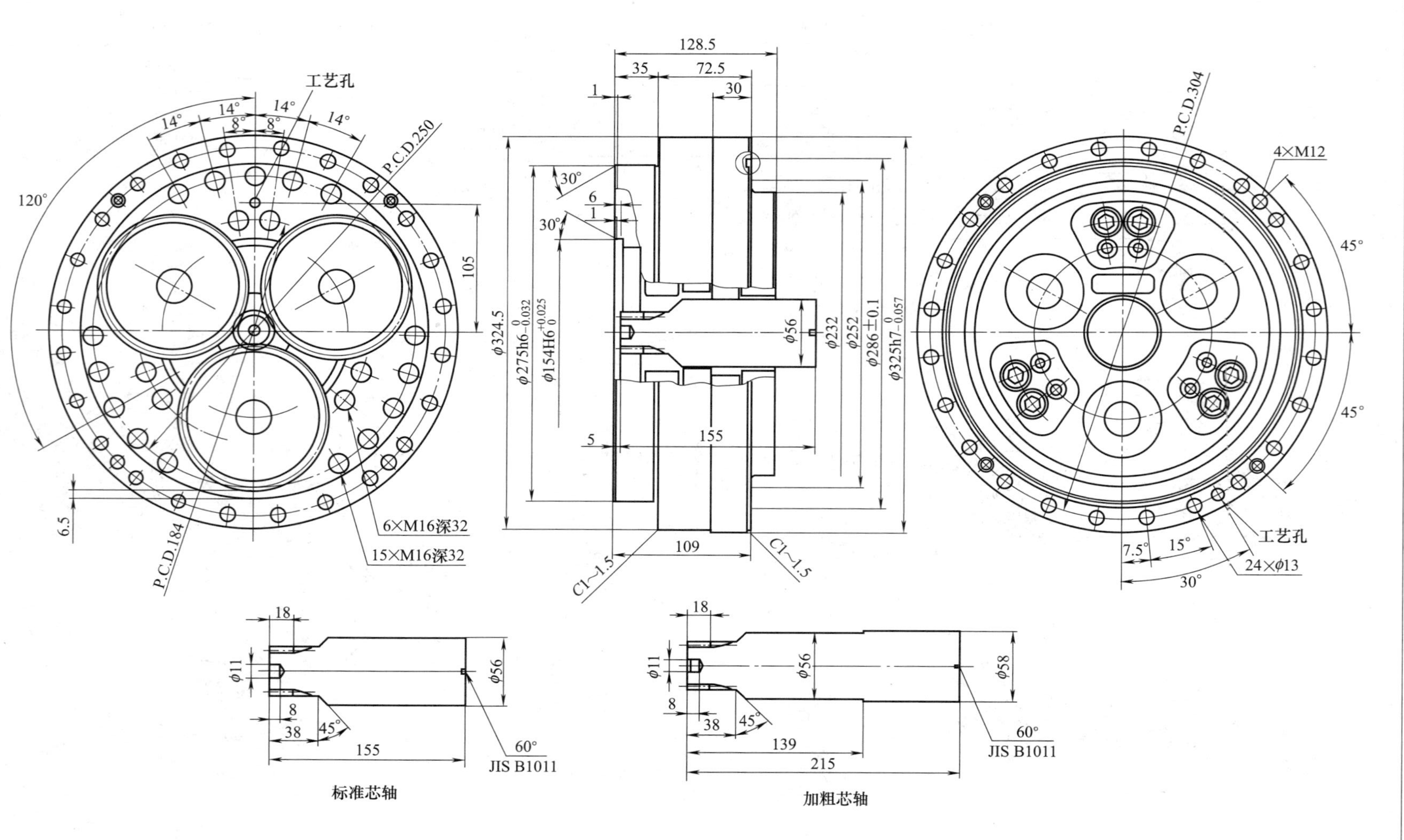

图 15-3-69　RV-450-＊-A/B-B 基本型减速器结构与尺寸

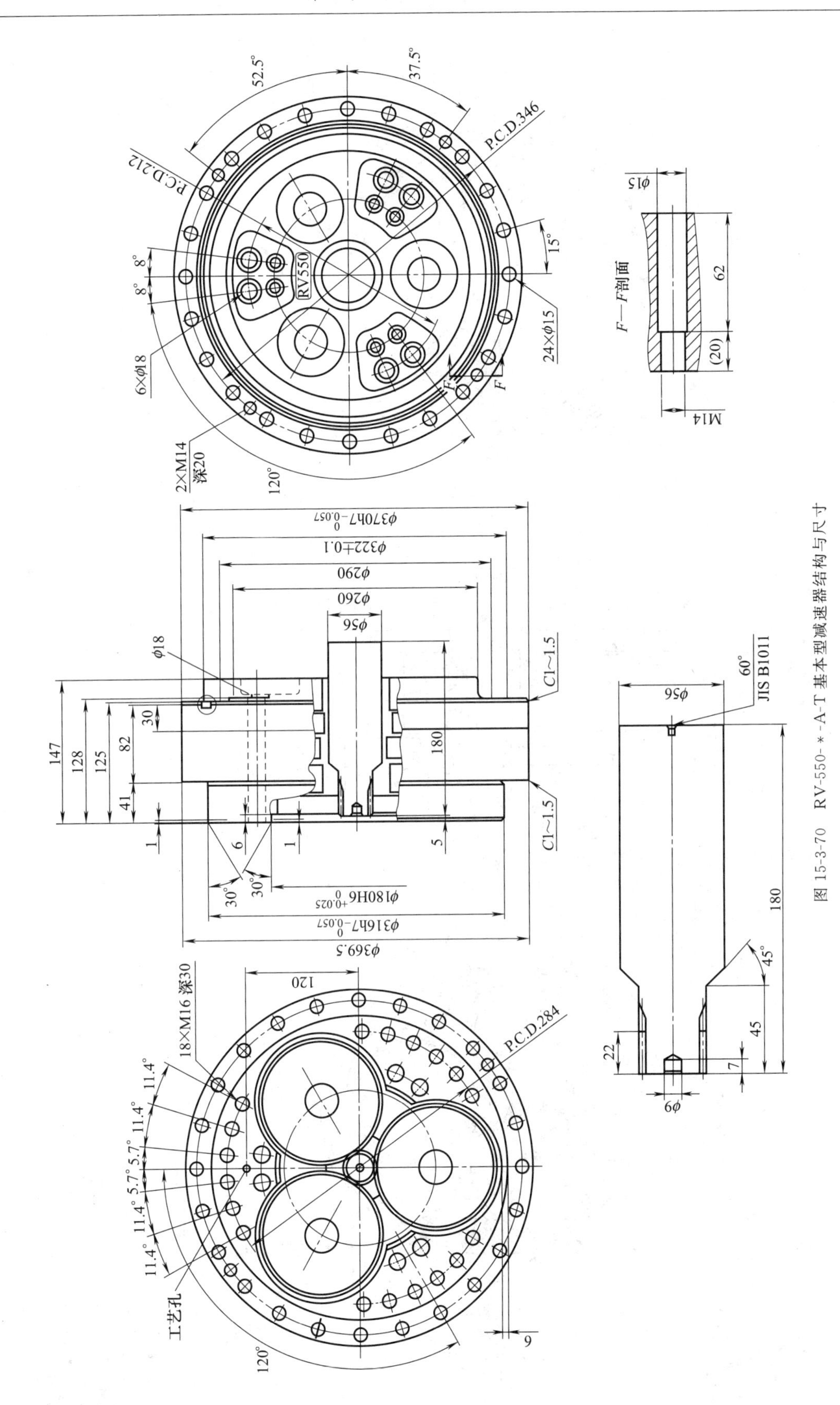

图 15-3-70　RV-550-*-A-T 基本型减速器结构与尺寸

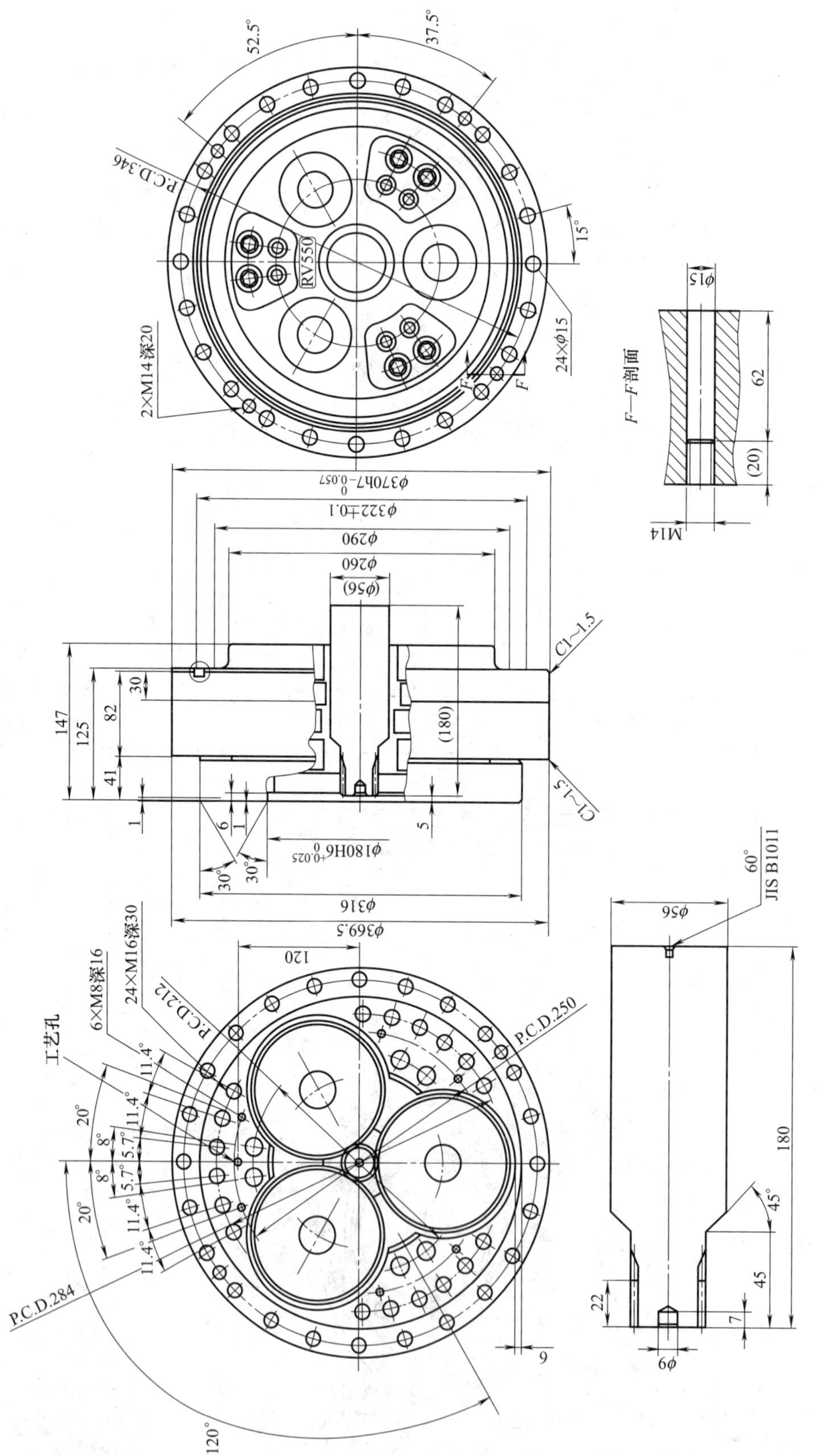

图 15-3-71　RV-550-＊-A-B 基本型减速器结构与尺寸

（3）性能参数

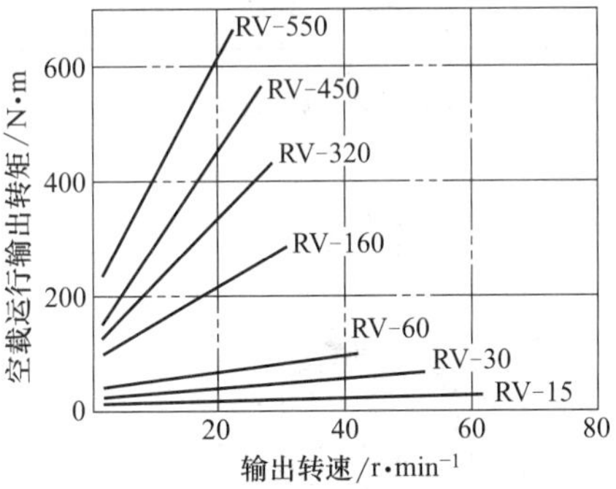

图 15-3-72　RV 减速器基本空载运行转矩

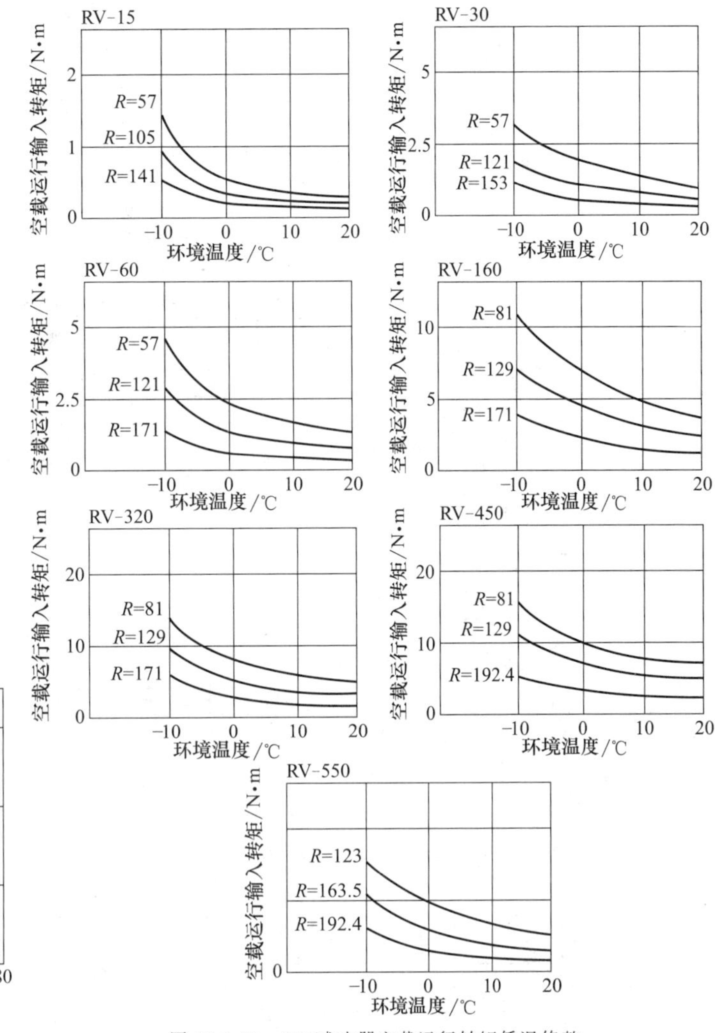

图 15-3-73　RV 减速器空载运行转矩低温修整

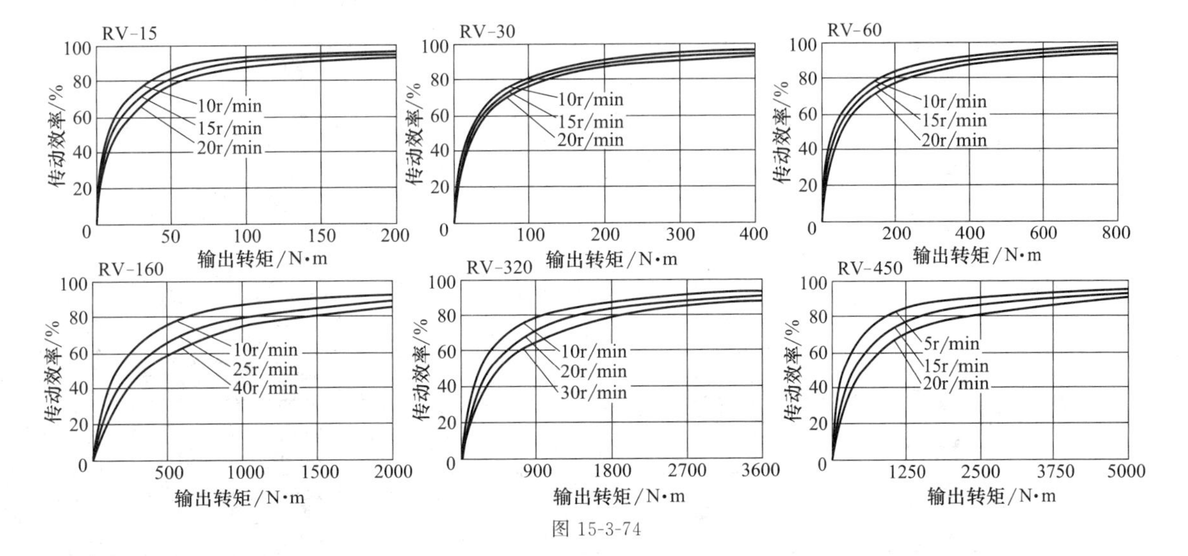

图 15-3-74

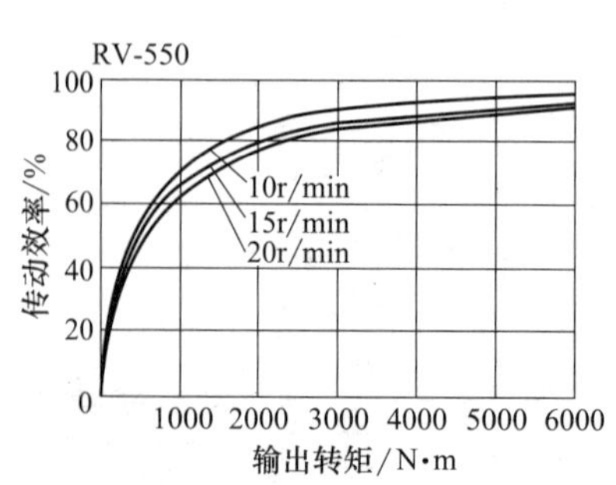

图 15-3-74　RV 减速器基本传动效率

表 15-3-104　　基本型 RV 减速器输入惯量

规格代号	基本减速比及惯量(折算到输入轴,不含芯轴)							
15	基本减速比	57	81	105	121	141	—	—
	输入惯量/10^{-4}kg·m^2	0.075	0.049	0.036	0.030	0.024	—	—
30	基本减速比	57	81	105	121	153	—	—
	输入惯量/10^{-4}kg·m^2	0.232	0.168	0.128	0.109	0.082	—	—
60	基本减速比	57	81	101	121	153	—	—
	输入惯量/10^{-4}kg·m^2	0.731	0.513	0.404	0.328	0.245	—	—
160	基本减速比	81	101	129	145	171	—	—
	输入惯量/10^{-4}kg·m^2	1.96	1.51	1.11	0.90	0.76	—	—
320	基本减速比	81	101	118.5	129	141	171	185
	输入惯量/10^{-4}kg·m^2	5.23	4.00	3.28	2.95	2.63	2.01	1.79
450	基本减速比	81	101	118.5	129	154.8	171	192.4
	输入惯量/10^{-4}kg·m^2	8.93	6.95	5.75	5.18	4.08	3.58	3.03
550	基本减速比	123	141	163.5	192.4	—	—	—
	输入惯量/10^{-4}kg·m^2	11.8	9.94	8.20	6.55	—	—	—

3.7.2　标准单元型 RV 减速器

(1) 型号与规格

RV - 160E - 101 - A - B

规格代号	基本减速比								
6E	31	43	53.5	59	79	103	—	—	—
20E	57	81	105	121		141		161	—
40E	57	81	105	121	—	—	—	—	—
80E	57	81	101	121			153	161	—
110E	—	81	111	—	—			161	175.28*
160E	—	81	101		129	145	—	171	—
320E	—	81	101	118.5	129	141	—	171	185
450E	—	81	101	118.5	129	—	154.8*	171	194.2*

输出法兰连接方式
B— 螺钉连接
P— 螺钉、定位销连接

配套芯轴
A— 标准芯轴
B— 加粗芯轴
Z— 无芯轴

注：标记 * 处基本减速比 154.8、175.28、192.4 分别是实际减速比 2013/13、1227/7、1347/7 的近似值。

表 15-3-105　　标准单元型 RV 减速器主要技术参数

规格代号	6E	20E	40E	80E	110E	160E	320E	450E
基本减速比	见型号							
额定输出转速/r·min^{-1}	30	15						
额定输出转矩/N·m	58	167	412	784	1078	1568	3136	4410
额定输入功率/kW	0.25	0.35	0.86	1.64	2.26	3.28	6.57	9.24
启制动峰值转矩/N·m	117	412	1029	1960	2695	3920	7840	11025
瞬间最大转矩/N·m	294	833	2058	3920	5390	7840	15680	22050
最高输出转速/r·min^{-1}	100	75	70	70	50	45	35	25
空程、间隙/10^{-4} rad	4.4	2.9						
传动精度参考值/10^{-4} rad	5.1	3.4	2.9	2.4	2.4	2.4	2.4	2.4
弹性系数/10^4 N·m·rad^{-1}	6.90	16.9	37.2	67.6	101	135	338	406
允许负载力矩/N·m	196	882	1666	2156	2940	3920	7056	8820
瞬间最大力矩/N·m	392	1764	3332	4312	5880	7840	14112	17640
力矩刚度/10^4 N·m·rad^{-1}	40.3	128	321	406	507	1014	1690	2568
最大轴向载荷/N	1470	3920	5194	7840	10780	14700	19600	24500
额定寿命/h	6000							
质量/kg	2.5	4.7	9.3	13.1	17.4	26.4	44.3	66.4

（2）结构与外形尺寸

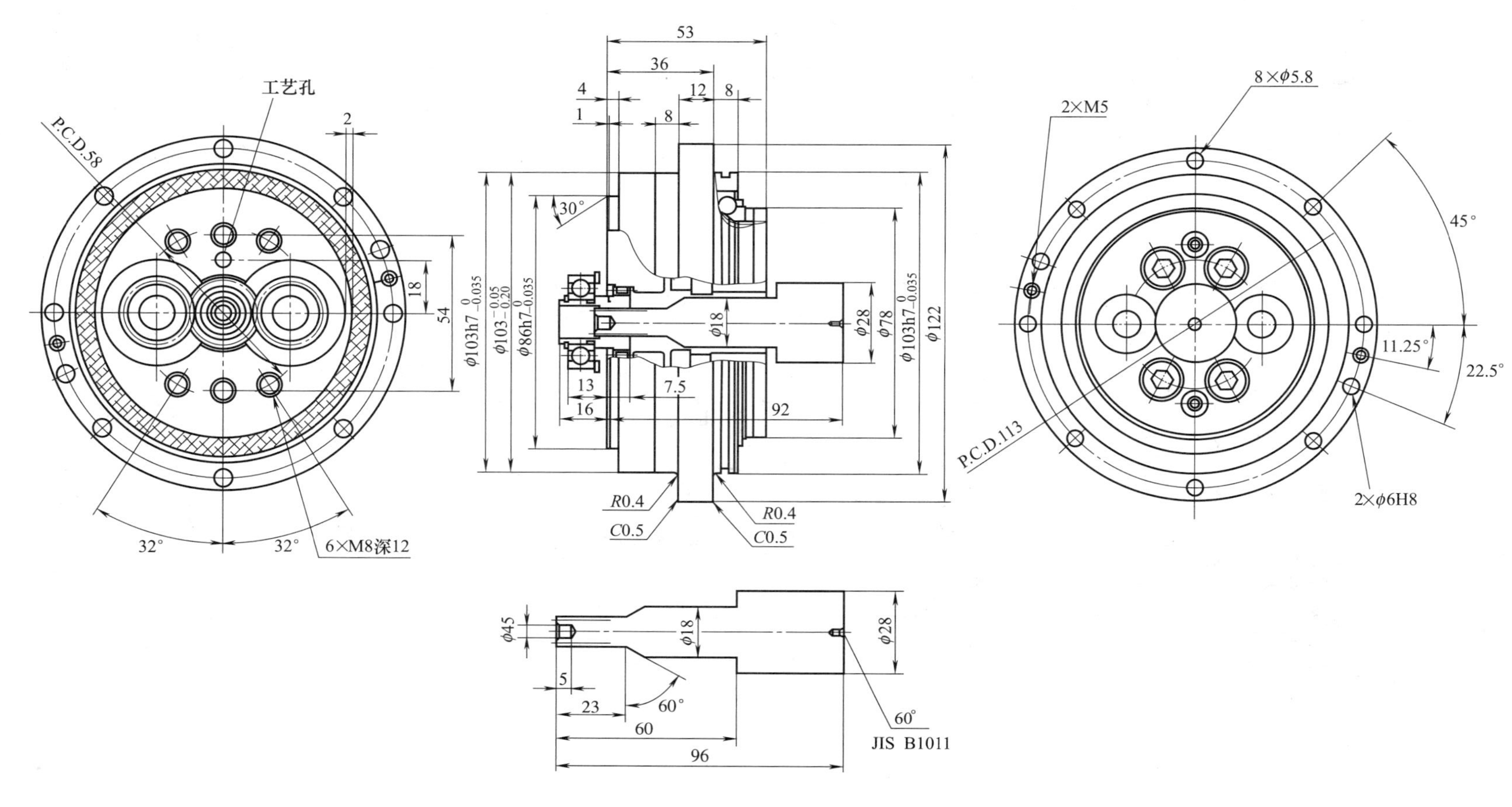

图 15-3-75 RV-6E-31/43-A-B 标准单元型减速器结构与尺寸

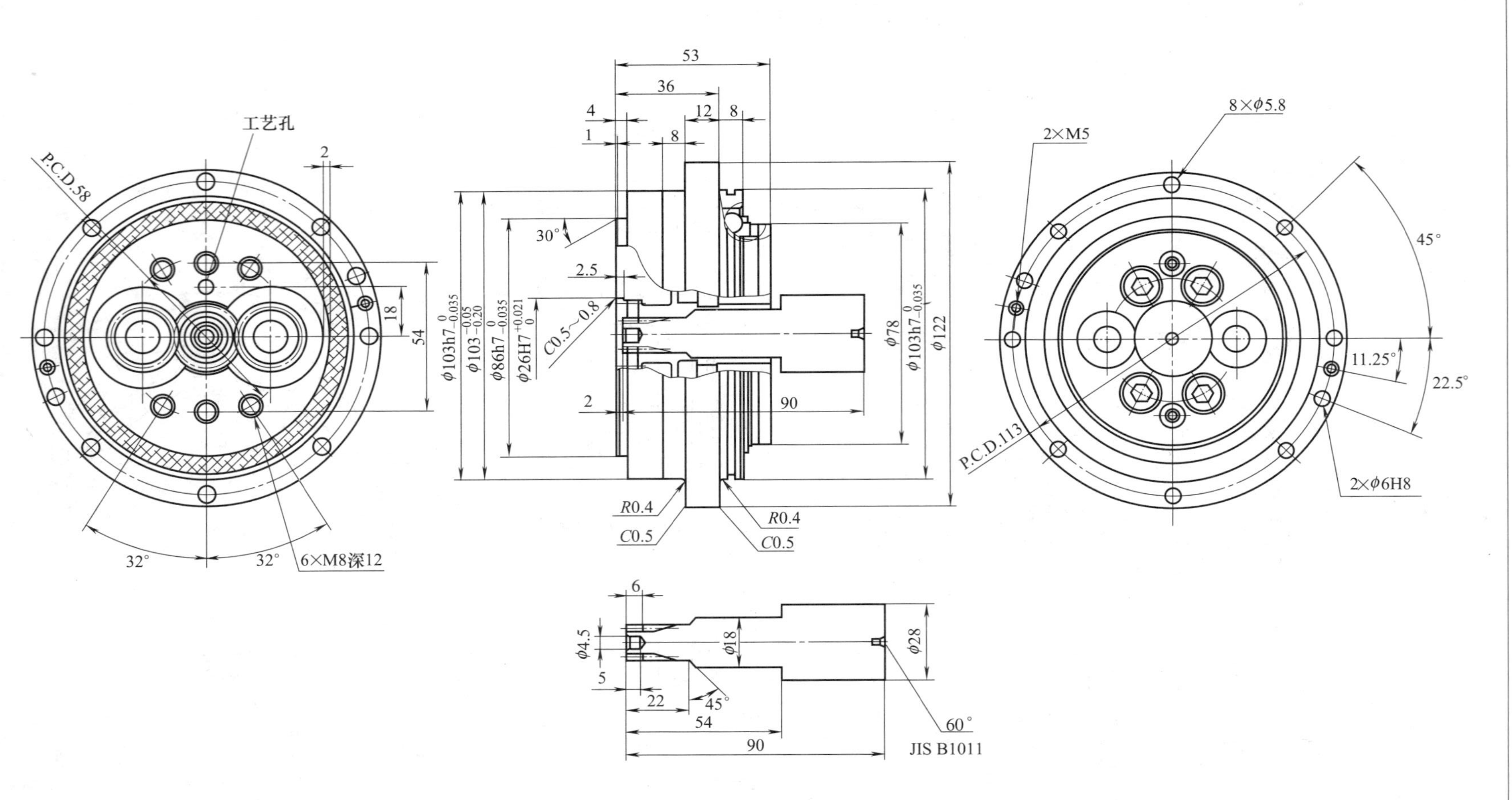

图 15-3-76　RV-6E-＊-A-B 标准单元型减速器结构与尺寸（除 $R=31$、43 外）

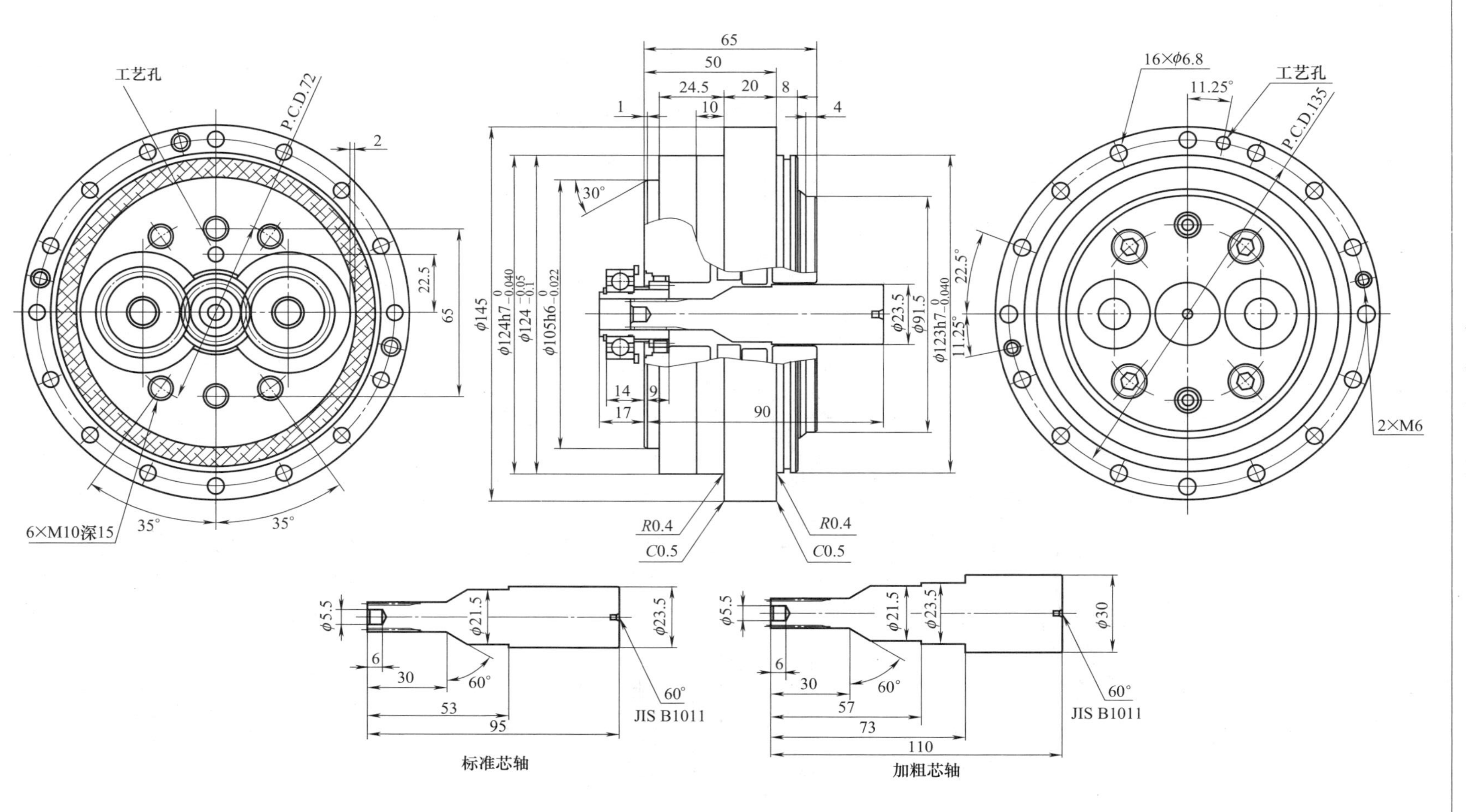

图 15-3-77　RV-20E-57-A/B-B 标准单元型减速器结构与尺寸

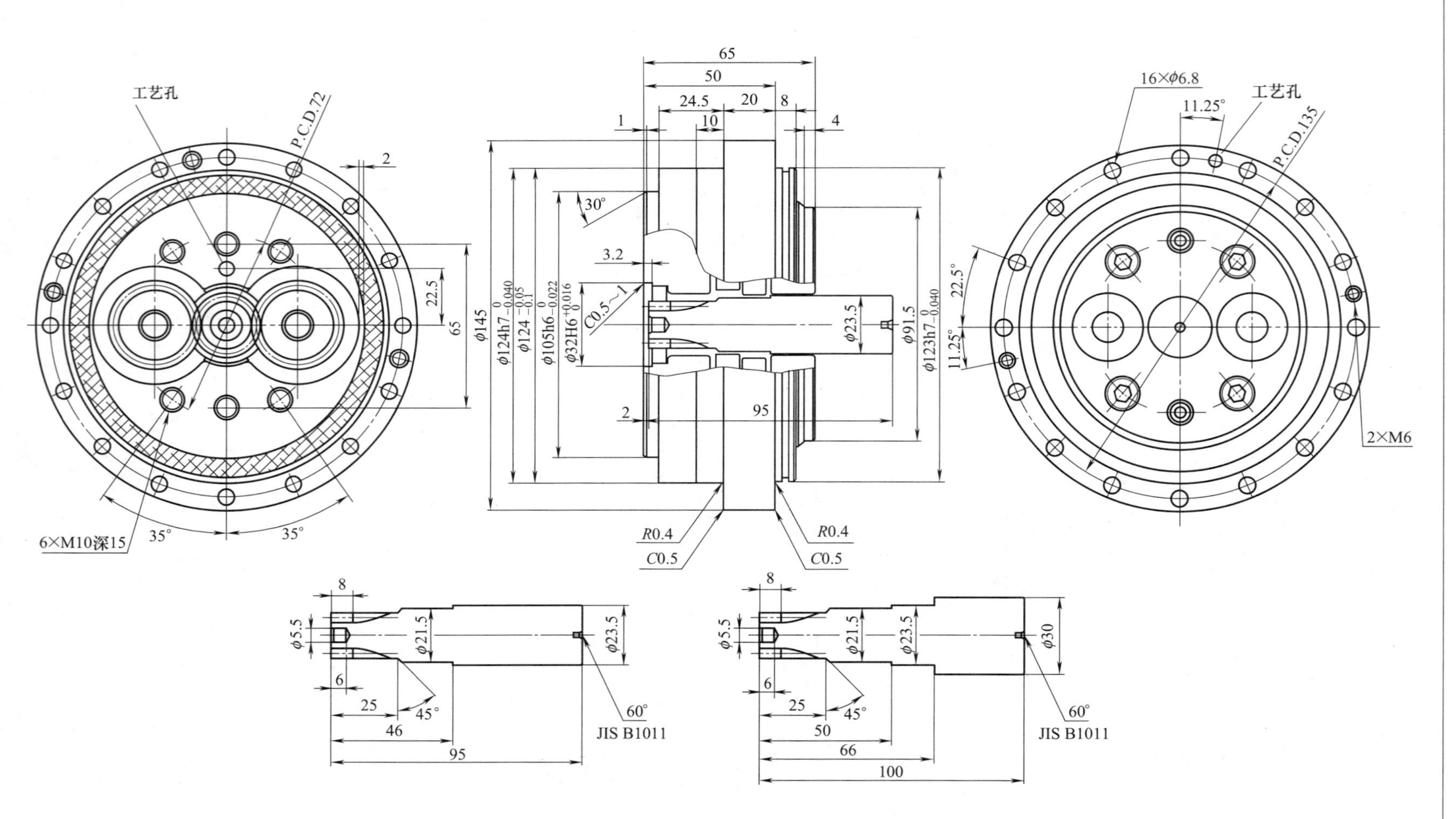

图 15-3-78　RV-20E-*-A/B-B 标准单元型减速器结构与尺寸（除 $R=57$ 外）

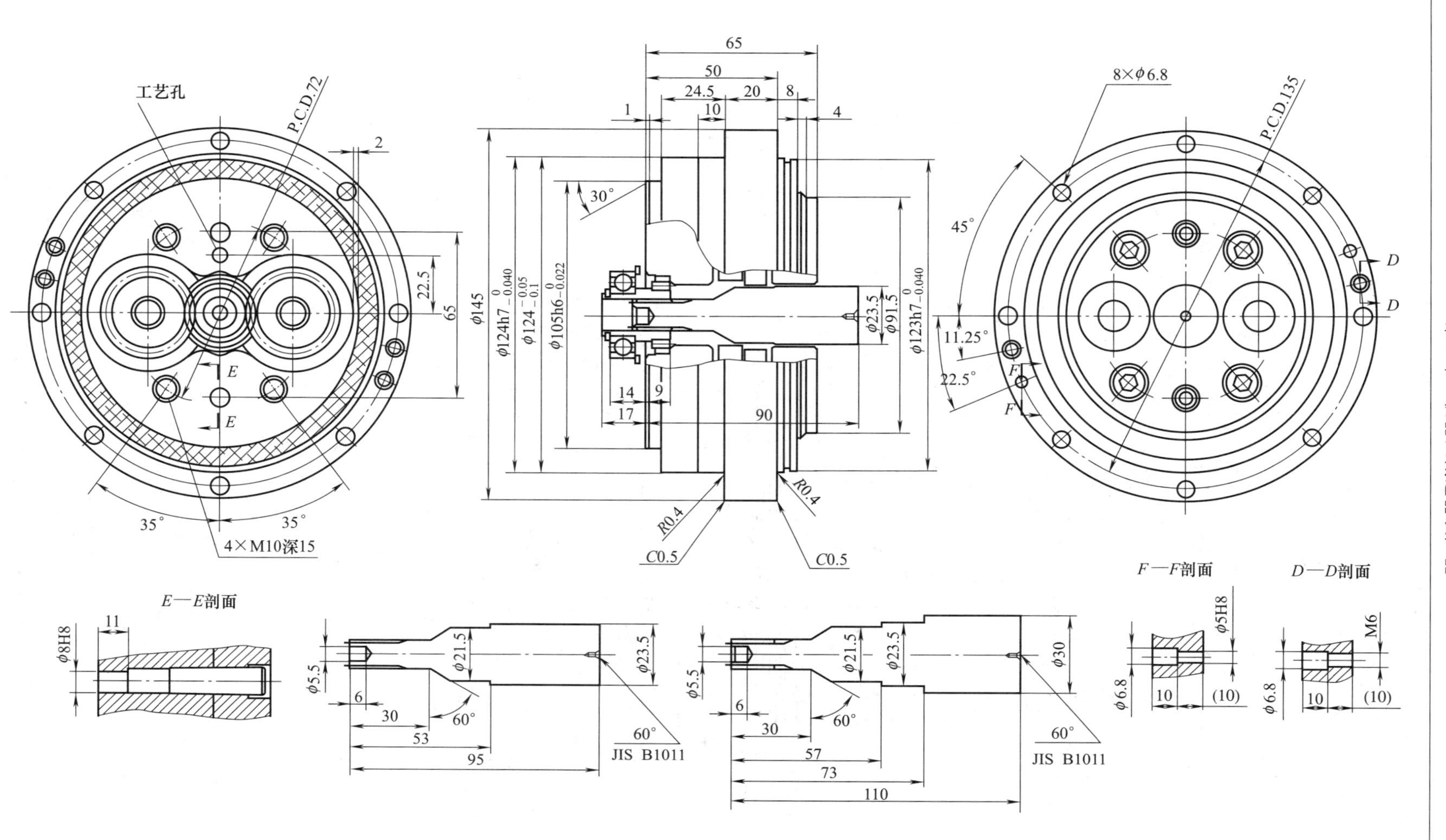

图 15-3-79　RV-20E-57-A/B-P标准单元型减速器结构与尺寸

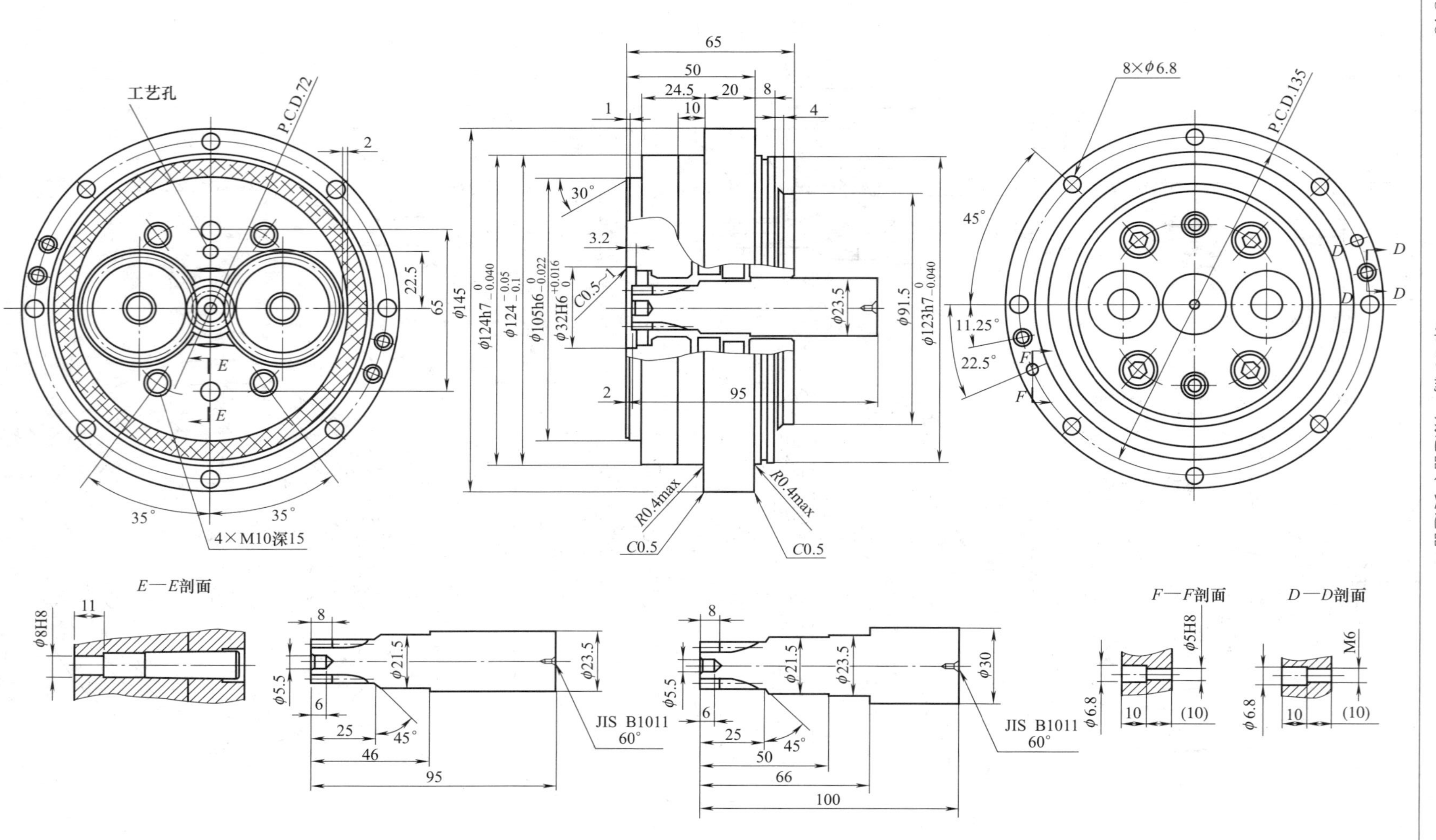

图 15-3-80 RV-20E-∗-A/B-P 标准单元型减速器结构与尺寸（除 $R=57$ 外）

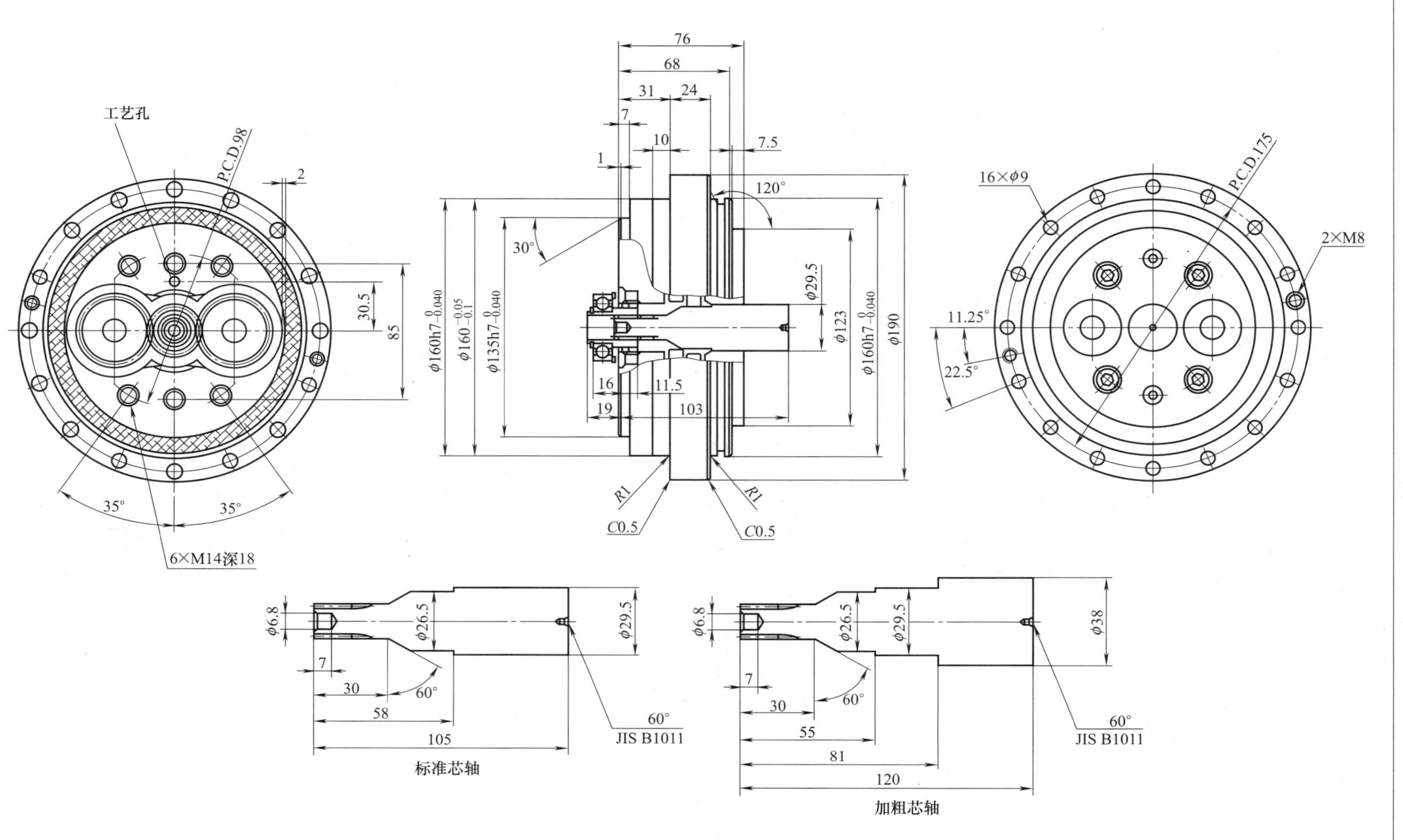

图 15-3-81　RV-40E-57-A/B-B 标准单元型减速器结构与尺寸

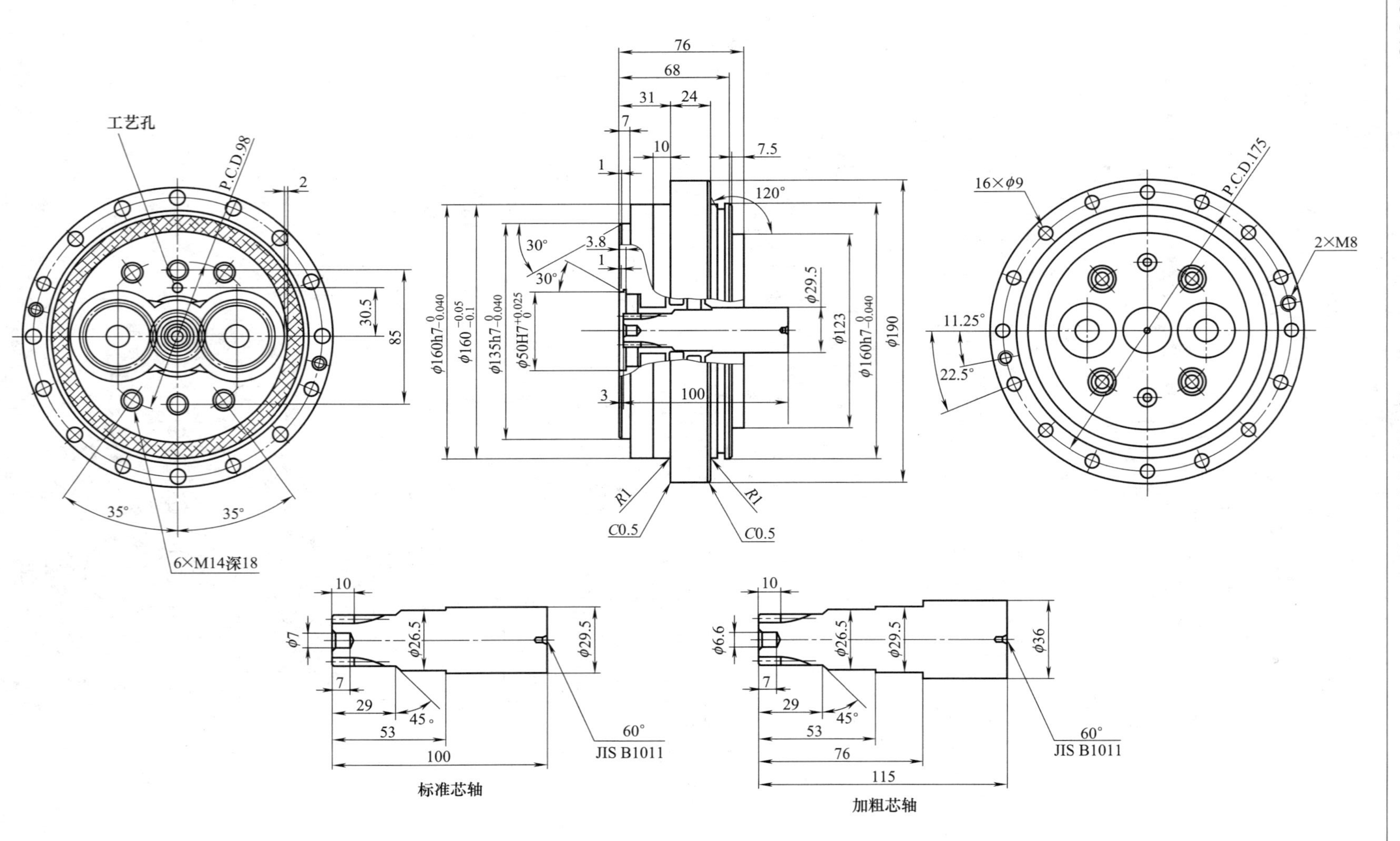

图 15-3-82　RV-40E-＊-A/B-B 标准单元型减速器结构与尺寸（除 $R=57$ 外）

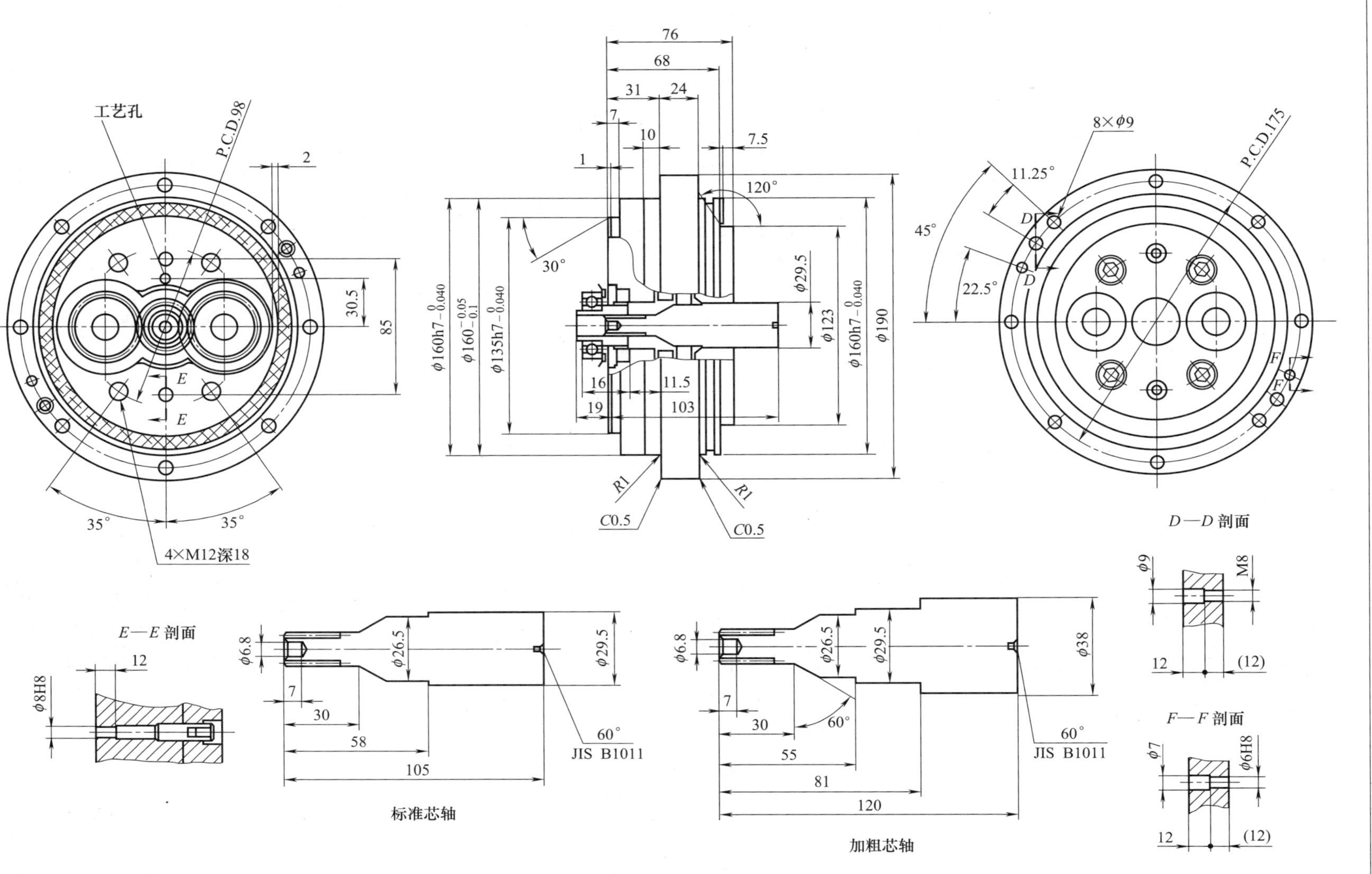

图 15-3-83　RV-40E-57-A/B-P 标准单元型减速器结构与尺寸

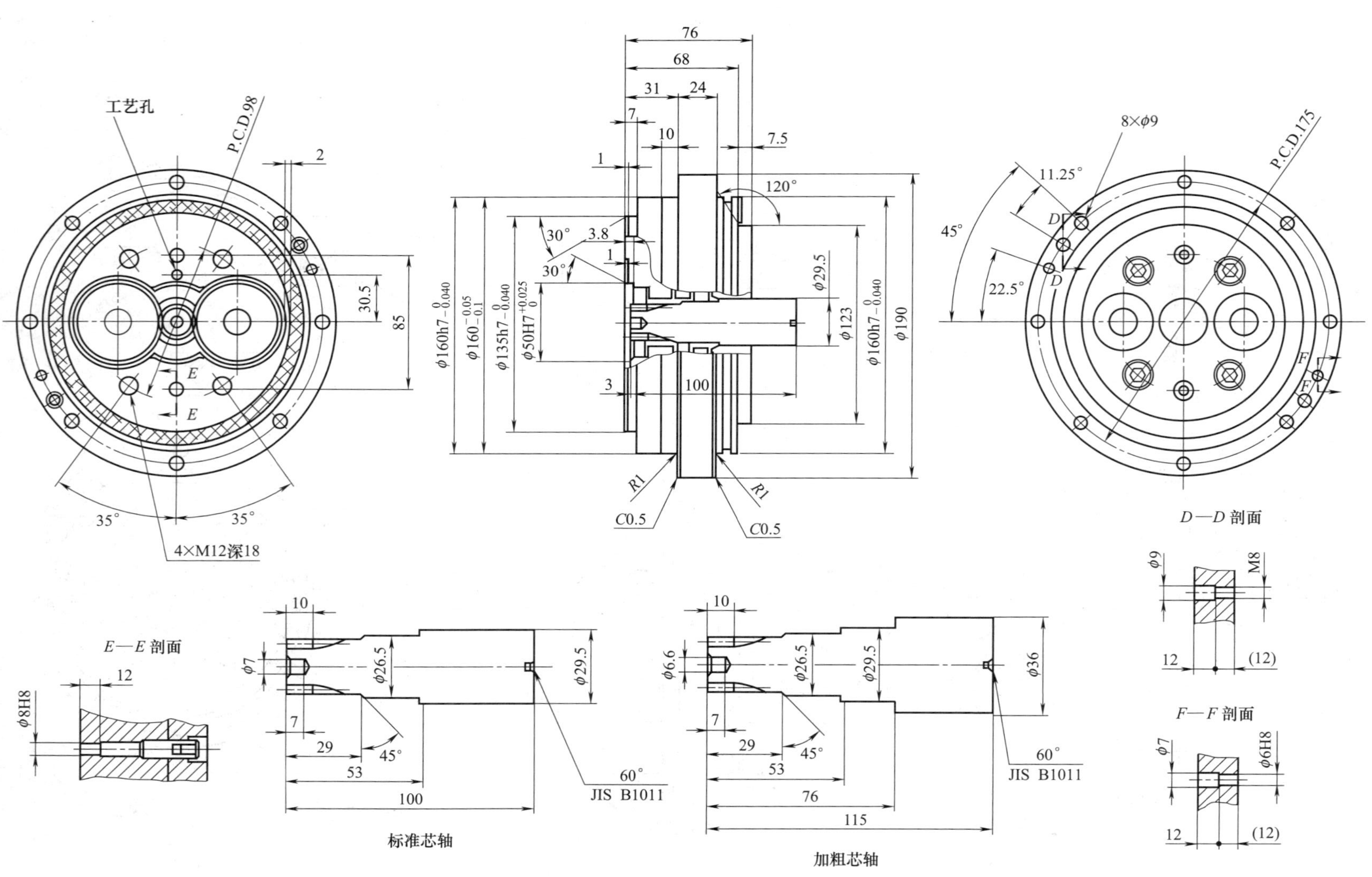

图 15-3-84 RV-40E-＊-A/B-P 标准单元型减速器结构与尺寸（除 R＝57 外）

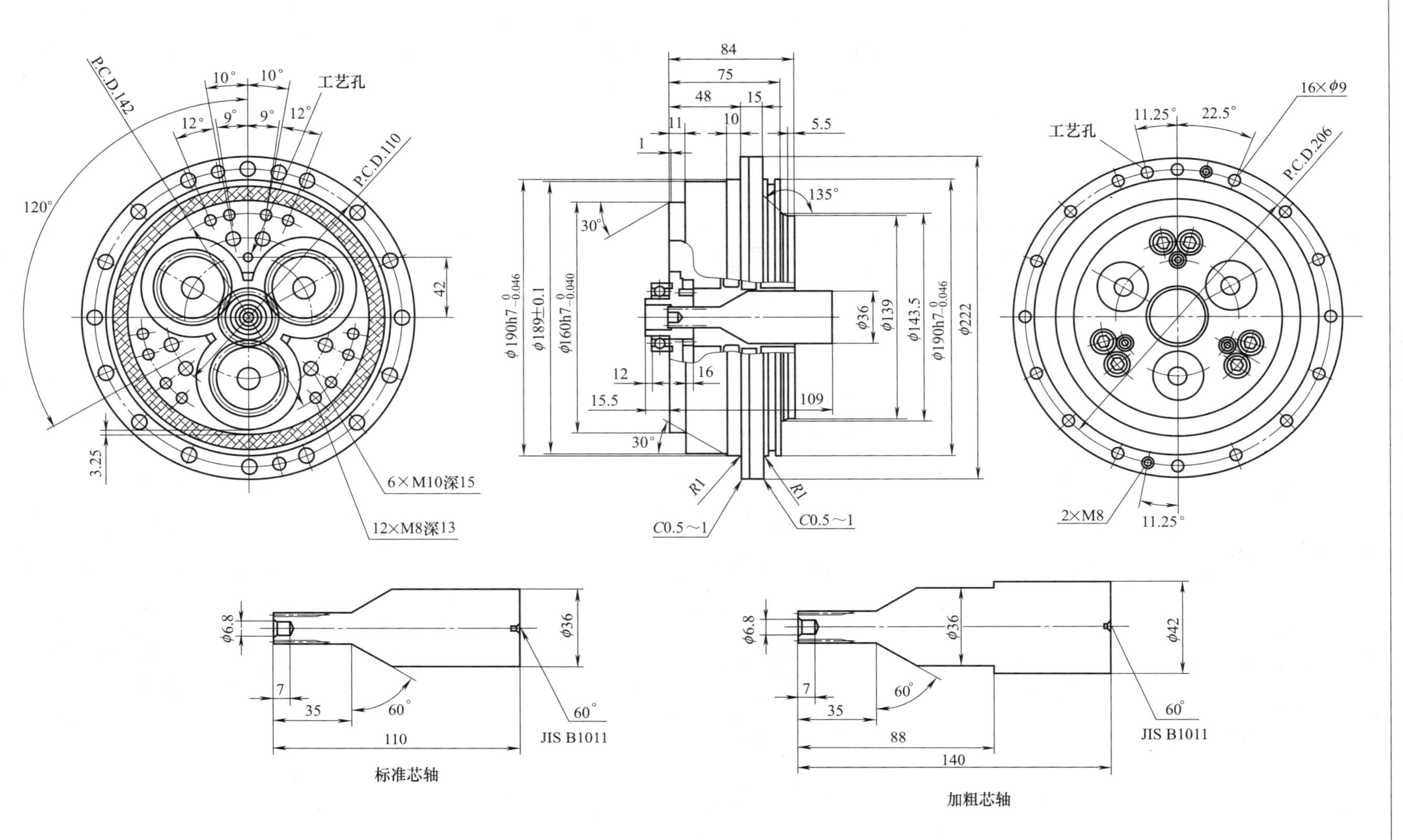

图 15-3-85　RV-80E-57-A/B-B标准单元型减速器结构与尺寸

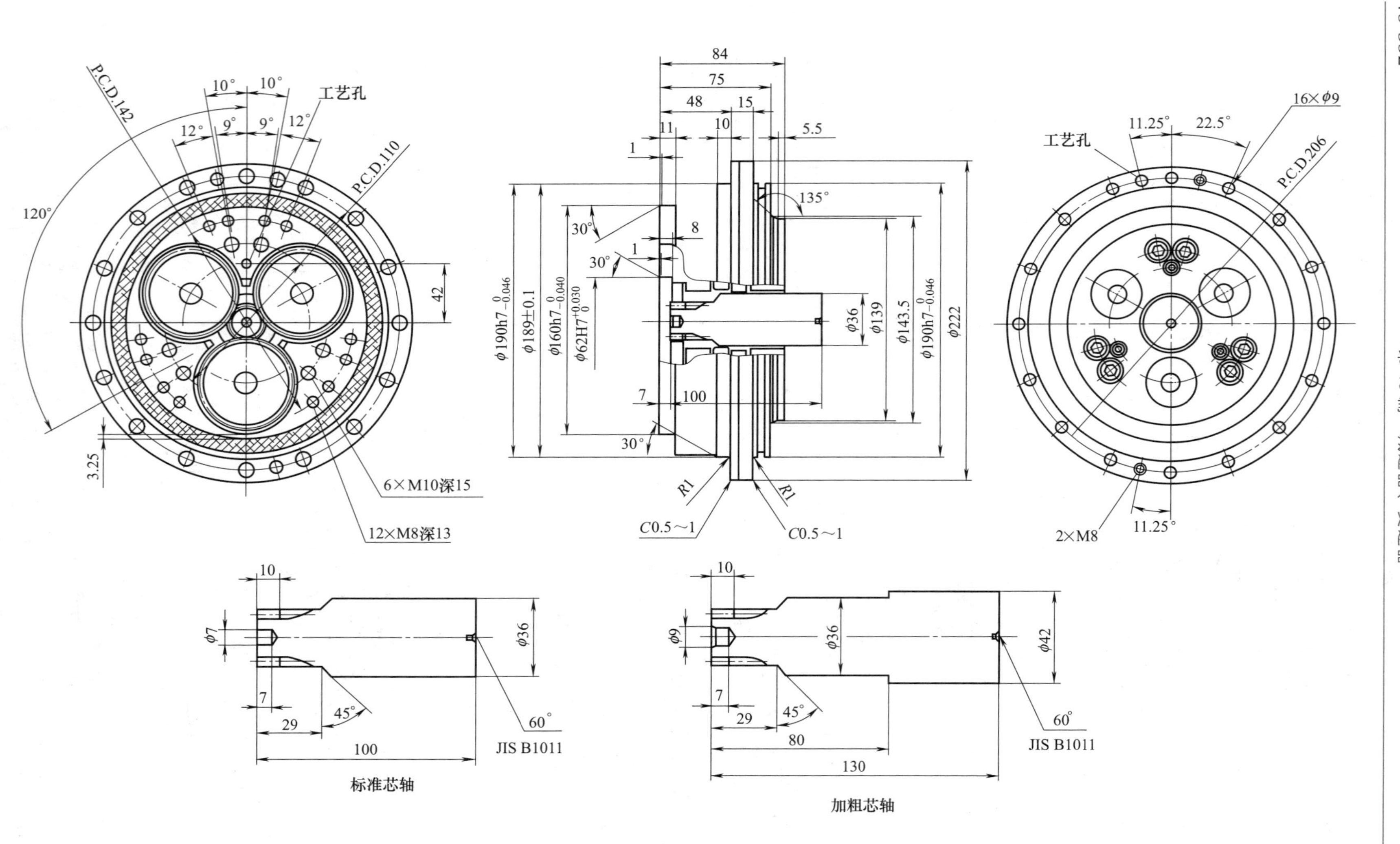

图 15-3-86 RV-80E-*-A/B-B 标准单元型减速器结构与尺寸（除 $R=57$ 外）

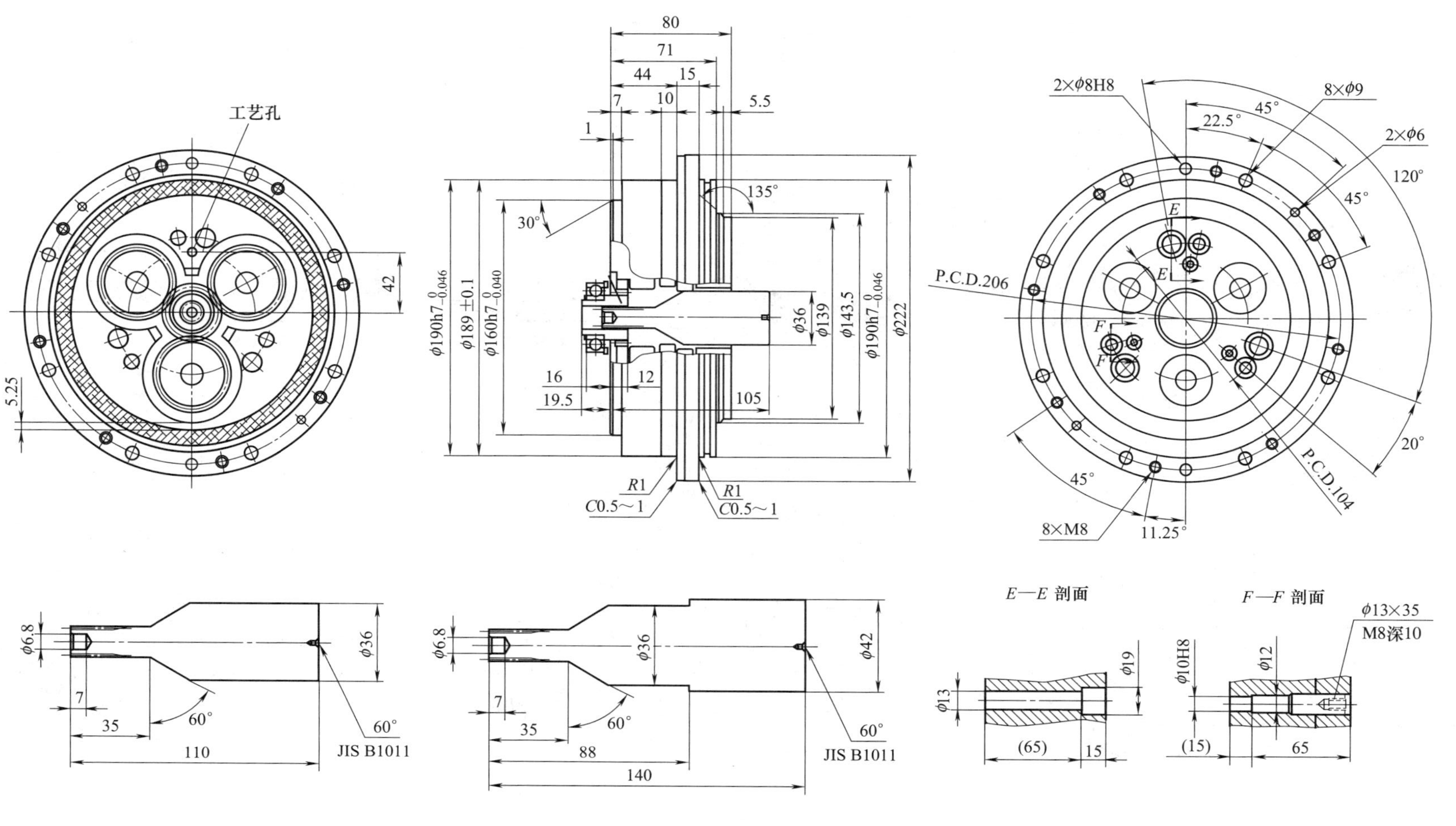

图 15-3-87　RV-80E-57-A/B-P 标准单元型减速器结构与尺寸

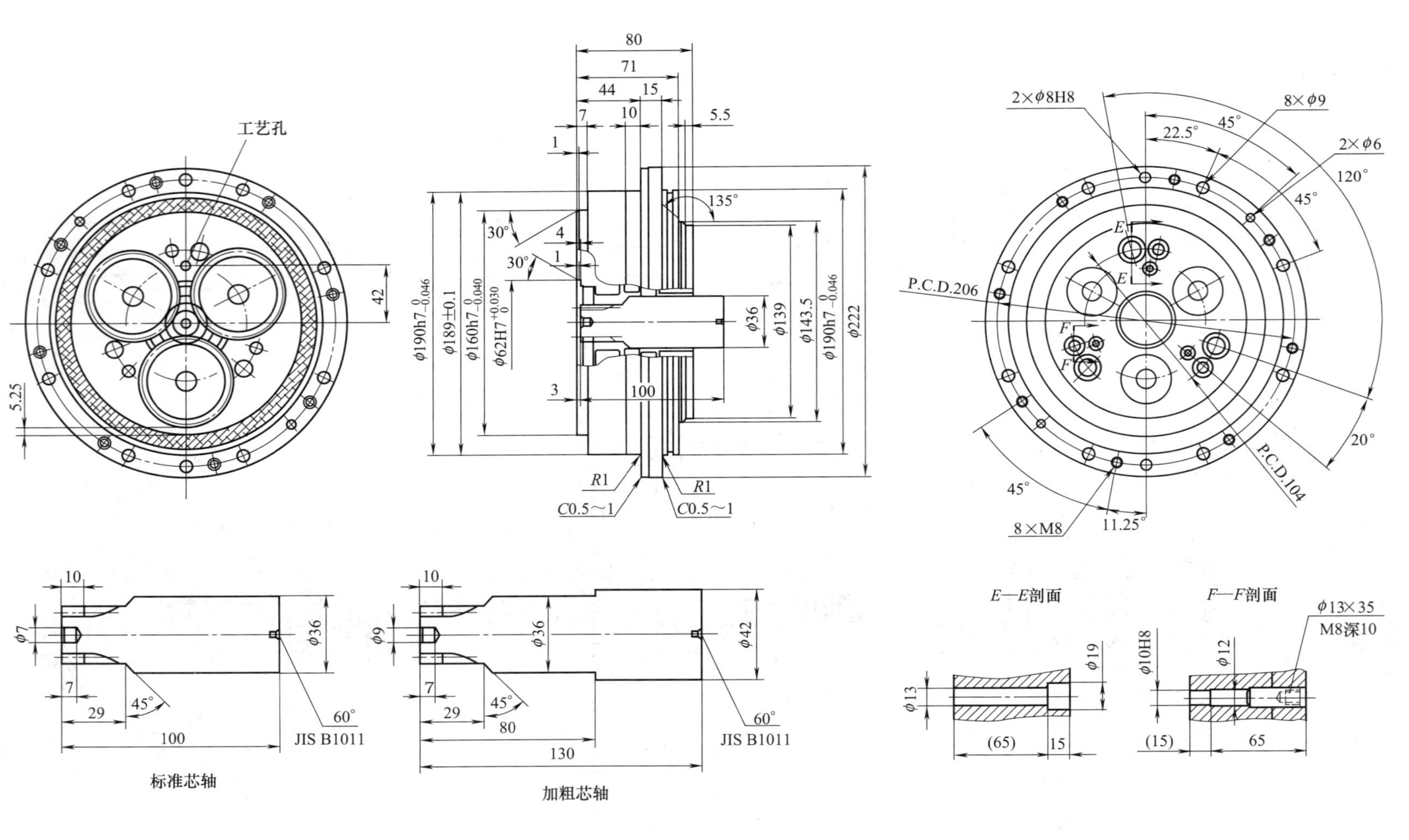

图 15-3-88　RV-80E-*-A/B-P 标准单元型减速器结构与尺寸（除 $R=57$ 外）

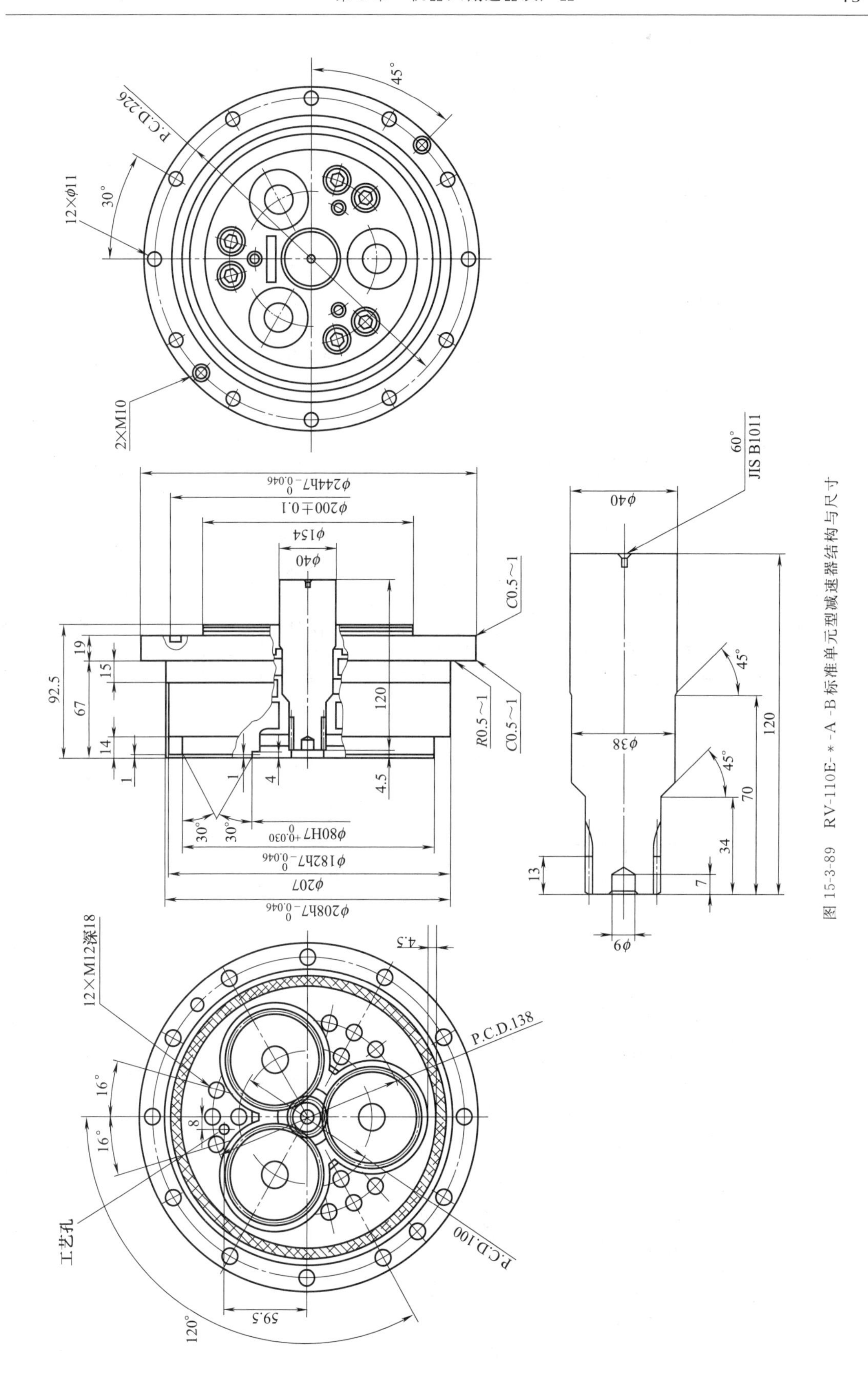

图 15-3-89　RV-110E-＊-A-B 标准单元型减速器结构与尺寸

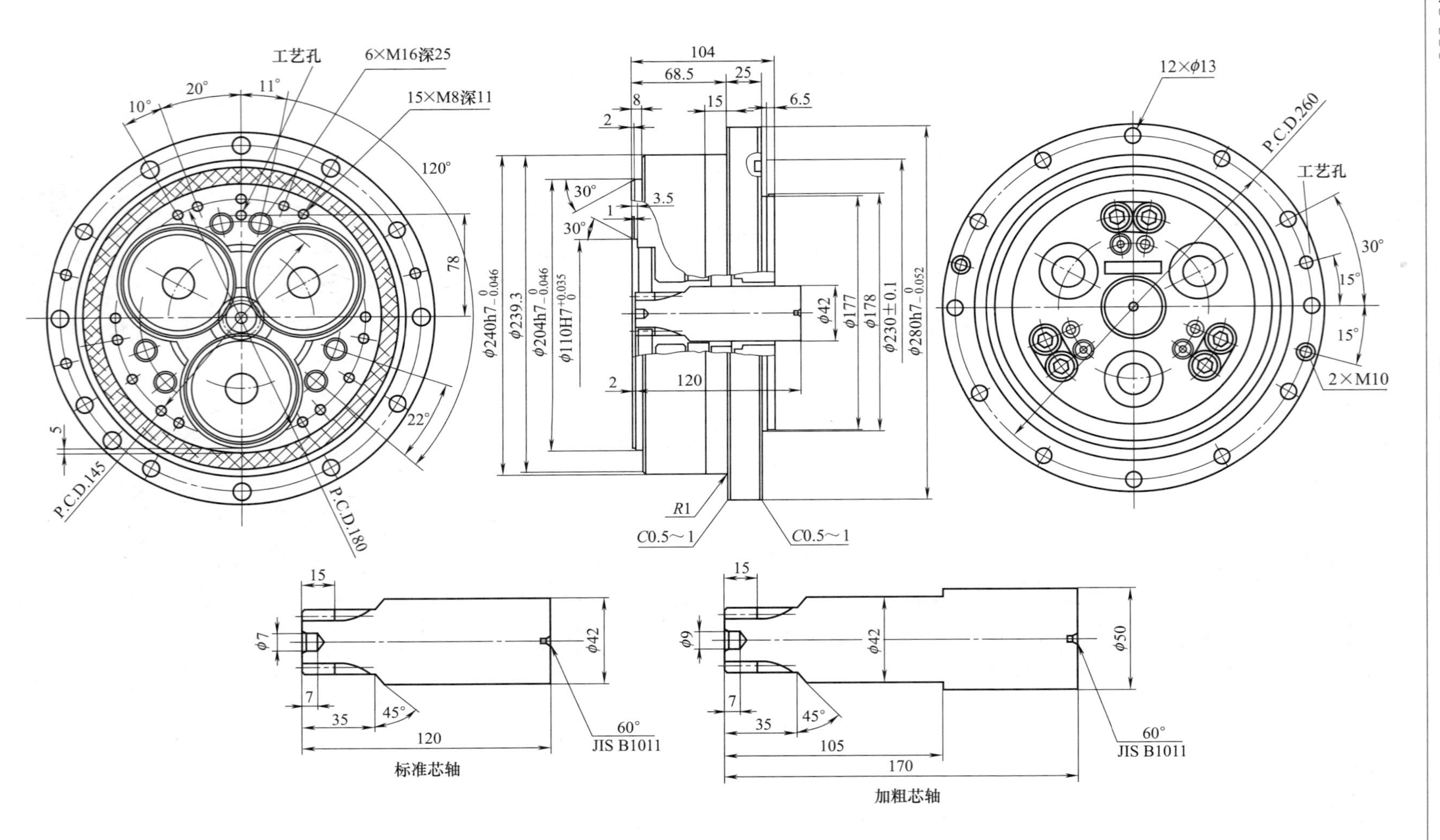

图 15-3-90 RV-160E-＊-A/B-B 标准单元型减速器结构与尺寸

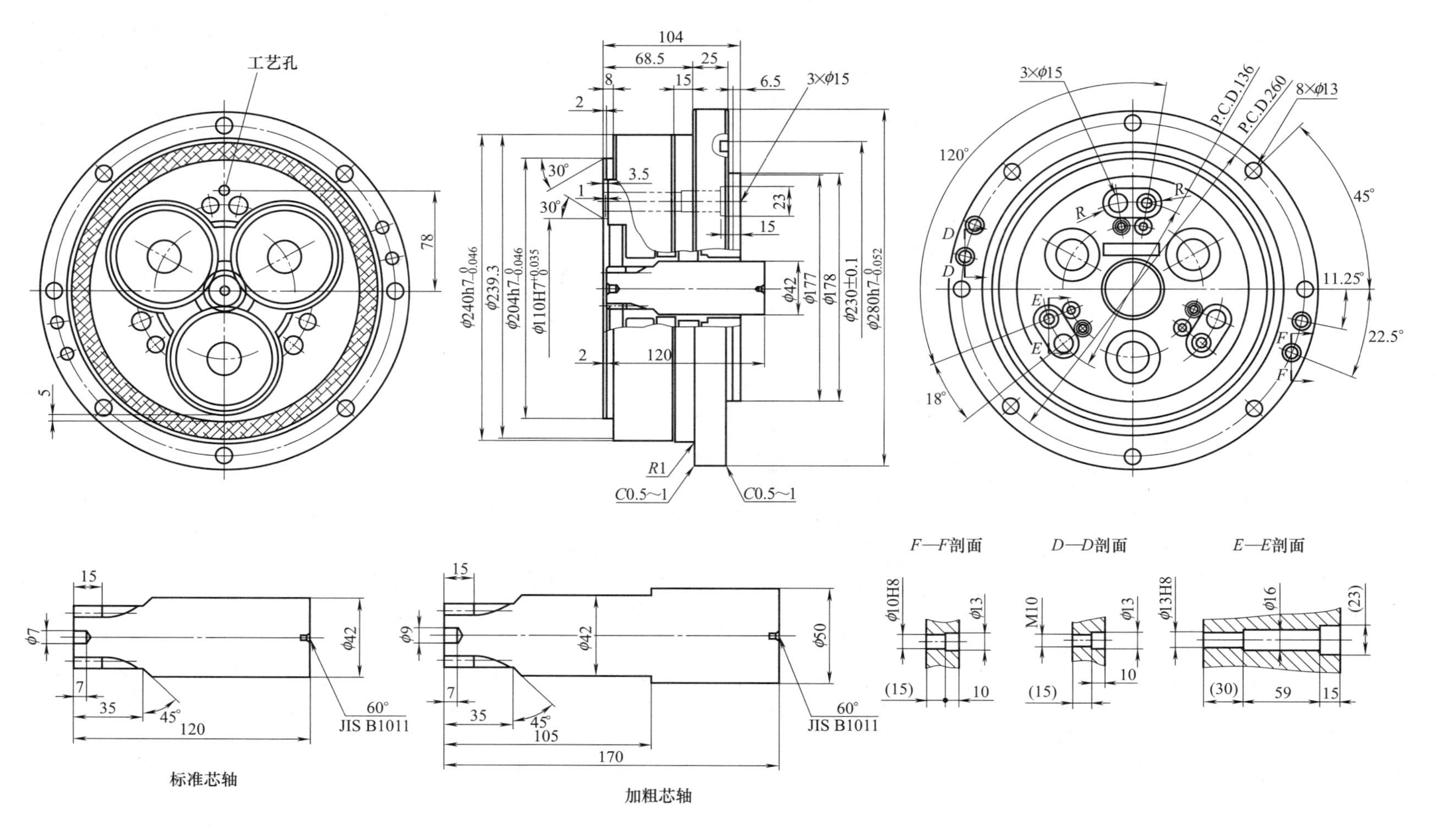

图 15-3-91　RV-160E-∗-A/B-P 标准单元型减速器结构与尺寸

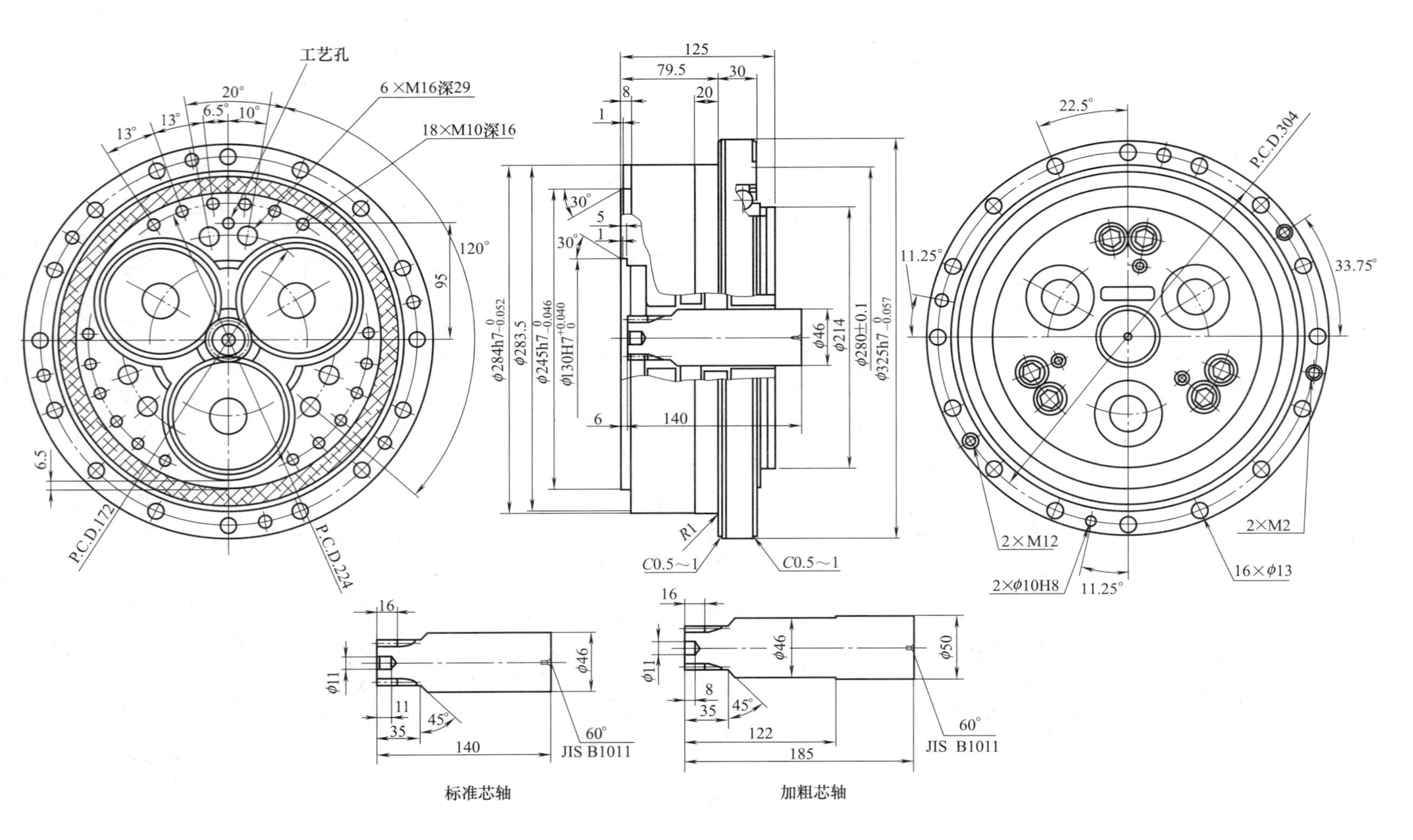

图 15-3-92　RV-320E-＊-A/B-B标准单元型减速器结构与尺寸

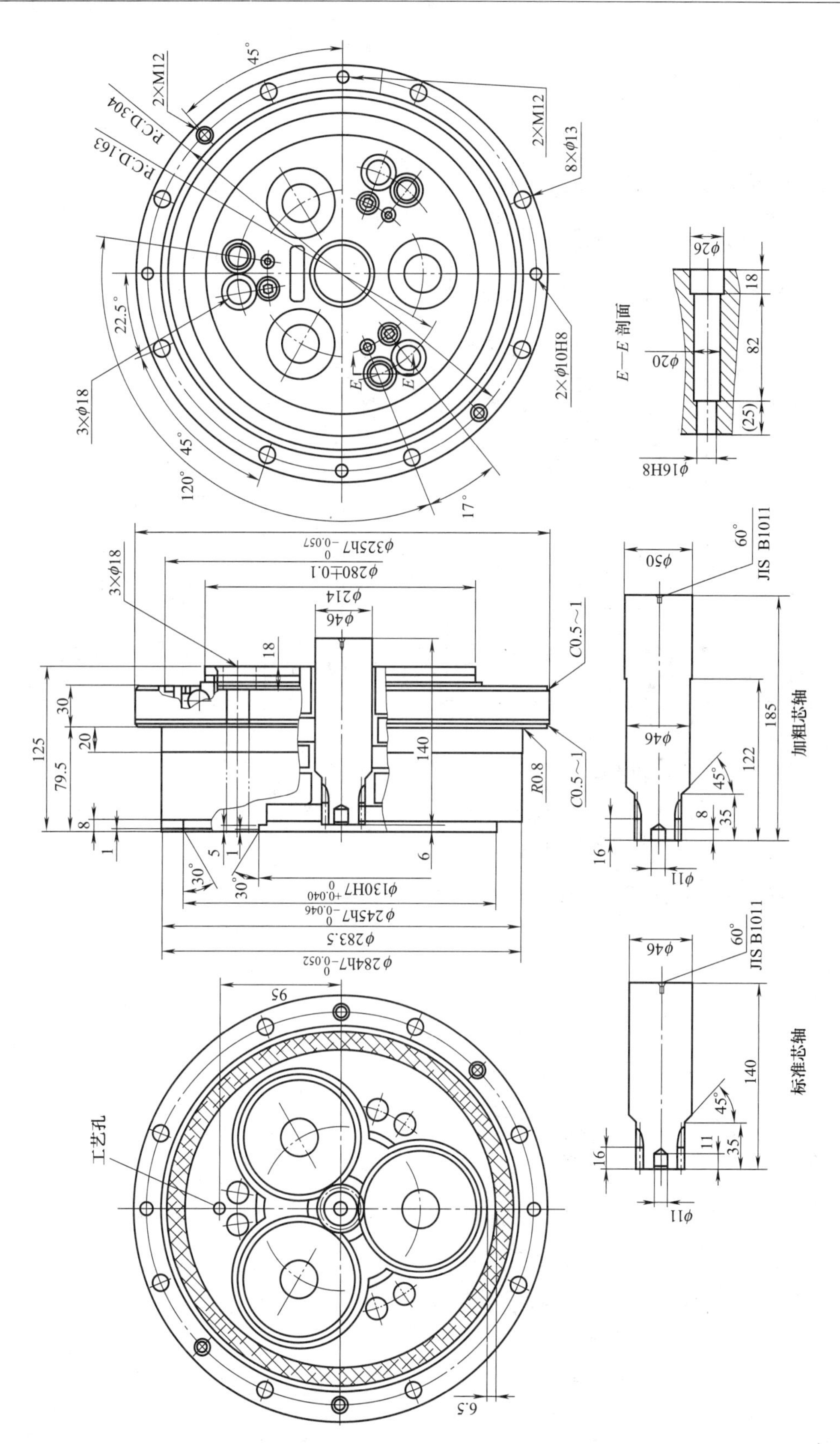

图 15-3-93　RV-320E-＊-A/B-P 标准单元型减速器结构与尺寸

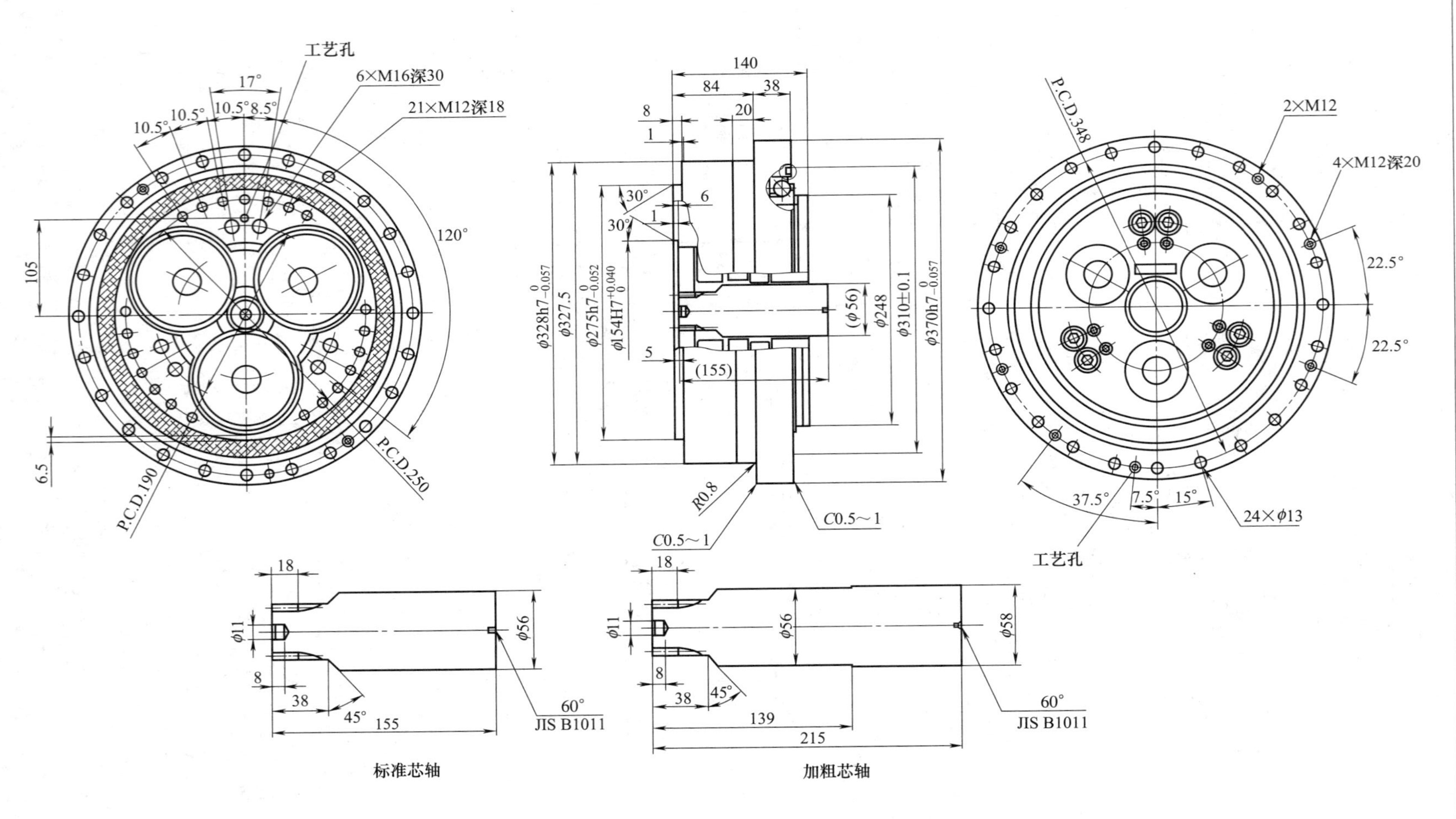

图 15-3-94 RV-450E-*-A/B-B标准单元型减速器结构与尺寸

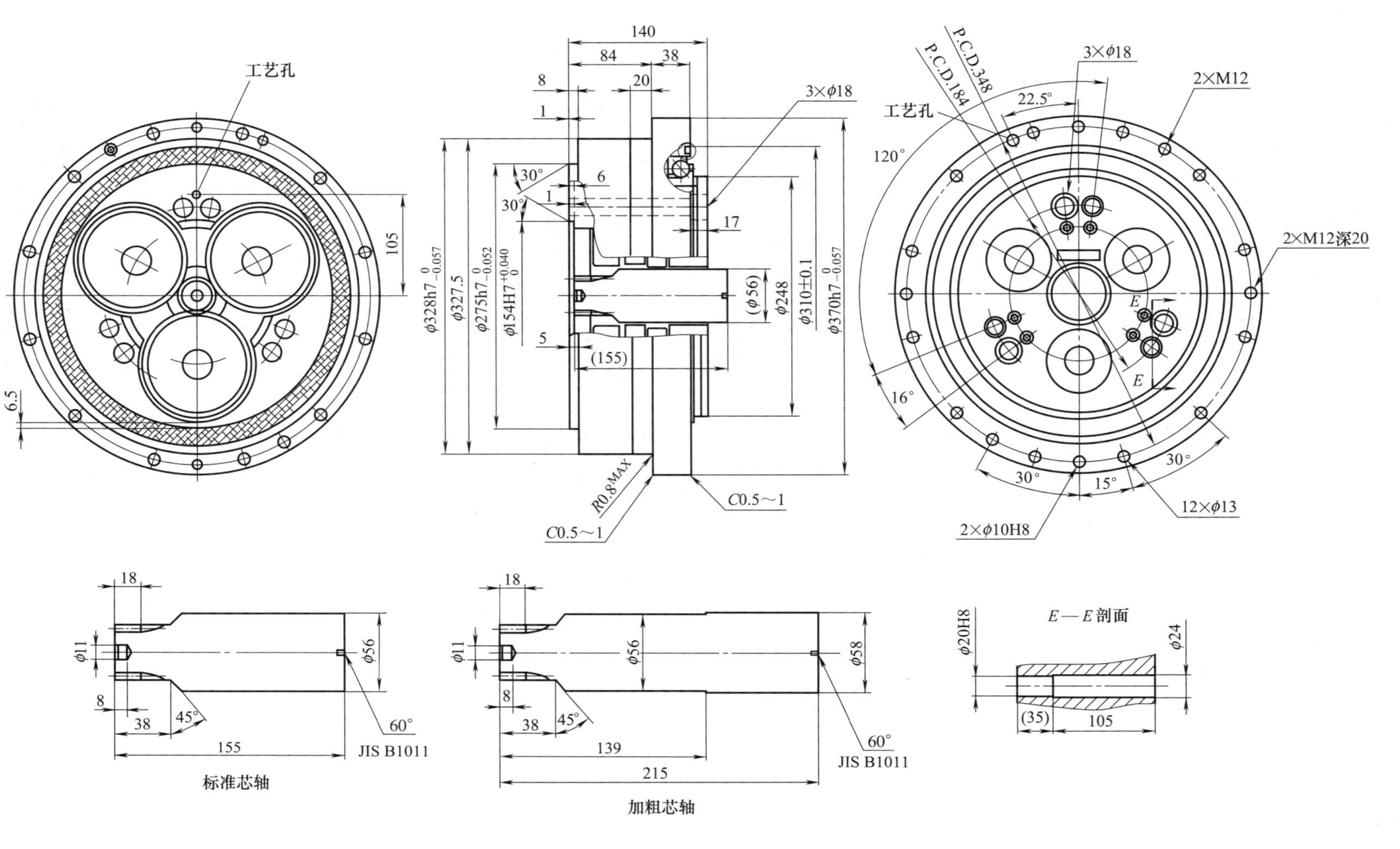

图 15-3-95　RV-450E-＊-A/B-P 标准单元型减速器结构与尺寸

（3）性能参数

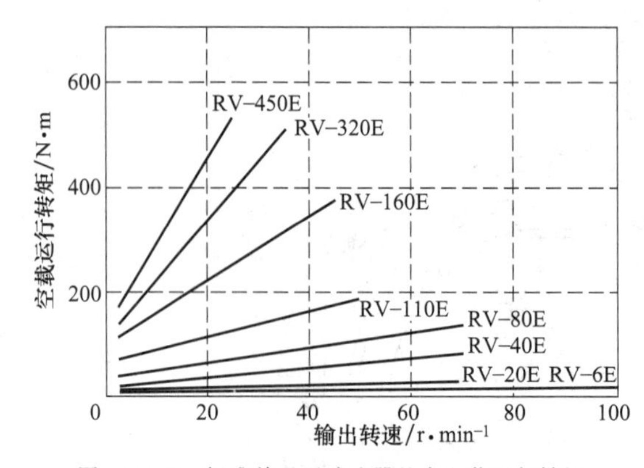

图 15-3-96　标准单元型减速器基本空载运行转矩

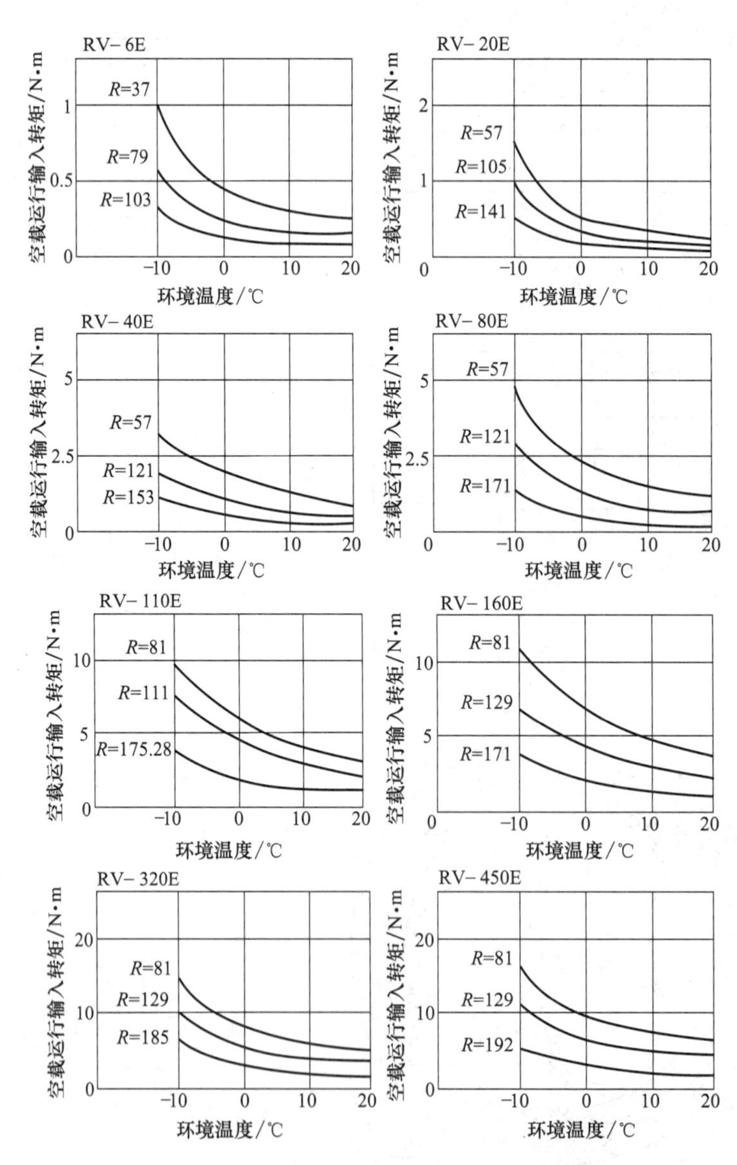

图 15-3-97　标准单元型减速器空载运行转矩低温修整

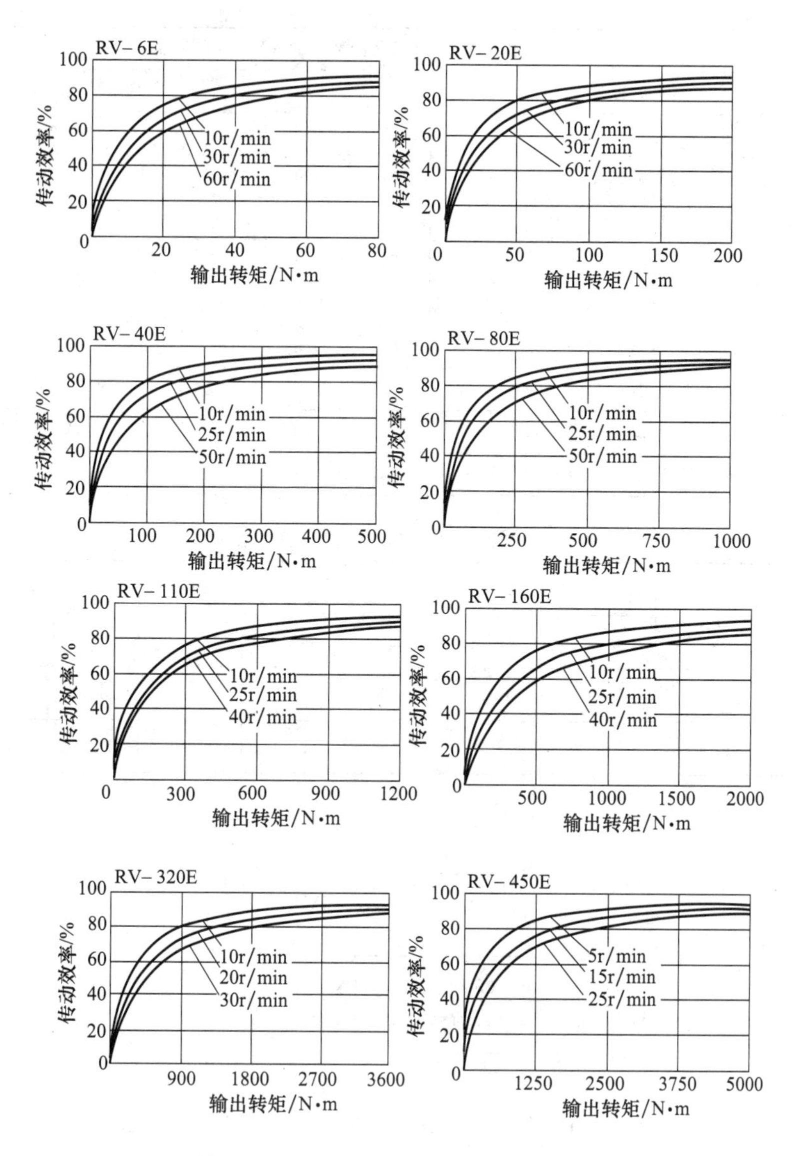

图 15-3-98　标准单元型减速器基本传动效率

表 15-3-106　　**基本型 RV 减速器输入惯量**

规格代号	基本减速比及惯量(折算到输入轴,不含芯轴)							
6E	基本减速比	31	43	53.5	59	79	103	—
	输入惯量/10^{-4}kg·m^2	0.00263	0.0020	0.00153	0.00139	0.00109	0.00074	—
20E	基本减速比	57	81	105	121	141	161	—
	输入惯量/10^{-4}kg·m^2	0.00966	0.00607	0.00432	0.00356	0.00288	0.00239	—
40E	基本减速比	57	81	105	121	153	—	—
	输入惯量/10^{-4}kg·m^2	0.0325	0.0220	0,0163	0.0137	0.0101	—	—

续表

规格代号	基本减速比及惯量(折算到输入轴,不含芯轴)							
80E	基本减速比	57	81	101	121	153	—	—
	输入惯量/10^{-4}kg·m^2	0.0816	0.0600	0.0482	0.0396	0.0298		
110E	基本减速比	81	111	161	175.28	—	—	—
	输入惯量/10^{-4}kg·m^2	0.0988	0.0696	0.0436	0.0389	—	—	—
160E	基本减速比	81	101	129	145	171	—	—
	输入惯量/10^{-4}kg·m^2	1.77	1.40	1.06	0.87	0.74	—	—
320E	基本减速比	81	101	118.5	129	141	171	185
	输入惯量/10^{-4}kg·m^2	4.83	3.79	3.15	2.84	2.54	1.97	1.77
450E	基本减速比	81	101	118.5	129	154.8	171	192.4
	输入惯量/10^{-4}kg·m^2	8.75	6.91	5.75	5.20	4.12	3.61	3.07

表 15-3-107　　标准单元型减速器力矩刚度与轴承参数

规格代号(RV-)		6E	20E	40E	80E	110E	160E	320E	450E
力矩刚度/10^4 N·m·rad^{-1}		40.3	128	321	405	507	1014	1690	2568
输出轴承参数(参见 3.5.3 节)	a/mm	17.6	20.1	29.6	33.4	32.2	47.8	56.4	69.0
	b/mm	91.6	113.3	143.7	166.0	176.6	210.9	251.4	392.7

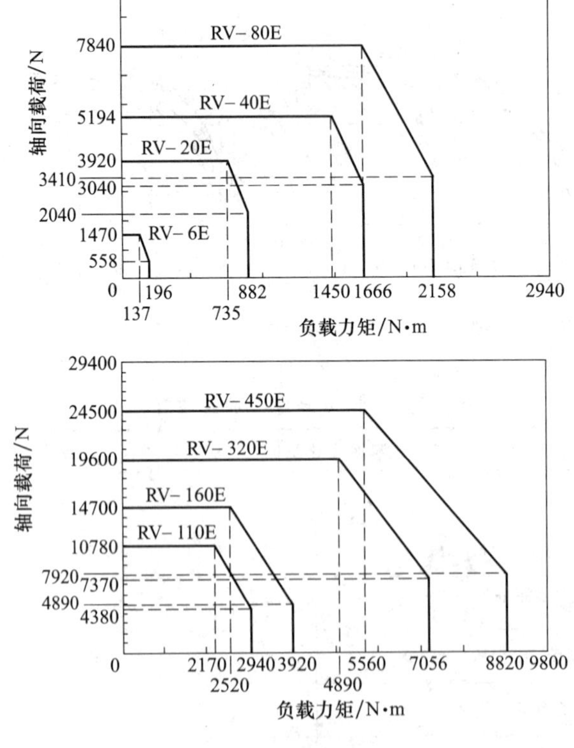

图 15-3-99　标准单元型减速器负载力矩与轴向载荷

3.7.3　中空单元型RV减速器

(1) 型号与规格

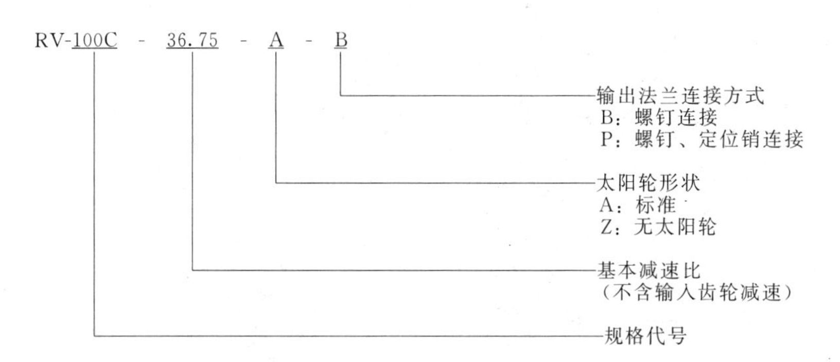

表15-3-108　中空单元型RV减速器主要技术参数

规格代号	10C	27C	50C	100C	200C	320C	500C
基本减速比(不含输入轴减速)	27	36.57①	32.54①	36.75	34.86①	35.61①	37.34①
额定输出转速/$r \cdot min^{-1}$	15						
额定输出转矩/N·m	98	265	490	980	1960	3136	4900
额定输入功率/kW	0.21	0.55	1.03	2.05	4.11	6.57	10.26
启制动峰值转矩/N·m	245	662	1225	2450	4900	7840	12250
瞬间最大转矩/N·m	490	1323	2450	4900	9800	15680	24500
最高输出转速/$r \cdot min^{-1}$	80	60	50	40	30	25	20
空程与间隙/10^{-4} rad	2.9						
传动精度参考值/10^{-4} rad	1.2～2.9						
弹性系数/10^4 $N \cdot m \cdot rad^{-1}$	16.2	50.7	87.9	176	338	676	1183
允许负载力矩/N·m	686	980	1764	2450	8820	20580	34300
瞬间最大力矩/N·m	1372	1960	3528	4900	17640	39200	78400
力矩刚度/10^4 $N \cdot m \cdot rad^{-1}$	145	368	676	970	3379	4393	8448
最大轴向载荷/N	5880	8820	11760	13720	19600	29400	39200
额定寿命/h	6000						
本体惯量/10^{-4} $kg \cdot m^2$	0.138	0.550	1.82	4.75	13.9	51.8	99.6
太阳轮惯量/10^{-4} $kg \cdot m^2$	6.78	5.63	36.3	95.3	194	405	1014
本体质量/kg	4.6	8.5	14.6	19.5	55.6	79.5	154

① 基本减速比36.57、32.54、34.86、35.61、37.34分别是实际减速比1390/38、1985/61、1499/43、2778/78、3099/83的近似值。

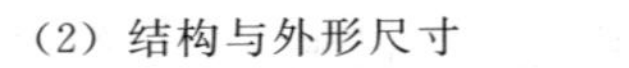
(2) 结构与外形尺寸

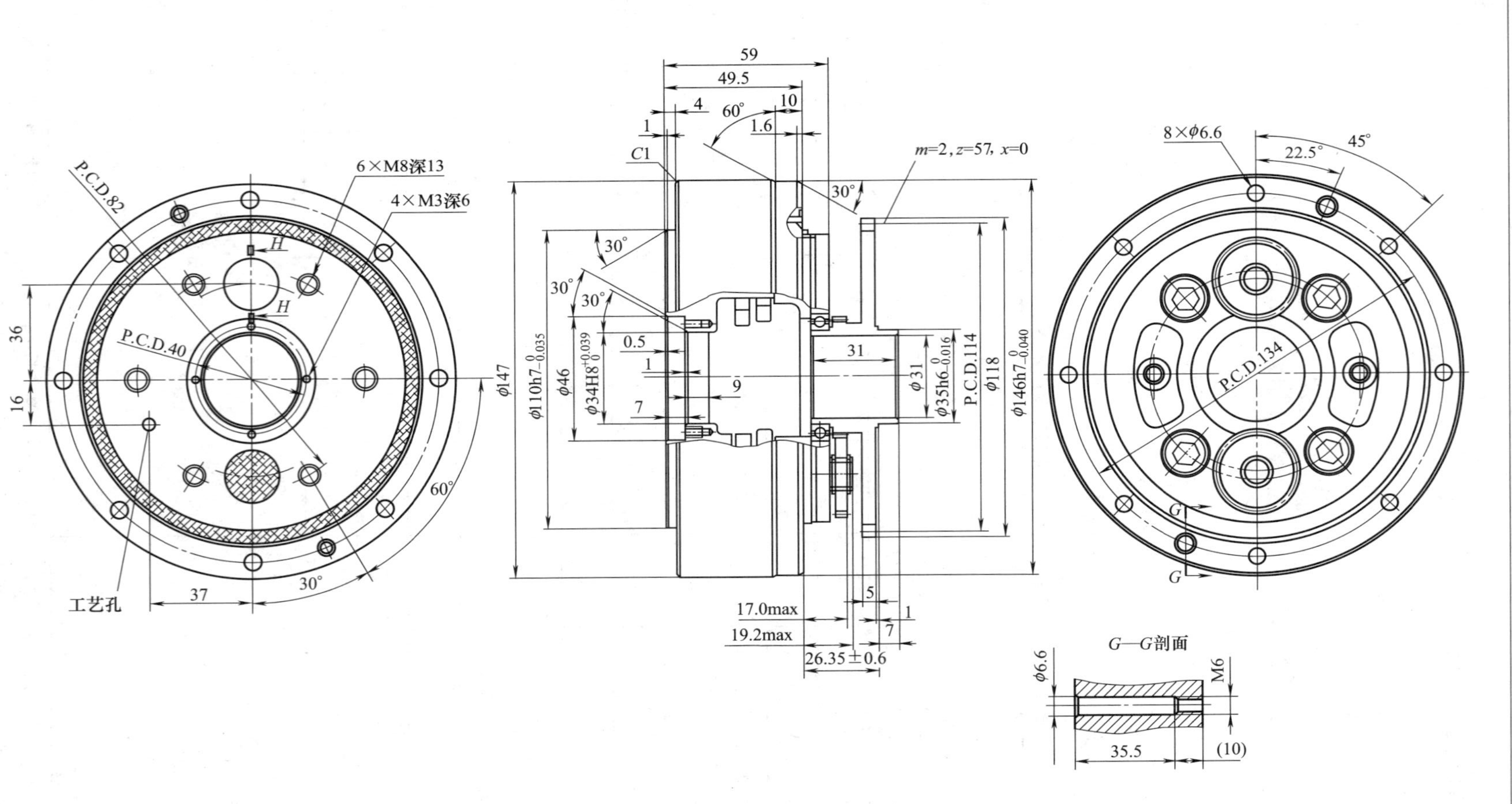

图 15-3-100 RV-10C-27-A-B 中空单元型减速器结构与尺寸

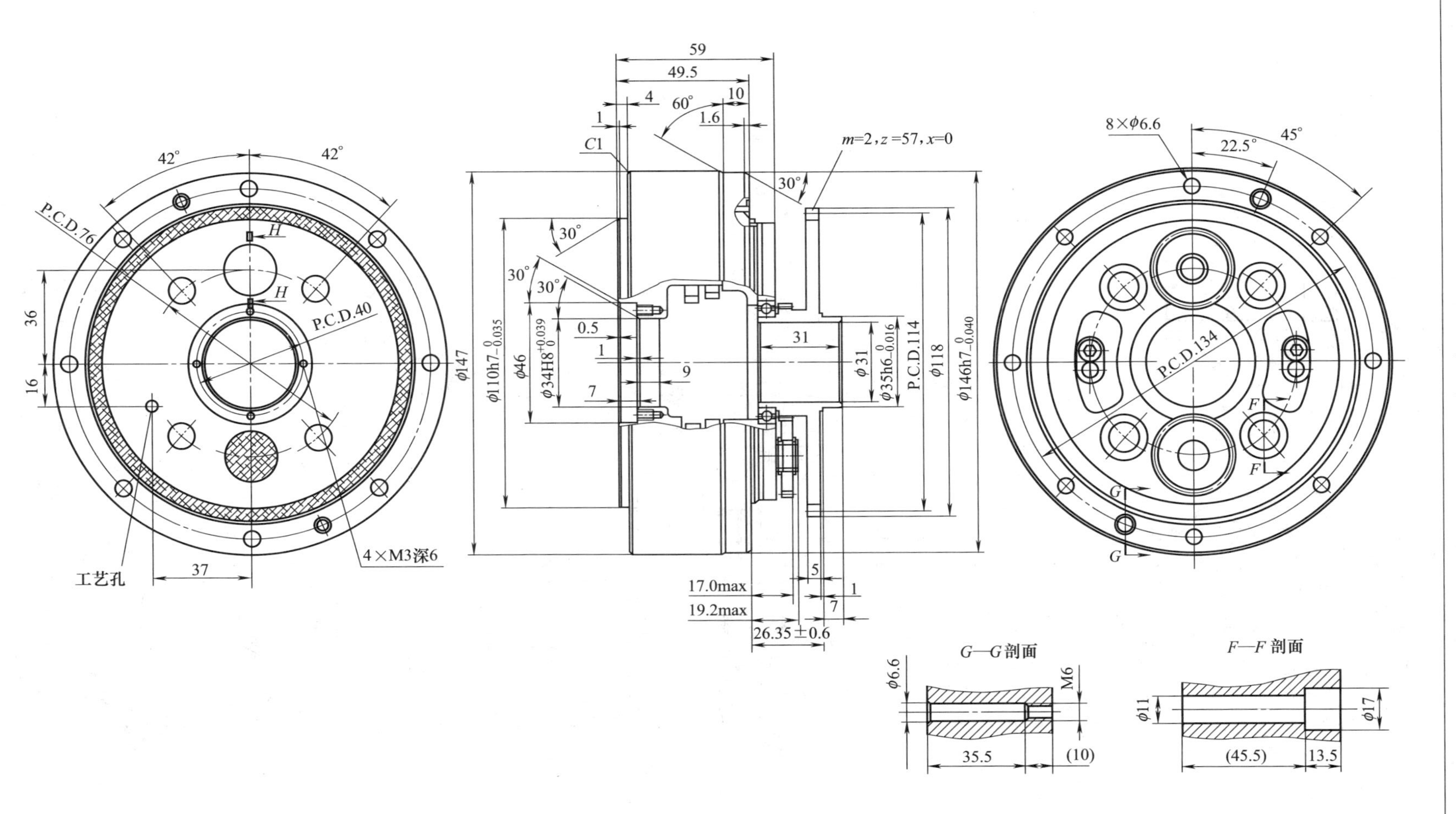

图 15-3-101　RV-10C-27-A-T 中空单元型减速器结构与尺寸

第15篇

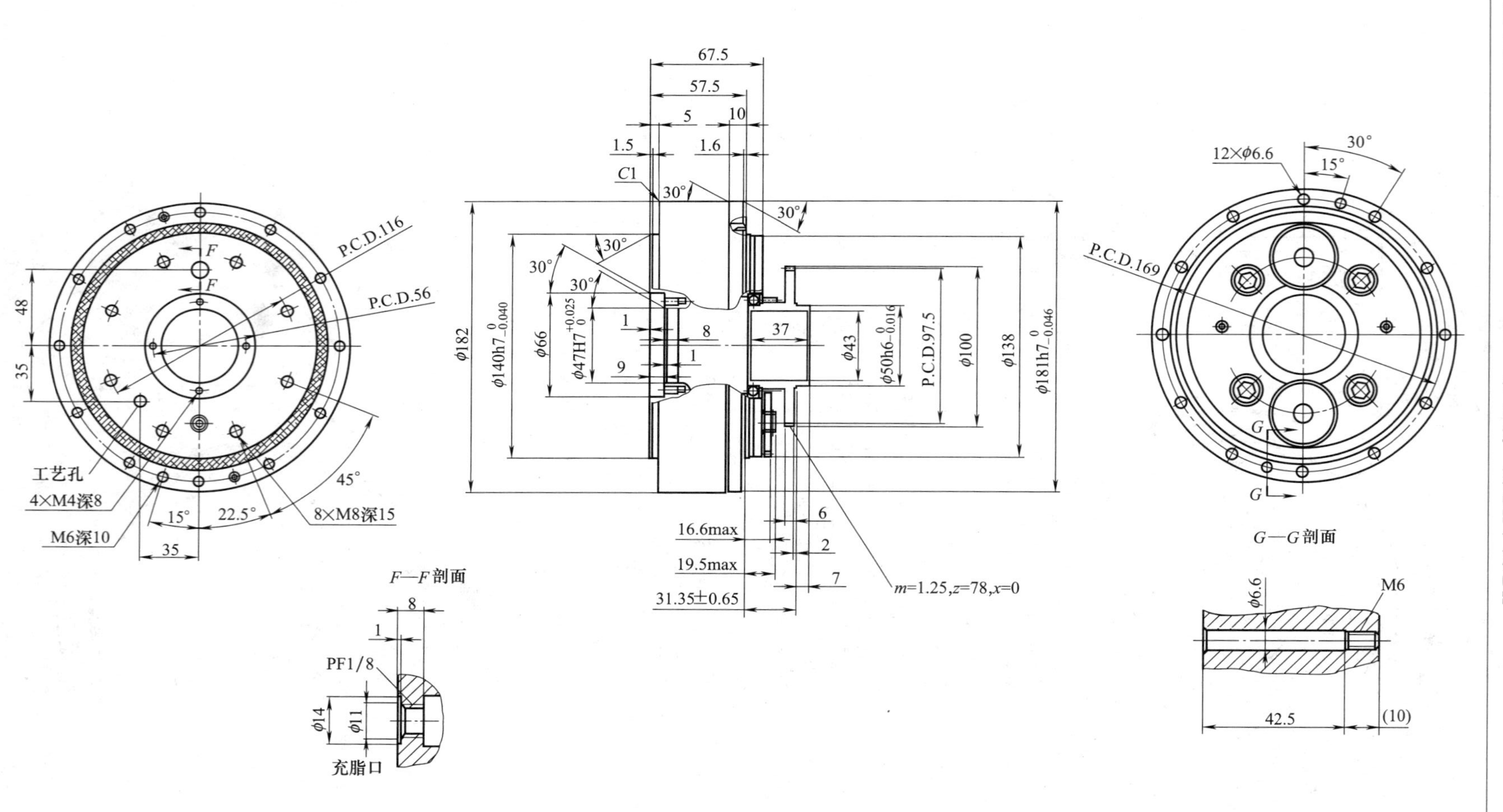

图 15-3-102 RV-27C-36. 57-A-B 中空单元型减速器结构与尺寸

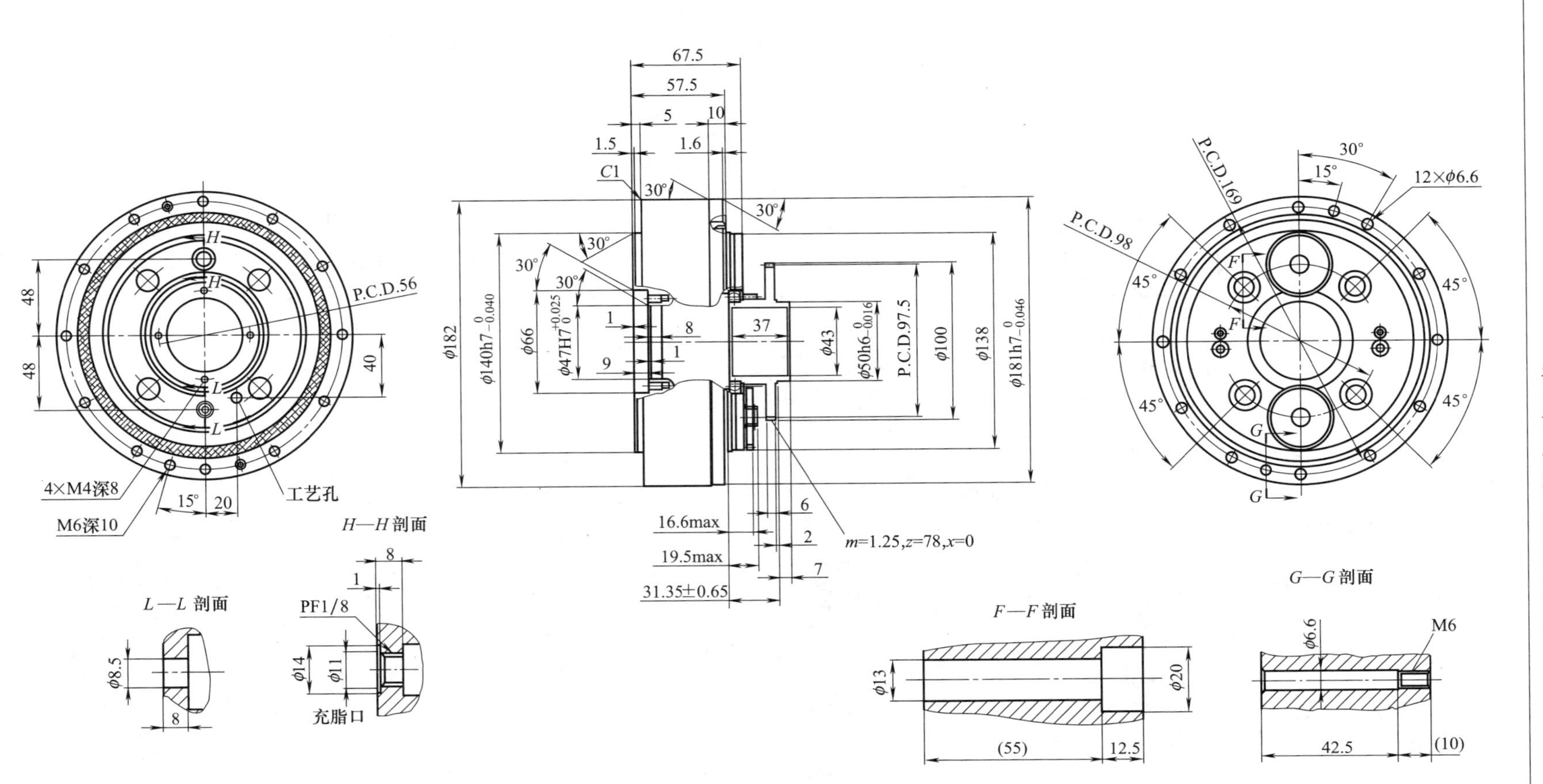

图 15-3-103　RV-27C-36. 57-A-T 中空单元型减速器结构与尺寸

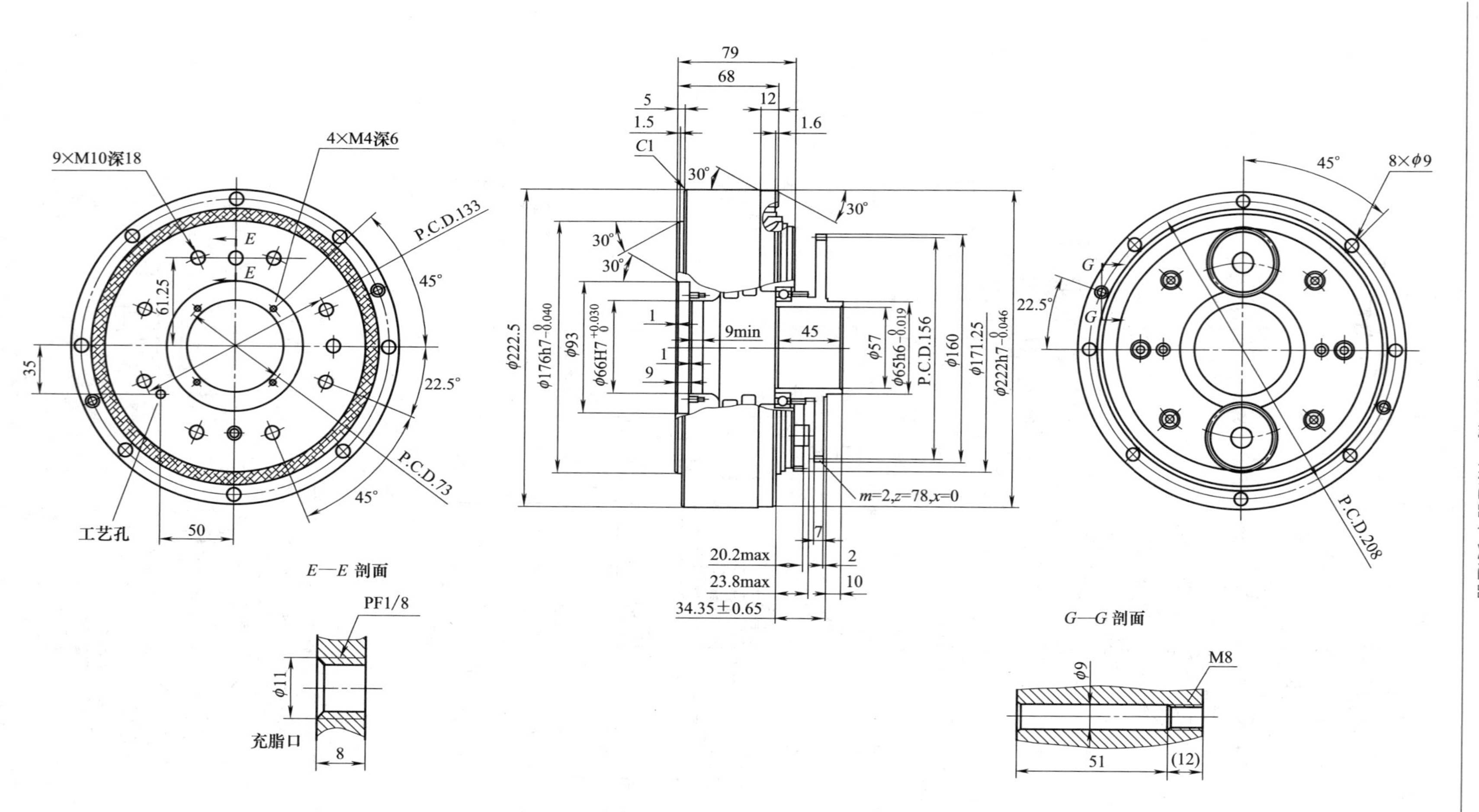

图 15-3-104　RV-50C-32. 54-A-B 中空单元型减速器结构与尺寸

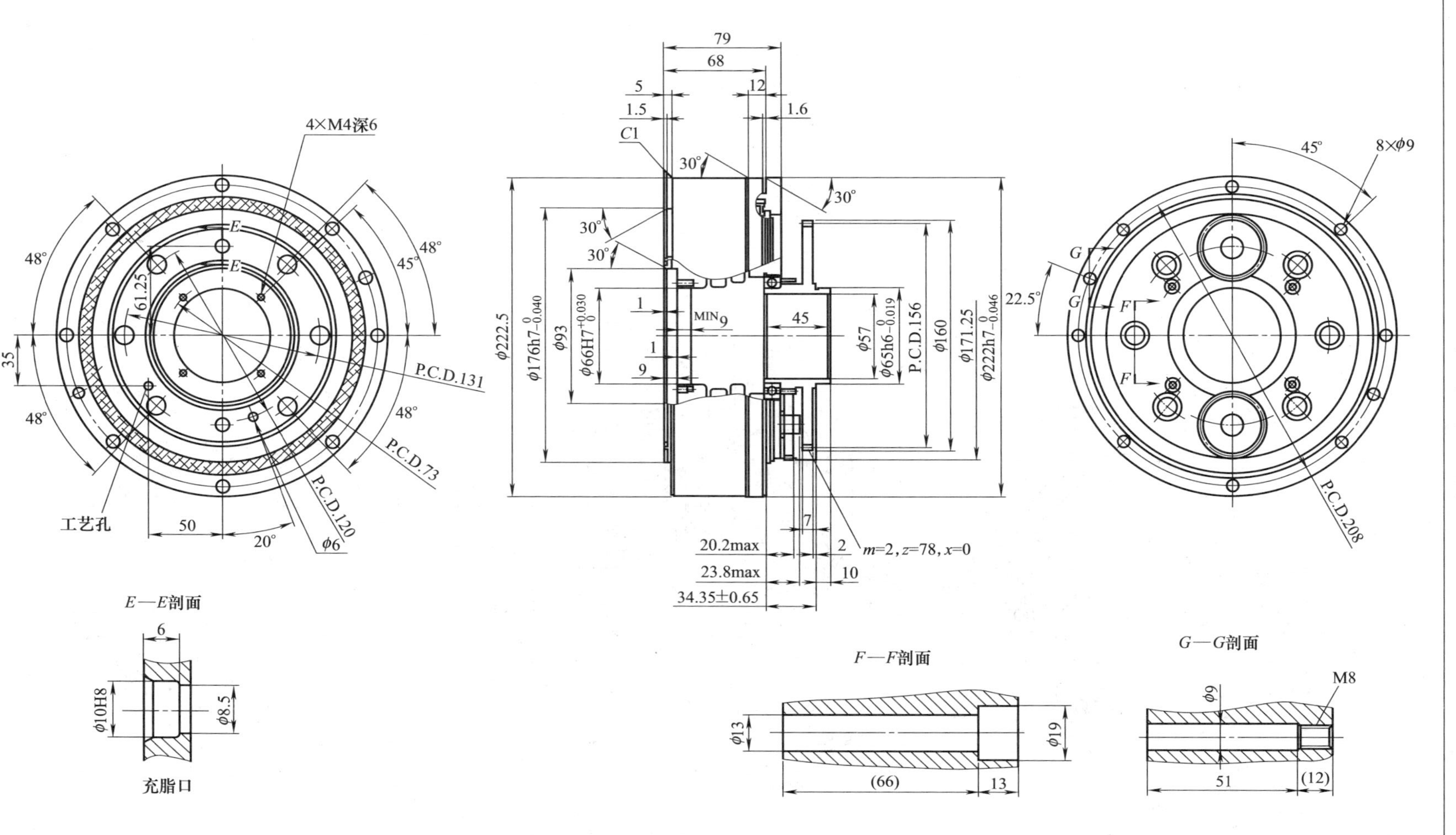

图 15-3-105　RV-50C-32.54-A-T 中空单元型减速器结构与尺寸

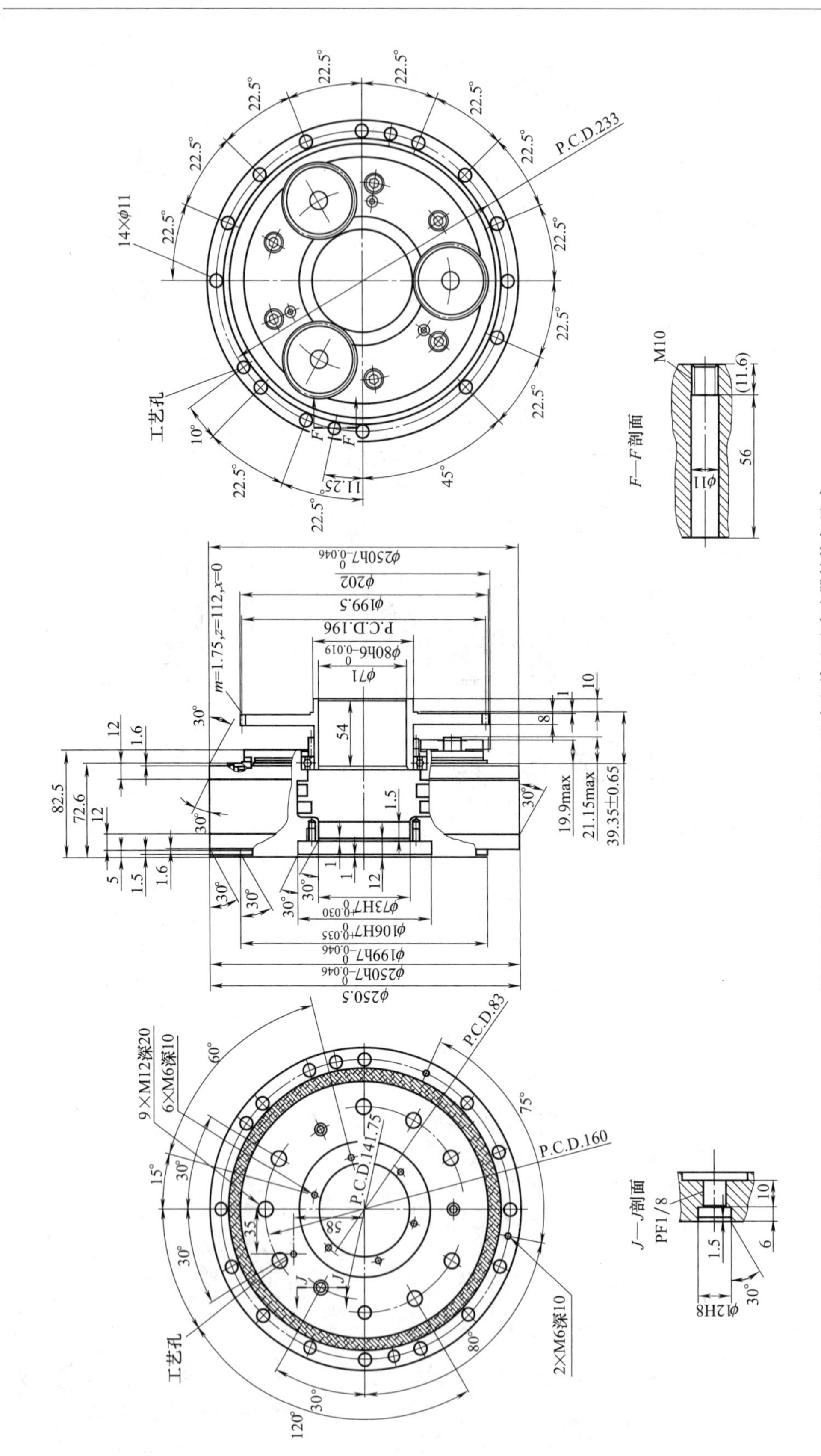

图 15-3-106 RV-100C-36.75-A-B 中空单元型减速器结构与尺寸

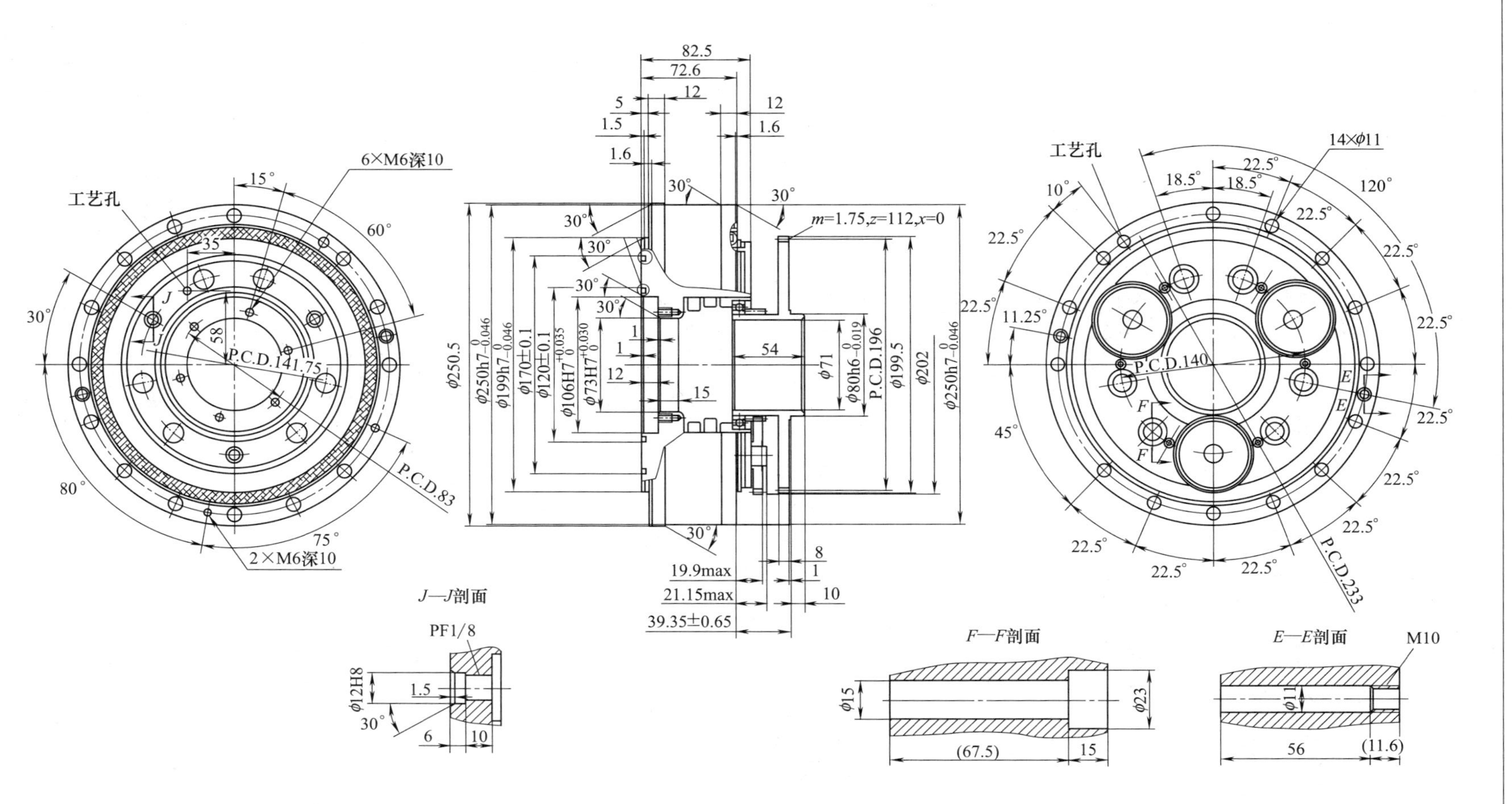

图 15-3-107　RV-100C-36. 75-A-T 中空单元型减速器结构与尺寸

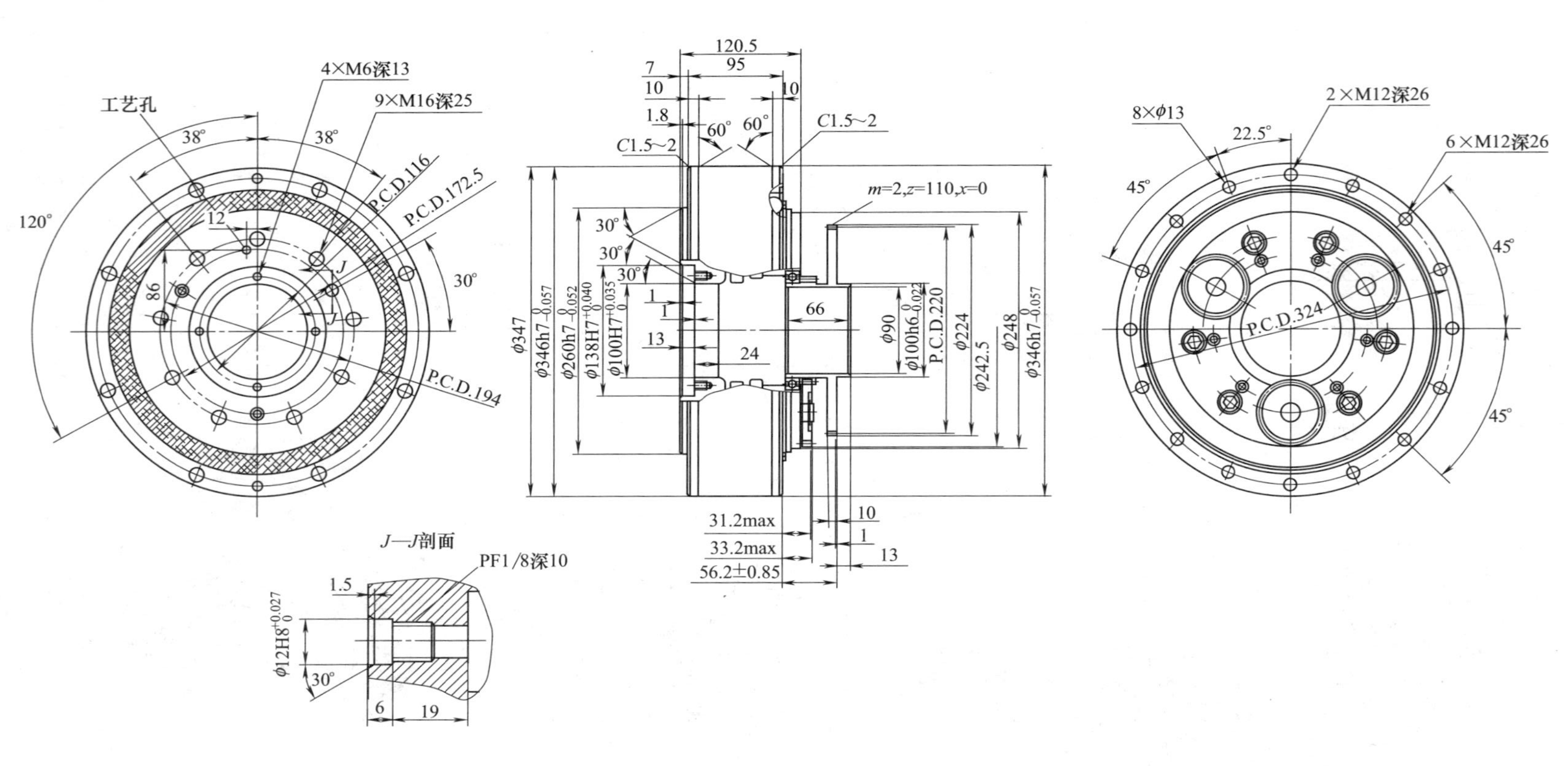

图 15-3-108 RV-200C-34.86-A-B中空单元型减速器结构与尺寸

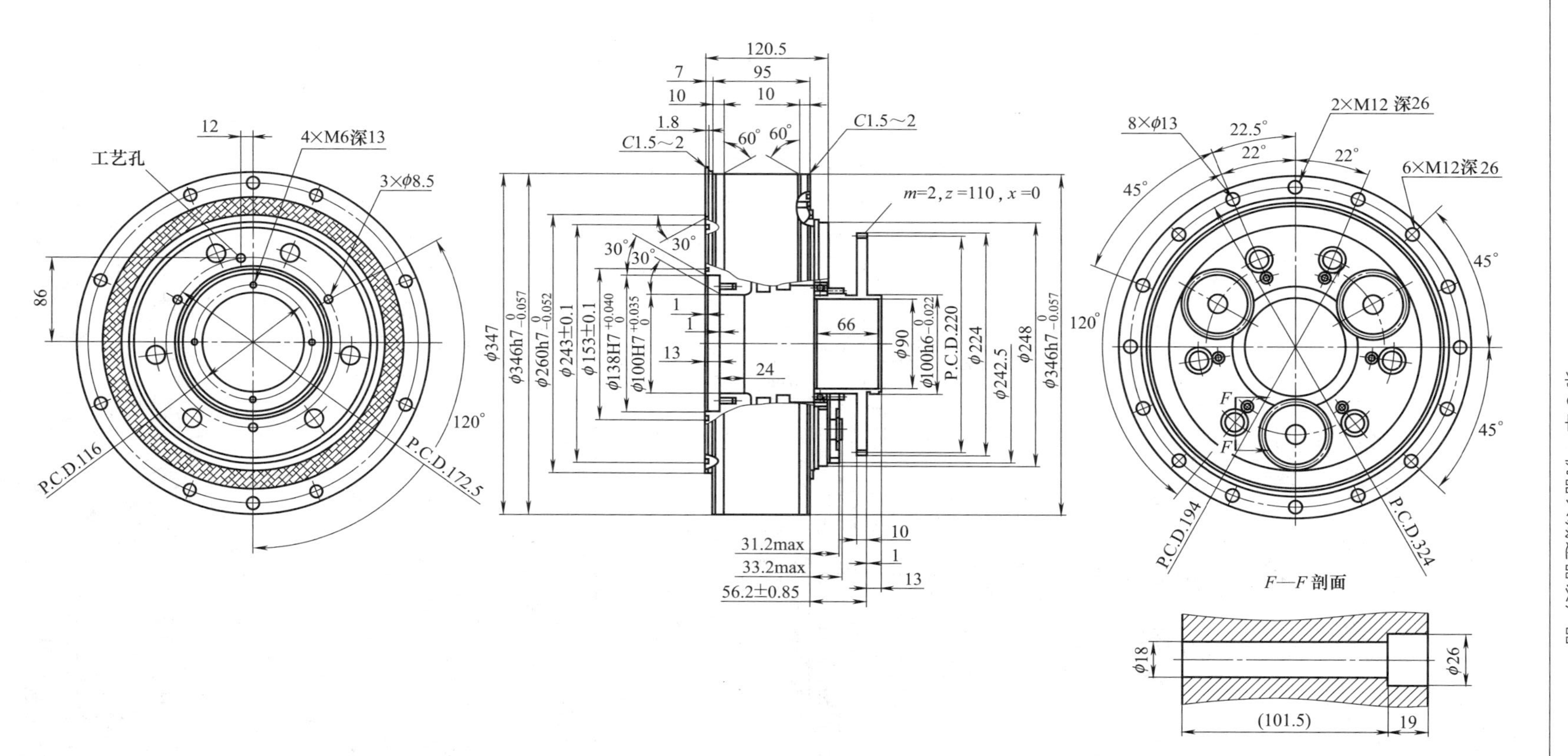

图 15-3-109　RV-200C-34.86-A-T 中空单元型减速器结构与尺寸

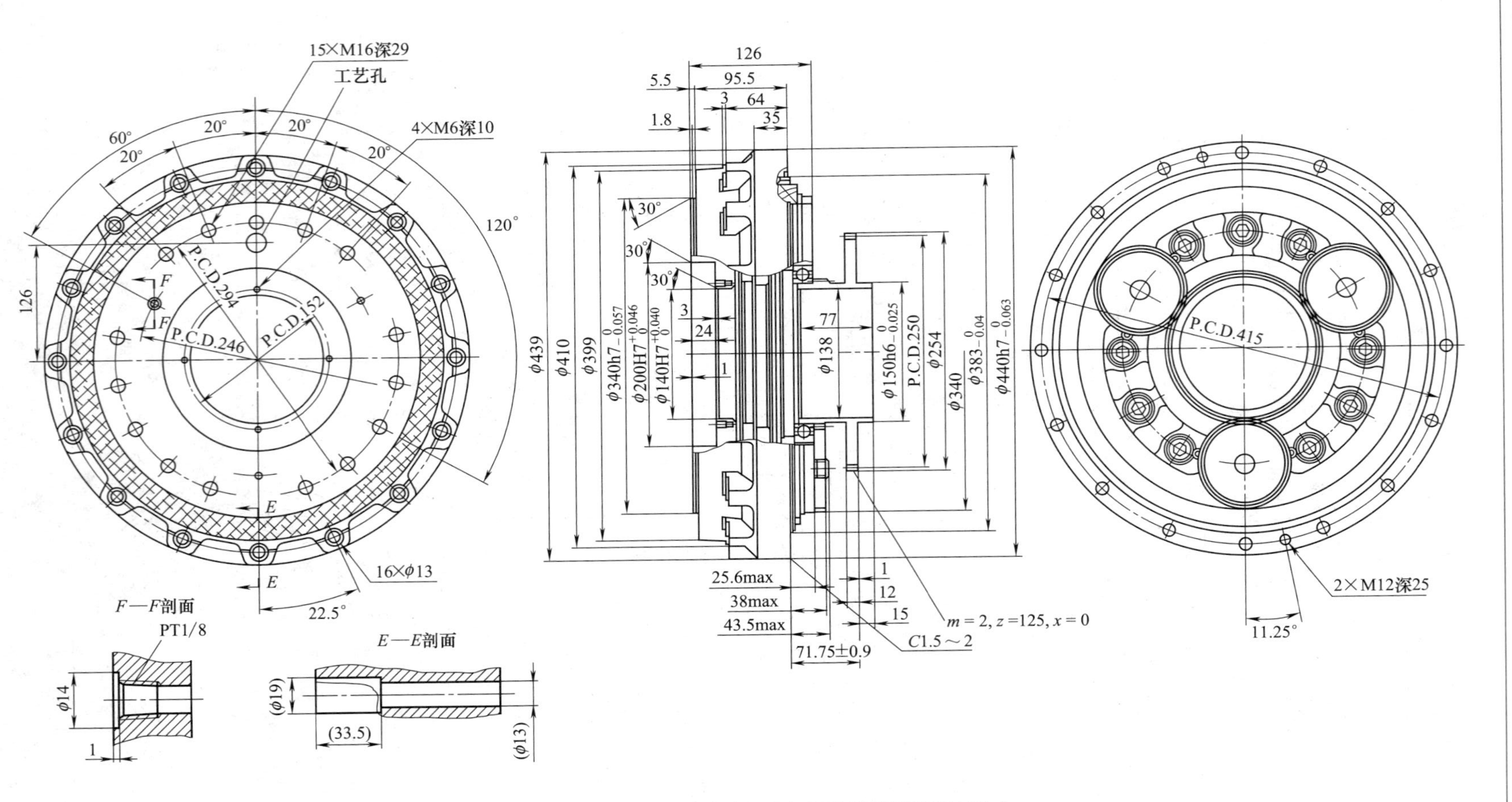

图 15-3-110　RV-320C-35. 61-A-B 中空单元型减速器结构与尺寸

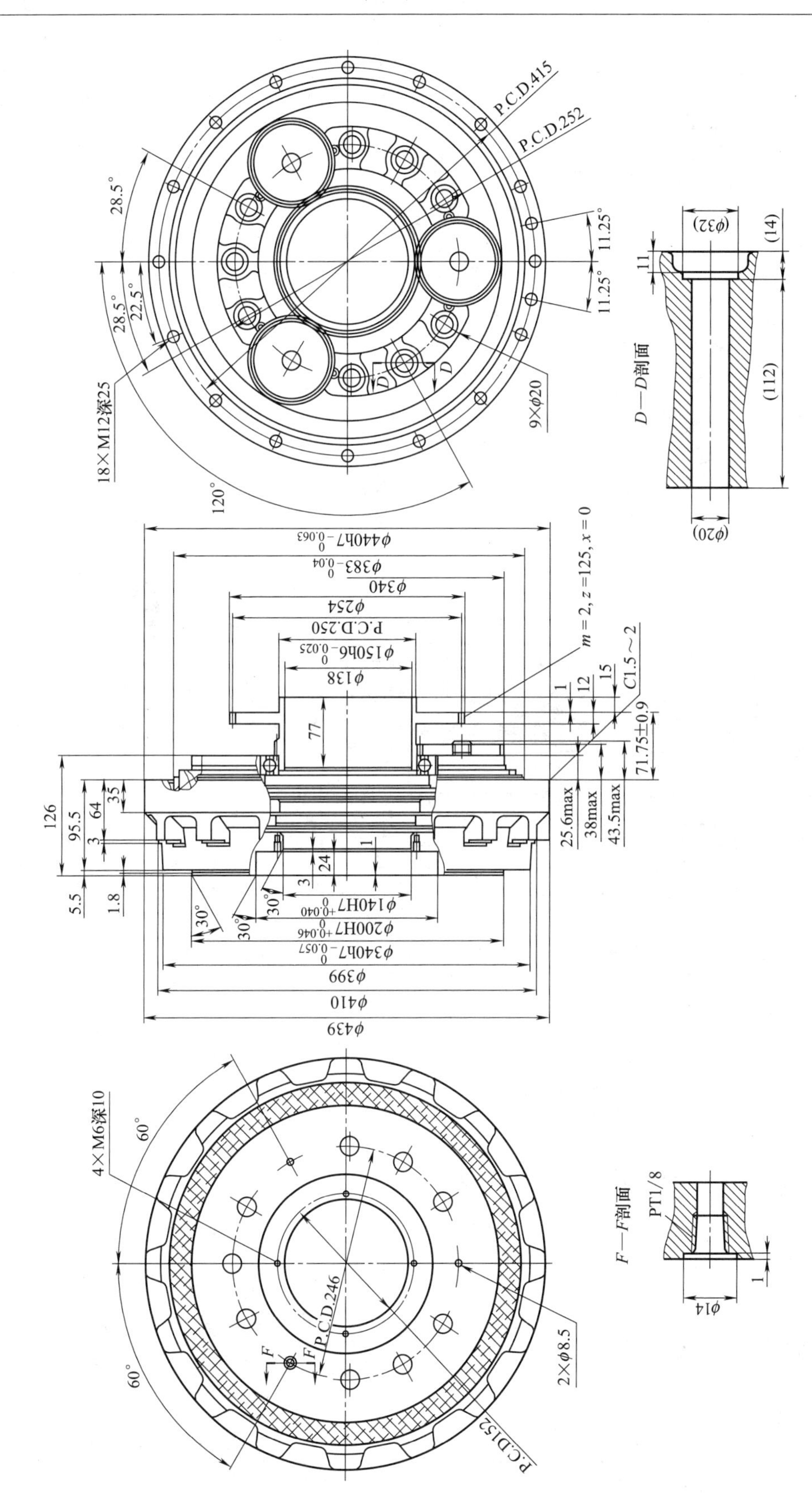

图 15-3-111　RV-320C-35. 61-A-T 中空单元型减速器结构与尺寸

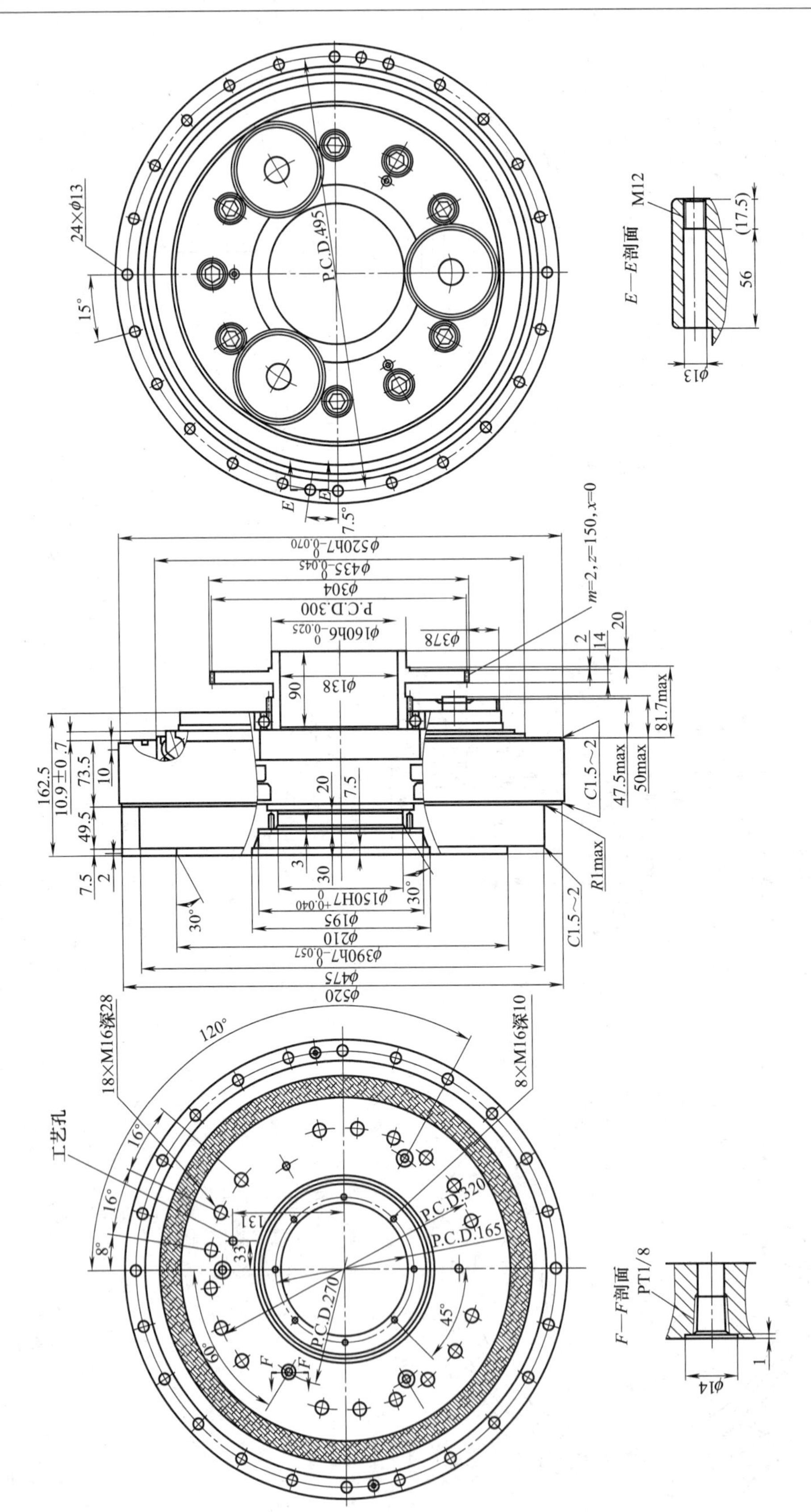

图 15-3-112　RV-500C-37. 34-A-B 中空单元型减速器结构与尺寸

（3）性能参数

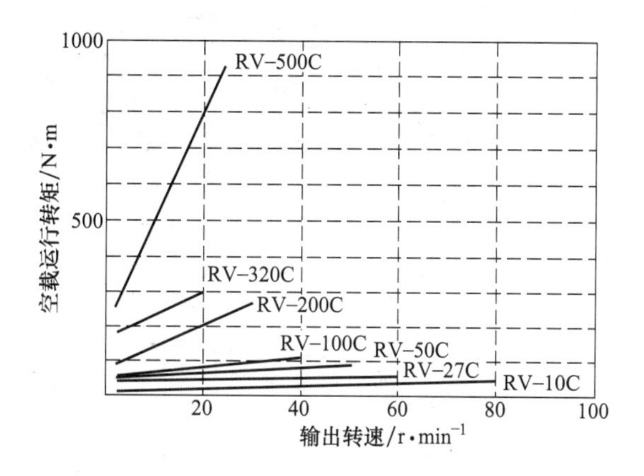

图 15-3-113　中空单元型减速器基本空载运行转矩

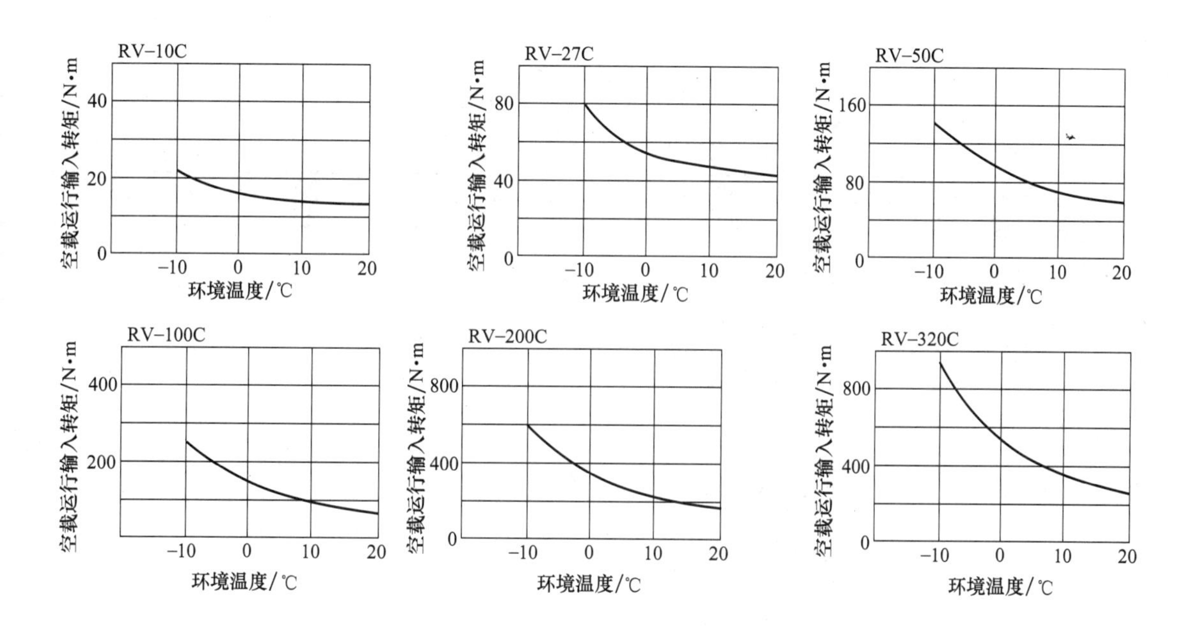

图 15-3-114　中空单元型减速器空载运行转矩低温修整

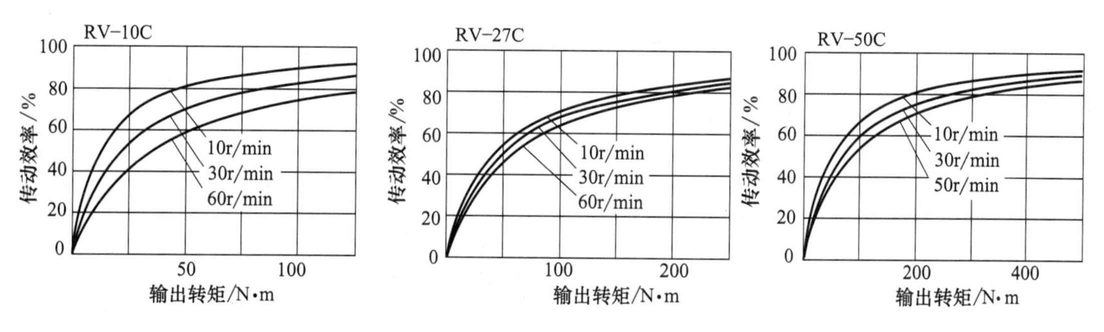

图 15-3-115

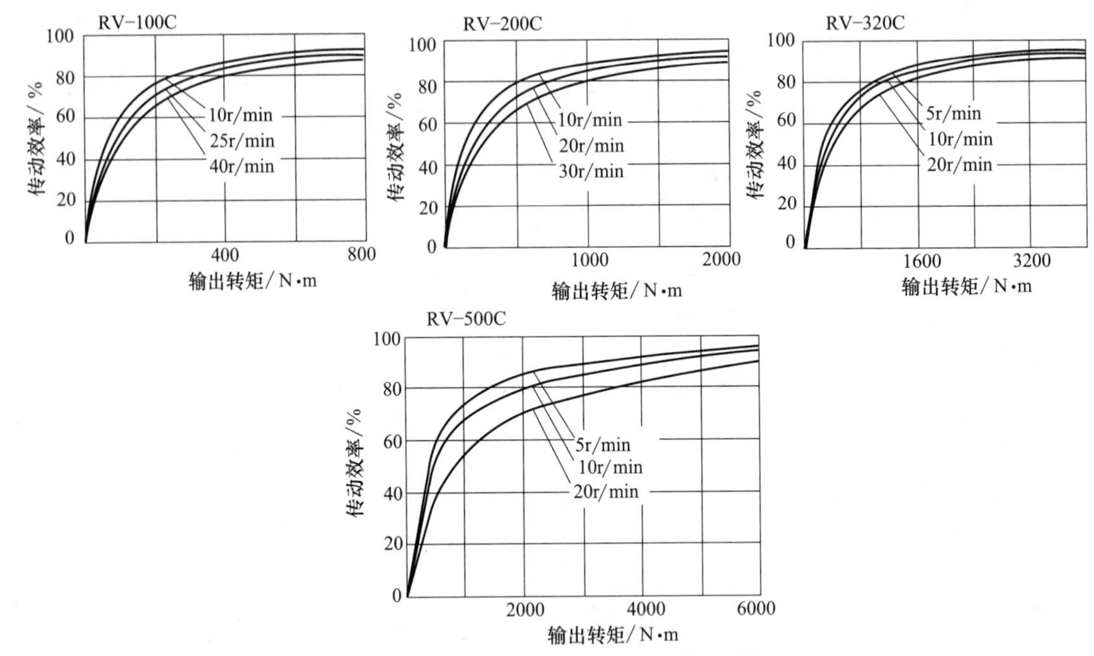

图 15-3-115　中空单元型减速器基本传动效率

表 15-3-109　**中空单元型减速器力矩刚度与轴承参数**

规格代号 RV-		10C	27C	50C	100C	200C	320C	500C
力矩刚度/10^4 N·m·rad^{-1}		145	368	676	970	3379	4393	8448
输出轴承参数（参见 3.5.3 节）	a/mm	28.0	38.2	50.4	58.7	76.0	114.5	125
	b/mm	119.2	150.3	187.1	207.6	280.4	360.5	413.4

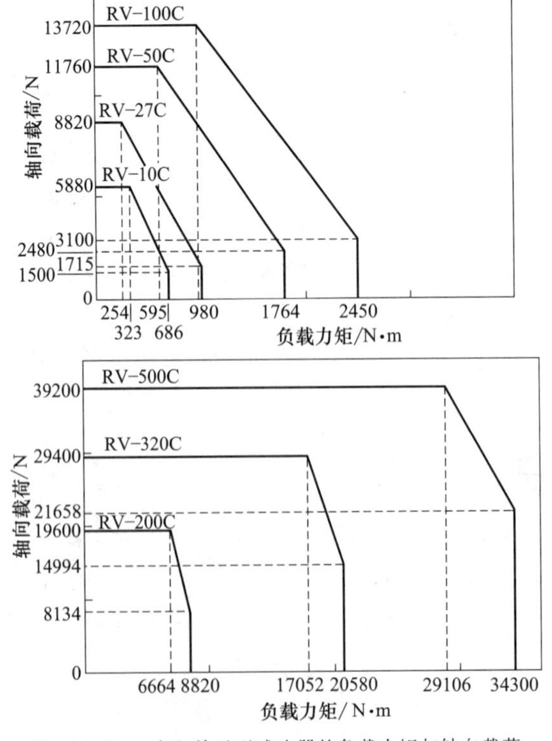

图 15-3-116　中空单元型减速器的负载力矩与轴向载荷

3.7.4　紧凑单元型 RV 减速器

（1）型号与规格

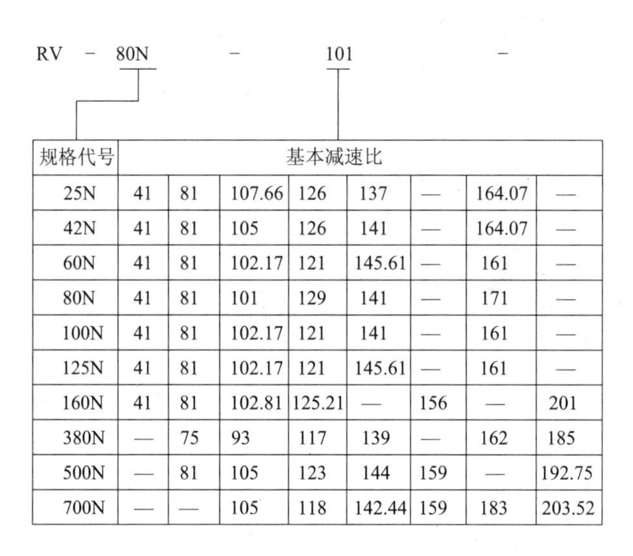

规格代号	基本减速比							
25N	41	81	107.66	126	137	—	164.07	—
42N	41	81	105	126	141	—	164.07	—
60N	41	81	102.17	121	145.61	—	161	—
80N	41	81	101	129	141	—	171	—
100N	41	81	102.17	121	141	—	161	—
125N	41	81	102.17	121	145.61	—	161	—
160N	41	81	102.81	125.21	—	156	—	201
380N	—	75	93	117	139	—	162	185
500N	—	81	105	123	144	159	—	192.75
700N	—	—	105	118	142.44	159	183	203.52

减速比近似值：323/3≈107.66；2133/13≈164.07；1737/17≈102.17；1893/13≈145.61；1131/11≈102.81；2379/19≈125.21；3867/19≈203.52。

表 15-3-110　紧凑单元型 RV 减速器主要技术参数

规格代号		25N	42N	60N	80N	100N	125N	160N	380N	500N	700N
基本减速比		见型号									
额定输出转速/r·min^{-1}		15									
额定输出转矩/N·m		245	412	600	784	1000	1225	1600	3724	4900	7000
额定输入功率/kW		0.55	0.92	1.35	1.76	2.24	2.75	3.59	8.36	11.0	15.71
启制动峰值转矩/N·m		612	1029	1500	1960	2500	3062	4000	9310	12250	17500
瞬间最大转矩/N·m		1225	2058	3000	3920	5000	6125	8000	18620	24500	35000
最高输出转速/r·min^{-1}	100%工作制	57	52	44	40	35	35	19	11.5	11	7.5
	40%工作制	110	100	94	88	83	79	48	27	25	19
空程、间隙/10^{-4}rad		2.9									
传动精度/10^{-4}rad		3.4	2.9	2.4	2.4	2.4	2.4	2.4	2.4	2.4	2.4
弹性系数/10^4 N·m·rad^{-1}		21.0	39.0	69.0	73.1	108	115	169	327	559	897
允许负载力矩/N·m		784	1660	2000	2150	2700	3430	4000	7050	11000	15000
瞬间最大力矩/N·m		1568	3320	4000	4300	5400	6860	8000	14100	22000	30000
力矩刚度/10^4 N·m·rad^{-1}		183	290	393	410	483	552	707	1793	2362	3103
最大轴向载荷/N		2610	5220	5880	6530	9000	13000	14700	25000	32000	44000
额定寿命/h		6000									
质量/kg		3.8	6.3	8.9	9.3	13.0	13.9	22.1	44	57.2	102

（2）结构与外形尺寸

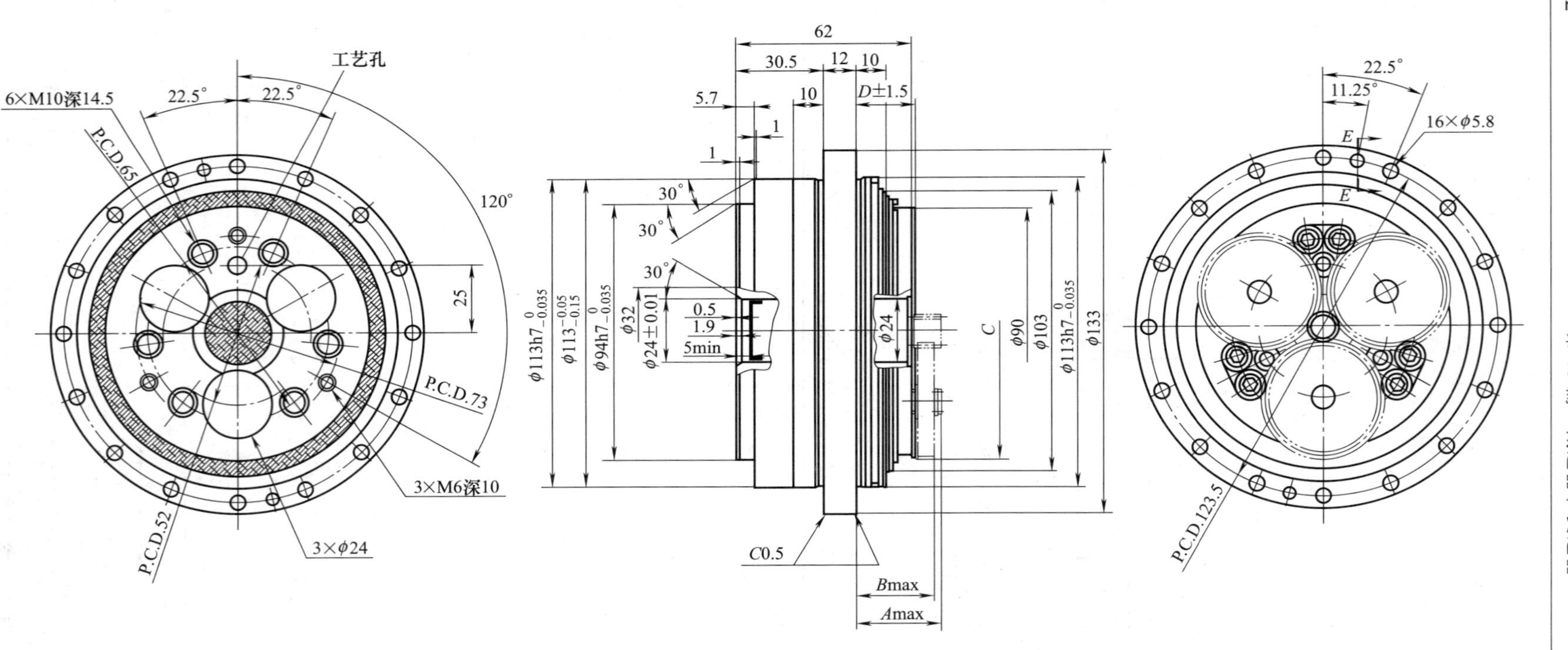

基本减速比	41	81	107.66	126	137	164.07
A	30.5	30.5	30.5	30.5	30.5	30.5
B	32.2	28	28	28	28	28
C	80.75	87.52	90.85	92.45	93.25	94.85
D	21.6	18.7	18.7	18.7	18.7	18.7

图 15-3-117　RV-25N 紧凑单元型减速器结构与尺寸

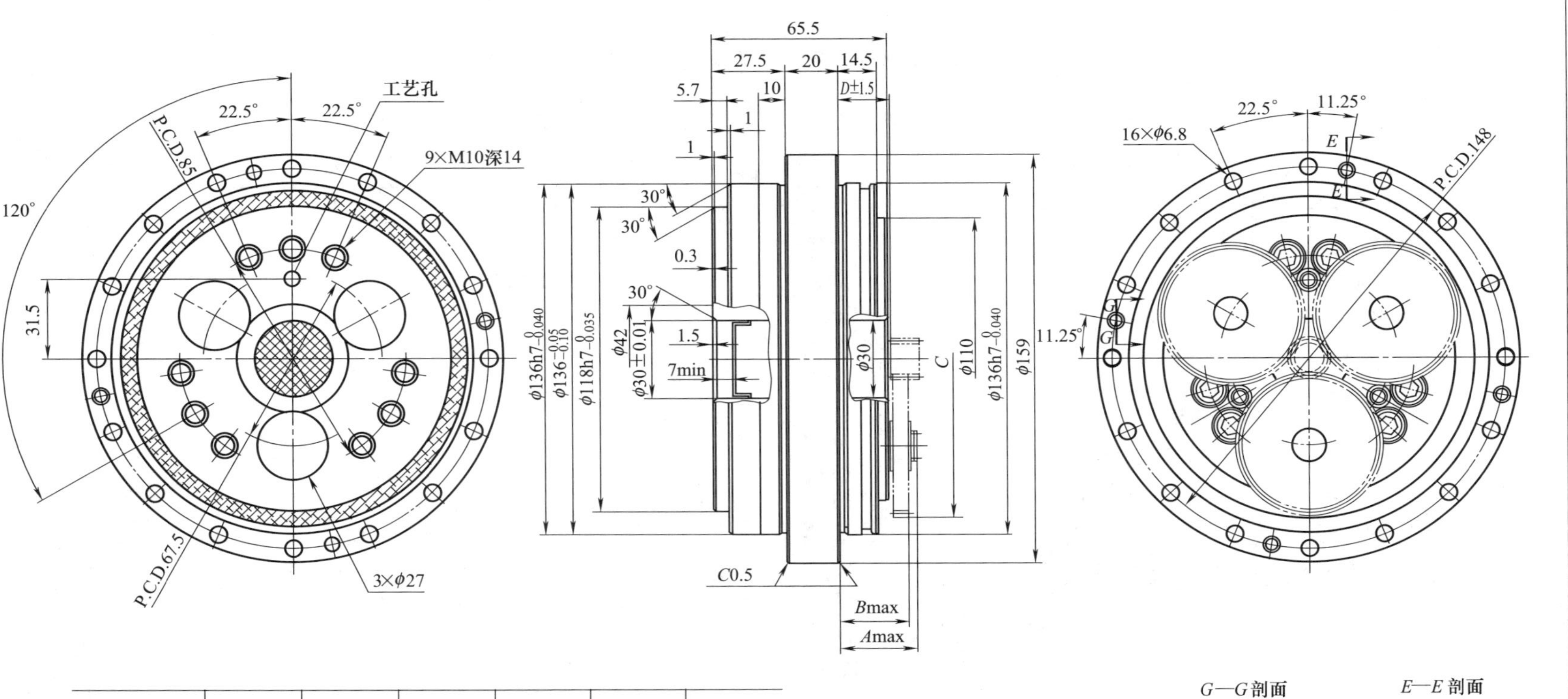

基本减速比	41	81	105	126	141	164.07
A	30	30	30	30	30	30
B	32.5	27.5	27.5	27.5	27.5	27.5
C	102.5	113.75	117.5	120.12	121.25	123.12
D	20.1	17.2	17.2	17.2	17.2	17.2

图 15-3-118　RV-42N 紧凑单元型减速器结构与尺寸

第 15 篇

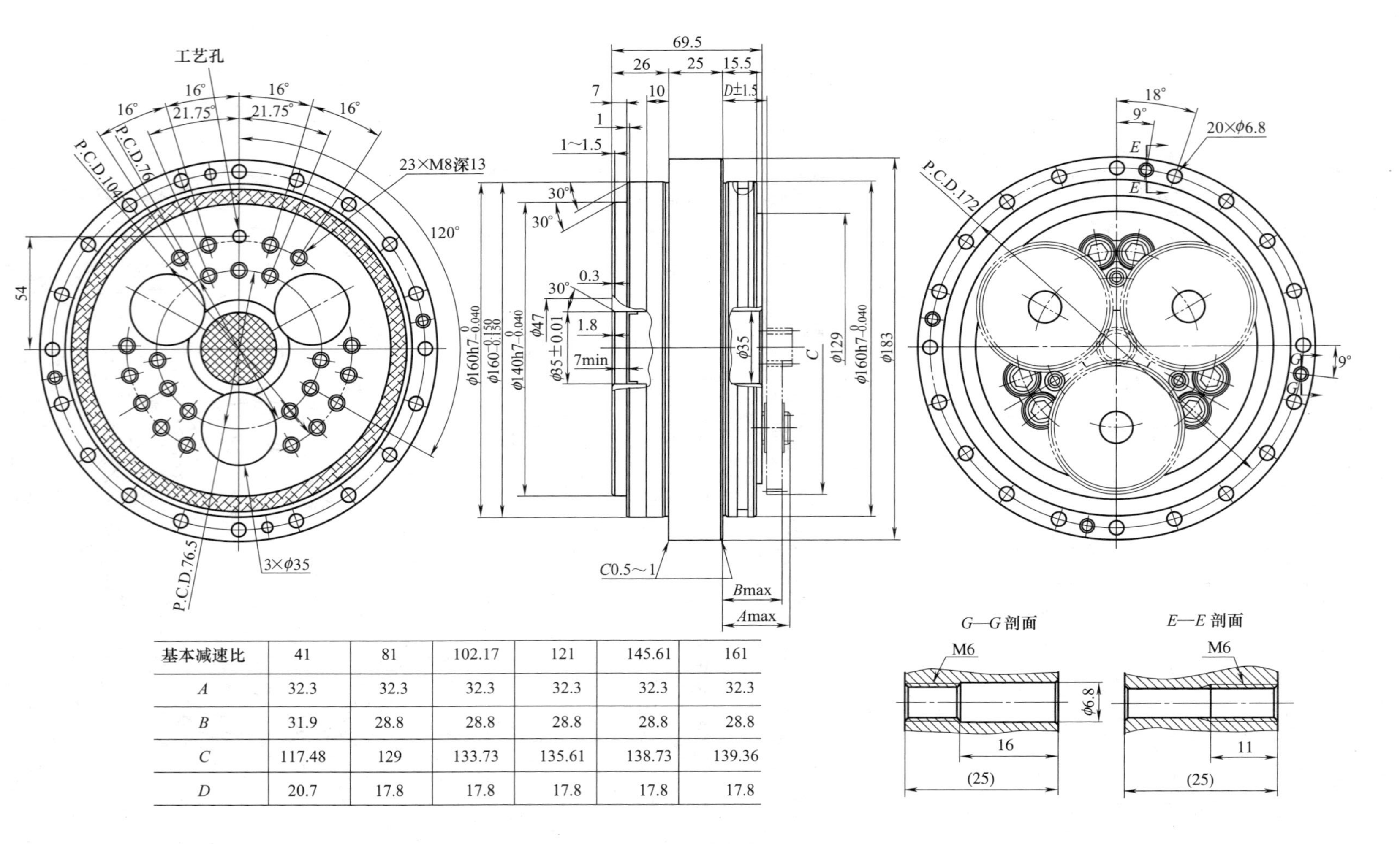

基本减速比	41	81	102.17	121	145.61	161
A	32.3	32.3	32.3	32.3	32.3	32.3
B	31.9	28.8	28.8	28.8	28.8	28.8
C	117.48	129	133.73	135.61	138.73	139.36
D	20.7	17.8	17.8	17.8	17.8	17.8

图 15-3-119 RV-60N 紧凑单元型减速器结构与尺寸

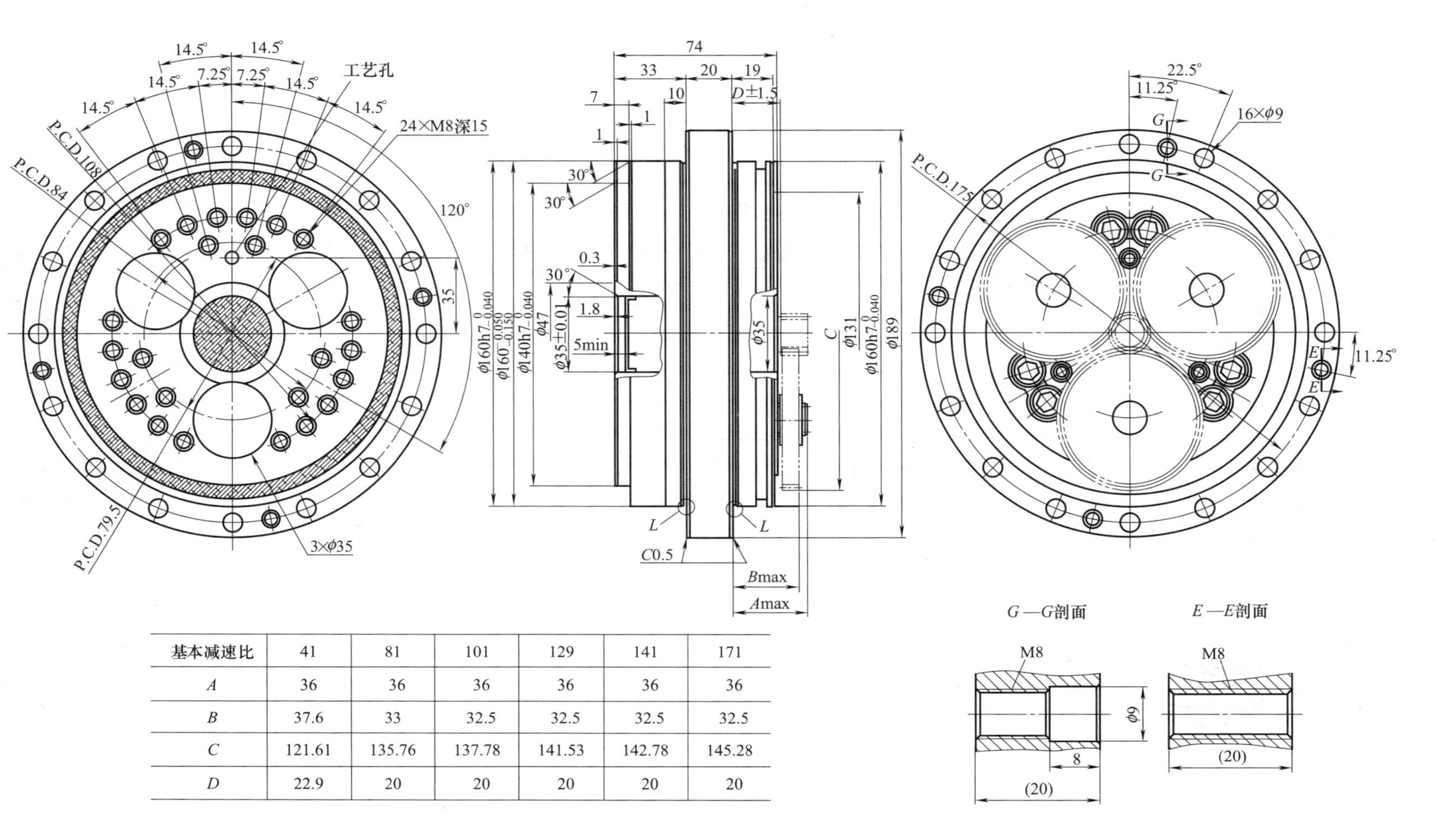

基本减速比	41	81	101	129	141	171
A	36	36	36	36	36	36
B	37.6	33	32.5	32.5	32.5	32.5
C	121.61	135.76	137.78	141.53	142.78	145.28
D	22.9	20	20	20	20	20

图 15-3-120　RV-80N 紧凑单元型减速器结构与尺寸

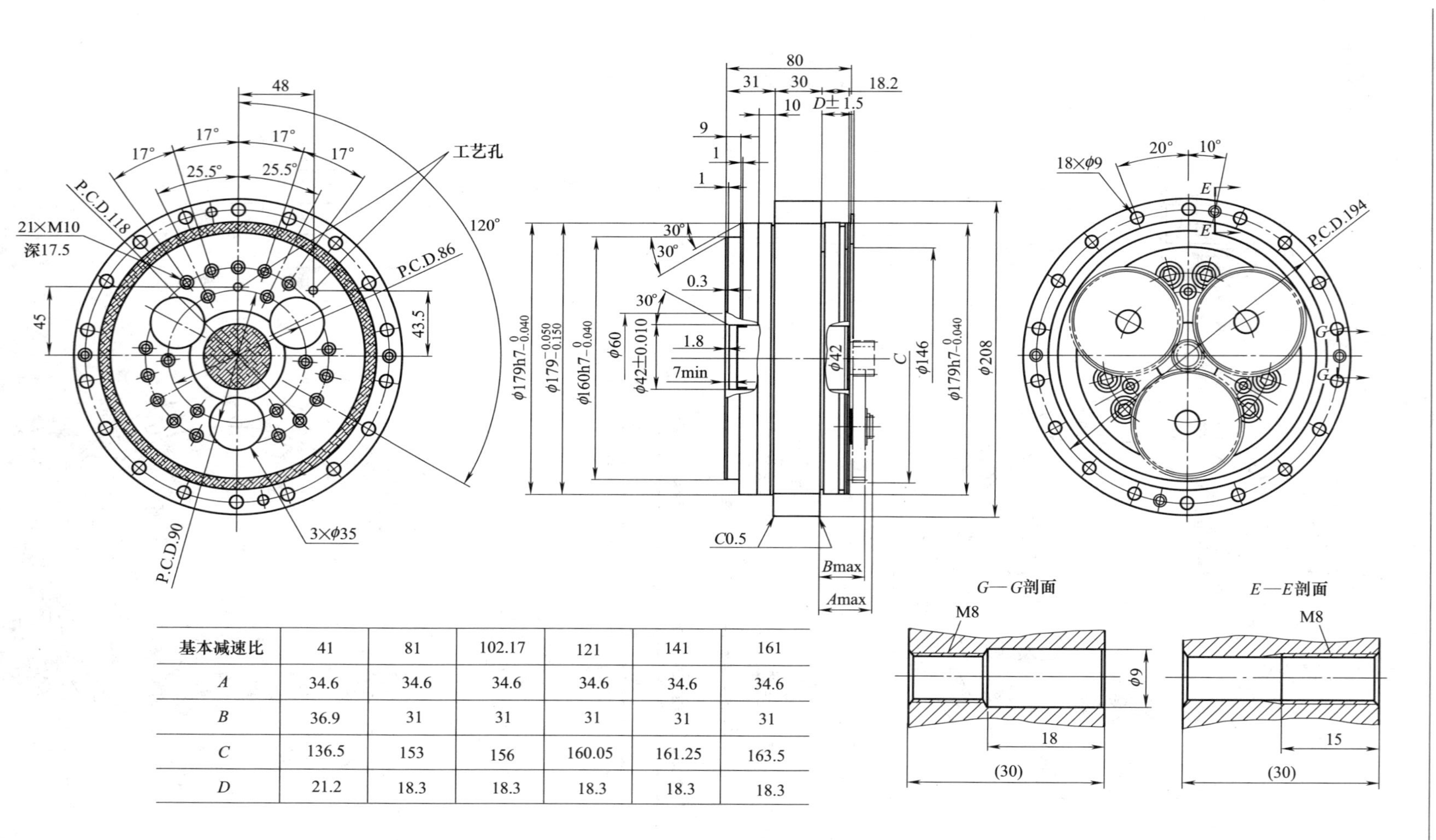

基本减速比	41	81	102.17	121	141	161
A	34.6	34.6	34.6	34.6	34.6	34.6
B	36.9	31	31	31	31	31
C	136.5	153	156	160.05	161.25	163.5
D	21.2	18.3	18.3	18.3	18.3	18.3

图 15-3-121　RV-100N 紧凑单元型减速器结构与尺寸

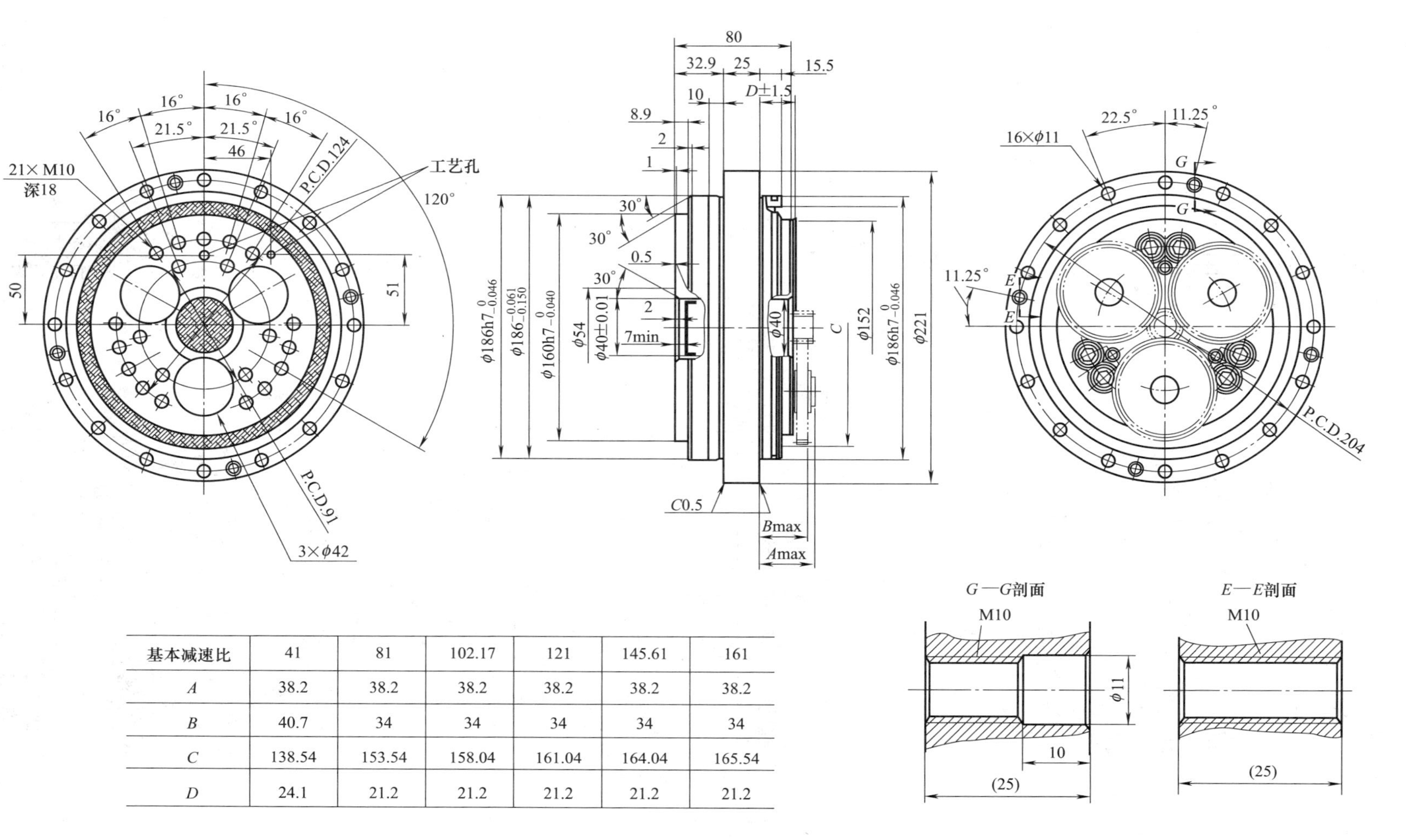

基本减速比	41	81	102.17	121	145.61	161
A	38.2	38.2	38.2	38.2	38.2	38.2
B	40.7	34	34	34	34	34
C	138.54	153.54	158.04	161.04	164.04	165.54
D	24.1	21.2	21.2	21.2	21.2	21.2

图 15-3-122　RV-125N 紧凑单元型减速器结构与尺寸

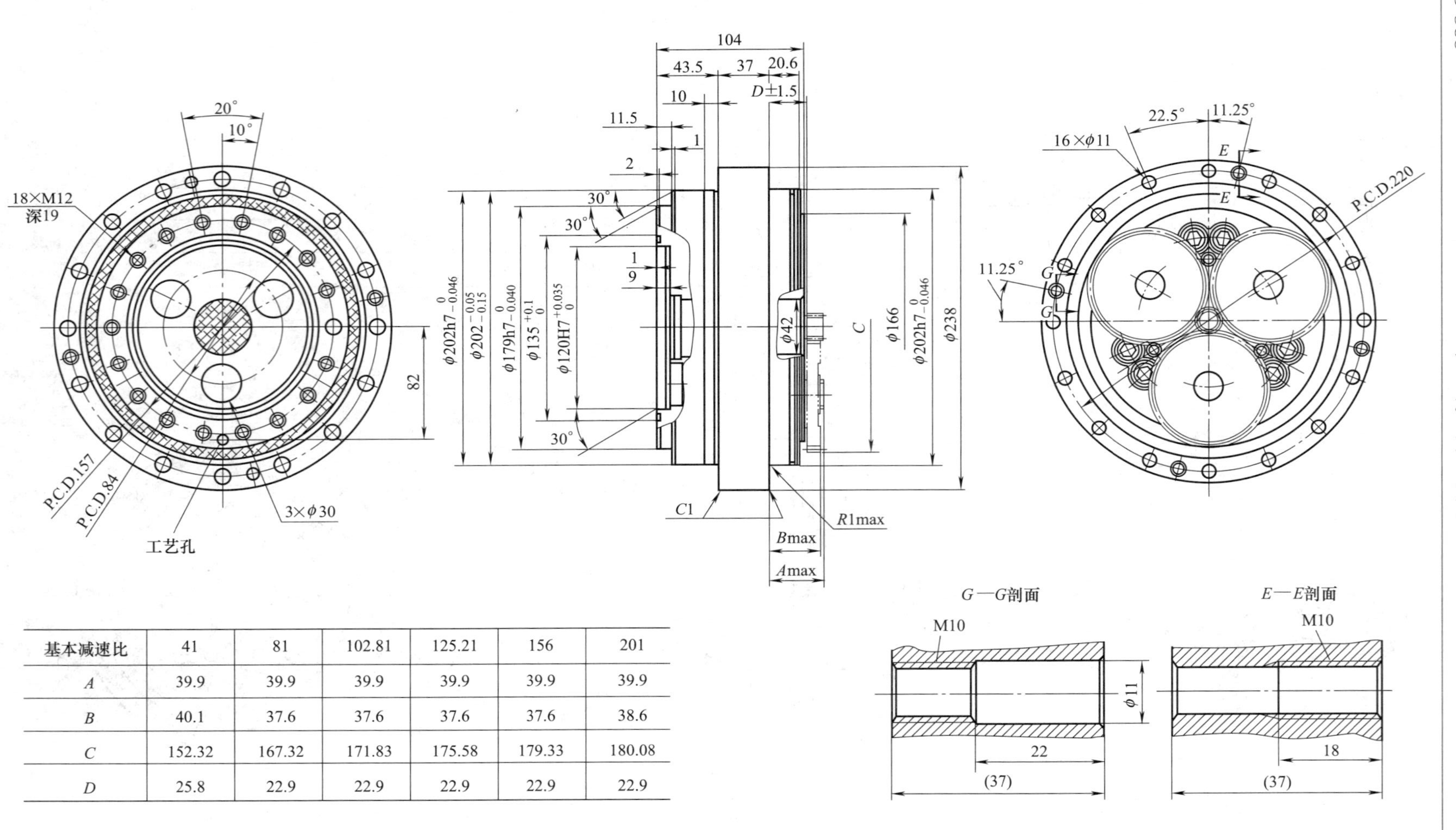

基本减速比	41	81	102.81	125.21	156	201
A	39.9	39.9	39.9	39.9	39.9	39.9
B	40.1	37.6	37.6	37.6	37.6	38.6
C	152.32	167.32	171.83	175.58	179.33	180.08
D	25.8	22.9	22.9	22.9	22.9	22.9

图 15-3-123　RV-160N 紧凑单元型减速器结构与尺寸

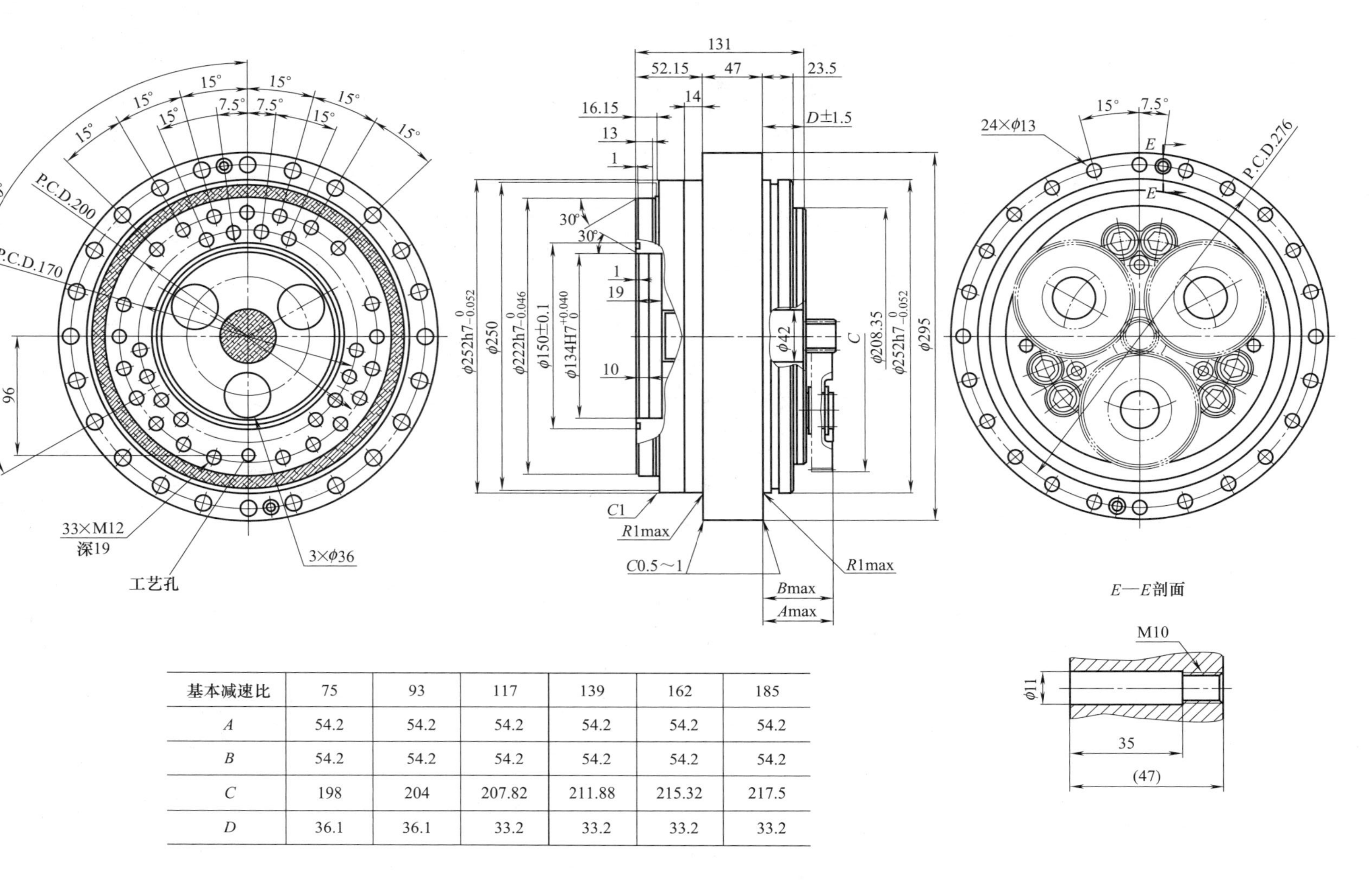

基本减速比	75	93	117	139	162	185
A	54.2	54.2	54.2	54.2	54.2	54.2
B	54.2	54.2	54.2	54.2	54.2	54.2
C	198	204	207.82	211.88	215.32	217.5
D	36.1	36.1	33.2	33.2	33.2	33.2

图 15-3-124 RV-380N紧凑单元型减速器结构与尺寸

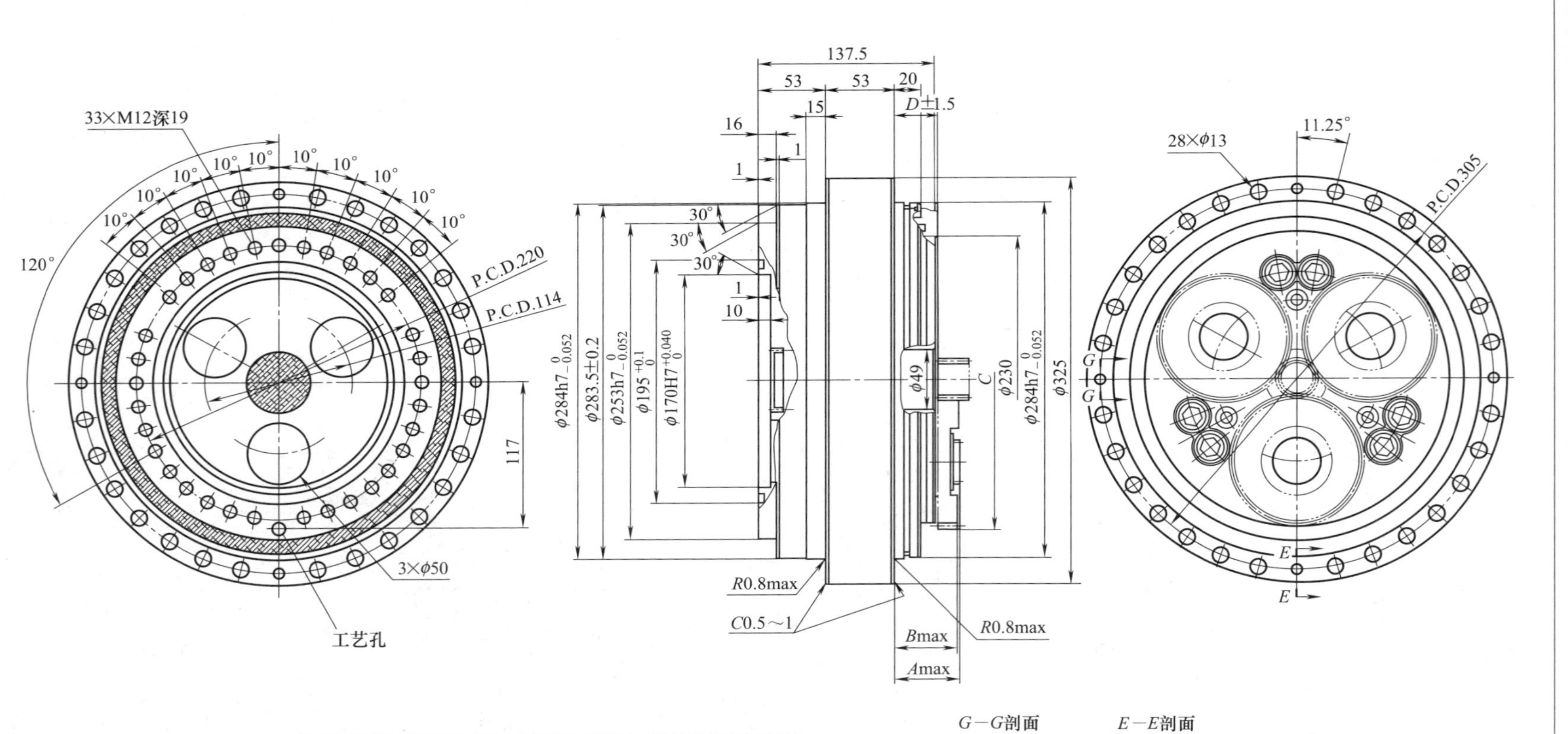

基本减速比	81	105	123	144	159	192.75
A	51	51	51	51	51	51
B	53.4	51.3	50.3	50.3	51.3	50.3
C	216	223.77	226.56	230.27	232.77	237.77
D	33.7	30.8	30.8	30.8	30.8	30.8

图 15-3-125　RV-500N 紧凑单元型减速器结构与尺寸

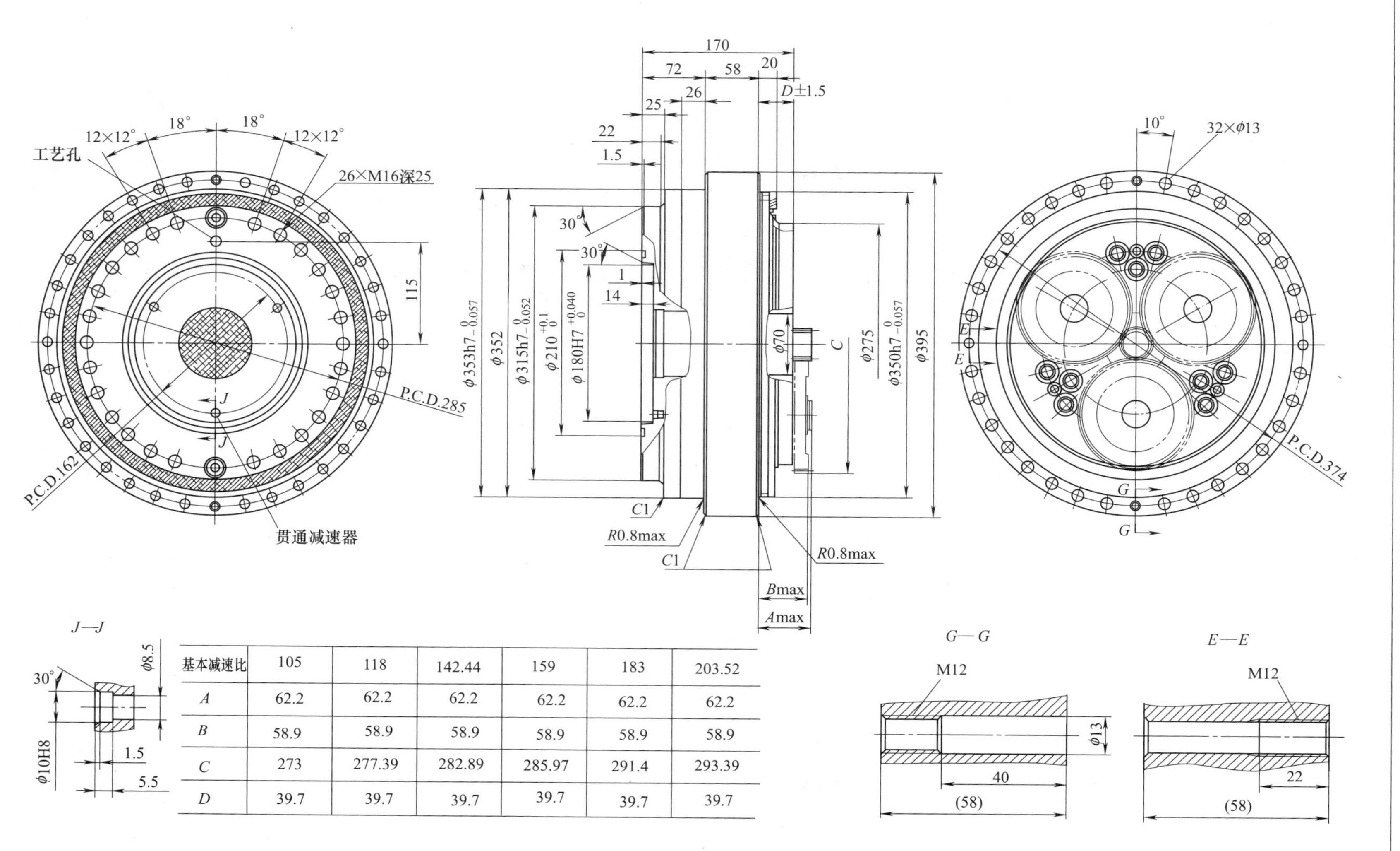

基本减速比	105	118	142.44	159	183	203.52
A	62.2	62.2	62.2	62.2	62.2	62.2
B	58.9	58.9	58.9	58.9	58.9	58.9
C	273	277.39	282.89	285.97	291.4	293.39
D	39.7	39.7	39.7	39.7	39.7	39.7

图 15-3-126　RV-700N 紧凑单元型减速器结构与尺寸

(3) 性能参数

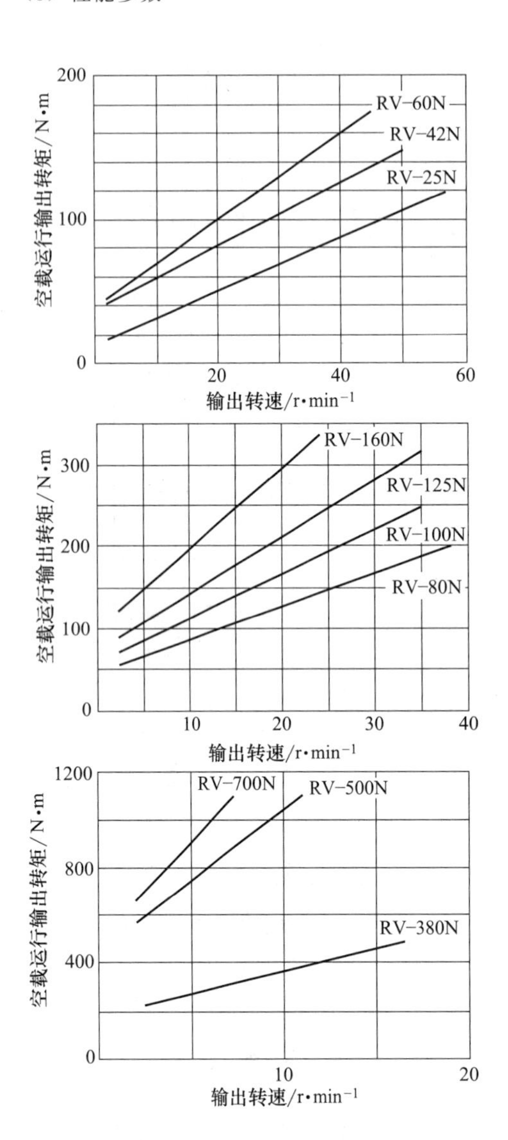

图 15-3-127 紧凑单元型减速器基本空载运行转矩

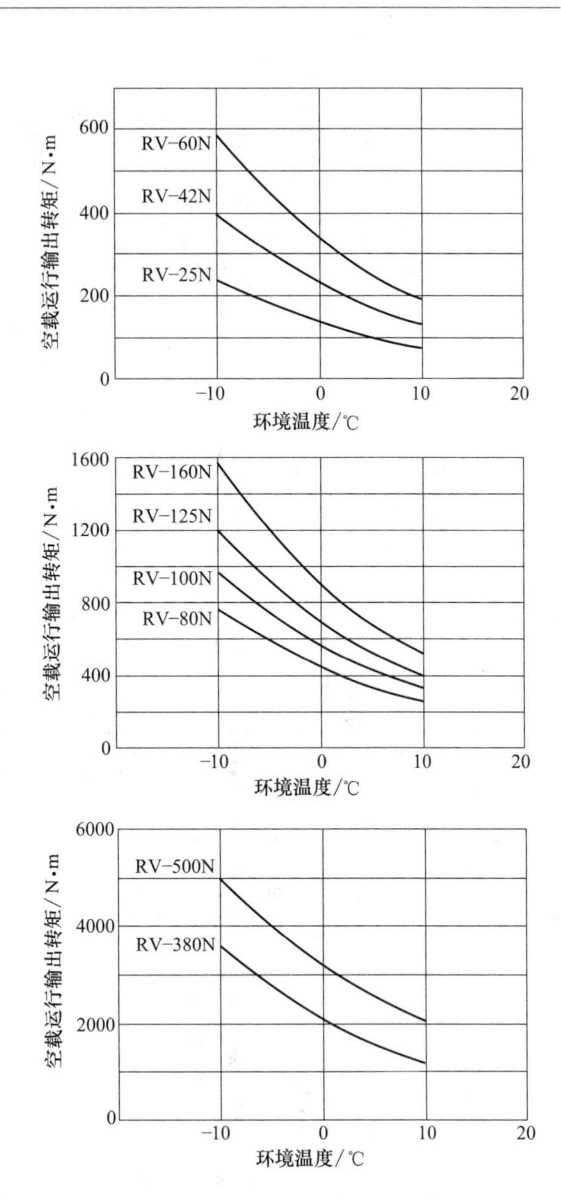

图 15-3-128 紧凑单元型减速器空载运行转矩低温修整（已折算到输出）

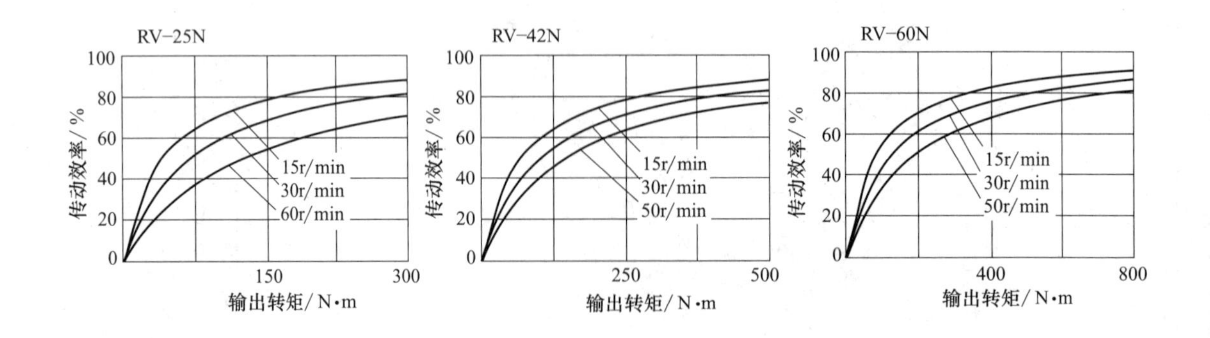

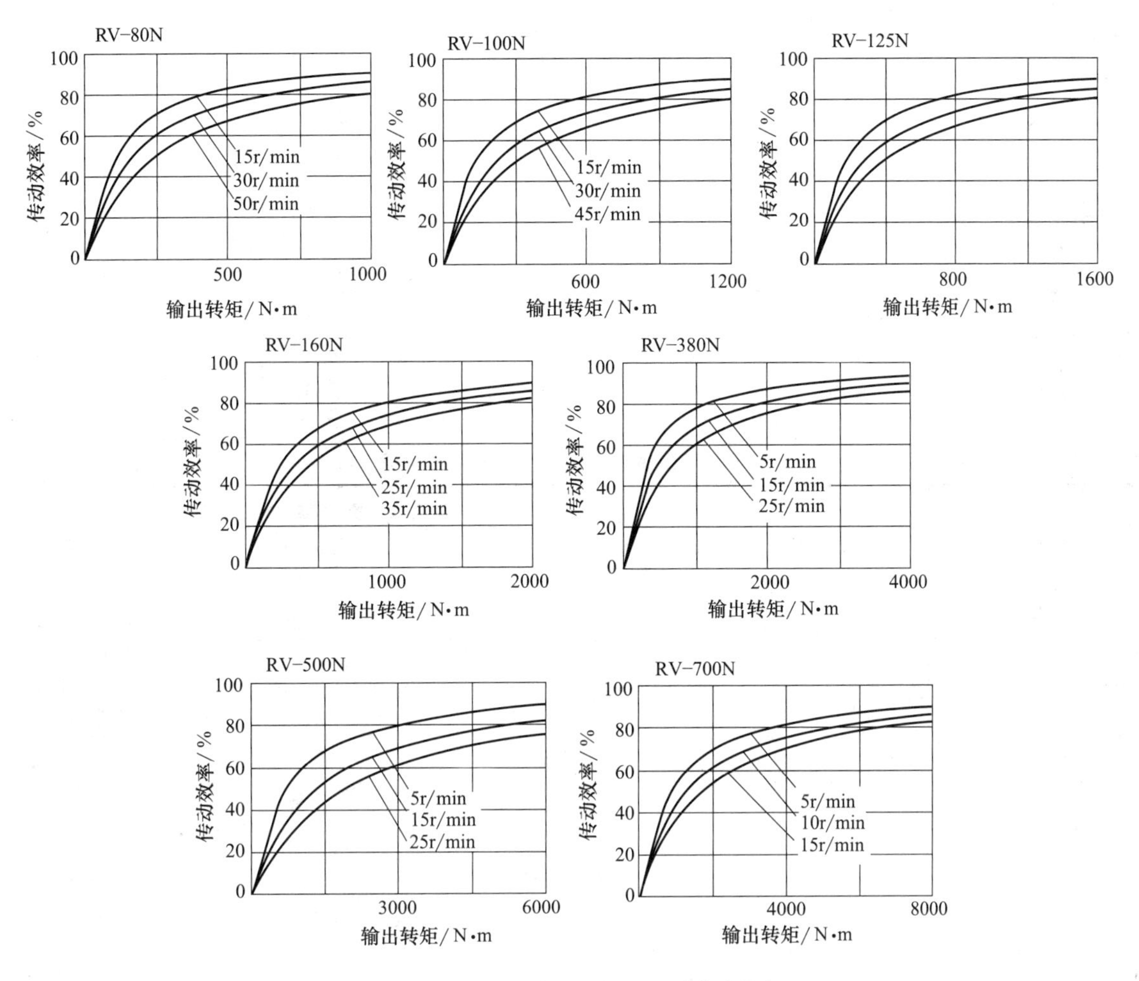

图 15-3-129　紧凑单元型减速器基本传动效率

表 15-3-111　　紧凑单元型 RV 减速器输入惯量

规格代号	基本减速比及惯量(折算到输入轴,不含芯轴)						
25N	基本减速比	41	81	107.66	126	137	164.07
	输入惯量/10^{-4}kg·m^2	0.171	0.0679	0.0491	0.0403	0.0362	0.0326
42N	基本减速比	41	81	105	126	141	164.07
	输入惯量/10^{-4}kg·m^2	0.443	0.187	0.142	0.107	0.101	0.0766
60N	基本减速比	41	81	102.17	121	145.61	161
	输入惯量/10^{-4}kg·m^2	0.851	0.393	0.286	0.233	0.184	0.161
80N	基本减速比	41	81	101	129	141	171
	输入惯量/10^{-4}kg·m^2	1.16	5.17	3.57	2.68	2.40	1.86
100N	基本减速比	41	81	102.17	121	141	161
	输入惯量/10^{-4}kg·m^2	1.58	0.730	0.582	0.485	0.405	0.343
125N	基本减速比	41	81	102.17	121	145.61	161
	输入惯量/10^{-4}kg·m^2	2.59	0.961	0.727	0.588	0.460	0.401

续表

规格代号	基本减速比及惯量(折算到输入轴,不含芯轴)						
160N	基本减速比	41	81	102.81	125.21	156	201
	输入惯量/10^{-4}kg・m^2	3.32	1.54	1.13	0.895	0.675	0.475
380N	基本减速比	75	93	117	139	162	185
	输入惯量/10^{-4}kg・m^2	7.30	5.61	4.93	3.84	3.28	2.64
500N	基本减速比	81	105	123	144	159	192.75
	输入惯量/10^{-4}kg・m^2	13.5	9.50	7.44	6.16	5.62	4.16
700N	基本减速比	105	118	142.44	159	183	203.52
	输入惯量/10^{-4}kg・m^2	16.1	12.8	11.8	9.11	8.42	7.46

表 15-3-112　紧凑单元型减速器力矩刚度与轴承参数

规格代号	力矩刚度 /10^4 N・m・rad^{-1}	输出轴承参数(参见 3.5.3 节)		
		a/mm	b/mm	c/mm
25N	183	22.1	112.4	91
42N	290	29	131.1	111
60N	393	35	147.0	130
80N	410	33.8	151.8	133
100N	483	38.1	168.2	148
125N	552	41.6	173.2	154
160N	707	35.0	194.0	168
380N	1793	48,7	248.9	210
500N	3362	56.3	271.7	232
700N	3103	66.3	323.5	283

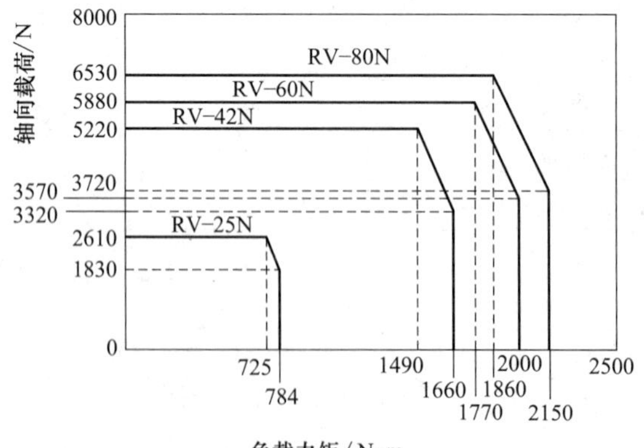

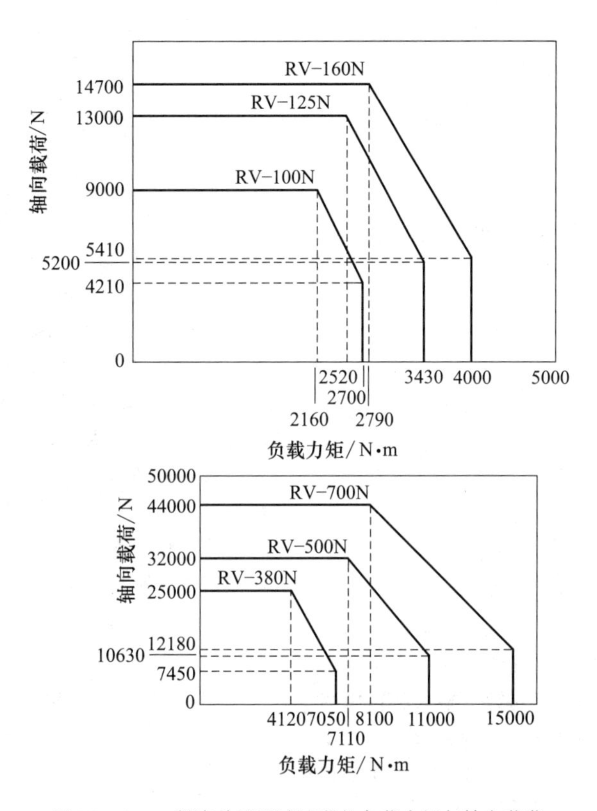

图 15-3-130　紧凑单元型减速器的负载力矩与轴向载荷

第4章 机械无级变速器及产品

4.1 机械无级变速器的基本原理、类型和选用

4.1.1 传动原理

机械无级变速器（传动）由传动机构、加压装置和调速机构三部分组成。图 15-4-1 所示的摩擦（牵引）传动是利用传动机构 1 和 2 间的压紧力 Q 产生的摩擦（牵引）力 $F=\mu Q$ 来传递动力的。为防止打滑，应使有效圆周力 F_e 小于摩擦副所能提供的最大摩擦力 F，为此，应增大压紧力和摩擦因数。压紧力由加压装置 3 提供；调速机构 4 用来调节传动件间的尺寸（角度）比例关系，以实现无级变速。靠旋转体间的接触摩擦力来传递动力，通过改变输入、输出的作用半径，连续地改变了传动比，称为摩擦式无级变速传动；核心部分由输入传动盘、输出传动盘和 Variator 传动盘组成。两个输入传动盘分别位于两端，输出传动盘只有 1 个位于中间位置，Variator 传动盘则夹于输入传动盘和输出传动盘中间，传动盘之间不接触，接触点以润滑油作介质，通过改变 Variator 装置的角度变化而实现传动比的连续而无限的变化，称为牵引式无级变速传动。

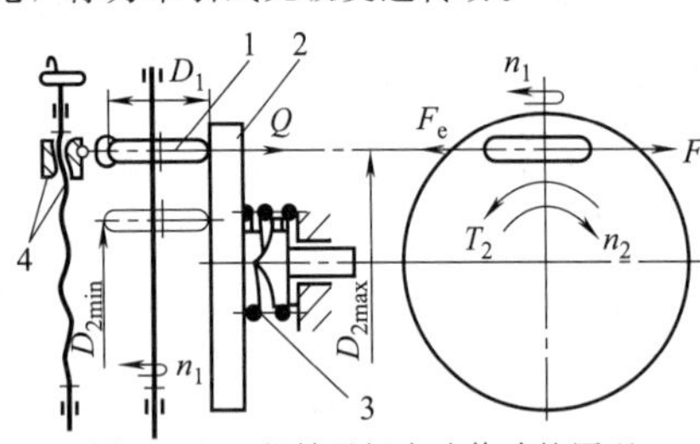

图 15-4-1 机械无级变速传动的原理
1，2—传动机构；3—加压装置；4—调速机构

当图 15-4-1 中的 D_1、D_2 固定不变时，则为定传动比摩擦（牵引）传动。当 D_1 或 D_2 可调时，则为无级变速传动。当主动轮 D_1 由 D_{2min} 位置移到 D_{2max} 位置，其传动比分别为

$$i_{21max}=n_{2max}/n_1=D_1(1-\varepsilon)/D_{2min}$$

$$i_{21min}=n_{2min}/n_1=D_1(1-\varepsilon)/D_{2max}$$

滑动率 ε 为

$$\varepsilon=\left(1-\frac{n_2/n_1}{n_{02}/n_{01}}\right)\times100\%=\left(1-\frac{i_{21}}{i_{021}}\right)\times100\% \tag{15-4-1}$$

式中，D_1、n_{01}、n_1 分别为主动轮的工作直径和空载、负载时的转速；D_2、n_{02}、n_2 分别为从动轮的工作直径和空载、负载时的转速。

滑动率 ε 说明变速器在受载前后转速的损失情况，是重要的质量指标之一。它与负载大小、输出转速及传动轮的材质与表面粗糙度和硬度、润滑条件、传动系统的刚度等有关。具体值应由实验测定。对于定轴式和动轴（行星）式机械无级变速器，ε 应分别控制在 3%～5%和 7%～10%以下；对于定传动比摩擦传动，则应控制在 0.5%～1%（金属轮）和 5%～10%（非金属轮）以下。

变（调）速比 R_b 是变速器的一个重要性能指标，它是变速器输出轴的最高转速 n_{2max} 与最低转速 n_{2min} 的比值，即

$$R_b=n_{2max}/n_{2min}=i_{21max}/i_{21min} \tag{15-4-2}$$

变速范围是最高与最低输出转速值的范围，即 $n_{2min}\sim n_{2max}$。

根据以上定义，对无中间轮的变速器，当改变输入轮工作半径 R_{1x} 调速时有

$$i_{21}=n_2/n_1=R_{1x}(1-\varepsilon)/R_2$$

$$R_b=n_{2max}/n_{2min}=R_{1max}/R_{1min}$$

当改变输出轮工作半径 R_{2x} 调速时有

$$i_{21}=n_2/n_1=R_1(1-\varepsilon)/R_{2x}$$

$$R_b=n_{2max}/n_{2min}=R_{2max}/R_{2min}$$

对有中间轮的两级变速器，当只改变输入、输出轮的工作半径 R_{1x} 和 R_{2x} 进行调速时有

$$i_{21}=n_2/n_1=R_{1x}(1-\varepsilon)r_2/(R_{2x}r_1)$$

$$R_b=R_{1max}R_{2max}/(R_{1min}R_{2min})$$

当只改变中间轮输入、输出侧工作半径 r_{1x}、r_{2x} 进行调速时有

$$i_{21}=n_2/n_1=R_1r_{2x}(1-\varepsilon)/(r_{1x}R_2)$$

$$R_b=r_{1max}r_{2max}/(r_{1min}r_{2min})$$

如 $R_{1max}=R_{2max}$、$R_{1min}=R_{2min}$ 或 $r_{1max}=r_{2max}$、$r_{1min}=r_{2min}$，则有中间轮的两级变速器满足 $i_{max}i_{min}=1$ 的条件，称这种变速器为对称调速型变速器，在外形尺寸相等的情况下，它比其他变速器具有较大的变速比，且主、从动轮的外形尺寸相同，便于加工。其缺点是不适用于只要求降（升）速变速的场合。对称调速型变速器的输入轴转速 n_1 与输出轴的最低、最高输出转速必须严格满足式（15-4-3）的条件

$$n_1=\sqrt{n_{2min}n_{2max}} \tag{15-4-3}$$

变速比、传动比及尺寸间有如下关系

或

$$\left.\begin{aligned}R_b=(R_{1\max}/R_{1\min})^2=(R_{2\max}/R_{2\min})^2=i_{21\max}^2\\R_b=(r_{1\max}/r_{1\min})^2=(r_{2\max}/r_{2\min})^2=i_{21\max}^2\end{aligned}\right\}\quad(15\text{-}4\text{-}4)$$

在进行行星（动轴）无级变速器的运动学计算时，常用到式（15-4-5）、式（15-4-6），其中摩擦轮工作半径是可以调节的。对于变速器中各轮轴线均平行的变速器，其各轮的转速可用转化机构的概念和公式来求解，其基本公式为

$$i_{ab}^{c}=\frac{n_a-n_c}{n_b-n_c}=(-1)^m\frac{\text{a→b 路线中从动轮半径的乘积}}{\text{a→b 路线中主动轮半径的乘积}}\quad(15\text{-}4\text{-}5)$$

式中，i_{ab}^{c}是轮系中任意两轮 a、b 对行星架 c 的相对传动比；n_a、n_b、n_c 分别为构件 a、b、c 的转速；m 为外接传动次数。i_{ab}^{c}的具体表达式视轮系具体结构而定。

在求解行星轮系运动学问题时，式（15-4-6）在具体计算中很有用。

$$\left.\begin{aligned}&i_{ab}^{c}i_{bc}^{c}=1\\&i_{ba}^{c}+i_{bc}^{a}=1\\&n_c=i_{ca}^{b}n_a+i_{cb}^{a}n_b\end{aligned}\right\}\quad(15\text{-}4\text{-}6)$$

对于各轮轴线并非全平行的行星无级变速器，其运动学问题的求解一般不能用转化机构法，而需要用角速度矢量分析法。以基本行星轮系为基础构成的行星无级变速器及封闭行星无级变速器，由两个以上的基本行星轮系复合而成，因而应按“分清轮系，各立方程，找出联系，联立求解”的思路进行求解。

带、链式无级变速器的原理基本同上，但采用了带、链等中间挠性件；一般为对称调速型。

脉动无级变速器是先由曲柄摇杆类机构将输入轴的旋转运动转换成摇杆的往复摆动，再经单向超越离合器把摇杆的摆动转换为输出轴的单向脉动性转动。用调速机构来改变连杆机构中某一杆的长度，以形成构件间新的尺寸比例关系，使摇杆获得不同的摆角而实现无级变速。为了保持输出转速的连续和减小输出速度的脉动性，常采用多相连杆机构并列使用的结构。其运动简图见表 15-4-1 中的第 26、27 项。

一台无级变速器是按给定的输入参数（T_1、n_1 或 P_1）和输出参数（T_2、$n_{2\min}$～$n_{2\max}$ 或 P_2）进行设计的。其最大输出转矩 T_2 和最大输出功率 P_2 同时受限于传动构件的机械强度和系统的散热能力（也称热功率）。当变速器输入、输出参数与电动机、工作机的输出、输入参数不匹配时，则应在变速器的相应侧加装减速器，从而形成各种派生的减变速器。

为了扩大整个变速系统的变速比，或扩大传动功率和为缩小变速比以实现精密调速等目的，可用无级变速器 P 作为封闭机构将一个差动轮系 X 的三个基本构件（输入轴、输出轴及转臂）中的两个构件封闭而成为如图 15-4-2 所示的封闭行星无极变速器。当封闭机构（无级变速器）P 的两根外伸轴将差动轮系 X 的非输出的两根外伸轴封闭时，所构成的变速系统定义为 PX 型［图 15-4-2（a）］；而当封闭机构 P 的两根外伸轴将差动轮系 X 的两根非输入外伸轴封闭时，所构成的变速系统则称为 XP 型［图 15-4-2（b）］。

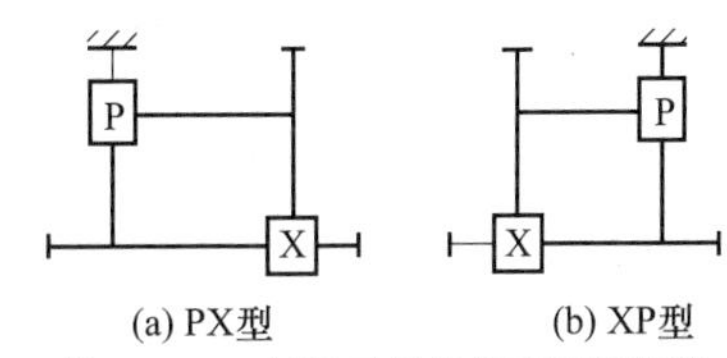

图 15-4-2 封闭行星无级变速器框图

设封闭机构（变速器）的传动比为 i_p，差动轮系中被封闭两轴相对于未被封闭轴的相对运动传动比为 i_r^e。由于封闭组合的多样性，新组成的系统的变速比 R 的大小、有无封闭功率将取决于封闭组合形式及 i_p、i_r^e 的大小。按 i_p 与 i_r^e 的不同组合可获得三类情况。

① 扩大调速比型：$R>R_p$（变速器调速比）。

② 过零调速型：$R<0$。

③ 精密调速型：$R_p>R>0$。

前两种有较大的封闭功率存在，不宜作为大功率变速器，而第三种系统中无封闭功率，但系统的变速比小于封闭机构者，因而是精密调速型，它可以实现大功率变速，常称为控制式封闭行星无级变速器，意即少量的功率流经被变速器所封闭的路径，变速器主要起调速控制作用，而大量的功率流过差动轮系中未被封闭的路径。控制式封闭行星无级变速器是实现大功率变速传动的重要途径。

4.1.2 特点和应用

机械无级变速及摩擦轮传动具有结构简单、维修方便、传动平稳、噪声低、有过载保护作用等优点，但轴及轴承上载荷大、承受过载及冲击的能力差及有滑动不能用于内传动链、寿命短、对材质及工艺要求高等缺点。较之其他无级变速器，有恒功率特性好、可升速和降速（变速比可达 10～40）、可靠性好、价格低等优点。

无级变速传动主要用于下列场合：

① 为适应工艺参数多变或连续变化的要求，运转中需经常或连续地改变速度，但不应在某一固定转速下长期运转，如卷绕机等；

② 探求最佳工作速度、如试验机、自动线等；

③ 几台机器协调运转；

④ 缓速启动，以合理利用动力。

采用无级变速传动有利于简化变速传动系统、提高生产率和产品质量、实现遥控。

4.1.3　机械特性

机械特性是指在一定输入转速下，输出轴的功率 P_2 或转矩 T_2 与输出转速 n_2 间的关系曲线。可按对变速器进行测试或按全变速范围内传动副间最大接触疲劳应力等于许用接触应力的原则绘制。机械无级变速器的机械特性有恒功率（$T_2n_2=c$）、恒转矩（$T_2=c$）和变功率变转矩三类。图 15-4-3 所示为菱锥式无级变速器的机械特性（曲线 1），当其输出转速范围为 400～2400r/min 时，则其可供使用的恒功率值如图中的实线 3 所示，即可供恒功率使用的功率值是随着变速范围的增大而减小的，因而是有条件的。

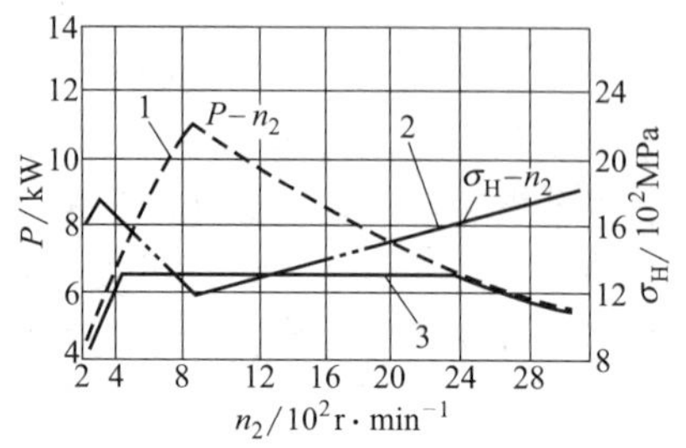

图 15-4-3　菱锥式无级变速器的机械特性（$P_1=7$kW，$R_b=6$，$n_1=1450$r/min）
1—特性曲线；2—应力曲线；3—供使用的特性曲线

4.1.4　类型、特性和应用示例

表 15-4-1　　机械无级变速器分类、特性和用途举例

名　称	简　图	机械特性	主要传动特性、应用示例
Ⅰ. 固定轴刚性无级变速器 A. 无中间滚动体的			
1. 滚轮平盘式	n_1, D_1, D_{2min}, D_{2x}, D_{2max}, n_2	轮主动，恒功率。盘 2 主动恒转矩	$i_s=0.5\sim2$；$R_{bs}=4$（单滚）、15（双滚）；$P_1\leqslant4$kW；$\eta=0.8\sim0.85$ 相交轴，升、降速型，可逆转；用于机床、计算机构、测速机构
2. 锥盘环盘式(Prym-SH)	D_{1x}, 2α, D_2, n_1, n_2	P,T；P_2；T_2；n_2	$i_s=0.25\sim1.25$；$R_{bs}\leqslant5$；$P_1\leqslant11$kW；$\eta=0.5\sim0.92$ 平行轴或相交轴，降速型，可在停车时调速；用于食品机械、机床、变速电动机等
	n_1, n_2	P,T；P_2；T_2；n_{min}；n_{max}；n_2	$i_s=0.125\sim1.25$；$R_b\leqslant10$；$P_1\leqslant15$kW；$\eta=0.85\sim0.95$ 同轴或平行轴，降速型；船用辅机
3. 多盘式(Beier)	x_2, D_{dx}, a_x, D_2, n_1, x_1, n_2	P,T；双级；P_2；T_2；n_2	$i_s=0.2\sim0.8$（单级）、$0.076\sim0.76$（双级）；$R_b=3\sim6$（单级）、$10\sim12$（双级）；$P_1=0.5\sim150$kW；$\eta=0.75\sim0.87$；$\varepsilon=2\%\sim5\%$（单级）、$4\%\sim9\%$（双级） 同轴，降速型；用于化纤、纺织、造纸、橡塑、电缆、搅拌机械、旋转泵等
4. 光轴斜环式(Uhing)	β, β, D_1, d, n_1, v_2, F	F_2(轴向推力)；F；v_2	$v_2=0.0183\sim1.16$m/min；$n_1=100\sim1000$r/min；$F=50\sim1800$N 直线移动，可正、反转，可停车时调速；用于电缆机械、举重器等

续表

名　称	简　　图	机械特性	主要传动特性、应用示例
B. 有中间滚动体的 a. 改变输入、输出轮工作直径调速的			
5. 滚锥平盘式(FU)	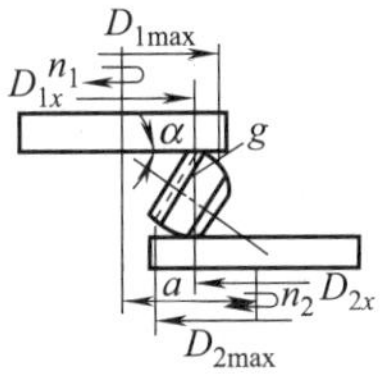 D_{1max} n_1 D_{1x} α g a n_2 D_{2x} D_{2max}	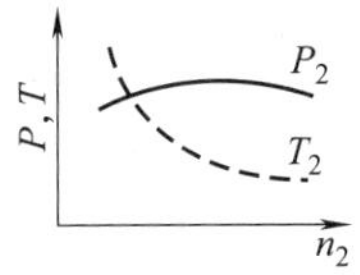 P,T P_2 T_2 n_2	四滚锥：$i_s=0.17\sim1.46$；$R_{bx}\leqslant8.5$；$P_1=26.5(R_b\approx8.5)\sim104(R_b\approx2)$kW；$\eta=0.87\sim0.93$ 单滚锥：$R_b<10$；$P_1\leqslant3$kW；$\eta=0.77\sim0.92$ 同轴或平行轴，升、降速型；用于试验设备、机床主传动、运输、印染及化工机械
6. 钢球平盘式(PIV-KS)	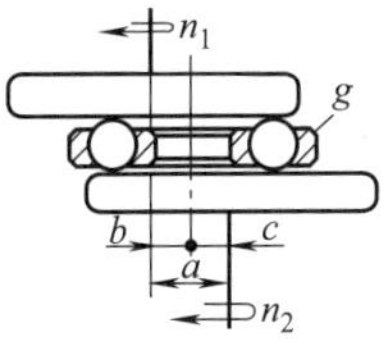 n_1 g b c a n_2	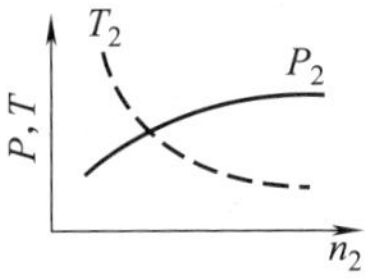 P,T T_2 P_2 n_2	$i_s=0.05\sim1.5$；$R_{bs}\leqslant25$；$P_1=0.12\sim3$kW；$\eta\leqslant0.85$ 平行轴，升、降速型；用于计算机、办公及医疗设备、小型机床 两平盘可做成接触面内凹的锥盘，中间只用一颗钢球，制成 $R_b\leqslant9$ 可传递数十瓦的小型变速器
7. 长锥钢环式	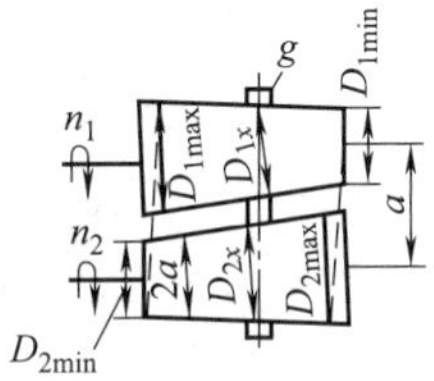 g D_{1min} n_1 D_{1max} D_{1x} a n_2 $2a$ D_{2x} D_{2max} D_{2min}	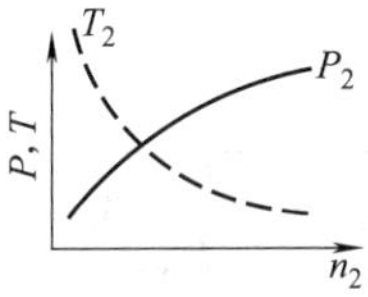 P,T T_2 P_2 n_2	$i_s=0.5\sim2$；$R_{bs}\leqslant4$；$P_1\leqslant3.7$kW；$\eta\leqslant0.85$ 平行轴，升、降速型；用于机床、纺织机械等，有自紧作用，不需加压装置
8. 钢环分离锥式(RC)	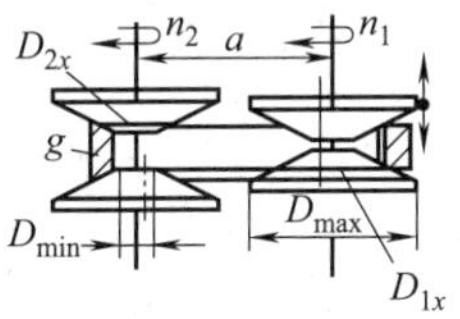 D_{2x} n_2 a n_1 g D_{min} D_{max} D_{1x}	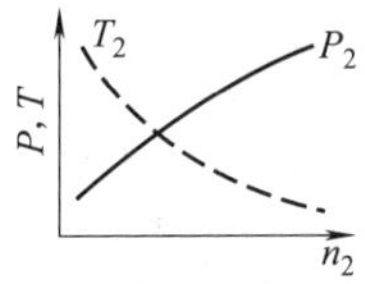 P,T T_2 P_2 n_2	$i_s=\frac{1}{4.2}\sim3.2$；$R_{bs}\leqslant10(16)$；$P_1=0.2\sim10$kW；$\eta=0.75\sim0.9$ 平行轴，对称调速型，钢环自紧加压；用于机床，纺织机械等
9. 杯轮环盘式(RF 单级)(Hayes 双级)	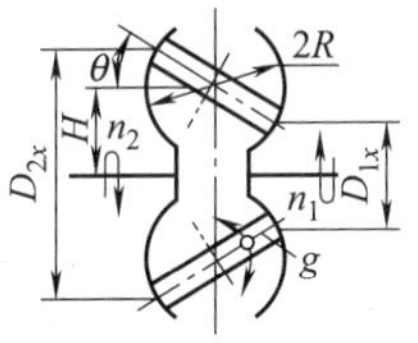 θ $2R$ H n_2 D_{2x} n_1 D_{1x} g	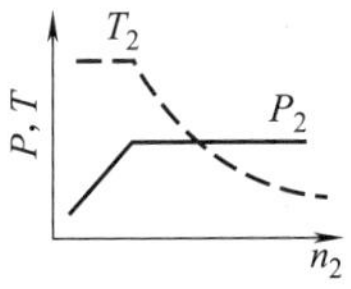 P,T T_2 P_2 n_2	$i_s=0.1\sim3.5$；$R_{bs}=4\sim12$；$P_1=0.5\sim30$kW；$\eta=0.8\sim0.95$ 同轴线，升、降速型；用于航空工业、汽车
10. 弧锥环盘式(Toroidal)	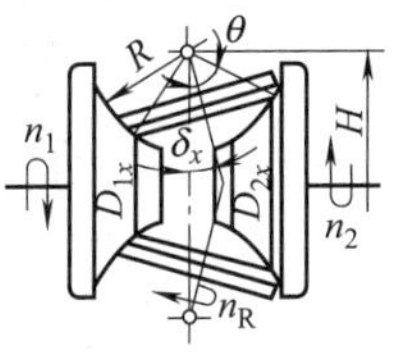 R θ n_1 D_{1x} δ_x D_{2x} H n_2 n_R		$i_s=0.22\sim2.2$；$R_{bs}=6\sim10$；$P_1=0.1\sim40$kW；$\eta=0.9\sim0.92$ 同轴或相交轴，升、降速型；用于机床、拉丝机、汽车等
b. 改变中间轮工作直径调速的			
11. 钢球外锥轮式(Kopp-B)	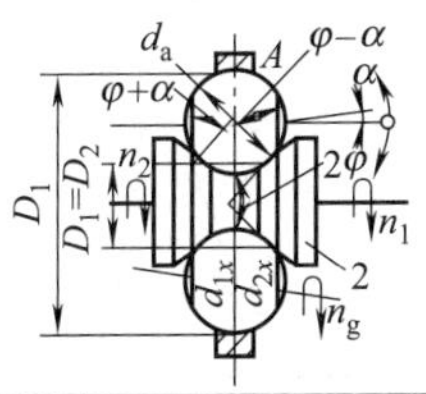 d_a A $\varphi-\alpha$ $\varphi+\alpha$ α n_2 D_1 $D_1=D_2$ 2φ n_1 d_{1x} d_{2x} 2 n_g	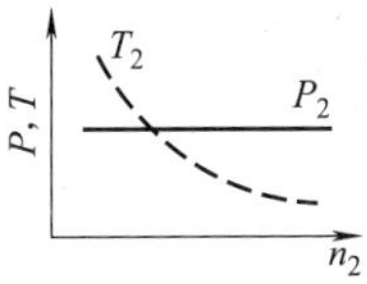 P,T T_2 P_2 n_2	$i_s=\frac{1}{3}\sim3$；$R_{bs}\leqslant9$；$P_1=0.2\sim12$kW；$\eta=0.8\sim0.9$ 同轴，升、降速型，对称调速；用于纺织、电影机械、机床等

续表

名　称	简　图	机械特性	主要传动特性、应用示例
b. 改变中间轮工作直径调速的			
12. 钢球内锥轮式（Free Ball）	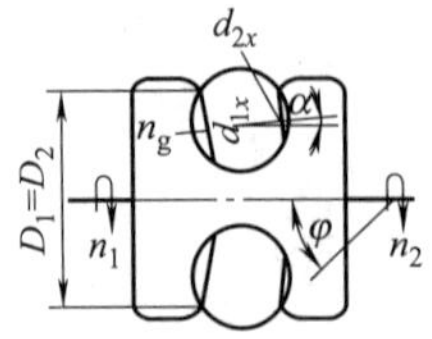	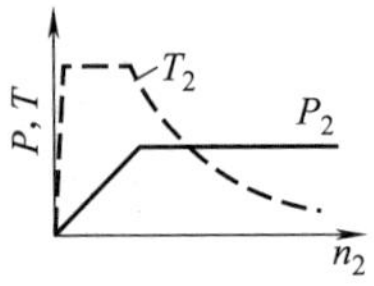	$i_s=0.1\sim2$；$R_{bs}=10\sim12(20)$；$P_1=0.2\sim5$kW；$\eta=0.85\sim0.90$ 同轴，升、降速型，可逆转；用于机床、电工机械、钟表机械、转速表等
13. 菱锥式（Kopp-K）	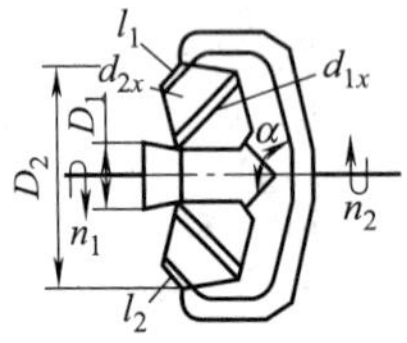	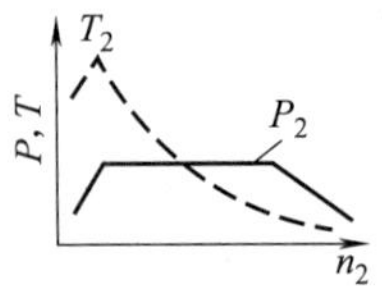	$i_s=\frac{1}{7}\sim1.7$；$R_{bs}=4\sim12(17)$；$P_1\leqslant88$kW；$\eta=0.8\sim0.93$ 同轴，升、降速型；用于化工、印染、工程机械、机床主传动、试验台等
Ⅱ. 行星无级变速器			
14. 内锥输出行星锥式（B_1US）	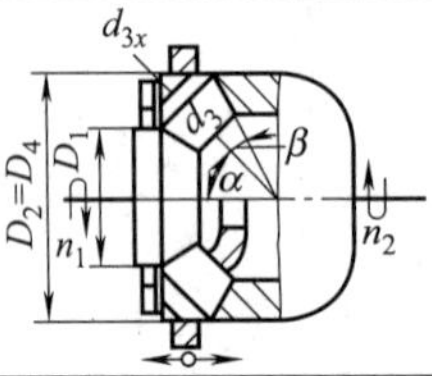	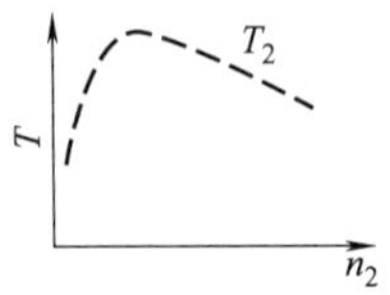	$i_s=-\frac{1}{3}\sim-\frac{1}{115}$；$R_{bs}\leqslant38.5(\infty)$；$P_1\leqslant2.2$kW；$\eta=0.6\sim0.7$ 同轴，降速型，可在停车时调速；用于机床进给系统
15. 外锥输出行星锥式（RX）	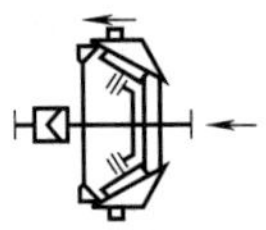	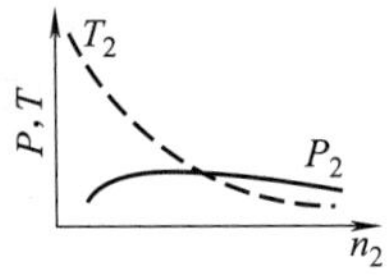	$i_s=-0.57\sim0$；$R_{bs}=33(\infty)$；$P_1=0.2\sim7.5$kW；$\eta=0.6\sim0.8$ 同轴，降速型；广泛用于食品、化工、机床、印刷、包装、造纸、建筑机械等，低速时效率低于60%
16. 转臂输出行星锥式（SC）	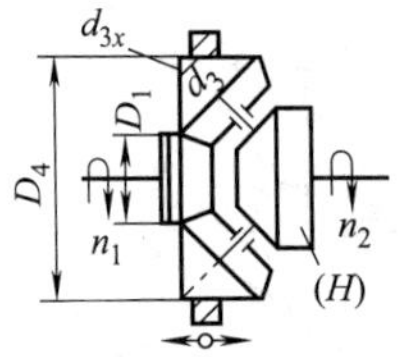	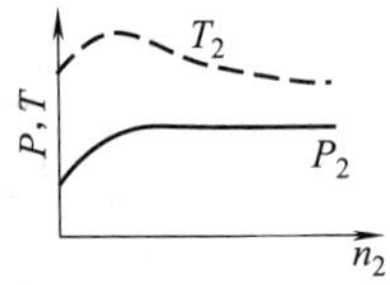	$i_s=\frac{1}{6}\sim\frac{1}{4}$；$R_{bs}\leqslant4$；$P_1\leqslant15$kW；$\eta=0.6\sim0.8$ 同轴，降速型；用于机床、变速电动机等
17. 转臂输出行星锥盘式（Disco）	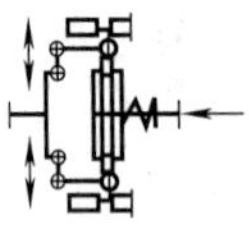	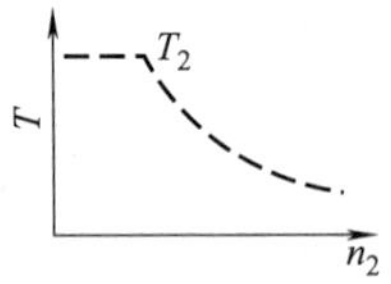	$i_s=0.12\sim0.72$；$R_{bs}\leqslant6$；$P_1=0.25\sim22$kW；$\eta=0.75\sim0.84$ 同轴，降速型，用于陶瓷、制烟等机械，变速电动机
18. 行星长锥式（Graham）	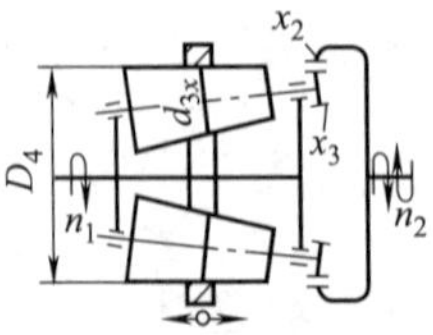	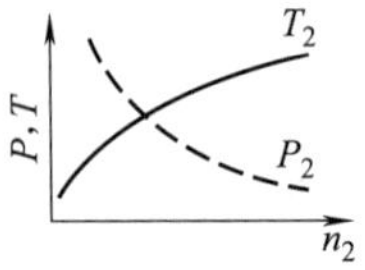	$i_s=-\frac{1}{100}\sim\frac{1}{3}$；$P_1\leqslant4$kW；$\eta=0.85\sim0.9$ 同轴，降速型，可逆转，有零输出转速但特性不佳，可在停车时调速；用于变速电动机等
19. 行星弧锥式（NS）	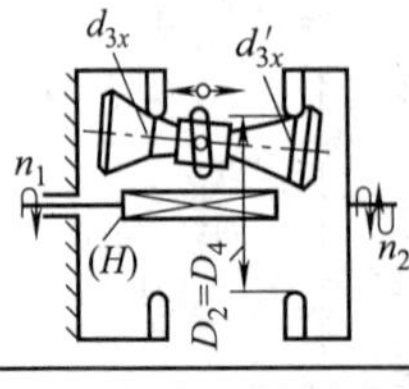	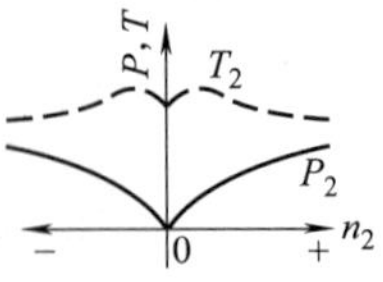	$i_s=-0.85\sim0\sim0.25$；$R_{bs}=\infty$；$P_1\leqslant5$kW；$\eta=0.75$ 同轴，降速型，可逆转，有零输出转速但特性不佳，可在停车时调速；用于化工、塑料机械、试验设备等

续表

名　称	简　　图	机械特性	主要传动特性、应用示例
		Ⅱ. 行星无级变速器	
20. 封闭行星锥式(OM)	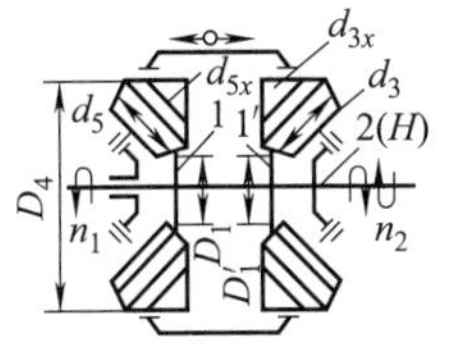	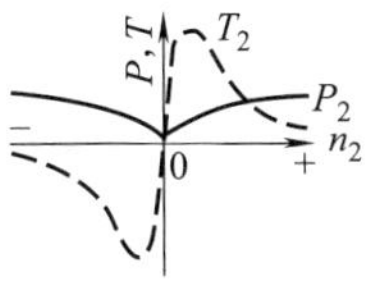	$i_s=-\frac{1}{5}\sim0\sim\frac{1}{6}$；$R_{bs}=\infty$（通常$n_2>20$r/min）；$P_1\leqslant3.7$kW；$\eta=0.65$ 同轴，降速型，可逆转，有零输出转速但特性不佳；用于机床、变速电动机等
		Ⅲ. 带式无级变速器	
21. 单变速带轮式	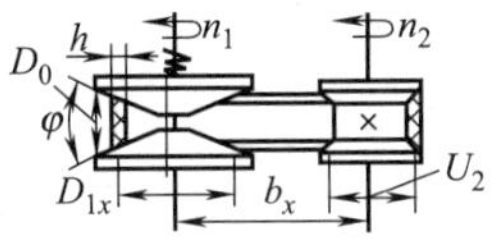	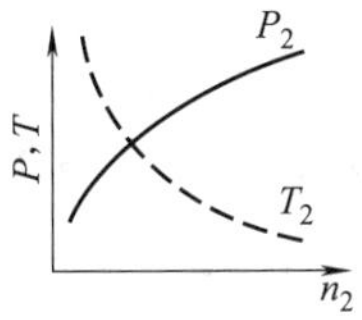	$i_s=0.50\sim1.25$；$R_{bs}=2.5$；$P_1\leqslant25$kW；$\eta\leqslant0.92$ 平行轴，降速型，中心距可变；用于食品工业等
22. 长锥移带式	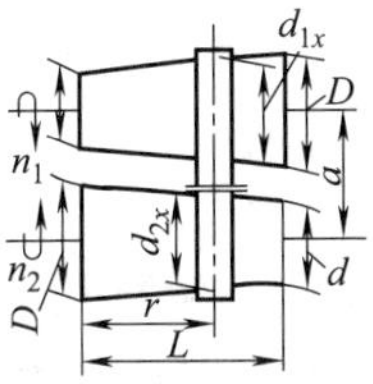	基本为恒功率	平行轴，升、降速型，尺寸大，锥体母线应为曲线；用于纺织机械、混凝土制管机等
23. 普通V带、宽V带、块带式	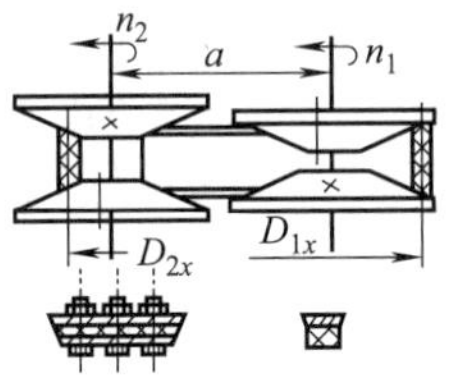	视加压弹簧位置而异，在主动轮上时为近似恒功率，在从动轴上为近似恒转矩	$i_s=0.25\sim4$（宽V带、块带） $R_{bs}=3\sim6$（宽V带）；$P_1\leqslant55$kW $R_{bs}=2\sim10(16)$（块带式）；$P_1\leqslant44$kW $R_{bs}=1.6\sim2.5$（普通V带）；$P_1\leqslant40$kW $\eta=0.8\sim0.9$ 平行轴，对称调速，尺寸大；用于机床、印刷、电工、橡胶、农机、纺织、轻工机械等
		Ⅳ. 链式无级变速器	
24. 齿链式(PIV-A)(PIV-AS)(FMB)	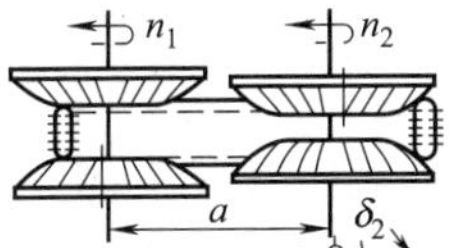	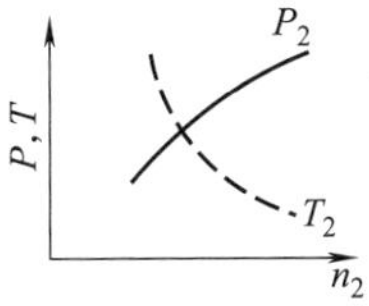	$i_s=0.4\sim2.5$；$R_{bs}=3\sim6$；$\eta=0.9\sim0.95$ $P_1=0.75\sim22$kW（A型，压靴加压） $P_1=0.75\sim7.5$kW（AS型，剪式杠杆加压） 平行轴，对称调速；用于纺织、化工、重型机械、机床等
25. 光面轮链式（RH）（RK）（RS）V形推块金属带式	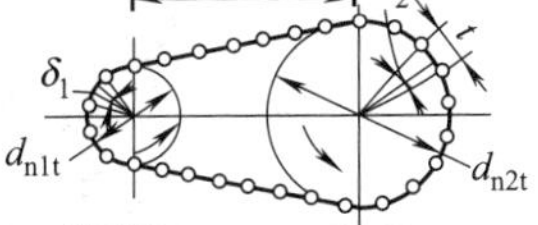 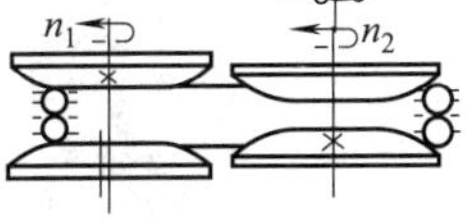		$i_s=0.38\sim2.4$；$R_{bs}=2.7\sim10$；$\eta\leqslant0.93$ 摆销链RH：$P_1=5.5\sim175$kW，$R_{bs}=2\sim6$ RK：$P_2=4.7\sim16$kW，$R_{bs}=3$、6、10 滚柱链RS：$P_2=3.5\sim17$kW（恒功率用） $P_2=1.9\sim19$kW（恒转矩用） 套环链RS：$P_2=20\sim50$kW（恒功率用） $P_2=11\sim64$kW（恒转矩用） 金属带：$P_2=55\sim110$kW 平行轴，升、降速型，可停车调速；用于重型机器、机床、汽车等

第15篇

续表

名 称	简 图	机械特性	主要传动特性、应用示例
V．脉动无级变速器			
26．四相摇杆脉动变速器(Zero-Max)		基本为恒转矩	$P_1=0.09\sim1.1$kW；$T_2=1.34\sim23$N·m $i_s=0\sim0.25$ 平行轴，降速型；用于纺织、印刷、食品、农业机械等
27．三相摇块脉动变速器(Gusa)		低速时恒转矩 高速时恒功率	$P_1=0.12\sim18$kW；$\eta=0.6\sim0.85$；$i_s=0\sim0.23$ 平行轴，降速型；用于塑料、食品、无线电装配运输带等

注：1. 传动比 $i_{21}=\dfrac{n_2\ (\text{输出轴转速})}{n_1\ (\text{输入轴转速})}$，按定轴轮系及动轴轮系的传动比公式，以传动的特征几何尺寸（直径、角度）表示；i_s为使用的传动比。

2. 变速比 $R_b=\dfrac{n_{2\max}\ (\text{最高输出转速})}{n_{2\min}\ (\text{最低输出转速})}$，表示变速器的变速能力，$R_{bs}$为变速器的使用变速比。对称调速是指最大传动比与最小传动比对称于传动比为 1 的调速，这种变速传动尺寸较小。

3. 除注明者外，均不可在停车时调速。

4. n—转速，下脚标为构件代号；g—滚动体；a 和D、d—中心距和直径，有下脚标 x 者为可变尺寸；η—效率；ε—滑动率；T—转矩；P—功率。

4.1.5 选用的一般方法

机械无级变速器的种类繁多，从经济观点考虑，应尽可能选用标准产品或现有产品，仅当有特殊要求时才进行非标设计。在选用或设计时，应综合考虑实际使用条件和各种变速器的结构和性能特点。使用条件包括：工作机的变速范围；最高和最低输出转速时所需的转矩和功率；最常使用的转速和所需功率；载荷变动情况；使用时间（时/日）；升速和降速情况；启、制动频繁程度；有无正、反转向使用要求及其频繁程度；换算到变速器输出轴上的工作机的转动惯量等。对于变速器本身而言，主要是根据机械特性和转速特性来选择其类型，再根据载荷转矩、转速和安装方式和尺寸来选定其型号。机械无级变速器的选用方法见表 15-4-2。

表 15-4-2 机械无级变速器的选用方法

类型选择	①应明确机械本身在整个变速范围内对功率或转矩特性的要求，是恒功率型、恒转矩型，还是变功率、变转矩型，可参考表 15-4-1 的机械特性或产品说明书进行选择。如要求扩大功率、扩大调速范围或过零调速时，应选用封闭行星无级变速器 ②应考虑输出转速特性，是单纯升速型、单纯降速型，还是升、降速型。多数行星式及脉动式无级变速器都具有大幅度降速的输出特性，因而不适于有升速变速要求的场合。链、带及某些变速器具有对称调速($i_{\max}=1/i_{\min}$)的特性，这时输入轴的转速 $n_1=\sqrt{n_{2\max}n_{2\min}}$。脉动及滑片链无级变速器的输出角速度有一定的波动性，因而不适用于运动平稳性要求高的场合。此外，还应考虑使用要求的最高与最低输出转速是否在变速器所能提供的最高与最低输出转速范围之内，使用要求的滑动率是否低于变速器的滑动率 ③要考虑安装场地及变速器在机器整体布置中的地位，以确定采用带电动机的还是不带电动机的，法兰式的还是底座式的，平行轴的、相交轴的还是同轴式的，立式的还是卧式(轴水平布置)的 ④还应考虑是停车时变速还是运行中调速，调速响应的快慢，手动调速还是远距离自动控制调速，以及运行过程中的振动、噪声、温升和空载功率
容量选择	选择变速器的容量时，必须明确变速器使用时的输入、输出转速，负载容量及负载条件 标准的无级变速器一般均以某一额定转速 n_{1H}(通常为电动机额定转速)作为输入转速进行设计与试验，并在产品说明书中给出了功率表或机械特性曲线。当滚动体的许用应力及尺寸给定后，其所能传递的功率大体上与转速呈正比关系，故当实际输入转速低于额定输入转速时，允许传递的功率将减小，而且会带来润滑不充分和变速器操作沉重等问题；反之，当实际输入转速高于额定输入转速时，则允许传递的功率将增大，但搅油损耗、温升、振动和噪声均增大，轴承及摩擦传动件的寿命将降低。当无级变速器的实际输入转速 n_1 不等于产品说明书功率表中的额定输入转速 n_{1H}时，其允许的输入功率 P_1 和输出转矩 T_2 及输出转速 n_2，应在原有功率表的基础上分别乘以折算系数 k_p、k_T 和 k_n，它们的数值可查看有关产品说明书；在产品说明书中无此数据时，可按疲劳等效原则折算，这时 $k_p=\left(\dfrac{n_1}{n_{1H}}\right)^x$，$k_T=\left(\dfrac{n_{1H}}{n_1}\right)^y$，$k_n=\dfrac{n_1}{n_{1H}}$

续表

容量选择

对于点接触结构，$x=0.7$、$y=0.3$；对于线接触结构，$x=0.67$、$y=0.33$

各种机械无级变速器均有其特定的机械特性曲线（P_2-n_2、T_2-n_2），对应于不同的输出转速范围，所能传递的功率或转矩是不同的。以图 15-4-3 所示的 7kW 菱锥式无级变速器特性曲线为例，当 $n_2=400\sim2400$r/min 时 $P_1=7$kW，而当 $n_2=380\sim2650$r/min 时则 $P_1=6$kW，相应的 T_2 也是不同的。通常输入转速越低、变速范围越大，变速器能提供使用的功率和转矩越小

以上情况说明：同一规格的变速器，当使用输入转速不同于变速器的额定输入转速，或输出转速不同时，变速器所能提供的功率或转矩将是不同的。这一点必须充分注意

此外，变速器在整个变速范围内的滑动率 ε 和传动效率 η 也是变化的，选用变速器时应使输出转速范围处于传动效率 η 较高和滑动率 ε 较低的工作范围内

为了适应高的输入转速或低的输出转速、大的输出转矩，可选用在基本变速器的基础上，前置或后置减速器而形成的孪生型减变速器。若要求扩大传动功率、扩大调速范围或过零调速时，则应采用封闭差动轮系而形成的封闭行星无级变速器。这种变速器目前在国内尚无定型系列产品供应

在具体选用变速器规格时，无论是恒功率型还是恒转矩型，均应使计算转矩 T_c 和计算功率 P_c 小于变速器的许用输出转矩 T_p 和输入功率

恒转矩工况的计算转矩　$T_c=KK_TT<T_p$(N·m)　(15-4-7)

恒功率工况的计算转矩　$T_c=9550KK_TP/n_{2\min}<T_p$(N·m)　(15-4-8)

计算功率　$P_c=T_cn_{2\max}/9550<$输入功率(kW)

式中，T、P 分别为变速器的负载转矩和负载功率；K 为变速器的工况（使用）系数，见下表或生产厂的产品说明书；K_T 为温度系数，环境温度低于 30℃时取 $K_T=1$，其余见生产厂的产品说明书；$n_{2\max}$、$n_{2\min}$ 分别为变速器的最高和最低输出转速，r/min

工作状况系数 K

负载形式	平均每日工作时间/h		
	<8	8～16	>16
稳定载荷、连续运转、无正反转	1.0	1.1	1.2
中载荷、有冲击、间断操作、频繁启动、正反转	1.3	1.4	1.5
重载、强冲击、间断操作、频繁启动、正反转	1.7	1.9	2.0

4.2 锥盘环盘无级变速器

图 15-4-4（a）、（b）分别为 SPT 和 ZH 系列锥盘环盘无级变速器的结构图。

停机时，锥盘 4、环盘 5 在预压弹簧 6 的作用下，产生一定的压紧力。工作时，电动机 1 驱动锥盘 4，依靠摩擦力矩带动环盘 5 转动，而使输出轴 9 运转。当输出轴上的负载发生变化时，通过自动加压凸轮 8，使摩擦副间的压紧力和摩擦力矩正比于负载而变化，因此，输出功率正比于外界负载的变化而变化。调速时，通过调速齿轮齿条 2、3（SPT 型）或调速丝杠 10 和手轮 11（ZH 型），使锥盘 4 相对于环盘 5 作径向移动，改变了锥盘与环盘的接触工作半径，从而实现了平稳的无级变速。

SPT 及 ZH 系列锥盘环盘减变速机均为中小功率无级变速器，具有传动平稳可靠、低噪声、高效耐用、无需润滑、无污染等特点，广泛应用于食品、制药、化工、电子、印刷、塑料等行业的机械传动装置上。

4.2.1 SPT 系列减变速器

SPT 型锥盘环盘无级变速器是将无级变速器与减速齿轮（最多可达三对）共同组装在一个箱体内的降速型减变速机，分成卧式和立式两类，其变速比为 4。

标记示例：

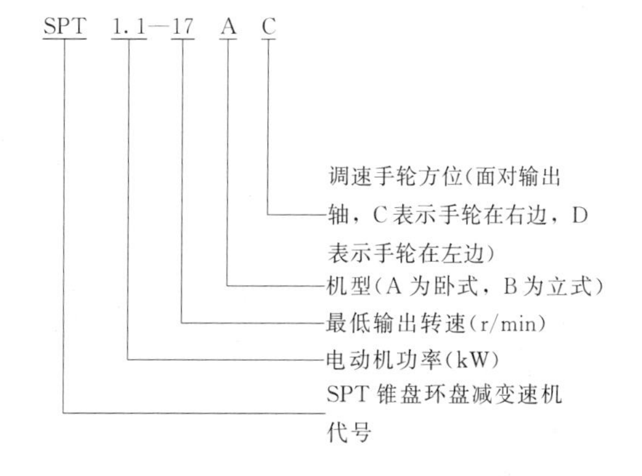

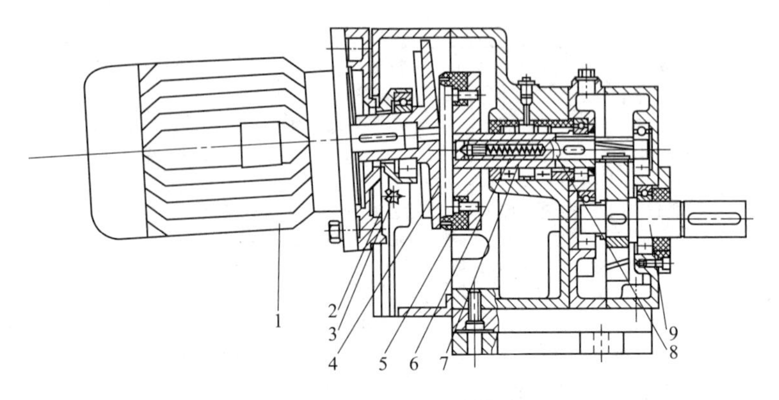

(a) SPT型

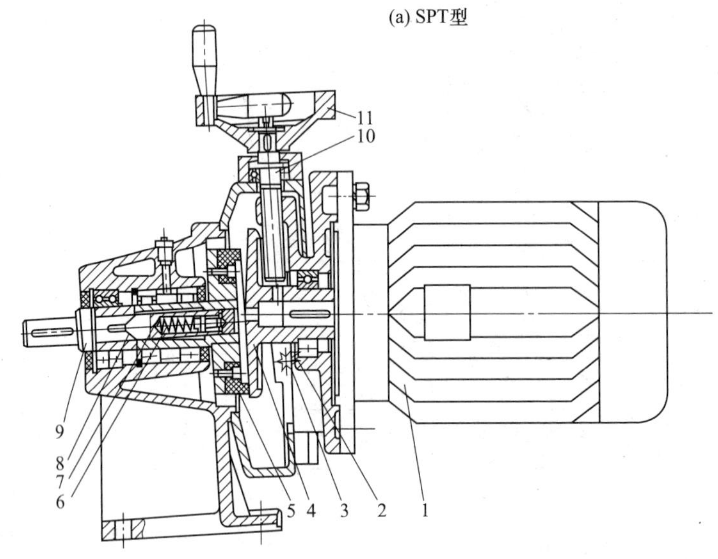

(b) ZH型

图 15-4-4　锥盘环盘无级变速器

1—电动机；2—调速齿条；3—齿轮；4—锥盘；5—环盘；6—预压弹簧；7—连接套；8—加压凸轮；9—输出轴；10—调速丝杠；11—手轮

表 15-4-3　　SPT 减变速机的技术参数

机座号			调速区间/r·min⁻¹	0.37kW	0.55kW	0.75kW	1.1kW	1.5kW	2.2kW	3kW
				输出转矩/N·m						
0.37 0.55 0.75	Ⅰ	4 级	205～820	7.4～4	11～6	15～8.2	—	—	—	—
			50～197	29～17	43～26	58.6～35	—	—	—	—
		6 级	135～545	10.6～6	15.8～9	—	—	—	—	—
			34～135	42～24	62～37	—	—	—	—	—
	Ⅱ	4 级	22～82	66～39.7	98～59	134～80	—	—	—	—
			12～44	120～74	179～110	244～150	—	—	—	—
		6 级	15～55	96～59	143～88	—	—	—	—	—
			8～30	175～107	261～160	—	—	—	—	—

续表

机座号			调速区间 /r·min⁻¹	0.37kW	0.55kW	0.75kW	1.1kW	1.5kW	2.2kW	3kW
				输出转矩/N·m						
0.37 0.55 0.75	Ⅲ	4 级	3～11	481～295	715～439	—	—	—	—	—
		6 级	2～8	701～430	715～439	—	—	—	—	—
0.75 1.1 1.5 2.2	Ⅰ	4 级	53～262	—	—	55～25	81～37	110～50	161～73	—
		6 级	35～172	—	—	84～38	123～56	167～77	—	—
	Ⅱ	4 级	17～82	—	—	172～80	252～118	344～161	504～236	—
			11～54	—	—	266～122	390～179	532～244	780～358	—
			5～30	—	—	585～274	858～402	1170～548	—	—
		6 级	11～54	—	—	266～122	390～179	532～244	—	—
			5～30	—	—	585～274	858～402	1170～548	—	—
	Ⅲ	4 级	5～24	—	—	585～274	858～402	1170～548	—	—
		6 级	3.5～15	—	—	836～439	1226～644	1671～878	—	—
2.2 3	Ⅰ	4 级	81～323	—	—	—	—	—	106～60	144～82
		6 级	54～214	—	—	—	—	—	159～90	—
	Ⅱ	4 级	15～59	—	—	—	—	—	572～327	780～446
		6 级	10～39	—	—	—	—	—	858～495	—
	Ⅲ	4 级	4～14.5	—	—	—	—	—	2145～1331	2925～1816
		6 级	2.5～9	—	—	—	—	—	3432～2145	—

注：Ⅰ、Ⅱ、Ⅲ分别表示一、二、三级齿轮减速。

4.2.2　ZH 系列减变速器的型号、技术参数及基本尺寸

ZH 型锥盘环盘变速器的基本型（ZH 型）和基本型与减速器组合的减变速器（ZHY-CJ、ZHY-W 和 ZHY-WJ 三类），基本型做成独立部件，其结构安装尺寸参照电动机安装尺寸，它与各类减速器进行模块组合后，可实现低级无级变速，输出转速在 2～1740r/min 范围内，变速比为 6。变速器摩擦副采用了大摩擦因数和高耐用度的特种摩擦材料，输出特性为恒功率特性。

标记示例：

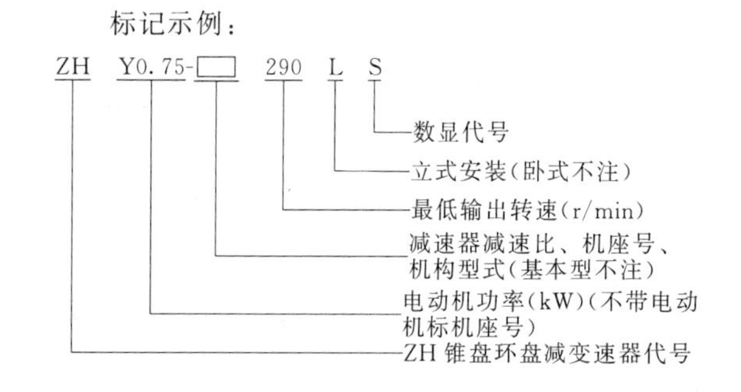

表 15-4-4 SPT 减变速器（卧式）的外形及安装尺寸 mm

机座号		中心高	安装尺寸					输出轴尺寸				外形尺寸									
		H_0	A_1	A_0	B_0	n	d_0	d	b	c	e	A	B	A_2	b_1	B_1	B_2	B_3	H	L_1	L_2
0.37 0.55	Ⅰ	85	84	100	160	4	9	28h6	8	31	58	155	184	43	140	146	—	—	219	225	尺寸按所配电动机
	Ⅱ	85	86	100	160	4	9	28h6	8	31	56	155	184	43	140	146	—	—	219	230	
	Ⅲ	146	72	163	160	4	9	32h6	10	35	60	187	184	42	140	146	—	—	219	280	
0.75 1.1 1.5	Ⅰ	120	68	115	200	4	13	32h6	10	35	60	180	240	45	220	175	—	88	299	255	
	Ⅱ	125	88	115	200	4	13	32h6	10	35	60	180	240	45	220	175	135	88	299	275	
	Ⅲ	122	92	115	200	4	13	48h6	16	51.5	73	215	240	50	220	175	135	88	299	308	
2.2 3	Ⅰ	160	60	200	280	4	17	48h6	16	51.5	80	240	320	20	240	208	—	88	396	314	
	Ⅱ	175	40	230	280	4	17	58h6	18	62	80	270	320	20	240	208	207	88	396	334	
	Ⅲ	300	69	240	280	4	17	82h6	24	87	80	284	320	22	240	208	207	88	401	396	

表 15-4-5　　SPT 减变速器（立式）的外形及安装尺寸　　mm

机座号		安装尺寸						输出轴尺寸				外形尺寸								
		D_1	D_2	T	e_1	n	d_0	d	b	c	e	D	h	h_1	H	B_1	B_2	B_3	L_1	L_2
0.37 0.55	Ⅰ	165	130h7	4	50	4	13	28h6	8	31	58	200	12.5	140	220	146	—	—	255	尺寸按所配电动机
	Ⅱ	165	130h7	4	50	4	13	28h6	8	31	56	200	12.5	140	220	146	—	—	260	
0.75 1.1 1.5	Ⅰ	210	160h7	5	58	4	13	32h6	10	35	60	260	16	220	330	175	—	188	297	
	Ⅱ	210	160h7	5	58	4	13	32h6	10	35	60	260	16	220	330	175	135	188	317	
2.2 3	Ⅰ	300	250h7	8	69	6	17	48h6	16	51.5	80	350	25	240	370	208	—	220	369	

注：立式输出法兰孔：Ⅰ为米字类型，Ⅱ为十字类型。

表 15-4-6 ZH系列无级变速器的技术参数

无级变速器机座号		07				15		
输入功率/kW	4级电动机	0.37	0.55	0.75	1.1	1.1	1.5	2.2
	6级电动机	—	0.37	0.55	0.75	0.75	1.1	1.5
型号	输出转速/r·min^{-1}	许用输出转矩/N·m						
ZHY(基本型)	290～740	3.6～1.7	7～2.6	7～3.5	10.5～5.1	14.5～5.2	14.5～7	21～10.3
	190～1160	—	5.4～2.6	10～3.9	13.6～5.3	14.8～5.3	17～7.7	23～10.5
ZHY-CJ(配CJ齿轮减速器型)	17～102	60～27	114～40	114～54	167～79	227～80	277～109	342～167
	11～66	—	85～42	155～62	211～84	240～85	277～124	374～171
	11～66	93～42	175～62	176～85	258～125	351～124	351～169	530～260
	7～42	—	131～66	240～97	327～132	376～133	428～196	580～265
	6～36	164～76	312～113	312～155	457～227	644～228	615～298	937～460
	4～24	—	240～115	450～170	500～237	658～232	735～342	1026～468
	3～18	320～150	500～228	500～311	500～456	1200～456	1200～621	1200～910
	2～12	—	480～230	500～341	500～465	1200～466	1200～683	1200～927

表 15-4-7　　ZH 基本型无级变速器（卧式）外形及安装尺寸　　mm

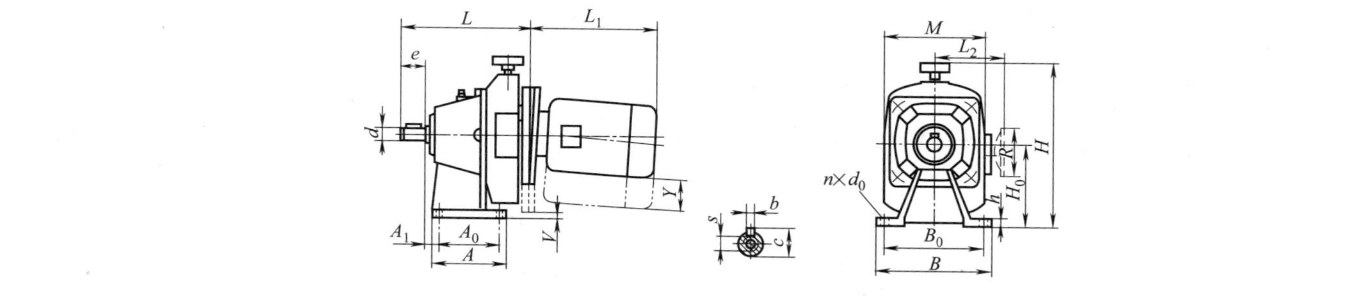

机座号	中心高	安装尺寸							输出轴尺寸					外形尺寸								
	H_0	A_0	B_0	A_1	n	d_0	Y	V	d	b	c	s	e	A	B	h	L	M	H	R	L_2	L_1
07	150	100	160	23	4	12	46	9	19h6	6	21.5	M6	40	130	190	15	223	190	306	140	150	尺寸按所配电动机
15	175	120	200	18	4	12	62	19	24h6	8	27	M8	50	150	230	15	264	200	363	140	174	

表 15-4-8　　ZH 基本型无级变速器（立式）外形及安装尺寸　　mm

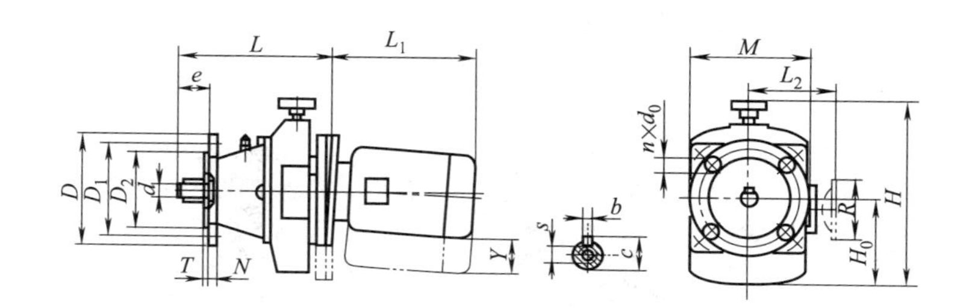

机座号	安装尺寸						输出轴尺寸					外形尺寸								
	D_1	D_2	T	n	d_0	Y	d	b	c	s	e	D	L	M	H_0	H	N	R	L_2	L_1
07	165	130h7	3.5	4	12	46	19h6	6	21.5	M6	40	200	223	190	112	268	12	140	150	尺寸按所配电动机
15	165	130h7	3.5	4	12	62	24h6	8	27	M8	50	200	264	200	145	333	12	140	174	

4.3 行星锥盘无级变速器

图 15-4-5 所示为封闭行星锥盘无级变速器，动力由轴 1 输入，一路经 2—4—5—H 构成牵引行星无级变速器，另一路经 W（1)—G—N—H 构成差动轮系，由于两个系统的转臂 H、太阳轮 3 与外齿圈 W 是刚性连接的，即用单自由度的行星变速器的两个基本构件 1、H 将差动轮系的两个基本构件 W 和 H 封闭，从而构成了单自由度行星无级变速器，由于封闭的形式不同，可以得到以 N、H 和 W 分别作为输出的三种结构。图 15-4-5 所示为以内齿圈 N 作为输出的结构。

调速时转动调速手轮 7、螺杆 8，螺母 9 推动嵌在其切口中的球头螺销使内环 6 转动，内环 5、6 与定凸轮 10 构成滚珠端面凸轮副，当内环 6 作轴向移动时，内环 5、6 间的轴向间隙增大（或减小），行星锥盘在加压碟簧 2 的作用下沿径向外（或向内）移，改变了行星盘的工作半径，使转臂 H、内齿圈 N（输出轴）的角速度 ω_H、ω_N 增大（或减小)，实现无级变速。

（1）适用范围

这种无级变速器是目前应用较广的一种先进变速器。它适用于连续工作运转，且能在承载中按需要调节速度，最适应工艺参数多变或连续变化的要求，因而可作为各行业生产自动线传送带动力装置使用。

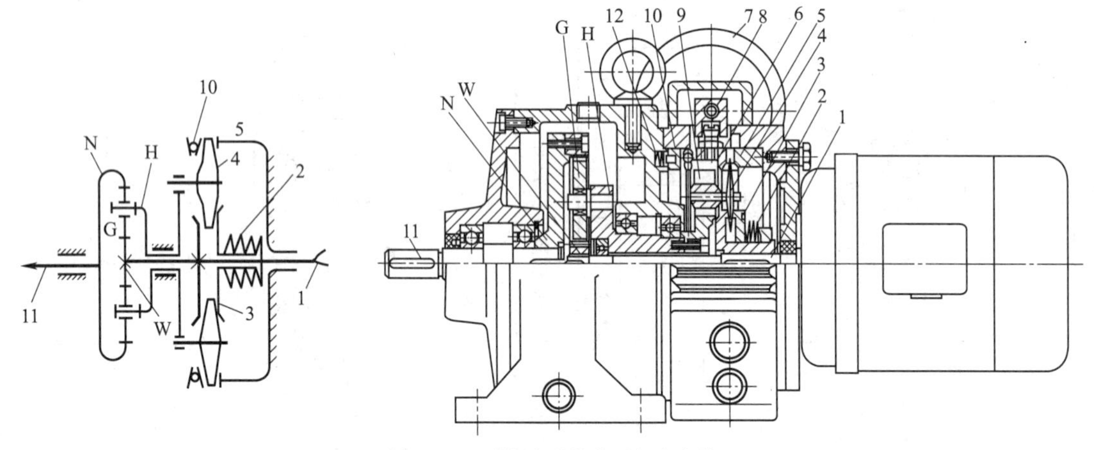

图 15-4-5 封闭行星锥盘无级变速器

1—输入轴；2—加压碟簧；3—太阳轮；4—行星锥盘；5，6—内环；7—调速手轮；8—螺杆；9—螺母；10—定凸轮；11—输出轴；12—弹簧；W—外齿轮；N—内齿圈；H—转臂；G—行星轮

行星锥盘无级变速器有恒功率型和恒转矩型，本标准适用于调速比范围 4～8，传递功率 0.09～7.5（22）kW，工作环境温度为－20～40℃。环境温度低于 0℃时，启动前润滑油应预热。

（2）标记示例

这种变速器在 JB/T 6950—1993 的基础上，演变成了 MB（N）系列和 JWB-X 系列两类，现分述如下。

① MB（N）系列标记示例：

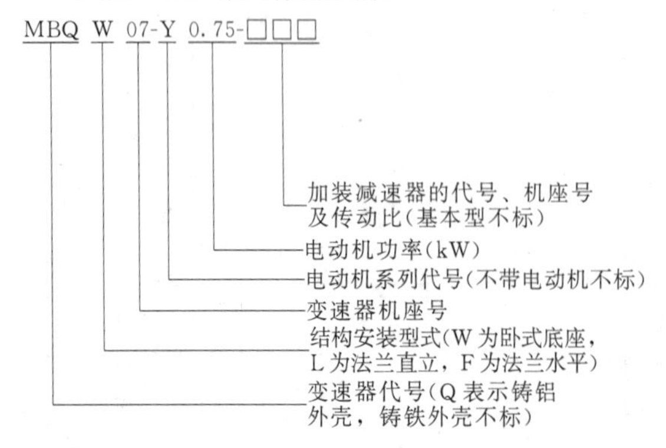

MB 系列基本型行星锥盘无级变速器的主要技术参数及尺寸见表 15-4-9（卧式底座安装型）及表 15-4-10（法兰直立和水平安装型）。

② JWB-X 系列标记示例：

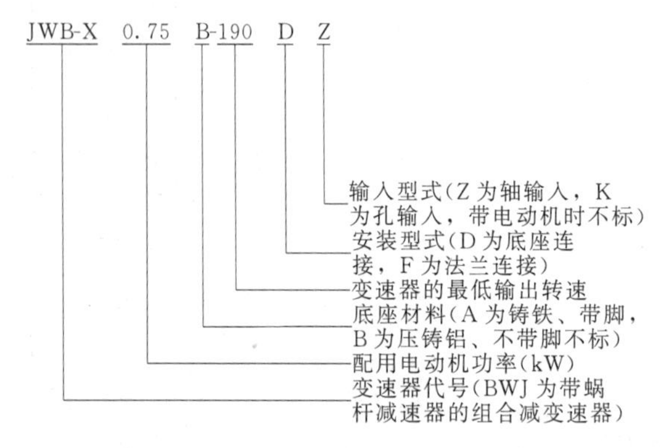

JWB-X 系列变速器的技术参数见表 15-4-11，基本型的外形及安装尺寸见表 15-4-12（底座连接型）及表 15-4-13（法兰连接型）。

表 15-4-9　MBW 基本型无级变速器（铸铁外壳）主要技术参数及尺寸　mm

双轴型　直连型

机型号	额定功率 /kW	输入转速 /r·min⁻¹	输出转速 /r·min⁻¹	输出转矩 /N·m	中心高 H_0	安装尺寸 A_0	A_1	B_0	B_1	d_0	输出轴尺寸 d	b	c	l	输入轴尺寸 d_1	b_1	c_1	l_1	外形尺寸 H_2	H	A	B	V	W	L	L_1	L_3	质量/kg 双轴型	直连型
MBW02	0.18	1390	200～1000	1.5～3	75	105	18	110	25	9	14js6	5	16	30	14js6	5	16	25	160	210	125	146	69	100	195	130	202	10.5	23
MBW04	0.37	1390		3～6	80	105	26	120	32	10	14js6	5	16	30	14js6	5	16	30	169	219	135	150	82	111	221	145	225	14	27.5
MBW07	0.55	1390		5～10	106	125	33.5	160	40	12	20js6	6	22.5	40	19js6	6	21.5	30	213	263	150	190	90	128	243	182	255	18.3	32
	0.75	1390		6～12																							255		33
MBW15	1.1	1400		9～18	125	140	50	180	50	12	25js6	8	28	50	24js6	8	27	40	246	296	165	230	107	153	314	223	270	35.5	56
	1.5	1400		12～14																							295		57
MBW22	2.2	1420		18～36	150	230	25	245	55	14	30js6	8	33	60	24js6	8	27	50	300	350	270	300	135	157	387	268	325	60	93
MBW40	3	1420		24～48	150	230	25	245	55	14	30js6	8	33	60	24js6	8	27	50	300	350	270	300	135	157	387	268	325	65	95
	4	1440		32～64																							340		97
MBW55	5.5	1440		45～90	200	250	33	315	70	18	35k6	10	38	70	32k6	10	35	60	392	474	290	365	189	186	425	319	390	105	170
MBW75	7.5	1460		60～120	200	250	33	315	70	18	35k6	10	38	70	32k6	10	35	60	392	474	290	365	189	186	425	319	430	110	181

注：L_3 值是按 Y_2 系列 B_5 型电动机计入，若配用其他系列电动机 L_3 值应相应变动。

第 15 篇

表 15-4-10 MBW（F）基本型无级变速器（铸铁外壳）主要技术参数及尺寸 mm

机型号	额定功率/kW	输入转速/r·min^{-1}	输出转速/r·min^{-1}	输出转矩/N·m	安装尺寸					输出轴尺寸				输入轴尺寸				外形尺寸								质量/kg	
					D_1	D_2	E	R	d_0	d	b	c	l	d_1	b_1	c_1	l_1	H_2	H	V	W	D	L	L_1	L_3	双轴型	直连型
MBL(F)02	0.18	1390	200～1000	1.5～3	130	110h9	30	3.5	10	14js6	5	16	30	14js6	5	16	25	154	200	66	100	160	190	127	202	10.5	23
MBL(F)04	0.37	1390		3～6	165	130h9	30	3.5	12	14js6	5	16	30	14js6	5	16	30	166	216	80	111	200	217	143	225	14	27.5
MBL(F)07	0.55	1390		5～10	165	130h9	40	4	12	20js6	6	22.5	40	19js6	6	21.5	30	208	258	88	128	200	241	182	255	18.3	32
	0.75	1390		6～12																					255		33
MBL(F)15	1.1	1400		9～18	215	180h9	50	4	15	25js6	8	28	50	24js6	8	27	40	239	289	107	153	250	312	223	270	35.5	56
	1.5	1400		12～24																					295		57
MBL(F)22	2.2	1420		18～36	265	230h9	60	4	15	30js6	8	33	60	24js6	8	27	50	293	343	135	157	300	385	268	325	60	93
MBL(F)40	3	1420		24～48	265	230h9	60	4	15	30js6	8	33	60	24js6	8	27	50	293	343	135	157	300	385	268	325	65	95
	4	1440		32～64																					340		97
MBL(F)55	5.5	1440		45～90	300	250h9	70	5	19	35k6	10	38	70	32k6	10	35	60	382	464	198	186	350	424	318	390	105	170
MBL(F)75	7.5	1460		60～120	300	250h9	70	5	19	35k6	10	38	70	32k6	10	35	60	382	464	198	186	350	424	318	430	110	181

注：1. L_3 值是按 Y_2 系列 B_5 型电动机计入，若配用其他系列电动机，L_3 值应相应变动。

2. 型号中 L 表示法兰垂直安装，F 表示法兰水平安装。

表 15-4-11　JWB-X 系列变速器的技术参数

机座号		01	02		03		04		05			06	
电动机输入功率/kW		0.18	0.25	0.37	0.55	0.75	1.1	1.5	2.2	3	4	5.5	7.5
电动机极数		4 极(1500r/min)											
变速器机型	输出转速 /r·min^{-1}	许用输出转矩/N·m											
基本型	190～950	2.5～1.3	3.5～1.8	5.4～2.7	8～4	11～5.4	16～8	22～11	32～16	44～22	59～29	81～40	110～54
带一对齿轮减速	100～500	—	6.5～3.4	10～4.9	15～7.4	21～10	30～15	41～20	58～30	82～40	109～54	150～74	205～101
	80～400	—	8～4	12.4～6.2	18.5～9	26～12.5	37～18.5	51～25	75～37	102～50.5	138～67	188～93	255～126
	60～300	—	11～5.6	16.5～8.2	24.5～13	35～16.8	50～24.5	68～34	98～50	134～67.5	180～90	250～124	340～168
	40～200	—	16～8.4	25～12	37～18.5	52～25	75～37	102～50.5	147～74	200～101	270～134	370～175	510～253
带二对齿轮减速	30～150	—	—	—	—	—	—	—	198～100	267～132	356～176	490～242	668～330
	28～140	—	—	—	52～26	73～35	105～52	143～71	—	—	—	—	—
	25～125	—	25～13	39～20	—	—	—	—	—	—	—	—	—
	20～100	—	—	—	—	—	—	—	294～145	401～198	535～264	735～363	1000～495
	18～90	—	—	—	81～40	114～55	—	—	—	—	—	—	—
	15～75	—	42～22	65～32	—	—	196～97	268～132	—	—	—	—	—
	13～65	—	—	—	113～56	158～76	—	—	—	—	—	—	—
	9～45	—	70～37	105～54	—	—	—	—	—	—	—	—	—
	8～40	—	—	—	182～91	255～124	—	—	—	—	—	—	—
	6.5～32.5	—	—	—	225～112	316～151	—	—	—	—	—	—	—
带三对齿轮减速	4.7～23.5	—	—	204～102	292～146	426～207	613～303	837～413	—	—	—	—	—
	2～10	—	—	—	426～343	—	—	—	—	—	—	—	—

注：基本型变速器当输出转速由高到低时的传动效率为 81%～65%，滑动率为 2%～6%，温升为 46～47℃。

表 15-4-12 直出式底座连接型（190D）外形及安装尺寸 mm

JWB-X**(B)-**DK JWB-X**(B)-**DZ JWB-X**(B)-**D

型号	机座号	安装尺寸							输出轴尺寸				输入轴(Z)尺寸				输入孔(K)尺寸			外形尺寸										质量/kg
		A_1	A_2	D_3	D_4	m	d_0	B_1	d_1	b_1	c_1	e_1	d_2	b_2	c_2	e_2	d_3	b_3	c_3	H	H_1	H_2	L	L_1	L_2	A	B	K	R	
JWB-X * * -190D	01	25	5	—	—	—	10	95	11f6	4	12.5	24	—	—	—	—	—	—	—	188	70	145	356	—	146	55	120	87	105	15
JWB-X * * -190D	02	55	7	—	—	—	10	150	14f6	5	16	40	14f6	5	16	30	—	—	—	210	80	168	410	293	200	90	190	121	105	22
JWB-X * * B-190D	02	55	7	110	130	M8	10	150	14f6	5	16	40	14f6	5	16	30	14F7	5	16.3	210	80	168	414	297	204	90	190	121	118	—
JWB-X * * -190D	03	66	7	—	—	—	12	165	24f6	8	27	50	19f6	6	21.5	40	—	—	—	255	105	212	490	356	246	125	212	147	110	38
JWB-X * * B-190D	03	66	7	130	165	M10	12	165	24f6	8	27	50	19f6	6	21.5	40	19F7	6	21.8	268	105	212	493	359	249	125	212	147	120	—
JWB-X * * B-190D	04	75	18	—	—	—	14.5	185	28f6	8	31	60	24f6	8	28	43	—	—	—	307	125	252	602	435	320	145	235	187	147	61
JWB-X * * B-190D	05	85	15	—	—	—	18.5	240	38f6	10	41	80	28f6	8	32	60	—	—	—	368	150	313	747	618	465	148	310	297	160	134
JWB-X * * B-190D	06	120	12	—	—	—	21	295	42f6	12	45	80	38f6	10	43	70	—	—	—	452	190	397	980	735	550	185	380	367	196	198

表 15-4-13　　直出式法兰连接型（190F）外形及安装尺寸　　mm

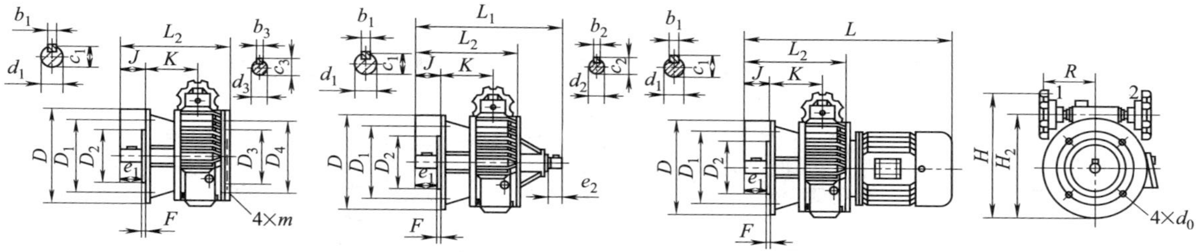

JWB−X**(B)−**FK　　JWB−X**(B)−**FZ　　JWB−X**(B)−**F

型号	机座号	安装尺寸								输出轴尺寸				输入轴(Z)尺寸				输入孔(K)尺寸			外形尺寸								质量/kg
		D_1	D_2	D_3	D_4	m	d_0	J	F	d_1	b_1	c_1	e_1	d_2	b_2	c_2	e_2	d_3	b_3	c_3	H	H_2	L	L_1	L_2	D	K	R	
JWB-X * *-190F	01	115	95	—	—	—	10	24	3	11f6	4	12.5	24	—	—	—	—	—	—	—	189	146	351	—	140	142	81	105	15
JWB-X * *-190F	02	130	110	—	—	—	10	40	3.5	14f6	5	16	40	14f6	5	16	30	—	—	—	210	168	375	258	165	160	86	105	22
JWB-X * * B-190F	02	130	110	110	130	M8	9	30	3.5	14f6	5	16	30	14f6	5	16	30	14F7	5	16.3	210	168	364	247	154	160	81	118	—
JWB-X * *-190F	03	165	130	—	—	—	12	50	3.5	24f6	8	27	50	19f6	6	21.5	40	—	—	—	250	207	453	318	208	200	109	100	38
JWB-X * * B-190F	03	165	130	130	165	M10	11	40	3.5	19f6	6	21.5	40	19f6	6	21.5	40	19F7	6	21.8	262	207	424	289	179	200	88	120	—
JWB-X * *-190F	04	215	180	—	—	—	14.5	60	4	28f6	8	31	60	24f6	8	28	43	—	—	—	307	252	593	422	307	250	174	147	61
JWB-X * *-190F	05	265	230	—	—	—	16.5	80	4	38f6	10	41	80	28f6	8	32	60	—	—	—	368	313	753	562	412	300	244	160	134
JWB-X * *-190F	06	300	250	—	—	—	21	80	5	42f6	12	45	80	38f6	10	43	70	—	—	—	437	382	787	608	423	350	239	196	198

4.4　环锥行星无级变速器

如图 15-4-6 所示，一组沿主动锥轮 2 圆周均布的行星锥轮 7 置于保持架 3（相当于转臂）中。自动加压装置 13、14 使行星锥轮 7 分别与主动锥轮 2、从动锥轮 11 压紧，行星锥轮 7 的锥体与不转动的外环 10 压紧。输入轴 1 上的主动锥轮 2 旋转时，行星锥轮 7 自转并沿外环 10 的内圈公转，驱动从动锥轮 11 转动，最后经自动加压装置 13、14 将动力传至输出轴 15。通过调速机构改变外环 10 的轴向位置，以改变行星锥轮 7 的工作半径，达到调速的目的。

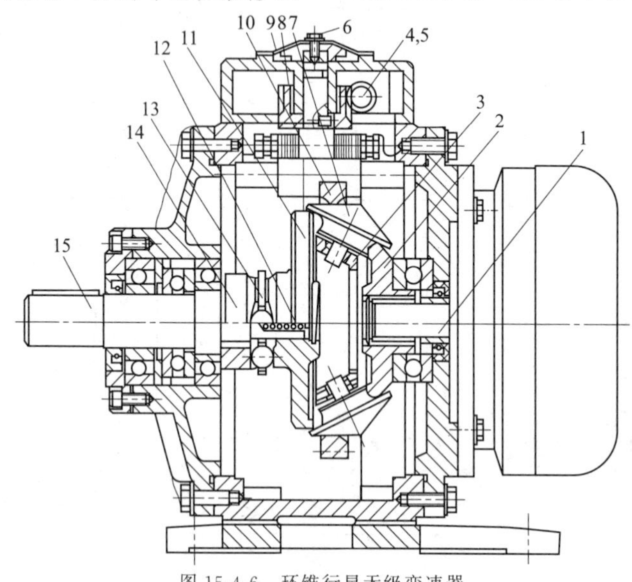

图 15-4-6　环锥行星无级变速器

1—输入轴；2—主动锥轮；3—保持架；4,5,6,8—调速机构；7—行星锥轮；9—转速显示盘；10—外环；11—从动锥轮；12—预压弹簧；13,14—加压装置；15—输出轴

变速器在主、从动侧采用了凸、凹和凸、平接触的结构，增大了当量曲率半径，提高了承载能力。

（1）适用范围

这种形式的变速器具有变速范围广、恒功率、传动平稳、噪声低、过载保护性强的特点，常用于食品、印染、塑料、皮革印刷等行业以及各种自动生产流水线上。

环锥行星无级变速器有双出轴式和电动机直连式（包括匹配减速器及立式），适用于冶金、机械、化工、包装、食品、纺织、印染、电子等行业。

适用条件为：变速器输入轴转速不大于 1500r/min；变速器工作环境温度为 0～30℃；变速器能在额定载荷下从零转速开始稳定启动；变速器必须在启动后才能进行调速。

（2）标记示例

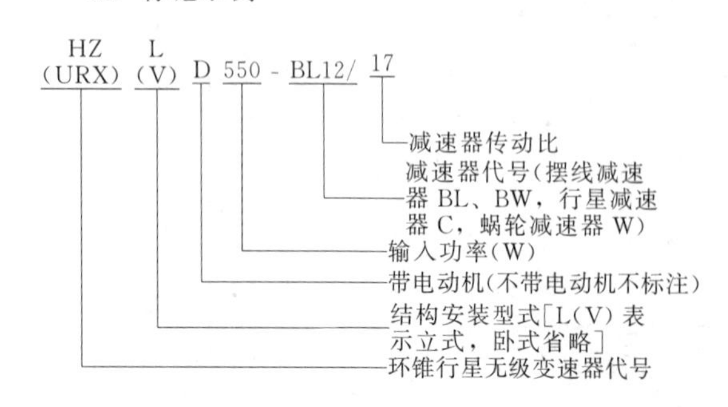

（3）技术参数、外形及安装尺寸

HZ 型无级变速器的技术参数、外形及安装尺寸见表 15-4-14～表 15-4-16。

（4）选型方法

HZ 型无级变速器的传动效率是随着输出转速的变化而变化的。当输入转速为 1500r/min 时，在输出转速 0～850r/min 的全程中，最佳效率区段是 350～700r/min，低于 100r/min 时，效率最低。所以在选型时，应根据工作输出转速范围来确定类型（基本型或带减速器的），再根据负载转矩来确定规格，必须满足计算转矩 T_c 小于变速器的最小许用输出转矩。计算转矩的计算公式为式（15-4-7）、式（15-4-8）。

如已知负载功率 P，算出计算功率 P_c 后，就可在表 15-4-14 和图 15-4-7 中找到相应规格的变速器。如已知负载转矩 T，算出计算转矩 T_c 后，尚需考虑其对应的转速范围，从本机型输出转矩特性曲线（图 15-4-7）上选择合适的规格。对于恒转矩负载，则应使计算转矩 T_c 小于表 15-4-14 中最小输出额定转矩的原则，找出对应的机型规格。例如，某传动装置，每天工作 6h，工作转速范围为 200～600r/min，工作负载为 5N・m 的恒转矩，有中等冲击载荷，需选用一带电动机的环锥无级变速器。由式（15-4-7）和表

15-4-2 求得计算转矩 $T_c = KK_T T = 1.3 \times 1 \times 5 = 6.5\text{N} \cdot \text{m}$，查表 15-4-14，选用 HZD750 型变速器，其最小输出额定转矩为 6.8N·m>6.5N·m；又由图 15-4-7 查得，当 $n_2 = 600\text{r/min}$ 时，该型变速器的输出转矩为 9.2N·m>6.5N·m。由于 $n_2 = 200 \sim 600\text{r/min}$ 在基本型输出转速范围，故合适。如工作转速范围低于 150r/min，则应考虑选用带减速器的环锥减变速器。

表 15-4-14　HZ 系列型号及技术参数

型号	配用电动机 功率/kW	配用电动机 输入转速/r·min⁻¹	输出转速/r·min⁻¹	输出额定转矩/N·m 最大	输出额定转矩/N·m 最小
HZ90	0.09	1500	0～850	3	0.8
HZ250	0.25	1500	0～850	7.7	2.2
HZ370	0.37	1500	0～850	11.5	4.3
HZ400	0.40	1500	0～850	13	4.7
HZ550	0.55	1500	0～850	17	5
HZ750	0.75	1500	0～850	23	6.8
HZ1100	1.1	1500	0～850	33	10
HZ1500	1.5	1500	0～850	46.5	14
HZ2200	2.2	1500	0～850	68	20
HZ3000	4.0	1500	0～850	94	25
HZ4000	4.0	1500	0～850	125	34
HZ5500	5.5	1500	0～850	170	46
HZ7500	7.5	1500	0～850	233	63
HZ11K	11	1500	0～850	341	93
HZ15K	15	1500	0～850	465	126

注：生产厂：浙江平阳市世一变速机械实业有限公司，宁波市无级变速器厂等。

表 15-4-15　HZ 系列（卧式）外形及安装尺寸　mm

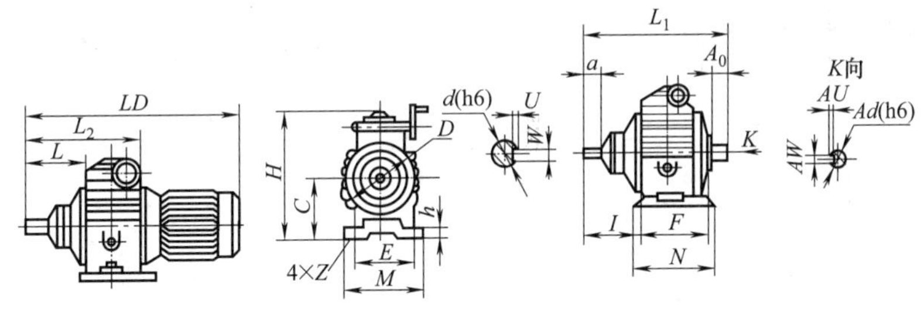

型号	长 L	长 L_1	长 L_2	长 LD	宽 D	高 H	高 C	底脚尺寸 I	h	E	F	M	N	Z	输出轴尺寸 d	W	U	a	输入轴尺寸 Ad	AW	AU	A_0	质量/kg
HZ90	75	144	139		104	146	65	65	9	70	90	90	110	9	12	4	2.5	25	10	3	1.8	20	5.6
HZ250	68	250	162	400	150	202	94	48	12	90	140	120	180	11	16	5	3	25	14	5	3	25	11
HZ370	68	250	162	400	150	202	94	48	12	90	140	120	180	11	16	5	3	25	14	5	3	25	13
HZ400	68	297	171	410	170	233	106	50	12	120	155	150	185	11	16	5	3	30	14	5	3	25	16
HZ550	126	386	258	520	210	280	120	118	12	140	170	170	200	13	24	8	4	50	20	8	4	38	25
HZ750	126	386	258	520	210	280	120	118	12	140	170	170	200	13	24	8	4	50	20	8	4	38	30
HZ1500	142	445	292	610	254	359	154	120	16	160	230	200	270	13	32	10	5	55	24	8	4	50	48
HZ2200	157	500	333	680	300	385	175	138	18	210	260	260	310	15	42	12	5	70	24	8	4	50	79
HZ3000	157	500	333	680	300	385	175	138	18	210	260	260	310	15	42	12	5	70	24	8	4	50	103
HZ4000	190	557	390	810	325	432	196	160	20	230	270	280	330	15	42	12	5	70	28	8	4	50	150
HZ5500	217	741	557	1010	410	515	235	200	24	290	375	350	425	20	55	16	6	100	40	12	5	80	200
HZ7500	245	884	585	1120	440	550	250	225	24	300	425	365	490	20	55	16	6	100	48	14	5.5	80	220

注：表中质量指不带电动机时的值。

表 15-4-16 HZLD 系列立式带电动机外形及安装尺寸 mm

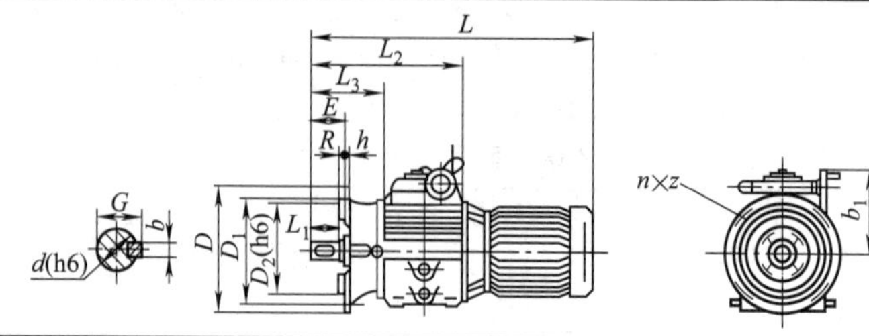

机型	输出轴尺寸				安装尺寸						外形尺寸				
	d	b	G	L_1	D_1	D_2	E	h	R	$n\times z$	D	b_1	L	L_2	L_3
HZLD90	12	4	13.8	25	115	92	25	10	3	4×9	140	85	330	139	75
HZLD250 HZLD370	16	5	18	25	165	130	25	12	4.5	4×12	200	108	400	162	68
HZLD400	16	5	18	30	165	130	30	12	4.5	4×12	200	127	410	171	68
HZLD550 HZLD750	24	8	27	50	215	180	50	14	4	4×15	250	160	520	258	126
HZLD1500	32	10	35	55	265	230	55	16	4	4×15	300	205	610	292	142
HZLD2200 HZLD3000	42	12	45	70	300	250	70	20	4	4×19	350	210	680	333	157
HZLD4000	42	12	45	70	300	250	70	20	4	4×19	350	236	810	390	190
HZLD5500	55	16	59	100	350	300	100	25	8	4×19	400	280	1010	557	217
HZLD7500	55	16	59	100	350	300	100	25	8	4×19	400	300	1120	585	245

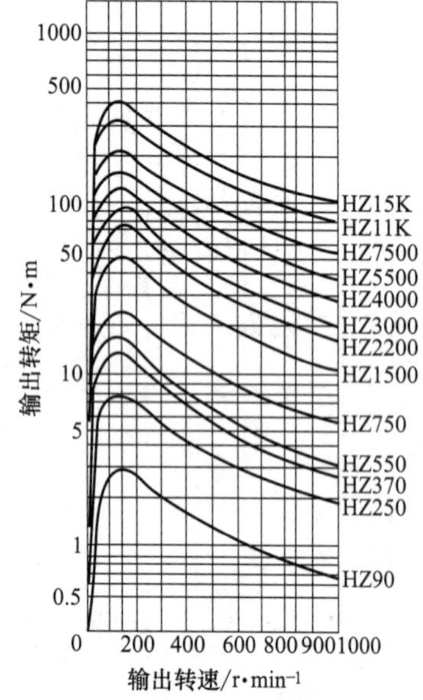

图 15-4-7 HZ 系列变速器输出特性曲线

4.5 带式无级变速器

带式无级变速器由于其结构简单、制造容易、工作平稳、能吸收振动、易损件少、带更换方便，因而是机械无级变速器中广泛应用的一种；其缺点是外形尺寸较大，而变速范围较小。它由主、从动锥（带）轮、紧套在两轮上的带、调速操纵机构和加压装置等组成。当主动轮转动时，借助带与锥轮间的摩擦力驱动从动轮并传递动力；通过调速操纵机构改变带在锥轮上的位置，使主、从动轮的工作半径改变，以达到无级变速的目的。

① 普通 V 带无级变速传动　其结构简单、变速范围小。带轮结构如图 15-4-8 所示，有双面可动锥盘 [图 15-4-8 (a)]、单面可动锥盘 [图 15-4-8 (b)] 和多单面可动锥盘 [图 15-4-8 (c)] 带轮三种结构，后者用于大功率多根带传动。

② V 形宽带无级变速传动　无级变速用的 V 形宽带的内周具有齿形，因而具有良好的曲挠性、耐热性和耐侧压性。农业机械中无级变速传动用 V 形半宽带，内周无齿，耐侧压性能好。

③ 块带式无级变速传动　其主要用于低速、工

作条件恶劣的场合。

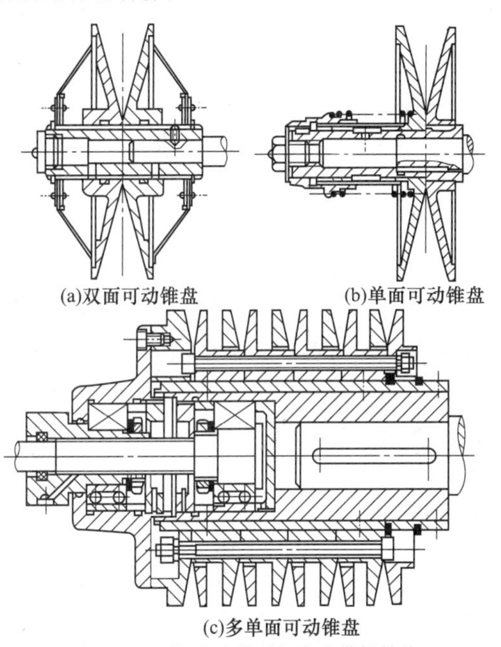

图 15-4-8　普通 V 带无级变速带轮结构

V 形宽带无级变速器标记示例：

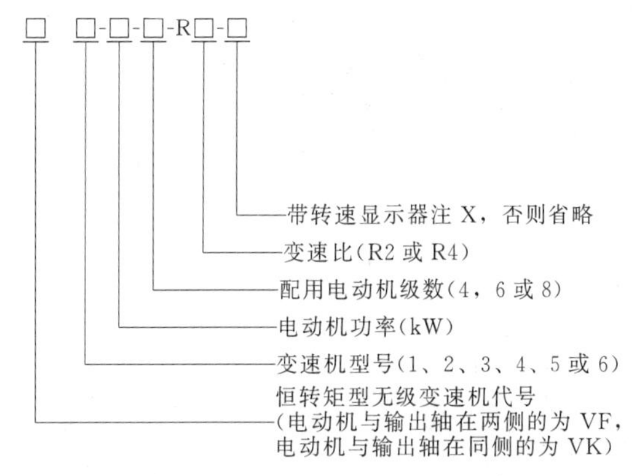

VF5-15-6-R2 表示电动机与输出轴在变速机两侧，配用 15kW、6 级电动机，变速比为 2（传动比 $i=1\sim2$）的 5 型 V 形宽带变速机。

主要生产厂家有浙江长城减速机有限公司，浙江温岭市变速器厂等。

表 15-4-17　　标准变速器外形、安装尺寸及性能参数　　mm

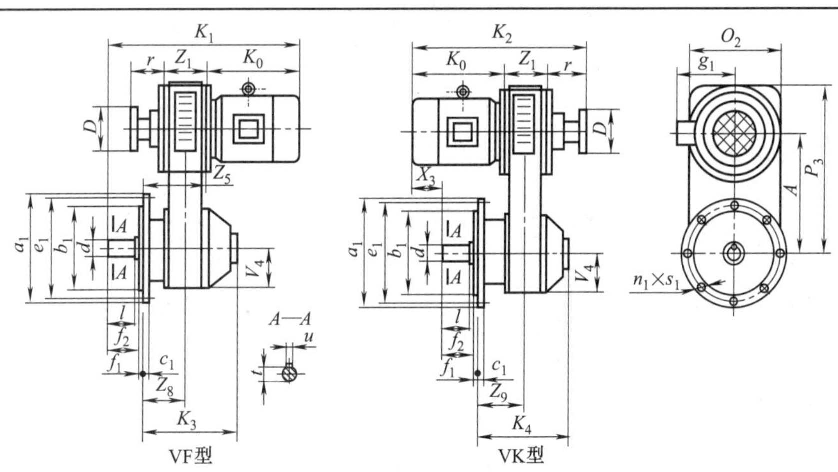

型号	所配电动机型号	电动机功率/kW			许用转矩/N·m		安装尺寸											
		4 级	6 级	8 级	R2	R4	d(k6)	l	u	t	f_1	f_2	c_1	b_1(h9)	e_1	a_1	n_1	s_1
1	Y801	0.55	—	—	4.8	1.9	19	40	6	21.5	4	40	12	130	165	190	4	12
	Y802	0.75			5.2	2.6												
2	Y90S	1.1	0.75	—	7.5	4.8	24	50	8	27	4	50	12	130	165	200	4	12
	Y90L	1.5	1.1		10.2	5.1												
3	Y100L1	2.2	1.5	—	15	7.5	28	60	8	31	4	60	14	180	215	250	4	15
	Y100L2	3	—		20.2	10.1												
	Y112M	4	2.2		26.5	13.3												

续表

型号	所配电动机型号	电动机功率/kW			许用转矩/N·m		安装尺寸											
		4级	6级	8级	R2	R4	d(k6)	l	u	t	f_1	f_2	c_1	b_1(h9)	e_1	a_1	n_1	s_1
4	Y132S	5.5	3	2.2	36.5	18.2	38	80	10	41	4	80	14	230	265	300	4	15
	Y132M	7.5	4～5.5	3	50	25												
5	Y160M	11	7.5	4～5.5	72	36	42	110	12	45	5	110	16	250	300	350	4	19
	Y160L	15	11	7.5	98	49												
	Y180M	18.5	—	—	120	60	48		14	51.5			18					
	Y180L	22	15	11	143	71												
6	Y200L	30	18.5～22	15	195	97	55	110	16	59	5	110	18	300	350	400	4	19
	Y225S	37	—	18.5	239	119	60	140	18	64	5	140	20	350	400	450	8	19
	Y225M	45	30	22	290	145												

型号	外形尺寸																	含电动机质量/kg
	A	D	g_1	K_1	K_2	K_0	K_3	K_4	O_2	P_3	r	V_4	X_3	Z_1	Z_5	Z_8	Z_9	
1	192	100	150	480	458	245	285	230	235	296	109	104	114	104	195	91	91	59
2	231	125	155	541	539	260	341	273	280	356	163	125	95	116	231	115	115	93
				566	564	285							120					97
3	326	160	180	595	601	320	354	300	320	471	141	145	150	140	215	75	110	124
																		127
			190	615	621	340							170					134
4	323	200	210	725	730	395	422	398	380	498	165	175	135	170	250	80	180	185
				765	770	435							175					196
5	434	320	255	910	885	490	482	432	510	674	185	240	210	210	310	100	170	345
				955	930	535							255					370
			285	980	955	560							280					402
				1020	995	600							320					420
6	618	320	310	1179	1154	665	604	543	680	943	205	325	355	284	404	120	200	902
			345	1224	1169	680							340					952
				1249	1194	705							365					972

注：1. 4级电动机输入转速为1440r/min，输出轴转速：R2时为720～1440r/min，R4时为720～2880r/min。
6级电动机输入转速为960r/min，输出轴转速：R2时为480～960r/min，R4时为480～1920r/min。
8级电动机输入转速为720r/min，输出轴转速：R2时为360～720r/min，R4时为360～1440r/min。
2. 表中 K_0 值是按Y系列 B_5 型式电动机计入，若配用其他系列电动机，K_0 值应相应变动。

表 15-4-18　　卧式变速器外形、安装尺寸及性能参数　　mm

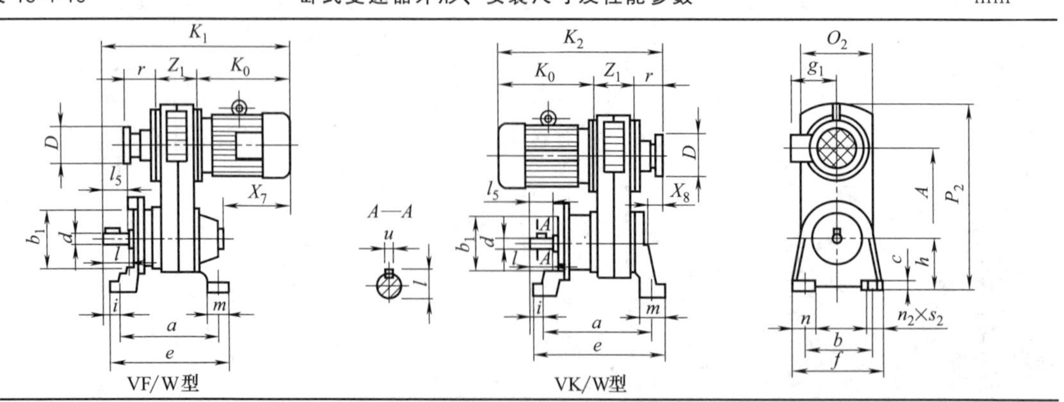

续表

型号	所配电动机型号	外形尺寸															质量/kg	备注
		a	b	c	e	f	h	i	l_5	m	n	P_2	n_2	s_2	X_7	X_8		
1	Y801 Y802	209	170	25	244	230	132	22	33	60	60	428	4	14	155	74	64	除本表所列外形尺寸外，其他尺寸及性能参数见表15-4-17
2	Y90S Y90L	259	230	30	309	304	160	31	43	60	70	516	4	14	150 175	121	102 103	
3	Y100L1 Y100L2 Y112M	325	270	50	385	360	225	31	52	80	90	696	4	18	181 181 201	91	139 140 149	
4	Y132S Y132M	387	270	50	447	360	225	48	69	80	90	723	4	18	223 263	117	203 217	
5	Y160M Y160L Y180M Y180L	525	300	55	595	400	265	57	96	100	100	939	4	22	318 363 388 428	133	367 386 436 450	
6	Y200L Y225S Y225M	638	340	70	739	480	365	55	97	125	125	1308	4	33	465 480 505	146	945 978 1015	

4.6　齿链式无级变速器

4.6.1　齿链式无级变速器原理、特点及用途

（1）变速原理

齿链式无级变速机构是依靠链条与链轮之间的啮合力和摩擦力传递动力的（图 15-4-9）。它由一对伞状的主动链轮和一对同样的从动链轮所组成，在主动链轮与从动链轮之间借助于特殊的链条拖动，链条与链轮能在任何半径处相啮合，同时链条也在一对轮之间楔紧，因此传动的特征是既靠摩擦又靠啮合，故能得到稳定的速比。

速度的变化是依靠链条在链轮表面上处在不同的半径处来得到的（图 15-4-10）。借助于调速杠杆，使一对主动链轮分离时，从动链轮则互相靠近，这时链条在主动轮上的工作半径减小而在从动轮上的工作半径增大，输出轴转速则平稳地降低；反之，输出轴转速可以平稳地增加。因此，输出轴的转速决定于输入轴和输出轴上齿链与链轮啮合直径之比。

（2）调速范围

调速范围是指当输入轴转速恒定时，输出轴转速的最大值与最小值之比。即

$$R_b=\frac{n_{2\max}}{n_{2\min}}=\frac{i_{\max}}{i_{\min}}$$

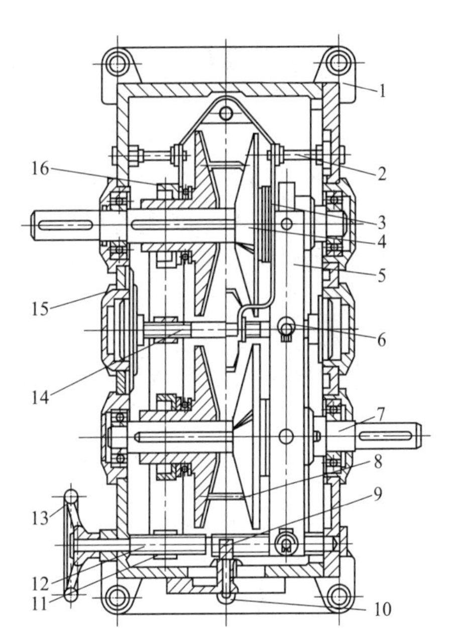

图 15-4-9　P 型齿链式无级变速器结构（卧式）

1—底座；2—加压支架轴；3—加压架；4—链轮；5—调速杠杆；6—右旋调速丝杆支架；7—传动轴；8—齿链；9—指针齿轮；10—指针；11—左旋调速丝杠支架；12,14—调速丝杠；13—手轮；15—调节盘；16—调节环

为使结构紧凑，设计成对称调速，即输入轴传至输出轴时，升速和降速的极限速比相同。例如，当输入轴转速保持 720r/min 时，输出轴的调速范围为

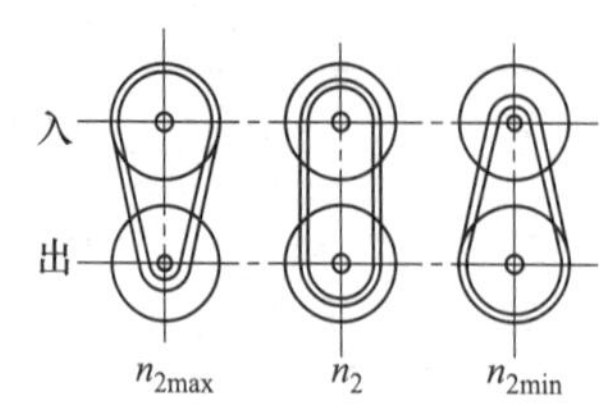

图 15-4-10　工作半径与输出轴转速

295～1770r/min，则

调速比　$R_b=\frac{n_{2max}}{n_{2min}}=\frac{1770}{295}=6$

升速比　$i_{max}=\frac{n_{2max}}{n_1}=\frac{1770}{720}=2.45=\sqrt{6}=\sqrt{R}$

降速比　$i_{min}=\frac{n_{2min}}{n_1}=\frac{295}{720}=\frac{1}{2.45}=\frac{1}{\sqrt{6}}=\frac{1}{\sqrt{R}}$

齿链式无级变速器是通过齿链来传递功率和转矩的，但齿链的许用张力是一个定值。因此，输出轴的输出功率和转矩就要随转速的不同而变化。在作恒功率或恒转矩使用时，应注意使用值不应大于表 15-4-19中的输出功率和输出转矩。

（3）特点及用途

齿链式无级变速器与其他摩擦式无级变速器相比有如下特点。

① 输出轴转速稳定，调速准确。当载荷由零增至最大时，转速变化较小，一般不超过 3.5%。

② 调速范围广，调速比一般在 2.8～6 之间。

③ 机械效率高，可达 85%～95%，而且在长期使用后效率保持不变。

④ 结构紧凑，外壳尺寸小。

⑤ 可以人工操纵，也可电动远距离控制进行调速。

⑥ 工作可靠，可用于潮湿、灰尘、酸雾的环境中。

⑦ 结构较复杂，制造精度、热处理条件和装配精度都有较高的要求。

⑧ 链条速度不能太高，所以不宜用高速电动机直接带动。一般输入轴转速 $n_1\leqslant 720$r/min。对冲击载荷较敏感，不宜用于冲击载荷较大的场合。

齿链式无级变速器广泛用于转速需要稳定而又要求无级变速的各种场合，如合成纤维设备、塑料挤出机、合成橡胶设备、造纸机械、印染机械、食品工业、制糖工业、制革设备、拔丝设备、运输机等。

4.6.2　P 型齿链式无级变速器

（1）适用范围

齿链式（滑片链式）无级变速器适用范围调速比 2.8～6，电动机可以顺逆双向旋转，工作环境温度为 −40～40℃，当环境温度低于 0℃时，启动前润滑油需要预热。

齿链式无级变速器分为基本型，第一、二、三派生型。

① 基本型：输入轴端和输出轴端不加装减速装置，代号为 P，按传递功率大小由小到大分为 0、1、2、3、4、5、6 及各派生型。

② 第一派生型：基本型输入轴端加装减速装置，加装的减速装置直接连接电动机，代号为 FP；加装的减速装置通过联轴器或带轮与动力装置相连，代号为 NP；加装差动轮系用联轴器或带轮驱动，代号为 XP。

③ 第二派生型：基本型输出轴端加装减速装置，减速装置内减速齿轮为 1 对，代号为 PB；2 对齿轮，代号为 PC；3 对齿轮，代号为 PD；多于三对齿轮，代号为 PBC；加装差动轮系，代号为 PX。

④ 第三派生型：基本型输入轴端和输出轴端均加装减速装置，且连接方式分别与第一派生型和第二派生型相同，其代号为第一派生型和第二派生型代号的组合，代号为 FPB、FPC、FPD、NPB、NPC、NPD。

例如，某型号第三派生型无级变速器，输入端加装的减速装置直接与电动机相连，输出端加装的减速装置通过一对齿轮减速，代号为 FPB。

（2）标记示例

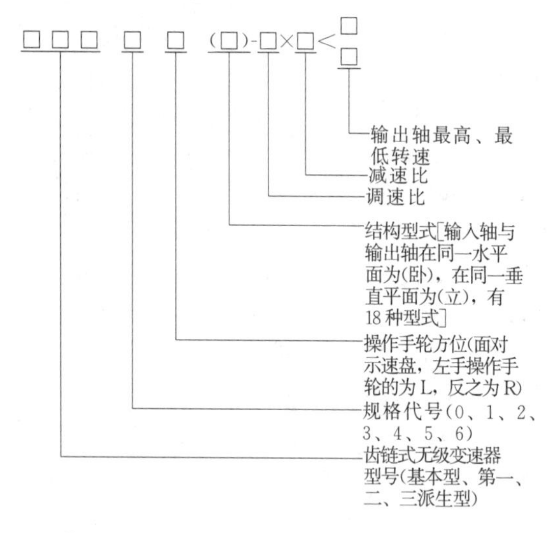

① 整机配用功率为 1.5kW，输出轴、输入轴两

端均不加减速装置，调速比为 3，用左手操作调速手轮的立式 1 型齿链式无级变速器，标记为

P1L（立 1）−3

② 在基本型的输出轴端加装。2 对齿轮减速的第二类派生型，电动机功率为 4kW，右手操作，调速比为 6，输出轴减速比为 1/30，输出轴最高转速 59r/min，最低转速 9.83r/min 的卧式 1 型齿链式无级变速器，标记为

$$\text{PC3R（卧 1）}-6\times\frac{1}{30}\left\langle\begin{matrix}59\\9.83\end{matrix}\right.$$

（3）技术参数、外形及安装尺寸

表 15-4-19　　P 型齿链式无级变速器基本型的技术参数

型号	调速比 R_b	输入轴转速 n_1/r·min^{-1}	输出轴转速/r·min^{-1}		输出功率/kW		输出转矩/N·m		滑片链型号及节数
			n_{2max}	n_{2min}	n_{2max}	n_{2min}	n_{2max}	n_{2min}	
P0	3	720	1245	415	0.559	0.426	4.28	98	P0-010026 节
	4.5		1530	340	0.559	0.349	4.84	9.8	P0-010025 节
	6		1770	295	0.559	0.301	2.94	9.8	P0-010025 节
	3	830	1437	479	0.647	0.456	4.28	9.8	P0-010026 节
	4.5		1706	391	0.647	0.401	4.48	9.8	P0-010025 节
	6		2028	338	0.647	0.346	2.94	9.8	P0-010025 节
	3	950	1644	548	0.735	0.559	4.28	9.9	P0-010026 节
	4.5		2016	448	0.735	0.456	4.48	9.8	P0-010025 节
P1	3	720	1245	415	1.12	0.82	8.3	18.6	P1-010026 节
	4.5		1530	340	1.12	0.67	6.9	18.6	P1-010025 节
	6		1770	295	1.12	0.59	5.9	18.6	P1-010025 节
P2	3	720	1245	415	2.24	1.64	16.7	37.3	P3-010027 节
	4.5		1530	340	2.24	1.34	13.7	37.3	P3-010026 节
	6		1770	295	2.24	1.12	11.8	37.3	P1-010029 节
P3	3	720	1245	415	4.73	2.6	28.5	58.8	P3-010035 节
	4.5		1530	340	4.73	2.06	22.6	58.8	P3-010034 节
	6		1770	295	4.73	1.86	19.6	58.8	P3-010033 节
P4	3	720	1245	415	5.9	4.1	44.1	93.2	P4-010034 节
	4.5		1530	340	5.9	4.35	36.3	93.2	P4-010033 节
	6		1770	295	5.9	2.97	31.4	93.2	P4-010033 节
P5	3	720	1245	415	11.2	7.8	83.4	176.5	P5-010041 节
	4.5		1530	340	11.2	6.3	68.9	176.5	P5-010040 节
	6		1770	295	10.4	5.6	54.9	176.5	P5-010039 节
P6	2.8	625	1045	375	19.4	11.5	176.5	294.2	P6-010040 节
	4		1250	312	18.6	9.7	137.3	294.2	P6-010039 节
	5..6	550	1300	232	16.4	7.46	117.7	294.2	P6-010038 节

表 15-4-20　　P 型齿链式无级变速器基本型的外形及安装尺寸　　mm

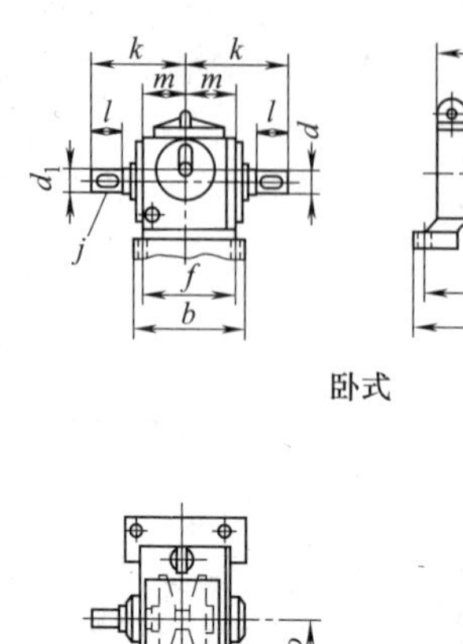
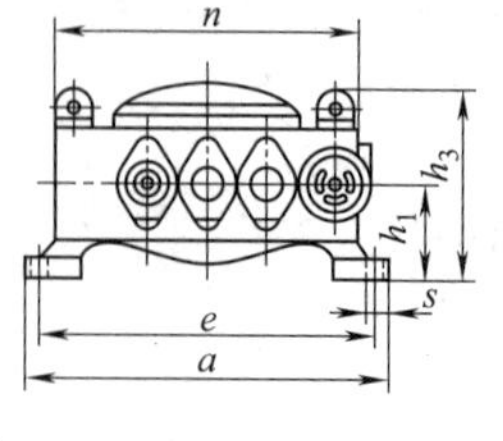

卧式

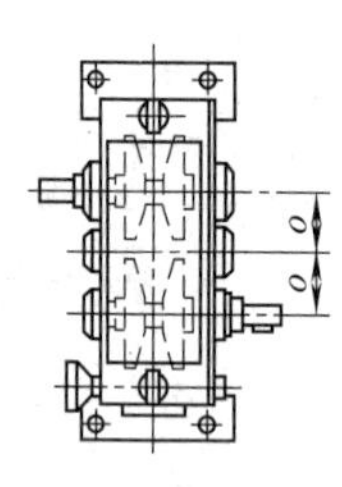
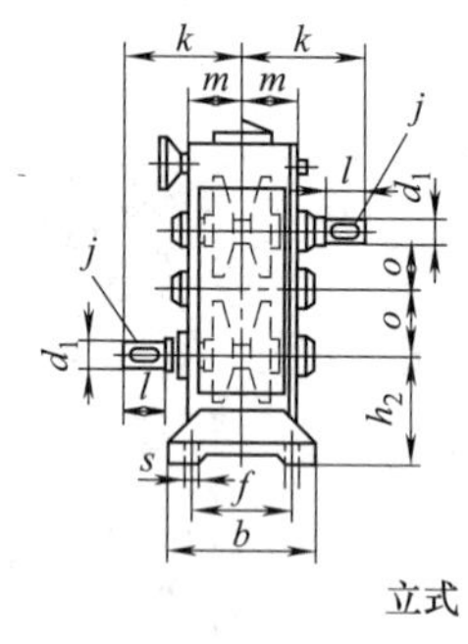
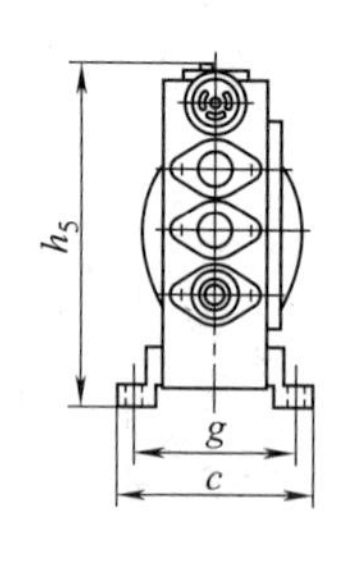

立式

型号	a	b	c	d_1	e	f	g	h_1	h_2	h_3	h_5	j	$2k$	l	m	n	o	s	质量/kg
P0	360	116	242	16	325	85	212	90	90	173	315	键 5×25	222	31.5	67.5	296	60	11	
P1	450	185	285	24	410	150	250	132	132	239	421	键 6×50	320	60	85	383	80	14	45
P2	540	285	345	28	495	200	300	150	150	276	505	键 8×50	360	60	110	460	95	18	75
P3	660	300	390	32	615	265	350	170	170	328	614	键 10×70	466	80	134	580	124	18	130
P4	810	345	470	38	755	295	410	200	215	337	753	键 12×70	514	80	155	712	152	23	210
P5	930	425	590	45	870	360	530	250	250	482	875	键 14×100	652	110	190	830	180	28	385
P6	1150	510	750	60	1060	410	660	300	300	588	1045	键 18×125	800	140	230	1000	215	36	725

4.7　三相并列连杆脉动无级变速器

图 15-4-11 所示为三相并联连杆脉动无级变速器（国际上称为 GuSa 型），其输入轴是一个具有相位差为 120°的三相曲轴 1，套筒 2 以间隙配合分别与曲轴 1 和连杆 3 组成回转副和圆柱套筒副，连杆 3 的中部与转动球轴承 5 组成套筒副，而轴承 5 又与滑座 6 组成回转副，连杆 3 的右端与超越离合器的外轭圈 7（摇杆）铰接，因而当曲轴旋转时，连杆 3 既绕着轴承 5 的中心 D 转动又做相对滑动，从而使摇杆 7 绕输出轴 9 的轴线摆动，通过超越离合器使输出轴 9 做单向脉动旋转而将动力输出。通过调速手轮 14 和丝杠 16 来改变滑座 6 的位置，便可改变摇杆 7 的摆动角度 β，从而实现无级调速。

由于是三相并列布置，所以当第一相开始送进时，第二相处于中间状态，第三相后退，即运动是交替重叠进行的。这就克服了超越离合器溜滑角所带来的误差，使输出速度更为均匀。

三相并联脉动无级变速器具有体积小、重量轻，输入功率小，输出转矩大，传递功率可靠，转速稳定，变速范围宽，操作灵活，可手动、电动，可在静止或运动状态下调速并变换输出轴旋向等优点。

（1）适用范围

三相并列连杆脉动无级变速器是由三组并列布置、其原动件相位差为 120°的连杆往复摆动机构和单向超越离合器组成的，适用范围为 0.75～5.5kW，工作环境温度 −20～40℃，当环境温度低于 0℃时，启动前润滑油要预热。

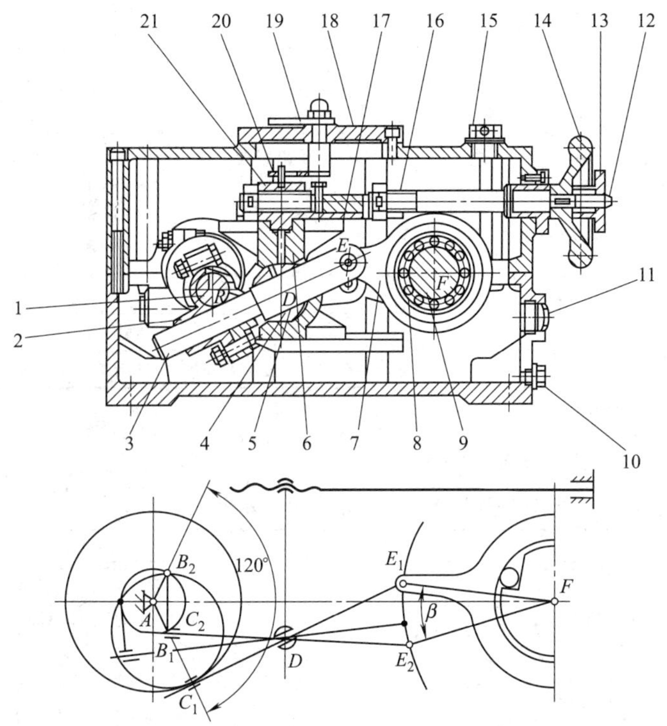

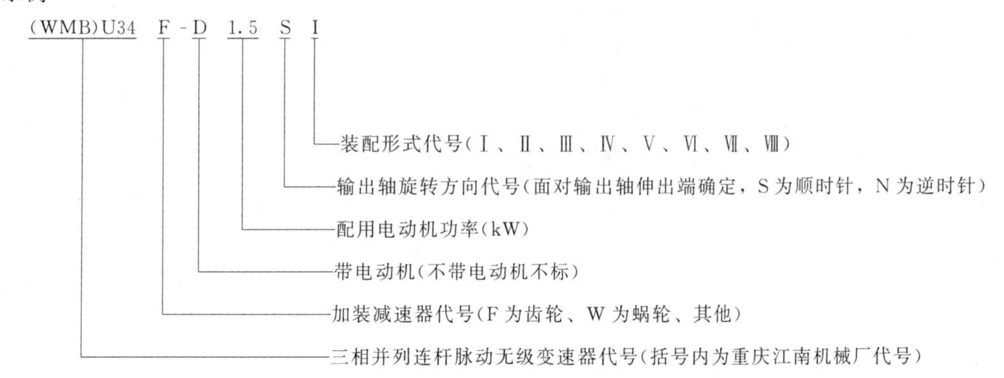

图 15-4-11　三相并联连杆脉动无级变速器传动原理

1—曲轴；2—套筒；3—连杆；4—调速架；5—转动球轴承；6—滑座；7—外轭圈（摇杆）；8—滚柱；9—输出轴（外装超越离合器）；10—放油塞；11—油标；12—螺钉；13—锁紧螺母；14—手轮；15—气塞；16—丝杠；17—调整垫板；18—刻度板；19—指针；20—拨叉；21—调速螺母

第 15 篇

（2）标记示例

(WMB)U34　F -D　1.5　S　I

- I —装配形式代号（Ⅰ、Ⅱ、Ⅲ、Ⅳ、Ⅴ、Ⅵ、Ⅶ、Ⅷ）
- S —输出轴旋转方向代号（面对输出轴伸出端确定，S 为顺时针，N 为逆时针）
- 1.5 —配用电动机功率(kW)
- D —带电动机（不带电动机不标）
- F —加装减速器代号（F 为齿轮、W 为蜗轮、其他）
- (WMB)U34 —三相并列连杆脉动无级变速器代号（括号内为重庆江南机械厂代号）

（3）技术参数、外形及安装尺寸

表 15-4-21　　三相并列连杆脉动无级变速器技术参数

项　　目		型　　号			
		U34-0.75	U34-1.5	U34-3	U34-5.5
输入功率/kW		0.75	1.5	3	5.5
输入轴转速/r・min^{-1}		1390	1400	1420	960
最大输出转矩/N・m		40	110	220	400
输出转速范围/r・min^{-1}	负载	5～90	0～135	0～135	5～135
	理想	20～80	20～100	20～100	20～100

续表

项目		型号			
		U34-0.75	U34-1.5	U34-3	U34-5.5
滑动率 ε/%		输出转速　$n_2=20$r/min 时，$\varepsilon=35$，$\eta=40$ 输出转速　$n_2=40$r/min 时，$\varepsilon=15$，$\eta=75$ 输出转速　$n_2=150$r/min 时，$\varepsilon=10$，$\eta=75$			
效率 η/%					
油池温升/℃	空载	30		35	
	承载	35		45	
清洁度/mg·L^{-1}		杂质含量＜132			
轴伸径向圆跳动/mm		$d>18\sim30$mm 时为 0.04；$d>30\sim50$mm 时为 0.05			

注：1. 油池最高温度不得超过 85℃。

2. 空载运转时，变速器调节至最高输出转速，2min 内启动 5 次，不得出现任何故障。

3. 生产厂为重庆江南机械厂、宁波市无级变速器厂。

表 15-4-22　　三相并列连杆脉动无级变速器外形及安装尺寸　　mm

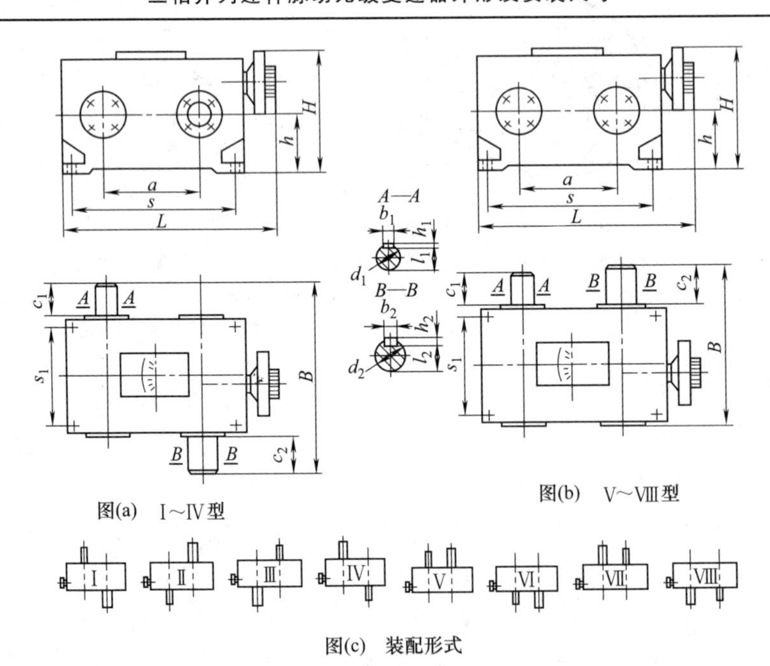

图(a)　I～IV型　　图(b)　V～VIII型

图(c)　装配形式

机型	外形尺寸			安装尺寸														
	L	B	H	a	h	s	s_1	安装螺栓	c_1	d_1	b_1	l_1	h_1	c_2	d_2	b_2	l_2	h_2
I～IV装配形式的外形及安装尺寸																		
U34-0.75	290	225	170	140	80	228	114	4×M6	30	20	6	16.5	6	34	25	8	21	7
U34-1.5	410	312	225	180	100	304	146	4×M8	52	25	8	21	7	60	30		26	
U34-3	595	448	295	300	135	462	196	4×M10	80	35	10	30	8	100	45	16	49	10
U34-5.5	690	467	340	340	165	540	244	6×M12	80	40	12	35		100	50	18	53	11
V～VIII装配形式的外形及安装尺寸																		
U34-0.75	290	195	170	140	80	228	114	4×M6	30	20	6	16.5	6	34	25	8	21	7
U34-1.5	410	260	225	180	100	304	146	4×M8	52	25	8	21	7	60	30		26	
U34-3	595	368	295	300	135	462	196	4×M10	80	35	10	30	8	100	45	16	49	10
U34-5.5	690	387	340	340	165	540	244	6×M12	80	40	12	35		100	50	18	53	11

4.8　四相并列连杆脉动无级变速器

图 15-4-12 所示为四相并列连杆脉动无级变速器的结构简图（国际上称为 Zero-Max 型）。输入轴上装有相位差为 90°的四个偏心盘（曲柄）1，每一相带动由两个四杆机构串接而成的六杆曲柄摇杆机构（由偏心曲轴 1、连杆 2 和 4、中间摇杆 3 和装有超越离合器的摇杆 5 组成）。当驱动曲轴 1 转动时，从动摇杆 5 作往复运动，通过超越离合器将摆动转换成输出轴的单向旋转运动。

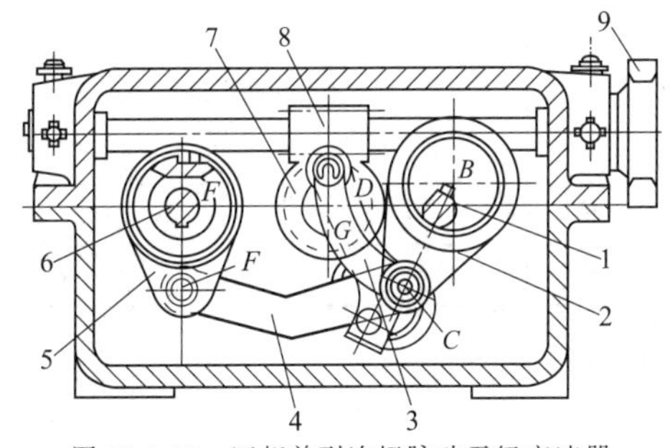

图 15-4-12　四相并列连杆脉动无级变速器

1—曲柄；2,4—连杆；3,5—摇杆；6—超越离合器轴；7—蜗轮；8—蜗杆；9—调速手轮

改变转速时可旋转调速手轮 9，通过蜗杆 8 带动蜗轮 7 绕中心 G 转动，而固接其上的中间摇杆 3 的支点 D 也随之转动，这就改变了摇杆 3 的位置及机构机架的尺寸比例，从而导致从动摇杆 5 的摆动量产生变化，实现调速的目的。

无级变速器在承载或静止状态下，均可调速。高速时，变速器呈恒功率特性，低速时呈恒转矩特性。

四相并列连杆脉动无级变速器是由四组平行布置、其相位差为 90°的单向超越离合器和曲柄摇杆机构组成的，适用于输入功率为 0.18～1.22kW、以传递运动为主的恒转矩的变速器。本节摘编了汉中市朝阳机械有限责任公司产品的性能参数和外形及安装尺寸（表 15-4-23）。这种变速器主要用于纺织、印刷、食品等行业，恒转矩变速传动的场合。

表 15-4-23　　四相并列连杆脉动无级变速器的尺寸、性能参数　　mm

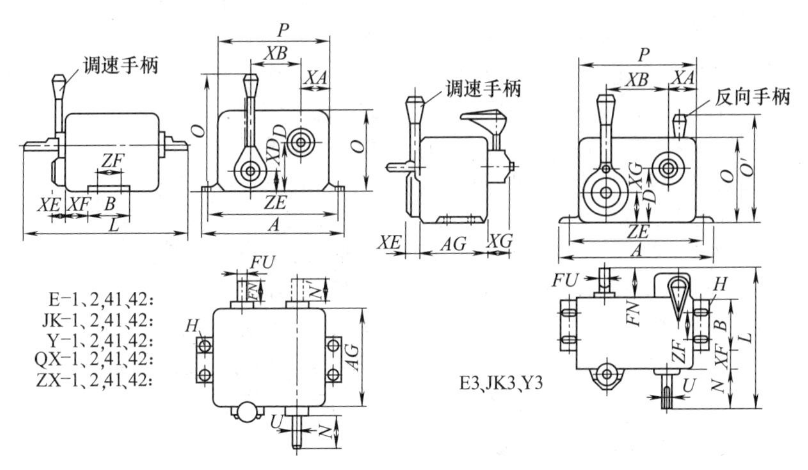

型号	A	B	D	H	N/N′	O	O′	P	U	FU	FN	AG
E $\frac{1、2}{41、42}$	160	50	57.5	7	33/25.4	89.5	134	127	9.525		25.4	73
JK $\frac{1、2}{41、42}$												102
Y $\frac{1、2}{41、42}$	218	71.8	76.3	10	50.8	116	171.5	169	15.87	12.7	38.1	119.5
QX $\frac{1、2}{41、42}$	260	76.2	88.9	10.4	76.2	139.7	209.6	203.2	19.05	15.87	50.8	173
ZX $\frac{1、2}{41、42}$	320.6	120	114.8	13	69.85	178.5	254	254	25.4	22.22	51	173.8
E3/JK3	160	50	57.5	7	40/43	89.5	115	127	9.525		25.4	83/110
Y3	210	71.8	76.3	10	50.8	116	170	169	15.87	12.7	38.1	149

续表

型号	L	XA	XB	XD	XE	XF	XG	ZE	ZF	转矩/N·m	功率/kW
E $\frac{1、2}{41、42}$	116/109	31.75	63.5	32.1	14.3	19	12	139	25.4	1.4	0.18～0.25
JK $\frac{1、2}{41、42}$	146/138					47.5				2.8	0.18～0.25
Y $\frac{1、2}{41、42}$	175.3	40	82.55	33.38	19	45.6	12	191	48	6.8	0.37
QX $\frac{1、2}{41、42}$	263/260	50.8	90.2	40.64	24	48	12.7	235	50.8	11.5	0.75
ZX $\frac{1、2}{41、42}$	327.5/257.7	63.5	77.7	25	53.7	26.8	12.5	284	95	22.6	1.22
E3/JK3	148/178	31.75	63.5	32.1	14.3	12	25.4	139	25.4	1.4/2.8	0.18～0.25
Y3	238	40.1	88.9	33.3	19	12	40	191	48	6.8	0.37

注：1. 输入轴转速 n_1 应在 600～2000r/min 范围内。输出转速范围为 0～n_1/4.5。

2. 变速器为恒转矩型，应按输出转矩值和输出方向选定变速器型号；功率指输入功率。

3. E1、E2、JK1、JK2 型设有过载保护装置。1、41 型为逆时针向输出，2、42 型为顺时针向输出，3 型正、反向均可输出。

4. 本变速器也有丝杠调速的型式。1、2 型输入、输出轴在箱体两侧，41、42 型输入、输出轴在箱体同侧。

5. 生产厂：汉中市朝阳机械有限责任公司。

4.9　多盘式无级变速器

多盘式无级变速器（JB/T 7668—2014）属于通用型机械无级变速传动装置。它有基本型（P 型）和大变速范围型（PS 型为两级无级变速）两种，其派生型有多种，输出轴端与齿轮减速装置相连的称为 PZ 型，实质上是减变速器，传动比小于 5 时用齿轮传动，传动比大于 11 时用摆线针轮传动。输出轴端加装齿轮变速装置者称为 PH 型。

图 15-4-13 所示为弹簧加压式多盘无级变速器的传动原理。变速器主要由锥形盘组 3，T 形盘组 4、加压装置 2 和调速机构 5 等组成。一组（m 片）锥形盘组 3 与 n 组（通常 $n=3$）T 形盘组 4（每组 $m-1$ 片）交错排列并分别套装在轴 1 和 6 上，由加压弹簧 2（或凸轮）使它们相互压紧。摆动花键轴 6 端部装有齿轮 7，分别与三个定轴齿轮 12 啮合，并通过定轴齿轮 12 与中心齿轮 10 啮合，将力传给输出轴 9。

调速时，转动调速机构 5 的手轮，经调速连杆机构 8 使装有 T 形盘组的摆动轴 6 绕定轴 11 转动（这时轮 12、7 仍保持啮合），以改变轴 1 和 6 之间的中心距，从而改变了 T 形盘组和锥形盘组的接触半径，实现无级变速。

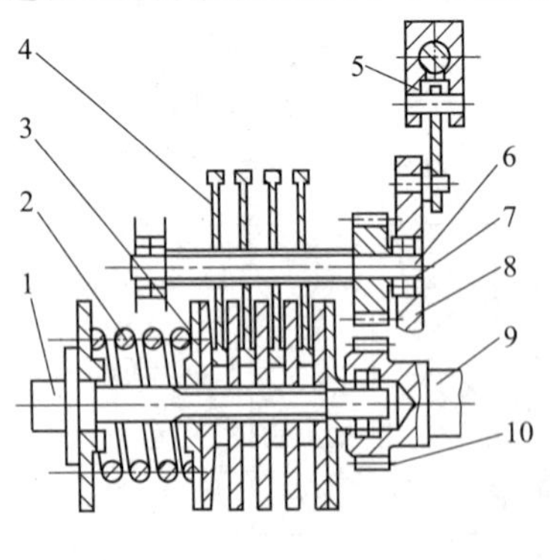

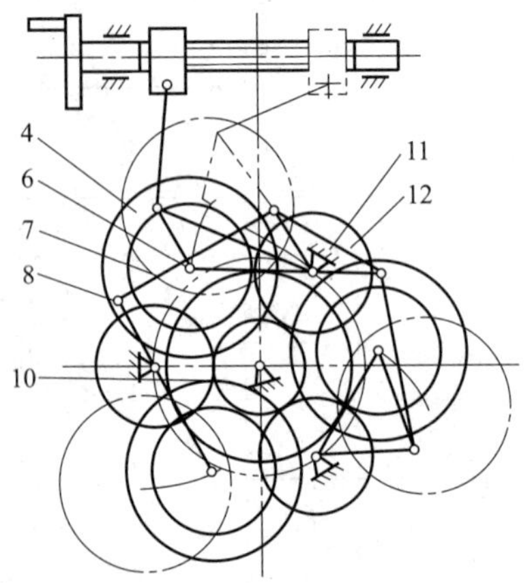

图 15-4-13　弹簧加压式多盘无级变速器传动原理

1—输入轴；2—加压装置；3—锥形盘组；4—T 形盘组；5—调速机构；6—摆动花键轴；7—摆动齿轮；8—调速连杆机构；9—输出轴；10—中心齿轮；11—定轴；12—定轴齿轮

大功率（转矩）多盘无级变速器采用凸轮自动加压装置，摩擦盘间的压紧力少量来自弹簧，由凸轮产生的压紧力是随着负载转矩的增减而呈正比地自动增减，因而承受过载和冲击的能力较强，滑动率较小。

（1）特点

① 承载能力大。由于摩擦盘数量多，共有 $n \times m$ 个接触点，在同样的压紧力作用下，可传递较大的功率或转矩。

② 寿命长。由于接触处是斜度很小的圆锥面，其接触区的综合曲率很小，表面接触应力小，在传动过程中是通过接触表面间一层强韧油膜的牵引力来传递动力的，因而承载能力和寿命较长。

③ 结构紧凑，同轴传动，使用方便。作用在摩擦盘间的压紧力在轴向相互抵消，轴承受力较小。

④ 转动部分转动惯量小，无不平衡零件，因而振动小，运转平稳。

（2）工作特性和选用

这种变速器分为恒转矩和恒功率两种工作特性。恒转矩型用于工作机在全变速范围内负载转矩基本不变的场合，其功率随转速成正比变化。恒功率型的输出转矩在全变速范围内与输出转速近似于呈反比的关系，而功率恒定不变。

大变速范围型变速器实际上是两台一级变速器串联装在同一机体中的两级无级变速器，其变速比为 10～12，其输出特性介于恒转矩与恒功率之间。

目前国内生产的多盘无级变速器的输入功率为 0.15～30kW，国际上最大的输入功率可达 150kW。考虑到振动、噪声及寿命等因素，对变速器的输入转速进行了规定：$P<7.5$kW，$n_1 \leqslant 1500$r/min；$P=11$～30kW，$n_1 \leqslant 1000$r/min；$P>37$kW，$n_1 \leqslant 750$r/min。变速器的输入转速不应高于规定要求，当输入转速低于规定值时，其允许的输入功率应按输入转矩不变的原则予以换算，即

允许输入功率/实际输入转速＝公称输入功率/公称输入转速

为了提高变速器的使用寿命，变速器一般应在低速状态下停车，以保证启动时能承受更大的载荷，若工作机所受冲击载荷较大且启制动频繁时，应在变速器与工作机之间安装缓冲或过载保护装置。

（3）型号标记

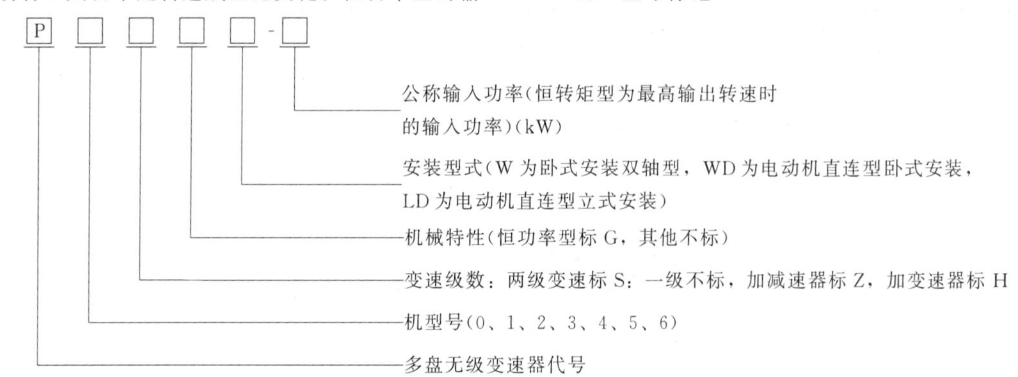

① 2 号机型一级变速器，电动机直接型立式安装，恒功率型，输入功率 2.2kW。P2GLD-2.2。

② 1 号机型两级变速器，电动机直连型卧式安装，恒转矩型，输入功率 1.5kW。P1SWD-1.5。

（4）技术参数、外形及安装尺寸

技术参数、外形及安装尺寸见表 15-4-24～表 15-4-26。

表 15-4-24　　基本型变速器的技术参数

机型号	公称输入功率/kW		公称输入转速/r·min^{-1}	传动比区间	变速比	输出转速/r·min^{-1}	输出转矩/N·m
	低速	高速					
0	0.2		1500	0.2～0.8	1∶4	300～1200	1.3～4.8
	0.4						2.6～8.5
	0.125	0.2					1.3～2.8
	0.25	0.4					2.6～5.2
1	0.4			0.23～0.76	1∶3.3	345～1140	2.6～8.5
	0.75						5.1～16.2
	0.4	0.75					5.1～8.2
	0.75	1.5					10.6～15.6

续表

<table>
<tr><th rowspan="2">机型号</th><th colspan="2">公称输入功率/kW</th><th rowspan="2">公称输入转速
/r·min⁻¹</th><th rowspan="2">传动比区间</th><th rowspan="2">变速比</th><th rowspan="2">输出转速
/r·min⁻¹</th><th rowspan="2">输出转矩
/N·m</th></tr>
<tr><th>低速</th><th>高速</th></tr>
<tr><td rowspan="4">2</td><td colspan="2">1.5</td><td rowspan="10">1500</td><td rowspan="10">0.2～0.8</td><td rowspan="16">1∶4</td><td rowspan="10">300～1200</td><td>9.8～37.2</td></tr>
<tr><td colspan="2">2.2</td><td>14.5～54.8</td></tr>
<tr><td>1.5</td><td>2.2</td><td>14.5～35.7</td></tr>
<tr><td>2.2</td><td>4</td><td>24.9～52.5</td></tr>
<tr><td rowspan="2">3</td><td colspan="2">4</td><td>24.9～91.8</td></tr>
<tr><td>4</td><td>5.5</td><td>37.1～89.2</td></tr>
<tr><td rowspan="4">4</td><td colspan="2">5.5</td><td>37.1～140</td></tr>
<tr><td colspan="2">7.5</td><td>49.5～186</td></tr>
<tr><td>5.5</td><td>7.5</td><td>49.5～131</td></tr>
<tr><td>7.5</td><td>11</td><td>74.4～170</td></tr>
<tr><td rowspan="2">5</td><td colspan="2">11</td><td rowspan="6">1000</td><td rowspan="2">0.28～1.12</td><td rowspan="2">280～1120</td><td>74.4～290</td></tr>
<tr><td>11</td><td>15</td><td>110～282</td></tr>
<tr><td rowspan="4">6</td><td colspan="2">15</td><td rowspan="4">0.27～1.08</td><td rowspan="4">270～1080</td><td>110～414</td></tr>
<tr><td colspan="2">12</td><td>161～610</td></tr>
<tr><td>15</td><td>22</td><td>161～397</td></tr>
<tr><td>22</td><td>30</td><td>225～585</td></tr>
</table>

注：1. 高、低速时输入功率不变者为恒功率型。
2. 生产厂：大连橡胶塑料机械厂。

表 15-4-25　基本型变速器外形及安装尺寸　　mm

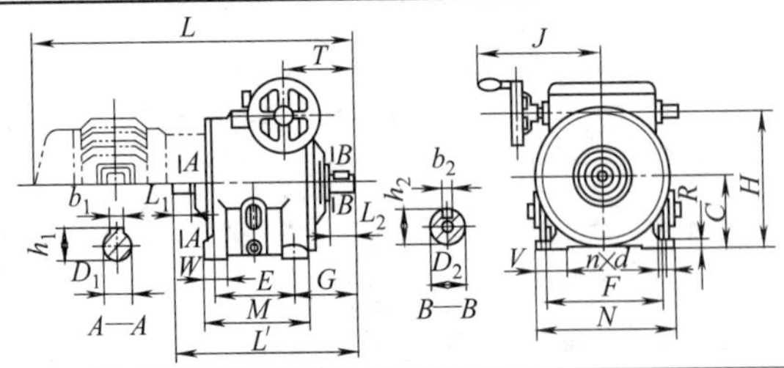

类型	机型号	安装尺寸 F	E	G	V	W	n	d	轴伸连接尺寸 输出轴 D_2	b_2	h_2	L_2	输入轴 D_1	b_1	h_1	L_1	外形尺寸 C	H	M	N	R	f	T	L'
基本卧式双轴型	0	165	85	86	40	35	4	11	19	6	21.5	40	16	5	18	30	100	240	113	190	18	150	96	242
	1	190	105	119	50	—	4	12	20	6	22.5	35	20	6	22.5	40	130	275	135	220	22	168	110	305
	2	260	180	135	60	55	4	14	28	8	31	60	25	8	28	50	160	352	230	300	25	235	153	397
	3	310	150	160	80	55	4	14	40	12	43	70	28	8	31	50	180	406	200	350	25	296	185	460
	4	400	260	180	90	70	4	22	45	14	48.5	90	35	10	38	55	240	512	310	450	35	296	208	580
	5	500	180	199	95	50	4	22	50	14	53.5	100	48	14	51.5	90	270	608	230	550	40	285	209	633
	6	630	280	217	150	100	4	22	55	16	59	120	48	14	51.5	110	330	726	330	680	50	340	232	795

类型	机型号	输入功率/kW	安装尺寸 F	E	G	V	W	n	d	轴伸连接尺寸 D_2	b_2	h_2	L_2	外形尺寸 C	H	M	N	R	J	T	L
基本卧式电动机直连型	0	0.2	165	85	86	40	35	4	11	19	6	21.5	40	100	240	113	190	18	150	96	409
		0.4																			434
	1	0.4	190	105	119	50	—	4	12	20	6	22.5	35	130	275	135	220	22	168	110	547
		0.75																			557
		1.5																			607

续表

	机型号	输入功率/kW	安装尺寸							轴伸连接尺寸				外形尺寸							
			F	E	G	V	W	n	d	D_2	b_2	h_2	L_2	C	H	M	N	R	J	T	L
基本卧式电动机直连型	2	1.5	260	180	135	60	55	4	14	28	8	31	60	160	352	230	300	25	235	153	714
		2.2																			759
		4																			779
	3	4	310	150	160	80	55	4	14	40	12	43	70	180	406	200	350	25	296	185	862
		5.5																			937
	4	5.5	400	260	180	90	70	4	22	45	14	48.5	90	240	512	310	450	35	296	208	1055
		7.5																			1095

注：卧式电动机直连型变速器外形尺寸图见本表图。

表 15-4-26　基本立式电动机直连型变速器外形及安装尺寸　mm

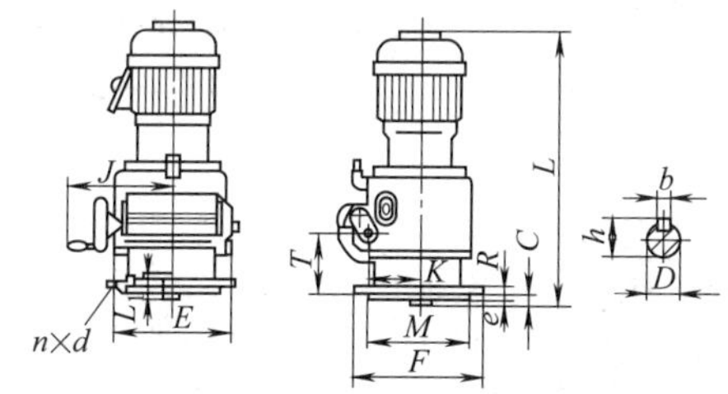

机型号	输入功率/kW	E	M	n	d	e	C	D	b	h	L_1	F	T	J	K	R	L
0	0.2	200	170	6	11	5	5	19	6	21.5	35	225	91	150	98	12	410
	0.4																435
1	0.4	260	225	6	14	5	48	20	6	22.5	40	290	92	150	108	14	577
	0.75																587
	1.5																637
2	1.5	315	280	6	14	5	34	28	8	31	62	350	173	250	140	15	765
	2.2																810
	4																830
3	4	410	370	6	18	6	43	40	12	43	70	450	169	300	170	21	867
	5.5																922
4	5.5	440	400	6	22	5	65	45	14	48.5	90	485	227	300	212	22	1100
	7.5																1140
	11																1225
5	11	510	460	8	18	8	70	50	14	53.5	100	550	228	300	265	25	1293
	15																1358
6	15	590	520	8	22	10	85	55	16	59	120	650	257	340	325	30	1509
	22																1574
	30																1644

4.10　新型机械无级变速器

4.10.1　橡胶带式无级变速器

(1) 结构组成

V 形橡胶带无级变速传动系统，如图 15-4-14 所示，由三个主要功能部件组成：主动带轮总成、从动带轮总成和 V 形橡胶传动带。其中，主动带轮总成采用离心蹄块（转速感应器），从动带轮总成采用力放大器（转矩感应加载机构和弹簧），V 形橡胶传动带作为动力传递和系统平衡元件。通过适当地调节这三部分功能部件的相互作用，便能够用 V 形橡胶带无级变速传动系统（无需再加电子装置）来完成无级变速传动机构的基本功能。

(2) 结构特点

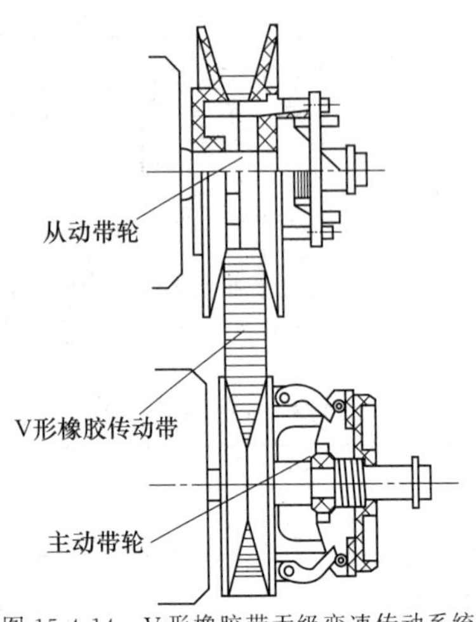

图 15-4-14　V形橡胶带无级变速传动系统

无级变速器所用的V形橡胶传动带，如图15-4-15所示，是由氯丁橡胶和聚酯线绳制成，它是无级变速器上非常重要的零件。为了提高V形传动带的抗拉强度和承受侧压的能力，在V形传动带中加入了聚酯线绳（抗拉体）。V形传动带制成齿形，在小直径带轮上工作时更易弯曲，还可使V形传动带的楔角变化不大，保证与带轮之间具有足够的接触面积，形成良好的接触，防止打滑。同时，因为V形传动带制成齿形，高速运动的V形传动带由于质量减小，其运动惯性力变小，有利于提高传动效率。因无级变速器使用V形传动带，包角变化范围大，线速度高，可达35m/s，传递功率大，散热条件差，因此，V形传动带材料的要求也严格，其硬度、扯断强度、定负荷下的伸长量、尺寸精度要求都很高。

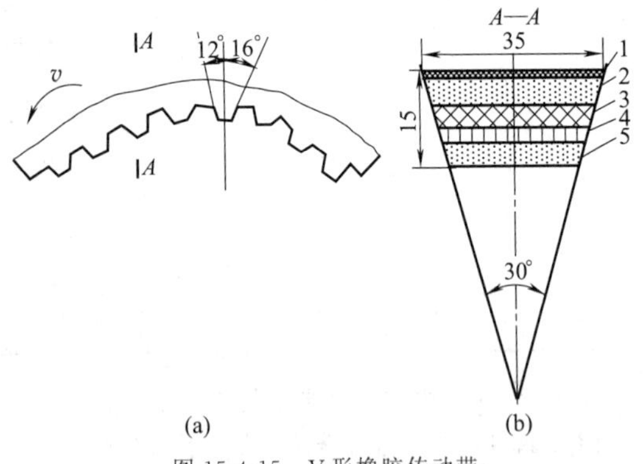

图 15-4-15　V形橡胶传动带

1—顶布；2—顶胶层；3—抗拉体（聚酯线绳）；4—缓冲胶层；5—底胶层

(3) 传动机理

无级变速器所用的V形橡胶传动带属于摩擦型带传动，它是利用带与带轮之间的库仑摩擦传递运动和动力的，图15-4-16为V形橡胶传动带传动原理图。

在带传动过程中，主动带轮作用在传动带上的力给传动带一个向外扩张的支撑力，转换到整个传动带上的便是传动带的拉力。而传动带上的拉力转换到从动带轮上时，又会转换成为对从动带轮的压力。当从动带轮上所受到的这一压力大于从动带轮上移动轮盘转矩感应加载机构上的反馈力时，从动带轮的移动轮盘会被挤压做轴向位移，从而压缩弹簧。移动轮盘向外移动的瞬间，由于从动带轮的直径变小，整个传动带上的拉力突然变得小于主动带轮移动轮盘上的推力，主动带轮的移动轮盘会迅速移动，从而加大传动带在主动带轮上的工作直径，完成增速减扭矩的变速过程。其整个动作变化过程和顺序为：①主动带轮移动盘给传动带一个支撑力→②传动带上的拉力增大→③传动带作用在从动带轮上的压力增大到大于转矩感应加载机构的弹簧力→④弹簧压缩后从动带轮移动轮盘轴向移动→⑤传动带从动带轮上工作直径减小→⑥传动带上的拉力下降→⑦主动带轮上的移动轮盘迅速跟进外移→⑧传动带在主动带轮上的工作直径变大→⑨完成变速过程→⑩发动机转速不断上升，进入下一个变速过程。

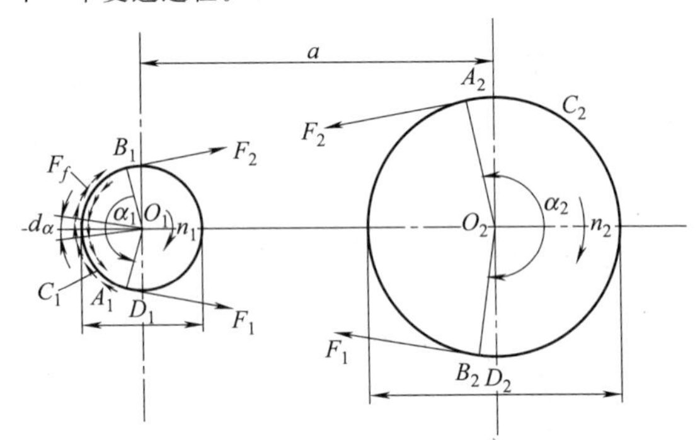

图 15-4-16　V形橡胶传动带传动原理图

(4) 橡胶带式CVT变速器

① 适用范围。V带无级变速器作为一种理想的变速装置，主要用在车辆的传动系统上。踏板摩托车采用V带无级变速器作为变速机构，其操纵换挡方便，能实现无级变速，骑乘舒适，备受广大城市摩托车爱好者特别是女士的青睐。同时，在一些家用摩托车和部分实用摩托车上，也使用V带式无级变速器作为变速机构。随着我国道路状况的逐步改善，大部分地区已是村村通公路，踏板车已纷纷进入乡村，再加上一些企业逐步提高了踏板车的越野性能，因此踏板车的需求量在不断增大。同时，雪橇车、部分方程式赛车上也广泛采用V带无级变速器作为变速装置。V带无级变速器也广泛应用于机床、印刷机械、电

工、橡胶、农机、纺织、轻工机械等方面。其结构要求平行轴，且可以实现大尺寸传递的场合。例如：a. 为适应工艺参数多变或连续变化的要求，运转中需要经常连续地改变速度，但不应在某一固定转速下长期运转，如卷绕机等；b. 探求最佳速度，如试验机、自动线等；c. 几台机器协调运转等；d. 缓速启动，以合理利用动力。

② 技术参数

表 15-4-27　橡胶带式 CVT 变速器技术参数

图(a)为从动带轮的结构，图(b)为从动轮的实物。从动带轮由固定轮盘、移动轮盘、转矩凸轮、转矩弹簧、压盘和滚轮等组成。其中，转矩凸轮安装在固定轮盘上，滚轮镶嵌在压盘上，压盘安装在移动轮盘上，同时在压盘上有定位转矩弹簧安装位置的孔，如图(c)所示，不同刚度的弹簧可以通过调整安装位置来达到相同的调节目的。图(d)为主动轮的结构，图(e)为主动轮的实物。主动轮由主动固定轮、主动移动轮、限位弹簧、离心飞锤、复位弹簧和卡盘等组成。

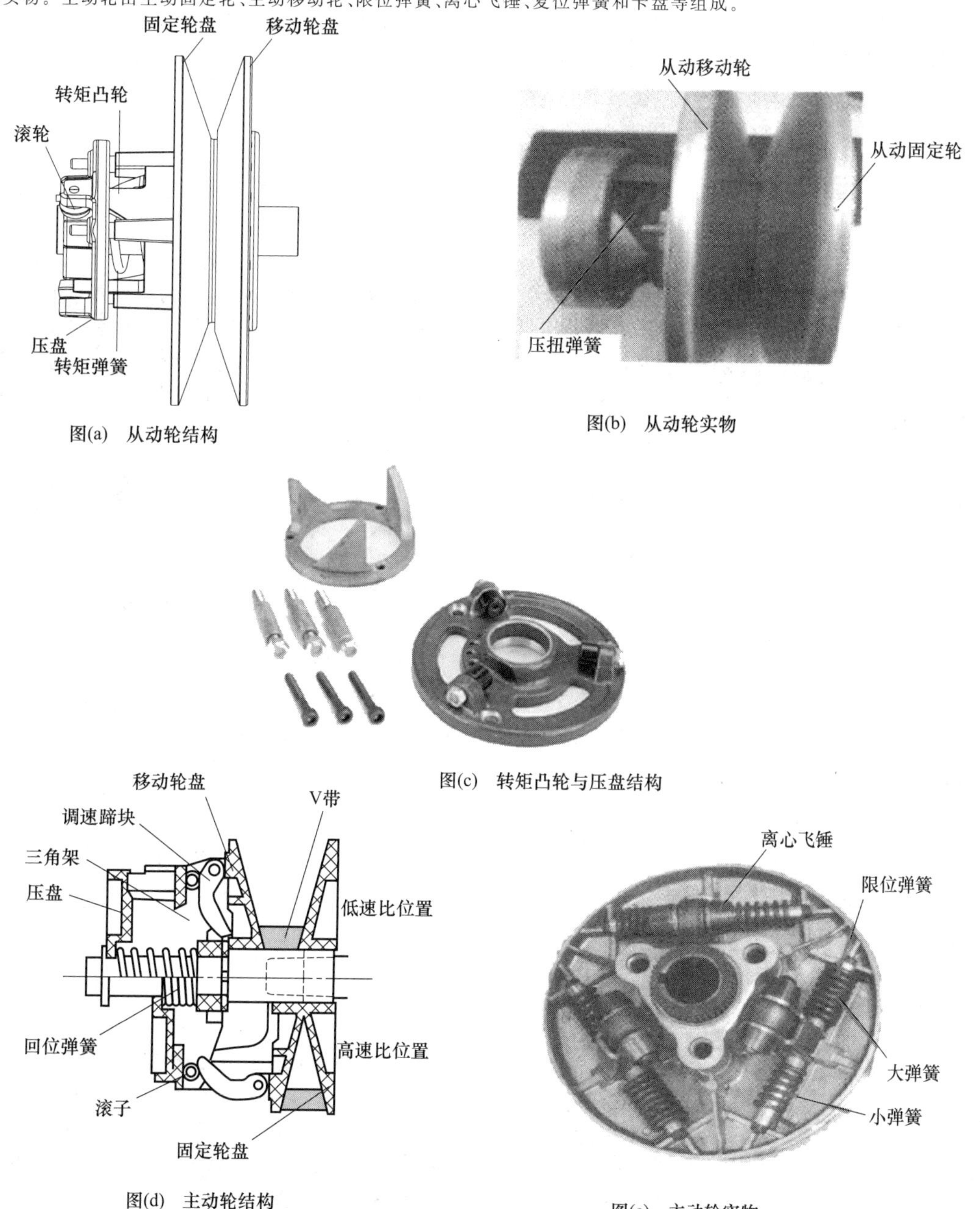

图(a)　从动轮结构

图(b)　从动轮实物

图(c)　转矩凸轮与压盘结构

图(d)　主动轮结构

图(e)　主动轮实物

续表

初始安装条件	① 传动比 $i_{CVT}=3$ ② 主动带轮的工作直径为最小工作直径 $D_1=\phi 90$mm ③ 从动带轮的工作直径为最大工作直径 $D_2=\phi 270$mm ④ 安装中心距 $a=308$mm
带轮	主动带轮：锥角 $\theta_1=28°$，最大工作直径 $D_{1max}=\phi 208$mm 从动带轮：锥角 $\theta_2=26°$，最大工作直径 $D_{2max}=\phi 270$mm
传动带	带长 1207mm，楔角 30°，质量 0.698kg，带每米长的质量 $q=0.5783$kg/m

（5）设计流程

设计的依据是：典型的 V 形橡胶带无级变速传动系统的机械调节作用是通过负载转矩控制、转速控制以及协调控制这三个功能部分的共同作用产生的；对其从动带轮一侧压紧力比例放大器功能的负载转矩感应控制器进行配置的原则，来源于阻力双曲线与作用于主动带轮上的牵引力双曲线相重合；而对于主动带轮一侧的转速感应式速比调控机构是通过离心蹄块的离心力作用产生调节主动带轮移动轮盘轴向位移的轴向力来进行配置的。具体的设计流程如图 15-4-17 所示。

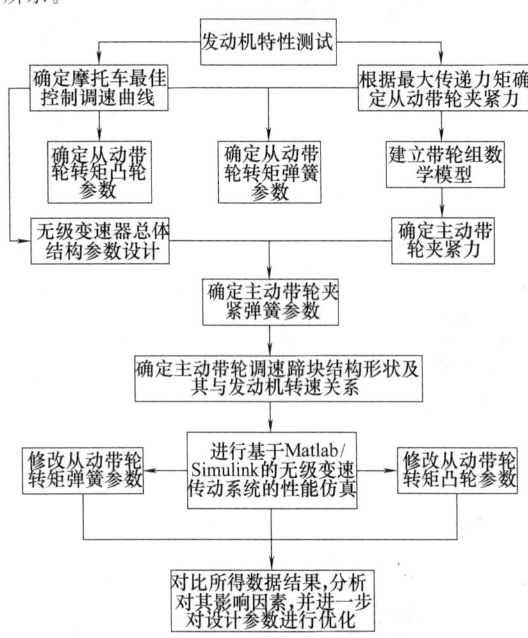

图 15-4-17　V 形橡胶带无级变速传动系统设计流程图

以上关于主、从动带轮上的转速感应式速比调控机构和转矩感应式加载机构的设计不仅仅是基于在给定的传动系统匹配策略和实现等功率传动特性的基础上进行的，在设计的过程中，还要考虑到车辆的变速特性和加速性能等因素，根据给定的发动机转速、转矩和速比关系，利用所得到的函数关系可以计算出某一指定的性能目标对应的传动装置的调控机构的参数，但是还要在此基础上对得到的参数进行全面的调整，得出折中的结果来满足车辆动力性和经济性能的要求，达到对该种传动装置进行最优化设计的目的。

4.10.2　牵引式无级变速器

Toroidal CVT 是一种典型的牵引式 CVT，结构简单，能够传递较大的扭矩，而且由于其结构的特殊性，能够实现快速、稳定调速，在车辆传动系统上具有很好的应用前景。

牵引式 CVT 的变速机构主要由输入盘、输出盘和中间传力滚轮组成，根据传力滚轮配置位置的不同，可以分为半环型牵引式 CVT 和全环型牵引式 CVT 两大类，见图 15-4-18。由于几何结构的不同，半环型牵引式 CVT 和全环型牵引式 CVT 在以下几个方面存在差异。

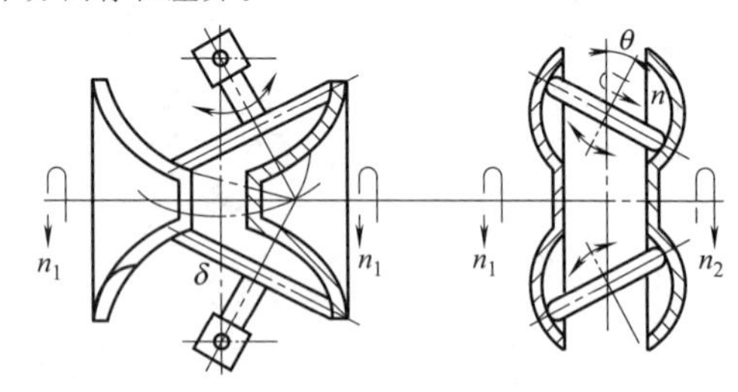

(a) 半环型牵引式CVT　　(b) 全环型牵引式CVT

图 15-4-18　两种类型牵引式 CVT 变速机构

① 自转大小不同。自转是指两滚动体在接触面上的角速度之差。相同条件下，全环型牵引式 CVT 的自转要比半环型牵引式 CVT 的自转大。大的自转会导致大的转矩损失，使 CVT 的效率降低；同时，大的自转还会导致较大的温升。因此，从降低自转的角度考虑，通常采用半环型牵引式 CVT。

② 传力滚轮轴向力不同。半环型牵引式 CVT 的几何条件决定了轴向力始终不为零，因此需要较大的推力轴承；而全环型牵引式 CVT 的两接触点和转动中心在一条直线上，中间传力滚轮的轴向力始终为零，不需要推力轴承，因而全环型牵引式 CVT 的支承结构要比半环型牵引式 CVT 的支承结构简单。

③ 加载机构不同。牵引式 CVT 在工作时，需要通过加载机构使各滚动体相互压紧才能传递动力。半

环型牵引式 CVT 在整个调速范围内所需的加载载荷基本上为一定值，所以加载机构只需采用简单的凸轮机构就能满足要求，而全环型牵引式 CVT 所需的加载载荷变化很大，需要采用液压加载机构。

④ 控制系统不同。半环型牵引式 CVT 采用转矩控制，全环型牵引式 CVT 采用速比控制。

表 15-4-28　　半环型牵引式无级变速器结构原理

<table>
<tr><td rowspan="2">工作原理</td><td>基本结构</td><td>
半环型牵引式 CVT 是一种靠摩擦来传递运动的机械传动装置，主要由变速传动机构、调速机构及加压装置三部分组成。变速传动机构是牵引式无级变速器的核心部分，由输入锥轮、动力滚子和输出锥轮组成，如图(a)所示。输入、输出锥轮的工作曲面是以圆弧为母线的回转曲面，动力滚子则是一个截球台。运动和动力是通过锥轮和滚子间的润滑油膜中的牵引力进行传递的。输入、输出锥轮轴是同轴线的，工作时旋转方向相反。调速机构主要使动力滚子的轴线(它通过 O 点而垂直于纸面)摆动，从而改变传动比。加压装置给输入、输出锥轮提供轴向力，使两锥轮与动力滚子间有足够的压力，保证牵引力可靠地传递运动和动力

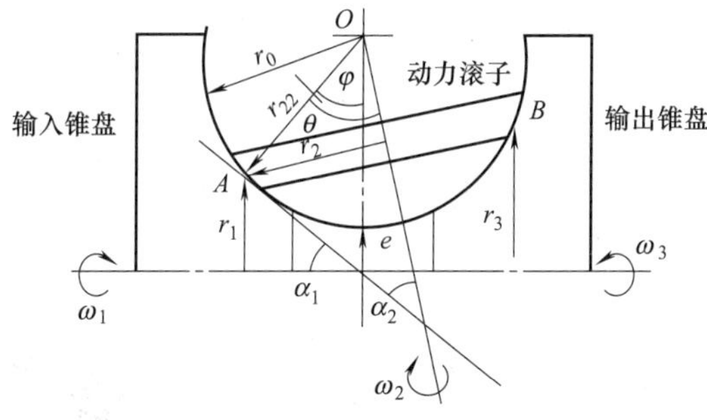

图(a)　半环型牵引式无级变速器的基本结构
</td></tr>
<tr><td>工作原理</td><td>
半环型牵引式 CVT 由加载装置和变速调速机构组成，如图(b)所示。加载装置采用端面凸轮式自动加压机构，它由加载凸轮、输入盘和滚子等组成。当传递负载时，在负载扭矩的作用下，加载凸轮和输入盘相对转动，因而在它们的凸轮端面上产生一对等值反向的作用力。它们的切向分量形成的力矩与负载力矩和驱动力矩平衡，而作用在输入盘上的轴向分量作为变速机构的压紧力。变速调速机构由输入盘、输出盘、动力滚轮以及相关的速比控制液压系统组成。在输入输出盘之间，放置多个动力滚轮来分担负载。由加载机构提供必要的轴向推力，使输入(输出)盘和滚轮的接触区域产生足够大的法向压力，利用接触区域的弹性动力油膜来传递动力

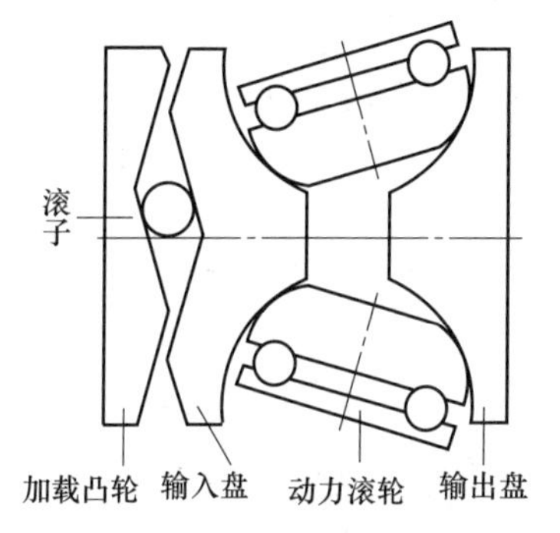

图(b)　半环型牵引式CVT简图
</td></tr>
<tr><td>传动比计算</td><td colspan="2">
半环型牵引式 CVT 的速比变化是通过速比控制油缸使滚轮偏离中心平面，依靠滚轮与输入、输出盘接触区域间的侧滑力改变滚轮轴线的倾角而达到接触半径的变化，从而实现速比调节过程。因此，需要建立滚轮侧滑距离与传动比之间的依赖关系，从而得到速比控制的基础

变速器的传动比是车辆动力传动系的重要控制参数，它不仅反应驾驶人员的操作意图，同时使发动机与外负荷实现合理匹配，满足车辆动力性、经济性要求和实现较少的废气排放。目前，大多数文献在计算半环型牵引式 CVT 的传动比时都采用二维解析法，如图(c)所示

牵引式 CVT 有 4 个基本几何运动参数：空腔半径 r_0、环面半径 r_1、滚轮半锥角 θ 和滚轮曲率半径 R_{22}。对于一个尺寸确定的 CVT，其理论传动比取决于滚轮轴线的倾角。CVT 速比 i 可由下式确定

$$i=\frac{r_3}{r_1}=\frac{1+k_0-\cos(\theta-\phi)}{1+k_0-\cos(\theta+\phi)} \qquad (15\text{-}4\text{-}9)$$

式中，k_0 为由 CVT 几何形状决定的常数，$k_0=(r_1-r_0)/r_0$；ϕ 为滚轮轴线倾角；r_1，r_3 分别为输入、输出盘的接触半径

由图(c)的几何关系可得到 r_1、r_3 与 ϕ 的关系

$$r_1=r_0[1+k_0-\cos(\theta+\varphi)]$$
$$r_3=r_0[1+k_0-\cos(\theta-\phi)] \qquad (15\text{-}4\text{-}10)$$

式(15-4-9)可以解出特定传动比下的滚轮倾角。采用半角公式则有

$$\phi=2\arctan\left\{\frac{-(i+1)\sin\theta+\sqrt{M}}{(i-1)[(k_0+1)+\cos\theta]}\right\} \qquad (15\text{-}4\text{-}11)$$

式中，$M=(i+1)^2\sin^2\theta-[(i-1)(k_0+1)]^2+[(i-1)\cos\theta]^2$
</td></tr>
</table>

续表

传动比计算

由式(15-4-9)和式(15-4-11)可知，传动比 i 与滚轮轴线倾角 ϕ 成一一对应关系。这种计算方法是假定滚轮转动中心 O(位于环面中心线上)在速比变化过程中保持不变；同时滚轮轴线在中心面 I($i=1$ 时，滚轮轴线与输入、输出盘轴线所形成平面)内绕 O 点转动。由于为了在接触区域之间形成弹性动力油膜和传递大的扭矩，输入、输出盘之间的轴向压力达几十千牛级。若直接转动滚轮轴线，需要克服很大的摩擦扭矩，而且会影响接触区油膜的稳定性。因此，在实际的速比变化中，不采用滚轮轴线直接倾斜的方法，而是先采取侧滑，将滚轮偏离中心面 I，实现速比调节，如图(d)所示。在侧滑调速过程中，滚轮的轴线转动中心 O 不再保持不变(沿圆环面中心移动)，而且滚轮轴线不仅可绕 O 倾斜，还可做偏转运动。这就需要描述侧滑距离 x 与传动比 i 之间的关系。因此以速比控制油缸的行程 x 和轴线倾角 ϕ 作为控制变量，能够得到牵引式 CVT 传动比的精确控制

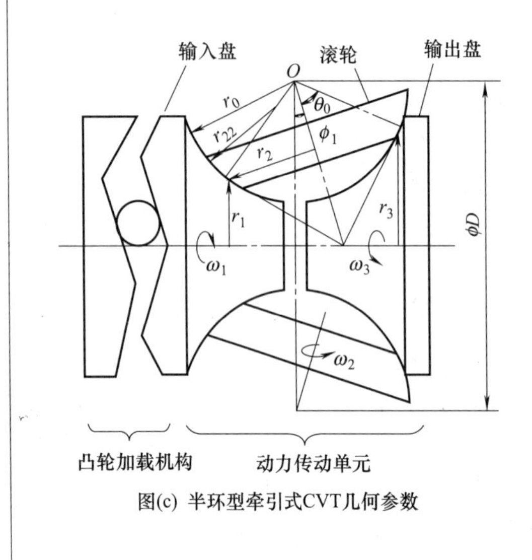

图(c)　半环型牵引式CVT几何参数

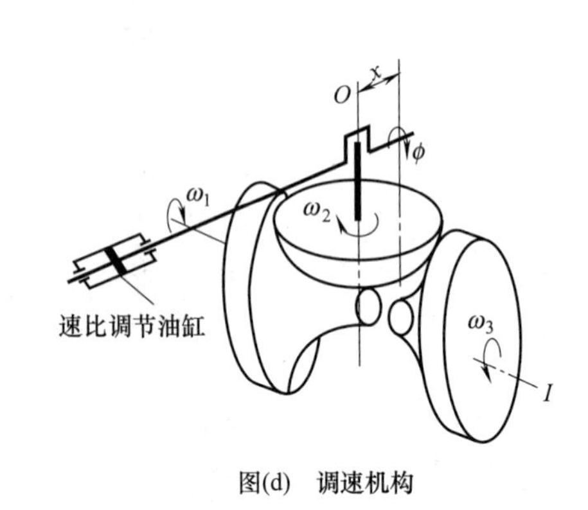

图(d)　调速机构

表 15-4-29　　半环型牵引式无级变速器技术参数

半环型牵引式 CVT 的相关几何参数	外径 D/mm	盘半径 r_0/mm	滚轮半径 R_{22}/mm	半锥角 θ_0/(°)	油缸初始长度 L_0/mm
	90	40	26	52.5	40
半环型牵引式 CVT 的几何参数、工况参数和材料参数	r_0/mm	64	k	0.625	
	r_{22}/mm	$0.8r_0$	L_C/mm	48.9	
	T_{in}/N·m	70	N/r·min^{-1}	1500	
	v	0.3	E/GPa	210	
单复曲面 CVT 和双复曲面 CVT 的技术要求		单复曲面 CVT	双复曲面 CVT		
	环面直径/m	1.30×10^4	1.16×10^4		
	盘的曲率半径/m	0.40×10^4	0.37×10^4		
	一个动力滚子的接触角之半/(°)	62.5	62.5		
	减速比范围	5.4	5.4		
	最大输入转矩/N·m	166	256		
	最大输入速度/r·min^{-1}	6000	6000		
双环面牵引式 CVT 的技术条件	环面直径/m	1.44×10^{-1}			
	盘的曲率半径/m	0.45×10^{-1}			
	动力滚子接触角的一半/(°)	62.5			
	减速比范围	5.3			
	最大输入转矩/N·m	392			
	最大输入转速/r·min^{-1}	7000			

续表

滚子双环面牵引式 CVT 的技术条件	环面直径/m	1.30×10^{-1}
	盘的曲率半径/m	0.40×10^{-1}
	一个动力滚子的接触角的一半/(°)	62.5
	减速比范围	5.2
	最大输入转矩/N·m	500
	最大输入转速/r·min^{-1}	6000
	动力滚子数目	6
外形	图(a)　单曲面半环型牵引式 CVT	图(b)　双复曲面半环型牵引式CVT

表 15-4-30　　半环型牵引式 CVT 样机技术参数

名称	T150S/SBR	T90S/SC	T90S/HM	T68S	T125S	T104S/DH	T116S	T150S	T150D	T144D	T145D
发动机	1600mL	550mL	400mL	180mL	2000mL	5500mL	1300mL	1500mL	3000mL	3000mL	3000mL
	前置前驱动轿车	小型货车	机器脚踏车	机器脚踏车	柴油机货车	前置前驱动小型汽车	机器脚踏车	前置前驱动轿车	台架试验	前置后驱动轿车	4 轮驱动
最大功率/kW	53.75	2.25	30	9	49.5	89	73.5	75	191.25	191.25	106.6
最大输入转矩/N·m	120.5	44.1	2.34	11.76	124.46	70.56	110.74	156.8	333	333	230
最大输入速度/r·min^{-1}	5600	5500	10000	8500	4500	5000	7000	6000	6000	6000	5500
CVT 总速比	4.0	4.0	4.0	4.0	5.0	5.2	4.0	5.6	5.6	5.6	8.7
减速比	3.0	2.0	2.0	2.0	2.449	2.280	2.0	2.366	2.366	2.366	2.950
增速比	0.5	0.5	0.5	0.5	0.408	0.438	0.5	0.422	0.422	0.422	0.339
环面技术要求	单	单	单	单	单	单	单	单	单	单	单
曲面构造/mm	150	90	90	60	125	104	116	150	150	150	145
盘直径	165	100	100	80	150	116	124	165	165	165	165
牵引油	Sntotrac 50	Sntotrac 50	DN 7073	DN 7074	DN 7074	DN 7088	DN 7074	Ap. 7149	Ap. 7149	Ap. 7149	Ap. 7149
CVT 控制	液机	电磁粉	液机	机电	液电	液电	液电	液电	液电	液电	液电
启动离合器	手动	电控	手动	离心式	电磁粉	湿式摩擦片式	离心式	变矩器	—	变矩器	—
过程	路试 5000 公里 美高速 公路 台架试验 寿命 效率	路试 粗糙和 积雪路面 城市道路 台架试验 寿命 效率	台架试验 寿命 效率	路试 城市道路 台架试验 寿命 效率	路试 城市道路	路试 粗糙和 积雪路面 城市道路 台架试验 寿命 效率	路试 城市道路 和高速 公路 台架试验 寿命 效率	路试 城市道路 台架试验 寿命 效率	台架试验	路试 台架试验	台架试验

4.10.3　回流式无级自动变速器

表 15-4-31　　回流式无级自动变速器结构原理

结构组成	最初的回流式无级自动变速传动方式是由 Macey. J. P 和 Vahabzadeh. H 于 1987 年首次提出的，其目的是为了克服普通金属带无级变速传动速比变化范围有限、传递扭矩偏低的缺陷：首先，对于回流式无级自动变速传动，发动机功率是由齿轮定速比传动和金属带无级传动两条途径传递，通过离合器的不同组合，可实现倒车、空挡、低速、高速等不同运动状态，整个变速范围划分为混合无级变速和纯无级变速两部分，从而拓宽了整个无级变速传动系统的速比变化范围，理论上其速比变化范围为无穷大，改善了车辆的起步加速性能，从而达到与装有液力变矩器车辆相近的起步特性；其次，在保持金属带和带轮结构尺寸不变的条件下，利用混合传动中系统内部循环功率的作用，可显著提高传动系统在低速工况下的承载能力 α 倍；再次，利用混合传动中行星齿轮的功率分流作用和金属带无级调速的功能，可实现在不切断发动机动力输出的条件下，保证动力输出轴转速为零的空挡速度，这将使车辆临时停车后的重新起步快捷而平稳
传动特点	回流式无级自动变速系统是超轻度混合动力汽车传动系统的重要部件，由四个关键部分组成：金属带无级变速装置，定速比齿轮传动装置，行星排结构以及由三个湿式离合器、一个单向离合器和一个制动器组成的离合器系统，其传动结构示意图如图(a)所示 金属带无级变速装置的驱动轮通过输入轴，一端与动力源相连，另一端经离合器 L_1 与定速比齿轮的输入轮连接，被驱动轮则同行星排的太阳轮固连。定速比齿轮的输出轮通过并联的离合器 L_2 和单向离合器 L_4 与行星排的行星架连接；输出轴与行星排的齿圈固连，同时，输出轴经离合器 L_3 还与行星排的太阳轮相连 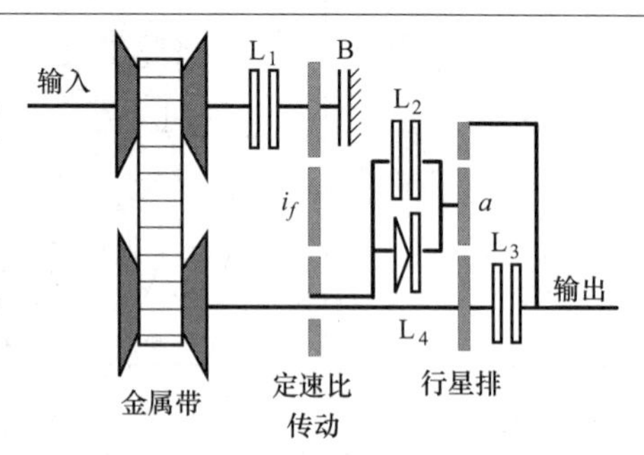 图(a)　回流式无级自动变速系统结构简图
工作原理	回流式无级自动变速传动系统通过离合器分离和接合的不同组合，以及金属带无级变速装置速比的不同选定，可形成多种不同的功率传递形式。回流式无级自动变速传动共分五个运行工况：空挡、低速挡、过渡挡、高速挡和倒挡，各挡的功率流分别如图(b)～图(e)所示 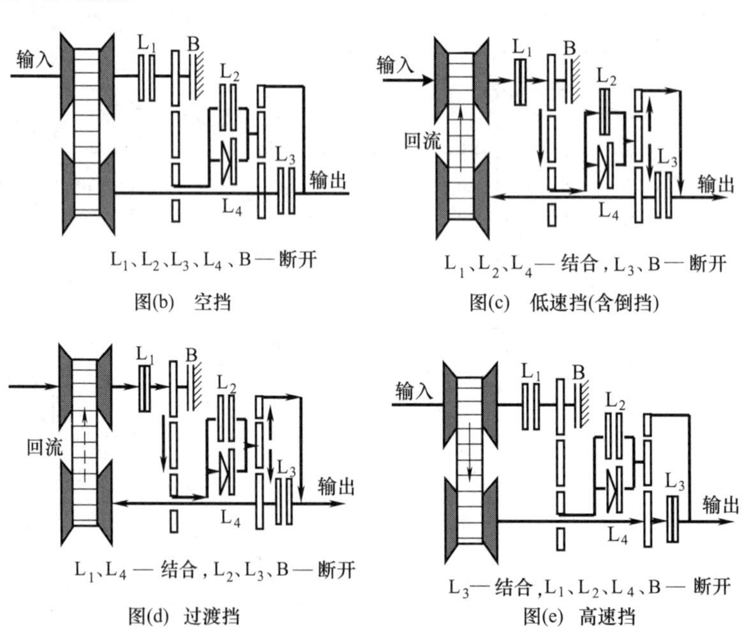 L_1、L_2、L_3、L_4、B—断开 图(b)　空挡 L_1、L_2、L_4—结合，L_3、B—断开 图(c)　低速挡(含倒挡) L_1、L_4—结合，L_2、L_3、B—断开 图(d)　过渡挡 L_3—结合，L_1、L_2、L_4、B—断开 图(e)　高速挡 ①汽车在启动时，传动系统的所有离合器均处于分离状态，发动机输出转速与变速器输出转速及金属带速比相对独立，此时传动系统为空挡状态，如图(b)所示 ②接合离合器 L_1 和 L_2，由于单向离合器 L_4 输入端比输出端转速高，因此单向离合器亦将发挥作用，此时汽车处于低速挡工况下行驶。传动系统内部功率流程，如图(c)所示。相对金属带正常工作状态而言，为负方向传递，整个系统的传动速比与金属带的传动速比成反比关系。同时，由于整个传动系统的功率为双向传递，汽车在下坡行驶或缓慢减速行驶时所要求的发动机制动，在此工况下能够得以实现

续表

工作原理	③当整个传动系统的速比接近同步转换点时，如果车速要求进一步增加，则必须首先将离合器 L_2 分离，此时传动系统的功率流程与汽车低速工况下功率流程相近，但整个传动系统的功率改为单向传递，发动机制动在此工况下已不再发挥作用，其目的是防止车辆在由低速工况向高速工况转换时，由于车速的增高和工况转换的滞后而导致发动机出现不必要的制动。此工况只在同步转换点附近发挥作用，因此称之为过渡挡，如图(d)所示 ④切断离合器 L_1，将离合器 L_3 接合，此时整个传动系统进入高速挡工况，传动系统内部功率流程为正方向传递，如图(e)所示。整个系统的传动速比与金属带的传动速比成正比关系 ⑤在低速挡工况下，增大金属带的传动速比到空挡点，如果继续增加传动速比，整个传动系统就可进入倒挡工况 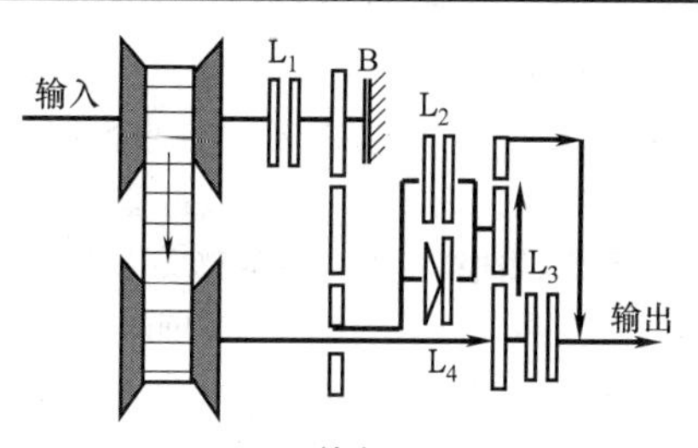 L_2、L_4、B — 结合，L_1、L_3 — 断开 图(f)　大功率倒挡工况的功率流 由于整个传动系统在低速挡工况下的功率为双向传递，因此，为防止汽车由低速挡工况向高速挡工况过渡时车辆出现振动，必须通过过渡挡过渡，不允许直接由低速挡工况向高速挡工况过渡 在倒车工况下，整个系统的效率很低，因此不适合汽车的实际应用。汽车倒车时一般车速较低，功率需求小，对于混合动力轿车，可以控制电动机反转，利用系统的驱动调速区段(回流调速或纯无级调速)速比来实现超轻度混合动力汽车倒车。但由于电动机功率小，只能满足一般情况下的倒车需求，如果汽车在陡坡倒车或者陷入泥泞等其他需要大功率倒车的情况下，单独靠电动机驱动就不能满足工况需求。这种情况下应关闭电动机，启动发动机，接合回流式无级变速系统中的制动器 B，利用已有的行星排实现倒车，此时系统功率流如图(f)所示

表 15-4-32　　回流式无级自动变速器适用范围和技术参数

适用范围

回流式无级自动变速传动具有超大的速比变化范围和较高的传动效率，在整个传动比的范围内能够实现连续的无级调速，使发动机能很好地工作在最佳燃油经济线上，克服了无级变速器传动效率低、速比变化范围窄带来的不足

技术参数

由于回流式无级自动变速传动系统具有超大的速比的变化范围，在保证轮胎地面附着力和传动系统具有较高传动效率(80%)的前提下，尽量降低低挡的速比，以提高汽车起步加速和爬坡性能；同时，亦可使高挡具有较大的速比，确保汽车具有较好的燃油经济性。表 1～表 3 介绍回流式无级变速器最初计算参数、匹配参数与最终配齿参数

表 1　回流式无级变速器最初计算参数

行星排结构参数 a	2.5	无级传动系统最低速比 i_{min}	0.28
定速比传动速比 $i_1 i_2$	0.4	回流传动最低效率 η_t	>80%
一级减速×主减速速比 i_0	0.20	无级传动系统最高速比 i_{max}	2.0

注：整个传动系统最低、高速比 1/(17.86，2.0)；速比变化范围 2.0/0.28=7.143

表 2　回流式无级变速器匹配参数

参数	数值
行星排结构参数(a)	2.5172
定速比齿轮传动速比(i_f)	2.4704
变速器最大传动比(i_{gmax})	4.56
变速器最小传动比(i_{gmin})	0.498
主减速器速比(i_0)	4.99
倒挡最大速比的绝对值($\lvert i_{rmax}\rvert$)	4.5123

表 3　回流式无级变速器最终配齿参数

行星齿轮设计

行星排参数 a	太阳轮齿数 z_t	行星轮齿数 z_j	齿圈齿数 z_q	行星轮个数 n_j
2.5172	29	22	73	3

定速比齿轮确定：选择渐开线斜齿轮，根据中心距为 140，模数 m_n = 2.25

速比 $i_1 i_2$	主动齿轮 z_1	中间齿轮 z_2	从动齿轮 z_3	螺旋角 β
0.4048	17	29	42	19.9184

4.10.4　金属带式无级变速器

金属带式无级自动变速器（continuously variable transmission，简称为 CVT）能根据车辆行驶条件自动连续变化速比，使发动机按最佳燃油经济性曲线或最佳动力性曲线工作。与常规变速传动相比，采用无级变速传动可以显著提高汽车的燃油经济性，改善汽车的动力性和乘坐舒适性，降低发动机的排放污染，因此，无级变速传动是一种理想的车辆动力传动方式。近 20 年来无级变速传动技术有了很大的提高，各国竞相研制，投入批量生产，成为汽车变速传动发展的主要方向。

CVT 的工作原理如图 15-4-19 所示。它的核心部件由两组带轮和金属带构成。每组带轮由可动带轮（阴影部分）和不可动带轮组成。控制系统根据发动机节气门开度和车速控制主、从动带轮沿轴向移动，在夹紧力的作用下，金属带在两带轮构成的 V 形槽内沿径向滑动，从而实现速比在设计范围内从最小到最大变化。当主动带轮的可动部分沿轴向向内移动时，从动带轮的可动部分沿轴向向外移动，速比即从动带轮的工作半径与主动带轮的工作半径之比将减小，反之速比则增大。在速比的变化过程中，由于工作半径即节圆半径的变化是连续的，因此速比也是连续变化的。

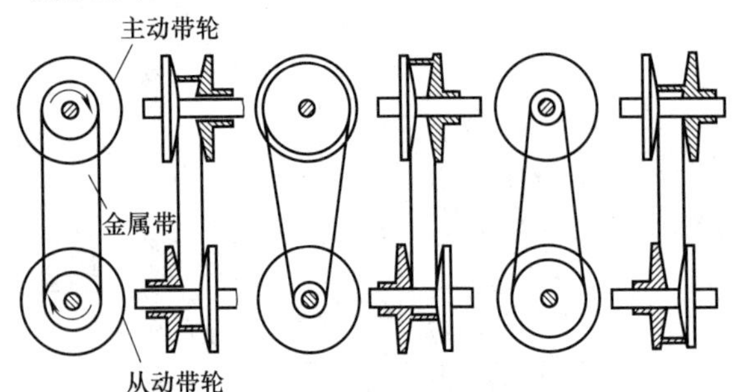

图 15-4-19　金属带式无级变速传动原理

（1）金属带传动的基本运动关系

由于金属带存在初始间隙，在整个带长范围内，金属块间的推力并不总是存在的。当金属带沿如图 15-4-20 所示方向旋转一周时，金属块的运动过程可以表述为：由位置 a 进入主动轮，由于推力的作用导致金属块之间相互挤压，因此，金属块之间的间隙逐渐消失挤压到一起，在金属块和主动带轮之间存在着微小的滑移；由位置 b 金属块被推出，压缩力由 b 作用到 c（侧 1）一直存在；由 c 进入从动带轮，金属块把动力传递到带轮上，与带轮之间没有滑移；由 d 到 a 金属块间没有压缩力（侧 2）。

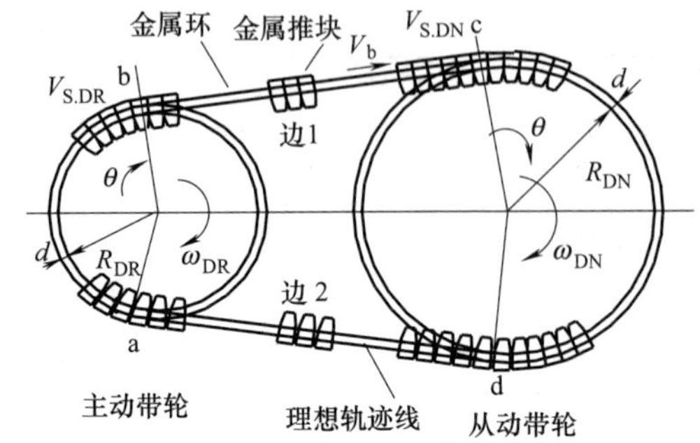

图 15-4-20　金属带传动示意图

在变速过程中，由于金属带的长度可视为定值（弹性变形引起长度变化很小），在任意速比下金属带长度为

$$\left(\frac{\pi}{2}-\gamma\right)D_{DR}+\left(\frac{\pi}{2}+\gamma\right)D_{DN}+2d\cos\gamma=L \tag{15-4-12}$$

式中　D_{DR}，D_{DN}——主、从动带轮工作直径；

d——主、从动带轮轴间距；

L——金属带长度；

γ——带传动斜向运行角，$\gamma=\arcsin\dfrac{D_{DR}-D_{DN}}{2d}$。

因为 γ 的值很小，故有

$$\sin\gamma\approx\gamma,\cos\gamma\approx1-\frac{\gamma^2}{2}$$

$$\sin\gamma\approx\gamma,\cos\gamma\approx1-\frac{\gamma^2}{2} \tag{15-4-13}$$

整理得

$$\frac{\pi}{2}(D_{DR}+D_{DN})+2d+\frac{(D_{DR}-D_{DN})^2}{4d}=L \tag{15-4-14}$$

CVT 传动速比为

$$i_{cvt}=\frac{D_{DN}}{D_{DR}} \tag{15-4-15}$$

将式（15-4-15）代入式（15-4-14）可得主动带轮工作直径与 CVT 速比之间的关系为

$$D_{DR}=\frac{-B+\sqrt{B^2-4AC}}{2A} \tag{15-4-16}$$

式中　$A=\dfrac{(1-i_{cvt})^2}{4d}$，$B=\dfrac{\pi(1+i_{cvt})}{2}$，$C=2d-L$。从动带轮直径 D_{DN} 与速比 i 之间的关系可用$D_{DN}=D_{DR}i_{cvt}$来表示。

如图 15-4-21 所示为主、动带轮工作直径与 CVT 速比的关系曲线图。

带轮形式有直母线带轮和曲母线带轮两种。由于直母线带轮在动力的传递、工作的可靠性和效率方面要比曲母线带轮来得好，因此在金属带无级变速传动

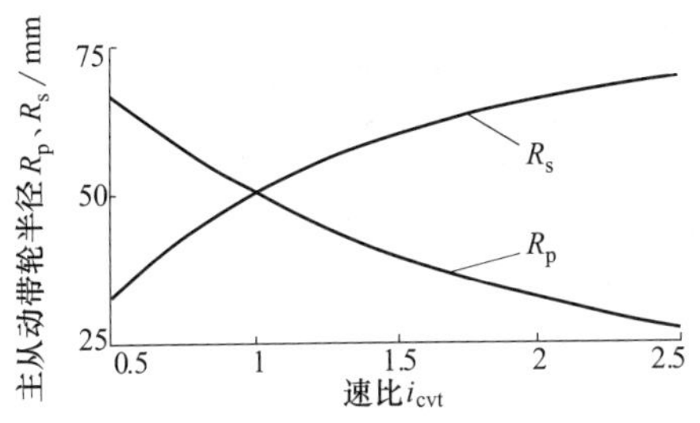

图 15-4-21　主、从动带轮直径与 CVT 速比的关系

装置中一般采用直母线带轮。

图 15-4-22 是主、从动带轮位移示意图，对于采用对称结构直母线带轮的带式无级变速传动，在任意速比时，带轮可动部分的轴向位移与带轮工作直径的关系为

$$x_p=(D_{DR}-D_{DDRmin})\tan\frac{\alpha}{2} \qquad (15\text{-}4\text{-}17)$$

$$x_s=(D_{DNmax}-D_{DN})\tan\frac{\alpha}{2} \qquad (15\text{-}4\text{-}18)$$

式中　x_p，x_s——主、从动带轮可动部分的轴向位移。

由此可得，主、从动带轮可动部分的轴向移动速度分别为

$$v_{DR}=\frac{dx_p}{dt}=\frac{dD_{DR}}{dt}\tan\frac{\alpha}{2}=\frac{dD_{DR}}{di_{cvt}}\tan\frac{\alpha}{2}\times\frac{di_{cvt}}{dt} \qquad (15\text{-}4\text{-}19)$$

$$v_{DN}=\frac{dx_s}{dt}=\frac{dD_{DN}}{dt}\tan\frac{\alpha}{2}=\frac{dD_{DN}}{di_{cvt}}\tan\frac{\alpha}{2}\times\frac{di_{cvt}}{dt} \qquad (15\text{-}4\text{-}20)$$

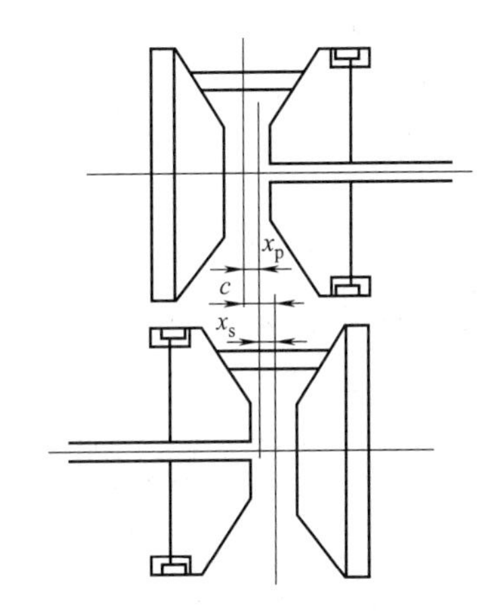

图 15-4-22　主、从动带轮位移示意图

（2）金属带式无级变速器结构和技术参数

表 15-4-33　　金属带式无级变速器结构和技术参数

结构	金属带式无级变速器(CVT)的基本结构如图所示，其主要是由油泵、前进后退切换机构、输入轴、主动轮(锥盘)、金属带、从动轮(锥盘)、输出轴、主减速器、差速机构和驱动桥等组成。汽车正常行驶时，离合器结合传入动力，主动轮通过金属带驱动从动轮，实现前进行驶；操纵前进后退切换机构，依照前述动力传递路线可实现倒退行驶；当离合器切断时发动机空转，实现空挡 CVT 的关键部件有金属传动带、工作轮、油泵、起步离合器以及控制系统 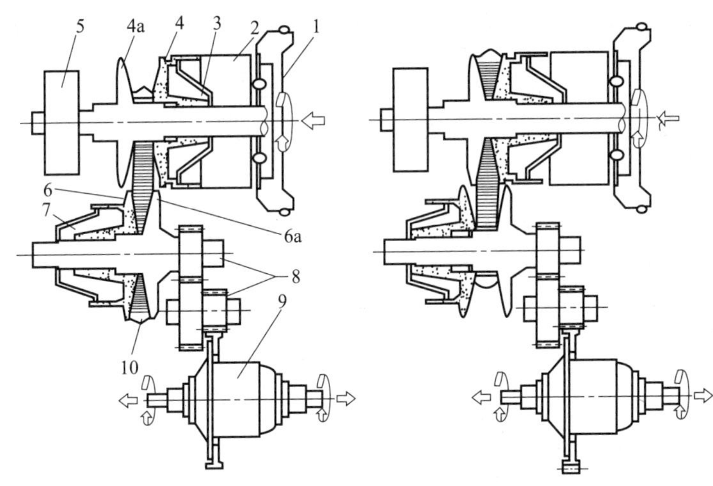 1—发动机飞轮；2—离合器；3—主动工作轮液压控制缸；4—主动工作轮可动部分；4a—主动工作轮不动部分；5—油泵；6—从动工作轮可动部分；6a—从动工作轮不动部分；7—从动轮液压控制缸；8—中间减速器；9—主减速器与差速器；10—金属传动带
金属传动带	CVT 金属带由 300 多个金属片和两组金属环组成，在两侧工作轮挤压力的作用下传递动力。每个金属片的厚度约为 1.5～2.2mm，每组金属环由数片厚度约为 0.18mm 的带环叠合而成，在动力传递过程中正确地引导金属片的运动

续表

结构	工作轮	主、从动工作轮由可动部分和不可动两部分组成，其工作面大多为直母线锥面体，在液压控制系统的作用下，依靠钢球-滑道结构做轴向移动，可连续地改变传动带的工作半径，实现无级变速传动
	油泵	CVT 油泵是为系统控制提供足够的液压源，它应具有以下几个功能 a. 对液力变矩器提供冷却补偿油液 b. 满足速比变化时液压系统的流量需求 c. 提供变速箱润滑油，所需油量与变速箱油路系统有关 d. 为离合器控制阀组等提供压力油 e. 补偿系统泄漏
	起步离合器	目前金属带式无级变速器的起步装置主要有三大类：湿式多片离合器、电磁离合器及液力变矩器。迄今为止，液力变矩器仍被公认为是汽车最佳的起步装置，所以在第二代 VDT-CVT 传动中广泛采用。用液力变矩器作为金属带式无级变速器的起步装置，可明显改善 CVT 车辆的起步性能、低速爬行性能和加速性能，保证在任何道路条件下起步平顺，发动机不熄火，上坡起步不溜坡，而且控制简单
	控制系统	控制系统通过控制带轮油缸的压力和流量实现 CVT 传动速比无级自动变化和扭矩的可靠传递，因此控制系统实质上是一个机液伺服系统或电液伺服系统，其主要由液压调节阀（速比和金属带夹紧力的调节）、传感器（油门和发动机转速）和主、从动带轮的液压缸及管道组成，实现传动无级变速的调节。VDT-CVT 的可靠性和寿命主要取决于金属传动带-工作轮组件和控制系统等关键部件。统计资料显示，采用高强度优质材料、精密制造技术与无限寿命设计方法而制造的 CVT 可达到与发动机同寿命
		由于 CVT 能实现发动机-变速器-道路载荷的最佳匹配，使汽车动力传动系统具有最佳的燃油经济性和动力性，同时，CVT 速比连续变化，大大减小了换挡冲击，改善了驾驶和乘坐舒适性，是汽车理想的变速器。随着石油资源日益枯竭，城市大气污染加重，各国对汽车的燃油经济性和排放性提出了严格要求，CVT 以上的优异性能逐步获得了市场的认可，越来越多的汽车生产商开始装用 CVT，全球 CVT 的产量和市场占有率逐渐增加

参数——金属带与带轮组几何参数

参数	值	参数	值
带轮锥角的一半 α	11°	主动带轮油缸面积 A_p/mm²	13923
从动带轮工作半径 R_s/mm	32.4170～68.6308	从动带轮油缸面积 A_s/mm²	7735
主动带轮工作半径 R_p/mm	27.4304～65.0944	主从动轴间距 d/mm	140
CVT 速比变化范围	0.498～2.502	金属带长度 L/mm	594

参数——离合器参数

项目	前进挡离合器	倒挡离合器	锁止离合器
主动摩擦片数量	4	3	1
钢质从动盘数量	5	4	2
摩擦工作表面数 Z_c	8	6	2
摩擦片外径 d_{co}/mm	148	120	165
摩擦片内径 d_{ci}/mm	116	98	125
油缸面积 A_{ch}/mm²	6565.3	3737.4	8820.26
摩擦片行程 x_c/mm	2.3	2.5	2.5
摩擦片静摩擦因数 f_c	0.1	0.1	0.25
离合器后备系数 β_c	1.2	1.2	1.2

参考文献

[1] 成大先主编. 机械设计手册. 第六版. 第3卷. 北京：化学工业出版社，2016.

[2] 饶振纲. 行星齿轮传动设计. 第二版. 北京：化学工业出版社，2014.

[3] 现代机械传动手册编辑委员会编.现代机械传动手册. 北京：机械工业出版社，2002.

[4] 齿轮手册编委会. 齿轮手册. 上册. 第二版. 北京：机械工业出版社，2004.

[5] 蔡叔华，唐树为，宋镇廉编著. 齿轮传动润滑及其用油. 北京：中国石化出版社，1998.

[6] 林子光，徐大耐，郁明山等编著. 齿轮传动的润滑. 北京：机械工业出版社，1980.

[7] 阮忠唐主编. 机械无级变速器. 北京：机械工业出版社，1983.

[8] 阮忠唐主编. 机械无级变速器设计与选用指南. 北京：化学工业出版社，2002.

[9] 机械传动装置选用手册编辑委员会. 机械传动装置选用手册. 北京：机械工业出版社，1999.

[10] 机械工程手册、电机工程手册编辑委员会. 机械工程手册. 第二版. 北京：机械工业出版社，1997.

[11] 杨辉等. 液体静压谐波摩擦传动装置的研制. 制造技术与机床，2000 (4).

[12] 虞培清，王则胜. 无级变速带传动设计及其应用实例. 通用机械，2003 (8).

[13] 罗善明，余以道，郭迎福等. 带传动理论与新型带传动. 北京：国防工业出版社，2006.

[14] 李军. 摩托车无级变速传动设计方法. 重庆：重庆大学出版社，2009.

[15] 李华英，秦大同，N. A. Attia. 牵引式锥盘滚轮WT的研究现状及发展趋势. 重庆大学学报，2003，26 (4)：15-19.

[16] 何辉波，李华英，秦大同等. 汽车环面型无级变速器结构参数优化设计. 机械工程学报，2009，45 (5)：281-284.

[17] 吴光登. 金属带式无级变速器液压系统功率匹配控制与仿真研究. 重庆：重庆大学出版社，2007.